BIOQUÍMICA Médica

QUINTA EDIÇÃO

Legenda: Resident2. Lápis sobre papel, de Marek H. Dominiczak©

Seus estudos médicos culminam ao se tornar um residente, quando você estará na posição de ajudar os pacientes resolvendo problemas clínicos. Isso exigirá que você tome decisões sobre diagnóstico e tratamento. A razão pela qual você aprende ciência básica, incluindo a bioquímica, é aprimorar seu raciocínio clínico para que essas decisões sejam as melhores.

Colocamos este desenho de Marek Dominiczak aqui para nos lembrarmos de que devemos sempre ver o aprendizado da bioquímica no contexto desta futura função.

QUINTA EDIÇÃO
BIOQUÍMICA Médica

JOHN W. BAYNES, PhD
Carolina Distinguished Professor Emeritus

Department of Pharmacology, Physiology and Neuroscience
University of South Carolina School of Medicine
Columbia, SC, USA

MAREK H. DOMINICZAK, MD, Dr Hab Med, FRCPath, FRCP (Glas)
Hon Professor of Clinical Biochemistry and Medical Humanities

College of Medical, Veterinary and Life Sciences
University of Glasgow
Glasgow, Scotland, UK

Docent in Laboratory Medicine

University of Turku
Turku, Finland

Consultant Biochemist

Clinical Biochemistry Service
National Health Service (NHS) Greater Glasgow and Clyde
Gartnavel General Hospital
Glasgow, Scotland, UK

ELSEVIER

© 2019
Elsevier Editora Ltda.

Todos os direitos reservados e protegidos pela Lei 9.610 de 19/02/1998.

Nenhuma parte deste livro, sem autorização prévia por escrito da editora, poderá ser reproduzida ou transmitida sejam quais forem os meios empregados: eletrônicos, mecânicos, fotográficos, gravação ou quaisquer outros.

ISBN: 978-85-352-9238-1

ISBN versão eletrônica: 978-85-352-9239-8

MEDICAL BIOCHEMISTRY 5th EDITION
Copyright © 2019 Elsevier Limited. All rights reserved.

This translation of Medical Biochemistry 5th Edition, by John W. Baynes, Marek H. Dominiczak was undertaken by Elsevier Editora Ltda. and is published by arrangement with Elsevier Limited.

Esta tradução de Medical Biochemistry 5th Edition, de John W. Baynes, Marek H. Dominiczak foi produzida por Elsevier Editora Ltda. e publicada em conjunto com Elsevier Limited.

ISBN: 978-0-7020-7299-4

The right of John W Baynes and Marek H Dominiczak to be identified as author(s) of this work has been asserted by them in accordance with the Copyright, Designs and Patents Act 1988.

Capa
Luciana Mello e Monika Mayer

Editoração Eletrônica
Thomson Digital

Elsevier Editora Ltda.
Conhecimento sem Fronteiras

Rua da Assembleia, n° 100 – 6° andar – Sala 601
20011-904 – Centro – Rio de Janeiro – RJ

Av. Doutor Chucri Zaidan, n° 296 – 23° andar
04583-110 – Brooklin Novo – São Paulo – SP

Serviço de Atendimento ao Cliente
0800 026 53 40
atendimento1@elsevier.com

Consulte nosso catálogo completo, os últimos lançamentos e os serviços exclusivos no site www.elsevier.com.br

---

NOTA
Esta tradução foi produzida por Elsevier Brasil Ltda. sob sua exclusiva responsabilidade. Médicos e pesquisadores devem sempre fundamentar-se em sua experiência e no próprio conhecimento para avaliar e empregar quaisquer informações, métodos, substâncias ou experimentos descritos nesta publicação. Devido ao rápido avanço nas ciências médicas, particularmente, os diagnósticos e a posologia de medicamentos precisam ser verificados de maneira independente. Para todos os efeitos legais, a Editora, os autores, os editores ou colaboradores relacionados a esta tradução não assumem responsabilidade por qualquer dano/ou prejuízo causado a pessoas ou propriedades envolvendo responsabilidade pelo produto, negligência ou outros, ou advindos de qualquer uso ou aplicação de quaisquer métodos, produtos, instruções ou ideias contidos no conteúdo aqui publicado.

CIP-BRASIL. CATALOGAÇÃO NA PUBLICAÇÃO
SINDICATO NACIONAL DOS EDITORES DE LIVROS, RJ

B347b
5. ed.

Baynes, John W.
    Bioquímica médica / John W. Baynes, Marek H. Dominiczak ; tradução Tatiana Almeida Pádua ... [et al.]. - 5. ed. - Rio de Janeiro : Elsevier, 2019.
    : il.

    Tradução de: Medical biochemistry
    Inclui bibliografia e índice
    ISBN 9788535292381

    1. Bioquímica clínica. I. Dominiczak, Marek H.. II. Pádua, Tatiana Almeida. III. Título.

19-57984
CDD: 612.015
CDU: 61:577.1

Leandra Felix da Cruz - Bibliotecária - CRB-7/6135

Revisão Científica

Renê O. Beleboni
Farmacêutico-Bioquímico pela Escola de Farmácia da Universidade Federal de Ouro Preto.
Mestre e Doutor em Bioquímica pela Faculdade de Medicina de Ribeirão Preto (FMRP-USP).
Short-Term Senior Visiting Researcher pela Yale University (USA)/KU Leuven (Bélgica).
Professor Titular/Pesquisador (PQ 1D – CNPq), Unidade de Biotecnologia/Faculdade de Medicina da Universidade de Ribeirão Preto (FMRP-USP).

Adriana Pelegrino Pinho Ramos
Farmacêutica Bioquímica pela FCFRP USP.
Doutora em Análises Clínicas pela FCFAR UNESP.
Docente nos cursos de Farmácia e Medicina da Universidade de Ribeirão Preto (UNAERP).

Fábio Luís Forti
Doutor em Bioquímica pelo Instituto de Química (USP).
Professor Associado, Livre Docente, do Departamento de Bioquímica, Instituto de Química (USP).

Arthur Cássio de Lima Luna
Doutor em Ciências Médicas e Clínicas pela Faculdade de Medicina (USP).

Lilian Cristina Russo
Doutora em Farmacologia pelo Instituto de Ciências Biomédicas (USP).

Lucas Falcão Monteiro
Mestre em Biotecnologia pelo Instituto de Ciências Biomédicas (USP).

Tradução

Tatiana Almeida Pádua
Doutora em Farmacologia e Imunologia pela pós-graduação em Biologia Celular e Molecular (BCM/FIOCRUZ).
Mestre em Ciências pela pós-graduação em Biologia Humana e Experimental (BHEx/UERJ).

Soraya Imon de Oliveira
Bacharel em Ciências Biológicas – mod. média – IB/UNESP – Botucatu.
Especialista em Imunopatologia e Sorodiagnóstico – FMB/UNESP – Botucatu.
Doutora em Ciências – Imunologia – ICB/USP – São Paulo.

Renata Medeiros
Chefe do Laboratório de Fisiologia – Departamento de Farmacologia e Toxicologia (INCQS/FIOCRUZ).
Coordenadora da Plataforma INCQS/FIOCRUZ Zebrafish.
Especialista em Toxicologia pela ENSP/FIOCRUZ.
Mestre em Medicina Veterinária, área de concentração – Higiene Veterinária e Processamento Tecnológico de POA, pela
    Universidade Federal Fluminense (UFF).
Doutora em Vigilância Sanitária, área de concentração – Toxicologia, pelo INCQS/FIOCRUZ.

Patricia Lydie Voeux
Biologia pelo Instituto de Biologia da UFRJ.
Psicologia pela Universidade Estácio de Sá.

Samanta Mattei de Mello
Mestre em Biologia Celular e Molecular pela Fundação Oswaldo Cruz (FIOCRUZ).
Doutora em Microbiologia e Imunologia pela Universidade Federal de São Paulo (UNIFESP).

Luciana Cafasso
Formação em Letras – Inglês/Literaturas pela Universidade Federal do Rio de Janeiro (UFRJ).
Estudante de pós-graduação a nível de especialização em Edição e Gestão Editorial pelo Núcleo de Estratégias e Políticas
    Editoriais (NESPE).

Fernanda Gurgel Zogaib
Mestre em Biologia Humana e Experimental pela BHEx/UERJ.
Pós-graduada em Anatomia Humana pela UNESA.
Graduada em Educação Física e Desportos pela UERJ.

Maria Helena Lucatelli
Médica Veterinária pela Faculdade de Medicina Veterinária e Zootecnia da USP.
Residência em Clínica e Cirurgia de Cães e Gatos pela Faculdade de Medicina Veterinária e Zootecnia da USP.

Fernando Diniz Mundim *(in memoriam)*

Tatiana Ferreira Robaina
Doutora em Ciências (Microbiologia) pela Universidade Federal do Rio de Janeiro (UFRJ).
Mestre em Patologia pela Universidade Federal Fluminense (UFF).
Especialista em Estomatologia pela Universidade Federal do Rio de Janeiro (UFRJ).
Cirurgiã-dentista pela Universidade Federal de Pelotas (UFPel).

Vanessa Fernandes Bordon
Médica Veterinária pela Universidade Estadual Paulista (UNESP).
Mestra em Ciências pela Faculdade de Saúde Pública na Universidade de São Paulo (USP).

Edianez V. Dias
Tradutora – São Paulo/SP.

Marina Santiago de Mello Souza
Doutora em Radioproteção e Dosimetria (IRD/CNEN).
Mestre em Fisiopatologia Clínica e Experimental (HUPE/UERJ).
Professora da Pontifícia Universidade Católica do Rio de Janeiro (PUC-RIO).
Professora da Escola de Medicina Souza Marques (FTESM).
Professora da Universidade Castelo Branco (UCB/RJ).

Renata Scavone
Médica Veterinária pela Faculdade de Medicina Veterinária e Zootecnia da Universidade de São Paulo (FMVZ-USP).
Doutora em Imunologia pelo Instituto de Ciências Biomédicas da Universidade de São Paulo (ICB-USP).

Sumário

Lista de Colaboradores .xiii

Agradecimentos xvii

Dedicatória xix

Prefácio xxi

Abreviaturas xxiii

SEÇÃO 1
Introdução

1 Introdução **1**
John W. Baynes e Marek H. Dominiczak

SEÇÃO 2
Células e Moléculas

2 Aminoácidos e Proteínas **7**
Ryoji Nagai e Naoyuki Taniguchi

3 Carboidratos e Lipídeos **25**
John W. Baynes

4 Membranas e Transporte **35**
John W. Baynes e Masatomo Maeda

SEÇÃO 3
Metabolismo

5 Transporte de Oxigênio **47**
*John W. Baynes, Norma Frizzell
e George M. Helmkamp, Jr.*

**6 Proteínas Catalisadoras –
Enzimas** **61**
Junichi Fujii

7 Vitaminas e Minerais **75**
Marek H. Dominiczack

**8 Bioenergética e Metabolismo
Oxidativo** **93**
Norma Frizzell e L. Willian Stillway

**9 Metabolismo Anaeróbio dos
Carboidratos nas Hemácias** **111**
John W. Baynes

10 Ciclo do Ácido Tricarboxílico **125**
Norma Frizzell e L. William Stillway

**11 Metabolismo Oxidativo de
Lipídeos no Fígado
e no Músculo** **137**
John W. Baynes

**12 Biossíntese e Armazenamento
de Carboidratos no Fígado
e no Músculo** **147**
John W. Baynes

**13 Biossíntese e Armazenamento
de Ácidos Graxos** **163**
Fredrik Karpe e Iain Broom

**14 Biossíntese de Colesterol
e Esteroides** **173**
Marek H. Dominiczak

**15 Biossíntese e Degradação
de Aminoácidos** **187**
Allen B. Rawitch

**16 Biossíntese e Degradação
dos Nucleotídeos** **203**
*Alejandro Gugliucci, Robert W. Thornburg
e Teresita Menini*

**17 Carboidratos Complexos:
Glicoproteínas** **215**
Alan D. Elbein (in memoriam) e Koichi Honke

18 Lipídeos Complexos **231**
Alan D. Elbein (in memoriam) e Koichi Honke

Sumário

19 A Matriz Extracelular **243**
Gur P. Kaushal, Alan D. Elbein (in memoriam) e Wayne E. Carver

SEÇÃO 4
Bases Moleculares da Herança Genética

20 Ácido Desoxirribonucleico **257**
Alejandro Gugliucci, Robert W. Thornburg e Teresita Menini

21 Ácido Ribonucleico **275**
Robert W. Thornburg

22 Síntese e Renovação das Proteínas **289**
Edel M. Hyland e Jeffrey R. Patton

23 Regulação da Expressão Gênica: Mecanismos Básicos **303**
Edel M. Hyland e Jeffrey R. Patton

24 Genômica, Proteômica e Metabolômica **319**
Andrew R. Pitt e Walter Kolch

SEÇÃO 5
Crescimento e Sinalização

25 Receptores de Membrana e Transdução de Sinal **339**
Ian P. Salt

26 Neurotransmissores **355**
Simon Pope e Simon J.R. Heales

27 Endocrinologia Bioquímica **369**
David Church e Robert Semple

28 Homeostasia Celular: Crescimento Celular e Câncer **397**
Alison M. Michie, Verica Paunovi e Margaret M. Harnett

29 Envelhecimento **417**
John W. Baynes

SEÇÃO 6
Combustíveis, Nutrientes e Minerais

30 Digestão e Absorção de Nutrientes: O Trato Gastrointestinal **429**
Marek H. Dominiczak e Matthew Priest

31 Homeostasia da Glicose e Metabolismo de Combustível: Diabetes Melito **443**
Marek H. Dominiczak

32 Nutrientes e Dietas **471**
Marek H. Dominiczak e Jennifer Logue

33 Metabolismo de Lipoproteínas e Aterogênese **489**
Marek H. Dominiczak

SEÇÃO 7
Tecidos Especializados e Suas Funções

34 O Papel do Fígado no Metabolismo **507**
Alan F. Jones

35 Homeostase de Água e Eletrólitos **523**
Marek H. Dominiczak e Mirosława Szczepańska-Konkel

36 O Pulmão e a Regulação da Concentração de Íon Hidrogênio (Equilíbrio Ácido-Base) **539**
Marek H. Dominiczak e Mirosława Szczepańska-Konkel

37 Músculo: Metabolismo Energético, Contração e Exercício **551**
John W. Baynes e Matthew C. Kostek

38 Metabolismo Ósseo e Homeostase do Cálcio **565**
Marek H. Dominiczak

39 Neuroquímica **577**
Hann Bielarczyk e Andrzej Szutowicz

SEÇÃO 8
Sangue e Imunidade.
Bioquímica Clínica

40 Sangue e Proteínas Plasmáticas **589**
Marek H. Dominiczak

41 Hemostasia e Trombose **599**
Catherine N. Bagot

42 Estresse Oxidativo e Inflamação . **615**
John W. Baynes

43 A Resposta Imune: Imunidade Inata e Adaptativa **627**
J. Alastair Gracie e Georgia Perona-Wright

Apêndice 1: Intervalos de Referência de Laboratórios Clínicos Selecionados **647**
Yee Ping Teoh e Marek H. Dominiczak

Apêndice 2: Mais Casos Clínicos **657**
Susan Johnston

Índice 661

Lista de Colaboradores

Catherine N. Bagot, BSc, MBBS, MD, MRCP, FRCPath
Consultant Haematologist
Department of Haematology, Glasgow Royal Infirmary
Glasgow, Scotland, UK

John W. Baynes, PhD
Carolina Distinguished Professor Emeritus
Department of Pharmacology, Physiology and Neuroscience
University of South Carolina School of Medicine
Columbia, SC, USA

Hanna Bielarczyk, PhD
Assistant Professor and Chair
Department of Laboratory Medicine
Medical University of Gdańsk
Gdańsk, Poland

Iain Broom, DSc, MBChB, FRCPath, FRCP (Glas), FRCPE
Professor Emeritus of Metabolic Medicine
Aberdeen Centre for Energy Regulation and Obesity
University of Aberdeen
Aberdeen, Scotland, UK

Wayne E. Carver, PhD
Professor and Chair
Department of Cell Biology and Anatomy
University of South Carolina School of Medicine
Columbia, SC, USA

David Church, BMedSci (Hons), MSc, MRCP
Clinical Research Fellow
Honorary Specialty Registrar
University of Cambridge Metabolic Research Laboratories
Wellcome Trust-MRC Institute of Metabolic Science;
National Institute for Health Research Cambridge
Biomedical Research Centre;
Department of Clinical Biochemistry and Immunology
Addenbrooke's Hospital
Cambridge, UK

Marek H. Dominiczak, MD, Dr Hab Med, FRCPath, FRCP (Glas)
Hon Professor of Clinical Biochemistry and Medical
Humanities
College of Medical, Veterinary and Life Sciences
University of Glasgow
Glasgow, Scotland, UK;
Docent in Laboratory Medicine
University of Turku,
Turku, Finland;
Consultant Biochemist
Clinical Biochemistry Service
National Health Service (NHS) Greater Glasgow and Clyde
Gartnavel General Hospital
Glasgow, Scotland, UK

Alan D. Elbein, PhD (falecido)
Professor and Chair
Department of Biochemistry and Molecular Biology
University of Arkansas for Medical Sciences
Little Rock, AR, USA

Norma Frizzell, PhD
Associate Professor
Department of Pharmacology, Physiology and Neuroscience
University of South Carolina School of Medicine
Columbia, SC, USA

Junichi Fujii, PhD
Professor
Department of Biochemistry and Molecular Biology
Graduate School of Science,
Yamagata University
Yamagata, Japan

J. Alastair Gracie, PhD BSc (Hons)
Senior University Teacher
School of Medicine, Dentistry and Nursing
College of Medical, Veterinary and Life Sciences
University of Glasgow
Glasgow, Scotland, UK

Alejandro Gugliucci, MD, PhD
Professor of Biochemistry and Associate Dean
Touro University California College of Osteopathic Medicine
Vallejo, CA, USA

Margaret M. Harnett, PhD
Professor of Immune Signalling
Institute of Infection, Immunity and Inflammation
University of Glasgow
Glasgow, Scotland, UK

Simon J.R. Heales, PhD, FRCPath
Professor of Clinical Chemistry
Neurometabolic Unit, National Hospital
Queen Square and Laboratory Medicine
Great Ormond Street Hospital
London, UK

George M. Helmkamp, Jr., PhD
Emeritus Professor of Biochemistry
Department of Biochemistry and Molecular Biology
University of Kansas School of Medicine
Kansas City, KS, USA

Koichi Honke, MD, PhD
Professor of Biochemistry
Department of Biochemistry
Kochi University Medical School
Kochi, Japan

Edel M. Hyland, PhD
Lecturer in Biochemistry
School of Biological Sciences
Queen's University Belfast
Belfast, Northern Ireland, UK

Susan Johnston, BSc, MSc, FRCPath
Clinical Biochemist
Clinical Biochemistry Service
National Health Service (NHS) Greater Glasgow and Clyde
Glasgow, Scotland, UK

Alan F. Jones, MA, MB, BChir, DPhil, FRCP, FRCPath
Consultant Physician and Divisional Director
Heart of England NHS Foundation Trust
Bordesley Green East
Birmingham, UK

Fredrik Karpe, MD, PhD
Professor of Metabolic Medicine
Oxford Centre for Diabetes, Endocrinology and Metabolism
Radcliffe Department of Medicine
University of Oxford
Oxford, UK

Gur P. Kaushal, PhD
Professor of Medicine
University of Arkansas for Medical Sciences;
Research Career Scientist
Central Arkansas Veterans Healthcare System
Little Rock, AR, USA

Walter Kolch, MD
Professor, Director, Systems Biology Ireland
University College Dublin
Belfield, Dublin, Ireland

Matthew C. Kostek, PhD, FACSM, HFS
Associate Professor
Department of Physical Therapy
Duquesne University
Pittsburgh, PA, USA

Jennifer Logue, MBChB, MRCP, MD, FRCPath
Clinical Senior Lecturer and Honorary Consultant in
Metabolic Medicine
Institute of Cardiovascular and Medical Sciences
University of Glasgow
Glasgow, Scotland, UK

Masatomo Maeda, PhD
Professor of Molecular Biology
Department of Molecular Biology
School of Pharmacy
Iwate Medical University
Iwate, Japan

Teresita Menini, MD, MS
Professor and Assistant Dean
Touro University California College of Osteopathic Medicine
Vallejo, CA, USA

Alison M. Michie, PhD
Reader in Molecular Lymphopoiesis
Institute of Cancer Sciences
University of Glasgow
Glasgow, Scotland, UK

Ryoji Nagai, PhD
Associate Professor
Laboratory of Food and Regulation Biology
School of Agriculture
Tokai University
Kumamoto, Japan

Jeffrey R. Patton, PhD
Associate Professor
Department of Pathology, Microbiology and Immunology
University of South Carolina School of Medicine
Columbia, SC, USA

Verica Paunovic, PhD
Research Associate
Institute of Microbiology and Immunology
School of Medicine
University of Belgrade
Belgrade, Serbia

Georgia Perona-Wright, PhD, MA, BA
Senior Lecturer
Institute of Infection, Immunity and Inflammation
College of Medical, Veterinary and Life Sciences
University of Glasgow
Glasgow, Scotland, UK

Andrew R. Pitt, PhD
Professor of Pharmaceutical Chemistry and Chemical
Biology
Life and Health Sciences
Aston University
Birmingham, UK

Simon Pope, PhD
Clinical Biochemist
Neurometabolic Unit
National Hospital
UCLH Foundation Trust
London, UK

Matthew Priest, MB, ChB, FRCP (Glas)
Consultant Gastroenterologist and Honorary Senior
Lecturer
NHS Greater Glasgow and Clyde and University of Glasgow
Glasgow, Scotland, UK

Allen B. Rawitch, PhD
Vice Chancellor Emeritus
Emeritus Professor of Biochemistry and Molecular Biology
University of Kansas Medical Center
Kansas City, KS, USA

Ian P. Salt, PhD
Senior Lecturer
Institute of Cardiovascular and Medical Sciences
University of Glasgow
Glasgow, Scotland, UK

Robert Semple, PhD, FRCP
Reader in Endocrinology and Metabolism
Wellcome Trust Senior Research Fellow in Clinical Science;
Honorary Consultant Physician
University of Cambridge Metabolic Research Laboratories
Wellcome Trust-MRC Institute of Metabolic Science;
National Institute for Health Research Cambridge
Biomedical Research Centre
Cambridge, UK

L. William Stillway, PhD
Emeritus Professor of Biochemistry and Molecular Biology
Department of Biochemistry and Molecular Biology
Medical University of South Carolina
Charleston, SC, USA

Mirosława Szczepańska-Konkel, PhD
Emeritus Professor of Clinical Chemistry
Department of Clinical Chemistry
Medical University of Gdańsk
Gdańsk, Poland

Andrzej Szutowicz, MD, PhD
Professor, Department of Laboratory Medicine
Medical University of Gdańsk
Gdańsk, Poland

Naoyuki Taniguchi, MD, PhD
Group Director, Systems Glycobiology Group
RIKEN Advanced Science Institute
Saitama, Japan

Yee Ping Teoh, FRCPATH, MRCP, MBBS
Consultant in Chemical Pathology
Biochemistry Department
Wrexham Maelor Hospital
Wrexham, UK

Robert W. Thornburg, PhD
Professor of Biochemistry
Department of Biochemistry, Biophysics and Molecular
Biology
Iowa State University
Ames, IA, USA

Agradecimentos

Em primeiro lugar, gostaríamos de agradecer aos nossos colaboradores por compartilharem seus conhecimentos conosco e por adaptar a redação – de novo – a suas ocupadas pesquisas, ensino e agendas clínicas. Na 5ª edição, temos o prazer de receber novos colaboradores: David Church, Edel Hyland, Susan Johnston, Simon Pope, Teresita Menini e Georgia Perona-Wright.

Como na edição anterior, valorizamos muito a excelente assistência de secretariado da Jacky Gardiner, em Glasgow.

Nossa inspiração para mudar e melhorar este texto vem de problemas, questões e decisões que surgem em nossa prática clínica diária, nos ambulatórios e nas enfermarias do hospital. Somos gratos a todos os nossos colegas clínicos e médicos em treinamento por sua visão, discussões e compartilhamento de sua experiência clínica. Somos também gratos a estudantes e acadêmicos de universidades de todo o mundo que continuam fornecendo comentários, sugestões e críticas. Reconhecemos a contribuição de acadêmicos que participaram da redação de edições anteriores do livro: Gary A. Bannon, Graham Beastall, Robert Best, James A. Carson, Alex Farrell (falecido), William D Fraser, Helen S. Goodridge, D Margaret Hunt, Andrew Jamieson, W Stephen Kistler, Utkarsh V Kulkarni, Edward J Thompson e A Michael Wallace (falecido).

Por último, mas não menos importante, a chave para o sucesso de todo o projeto tem sido, claro, a equipe da Elsevier. Nossos agradecimentos vão para Nani Clansey, Editora Sênior de Desenvolvimento, cujo conhecimento e entusiasmo direcionaram o projeto; a Madelene Hyde, que formulou a estratégia; a Jeremy Bowes, por sua contribuição às etapas iniciais desta edição; e a Beula Christopher, que deu ao livro sua forma final.

Para acadêmicos inspiradores
Alunos curiosos
E todos aqueles que querem ser bons médicos

Prefácio

O *Bioquímica Médica* atende à comunidade global de estudantes de medicina há 19 anos. Na 5ª edição, nosso objetivo continua sendo, como antes, fornecer uma base bioquímica para o estudo da Medicina clínica – com relevância prática realista.

Cada edição forneceu um instantâneo de um campo em constante mudança. Talvez o sinal mais estimulante do progresso seja a crescente relevância da ciência básica para a prática da Medicina, expressa em novas drogas direcionadas às vias regulatórias e metabólicas bioquímicas e em novos conceitos que mudam e complementam nossas abordagens aos desafios clínicos cotidianos.

Além de descrever o núcleo da ciência básica, continuamos a enfatizar a contribuição da bioquímica para a compreensão dos principais problemas de saúde globais, como diabetes melito, obesidade, desnutrição e doença cardiovascular aterosclerótica. Como antes, continuamos convencidos de que a bioquímica da água, do eletrólito e do equilíbrio ácido-base é tão importante para futuros clínicos quanto as principais vias metabólicas e, portanto, merecem mais ênfase no currículo da bioquímica.

Além de atualizações substanciais, alteramos a estrutura do livro, com o objetivo de fornecer uma perspectiva mais clara sobre todo o campo. Os detalhes dessa reorganização estão resumidos no Capítulo 1.

Também atualizamos a literatura e as referências da web em todo o livro. Para facilitar a familiaridade com novas terminologias e acrônimos atualmente abundantes na gíria científica, nesta edição fornecemos uma lista facilmente acessível de abreviações em cada capítulo. Também expandimos o índice para fornecer acesso mais abrangente aos tópicos discutidos no texto.

Agora temos mais casos clínicos ao longo do livro, além de casos adicionais no Apêndice 2. Esperamos que isso fortaleça a ligação entre a Bioquímica e a Medicina clínica e forneça uma base mais sólida para a solução de problemas clínicos.

Como antes, recebemos comentários, críticas e sugestões de nossos leitores. Não há melhor maneira de continuar fazendo um texto melhor.

Abreviaturas

$1,25(OH)_2D_3$	1,25-diidroxivitamina D3, calcitriol	AML	Leucemia mieloide aguda
1,3-BPG	1,3-bifosfoglicerato	AMPA	Ácido α-amino-3-hidroxi-5-metil-4-isoxazolepropiônico
17-OHP	17-hidroxiprogesterona		
2,3-BPG	2,3-bifosfoglicerato	AMPK	Proteína quinase ativada por AMP; proteína quinase dependente de AMP
4E-BP1	Proteína 1 de ligação a eIF4E		
5-ALA	5-aminolevulinato		
5-HIAA	Ácido 5-hidroxindolacético	ANP	Peptídeo natriurético atrial
5-HT	5-hidroxitriptamina, serotonina	AP-1	Proteína ativadora-1
8-oxoG	8-oxo-2'-desoxiguanosina	APAF1	Fator de ativação da protease apoptótica 1
α-MSH	Melanocortina		
A1AT	Antitripsina alfa-1	APC	Complexo promotor de anáfase
AADC	Aminoácido aromático descarboxilase	APC	Célula apresentadora de antígeno
ABC	Região no transportador que liga ATP	apoA	Apolipoproteína A
ABCA1, ABCG5,	Transportadores com cassetes de ligação	apoB	Apolipoproteína B
G8, A1, G1 e G4	de ATP	apoB100/apoB48	Apolipoproteína B
Abl	Proteína tirosina quinase não receptora	apoC	Apolipoproteína C
ACAT	Acil-CoA: acil-colesterol transferase	ApoE	Apolipoproteína E
ACAT	Colesterol aciltransferase	APP	Proteína precursora amiloide
ACC1,	ACC2 Acetil-CoA carboxilase	APRT	Adenosina fosforibosil transferase
ACD	Morte celular autofágica (autofagia)	APTT	Tempo de tromboplastina parcialmente ativado
ACE	Enzima conversora de angiotensina		
Acetil-CoA	Acetil-coenzima A	AQP	Aquaporina
ACh	Acetilcolina	ARDS	Síndrome do desconforto respiratório agudo
ACP	Proteína carreadora de acil		
ACTH	Hormônio adrenocorticotrófico	ARE	Elemento de resposta antioxidante
AD	Doença de Alzheimer	ASCVD	Doença cardiovascular aterosclerótica
ADA	American Diabetes Association	AST	Aspartato aminotransferase
ADAR	Adenosina desaminase atuando no RNA	AT1,	AT2 Receptores da angiotensina
ADH	Álcool desidrogenase	ATCase	Aspartato transcarbamilase
ADH	Hormônio antidiurético, vasopressina	ATF	Fator de ativação da transcrição
AE	Trocador aniônico	ATG	Gene relacionado com autofagia
AFP	α-fetoproteína	ATM	Proteína ataxia-telangiectasia mutada; quinase de ponto de checagem do ciclo celular
AG	Ausência de ânion		
AGE	Produtos finais de glicação avançada (glicoxidação)		
		ATP	III Programa Nacional de Educação em Colesterol - III Painel de Tratamento
AGPAT2	Acilglicerol aciltransferase 2		
AHA	American Heart Association	ATP	Trifosfato de adenosina
AHF	Fator anti-hemofílico	ATR	Proteína ataxia-telangiectasia mutada relacionada a Rad3; quinase de ponto de checagem do ciclo celular 1 e 2
AI	Ingestão adequada		
AIC	Porfiria intermitente aguda		
Akt	Proteína quinase	AUC	Área sob a curva
ALD	Doença hepática alcoólica	AVP	Arginina vasopressina
ALDH	Aldeído desidrogenase	AZT	Azidotimidina
ALE	Produtos finais de lipoxidação avançada	BAD	Promotor de morte associado a Bcl-2
ALL	Leucemia linfoblástica aguda	Bak	Antagonista/assassino homólogo a Bcl-2
ALP	Fosfatase alcalina		
ALPS	Síndrome linfoproliferativa autoimune	BAX	Proteína X associada a Bcl-2
ALT	Alanina aminotransferase	BBB	Barreira hematoencefálica

Bcl-2	Proteína 2 de linfoma das células B; membros da família Bcl-2 incluem membros da família pró-sobrevivência (Bcl-2, Bcl-xL, Bcl-W, Mcl-1); BAX pró-apoptótica/família BAK e proteínas pró-apoptóticas contendo somente o domínio BH-3 (BIM, Bid, PUMA, NOXA, BAD, BIK)
BCR	Receptor das células B
BCR	Região do ponto de interrupção do *cluster*
BH-3	Domínio de ligação de agonista de morte
BH4	Tetraidrobiopterina
BMI	Índice de massa corporal
BMR	Taxa metabólica basal
BNP	Peptídeo natriurético cerebral
BrdU	Bromodeoxiuridina
Btk	Tirosina quinase de Bruton
BUN	Nitrogênio ureico do sangue
bw	Peso corporal
C1q,	C1r, C1s e C2-C9 Componentes de complemento
C3G	Fator de troca de nucleotídeo de guanina
CA	Anidrase carbônica
CAD	Carbamil fosfato sintetase-Aspartato transcarbamoilase-Diidroorotase
CAH	Hiperplasia adrenal congênita
CAK	Complexo ativador de CDK, composto por CDK7, ciclina H e MAT1 (*ménage a trois*)
CaM	Calmodulina
cAMP	adenosina 3′,5′-monofosfato cíclico
cAMP	Monofosfato de adenosina cíclico
CAMS	Moléculas de adesão celular
CAP	Proteína associada ao Cbl
CAT	Catalase
CBG	Globulina ligadora de cortisol (também conhecida como transcortina)
Cbl	Proteína adaptadora da via de sinalização da insulina
CD	*Cluster* do sistema de diferenciação; moléculas de superfície celular
CD4+	Células T auxiliares (T_H)
CD40L	Ligante CD40
CD8+	Células T citotóxicas (CTL)
CDG	Doença congênita da glicosilação
CDK	Quinase dependente de ciclina
CDKIs	Proteínas inibidoras da quinase dependentes de ciclina
cDNA	DNA complementar
CDP	Difosfato de citidina
CDP-DAG	CDP-diacilglicerol
CE	Éster de colesterol
CEA	Antígeno carcinoembrionário
CETP	Proteína de transferência dos ésteres de colesterol
FC	Fibrose cística
CFDA	SE Éster succinimídico de diacetato de carboxifluoresceína

cFLIP	Modulador de FADD, domínio de morte associado a Fas
CFTR	Regulador de condutância transmembranar da fibrose cística
CGD	Doença granulomatosa crônica
CGH	Hibridização genômica comparativa
cGMP	Guanosina cíclica 3′,5′-monofosfato
cGMP	Monofosfato de guanosina cíclico
C_H	Fragmento pesado constante; domínios de sequências de ligação ao antígeno
ChAT	Colina acetiltransferase
ChIP	Imunoprecipitação da cromatina
ChIP-on-chip	Combinação de imunoprecipitação da cromatina e tecnologia de microarranjos
ChIPseq	Combinação de imunoprecipitação da cromatina e tecnologia de RNAseq
CHK1	CHK2, quinases de ponto de checagem
CK	Creatina (fosfo) quinase
CK-MB	Fração MB da creatina quinase
C_L	Fragmento leve constante; domínios de sequências de ligação ao antígeno
CLL	Leucemia linfocítica crônica
CLR	Receptores de lectina do tipo C
CMA	Análise cromossômica por microarranjos
CML	Leucemia mieloide crônica
CML	Ne-(carboximetil) lisina
CMP-NeuAc	CDP-ácido neuramínico (siálico)
CMP-PA	Citosina monofosfato-ácido fosfatídico
CNS	Sistema nervoso central
COAD	Doença obstrutiva crônica das vias aéreas
CoA-SH	Acetil-coenzima A
COHb	Carboxi-hemoglobina
COMT	Catecolamina-O-metiltransferase
CpG	Cistina-guanina dinucleotídeo
CPS	Carbamoil fosfato sintetase
CPT-I,	CPT-II Carnitina palmitoil transferase I e II
CRBP	Proteínas de ligação ao retinol citosólico
CREB	Proteína de ligação ao elemento de resposta cAMP
CRH	Hormônio liberador de corticotrofina; Corticoliberina
cRNA	RNA complementar
CRP	Proteína C reativa
CSC	Célula-tronco do câncer
CRL	Líquido cefalorraquidiano
CT	Varredura por tomografia computadorizada
CT	Tomografia computadorizada
CTD	Domínio C-terminal
CTL	Linfócitos T citotóxicos (células CD8+)
CTX	Telopeptídeo carboxi-terminal
Cyt	a, b, c Citocromo a, citocromo b, citocromo c
DAG	Diacilglicerol
DAMPs	Padrões moleculares associados a danos

DAPI	4′-6′-diamidino-2-fenilindol	ERAD	Via de degradação associada ao retículo endoplasmático
DAT	Transportador de dopamina	eRF	Fator de liberação do complexo eucariótico
DC	Célula dendrítica		
DCCT	Controle de Diabetes e Teste de Complicações	ERK	1 e 2 Quinases reguladas por sinais extracelulares; duas isoformas de quinase MEK que ativam MAPK
DD	Domínio de morte		
DDI	Interação medicamentosa		
DED	Domínio do efetor de morte	ESR	Taxa de sedimentação de eritrócitos
DEXA	Absorciometria de raios X de dupla energia	ETC	Cadeia de transporte de elétrons
		FAD/FADH$_2$	Dinucleotídeo de flavina e adenina (oxidado/reduzido)
DGAT	Diacilglicerol aciltransferase		
DHAP	Fosfato de diidroxiacetona	FADD	Domínio de morte associado a Fas (Fas, receptor de morte, membro da família TNF)
DHEA	Deidroepiandrosterona		
DHEAS	Sulfato de deidroepiandrosterona		
DHT	Diidrotestosterona	FasL	Ligante de Fas
DIC	Coagulação intravascular disseminada	Fc	"Fragmento constante" da molécula de imunoglobulina
DILI	Lesão hepática induzida por drogas		
DISC	Complexo de sinalização indutor de morte	FcγR	Receptor de Fc-γ (receptor para imunoglobulina G)
DIT	Diiodotirosina	FDB	Apolipoproteína B defeituosa familiar
DLDH	Diidrolipoil desidrogenase	FDP	Produtos de degradação de fibrina
DLTA	Diidrolipoil transacetilase	FGF	Fator de crescimento de fibroblastos
DMP	Proteína da matriz da dentina	FGFR 3	Receptor 3 do fator de crescimento de fibroblastos
DNA	Ácido desoxirribonucleico		
DNL	Lipogênese *de novo*	FH	Hipercolesterolemia familiar
DNP	Dinitrofenol	FIRKO	Nocaute do receptor de insulina do tecido adiposo (gordura)
Dol	Dolicol		
DPP-4	Dipeptidil peptidase-4	FISH	Hibridização fluorescente *in situ*
DPPC	Dipalmitoilfosfatidilcolina	FMN	Mononucleotídeo de flavina
DRI	Ingestão de referência na dieta	FOXA2	Fator de transcrição, também conhecido como HNF-3B
dsRNA	RNA de fita dupla		
DTI	Inibidor direto da trombina	FOXO	Proteínas Forkhead box O; fatores de transcrição pertencentes à família Forkhead (contém proteínas designadas FOXA a FOXR)
DVT	Trombose venosa profunda		
E2F	Família de fatores de transcrição		
EAR	Exigência média estimada		
EBNA1	Antígeno nuclear 1 do vírus Epstein-Barr	FOXP3	Fator de transcrição
ECL	Líquido extracelular	FP	Flavoproteína
ECM	Matriz extracelular	FRTA	Teoria dos radicais livres para o envelhecimento
EDRF	Fator relaxante derivado do endotélio (óxido nítrico)		
		Fru-1,6-BP	Frutose-1,6-bisfosfato
EDTA	Ácido etilenodiaminotetracético	Fru-1,6-BPase	Frutose 1,6-bifosfatase
eEF	Fator de alongamento eucariótico	Fru-1,6-BPase	Frutose-1,6-bisfosfatase
EFA	Ácidos graxos essenciais	Fru-1-P	Frutose-1-fosfato
EGF	Fator de crescimento epidérmico	Fru-2,6-BP	Frutose 2,6-bifosfato
EGFR	Receptor do fator de crescimento epidérmico	Fru-2,6-BPase	Frutose-2,6-bisfosfatase
		Fru-6-P	Frutose-6-fosfato
eGFR	Estimativa da taxa de filtração glomerular	FSF	Fator de estabilização da fibrina
		FSH	Hormônio folículo-estimulante
eIF	Fator de iniciação eucariótico	fT3	e fT4 T3 livre e T4 livre
EMSA	Ensaio de deslocamento da mobilidade eletroforética	FVII	Fator VII
		FXR	Receptor X de farnesil
ENaC	Canal de cálcio sensível a amilorida	Fyn	Proteína tirosina quinase não receptora
ENaC	Canal de sódio epitelial	G0	Fase de repouso ou quiescência
eNOS	Óxido nítrico sintase endotelial	G1	Intervalo entre as fases M e S
EPA	Ácido eicosapentaenoico	G2	Intervalo entre as fases S e M
Epacs	Proteínas de troca diretamente ativadas por cAMP	G6PDH	Glicose-6-fosfato desidrogenase
		GABA	Ácido γ-aminobutírico
ER	Retículo endoplasmático	GAD	Ácido glutâmico descarboxilase

GAG	Glicosaminoglicano
Gal	Galactose
Gal-1-P	Galactose-1-fosfato
GALD-3-P	Gliceraldeído-3-fosfato
GalNAc	N-acetilgalactosamina
GAPDH	Gliceraldeído-3-fosfato desidrogenase
GAPs	Proteína ativadora de GTPase
GAS	Sítio de ativação do interferon gama
GC-MS	Cromatografia gasosa-espectrometria de massa
GCS	Sistemas de clivagem da glicina
GDM	Diabetes *mellitus* gestacional
GDP-Fuc	Fucose difosfato de guanosina
GDP-Man	Manose difosfato de guanosina
GFAP	Proteína glial fibrilar ácida
GFR	Taxa de filtração glomerular
GGT	γ-glutamil transpeptidase
GH	Hormônio de crescimento
GHRH	Hormônio de liberação do hormônio de crescimento
GI	Gastrointestinal (trato)
GI	Índice glicêmico
GIP	Peptídeo inibitório gástrico
GK	Glicoquinase
Glc	Glicose
Glc-6-P	Glicose-6-fosfato
Glc-6-Pase	Glicose-6-fosfatase
GlcNAc	N-acetilglicosamina
GlcNH$_2$	Glicosamina
GlcUA	Ácido glicurônico ou D-glicurônico
GLP-1	Peptídeo semelhante ao glucagon-1
GLUT	Transportador de glicose
Glycerol-3-P	Glicerol-3-fosfato
GnRH	Hormônio liberador da gonadotrofina
GPCR	Receptor acoplado à proteína G
GPI	Âncora de glicosilfosfatidilinositol
GPIb-IX,	GPIIb-IIIa Receptores glicoproteicos de membrana plaquetária
GPx	Glutationa peroxidase
Grb2	Proteína ligada ao receptor do fator de crescimento 2, molécula adaptadora
GSH	Glutationa (reduzida)
GSSG	Glutationa (oxidada)
GTPase	Guanosina trifosfatase
GWAS	Estudo de associação genômica ampla
Hb	Hemoglobina
HbA	Hemoglobina normal do adulto
HbA$_{1c}$	Hemoglobina A$_{1c}$, hemoglobina glicada
HbF	hemoglobina fetal
HbS	hemoglobina falciforme
hCG	Gonadotrofina coriônica humana
HCL	Leucemia de células pilosas
hCS-A,	hCS-B, hCS-L e hGH-V Genes humanos de somatomamotrofina (GH)
HDL	Lipoproteína(s) de densidade alta
HFE	Proteína da hemocromatose hereditária
HGF	Fator de crescimento de hepatócito
hGH	Hormônio de crescimento humano

HGP	Projeto genoma humano
HGPRT	Hipoxantina-guanina fosforibosil transferase
HIT	Trombocitopenia induzida pela heparina
HIV	Vírus da imunodeficiência humana
HLA	Antígeno leucocitário humano
HLA-DR,	HLA-DQ, HLA-DM e HLA-DP Genes MHC de classe II
HMDB	Banco de Dados do Metaboloma Humano
HMG-CoA	3-hidroxi-3-metilglutaril-CoA
HMG-CoA	Hidroximetilglutaril-CoA
HMGR	HMG-CoA redutase
HMWK	Quininogênio de alto peso molecular
HNE	Hidroxinonenal
HNF1A,	HNF1B Fatores de transcrição
hnRNA	RNA nuclear heterogêneo
HPLC	Cromatografia líquida de alta *performance*
HRE	Elemento da resposta hormonal
HRG	Glicoproteína rica em histidina
HSP	Proteína de choque térmico
HSV	Vírus herpes-simples
HTGL	Lipase de triglicerídeo hepático
HVA	Ácido homovanílico
IAP	Família de genes inibidores da apoptose
ICAM-1	Molécula de adesão intercelular 1 (CD54)
ICL	Líquido intracelular
IDDM	Diabetes *mellitus* dependente de insulina
IDL	Lipoproteína(s) de densidade intermediária
IdUA	Ácido idurônico ou ácido L-idurônico
IEF	Focalização isoelétrica
IF	Fator intrínseco
IFCC	Federação Internacional de Química Clínica e Medicina Laboratorial.
IFG	Glicemia de jejum alterada
IFN	Interferon (IFN-α, IFN-β e IFN-γ)
Ig	Imunoglobulina
Ig	Imunoglobulina (IgG, IgA, IgM, IgD e IgE)
IGF	Fator de crescimento semelhante à insulina
IGFBP	Proteínas de ligação a IGF
IgG	Imunoglobulina G
IGT	Tolerância prejudicada à glicose
Ihh	Ouriço indiano, uma proteína sinalizadora
IKK	NFκB quinase
IL	Interleucina (IL-1, IL-6 etc.)
IMAC	Cromatografia de afinidade por íons metálicos imobilizados
IMM	Membrana mitocondrial interna
IMP	Monofosfato de inosina
IMS	Espaço intermembranar
INR	Razão normalizada internacional
IP$_3$	Inositol 1,4,5-trisfosfato
IP$_3$	Inositol trisfosfato
IP$_3$	Inositol-1,4,5-trisfosfato
IPP	Isopentenil difosfato

IR	Receptor de insulina	MCP	Protease multicatalítica
IRE	Elemento de resposta ao ferro	MCP-1	Proteína 1 quimioatraente de monócitos
IRES	Sítio interno de entrada ribossômica	M-CSF	Fator estimulador de colônias de monócitos
IRI	Lesão de isquemia-reperfusão		
IRS	Substrato do receptor de insulina	MCV	Volume corpuscular médio
ITAM/ITIM	Motivos de ativação/inibição do imunorreceptor baseado em tirosina	MDA	Malondialdeído
		MDR	Resistência a múltiplas drogas
IU	Unidade internacional	MDRD	Modificação da dieta no estudo da doença renal
JAK	Janus quinase		
JAK/STAT	Janus quinase/ transdutor de sinal e ativador da transcrição	MEK	Proteína quinase ativadora de MAPK
		MET	Equivalente metabólico de tarefas
JNK	C-Jun terminal quinase	MetHb	Metemoglobina (Fe^{+3})
kb	Quilobase	MetSO	Metionina sulfóxido
KCC1	Cotransportador de K^+ e Cl^-	MGO	Metilglioxal
KCCT	Tempo de coagulação do caulim e cefalina, APTT	MHC	Complexo principal de histocompatibilidade
KIP2	Inibidor de 57-kDa dos complexos ciclina-CDK	miRNA	MicroRNA
		MIT	Monoiodotirosina
KIT	Genes da tirosina quinase 3	MMP	Metaloproteinase de matriz
KLF	Fator tipo Kruppel	MMP	Potencial de membrana mitocondrial
K_m	Constante de Michaelis	MODY	diabetes de início da maturidade dos jovens
LACI	Inibidor da coagulação associado à lipoproteína		
		MPO	Mieloperoxidase
LBBB	Bloqueio do ramo esquerdo	MRI	Ressonância magnética por imagem
LC3	Proteína de cadeia leve 3 associadas a microtúbulos	MRM	Monitoramento por reação múltipla
		mRNA	RNA mensageiro
LCAT	Lecitina:colesterol aciltransferase	MRP	Proteína associada à resistência a múltiplas drogas
LC-MS	Cromatografia líquida/espectrometria de massas		
		MS	Espectrometria de massas
LDH	Lactato desidrogenase	MSH	Hormônio estimulante dos melanócitos
LDL	Lipoproteína(s) de densidade baixa	MSLP	Potencial máximo de vida útil
LFA-1	Antígeno 1 associado à função linfocitária	mtDNA	DNA mitocondrial
		MTHFR	5,10-metilenotetraidrofolato redutase
LH	Hormônio luteinizante	mTOR	Alvo mecanístico da rapamicina; uma proteína serina/treonina quinase
LMWH	Heparina de baixo peso molecular		
lncRNA	RNA não codificantes longos	mTORC-1	e mTORC-2 Complexos mTor
LPL	Lipase lipoproteína	mTORC	Complexo do alvo da rapamicina em mamíferos
LPLAT	Lisofosfolipídeo aciltransferase		
LPS	Lipopolissacarídeo	MTP	Proteína de transferência microsomal
LRP5	Proteína 5 relacionada ao receptor de LDL	MudPIT	Tecnologia para identificação de proteína multidimensional
LSC	Citometria de varredura a *laser*	MWCO	Peso molecular de corte
LT	Leucotrieno	Myc	Fator de transcrição
LTA	Agregometria de transmissão de luz	N5MeTHF	5-metil tetraidrofolato
LXR	Receptores hepáticos X	N^5-N^{10}-THF	N^5-N^{10}-tetraidrofolato
M	Mitose	NAA	N-acetil-l-aspartato
MAC-1	Molécula 1 de adesão ao macrófago	NABQI	N-acetil benzoquinonaimina
MAG	Monoacilglicerol	NAC	N-acetilcisteína
MALT	Tecidos linfoides associados à mucosa	NAD^+/NADH	Nicotinamida adenina dinucleotídeo (oxidada/reduzida)
Man-6-P	Manose-6-fosfato		
MAO	Monoamina oxidase	$NADP^+$	Nicotinamida adenina dinucleotídeo fosfato
MAOI	Inibidores da monoamina oxidase		
MAPK	Proteína quinase ativada por mitógeno	NADPH	Nicotinamida dinucleotídeo fosfato (reduzida)
MAS	Receptor da angiotensina 1-7		
Mb	Mioglobina	NAFLD	Doença hepática gordurosa não alcoólica
MBL	Lectina de ligação a manose	NCC	Transportador de cloreto de sódio
MCH	Hormônio concentrador de melanina	ncRNA	RNA não codificador
MCL	Linfoma de células do manto	NEFA	Ácidos graxos não esterificados

NeuAc	Ácido N-acetilneuramínico ou ácido siálico	PCSK9	Pró-proteína convertase subtilisina/kexina tipo 9
NFAT2	Fator de transcrição; fator nuclear de células T ativadas-2	PDE	Fosfodiesterase
		PDGF	Fator de crescimento derivado de plaquetas
NFκB	Fator nuclear potenciador da cadeia leve kappa das células B ativadas	PDH	Piruvato desidrogenase
NGF	Fator de crescimento neural	PDK1	Quinase dependente de PIP3
NGS	Sequenciamento de nova geração	PE	Fosfatidiletanolamina
NHE	Trocador de sódio/hidrogênio	PECAM-1	Molécula 1 de adesão celular/plaquetária (CD31)
NIDDM	Diabetes *mellitus* não dependente de insulina	PEM	Desnutrição energético-proteica
NK	Células assassinas naturais	PEP	Fosfoenolpiruvato
NKCC1	Cotransportador de $Na^+ K^+$ e Cl^- isoforma 1	PEPCK	Fosfoenolpiruvato carboxiquinase
		PEST	Sinal de degradação ProGluSerThr
NKCC2	Cotransportador de $Na^+ K^+$ e Cl^- isoforma 2	PET/MRI	Tomografia por emissão de pósitrons/imagem por ressonância magnética
NKH	Hiperglicinemia não cetótica	PFK	Fosfofrutoquinase
NLR	Receptor do tipo NOD	PFK-2/Fru-2,6-BPase	Fosfofrutoquinase-2/frutose-2,6-bisfosfatase
NMDA	N-metil-d-aspartato		
NMR	Ressonância magnética nuclear	PG	Prostaglandinas
NO	Óxido nítrico	PGE_2	Prostaglandina E_2
NOS	Óxido nítrico sintase	PGI_2	Prostaglandina I_2
NPC1L1	Proteína do tipo C1 de Niemann-Pick.	PH	Domínios de homologia a Pleckstrina
NPY	Neuropeptídeo Y	pI	Ponto isoelétrico
nt	Nucleotídeo	PI	Fosfatidilinositol
NTX	Telopeptídeo N-terminal (amino-terminal)	PI	Iodeto de propídio
		PI3K	Fosfatidilinositol-3-quinase
OAA	Oxaloacetato	PIP_2	Fosfatidilinositol 4,5-bisfosfato
OGTT	Teste de tolerância oral à glicose	PIP_3	Inositol 1,4,5-bisfosfato
OI	Osteogênese imperfeita	PIP_3	Fosfatidilinositol 3,4,5-trisfosfato
OMM	Membrana mitocondrial externa	PK	Proteína quinase: PKA, PKC
ONDST	Teste de supressão da dexametasona durante a noite	PK	Piruvato quinase
		PKA	Proteína quinase A
OPG	Osteoprotegerina	PKC	Proteína quinase C
OSF-1	Fator 1 estimulador de osteoblastos	PKU	Fenilcetonúria
o-Tyr	Orto-tirosina	PL	Fosfolipase: PLA_2, PLC, PLC-β, PLD
P1CP	Peptídeo C-terminal procolágeno tipo 1	PLA2	fosfolipase A2
P1NP	Peptídeo N-terminal procolágeno tipo 1	PLC	Fosfolipase C
p38	Proteína quinase ativada por estresse	PLP	Piridox(am)ina-5'-fosfato oxidase
p53	Proteína supressora de tumor	PNH	Hemoglobinúria paroxística noturna
p62	Nucleoporina	PNPO	Fosfato de piridoxal
PA	Ácido fosfatídico	PNS	Sistema nervoso periférico
PAF	Fator ativador de plaquetas	pO_2	Pressão parcial de oxigênio
PAGE	Eletroforese em gel de poliacrilamida	POMC	Pró-opiomelanocortina
PAI-1	Inibidor do ativador do plasminogênio tipo 1	PP2A	Proteína fosfatase-2A
		PPAR	Receptor ativado por proliferador de peroxissoma
PAMP	Padrão molecular associado ao patógeno	PPi	Pirofosfato
PAPS	Fosfoadenosina-5'-fosfossulfato	Prot	Proteína
PAR2	Receptor 2 ativado por protease	PRPP	Pirofosfato de fosforibosil
PBG	Porfobilinogênio	PRR	Receptores de reconhecimento de padrões
PC	Fosfatidilcolina		
PC	Piruvato carboxilase	PS	Fosfatidilserina
PCD	Morte celular programada	PSA	Antígeno específico da próstata
PCI	Intervenção coronariana percutânea	PT	Tempo de protrombina
pCO_2	Pressão parcial do dióxido de carbono	PTA	Antecedente da tromboplastina do plasma
PCP	Fenciclidina		
PCR	Reação em cadeia da polimerase	PTEN	Fosfatase e homólogo de TENsina

PTH	Hormônio da paratireoide	SCD	Doença falciforme
PTK	Proteína tirosina quinase	SCD	Estearoil-CoA desaturase
PTM	Modificação pós-traducional	SCFA	Ácido graxo de cadeia curta
PTPase	Fosfotirosina fosfatase	SCID	Imunodeficiência combinada grave
PUFA	Ácidos graxos poli-insaturados	SCID	Síndrome da imunodeficiência combinada grave
PXR	Receptor de pregnano X		
Q	Ubiquinona/ubiquinol	SDS	Dodecilsulfato de sódio
RA	Artrite reumatoide	SDS-PAGE	Eletroforese em gel de poliacrilamida na presença de dodecilsulfato de sódio
RABP	Proteína de ligação ao ácido retinoico		
RAE	Equivalente à atividade do retinol	SECIS	Sequência de inserção da selenocisteína
Raf	Família de serina/treonina quinases	SGLT	Transportador de glicose acoplado ao Na^+
RANK	Receptor ativador do fator nuclear NFκB		
RANKL	Ligante de RANK	SGLT-1	Transportador 1 de sódio/glicose (um transportador de membrana)
Rap	Pequena GTPase		
RAR	Receptor de ácido retinoico	SGOT	Transaminase sérica glutamato oxaloacetato
Ras	Uma GTPase		
Ras	Proteína G monomérica pequena; GTPase	SGPT	Transaminase sérica glutamato piruvato
		SH2	Região 2 de homologia a Src
Rb	Proteína do retinoblastoma	SHBG	Globulina ligadora de hormônios sexuais
RBC	Hemácias	Shc	Proteína adaptadora do tipo colágeno e homóloga a Src
RBP	Proteína sérica de ligação ao retinol		
RDA	Dieta recomendada	SHP	Fosfatase contendo o domínio SH2
RER	Taxa de troca respiratória	SIADH	Síndrome da secreção inapropriada de hormônio antidiurético
RER	Retículo endoplasmático rugoso		
RFLP	Polimorfismo no comprimento do fragmento de restrição	sIg	Ig de superfície
		siRNA	RNA pequeno de interferência
RGD	Sequência de reconhecimento Arg-gli-asp	SLE	Lúpus eritematoso sistêmico
		SMPDB	Banco de Dados de Pequenas Moléculas de Vias
Rheb	Homólogo do Ras enriquecido no cérebro		
Rho	GEF Fator de troca de nucleotídeos de guanina da GTPase Rho	SNO-Hb	S-nitroso-hemoglobina
		snoRNA	RNA ribonuclear pequeno
Rictor	Complexo mTORC-2	snoRNP	Pequenos complexos de proteína ribonuclear
RIP	Proteína de interação a receptores		
RIP1	Serina/treonina quinase	SNP	Polimorfismo de nucleotídeo único
RISC	Complexo de silenciamento induzido por RNA	SOD	Superóxido dismutase
		SOS	Son of Sevenless, fator de troca do nucleotídeo guanina
RLR	Receptor do tipo RIG-1		
RMR	Taxa metabólica de repouso	SPCA	Acelerador sérico de conversão de protrombina
RNA	Ácido ribonucleico		
RNApol	RNA polimerase	SpO_2	Saturação de oxigênio capilar periférico
RNAseq	Tecnologia de sequenciamento profundo para análise de transcriptoma	SR	Retículo sarcoplasmático
		Src	Proteína com domínio de homologia ao colágeno, uma PTK não receptora
RNS	Espécies reativas de nitrogênio		
ROS	Espécies reativas de oxigênio	Src	Uma tirosina quinase
ROTEM	Tromboelastometria rotacional	SRE	Elemento regulador de esterol
RP-HPLC	HPLC de fase reversa	SREBP	Proteína de ligação ao elemento regulador do esterol
rRNA	RNA ribossomal		
RSK1	Uma quinase ribossomal	SRP	Partícula de reconhecimento de sinal
rT3	T3 reverso	SSB	Bebida adoçada com açúcar
RTA	Acidose tubular renal	STAT1	Transdutor de sinal e ativador de transcrição-1
RXR	Receptor X de ácido retinoico		
S	Substrato	STATs	Transdutores de sinais e ativadores, fatores de transcrição
S	Fase de síntese de DNA da intérfase		
S6K1	Quinase 1 ribossomal S6	Succ-CoA	Succinil-CoA
SAC	Ponto de checagem da montagem de fuso mitótico	T1D	Diabetes *mellitus* tipo 1
		T2D	Diabetes *mellitus* tipo 2
SAM	S-adenosilmetionina	T3	Triiodotironina
SCAP	Proteína ativadora de clivagem de SREBP	T4	Tiroxina

TAG,	TG Triacilglicerol, também conhecido como triglicerídeo
T-ALL	Linfócitos T-leucemia linfoblástica aguda
TBG	Globulina ligadora de tireoglobulina
TC-10	Uma proteína G
TCA	cycle Ciclo do ácido tricarboxílico
TCA	Ciclo do ácido tricarboxílico
TCI	Transcobalamina I
TCII	Transcobalamina II
TCR	Receptor de células T
TCT	Tempo de coagulação da trombina
TdT	Desoxinucleotidil transferase terminal
TEG	Tromboelastografia
TF	Fator de transcrição
T_{FH}	Células T auxiliares foliculares
TFIIH	Fator geral de transcrição
TFPI	Inibidor da via do fator tecidual
Tg	Tireoglobulina
TG	Triacilglicerol (também triglicerídeo)
TGF-α	Fator de crescimento transformador alfa
TGF-β	Fator de crescimento transformador beta
T_H	Células T auxiliares (células T CD4$^+$)
THF	Tetraidrofolato
THRB	Gene beta do receptor do hormônio tireoidiano
TIM	Transportadores na membrana interna
TIMP	Inibidor tecidual de MMPs
TKI	Inibidor de tirosina quinases
TLR	Receptor do tipo Toll
T_{max}	Taxa máxima de transporte
TNF	Fator de necrose tumoral
TNFR	Receptor de morte, membro da família do TNF
TNF-α	Fator-α de necrose tumoral
TOM	Transportador na membrana externa
tPA	Ativador de plasminogênio tipo tecidual
TPN	Nutrição parenteral total
TPO	Peroxidase tireoidiana
TPP	Pirofosfato de tiamina
TRADD	Domínio de morte associado ao receptor de TNF
TRAFs	Fatores associados ao receptor de TNF
TRAIL	Receptor de morte, membro da família do TNF
Tregs	Células T regulatórias, células T supressoras
TRH	Hormônio liberador de tireotrofina, tireoliberina
tRNA	RNA de transferência
TSC1/2	Complexo da esclerose tuberosa 1/2
TSH	Hormônio estimulante da tireoide
TSS	Sítio de início da transcrição
T-tubule	Túbulo transverso
TWEAK	Receptor de morte, membro da família do TNF
TX	Tromboxano
TXA_2	Tromboxano A_2
UAS	Sequência de ativação *upstream*
UCP	Proteína desacopladora
UDP-Gal	Difosfato de uridina galactose
UDP-GalNAc	Difosfato de uridina N-acetilgalactosamina
UDP-Glc	Difosfato de uridina glicose
UDP-GlcNAc	Difosfato de uridina N-acetilglicosamina
UDP-Xyl	Difosfato de uridina xilose
UFC	Cortisol livre na urina de 24 horas
UFH	Heparina não fracionada
UKPDS	UK Prospective Diabetes Study
uPA	Ativador de plasminogênio do tipo urinário
UPR	Resposta a proteína desenovelada
UPS	Sistema de ubiquitina-proteassomo
URL	Limite de referência superior
UTR	Região não traduzida
UVRAG	Proteína associada a gene de resistência à radiação UV
Va/Q	A razão entre ventilação e perfusão
VAChT	Transportador da acetilcolina
VCAM-1	Molécula 1 de adesão celular vascular
VDCC	Canais de Ca^{2+} dependentes da voltagem
VEGF	Fator de crescimento endotelial vascular
VIP	Peptídeo intestinal vasoativo
VLDL	Lipoproteína(s) de densidade muito baixa
V_{max}	Velocidade máxima
VO_2	Taxa de consumo de oxigênio
VP	Vasopressina; hormônio antidiurético
VSMC	Célula(s) de músculo liso vascular
vWF	Fator de Von Willebrand
WHO	Organização Mundial da Saúde
Wnt	Uma via de sinalização relacionada ao crescimento celular e proliferação; A abreviação da via diz respeito ao "sítio de integração relacionada a Wingless"
XP	Xeroderma pigmentoso
ZAP-70	PTK que é essencial para a ativação de células T dependentes de antígeno
ZF	Zona fasciculada
ZG	Zona glomerulosa
ZR	Zona reticular

CAPÍTULO 1

Introdução

John W. Baynes e Marek H. Dominiczak

BIOQUÍMICA E MEDICINA CLÍNICA: INTRODUÇÃO E VISÃO GLOBAL

A Bioquímica está em constante mudança

A pesquisa sobre o **genoma** humano e, em especial, sobre a regulação gênica tem sido um dos principais guias do progresso médico mais recentemente. Uma abordagem sistêmica semelhante tem sido aplicada a outros três campos em expansão: o estudo do **transcriptoma**, do **proteoma** e do **metaboloma** (Fig. 1.1). A partir da perspectiva bioquímica, talvez o desenvolvimento mais empolgante nos últimos anos tenha sido a expansão do conhecimento sobre a participação das proteínas na transferência dos sinais metabólicos externos para as vias de sinalizações intracelulares e para e a partir do genoma, assim como o papel dessas redes na regulação da divisão e do crescimento celular (Fig. 1.2). Isso também tem oferecido novas interpretações sobre a patogênese do câncer, assim como tem possibilitado novas terapias para uma série de doenças.

Todos esses desenvolvimentos têm mudado a forma como enxergamos o metabolismo. **Além das cadeias de reações químicas que têm sido a essência da bioquímica desde o seu início, se reconhecem agora as sequências (cascatas) de interação das moléculas de sinalização que complementam essas reações e são essenciais ao seu controle.** Isso coloca novos desafios para o estudante de bioquímica que precisa enfrentar uma nova e complexa terminologia acerca das proteínas.

Agora é necessário ter familiaridade com abreviações e acrônimos que descrevem as moléculas de sinalização e os fatores de transcrição para se alcançar uma visão completa das vias metabólicas e das suas regulações.

A outra dimensão do novo conhecimento é o entendimento crescente das **relações entre o metabolismo e as doenças que são associadas a nutrição, estilo de vida e meio ambiente**. Obesidade, diabetes, aterosclerose e doença cardiovascular, por um lado, e má nutrição e deficiências nutricionais, pelo outro lado, estão entre as principais preocupações de saúde global.

Finalmente, o progresso na **neuroquímica** está facilitando melhor compreensão da ciência que lida com os problemas de saúde mental.

A bioquímica possui fronteiras difusas

A bioquímica não é uma disciplina com limites claros. Ela se liga perfeitamente aos campos da biologia celular, da anatomia, da fisiologia e da patologia. De fato, não é possível entender ou resolver um problema clínico sem atravessar as fronteiras interdisciplinares. Neste livro, essas fronteiras são cruzadas frequentemente, tanto no texto, como no recurso dos quadros clínicos. Os capítulos sobre **nutrição**, **água e eletrólitos**, **balanço ácido-base, tecidos especializados** e as suas funções são fundamentalmente interdisciplinares e abordam diversas dessas questões interconectadas.

Um livro-texto é uma foto instantânea do conhecimento em rápida mudança

Um médico está constantemente exposto aos novos desenvolvimentos na medicina clínica à medida que obtenha experiência clínica prática. É essencial integrar os novos desenvolvimentos na prática diária. O que há alguns anos era teoria e especulação agora faz parte do conjunto de ferramentas utilizado tanto durante os turnos da enfermaria quanto nas conferências.

***Bioquímica Médica* foi escrito porque estamos convencidos de que entender bioquímica auxilia na prática da Medicina.** A questão que nos colocamos diversas vezes durante o processo de escrita foi "Como essa parcela de informação poderia melhorar o nosso raciocínio clínico?" Ao longo do texto, foram destacadas as questões clínicas com as quais um médico se depara no leito hospitalar, as quais foram conectadas aos conceitos básicos. Acreditamos que essa abordagem fornece conhecimento com base na compreensão, não somente nos fatos – a essência de uma educação de ponta.

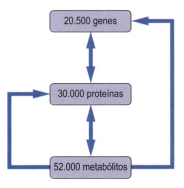

Fig. 1.1 **Genes, proteínas e metabólitos humanos.** Dados baseados no Projeto Genoma Humano, no Mapa Proteômico Humano e no Banco de Dados do Metaboloma Humano (ver *sites*). Os números são aproximados.

CAPÍTULO 1 Introdução

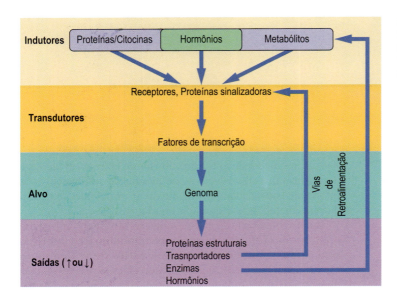

Fig. 1.2 **Visão integrada das vias regulatórias entre proteínas sinalizadoras, enzimas, genoma e metabolismo.** Note que diversas proteínas de sinalização são também enzimas. Existem tanto hormônios proteicos quanto não proteicos (derivados do metabolismo).

Acreditamos que um livro-texto deva fornecer uma orientação básica essencial a um médico na prática clínica, porém também deve sinalizar tópicos emergentes que provavelmente se tornarão fundamentais no futuro próximo. Dessa forma, continuamos a expandir o capítulo sobre neuroquímica e, especialmente, atualizamos os capítulos sobre DNA, RNA e regulação da expressão gênica.

Tenha em mente que este livro não foi feito para ser um texto de revisão ou um recurso de preparação para exames de múltipla-escolha. Ele é um recurso para a sua carreira clínica. Nosso livro é menor do que os diversos exemplares pesados de nossa disciplina e se concentra na explicação de principais conceitos e associações, que esperamos que você retenha na memória e use em sua prática clínica futura.

Melhorias na quinta edição

Este livro vem servindo a comunidade estudantil global ao longo de 19 anos. Durante a elaboração da quinta edição, procuramos melhorar a qualidade da explicação dos conceitos complexos. A narrativa também foi alterada e o livro foi dividido em diversos grandes blocos temáticos.

O livro inicia com **Células e Moléculas** e segue até **Metabolismo**, o cerne da bioquímica. Em seguida, vai até **Bases Moleculares da Herança Genética**, discutindo DNA, RNA, síntese proteica, regulação da expressão gênica e abordagens sistêmicas: genômica, proteômica e metabolômica. Expande também a apresentação de **crescimento e sinalização celular** e as suas relações com envelhecimento e câncer. Então, o livro prioriza **Combustíveis e Nutrientes**, discutindo-se o trato gastrointestinal, a absorção de glicose, lipoproteínas e metabolismo, relacionando a bioquímica adjacente às questões maiores de saúde pública.

Na parte sobre **Tecidos Especializados e suas Funções** foi descrito o ambiente tecidual e a função do fígado, do músculo e do cérebro. Além disso, também é discutido o metabolismo de substâncias exógenas, incluindo drogas terapêuticas. A última seção, **Sangue e imunidade**, descreve os mecanismos de defesa corporal na homeostasia (coagulação sanguínea), a resposta imune e o impacto da inflamação e do estresse oxidativo. A Figura 1.3 mostra o mapa do livro e ilustra a integração dos tópicos bioquímicos em um contexto biológico mais amplo.

Além do fornecimento de informações essenciais, são dadas orientações para estudos mais aprofundados. As referências e os *websites* listados no final dos capítulos expandirão o que foi aprendido, caso opte por procurar por mais detalhes.

Estuda-se a bioquímica para entender a interação entre nutrição, metabolismo e genética na saúde e na doença: vamos começar com a visão geral o mais enxuta possível da área

O organismo humano é, por um lado, um sistema metabólico **estreitamente controlado, integrado e autônomo**. Por outro lado, ele é um sistema que está **aberto** e se comunica com o ambiente. Apesar dessas duas características aparentemente contraditórias, o organismo consegue manter seu ambiente interno durante décadas. Recarregamos regularmente nosso combustível (consumo de comida) e nossa água e absorvemos oxigênio do ar inspirado para usar no metabolismo oxidativo (que é, na verdade, uma cadeia de reações de combustão em baixa temperatura). Então utilizamos a energia gerada a partir do metabolismo para realizar trabalho e manter a temperatura corporal. Livramo-nos (exalamos ou excretamos) de dióxido de carbono, água e resíduos nitrogenados. A quantidade e a qualidade da comida que consumimos possuem um impacto significativo na nossa saúde – a má nutrição, por um lado, e a obesidade e o diabetes, por outro, são atualmente os grandes problemas de saúde pública mundial.

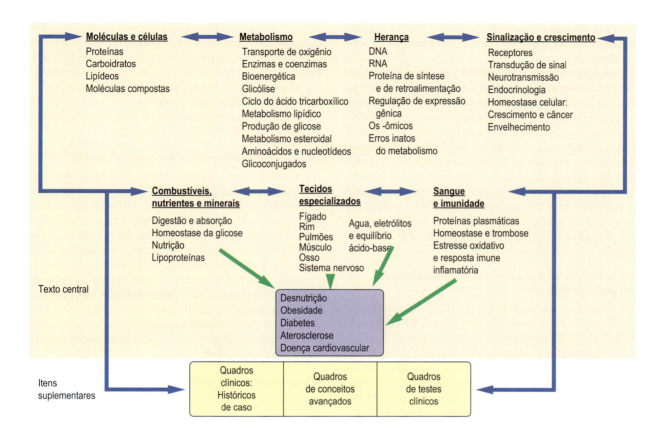

Fig. 1.3 Bioquímica médica, quinta edição: Mapa do livro. Todas as seções do livro estão bastante inter-relacionadas. À medida que você aprende sobre o metabolismo, adquire o conhecimento dos principais erros metabólicos hereditários e de suas consequências. As principais questões de saúde contemporâneas, como diabetes melito, aterosclerose, obesidade e desnutrição, são enfatizadas em capítulos relevantes. Ao longo do livro, você encontrará Quadros Clínicos e Quadros de Testes Clínicos, que integram a ciência básica à prática clínica, e Quadros de Conceitos Avançados, que se expandem em questões selecionadas. Literaturas atualizadas e referências da internet facilitarão os estudos adicionais.

Proteínas, carboidratos e lipídeos são os principais componentes estruturais do organismo

As **proteínas** são blocos de construção e catalisadores; como unidades estruturais, elas formam a estrutura "arquitetônica" dos tecidos; como enzimas, juntamente às moléculas auxiliares (**coenzimas** e **cofatores**), catalisam reações bioquímicas. As proteínas também desempenham um papel fundamental na transferência de informação (**sinalização**) em ambos os níveis, celular e no organismo como um todo, processos que são essenciais à função do DNA e à regulação da **expressão gênica**.

Os **carboidratos** e os **lipídeos** como monômeros ou polímeros relativamente simples são as nossas principais **fontes de energia**. Eles podem ser estocados nos tecidos como glicogênio e triglicerídeos. Entretanto, os carboidratos podem também estar ligados tanto a proteínas quanto a lipídeos, formando estruturas complexas (glicoconjugados) essenciais aos **sistemas de sinalização celular** e a processos como **adesão** celular e **imunidade**. Os lipídeos, como o **colesterol** e os **fosfolipídeos**, formam a espinha dorsal das membranas biológicas.

As variáveis químicas, como **pH, tensão de oxigênio, íons inorgânicos** e **concentrações de tampão**, definem o ambiente homeostático em que o metabolismo ocorre. Alterações diminutas nesse ambiente – como a alteração de apenas alguns graus na temperatura corporal – podem ser fatais.

As **membranas biológicas** separam as vias metabólicas em diferentes compartimentos celulares. Sua estrutura impermeável à água é dotada de um arranjo de "portas e portões" (transportadores de membrana) e "fechaduras" que aceitam uma variedade de chaves, incluindo hormônios e citocinas que iniciam cascatas de sinalização intracelular. Eles desempenham um papel fundamental no transporte de **íons** e **metabólitos** e na **transdução de sinal**, ambos dentro de células individuais e entre essas células. De fato, a maior parte da energia do corpo é consumida a fim de gerar calor para os homeotérmicos e manter os gradientes de íons e metabólitos por meio das membranas. As células em todo o corpo dependem criticamente dos **potenciais elétricos e químicos das membranas** para transmissão nervosa, contração muscular, transporte de nutrientes e manutenção do volume celular.

Carboidratos e lipídeos são as nossas fontes principais de energia, porém as nossas **exigências nutricionais** também incluem **aminoácidos** (componentes de proteínas),

substâncias inorgânicas (sódio, cálcio, potássio, cloreto, bicarbonato, fosfato e outros) e micronutrientes – as **vitaminas** e os elementos traços.

A **glicose (presente no sangue em forma pura e estocada na forma de glicogênio)** é metabolizada por meio da **glicólise**, uma via universal não dependente de oxigênio (anaeróbica) para produção de energia. Ela produz **piruvato**, preparando o palco para o metabolismo oxidativo nas mitocôndrias. Ela também gera metabólitos que são o ponto de partida para a síntese de **aminoácidos, proteínas, lipídeos** e **ácidos nucleicos.**

A glicose é o combustível mais importante para o cérebro: portanto, controlar a sua concentração no plasma é essencial à sobrevivência. A homeostase da glicose é regulada por hormônios que coordenam as atividades metabólicas entre as células e os órgãos – principalmente a insulina e o glucagon, mas também a epinefrina e o cortisol.

O oxigênio é essencial à produção de energia, porém também pode ser tóxico

Durante o metabolismo aeróbico, o piruvato, o produto final da glicólise aeróbica, é transformado em **acetil coenzima A (acetil-CoA)**, o intermediário comum no metabolismo de carboidratos, lipídeos e aminoácidos. Acetil-CoA entra na engrenagem metabólica central da célula, o **ciclo do ácido tricarboxílico (TCA)** localizado na mitocôndria. A acetil-CoA é oxidada a **dióxido de carbono** e reduz as importantes coenzimas **nicotinamida adenina dinucleotídeo (NAD⁺)** e **flavina adenina dinucleotídeo (FAD)**. A redução desses nucleotídeos capta a energia a partir da oxidação do combustível.

A maior parte da energia nos sistemas biológicos é obtida pela **fosforilação oxidativa.** Esse processo envolve o consumo de oxigênio, ou **respiração,** pela qual o organismo oxida NADH e $FADH_2$ na cadeia **transportadora de elétrons** mitocondrial (CTE) para produzir um gradiente de íon de hidrogênio por meio da membrana mitocondrial interna. A energia nesse **gradiente eletroquímico** é então transformada na energia química do **trifosfato de adenosina (ATP)**. Bioquímicos denominam o ATP de "moeda comum do metabolismo", pois ele permite que a energia produzida pelo metabolismo energético seja utilizada para trabalho, transporte e biossíntese. Embora o oxigênio seja essencial ao metabolismo aeróbico, ele pode causar **estresse oxidativo** e dano tecidual generalizado durante a **inflamação**. As poderosas **defesas antioxidantes** existem para proteger células e tecidos dos efeitos danosos do oxigênio reativo.

Metabolismo alterna continuamente entre os estados de jejum e pós-prandial

A direção das principais vias do metabolismo de carboidratos e lipídeos se altera em resposta ao consumo de alimento. No estado alimentado, as vias ativas são **glicólise, síntese de glicogênio, lipogênese** e **síntese proteica**, revigorando os tecidos e estocando o excesso do combustível metabólico. No estado de jejum, a direção do metabolismo inverte: os estoques de glicogênio e lipídeos são degradados através da **glicogenólise** e da **lipólise,** fornecendo um fluxo constante de **substratos para a produção de energia**. À medida que os estoques de glicogênio são esgotados, as proteínas são sacrificadas para sintetizar glicose a partir da **gliconeogênese**, garantindo um suprimento constante, enquanto outras vias biossintéticas são desaceleradas. Condições comuns como **diabetes melito, obesidade** e doença cardiovascular aterosclerótica são atualmente os principais problemas de saúde pública resultantes do comprometimento do transporte de combustível e do metabolismo.

Tecidos desempenham funções especializadas

As funções especializadas dos tecidos incluem contração muscular; condução nervosa; formação óssea; vigilância imunológica; sinalização hormonal; manutenção de pH, balanço de fluidos e eletrólitos; e detoxificação de substâncias estranhas. Os **glicoconjugados** (glicoproteínas, glicolipídeos e proteoglicanos) são necessários à organização tecidual e a comunicações de célula-para-célula. Progressos recentes no entendimento dos sistemas de sinalização celular têm aprimorado a nossa visão sobre os **mecanismos de reparo** e **crescimento celular**. O declínio desses mecanismos é dependente do tempo e leva ao **envelhecimento,** mas a sua falência causa doenças relacionadas à idade, como as **doenças neurodegenerativas** e o **câncer.**

O genoma mantém tudo

O genoma fornece o mecanismo para a conservação e a transferência da informação genética pela regulação da expressão de genes constitutivos e do controle da síntese proteica. A síntese de proteínas individuais é controlada pela informação codificada no **ácido desoxirribonucleico (DNA)** e transcrita no **ácido ribonucleico (RNA),** o qual é então traduzido em peptídeos que se arranjam em **moléculas proteicas funcionais**. O espectro de proteínas expressas e o controle de sua expressão temporal durante o desenvolvimento, a adaptação e o envelhecimento são responsáveis pela nossa maquinaria proteica, o nosso **proteoma**. A **epigenética**, o estudo da regulação gênica causada pela modificação da função do DNA por outros meios que não as mudanças na sua sequência de nucleotídeos, fornece uma visão mais profunda da regulação da expressão gênica.

Na década passada, a **bioinformática**, os estudos de ampla associação genômica e a epigenética forneceram informações verdadeiramente fascinantes sobre a complexidade das redes de regulação genética. Além disso, aplicações da tecnologia do **DNA recombinante** revolucionaram o trabalho de laboratórios clínicos e têm recentemente fornecido novas ferramentas para a edição do genoma. A capacidade de examinar todo o genoma e a informação obtida por **genômica, proteômica** e **metabolômica** fornece novas perspectivas sobre a regulação de genes, a síntese de proteínas e o metabolismo.

Tudo isso está resumido na Figura 1.4, um esquema complexo que se assemelha ao plano do London Tube (ver Leituras Sugeridas). Como o Tube, com suas muitas estações, a bioquímica é navegável com um bom mapa; não se deixe intimidar pelos muitos termos ainda desconhecidos. Reveja esta figura à medida que avança nos seus estudos e você perceberá como sua compreensão da bioquímica se aprimorará.

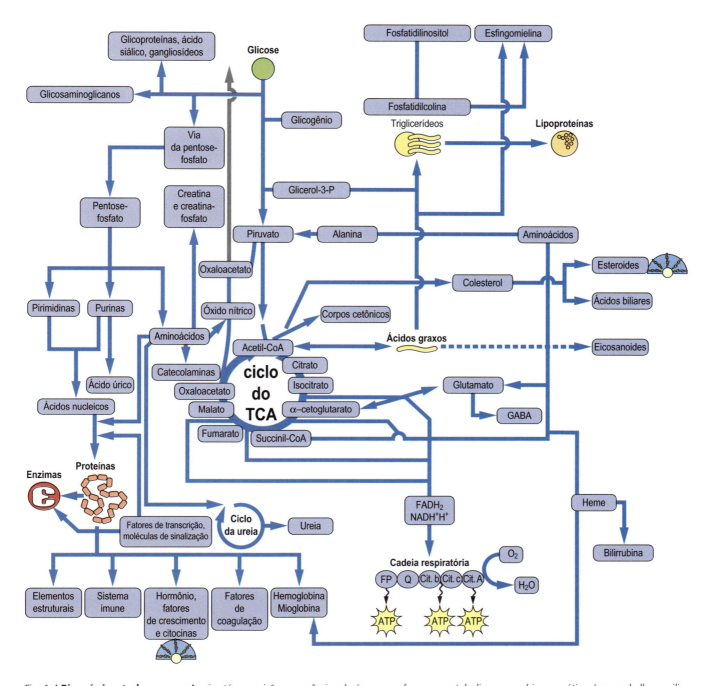

Fig. 1.4 **Bioquímica: tudo em um.** Aqui está uma visão panorâmica da área, com foco no metabolismo e na bioenergética. Isso pode lhe auxiliar a estruturar o estudo ou a revisão. Retorne ao assunto enquanto estuda os capítulos seguintes e veja como sua perspectiva sobre a bioquímica se amplia. ATP, trifosfato de adenosina; cit, citocromo; FAD/FADH$_2$, flavina adenina dinucleotídio (oxidado/reduzido); FP, flavoproteína; GABA, ácido γ-aminobutírico; glicerol-3-P, glicerol-3-fosfato; NAD$^+$/NADH, nicotinamida adenina dinucleotídio (oxidado/reduzido); Q, ubiquinona/ubiquinol; Ciclo de TCA, ciclo do ácido tricarboxílico.

LEITURAS SUGERIDAS

Atkins, P. (2013). *What is chemistry?* Oxford, UK: Oxford University Press.

Cooke, M., Irby, D. M., Sullivan, W., et al. (2006). American medical education 100 years after the Flexner Report. *New England Journal of Medicine, 355*, 1339-1344.

Dominiczak, M. H. (1998). Teaching and training laboratory professionals for the 21st century. *Clinical Chemistry and Laboratory Medicine, 36*, 133-136.

Dominiczak, M.H. (2012). Contribution of biochemistry to medicine: Medical biochemistry and clinical biochemistry. *UNESCO encyclopedia of life support systems (UNESCO-EOLSS)*. Retrieved from http://www.eolss.net.sample-chapters/c17/e6-58-10-12.pdf.

Ludmerer, K. M. (2004). Learner-centered medical education. *New England Journal of Medicine, 351*, 1163-1164.

Transport for London. (n.d.). Tube map. Retrieved from http://www.tfl.gov.uk/assets/downloads/standard-tube-map.pdf.

SITES

Human Metabolome Database (HMDB), version 3.6: http://www.hmdb.ca/.
Human Proteome Map: http://www.humanproteomemap.org/.
Overview of the Human Genome Project, NIH National Human
Genome Research Institute: https://www.genome.gov/12011238/
an-overview-of-the-human-genome-project/.

ABREVIATURAS

Acetil-CoA	Acetil coenzima A
ATP	Trifosfato de adenosina
Ciclo TCA	Ciclo do ácido tricarboxílico
Cit a,b, c	Citocromo a, citocromo b, citocromo c
DNA	Ácido desoxirribonucleico
FAD/FADH$_2$	Flavina adenina dinucleotídio (oxidado/reduzido)
FP	Flavoproteína
GABA	Ácido γ-aminobutírico
Glicerol-3-P	Glicerol-3-fosfato
NAD$^+$/NADH	Nicotinamida adenina dinucleotídio (oxidado/reduzido)
Q	Ubiquinona/ubiquinol
RNA	Ácido ribonucleico

CAPÍTULO 2

Aminoácidos e Proteínas

Ryoji Nagai e Naoyuki Taniguchi

OBJETIVOS

Após concluir este capítulo, o leitor estará apto a:

- Classificar os aminoácidos com base em sua estrutura química e em sua carga.
- Explicar o significado dos termos pK_a e pI, quando aplicados a aminoácidos e proteínas.
- Descrever os elementos das estruturas primária, secundária, terciária e quaternária das proteínas.
- Descrever os princípios das cromatografias de troca iônica, filtração em gel e por afinidade, bem como eletroforese e focalização isoelétrica, e descrever suas aplicações no isolamento e na caracterização de proteínas.

INTRODUÇÃO

As proteínas são os principais polímeros estruturais e funcionais em sistemas vivos

As proteínas têm uma ampla gama de atividades, incluindo catálise de reações metabólicas e transporte de vitaminas, minerais, oxigênio e combustíveis. Algumas proteínas constituem a estrutura dos tecidos; outras atuam na transmissão nervosa, contração muscular e motilidade celular, enquanto outras ainda atuam na coagulação sanguínea, na defesa imunológica e também como moléculas regulatórias e hormônios. As proteínas são sintetizadas como uma sequência de aminoácidos ligados em uma estrutura poliamídica linear (polipeptídeo), no entanto, assumem conformações tridimensionais complexas ao realizarem suas funções. Existem cerca de 300 aminoácidos presentes em diversos sistemas animais, vegetais e microbianos, contudo **somente 20 aminoácidos codificados pelo DNA aparecem nas proteínas.** Muitas proteínas também contêm aminoácidos modificados e componentes acessórios, denominados grupos prostéticos. Uma variedade de técnicas químicas é usada para isolar e caracterizar as proteínas por meio de diversos critérios, incluindo massa, carga e estrutura tridimensional. A proteômica é um campo emergente que estuda os aspectos globais da expressão das proteínas em uma célula ou em um organismo, bem como as alterações na expressão proteica em resposta ao crescimento, aos hormônios, ao estresse e ao envelhecimento.

AMINOÁCIDOS

Os aminoácidos são os elementos constituintes das proteínas

Estereoquímica: a configuração do α-carbono e os isômeros D- e L-

Cada aminoácido tem um carbono central, chamado α-carbono, ao qual se ligam quatro grupos distintos (Fig. 2.1):

- Um grupo amino básico (—NH_2)
- Um grupo carboxil acídico (—COOH)
- Um átomo de hidrogênio (—H)
- Uma cadeia lateral distintiva (—R)

Um dos 20 aminoácidos, a prolina, não é um α-aminoácido, mas um α-iminoácido (discussão a seguir). Exceto quanto à glicina, todos os aminoácidos contêm pelo menos um átomo de carbono assimétrico (o átomo de α-carbono), o que dá origem a dois isômeros opticamente ativos (i. e., com capacidade de rotação da luz plano-polarizada). Esses isômeros, referidos como **estereoisômeros** ou enantiômeros, são ditos quirais, uma palavra derivada do grego que significa "mão". Eles são imagens especulares não sobreponíveis e são análogos às mãos esquerda e direita, como mostrado na Figura 2.2. As duas configurações de aminoácido são chamadas D (de *dextro*, que significa "direita") e L (de *levo*, que significa "esquerda"). **Todos os aminoácidos nas proteínas são de configuração L,** porque as proteínas são biossintetizadas por enzimas que inserem somente L-aminoácidos nas cadeias peptídicas.

Classificação de aminoácidos com base na estrutura química de suas cadeias laterais

As propriedades de cada aminoácido dependem de sua cadeia lateral (–R), a qual determina a estrutura e a função das proteínas, além da carga elétrica da molécula. O conhecimento das propriedades dessas cadeias laterais é importante para entender os métodos de análise, purificação e identificação de proteínas. Aminoácidos com cadeias laterais carregadas, polares ou hidrofílicas geralmente são expostos na superfície das proteínas. Os resíduos hidrofóbicos não polares (apolares) geralmente ficam mergulhados no interior hidrofóbico (ou core) de uma proteína e fora de contato com a água. Os 20 aminoácidos nas proteínas que são codificados pelo DNA estão listados na Tabela 2.1, sendo classificados de acordo com seus grupos funcionais de cadeia lateral.

CAPÍTULO 2 Aminoácidos e Proteínas

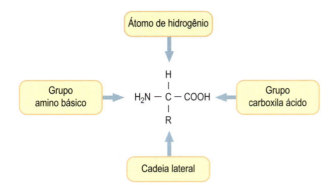

Fig. 2.1 **Estrutura de um aminoácido.** Com exceção da glicina, quatro grupos diferentes estão ligados ao α-carbono de um aminoácido. A Tabela 2.1 lista as estruturas dos grupos R.

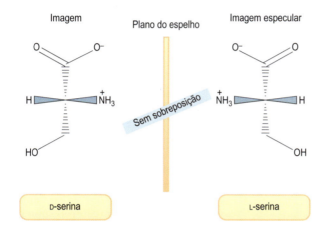

Fig. 2.2 **Enantiômeros.** Par de aminoácidos em imagem especular. Cada aminoácido representa uma imagem especular não sobreponível. Os estereoisômeros da imagem especular são chamados enantiômeros. Apenas os L-enantiômeros são encontrados nas proteínas.

Aminoácidos alifáticos

Alanina, valina, leucina e isoleucina, classificadas como aminoácidos alifáticos, apresentam hidrocarbonetos saturados como cadeias laterais. A glicina, que tem um único hidrogênio como cadeia lateral, também está incluída nesse grupo. A alanina tem uma estrutura relativamente simples, um grupo metil como cadeia lateral, enquanto a valina, a leucina e a isoleucina apresentam os grupos isopropil, sec- e iso-butil. Todos esses aminoácidos são de natureza hidrofóbica.

Aminoácidos aromáticos

Fenilalanina, tirosina e triptofano apresentam cadeias laterais aromáticas

Os aminoácidos apolares alifáticos e aromáticos normalmente estão inseridos no núcleo proteico e se envolvem em interações hidrofóbicas entre si. A tirosina tem um grupo hidroxil fracamente ácido e pode estar localizada na superfície das proteínas. A fosforilação reversível do grupo hidroxil na tirosina em algumas

Tabela 2.1 Os vinte aminoácidos encontrados nas proteínas*

Aminoácidos	Estrutura do grupo R
Aminoácidos alifáticos	
Glicina (Gly, **G**)	—H
Alanina (Ala, **A**)	—CH₃
Valina (Val, **V**)	—CH(CH₃)₂
Leucina (Leu, **L**)	—CH₂—CH(CH₃)₂
Isoleucina (Ile, **I**)	—CH(CH₃)—CH₂—CH₃
Aminoácidos contendo enxofre	
Cisteína (Cys, **C**)	—CH₂—SH
Metionina (Met, **M**)	—CH₂—CH₂—S—CH₃
Aminoácidos aromáticos	
Fenilalanina (Phe, **F**)	—CH₂—C₆H₅
Tirosina (Tyr, **T**)	—CH₂—C₆H₄—OH
Triptofano (Trp, **W**)	—CH₂—(indol)
Iminoácido	
Prolina (Pro, **P**)	(anel pirrolidina)
Aminoácidos neutros	
Serina (Ser, **S**)	—CH₂—OH
Treonina (Thr, **T**)	—CH(OH)—CH₃
Asparagina (Asn, **N**)	—CH₂—C(=O)—NH₂
Glutamina (Gln, **Q**)	—CH₂—CH₂—C(=O)—NH₂
Aminoácidos ácidos	
Ácido aspártico (Asp, **D**)	—CH₂—COOH
Ácido glutâmico (Glu, **E**)	—CH₂—CH₂—COOH
Aminoácidos básicos	
Histidina (His, **H**)	—CH₂—(imidazol)
Lisina (Lys, **K**)	—CH₂—CH₂—CH₂—CH₂—NH₂
Arginina (Arg, **R**)	—CH₂—CH₂—CH₂—NH—C(=NH)—NH₂

*As abreviações de três letras e de uma letra em uso comum são dadas entre parênteses.

enzimas é importante na regulação das vias metabólicas. **Os aminoácidos aromáticos são responsáveis pela absorção da luz ultravioleta na maioria das proteínas, cuja absorção máxima se dá em ~280 nm.** O triptofano apresenta maior absorção nessa região do que a fenilalanina ou a tirosina. O coeficiente de absorção molar de uma proteína é útil para determinar a concentração de uma proteína em solução, com base na espectrofotometria. Os espectros de absorção típicos dos aminoácidos aromáticos e de uma proteína são mostrados na Figura 2.3.

Aminoácidos polares neutros

Os aminoácidos polares neutros contêm hidroxila ou amida nos grupos da cadeia lateral. A serina e a treonina contêm grupos hidroxila. Esses aminoácidos às vezes são encontrados nos sítios ativos de proteínas catalíticas, as enzimas (Capítulo 6). A fosforilação reversível dos resíduos de serina e treonina periféricos de enzimas também está envolvida na regulação do metabolismo energético e no armazenamento de combustível no organismo (Capítulo 12). **A asparagina e a glutamina apresentam cadeias laterais contendo amida. Elas são polares, mas não apresentam carga sob condições fisiológicas.** Serina, treonina e asparagina constituem os sítios primários da ligação de açúcares às proteínas, formando as glicoproteínas (Capítulo 17).

Aminoácidos acídos

Os ácidos aspártico e glutâmico contêm ácidos carboxílicos em suas cadeias laterais e estão ionizados em pH 7. Como resultado, carregam cargas negativas em seus grupos β- e γ-carboxil, respectivamente. No estado ionizado, esses aminoácidos são chamados de aspartato e glutamato, respectivamente.

Aminoácidos básicos

As cadeias laterais de lisina e arginina estão totalmente protonadas em pH neutro e, dessa forma, carregadas positivamente.

> ### QUADRO DE CONCEITOS AVANÇADOS
> #### AMINOÁCIDOS NÃO PROTEICOS
>
> A quantificação de aminoácidos anormais ou de concentrações elevadas de aminoácidos na urina (aminoacidúria) é útil para o diagnóstico clínico (Capítulo 15). No plasma, os aminoácidos livres geralmente são encontrados em uma concentração em torno de 10-100 μmol/L, incluindo muitos daqueles não encontrados em proteínas. A citrulina, por exemplo, é um metabólito da L-arginina e um produto da óxido nítrico sintase, uma enzima que produz óxido nítrico, uma molécula sinalizadora vasoativa importante. A creatinina é um aminoácido derivado em grande parte do músculo e é excretada em quantidades relativamente constantes por unidade de massa corporal/dia. Portanto, a concentração de creatinina na urina, normalmente cerca de 1 mg/mL, pode ser usada para corrigir a diluição da urina, enquanto a concentração urinária de aminoácido comumente é expressa em μmol/g de creatina. O aminoácido mais abundante na urina é a glicina, que está presente na concentração de 400-2.000 mg/g de creatinina. Dipeptídeos como carnosina, β-alanil-L-histidina e anserina (β-alanil-N-metil-histidina) também estão presentes em concentrações significativas nos tecidos e conferem proteção contra espécies reativas de oxigênio (Capítulo 42).

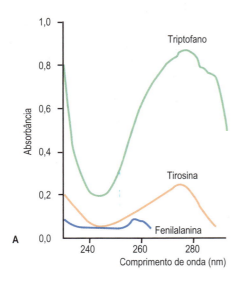
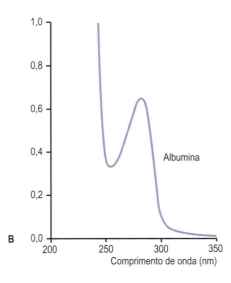

Fig. 2.3 **Espectro de absorção ultravioleta dos aminoácidos aromáticos e da albumina sérica bovina.** (A) Aminoácidos aromáticos como triptofano, tirosina e fenilalanina apresentam absorbância máxima em 260-280 nm. Cada proteína purificada tem um coeficiente de absorção molecular distinto, por volta de 280 nm, dependendo de seu conteúdo de aminoácidos aromáticos. (B) Uma solução de albumina sérica bovina (1 mg dissolvido em 1 mL de água) apresenta absorbância de 0,67 em 280 nm usando uma cubeta de 1 cm. O coeficiente de absorção de proteínas frequentemente é expresso como $E_{1\%}$ (solução de 10 mg/mL). Para a albumina, $E_{1\%}280_{nm} = 6,7$. Embora as proteínas variem quanto ao conteúdo de Trp, Tyr e Phe, as medidas de absorbância em 280 nm são úteis para estimar a concentração de proteínas em soluções.

Tabela 2.2 Resumo dos grupos funcionais dos aminoácidos e de suas polaridades

Aminoácidos	Grupo funcional	Hidrofílico (polar) ou hidrofóbico (apolar)	Exemplos
Ácido	Carboxil, —COOH	Polar	Asp, Glu
Básico	Amina, —NH$_2$	Polar	Lys
	Imidazol	Polar	His
	Guanidino	Polar	Arg
Neutro	Glicina, —H	Apolar	Gly
	Amidas, —CONH$_2$	Polar	Asn, Gln
	Hidroxila, —OH	Polar	Ser, Thr
	Sulfidrila, —SH	Apolar	Cys
Alifático	Hidrocarboneto	Apolar	Ala, Val, Leu, Ile, Met, Pro
Aromático	Anéis de C	Apolar	Phe, Trp, Tyr

A lisina contém um grupo amino primário (NH$_2$) ligado ao ε-carbono terminal da cadeia lateral. O grupo ε-amino da lisina tem p$K_a \approx 11$. A arginina é o aminoácido mais básico (p$K_a \approx 13$) e seu grupo **guanidina** encontra-se na forma de íon guanidino protonado em pH 7.

A histidina (p$K_a \approx 6$) tem um anel **imidazólico** em sua cadeia lateral e funciona como um catalisador ácido-base geral em muitas enzimas. A forma protonada do imidazol é chamada de íon imidazólio.

Aminoácidos contendo enxofre

A cisteína e sua forma oxidada, cistina, são aminoácidos contendo enxofre que se caracterizam pela baixa polaridade. A cisteína exerce papel importante na estabilização da estrutura proteica, já que participa da formação de pontes dissulfeto com outros resíduos de cisteína para formar os resíduos de cistina, os quais estabelecem ligação cruzada de cadeias proteicas e estabilização da estrutura da proteína. Duas regiões de uma única cadeia polipeptídica, distantes entre si na sequência, podem ser covalentemente ligadas por uma ligação dissulfeto (ligação dissulfeto intracadeia). As **ligações dissulfeto** também são formadas entre duas cadeias polipeptídicas (ligação dissulfeto intercadeia), formando dímeros covalentes de proteína. Essas ligações podem ser reduzidas por enzimas ou agentes redutores, como 2-mercaptoetanol ou ditiotreitol, para formar resíduos de cisteína. A metionina é o terceiro aminoácido contendo enxofre e apresenta um grupo metil-tioéster apolar em sua cadeia lateral.

Prolina, um aminoácido cíclico

A prolina é diferente dos outros aminoácidos porque seu **anel pirrolidina** da cadeia lateral inclui os grupos α-amino e α-carbono. Esse aminoácido força uma "curvatura" em uma cadeia polipeptídica, às vezes causando alterações abruptas na direção da cadeia.

Classificação de aminoácidos com base na polaridade das cadeias laterais

A Tabela 2.2 mostra grupos funcionais de aminoácidos e sua polaridade (hidrofilicidade). As cadeias laterais polares podem estar envolvidas na ligação de hidrogênio com a água e com outros grupos polares e geralmente estão localizadas na superfície da proteína. As cadeias laterais hidrofóbicas contribuem para o dobramento da proteína por meio de interações hidrofóbicas e estão localizadas primariamente no núcleo da proteína ou nas superfícies envolvidas nas interações com outras proteínas.

Estado de ionização de um aminoácido

Os aminoácidos são moléculas anfóteras – têm grupos básicos e ácidos

Os ácidos monoamino e monocarboxílico são ionizados de maneiras diferentes em solução, dependendo do pH da solução. Em pH 7, o "*zwitterion*" $^+$H$_3$N—CH$_2$—COO$^-$ é a espécie dominante de glicina em solução e a molécula como um todo é, portanto, eletricamente neutra. Na titulação em pH ácido, os grupos α-amino e carboxila estão protonados, produzindo o cátion $^+$H$_3$N—CH$_2$—COOH, enquanto a titulação com álcali produz a espécie aniônica H$_2$N—CH$_2$—COO$^-$:

$$^+\text{H}_3\text{N} - \text{CH}_2 - \text{COOH} \underset{}{\overset{\text{H}^+}{\rightleftharpoons}} {}^+\text{H}_3\text{N} - \text{CH}_2 - \text{COO}^- \underset{}{\overset{\text{OH}^-}{\rightleftharpoons}} \text{H}_2\text{N} - \text{CH}_2 - \text{COO}^-$$

Os valores de pK_a para os grupos α-amino e α-carboxila, bem como para as cadeias laterais dos aminoácidos ácidos e básicos, são mostrados na Tabela 2.3. A carga global de uma proteína depende da contribuição dos aminoácidos básicos (carga positiva) e ácidos (carga negativa), porém a carga real na proteína varia conforme o pH da solução. Para entender como as cadeias laterais afetam a carga das proteínas, vale a pena rever a equação de Henderson-Hasselbalch (H-H).

Tabela 2.3 Valores de pK_a para grupos ionizáveis em proteínas

Grupo	Ácido (forma protonada) (ácido conjugado)	H$^+$ + base (forma não protonada) (base conjugada)	pK_a
Resíduo carboxila terminal (α-carboxil)	—COOH (ácido carboxílico)	—COO$^-$ + H$^+$ (carboxilato)	3,0-5,5
Ácido aspártico (β-carboxila)	—COOH	—COO$^-$ + H$^+$	3,9
Ácido glutâmico (γ-carboxila)	—COOH	—COO$^-$ + H$^+$	4,3
Histidina (imidazol)	HN$\overset{\oplus}{}$NH (imidazólio)	N⸺NH + H$^+$ (imidazol)	6,0
Aminoterminal (α-amino)	—NH$_3^+$ (amônio)	—NH$^+$ + H$^+$ (amina)	8,0
Cisteína (sulfidril)	—SH (tiol)	—S$^-$ + H$^+$ (tiolato)	8,3
Tirosina (hidroxil fenólico)	—⟨⟩—OH (fenol)	—⟨⟩—O$^-$ + H$^+$ (fenolato)	10,1
Lisina (ε-amino)	—NH$_3^+$	—NH$_2^+$ + H$^+$	10,5
Arginina (guanidino)	—NH=C$\overset{\oplus}{}$(NH$_2$)(NH$_2$) (guanidínio)	—NH—C(NH$_2$)(NH$_2$) + H$^+$ (guanidino)	12,5

Os valores reais de pK_a podem variar em várias unidades de pH, dependendo de temperatura, tampão, ligação ao ligante e, especialmente, dos grupos funcionais vizinhos na proteína.

Equação de Henderson-Hasselbalch e pK_a

A equação H-H descreve a titulação de um aminoácido e pode ser usada para prever a carga líquida e o ponto isoelétrico de uma proteína

A dissociação geral de um ácido fraco, como um ácido carboxílico, é dada pela seguinte equação:

$$(1) \qquad HA \rightleftharpoons H^+ + A^-$$

Onde HA é a forma protonada (ácido conjugado ou forma associada) e A$^-$ é a forma não protonada (base conjugada ou forma dissociada).

A constante de dissociação (K_a) de um ácido fraco é definida como a constante de equilíbrio para a reação de dissociação (1) do ácido:

$$(2) \qquad K_a = \frac{[H^+][A^-]}{[HA]}$$

A concentração do íon hidrogênio [H$^+$] em uma solução de um ácido fraco pode então ser calculada como a seguir. A eq. (2) pode ser rearranjada para:

$$(3) \qquad [H^+] = K_a \times \frac{[HA]}{[A^-]}$$

A eq. (3) pode ser expressa em função do logaritmo negativo:

$$(4) \qquad -\log[H^+] = -\log K_a - \log \frac{[HA]}{[A^-]}$$

Como o pH é o logaritmo negativo da [H$^+$] (i. e., $-\log$[H$^+$]) e pK_a é igual ao logaritmo negativo da constante de dissociação para um ácido fraco (i. e., $-\log K_a$), a eq. (5) de Henderson-Hasselbalch pode ser desenvolvida e usada para análise de sistemas de equilíbrio ácido-base:

$$(5) \qquad pH = pK_a + \log \frac{[A^-]}{[HA]}$$

Para uma base fraca, como uma amina, a reação de dissociação pode ser escrita como:

$$(6) \qquad RNH_3^+ \rightleftharpoons H^+ + RNH_2$$

E a equação de Henderson-Hasselbalch se transforma em:

$$(7) \qquad pH = pK_a + \log \frac{[RNH_2]}{[RNH_3^+]}$$

A partir das eq. (5) e (7), fica evidente que o grau de protonação dos grupos funcionais ácido e básico, assim como a carga líquida de um aminoácido, variará com o pK_a de um grupo funcional e o pH da solução. Para a alanina, que tem dois grupos funcionais com pK_a ≈ 2,4 e 9,8, respectivamente (Fig. 2.4), a carga líquida varia conforme o pH, de +1 a −1. Em um ponto intermediário entre pK_{a1} e pK_{a2}, a alanina tem uma carga líquida igual a zero. Esse pH é chamado de ponto isoelétrico, pI (Fig. 2.4).

TAMPÕES

Aminoácidos e proteínas são excelentes tampões sob condições fisiológicas

Tampões são soluções que minimizam uma alteração na [H⁺] (i. e., no pH) seja na adição de um ácido, seja na adição de uma base. Uma solução tampão, contendo ácido ou base fraca e um contra-íon, tem capacidade de tamponamento máxima em seu pK_a – ou seja, quando as formas ácida e básica estão presentes em concentrações iguais. A forma ácida protonada reage com a base adicionada e a forma básica não protonada neutraliza o ácido adicionado, conforme mostrado a seguir para um composto amino:

$$RNH_3^+ + OH^- \rightleftharpoons RNH_2 + H_2O$$

$$RNH_2 + H^+ \rightleftharpoons RNH_3^+$$

Uma solução de alanina (Fig. 2.4) apresenta capacidade de tamponamento máxima em pH 2,4 e 9,8 – ou seja, no pK_a dos grupos carboxila e amino, respectivamente. Quando dissolvida em água, a alanina existe como íon dipolar, ou **zwitterion**, no qual o grupo carboxila não é protonado (—COO⁻) e o grupo amino é protonado (—NH₃⁺). O pH da solução é 6,1 e o pI (ponto isoelétrico) é o meio termo entre o pK_a dos grupos amino e carboxila. A curva de titulação da alanina pelo NaOH (Fig. 2.4) ilustra que a alanina tem capacidade de tamponamento mínima em seu pI e capacidade de tamponamento máxima em um pH igual ao pK_{a1} ou pK_{a2}.

PEPTÍDEOS E PROTEÍNAS

Estrutura primária das proteínas

A estrutura primária de uma proteína consiste na sequência linear de seus aminoácidos

Em proteínas, o grupo carboxila de um aminoácido está ligado ao grupo amino do aminoácido seguinte, formando uma ligação amida (peptídica); a água é eliminada durante a reação (Fig. 2.5). As unidades de aminoácido em uma cadeia peptídica são referidas como resíduos de aminoácido. Uma cadeia peptídica consistindo em três resíduos de aminoácido é denominada de tripeptídeo – por exemplo, a glutationa na Figura 2.6. Por convenção, o aminoterminal (N-terminal) é tomado como primeiro resíduo, sendo que a sequência de aminoácidos é escrita da esquerda para a direita. Ao escrever a sequência peptídica, usam-se as abreviações de três letras ou de uma letra para os aminoácidos, como Asp-Arg-Val-Tyr-Ile-His-Pro-Phe

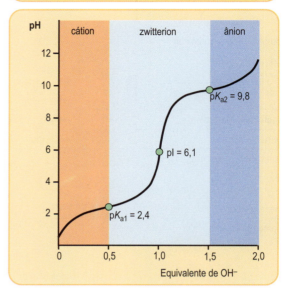

Fig. 2.4 **Titulação de aminoácido.** A curva mostra o número de equivalentes de NaOH consumidos pela alanina durante a titulação da solução do pH 0 ao pH 12. A alanina contém dois grupos ionizáveis: um grupo α-carboxila e um grupo α-amino. Conforme NaOH é adicionado, esses dois grupos são titulados. O pK_a do grupo α-COOH é 2,4 e o do grupo α-NH₃⁺ é 9,8. Em pH muito baixo, a espécie de íon predominante de alanina é a forma catiônica totalmente protonada:

$$\left[^+H_3N-\underset{\underset{CH_3}{|}}{CH}-COOH \right]$$

No ponto médio do primeiro estágio da titulação (pH 2,4), concentrações equimolares das espécies doadoras e aceptoras de próton estão presentes, conferindo um bom poder tamponante.

$$\left[^+H_3N-\underset{\underset{CH_3}{|}}{CH}-COOH \right] \approx \left[H_2N-\underset{\underset{CH_3}{|}}{CH}-COO^- \right]$$

No ponto médio na titulação geral (pH 6,1), o *zwitterion* é a forma predominante do aminoácido em solução. O aminoácido tem uma carga líquida igual a zero neste pH – a carga negativa do íon carboxilato sendo neutralizada pela carga positiva do grupo amônio.

$$\left[^+H_3N-\underset{\underset{CH_3}{|}}{CH}-COO^- \right]$$
Zwitterion

O segundo estágio da titulação corresponde à remoção de um próton do grupo —NH₃⁺ da alanina. O pH no ponto médio desse estágio é 9,8, igual ao pK_a para o grupo —NH₃⁺. A titulação está completa em pH de aproximadamente 12, ponto em que a forma predominante de alanina é a forma aniônica não protonada:

$$\left[H_2N-\underset{\underset{CH_3}{|}}{CH}-COO^- \right]$$

O pH em que uma molécula não tem carga líquida é conhecido como seu ponto isoelétrico, pI. Para a alanina, o pI é calculado da seguinte maneira:

$$pI = \frac{(pK_{a1} + pK_{a2})}{2} = \frac{(2,4+9,8)}{2} = 6,1.$$

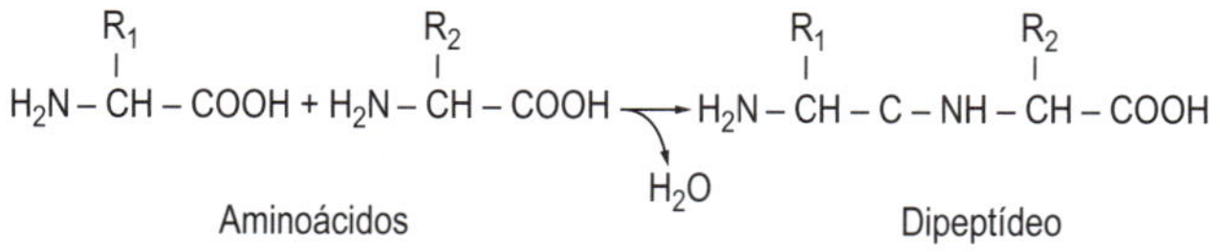

Fig. 2.5 **Estrutura de uma ligação peptídica.**

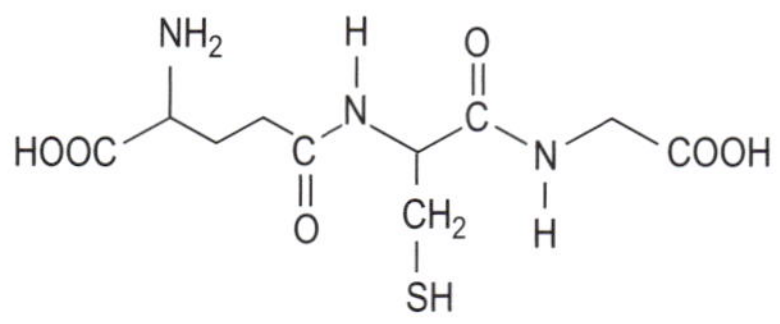

Fig. 2.6 **Estrutura da glutationa.**

> **QUADRO DE CONCEITOS AVANÇADOS**
> **GLUTATIONA**
>
> A glutationa (GSH) é um tripeptídeo contendo a sequência γ-glutamil-cisteinil-glicina (Fig. 2.6). Se o grupo tiol da cisteína for oxidado, há formação de dissulfeto GSSG. A GSH é o principal peptídeo presente na célula. No fígado, a concentração de GSH é ~5 mmol/L. A GSH exerce papel importante na manutenção de resíduos de cisteína em proteínas na forma reduzida (sulfidrila) e nas defesas antioxidantes (Capítulo 42). A enzima γ-glutamil transpeptidase está envolvida no metabolismo da glutationa e é um biomarcador plasmático para algumas doenças hepáticas, incluindo o carcinoma hepatocelular e a doença hepática alcoólica.

-His-Leu ou D-R-V-Y-I-H-P-F-H-L (Tabela 2.1). Esse peptídeo é a angiotensina, um peptídeo hormonal que afeta a pressão arterial. O resíduo de aminoácido contendo um grupo amino livre em uma extremidade do peptídeo, Asp, é chamado de aminoácido N-terminal (aminoterminal), enquanto o resíduo contendo um grupo carboxila livre na outra extremidade, Leu, é denominado aminoácido C-terminal (carboxiterminal). As proteínas contêm entre 50 e 2.000 resíduos de aminoácidos. A massa molecular média de um resíduo de aminoácido é cerca de 110 unidades de Dalton (Da). Portanto, a massa molecular da maioria das proteínas está entre 5.500 e 220.000 Da.

As cadeias laterais de aminoácidos contribuem para a carga e a hidrofobicidade das proteínas

A composição de aminoácidos de uma cadeia peptídica exerce um efeito profundo sobre suas propriedades físicas e químicas. Proteínas ricas em grupamentos aminoalifáticos ou aromáticos são relativamente insolúveis em água e tendem a ser encontradas nas membranas celulares. Proteínas ricas em aminoácidos polares são mais hidrossolúveis. As amidas são compostos neutros, por isso o esqueleto de uma proteína, incluindo os grupos α-amino e α-carboxila que o constituem, não contribui para a carga da proteína. Em vez disso, a carga na proteína depende primariamente dos grupos funcionais das cadeias laterais de aminoácidos, além de uma uma pequena contribuição dos grupos amino e carboxila dos aminoácidos terminais. Os aminoácidos com grupos ácidos (Glu, Asp) ou básicos (Lys, His, Arg) na cadeia lateral vão conferir carga e capacidade de tamponamento a uma proteína. O equilíbrio entre cadeias laterais ácidas e básicas em uma proteína determina seu **ponto isoelétrico** (pI) e a sua carga líquida em solução. Proteínas ricas em lisina e arginina são básicas em solução e têm uma carga positiva em pH neutro, enquanto as proteínas ácidas, ricas em aspartato e glutamato, são ácidas e têm carga negativa. Devido aos seus grupos funcionais de cadeia lateral, todas as proteínas se tornam mais positivamente carregadas em pH ácido e mais negativamente carregadas em pH básico. As proteínas são uma parte importante da capacidade de tamponamento de células e fluidos biológicos, entre os quais o sangue.

Estrutura secundária das proteínas

A estrutura secundária de uma proteína é determinada pelas interações ponte de hidrogênio entre os grupos carbonila e amida do esqueleto proteico

A estrutura secundária de uma proteína se refere à estrutura local da cadeia polipeptídica. Essa estrutura é determinada pelas interações do tipo ponte de hidrogênio entre o oxigênio do grupo carbonila e o hidrogênio da amida de outra ligação peptídica vizinha. Existem dois tipos de estrutura secundária: α-hélice e folha β-pregueada.

A α-hélice

A α-hélice é uma estrutura em forma de bastão contendo uma cadeia peptídica firmemente enrolada e as cadeias laterais de resíduos de aminoácido se estendendo para fora, a partir do eixo da espiral. Cada grupo carbonila de uma amida está ligado por ponte de hidrogênio ao hidrogênio da amida de uma ligação peptídica a uma distância de quatro resíduos ao longo da mesma cadeia. Em média, existem 3,6 resíduos de aminoácido por volta da hélice, sendo que a hélice enrola-se para a direita (sentido horário) em quase todas as proteínas (Fig. 2.7A).

A folha β-pregueada

Se as pontes de H se formarem lateralmente entre as ligações peptídicas, as sequências polipeptídicas se tornam dispostas em paralelo ou antiparalelamente entre si, naquilo que comumente é chamado de folha β-pregueada. A folha β-pregueada é uma estrutura estendida, em oposição à α-hélice espiralada. É pregueada porque as ligações carbono-carbono (C—C) são tetraédricas e não podem existir em uma configuração planar. Quando as cadeias polipeptídicas seguem na mesma direção, formam uma folha β paralela (Fig. 2.7B), porém quando seguem em direções contrárias, formam uma estrutura antiparalela. O β-giro, ou β-curvatura, refere-se ao segmento em que o polipeptídeo muda abruptamente de direção. Os resíduos de glicina (Gly) e prolina (Pro) costumam ocorrer em β-giros na superfície de proteínas globulares.

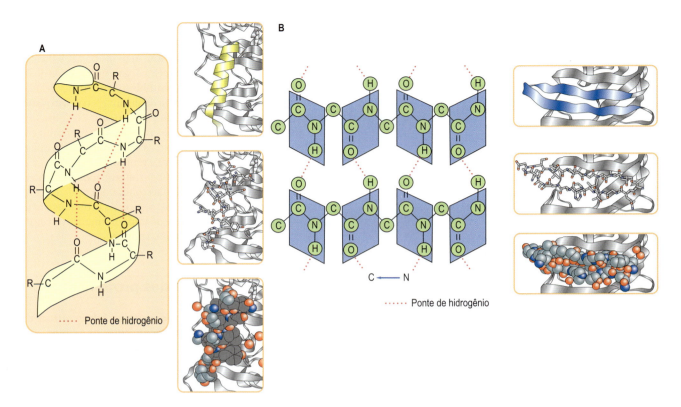

Fig. 2.7 **Motivos estruturais secundários de proteína.** (A) Uma estrutura secundária α-helicoidal. Pontes de hidrogênio entre os grupos de esqueleto amida NH e C = O estabilizam a α-hélice. Os átomos de hidrogênio dos grupos OH, NH ou SH (doadores de hidrogênio) interagem com pares de elétrons de átomos aceptores, como O, N ou S. Ainda que a energia de ligação seja menor do que a das ligações covalentes, as pontes de hidrogênio exercem papel central na estabilização das moléculas de proteína. A figura ilustra os modelos em fita, bastão e espaço preenchido. R, cadeia lateral de aminoácidos que se estende para fora da hélice. (B) Estrutura secundária da folha β paralela. Na conformação β, o esqueleto da cadeia polipeptídica se estende em uma estrutura em zigue-zague. Quando as cadeias polipeptídicas em zigue-zague são arranjadas lado a lado, formam uma estrutura semelhante a uma série de pregas. Os modelos de fita, bastão e espaço preenchido são mostrados.

Estrutura terciária das proteínas

A estrutura terciária de uma proteína é determinada pelas interações entre grupos funcionais da cadeia lateral, incluindo ligações dissulfeto, pontes de hidrogênio, pontes salinas e interações hidrofóbicas

A conformação tridimensional, enovelada e biologicamente ativa de uma proteína é chamada de estrutura terciária dessa proteína. Essa estrutura reflete a forma geral da molécula e, em geral, consiste em várias unidades menores enoveladas, denominadas **domínios**.

A estrutura terciária de uma proteína é estabilizada por interações entre grupos funcionais da cadeia lateral: ligações dissulfeto covalentes, pontes de hidrogênio, pontes salinas e interações hidrofóbicas (Fig. 2.8). As cadeias laterais de triptofano e arginina servem como doadores de hidrogênio, enquanto asparagina, glutamina, serina e treonina podem servir como doadores e também como aceptores de hidrogênio. Lisina, ácido aspártico, ácido glutâmico, tirosina e histidina também servem como doadores e aceptores na formação de pares iônicos (pontes salinas). Dois aminoácidos de cargas opostas, como o glutamato com um grupo γ-carboxila e a lisina com um grupo ε-amino, podem formar uma ponte salina, primariamente na superfície de proteínas (Fig. 2.8). Compostos como ureia e hidrocloreto de guanidina impedem essas interações e causam desnaturação, ou perda da estrutura secundária ou terciária, quando presentes em altas concentrações – por exemplo, ureia a 8 mol/L. Esses reagentes são chamados **desnaturantes** ou **agentes caotrópicos**.

Estrutura quarternária das proteínas

A estrutura quarternária de proteínas multissubunitárias é determinada por interações covalentes e não covalentes entre as superfícies das subunidades

A estrutura quarternária se refere a um complexo, ou reunião, de duas ou mais cadeias peptídicas separadas que são unidas por interações não covalentes ou, em certos casos, covalentes. Em geral, a maioria das proteínas maiores que 50 kDa contém mais de uma cadeia e são chamadas de proteínas diméricas, triméricas ou multiméricas. Muitas proteínas multissubunitárias são compostas por diferentes tipos de **subunidades funcionais, como as subunidades reguladoras e catalíticas**.

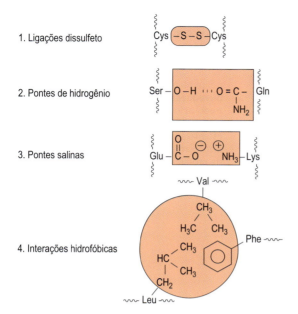

Fig. 2.8 **Elementos de estrutura terciária de proteínas.** Exemplos de interações de cadeia lateral de aminoácidos contribuindo para a estrutura terciária.

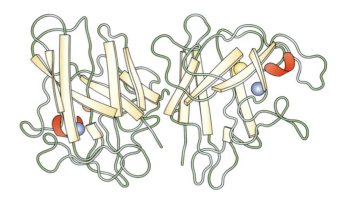

Fig. 2.9 **Estrutura tridimensional de uma proteína dimérica.** Estrutura quaternária da Cu,Zn-superóxido dismutase do espinafre. A Cu,Zn-superóxido dismutase tem estrutura dimérica, com uma massa molecular igual a 16.000 Da para cada monômero. Cada subunidade consiste em oito folhas β antiparalelas denominadas estrutura em β barril, em uma analogia aos motivos geométricos encontrados em tecidos e cerâmicas indígenas americanas e gregas. Arco vermelho, α-hélice curta. Cortesia do Dr. Y. Kitagawa.

QUADRO DE CONCEITOS AVANÇADOS
COLÁGENO

Os defeitos genéticos humanos envolvendo o colágeno ilustram a estreita relação existente entre a sequência de aminoácidos e a estrutura tridimensional. Os colágenos representam a família de proteínas mais abundante no corpo dos mamíferos, representando quase 1/3 das proteínas corporais. Os colágenos são um dos principais componentes do tecido conjuntivo, incluindo cartilagem, tendões, matriz orgânica dos ossos e córnea do olho.

Comentário
O colágeno contém 35% de Gly, 11% de Ala e 21% de Pro mais Hyp (hidroxiprolina). A sequência de aminoácidos no colágeno geralmente é uma unidade tripeptídica repetida, Gly-Xaa-Pro ou Gly-Xaa-Hyp, em que Xaa pode ser qualquer aminoácido; Hyp = hidroxiprolina. Ao contrário da estrutura α-helicoidal das outras proteínas, o colágeno forma uma estrutural helicoidal anti-horária, contendo três resíduos por volta. Três dessas hélices se enrolam ao redor umas das outras com um giro para a direita. A molécula de fita tripla resultante é chamada de tropocolágeno. As moléculas de tropocolágeno se autoagrupam em fibrilas colágenas e são acondicionadas juntas para formar as fibras de colágeno. Existem distúrbios metabólicos e genéticos que resultam de anormalidades do colágeno. O escorbuto, a osteogênese imperfeita (Capítulo 19) e a síndrome de Ehlers-Danlos resultam de defeitos na síntese e/ou nas ligações cruzadas do colágeno.

QUADRO DE CONCEITOS AVANÇADOS
DESLOCAMENTO DO CRISTALINO NA HOMOCISTINÚRIA (INCIDÊNCIA: 1 EM 200.000)

A manifestação ocular mais comum da homocistinúria, um defeito no metabolismo de aminoácidos contendo enxofre (Capítulo 15), é o deslocamento do cristalino que ocorre por volta dos 10 anos de idade. A fibrilina, encontrada nas fibras de sustentação do cristalino, é rica em resíduos de cisteína. As ligações dissulfeto entre esses resíduos são necessárias à ligação cruzada e para estabilização da proteína e da estrutura do cristalino. A homocisteína, um intermediário metabólico e homólogo da cisteína, pode romper essas ligações por troca de dissulfetos homocisteína-dependentes.

Outro distúrbio de aminoácidos sulforados igualmente raro, a deficiência de sulfito oxidase, também está associado ao deslocamento do cristalino por meio de um mecanismo similar (em geral, presente no momento do nascimento, com convulsões refratárias precoces). A síndrome de Marfan, também associada ao deslocamento do cristalino, está associada a mutações no gene da fibrilina (Capítulo 19).

A hemoglobina é uma proteína tetramérica (Capítulo 5) e a ATPase mitocondrial do coração bovino tem 10 protômeros (Capítulo 8). A menor unidade é denominada monômero ou subunidade. A Figura 2.9 ilustra a estrutura da proteína dimérica Cu,Zn-superóxido dismutase. A Figura 2.10 representa uma visão geral das estruturas primária, secundária, terciária e quaternária de uma proteína tetramérica.

PURIFICAÇÃO E CARACTERIZAÇÃO DE PROTEÍNAS

A purificação de proteína é um processo de múltiplas etapas, com base em tamanho, carga, solubilidade e ligação a ligantes

A caracterização completa de uma proteína requer sua purificação e a determinação de sua estrutura primária, secundária e terciária completa. No caso de uma proteína multimérica, também é necessário determinar a estrutura quaternária. Para caracterizar uma

CAPÍTULO 2 Aminoácidos e Proteínas

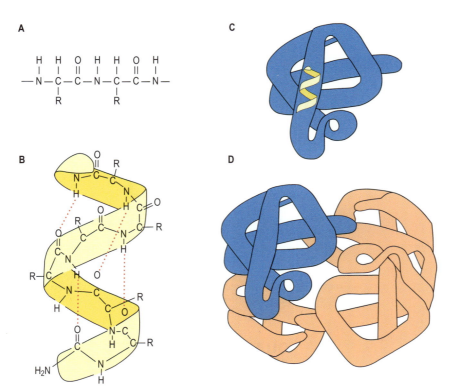

Fig. 2.10 **Estruturas primária, secundária, terciária e quaternária.** (A) A estrutura primária é composta por uma sequência linear de resíduos de aminoácidos nas proteínas. (B) A estrutura secundária indica o arranjo espacial local do esqueleto polipeptídico formando uma estrutura em folha β-pregueada ou α-helicoidal estendida, como ilustrado pelo modelo em fita. Pontes de hidrogênio entre os grupos amida NH e C=O do esqueleto estabilizam a hélice. (C) A estrutura terciária ilustra a conformação tridimensional de uma subunidade da proteína e a estrutura quaternária (D) indica o arranjo de múltiplas cadeias polipeptídicas em uma proteína tetramérica íntegra.

proteína, primeiramente é necessário purificá-la, separando-a dos demais componentes presentes em misturas biológicas complexas. A fonte das proteínas comumente é sangue ou tecidos, ou ainda células microbianas como bactérias e leveduras. Primeiramente, as células ou os tecidos são rompidos por trituração ou homogeneização em soluções isotônicas tamponadas, comumente em pH fisiológico e a 4°C para minimizar a desnaturação proteica durante a purificação. O "extrato bruto" contendo organelas, como núcleos, mitocôndrias, lisossomos, microssomos e frações citosólicas, pode então ser fracionado por centrifugação em alta velocidade ou ultracentrifugação. As proteínas que estão firmemente ligadas a outras biomoléculas ou membranas podem ser solubilizadas usando solventes orgânicos ou detergentes.

Purificação-Precipitação de proteínas

A purificação de proteínas é baseada nas diferenças de solubilidade, tamanho, carga e propriedades de ligação

A solubilidade de uma proteína pode ser aumentada pela adição de sal em baixa concentração *("salting in")* ou diminuída com uma alta concentração salina (*"salting out"*). Quando sulfato de amônio, um dos sais mais solúveis, é adicionado a uma solução proteica, algumas proteínas precipitam em determinada concentração de sal, enquanto outras não. As imunoglobulinas séricas humanas são precipitáveis com $(NH_4)_2SO_4$ saturado a 33-40%, enquanto a albumina permanece solúvel. O sulfato de amônio saturado é de, aproximadamente, 4,1 mol/L. A maioria das proteínas precipitará a partir de uma solução de $(NH_4)_2SO_4$ saturada a 80%.

As proteínas também podem ser precipitadas a partir da solução ajustando o pH. Geralmente, as proteínas são menos

QUADRO DE CONCEITOS AVANÇADOS
MODIFICAÇÕES PÓS-TRADUCIONAIS DE PROTEÍNAS

A maioria das proteínas sofre algum tipo de modificação enzimática após a síntese da cadeia peptídica. As modificações "pós-traducionais" são promovidas por enzimas processadoras no retículo endoplasmático, no aparelho de Golgi, nos grânulos secretores e no espaço extracelular. As modificações incluem clivagem proteolítica, glicosilação, adição de lipídeos e fosforilação. A espectrometria de massas é uma poderosa ferramenta para detecção dessas modificações, com base nas diferenças de massa molecular (Capítulo 24).

solúveis em seu ponto isoelétrico (pI). Nesse pH, a proteína não tem carga líquida nem há repulsão eletrostática entre as subunidades. As interações hidrofóbicas entre as superfícies proteicas levam, então, a agregação e precipitação da proteína.

Diálise e ultrafiltração

Moléculas pequenas, como os sais, podem ser removidas de soluções proteicas por diálise ou ultrafiltração

A diálise é realizada com adição da solução de proteína-sal a um tubo de membrana semipermeável (comumente, uma membrana de nitrocelulose ou colódio). Quando o tubo é imerso em uma solução-tampão diluída, as moléculas pequenas atravessam a membrana, porém as moléculas proteicas grandes são retidas no interior do tubo, dependendo do tamanho dos poros da membrana de diálise. Esse procedimento é particularmente útil para a remoção de $(NH_4)_2SO_4$ ou outros sais durante a purificação proteica, porque os sais interferirão na purificação das proteínas via cromatografia de troca iônica (veja a discussão a seguir). A Figura 2.11 ilustra a diálise de proteínas.

A ultrafiltração tem substituído amplamente a diálise na purificação de proteínas. Essa técnica usa pressão para forçar uma solução através de uma membrana semipermeável com poros de tamanhos definidos e homogêneos. Com a seleção correta do valor de corte do peso molecular (VCPM; tamanho do poro) para o filtro, as membranas permitirão a passagem de solvente e solutos de menor peso molecular através da membrana, formando o filtrado, ao mesmo tempo em que as proteínas de peso molecular maior permanecerão na solução retida. A ultrafiltração pode ser usada para concentrar soluções de proteína ou realizar diálise por meio da substituição contínua de tampão no compartimento de retenção.

grafia por filtração em gel depende da migração diferencial de solutos dissolvidos por meio de géis que apresentam poros de tamanhos definidos. Essa técnica é usada com frequência para purificação de proteínas e dessalinização de soluções proteicas. A Figura 2.12 descreve o princípio da filtração em gel. Existem géis comerciais que são feitos de esferas poliméricas e denominados

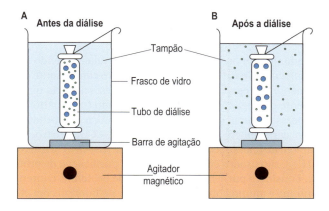

Filtração em gel (peneira molecular)

A cromatografia por filtração em gel separa proteínas com base no tamanho

A cromatografia por filtração em gel, ou permeação em gel, emprega uma coluna de polímeros insolúveis altamente hidratados, como dextrana, agarose ou poliacrilamida. A cromato-

Fig. 2.11 **Diálise de proteínas.** Proteínas e compostos de baixa massa molecular são separados por diálise com base no tamanho. (A) Uma solução de proteína com sais é colocada em um tubo de diálise e dialisada sob agitação contra um tampão apropriado. (B) A proteína é retida no tubo de diálise, enquanto os sais são trocados através da membrana. Com o uso de um grande volume de tampão externo, com substituição ocasional de tampão, a solução proteica será finalmente trocada pela solução-tampão externa.

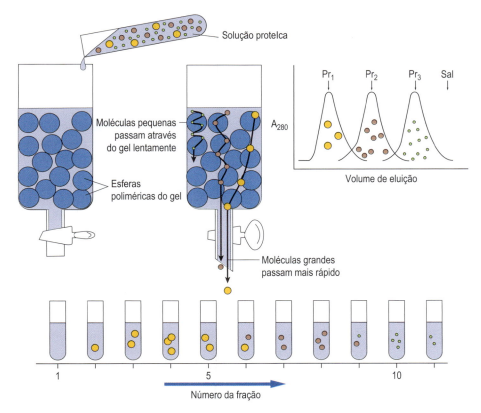

Fig. 2.12 **Fracionamento de proteínas com base no tamanho: cromatografia por filtração em gel.** Proteínas com tamanhos moleculares diferentes são separadas por filtração em gel com base em seus tamanhos relativos. Quanto menor for a proteína, mais prontamente será retida nas esferas de polímero, enquanto as proteínas maiores podem ser totalmente excluídas. Moléculas maiores fluem mais rápido por essa coluna, levando ao fracionamento com base no tamanho molecular. O cromatograma da direita mostra um fracionamento teórico de três proteínas, P_{r1}-P_{r3}, de pesos moleculares decrescentes.

dextrana (série **Sephadex®**), poliacrilamida (série **Bio-Gel P®**) e agarose (série **Sepharose®**), respectivamente. Os géis variam quanto ao tamanho do poro, de modo que é possível escolher materiais de filtração em gel de acordo com a faixa de fracionamento de peso molecular desejada.

Cromatografia por troca iônica

As proteínas se ligam a matrizes de troca iônica com base em interações eletrostáticas

Quando um íon ou uma molécula carregada contendo uma ou mais cargas positivas é trocado por outro componente positivamente carregado e ligado a uma fase estacionária negativamente carregada, o processo é chamado troca catiônica. O processo inverso é chamado troca aniônica. O trocador de cátion, carboximetilcelulose (R—O—CH$_2$—COO$^-$), e o trocador de ânion, dietilaminoetil [(DEAE)] celulose [R—O—C$_2$H$_4$—NH$^+$(C$_2$H$_5$)$_2$], são usados com frequência na purificação de proteínas. Considere purificar uma mistura de proteínas contendo albumina e imunoglobulina. Em pH 7,5, a albumina com pI de 4,8 está negativamente carregada, enquanto a imunoglobulina com pI ~8,0 exibe carga positiva. Se a mistura for aplicada a uma coluna de DEAE-celulose em pH 7,0, a albumina aderirá à coluna positivamente carregada, enquanto a imunoglobulina passará pela coluna. A Figura 2.13 ilustra o princípio da cromatografia por troca iônica. Assim como na cromatografia por permeação em gel, as proteínas podem ser separadas umas das outras com base em pequenas diferenças de pI. **As proteínas adsorvidas comumente são eluídas utilizando-se um gradiente formado a partir de duas ou mais soluções com diferentes valores de pH e/ou concentrações de sal.** Desse modo, as proteínas são gradativamente eluídas da coluna e separadas com base em seus valores de pI.

Cromatografia por afinidade

A cromatografia por afinidade purifica proteínas com base nas interações com ligantes

A cromatografia por afinidade é um método prático e específico para purificação de proteínas. Uma matriz porosa de coluna cromatográfica é derivatizada com um ligante que interage com, ou se liga a, uma proteína contida em uma mistura complexa. A proteína de interesse se ligará de modo seletivo e específico ao ligante, enquanto os outros componentes da mistura fluem através da coluna. A proteína ligada pode então ser eluída por meio de uma alta concentração de sal, por desnaturação leve ou com uma forma solúvel do ligante ou de análogos do ligante.

Determinação da pureza e do peso molecular de proteínas

A eletroforese em gel de poliacrilamida contendo dodecil sulfato de sódio pode ser usada para separar proteínas com base na carga

A eletroforese pode ser usada para a separação de uma ampla variedade de moléculas carregadas, incluindo aminoácidos, polipeptídeos, proteínas e DNA. Quando uma corrente é aplicada a moléculas presentes em tampões diluídos, aquelas com carga líquida negativa no pH selecionado migrarão na direção do ânodo, enquanto aquelas com carga líquida positiva migrarão na direção do cátodo. Um suporte poroso, como papel, acetato de celulose ou gel polimérico, comumente é usado para minimizar a difusão e a convecção.

Como a cromatografia, a eletroforese pode ser usada no fracionamento preparatório de proteínas em pH fisiológico. Diferentes proteínas solúveis se moverão em diferentes velocidades no campo elétrico, dependendo de sua razão carga-massa. Um detergente desnaturante, o dodecil sulfato de sódio (SDS), é bastante usado no sistema de eletroforese em gel de poliacrilamida (PAGE) para separar e resolver subunidades de proteína conforme o peso molecular. A amostra proteica geralmente é tratada com SDS e um reagente tiol, como o β-mercaptoetanol, para reduzir as ligações dissulfeto. Como a ligação de SDS é proporcional ao comprimento da cadeia peptídica, cada molécula de proteína tem a mesma razão massa-carga e a mobilidade relativa da proteína na matriz de poliacrilamida é proporcional à massa molecular da cadeia polipeptídica. Variar a extensão da ligação cruzada do gel de poliacrilamida confere seletividade a proteínas de diversos pesos moleculares. Uma amostra de proteína purificada pode ser prontamente analisada quanto à homogeneidade em SDS-PAGE usando corantes, como o Comassie Blue, ou com uma técnica de coloração com prata, como mostrado na Figura 2.14.

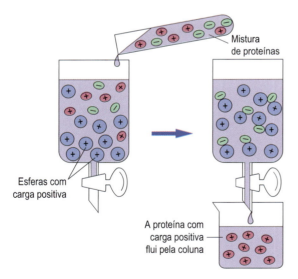

Fig. 2.13 **Fracionamento de proteínas com base na carga: cromatografia de troca iônica.** Misturas de proteínas podem ser separadas por cromatografia de troca iônica, de acordo com suas cargas líquidas. Esferas com grupos positivamente carregados fixados são chamadas trocadores de ânion, enquanto aquelas contendo grupos negativamente carregados são trocadores de cátion. Essa figura ilustra uma coluna de troca aniônica. A proteína negativamente carregada se liga às esferas positivamente carregadas e a proteína com carga positiva flui através da coluna.

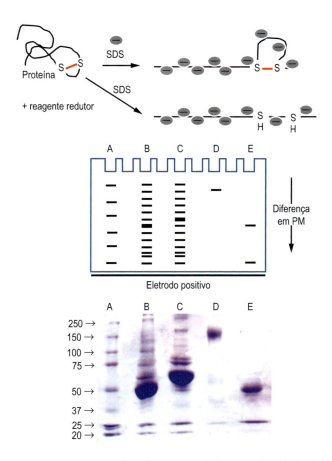

Fig. 2.14 **SDS-PAGE.** A eletroforese em gel de poliacrilamida (PAGE) contendo dodecil sulfato de sódio (SDS) é usada para separar proteínas com base em seus pesos moleculares. Moléculas maiores sofrem retardo na matriz de gel, enquanto as menores se movem mais rápido. A linha A contém proteínas-padrão de massas moleculares conhecidas (indicadas em kDa, à esquerda). As linhas B, C, D e E mostram os resultados da análise de SDS-PAGE de uma proteína em vários estágios de purificação: B, proteína isolada total; C, precipitado com sulfato de amônio; D, fração da cromatografia por permeação em gel; E, proteína purificada por cromatografia de troca iônica.

>
>
> ### QUADRO DE CONCEITOS AVANÇADOS
> ### CROMATOGRAFIA LÍQUIDA DE ALTA EFICIÊNCIA (HPLC)
>
> A HPLC é uma poderosa técnica cromatográfica para separação de proteínas, peptídeos e aminoácidos em alta resolução. O princípio da separação pode ser fundamentado em carga, tamanho ou hidrofobicidade das proteínas. As colunas delgadas são empacotadas com matriz não compressível de finas esferas de sílica revestidas com uma camada delgada de dada fase estacionária. Uma mistura de proteínas é aplicada à coluna e, então, os componentes são eluídos por cromatografia isocrática ou de gradiente. Os eluatos são monitorados por absorção ultravioleta, índice de refração ou fluorescência. Essa técnica usa esferas de tamanho micrométrico finamente empacotadas e requer alta pressão para uma eluição eficiente, mas garante separações de alta resolução.

Focalização isoelétrica (IEF)

A IEF separa proteínas com base em seu ponto isoelétrico

A IEF é conduzida em um microcanal ou gel contendo gradiente de pH estabilizado, formado por anfólitos, que são espécies zwitteriônicas com pontos isoelétricos variados. Quando uma carga é aplicada à solução, os anfólitos se auto-organizam em um gradiente de pH estável. Uma proteína aplicada ao sistema será positiva ou negativamente carregada, dependendo de sua composição de aminoácidos e do pH ambiente. Mediante aplicação de uma corrente, a proteína se moverá na direção do ânodo ou do cátodo até encontrar a parte do sistema que corresponde ao seu pI, em que então não apresentará carga e parará de migrar. **A IEF é usada em conjunto com o SDS-PAGE na eletroforese bidimensional em gel** (Fig. 2.15). Essa técnica é particularmente útil para o fracionamento de misturas complexas de proteínas para análise proteômica.

ANÁLISE DA ESTRUTURA PROTEICA

As etapas típicas na purificação de uma proteína são resumidas na Figura 2.16. Uma vez purificada para a determinação de sua composição de aminoácidos, uma proteína é submetida à hidrólise, comumente em HCl a 6 mol/L, a 110°C, em um tubo lacrado e submetido a vácuo, por 24-48 horas. Sob essas condições, há destruição de triptofano, cisteína e da maior parte da cistina, enquanto a glutamina e a asparagina são quantitativamente deaminadas para produzir glutamato e aspartato, respectivamente. A recuperação de serina e treonina é incompleta e diminui com o aumento do tempo de hidrólise. Procedimentos alternativos de hidrólise podem ser usados para medir triptofano, enquanto a cisteína e a cistina podem ser convertidas em ácido cisteico estável em meio ácido antes da hidrólise.

Em seguida à hidrólise, os aminoácidos livres são separados em um analisador automático de aminoácidos usando uma coluna de troca iônica ou, após a derivatização em uma pré-coluna com reagentes coloridos ou fluorescentes, por cromatografia líquida de alta eficiência (superfície hidrofóbica) de fase reversa (RP-HPLC). Os aminoácidos livres fracionados por cromatografia de troca iônica são detectados por reação em pós-coluna com reagente cromogênico ou fluorogênico, como ninidrina ou cloreto de dansila, reagente de Edman (ver discussão a seguir) ou *o*-ftalaldeído. Essas técnicas permitem quantificar concentrações a partir de 1 pmol de cada aminoácido. Um padrão de eluição típico de aminoácidos de uma proteína purificada é mostrado na Figura 2.17.

Determinação da estrutura primária das proteínas

Historicamente, a análise da sequência proteica era realizada usando métodos químicos. Hoje, tanto a análise da sequência como a identificação da proteína são realizadas por espectrometria de massas

A informação sobre a sequência primária de uma proteína é essencial para compreender suas propriedades funcionais,

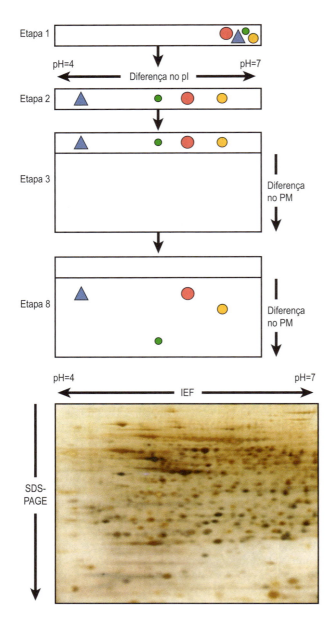

Fig. 2.15 **Eletroforese bidimensional em gel.** (Topo) **Etapa 1:** a amostra contendo proteínas é aplicada em um gel cilíndrico de focalização isoelétrica, ao longo do gradiente de pH. **Etapa 2:** cada proteína migra para uma posição no gel correspondente ao seu ponto isoelétrico (pI). **Etapa 3:** o gel de IEF é colocado horizontalmente no topo de um gel em placa. **Etapa 4:** as proteínas são separadas por SDS-PAGE de acordo com seu peso molecular. (Embaixo) Exemplo típico de 2D-PAGE. Um homogenato de fígado de rato foi fracionado por 2D-PAGE e as proteínas foram detectadas por coloração com prata.

Fig. 2.16 **Estratégia para a purificação de proteínas.** A purificação de uma proteína envolve uma sequência de etapas em que as proteínas contaminantes são removidas com base nas diferenças de tamanho, carga e hidrofobicidade. A purificação é monitorada por SDS-PAGE (Fig. 2.14).

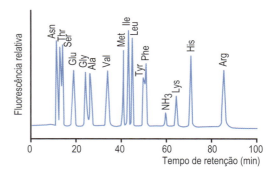

Fig. 2.17 **Cromatograma obtido de uma análise de aminoácidos realizada por cromatografia de troca catiônica.** Um hidrolisado proteico é aplicado à coluna de troca catiônica em tampão de diluição com pH ácido (~3,0), no qual todos os aminoácidos estão positivamente carregados. Os aminoácidos então são eluídos por gradiente de pH e concentração salina crescente. Os aminoácidos mais aniônicos (ácidos) são eluídos primeiro, seguidos pelos aminoácidos neutros e básicos. Os aminoácidos são detectados por reação em pós-coluna com composto fluorogênico, como o-ftalaldeído.

identificar a família à qual a proteína pertence e caracterizar proteínas mutadas causadoras de doença. Devido ao seu grande tamanho, as proteínas tipicamente são clivadas por digestão pela ação de endoproteases específicas, como tripsina (Capítulo 6), protease V8 ou lisil endopeptidase, para obtenção de fragmentos peptídicos. A tripsina cliva as ligações peptídicas no lado C-terminal dos resíduos de arginina e lisina, contanto que o resíduo seguinte não seja prolina. A lisil endopeptidase também é usada com frequência para clivagem no lado C-terminal da lisina. A clivagem por reagentes químicos, como brometo de cianogênio, também é útil. O brometo de cianogênio cliva no lado C-terminal dos resíduos de metionina. Antes da clivagem, proteínas com resíduos de cisteína e cistina são reduzidas por 2-mercaptoetanol e, então, tratadas com iodoacetato para

> **QUADRO DE CONCEITOS AVANÇADOS**
> **O PROTEOMA**
>
> Um proteoma é definido como o conjunto completo de proteínas produzidas por um genoma particular. A proteômica é definida como a comparação qualitativa e quantitativa de proteomas sob diferentes condições. O proteoma é específico de tecido e célula, sofrendo alterações durante o desenvolvimento e em resposta à sinalização hormonal, bem como aos estresses ambientais. Em uma abordagem para analisar o proteoma de uma célula, as proteínas são extraídas e submetidas à eletroforese em gel de poliacrilamida bidimensional (2D-PAGE). *Spots* de proteína individuais são identificados por coloração, em seguida extraídos e digeridos com proteases. Pequenos peptídeos desse tipo de gel são sequenciados por espectroscopia de massas, permitindo a identificação da proteína. Na eletroforese em gel diferencial 2D (DIGE), dois proteomas podem ser comparados marcando-se suas proteínas com diferentes corantes fluorescentes (p. ex., vermelho e verde). As proteínas marcadas são misturadas e em seguida fracionadas por 2D-PAGE (Fig. 2.15). As proteínas presentes em ambos os proteomas aparecerão como *spots* amarelos, enquanto as proteínas exclusivas de cada genoma aparecerão em vermelho ou verde, respectivamente (Capítulo 24).

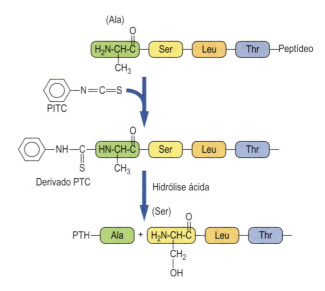

Fig. 2.18 **Etapas da degradação de Edman.** O método de degradação de Edman remove sequencialmente um resíduo de cada vez da extremidade amino de um peptídeo. O fenil isotiocianato (PITC) converte o grupo amino N-terminal do peptídeo imobilizado em um derivado de aminoácido feniltiocarbamil (PTC) em solução alcalina. O tratamento em meio moderadamente ácido remove o primeiro aminoácido como um derivado feniltio-hidantoína (PTH), o qual é identificado por HPLC.

formar resíduos de carboximetilcisteína. Isso evita a formação espontânea de dissulfetos inter- ou intramoleculares durante as análises.

Os peptídeos clivados são então submetidos à HPLC de fase reversa para purificar os fragmentos peptídicos e, em seguida, são sequenciados em um sequenciador de proteína automático usando a técnica de **degradação de Edman** (Fig. 2.18). A sequência de peptídeos sobrepostos então é usada para obter a estrutura primária da proteína. A técnica de degradação de Edman é, em grande parte, de interesse histórico. A espectroscopia de massas é mais usada hoje para obter, ao mesmo tempo, a massa molecular e a sequência de polipeptídeos (Capítulo 24). Ambas as técnicas podem ser aplicadas diretamente a proteínas ou peptídeos recuperados por SDS-PAGE ou eletroforese bidimensional (IEF + SDS-PAGE).

O sequenciamento e a identificação atualmente são realizados por espectroscopia de massas em *tandem* com cromatografia líquida de ionização *eletrospray* (HPLC-ESI-MS/MS; Capítulo 24). Essa técnica é suficientemente sensível para permitir que as proteínas separadas por 2D-PAGE (Fig. 2.15) sejam recuperadas do gel para análise. Quantidades a partir de 1 μg de proteína podem ser digeridas com tripsina *in situ*, em seguida extraídas do gel e identificadas com base na sequência de aminoácidos de seus peptídeos. Essa técnica, e uma técnica complementar chamada espectrometria de massa por tempo de voo com ionização de matriz assistida por laser (MS/MS MALDI-TOF) (Capítulo 24), pode ser aplicada para determinação do peso molecular de proteínas intactas e para análise de sequência de peptídeos, levando à identificação sem ambiguidades de dada proteína.

Determinação da estrutura tridimensional das proteínas

A cristalografia por raio X e a espectroscopia por ressonância magnética (RMN) geralmente são usadas para determinar a estrutura tridimensional das proteínas

A cristalografia por raio X se baseia na difração de raios X pelos elétrons dos átomos constituintes da molécula. Entretanto, como a difração dos raios X causada por uma molécula individual é fraca, a proteína deve existir na forma de um cristal bem ordenado, em que cada molécula exibe a mesma conformação em uma posição específica e orientação em grade tridimensional. Com base na difração de um feixe colimado de elétrons, a distribuição da densidade eletrônica (e, portanto, a localização dos átomos) no cristal pode ser calculada a fim de determinar a estrutura da proteína. Para a cristalização proteica, o método mais usado é o método da gota suspensa, que envolve o uso de um aparato simples, o qual permite que uma pequena porção de uma solução de proteínas (em geral, uma gota de 10 μL contendo 0,5-1,0 mg/proteína) evapore gradualmente até alcançar o ponto de saturação em que a proteína começa a cristalizar. A espectroscopia por RMN é bastante usada para análise estrutural de pequenos compostos orgânicos, mas a RMN de alto campo também é útil para determinar a estrutura de uma proteína em solução e complementa a informação obtida com cristalografia por raio X.

QUADRO DE CONCEITOS AVANÇADOS
ENOVELAMENTO PROTEICO

Para as proteínas funcionarem apropriadamente, precisam se enovelar de forma (ou em conformação) correta. As proteínas evoluíram de modo que uma conformação é mais favorável – do estado nativo – do que todas as demais. Várias proteínas auxiliam no processo de enovelamento. Essas proteínas, denominadas **chaperonas**, incluem as proteínas de "choque térmico", como HSP60 e HSP70, e as proteínas dissulfeto isomerases. Uma doença relacionada ao enovelamento proteico é uma condição associada à conformação anormal de uma proteína. Isso ocorre em doenças crônicas relacionadas com a idade, como doença de Alzheimer, esclerose lateral amiotrófica e doença de Parkinson. O acúmulo de agregados de proteínas enoveladas incorretamente contribui para o desenvolvimento patológico nessas doenças.

QUADRO CLÍNICO
DOENÇA DE CREUTZFELDT-JAKOB

Um pecuarista de 56 anos apresentou espasmos epiléticos e demência, tendo sido diagnosticado com doença de Creutzfeldt-Jakob, uma doença priônica humana. As **doenças priônicas**, também conhecidas como encefalopatias espongiformes transmissíveis, são doenças neurodegenerativas que afetam seres humanos e animais. Essa doença em ovelhas e cabras é denominada *scrapie* e em vacas é denominada encefalopatia espongiforme (doença da vaca louca). As doenças são caracterizadas pelo acúmulo de uma isoforma anômala de proteína codificada pelo hospedeiro, a forma celular da proteína priônica (PrPC), nos cérebros afetados.

Comentário
Os príons parecem ser compostos apenas de moléculas de PrPSc (forma *scrapie*), que são confômeros anormais da proteína hospedeiro-codificada normal. PrPC tem um alto conteúdo de α-hélice e é destituída de folhas β-pregueadas, enquanto PrPSc tem alto conteúdo de folhas β-pregueadas. A conversão de PrPC em PrPSc envolve uma profunda alteração conformacional. A progressão de doenças priônicas infecciosas parece envolver uma interação entre PrPC e PrPSc, a qual induz uma alteração conformacional da PrPC rica em α-hélice para o confômero PrPSc rico em folha β-pregueada. A doença priônica PrPSc-derivada pode ser genética ou infecciosa. As sequências de aminoácido de diferentes PrPCs de mamíferos são similares e a conformação da proteína é praticamente a mesma em todas as espécies de mamíferos.

RESUMO

- As proteínas são macromoléculas formadas pela polimerização de aminoácidos. Existem 20 α-L-aminoácidos diferentes em proteínas, unidos por ligações peptídicas. As cadeias laterais dos aminoácidos contribuem para carga, polaridade e hidrofobicidade das proteínas.
- A sequência linear dos aminoácidos constitui a estrutura primária da proteína. Estruturas de ordem superior são formadas por pontes de hidrogênio entre os grupos carbonila e amida do esqueleto proteico (estrutura secundária), por interações hidrofóbicas, por pontes salinas e por ligações covalentes entre as cadeias laterais de aminoácidos (estrutura terciária), bem como pela associação não covalente de múltiplas cadeias polipeptídicas para formar proteínas poliméricas (estrutura quaternária).
- A purificação e a caracterização de proteínas são essenciais para a elucidação de sua estrutura e de sua função. Aproveitando a vantagem das diferenças de solubilidade, tamanho, carga e propriedades de ligação ao ligante, é possível purificar as proteínas até a homogeneidade usando diversas técnicas cromatográficas e eletroforéticas. A massa molecular e a pureza de uma proteína, bem como sua composição em subunidades, pode ser determinada por SDS-PAGE.
- Decifrar as estruturas primária e tridimensional de uma proteína por métodos químicos, espectrometria de massas, análise cristalográfica por raio X e espectroscopia por RMN leva ao conhecimento das relações entre estrutura e função nas proteínas.

QUESTÕES PARA APRENDIZAGEM

1. A análise de espectroscopia de massas do sangue, urina e tecidos agora está sendo aplicada ao diagnóstico clínico. Discuta o mérito dessa técnica com relação a especificidade, sensibilidade, rendimento e amplitude de análise, incluindo a análise proteômica para fins diagnósticos.
2. Revise a importância do enovelamento incorreto das proteínas e da subsequente deposição nos tecidos nas doenças crônicas relacionadas à idade.

LEITURAS SUGERIDAS

Bada, J. L. (2013). New insights into prebiotic chemistry from Stanley Miller's spark discharge experiments. *Chemical Society Reviews, 42*, 2186-2196.

Chen, C., Huang, H., & Wu, C. H. (2017). Protein bioinformatics databases and resources. *Methods in Molecular Biology, 1558*, 3-39.

Dill, K. A., & MacCallum, J. L. (2012). The protein-folding problem, 50 years on. *Science, 338*, 1042-1046 Retrieved from http://science.sciencemag.org/content/338/6110/1042.full.

Elsila, J. E., Aponte, J. C., Blackmond, D. G., et al. (2016). Meteoritic amino acids: Diversity in compositions reflects parent body histories. *ACS Central Science, 22*, 370-379.

Faísca, P. F. (2015). Knotted proteins: A tangled tale of structural biology. *Computational and Structural Biotechnology Journal, 13*, 459-468.

Kaushik, S., & Cuervo, A. M. (2015). Proteostasis and aging. *Nature Medicine, 21*, 1406-1415.

Raoufinia, R., Mota, A., Keyhanvar, N., et al. (2016). Overview of albumin and its purification methods. *Advanced Pharmaceutical Bulletin, 6*, 495-507.

Rodgers, K. J. (2014). Non-protein amino acids and neurodegeneration: The enemy within. *Experimental Neurology, 253*, 192-196.

Watts, J. C., & Prusiner, S. B. (2017). β-Amyloid prions and the pathobiology of Alzheimer's disease. *Cold Spring Harbor Perspectives in Medicine.* Advance online publication. doi:10.1101/cshperspect.a023507.

SITE

Banco de dados de proteínas: http://www.rcsb.org

ABREVIAÇÕES

GSH	Glutationa reduzida
GSSG	Glutationa oxidada
IEF	Focalização isoelétrica
HPLC	Cromatografia líquida de alta eficiência
VCPM	Valor de corte de peso molecular
PAGE	Eletroforese em gel de poliacrilamida
pI	Ponto isoelétrico
RP-HPLC	Cromatografia líquida de alta eficiência de fase reversa
SDS	Dodecil sulfato de sódio
SDS-PAGE	Eletroforese em gel de poliacrilamida com dodecil sulfato de sódio

CAPÍTULO 3

Carboidratos e Lipídeos

John W. Baynes

OBJETIVOS

Após concluir este capítulo, o leitor estará apto a:

- Descrever a estrutura e a nomenclatura dos carboidratos.
- Identificar os principais carboidratos em nosso organismo e em nossa dieta.
- Distinguir entre açúcares redutores e açúcares não redutores.
- Descrever os vários tipos de ligações glicosídicas em oligossacarídeos e polissacarídeos.
- Identificar as principais classes de lipídeos em nosso organismo e em nossa dieta.
- Descrever os tipos de ligações nos lipídeos e sua sensibilidade à saponificação.
- Destacar as características gerais do modelo do mosaico fluido da estrutura das membranas biológicas.

INTRODUÇÃO

Carboidratos e lipídeos são as principais fontes de energia e são armazenados no corpo como glicogênio e triglicerídeos (gordura)

Neste breve capítulo, que se trata em grande parte de uma revisão geral acerca dos estudos acadêmicos, são descritos a estrutura de carboidratos e lipídeos encontrados na dieta e nos tecidos. Essas duas classes de compostos diferem significativamente quanto às propriedades físicas e químicas. Os carboidratos são hidrofílicos; os menores carboidratos (açúcares) são solúveis em solução aquosa, enquanto os polímeros grandes, como o amido ou a celulose, formam dispersões coloidais ou são insolúveis. Os lipídeos têm tamanhos variáveis, mas raramente excedem 2 kDa em massa molecular; são insolúveis em água, mas são solúveis em solventes orgânicos. Ambos, carboidratos e lipídeos, podem estar ligados de forma covalente ou de forma não covalente a proteínas (glicoproteínas, glicolipídeos, lipoproteínas) e exercem funções estruturais e regulatórias importantes que serão detalhadas nos capítulos subsequentes. O presente capítulo termina com uma descrição do **modelo do mosaico fluido** das membranas biológicas, o qual descreve como proteínas, carboidratos e lipídeos estão integrados à estrutura das membranas biológicas que circundam a célula e compartimentalizam suas funções.

CARBOIDRATOS

Nomenclatura e estrutura de açúcares simples

A definição clássica de um carboidrato é a de um poli-hidróxi aldeído ou poli-hidróxi cetona

Os carboidratos mais simples, contendo dois grupos hidroxila, são gliceraldeído e di-hidroxiacetona (Fig. 3.1). Esses açúcares de três carbonos são trioses: o sufixo "-ose" designa um açúcar. O gliceraldeído é uma **aldose** e a di-hidroxiacetona é uma **cetose**. Os prefixos e os exemplos de açúcares de cadeia mais longa são mostrados na Tabela 3.1.

A numeração dos carbonos começa a partir da extremidade que contenha o grupo funcional aldeído ou cetona. Os açúcares são classificados nas famílias D ou L, com base na configuração ao redor do centro assimétrico de numeração mais elevada (Fig. 3.2). Ao contrário dos **L**-aminoácidos, quase todos os açúcares encontrados no corpo exibem configuração **D**.

Uma aldo-hexose, como a glicose, contém quatro centros assimétricos, de modo que existem 16 (2^4) estereoisômeros possíveis, conforme cada um dos quatro carbonos tenha configuração **D** ou **L** (Fig. 3.2). Oito dessas aldo-hexoses são D-açúcares. Apenas três desses são encontrados em quantidades significativas no corpo: glicose (açúcar no sangue), além de manose e galactose na forma de intermediários metabólicos ou glicoconjugados (Fig. 3.2). Existem quatro D-ceto-hexoses possíveis; a frutose (açúcar de frutas; Fig. 3.2) é a única ceto-hexose presente em concentração significativa em nossa dieta ou no corpo.

Devido aos seus centros assimétricos, os açúcares são compostos opticamente ativos. A rotação da luz plano-polarizada pode ser dextrorrotatória (+) ou levorrotatória (−). Essa designação também é comumente incluída no nome do açúcar; portanto, **D**(+)-glicose ou **D**(−)-frutose indicam que a forma **D** da glicose é dextrorrotatória, enquanto a forma **D** da frutose é levorrotatória.

Ciclização de açúcares

Com exceção das trioses, os açúcares existem primariamente em conformações cíclicas. As estruturas de açúcar lineares mostradas na Figura 3.2 implicam que os açúcares aldose tenham um resíduo aldeído quimicamente reativo, facilmente oxidável e eletrofílico. Aldeídos como o formaldeído ou o glutaraldeído

CAPÍTULO 3 Carboidratos e Lipídeos

Tabela 3.1 Classificação de carboidratos com base no comprimento da cadeia carbônica

Número de carbonos	Nome	Exemplos na biologia humana
3	Triose	Gliceraldeído, di-hidroxiacetona
4	Tetrose	Eritrose
5	Pentose	Ribose, ribulose*, xilose, xilulose*, desoxirribose
6	Hexose	Glicose, manose, galactose, fucose, frutose
7	Heptose	Sedo-heptulose*
8	Octose	Nenhum
9	Nonose	Ácido neuramínico (siálico)

*O trio de letras -ulo- indica que o açúcar é uma cetose; o nome formal para frutose seria gliculose. Como com a frutose, o grupo ceto está localizado no C-2 do açúcar, enquanto os carbonos restantes têm a mesma geometria que o açúcar aldose parental.

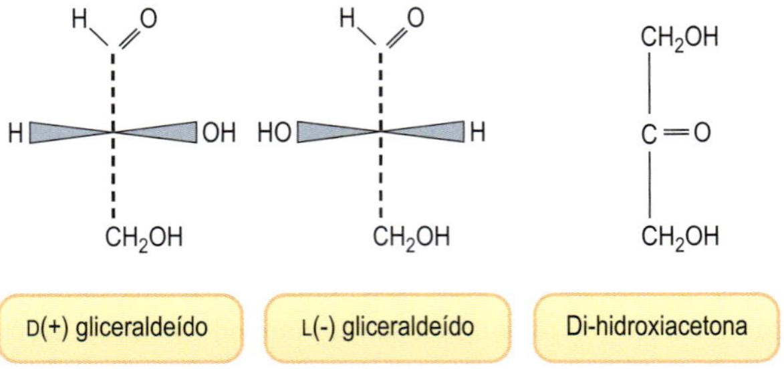

reagem rápido com os grupos amino presentes nas proteínas, para formar adutos de base de Schiff (imina) e ligações cruzadas durante a fixação dos tecidos. Entretanto, a glicose é relativamente resistente à oxidação e não reage rapidamente com proteínas. Como mostrado na Figura 3.3, em solução aquosa de pH 7,4 a 37°C, grande parte (99,9%) da glicose encontra-se em sua conformação hemiacetal cíclica, inerte e não reativa. Dentre todos os D-açúcares existentes no mundo, a D-glicose está presente em maior quantidade nessa conformação cíclica, o que a torna menos oxidável e menos reativa com proteínas. Foi proposto que a relativa inércia química da glicose é a razão para sua seleção evolucionária como açúcar no sangue.

Quando a glicose se cicliza para um hemiacetal, pode haver formação de uma estrutura em anel do tipo **furanose** ou **piranose**, assim chamada devido à presença de éteres cíclicos com 5 e 6 carbonos, furano e pirano (Fig. 3.3). Note que a reação de ciclização cria um novo centro assimétrico em C-1, conhecido como **carbono anomérico**. A conformação preferida para a glicose é a β-anomérica(~65%), em que o grupo hidroxila em C-1 apresenta orientação equatorial em relação ao anel. O β-anômero é a forma mais estável de glicose, porque todos os grupos hidroxila, que são mais volumosos do que o hidrogênio, estão orientados equatorialmente no plano do anel, minimizando as interações estéricas. Os α- e β-anômeros de glicose podem ser isolados na forma pura por cristalização seletiva a partir de solventes aquosos e orgânicos. Embora apresentem rotações ópticas diferentes, em solução aquosa, permanecem em interconversão durante horas, até que o equilíbrio seja alcançado de modo a se formar uma mistura de equilíbrio de 65:35 de anômeros β:α. Essas diferenças estruturais podem não parecer relevantes, mas na verdade algumas vias metabólicas usam um anômero, mas não usam o outro, e vice-versa. Similarmente, embora as conformações de frutopiranose sejam as formas primárias de frutose em solução aquosa, a maior parte do metabolismo da frutose ocorre a partir da conformação furanosídica.

Além das estruturas básicas de açúcares já discutidas, outras estruturas de açúcares comuns são mostradas na Figura 3.4. Esses açúcares, desoxiaçúcares, aminoaçúcares e açúcares ácidos são encontrados principalmente nas estruturas oligoméricas ou poliméricas do organismo (p. ex., ribose no RNA e desoxirribose

Fig. 3.1 **Estruturas das trioses: D- e L-gliceraldeído (aldoses) e di-hidroxiacetona (uma cetose).**

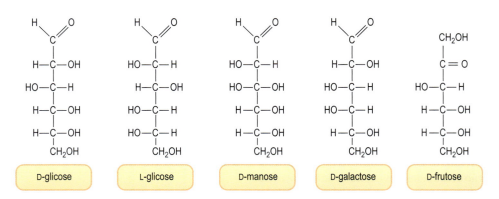

Fig. 3.2 **Estruturas de hexoses: D- e L-glicose, D-manose, D-galactose e D-frutose.** Essas projeções lineares das estruturas dos carboidratos são conhecidas como projeções de Fischer. As designações D e L são baseadas na configuração do centro assimétrico de numeração mais elevada (C-5, no caso das hexoses). Note que a L-glicose é a imagem especular da D-glicose (i. e., a geometria em todos os centros assimétricos é invertida). A manose é epímera em C-2, enquanto a galactose é epímera em C-4; os epímeros diferem em um único centro estereogênico.

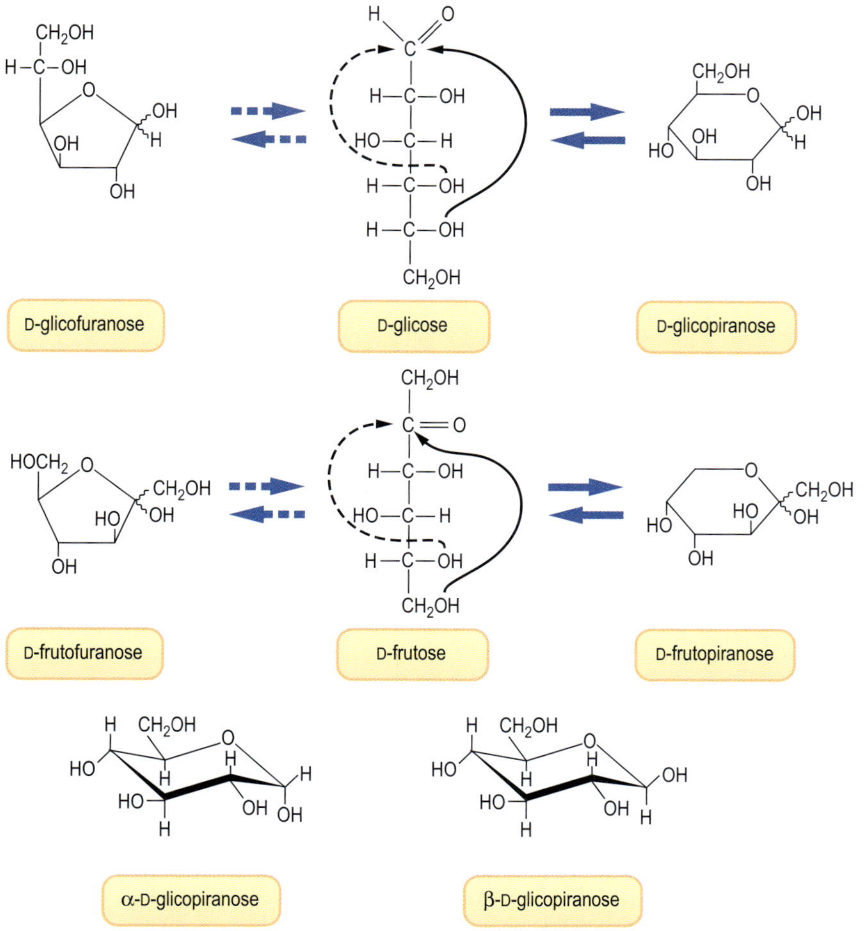

CAPÍTULO 3 Carboidratos e Lipídeos 27

Fig. 3.3 **Representações linear e cíclica de glicose e frutose.** (Topo) Existem quatro conformações cíclicas de glicose, em equilíbrio com a forma linear: α- e β-glicopiranose e α- e β-glicofuranose. As formas piranose representam mais de 99% da glicose total em solução. Essas estruturas cíclicas são conhecidas como projeções de Haworth; por convenção, os grupos à direita nas projeções de Fischer são mostrados abaixo do anel, enquanto os grupos à esquerda são mostrados acima do anel. As ligações contorcidas entre o H e o OH em C-1, o carbono anomérico, indicam geometria indeterminada e representam o anômero α ou o β. (Meio) Formas linear e cíclica de frutose. A razão de formas piranose:furanose da frutose em solução aquosa é ~3:1. A razão muda em função de temperatura, pH, concentração salina e outros fatores. (Embaixo) Representações estereoquímicas das formas em cadeira da α- e β-glicopiranose. A estrutura preferida em solução, β-glicopiranose, tem todos os grupos hidroxila, incluindo o grupo hidroxila anomérico, em posições equatoriais ao redor do anel, minimizando as interações estéricas.

no DNA), ou podem aparecer ligados a proteínas ou lipídeos, formando glicoconjugados (glicoproteínas ou glicolipídeos, respectivamente). **A glicose é o único açúcar encontrado em quantidade significativa na forma de açúcar livre (açúcar do sangue) no organismo.**

Dissacarídeos, oligossacarídeos e polissacarídeos

Os açúcares estão unidos uns aos outros por meio de ligações glicosídicas, formando glicanas complexas

Os carboidratos comumente estão ligados entre si por ligações glicosídicas, formando dissacarídeos, trissacarídeos, oligossacarídeos e polissacarídeos. Os polissacarídeos compostos por um único açúcar são denominados *homoglicanas*, enquanto aqueles com constituições complexas são denominados *heteroglicanas*. O nome das estruturas mais complexas inclui não só o nome dos açúcares componentes como também a conformação do anel dos açúcares, a configuração anomérica da ligação entre os açúcares, o sítio de ligação de um açúcar a outro e a natureza do átomo envolvido nessa ligação – em geral, um oxigênio ou uma ligação *O*-glicosídica, às vezes um nitrogênio ou uma ligação *N*-glicosídica. A Figura 3.5 mostra a estrutura de vários dissacarídeos comuns em nossa dieta: **lactose** (açúcar do leite);

sacarose (açúcar de mesa); **maltose** e isomaltose (produtos da digestão do amido); celobiose, que é obtida por hidrólise da **celulose**; e **ácido hialurônico**.

Diferenças na ligação de açúcares promovem diferença importante no metabolismo e na nutrição

A amilose, um componente do **amido**, é uma glicana linear com ligações α-1→4, enquanto a **celulose** é uma glicana linear com ligações β-1→4. Esses dois polissacarídeos diferem somente quanto à ligação anomérica entre as subunidades de glicose, mas são moléculas bastante diferentes. O amido forma uma suspensão coloidal em água, enquanto a celulose é insolúvel; o amido é pastoso, enquanto a celulose é fibrosa; o amido é digerível, enquanto a celulose não é digerida por seres humanos; o amido é um alimento rico em calorias, enquanto a celulose é uma fibra não digerível.

LIPÍDEOS

Os lipídeos são encontrados, principalmente, em três compartimentos no corpo: plasma, tecido adiposo e membranas biológicas

Esta parte trata da estrutura de **ácidos graxos** (a forma mais simples de lipídeo, encontrada principalmente no

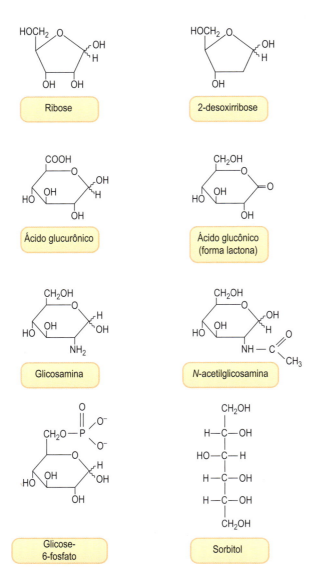

Fig. 3.4 **Exemplos de vários tipos de açúcares encontrados em tecidos humanos.** Ribose, o açúcar pentose presente no ácido ribonucleico (RNA); 2-desoxirribose, a pentose presente no DNA; ácido glucurônico, um açúcar ácido formado pela oxidação do C-6 da glicose; ácido glucônico, um açúcar ácido formado pela oxidação do C-1 da glicose, mostrado na forma de δ-lactona; glicosamina, um aminoaçúcar; *N*-acetilglicosamina, um aminoaçúcar acetilado; glicose-6-fosfato, um éster-fosfato de glicose, intermediário no metabolismo da glicose; sorbitol, um poliol formado pela redução da glicose.

QUADRO DE CONCEITOS AVANÇADOS
A INFORMAÇÃO DO CONTEÚDO DE GLICANAS COMPLEXAS

Os açúcares se ligam uns aos outros por **ligações glicosídicas** entre um carbono hemiacetal de um açúcar e um grupo hidroxila do outro. Dois resíduos de glicose podem se unir por meio de muitas ligações distintas (i. e., α1,2; α1,3; α1,4; α1,6; β1,2; β1,3; β1,4; β1,6; α, α1,1; α, β1,1; β, β1,1) para produzir 11 dissacarídeos diferentes, cada um com propriedades químicas e biológicas distintas. Dois açúcares diferentes, como a glicose e a galactose, podem estar ligados como glicose → galactose ou galactose → glicose e esses dois dissacarídeos podem ter um total de 20 isômeros diferentes.

Por outro lado, dois aminoácidos idênticos, como duas alaninas, somente podem formar um dipeptídeo, alanil-alanina. E dois aminoácidos diferentes (p. ex., alanina e glicina) somente podem formar dois dipeptídeos (p. ex., alanil-glicina e glicil-alanina). Como resultado, os açúcares têm potencial de aprovisionar bastante informação química. Como destacado nos Capítulos 17 a 19, os carboidratos ligados a proteínas e lipídeos nas membranas celulares podem servir na sinalização de reconhecimento para interações célula-célula e célula-patógeno.

QUADRO DE TESTE CLÍNICO
TESTE DO AÇÚCAR REDUTOR PARA GLICOSE SANGUÍNEA

Os ensaios originais para glicemia medeiam a atividade redutora do sangue. Esses ensaios funcionam porque a glicose, na concentração de 5 mM, é a principal substância redutora no sangue. Os ensaios de Fehling e Benedict empregam soluções alcalinas de sais cúpricos. Com o aquecimento, a glicose se decompõe oxidativamente, produzindo uma mistura complexa de ácidos orgânicos e aldeídos. A oxidação do açúcar reduz o íon cúprico (cor azul-esverdeada) a íon cuproso (cor laranja-avermelhada) em solução. O produto colorido é diretamente proporcional ao conteúdo de glicose da amostra.

Os ensaios de redução de açúcar não distinguem a glicose dos demais açúcares redutores, como a frutose ou a galactose. Nas doenças do metabolismo de frutose e galactose, como a intolerância à frutose hereditária ou a galactosemia (Capítulo 17), esses ensaios poderiam fornecer resultados positivos, criando a falsa impressão de diabetes. Sacarose e ácido glucônico são açúcares não redutores (Fig. 3.4 e 3.5), não apresentam um grupo aldeído terminal e dão resultado negativo para o teste do açúcar redutor.

plasma), **triglicerídeos** (forma de armazenamento dos lipídeos, encontrada principalmente no tecido adiposo) e **fosfolipídeos** (principal classe de lipídeos de membrana em todas as células). Os esteroides, como o colesterol, e os (glico)esfingolipídeos são mencionados no contexto das membranas biológicas, mas esses e outros lipídeos, como plasmalógenos, poli-isoprenoides e eicosanoides, são abordados em capítulos posteriores.

Ácidos graxos

Os ácidos graxos existem na forma livre e como componentes de lipídeos mais complexos

Como resumido na Tabela 3.2, a maioria dos ácidos graxos são ácidos alcanoicos de cadeia longa e linear, comumente contendo 16 ou 18 carbonos. Podem ser saturados ou insaturados, sendo que esses últimos contêm 1-5 duplas ligações, todas com geometria *cis*. As duplas ligações não são conjugadas, mas separadas por grupos metileno.

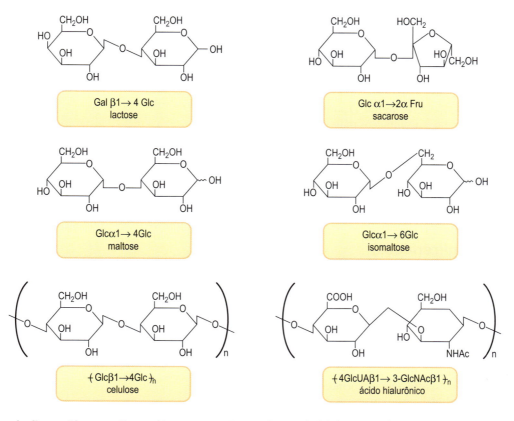

Fig. 3.5 **Estruturas de dissacarídeos e polissacarídeos comuns.** Lactose (açúcar do leite); sacarose (açúcar de mesa); maltose e isomaltose, dissacarídeos formados pela degradação do amido; e unidades dissacarídicas repetidas da celulose (da madeira) e ácido hialurônico (dos discos vertebrais). Fru, frutose; Gal, galactose; Glc, glicose; GlcNAc, *N*-acetilglicosamina; GlcUA, ácido glucurônico.

Tabela 3.2 Estrutura e ponto de fusão de ácidos graxos de ocorrência natural no organismo

Átomos de carbono	Fórmula química	Nome sistemático	Nome comum	Ponto de fusão (°C)
Ácidos graxos saturados				
12 12:0	$CH_3(CH_2)_{10}COOH$	*n*-dodecanoico	Láurico	44
14 14:0	$CH_3(CH_2)_{12}COOH$	*n*-tetradecanoico	Mirístico	54
16 16:0	$CH_3(CH_2)_{14}COOH$	*n*-hexadecanoico	Palmítico	63
18 18:0	$CH_3(CH_2)_{16}COOH$	*n*-octadecanoico	Esteárico	70
20 20:0	$CH_3(CH_2)_{18}COOH$	*n*-eicosanoico	Araquídico	77
Ácidos graxos insaturados				
16 16:1; ω-7, Δ^9	$CH_3(CH_2)_5CH=CH(CH_2)_7COOH$		Palmitoleico	−0,5
18 18:1; ω-9, Δ^9	$CH_3(CH_2)_7CH=CH(CH_2)_7COOH$		Oleico	13
18 18:2; ω-6, $\Delta^{9,12}$	$CH_3(CH_2)_4CH=CHCH_2CH=CH(CH_2)_7COOH$		Linoleico	−5
18 18:3; ω-3, $\Delta^{9,12,15}$	$CH_3CH_2CH=CHCH_2CH=CHCH_2CH=CH(CH_2)_7COOH$		Linolênico	−11
20 20:4; ω-6, $\Delta^{5,8,11,14}$	$CH_3(CH_2)_4CH=CHCH_2CH=CHCH_2CH=CHCH_2CH=CH(CH_2)_3COOH$		Araquidônico	−50

*Para ácidos graxos insaturados, a designação **ω** indica a localização da primeira dupla ligação a partir da extremidade metil da molécula; o **Δ** sobrescrito indica a localização das duplas ligações a partir da extremidade carboxil da molécula. Os ácidos graxos insaturados representam cerca de 2/3 de todos os ácidos graxos existentes no organismo; oleato e palmitato representam cerca de 1/3 e ¼ do total de ácidos graxos, respectivamente.*

Ácidos graxos com uma única dupla ligação são descritos como monoinsaturados, enquanto aqueles contendo duas ou mais duplas ligações são descritos como ácidos graxos poli-insaturados. Os ácidos graxos poli-insaturados comumente são classificados em dois grupos, **ácidos graxos ω-3 e ω-6**, dependendo de a primeira dupla ligação aparecer a três ou seis carbonos do grupo metila terminal. O ponto de fusão dos ácidos graxos, bem como o dos lipídeos mais complexos, aumenta com o comprimento da cadeia do ácido graxo, mas diminui com o número de duplas ligações. As **duplas ligações-cis** produzem uma dobra na estrutura linear da cadeia de ácido graxo, interferindo no empacotamento ajustado das cadeias, requerendo, assim, uma temperatura mais baixa para o congelamento (i. e., têm um ponto de fusão menor).

Triacilglicerois (triglicerídeos)

Os triglicerídeos são a forma de armazenamento dos lipídeos no tecido adiposo

Os ácidos graxos presentes em tecidos vegetais e animais comumente são esterificados com o glicerol, formando um triacilglicerol (triglicerídeo; Fig. 3.6), como óleos (líquido) ou gorduras (sólido). Em seres humanos, os triglicerídeos são estocados na forma sólida no tecido adiposo, como gordura. São degradados a glicerol e ácidos graxos em resposta a sinais hormonais e então liberados no plasma para metabolização em outros tecidos, principalmente músculo e fígado. A ligação éster dos triglicerídeos e de outros glicerolipídeos também é prontamente hidrolisada *in vitro* por uma base forte, como NaOH, formando glicerol e ácidos graxos livres. Esse processo é conhecido como **saponificação**; um dos produtos, o sal sódico do ácido graxo, é o sabão.

O glicerol em si não tem um carbono quiral, mas a numeração é padronizada usando um sistema de numeração estereoquímica (*sn*) que coloca o grupo hidroxila de C-2 à esquerda; assim, todos os glicolipídeos são derivados do L-glicerol (Fig. 3.6). Os triglicerídeos isolados de fontes naturais não são compostos puros, mas misturas de moléculas com diferentes composições de ácido graxo (p. ex., 1-palmitoil, 2-oleil, 3-linoleoil-L-glicerol), em que a distribuição e o tipo de ácidos graxos variam de molécula para molécula. Portanto, as gorduras são uma mistura de muitos diferentes triglicerídeos.

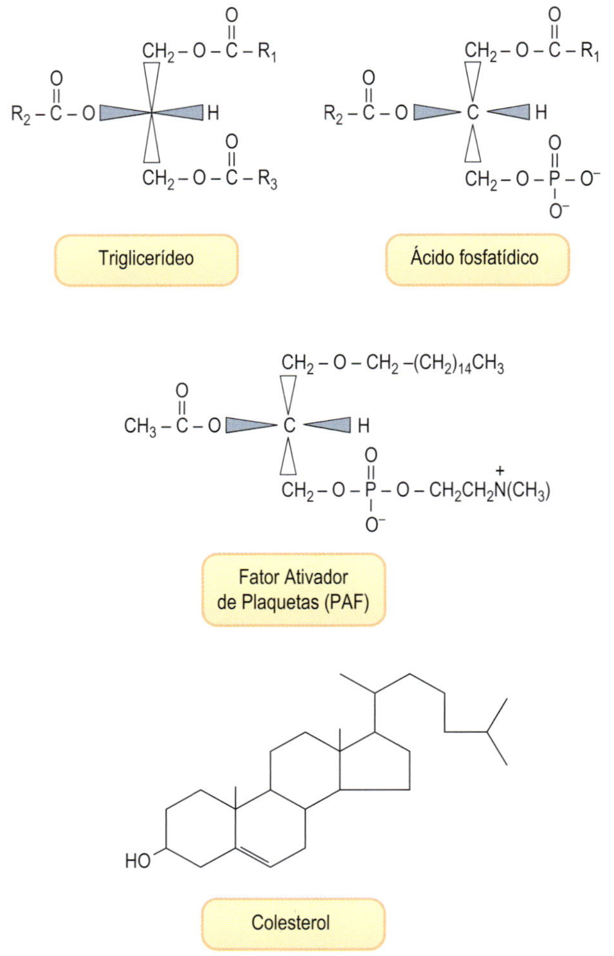

Fig. 3.6 **Estrutura de quatro lipídeos com funções biológicas significativamente distintas.** Os triglicerídeos são gorduras de armazenamento. O ácido fosfatídico é um precursor metabólico tanto de triglicerídeos quanto de fosfolipídeos (Fig. 3.7). O Fator Ativador de Plaquetas, mediador inflamatório, é um fosfolipídeo incomum, contendo um álcool lipídico em vez de um lipídeo esterificado na posição *sn*-1, um grupo acetil em *sn*-2 e fosforilcolina esterificada na posição *sn*-3. O colesterol é menos polar do que os fosfolipídeos; o grupo hidroxila tende a estar na superfície da membrana, enquanto o sistema policíclico se intercala entre as cadeias de ácidos graxos dos fosfolipídeos.

QUADRO DE CONCEITOS AVANÇADOS
MANTEIGA OU MARGARINA?

Existe uma discussão permanente entre os nutricionistas sobre os benefícios à saúde proporcionados pela manteiga em comparação com a margarina na alimentação. A manteiga é rica em colesterol e triglicerídeos, contendo ácidos graxos saturados, ambos considerados fatores de risco dietético para aterosclerose. A margarina não contém colesterol e é mais rica em ácidos graxos insaturados.

Entretanto, os ácidos graxos insaturados presentes na margarina são na maioria ácidos graxos-*trans* artificiais formandos durante a hidrogenação parcial de óleos vegetais. Como os ácidos graxos saturados, os ácidos graxos-*trans* são aterogênicos, sugerindo que há fatores de risco comparáveis associados ao consumo de manteiga

ou de margarina. A resolução dessa questão é complicada pelo fato de que as várias formas de margarina – por exemplo, os tipos mole para espalhar e em tablete firme – variam significativamente quanto ao conteúdo de ácidos graxos-*trans*. Os óleos parcialmente hidrogenados são mais estáveis do que os óleos naturais durante o aquecimento. Quando usados para frituras, precisam ser trocados com menos frequência. Apesar do custo extra, as indústrias alimentícias e de serviços na área de alimentação foram mudando gradativamente para o uso de óleos naturais, ricos em ácidos graxos insaturados e isentos de ácidos graxos-*trans*, nos processos de cozinhar e assar.

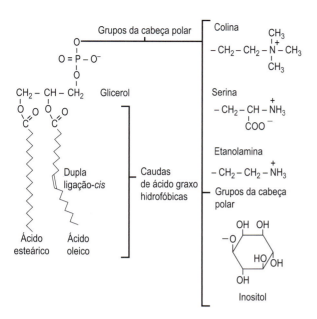

Fig. 3.7 **Estrutura dos principais fosfolipídeos das membranas da célula animal.** Fosfatidilcolina, fosfatidilserina, fosfatidiletanolamina e fosfatidilinositol.

Fosfolipídeos

Os fosfolipídeos são os principais lipídeos nas membranas biológicas

Os fosfolipídeos são lipídeos polares derivados do ácido fosfatídico (1,2-diacil-glicerol-3-fosfato; Fig. 3.6). Assim como os triglicerídeos, os glicerofosfolipídeos contêm um espectro de ácidos graxos nas posições *sn*-1 e *sn*-2, mas a posição *sn*-3 é ocupada pelo fosfato esterificado a um composto amino. O fosfato atua como uma ponte diéster, ligando o diacilglicerídeo a um composto nitrogenado polar, mais frequentemente colina, etanolamina ou serina (Fig. 3.7). A fosfatidilcolina **(lecitina)**, por exemplo, geralmente contém ácido palmítico ou ácido esteárico em sua posição *sn*-1, bem como um ácido graxo insaturado com 18 carbonos (p. ex., oleico, linoleico ou linolênico) em sua posição *sn*-2. A fosfatidiletanolamina (cefalina) geralmente tem um ácido graxo poli-insaturado de cadeia mais longa na posição *sn*-2, como o ácido araquidônico. Esses lipídeos complexos contribuem com carga para as membranas biológicas (Fig. 3.8): a fosfatidilserina e o fosfatidilinositol são aniônicos, enquanto a fosfatidilcolina e a fosfatidiletanolamina são zwitteriônicas em pH fisiológico e não têm carga líquida. Existem outras estruturas fosfolipídicas com funções especiais que serão apresentadas em capítulos posteriores.

Quando os fosfolipídeos são dispersos em solução aquosa, formam espontaneamente estruturas lamelares e, sob condições adequadas, organizam-se em estruturas de bicamada estendidas – não apenas estruturas lamelares, mas também estruturas vesiculares fechadas denominadas **lipossomos**. O lipossomo é um modelo para a estrutura de uma membrana biológica, uma bicamada de lipídeos polares com as faces polares expostas ao ambiente aquoso e as cadeias laterais de ácidos graxos mergulhadas no interior oleoso e hidrofóbico da membrana. A membrana de superfície lipossomal é uma estrutura flexível à temperatura corporal.

As membranas biológicas também contêm outro importante lipídeo anfipático: o colesterol, uma molécula hidrofóbica rígida e plana contendo um grupo hidroxila polar (Fig. 3.6). O colesterol é encontrado em todas as biomembranas e atua como modulador da fluidez membranar. Em temperaturas menores, interfere nas associações da cadeia de ácidos graxos e aumenta a fluidez, mas em temperaturas maiores tende a limitar perturbações e diminuir a fluidez. As misturas de colesterol-fosfolipídeo têm propriedades intermediárias entre os estados de gel e líquido cristalino dos fosfolipídeos puros; formam estruturas de membrana estáveis, porém flexíveis.

QUADRO DE CONCEITOS AVANÇADOS
FATOR ATIVADOR DE PLAQUETAS E HIPERSENSIBILIDADE

O Fator Ativador de Plaquetas (PAF; Fig. 3.6) contém um grupo acetil no C-2 do glicerol e um grupo alquil éter saturado de 18 carbonos ligado ao grupo hidroxila em C-1, em vez dos usuais ácidos graxos de cadeia longa da fosfatidilcolina. Trata-se de um dos principais mediadores de reações de hipersensibilidade, reações inflamatórias agudas e choque anafilático, afetando as propriedades de permeabilidade das membranas, aumentando a agregação plaquetária e promovendo alterações cardiovasculares e pulmonares, incluindo edema e hipotensão.

Em indivíduos alérgicos, as células envolvidas na resposta imune se tornam cobertas com moléculas de imunoglobulina E (IgE) específicas para um antígeno ou um alérgeno específico, como pólen ou peçonha de inseto. Quando esses indivíduos são novamente expostos ao antígeno, há formação de complexos antígeno-IgE na superfície das células inflamatórias, os quais ativam a síntese e a liberação de PAF.

ESTRUTURA DAS BIOMEMBRANAS

As células eucarióticas possuem uma membrana plasmática e membranas intracelulares que definem compartimentos com funções especializadas

As membranas celular e de organelas diferem significativamente quanto à composição proteica e lipídica (Tabela 3.3). Além dos principais fosfolipídeos descritos na Figura 3.7, outros lipídeos de membrana importantes são cardiolipina, esfingolipídeos (esfingomielina e glicolipídeos) e colesterol, os quais são descritos em detalhes em capítulos posteriores. A cardiolipina (difosfatidil glicerol) é um componente importante da membrana interna mitocondrial, enquanto esfingomielina, fosfatidilserina e colesterol estão enriquecidos na membrana plasmática (Tabela 3.3). Alguns lipídeos são distribuídos de forma assimétrica na membrana – por exemplo, a fosfatidilserina (FS) e a fosfatidiletanolamina (FE) são enriquecidas no interior, enquanto a fosfatidilcolina (FC) e a esfingomielina o são no lado externo da membrana da hemácia. A razão proteína:lipídeo também difere entre as diversas biomembranas, variando de cerca de 80% (peso seco) de lipídeos na bainha de mielina, que isola as

Tabela 3.3 Composição de fosfolipídeos de membranas de organelas do fígado de rato

	Mitocôndria	Microssomos	Lisossomos	Membrana plasmática	Membrana nuclear	Membrana de Golgi
Cardiolipina	18	1	1	1	4	1
Fosfatidiletanolamina	35	22	14	23	13	20
Fosfatidilcolina	40	58	40	39	55	50
Fosfatidilinositol	5	10	5	8	10	12
Fosfatidilserina	1	2	2	9	3	6
Ácido fosfatídico	–	1	1	1	2	<1
Esfingomielina	1	1	20	16	3	8
Fosfolipídeos (mg/mg de proteína)	0,18	0,37	0,16	0,67	0,50	0,83
Colesterol (mg/mg de proteína)	<0,01	0,01	0,04	0,13	0,04	0,08

Esta tabela mostra a composição de fosfolipídeos (%) de várias membranas de organelas junto a razões em peso de fosfolipídeos e colesterol para proteínas.

células nervosas, a aproximadamente 20% de lipídeos na membrana mitocondrial interna. Os lipídeos afetam a estrutura da membrana, a atividade das enzimas e os sistemas de transporte membranar, além da função da membrana em processos como reconhecimento celular e transdução de sinal. A exposição da FS no folheto externo da membrana plasmática eritrocitária aumenta a aderência da célula à parede vascular e constitui um sinal para reconhecimento e fagocitose por macrófagos, mediando a renovação das hemácias no baço.

O modelo do mosaico fluido

O mosaico fluido retrata as membranas celulares como bicamadas lipídicas flexíveis contendo proteínas embutidas

O modelo geralmente aceito de estrutura de biomembrana é o modelo do mosaico fluido proposto por Singer e Nicolson em 1972. Esse modelo representa a membrana como uma bicamada fosfolipídica semelhante a um fluido, na qual outros lipídeos e outras proteínas estão embutidos (Fig. 3.8). Como nos lipossomos, os grupos da cabeça polar dos fosfolipídeos são expostos nas superfícies externas da membrana, com as cadeias de ácidos graxos orientadas para o lado interno da membrana. Embora os lipídeos e as proteínas de membrana se movam com facilidade na superfície da membrana (difusão lateral), o movimento de *"flip-flop"* dos lipídeos entre os folhetos externo e interno da bicamada raramente ocorre sem o auxílio da enzima de membrana flipase.

As proteínas de membrana são classificadas como proteínas de membrana integrais (intrínsecas) ou periféricas (extrínsecas). As primeiras estão profundamente embebidas na bicamada lipídica, sendo que algumas atravessam várias vezes a membrana **(proteínas transmembrana)** e apresentam segmentos polipeptídicos internos e externos

que participam dos processos regulatórios. Por outro lado, as proteínas de membrana periféricas estão ligadas a lipídeos e/ou proteínas integrais da membrana (Fig. 3.8); podem ser removidas da membrana por agentes desnaturantes brandos, como ureia ou detergente suave, sem destruírem a integridade da membrana. Em contraste, as proteínas integrais e transmembrana podem ser removidas da membrana somente por tratamentos que dissolvem os lipídeos da membrana e destroem sua integridade. A maioria dos segmentos transmembrana das proteínas integrais de membrana formam α-hélices. São compostos primariamente por resíduos de aminoácidos com cadeias laterais não polares – cerca de 20 resíduos de aminoácidos formando seis a sete alças α-helicoidais são suficientes para atravessar uma membrana de 5 mm (50 Å) de espessura. Os domínios transmembrana interagem entre si e com as caudas hidrofóbicas das moléculas lipídicas, frequentemente originando estruturas complexas, como canais envolvidos em processos de transporte de íon (Fig. 3.8 e Capítulo 4).

As membranas mantêm integridade estrutural, processos de reconhecimento celular e funções de transporte da célula

Cada vez mais evidências mostram que muitas proteínas transmembrana têm mobilidade limitada e são ancoradas em seus lugares por meio da ligação a proteínas do citoesqueleto. Subestruturas da membrana, descritas como *lipid rafts*, também demarcam regiões de membrana que apresentam constituição e função especializadas. Fosfolipídeos específicos também estão enriquecidos nas regiões da membrana envolvidas na endocitose e nas junções com células adjacentes. Todavia, a fluidez é essencial à função da membrana e à viabilidade celular. Exemplificando, quando bactérias são transferidas para temperaturas mais baixas, respondem aumentando o conteúdo de ácidos graxos insaturados nos fosfolipídeos da membrana, diminuindo, assim, a temperatura de fusão/congelamento e mantendo a fluidez da membrana em baixas temperaturas.

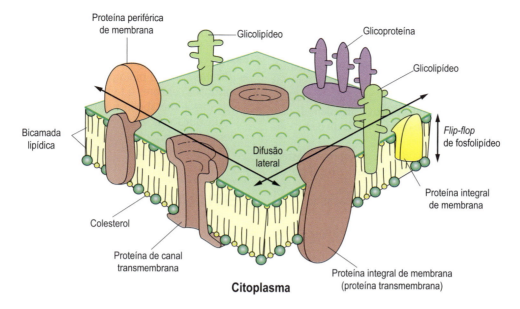

Fig. 3.8 **Modelo do mosaico fluido da membrana plasmática.** Nesse modelo, as proteínas estão embebidas em uma bicamada fosfolipídica fluida; algumas estão na superfície (periféricas) e outras atravessam a membrana (transmembrana). Os carboidratos, ligados de forma covalente a algumas proteínas e a alguns lipídeos, não são encontrados em nenhuma das membranas subcelulares (p. ex., membranas mitocondriais). Na membrana plasmática, estão localizados quase exclusivamente na superfície externa da célula.

A membrana também medeia a transferência de informação e moléculas entre os meios externo e interno da célula, incluindo reconhecimento celular, processos de transdução de sinal e transporte de metabólitos e íons. A fluidez é essencial a essas funções. De modo geral, as membranas celulares, frequentemente vistas como estáticas à microscopia, são estruturas bem organizadas, flexíveis e responsivas. De fato, a imagem microscópica é como uma foto tirada de um evento esportivo ocorrendo à alta velocidade – pode parecer calma e imóvel, mas há muita ação acontecendo na cena.

bacteriorrodopsina e as *gap junctions* contendo conexina. A bacteriorrodopsina é uma bomba de prótons luz-dirigida geradora de um gradiente de concentração de H⁺ ao longo da membrana bacteriana, que fornece energia para a captação de nutrientes necessários ao crescimento da bactéria. As **gap junctions** existentes entre as células musculares uterinas aumentam significativamente durante os estágios tardios da gestação. Fornecem canais de alta capacidade entre as células e permitem a contração coordenada do útero durante o parto.

QUADRO DE CONCEITOS AVANÇADOS
TRECHOS DE MEMBRANA

Embora o modelo do mosaico fluido esteja basicamente correto, sabe-se que existem muitas regiões da membrana com composições exclusivas de proteínas e lipídeos. A **caveola**, que consiste em invaginações da membrana plasmática de 50-100 nm, e os *lipid rafts* são trechos de membrana (microdomínios) importantes para transdução de sinal e endocitose. Esses trechos são enriquecidos com colesterol e esfingolipídeos, e a interação das longas caudas de ácidos graxos saturados dos esfingolipídeos com o colesterol resulta na estabilização do ambiente fluido.

Os trechos são resistentes à solubilização com detergente e mostram alta densidade flutuante à centrifugação em gradiente de densidade em sacarose. Patógenos como vírus, parasitas, bactérias e até toxinas bacterianas podem entrar nas células do hospedeiro via ligação a componentes específicos da caveola. Entre os exemplos clássicos de trechos enriquecidos com uma proteína específica estão a membrana púrpura de *Halobacterium halobium* contendo

QUADRO DE CONCEITOS AVANÇADOS
ANCORAGEM DE PROTEÍNAS NA MEMBRANA

Os movimentos laterais de algumas proteínas são restringidos por seu contato com conjuntos macromoleculares localizados dentro (citoesqueleto) e/ou fora (matriz extracelular) da célula, bem como, em certos casos, por proteínas de membrana de células adjacentes (p. ex., nas *tight junctions* entre as células epiteliais).

A difusão lateral das proteínas de membrana integrais eritrocitárias, banda 3 (um transportador de ânion) e glicoforina, é limitada pela interação indireta com a espectrina, uma proteína do citoesqueleto, através da anquirina e de proteínas de banda 4.1, respectivamente. Essas interações são tão fortes que limitam a difusão lateral da banda 3. Defeitos genéticos envolvendo a espectrina causam esferocitose hereditária e eliptocitose, doenças caracterizadas por uma morfologia alterada da hemácia. A mutação na anquirina afeta a localização das proteínas da membrana plasmática no miocárdio, causando arritmia cardíaca – um fator de risco para a morte súbita cardíaca.

RESUMO

Seguindo o capítulo anterior sobre aminoácidos e proteínas, o presente capítulo traz uma base mais ampla para estudos adicionais em bioquímica, apresentando as características estruturais básicas e as propriedades físicas e químicas de dois dos principais blocos estruturais e combustíveis da dieta: carboidratos e lipídeos.

- Carboidratos são poli-hidroxialdeídos e cetonas; existem primariamente em formas cíclicas ligadas entre si por ligações glicosídicas.
- No organismo, a glicose é o único monossacarídeo existente na forma livre.
- Lactose e sacarose são importantes dissacarídeos da dieta.
- Amido, celulose e glicogênio são importantes polímeros de glicose homoglucanas.
- Carboidratos podem estar ligados a proteínas e lipídeos formando glicoconjugados conhecidos como glicoproteínas e glicolipídeos.
- Os lipídeos são compostos hidrofóbicos, comumente contendo ácidos graxos esterificados ao glicerol.
- Ácidos graxos são ácidos alcanoicos de cadeia longa; os ácidos graxos insaturados contêm uma ou mais duplas ligações-*cis* que diminuem o ponto de fusão (congelamento) dos lipídeos.
- Triglicerídeos (triacilglicerois) são a forma de armazenamento de lipídeos no tecido adiposo.
- Os fosfolipídeos são lipídeos anfipáticos encontrados em membranas biológicas; contêm um fosfodiéster no C-3 do glicerol, ligando um diglicerídeo a um composto amino – mais frequentemente colina, etanolamina ou serina.

- O modelo do mosaico fluido descreve os papéis essenciais de fosfolipídeos, proteínas integrais e membrana, além de outros lipídeos na estrutura e na função das membranas biológicas.
- As membranas biológicas compartimentalizam as funções celulares e também medeiam o transporte de íons e metabólitos, o reconhecimento celular, a transdução de sinal e os processos eletroquímicos envolvidos em bioenergética, transmissão nervosa e contração muscular.

LEITURAS SUGERIDAS

Brand-Miller, J., & Buyken, A. E. (2012). The glycemic index issue. *Current Opinion in Lipidology*, *23*, 62-67.

Goñi, F. M. (2014). The basic structure and dynamics of cell membranes: An update of the Singer-Nicolson model. *Biochimica et Biophysica Acta*, *1838*, 1457-1476.

Jambhekar, S. S., & Breen, P. (2016). Cyclodextrins in pharmaceutical formulations ii: Solubilization, binding constant, and complexation efficiency. *Drug Discovery Today*, *21*, 363-368.

Mensink, M. A., Frijlink, H. W., Van Der Voort, M. K., et al. (2015). Inulin, a flexible oligosaccharide i: Review of its physicochemical characteristics. *Carbohydrate Polymers*, *130*, 405-419.

Taubes, G. (2008). *Good calories, bad calories: Fats, carbs, and the controversial science of diet and health*. New York, NY: Anchor Books.

SITES

Carboidratos:
http://faculty.chemeketa.edu/lemme/CH%20123/Self-Tests/Carbohydrates.pdf
http://home.earthlink.net/~dayvdanls/ReviewCarbos.htm
http://mcat-review.org/carbohydrates.php
http://www.biology-pages.info/C/Carbohydrates.html
Lipídeos:
https://themedicalbiochemistrypage.org/lipids.php
http://kitchendoctor.com/essays/soap.php

QUESTÕES PARA APRENDIZAGEM

1. Compare os valores calóricos do amido e da celulose. Explique a diferença.
2. Explique por que os dissacarídeos, como lactose, maltose e isomaltose, são açúcares redutores, enquanto a sacarose, não.
3. O que o número de iodos de um lipídeo indica sobre sua estrutura?
4. Revise o processo industrial da fabricação de sabões.
5. Revise a história dos modelos das membranas biológicas. Quais são as limitações do modelo original de Singer-Nicolson?

ABREVIATURAS

FC	Fosfatidilserina
FE	Fosfatidiletanolamina
Fru	Frutose
FS	Fosfatidilserina
Gal	Galactose
GlcNAc	*N*-acetilglicosamina
GlcNH$_2$	Glicosamina
GlcUA	Ácido glucurônico
Glc	Glicose

CAPÍTULO 4
Membranas e Transporte

John W. Baynes e Masatomo Maeda

OBJETIVOS

Após concluir este capítulo, o leitor estará apto a:

- Descrever as características básicas dos processos de transporte de membrana, incluindo o papel de transportadores, canais de membrana e poros.
- Distinguir entre processos de transporte ativo e passivo.
- Distinguir entre processos de transporte ativo primário e secundário.
- Descrever aspectos característicos dos transportadores de glicose, processos de transporte dependentes de ATP e sistemas de transporte acoplados.
- Descrever os processos de transporte de íons e metabólitos em tecidos específicos, como o transporte de carboidratos no intestino, transporte de prótons no estômago e transporte de Ca^{++} nos músculos cardíaco e esquelético.
- Reconhecer várias doenças características resultantes de defeitos no transporte de membrana.

INTRODUÇÃO

As biomembranas não são rígidas nem impermeáveis, mas estruturas altamente móveis e dinâmicas

A membrana plasmática é o "porteiro" da célula. Trata-se de uma estrutura fluida, mas que também atua como uma forte barreira hidrofóbica na superfície da célula (Capítulo 3). Controla não só o acesso e o transporte de íons inorgânicos, vitaminas e nutrientes, como também a entrada de fármacos e a saída de produtos residuais. As proteínas integrais transmembrana têm papéis importantes no transporte de moléculas ao longo da membrana e frequentemente mantêm os gradientes de concentração ao longo dela. As concentrações de K^+, Na^+ e Ca^{2+} no citoplasma são mantidas em ~140, 10 e 10^{-4} mmol/L, respectivamente, por proteínas de transporte, enquanto aquelas do meio externo (no sangue) permanecem em ~5, 145 e 1-2 mmol/L, respectivamente. A força que dirige o transporte de íons e a manutenção dos gradientes iônicos é fornecida direta ou indiretamente pelo ATP. Na verdade, a maior parte da energia metabólica é usada para dirigir os processos de transporte que mantêm os gradientes de íons e metabólitos ao longo das membranas de nervos e músculos, bem como nas mitocôndrias em todos os tecidos. As propriedades de transporte de membrana serão ilustradas por vários exemplos importantes.

TRANSPORTE: TIPOS DE PROCESSOS

Difusão simples ao longo da bicamada fosfolipídica

Algumas moléculas neutras pequenas conseguem atravessar as biomembranas por difusão simples

Pequenas moléculas não polares (p. ex., O_2, CO_2 e N_2) e moléculas polares sem carga (p. ex., ureia, etanol e pequenos ácidos orgânicos) se movem ao longo das membranas por difusão simples sem auxílio de proteínas de membrana (Tabela 4.1 e Fig. 4.1A). A direção do movimento líquido dessas espécies é sempre "descendente" (ladeira abaixo)", ao longo do gradiente de concentração, partindo da maior concentração para a menor na direção do equilíbrio.

A hidrofobicidade das moléculas é um requisito importante para a difusão simples ao longo da membrana, porque o interior da bicamada fosfolipídica é hidrofóbico (Capítulo 3). A taxa de transporte de moléculas pequenas, na verdade, está estreitamente relacionada ao seu **coeficiente de partição** entre óleo e água.

Embora as moléculas de água possam ser transportadas por difusão simples, as proteínas de canal (ver adiante) controlam o movimento de água ao longo da maioria das membranas, em especial no rim, para concentração da urina. Uma mutação no gene codificador de proteína de canal (aquaporina-2) causa diurese em pacientes com **diabetes insípido nefrogênico**, uma doença caracterizada por eliminação excessiva de urina, contudo sem a típica hiperglicemia do diabetes melito (Capítulo 35).

Transporte mediado por proteínas de membrana

As proteínas de membrana são requeridas para o transporte de moléculas maiores ao longo das biomembranas

O transporte de moléculas polares maiores, como aminoácidos e açúcares, para dentro de uma célula requer envolvimento de proteínas de membrana conhecidas como **transportadores**, também denominadas portadores, **permeases, translocases** ou proteínas carreadoras. Os transportadores são tão específicos quanto as enzimas por seus substratos e atuam por meio de um dentre dois mecanismos: **difusão facilitada** ou **transporte ativo**. A difusão facilitada catalisa o movimento de um substrato ao longo da membrana a favor de um gradiente de concentração e dispensa energia. Por outro lado, o transporte ativo é um processo em que os substratos são

Tabela 4.1 Sistemas de transporte de biomembranas

Tipo	Exemplo		Proteína de transporte	Acoplamento de energia	Especificidade	Saturabilidade	Taxa de transporte (moléculas/proteína/s)
Transporte passivo ou difusão	Difusão simples		−	−	−	−	
	Difusão facilitada		+	−	+	+	
	Transportador	GLUT-1~5					$\sim 10^2$
	Canal	H_2O, Na^+, K^+, Ca^{2+}, Cl^-					10^7–10^8
Transporte ativo	Primário	Bombas de próton	+	+	+	+	10^2–10^4
	Secundário	Transportadores ABC	+	+	+	+	10^0–10^2*
	Simportador	SGLT-1, -2, aminoácidos neutros					
	Antiportador	Cl^-/HCO_3^-, Na^+/Ca^{2+}, Na^+/H^+					
	Uniportador	Glutamato					

Os sistemas de transporte são classificados de acordo com o papel das proteínas de transporte e com o acoplamento de energia.

*O antiportador Cl^-/HCO_3^- é incomum entre os sistemas de transporte ativo secundários, porque sua taxa de transporte é alta, a 10^6 moléculas/proteína de transporte/s.

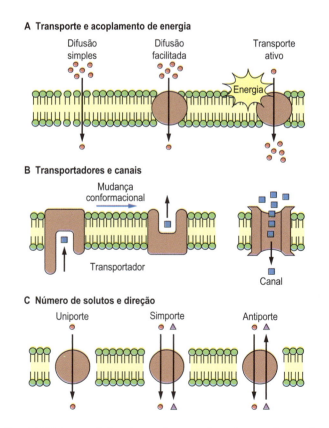

Fig. 4.1 **Vários modelos de movimento de soluto ao longo das membranas.**

QUADRO DE CONCEITOS AVANÇADOS
ANTIBIÓTICOS E PERMEABILIDADE DA MEMBRANA

Os antibióticos atuam como **ionóforos** e aumentam a permeabilidade das membranas a íons específicos. Os efeitos bactericidas dos ionóforos são atribuídos a uma perturbação nos sistemas de transporte de íons das membranas bacterianas. Os ionóforos facilitam o movimento líquido de íons ao longo de seus gradientes eletroquímicos. Existem duas classes de ionóforos: carreadores iônicos móveis (ou carreadores de cargas) e formadores de canal (Fig. 4.2).

A valinomicina é um exemplo típico de um carreador de íon móvel. É um peptídeo cíclico com o exterior lipofílico e um interior iônico. Dissolve-se na membrana e se difunde por entre as superfícies interna e externa. O K^+ se liga ao núcleo central da valinomicina e o complexo resultante se difunde ao longo da membrana, liberando K^+ e dissipando gradativamente o gradiente de K^+. Os ionóforos do tipo carreador, nigericina e monensina, trocam H^+ por Na^+ e K^+, respectivamente. A ionomicina e o A23187 são ionóforos de Ca^{2+}.

A molécula β-helicoidal de gramicidina A, um peptídeo linear com 15 resíduos de aminoácidos, forma um poro. O dímero cabeça-cabeça de gramicidina A cria um canal transmembrana que permite a movimentação de cátions monovalentes (H^+, Na^+ e K^+).

Os antibióticos polienos, como a anfotericina B e a nistatina, exercem sua ação citotóxica tornando a membrana da célula-alvo permeável a íons e pequenas moléculas. A formação de um complexo esterol-polieno é essencial à função citotóxica desses antibióticos, porque eles exibem ação seletiva contra os organismos cujas membranas contêm esteróis. Portanto, são ativos contra leveduras, uma ampla variedade de fungos e outras células eucarióticas, mas não têm efeito sobre bactérias. Dado o fato de sua afinidade pelo ergosterol, um componente da membrana fúngica, ser maior do que pelo colesterol, esses antibióticos têm sido usados no tratamento de infecções tópicas de origem fúngica.

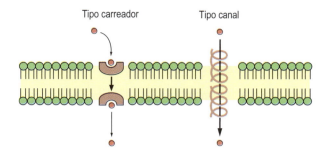

Fig. 4.2 **Carreadores de íon moveis e ionóforos formadores de canal.** Ionóforos permitem movimentação de íons em rede para baixo em direção a seus gradientes eletroquímicos.

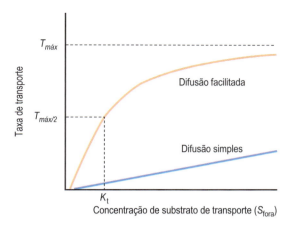

Fig. 4.3 **Comparação da cinética de transporte de difusão facilitada e difusão simples.** A taxa de transporte do substrato is plotted against the concentration of substrate in the extracellular medium. In common with enzyme catalysis, transporter-catalyzed uptake has a maximum transport rate, T max (saturable). K t is the concentration at which the rate of substrate uptake is half-maximal. For simple diffusion, the transport rate is slower and directly proportional to substrate concentration.

transportados no sentido ascendente, contra seu gradiente de concentração. O transporte ativo deve ser acoplado a uma reação produtora de energia (Fig. 4.1A).

Saturabilidade e especificidade são características importantes dos sistemas de transporte de membrana

A taxa de difusão facilitada geralmente é muito maior do que a de difusão simples: as proteínas de transporte catalisam o processo de transporte. Ao contrário da difusão simples, em que a taxa de transporte é diretamente proporcional à concentração de substrato, a difusão facilitada é um processo saturável, possuindo uma taxa de transporte máxima ($T_{máx}$) (Fig. 4.3). Quando a concentração de moléculas extracelulares (substratos de transporte) se torna muito alta, $T_{máx}$ é atingido pela saturação das proteínas de transporte com substrato. A cinética da difusão facilitada para substratos pode ser descrita pelas mesmas equações usadas para catálise enzimática (p. ex., equações do tipo Michaelis-Menten e Lineweaver-Burk; Capítulo 6):

onde K_t é a constante de dissociação do complexo substrato-transportador e S_{fora} é a concentração do substrato de transporte. Então, a taxa de transporte (t) pode ser calculada como:

$$t = \frac{T_{máx}}{1 + \dfrac{K_t}{S_{fora}}}$$

onde K_t é a concentração que fornece metade da taxa de transporte máxima. O K_t para um transportador teoricamente é o mesmo que o K_m para uma enzima (Capítulo 6).

O processo de transporte em geral é altamente específico: cada transportador transporta apenas uma única espécie de molécula ou compostos estruturalmente relacionados. O transportador eritrocitário GLUT-1 tem alta afinidade pela D-glicose, mas sua afinidade é de 10-20 vezes menor para os açúcares relacionados, D-manose e D-galactose. O enantiômero L-glicose não é transportado: seu K_t é mais de 1.000 vezes maior do que o da forma D.

> ### QUADRO CLÍNICO
> ### CISTINOSE
>
> Uma criança de 18 meses de idade apresentou poliúria, deficiência de crescimento e um episódio de desidratação grave. O teste de urina com tira demonstrou glicosúria e proteinúria, enquanto outras análises bioquímicas mostraram aminoacidúria generalizada e fosfatúria.
>
> **Comentário**
> Esta é uma apresentação clássica de cistinose infantil, resultante do acúmulo de cistina nos lisossomos em consequência de um defeito na proteína transportadora lisossomal, a cistinosina. A cistina é pouco solúvel e há formação de precipitados cristalinos nas células por todo o corpo. Experimentos *in vitro* com carga de cistina demonstraram que as células tubulares proximais renais se tornam ATP-depletadas, resultando em comprometimento das bombas de íon dependentes de ATP com consequentes desequilíbrios de eletrólitos e perdas de metabólitos.
>
> O tratamento com cistamina intensifica o transporte de cistina a partir dos lisossomos, retardando o declínio na função renal. A cistamina é uma base fraca, que forma um dissulfito misto com cisteína, o qual então é secretado por meio de um transportador de aminoácido catiônico. Sem tratamento, a insuficiência renal se instala por volta dos 6-12 anos de idade. Infelizmente, há acúmulo adicional de cistina no sistema nervoso central, mesmo com a terapia, com consequente dano neurológico em longo prazo.

Tabela 4.2 Classificação de transportadores de glicose

Transportador	K_t para transporte de D-glicose (mmol)	Substrato	Principais sítios de expressão
Difusão facilitada (uniportador) (transporte passivo)			
GLUT-1	1-2	Glicose, galactose, manose	Eritrócito, barreiras hemato-teciduais
GLUT-2	15-20	Glicose, frutose	Fígado, intestino, rim, células β pancreáticas, cérebro
GLUT-3	1,8*	Glicose	Ubíquo
GLUT-4	5	Glicose	Músculos esquelético e cardíaco, tecido adiposo
GLUT-5	6-11**	Frutose	Intestino
Simportador Na⁺-acoplado (transporte ativo)			
SGLT-1	0,35	Glicose ($2Na^+$/1 glicose), galactose	Intestino, rim
SGLT-2	1,6	Glicose ($1Na^+$/1 glicose)	Rim

Os valores de K_m são determinados a partir da captação de 2-desoxi-D-glicose (*), um análogo não metabolizável de glicose e frutose (**).

QUADRO CLÍNICO
DOENÇA DE HARTNUP

Uma criança de 3 anos passou as férias no sul da Europa e desenvolveu alterações cutâneas semelhantes à pelagra na face, no pescoço, nos antebraços e nas porções dorsais das mãos e das pernas. Sua pele se tornou escamosa, enrugada e hiperpigmentada. A criança foi levada ao clínico geral, queixando-se de cefaleias e enfraquecimento. A urinálise demonstrou maciça hiperaminoacidúria de ácidos monocarboxílicos-monoamino neutros (i.e., alanina, serina, treonina, asparagina, glutamina, valina, leucina, isoleucina, fenilalanina, tirosina, triptofano, histidina e citrulina).

Comentário
Esses aminoácidos compartilham um transportador comum que é expresso apenas na borda luminal das células epiteliais nos túbulos renais e epitélios intestinais. A dermatite pelagra-símile (Capítulo 7) e o envolvimento neurológico se assemelham à deficiência nutricional de niacina. A ingesta reduzida de triptofano resulta em produção diminuída de nicotinamida. A doença é tratada com nicotinamida oral e aplicação de agentes bloqueadores solares nas áreas expostas.

Características dos transportadores de glicose (uniportadores)

Os transportadores de glicose catalisam o transporte descendente de glicose para dentro e para fora das células

Os transportadores de glicose são essenciais na difusão facilitada de glicose para dentro das células. A família GLUT de transportadores de glicose inclui GLUT-1 a GLUT-5 (Tabela 4.2) e outros. São proteínas transmembrana similares em tamanho, contendo cerca de 500 resíduos de aminoácidos e 12 hélices transmembrana. GLUT-1, presente nas hemácias, tem K_m de ∼2 mmol/L; opera em cerca de 70% de $T_{máx}$ sob condições de jejum (concentração de glicemia = 5 mmol/L; 90 mg/dL). Esse nível de atividade é suficiente para atender às necessidades da hemácia (Capítulo 9). Por outro lado, as células β das ilhotas pancreáticas expressam GLUT-2, com um $K_m > 10$ mmol/L (180 mg/dL), por isso operam com cerca de 30% de eficiência na concentração plasmática de 5 mM de glicose. Em resposta à ingestão de alimento e ao resultante aumento na concentração sanguínea de glicose, as moléculas de GLUT-2 respondem aumentando a taxa de captação de glicose para dentro das células β, estimulando a secreção de insulina (Capítulo 31). As células nos tecidos insulina-sensíveis, como músculo e tecido adiposo, têm GLUT-4. A insulina estimula a translocação de GLUT-4 de vesículas intracelulares para a membrana plasmática, acelerando a captação de glicose pós-prandial.

Transporte por canais e poros

Os canais de membrana ou poros são condutos abertos e menos seletivos para o transporte de íons, metabólitos e até proteínas ao longo das biomembranas

Os canais frequentemente são representados como túneis através da membrana, nos quais os sítios de ligação aos substratos (íons) são acessíveis de cada lado da membrana, ao mesmo tempo (Fig. 4.1B). As alterações conformacionais não participam na translocação de substratos que entram de um lado da membrana para sair do outro. Contudo, as alterações na voltagem transmembrana e na ligação do ligante induzem alterações conformacionais na estrutura do canal que têm efeito de abertura ou fechamento dos canais – processos conhecidos como **dependentes de voltagem ou de ligante**. O movimento de moléculas através dos canais é rápido, em comparação às velocidades alcançadas pelos transportadores (Tabela 4.1).

Os termos *canal* e *poro* às vezes são usados de modo intercambiável. Entretanto, *poro* é usado com mais frequência para descrever estruturas mais abertas, algo não seletivas, que

QUADRO CLÍNICO
TRANSPORTE DEFEITUOSO DE GLICOSE ATRAVÉS DA BARREIRA HEMATOENCEFÁLICA COMO CAUSA DE CONVULSÕES E RETARDO DO DESENVOLVIMENTO

Um bebê do sexo masculino, com 3 meses de idade, sofria de convulsões recorrentes. As concentrações de glicose em seu líquido cerebrospinal (LCS) estavam baixas (0,9-1,9 mmol/L; 16-34 mg/dL) e a razão de glicose entre o LCS e o sangue variava de 0,19 a 0,33, sendo normal o valor de 0,65.

As potenciais causas das baixas concentrações de glicose no LCS, como meningite bacteriana, hemorragia subaracnoide e hipoglicemia, estavam ausentes e valores elevados de lactato no LCS seriam encontrados em todas essas condições, com exceção da hipoglicemia. Por outro lado, as concentrações de lactato no LCS estavam consistentemente baixas (0,3-0,4 mmol/L; 3-4 mg/dL) em comparação com o valor normal (~2 mmol/L; 20 mg/dL). Esses achados sugeriram um defeito no transporte de glicose do sangue para o cérebro.

Comentário
Considerando que a atividade do transportador de glicose GLUT-1 no eritrócito reflete aquela observada nos microvasos cerebrais, foi conduzido um ensaio de transporte usando os eritrócitos do paciente. O $T_{máx}$ para captação de glicose pelos eritrócitos do menino era 60% do valor normal médio, sugerindo um defeito heterozigoto. Uma dieta cetogênica (dieta rica em gordura, pobre em proteína e em carboidrato) foi iniciada, porque o cérebro pode usar corpos cetônicos como fontes de combustível oxidáveis e a entrada dos corpos cetônicos no cérebro é independente do sistema de transporte da glicose. O paciente então parou de ter convulsões 4 dias após o início da dieta.

---

discriminam entre substratos (p. ex., peptídeos ou proteínas) com base no tamanho. O termo *canal* geralmente é aplicado aos canais iônicos mais específicos.

Exemplos de poros importantes para a fisiologia celular

A **junção comunicante** (*gap junction*), localizada entre células endoteliais, musculares e neuronais, é um aglomerado de pequenos poros nos quais dois cilindros de seis subunidades de **conexinas** na membrana plasmática se unem para formar um poro de cerca de 1,2-2,0 nm (12-20 Å) de diâmetro. Moléculas menores que aproximadamente 1 kDa conseguem passar entre as células por essas *gap junctions*. Essa troca célula-célula é importante para comunicação fisiológica ou acoplamento – por exemplo, na contração combinada da musculatura uterina durante o trabalho de parto. Mutações nos genes codificadores de conexina 26 e conexina 32 causam surdez e doença de Charcot-Marie-Tooth, respectivamente.

As proteínas mitocondriais codificadas por genes nucleares são transportadas para essa organela por meio de poros existentes na membrana mitocondrial externa. As cadeias polipeptídicas nascentes de proteínas para secreção e proteínas da membrana plasmática também atravessam os poros na membrana do retículo endoplasmático durante a biossíntese da cadeia peptídica. Pelos poros nucleares, cujo raio mede cerca de 9,0 nm (90Å), passam proteínas maiores e ácidos nucleicos que entram e saem do núcleo. O transporte de macromoléculas por canais e poros comumente é mediado por chaperonas ou proteínas auxiliares.

Transporte ativo

Os sistemas de transporte ativo primários usam ATP diretamente para conduzir o transporte; os sistemas de transporte ativo secundários usam um gradiente eletroquímico de íons Na^+ ou H^+ ou um potencial de membrana produzido por processos de transporte ativo primários

O ATP é um produto metabólico de alta energia frequentemente descrito como "moeda energética" da célula (Capítulo 8). A ligação fosfoanidrido do ATP libera energia livre ao ser hidrolisada para produzir adenosina difosfato (ADP) e fosfato inorgânico. Essa energia é usada para biossíntese, movimento celular e transporte ascendente de moléculas contra gradientes de concentração. Os sistemas de transporte ativo primários usam ATP diretamente para conduzir o transporte; o transporte ativo secundário usa um gradiente eletroquímico de íons Na^+ ou H^+ ou um potencial de membrana produzido por processos de transporte ativo primários. Açúcares e aminoácidos geralmente são transportados para dentro das células por transporte ativo – por exemplo, transportadores GLUT (Tabela 8.2) – ou por sistemas de transporte ativo secundários.

Sistemas de transporte ativo primários usam ATP para conduzir as bombas de íon (ATPases transportadoras de íon ou bombas ATPases)

As bombas ATPases são classificadas em quatro grupos (Tabela 4.3). As ATPases acopladoras de fator (F-ATPases) nas membranas de mitocôndrias, cloroplastos e bactérias hidrolisam ATP e transportam íons hidrogênio (H^+). Como discutido em detalhes no Capítulo 8, a **F-ATPase** atua na direção retrógrada, sintetizando ATP a partir de ADP e fosfato conforme os prótons se movem a favor do gradiente eletroquímico (concentração e carga) gerado ao longo da membrana mitocondrial interna durante o metabolismo oxidativo. O produto, ATP, é liberado na matriz mitocondrial, mas é necessário às reações biossintéticas que ocorrem no citoplasma. O ATP é transportado para o citoplasma por uma **ATP-ADP translocase** na membrana mitocondrial interna. Essa translocase exemplifica um sistema **antiportador** (Fig. 4.1C), permitindo que uma molécula de ADP entre na mitocôndria somente mediante a saída simultânea de uma molécula de ATP.

As vesículas citoplasmáticas, como lisossomos, endossomos e grânulos secretores, são acidificadas por uma **H^+-ATPase tipo V (vacuolar)** presente em suas membranas. A acidificação por essa V-ATPase é importante para a atividade de enzimas lisossomais cujo pH ótimo é ácido, bem como para o acúmulo de neurotransmissores nos grânulos secretores. A V-ATPase também acidifica os ambientes extracelulares dos osteoclastos no osso e das células epiteliais renais. Defeitos envolvendo a V-ATPase da membrana plasmática do osteoclasto resultam em osteopetrose (densidade óssea aumentada),

CAPÍTULO 4 Membranas e Transporte

Tabela 4.3 Transportadores ativos primários em células eucarióticas

Grupo	Membro	Localização	Substrato(s)	Funções
F-ATPase (fator de acoplamento)	H^+-ATPase	Membrana mitocondrial interna	H^+	Síntese de ATP conduzida pelo gradiente eletroquímico de H^+
V-ATPase (vacuolar)	H^+-ATPase	Vesículas citoplasmáticas (lisossomo, grânulos secretores), membrana plasmática (borda pregueada do osteoclasto, célula epitelial renal)	H^+	Ativação de enzimas lisossomais; acúmulo de neurotransmissores; renovação de osso; acidificação da urina
P-ATPase (fosforilação)	Na^+/K^+-ATPase	Membranas plasmáticas (ubíquo, porém abundante no rim e no coração)	Na^+ e K^+	Geração de gradiente eletroquímico de Na^+ e K^+
	H^+/K^+-ATPase	Estômago (célula parietal na glândula gástrica)	H^+ e K^+	Acidificação do lúmen do estômago
	Ca^{2+}-ATPase	Retículo sarcoplasmático e retículo endoplasmático	Ca^{2+}	Sequestro de Ca^{2+} dentro do retículo sarcoplasmático (endoplasmático)
	Ca^{2+}-ATPase	Membrana plasmática	Ca^{2+}	Excreção de Ca^{2+} para fora da célula
	Cu^{2+}-ATPase	Membrana plasmática e vesículas citoplasmáticas	Cu^{2+}	Absorção de Cu^{2+} a partir do intestino e excreção a partir do fígado
Transportador ABC (*ATP-binding cassette*)	P-glicoproteína	Membrana plasmática	Vários fármacos	Excreção de substâncias prejudiciais, resistência multifarmacológica a anticancerígenos
	MRP	Membrana plasmática	Conjugado de glutationa	Desintoxicação, resistência multifarmacológica a anticancerígenos
	CFTR*	Membrana plasmática	Cl^-	Canal de cloreto c-AMP-dependente, regulação de outros canais
	TAP	Retículo endoplasmático	Peptídeo	Apresentação de peptídeos para a resposta imune

Vários exemplos de transportadores ativos primários (bombas ATPases alimentadas por ATP) são listados, junto com suas localizações.

MRP, proteína associada à resistência multifarmacológica; CFTR, regulador da condutância transmembrana da fibrose cística; TAP, transportador associado à apresentação de antígeno.

*Alguns transportadores ABC funcionam como canais ou reguladores de canal.

enquanto a mutação da V-ATPase nos ductos coletores do rim acarreta acidose tubular renal. As ATPases de tipos F e V são estruturalmente similares e parecem derivar de um ancestral comum. A subunidade catalítica ligante de ATP e a subunidade formadora da via do H^+ são conservadas entre essas ATPases.

As **P-ATPases** formam intermediários fosforilados que conduzem a translocação de íons: o *P* se refere à fosforilação (em inglês, **p***hosphorylation*). Esses transportadores têm um resíduo aspartato de sítio ativo que é fosforilado de modo reversível pelo ATP durante o processo de transporte. A Na^+/K^+-ATPase tipo P presente em vários tecidos e a Ca^{2+}-ATPase encontrada no retículo sarcoplasmático do músculo exercem papéis importantes na manutenção dos gradientes iônicos celulares. As Na^+/K^+-ATPases também criam um **gradiente eletroquímico** de Na^+ que produz a força condutora para captação de nutrientes a partir do intestino (veja discussão adiante). A descarga desse gradiente eletroquímico também é fundamental ao processo de transmissão nervosa. Mutações nos genes de P-ATPase causam miocardiopatia de Brody (Ca^{2+}-ATPase), enxaqueca hemiplégica familiar tipo 2 (Na^+/K^+-ATPase) e doenças de Menkes e de Wilson (Cu^{2+}-ATPases).

Os **transportadores que ligam ATP (ABC)** englobam a quarta família de transportadores ativos. *ABC* é a abreviação para *ATP-binding cassette*, referindo-se a um motivo ligante de ATP existente no transportador (Tabela 4.3). A P-glicoproteína (P = permeabilidade) e a **proteína associada à resistência a múlti-**

plos fármacos (MRP, do inglês *multidrug resistance-associated protein*), que têm papel fisiológico na excreção de metabólitos tóxicos e xebobióticos das células, contribuem para a resistência das células cancerosas à quimioterapia. Os transportadores TAP, uma classe de transportadores ABC associados à apresentação antigênica, são necessários à inicialização da resposta imune contra proteínas estranhas: medeiam o transporte de peptídeos do citosol para dentro do retículo endoplasmático para indução da resposta imune. Alguns transportadores ABC estão presentes na membrana do peroxissomo, onde parecem estar envolvidos no transporte das enzimas peroxissomais necessárias à oxidação de ácidos graxos de cadeia muito longa. Defeitos nos transportadores ABC estão associados a algumas doenças, entre as quais a fibrose cística (ver Quadro de Conceitos Avançados).

Uniporte, simporte e antiporte são exemplos de transporte ativo secundário

Os processos de transporte podem ser classificados em três tipos gerais: **uniporte** (monoporte), **simporte** (cotransporte) e **antiporte** (contratransporte; Fig. 4.1). Os substratos de transporte se movem na mesma direção durante o simporte e em direções opostas no antiporte. As proteínas que participam desses processos são denominadas uniportadores, simportadores e antiportadores, respectivamente (Tabela 4.1). O transporte ativo de íons ao longo de uma membrana por um sistema de uniporte é facilitado por um transportador ou

QUADRO CLÍNICO
DOENÇAS DE MENKES E WILSON

A **doença de Menkes** ligada ao X é um distúrbio letal que ocorre em 1 a cada 100.000 recém-nascidos, caracterizada por cabelos anormais e hipopigmentados, fácies típica, degeneração cerebral, defeitos nos tecidos conjuntivo e vascular e morte por volta dos 3 anos de idade. Nesta condição, uma P-ATPase transportadora de cobre expressa em todos os tecidos (com exceção do fígado) é defeituosa (Tabela 4.3). Em pacientes com doença de Menkes, o cobre entra nas células intestinais, mas não é transportado adiante, resultando em grave deficiência de cobre. A administração subcutânea de um complexo cobre-histidina pode ser uma forma efetiva de tratamento, desde que iniciada precocemente.

O gene determinante da **doença de Wilson** também codifica uma P-ATPase transportadora de cobre e é 60% idêntico ao gene determinante da doença de Menkes. Esse gene é expresso no fígado, no rim e na placenta. A doença de Wilson ocorre em 1 a cada 35.000-100.000 recém-nascidos e é caracterizada pela falha em incorporar cobre à ceruloplasmina no fígado e em excretar cobre a partir do fígado na bile, resultando no acúmulo tóxico de cobre no fígado e também no rim, no cérebro e na córnea. Cirrose hepática, dano neurológico progressivo ou ambos ocorrem no período que vai da infância ao início da fase adulta. Agentes quelantes como penicilamina e trietilamina tetramina são usados para tratar pacientes com essa doença. O tratamento com zinco oral pode ser útil a fim de diminuir a absorção de cobre da dieta. O cobre é um elemento-traço essencial e um componente integral de muitas enzimas. Entretanto, é tóxico em excesso por se ligar a proteínas e ácidos nucleicos, intensificar a geração de radicais livres e catalisar a oxidação de lipídeos e proteínas nas membranas (Capítulo 42).

QUADRO DE CONCEITOS AVANÇADOS
DOENÇAS DE TRANSPORTADOR ABC

Dados do genoma humano sugerem que existam cerca de 50 genes codificadores de transportadores ABC. Uma gama inusitadamente ampla de doenças pode resultar de defeitos nos transportadores ABC, incluindo doença de Tangier, doença de Stargardt, colestase intra-hepática progressiva, síndrome de Dubin-Johnson, pseudoxantoma elástico, hipoglicemia hiperinsulinêmica persistente familiar da infância (HHPFI), adrenoleucodistrofia, síndrome de Zellweger, sitosterolemia e fibrose cística.

A **fibrose cística (FC)** é a doença autossômica recessiva potencialmente letal mais comum em populações caucasianas, afetando 1 em cada 2.500 recém-nascidos. A FC geralmente se manifesta como insuficiência pancreática exócrina, aumento na concentração de íons cloreto (Cl⁻) no suor, infertilidade masculina e doenças de vias aéreas, que são a principal causa de morbidade e mortalidade. As patologias pancreática e pulmonar resultam de viscosidade aumentada dos líquidos secretados (mucoviscidose). A FC é causada por mutações no gene CFTR (do inglês, *cystic fibrosis transmembrane conductance regulator*), que contém um motivo ABC e codifica um canal de Cl⁻. A ligação de ATP ao CFTR é requerida para a abertura do canal. A falta de atividade desse canal nos epitélios de pacientes com FC afeta a secreção de íons e de água.

canal e conduzido por um **gradiente eletroquímico**, uma combinação do gradiente de concentração (potencial químico) com o gradiente de voltagem (potencial elétrico) ao longo da membrana. Essas forças podem atuar na mesma direção ou em direções contrárias. Nos sistemas de simporte, o movimento de um substrato, como o de íon Na$^+$, seguindo seu gradiente eletroquímico para dentro da célula arrasta outro substrato para dentro da célula contra seu gradiente de concentração. Nos sistemas de antiporte, o movimento contrário de um substrato, contra seu gradiente de concentração, é conduzido pelo contratransporte de um segundo substrato (em geral, um cátion como Na$^+$ ou H$^+$) seguindo seu gradiente eletroquímico.

No caso dos íons Na$^+$, a diferença de concentração entre os meios extracelular (145 mmol/L) e intracelular (12 mmol/L) é aproximadamente um fator de 10, sendo mantida pela Na$^+$/K$^+$-ATPase. A **Na$^+$/K$^+$-ATPase** é eletrogênica, bombeando para fora três íons Na$^+$ e bombeando para dentro dois íons K$^+$, gerando, assim, um potencial de membrana internamente negativo. O K$^+$ vaza pelos canais de K$^+$, seguindo seu gradiente de concentração (140 a 5 mmol/L), aumentando ainda mais o potencial elétrico. O gradiente de concentração de íons Na$^+$ e o potencial elétrico (internamente negativo) potencializam a importação e a exportação de outras moléculas com o Na$^+$ e contra seus gradientes de concentração, via simportadores e antiportadores, respectivamente.

Exemplos de sistemas de transporte e seus acoplamentos

Transporte e mobilização de Ca^{2+} no músculo

A despolarização da membrana abre canais iônicos dependentes de voltagem na junção neuromuscular

O músculo estriado (esquelético e cardíaco) é composto por feixes de células musculares (Capítulo 37). Cada célula é equipada com feixes de filamentos de actina e miosina (miofibrilas) que produzem a contração. Durante a contração muscular, os nervos na junção neuromuscular estimulam a despolarização local da membrana via abertura de canais de Na$^+$ dependentes de voltagem. A despolarização se dissemina rapidamente para dentro das invaginações da membrana plasmática chamadas túbulos transversais (T), as quais se estendem ao redor das miofibrilas (Fig. 37.5).

Os **canais de Ca^{2+} dependentes de voltagem** (**VDCC**, do inglês *voltage-dependent Ca^{2+} channels*) localizados nos túbulos T do músculo esquelético alteram sua conformação em resposta à despolarização da membrana e ativam diretamente o canal de liberação de Ca^{2+} na membrana do retículo sarcoplasmático, uma rede de túbulos achatados circundando cada miofibrila no citoplasma da célula muscular (Fig. 36.5). O escape de Ca^{2+} a partir do lúmen (compartimento interior) do retículo sarcoplasmático aumenta a concentração citoplasmática de Ca^{2+} (liberação de Ca^{2+} induzida por despolarização) em cerca de 100 vezes, de 10^{-4} mmol/L (0,0007 mg/L) para cerca de 10^{-2} mmol/L (0,07 mg/dL), deflagrando hidrólise de ATP pela miosina e consequente iniciação da contração muscular. Uma Ca^{2+}-ATPase no retículo sarcoplasmático então hidrolisa ATP para transportar Ca^{2+} de volta do citoplasma para dentro do lúmen no retículo

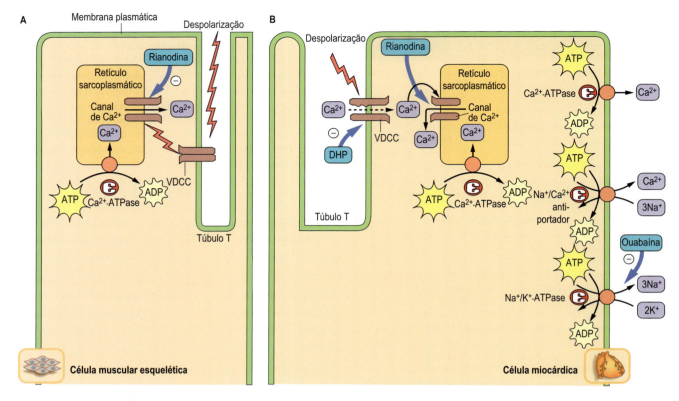

Fig. 4.4 **Movimento de Ca²⁺ no ciclo de contração muscular.** Papéis de transportadores nos movimentos de Ca²⁺ nas células musculares esqueléticas (A) e cardíacas (B) durante a contração. As setas grossas indicam os sítios de ligação para inibidores. No **músculo esquelético**, os VDCCs ativam diretamente a liberação de Ca²⁺ a partir do retículo sarcoplasmático. A aumentada concentração citoplasmática de Ca²⁺ deflagra a contração muscular. Uma Ca²⁺-ATPase no retículo sarcoplasmático bombeia Ca²⁺ de volta ao lúmen do retículo sarcoplasmático, diminuindo a concentração citoplasmática de Ca²⁺, e o músculo relaxa. No **miocárdio**, os VDCCs permitem a entrada de uma pequena quantidade de Ca²⁺ que induz a liberação de Ca²⁺ a partir do lúmen do retículo sarcoplasmático. Dois tipos de Ca²⁺-ATPases e um Na⁺/Ca²⁺-antiportador também bombeiam Ca²⁺ citoplasmático para fora da célula muscular. O Na⁺/Ca²⁺-antiportador usa o gradiente de sódio (Na⁺) produzido pela Na⁺/K⁺-ATPase para realizar o antiporte de Ca²⁺. A di-hidropiridina (DHP; p. ex., nifedipina) é um bloqueador de canal de cálcio usado no tratamento da hipertensão. A rianodina é um potente inibidor do canal de Ca²⁺ no retículo sarcoplasmático. A ouabaína é um glicosídeo cardíaco que inibe a Na⁺/K⁺-ATPase na membrana plasmática. O resultante aumento no Na⁺ intracelular limita a atividade do Na⁺/Ca⁺⁺-antiportador, levando ao aumento da concentração intracelular de Ca⁺⁺.

sarcoplasmático, diminuindo o Ca²⁺ citoplasmático e permitindo o relaxamento muscular (Fig. 4.4, esquerda).

No músculo cardíaco, os VDCCs permitem a entrada de uma pequena quantidade de Ca²⁺ que, então, estimula a liberação de Ca²⁺ através do canal de Ca²⁺ a partir do lúmen do retículo sarcoplasmático (liberação de Ca²⁺ induzida por Ca²⁺). Não só a Ca²⁺-ATPase do retículo sarcoplasmático como também o Na⁺/Ca²⁺-antiportador e uma Ca²⁺-ATPase da membrana plasmática são responsáveis pelo bombeamento de Ca²⁺ para fora do compartimento citoplasmático do miocárdio (Fig. 4.4, direita). A rápida restauração dos gradientes iônicos permite a contração ritmada do coração.

Transporte ativo de glicose para dentro das células epiteliais

Uma Na⁺/K⁺-ATPase conduz a captação de glicose para dentro das células epiteliais intestinais e renais

O transporte de glicose do sangue para dentro das células geralmente se dá por difusão facilitada, porque a concentração intracelular da glicose tipicamente é menor do que a concentração no sangue (Tabela 4.2). Por outro lado, o transporte de glicose do intestino para o sangue envolve os processos de difusão facilitada e transporte ativo (Fig. 4.5). O transporte ativo é especialmente importante para a máxima recuperação de açúcares a partir do intestino, quando a concentração intestinal de glicose cai abaixo da concentração sanguínea. Um simportador de glicose acoplado ao Na⁺, o SGLT1, dirigido por um gradiente de Na⁺ formado por uma Na⁺/K⁺-ATPase, transporta glicose contra o gradiente para dentro da célula epitelial intestinal, enquanto GLUT-2 facilita o movimento da glicose adiante, da célula epitelial à circulação porta (Fig. 4.5).

Uma via similar opera no rim. O glomérulo renal é um sistema de ultrafiltração que filtra pequenas moléculas a partir do sangue. Entretanto, glicose, aminoácidos, muitos íons e outros nutrientes presentes no ultrafiltrado são quase completamente reabsorvidos nos túbulos proximais, via processos de simporte. A glicose é reabsorvida primariamente pelo transportador de sódio e glicose 2 (SGLT2, do inglês *sodium glucose transporter 2*; estequiometria de Na⁺:Gli igual a 1:1) para dentro das células epiteliais tubulares proximais renais. Quantidades bem menores de glicose são recuperadas por SGLT1 em um segmento posterior do túbulo, o qual acopla o transporte de uma molécula de glicose a dois íons de sódio. A concentração de Na⁺ no filtrado

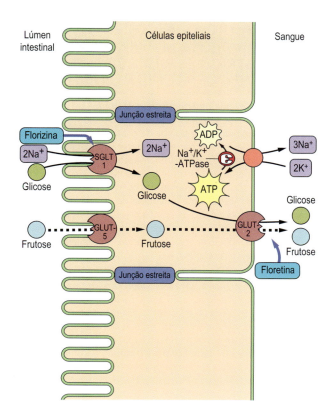

Fig. 4.5 **Transporte de glicose do lúmen intestinal para o sangue.** A glicose é bombeada para dentro da célula por um simportador de glicose acoplado ao Na⁺ (SGLT1), assim como segue para fora da célula por difusão facilitada mediada pelo uniportador GLUT-2. O gradiente de Na⁺ para o simporte de glicose é mantido pela Na⁺/K⁺-ATPase, o que mantém a concentração intracelular de Na⁺ baixa. SGLT1 é inibido pela florizina, enquanto GLUT-2 é inibido pela floretina. GLUT-5, insensível à floretina, também catalisa a captação de frutose por difusão facilitada. A frutose então é exportada por GLUT-2. Um defeito em SGLT1 causa má absorção de glicose/galactose. As células adjacentes estão conectadas por junções estreitas impermeáveis, impedindo a passagem de solutos pelo epitélio.

é 140 mmol/L (322 mg/dL), enquanto a concentração dentro das células epiteliais é 30 mmol/L (69 mg/dL), de modo que o Na⁺ flui no sentido "descendente" seguindo seu gradiente, arrastando a glicose no sentido "ascendente" contra seu gradiente de concentração. Como nas células epiteliais intestinais, a baixa concentração intracelular de Na⁺ é mantida por uma Na⁺/K⁺-ATPase no lado oposto ao da célula epitelial tubular, que faz o antiporte de três íons de sódio citoplasmáticos por dois íons de potássio extracelulares, de maneira acoplada à hidrólise de uma molécula de ATP.

Acidificação do suco gástrico por uma bomba de prótons no estômago

A P-ATPase nas células parietais gástricas mantém o pH baixo do estômago

O lúmen do estômago é altamente ácido (pH ≈ 1) devido à presença de uma bomba de prótons (**H⁺/K⁺-ATPase**; P-ATPase, na Tabela 4.3) que é expressa especificamente nas células parietais

 QUADRO CLÍNICO
MODULAÇÃO DA ATIVIDADE DE TRANSPORTE NO DIABETES

Um canal de K⁺ ATP-sensível (K_ATP) participa na regulação da secreção de insulina junto às células β das ilhotas pancreáticas. Quando a glicemia aumenta, a glicose é transportada para dentro da célula β por um transportador de glicose (GLUT-2) e, então, metabolizada. Isso resulta em aumento da concentração citoplasmática de ATP. O ATP se liga ao motivo ABC da subunidade reguladora do canal de K⁺, K_ATPβ, do receptor de sulfonilureia, SUR1, causando alterações estruturais na subunidade K_ATPα que fecham o canal K_ATP. Isso induz despolarização da membrana plasmática (gradiente de voltagem diminuído ao longo da membrana) e ativa os canais de cálcio (Ca²⁺) dependentes de voltagem (VDCC). A entrada de Ca²⁺ estimula a exocitose de vesículas que contêm insulina.

As sulfonilureias, como tolbutamida e glibenclamida, ligam-se ao K_ATPβ, estimulando a secreção de insulina. Isso diminui a glicemia no diabetes. Canais K_ATP defeituosos, incapazes de transportar K⁺, induzem baixa concentração sanguínea de glicose – uma condição chamada hipoglicemia hiperinsulinêmica persistente da infância (HHPI), a qual ocorre em 1 a cada 50.000 indivíduos, como resultado da perda da função do canal de K⁺ e da secreção contínua de insulina.

 QUADRO DE CONCEITOS AVANÇADOS
VÁRIOS FÁRMACOS INIBEM OS TRANSPORTADORES NO MÚSCULO CARDÍACO

Fenilalquilamina (verapamil), benzotiazepina (diltiazen) e di-hidropiridina (DHP; nifedipina) são **bloqueadores de canais de Ca²⁺** que inibem os VDCCs (Fig. 4.4). Esses fármacos são usados como **agentes anti-hipertensivos** para inibir o aumento da concentração citoplasmática de Ca²⁺ e, assim, a força da contração muscular. Por outro lado, os glicosídeos cardíacos como a ouabaína e a digoxina intensificam a contração do miocárdio e são usados no tratamento da insuficiência cardíaca congestiva. Atuam inibindo a Na⁺/K⁺-APTase geradora do gradiente de concentração de Na⁺ usado para dirigir a exportação de Ca²⁺ pelo Na⁺/Ca²⁺-antiportador. Os venenos de serpente, como a α-bungarotoxina, e a tetrodotoxina do baiacu inibem os canais de Na⁺ dependentes de voltagem. A lidocaína, um bloqueador de canal de Na⁺, é usada como anestésico local e fármaco antiarrítmico. A inibição de canais de Na⁺ suprime a transmissão do sinal de despolarização.

gástricas. A bomba de prótons gástrica está localizada nas vesículas intracelulares em estado de repouso. Estímulos como histamina e gastrina induzem a fusão das vesículas com a membrana plasmática (Fig. 4.6A). A bomba de H⁺/K⁺-ATPase faz o antiporte de dois prótons citoplasmáticos e dois íons potássio extracelulares de modo acoplado à hidrólise de uma molécula de ATP. O contra-íon Cl⁻ é secretado via um canal de Cl⁻, produzindo ácido hidroclorídrico (HCl; ácido gástrico) no lúmen (Fig. 4.6B).

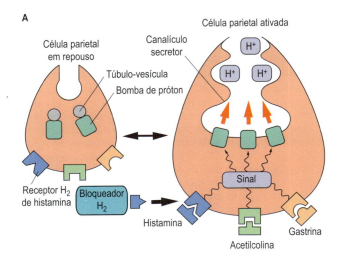

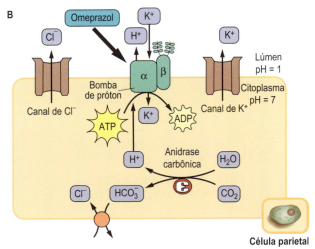

Fig. 4.6 **Secreção ácida pelas células parietais gástricas.** (A) A secreção ácida é estimulada por sinais extracelulares e acompanhada de alterações morfológicas nas células parietais, do repouso (esquerda) para o estado ativado (direita). A bomba de próton (H⁺/K⁺-ATPase) se move para o canalículo secretor (membrana plasmática) a partir de túbulo-vesículas citoplasmáticas. Os bloqueadores H₂ competem com a histamina no receptor H₂ da histamina. (B) Equilíbrio iônico na célula parietal. O H⁺ transportado pela bomba de próton é fornecido pela anidrase carbônica. O bicarbonato, outro produto dessa enzima, é antiportado com Cl⁻ que é secretado via um canal de Cl⁻. Os íons potássio importados pela bomba de próton são novamente excretados via um canal de K⁺. A bomba de próton tem subunidades catalíticas α e subunidades β glicosiladas. O fármaco omeprazol modifica covalentemente os resíduos de cisteína localizados no domínio extracitoplasmático da subunidade α e inibe a bomba de próton.

QUADRO CLÍNICO
INIBIÇÃO DA BOMBA DE PRÓTON GÁSTRICA E ERRADICAÇÃO DE *HELICOBACTER PYLORI*

A secreção continuada de ácido forte pela bomba de próton gástrica lesa o estômago e o duodeno, produzindo úlceras gástricas e duodenais. Os inibidores de bomba de próton como o omeprazol são distribuídos às células parietais a partir da circulação, após a administração oral. O omeprazol é um pró-fármaco: acumula-se no compartimento ácido por ser uma base fraca, e é convertido no composto ativo sob as condições ácidas do lúmen gástrico. A forma ativa modifica covalentemente os resíduos de cisteína localizados no domínio extracitoplasmático da bomba de prótons. Os H₂-bloqueadores (antagonistas de receptor), como a cimetidina e a ranitidina, inibem de modo indireto a secreção de ácido, ao competirem com a histamina por seu receptor (Fig. 4.6).

Comentário

A infecção do estômago por *Helicobacter pylori* também causa úlceras e está associada ao risco aumentado de adenocarcinoma gástrico. Recentemente, o tratamento antibiótico foi introduzido para erradicar *H. pylori*. O curioso é que o tratamento antibiótico aliado ao omeprazol é muito mais efetivo, possivelmente devido à maior estabilidade do antibiótico sob a condição fracamente acídica produzida pela inibição da bomba de próton.

QUESTÕES PARA APRENDIZAGEM

1. Descreva as similaridades entre a cinética da ação enzimática e os processos de transporte. Compare as propriedades dos diversos transportadores de glicose às propriedades da hexoquinase e da glicoquinase, tanto cineticamente como em termos de função fisiológica.
2. Identifique alguns inibidores de transporte usados na clínica (p. ex., laxantes e inibidores de secreção gástrica ácida).
3. Pesquise o processo de transporte da glicose ao longo da barreira hematoencefálica e explique a patogênese do coma hipoglicêmico.
4. Estude o papel e a especificidade do transportador ABC na resistência multifarmacológica aos agentes quimioterápicos.

RESUMO

- Numerosos substratos – como íons, nutrientes, pequenas moléculas orgânicas, incluindo fármacos e peptídeos, e proteínas – são transportados ao longo das membranas por vários transportadores. Essas proteínas integrais de membrana controlam as propriedades de permeabilidade das membranas biológicas.
- O transporte mediado por proteína é um processo saturável com alta especificidade de substrato.
- A difusão facilitada é catalisada por transportadores que permitem o movimento de íons e moléculas seguindo gradientes de concentração, enquanto o transporte em sentido ascendente (contrário), ou transporte ativo, requer energia.
- O transporte ativo primário é catalisado por bombas ATPases que usam energia produzida pela hidrólise de ATP.

- O transporte ativo secundário usa gradientes eletroquímicos de Na^+ ou H^+, ou ainda o potencial de membrana produzido pelos processos de transporte ativo primário. Uniporte, simporte e antiporte são exemplos de transporte ativo secundário.
- A expressão de conjuntos exclusivos de transportadores é importante para as funções celulares específicas, como contração muscular, absorção de nutrientes e íons pelas células epiteliais intestinais e renais, secreção de ácido pelas células parietais gástricas.

LEITURAS SUGERIDAS

Chen, L. Q., Cheung, L. S., Feng, L., et al. (2015). Transport of sugars. *Annual Review of Biochemistry, 84*, 865-894.

Dlugosz, A., & Janecka, A. (2016). ABC transporters in the development of multidrug resistance in cancer therapy. *Current Pharmaceutical Design, 22*, 4705-4716.

Elborn, J. S. (2016). Cystic fibrosis. *Lancet, 388*, 2519-2531.

Kiela, P. R., & Ghishan, F. K. (2016). Physiology of intestinal absorption and secretion. *Best Practice and Research. Clinical Gastroenterology, 30*, 145-159.

Meinecke, M., Bartsch, P., & Wagner, R. (2016). Peroxisomal protein import pores. *Biochimica et Biophysica Acta, 1863*, 821-827.

Savarino, V., Dulbecco, P., de Bortoli, N., et al. (2017). The appropriate use of proton pump inhibitors (PPIs): Need for a reappraisal. *European Journal of Internal Medicine, 37*, 19-24.

Staudt, C., Puissant, E., & Boonen, M. (2016). Subcellular trafficking of mammalian lysosomal proteins: An extended view. *International Journal of Molecular Sciences, 18*, 1-25.

Watson, H. (2015). Biological membranes. *Essays in Biochemistry, 59*, 43-69.

Zhu, C., Chen, Z., & Jiang, Z. (2016). Expression, distribution and role of aquaporin water channels in human and animal stomach and intestines. *International Journal of Molecular Sciences, 17*, 1-18.

SITES

Human ABC transporters: https://www.youtube.com/watch?v=AYGnZHzXsLs
http://www.stolaf.edu/people/giannini/biological%20anamations.html
https://www.youtube.com/watch?v=ovHYKlHYpyA

ABREVIATURAS

ABC	Região no transportador que liga ATP (ATP *binding cassette*)
FC	Fibrose cística
GLUT	Transportador de glicose
Kt	Concentração requerida para metade da taxa máxima de transporte
MDR	Resistência a mulifármacos
SGLT	Transportador de glicose acoplado ao Na+
Tmáx	Taxa máxima de transporte
VDCC	Canais de cálcio dependentes de voltagem [CCVD]

CAPÍTULO 5

Transporte de Oxigênio

John W. Baynes, Norma Frizzell e George M. Helmkamp, Jr.

OBJETIVOS

Após concluir este capítulo, o leitor estará apto a:

- Descrever o mecanismo de ligação do oxigênio a mioglobina e hemoglobina.
- Descrever as diferenças conformacionais entre as hemoglobinas desoxigenadas e oxigenadas.
- Definir o conceito de cooperatividade na ligação do oxigênio à hemoglobina.
- Descrever o efeito Bohr e seu papel na modulação da ligação do oxigênio à hemoglobina.
- Explicar como o 2,3-bisfosfoglicerato interage com a hemoglobina e influencia na ligação do oxigênio.
- Resumir os processos pelos quais o dióxido de carbono é transportado dos tecidos periféricos para os pulmões.
- Descrever as principais classificações de hemoglobinopatias.
- Explicar a base molecular da doença falciforme.

INTRODUÇÃO

Vertebrados são organismos aeróbios

Os vertebrados têm um sistema circulatório fechado e um mecanismo para extração de O_2 do ar (ou água) e liberação de dióxido de carbono (CO_2) em produtos residuais. O O_2 inspirado conduz a uma utilização eficiente de combustíveis metabólicos, como glicose e ácidos graxos; o CO_2 expirado é um dos principais produtos do metabolismo celular. Essa utilização de O_2 como substrato metabólico é acompanhada pela geração de espécies reativas de oxigênio (ROS) que são capazes de danificar praticamente todas as macromoléculas biológicas (Capítulo 42). Os organismos se protegem dos danos dos radicais livres de várias maneiras: sequestrando o O_2, limitando a produção de ROS e detoxificando-se. As **hemeproteínas** participam desses mecanismos de proteção, sequestrando e transportando oxigênio. As principais proteínas heme nos mamíferos são a mioglobina (Mb) e a hemoglobina (Hb). A Mb é encontrada principalmente nos músculos esquelético e estriado; e serve para armazenar O_2 no citoplasma e liberá-lo sob demanda para a mitocôndria. A Hb está restrita aos eritrócitos, nos quais facilita o transporte de O_2 e CO_2 entre os pulmões e os tecidos periféricos. Este capítulo apresenta as características moleculares da Mb e da Hb, as relações bioquímicas e fisiológicas entre as estruturas da Mb e da Hb e sua interação com o O_2 e

outras pequenas moléculas, além dos aspectos patológicos das mutações selecionadas da Hb.

Propriedades do oxigênio

A maior parte do oxigênio encontrado no corpo está ligada a uma proteína transportadora contendo o grupo heme

Os organismos fotossintéticos liberam oxigênio diatômico na atmosfera da Terra durante a produção de energia, contribuindo para o nível atual de 21% de oxigênio no ar. Em misturas de gases, cada componente faz uma contribuição específica, conhecida como pressão parcial (Lei de Dalton), que é diretamente proporcional à sua concentração. Costuma-se usar a pressão parcial de um gás como medida de sua concentração em fluidos fisiológicos. Para o O_2 atmosférico a uma pressão barométrica (nível do mar) de 760 mmHg, ou torr (101,3 kP, ou kPa; 1 atmosfera absoluta, ou ATA), a pressão parcial de oxigênio, pO_2, é $\sim$ 160 mmHg (21% de 760). A quantidade de O_2 em solução é, por sua vez, diretamente proporcional à sua pressão parcial. Assim, no sangue arterial (37°C, pH 7,4), a pO_2 é de 100 mmHg, o que produz uma concentração de O_2 dissolvido de 0,13 mmol/L. No entanto, esse nível de O_2 dissolvido é inadequado para garantir o metabolismo aeróbio eficiente.

A maior fração de O_2 transportada no sangue e armazenada no músculo está complexada com ferro (ferroso, Fe^{2+}) nas proteínas Hb e Mb, respectivamente. A Hb é uma proteína tetramérica com sítios de ligação para o O_2 (grupos heme). No sangue arterial com concentração de Hb de 150 g/L (2,3 mmol/L) e saturação de O_2 de 97,4%, a contribuição do O_2 ligado às proteínas é de cerca de 8,7 mmol/L. Essa concentração representa um aumento substancial de 67 vezes em relação ao O_2 fisicamente dissolvido. A capacidade total de carreamento de oxigênio do sangue arterial, nas formas dissolvida e ligada a proteínas, é de 8,8 mmol/L, quase 200 mL de oxigênio dissolvido por litro de sangue, o equivalente ao conteúdo de oxigênio de um litro de ar.

CARACTERÍSTICAS DAS PROTEÍNAS GLOBINAS DE MAMÍFEROS

As globinas constituem uma antiga família de metaloproteínas solúveis

As globinas são uma família, amplamente distribuída, de proteínas encontradas em microrganismos, plantas, invertebrados e vertebrados. As globinas atuais, com sua espetacular

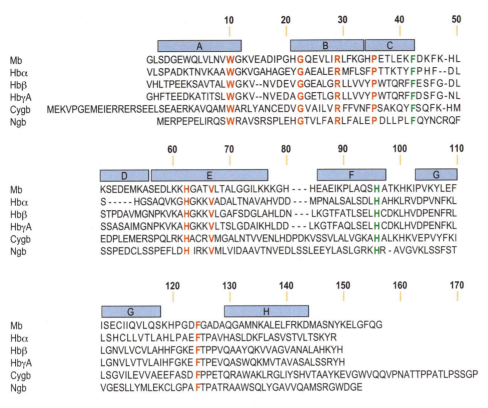

Fig. 5.1 **Sequências de aminoácidos da globina humana são altamente conservadas.** Um alinhamento das globinas humanas é representado, com resíduos de aminoácidos idênticos em vermelho. Os dois resíduos em verde, PheCD1 (F) e HisF8 (H), são absolutamente conservados em todas as globinas de metazoários. Os segmentos helicoidais na mioglobina são identificados pelas barras azuis. Mb, mioglobina; Hbα, α-globina; Hbβ, β-globina; HbγA, γA-globina; Cygb, citoglobina; Ngb, neuroglobina.

diversidade de funções, são provavelmente derivadas de uma única globina ancestral. Embora a extensão da identidade de aminoácidos entre globinas de invertebrados e vertebrados varie muito e possa frequentemente parecer aleatória, duas características são dignas de nota: os resíduos invariantes PheCD1 e HisF8 e os padrões característicos de resíduos hidrofóbicos em segmentos helicoidais (Fig. 5.1). A Mb humana consiste em um único polipeptídeo globina (153 resíduos de aminoácidos, 17.053 Da). A Hb humana é um conjunto tetramérico de dois polipeptídeos de α-globina (141 resíduos, 15.868 Da) e dois polipeptídeos de β-globina (146 resíduos, 15.126 Da). Um único grupo prostético heme está associado de forma não covalente a cada **apoproteína** globina.

A estrutura secundária das globinas de mamíferos é dominada por alta proporção de α-hélice, com mais de 75% dos aminoácidos associados a oito segmentos helicoidais. Essas α-hélices são organizadas em uma estrutura terciária quase esférica e compacta, designada como dobra da globina (Fig. 5.2). Tão universal é essa estrutura terciária geral entre todas as globinas que a nomenclatura convencional para resíduos de globina segue aquela definida inicialmente para a Mb da baleia cachalote – ou seja, hélices A, B, C e assim por diante, começando no N-terminal, separadas por cantos AB, BC etc, com os resíduos numerados dentro de cada hélice e de cada canto. Por exemplo, o resíduo A14, um aminoácido que participa da estabilização eletrostática entre a hélice A e o canto GH, corresponde a Lys[15] na Hb do inseto, Lys[16] na Mb e α-globina e Lys[17] na β-globina.

Os aminoácidos polares estão localizados quase exclusivamente na superfície exterior dos polipeptídeos da globina e

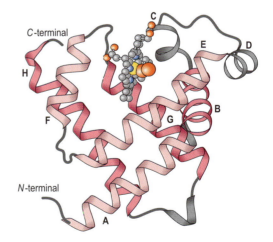

Fig. 5.2 **A mioglobina é uma proteína globular compacta.** Neste desenho da Mb de mamíferos, apenas o esqueleto de polipeptídeo globina é mostrado, com ênfase na alta proporção de estrutura secundária (exclusivamente α-hélice). O arranjo de duas camadas, três sobre três, de α-hélices é destacado pelos tons claros e escuros do vermelho. O grupo heme é ilustrado como uma estrutura cinza "bola-e-bastão", com ferro (amarelo) e uma molécula de oxigênio ligado (vermelho).

contribuem para a solubilidade notavelmente elevada dessas proteínas (p. ex., 370 g/L [solução proteica a 37%; 5,7 mmol/L] Hb no eritrócito). Os aminoácidos que são tanto polares como hidrofóbicos, como treonina, tirosina e triptofano, são orientados com suas funções polares em direção ao exterior da proteína. Os resíduos hidrofóbicos estão voltados ao

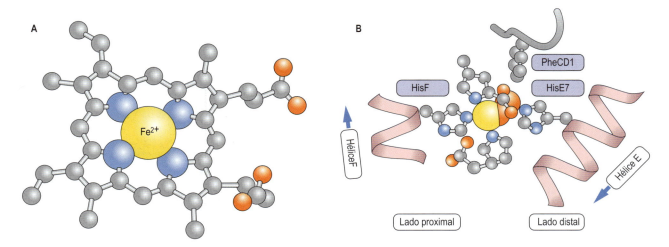

Fig. 5.3 **O heme é um complexo de porfirina e ferro.** (A) Nesta perspectiva, a estrutura de carbono da protoporfirina IX, um anel de tetrapirrol conjugado, é mostrada em cinza; as moléculas de O_2 são vermelhas. O ferro (esfera amarela) prefere seis ligantes em uma geometria de coordenação octaédrica; átomos de nitrogênio pirrol (esferas azuis) fornecem quatro destes. O PheCD1 faz interações críticas de empilhamento hidrofóbico e eletrostático com o anel de porfirina. (B) Na estrutura da globina oxigenada, o heme planar é posicionado entre as histidinas proximal e distal (HisF8 e HisE7, respectivamente); somente o HisF8 tem um nitrogênio imidazole (esfera azul) perto o suficiente para se ligar ao ferro. As α-hélices que contêm essas histidinas são mostradas em rosa. Nas globinas desoxigenadas, a sexta posição permanece vaga, deixando um ferro pentacoordenado. No estado oxigenado, o O_2 ocupa a sexta posição. Ambas as porções de propionato de porfirina participam de interações de ligações de hidrogênio e eletrostáticas com cadeias laterais de globina e solvente.

interior, onde estabilizam o enrolamento do polipeptídeo e formam uma bolsa que acomoda o grupo prostético heme hidrofóbico. Exceções notáveis a essa distribuição geral de resíduos de aminoácidos nas globinas são as duas histidinas, nas hélices E e F, que desempenham papéis indispensáveis no interior da bolsa do heme (Fig. 5.3). Suas cadeias laterais são orientadas perpendicularmente e posicionadas em ambos os lados do grupo prostético heme. Um dos nitrogênios do grupo imidazol da cadeia lateral da histidina proximal invariante (HisF8) está perto o suficiente para se ligar diretamente ao átomo de Fe^{2+} pentacoordenado. No lado oposto do plano do heme, a histidina distal (HisE7), que está muito longe do ferro heme para a ligação direta, funciona de modo a estabilizar o O_2 ligado por pontes de hidrogênio.

Estrutura do grupo prostético heme

O Heme, a fração de ligação ao O_2 comum a Mb e Hb, é uma molécula de porfirina à qual é coordenado um átomo de ferro (Fe^{2+})

O grupo prostético heme Fe-porfirina é planar e hidrofóbico, com exceção de dois grupos de propionato que estão expostos ao solvente. O heme se torna um componente integral da **holoproteína** durante a síntese do polipeptídeo; é o heme que dá às globinas sua característica cor vermelho-púrpura – púrpura no estado desoxigenado no sangue venoso, vermelho no estado oxigenado no sangue arterial.

As globinas aumentam a solubilidade aquosa de outra forma pouco solúvel, do grupo prostético hidrofóbico heme. Uma vez sequestrado dentro de uma bolsa hidrofóbica criada pelo polipeptídeo de globina dobrado, o heme está em um ambiente de proteção que minimiza a oxidação espontânea do Fe^{2+} (ferroso) a Fe^{3+} (férrico: ferrugem) na presença de O_2. Esse ambiente também é essencial para as globinas se ligarem e liberarem o O_2. Caso o átomo de ferro se torne oxidado ao estado férrico, o heme não pode mais interagir reversivelmente com o O_2, comprometendo sua função no armazenamento e no transporte do O_2.

Mioglobina: Uma proteína de armazenamento de oxigênio

A Mb liga-se ao O_2 que foi liberado da Hb nos capilares dos tecidos e subsequentemente difundido nos tecidos

Localizada no citosol das células musculares esqueléticas, cardíacas e algumas musculares lisas, a Mb armazena um suprimento de O_2 que está prontamente disponível para as organelas celulares, particularmente as mitocôndrias, que realizam o metabolismo oxidativo. A Mb é uma proteína heme monomérica; com seu único local de ligação ao ligante, a reação reversível da Mb com O_2

$$Mb + O_2 \rightleftharpoons Mb \cdot O_2$$

pode ser descrita pelas seguintes equações:

$$K_a = [Mb \cdot O_2]/[Mb][O_2]$$

$$Y = [Mb \cdot O_2]/\{[Mb \cdot O_2] + [Mb]\}$$

onde K_a é uma constante de afinidade ou equilíbrio e Y é saturação fracionada de O_2. Combinando essas duas equações, expressando a concentração de O_2 em termos de sua pressão parcial (pO_2) e substituindo o termo P_{50} por $1/K_a$, obtém-se a equação da curva de saturação de O_2 da Mb:

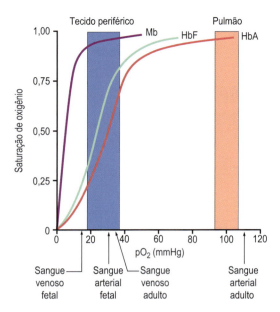

Fig. 5.4 **Curvas de saturação de oxigênio da mioglobina e da hemoglobina.** A Mb e a Hb possuem diferentes curvas de saturação de O_2. A saturação fracionária (Y) dos sítios de ligação ao O_2 é plotada contra a concentração de O_2 (pO_2 [mmHg]). As curvas são mostradas para Mb, Hb fetal (HbF) e Hb adulta (HbA). Também indicados, por setas e sombreado, estão os níveis normais de O_2 medidos em várias amostras de sangue adulto e fetal.

$$Y = pO_2 / \{pO_2 + P_{50}\}$$

Por definição, a constante P_{50} é o valor de pO_2 em que $Y = 0,5$ ou em que metade dos locais dos ligantes são ocupados por O_2. Em um gráfico de Y versus pO_2, a equação para a ligação do ligante na Mb é descrita por uma hipérbole (Fig. 5.4) com P_{50} de 4 mmHg. O baixo valor da P_{50} reflete alta afinidade para o O_2. Nos leitos capilares dos tecidos musculares, os valores da pO_2 estão na faixa de 20-40 mmHg. Previsivelmente, os músculos em atividade exibem valores de pO_2 mais baixos do que os músculos em repouso. Com sua alta afinidade pelo O_2, a Mb do miócito torna-se prontamente saturada com O_2 que entrou no sangue. Como o O_2 é consumido durante o metabolismo aeróbico, dissocia-se por meio da ação em massa a partir da Mb e se difunde nas mitocôndrias, as usinas de força da célula muscular. As baleias e outros mamíferos de mergulho têm altas concentrações incomuns de Mb em seus tecidos musculares; acredita-se que a Mb funcione como um grande reservatório de oxigênio por períodos prolongados sob a água.

Hemoglobina: Uma proteína transportadora de oxigênio

A Hb é a principal proteína transportadora de O_2 no sangue humano e se localiza exclusivamente nos eritrócitos

A Hb adulta (HbA) é um arranjo tetraédrico de duas subunidades α-globina idênticas e duas sub-unidades β-globina idênticas, uma geometria que prediz vários tipos de interações

QUADRO CLÍNICO
TERAPIA HIPERBÁRICA DE O_2 PARA ENVENENAMENTO AGUDO POR MONÓXIDO DE CARBONO

Uma gestante de 22 anos de idade, com um feto de 31 semanas, foi levada à maternidade de um hospital por suspeita de envenenamento por CO.

A paciente estava com dor de cabeça, náusea e anormalidades visuais. Ela afirmou que seu local de trabalho estava passando por reparos nos sistemas de aquecimento e ventilação durante as últimas duas semanas e, no dia de sua visita ao hospital, o departamento de incêndio evacuou o prédio após detectar alto nível de CO, 200 ppm, com um nível típico de rua urbana de 10 ppm. Sua pressão arterial era de 116/68 mmHg com pulso de 100 e frequência respiratória de 24/min. Digno de nota na avaliação da paciente foi um componente de carboxi-Hb (COHb) de 15% do total da Hb no momento da internação (normal = 3%, mas pode exceder 10% em fumantes pesados). O monitoramento fetal indicou uma frequência cardíaca fetal de 135, com irregularidades moderadas ocasionais. As contrações uterinas estavam ocorrendo a cada 3-5 minutos.

A paciente foi tratada na câmara de O_2 hiperbárica do hospital: 30 min a 2,5 ATA, depois 60 min a 2,0 ATA. Ela também recebeu sulfato de magnésio por via intravenosa para resolver as contrações prematuras. A paciente recebeu alta dois dias depois. Ela deu à luz uma criança saudável do sexo feminino com 38 semanas de idade gestacional que, ao exame ao nascimento e às 6 semanas de idade, não apresentou sequelas aparentes de exposição materna ao CO ou 100% O_2.

Comentário

O monóxido de carbono é um produto normal do catabolismo do heme e tem uma série de atividades fisiológicas nos sistemas vascular, neuronal e imunológico. Como o O_2, o CO também se liga a grupos prostéticos do heme. Como a afinidade do heme ligado à globina pelo CO é cerca de 250 vezes maior do que para o O_2, a exposição prolongada da hemoglobina ao CO exógeno seria praticamente irreversível ($t_{1/2}$ para reversão no sangue, 4–8 h) e levaria a níveis tóxicos de carboxi-Hb. O O_2 hiperbárico é o tratamento de escolha para envenenamento por CO grave ou complicado.

A administração de 100% de O_2 a 2–3 ATA gera valores de pO_2 arterial e tecidual de 2.000 mmHg e 400 mmHg, respectivamente (20 vezes o normal). O resultado imediato é uma redução no $t_{1/2}$ da carboxi-Hb em menos de 30 min. O O_2 hiperbárico também é usado no tratamento de doença descompressiva, embolia gasosa arterial, lesão tecidual induzida por radiação ou isquemia e hemorragia grave.

entre subunidades e subunidades na estrutura quaternária (Fig. 5.5). O importante é que, dentro do tetraedro de Hb, cada subunidade está em contato com as outras três. A análise experimental da estrutura quaternária indica múltiplas interações não covalentes (pontes de hidrogênio e ligações eletrostáticas) entre cada par de subunidades diferentes – isto é, nas interfaces α-β. Por outro lado, há menos interações predominantemente hidrofóbicas entre subunidades idênticas nas interfaces $α_1$-$α_2$ ou $β_1$-$β_2$. O número real e a natureza dos contatos diferem segundo a presença ou a ausência de O_2. As associações fortes dentro de cada heterodímero α β e na interface entre os dois heterodímeros (Fig. 5.5) são agora reconhecidas como fatores principais que determinam a ligação e a liberação de O_2. Assim,

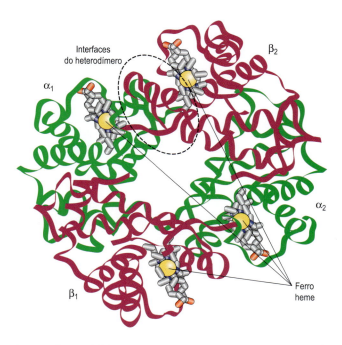

Fig. 5.5 **A hemoglobina é um tetrâmero de quatro subunidades da globina.** A Hb é um complexo tetraédrico de duas α-globinas idênticas (α₁ e α₂, verde) e duas β-globinas idênticas (β₁ e β₂, violeta). Com essa geometria, cada subunidade de globina entra em contato com as outras três subunidades, criando interfaces e interações que definem a cooperatividade. Uma das interfaces do heterodímero é delineada em um oval tracejado.

a Hb é mais apropriadamente considerada um dímero de heterodímeros (αβ)₂ em vez de um tetrâmero α₂β₂. Embora uma solução de HbA seja teoricamente uma mistura dinâmica de heterodímeros e tetrâmeros, sob condições fisiológicas (alta Hb e pH neutro), o equilíbrio favorece grandemente o tetrâmero: 99,0% para Hb oxigenada e 99,9% para Hb desoxigenada.

Interações da hemoglobina com oxigênio

A Hb liga-se ao oxigênio de forma cooperativa, com um coeficiente de Hill de ~ 2,7

Como veículo de fornecimento de gás, a Hb deve ser capaz de ligar o O₂ eficientemente ao entrar nos alvéolos pulmonares durante a respiração e liberar o O₂ para o ambiente extracelular com eficiência semelhante à dos eritrócitos que circulam pelos capilares teciduais. Essa notável dualidade de função é alcançada por interações cooperativas entre as subunidades da globina. Quando a Hb desoxigenada se torna oxigenada, mudanças estruturais significativas se estendem por toda a molécula da proteína. Na bolsa do heme, como consequência da coordenação do O₂ com o ferro e uma nova orientação dos átomos na estrutura do heme, a histidina proximal e a hélice F às quais ela pertence deslocam suas posições (Fig. 5.3). Essa sutil mudança conformacional desencadeia grandes realinhamentos estruturais em outras partes daquela subunidade da globina. Por sua vez, essas mudanças estruturais terciárias são transmitidas, mesmo amplificadas, na estrutura quaternária total, de forma que uma rotação de 12-15° e um deslocamento de 0,10 nm do dímero α₁β₁ em relação ao dímero α₂β₂ ocorre. Devido à inerente assimetria do tetrâmero de α₂β₂, esses movimentos combinados resultam em mudanças bastante dramáticas no interior e, mais importante, entre os heterodímeros αβ. Devido às mudanças estruturais na hemoglobina como resultado da ligação do oxigênio e de outros efetores, a afinidade de ligação para as moléculas subsequentes de oxigênio pode ser aumentada (**cooperatividade** positiva) ou diminuída (cooperatividade negativa).

A Hb pode ligar até quatro moléculas de O₂ de maneira cooperativa

Com seus múltiplos sítios de ligação para ligantes e mudanças estruturais em resposta à ligação, a afinidade do oxigênio e a saturação fracionada da Hb são funções mais complexas que as da Mb. Consequentemente, a equação da curva de saturação fracionada de O₂ deve ser modificada para a seguinte:

$$Y = pO_2^n / \{pO_2^n + P_{50}^n\}$$

onde o expoente *n* é o **coeficiente de Hill**. Em uma plotagem de *Y versus* pO₂ quando *n* > 1, a equação para a ligação do ligante é descrita por uma curva sigmoide (em forma de S) (Fig. 5.4). O coeficiente de Hill, determinado experimentalmente, é uma medida de cooperatividade entre os sítios de ligação do ligante – isto é, a extensão em que a ligação do O₂ a uma subunidade influencia na afinidade do O₂ a outras subunidades. Para ligação totalmente cooperativa, o *n* é igual ao número de locais (quatro na Hb), uma indicação de que a ligação em um local aumenta ao máximo a ligação em outros locais na mesma molécula. O coeficiente de Hill normal para a Hb do adulto (*n* = 2,7) reflete fortemente a ligação cooperativa do ligante. A Hb tem uma afinidade consideravelmente menor para o O₂, refletida em P_{50} de 27 ± 2 mmHg em comparação com a mioglobina (P_{50} = 4 mmHg). Na ausência de cooperatividade, mesmo com múltiplos locais, o coeficiente de Hill seria 1 – ou seja, a ligação de uma molécula de O₂ não influenciaria na ligação de outras moléculas. A cooperatividade diminuída ou ausente é observada nas Hb mutantes que perderam os contatos funcionais das subunidades (Tabela 5.1). A inclinação mais acentuada da curva de saturação da Hb situa-se em uma faixa de pO₂ que é encontrada na maioria dos tecidos (Fig. 5.4). Assim, as mudanças relativamente pequenas na pO₂ resultarão em mudanças consideravelmente maiores na interação da Hb com o O₂. Consequentemente, ligeiros desvios da curva em qualquer direção também influenciarão drasticamente a afinidade pelo O₂.

As subunidades da hemoglobina podem assumir duas conformações que diferem na afinidade pelo O₂

O mecanismo subjacente à cooperatividade na ligação do oxigênio pela hemoglobina envolve um deslocamento entre dois estados conformacionais da molécula de hemoglobina que diferem na afinidade pelo oxigênio. Essas duas conformações quaternárias são conhecidas como estados **T (tenso)** e **R (relaxado)**, respectivamente. No estado T, as interações entre os heterodímeros são mais fortes; no estado R, essas ligações

Tabela 5.1 Classificação e exemplos de hemoglobinopatias

Classificação	Nome comum	Mutação	Frequência	Alterações bioquímicas	Consequências clínicas
Solubilidade anormal	HbC	Glu$^{6(\beta)}\to$ Lys	Comum	Cristalização intracelular da proteína oxigenada; aumento da fragilidade dos eritrócitos	Anemia hemolítica leve; esplenomegalia (baço aumentado)
Diminuição da afinidade do O$_2$	Hb Titusville	Asp$^{94(\alpha)}\to$ Asn	Muito raro	Interface do heterodímero alterada para estabilizar o estado T; diminuição da cooperatividade	Cianose leve (pele azul-púrpura pela coloração do sangue desoxigenado)
Aumento da afinidade do O$_2$	Hb Helsinki	Lys$^{82(\beta)}\to$ Met	Muito raro	Ligação reduzida do 2,3-BPG no estado T	Policitemia leve (aumento da contagem de eritrócitos)
Heme férrico (metemoglobina)	HbM Boston	His$^{58(\alpha)}\to$ Tyr	Ocasional	Bolsa do heme alterada (mutação distal de His)	Cianose da pele e das membranas mucosas; efeito Bohr diminuído
Proteína instável	Hb Gun Hill	$\Delta\beta$91–95	Muito raro	Anormalidade causada pela perda de Leu na bolsa do heme e pela hélice mais curta	Formação de corpos de Heinz (inclusões de Hb desnaturada); icterícia (coloração amarela do tegumento e da esclera); urina pigmentada
Síntese anormal	Hb Constant Spring	Tyr$^{142(\alpha)}\to$ Gln	Muito raro	Perda do códon de terminação; diminuição da estabilidade do mRNA	α-Talassemia (anemia hemolítica, esplenomegalia e icterícia)

As hemoglobinopatias são geralmente classificadas de acordo com a mudança mais proeminente na estrutura, na função ou na regulação da proteína. A identificação inicial de uma mutação frequentemente envolve análise eletroforética ou cromatográfica, como mostrado na Figura 5.9 para a HbSC, um genótipo duplo heterozigótico associado a um fenótipo semelhante à doença falciforme. Δ, mutante de deleção.

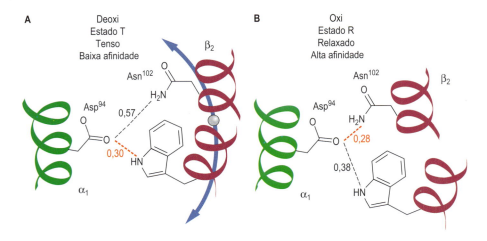

Fig. 5.6 **As ligações não covalentes diferem entre a hemoglobina desoxigenada e a hemoglobina oxigenada.** No meio da interface entre os dois heterodímeros $\alpha\beta$ estão os resíduos Asp$^{94(\alpha)}$ na α_1-globina de um heterodímero e Trp$^{37(\beta)}$ e Asn$^{102(\beta)}$ na β_2-globina do outro heterodímero (ver tracejado oval na Fig. 5.5). Cada um possui átomos de cadeia lateral capazes de interações não covalentes. (A) No estado T desoxigenado, a distância entre os resíduos Asp e Trp favorece uma ligação de hidrogênio, enquanto a distância entre Asp e Asn é muito grande. (B) Como resultado das mudanças conformacionais que acompanham a transição para o estado R, a distância entre Asp e Trp é agora muito grande, mas a distância entre Asp e Asn é compatível com a formação de uma nova ligação de hidrogênio. Em outros lugares ao longo dessa interface, outros vínculos são criados e desfeitos. Um alinhamento idêntico de resíduos e interações não covalentes é encontrado entre os monômeros α_2 e $\beta_1$globina. As distâncias são mostradas em nanômetros (nm). As ligações de hidrogênio são comumente de 0,27 a 0,31 nm de comprimento.

não covalentes são, em suma, mais fracas. A afinidade do O$_2$ é menor no estado T e maior no estado R. A transição entre esses estados é acompanhada pela quebra das ligações não covalentes existentes e pela formação de novas ligações nas interfaces dos heterodímeros (Fig. 5.6). O contato entre os dois heterodímeros $\alpha\beta$ (Fig. 5.5) é estabilizado por uma mistura de pontes de hidrogênio e ligações eletrostáticas. Aproximadamente 30 aminoácidos participam das interações não covalentes que caracterizam as conformações da Hb desoxigenada e oxigenada.

Vários modelos foram desenvolvidos para descrever a transição entre os estados T e R da Hb. Em um extremo, há um modelo em que cada subunidade de Hb responde sequencialmente a uma ligação de O$_2$ com uma alteração conformacional,

> **QUADRO DE TESTE CLÍNICO**
> **OXIMETRIA DE PULSO**
>
> A oximetria de pulso (ox-pulso) é um método não invasivo de estimar a saturação de oxigênio da Hb arterial. Dois princípios físicos estão envolvidos: primeiro, as características espectrais visíveis e infravermelhas da oxi e desoxi-Hb são diferentes; em segundo lugar, o fluxo sanguíneo arterial tem um componente pulsátil que resulta de alterações de volume a cada batimento cardíaco. As medições de transmissão ou refletor são feitas em um local de tecido translúcido com fluxo sanguíneo razoável – geralmente dedo, dedo do pé ou orelha em adultos e crianças, ou pé ou mão em crianças. O fotodetector e o microprocessador do oxímetro de pulso permitem o cálculo da saturação de oxigênio (**SpO₂** = saturação de oxigênio capilar periférica) que normalmente se correlaciona entre 4% e 6% do valor encontrado pela análise de gasometria arterial.
>
> A oximetria de pulso é usada para monitorar o estado cardiopulmonar durante as anestesias geral e local, em unidades de cuidados intensivos e neonatais e durante o transporte do paciente. Movimento corporal, luz ambiental irradiada, bilirrubina elevada e unhas artificiais ou pintadas podem interferir na oximetria de pulso.
>
> Instrumentos convencionais de dois comprimentos de onda "assumem" que as medidas ópticas estão associadas a hemoglobinas oxigenadas e desoxigenadas; eles não podem discriminar entre oxi, carboxi e metHb. No entanto, as novas tecnologias utilizam seis ou oito comprimentos de onda e permitem a discriminação múltipla de espécies de Hb com acurácia de ± 2% e precisão de ± 1%.

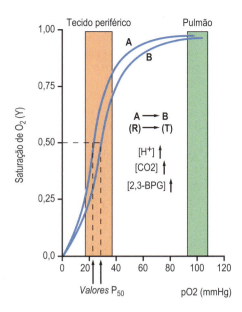

Fig. 5.7 **Efetores alostéricos diminuem a afinidade do oxigênio pela hemoglobina.** A interação do O₂ com a Hb é regulada por efetores alostéricos. Sob condições fisiológicas, a HbA exibe uma curva de saturação de O₂ altamente cooperativa. Com um aumento na concentração dos eritrócitos de qualquer um dos três efetores alostéricos – H⁺, CO₂ ou 2,3-bisfosfoglicerato (2,3-BPG) – a curva se desloca para a direita (posição B), indicando uma afinidade diminuída para o O₂ (aumento no valor de P₅₀). Ações dos efetores que modulam a afinidade ao O₂ parecem ser aditivas. Por outro lado, uma diminuição em qualquer dos efeitos alostéricos muda a curva para a esquerda (posição A). O aumento da temperatura também mudará a curva para a direita. A sensibilidade da saturação de O₂ ao H⁺ é conhecida como o efeito Bohr. As faixas normais de O₂ medidas nos capilares pulmonares e periféricos são indicadas por áreas sombreadas.

permitindo, assim, híbridos intermediários dos estados T e R. No extremo oposto, há um modelo em que todas as quatro subunidades mudam de maneira coordenada; os estados híbridos são proibidos e a ligação do O₂ a uma subunidade muda o equilíbrio de todas as subunidades do estado T para o estado R, simultaneamente. As estruturas moleculares da Hb desoxigenada e parcial e totalmente ligada têm sido bastante estudadas por uma ampla gama de técnicas termodinâmicas e cinéticas, mas o progresso em reconciliar inconsistências entre modelos clássicos e mais recentes tem sido lento. Esses diferentes pontos de vista sobre mudanças conformacionais em proteínas de múltiplas subunidades são discutidos mais adiante na seção sobre enzimas alostéricas no Capítulo 6.

MODULAÇÃO ALOSTÉRICA DA AFINIDADE DA HEMOGLOBINA PELO OXIGÊNIO

Proteínas alostéricas e efetores

A Hb é uma proteína alostérica; sua afinidade pelo O₂ é regulada por pequenas moléculas

A Hb é um dos exemplos mais estudados de uma proteína alostérica. Efetores alostéricos são pequenas moléculas que se ligam a proteínas em locais que são espacialmente distintos dos sítios de ligação para o ligante, daí sua designação como **efetores alostéricos (outros locais)**. Por meio de efeitos conformacionais de longo alcance, eles alteram a afinidade de ligação ao ligante ou ao substrato da proteína. As proteínas alostéricas em geral são proteínas de múltiplas subunidades. A afinidade de ligação ao O₂ pela Hb é afetada positivamente pelo O₂, bem como por um número de efetores alostéricos quimicamente diversos, incluindo H⁺, CO₂ e **2,3-bisfosfoglicerato** (2,3-BPG; Fig. 5.7). Quando um efetor alostérico afeta sua própria ligação à proteína (em outros locais), o processo é denominado **homotrópico** (p. ex., o efeito da ligação do O₂ em um local na Hb aumenta a afinidade de ligação do O₂ a outros locais na Hb). Quando o efetor alostérico é diferente do ligante cuja ligação é alterada, o processo é denominado **heterotrópico** (p. ex., o efeito do H⁺ [pH] no P₅₀ para a ligação do oxigênio na Hb). Essas interações levam a mudanças horizontais nas curvas de ligação do O₂ (Fig. 5.7).

Efeito Bohr

O pH ácido (prótons) diminui a afinidade do O₂ pela Hb

A afinidade do O₂ pela Hb é extremamente sensível ao pH, um fenômeno conhecido como efeito Bohr. O **efeito Bohr** é mais prontamente descrito como um desvio à direita na curva de saturação de O_2 com diminuição do pH. Assim, uma concentração aumentada de H^+ (diminuição do pH) favorece um aumento da P_{50} (menor afinidade) para a ligação do O_2 à Hb, **equivalente a um deslocamento dependente de H^+ da Hb do estado R para o estado T**.

Para entender o efeito Bohr no nível da estrutura da proteína e avaliar o papel do H^+ como um efetor heterotrópico alostérico, é importante lembrar que a Hb é uma molécula altamente carregada. Os resíduos que participam no efeito Bohr incluem o grupo N-terminal Val amino da α-globina e a cadeia lateral C-terminal da β-globina. Os valores de pK_a desses ácidos fracos diferem suficientemente entre as formas desoxigenada e oxigenada da Hb para causar a captação de 1,2-2,4 prótons pelo tetrâmero desoxigenado, comparado com o oxigenado.

A identificação de resíduos de aminoácidos específicos das α e β-globinas que participam do efeito Bohr é complicada por interações diferenciais de outros solutos carregados com desoxi e oxi-Hb. Assim, uma ligação preferencial de dado ânion (isto é, Cl^- e/ou fosfatos orgânicos) a Hb desoxigenada envolve a alteração do pK_a de alguns grupos catiônicos, contribuindo, desse modo, para o efeito Bohr global observado. Por exemplo, há evidências convincentes de que $Val^{1(\alpha)}$ é relevante para o efeito Bohr apenas na presença de Cl^-. O pK_a desse grupo passa de 8,00 na Hb desoxigenada para 7,25 na Hb oxigenada na presença de uma concentração fisiológica de Cl^- (≈ 100 mmol/L). Além disso, a participação dos grupos $Val^{1(\alpha)}$ no efeito Bohr dependente de cloreto é fortemente modulada pelo CO_2 devido à formação de adutos de CO_2 (carbamino) na Hb (descritos mais adiante no capítulo).

Conforme a Hb se liga ao O_2, os prótons se dissociam a partir das funções de ácidos fracos selecionados; inversamente, em meio ácido, a protonação das bases conjugadas inibe a ligação de O_2

Durante a circulação entre os alvéolos pulmonares e os capilares periféricos, os eritrócitos encontram condições marcadamente diferentes de pO_2 e pH. A alta pO_2 nos pulmões promove a saturação do ligante e força os prótons da molécula de Hb a estabilizar o estado R. No leito capilar, em especial em tecidos metabolicamente ativos, o pH é um pouco menor devido à produção de metabólitos ácidos, como o lactato. A Hb oxigenada, ao entrar nesse ambiente, adquirirá alguns prótons "em excesso" e mudará para o estado T, promovendo a liberação de O_2 na captação pelos tecidos para o metabolismo aeróbico.

Efeitos do CO_2 e da temperatura

Como o H^+, o CO_2 aumenta nos capilares venosos e é um efetor alostérico negativo da afinidade do O_2 pela Hb

Intimamente relacionada ao efeito Bohr está a capacidade do CO_2 de alterar a afinidade do O_2 pela Hb. O aumento da pCO_2 nos capilares venosos diminui a afinidade da Hb pelo O_2. Por conseguinte, ocorre um desvio para a direita na curva ligante-saturação à medida que aumenta a pCO_2. Deve ser enfatizado que o efetor alostérico é, de fato, CO_2, não HCO_3^-: CO_2 forma uma ligação covalente reversível com os grupos

amino N-terminais não protonados dos polipeptídeos globina para formar **adutos carbamino:**

$$Hb-NH_2 + CO_2 \rightleftharpoons Hb-NHCOO^- + H^+$$

Essa modificação covalente transitória da Hb não é apenas um exemplo especializado de controle alostérico, resultando na estabilização da Hb desoxigenada; também representa uma forma de transporte do CO_2 aos pulmões para liberação a partir do corpo. Entre 5% e 10% do teor total de CO_2 no sangue existe como aduto carbamino.

Existe uma forte correlação fisiológica entre a pCO_2 e a afinidade do O_2 pela Hb. O CO_2 é um dos principais produtos da oxidação mitocondrial e, como o H^+, é particularmente abundante nos tecidos metabolicamente ativos. Ao se difundir no sangue, o CO_2 pode reagir com a Hb oxigenada, mudar o equilíbrio em direção ao estado T e, assim, promover a dissociação do O_2 ligado (Fig. 5.7). A grande maioria do CO_2 nos tecidos periféricos, no entanto, é hidratada pela **anidrase carbônica** eritrocitária em ácido carbônico (H_2CO_3), um ácido fraco que se dissocia parcialmente em H^+ e HCO_3^-:

$$CO_2 + H_2O \rightleftharpoons H_2CO_3 \text{ reação catalisada por enzimas}$$
$$H_2CO_3 \rightleftharpoons H^+ + HCO_3^- \text{ dissociação espontânea}$$

Curiosamente, tanto da formação do aduto carbamino quanto das reações de hidratação/dissociação envolvendo o CO_2, um conjunto adicional de prótons é gerado. Eles são prótons que se tornam disponíveis para participar do efeito de Bohr e facilitam a troca de $O_2 - CO_2$. Durante o seu retorno aos pulmões, o sangue transporta duas formas de CO_2: carbamino-Hb e o par de ácido-base conjugadas H_2CO_3 / HCO_3^-. O sangue e a Hb estão agora expostos a uma baixa pCO_2 e, pela ação de massa, a formação do aduto carbamino é revertida e a ligação do O_2 é novamente favorecida. Da mesma forma, nos capilares pulmonares, a anidrase carbônica dos eritrócitos converte o H_2CO_3 em CO_2 e H_2O, que são expirados para a atmosfera (Capítulo 36).

Os músculos em exercício não apenas produzem os efetores alostéricos H^+ e CO_2 como subprodutos do metabolismo aeróbico, mas também liberam o calor. Como a ligação do O_2 ao heme é um processo exotérmico, **a afinidade do O_2 pela Hb diminui com o aumento da temperatura**. Assim, o microambiente de um músculo em exercício favorece profundamente uma liberação mais eficiente de O_2 ligado à Hb ao tecido circundante.

Efeito do 2,3-bisfosfoglicerato

O 2-3-Bisfoglicerato (2,3-BPG), um intermediário no metabolismo dos carboidratos, é um importante efetor alostérico da Hb

O 2,3-BPG é sintetizado em eritrócitos humanos em uma derivação de uma etapa da via glicolítica (Capítulo 9). Como o H^+ e o CO_2, o 2,3-BPG é um efetor alostérico negativo indispensável que, quando ligado a Hb, causa um aumento acentuado na P_{50} (Fig. 5.7). Se não fosse pela alta concentração nos eritrócitos de 2,3-BPG (~ 4 mmol/L), a curva de saturação do O_2 da Hb se aproximaria da Mb!

> **QUADRO DE CONCEITOS AVANÇADOS**
> **HEMOGLOBINAS ARTIFICIAIS**
>
> As curvas de oferta e demanda de sangue total e disponibilidade e utilização de hemácias embaladas apontam para uma crise iminente e a necessidade de desenvolver alternativas. Substitutos de hemácias são alternativas de transfusão que são potencialmente úteis durante grandes procedimentos cirúrgicos e emergências por choque hemorrágico.
>
> Três tipos de portadores de O_2 artificiais foram pesquisados: transportador de oxigênio à base de Hb (HBOC), Hb encapsulada em lipossomo ou nanopartículas e emulsões de perfluorocarbono. Os HBOCs são hemoglobinas derivadas de fontes alogênicas, xenogênicas ou recombinantes que foram modificadas por polimerização, ligação cruzada ou conjugação. Essas modificações facilitam a purificação e a esterilização e minimizam a toxicidade e a imunogenicidade. Eles também são necessários para estabilizar os tetrâmeros de Hb extracelular; caso contrário, a hemoglobina se dissocia em dímeros e monômeros no plasma e é excretada na urina. As formas artificiais têm afinidade para o O_2 (P_{50}) na faixa de 16 a 38 mmHg, em comparação com ~ 27 mM para a Hb, mas geralmente têm uma cooperatividade diminuída (n = 1,3 –2,1) e efeitos Bohr.
>
> Vários HBOCs progrediram por meio da avaliação clínica, e alguns são usados em procedimentos médicos em alguns países. Os efeitos adversos não são incomuns com os HBOCs. O aumento da vasoconstrição com subsequente hipertensão ocorre como resultado do aumento da ligação do óxido nítrico (NO), um regulador endógeno da vasodilatação, pela Hb extracelular. Outros problemas incluem aumento da oxidação do heme ao metHb, elevada deposição de ferro nos tecidos, desconforto gastrointestinal, neurotoxicidade e interferência nas medidas de diagnóstico. A engenharia molecular da Hb humana, agora em andamento em vários laboratórios, busca melhorar as propriedades de ligação e alosteria do O_2 aos HBOCs e minimizar os efeitos colaterais. A embalagem de hemoglobina em lipossomas ou nanocápsulas, produzindo hemácias artificiais, também é uma tecnologia promissora porque isso limita o escape de Hb em espaços extravasculares.

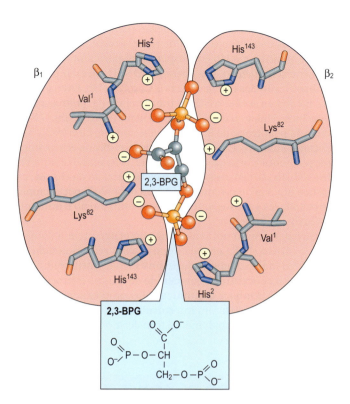

Fig. 5.8 **O 2,3-bisfosfoglicerato liga-se preferencialmente à hemoglobina desoxigenada.** Na superfície do tetrâmero de Hb desoxigenado em que as duas β-globinas (púrpura) interagem, há uma fenda formada pelo resíduo de aminoácido N-terminal (Val$^{1(β)}$) e pelas cadeias laterais de His$^{2(β)}$, Lys$^{82(β)}$ e His$^{143(β)}$ (modelos em bastão). Esse local é composto por oito grupos catiônicos, suficientes para se ligarem com alta afinidade a uma molécula de 2,3-BPG (modelo bola-e-espeto; fósforo, laranja), uma molécula com cinco grupos aniônicos em pH fisiológico. Essa matriz de cargas positivas não existe na Hb oxigenada. Na Hb fetal (HbF), o His$^{143(β)}$ é substituído por um resíduo Ser.

Em uma extremidade do duplo eixo de simetria dentro da estrutura quaternária da Hb, há uma fenda rasa definida pelos aminoácidos catiônicos das subunidades justapostas da β-globina (Fig. 5.8). Uma única molécula de 2,3-BPG se liga a esse local. **Uma consequência crítica das diferenças conformacionais entre os estados T e R é que a Hb desoxigenada interage preferencialmente com o 2,3-BPG carregado negativamente.** Interações eletrostáticas múltiplas estabilizam o complexo entre o efetor polianiônico e a Hb desoxigenada. A fenda é muito estreita na Hb totalmente oxigenada para acomodar o 2,3-BPG.

A importância do 2,3-BPG como um efetor alostérico negativo é ressaltada por observações de que sua concentração no eritrócito muda em resposta a várias condições fisiológicas e patológicas. Durante a hipóxia crônica (diminuição da pO_2) secundária a doença pulmonar, anemia ou choque, o nível de 2,3-BPG aumenta. Esses aumentos compensatórios também foram descritos em fumantes de cigarros e na adaptação a grandes altitudes. O resultado líquido é maior estabilização do estado T de baixa afinidade desoxigenada e um novo deslocamento da curva de saturação para a direita, facilitando, assim, a liberação de mais O_2 nos tecidos. Na maioria das circunstâncias, o desvio para a direita tem um efeito insignificante na saturação do O_2 na Hb nos pulmões.

TÓPICOS SELECIONADOS

Interação da hemoglobina com óxido nítrico

O óxido nítrico, um potente vasodilatador, é armazenado na Hb como S-nitrosoHb (SNO-Hb)

O **óxido nítrico** (NO) é um radical livre gasoso capaz de modificação oxidativa (nitração, nitrosação, nitrosilação) de macromoléculas biológicas. No entanto, essa molécula altamente reativa, também conhecida como **fator relaxante derivado do endotélio (EDRF)**, é sintetizada nas células endoteliais e participa da fisiologia vascular normal, incluindo vasodilatação (músculo liso), hemostasia (plaqueta) e expressão de moléculas de adesão (célula endotelial). Os eritrócitos constituem o maior reservatório intravascular de NO bioativo e a Hb é indispensável para sua formação, seu armazenamento e sua liberação. O SNO-Hb é o produto da S-nitrosilação das cadeias laterais $Cys^{93\beta}$ da Hb. Esses grupos Cys tiol podem aceitar o NO por transferência da S-nitrosoglutationa intracelular ou do NO ligado ao heme (nitrosil-Hb). O NO é liberado pela troca de SNO-Hb pelas cadeias laterais Cys do trocador aniônico 1, uma proteína da membrana eritrocitária que pode então fornecer NO ao plasma. A formação e a quebra do SNO-Hb são sensíveis a pO_2; o NO é liberado da Hb em resposta à hipóxia ou na conversão para o estado T, por exemplo, nos capilares venosos, onde induz vasodilatação e aumento do fluxo sanguíneo.

Outro processo notável dentro do eritrócito é a conversão de nitrito (NO_2^-) em NO, uma reação realizada pela Hb desoxigenada. Essa atividade intrínseca da "nitrito redutase" aproveita a concentração moderada de NO_2 no eritrócito (até 0,3 µmol/L). Embora a química seja complexa, acredita-se que a reação produza um intermediário lábil nitrosil-metHb (férrico) que pode rapidamente transferir o NO para a $Cys^{93\beta}$ na Hb oxigenada.

QUADRO DE CONCEITOS AVANÇADOS
DOENÇA AGUDA DA MONTANHA — ALTO DEMAIS, RÁPIDO DEMAIS

A doença aguda da montanha (AMS) se desenvolve em indivíduos que ascendem rapidamente às condições ambientais de oxigênio hipobárico. Os sintomas de hipóxia incluem falta de ar, ritmo cardíaco acelerado, dor de cabeça, náusea, anorexia e distúrbios do sono. Eles podem desenvolver-se a altitudes de 2.000 m (incidência de 25%) ou mais até 4.000 m ou mais (incidência de 50%). A forma mais grave é o edema cerebral em altitude elevada (2% de incidência), uma condição potencialmente fatal caracterizada por ataxia e outros problemas neuromusculares e neurológicos.

Aos 4.000 m, a pressão barométrica é de 460 mmHg, levando a uma pressão parcial ambiental de O_2 de 96 mmHg (nível do mar, 160). Os cálculos fisiológicos produzem valores de uma pO_2 traqueal de 86 mmHg (nível do mar, 149), uma pO_2 alveolar de 50 mmHg (nível do mar, 105) e uma pO_2 arterial de 45 mmHg (nível do mar, 100). Nessa pressão parcial arterial de O_2, a saturação de Hb é de apenas 81% (Fig. 5.4). Consequentemente, a capacidade de transporte de O_2 do sangue arterial diminui para 160 mL/L (nível do mar, 198). A hipóxia também pode levar a superperfusão de leitos vasculares, vazamento endotelial e edema.

Os humanos se adaptam à altitude elevada (aclimatação) por vários mecanismos. A hiperventilação é uma resposta crítica de curto prazo que serve para diminuir a pCO_2 alveolar e, por sua vez, aumentar a pO_2 alveolar. O pH arterial também aumenta durante a hiperventilação, levando a maior afinidade da Hb pelo O_2. Um aumento gradual no 2,3-BPG normalmente ocorre em resposta à hipóxia crônica. Outro importante mecanismo adaptativo é a policitemia, um aumento na concentração de eritrócitos que resulta da estimulação das células da medula óssea pela eritropoietina. Dentro de 1 semana de aclimatação, a concentração de Hb pode aumentar em até 20% para fornecer um conteúdo arterial de O_2 quase normal.

Neuroglobina e citoglobina: Hemoglobinas de mamíferos menores

Duas outras globinas foram recentemente identificadas em humanos

A neuroglobina (Ngb) é expressa principalmente no sistema nervoso central e em alguns tecidos endócrinos; a citoglobina (Cygb) é expressa de forma ubíqua, principalmente em células de origem em fibroblastos. As concentrações teciduais de ambas são <1 mmol/L. O polipeptídeo Ngb tem 151 resíduos de aminoácidos (16.933 Da), enquanto Cygb contém 190 resíduos (21.405 Da), com "extensões" de 20 aminoácidos nos terminais N e C (Fig. 5.1). Ambas as proteínas humanas compartilham apenas cerca de 25% de sequência idêntica a Mb e Hb. No entanto, todos os elementos-chave da dobra da globina estão presentes: o sanduíche de três-sobre-três α-hélice; os resíduos His proximal e distal; e uma bolsa hidrofóbica contendo o heme.

Ao contrário de Mb e Hb, Ngb e Cygb contêm hemes hexa-coordenados para os estados de valência Fe^{2+} e Fe^{3+}. O HisE7 distal, servindo como o sexto ligante, deve ser deslocado para permitir a ligação do O_2. No entanto, as afinidades do O_2 de Ngb e Cygb são surpreendentemente altas, com valores de P_{50} na faixa de 1,0 a 7,5 mmHg e 0,7 a 1,8 mmHg, respectivamente, em comparação com uma P_{50} < 27 mmHg para a Hb. A ligação do O_2 a Cygb dimérica é cooperativa (coeficiente de Hill = 1,2–1,7), mas independente do pH. Por outro lado, a Ngb monomérica exibe uma afinidade ao O_2 dependente do pH. As funções dessas globinas menores permanecem elusivas. A Ngb parece ser comparável a Mb, mediando a entrega de O_2 às mitocôndrias da retina. Acredita-se que a Cygb funcione como um cofator de enzimas, fornecendo O_2 para a hidroxilação de cadeias laterais Pro e Lys em algumas proteínas.

Variantes da Hemoglobina

Mais de 95% da Hb encontrada em humanos adultos é **HbA**, com a composição da subunidade da $\alpha_2\beta_2$ globina. A HbA2 representa 2% a 3% do total e possui uma composição polipeptídica $\alpha_2\delta_2$. A **HbA$_2$** está elevada na β-talassemia, uma doença caracterizada por uma deficiência na biossíntese de β-globina. Funcionalmente, essas duas hemoglobinas adultas são indistinguíveis. Não surpreendentemente, as mutações do gene que codifica a δ-globina não têm consequência clínica.

Outra Hb menor é a **Hb fetal** (HbF); suas subunidades são α-globina e γ-globina. Apesar de não representar mais do que 1% da Hb do adulto, a HbF predomina no feto durante o segundo e o terceiro trimestres da gestação e no recém-nascido. A mudança genética no cromossomo 11 faz com que a HbF diminua logo após o nascimento. A diferença funcional mais marcante entre HbF e HbA é a diminuição da sensibilidade a 2,3-BPG. A comparação das estruturas primárias dos polipeptídeos β e γ revela uma substituição de $His^{143\beta}$ por Ser na γ-globina (Fig. 5.1). Consequentemente, dois dos grupos catiônicos que participam da ligação do efetor alostérico aniônico não estão mais disponíveis (Fig. 5.8). Previsivelmente, a interação

QUADRO CLÍNICO
ESTUDANTE COM HIPERVENTILAÇÃO, ENTORPECIMENTO E VERTIGEM

Uma estudante universitária com fortes espasmos musculares nos braços, dormência nas extremidades, tontura e dificuldade respiratória foi trazida para o centro de saúde do estudante. A paciente estava se exercitando vigorosamente na tentativa de aliviar o estresse de exames futuros quando de repente começou a sentir uma respiração rápida e forçada. Suspeitando de hiperventilação, um profissional de saúde começou a tranquilizar a estudante e a ajudou a recuperar-se fazendo com que ela respirasse em um saco de papel. Após 20 minutos, os espasmos cessaram, sentindo-se voltados para os dedos, e a vertigem se resolveu.

Comentário
A hiperventilação alveolar é um padrão respiratório anormalmente rápido, profundo e prolongado que leva à alcalose respiratória – isto é, uma profunda diminuição da pCO_2 e um aumento no pH sanguíneo que pode ser atribuído a uma perda aumentada de CO_2 do corpo. Com a diminuição de $[CO_2]$ e $[H^+]$, dois efetores alostéricos de ligação e liberação de O_2, a afinidade da Hb pelo O_2 aumenta o suficiente para reduzir a eficiência da liberação de O_2 para os tecidos periféricos, incluindo o sistema nervoso central. Outra característica da alcalose é um nível reduzido de cálcio ionizado no plasma, uma situação que contribui para espasmos e cãibras musculares. Em geral, a hiperventilação pode ser desencadeada por hipoxemia, doenças pulmonares e cardíacas, distúrbios metabólicos, agentes farmacológicos e ansiedade. Veja também o Capítulo 36.

do 2,3-BPG com HbF é mais fraca, resultando em maior afinidade para o O_2 (P_{50} de 19 mmHg para HbF comparado com 27 mmHg para HbA) e maior estabilização do estado R oxigenado. **O benefício direto dessa mudança estrutural e funcional na isoforma da HbF é uma transferência mais eficiente de O_2 da HbA materna para a Hb fetal** (Fig. 5.4). A separação dessas e de outras variantes da Hb no laboratório clínico é realizada por análises eletroforéticas e cromatográficas (Fig. 5.9).

QUADRO DE TESTE CLÍNICO
SEPARAÇÃO DA HEMOGLOBINA VARIANTES E MUTANTES: DIAGNÓSTICO DAS HEMOGLOBINOPATIAS

A mobilidade de uma proteína durante eletroforese ou cromatografia é determinada pela sua carga e pela interação com a matriz. Três técnicas comumente usadas fornecem resoluções suficientes para separar as variantes da Hb que diferem em uma única carga da HbA: eletroforese, focalização isoelétrica e cromatografia de troca iônica. As separações eletroforéticas e cromatográficas da Hb estão ilustradas na Figura 5.9.

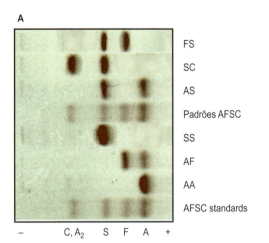
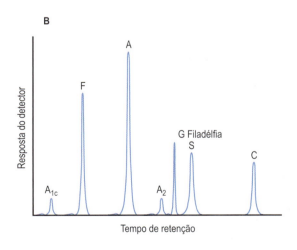

Fig. 5.9 **Hemoglobinas normais e anormais podem ser separadas por métodos eletroforéticos e cromatográficos.** (A) Este painel mostra eletroforese em acetato de celulose (pH 8,4) de amostras de sangue obtidas para triagem neonatal. Essa técnica rápida tentará identificar HbS e HbC, duas hemoglobinas mutantes comuns na população afro-americana. Testes adicionais são necessários para um diagnóstico definitivo. FS, recém-nascido com doença falciforme; SC, Criança heterozigota dupla com doença tipo célula falciforme; AS, Criança com traço falciforme; SS, Adulto com doença falciforme; AF, recém-nascido normal. (B) Este traço ilustra a cromatografia líquida de alta pressão (HPLC) com uma fase sólida de permutador de cátions, uma técnica capaz de separar e quantificar mais de 40 hemoglobinas. A HPLC também pode ser usada para medir a HbA_{1c}, uma proteína glicada que é medida clinicamente como um índice da concentração média de glicose no sangue no diabetes melito (Capítulo 31). Também é mostrado o perfil de eluição da Hb G Filadélfia ($Asn^{68(\alpha)} \rightarrow Lys$), uma variante comum, mas benigna, que co-migra com a HbS na eletroforese.

Doença falciforme: Uma hemoglobinopatia comum

Na doença falciforme (DF), a distorção da estrutura eritrocitária (falcização) limita o fluxo sanguíneo capilar

Clinicamente, um indivíduo com DF apresenta-se com episódios intermitentes de anemia hemolítica, decorrentes da lise crônica de hemácias, e com crises dolorosas vaso-oclusivas. As características comuns também incluem crescimento prejudicado, maior suscetibilidade a infecções e danos a múltiplos órgãos. Na população afro-americana nos Estados Unidos, a doença afeta entre 90.000 e 100.000 pessoas, com uma frequência de 0,2%; heterozigotos, a maioria portadores assintomáticos, representam 8% nessa população.

A DF é causada por uma mutação pontual herdada no gene que codifica a β-globina, levando à expressão da Hb **variante HbS.** De fato, a HbS tem sido estudada bioquímica, biofísica e geneticamente há mais de 50 anos, tornando a DF o paradigma de uma doença molecular. A mutação é $Glu^{6(\beta)} \rightarrow Val$: um aminoácido carregado localizado na superfície é substituído por um resíduo hidrofóbico. A valina na subunidade mutante da β-globina em uma bolsa complementar (às vezes chamada de adesivo pegajoso) formou-se na subunidade da β-globina de uma molécula de Hb desoxigenada, uma bolsa que fica exposta somente após a liberação de O_2 ligado nos capilares teciduais.

A HbA permanece um verdadeiro soluto em concentrações bastante altas, em grande parte como resultado de uma superfície externa polar que é compatível e não reativa com moléculas de Hb próximas. Por outro lado, a HbS, quando desoxigenada, é menos solúvel e tem uma superfície mais hidrofóbica. Forma polímeros filamentosos longos que prontamente precipitam, distorcendo a morfologia dos eritrócitos para a forma característica de foice. No indivíduo homozigoto com DF (HbS/HbS), o processo complexo de nucleação e polimerização ocorre rapidamente, produzindo cerca de 10% dos eritrócitos circulantes que são falciformes. No indivíduo heterozigoto (HbA/HbS, traço falciforme), a cinética da falcização é diminuída em pelo menos um fator de 1.000, respondendo, assim, pela natureza assintomática desse genótipo. Na solução diluída, a HbS tem interações com o O_2 (valor de P_{50}, coeficiente de Hill) que são semelhantes aos da HbA. No entanto, o efeito Bohr na HbS concentrada é mais pronunciado, levando a maior liberação de O_2 nos capilares e maior propensão à falcização.

Os eritrócitos falciformes apresentam menor deformabilidade. Eles não se movem mais livremente através da microvasculatura e, em geral, bloqueiam o fluxo sanguíneo, especialmente no baço e nas articulações. Além disso, essas células perdem água, tornam-se frágeis e têm um tempo de vida bem mais curto, levando a **hemólise** e **anemia** (**anemia hemolítica**). Exceto durante o esforço físico extremo, o indivíduo heterozigoto parece normal. Por razões que ainda precisam ser elucidadas, a heterozigose está associada ao aumento da resistência à malária, causada pelo agente infeccioso *Plasmodium falciparum* no eritrócito. Essa observação representa um exemplo de uma vantagem seletiva que o heterozigoto HbA/HbS exibe sobre o HbA/HbA normal ou o homozigoto HbS/HbS e provavelmente oferece uma explicação para a persistência da HbS no *pool* genético.

QUADRO CLÍNICO
METEMOGLOBINEMIA ADQUIRIDA

Em uma região rural, uma criança de 4 meses de idade foi vista na emergência local com episódios de convulsões, dificuldade respiratória e vômitos. A pele e as membranas mucosas da criança eram azuladas, indicando cianose. A análise do sangue arterial revelou uma coloração marrom chocolate, uma pO_2 normal, uma saturação de O_2 de 60% e um nível de metHb (heme férrico) de 35%.

Como causa provável da metemoglobinemia tóxica aguda foi apontada a água contaminada por uma concentração de nitrato/nitrito de 34 mg/L. A criança foi tratada com sucesso por administração intravenosa de azul de metileno (1-2 mg/Kg), que serve para acelerar indiretamente a redução enzimática da metHb à Hb normal (ferrosa) pela NADPH metHb redutase, que é normalmente uma via secundária para conversão da metHb em Hb.

Comentário

A MetHb é formada quando o ferro ferroso do heme é oxidado em ferro férrico; é produzido espontaneamente a uma taxa baixa e mais rapidamente na presença de certos medicamentos, nitritos e corantes de anilina. Nas formas genéticas da metemoglobinemia, a mutação do His ou do His distal a Tyr torna o ferro heme mais suscetível à oxidação (Tabela 5.1). A extensão da oxidação nos tetrâmeros de Hb pode variar de um grupo heme para todos os quatro. Os eritrócitos contêm uma NADH-citocromo b_5 redutase, ou NADH diaforase, que é responsável pela maioria da redução da metHb. Os lactentes são particularmente vulneráveis à metemoglobinemia, porque o seu nível de NADH-citocromo b_5 redutase é metade do dos adultos. Além disso, seu nível mais alto de HbF é mais sensível aos oxidantes em comparação com a HbA.

Outras hemoglobinopatias

Mais de 1.000 mutações nos genes que codificam os polipeptídeos α e β-globina foram documentadas

Tal como acontece com a maioria dos eventos mutacionais, a maioria leva a poucos, ou nenhum, problema clínico. Existem, no entanto, várias centenas de mutações que dão origem a Hb anormal com fenótipos patológicos. Os mutantes da Hb, ou hemoglobinopatias, geralmente são nomeados segundo o local (hospital, cidade ou região geográfica) em que a proteína anormal foi identificada pela primeira vez. Eles são classificados de acordo com o tipo de mudança estrutural, a função alterada e as características clínicas resultantes (Tabelas 5.1 e 5.2). Embora muitos desses mutantes tenham fenótipos previsíveis, outros são surpreendentemente pleiotrópicos em seus impactos nas múltiplas propriedades da molécula de Hb. Com poucas exceções, as variantes da Hb são herdadas como características autossômicas recessivas. Ocasionalmente, identificam-se heterozigotos duplos (p. ex., HbSC; Fig. 5.9).

QUADRO CLÍNICO
TRATAMENTO ANALGÉSICO DE CRISES VASO-OCLUSIVAS POR CÉLULAS FALCIFORMES

As crises vaso-oclusivas agudas são o problema mais comumente relatado por indivíduos com doença falciforme (DF); também são o motivo mais frequente para tratamento de emergência e internação hospitalar. Episódios de dor vaso-oclusiva são imprevisíveis e muitas vezes excruciantes e incapacitantes. A origem dessa dor progressiva envolve propriedades reológicas e hematológicas alteradas dos eritrócitos atribuíveis a polimerização e agregação da HbS. A disfunção microvascular é precipitada por uma resposta inflamatória, indicada pela elevação das proteínas plasmáticas da fase aguda. Em última análise, as respostas vasomotoras prejudicadas nas arteríolas e as interações adesivas entre os eritrócitos falciformes e as células endoteliais nas vênulas pós-capilares restringem o fluxo sanguíneo para os tecidos em todo o corpo.

Dados epidemiológicos indicam que 5% dos pacientes com anemia falciforme podem esperar experimentar de 3 a 10 episódios de dor severa anualmente. Em geral, a crise de dor é resolvida em 5 a 7 dias, mas uma crise grave pode causar dor que persiste por semanas. Para proporcionar alívio ao paciente, os analgésicos não narcóticos, narcóticos e adjuvantes são usados sozinhos ou em combinação.

A gravidade e a duração da dor ditam o regime analgésico mais adequado. Os opioides administrados por via parenteral são frequentemente utilizados para o tratamento da dor intensa em crises vaso-oclusivas. Vários estudos recentes sugerem opções adicionais para o paciente e para o médico: a infusão intravenosa contínua de anti-inflamatórios não esteroidais e a administração peridural contínua de anestésicos locais e analgésicos opioides diminuíram efetivamente a dor que não respondia às medidas convencionais. Além da analgesia, a oxigenoterapia e o manejo do fluido também são iniciados.

Tabela 5.2 Hemograma (CBC)

Parâmetro	Paciente (masculino)	Valor de referência (Unidades do SI)*
Contagem de leucócitos, WBC	$6,82 \times 10^9$/L	$4,0$–$11,0 \times 10^9$/L
Contagem de eritrócitos, RBC	$4,78 \times 10^{12}$/L	$4,0$–$5,2 \times 10^{12}$/L (F); $4,5$–$5,9 \times 10^{12}$/L (M)
Hemoglobina, Hb	6,1 mmol/L	7,4–9,9 mmol/L (F); 8,4–10,9 mmol/L (M)
Hematócrito, HCT	33,4%	41–46% (F); 37–49% (M)
Volume corpuscular médio, MCV	71,9 fL	80–96 fL
Hemoglobina corpuscular média, MCH	21,3 pg/célula	26–34 pg/célula
Concentração de hemoglobina corpuscular média, MCHC	296 g/L	320–360 g/L
Distribuição da largura dos eritrócitos, RDW	17,7%	11,5–14,5%
Contagem de plaquetas, PLT	274×10^9/L	150–350×10^9/L
Volume médio das plaquetas, MPV	8,6 fL	6,4–11,0 fL

*F, feminino; M, masculino; fL = 10^{15} L; pg = 10^{12} g. Para converter mmol Hb/L em g Hb/dL, multiplique por 0,01611. A avaliação laboratorial automatizada do sangue fornece informações valiosas para monitoramento e diagnóstico de saúde e doença. O hemograma realizado em uma amostra de sangue total inclui contagens de hemácias (eritrócitos), glóbulos brancos (leucócitos) e plaquetas e índices quantitativos dos eritrócitos (MCV, MCH, MCHC e RDW). Os resultados descrevem o estado hematopoiético da medula óssea e a presença de anemia e sua possível causa. Os dados apresentados são característicos de um indivíduo com anemia por deficiência de ferro: baixa Hb, baixo MCV (microcitose) e baixo MCH (hipocromia). Veja também os valores de referência no Apêndice 1.

O volume de hemolisado requerido (< 100 μL) torna essas técnicas adequadas para amostras de sangue neonatal e adulto. A quantificação é realizada por densitometria de varredura ou espectrometria de absorção. As indicações de anormalidades nos testes de triagem são seguidas por hemograma completo (Tabela 5.2), análise adicional de proteínas e análise de DNA para identificar mutações específicas nos genes da globina.

QUADRO DE TESTE CLÍNICO
HEMOGRAMA

Um hemograma (HG) fornece informações sobre as populações de células do sangue e sobre suas características. Os dados são obtidos a partir de amostras de sangue total por análise hematológica automatizada. Alguns instrumentos também fornecem contagens diferenciais de leucócitos, contagem de reticulócitos e morfologia de células vermelhas. Uma impressão típica dos resultados para um indivíduo e o intervalo de referência é mostrada na Tabela 5.2.

RESUMO

- Este capítulo descreve duas proteínas importantes que interagem reversivelmente com o O_2: a mioglobina (Mb), uma proteína armazenadora de oxigênio tecidual e a hemoglobina (Hb), uma proteína transportadora de oxigênio no sangue. Ambas utilizam um antigo domínio do polipeptídico contendo heme para sequestrar O_2 e aumentar a sua solubilidade.
- Como um tetrâmero de globinas, a Hb é um dos exemplos mais bem caracterizados de cooperatividade nas interações com ligantes. Mudanças conformacionais nas estruturas terciária e quaternária caracterizam a transição entre estados desoxigenados e oxigenados. Com sua ampla variedade de moléculas

QUESTÕES PARA APRENDIZAGEM

1. Explique por que algumas mutações genéticas na α-globina ou β-globina resultam em um fenótipo patológico, enquanto a maioria permanece silenciosa ou benigna. Descreva as mutações que são mais difíceis de detectar.
2. Especular sobre os mecanismos pelos quais um adulto com doença falciforme se beneficiaria de um nível de hemoglobina fetal (HbF) de 20%.
3. Muitos carreadores de oxigênio baseados na hemoglobina (HBOC) e algumas variantes da hemoglobina têm uma sensibilidade diminuída ao pH. Discuta as consequências de um efeito Bohr reduzido.
4. Resuma as observações de animais experimentais nos quais o gene que codifica a mioglobina foi silenciado (eliminado).

efetoras, a Hb também é um protótipo de proteínas e enzimas alostéricas.

■ Os prótons, por meio do efeito Bohr, e o CO_2 promovem a liberação de oxigênio da hemoglobina no tecido periférico. O 2,3-bisfosfoglicerato também é um importante efetor alostérico da Hb, diminuindo a afinidade do oxigênio pela hemoglobina; esta é uma adaptação importante para alta altitude e doença pulmonar.

■ Mutações nos genes da globina levam a um espectro de variantes estruturais e funcionais, algumas das quais são patogênicas, como a HbS, que causa a doença falciforme.

LEITURAS SUGERIDAS

Alayash, A. I. (2014). Blood substitutes: Why haven't we been more successful? *Trends in Biotechnology, 32*, 177-185.

Giardina, B., Mosca, D., & De Rosa, M. C. (2004). The Bohr effect of haemoglobin in vertebrates: An example of molecular adaptation to different physiological requirements. *Acta Physiologica Scandinavica, 182*, 229-244.

Goodman, M. A., & Malik, P. (2016). The potential of gene therapy approaches for the treatment of hemoglobinopathies: Achievements and challenges. *Therapeutic Advances in Hematology, 7*, 302-315.

Meier, E. R., & Rampersad, A. (2016). Pediatric sickle cell disease: Past successes and future challenges. *Pediatric Research, 81*(1–2), 249-258.

Roderique, J. D., Josef, C. S., Feldman, M. J., et al. (2015). A modern literature review of carbon monoxide poisoning theories, therapies, and potential targets for therapy advancement. *Toxicology, 334*, 45-58.

Thein, S. L. (2011). Milestones in the history of hemoglobin research. *Hemoglobin, 35*, 450-462.

Yuan, Y., Tam, M. F., Simplaceanu, V., et al. (2015). New look at hemoglobin allostery. *Chemical Reviews, 115*, 1702-1724.

SITES

Anemia: Pathophysiologic consequences, classification, and clinical investigation: http://web2.airmail.net/uthman/anemia/anemia.html.

Protein domain structures: http://themedicalbiochemistrypage.org/protein-structure.php.

The red cell and anemia (detailed five-part presentation by pathologist E. Uthman): Blood cells and the CBC: http://web2.airmail.net/uthman/blood_cells.html.

Sickle Cell Information Center (comprehensive site for both patients and professionals): http://www.scinfo.org/.

Teaching cases, American Society of Hematology: http://teachingcases.hematology.org.

ABREVIATURAS

2,3-BPG	2,3-bisfosfoglicerato
COHb	Carboxihemoglobina
Hb	Hemoglobina
HbA	Hemoglobina do adulto (normal)
HbA_{1c}	Hemoglobina glicada
HbF	Hemoglobina fetal
HbS	Hemoglobina falciforme
Mb	Mioglobina
metHb	Metemoglobina (Fe^{+3})
DF	Doença falciforme
SNO-Hb	S-nitrosohemoglobina
SpO_2	Saturação capilar periférica de oxigênio

CAPÍTULO

6 Proteínas Catalisadoras – Enzimas

Junichi Fujii

OBJETIVOS

Após concluir este capítulo, o leitor estará apto a:

- Descrever as características das reações enzimáticas do ponto de vista de energia livre, equilíbrio e cinética.
- Discutir a estrutura e a composição das enzimas, incluindo o papel dos cofatores e as condições que afetam as reações enzimáticas.
- Descrever a cinética enzimática com base na equação de Michaelis-Menten e o significado da constante de Michaelis (K_m).
- Descrever os elementos da estrutura da enzima que explicam sua especificidade pelo substrato e pela atividade catalítica.
- Descrever os mecanismos reguladores que afetam as reações enzimáticas, incluindo regulação por efetores alostéricos e modificação covalente.
- Discutir o uso terapêutico de inibidores enzimáticos e a utilidade diagnóstica de ensaios clínicos com enzimas.

INTRODUÇÃO

Quase todas as funções biológicas são apoiadas por reações químicas catalisadas por catalisadores biológicos chamados enzimas

O metabolismo eficiente é controlado por vias metabólicas ordenadas, sequenciais e ramificadas. As enzimas aceleram as reações químicas em condições fisiológicas. No entanto, uma enzima não pode alterar o equilíbrio de uma reação; ela só pode acelerar a taxa de reação diminuindo a energia de ativação da reação (Fig. 6.1). A regulação das atividades enzimáticas permite que o metabolismo se adapte às condições de rápida mudança. **Quase todas as enzimas são proteínas**, embora algumas moléculas de ácido ribonucleico, denominadas ribozimas, também tenham atividade catalítica (Capítulo 21). Com base na análise do genoma humano, estima-se que cerca de um quarto dos genes humanos codificam enzimas que catalisam reações metabólicas.

REAÇÕES ENZIMÁTICAS

Fatores que afetam reações enzimáticas

Efeito da temperatura

As enzimas têm uma temperatura ótima na qual elas funcionam de maneira mais eficiente

No caso de um catalisador inorgânico, a velocidade da reação aumenta com a temperatura do sistema e a elevação da temperatura pode ser usada para acelerar a reação. Enzimas, por outro lado, geralmente funcionam como catalisadores à temperatura (do ambiente ou do corpo) constante. Em ensaios *in vitro*, contudo, a atividade de uma enzima aumenta com a temperatura, mas declina depois em temperaturas mais elevadas. Isso acontece porque elas, assim como todas as proteínas, desnaturam em altas temperaturas e perdem a atividade.

Efeito do pH

Cada enzima possui um pH ideal porque os aminoácidos ionizáveis, como histidina, glutamato e cisteína, participam das reações catalíticas

As enzimas citosólicas têm o pH ideal na faixa de pH 7-8. A pepsina, que é secretada pelas células gástricas e funciona no suco gástrico, tem um pH ideal de 1,5 a 2,0; a tripsina e a quimotripsina têm um pH ideal alcalino, consistente com a sua atividade digestiva no suco pancreático alcalino; e as enzimas lisossômicas tipicamente têm um pH ideal ácido. A sensibilidade ao pH das enzimas resulta do efeito do pH na carga iônica das cadeias laterais dos aminoácidos das enzimas. Vários solutos, incluindo substratos, produtos, íons metálicos e moléculas reguladoras, também afetam a velocidade de reações enzimáticas.

Definição de atividade enzimática

Uma unidade internacional (UI) de enzima catalisa a conversão de 1 μmol de substrato em produto por minuto

Para fins de padronização, a atividade de uma enzima é medida sob condições definidas (temperatura, pH, tampão, concentração de substrato e concentração de coenzima). A taxa, ou velocidade (v), de uma reação enzimática sob essas condições é definida como a taxa de conversão de substrato em produto por unidade de tempo. Uma unidade de enzima é uma medida da quantidade de enzima. O **katal** é uma unidade internacional

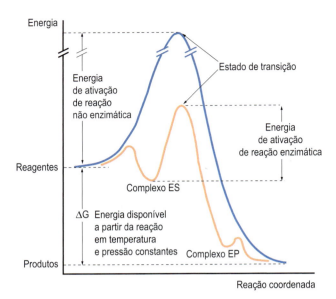

Fig. 6.1 **Perfil de reação para reações enzimáticas e não enzimáticas.** Os princípios básicos de uma reação catalisada por enzimas são os mesmos que para qualquer reação química. Quando uma reação química prossegue, o substrato deve ganhar energia de ativação para alcançar um ponto chamado de estado de transição da reação, no qual o nível de energia é máximo. Como o **estado de transição** da reação catalisada por enzima tem uma energia menor que a da reação não catalisada, a reação pode prosseguir mais rapidamente. Complexo ES, complexo enzima-substrato; Complexo EP, complexo enzima-produto.

Tabela 6.1 Classificação das enzimas

Classe	Reação	Enzimas
1. Oxirredutases	$A_{red} + B_{ox} \rightarrow A_{ox} + B_{red}$	Desidrogenases, peroxidases
2. Transferases	$A\text{-}B + C \rightarrow A + B\text{-}C$	Hexocinase, transaminases
3. Hidrolases	$A\text{-}B + H_2O \rightarrow A\text{-}H + B\text{-}OH$	Fosfatase alcalina, tripsina
4. Liases (sintases)	$X\text{-}A\text{-}B\text{-}Y \rightarrow A = B + XY$	Fumarase, desidratases
5. Isomerases	$A \rightleftharpoons isoA$	Triose fosfato isomerase, fosfoglucomutase
6. Ligases (sintetases)	$A + B + ATP \rightarrow A\text{-}B + ADP + Pi$	Piruvato carboxilase, DNA ligases

para a quantidade de enzima que catalisa a conversão de 1 mol de substrato em 1 mol de produto por segundo (1 kat = 1 mol/s). Como o katal é geralmente um número muito pequeno, a unidade internacional (UI), muito maior, é mais usada como a unidade-padrão de atividade. A UI comumente utilizada é a quantidade de enzima que catalisa a conversão de 1 micromol de substrato para produto por min (1 UI = 1 µmol/min).

A atividade específica de uma enzima é uma medida do número de UI/mg de proteína

A atividade específica de uma enzima, uma medida de atividade por quantidade de proteína, é expressa em µmol/min/mg de proteína ou UI/mg de proteína. A atividade específica das enzimas varia muito entre os tecidos, dependendo da função metabólica do tecido. As enzimas para a síntese do colesterol, por exemplo, têm uma atividade específica mais alta (UI/mg de tecido) no fígado do que no músculo, consistente com o papel do fígado na biossíntese do colesterol. A atividade específica de uma enzima é útil para estimar sua pureza – quanto maior a atividade específica de uma enzima, maior sua pureza ou sua homogeneidade.

Especificidade da reação e do substrato

A maioria das enzimas é altamente específica tanto para o tipo de reação catalisada quanto para a natureza do(s) substrato(s)

A reação que uma enzima catalisa é determinada quimicamente pelos resíduos de aminoácidos no centro catalítico da enzima.

Em geral, o sítio ativo da enzima é composto pelo sítio de ligação ao substrato e pelo sítio catalítico. A especificidade do substrato é determinada pelo tamanho, pela estrutura, pelas cargas, pela polaridade e pelo caráter hidrofóbico do local de ligação do substrato. Isso ocorre porque o substrato deve se ligar no sítio ativo como o primeiro passo na reação, preparando o cenário para a catálise. Enzimas altamente específicas como a catalase e a urease, que degradam H_2O_2 e ureia, respectivamente, catalisam apenas uma reação química específica, mas algumas enzimas têm uma especificidade de substrato mais ampla. As serina proteases são um exemplo típico de determinado grupo de enzimas. Trata-se de uma família de enzimas estreitamente relacionadas, como enzimas pancreáticas, quimotripsina, tripsina e elastase, que contêm um resíduo reativo de serina no sítio catalítico. Catalisam a hidrólise de ligações peptídicas no lado carboxílico de uma gama limitada de aminoácidos na proteína. Embora tenham estruturas e mecanismos catalíticos semelhantes, suas especificidades de substrato são bastante diferentes devido às características estruturais do local de ligação do substrato (Fig. 6.2).

Todas as enzimas recebem um número de classificação de quatro dígitos da enzima (EC) para organizar as diferentes enzimas que catalisam os muitos milhares de reações. O primeiro dígito indica associação de uma das seis principais classes de enzimas mostradas na Tabela 6.1. Os próximos dois dígitos indicam subclasses e sub-subclasses de substrato; o quarto dígito indica o número de série da enzima específica. As isozimas são enzimas que catalisam a mesma reação, mas diferem em sua estrutura primária e/ou na composição da subunidade. As atividades de algumas enzimas e isoenzimas específicas do tecido são medidas no soro para fins de diagnóstico (Fig. 6.3 e Tabela 6.2).

Papéis das coenzimas

Moléculas auxiliares, conhecidas como coenzimas, desempenham um papel essencial em muitas reações catalisadas por enzimas

As enzimas com coenzimas ligadas covalentemente ou não covalentemente são referidas como **holoenzimas**. Uma holoenzima sem coenzima é chamada de **apoenzima**. As

CAPÍTULO 6 Proteínas Catalisadoras – Enzimas

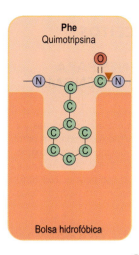
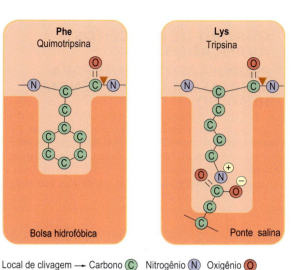
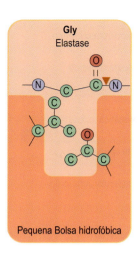

Fig. 6.2 **Características dos locais de ligação ao substrato nas serino-proteases quimotripsina, tripsina e elastase.** Na quimotripsina, uma bolsa hidrófila liga-se a resíduos de aminoácidos aromáticos tais como fenilalanina (Phe). Na tripsina, a carga negativa do resíduo de aspartato no local de ligação ao substrato promove a clivagem para o lado carboxílico dos resíduos de lisina (Lys) e arginina (Arg) carregados positivamente. Na elastase, as cadeias laterais da valina e da treonina bloqueiam o local de ligação ao substrato e permitem a ligação de aminoácidos com cadeias laterais pequenas ou inexistentes, como a glicina (Gly). ▼, local de hidrólise por enzima.

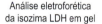

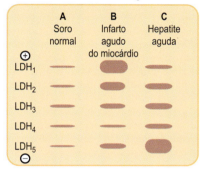
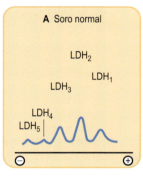
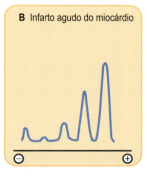
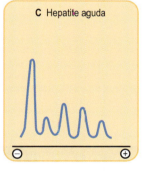

Fig. 6.3 **Padrões densitométricos das isozimas lactato desidrogenase (LDH) no soro de pacientes com diagnóstico de infarto do miocárdio ou hepatite aguda.** As isozimas, diferindo ligeiramente em carga, são separadas por eletroforese em acetato de celulose, visualizadas usando um substrato cromogênico e quantificadas por densitometria. A atividade sérica total da LDH também está aumentada nesses pacientes. Como a hemólise libera LDH dos eritrócitos do sangue e afeta a distribuição das isozimas e o diagnóstico diferencial, as amostras de sangue devem ser tratadas com cuidado. As medições de LDH para o diagnóstico de infarto do miocárdio foram agora substituídas por ensaio da troponina no plasma e outros biomarcadores.

coenzimas são divididas em duas categorias. Coenzimas solúveis ligam-se reversivelmente à porção proteica da enzima. Elas são frequentemente modificadas durante a reação enzimática, depois se dissociam da enzima e são recicladas por outra enzima; as oxidorredutases, discutidas no Capítulo 8, têm coenzimas que podem ser oxidadas por uma enzima, depois reduzidas e recicladas por outra. As coenzimas, como a coenzima A, auxiliam no transporte de intermediários de uma enzima para outra durante uma sequência de reações. A maioria das coenzimas é derivada das vitaminas. Os derivados das vitaminas B, niacina e riboflavina, atuam como coenzimas para reações de oxidorredutases. A estrutura e a função das coenzimas são descritas em capítulos posteriores. **Os grupos prostéticos** estão fortemente ligados, muitas vezes covalentemente, a uma enzima e permanecem associados à enzima durante todo o ciclo catalítico. Algumas enzimas requerem íons inorgânicos (metais), frequentemente denominados **cofatores**, por sua atividade – por exemplo, enzimas da coagulação sanguínea que requerem Ca^{2+} e oxidorredutases, que usam ferro, cobre e manganês.

CINÉTICA ENZIMÁTICA

A equação de Michaelis-Menten: Um modelo simples de catálise enzimática

As reações enzimáticas são de natureza múltipla e compreendem várias reações parciais

Em 1913, muito antes de se conhecer a estrutura das proteínas, Leonor Michaelis e Maud Leonora Menten desenvolveram um modelo simples para a cinética das reações catalisadas por enzimas (Fig. 6.4). O modelo de Michaelis-Menten assume que o substrato S se liga à enzima E, formando um intermediário essencial, o complexo enzima-substrato (ES), que então sofre

Tabela 6.2 Algumas enzimas usadas para diagnóstico clínico

Enzima	Fonte(s) tecidual(is)	Uso para diagnóstico
AST	Coração, músculo esquelético, fígado, cérebro	Doença hepática
ALT	Fígado	Doença hepática (p. ex., hepatite)
Amilase	Pâncreas, glândula salivar	Pancreatite aguda, obstrução biliar
CK	Músculo esquelético, coração, cérebro	Distrofia muscular, infarto do miocárdio
GGT	Fígado	Hepatite, cirrose
LDH	Coração, fígado, eritrócitos	Linfoma, hepatite
Lipase	Pâncreas	Pancreatite aguda, obstrução biliar
Fosfatase alcalina	Osteoblastos	Doença óssea, tumores ósseos
Fosfatase ácida (PSA)	Próstata	Câncer de próstata

AST, aspartato aminotransferase, anteriormente conhecida como transaminase glutâmico-oxalacética do soro (SGOT); *ALT*, alanina aminotransferase, anteriormente conhecida como glutamato piruvato transaminase do soro (SGPT); *CK*, creatina fosfocinase; *GGT*, γ-glutamil transpeptidase; *LDH*, lactato desidrogenase; *PSA*, antígeno específico da próstata (calicreína 3).

QUADRO DE TESTE CLÍNICO
ESPECIFICIDADE TECIDUAL DAS ISOZIMAS LACTATO DESIDROGENASE

Uma mulher de 56 anos foi internada em uma unidade de terapia intensiva. A paciente sofria de uma leve febre por uma semana e relatou alguma dor no peito e dificuldade para respirar nas últimas 24 horas. Nenhuma anormalidade foi encontrada na radiografia de tórax ou eletrocardiograma. No entanto, um exame de sangue mostrou leucócitos 12.100/mm^3 (normal: 4000–9000/mm^3), hemácias 240 × 10^4/mm^3 (normal: 380–500 × 10^4/mm^3), hemoglobina 8,6 g/dL (normal: 11,8-16,0 g/dL), lactato desidrogenase (LDH) 1400 UI/L (normal: 200-400 UI/L). Os níveis de outras enzimas estavam normais. Com base nos exames de sangue, no perfil isozimático da LDH e em outros dados, a paciente acabou sendo diagnosticada com linfoma maligno.

Comentário

A LDH é uma oxidorredutase tetramérica composta de duas subunidades diferentes de 35-kDa. O coração contém principalmente a subunidade do tipo H e o músculo esquelético e o fígado contêm principalmente o tipo M, que são codificados por genes diferentes. Cinco tipos de isozimas tetraméricas podem ser formadas a partir dessas subunidades: H$_4$ (LDH$_1$), H$_3$ M$_1$ (LDH$_2$), H$_2$ M$_2$ (LDH$_3$), H$_1$ M$_3$ (LDH$_4$) e M$_4$ (LDH$_5$). Como as distribuições das isozimas diferem entre os tecidos, é possível diagnosticar danos nos tecidos testando a atividade total da LDH e, em seguida, analisando a isozima (Fig. 6.3). Para valores de referência hematológicos, consulte Tabela 5.2 e Apêndice 1.

QUADRO DE CONCEITOS AVANÇADOS
PROPORÇÃO DE GENES PARA ENZIMAS EM TODO O GENOMA HUMANO

Cerca de um quarto dos genes codificam enzimas. Os nomes dos grupos enzimáticos com número e proporção (porcentagem entre parênteses) em um total de 26.383 genes humanos foram os seguintes: transferase, 610 (2,0); sintase e sintetase, 313 (1,0); oxirredutase, 656 (2,1); liase, 117 (0,4); ligase, 56 (0,2); isomerase, 163 (0,5); hidrolase, 1227 (4,0); quinase, 868 (2,8); enzima do ácido nucleico, 2308 (7,5).

Dados originais (Venter et al., Science 291: 1335, 2001) são citados aqui e, portanto, a classificação não corresponde exatamente à nomenclatura da Tabela 6.2.

QUADRO DE TESTE CLÍNICO
ISOZIMAS

Os perfis isozimáticos são frequentemente realizados no laboratório clínico para fins de diagnóstico (Fig. 6.3). A definição de isozimas muitas vezes é operacional – isto é, com base em métodos de ensaio específicos e reproduzíveis, específicos do substrato, que por vezes não requerem um conhecimento preciso da estrutura enzimática.

O termo *isoenzima* é bastante usado para se referir a (1) variantes genéticas de uma enzima; (2) proteínas geneticamente independentes com pouca homologia; (3) heteropolímeros de duas ou mais cadeias polipeptídicas ligadas de forma não covalente; (4) enzimas não relacionadas que catalisam reações similares, tais como enzimas conjugadas com diferentes grupos protéticos ou que requerem diferentes coenzimas ou cofatores; e (5) formas diferentes de uma única cadeia polipeptídica – por exemplo, variando na composição de carboidratos, desaminação de aminoácidos ou modificação proteolítica.

reação na superfície da enzima e se decompõe em E + P (produto). O modelo assume que E, S e ES estão todos em rápido equilíbrio um com o outro, de modo que uma concentração estável de ES seja rapidamente alcançada e que a decomposição do complexo ES em E + P seja a **etapa limitante** da taxa na catálise. A taxa de reação global é diretamente dependente da energia de ativação para a decomposição do complexo ES (Fig. 6.1).

A constante catalítica, k_{cat}, também conhecida por número de *turnover*, é uma constante da taxa que descreve a rapidez com que uma enzima pode catalisar uma reação. A **k_{cat} é definida como o número de moléculas de substrato convertidas em produto por molécula de enzima por unidade de tempo.** A proporção do ES, em relação ao número total de moléculas de enzima $[E]_t$ – isto é, a razão $[ES]/[E]_t$ – limita a velocidade de uma enzima (v) de modo que

$$v = k_{cat}[ES]$$

Como E, S e ES estão todos em equilíbrio químico, a enzima alcança velocidade máxima, V_{max}, em concentrações de substrato [S] muito altas (saturação), quando [ES] ≈ [E]$_t$ (enzima total). Assim, para a dissociação do complexo ES, a lei da ação de massa produz:

$$K_d = \frac{[E][S]}{[ES]}$$

Dado que

$$[E]_t = [E] + [ES]$$

pode ser mostrado que

$$\frac{[ES]}{[E]_t} = \frac{[S]}{K_m + [S]}$$

onde $K_m = K_d$

Consequentemente, a velocidade da reação enzimática, v, é dada por

$$v = \frac{k_{cat}[E]_t[S]}{K_m + [S]}$$

Devido ao fato de $k_{cat}[E]_t$ corresponder à velocidade máxima, V_{max}, que é atingida em altas concentrações de substrato (saturação), obtemos a equação de Michaelis-Menten:

$$v = \frac{V_{max} \cdot [S]}{K_m + [S]}$$

A análise das equações anteriores indica que a constante de Michaelis, K_m, é expressa em unidades de concentração e corresponde à concentração do substrato na qual v é 50% da velocidade máxima – isto é, [ES] = 1/2 [E]$_t$ e $v = V_{max}/2$ (Fig. 6.4)

K_m é uma constante útil para estimar a afinidade de uma enzima por seu substrato. Enzimas com alto K_m requerem alta concentração de substrato para atividade eficiente, enquanto aquelas com baixo K_m operam eficientemente em níveis de traços de substrato. O modelo Michaelis-Menten baseia-se nas seguintes suposições:

- E, S e ES estão em rápido equilíbrio.
- Não há formas da enzima presentes além de E e ES.
- A conversão de ES em E + P é um passo irreversível e limitador da taxa. Embora todas as reações catalisadas por enzimas sejam teoricamente reversíveis, as velocidades iniciais são normalmente medidas quando a concentração do produto e, portanto, a taxa da reação reversa, é insignificante.

Tipos similares de modelos cinéticos foram desenvolvidos para descrever a cinética de enzimas multissubstratos e multiprodutos.

Utilização dos gráficos de Lineweaver-Burk e Eadie-Hofstee

Análises gráficas alternativas permitem uma determinação mais precisa de K_m e V_{max} de uma enzima

Em um gráfico da taxa de reação *versus* a concentração de substrato, a taxa da reação aproxima-se da velocidade máxima (V_{max}) de modo assintótico (Fig. 6.5A), portanto é difícil obter

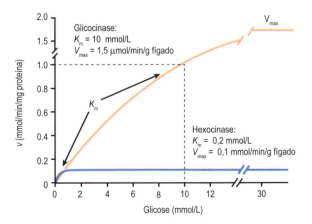

Fig. 6.4 **Propriedades das glicocinases e das hexocinases.** A glicocinase e a hexocinase catalisam a mesma reação, a fosforilação da glicose a glicose-6-fosfato (Glc-6-P). Elas exibem diferentes propriedades cinéticas e têm diferentes distribuições de tecidos e funções fisiológicas.

QUADRO DE CONCEITOS AVANÇADOS
GLICOCINASE E HEXOCINASE

A **hexocinase** catalisa o primeiro passo no metabolismo da glicose em todas as células – ou seja, a reação de fosforilação da glicose por adenosina trifosfato (ATP) para formar glicose-6-fosfato (Glc-6-P):

glicose + ATP = glicose-6-fosfato + ADP

Essa enzima tem um K_m baixo para a glicose (0,2 mmol/L) e é inibida alostericamente pelo seu produto, Glc-6-P. Como os níveis normais de glicose no sangue são de cerca de 5 mmol/L e os níveis intracelulares são de 0,2 a 2 mmol/L, a hexocinase catalisa eficientemente essa reação (50%-90% da V_{max}) sob condições normais (p. ex., dentro do músculo).

Os hepatócitos, que armazenam a glicose como glicogênio, e as células β pancreáticas, que regulam o consumo de glicose nos tecidos e seu armazenamento no fígado pela secreção de insulina, contêm uma isozima chamada glicocinase.

A **glicocinase** catalisa a mesma reação que a hexocinase, mas tem um K_m maior para a glicose (10 mmol/L) e não é inibida pelo produto Glc-6-P. Como a glucocinase tem um K_m muito mais alto que a hexocinase, a glicocinase fosforila a glicose com eficiência crescente à medida que os níveis de glicose no sangue aumentam após uma refeição (Fig. 6.4). Um dos papéis fisiológicos da glicocinase no fígado é fornecer Glc-6-P para a síntese de glicogênio, uma forma de armazenamento de glicose, quando a glicose no sangue aumenta após uma refeição. Na célula β pancreática, a glicocinase funciona como o sensor de glicose, ativando o metabolismo da glicose e a produção de energia, levando à secreção de insulina. Ratos sem glicocinase na célula β pancreática morrem dentro de 3 dias após o nascimento de hiperglicemia profunda devido à falta de segregação da insulina.

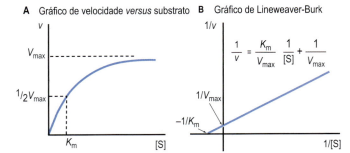

Fig. 6.5 **Gráfico da cinética enzimática.** Representações cinéticas das propriedades das enzimas. (A) Gráfico de Michaelis-Menten da velocidade (*v*) *versus* concentração do substrato ([S]). (B) Gráfico de Lineweaver–Burk (C) Gráfico de Eadie-Hofstee.

valores precisos para o eixo V_m e, como resultado, K_m (concentração de substrato necessária para metade da atividade máxima) por extrapolação simples. Para resolver esse problema, várias transformações lineares da equação de Michaelis-Menten foram desenvolvidas.

Gráfico de Lineweaver-Burk

O gráfico Lineweaver-Burk, ou duplo-recíproco, é obtido tomando-se a recíproca da equação de Michaelis-Menten (Fig. 6.5B). Ao reorganizar a equação, obtemos:

$$\frac{-1}{v} = \frac{1}{V_{max}} + \frac{k_m}{V_{max}} \times \frac{1}{[S]}$$

Essa equação produz uma linha reta ($y = mx + b$), com $y = 1/v$, $x = 1/[S]$, $m = inclinação$ e $b = interceptação\ y$. Portanto, um gráfico de *1/v versus* 1/[S] (Fig. 6.5B) tem uma inclinação de K_m/V_{max}, uma intersecção 1/v de $1/V_{max}$ e uma intersecção 1/[S] de $-1/K_m$. Embora o gráfico de Lineweaver-Burk seja amplamente usado para análise cinética das reações enzimáticas, porque os recíprocos dos dados são calculados, um pequeno erro experimental – especialmente em baixa concentração de substrato – pode resultar em um grande erro nos valores graficamente determinados de K_m e V_{max}. Uma desvantagem adicional é que dados importantes obtidos em altas concentrações de substrato ficam em uma região estreita próxima ao eixo 1/v.

Gráfico de Eadie-Hofstee

Uma segunda forma linear amplamente utilizada da equação de Michaelis-Menten é o gráfico de Eadie-Hofstee (Fig. 6.5C), descrito pela seguinte equação:

$$v = V_{max} - K_m \times \frac{v}{[S]}$$

Neste caso, um gráfico de *v versus* v/[S] tem um eixo *y* (intercepto em *v*) de V_{max}, um eixo *x* (v/[S]) intercepto de V_{max}/K_m, e uma inclinação de -K_m. O gráfico de Eadie-Hofstee não compacta os dados em altas concentrações de substrato.

QUADRO DE TESTE CLÍNICO
MEDIDA DA ATIVIDADE ENZIMÁTICA EM AMOSTRAS CLÍNICAS

Nos laboratórios clínicos, a atividade enzimática é medida na presença de substrato(s) saturante(s) e concentrações de coenzima. As taxas iniciais são registradas para minimizar os erros resultantes da reação inversa. Sob essas condições, $v \approx V_{max}$ e a atividade enzimática são diretamente proporcionais à concentração da enzima. A quantidade de enzima (atividade enzimática) é comumente expressa em unidade internacional por mililitro de plasma, soro ou líquido cefalorraquidiano, não por miligramas de proteína. Para comparações interlaboratoriais, as condições para o ensaio enzimático devem ser padronizadas, especificando as concentrações de substrato e coenzima utilizadas, o tampão e a concentração de tampão, as espécies iônicas e a força iônica, o pH e a temperatura.

A maioria das amostras clínicas é coletada em condições de jejum; isso garante consistência na medição de analitos cuja concentração pode variar durante o dia ou outros, como glicose ou lipídeos, que variam em resposta à ingestão de alimentos. As amostras lipêmicas estão turvas e podem produzir dados não confiáveis por métodos espectrofotométricos ou fluorométricos. Para evitar esses problemas, as amostras clínicas devem ter os lipídeos retirados, comumente por extração com solvente orgânico.

MECANISMO DE AÇÃO ENZIMÁTICA

Reações enzimáticas envolvem grupos funcionais em cadeias laterais de aminoácidos, coenzimas, substratos e produtos

As enzimas variam bastante em seu mecanismo de ação. Em alguns casos, a catálise é realizada em um substrato não covalentemente, reversivelmente ligado à enzima. Em outros casos, um intermediário covalente é formado e então liberado da enzima; em outros, toda a ação ocorre em uma coenzima que forma uma ligação covalente com o substrato.

As serino-proteases, apresentadas na Figura 6.2, são representativas de enzimas que formam um intermediário covalente com seus substratos. Essas enzimas clivam ligações peptídicas em proteínas e, como em todas as reações enzimáticas, grupos funcionais em cadeias laterais de aminoácidos participam da reação catalisada por uma enzima. Na família das serino-proteases, um resíduo de serina no sítio ativo catalisa a clivagem da ligação peptídica. O grupo funcional na serina, um álcool primário, não está entre os grupos funcionais mais reativos na química orgânica. Para aumentar sua atividade nas serino-proteases, esse resíduo de serina faz parte de uma "tríade catalítica", no caso da quimotripsina: Asp^{102}, His^{57} e Ser^{195} (Fig. 6.6). As interações de ligações de hidrogênio concertadas entre esses aminoácidos aumentam a nucleofilicidade do resíduo de serina de modo a poder atacar o átomo de carbono na carbonila da ligação peptídica no substrato. A quimotripsina é específica para a clivagem no lado carboxílico das ligações peptídicas contendo aminoácidos aromáticos, como a fenilalanina. O mecanismo da reação enzimática é delineado na Figura 6.7, mostrando a formação e a clivagem de um intermediário ligado à enzima.

A tripsina e a elastase, duas outras enzimas digestivas com diferentes especificidades de aminoácidos (Fig. 6.2), são similares (homólogas) à quimotripsina em muitos aspectos. Cerca de 40% das sequências de aminoácidos dessas três enzimas são idênticas e as suas estruturas tridimensionais são muito semelhantes. Todas as três enzimas contêm a tríade catalítica aspartato-histidina-serina e todas são inativadas pela reação de fluorofosfatos com o resíduo de serina ativo. O gás do nervo **diisopropilfluorofosfato** forma um éster de serina-di-isopropilfosfina hidrolisado muito lentamente e estericamente impedido e inibe as serino-proteases.

INIBIÇÃO ENZIMÁTICA

Entre as diversas substâncias que afetam os processos metabólicos, os inibidores enzimáticos são particularmente importantes. Muitas drogas, naturais ou sintéticas, atuam como inibidores enzimáticos. Os metabólitos desses compostos também podem inibir a atividade enzimática. A maioria dos inibidores enzimáticos age reversivelmente, mas existem também inibidores irreversíveis que modificam permanentemente a enzima-alvo. Usando os gráficos de Lineweaver-Burk, é possível distinguir três formas de inibição reversível: inibição competitiva, acompetitiva e não competitiva.

Inibidores competitivos causam um aumento aparente na K_m sem alterar a V_{max}

Uma enzima pode ser inibida competitivamente por substâncias que são similares em estrutura química ao substrato. Esses compostos ligam-se ao sítio ativo e competem com o substrato pelo sítio ativo da enzima; eles causam um aumento aparente na K_m, mas nenhuma mudança na V_{max} (Fig. 6.8). A inibição é o resultado de um efeito não sobre a atividade da enzima, mas sobre o acesso do substrato ao sítio ativo. O esquema de reação para inibição competitiva é

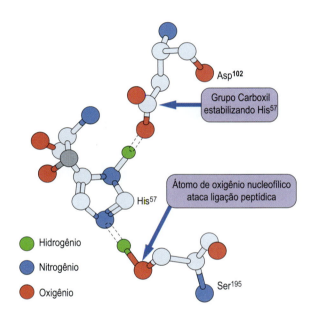

Fig. 6.6 **modelo esquemático de uma tríade catalítica da serino-protease.**

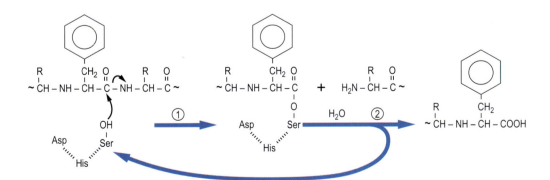

Fig. 6.7 **Mecanismo de ação da quimotripsina.** O resíduo de serina no local ativo ataca o grupo carbonila da ligação peptídica no lado carboxílico de um resíduo de fenilalanina. O peptídeo carboxiterminal liberado e o peptídeo aminoterminal permanecem um intermediário ligado a enzima – o peptídeo aminoterminal ligado covalentemente através da sua fenilalanina carboxiterminal esterificada ao resíduo de serina no local ativo. A ligação éster é hidrolisada no segundo passo da reação para libertar o peptídeo aminoterminal e regenerar a enzima ativa.

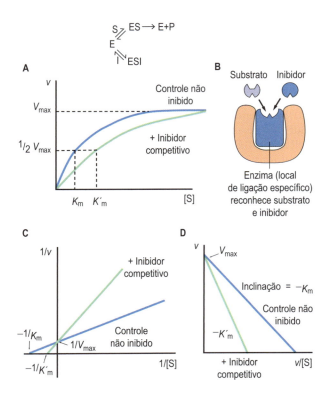

Fig. 6.8 **Inibição enzimática competitiva.** (A) Gráfico de velocidade *versus* concentração de substrato. (B) Mecanismo de inibição competitiva. (C) Gráfico de Lineweaver-Burk na presença de um inibidor competitivo. (D) Gráfico de Eadie-Hofstee na presença de um inibidor competitivo. K'_m é o K_m aparente na presença de inibidor.

$$E \overset{+S \rightleftharpoons ES \rightarrow E+P}{_{+I \rightleftharpoons EI}}$$

A constante de inibição (K_i) é a constante de dissociação do complexo enzima-inibidor (EI) e, quanto menor a K_i (quanto mais forte a ligação), mais eficiente é a inibição da atividade enzimática. Independentemente da K_i, no entanto, **a taxa da reação catalisada pela enzima na presença de um inibidor competitivo pode ser aumentada, elevando a concentração do substrato,** porque o substrato, em maior concentração, compete mais efetivamente com o inibidor.

Os inibidores acompetitivos causam uma aparente diminuição na V_{max}

Um inibidor acompetitivo liga-se apenas ao complexo enzima-substrato, não à enzima livre. A equação a seguir mostra o esquema de reação para a inibição não competitiva. Nesse caso, o K_i é a constante de dissociação do complexo enzima-substrato-inibidor (ESI).

$$E + S \rightleftharpoons ES \overset{I \rightleftharpoons ESI}{_{\searrow E+P}}$$

O inibidor causa um decréscimo no V_{max} porque uma fração do complexo enzima-substrato é desviada pelo inibidor

---

QUADRO CLÍNICO
TRATAMENTO COM UM INIBIDOR DE ENZIMA CONVERSORA DA ANGIOTENSINA (ECA)

Um homem de 50 anos foi internado no hospital, com fadiga geral, rigidez no ombro e dor de cabeça. O paciente tinha 1,8 m de altura e pesava 84 kg. Sua pressão arterial era de 196/98 mmHg (normal abaixo de 140/90 mmHg; ideal abaixo de 120/80 mmHg) e seu pulso era de 74. Ele foi diagnosticado como hipertenso. O paciente recebeu o captopril, um inibidor da enzima conversora da angiotensina (ECA). Após 5 dias de tratamento, a pressão arterial voltou a níveis quase normais.

Comentário
A renina no rim converte o angiotensinogênio em angiotensina I, que é então clivada proteoliticamente à angiotensina II pela ECA. A angiotensina II aumenta a retenção renal e eletrolítica, contribuindo para a hipertensão. A inibição da atividade da ECA é, portanto, um alvo importante para o tratamento da hipertensão. O captopril inibe a ECA de forma competitiva, diminuindo a pressão arterial. (Veja também o Capítulo 35.)

QUADRO CLÍNICO
ENVENENAMENTO POR METANOL PODE SER TRATADO PELA ADMINISTRAÇÃO DE ETANOL

Um homem de 46 anos de idade apresentou-se à sala de emergência 7h depois de consumir grande quantidade de bebida alcoólica falsificada. Ele não conseguia enxergar com clareza e reclamava de dores abdominais e nas costas. Os resultados laboratoriais indicaram acidose metabólica grave, osmolalidade sérica de 465 mmol/kg (faixa de referência 285-295 mmol/kg) e nível sérico de metanol de 4,93 g/L (156 mmol/L). Com tratamento intensivo, incluindo infusão venosa de etanol e bicarbonato e hemodiálise, ele sobreviveu e recuperou a visão.

Comentário
O envenenamento por metanol é incomum, mas extremamente perigoso. A intoxicação por etilenoglicol (anticongelante) é mais comum e exibe características clínicas semelhantes. O sintoma inicial mais importante do envenenamento por metanol é a perturbação visual. Evidências laboratoriais de envenenamento por metanol incluem acidose metabólica severa e aumento da concentração plasmática de soluto (metanol). O metanol é lentamente metabolizado em formaldeído, que é então logo metabolizado em formato pela álcool desidrogenase. O formato se acumula durante a intoxicação com metanol e é responsável pela acidose metabólica no estágio inicial da intoxicação. Nos estágios posteriores, o lactato também pode se acumular como resultado da inibição da respiração pelo formato. O etanol é metabolizado pela álcool desidrogenase, que se liga ao etanol com uma afinidade muito maior do que o metanol ou o etilenoglicol. O etanol é, portanto, um agente útil para inibir competitivamente o metabolismo do metanol e do etilenoglicol em metabólitos tóxicos. O metanol não metabolizado e o etilenoglicol são excretados gradualmente na urina. O tratamento precoce com etanol – juntamente com o bicarbonato para combater a acidose e a hemodiálise para remover o metanol e seus metabólitos tóxicos – produz um bom prognóstico.

do complexo inativo ESI. A ligação do inibidor e um aumento na estabilidade do complexo ESI também podem afetar a dissociação do substrato, causando uma aparente diminuição na K_m (isto é, um aparente aumento na afinidade do substrato).

Os inibidores não competitivos podem ligar-se a locais fora do sítio ativo e alterar tanto a K_m como a V_{max} da enzima

Um inibidor não competitivo (misto) pode se ligar à enzima livre ou ao complexo enzima-substrato tipicamente em um local fora do sítio ativo. Os inibidores não competitivos exibem efeitos mais complexos e podem alterar tanto a K_m quanto a V_{max} de uma reação enzimática. A equação a seguir mostra o esquema de reação observado para a inibição não competitiva:

$$\begin{array}{ccc} E + S & \rightleftharpoons ES & \rightarrow E + P \\ + & & + \\ I & & I \\ \updownarrow & & \updownarrow \\ EI & & ESI \end{array}$$

Muitas drogas e muitos venenos inibem irreversivelmente as enzimas

As prostaglandinas são mediadores inflamatórios chave. Sua síntese é iniciada pela oxidação mediada pela ciclo-oxigenase e pela ciclização do araquidonato sob condições inflamatórias (Capítulo 25). Os compostos que suprimem a ciclo-oxigenase têm atividade anti-inflamatória. O **ácido acetilsalicílico** inibe a atividade da ciclo-oxigenase pela acetilação da Ser[530], que bloqueia o acesso do araquidonato ao sítio ativo da enzima. Outros **anti-inflamatórios não esteroides (AINEs)**, como a indometacina, inibem a atividade da ciclo-oxigenase bloqueando reversivelmente o sítio de ligação do araquidonato.

O **dissulfiram** é um medicamento utilizado no tratamento do alcoolismo. O álcool é metabolizado em duas etapas para o ácido acético. A primeira enzima, álcool desidrogenase, produz acetaldeído, que é então convertido em ácido acético pela aldeído desidrogenase. Essa última enzima possui um resíduo de cisteína no sítio ativo que é irreversivelmente modificado pelo dissulfiram, resultando em acúmulo de álcool e acetaldeído no sangue. As pessoas que tomam dissulfiram ficam enjoadas devido ao acúmulo de acetaldeído no sangue e nos tecidos, levando à abstinência alcoólica.

Os agentes alquilantes, tal como a iodoacetamida (ICH_2CONH_2), inibem irreversivelmente a atividade catalítica de algumas enzimas por modificação de resíduos essenciais de cisteína. **Metais pesados**, como mercúrio e sais de chumbo, também inibem enzimas com resíduos sulfidrilas no sítio ativo. Os adutos de mercúrio muitas vezes são reversíveis pelos compostos tiol. Ovos ou claras de ovos às vezes são administrados como um antídoto para ingestão acidental de metais pesados. A proteína de clara de ovo, ovoalbumina, é rica em grupos sulfidrila; ela retém os íons livres de metais e impede sua absorção no trato gastrointestinal.

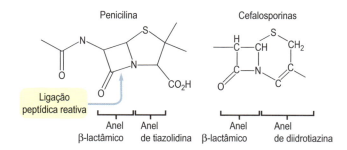

Fig. 6.9 **Estrutura da penicilina mostrando a ligação peptídica reativa no anel β-lactâmico e a estrutura central das cefalosporinas.** As penicilinas contêm um anel de β-lactama fundido a um anel de tiazolidina. As cefalosporinas são outra classe de compostos contendo o anel de β-lactama fundido a um anel de di-hidrotiazina de seis membros. Devido à sua eficácia e à falta de toxicidade, os compostos de β-lactâmicos são antibióticos amplamente utilizados. As bactérias com β-lactamase, que quebram o anel β-lactâmico, são resistentes a esses antibióticos.

QUADRO DE CONCEITOS AVANÇADOS
INIBIÇÃO ENZIMÁTICA: INIBIÇÃO DO ESTADO DE TRANSIÇÃO E DO SUBSTRATO SUICIDA

As enzimas catalisam reações induzindo o estado de transição da reação. Por conseguinte, deve ser possível construir moléculas que se liguem muito fortemente à enzima, imitando o estado de transição do substrato. Os próprios estados de transição não podem ser isolados porque não são um arranjo estável de átomos e algumas ligações são apenas parcialmente formadas ou quebradas. No entanto, para algumas enzimas, podem ser sintetizados análogos que são estáveis, mas ainda têm algumas das características estruturais do estado de transição.

A penicilina (Fig. 6.9) é um bom exemplo de um análogo de estado de transição. Inibe a transpeptidase, que faz ligações cruzadas nas cadeias de peptidoglicano de parede celular bacteriana, o último passo na síntese da parede celular em bactérias. Ela possui um anel de lactâmico de quatro membros que mimetiza o estado de transição do substrato normal. Quando a penicilina se liga ao sítio ativo da enzima, seu anel lactâmico se abre, formando uma ligação covalente com um resíduo de serina no sítio ativo. A penicilina é um potente inibidor irreversível da síntese de parede celular bacteriana, tornando a bactéria osmoticamente frágil e incapaz de sobreviver no corpo.

Em muitos casos, os inibidores irreversíveis são usados para identificar os resíduos do local ativo envolvidos na catálise enzimática e obter informações sobre o mecanismo de ação da enzima. Por sequenciamento ou análise espectrométrica de massa do peptídeo modificado, é possível identificar o resíduo de aminoácido específico modificado pelo inibidor e envolvido na catálise.

REGULAÇÃO DA ATIVIDADE ENZIMÁTICA

Existem múltiplos mecanismos complementares para regulação da atividade enzimática

Geralmente, cinco mecanismos independentes estão envolvidos na regulação da atividade enzimática:

- A expressão gênica da proteína enzimática se altera em resposta a mudanças no ambiente celular ou às demandas metabólicas.
- As enzimas podem ser irreversivelmente ativadas ou inativadas por enzimas proteolíticas.
- As enzimas podem ser reversivelmente ativadas ou inativadas por modificação covalente, como a fosforilação.
- A regulação alostérica modula a atividade das enzimas-chave por meio da ligação reversível de pequenas moléculas em locais distintos do sítio ativo em um processo que é relativamente rápido e, portanto, a primeira resposta das células a mudanças nessas condições.
- A taxa de degradação das enzimas por proteases intracelulares no lisossoma ou por proteassomas no citosol também determina a meia-vida das enzimas e, consequentemente, a atividade enzimática durante um período de tempo muito mais longo (Capítulo 22).

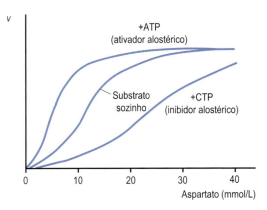

Fig. 6.10 **Regulação alostérica da aspartato transcarbamoilase (ATCase).** Gráfico de velocidade (*v*) *versus* concentração de substrato na presença de um ativador alostérico ou inibidor alostérico ATCase é um exemplo de enzima alostérica. O aspartato (substrato) regula homotropicamente a atividade da ATCase, fornecendo uma cinética sigmoidal. O CTP, um produto final, inibe heterotropicamente, mas o ATP, um precursor, ativa heterotropicamente a ATCase.

Ativação Proteolítica de enzimas digestivas

Algumas enzimas são armazenadas em organelas ou compartimentos subcelulares em uma forma precursora inativa

Diversas enzimas digestivas são armazenadas como zimogênios inativos ou proenzimas em vesículas secretoras no pâncreas. Os zimogênios são secretados no suco pancreático após uma refeição e são ativados no trato gastrointestinal. O tripsinogênio é convertido em tripsina pela ação da enteropeptidase intestinal. A enteropeptidase, localizada na superfície interna do duodeno, hidrolisa um peptídeo N-terminal do tripsinogênio inativo. O rearranjo da estrutura terciária produz a forma proteoliticamente ativa da tripsina. A tripsina ativa digere então outros zimogênios, como procarboxipeptidase, proelastase e quimotripsinogênio, bem como outras moléculas de tripsinogênio (Capítulo 30). Por meio **da amplificação em cascata**, um estímulo fraco inicial pode ser amplificado em etapas sequenciais paralelas ou seriadas. Cascatas proteolíticas similares são observadas na coagulação sanguínea e na fibrinólise (dissolução de coágulos; Capítulo 41) e a amplificação em cascata é característica dos sistemas de sinalização intracelular induzidos por hormônios e citocinas (Capítulos 25 e 27).

Regulação alostérica de enzimas limitadoras da velocidade em vias metabólicas

As enzimas alostéricas exibem curvas sigmoidais, em vez de hiperbólicas, em gráficos da taxa de reação versus concentração de substrato

A curva de saturação do substrato para uma enzima isostérica (forma única) é hiperbólica (Fig. 6.5A). Por outro lado, as enzimas alostéricas mostram gráficos sigmoidais de velocidade de reação *versus* concentração de substrato [S] (Fig. 6.10). Uma molécula efetora alostérica (de outro local) liga-se à enzima em um local que é distinto e fisicamente separado do local de ligação do substrato e afeta a ligação do substrato (K_m) e/ou kc_a. Em alguns casos, o substrato pode exercer efeitos alostéricos; isso é referido como um efeito **homotrópico**. Se o efetor alostérico é diferente do substrato, é referido como um efeito **heterotrópico**. Os efeitos homotrópicos são observados quando a reação de uma molécula de substrato com uma enzima multimérica afeta a ligação de uma segunda molécula de substrato em um sítio ativo diferente na enzima. A interação entre subunidades torna cooperativa a ligação do substrato e resulta em uma curva sigmoidal no gráfico de *v versus* [S]. Esse efeito é essencialmente idêntico ao descrito para a ligação do O_2 à hemoglobina (Capítulo 5), exceto no caso de enzimas, em que a ligação do substrato conduz a uma reação catalisada por enzima.

Cooperatividade positiva e negativa

A **cooperatividade positiva** (Fig. 6.11) indica que a reação de um substrato com um sítio ativo torna mais fácil para outro substrato se ligar ou reagir em outro local ativo. A **cooperatividade negativa** significa que a reação de um substrato com um sítio ativo torna mais difícil para um substrato se ligar ou reagir no outro sítio ativo. Como a afinidade, ou atividade específica, da enzima muda com a concentração do substrato, ela não pode ser descrita pela simples cinética de Michaelis-Menten. Em vez disso, é caracterizada pela concentração do substrato dando uma taxa semimáxima $[S]_{0,5}$ e o **coeficiente de Hill** (H; Capítulo 5). Os valores de H são maiores que 1 para enzimas com cooperatividade positiva e menores que 1 para aqueles com cooperatividade negativa. Para a maioria das enzimas alostéricas, as concentrações de substrato intracelular ficam próximas do $[S]_{0,5}$, de modo que a atividade da enzima responde a pequenas mudanças na concentração do substrato.

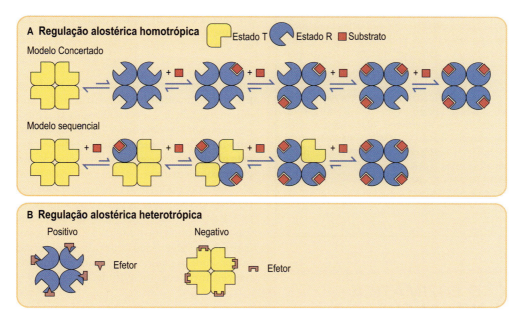

Fig. 6.11 **Representação esquemática da regulação alostérica com cooperatividade positiva.** (A) Na regulação homotrópica, o substrato atua como efetor alostérico. Dois modelos são apresentados. No modelo combinado, todas as subunidades convertem no T (tenso; baixa afinidade para o substrato) para o estado R (relaxado; alta afinidade para o substrato) ao mesmo tempo; no modelo sequencial, eles mudam um por um, com cada reação de ligação ao substrato. (B) Na regulação heterotrópica, o efetor é distinto do substrato e liga-se a um sítio estruturalmente diferente da enzima. Efetivos positivos e negativos estabilizam a enzima nos estados R e T, respectivamente.

QUADRO CLÍNICO
A HEMOFILIA É CAUSADA POR UM DEFEITO NA ATIVAÇÃO DO ZIMOGÊNIO

Uma criança foi internada com hemorragia muscular que afetava o nervo femoral. Os achados laboratoriais indicaram um distúrbio de coagulação sanguínea, a hemofilia A, resultante da deficiência do fator VIII. O fator VIII foi administrado ao paciente para restaurar a atividade de coagulação do sangue.

Comentário
A formação de um coágulo sanguíneo resulta de uma cascata de reações de ativação de zimogênios. Mais de uma dúzia de proteínas diferentes, conhecidas como fatores de coagulação do sangue, estão envolvidas. Na etapa final, o coágulo sanguíneo é formado pela conversão de uma proteína solúvel, o fibrinogênio (fator I), em um produto insolúvel e fibroso, a fibrina, que forma a matriz do coágulo. Esse último passo é catalisado pela serino-protease, trombina (fator IIa). A hemofilia é um distúrbio de coagulação do sangue causado por um defeito em uma das sequências dos fatores de coagulação. A hemofilia A, a forma principal (85%) da hemofilia, é causada por um defeito no fator VIII da coagulação (Capítulo 41).

QUADRO DE CONCEITOS AVANÇADOS
ANALÓGOS DOS NUCLEOSÍDEOS COMO AGENTES ANTIVIRAIS

Análogos de nucleosídeos como o aciclovir e o ganciclovir têm sido utilizados para o tratamento do herpes vírus simplex (HSV), da varicela-zóster (VZV) e do citomegalovírus (CMV). São pró-fármacos que são ativados pela fosforilação e interrompem a síntese do DNA viral, inibindo a reação da DNA polimerase viral. A timidina cinase (TK) dos vírus fosforila esses compostos em sua forma monofosfato. Em seguida, as cinases celulares adicionam fosfatos para formar os compostos trifosfato ativos, que são inibidores competitivos da DNA polimerase viral durante a replicação do DNA (Capítulo 20).

Enquanto a TK viral tem baixa especificidade pelo substrato e eficientemente fosforila análogos dos nucleosídeos, as nucleosídeos quinases celulares têm alta especificidade de substrato e dificilmente fosforilam os análogos dos nucleosídeos. Assim, as células infectadas por vírus são propensas a ficarem presas em um estágio específico do ciclo celular, o ponto de verificação G2-M (Capítulo 28), mas as células não infectadas são resistentes aos análogos dos nucleosídeos.

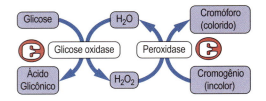

> **QUADRO CLÍNICO**
> **ENVENENAMENTO POR INSETICIDAS**
>
> Um homem de 55 anos estava pulverizando um inseticida contendo fluorofosfatos orgânicos em um campo de arroz. De repente, ele desenvolveu dor de cabeça frontal, dor nos olhos e aperto no peito, sinais típicos de superexposição a fluorofosfatos orgânicos tóxicos. Ele foi levado para o hospital, onde foi tratado com uma injeção intravenosa de 2 mg de sulfato de atropina e se recuperou gradualmente.
>
> **Comentário**
> Os fluorofosfatos orgânicos formam complexos covalentes fosforil-enzima com serino-proteases e esterases, como a acetilcolinesterase, inibindo irreversivelmente as enzimas. A acetilcolinesterase encerra a ação da acetilcolina durante a atividade neuromuscular (Capítulo 26) ao hidrolisar a acetilcolina em acetato e colina. A inibição dessa enzima prolonga a ação da acetilcolina, levando à constante estimulação neuromuscular. A atropina bloqueia competitivamente a ligação da acetilcolina e a estimulação muscular na fenda neuromuscular.

Fig. 6.12 **O ensaio de glicose oxidase/peroxidase para glicose no sangue.** A cor produzida neste ensaio é diretamente proporcional à concentração de glicose no sangue.

MENSURAÇÃO ENZIMÁTICA DA GLICOSE NO SANGUE

O ensaio de glicose oxidase/peroxidase

Em laboratórios clínicos, a maioria dos compostos é medida por métodos enzimáticos automatizados

O ensaio mais comum para a concentração de glicose no sangue usa uma mistura de glicose oxidase e peroxidase (Fig. 6.12). A glicose oxidase é altamente específica para a glicose, mas oxida apenas o β-anômero do açúcar, que representa ~ 64% da glicose em solução. A mistura do ensaio é, portanto, suplementada com mutarotase, que catalisa rapidamente a interconversão dos anômeros, aumentando a sensibilidade do ensaio em ~ 50%. O H_2O_2 produzido na reação da oxidase é então usado em uma reação de peroxidase para oxidar um cromógeno de modo a produzir um cromóforo colorido. O rendimento de cor é diretamente proporcional ao teor de glicose da amostra. Existem versões fluorométricas desse ensaio com alta sensibilidade e um analisador comercial usa um eletrodo de oxigênio para medir a taxa de diminuição da concentração de oxigênio na amostra, que também é diretamente proporcional à concentração de glicose.

Tiras reagentes e glicosímetros

Pessoas com diabetes normalmente monitoram a glicose sanguínea várias vezes ao dia usando tiras reagentes ou medidores de glicose

As tiras reagentes de glicose são impregnadas com um reagente de glicose oxidase/peroxidase (GOP). Em uma versão manual deste ensaio, a extensão da mudança de cor em uma tira está relacionada à concentração de glicose – tipicamente em uma escala de 1 a 4. Os glicosímetros modernos usam uma pequena gota de sangue (~ 1 μL) e eletrodos amperométricos para medir a corrente produzida pela reação redox catalisada pela glicose desidrogenase (GDH), que oxida a glicose ao ácido glicônico, mas reduz a coenzima em vez do oxigênio. Esses ensaios são bastante usados nos casos em que são necessárias medições rápidas ou frequentes de glicose no sangue. Quando os ensaios GOP e GDH foram comparados nos casos em alta altitude em uma caminhada até o Monte Kilimanjaro, o ensaio GOP, que depende do oxigênio do ambiente, foi observado tendo um erro maior. Ambos os métodos foram menos precisos nas baixas temperaturas em alta altitude.

Ensaios cinéticos

Os ensaios cinéticos são mais rápidos que os testes de pontos finais

No ensaio descrito na Figura 6.12 e plotado para várias concentrações de glicose na Figura 6.13A, é permitido que a reação prossiga até seu ponto final – isto é, até que toda a glicose tenha sido oxidada –, então a mudança de cor é medida. O rendimento de cor é então plotado contra um padrão para determinar a concentração de glicose no sangue (Figura 6.13B). Analisadores cinéticos de alto rendimento estimam a concentração de glicose em uma amostra medindo a taxa inicial da reação. A análise dos gráficos cinéticos na Figura 6.13A, por exemplo, indica que tanto o ponto final quanto a taxa inicial do ensaio da glicose oxidase são dependentes da concentração de glicose. Assim, o analisador pode medir a mudança na absorbância (ou em algum outro parâmetro) durante os estágios iniciais da reação e comparar essa taxa à de uma solução-padrão para estimar a concentração de glicose (Fig. 6.13C). Esses ensaios são realizados em injeção por fluxo ou analisadores centrífugos para garantir a mistura rápida de reagentes e amostras.

Os analisadores cinéticos são inerentemente mais rápidos que os ensaios de ponto final porque estimam a concentração de glicose antes que o ensaio atinja seu ponto final. Esses ensaios funcionam porque a glicose oxidase e a glicose desidrogenase têm alta K_m para a glicose. Nas concentrações de glicose encontradas no sangue, a taxa da reação da oxidase é proporcional à concentração de glicose – isto é, na região de primeira ordem da equação de Michaelis-Menten, em que a concentração do substrato é menor que a K_m (Fig. 6.4).

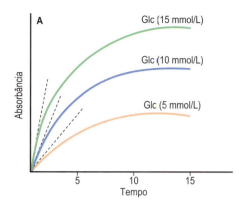
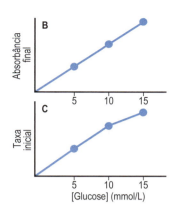

Fig. 6.13 **Ensaios de glicose oxidase/peroxidase – ensaios de ponto final *versus* ensaios cinéticos.** (A) Análise gráfica de um ensaio final. (B) No ponto final (*endpoint*) as absorbâncias são plotadas em função da concentração de glicose, produzindo uma linha reta. (C) As taxas iniciais de reações são estimadas por múltiplas medições no início do ensaio (linhas pontilhadas no quadro A) e plotadas em relação à concentração de glicose. Os gráficos não lineares, quando obtidos, são analisados por computador.

QUESTÕES PARA APRENDIZAGEM

1. Em uma sequência de reações enzimáticas de múltiplos passos, onde é o local mais efetivo para controlar o fluxo de substrato através da via? Qual é o efeito que um inibidor de uma enzima limitante da taxa terá na concentração de substratos em uma via de múltiplos passos?
2. A maioria dos fármacos destina-se a inibir enzimas específicas em sistemas biológicos. O fármaco fluoxetina tem um efeito profundo no tratamento médico da depressão. Reveja a história do desenvolvimento da fluoxetina, ilustrando a importância da especificidade no mecanismo de ação da droga.
3. Discuta alguns exemplos de inibidores enzimáticos reversíveis e irreversíveis usados na prática médica.
4. Os ratos *knockout* (KO) são ratos que não possuem um gene específico. Discuta o impacto dos ratos KO no direcionamento do desenvolvimento de medicamentos na indústria farmacêutica.

RESUMO

- A maior parte do metabolismo é catalisada por catalisadores biológicos altamente específicos chamados enzimas que possuem sítios ativos projetados para o reconhecimento de substrato e catálise. Sua atividade catalítica é dependente de coenzimas e cofatores, muitas vezes derivados de vitaminas.
- A equação de Michaelis-Menten é usada para modelar a cinética das enzimas e explica a relação entre concentração de substrato e atividade enzimática. A constante de Michaelis é a concentração de substrato na qual uma enzima possui metade da atividade catalítica máxima.
- As enzimas são estritamente reguladas por vários mecanismos, incluindo expressão gênica, ativação do zimogênio e renovação de proteínas. Tanto as modificações covalentes quanto as não covalentes permitem alterações para sensibilidade, alterações em curto prazo na atividade enzimática.
- A atividade enzimática pode ser inibida (ou ativada) por compostos sintéticos (drogas), compostos exógenos (toxinas) e compostos endógenos (efetores alostéricos).
- Ensaios enzimáticos e ensaios clínicos fundamentados em sangue e enzimas são úteis para o diagnóstico e o monitoramento de muitas condições clínicas.

LEITURAS SUGERIDAS

Davies, G. J., & Williams, S. J. (2016). Carbohydrate-active enzymes: Sequences, shapes, contortions and cells. *Biochemical Society Transactions, 44*, 79-87.
Hetz, C., Chevet, E., & Oakes, S. A. (2015). Proteostasis control by the unfolded protein response. *Nature Cell Biology, 17*, 829-838.
Oakes, B. L., Nadler, D. C., & Savage, D. F. (2014). Protein engineering of Cas9 for enhanced function. *Methods in Enzymology, 546*, 491-511.
Pandya, C., Farelli, J. D., Dunaway-Mariano, D., et al. (2014). Enzyme promiscuity: Engine of evolutionary innovation. *Journal of Biological Chemistry, 289*, 30229-30236.
Pettinati, I., Brem, J., Lee, S. Y., et al. (2016). The chemical biology of human metallo-β-lactamase fold proteins. *Trends in Biochemical Sciences, 41*, 338-355.
Quirós, P. M., Langer, T., & López-Otín, C. (2015). New roles for mitochondrial proteases in health, ageing and disease. *Nature Reviews. Molecular Cell Biology, 16*, 345-359.
Roston, D., & Cui, Q. (2016). QM/MM analysis of transition states and transition state analogues in metalloenzymes. *Methods in Enzymology, 577*, 213-250.

SITES

Clinical chemistry: http://www.labtestsonline.org/
MetaCyc metabolic pathways from all domains of life: http://metacyc.org/
The comprehensive enzyme information system: http://www.brenda-enzymes.org/
Enzyme nomenclature: http://www.chem.qmul.ac.uk/iubmb/enzyme/
IntEnz (integrated relational enzyme database): http://www.ebi.ac.uk/intenz/

ABREVIATURAS

ALT	Alanina aminotransferase
AST	Aspartato aminotransferase [TGO]
E	Enzima
PE	Complexo de produtos enzimáticos
ES	Complexo enzima-substrato
UI	Unidade Internacional

K_i	Constante de inibição
K_m	Constante de Michaelis
LDH	Lactato desidrogenase
PSA	Antígeno específico da próstata (calicreína 3)
S	Substrato
SGOT	Glutamato-oxaloacetato-transaminase sérica
SGPT	Glutamato-piruvato-transaminase sérica
V_{max}	Velocidade máxima

CAPÍTULO 7

Vitaminas e Minerais

Marek H. Dominiczack

OBJETIVOS

Após concluir este capítulo, o leitor estará apto a:

- Descrever as vitaminas lipossolúveis e as vitaminas hidrossolúveis.
- Discutir as ações e as fontes das vitaminas.
- Discutir os sinais e os sintomas das deficiências vitamínicas.
- Descrever o papel dos oligoelementos no metabolismo.

INTRODUÇÃO

As vitaminas e os oligoelementos são micronutrientes essenciais ao metabolismo

As vitaminas e os oligoelementos formam **grupos prostéticos de enzimas** ou atuam como seus **cofatores**. Participam do metabolismo de carboidratos, lipídeos e proteínas. As vitaminas A e D atuam como **hormônios**. As vitaminas e os oligoelementos são importantes para o crescimento, a proliferação e a diferenciação das células; muitos deles afetam as funções imunológicas.

Pode ocorrer **deficiência de um micronutriente** devido a ingestão inadequada, absorção deficiente a partir do trato intestinal, utilização ineficiente ou perda aumentada ou aumento das demandas. Essas deficiências de micronutrientes levam ao desenvolvimento de síndromes clínicas específicas. Podem ocorrer como componentes da desnutrição geral, podem constituir uma causa de doença ou podem desenvolver-se durante períodos de demanda aumentada, como gravidez ou estirão do crescimento na adolescência. Na idade avançada, as deficiências podem estar associadas a uma absorção intestinal menos eficiente (Capítulo 30). Podem ocorrer também como complicações de cirurgia gastrintestinal. As deficiências múltiplas de micronutrientes são muito mais comuns do que as deficiências isoladas. Por fim, algumas vitaminas e alguns oligoelementos são tóxicos quando presentes em excesso.

Vitaminas lipossolúveis e hidrossolúveis

As vitaminas lipossolúveis são as vitaminas A, D, E e K, enquanto as vitaminas hidrossolúveis são B_1, B_2, B_3, B_5, B_6 e B_7 (biotina), B_9 (ácido fólico), B_{12} e vitamina C.

VITAMINAS LIPOSSOLÚVEIS

As vitaminas lipossolúveis são armazenadas nos tecidos

As vitaminas lipossolúveis estão associadas à gordura corporal e, com frequência, são armazenadas nos tecidos, sendo as suas concentrações circulantes mantidas relativamente constantes. Por exemplo, a vitamina A é armazenada no fígado e transportada no plasma por proteínas de ligação específicas. As vitaminas lipossolúveis não são tão prontamente absorvidas da dieta quanto as vitaminas hidrossolúveis, porém são armazenadas em grandes quantidades nos tecidos. Com exceção da vitamina K, elas não atuam como coenzimas: as vitaminas A e D atuam como hormônios. As vitaminas A e D, mas não as vitaminas E ou K, podem ser tóxicas quando presentes em excesso.

A má absorção de gordura pode levar a deficiências das vitaminas A, D, E e K. Isso pode ocorrer como consequência de doenças do fígado ou da vesícula biliar, doença intestinal inflamatória (doença de Crohn, doença celíaca) e fibrose cística.

Vitamina A

A vitamina A é um termo genérico para **retinol**, **retinal** e **ácido retinoico**. O retinal e o ácido retinoico são formas ativas da vitamina A. O termo *retinoides* tem sido utilizado para definir essas substâncias, bem como outros compostos sintéticos associados a uma atividade semelhante da vitamina A.

A pró-vitamina da vitamina A refere-se a um pigmento vegetal, **β-caroteno** e a outros carotenoides. Todas as formas dietéticas de vitamina A são convertidas em retinol. Por sua vez, o retinol pode ser convertido em retinal e em ácido retinoico. Os ésteres de retinol são transportados do intestino para o fígado nos quilomícrons e em quilomícrons remanescentes (Fig. 7.1).

O β-caroteno é hidrossolúvel e encontrado em alimentos vegetais. Os vegetais verde-escuros e amarelos e os tomates constituem boas fontes de β-caroteno. A conversão dos carotenoides em vitamina A é raramente 100% eficiente e a potência dos alimentos é descrita em equivalentes de atividade de retinol (RAE): 1 µg de retinol é equivalente a 12 µg de β-caroteno ou 24 µg de outros carotenos. O fígado, o óleo de peixe, a gema de ovo, a manteiga e o leite constituem boas fontes de retinol pré-formado e ácido retinoico.

A vitamina A é armazenada no fígado e precisa ser transportada até seus locais de ação

A vitamina A é esterificada no fígado pela lecitina:retinol aciltransferase e armazenada na forma de ésteres de retinol (palmitato de retinol), vinculada às proteínas citosólicas de ligação do retinol (CRBP). As reservas hepáticas podem fornecer um suprimento de aproximadamente 1 ano. O retinol é secretado pelo fígado vinculado à proteína de ligação do retinol (RBP) sérica e captado pelas células por um receptor de membrana.

Acredita-se que o ácido retinoico seja transportado até as células ligado à albumina ou a uma proteína de ligação do ácido retinoico (RABP) específica. O **ácido retinoico é uma**

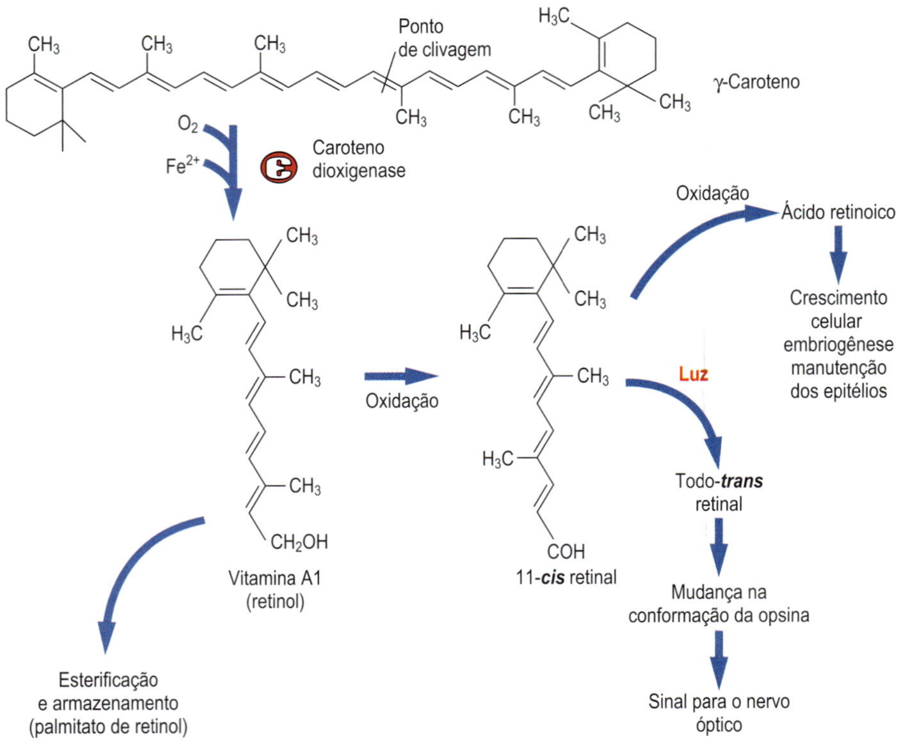

CAPÍTULO 7 Vitaminas e Minerais

Fig. 7.1 **Estrutura, metabolismo e função da vitamina A.** O retinol é formado a partir da clivagem do betacaroteno. O seu éster é uma forma de armazenamento. Seu derivado oxidado, 11-*cis*, é sensível à luz. Nos bastonetes dos olhos, a luz que incide no 11-*cis* associado à proteína opsina nos cones da retina o transforma em todo-*trans* retinal. Essa transformação modifica a conformação da opsina, o que gera um sinal para o nervo óptico (Capítulo 39 e Fig. 39.4). O ácido retinoico, um produto de oxidação do 11-*cis*, é uma molécula sinalizadora.

molécula sinalizadora. Interage com fatores de transcrição ativados por ligantes, conhecidos como receptores retinoides nucleares. Os **receptores de ácidos retinoides (RAR)** ligam-se aos isômeros *todo-trans- e 9-cis do ácido retinoico*, enquanto os denominados **receptores rexinoides (RXR)** ligam-se apenas ao isômero *9-cis*. Esses receptores podem formar **heterodímeros**. Os receptores do tipo RXR também podem interagir com outros receptores nucleares, como os da vitamina D_3, hormônios tireoidianos ou receptores ativados por proliferador de peroxissomos (PPAR).

O ácido retinoico desempenha um papel importante no crescimento, na diferenciação e na proliferação das células, no desenvolvimento embrionário e na organogênese, bem como na manutenção dos epitélios.

A deficiência de vitamina A manifesta-se como cegueira noturna

O pigmento visual, a rodopsina, que é encontrado nos bastonetes da retina, é formado pela ligação do 11-*cis*-retinal à apoproteína opsina. Quando a rodopsina é exposta à luz, o retinal dissocia-se e é isomerizado e reduzido a todo-*trans*-retinol (Fig. 7.1). Essa reação é acompanhada de uma mudança de conformação e desencadeia um impulso nervoso percebido pelo cérebro como luz. Os bastonetes são responsáveis pela visão na iluminação baixa. Por conseguinte, a deficiência de vitamina A manifesta-se como **visão noturna deficiente** ou **cegueira noturna** (trata-se do sintoma mais comum de deficiência de vitamina A em crianças e mulheres grávidas).

Como a vitamina A afeta o crescimento e a diferenciação das células epiteliais, a sua deficiência provoca epitelização defeituosa e amolecimento e opacidade da córnea (ceratomalacia).

A deficiência grave de vitamina A leva à cegueira permanente

A deficiência de vitamina A **constitui a causa mais comum de cegueira no mundo**. A deficiência subclínica também pode levar a um aumento na suscetibilidade às infecções. A deficiência grave de vitamina A ocorre principalmente nos países em desenvolvimento, porém é também bastante comum em pacientes com doença hepática grave ou má absorção de gordura (p. ex., fibrose cística).

As mulheres grávidas ou durante a lactação são propensas à deficiência de vitamina A. O grupo mais vulnerável é constituído pelos lactentes prematuros e, nos países em desenvolvimento, pelas crianças amamentadas por mães que apresentam deficiência de vitamina A.

A vitamina A é tóxica em excesso

A vitamina A é tóxica quando presente em excesso e os sintomas consistem em aumento da pressão intracraniana, cefaleia, visão dupla, tontura, dor óssea e articular, queda dos cabelos, dermatite, hepatoesplenomegalia, diarreia e vômitos. A ingestão aumentada de vitamina A também está associada à teratogenicidade e o seu uso **deve ser evitado durante a gravidez**. É praticamente impossível desenvolver toxicidade da vitamina A com a ingestão normal de alimentos; entretanto, a toxicidade pode resultar do uso de suplementos de vitamina A.

Tanto a deficiência quanto o excesso de vitamina A podem causar defeitos congênitos

Vitamina D

A vitamina D é um hormônio e, além de seu papel na homeostasia do cálcio, influencia genes envolvidos em proliferação, diferenciação e apoptose celulares.

A vitamina D modula o crescimento, participa da função imune e atua como anti-inflamatório. A deficiência de vitamina D produz raquitismo em crianças e osteomalacia em adultos.

A vitamina D é tóxica quando presente em excesso

O metabolismo e as ações da vitamina D estão descritos no Capítulo 38.

Vitamina E

A vitamina E da dieta é uma mistura de vários compostos, conhecidos como tocoferóis. Nos tecidos humanos, 90% da vitamina E encontra-se na forma de α-tocoferol (Fig. 7.2). A vitamina é absorvida a partir da dieta no intestino delgado, juntamente com lipídeos. É empacotada nos **quilomícrons** e, na circulação, está associada a lipoproteínas.

A vitamina E é um antioxidante de membrana

A vitamina E é o antioxidante natural mais abundante e, em virtude de sua lipossolubilidade, está associada a todas as estruturas que contêm lipídeos: membranas, lipoproteínas e depósitos de gordura. A vitamina E protege os lipídeos da oxidação por espécies reativas de oxigênio (ROS). Está também envolvida na função imune, na sinalização celular e na expressão gênica. O α-tocoferol inibe a atividade da proteína cinase C (PKC) e afeta a adesão celular, bem como o metabolismo do ácido araquidônico.

As fontes naturais mais ricas de vitamina E são óleos vegetais, nozes e vegetais de folhas verdes.

Núcleo cromanona

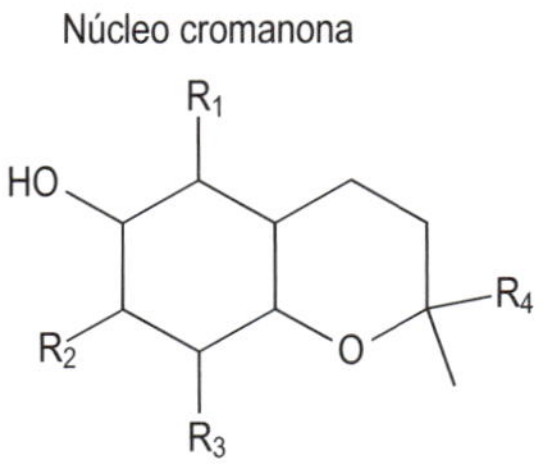

R_1–R_3			R_4
α-tocoferol	R_1,R_2,R_3,	Me	
β-tocoferol	R_1,R_3,	Me	
γ-tocoferol	R_2,R_3,	Me	$- CH_2(CH_2 - CH_2 - CH - CH_2)_3 -$
δ-tocoferol	R_2,R_3,	Me	

Fig. 7.2 **Estrutura da família da vitamina E (tocoferóis).** R_1–R_3 podem ser metilados em uma variedade de combinações. R_4 é uma cadeia de poli-isoprenoide. Me, metila.

A má absorção de gorduras reduz a absorção da vitamina E

A má absorção de gordura e a abetalipoproteinemia podem levar ao desenvolvimento de deficiência de vitamina E. A deficiência também pode ocorrer em consequência de baixa ingestão de vitamina E durante a gravidez e em recém-nascidos (principalmente em lactentes prematuros alimentados com fórmulas lácteas com baixo teor de vitamina E). Nos lactentes prematuros, a deficiência provoca **anemia hemolítica, trombocitose e edema, bem como neuropatia periférica, miopatia e ataxia.**

Vitamina K

A vitamina K é um grupo de compostos, cujo número de unidades isoprenoides varia na cadeia lateral. A vitamina K circula na forma de filoquinona (vitamina K_1) e suas reservas hepáticas estão na forma de menaquinonas (vitamina K_2). A estrutura, a nomenclatura e as fontes de vitamina K estão delineadas na Figura 7.3. A absorção da vitamina K depende da capacidade de absorver gordura.

A vitamina K é necessária à coagulação sanguínea

A vitamina K é necessária à modificação pós-traducional dos fatores da coagulação (fatores II, VII, IX e X; Capítulo 41). Todas essas proteínas são sintetizadas pelo fígado na forma de precursores inativos e são ativadas pela carboxilação de resíduos específicos de ácido glutâmico por uma enzima dependente de vitamina K (Fig. 7.4). A protrombina (fator II) contém 10 desses resíduos carboxilados e todos eles são necessários à quelação específica de íons Ca^{2+} dessa proteína durante a sua função no processo de coagulação.

A vitamina K encontra-se amplamente distribuída na natureza; suas fontes dietéticas consistem em vegetais de folhas verdes, frutas, laticínios, óleos vegetais e cereais. A vitamina K também é produzida pela microflora intestinal.

A deficiência de vitamina K provoca distúrbios hemorrágicos

O suprimento de vitamina K pela microflora intestinal praticamente assegura a ausência de deficiência dietética nos seres humanos, exceto nos recém-nascidos. Raramente, pode ocorrer deficiência em indivíduos com doença hepática ou má absorção de gorduras. A deficiência está associada a distúrbios hemorrágicos.

Os lactentes prematuros correm risco particular de deficiência e podem desenvolver doença hemorrágica do recém-nascido

A transferência placentária de vitamina K para o feto é ineficiente. Imediatamente após o nascimento, a concentração circulante diminui. O intestino do recém-nascido é estéril; por conseguinte, durante vários dias após o nascimento, não existe qualquer fonte de vitamina K. Em geral, a concentração se normaliza quando começa a absorção de alimentos, porém esse processo pode ser retardado em lactentes prematuros.

Os inibidores da ação da vitamina K são fármacos antitrombóticos valiosos

Os inibidores específicos da carboxilação dependente de vitamina K são utilizados no tratamento de doenças relacionadas à trombose – por exemplo, em pacientes com **trombose venosa profunda** e **tromboembolismo pulmonar** ou naqueles

Fonte	Estrutura	Grupo
Plantas	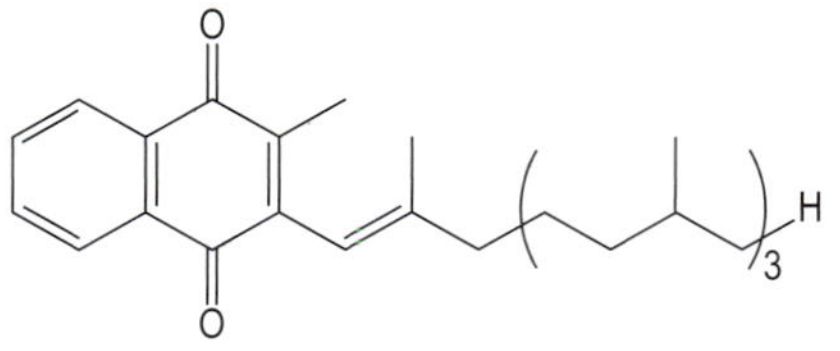	Filoquinona (vitamina K$_1$)
Tecido animal bactérias	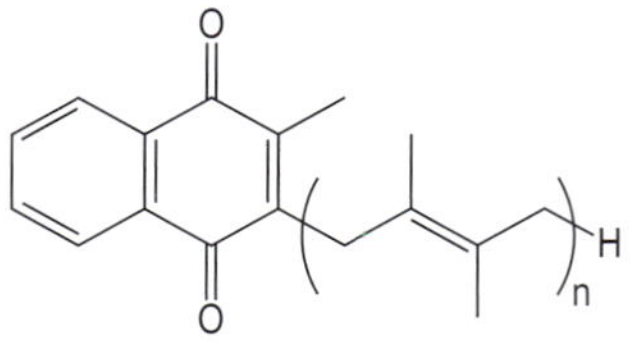	Menaquinonas (vitamina K$_2$)

Fig. 7.3 **Estruturas das diferentes formas de vitamina K.**

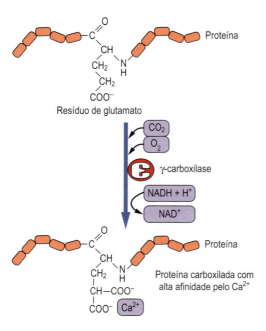

Fig. 7.4 **Carboxilação de resíduos de glutamato mediada pela vitamina K.** Esses resíduos carboxilados em uma cadeia proteica são necessários à quelação do Ca^{2+}. AA, aminoácido.

com **fibrilação atrial** que correm risco de trombose. São os fármacos do grupo dos dicumarínicos (p. ex., **varfarina**), que inibem a ação da vitamina K (Capítulo 41). A varfarina também é utilizada como raticida e a vitamina K é o antídoto para o envenenamento por esse agente.

VITAMINAS HIDROSSOLÚVEIS

A vitamina B e a vitamina C são hidrossolúveis

Com exceção da vitamina B$_{12}$, o organismo não tem capacidade de armazenar as vitaminas hidrossolúveis. Como consequência, essas vitaminas precisam ser regularmente fornecidas pela dieta. Qualquer excesso é excretado na urina.

Vitaminas do complexo B

As vitaminas do complexo B são essenciais ao metabolismo normal e atuam como coenzimas em muitas reações no metabolismo de carboidratos, lipídeos e proteínas

Quanto maior a ingestão calórica, maior a necessidade de vitaminas B. O suprimento aumentado de energia, particularmente a partir de carboidrato simples, exige quantidades aumentadas de vitaminas B. **Uma alta ingestão de carboidratos exige uma maior ingestão de tiamina e de outras vitaminas B.** Por conseguinte, pode haver desenvolvimento de beribéri (ver discussão adiante) com uma dieta rica em carboidratos.

A vitamina B$_1$ (tiamina) é essencial ao metabolismo dos carboidratos

Em sua forma ativa, o **pirofosfato de tiamina (TPP)**, a vitamina B$_1$ é uma coenzima da piruvato desidrogenase (a enzima E1 do complexo PDH; Capítulo 10). Participa na descarboxilação oxidativa do β-cetoglutarato, bem como no metabolismo dos aminoácidos de cadeia ramificada. Atua também como coenzima para a transcetolase na via das pentoses fosfato (Capítulo 9) e é importante na produção do ácido clorídrico no estômago.

O beribéri foi a primeira doença por deficiência a ser descoberta

A deficiência grave de tiamina resulta em **beribéri**, que pode ser "**seco**" (sem retenção de líquidos) ou "**úmido**" (associado à insuficiência cardíaca com edema). O beribéri caracteriza-se principalmente por sintomas neuromusculares e ocorre em populações que dependem exclusivamente do arroz polido como alimento. Os sinais e os sintomas da deficiência também podem ser observados no indivíduo idoso ou em grupos de baixa renda com dieta pobre.

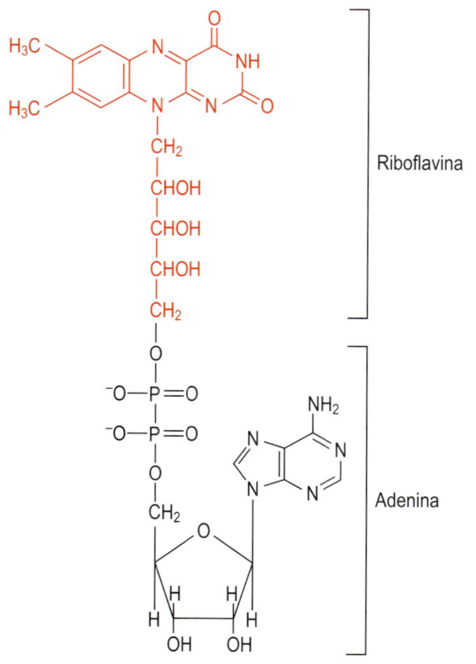

Fig. 7.5 **A vitamina B₂ ou riboflavina forma parte da flavina mononucleotídio (FMN) e da flavina adenina dinucleotídio (FAD, ilustrada aqui).**

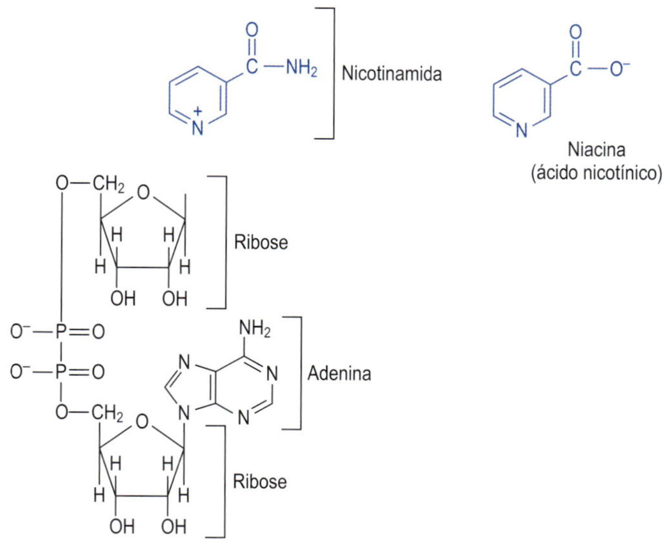

A deficiência de tiamina está associada ao alcoolismo

A depleção de tiamina pode ocorrer rapidamente (dentro de cerca de 14 dias). Os sintomas iniciais consistem em perda de apetite, constipação intestinal e náusea. Podem progredir para depressão, neuropatia periférica e desequilíbrio ou torturas. A deterioração adicional resulta em confusão mental (perda da memória de curto prazo), ataxia e perda da coordenação ocular. Essa combinação, que é frequentemente observada em pacientes dependentes de álcool, é conhecida como **psicose de Wernicke–Korsakoff**. O beribéri úmido está particularmente associado ao alcoolismo.

Os exames utilizados para avaliar o nível da tiamina incluem sua determinação direta por cromatografia líquida de alta pressão e medição da atividade da transcetolase eritrocitária.

A vitamina B₂ (riboflavina) é necessária à síntese de FMN e FAD

A riboflavina está ligada ao açúcar-álcool, ribitol. A molécula é corada, fluorescente e decompõe-se na luz visível, porém é termoestável. A flavina mononucleotídio (FMN) e a flavina adenina dinucleotídio (FAD) são formadas pela transferência de fosfato e monofosfato de adenosina do ATP, respectivamente. Trata-se de coenzimas das oxirredutases; estão firmemente ligadas à enzima nativa e participam em reações redox (Fig. 7.5; Capítulo 8).

A falta de riboflavina na dieta provoca uma síndrome por deficiência que consiste em inflamação dos cantos da boca (estomatite angular), inflamação da língua (glossite) e dermatite descamativa. Pode-se observar também o desenvolvimento de fotofobia. Em virtude de sua fotossensibilidade, pode ocorrer deficiência de riboflavina em recém-nascidos com icterícia que são tratados com fototerapia. Sabe-se também que o hipotireoidismo afeta a conversão da riboflavina em FMN e FAD.

Fig. 7.6 **A vitamina B₃ ou niacina forma parte da nicotinamida adenina dinucleotídio (NAD⁺, ilustrada aqui) e da nicotinamida adenina dinucleotídio fosfato (NADP⁺).**

Para determinar o nível da riboflavina, deve-se medir a atividade da **glutationa redutase eritrocitária**.

A vitamina B₃ (niacina) é necessária à síntese de NAD⁺ e NADP⁺

A niacina é o nome genérico para referir-se ao ácido nicotínico ou à nicotinamida, ambos nutrientes essenciais. A niacina é ativa como parte da coenzima nicotinamida adenina dinucleotídio (NAD⁺) e nicotinamida adenina dinucleotídio fosfato (NADP⁺) e ambas participam de reações catalisadas por oxidorredutases (Fig. 7.6). A forma ativa da vitamina necessária à síntese de NAD⁺ e NADP⁺ é o nicotinato, e, por conseguinte, a nicotinamida precisa ser desaminada antes de se tornar disponível para a síntese dessas coenzimas. **A necessidade de niacina está relacionada ao gasto de energia.** A niacina pode ser sintetizada a partir do triptofano e, portanto, no sentido verdadeiro da palavra, não é uma vitamina. Entretanto, a conversão é muito ineficiente e não consegue suprir quantidades suficientes de niacina. Além disso, a conversão necessita de tiamina, piridoxina e riboflavina, mas, com dietas pobres, essa síntese seria problemática.

A deficiência grave de niacina resulta em dermatite, diarreia e demência

A deficiência de niacina produz inicialmente glossite superficial, mas pode progredir para a **pelagra**, que se caracteriza por dermatite, lesões cutâneas semelhantes a queimaduras solares em áreas do corpo expostas à luz solar e à pressão, bem como por diarreia e demência. A pelagra quando não tratada é fatal; entretanto, no mundo moderno, a pelagra constitui uma raridade médica. Determinados fármacos, como o fármaco antituberculose isoniazida, predispõem à deficiência de niacina. Por outro lado, a niacina em doses muito altas pode causar hepatotoxicidade.

A vitamina B₆ (piridoxina) participa do metabolismo dos carboidratos e dos lipídeos e é particularmente importante no metabolismo dos aminoácidos

A vitamina B_6 consiste em uma mistura de piridoxina, piridoxal, piridoxamina e seus ésteres 5'-fosfato. A piridoxina constitui a principal forma da vitamina B_6 na dieta e o piridoxal fosfato é a sua forma ativa. A vitamina é absorvida no jejuno.

As necessidades de piridoxina aumentam com uma ingestão elevada de proteínas

O piridoxal fosfato e a piridoxamina estão envolvidos em mais de 100 reações no metabolismo dos carboidratos (incluindo a reação do glicogênio fosforilase) e dos lipídeos; na síntese, no catabolismo e na interconversão de aminoácidos (Capítulo 15); e no metabolismo de unidades de carbono. A piridoxina é necessária à síntese dos neurotransmissores serotonina e noradrenalina (Capítulo 26); da esfingosina, um componente da esfingomielina e dos esfingolipídeos (Capítulo 18); e do heme (Capítulo 34). A piridoxina influencia a função imune. Em virtude de seu papel no metabolismo dos aminoácidos, as necessidades de vitamina B_6 aumentam com a ingestão de proteínas.

A vitamina B_6 é encontrada em uma ampla variedade de alimentos, como peixe, carne bovina, fígado, aves domésticas, batatas e frutas (mas não frutas cítricas).

A deficiência de piridoxina provoca sintomas neurológicos e anemia

A deficiência de vitamina B_6 em sua forma leve provoca irritabilidade, nervosismo e depressão, progredindo, na deficiência grave, para neuropatia periférica, convulsões e coma. A deficiência grave também está associada a uma anemia sideroblástica (anemia caracterizada pela presença de eritrócitos nucleados com grânulos de ferro). Ocorrem também dermatite, queilose e glossite. São observados níveis diminuídos no **alcoolismo**, na **obesidade** e em **estados de má absorção** (doença de Crohn, doença celíaca e colite ulcerativa), bem como na **doença renal terminal** e em **condições autoimunes**.

A deficiência pode ser desencadeada pela **isoniazida**, um fármaco que se liga à piridoxina, e por contraceptivos orais, os quais aumentam a síntese de enzimas que exigem a vitamina. O debate sobre os contraceptivos orais continua; entretanto, aceita-se em geral que exista aumento na necessidade de piridoxina.

A avaliação do nível da piridoxina baseia-se na medição da aspartato aminotransferase eritrocitária.

A vitamina B₇ (biotina) participa de reações de carboxilação na lipogênese e da gliconeogênese, bem como do catabolismo de aminoácidos de cadeia ramificada

A biotina (antigamente denominada vitamina H) atua como coenzima em complexos multienzimáticos envolvidos em reações de carboxilação na lipogênese e na gliconeogênese, bem como no catabolismo de aminoácidos de cadeia ramificada (Capítulo 15). A biotina é normalmente sintetizada pela flora intestinal, suprindo a maior parte das necessidades do corpo.

Os sintomas de deficiência de biotina consistem em depressão, alucinações, dor muscular e dermatite. As crianças com múltiplas deficiências de descarboxilases também desenvolvem doença por imunodeficiência. O consumo de ovos crus pode cau-

sar deficiência de biotina, visto que a proteína da clara do ovo, a avidina, combina-se com a biotina, impedindo a sua absorção.

Os derivados da vitamina B₉ (ácido fólico) são importantes nas reações de transferência de carbono e são necessários à síntese de DNA

O ácido fólico (ácido pteroil-L-glutâmico) existe em diversos derivados, conhecidos coletivamente como folatos. O ácido fólico participa de **reações de transferência de um único carbono**, como a metilação (importante tanto no metabolismo quanto na regulação da expressão gênica), e das vias de síntese de colina, serina, glicina e metionina. O ácido fólico também é necessário à síntese de purinas e da pirimidina timina e, portanto, à **síntese de ácidos nucleicos**. Os polimorfismos ligados a variantes no gene da 5,10-metilenotetra-hidrofolato redutase (MTHFR), a enzima-chave no metabolismo do folato, estão associados a determinadas condições, como câncer de cólon, espinha bífida e leucemia linfocítica aguda do adulto.

O ácido fólico é fisiologicamente inativo até sofrer redução a ácido di-hidrofólico. Suas principais formas incluem tetra-hidrofolato, 5-metiltetra-hidrofolato (N^5MeTHF) e N^{10}-formiltetra-hidrofolato-poliglutamato derivado do N^5MeTHF, encontrado predominantemente nos alimentos frescos. Antes de sofrer absorção, os poliglutamatos precisam ser hidrolisados pela glutamil hidrolase no intestino delgado. A principal forma circulante do folato é o monoglutamato-N^5-THF.

O ácido fólico é encontrado no fígado, na levedura, em vegetais de folhas verdes (espinafre) e em frutas, incluindo frutas cítricas. Outras fontes também incluem cereais e grãos enriquecidos com ácido fólico. Pode ser medido por meio de HPLC.

Os análogos estruturais do folato são utilizados como antibióticos e agentes antineoplásicos

De modo não surpreendente, as células que sofrem rápida divisão possuem alta necessidade de folato, visto que ele é necessário à síntese de purinas e da pirimidina timina, todas fundamentais para a síntese de DNA (Capítulo 16). Os análogos estruturais do folato exibem toxicidade seletiva para as células em rápido crescimento, como as bactérias e as células cancerosas. Esse é o princípio subjacente ao desenvolvimento de fármacos conhecidos como **antagonistas do ácido fólico**, que são utilizados como antibióticos (p. ex., trimetoprima) e como agentes antineoplásicos (metotrexato).

A deficiência de folato é uma das deficiências vitamínicas mais comuns

As causas de deficiência de folato incluem ingestão inadequada, absorção comprometida, alteração do metabolismo e aumento das demandas. Os exemplos mais comuns de aumento das demandas são a gravidez e a lactação. As necessidades de ácido fólico aumentam acentuadamente à medida que o volume de sangue e o número de eritrócitos se elevam durante a gravidez. No terceiro trimestre de gravidez, as necessidades de ácido fólico duplicam. A anemia megaloblástica é rara durante a gravidez, mas não na gestação múltipla. Todavia, a deficiência de folato aumenta o risco de **defeitos do tubo neural**, **baixo peso ao nascimento** e **parto prematuro**. Nos lactentes, resulta em diminuição da taxa de crescimento. Outras causas de deficiência de folato incluem o **alcoolismo**, a **má absorção**, a **diálise** e a **doença hepática**. A deficiência de folato é observada em indivíduos idosos, em consequência de dieta pobre e má absorção.

A deficiência de folato em adultos provoca anemia megaloblástica

A incapacidade de sintetizar metionina e ácidos nucleicos nos estados de deficiência de folato é responsável pelos sinais e sintomas da **anemia megaloblástica** (i. é, a presença de grandes células blásticas na medula óssea). Os eritrócitos macrocíticos possuem membranas frágeis e tendência a sofrer hemólise: existe uma anemia macrocítica em associação a uma medula óssea megaloblástica. As anormalidades hematológicas não podem ser distinguidas da deficiência de vitamina B_{12} (ver discussão adiante). As alterações neurológicas também são semelhantes. A deficiência de folato também contribui para a hiper-homocisteinemia. Muitos sintomas são inespecíficos, como perda de apetite, diarreia e fraqueza.

A ingestão inadequada de folato no período da concepção é essencial

A prática comum é fornecer suplementos de folato durante a gravidez. A suplementação durante o período periconcepção (as definições desse período são variáveis; aquela utilizada nos estudos clínicos é de 4 semanas antes e 8 semanas depois da concepção) evita a ocorrência de espinha bífida, visto que o fechamento do tubo neural é observado entre 22 e 28 dias após a concepção.

A vitamina B_{12} forma parte da estrutura do heme

A vitamina B_{12} (cobalamina) possui uma complexa estrutura em anel, semelhante à porfirina do heme (Capítulo 34), porém é hidrogenada em maior grau. O ferro existente no centro do anel do heme é substituído por um íon cobalto (Co^{3+}). Essa é a única função conhecida do cobalto no organismo. Além disso, um anel de demetilbenzimidazol também faz parte da molécula ativa; é essencial à quelação do íon cobalto (Fig. 7.7) e à síntese de metionina.

A vitamina B_{12} participa na **síntese de ácidos nucleicos**, na **produção de eritrócitos**, bem como na **reciclagem de folatos**. Juntamente com o folato e a vitamina B_6, a vitamina B_{12} controla o metabolismo da homocisteína, no qual atua como cofator para a metionina sintetase, que converte a homocisteína em metionina. Participa na síntese da molécula doadora de metila, a **S-adenosilmetionina**. A vitamina B_{12} é necessária em apenas uma reação adicional, a da L-metil-malonil-CoA mutase, que converte a metilmalonil-CoA em succinil-CoA. A forma de coenzima da vitamina é, neste caso, 5′-desoxi-adenosil cobalamina. A vitamina B_{12} é sintetizada exclusivamente por bactérias. Está ausente em todas as plantas, porém está concentrada no fígado dos animais em três formas: metilcobalamina, adenosilcobalamina e hidroxicobalamina.

A vitamina B_{12} necessita do fator intrínseco para a sua absorção

A cobalamina é liberada dos alimentos por uma protease gástrica e pelo HCl. Liga-se ao fator intrínseco secretado pelas células parietais do estômago e é absorvida no íleo distal por endocitose mediada por receptores. A vitamina B_{12} é excretada na bile e existe uma acentuada circulação entero-hepática (Fig. 7.8).

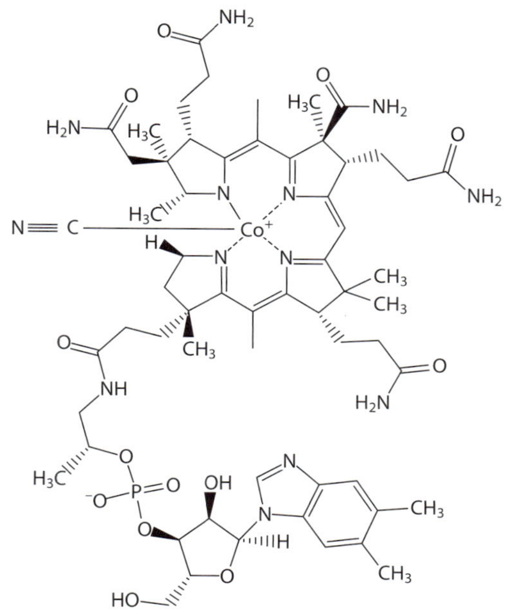

Fig. 7.7 **Vitamina B_{12}.** Existe um grupo ciano (CN) ligado ao cobalto; trata-se de um artefato de extração, mas também constitui a forma mais estável da vitamina e, de fato, é o produto comercialmente disponível. O grupo ciano precisa ser removido para a vitamina ser convertida em sua forma ativa.

A vitamina B_{12} está presente apenas em produtos animais

A vitamina B_{12} é encontrada apenas em produtos animais, como peixe, laticínios e carnes, particularmente em órgãos como o fígado e o rim. **Por conseguinte, os veganos correm risco de desenvolver uma deficiência dietética de vitamina B_{12}.** Os cereais matinais enriquecidos também contêm essa vitamina.

A deficiência de vitamina B_{12} provoca anemia perniciosa

A deficiência de vitamina B_{12} caracteriza-se por anemia, fadiga, constipação intestinal, perda de peso, diarreia e sintomas neurológicos, como dormência e formigamento, perda do equilíbrio, confusão, transtornos do humor e demência. A deficiência pode ocorrer por meio de vários mecanismos. O mais comum é a anemia perniciosa, uma condição autoimune que resulta em atrofia gástrica e ausência de fator intrínseco, impedindo a absorção da vitamina no íleo terminal. A anemia perniciosa afeta 1% a 3% dos indivíduos idosos. A deficiência de fator intrínseco também pode ser causada por cirurgia gástrica ou cirurgia bariátrica (para perda de peso). Uma situação semelhante, ainda que causada por um diferente mecanismo, é observada com a retirada cirúrgica do íleo – por exemplo, na doença de Crohn. A deficiência também pode ser causada por hipocloridria associada à idade.

A função da vitamina B_{12} precisa ser considerada em conjunto com o folato

As funções da vitamina B_{12} e do folato são inter-relacionadas e a deficiência de qualquer um deles provoca os mesmos sinais e os mesmos sintomas. A reação que envolve ambas as vitaminas é a conversão da homocisteína em metionina (Fig. 7.9).

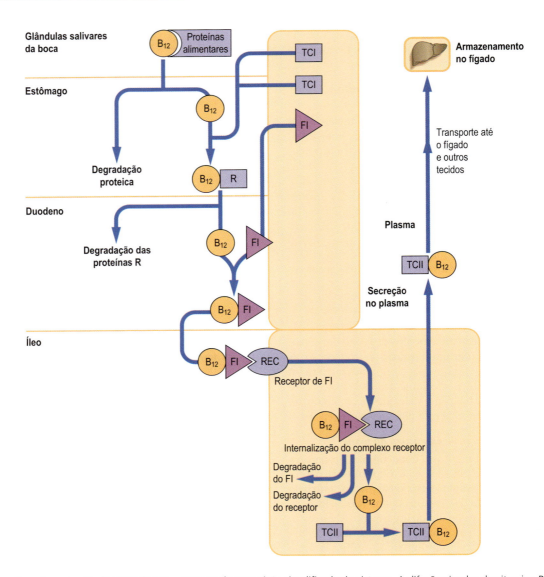

Fig. 7.8 **Absorção e transporte da vitamina B₁₂.** Trata-se de uma visão simplificada do sistema. A difusão simples da vitamina B₁₂ livre através da membrana intestinal responde por 3% da vitamina transportada e a formação de complexo com o fator intrínseco (FI) é responsável por 97%. Os derivados da vitamina B₁₂ são liberados dos alimentos pela digestão péptica e ligam-se a várias proteínas, conhecidas como proteínas R, das quais uma é a haptocorrina (transcobalamina I [TCI]), e outras proteínas (proteínas R) produzidas pelas glândulas salivares. A figura mostra apenas a ligação da haptocorrina. No duodeno, a vitamina B₁₂ é liberada da haptocorrina e liga-se ao FI secretado pelas células parietais da mucosa gástrica. Mais distalmente no trato gastrintestinal, o complexo FI-B₁₂ liga-se a sítios receptores específicos na mucosa do íleo. O fator limitador de velocidade para a absorção de vitamina B₁₂ é o número de sítios receptores no íleo. A haptocorrina (TCI) e a transcobalamina II (TCII) ligam-se à vitamina B₁₂, transportando-a até o fígado. Ambos os complexos, TCII-B₁₂ e TCI-B₁₂ (não mostrados), participam do transporte da vitamina B₁₂ entre os tecidos.

A **anemia megaloblástica**, que é característica da deficiência de vitamina B₁₂, é provavelmente causada por uma deficiência secundária de folato reduzido e constitui uma consequência do acúmulo de N^5-metiltetra-hidrofolato. Além disso, pode-se observar o desenvolvimento de um quadro neurológico na ausência de anemia. Essa condição é conhecida como **degeneração combinada subaguda da medula espinal** e é provavelmente secundária a uma deficiência relativa de metionina na medula espinal.

A deficiência de vitamina B₁₂ resulta em acúmulo de ácido metilmalônico e homocisteína, com consequentes **acidúria metilmalônica** e **homocistinúria**.

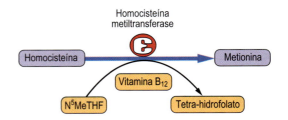

Fig. 7.9 **A "armadilha do tetra-hidrofolato".** A vitamina B₁₂ e o folato estão envolvidos na conversão da homocisteína em metionina. A ausência de vitamina B₁₂ inibe a reação e leva ao acúmulo de N^5-metiltetra-hidrofolato (N⁵MeTHF).

QUADRO DE CONCEITOS AVANÇADOS
PROTEÍNAS TRANSPORTADORAS DE VITAMINA B_{12}

O fator intrínseco (FI) é uma glicoproteína. Outras proteínas de ligação da cobalamina são as proteínas R, incluindo a glicoproteína haptocorrina (TC I) e uma transcobalamina não glicoproteica (TC II).

Em pH ácido, as proteínas R ligam-se mais fortemente à cobalamina do que o FI. Diferentemente do FI, elas em geral são degradadas por proteinases pancreáticas. Por conseguinte, na doença pancreática, em que essas proteínas não são degradadas, existe menor quantidade de cobalamina disponível para ligação ao FI, com perda da capacidade de absorção dessa vitamina.

Nos estágios finais do processo de absorção, a molécula de FI liga-se ao receptor ileal na presença de Ca^{2+} e em pH neutro. À medida que o complexo FI-B_{12} atravessa a mucosa do íleo, a haptocorrina no plasma liga-se a 70% a 80% da vitamina B_{12}, enquanto a transcobalamina liga-se a 20% a 30%. A cobalamina ligada à haptocorrina e à transcobalamina é fornecida aos tecidos, nos quais se liga a receptores específicos de superfície celular. A cobalamina entra na célula por endocitose, liberando, por fim, a cobalamina na forma de hidroxicobalamina. Subsequentemente, a hidroxicobalamina é convertida em metilcobalamina no citosol.

A vitamina B_{12} precisa ser suplementada durante o tratamento com folato

A suplementação de folato na ausência de suplementos de vitamina B_{12} pode mascarar os sintomas, podendo resultar em dano neurológico. A administração isolada de folato em caso de deficiência de vitamina B_{12} agrava a neuropatia. Por conseguinte, se houver necessidade de suplementação durante a investigação da causa da anemia megaloblástica, após a obtenção de amostras de sangue e de medula óssea para confirmar o diagnóstico, deve-se administrar folato juntamente com a vitamina B_{12}.

Os estados de deficiência das vitaminas B estão resumidos na Figura 7.10. Por fim, a deficiência de uma única vitamina B é rara; com mais frequência, os pacientes apresentam múltiplas deficiências.

Ácido pantotênico

O ácido pantotênico está amplamente distribuído nos animais e nas plantas

O ácido pantotênico constitui parte da molécula de coenzima A (CoA; Fig. 7.11). Não há evidências de deficiência nos seres humanos, exceto nos indivíduos em dietas experimentais.

Vitamina C

A vitamina C atua como agente redutor. Sua forma ativa é o ácido ascórbico, que é oxidado durante a transferência de equivalentes redutores, produzindo ácido desidroascórbico. A via de síntese e a estrutura da vitamina C são apresentadas na Figura 7.12, enquanto a sua atividade antioxidante é ilustrada no Capítulo 42. A vitamina C participa na regeneração de outra vitamina antioxidante, o α-tocoferol. A vitamina C atua na síntese de colágeno e de epinefrina, na esteroidogênese, na degradação da tirosina, na formação de ácidos biliares, bem como na síntese de L-carnitina e de neurotransmissores. Melhora a absorção do ferro não heme e participa do metabolismo mineral ósseo. Sua principal função consiste em manter cofatores metálicos em seus menores estados de valência (p. ex., Fe^{2+} e Cu^{2+}). Na síntese de colágeno, a vitamina C é necessária especificamente à hidroxilação da prolina (Capítulo 19).

A vitamina C é absorvida no intestino de forma mediada por um carreador dependente de sódio. É reabsorvida nos túbulos proximais renais. Uma quantidade progressivamente maior de vitamina C é excretada na urina à medida que a sua ingestão aumenta.

Os seres humanos são incapazes de sintetizar o ácido ascórbico; por conseguinte, trata-se de um nutriente essencial

A vitamina C é lábil: é facilmente destruída pelo oxigênio, por íons metálicos, no pH aumentado e na presença de calor e luz. As frutas cítricas, os frutos de baga, os tomates e os pimentões constituem fontes ricas de vitamina C.

A deficiência de vitamina C provoca escorbuto e compromete a função imune

A deficiência de vitamina C leva a uma síntese defectiva de colágeno. O **escorbuto** caracteriza-se por fragilidade capilar, causando hemorragia subcutânea e outras hemorragias, fraqueza muscular, gengivas moles, inchadas e hemorrágicas, amolecimento dos dentes, cicatrização deficiente de feridas e anemia. Ocorrem também fadiga, mal-estar e depressão. A incapacidade de manter a matriz óssea em associação com desmineralização resulta em osteoporose.

A deficiência de vitamina C que leva ao quadro clínico completo do escorbuto é atualmente rara, exceto em indivíduos idosos. É mais comum a ocorrência de formas mais leves de deficiência de vitamina C, cujas manifestações consistem em hematomas e formação de petéquias (pequenas hemorragias pontuais sob a pele). A função imune também está comprometida. Essa redução da imunocompetência tem sido a base para a administração de megadoses de vitamina C com o objetivo de prevenção do resfriado comum, bem como pelo seu papel na prevenção do câncer. Entretanto, não existem evidências claras para fundamentar essas alegações inicialmente feitas por Linus Pauling, na década de 1970. A vitamina C é certamente necessária à função normal dos leucócitos e os níveis da vitamina nos leucócitos caem acentuadamente durante o estresse causado por traumatismo ou infecção. Os indivíduos idosos correm risco aumentado de deficiência, assim como os tabagistas e os lactentes alimentados com leite em pó ou fervido.

Não há evidências de que a vitamina C administrada em excesso seja tóxica. Teoricamente, como ela é metabolizada a oxalato, existe um risco de formação de cálculos renais de oxalato em indivíduos suscetíveis. Todavia, isso não foi confirmado na prática.

SUPLEMENTAÇÃO DIETÉTICA DE VITAMINAS

A suplementação de algumas vitaminas resulta em benefícios claros para a saúde. Isso inclui a suplementação de ácido fólico para mulheres grávidas ou que estão planejando uma gravidez,

Vitamina	Estrutura	Doença por deficiência	Fonte alimentar
Tiamina (vit B_1)	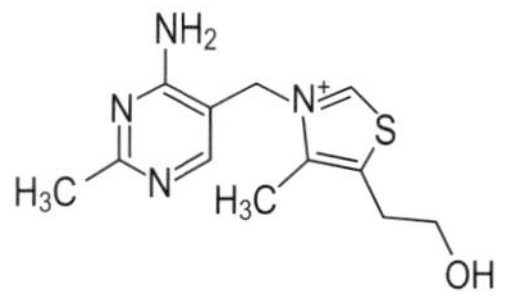	Beribéri	Sementes, nozes, germe de trigo, leguminosas, carne magra
Riboflavina (vit B_2)	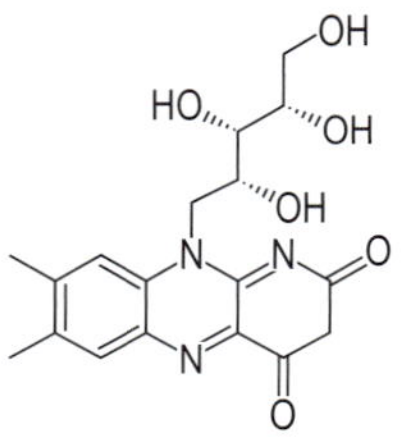	Pelagra	Carnes, nozes, leguminosas
Niacina (vit B_3)	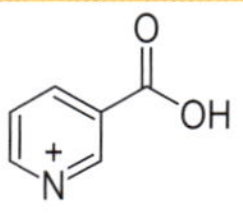	Pelagra	Carnes, nozes, leguminosas
Ácido pantotênico (vit B_5)	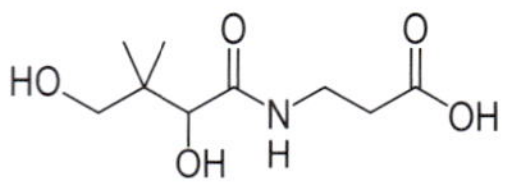		Leveduras, grãos, gema de ovo, fígado
Piridoxina (vit B_6)	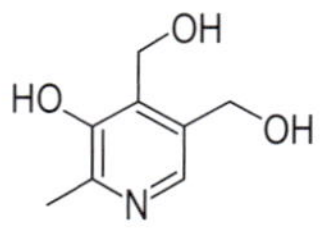	Sintomas neurológicos	Levedura, fígado, germe de trigo, nozes, feijões, bananas
Biotina (vit B_7)	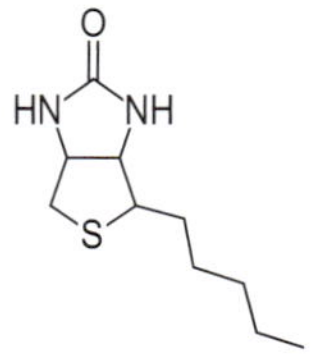	Sintomas neurológicos, dermatite, conjuntivite, unhas quebradiças, queda dos cabelos	Milho, soja, gema de ovo, fígado, rim, tomates
Folato (vit B_9)	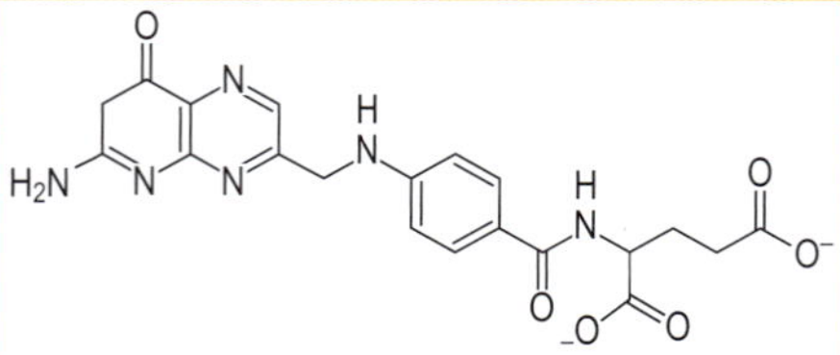	Anemia	Levedura, fígado, vegetais de folhas
Cobalamina (vit B_{12})	Complexa	Anemia perniciosa	Fígado, rim, ovo, queijo

Fig. 7.10 **Estrutura, fontes e doenças por deficiência das vitaminas B.**

de modo a prevenir a ocorrência de defeitos do tubo neural. A administração de vitamina D a indivíduos que vivem em áreas de pouca luz solar também tem sido benéfica.

Os benefícios da suplementação vitamínica no câncer e nas doenças cardiovasculares são incertos

Como a suplementação de ácido fólico, de vitamina B_6 e de vitamina B_{12} diminui a concentração plasmática de homocis-

teína, foi sugerido que ela poderia ser benéfica para a prevenção da doença cardiovascular. Houve também sugestões de que a suplementação de vitaminas A, C e E fosse protetora contra o câncer. Alguns estudos observacionais sugeriram que a suplementação de vitaminas C e E também poderia ser útil na prevenção de doenças cardiovasculares. Todavia, estudos prospectivos sobre essa possibilidade forneceram resultados controversos.

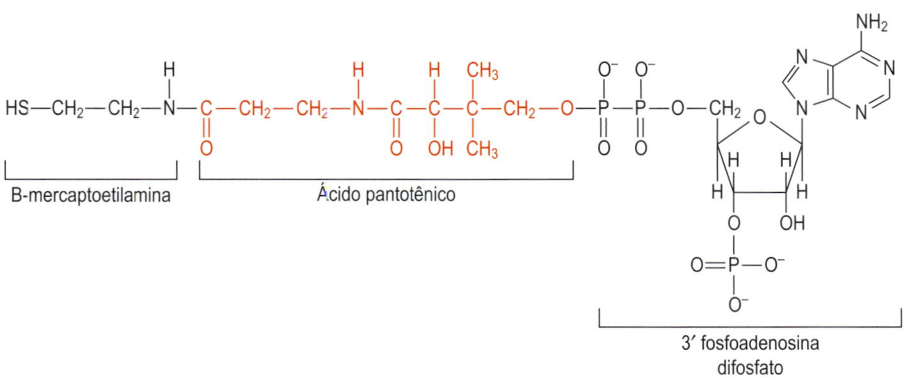

Fig. 7.11 **O ácido pantotênico (vitamina B₅) forma parte da molécula de coenzima A.**

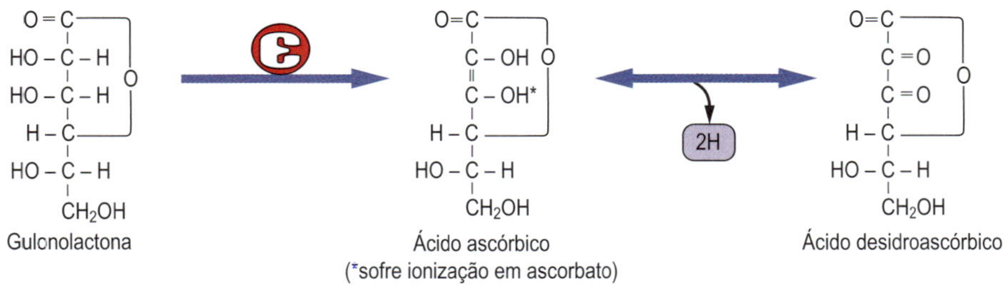

Fig. 7.12 **Estrutura e síntese da vitamina C (ácido ascórbico).** Observe que a enzima que converte a gulonolactona em ácido ascórbico está ausente nos seres humanos e em primatas superiores.

A suplementação vitamínica pode ser prejudicial

Conforme assinalado anteriormente, a suplementação de vitaminas em altas doses pode ser prejudicial; exemplos são a redução da densidade mineral óssea, a hepatotoxicidade e a teratogenicidade associadas a altas doses de vitamina A. Foi também constatado que a suplementação de β-caroteno em tabagistas é prejudicial, resultando em aumento da mortalidade por câncer de pulmão.

Frutas e vegetais constituem as melhores fontes de vitaminas

Nos estudos clínicos realizados, as vitaminas têm sido suplementadas em sua forma pura, não na forma de fontes alimentares completas, podendo ser esse o motivo pelo qual o benefício da suplementação não foi evidente. Claramente, há benefícios no consumo de dietas ricas em vegetais e frutas, que constituem as fontes mais importantes de vitaminas. Não existe razão para desestimular as pessoas a tomarem suplementos vitamínicos, com exceção dos casos comprovados de toxicidade.

O papel das vitaminas no metabolismo está resumido na Tabela 7.1.

MINERAIS

Os principais minerais encontrados no organismo humano são o sódio, o potássio, o cloreto, o cálcio, o fosfato e o magnésio

As necessidades diárias de minerais do organismo variam desde gramas (sódio, cálcio, cloreto, fósforo), passando por miligramas (ferro, iodo, magnésio, manganês, molibdênio) até microgramas (zinco, cobre, selênio, outros oligoelementos). Muitos deles são essenciais ao funcionamento normal do corpo.

O **sódio** e o **cloreto** são importantes na manutenção da osmolalidade do líquido extracelular e do volume celular (Capítulo 35). O sódio participa de fenômenos eletrofisiológicos e, juntamente com o potássio, é essencial à manutenção do potencial transmembrana e à transmissão de impulsos (Capítulo 4). O **potássio** é o principal cátion intracelular. É encontrado em vegetais e frutas, particularmente nas bananas, e em sucos de fruta. A ingestão dietética de potássio precisa ser limitada na doença renal, devido à sua excreção comprometida e à consequente tendência à hiperpotassemia (Capítulo 35). É importante assinalar que tanto a hiperpotassemia quanto a hipopotassemia podem levar a arritmias potencialmente fatais.

O **magnésio** atua como cofator de muitas enzimas e também é importante na manutenção do potencial elétrico da membrana. Seu papel está ligado ao do potássio e ao do cálcio. É importante para o desenvolvimento esquelético, bem como para a manutenção do potencial elétrico nas membranas das células nervosas e musculares. Trata-se de um cofator para enzimas que exigem ATP e também é importante na replicação do DNA e na síntese do RNA. Observa-se o desenvolvimento de deficiência de magnésio na inanição, em indivíduos com má absorção e após a sua perda do trato gastrintestinal na diarreia e nos vômitos. Algumas vezes, ocorre em consequência do tratamento com diuréticos. A deficiência de magnésio também está associada à pancreatite aguda e ao alcoolismo. **A hipomagnesemia é frequentemente acompanhada de hipocalcemia e hipopotassemia.** A deficiência de magnésio resulta em fraqueza muscular e arritmias cardíacas.

O **cálcio** e o **fosfato** são essenciais ao metabolismo ósseo, aos processos secretores e à sinalização celular. A concentração plasmática de cálcio é regulada principalmente pelo paratormônio e pela vitamina D (Capítulo 38). O cálcio é encontrado no leite e em produtos lácteos, bem como em

Tabela 7.1 Papel das vitaminas no metabolismo

Vitamina		Papel metabólico
Vitaminas lipossolúveis		
A	Retinol, retinal	Visão
A	Ácido retinoico	Desenvolvimento embrionário, organogênese, manutenção dos epitélios, crescimento, proliferação e diferenciação celulares
D	Colecalciferol, ergocalciferol e derivados	Metabolismo ósseo e homeostasia do cálcio
E	Tocoferol	Eliminação de ROS (antioxidantes da membrana)
K	Derivados da 2-metil-1,4-naftoquinona (3-)	Coagulação sanguínea
Vitaminas hidrossolúveis		
B_1	Tiamina	Metabolismo dos carboidratos: piruvato desidrogenase, α-cetoglutarato desidrogenase e metabolismo dos aminoácidos
B_2	Riboflavina	Oxidorredutases, FMN, FAD
B_3	Niacina	Oxidorredutases, NAD^+, $NADP^+$
B_5	Ácido pantotênico	Estrutura da coenzima A
B_6	Piridoxina	Metabolismo dos carboidratos, lipídeos e aminoácidos; síntese de neurotransmissores; síntese de esfingolipídeos; síntese do heme
B_7	Biotina	Reações de carboxilação, lipogênese, gliconeogênese, metabolismo dos aminoácidos de cadeia ramificada
B_9	Ácido fólico	Reações de transferência de um carbono, síntese de colina de aminoácidos, síntese de purinas e pirimidina (timina)
B_{12}	Cobalamina	Estrutura do heme, reciclagem do folato, síntese de doador de grupo metila, S-adenosil metionina
C	Ácido ascórbico	Função antioxidante, síntese de colágeno, síntese de ácidos biliares, síntese de neurotransmissores

alguns vegetais. Os fosfatos são abundantes nas células vegetais e animais.

O **iodo** é essencial à síntese dos hormônios tireoidianos (Capítulo 27). O teor de iodo dos alimentos depende da composição do solo onde crescem. Os peixes marinhos e os frutos do mar são os que apresentam maior conteúdo. O iodo também está presente nos peixes de água doce, na carne e nos produtos lácteos, bem como leguminosas, vegetais e frutas.

O **fluoreto** influencia a estrutura dos ossos e do esmalte dentário. Em muitas áreas, o fluoreto é adicionado aos sistemas municipais de abastecimento de água para prevenção de cáries dentárias. O excesso resulta em descoloração dos dentes e fragilidade óssea.

Metabolismo do ferro

O ferro é importante na transferência de oxigênio molecular

O ferro é um componente do heme na hemoglobina e na mioglobina (Capítulo 5), bem como nos citocromos *a*, *b* e *c* (Capítulo 8). Ao todo, existem 3 a 4 g de ferro no corpo, dos quais 75% encontram-se na hemoglobina e na mioglobina, enquanto 25% estão armazenados nos tecidos, como a medula óssea, o fígado e o sistema reticuloendotelial.

As fontes dietéticas de ferro consistem em vísceras, aves domésticas, peixes e ostras, gema de ovo, feijão seco, figos e tâmaras secos, além de alguns vegetais verdes.

O ferro é transportado no plasma ligado à transferrina

O ferro é absorvido na parte superior do intestino delgado (Fig. 7.13). A carne e o ácido ascórbico aumentam a sua absorção, enquanto a fibra vegetal a inibe. O **ferro é transportado no sangue ligado à transferrina e armazenado na forma de ferritina e hemossiderina**. A saturação da transferrina com ferro é normalmente de cerca de 30%. Ocorre perda de ferro pela pele e pelo trato gastrintestinal.

O ferro da dieta encontra-se na forma férrica (Fe^{3+}). No trato gastrintestinal, é reduzido a Fe^{2+} divalente pelo ascorbato e por uma enzima ferrirredutase localizada na borda em escova intestinal. O Fe^{2+} é transportado para dentro das células por um transportador de metais divalentes (que também transporta a maioria dos oligoelementos). O estoque de ferro nos eritrócitos é controlado pelas proteínas reguladoras do ferro.

O conteúdo de ferro dos eritrócitos afeta a sua absorção a partir do intestino

Quando os eritrócitos são ricos em ferro, este é armazenado nos enterócitos, incorporado na ferritina. De outro modo, o ferro é transportado por meio da membrana basolateral, na qual uma das proteínas facilitadora do transporte, a ferroxidase, também

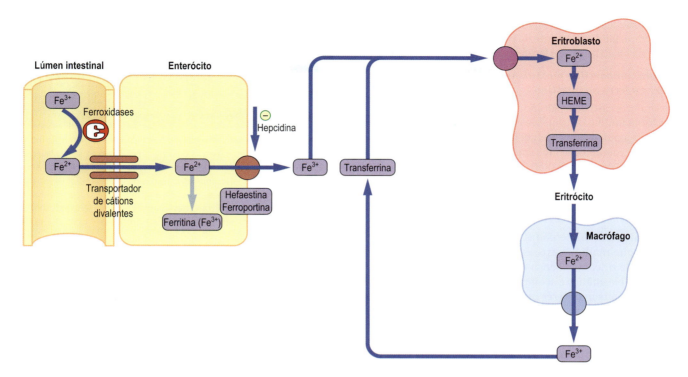

Fig. 7.13 **Metabolismo do ferro.** O ferro dietético é absorvido no intestino e armazenado nos enterócitos, sob a forma de ferritina, ou transportado para o plasma. A hefaestina e a ferroportina são transportadores do ferro, que estão localizadas na membrana basolateral do enterócito. No plasma, o ferro permanece ligado à transferrina. É captado por células, como os eritroblastos, por meio do receptor de transferrina de membrana. Nos eritroblastos, o ferro é incorporado ao heme e, em seguida, à hemoglobina. Os eritrócitos velhos são degradados por macrófagos no sistema reticuloendotelial. O ferro é liberado das células e reciclado na forma ligada à transferrina. Observe que o ferro da dieta encontra-se na forma férrica (Fe^{3+}). O Fe^{3+} é reduzido a íon ferroso (Fe^{2+}) na borda em escova intestinal. A forma transportada do ferro é novamente a férrica, porém a forma incorporada ao heme é a forma ferrosa.

denominada hefaestina, oxida o Fe^{2+} a Fe^{3+}, que então se liga à transferrina no plasma. Na medula óssea, a transferrina é captada por células precursoras dos eritrócitos de maneira dependente de receptores. No interior das células, o ferro é liberado, novamente reduzido a Fe^{2+} e transportado até as mitocôndrias para a sua incorporação ao heme. Após a destruição dos eritrócitos velhos por macrófagos no sistema reticuloendotelial, o ferro é liberado na forma de Fe^{2+}, reoxidado a Fe^{3+} e novamente carregado na transferrina. A Figura 7.13 fornece um esquema do metabolismo do ferro.

A deficiência de ferro provoca anemia

As necessidades de ferro aumentam durante o crescimento e a gravidez. A deficiência de ferro resulta em **eritropoese ineficaz** e em **anemia normocítica ou microcítica hipocrômica**. Essa condição tende a ocorrer mais em lactentes e adolescentes, em gestantes e mulheres que menstruam e no indivíduo idoso. Com mais frequência, a deficiência de ferro resulta de perda anormal de sangue, de modo que **o indivíduo que apresenta anemia ferropriva sempre precisa ser investigado à procura de causas de sangramento**, particularmente do trato gastrintestinal. A avaliação do estado atual do ferro inclui determinações dos níveis plasmáticos de transferrina e ferritina, parâmetros hematológicos e esfregaço de medula óssea. Os seres humanos não possuem um mecanismo para a excreção do ferro e o ferro livre é tóxico.

QUADRO CLÍNICO
HEMOCROMATOSE

A hemocromatose é um distúrbio autossômico recessivo, que resulta de um aumento na absorção de ferro. Trata-se do distúrbio hereditário mais comum de indivíduos com ascendência na Europa Setentrional.

O ferro acumula-se no coração, no fígado e no pâncreas e pode causar cirrose hepática, carcinoma hepatocelular, diabetes melito, artrite e insuficiência cardíaca. Na forma clássica da hemocromatose, o gene mutante codifica a proteína conhecida como proteína da hemocromatose hereditária (HFE), que se assemelha estruturalmente aos genes de histocompatibilidade principal de classe I (Capítulo 43). Atualmente, sabe-se que a ocorrência de mutações de outras proteínas pode levar a um quadro clínico muito semelhante.

Metabolismo do zinco

O zinco é um oligoelemento contido em aproximadamente 100 enzimas associadas a metabolismo dos carboidratos e metabolismo energético, síntese e degradação das proteínas e síntese dos ácidos nucleicos

O zinco desempenha um papel no transporte celular e na função imune, na divisão e no crescimento celulares e na proteção contra o dano oxidativo. A espermatogênese também depende da presença de zinco. O zinco desempenha um papel na manutenção da função pancreática tanto exócrina quanto endócrina. Ele é importante na manutenção da integridade da pele e na cicatrização de feridas.

O zinco compartilha mecanismos de transporte com o cobre e o ferro no intestino

No seu processo de absorção, o zinco liga-se a metalotioneínas, uma família de proteínas ricas em cisteína, que também se ligam a outros íons metálicos divalentes, como o cobre. A síntese de metalotioneínas depende da quantidade de oligoelementos presentes na dieta. A síntese aumentada constitui parte da resposta metabólica ao traumatismo e resulta em diminuição da concentração sérica de zinco.

A deficiência de zinco é comum

Ocorrem perdas aumentadas de zinco em pacientes que apresentam queimaduras extensas e naqueles com lesão renal. A perda de zinco na doença renal deve-se à sua associação à albumina plasmática e acompanha a perda urinária de proteína. Pode também ocorrer perda de quantidades substanciais de zinco durante a diálise. Pode-se observar o desenvolvimento de deficiência sintomática durante a alimentação intravenosa. O zinco não é armazenado no corpo.

As fontes de zinco incluem ostras (conteúdo mais elevado), carne vermelha, aves domésticas, feijão e nozes. Observe que os fitatos ligam-se ao zinco. A deficiência de zinco pode resultar de má absorção associada a cirurgia gastrintestinal, síndrome do intestino curto, doença de Crohn e colite ulcerativa e pode ocorrer na presença de doença hepática e renal. As doenças crônicas, como diabetes melito, neoplasia maligna e diarreia crônica, também levam à deficiência. As gestantes e os dependentes de álcool são propensos a desenvolver deficiência.

A deficiência de zinco afeta o crescimento, a integridade da pele e a cicatrização de feridas

Nas crianças, a deficiência de zinco caracteriza-se por atraso do crescimento, lesões cutâneas e comprometimento da função imune e do desenvolvimento sexual. Um defeito hereditário específico na absorção intestinal de zinco foi identificado na década de 1970; esse defeito manifestou-se na forma de lesões cutâneas graves (**acrodermatite enteropática**), diarreia e queda dos cabelos (alopecia). A deficiência de zinco também leva a uma alteração do paladar e do olfato, bem como à **cicatrização tardia de feridas**.

O zinco é provavelmente o menos tóxico dos oligoelementos metálicos, porém a sua ingestão oral aumentada interfere na absorção de cobre, podendo levar a deficiência de cobre e anemia.

São utilizados suplementos de zinco no tratamento da diarreia em crianças

Foi constatado que a suplementação de zinco diminui a gravidade e a duração da diarreia em crianças nos países em desenvolvimento, impedindo a ocorrência de episódios subsequentes de diarreia. Portanto, hoje em dia, os suplementos de zinco são recomendados pela OMS/UNICEF, juntamente com tratamento de reidratação oral.

A determinação das concentrações plasmáticas de zinco constitui o método habitual de avaliação de seu estado. Muitas condições e muitos fatores ambientais afetam a concentração de zinco no plasma, incluindo inflamação, estresse, câncer, tabagismo, administração de esteroides e hemólise.

> **QUADRO CLÍNICO**
> **UM HOMEM TRATADO COM NUTRIÇÃO PARENTERAL QUE DESENVOLVEU EXANTEMA GENERALIZADO: DEFICIÊNCIA DE ZINCO**
>
> Um homem de 34 anos de idade que necessitou de alimentação intravenosa total recebeu a mesma prescrição por 4 meses, sem avaliação dos níveis de oligoelementos. Durante esse período, continuou a ter perdas gastrintestinais significativas e pirexia intermitente. Desenvolveu um exantema na face, na cabeça e no pescoço, acompanhado de queda dos cabelos. Estava claramente com deficiência de zinco, com concentrações séricas inferiores a 1 µmol/L (6,5 µg/dL, faixa de referência: 9-20 µmol/L; 60-130 µg/dL).
>
> **Comentário**
> Os pacientes com doença catabólica significativa e perdas gastrintestinais aumentadas apresentam aumento nas necessidades de zinco. O estado de depleção de zinco apresentado por esse paciente poderia agravar a sua doença, impedindo a cicatrização das lesões gastrintestinais e tornando-o mais suscetível às infecções, devido aos defeitos vinculados a competência imunológica. É necessário efetuar regularmente uma verificação dos níveis de micronutrientes nos pacientes que recebem alimentação intravenosa.

Metabolismo do cobre

O cobre elimina o superóxido e outras espécies reativas do oxigênio

Uma das principais funções do cobre é a eliminação do superóxido e de outras espécies reativas de oxigênio. O cobre está associado às **enzimas oxigenases**, incluindo a citocromo oxidase e a superóxido dismutase (esta última também necessita de zinco). O cobre também é necessário à ligação cruzada do colágeno, sendo um componente essencial da lisil oxidase.

As vias do metabolismo do cobre são compartilhadas com outros metais

À semelhança do zinco, a absorção do cobre pelo intestino está associada à metalotioneína (Fig. 7.14). A disponibilidade de cobre na dieta é menos afetada por outros constituintes alimentares do que a do zinco, embora uma ingestão elevada de fibras reduza a disponibilidade por meio de formação de complexos com o cobre. No plasma, o cobre absorvido liga-se à albumina. O complexo cobre-albumina é rapidamente captado pelo fígado. No interior dos hepatócitos, o cobre está associado a metalotioneínas intracelulares, que também são capazes de se ligar ao zinco e ao cádmio. O cobre é transportado dentro do hepatócito para sítios de síntese de proteínas por uma proteína chaperona e é incorporado à apoceruloplasmina. Essa incorporação é catalisada por uma ATPase, denominada ATP7B. Em seguida, a ceruloplasmina é liberada na circulação. O único mecanismo de excreção do cobre é a sua eliminação na bile (Fig. 7.14). Consultar também a seção pertinente.

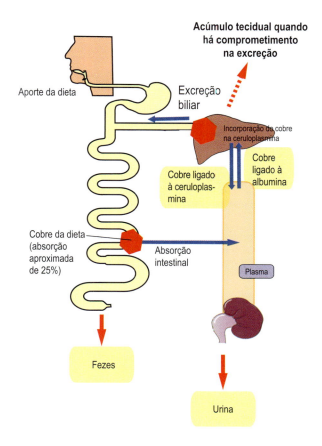

Fig.14 **Metabolismo do cobre.** Reproduzida de Dominiczak MH. Medical Biochemistry Flash Cards. London: Elsevier, 2012, Card 42.

A deficiência de cobre é rara e leva ao desenvolvimento de anemia; a pele e os cabelos também podem ser afetados

A deficiência de cobre é rara e tem maior tendência a ocorrer em consequência de redução de sua ingestão ou perda excessiva (p. ex., durante a diálise renal). A deficiência manifesta-se na forma de **anemia microcítica hipocrômica** resistente à terapia com ferro. Há também uma redução no número de leucócitos do sangue (neutropenia) e degeneração do tecido vascular com sangramento, devido a defeitos na síntese de elastina e colágeno. Na deficiência grave, ocorrem também despigmentação da pele e alteração da estrutura do cabelo. A síndrome de Menkes, de ocorrência muito rara, resulta da depleção de cobre causada por uma deficiência na ATPase intestinal, ATP7B.

O excesso de cobre provoca cirrose hepática

Quando ingerido por via oral, o cobre geralmente não é tóxico. Todavia, em grandes doses, ele se acumula nos tecidos. A ingestão excessiva crônica resulta em cirrose hepática. A toxicidade aguda manifesta-se por hemólise acentuada e dano às células tanto hepáticas quanto cerebrais. Esse último efeito é observado no defeito metabólico herdado autossômico dominante, denominado **doença de Wilson**, em que a capacidade do fígado de sintetizar ceruloplasmina está comprometida. A causa reside em mutações do gene que codifica a ATPase ATP7B. Isso leva a uma incorporação reduzida do cobre na ceruloplasmina e a seu acúmulo celular. A apoceruloplasmina em excesso é degradada. O cobre acumula-se nos tecidos, como cérebro e córnea. Os pacientes apresentam sintomas neurológicos ou cirrose hepática e os típicos **anéis de Kaiser-Fleischer** na córnea. Ocorrem também baixas concentrações plasmáticas de ceruloplasmina e excreção urinária elevada de cobre.

Selênio

O selênio é encontrado em todas as células na forma dos aminoácidos selenometionina e selenocisteína

O selênio é um componente das selenoproteínas, que contêm o aminoácido selenocisteína. A enzima antioxidante **glutationa peroxidase** é uma selenoproteína, bem como as **iodotironina deiodinase**, as enzimas que produzem tri-iodotironina (T_3) e T_3 reversa (rT_3). As **tiorredoxina redutases**, que participam de proliferação celular, apoptose e síntese de DNA, também contêm selenocisteína. O selênio afeta diversas funções do sistema imune, incluindo estimulação da diferenciação das células T e proliferação de linfócitos T ativados, bem como aumento na atividade das células *natural killer*. Ele também desempenha um papel na espermatogênese.

O selênio é absorvido no intestino delgado. Permanece ligado às proteínas na circulação e é excretado na urina. A selenoproteína P possui 10 resíduos de selenocisteína e transporta o selênio no plasma desde o fígado até primariamente cérebro, testículos e rins. O selênio está presente na dieta como selenometionina e selenocisteína. As castanhas-do-pará constituem a fonte mais rica de selênio. Outras fontes dietéticas incluem vísceras de animais, peixe (atum), frutos do mar e cereais. O teor de selênio em alimentos vegetais depende do tipo de solo.

Os níveis de selênio podem influenciar o risco de muitas condições crônicas

O selênio em baixos níveis está associado a um declínio da função imune e a problemas cognitivos. Foram observadas baixas concentrações em indivíduos com crises epilépticas, bem como na pré-eclâmpsia. A deficiência de selênio também pode ocorrer durante a **nutrição parenteral total**. Existe uma rara miocardiopatia (**doença de Keshan**) responsiva ao selênio, que é endêmica na China, em áreas de ingestão muito baixa de selênio. A deficiência de selênio pode resultar em dor muscular crônica, leitos subungueais anormais e miocardiopatia. Por outro lado, o excesso de selênio leva ao desenvolvimento de cirrose hepática, esplenomegalia, sangramento gastrintestinal e depressão.

Pode ser necessário um aumento na ingestão de selênio durante a lactação. Vários estudos indicam que o selênio possui um efeito benéfico sobre o risco de câncer de pulmão, próstata, bexiga e outros tipos. Foi constatado que os polimorfismos de nucleotídio único em genes de selenoproteínas são importantes na determinação do risco de determinadas condições, como vários tipos de câncer, pré-eclâmpsia e, possivelmente, doença cardiovascular.

Atualmente, parece que, enquanto os indivíduos com baixa concentração de selênio podem obter benefício com sua suplementação, esta pode ser prejudicial em indivíduos com níveis normais ou elevados.

Outros metais

Diversos outros oligoelementos são necessários à função biológica normal – por exemplo, o manganês, o molibdênio, o vanádio, o níquel e o cádmio. À semelhança do zinco e do cobre, alguns desses oligoelementos formam grupos prostéticos de enzimas. Incluem o **molibdênio** (xantina oxidase) e o **manganês** (superóxido dismutase e piruvato carboxilase). O **cromo** tem sido associado a tolerância à glicose.

Antigamente, acreditava-se que muitos desses metais fossem tóxicos; de fato, o seu excesso ambiental resulta efetivamente em toxicidade, como a toxicidade renal observada em operários de estaleiros expostos ao **cádmio** por longos períodos de tempo. Com o desenvolvimento de técnicas para separação e análise, outros metais e outras funções de minerais essenciais conhecidos serão descobertos. Isso deverá levar a uma melhor compreensão da epidemiologia de certas doenças, as quais podem ter, pelo menos em parte, uma etiologia ambiental.

RESUMO

- As vitaminas atuam principalmente como cofatores de enzimas.
- As vitaminas lipossolúveis podem ser armazenadas no tecido adiposo, porém as vitaminas hidrossolúveis habitualmente têm uma reserva de curto prazo.
- As deficiências de micronutrientes na dieta têm mais tendência a ocorrer em grupos suscetíveis, com aumento das demandas, ou em indivíduos incapazes de manter uma ingestão suficiente. As crianças, as gestantes, os indivíduos idosos, os dependentes de álcool e os grupos de baixa renda são particularmente vulneráveis.
- A ingestão calórica elevada aumenta a demanda de vitaminas B; uma ingestão proteica elevada aumenta as demandas de piridoxina.
- A doença gastrintestinal e a cirurgia gastrintestinal constituem causas potenciais de deficiências de micronutrientes.
- Os suplementos de vitaminas e de oligoelementos são particularmente importantes em pacientes submetidos a dietas artificiais e a nutrição parenteral.
- Embora haja controvérsias sobre a suplementação de algumas vitaminas, recomenda-se claramente a ingestão de frutas e de vegetais como fontes de micronutrientes.

QUESTÕES PARA APRENDIZAGEM

1. Compare e contraste as deficiências de vitamina B_{12} e de ácido fólico.
2. Quando um aumento na ingestão de determinado nutriente ou energia pode precipitar deficiências vitamínicas?
3. A suplementação de vitamina A é segura?
4. Descreva a importância clínica do cobre.
5. Quais vitaminas desempenham um papel no desenvolvimento da hiper-homocisteinemia?

LEITURAS SUGERIDAS

Ala, A., Walker, A. P., Ashkan, K., et al. (2007). Wilson's disease. *Lancet, 369*, 397-408.

Asplund, K. (2002). Antioxidant vitamins in the prevention of cardiovascular disease: A systematic review. *J Int Med, 251*, 372-392.

Bhutta, Z. A., & Haider, B. A. (2008). Maternal micronutrient deficiencies in developing countries. *Lancet, 371*, 186-187.

Chan, Y. M., Bailey, R., & O'Connor, D. L. (2013). Folate. *Advances in Nutrition, 4*, 123-125.

Fisher Walker, C. L., & Black, R. E. (2012). Zinc treatment for serious infections in young infants. *Lancet, 379*, 2031-2033.

Hughes, C. F., Ward, M., Hoey, L., et al. (2013). Vitamin B12 and aging: Current issues and interaction with folate. *Annals of Clinical Biochemistry, 50*, 315-329.

Lonsdale, D. A. (2006). Review of the biochemistry, metabolism and clinical benefits of thiamin(e) and its derivatives. *eCAM, 3*, 49-59.

Rayman, M. (2012). Selenium and human health. *Lancet, 379*, 1256-1268.

Schneider, B. D., & Leibold, E. A. (2000). Regulation of mammalian iron homeostasis. *Current Opinion in Clinical Nutrition and Metabolic Care, 3*, 267-273.

SITES

FAO Corporate Documents Repository - Human Vitamin and Mineral Requirements. Chapter 5: Vitamin B12: http://www.fao.org/docrep/004/Y2809E/y2809e0b.htm

Dietary reference values for energy: https://www.gov.uk/government/uploads/system/uploads/attachment_data/file/339317/SACN_Dietary_Reference_Values_for_Energy.pdf

FAO Corporate Document Repository. Human vitamin and mineral requirements: http://www.fao.org/docrep/004/Y2809E/y2809e01.htm#TopOfPage

OUTROS CASOS CLÍNICOS

Consulte o Apêndice 2 para outros casos pertinentes a este capítulo.

ABREVIATURAS

CRBP	Proteínas de ligação do retinol citosólicas
FAD	Flavina adenina dinocleotídio
FI	Fator intrínseco, IF
FMN	Flavina mononucleotídio
HFE	Proteína da hemocromatose hereditária
HPLC	Cromatografia líquida de alta eficiência
MTHFR	5,10-metilenotetra-hidrofolato redutase
N5MeTHF	5-metiltetra-hidrofolato
NAD^+	Nicotinamida adenina dinucleotídio
$NADP^+$	Nicotinamida adenina dinucleotídio fosfato
PDH	Piruvato desidrogenase
PKC	Proteína quinase C
PPAR	Receptor ativado por agentes que estimulam a proliferação dos peroxissomos
RABP	Proteína de ligação do ácido retinoico

RAE	Equivalente de atividade do retinol	T_3	Tri-iodotironina
RAR	Receptor de ácido retinoide	T_4	Tiroxina
RBP	Proteína sérica de ligação do retinol	TCI	Transcobalamina I
ROS	Espécies reativas de oxigênio (ERO)	TCII	Transcobalamina II
rT3	T3 reversa	TPP	Pirofosfato de tiamina
RXR	Receptor de rexinoide		

CAPÍTULO 8
Bioenergética e Metabolismo Oxidativo
Norma Frizzell e L. Willian Stillway

OBJETIVOS

Após concluir este capítulo, o leitor estará apto a:

- Descrever como a termodinâmica está relacionada com a nutrição e obesidade.
- Delinear o sistema de transporte de elétrons mitocondrial, mostrando os oito principais transportadores de elétrons.
- Explicar como a ubiquinona, o grupo heme e os complexos de ferro-enxofre participam do transporte de elétrons.
- Definir potencial de membrana e gradiente eletroquímico, e explicar os seus papéis na síntese de ATP e na termogênese
- Explicar como funcionam os desacopladores e descrever o papel das proteínas desacopladoras na termogênese.
- Descrever o mecanismo da ATP sintase.
- Descrever os efeitos de inibidores como rotenona, antimicina A, monóxido de carbono, cianeto e oligomicina na absorção de oxigênio pelas mitocôndrias.

INTRODUÇÃO

ATP é a moeda metabólica central

A oxidação de combustíveis metabólicos é essencial para a vida. Em organismos superiores, combustíveis como os carboidratos e lipídeos são metabolizados oxidativamente a dióxido de carbono e água, gerando uma moeda metabólica central, a trifosfato de adenosina (ATP). A maior parte da energia metabólica é produzida por reações de oxidação-redução (redox) na mitocôndria. A regulação do metabolismo energético não é uma tarefa pequena, porque os animais de sangue quente têm demandas variáveis de energia de processos como a termogênese em temperaturas baixas e o acoplamento da síntese de ATP com a taxa de respiração durante o trabalho e exercício. Este capítulo fornece uma introdução ao conceito de energia livre, a via da fosforilação oxidativa e a transdução da energia a partir dos combustíveis em trabalho útil. As vias e moléculas específicas através das quais os elétrons são transportados para o oxigênio e o mecanismo de geração de ATP são descritos e relacionados à estrutura da mitocôndria, à casa de força da célula e à principal fonte de ATP celular.

A OXIDAÇÃO COMO FONTE DE ENERGIA

O teor de energia dos alimentos

A nutrição e os distúrbios como obesidade, diabetes e câncer requerem uma compreensão da termodinâmica. A obesidade, por exemplo, é um distúrbio em que existe um desequilíbrio entre a ingestão de energia e as despesas. Dessa forma, é importante que o conteúdo energético dos alimentos seja conhecido. Os valores de energia comumente aceitos para as quatro principais categorias de alimentos são mostrados na Tabela 8.1; o álcool é incluído porque é um componente significativo na dieta de algumas pessoas. Esses valores são obtidos pela queima (oxidação) completa de amostras de cada alimento no laboratório em um calorímetro de bomba. Biologicamente, cerca de 40% da energia dos alimentos é conservada como ATP, e os 60% restantes são liberados como calor.

A taxa metabólica basal (BMR)

A BMR é uma medida do gasto energético diário total pelo corpo em repouso

Praticamente todas as reações químicas no corpo são exotérmicas, e a soma de todas as reações em repouso é chamada taxa metabólica basal (BMR), que pode ser medida por dois métodos básicos: **calorimetria direta**, na qual o calor total liberado por um animal é medido ao longo do tempo, e **calorimetria indireta**, em que a BMR é calculada a partir da quantidade de oxigênio consumida, o que está diretamente relacionado à BMR. A produção de calor pelas mitocôndrias é responsável pela maior parte da BMR. Homens adultos (70 kg) têm uma BMR de cerca de 7500 kJ (1800 kcal); as mulheres têm cerca de 5400 kJ (1300 kcal) por dia. A BMR pode variar por um fator de 2 entre indivíduos, dependendo de idade, sexo e massa e composição corporais. A BMR é medida sob condições controladas: após um sono de 8 horas, na posição reclinada, no estado pós-absortivo, tipicamente após um jejum de 12 horas.

Outra medida bastante usada é a taxa metabólica de repouso (RMR), que é praticamente a mesma que a BMR, mas medida em condições menos restritivas. A RMR é uma medida do gasto energético mínimo em repouso; em geral, é cerca de 70% do gasto energético diário total. Os profissionais da educação física frequentemente usam o termo equivalente metabólico da tarefa (MET) como uma medida da taxa de gasto de energia em repou-

Tabela 8.1 Conteúdo energético das principais classes de alimentos

	Gasto metabólico (kJ/g)	Conteúdo energético (Kcal/g)
Gorduras	38	9
Carboidratos	17	4
Proteínas	17	4
Álcool	29	7

Observe que a denominação termodinâmico kcal (energia necessária par aumentar a temperatura de 1Kg [1L] de água em 1°C) é equivalente a caloria nutricional comum (C), isto é, 1 Cal = 1kcal; 1 kcal = 4,2J.

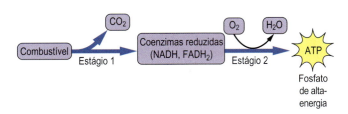

Fig. 8.1 **Etapas da oxidação de combustíveis**. NADH, nicotinamida adenina dinucleotídeo reduzido; $FADH_2$, – flavina-adenina dinucleotídeo reduzido.

so. Caminhada lenta a vigorosa é uma atividade de 2 a 4 METs; a corrida vigorosa em uma esteira pode consumir energia a mais de 15 METs (ou seja, 15 vezes a taxa metabólica de repouso).

Estágios de oxidação do combustível

A oxidação dos combustíveis pode ser dividida em duas etapas gerais: produção de coenzimas nucleotídicas reduzidas durante a oxidação de combustíveis e o uso da energia livre da oxidação das coenzimas reduzidas para produzir ATP (Fig. 8.1).

ENERGIA LIVRE

A direção de uma reação depende da diferença entre a energia livre dos reagentes e dos produtos

A energia livre de Gibbs (ΔG) de uma reação é a quantidade máxima de energia que pode ser obtida a partir de uma reação sob temperatura e pressão constantes. As unidades de energia livre são kcal/mol (kJ/mol). Não é possível mensurar o conteúdo absoluto de energia livre de uma substância diretamente, porém quando o reagente A reage para formar o produto B, a alteração da energia livre nessa reação, ΔG, pode ser determinada.

Para a Reação A → B,

$$\Delta G = G_B - G_A$$

Onde G_A e G_B são a energia livre de A (reagente) e B (produto), respectivamente. Todas as reações nos sistemas biológicos são consideradas reações reversíveis, logo a energia livre da reação reversa, B → A é numericamente equivalente, porém com sinal oposto ao da reação direta.

Se houver uma maior concentração de B do que de A no equilíbrio (i.e., $K_{eq} > 1$), a conversão A → B é favorável – isto é, a reação tende a avançar a partir de um estado padrão em que A e B estão presentes em concentrações equivalentes. Nesse caso, a reação é dita ser espontânea, ou reação exergônica, e a energia livre nesta reação é definida como negativa – isto é, ΔG < 0, indicando que a energia é liberada pela reação. Por outro lado, se a concentração de A é maior do que a de B no equilíbrio, a reação direta é denominada desfavorável, não espontânea ou endergônica, e a reação possui uma energia livre positiva – ou seja, quando as concentrações iniciais são equivalentes, B tende a formar A, em vez de A formar B. Nesse caso a entrada de energia poderia ser necessária para impulsionar a reação A → B adiante a partir da sua posição de equilíbrio para o estado padrão em que A e B estão presentes em concentrações iguais. A energia livre total disponível a partir de uma reação depende tanto de sua tendência a avançar do estado padrão (ΔG) quanto da quantidade (mols) do reagente convertido em produto.

A energia livre de reações metabólicas está relacionada com as suas constantes de equilíbrio pela equação

Medições termodinâmicas são baseadas em condições estado padrão, em que o reagente e produto estão presentes em concentrações de 1 molar, a pressão de todos os gases em 1 atmosfera, e a temperatura está a 25 °C (298 K). Mais comumente, as concentrações dos reagente e produtos são mensuradas após o equilíbrio ser atingido. Energias livres padrão são representadas pelo símbolo ΔG°, e a variação da energia livre biológica, por ΔG°', com o apóstrofe designando o pH 7. A energia livre disponível oriunda de uma reação pode ser calculada a partir de sua constante de equilíbrio pela equação de Gibbs:

$$\Delta G°' = -RT\ln K'_{eq}$$

Onde T é a temperatura absoluta (Kelvin), $\ln K'_{eq}$ é o logaritmo natural da constante de equilíbrio para a reação no pH 7, e R é a constante de gás ideal:

$$R = (8,3\,Jmol^{-1}/K \text{ ou}: 2calmol^{-1}/K)$$

Diversos intermediários metabólicos comuns são listados na Tabela 8.2, juntamente com as constantes de equilíbrio e energias livres para suas reações de hidrólise. Aqueles intermediários com alterações de energia livre igual ou maior que a do ATP, o transdutor central de energia da célula, são considerados **compostos de alta energia** e geralmente possuem ligações anidrido ou tioéster. Os compostos de menor energia listados são todos ésteres de fosfato e, em comparação, não produzem tanta energia livre na hidrólise. A reação de hidrólise da glicose-6-fosfato (Glc-6-P) é escrita como

$$Glc\text{-}6\text{-}P + H_2O \rightarrow Glicose + Pi$$

Essa reação possui uma energia livre negativa e ocorre espontaneamente. A reação reversa, síntese de Glc-6-P a partir da glicose e fosfato, requereria a entrada de energia.

Tabela 8.2 A termodinâmica das reações de hidrólise

Metabólito	K'_{eq}	$\Delta G°'$ (kJ/mol)	(kcal/mol)
Fosfoenolpiruvato	$1,2 \times 10^{11}$	-61,8	-14,8
Fosfocreatina	$9,6 \times 10^{8}$	-50,2	-12,0
1,3-bisfosfoglicerato	$6,8 \times 10^{8}$	-49,3	-11,8
Pirofosfato	$9,7 \times 10^{5}$	-33,4	-8,0
Acetil coenzima A	$4,1 \times 10^{5}$	-31,3	-7,5
ATP	$2,9 \times 10^{5}$	-30,5	-7,3
Glicose-1-fosfato	$5,5 \times 10^{3}$	-20,9	-5,0
Frutose-6-fosfato	$7,0 \times 10^{2}$	-15,9	-3,8
Glicose-6-fosfato	$3,0 \times 10^{2}$	-13,8	-3,3

Constantes de equilíbrio e energia livre de hidrólises de vários intermediários metabólicos em pH 7 ($\Delta G°$).

CONSERVAÇÃO DA ENERGIA POR ACOPLAMENTO DE REAÇÕES À HIDRÓLISE DA ATP

O ATP é um produto de reações catabólicas e um propulsor de reações biossintéticas

Os sistemas vivos devem transferir energia de uma molécula para outra sem perder tudo como calor. Parte da energia deve ser conservada em uma forma química para impulsionar as reações biossintéticas não espontâneas. De fato, quase metade da energia obtida da oxidação de combustíveis metabólicos é canalizada para a síntese de **ATP, um transdutor de energia universal em sistemas vivos**. O ATP é geralmente referido como a moeda comum da energia metabólica pois esse é utilizado para conduzir várias reações que exigem energia. O ATP consiste em uma base purínica, a adenina; um açúcar de cinco carbonos, a ribose; e os grupos fosfato α, β e γ (Fig. 8.2). As duas ligações fosfoanidrido são chamadas de ligações de alta energia porque a sua hidrólise produz uma grande mudança negativa na energia livre. Quando o ATP é utilizado para o trabalho

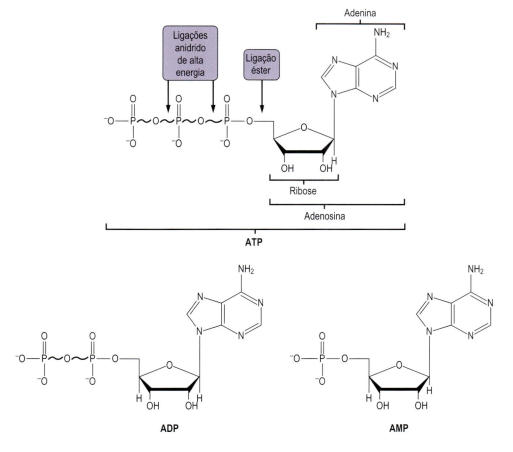

Fig. 8.2 **Estruturas dos nucleotídeos de adenina.** O ATP é mostrado, juntamente com os seus produtos de hidrólise, adenosina difosfato (ADP) e adenosina monofosfato (AMP). O ATP possui duas ligações fosfoanidrido de alta energia, o ADP tem uma, e AMP tem apenas uma ligação fosfoéster de baixa energia.

metabólico, essas ligações de alta energia são quebradas, e o ATP é convertido em ADP ou AMP.

A energia livre de uma ligação de alta energia, como as ligações de anidrido de fosfato no ATP, pode ser utilizada para impulsionar ou forçar as reações que de outra forma seriam desfavoráveis. De fato, quase todas as vias biossintéticas são termodinamicamente desfavoráveis, mas são tornadas favoráveis ao se acoplarem várias reações com a hidrólise de compostos de alta energia. Por exemplo, o primeiro passo no metabolismo da glicose é a síntese de Glc-6-P (Fig. 3.4). Como mostrado na Tabela 8.2, esta não é uma reação favorável: a hidrólise de Glc-6-P ($\Delta G°' = -13,8$ kJ/mol, ou $-3,3$ kcal/mol) é a reação preferida. No entanto, como demonstrado na série seguinte, a síntese de Glc-6-P (reação I) pode ser **acoplada energeticamente** à hidrólise de ATP (reação II), produzindo uma "reação global" III que é favorável à síntese de Glc-6-P:

$$\begin{aligned}
&\text{I : Glc} + \text{Pi} \rightarrow \text{Glc-6-P} + \text{H}_2\text{O} &&+3,3\,\text{kcal/mol}\\
&\text{II : ATP} + \text{H}_2\text{O} \rightarrow \text{ADP} + \text{Pi} &&-7,3\,\text{kcal/mol}\\
&\text{Rede : Glc} + ATP \rightarrow \text{Glc-6-P} + \text{ADP} &&-4\,\text{kcal/mol}
\end{aligned}$$

Isso é possível devido à alta energia livre, ou "potencial de transferência de grupo" do ATP. A transferência física do fosfato do ATP para a glicose ocorre no sítio ativo de uma enzima quinase, como a glicoquinase. Essa ideia geral – em que o ATP é usado para conduzir as reações biossintéticas, os processos de transporte ou a atividade muscular – ocorre comumente nas vias metabólicas.

SÍNTESE MITOCONDRIAL DE ADENOSINA TRIFOSFATO A PARTIR DE COENZIMAS REDUZIDAS

A fosforilação oxidativa é o mecanismo pelo qual a energia derivada da oxidação do combustível é conservada na forma de ATP

O metabolismo de carboidratos se inicia no citoplasma através da via glicolítica (Capítulo 9), enquanto a produção de energia a partir dos ácidos graxos ocorre exclusivamente na mitocôndria. As mitocôndrias são organelas intracelulares no tamanho de bactérias. Elas são essenciais para o metabolismo aeróbico nos eucariotos. A sua principal função é oxidar combustíveis metabólicos e conservar a energia livre pela síntese de ATP.

As mitocôndrias são delimitadas por um sistema de membrana dupla (Fig. 8.3). A membrana externa (OMM) contém enzimas e proteínas transportadoras, e via proteínas porinas formadoras de poros (P, também conhecidas como canais iônicos dependentes de voltagem), esta é permeável a praticamente todos os íons, pequenas moléculas (S) e proteínas menores do que 10.000 Da. As proteínas maiores devem ser transportadas via os complexos **TOM** (translocase na membrana mitocondrial externa) e **TIM** (translocase na membrana mitocondrial interna). Isso é especialmente vital para a célula, pois quase todas as proteínas mitocondriais são codificadas no núcleo e devem ser transportadas para dentro das mitocôndrias. O **genoma mitocondrial**, mtDNA, codifica 13 subunidades vitais das bombas de prótons e da ATP sintase. A **membrana mitocondrial interna (IMM)** é pregueada com estruturas conhecidas como **cristas**, e esta é impermeável à maioria dos íons e das pequenas moléculas, como nucleotídeos (incluindo ATP), coenzimas, fosfato e prótons. As proteínas transportadoras são necessárias para facilitar seletivamente a translocação de moléculas específicas através da membrana interna. A membrana interna também contém componentes da fosforilação oxidativa – processo pelo qual a oxidação de coenzimas de nucleotídeos reduzidas é acoplada à síntese de ATP.

QUADRO DE CONCEITOS AVANÇADOS
EXERCÍCIO E BIOGÊNESE MITOCONDRIAL

O exercício aumenta a capacidade oxidativa do músculo esquelético pela indução da biogênese mitocondrial. Exercícios contínuos resultam no consumo de energia e em um aumento na concentração de AMP celular. A proteína quinase ativada por AMP é um sensor de combustível, e esta exerce um papel crítico no início da produção de novas mitocôndrias e dos componentes do transporte de elétrons. Tais mecanismos são importantes não só para o treino de exercícios, mas também para a regeneração dos tecidos após lesão tecidual, como trauma, ataques cardíacos e derrames cerebrais.

Transdução de energia de coenzimas reduzidas para fosfato de alta energia

NAD⁺, FAD e FMN são as principais coenzimas redox

As principais coenzimas redox envolvidas na transdução de energia a partir dos combustíveis ao ATP são a nicotinamida adenina dinucleotídeo (NAD⁺), flavina-adenina dinucleotídeo (FAD) e a flavina mononucleotídeo (FMN; Fig. 8.4). Durante o metabolismo energético, os elétrons são transferidos a partir de carboidratos e gorduras para essas coenzimas, reduzindo-as para NADH, FADH$_2$ e FMNH$_2$. Em cada caso, dois elétrons são transferidos, porém o número de prótons transferidos difere. O NAD+ aceita um íon hidreto (H-) que consiste em um próton e dois elétrons; o próton remanescente é liberado em solução. FAD e FMN aceitam dois elétrons e dois prótons.

A oxidação dos nucleotídeos reduzidos pelo sistema de transporte de elétrons produz uma grande quantidade da energia livre. Quando a oxidação de 1,0 mol de NADH é acoplada à redução de 0,5 mol de oxigênio para formar a água, a energia produzida é teoricamente suficiente para sintetizar 7,0 mols de ATP:

$$\text{NADH} + \text{H}^+ + 1/2\,\text{O}_2 \rightarrow \text{NAD}^+ + \text{H}_2\text{O}$$
$$\Delta G°' = -220\,\text{kJ/mol}\,(-52,4\,\text{kcal/mol})$$
$$\text{ADP} + \text{Pi} \rightarrow \text{ATP} + \text{H}_2\text{O}$$
$$\Delta G°' = -30,5\,\text{kJ/mol}\,(-7,3\,\text{kcal/mol})$$

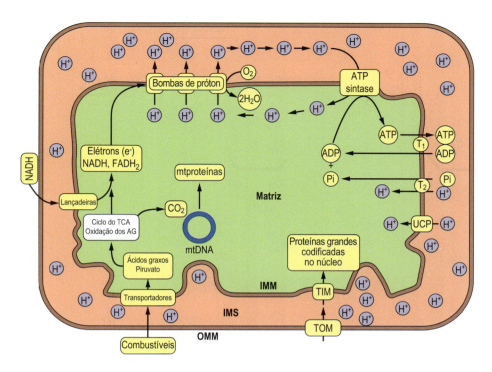

Fig. 8.3 **Estrutura mitocondrial e as vias de transdução de energia: o mecanismo da fosforilação oxidativa.** Os principais combustíveis, como o piruvato a partir dos carboidratos e os ácidos graxos (AGs) a partir dos triglicerídeos, são transportados para dentro da matriz, onde são oxidados para gerar CO_2 e as coenzimas de nucleotídeos reduzidos NADH e $FADH_2$. A oxidação desses nucleotídeos via sistema de transporte de elétrons reduz o oxigênio à água e bombeia os prótons por três bombas de prótons para fora da matriz e para dentro do espaço intermembranar (IMS), criando um gradiente de pH, o qual é o principal contribuinte para o potencial de membrana. Deve-se notar que os prótons no espaço intermembranar se difundem livremente através da membrana externa via a porina proteica, um canal de prótons, e, dessa forma, o pH do espaço intermembranar é aproximadamente o do citosol. Embora o potencial de membrana seja principalmente composto pelo gradiente de prótons, esse na verdade consiste em diversos gradientes eletroquímicos e é expresso como uma voltagem. O influxo de prótons controlado através da ATP sintase (F-ATPase; Tabela 4.3) impulsiona a síntese de ATP por ela. O ATP mitocondrial é então trocado pelo ADP citoplasmático através da ADP-ATP translocase (T_1). O fosfato (Pi), o qual é necessário para a síntese do ATP, é transportado pela fosfato translocase (T_2). A membrana interna também contém proteínas desacopladoras (UCP) que também podem ser utilizadas para permitir o vazamento controlado de prótons de volta para dentro da matriz. OMM, membrana mitocondrial externa; IMM, membrana mitocondrial interna; mtproteínas, proteínas mitocondriais; mtDNA, DNA mitocondrial; TOM e TIM, complexos de proteína translocase na membrana mitocondrial externa e interna; TCA, ciclo do ácido tricarboxílico.

Dividindo 220,0 kJ/mol de $\Delta G°'$ disponível a partir da oxidação de NADH pelo $\Delta G°'$ de 30,5 necessário para a síntese da produção de ATP, teoricamente, produz 7,0 mol de ATP/mol de NADH. Como discutido na próxima sessão, o rendimento de fato é próximo de 2,5 mol de ATP / mol de NADH oxidado.

A energia livre da oxidação de NADH e $FADH_2$ é utilizada pelo sistema de transporte de elétrons para bombear prótons para dentro do espaço intermembranar. A energia produzida quando esses prótons retornam para a matriz mitocondrial é utilizada a fim de sintetizar o ATP. Esse processo é denominado como **fosforilação oxidativa** (Fig. 8.3).

O SISTEMA DE TRANSPORTE DE ELÉTRONS MITOCONDRIAL

A cadeia de transporte de elétrons mitocondrial transfere os elétrons a partir dos nucleotídeos reduzidos ao oxigênio em uma sequência definida de várias etapas

Todo o sistema de transporte de elétrons, também conhecido como cadeia de transporte de elétrons ou cadeia respiratória, está localizado na membrana mitocondrial interna (Fig. 8.5). Ele consiste em diversos complexos proteicos grandes e dois pequenos componentes independentes: ubiquinona e citocromo *c*. Os componentes proteicos são bastante complexos; o complexo I, por exemplo, que aceita elétrons de NADH, contém ao menos 45 subunidades. Cada etapa na cadeia de transporte de elétrons envolve uma reação redox na qual elétrons são transferidos de componentes com potenciais de redução mais negativos para componentes com potenciais de redução

QUADRO DE CONCEITOS AVANÇADOS

AS FUNÇÕES METABÓLICAS DO ATP REQUEREM MAGNÉSIO

O ATP prontamente forma um complexo com o íon de magnésio, e esse complexo é necessário em todas as reações das quais o ATP participa, incluindo a sua síntese. Uma deficiência de magnésio prejudica praticamente todo o metabolismo porque o ATP não pode ser produzido nem utilizado em quantidades adequadas.

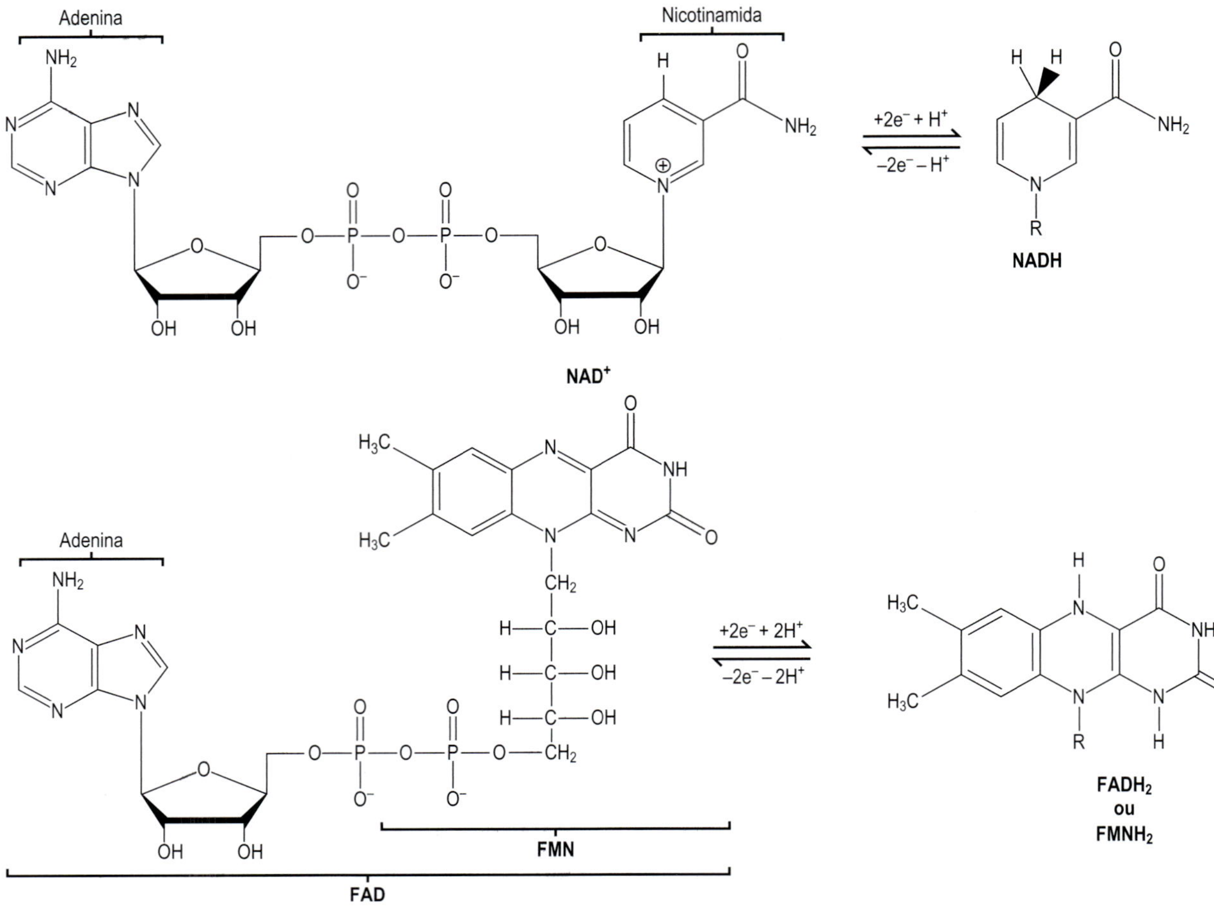

Fig. 8.4 **A estrutura das coenzimas redox.** NAD+ e a sua forma reduzida, NADH (nicotinamida adenina dinucleotídeo), consiste em adenina, duas unidades de ribose, dois fosfatos e nicotinamida. FAD e a sua forma reduzida, FADH₂ (flavina-adenina dinucleotídeo reduzido), consiste em riboflavina, dois fosfatos, ribose e adenina. FMN e FMNH₂ consistem em fosfato de riboflavina. Os componentes nicotinamida e riboflavina dessas coenzimas são oxidados reversivelmente e reduzidos durante as reações de transferência de elétrons (redox). NADH e FADH₂ são geralmente denominados nucleotídeos reduzidos ou coenzimas reduzidas.

mais positivos. Os elétrons são conduzidos por esse sistema em uma sequência definida a partir das coenzimas de nucleotídeos reduzidas para o oxigênio, e as variações de energia livre conduzem o transporte de prótons a partir da matriz para o espaço intermembranar via três bombas de prótons. Após cada etapa, os elétrons ficam em um estado de energia mais baixo.

Os elétrons são canalizados para a cadeia de transporte de elétrons por várias flavoproteínas

Existem quatro flavoproteínas na cadeia transportadora de elétrons: o complexo I contém FMN, e os outros três contém FAD. Todas estas flavoproteínas reduzem a pequena molécula lipofílica **ubiquinona (Q ou coenzima Q_{10})** no início da via transportadora de elétrons comum, consistindo em Q, o complexo III, citocromo c e o complexo IV.

$$\text{Flavoproteína}_{(\text{reduzida})} + Q \rightarrow \text{Flavoproteína}_{(\text{oxidada})} + QH_2$$

Os prótons são bombeados a partir da matriz para dentro do espaço intermembranar pelos complexos I, III e IV. O oxigênio (O_2) é o aceptor final de elétrons no final da cadeia, e ele é reduzido a duas moléculas de água pela transferência de quatro elétrons a partir do complexo IV e de quatro prótons do compartimento da matriz mitocondrial.

A eficiência da fosforilação oxidativa pode ser mensurada pela divisão da quantidade de fosfato incorporado no ADP pela quantidade do oxigênio atômico reduzido. Um átomo de oxigênio é reduzido por dois elétrons (um par de elétron):

$$ADP + Pi + \tfrac{1}{2}O_2 + 2H^+ + 2e^- \rightarrow ATP + H_2O$$

Para cada par de elétrons transportados através dos complexos I, III, IV, um número suficiente de prótons é bombeado por cada complexo para a síntese de aproximadamente 1,0 mol de ATP / complexo. Caso o transporte de elétrons inicie com um par de elétrons a partir de NADH, por volta de 2,5 mols de ATP são efetivamente sintetizados, enquanto um par de elétrons a partir de qualquer uma das outras três flavoproteínas contendo FADH₂ produz cerca de 1,5 mols de ATP, porque a capacidade de bombeamento de prótons do complexo I é desviada.

CAPÍTULO 8 Bioenergética e Metabolismo Oxidativo 99

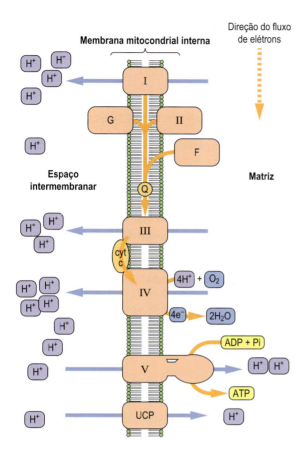

Fig. 8.5 **Uma seção da membrana mitocondrial interna com o sistema transportador de elétrons e a ATP sintase.** I, complexo I; II, complexo II (succinato desidrogenase); III, complexo III; IV, complexo IV; V, complexo V, ou ATP sintase; G, glicerol-3-fosfato desidrogenase; F, acil CoA desidrogenase; Q, ubiquinona; cit c, citocromo c; UCP, proteína desacopladora.

As flavoproteínas contêm os grupos prostéticos FAD ou FMN

O complexo I, também chamado de NADH-Q redutase ou NADH desidrogenase, é uma flavoproteína que contém FMN. Ele oxida o NADH mitocondrial e transfere os elétrons através do FMN e dos complexos de ferro-enxofre (FeS) para a ubiquinona, fornecendo energia suficiente para bombear quatro prótons a partir da matriz na reação:

$$NADH + Q + 5H^+_{matriz} \rightarrow NAD^+ + QH_2 + 4H^+_{espaço\ intermembranar}$$

As três outras flavoproteínas transferem os elétrons dos substratos oxidáveis via FADH$_2$ para a ubiquinona (Q; Fig. 8.5):

- A succinato-coenzima Q redutase (complexo II, ou succinato desidrogenase do ciclo do TCA; Capítulo 10) oxida o succinato a fumarato e reduz o FAD para FADH$_2$.
- A glicerol-3-fosfato-coenzima Q redutase, uma parte da lançadeira de glicerol-3-P (ver a discussão adiante), oxida o glicerol-3-P citoplasmático a fosfato de di-hidroxiacetona (DHAP) e reduz o FAD para FADH$_2$.
- A acil-CoA desidrogenase catalisa o primeiro passo na oxidação mitocondrial de ácidos graxos (Capítulo 11) e também produz FADH$_2$.

Ambos FMN e FAD contêm a vitamina solúvel em água riboflavina. Uma dieta deficiente em riboflavina pode impedir severamente a função dessas e outras flavoproteínas.

TRANSFERÊNCIA DE ELÉTRONS A PARTIR DE NADH PARA DENTRO DA MITOCONDRIA

Transportadores de Elétrons

Os transportadores de elétrons são necessários para a oxidação mitocondrial de NADH produzido no compartimento citoplasmático

O NADH é produzido no citosol durante o metabolismo de carboidrato. O NADH não é capaz de atravessar a membrana

QUADRO CLÍNICO
DEFICIÊNCIA DE FERRO LEVA A ANEMIA

Uma mulher de 45 anos se queixa de cansaço e parece pálida. Ela é vegetariana e está passando por um fluxo menstrual mensal intenso e prolongado. Seu hematócrito é de 0,32 (intervalo de referência de 0,36 a 0,46), e sua concentração de hemoglobina é de 90 g/L (faixa normal de 120 a 160 g/L; 12 a 16 g/dL).

Comentário
A anemia por deficiência de ferro é um problema nutricional comum e é especialmente comum em mulheres grávidas e menstruadas devido à maior necessidade dietética de ferro. Os homens necessitam de cerca de 1 mg de ferro/dia, mulheres menstruadas cerca de 2 mg/dia e as mulheres grávidas de cerca de 3 mg/dia. O ferro é necessário para manter quantidades normais de hemoglobina e os citocromos e complexos de ferro-enxofre que são centrais para o transporte de oxigênio e o metabolismo energético. Todos esses processos ficam prejudicados na deficiência de ferro.

QUADRO DE CONCEITOS AVANÇADOS
COMPLEXOS FERRO-ENXOFRE

Os complexos ferro-enxofre participam das reações redox
O ferro é um importante constituinte das proteínas heme, como hemoglobina, mioglobina, citocromos e catalase, porém ele também está associado aos complexos ferro-enxofre (FeS) ou proteínas férricas não heme que funcionam como transportadores de elétron no sistema transportador de elétrons mitocondrial. Os tipos Fe$_2$S$_2$ e Fe$_4$S$_4$ são demonstrados na Figura 8.6. Em cada caso, o centro ferro-enxofre é ligado a um peptídeo através dos resíduos de cisteína. Os complexos FeS sofrem distorção reversível e relaxação durante reações redox. Diz-se que a energia redox é conservada na "energia conformacional" da proteína.

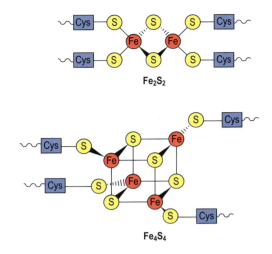

Fig. 8.6 **Complexos ferro-enxofre.** Cys, cisteína.

mitocondrial interna e, portanto, não pode ser oxidado pelo sistema de transporte de elétron. Duas lançadeiras redox permitem a oxidação do NADH citosólico sem a sua transferência física para dentro da mitocôndria.

Uma característica dessas lançadeiras é que eles são alimentadas por isoformas citoplasmáticas e mitocondriais da mesma enzima, as quais catalisam reações opostas no lado oposto da membrana. A lançadeira de glicerol-3-P é a mais simples (Fig. 8.7, superior). Ele transfere elétrons de NADH do citoplasma para a mitocôndria pela redução de FAD a $FADH_2$. A glicerol-3-P desidrogenase citoplasmática catalisa a redução da di-hidroxiacetona-P (DHAP) com NADH para glicerol-3-P, regenerando NAD^+. O glicerol-3-fosfato citoplasmático é oxidado de volta a DHAP por outra isoforma da glicerol-3-fosfato desidrogenase voltada para a superfície externa da membrana mitocondrial interna; essa enzima é uma flavoproteína na qual o FAD é reduzido a $FADH_2$. Os elétrons são então transferidos para a via comum via ubiquinona. Como os elétrons são transferidos para FAD, o rendimento de ATP a partir do NADH citoplasmático por essa via é de aproximadamente 1,5 mols, em vez dos 2,5 mols disponíveis a partir do NADH mitocondrial através do complexo NADH-Q redutase (complexo I).

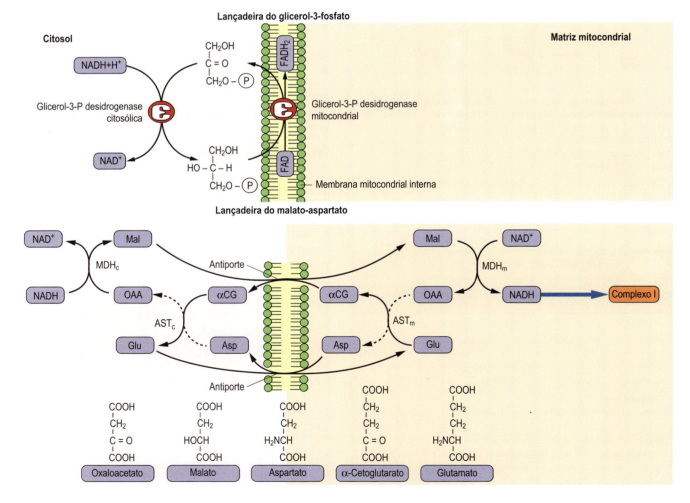

Fig. 8.7 **Lançadeiras redox na membrana mitocondrial interna.** (Superior) Lançadeira do glicerol-3-fosfato. (Inferior) A lançadeira do malato-aspartato. MDH, malato desidrogenase; AST, aspartato aminotransferase. Os subscritos c e m se referem às isoenzimas citosólicas e mitocondriais.

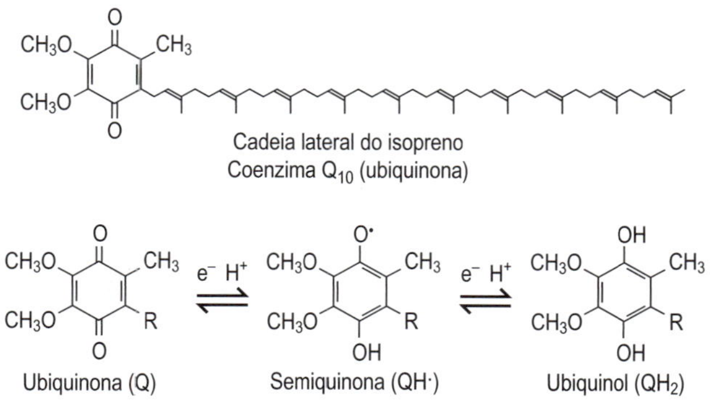

Fig. 8.8 **A coenzima Q10, ou ubiquinona, aceita um ou dois elétrons, transferindo-os a partir das flavoproteínas para o complexo III.** A forma semiquinona é um radical livre.

Muitas células (p. ex., no músculo esquelético) utilizam a lançadeira de glicerol-3-P, porém o coração e o fígado dependem da lançadeira de malato-aspartato (Fig. 8.7, superior), o qual rende 2,5 mols de ATP por mol de NADH. Esse transporte é mais complicado porque o substrato, malato, pode atravessar a membrana mitocondrial interna, porém a membrana é impermeável ao produto, oxaloacetato – não existe transportador de oxaloacetato. A troca é, portanto, realizada pela interconversão entre α-ceto-ácidos e α-aminoácidos, envolvendo glutamato citoplasmático e mitocondrial e α-cetoglutarato, e isoenzimas da transaminase glutâmico-oxalacética (aspartato aminotransferase).

Ubiquinona (coenzima Q₁₀)

A Ubiquinona transfere elétrons a partir das flavoproteínas ao complexo III

A ubiquinona é assim chamada porque ela é ubíqua (onipresente) em praticamente todos os sistemas vivos. É um pequeno composto lipossolúvel encontrado na membrana interna das mitocôndrias de animais e de plantas e na membrana plasmática das bactérias. A forma primária da ubiquinona de mamíferos contém uma cadeia lateral de 10 unidades de isopreno e é frequentemente chamada de CoQ₁₀. Essa difunde-se na superfície da membrana interna, aceita elétrons das quatro principais flavoproteínas mitocondriais e transfere-os para o complexo III (QH₂-citocromo c redutase). A ubiquinona pode carregar um ou dois elétrons (Fig. 8.8) e também é considerada uma importante fonte de radicais superóxido na célula (Capítulo 42).

Complexo III: Citocromo C Redutase

O complexo III aceita elétrons da ubiquinona e bombeia quatro íons de hidrogênio através da membrana mitocondrial interna

Este complexo enzimático, também conhecido como ubiquinona-citocromo c redutase ou QH₂-citocromo c redutase, oxida a ubiquinona e reduz o citocromo c. A ubiquinona reduzida afunila os elétrons que recolhe das flavoproteínas mitocondriais e os transfere para o complexo III. Os elétrons a partir da ubiquinona são transferidos através de duas espécies do citocromo b para um centro FeS, para o citocromo c₁ e finalmente para o citocromo c. O transporte de dois elétrons para o citocromo c produz uma variação de energia livre e prótons bombeados suficientes para sintetizar cerca de 1 mol de ATP. A reação geral é:

$$QH_2 + 2citc_{oxidado} + 2H^+_{matriz} \rightarrow$$
$$2Q + 2citc_{reduzido} + 4H^+_{espaço\ intermembranar}$$

Quatro prótons são bombeados durante essa reação, dois da ubiquinona totalmente reduzida e dois da matriz.

Citocromo C

O citocromo c é uma proteína membranar periférica, transportando os elétrons do complexo III para o complexo IV

O citocromo c, uma pequena proteína heme que está fracamente ligada à superfície externa da membrana interna, transporta elétrons do complexo III para o complexo IV. Cada citocromo c transporta apenas um elétron, então a redução de O₂ a 2H₂O pelo complexo IV requer quatro moléculas de citocromo c reduzidas. A ligação do citocromo c aos complexos III e IV é em grande parte eletrostática, envolvendo vários resíduos de lisina na superfície da proteína. A redução do ferricitocromo c (Fe³⁺) para o ferrocitocromo c (Fe²⁺) pelo citocromo c₁ leva a uma mudança na estrutura tridimensional, distribuição de carga e momento dipolar da proteína, promovendo a transferência de elétrons para o citocromo a no complexo IV (Fig. 8.5). Em resposta ao estresse oxidativo e a lesões celulares (Capítulo 42), o citocromo

---

QUADRO CLÍNICO
UMA DEFICIENCIA RARA DE COENZIMA Q₁₀

Um menino de 4 anos apresentou convulsões, fraqueza muscular progressiva e encefalopatia. O acúmulo de lactato, um produto do metabolismo anaeróbico da glicose, no líquido cefalorraquidiano (LCR) sugeriu um defeito no metabolismo oxidativo mitocondrial. Mitocôndrias musculares foram isoladas para estudo. As atividades dos complexos individuais I, II, III e IV eram normais, mas as atividades combinadas de I + III e II + III estavam significativamente reduzidas. O tratamento com coenzima Q₁₀ melhorou a fraqueza muscular, porém não a encefalopatia.

Comentário

A fraqueza muscular grave, encefalopatia ou ambas podem ser causadas nas chamadas miopatias ou encefalopatias mitocondriais por defeitos mitocondriais envolvendo o sistema de transporte de elétrons. Esses e outros defeitos que também afetam a piruvato carboxilase ou o complexo piruvato desidrogenase (Capítulo 10) são coletivamente conhecidos como doenças mitocondriais. As atividades reduzidas dos complexos I + III e II + III sugeriram uma deficiência na coenzima Q₁₀, que foi confirmada por medições diretas.

QUADRO DE CONCEITOS AVANÇADOS
CITOCROMOS

Os citocromos, encontrados na mitocôndria e no retículo endoplasmático, são proteínas que contêm grupos heme (Fig. 8.9), mas que não são envolvidas na ligação ou no transporte de oxigênio. A estrutura central desses grupamentos heme é um anel tetrapirrólico semelhante ao da hemoglobina, por vezes diferindo apenas na composição das cadeias laterais. O grupamento heme dos citocromos *b* e *c₁* é conhecido como ferro protoporfirina IX e é o mesmo heme encontrado na hemoglobina, na mioglobina e na catalase. O citocromo *c* contém o heme C que é ligado de forma covalente à proteína através de resíduo de cisteína. Os citocromos *a* e *a3* contêm heme A, o qual, como a ubiquinona, contém uma cadeia lateral hidrofóbica de isopreno. Na hemoglobina e na mioglobina, o heme deve permanecer no estado ferroso (Fe^{2+}); nos citocromos, o ferro heme é reversivelmente reduzido e oxidado entre os estados Fe^{2+} e Fe^{3+} à medida que os elétrons são transportados de uma molécula de proteína para outra.

c pode ser liberado da membrana mitocondrial interna e vazar para o citosol, induzindo a apoptose (morte celular).

Complexo IV

O complexo IV, no final da cadeia transportadora de elétrons, transfere os elétrons para o oxigênio, produzindo água

O complexo IV, conhecido como citocromo *c* oxidase ou citocromo oxidase, existe como um dímero na IMM. Ele oxida o citocromo *c* móvel e conduz os elétrons através do citocromo *a* e *a₃*, finalmente reduzindo o oxigênio à água em uma reação com transferência de quatro elétrons (Fig. 8.10). O **cobre** é um componente comum desta e de outras enzimas oxidase. Pequenas moléculas venenosas, como **azida**, **cianeto** e **monóxido de carbono**, ligam-se ao grupo heme do citocromo *a₃* na citocromo *c* oxidase e inibem o complexo IV. Em comum com os complexos I e III, o complexo citocromo oxidase bombeia prótons para fora da mitocôndria, provendo para a síntese de cerca de 1 mol de ATP por par de elétrons transferidos para o oxigênio. O número real de prótons bombeados é quatro. Além disso, são necessários mais quatro na redução de O_2 para a água. A reação global catalisada pelo complexo IV é:

$$4 citc_{reduzido} + 8H^+_{matriz} + O_2 \rightarrow$$
$$4 citc_{oxidado} + 2H_2O + 4H^+_{espaço\ intermembranar}$$

SÍNTESE DE ADENOSINA TRIFOSFATO: A HIPÓTESE QUIMIOSMÓTICA

De acordo com a hipótese quimiosmótica, a mitocôndria produz ATP utilizando a energia livre a partir do gradiente de prótons

Fig. 8.9 **Variações na estrutura do heme entre os citocromos.** Os citocromos são proteínas que contêm grupos heme.

QUADRO CLÍNICO
DEFICIENCIA DE COBRE EM NEONATOS

O cobre é necessário em quantidades mínimas para uma nutrição humana ideal. Embora a deficiência de cobre seja rara em adultos, os prematuros têm baixos estoques de cobre e podem sofrer pela sua deficiência. Isso pode levar a anemia e cardiomiopatia devido à incapacidade de sintetizar quantidades adequadas de citocromo *c* oxidase e de outras enzimas, incluindo várias cobre-enzimas envolvidas na síntese do heme.

Comentário
A deficiência de cobre pode prejudicar a produção de ATP por inibir a reação terminal da cadeia transportadora de elétrons, levando à patologia no coração, em que a demanda de energia é alta. Suplementos dietéticos para prematuros devem conter cobre adequado; o leite de vaca sozinho é inadequado porque tem baixo teor de cobre.

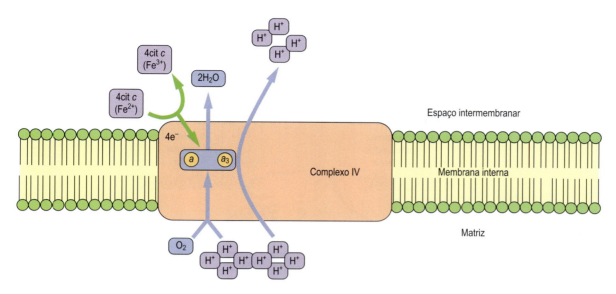

Fig. 8.10 **Complexo IV.** O complexo IV utiliza quatro elétrons a partir do citocromo c e oito prótons a partir da matriz. Quatro prótons e elétrons reduzem o oxigênio a água. Quatro prótons adicionais são bombeados para fora da matriz. O complexo IV é regulado alostericamente pelo ATP, pela fosforilação/desfosforilação reversível e pelo hormônio tireoidiano (T_2, ou diiodotironina). *a*, citocromo a; a_3, citocromo a_3.

gerado durante a oxidação de NADH e $FADH_2$. Essa energia é descrita como uma **força próton-motriz**, um **gradiente eletroquímico** criado pelo gradiente de concentração de próton e por um diferencial de carga do próton (positivo do lado de fora) através da membrana mitocondrial interna. Para operar, ele requer um sistema de membrana interna que é impermeável aos prótons, exceto através da ATP sintase ou de outros complexos de maneira regulada. Quando os prótons são bombeados para fora da matriz, o espaço intermembranar se torna mais ácido e mais carregado positivamente do que a matriz.

O complexo ATP sintase (complexo V) é um exemplo de catálise rotativa

O revestimento da face da matriz interna da membrana interna de cada mitocôndria são milhares de cópias do complexo da ATP sintase, também chamado complexo V ou F_oF_1-ATP sintase (F = fator de acoplamento; Capítulo 4). A ATP sintase é também chamada de ATPase porque pode hidrolisar o ATP, a reação termodinamicamente preferida. A ATP sintase consiste em dois complexos principais (Fig. 8.11). O componente da membrana interna, denominado F_o, é o motor acionado por prótons com a estequiometria de a, b_2, c_{10-14}. As subunidades c formam o anel c, que gira no sentido horário em resposta ao fluxo de prótons através do complexo. Como as subunidades γ e ε estão ligadas ao anel c, elas giram com ele, induzindo grandes mudanças conformacionais nos três dímeros α-β do complexo F_1. As duas proteínas b imobilizam o segundo complexo (F_1-ATP sintase).

F_1 tem uma estequiometria de $α_3$, $β_3$, γ, δ, ε. A parte principal de F_1 consiste em três dímeros αβ dispostos como fatias de uma laranja, com a atividade catalítica residindo nas subunidades β. Cada rotação de 120° da subunidade γ induz alterações conformacionais nas subunidades αβ-diméricas, de tal modo que os locais de ligação de nucleotídeos alternam entre três estados: o primeiro se liga a ADP e Pi, o segundo sintetiza ATP, e o terceiro libera ATP, então, cada turno completo produz 3 ATP. Isso é conhecido como **mecanismo de mudança de ligação** (Fig. 8.12). Surpreendentemente, a energia livre próton-motriz utilizada pela ATP sintase não é para a própria síntese de ATP, mas para a sua liberação; quando o gradiente de prótons é muito baixo para suportar a liberação de ATP, o ATP permanece preso à ATP sintase, e a produção adicional de ATP cessa. ADP e Pi se ligam ao complexo assim que o ATP sai. Os dímeros α-β são assimétricos porque cada um está em uma conformação diferente em qualquer momento dado. Esse complexo é um motor acionado por prótons e é um exemplo de catálise rotativa. Cerca de três prótons são necessários para a síntese de cada ATP. Esse complexo atua independentemente da cadeia de transporte de elétrons; a adição de um ácido fraco, como o ácido acético, a uma suspensão de mitocôndrias isoladas é suficiente para induzir a biossíntese de ATP *in vitro*.

Razões P:O

A razão P:O é uma medida do número de fosfatos de alta energia (isto é, quantidade de ATP) sintetizados por átomo de oxigênio consumido, ou por mol de água produzida. A razão P:O pode ser calculada a partir dos mols de ADP utilizados para sintetizar ATP e os átomos de oxigênio absorvidos pelas mitocôndrias. Por exemplo, se 2,0 mmol de ADP é convertido em ATP e 0,5 mmol de oxigênio (1,0 miliátomo de oxigênio) é captado, a razão P:O é 2,0. Como discutido anteriormente, o rendimento teórico de ATP por mol de NADH é de cerca de 7,0 mols; no entanto, pela medição real com mitocôndrias isoladas, **a razão P:O para a oxidação de metabólitos que produzem NADH é de cerca de 2,5, e a razão para aqueles que produzem $FADH_2$ é de cerca de 1,5**. O restante da

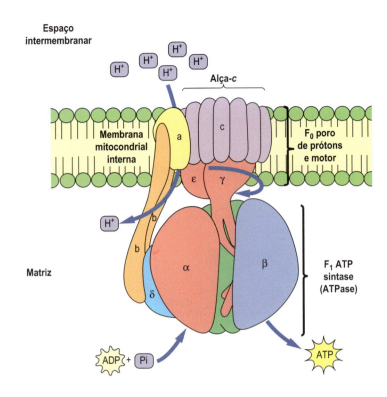

Fig. 8.11 **Complexo ATP sintase.** O complexo ATP sintase consiste em um motor (F_0) e um gerador (F_1). O poro de prótons envolve o anel c e a proteína a. O componente rotativo é a subunidade espiral enrolada γ, que está ligada à subunidade ε e ao anel c. O componente estacionário é a unidade $α_3β_3$ hexamérica, que é mantida no lugar pelas proteínas δ, b e a.

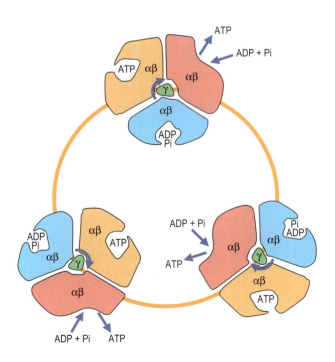

Fig. 8.12 **Mecanismo de mudança de ligação da ATP-sintase.** Alimentada por prótons, a rotação da subunidade γ da ATP sintase induz mudanças conformacionais simultâneas em todos os três dímeros αβ. Cada rotação de 120° resulta na ejeção de um ATP, ligação de ADP e Pi e na síntese de ATP.

energia disponível da oxidação de NADH e $FADH_2$ é liberado na forma de calor.

O "controle respiratório" é como a absorção de oxigênio pelas mitocôndrias depende da disponibilidade de ADP

Normalmente, a oxidação e a fosforilação são fortemente acopladas: os substratos são oxidados, os elétrons são transportados, e o oxigênio é consumido somente quando a síntese de ATP é necessária (respiração acoplada). Assim, as mitocôndrias em repouso consomem oxigênio a uma taxa lenta, que pode ser fortemente estimulada pela adição de ADP (Fig. 8.13). O ADP é absorvido pelas mitocôndrias e estimula a ATP sintase, que reduz o gradiente de prótons. A respiração aumenta porque as bombas de prótons são estimuladas para restabelecer o gradiente de prótons. Quando o ADP se escasseia, a síntese de ATP termina, e a respiração retorna à taxa original. A absorção de oxigênio também diminui para a taxa original quando a concentração de ADP é reduzida e a síntese de ATP termina.

As mitocôndrias podem se tornar parcialmente desacopladas se a membrana interna perder a sua integridade estrutural. Diz-se que elas estão "vazando" porque os prótons podem se difundir através da membrana interna sem envolver a ATP sintase. Isso ocorre caso as mitocôndrias isoladas sejam tratadas com detergentes suaves que danificam a membrana interna ou se forem armazenadas por um período de tempo. Tais mitocôndrias são consideradas "desacopladas"; a oxi-

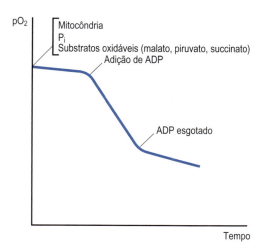

Fig. 8.13 **Efeito do ADP na captação de oxigênio por mitocôndrias isoladas.** Isso pode ser estudado em um sistema isolado (selado) com um eletrodo de oxigênio e um dispositivo de registro. O gráfico mostra um registro típico de consumo de oxigênio (pO$_2$, pressão parcial de oxigênio) por mitocôndrias normais sob introdução de ADP.

dação prossegue sem a produção de ATP, e as mitocôndrias desacopladas perdem o controle respiratório porque os prótons bombeados pela cadeia de elétrons esquivam-se da ATPase e vazam improdutivamente de volta para a matriz. A relação P:O diminui nessas condições.

O mecanismo de controle respiratório depende da necessidade da ligação de ADP e Pi ao complexo ATP sintase: na ausência de ADP e Pi, os prótons não podem entrar na mitocôndria através desse complexo, e o consumo de oxigênio diminui acentuadamente porque as bombas de prótons não conseguem bombear prótons defronte a uma alta pressão contrária de prótons. Isso acontece porque a energia livre das reações de transporte de elétrons é suficiente para gerar um gradiente de pH de apenas duas unidades através da membrana. Se o gradiente de pH não puder ser descarregado para a produção de ATP, o gradiente de duas unidades de pH é estabelecido, e as bombas cessam e travam. A cadeia de transporte de elétrons se torna reduzida, e a oxidação de substratos e o consumo de oxigênio diminuem. Um pouco de atividade física, com consumo de ATP e geração de ADP e Pi, abre os canais da ATPase, descarregando o gradiente de prótons e ativando a cadeia de transporte de elétrons e o consumo de combustível e oxigênio. Em um nível de corpo inteiro, respiramos mais rápido durante o exercício de modo a fornecer o oxigênio adicional necessário para o aumento da fosforilação oxidativa.

Desacopladores

Os desacopladores e proteínas desacopladoras são termogênicos

Desacopladores de fosforilação oxidativa dissipam o gradiente de prótons transportando prótons de volta para as mitocôndrias, desviando da ATP sintase. Os desacopladores estimulam a respiração e a produção de calor porque o sistema tenta restaurar o gradiente de prótons oxidando mais combustível e bombeando mais prótons para fora da mitocôndria. **Os desacopladores são tipicamente compostos hidrofóbicos e ácidos ou bases fracas, com pKa próximo de pH 7.** O desacoplador clássico 2,4-dinitrofenol (DNP; Fig. 8.14) é protonado em solução no lado externo, mais ácido, da membrana mitocondrial interna. Devido à sua hidrofobicidade, pode então difundir-se livremente pela membrana mitocondrial interna. Quando atinge o lado da matriz, encontra um pH mais básico, e o próton é liberado, efetivamente descarregando o gradiente de pH. Outros desacopladores incluem conservantes e agentes antimicrobianos, como pentaclorofenol e p-cresol.

Proteínas desacopladoras (UCP)

De acordo com a hipótese quimiosmótica, a membrana mitocondrial interna é fechada topologicamente. No entanto, os prótons podem também ser transportados para a matriz a partir do espaço intermembranar por outras vias que não o complexo da ATP sintase e pelos transportadores da membrana interna. Acredita-se que grande parte da BMR seja devido principalmente aos componentes da membrana interna chamados proteínas desacopladoras (UCP). A primeira descoberta foi a proteína desacopladora-1 (UCP1), anteriormente conhecida como **termogenina**, encontrada exclusivamente no **tecido adiposo marrom**, que é marrom devido ao seu alto conteúdo de mitocôndrias. A UCP1 fornece calor corporal durante o estresse pelo frio nos animais jovens e em alguns animais adultos (e pode ser induzida pela exposição ao frio leve). Isso é feito pelo desacoplamento do gradiente de prótons, permitindo o transporte de prótons, mas contornando a ATPase, gerando calor (termogênese) em vez de ATP. As proteínas desacopladoras são expressas em níveis elevados em animais em hibernação, permitindo-lhes manter a temperatura corporal sem movimento ou exercício.

Quatro proteínas desacopladoras adicionais são expressas pelo genoma humano: UCP2, UCP3, UCP4 e UCP5. Enquanto a UCP1 é exclusiva do tecido adiposo marrom, a UCP2 é expressa de maneira ubíqua, a UCP3 é expressa principalmente no músculo esquelético, e a UCP4 e a UCP5 são expressas no cérebro. Com exceção da UCP1, as funções fisiológicas dessas proteínas não são bem compreendidas, mas podem ter um significado profundo em nossa compreensão a respeito de condições como diabetes, obesidade, câncer, doenças da tireoide e envelhecimento. Como desacopladoras, elas foram ligadas a várias funções fundamentais. Por exemplo, há fortes evidências de que a obesidade induz a síntese de UCP2 em células β do pâncreas. Isso pode ter um papel na disfunção da célula β encontrada no diabetes tipo 2, pois diminui a concentração intracelular de ATP, necessária para a secreção de insulina. Demonstrou-se que o hormônio tireoidiano (T$_3$) estimula a termogênese em ratos, promovendo a síntese da UCP3 no músculo esquelético. A febre comum que é induzida por organismos infecciosos é provavelmente também devido ao desacoplamento por UCPs.

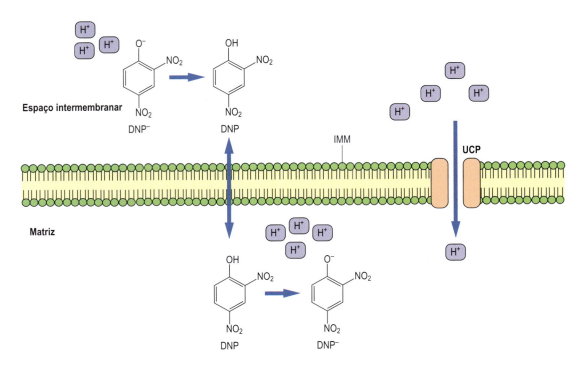

Fig. 8.14 **Transporte de prótons por desacopladores.** Os desacopladores transportam prótons para a mitocôndria, dissipando o gradiente de prótons. O DNP é um exemplo de um desacoplador exógeno. As proteínas desacopladoras (UCP) são desacopladores endógenos na IMM e são reguladas por hormônios. O gradiente constituído por prótons e outros fatores constitui o potencial de membrana mitocondrial (PMM), que é expresso em milivolts (mV). DNP, 2,4-dinitrofenol; IMM, membrana mitocondrial interna.

INIBIDORES DO METABOLISMO OXIDATIVO

Inibidores do sistema de transporte de elétrons

Os inibidores do transporte de elétrons seletivamente inibem os complexos I, III ou IV, interrompendo o fluxo de elétrons através da cadeia respiratória. Isso para o bombeamento de prótons, a síntese de ATP e a captação de oxigênio. Diversos inibidores são venenos prontamente disponíveis que poderiam ser encontrados na prática médica — por exemplo, o antidiabético metformina, que em altas concentrações inibe o complexo I. Como a metformina não é metabolizada e é depurada pela secreção tubular renal, os médicos devem estar atentos à acidose láctica associada à metformina (MALA) em pacientes diabéticos com insuficiência renal. Vale ressaltar que os defeitos genéticos nos componentes da cadeia respiratória frequentemente imitam os efeitos desses inibidores, causando acidose láctica devido ao aumento da dependência da glicólise para a produção de ATP (Capítulo 10).

Rotenona inibe o complexo I (NADH-Q redutase)

A **rotenona**, um inseticida comum, e alguns barbitúricos (p. ex., **amital**) inibem o complexo I. Como o malato e o lactato são oxidados pelo NAD$^+$, sua oxidação será diminuída pela rotenona. Entretanto, os substratos que produzem FADH$_2$ ainda podem ser oxidados porque o complexo I é contornado, e os elétrons são doados à ubiquinona a partir do FADH$_2$. A adição de ADP a uma suspensão de mitocôndrias suplementada com malato e fosfato (Fig. 8.15) estimula significativamente o consumo de oxigênio à medida que ocorre a síntese de ATP. A absorção de oxigênio é visivelmente inibida pela rotenona, mas quando o succinato é adicionado, a síntese de ATP e o consumo de oxigênio recomeçam até que o suprimento de ADP seja exaurido. A inibição do complexo I pela rotenona causa a redução de todos os componentes antes do ponto de inibição, porque eles não podem ser oxidados, enquanto aqueles após o ponto de inibição tornam-se totalmente oxidados. Isso é conhecido como um **ponto de cruzamento**, e pode ser determinado espectrofotometricamente, porque a absorção de luz pelos componentes da cadeia respiratória muda de acordo com o estado redox. Tais análises foram utilizadas para definir a sequência de componentes na cadeia respiratória.

A antimicina A inibe o complexo III (QH$_2$ – citocromo c redutase)

A inibição do complexo III pela antimicina A impede a transferência de elétrons do complexo I ou das flavoproteínas contendo FADH$_2$ para o citocromo *c*. Nesse caso, os componentes que precedem o complexo III tornam-se completamente reduzidos, e os seguintes a ele se tornam oxidados. A curva de absorção de oxigênio (Fig. 8.16) mostra que a estimulação da respiração pelo ADP é inibida pela antimicina A, mas a adição de succinato não alivia a inibição.

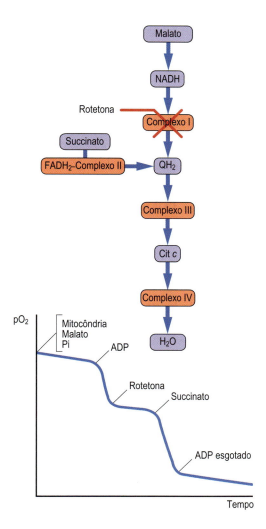

Fig. 8.15 **Inibição do complexo I.** Inibidores como a rotenona inibem a captação de oxigênio pelas mitocôndrias quando os substratos produtores de NADH estão sendo oxidados.

O ácido ascórbico pode reduzir o citocromo c, e a adição de ácido ascórbico restaura a respiração, ilustrando que o complexo IV não é afetado pela antimicina A.

O cianeto e o monóxido de carbono inibem o complexo IV

A azida (N_3^-), cianeto (CN^-) e monóxido de carbono (CO) inibem o complexo IV (citocromo c oxidase; Fig. 8.17). Como esse é o complexo terminal de transferência de elétrons, a sua inibição não pode ser contornada. Todos os componentes que precedem o complexo IV se reduzem, o oxigênio não pode ser reduzido, nenhum dos complexos pode bombear prótons e o ATP não é sintetizado. Desacopladores como o DNP não têm efeito porque não há gradiente de prótons. O cianeto e o monóxido de carbono também se ligam à hemoglobina, bloqueando a ligação e o transporte de oxigênio (Capítulo 5). Nessas intoxicações, tanto a capacidade de transportar oxigênio quanto a capacidade de sintetizar o ATP são prejudicadas. A administração de oxigênio é usada para o tratamento de tais intoxicações.

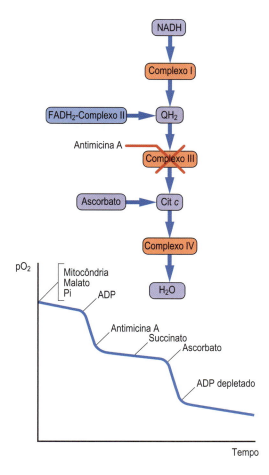

Fig. 8.16 **Inibição do complexo III por antimicina.** A antimicina A inibe o complexo III, bloqueando a transferência de elétrons do complexo I e das flavoproteínas, como o complexo II.

Oligomicina inibe a atp sintase

A **oligomicina** inibe a respiração, porém, ao contrário dos inibidores do transporte de elétrons, não é um inibidor direto do sistema transportador de elétrons. Em vez disso, inibe o canal de prótons da ATP sintase. Causa um acúmulo de prótons fora da mitocôndria porque o sistema de bombeamento de prótons ainda está intacto, mas o canal de prótons está bloqueado. A adição do desacoplador DNP após a absorção de oxigênio tem sido inibida pela oligomicina ilustra esse ponto: o DNP dissipa o gradiente de prótons e estimula a absorção de oxigênio à medida que o sistema de transporte de elétrons tenta restabelecer o gradiente de prótons (Fig. 8.18).

Inibidores da translocase adp-atp

A maioria dos ATP é sintetizada na mitocôndria, mas utilizada no citosol para reações biossintéticas. O ATP mitocondrial sintetizado recentemente e o ADP citosólico gasto são trocados

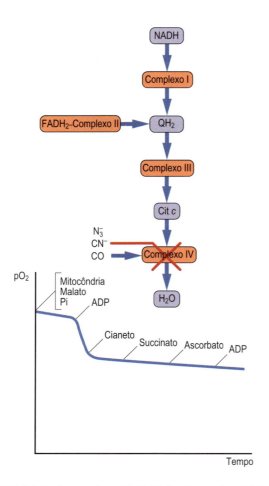

Fig. 8.17 **Inibição do complexo IV.** A inibição do complexo IV interrompe a transferência de elétrons na etapa final do transporte de elétrons. Os elétrons não podem ser transferidos para o oxigênio, e a síntese do ATP é interrompida.

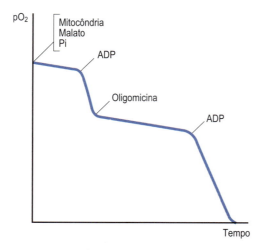

Fig. 8.18 **Inibição da absorção de oxigênio pela oligomicina.** A oligomicina inibe a captação de oxigênio nas mitocôndrias sintetizadoras de ATP. A oligomicina inibe a ATP sintase e o consumo de oxigênio nas mitocôndrias acopladas. No entanto, o DNP estimula a captação de oxigênio após a inibição da oligomicina, dissipando o gradiente de prótons.

por uma translocase mitocondrial ADP-ATP, representando cerca de 10% da proteína na membrana mitocondrial interna (Fig. 8.3). Essa translocase pode ser inibida por toxinas incomuns de plantas e mofo, como o **ácido bongkrekic** e o **atractilosídeo**. Seus efeitos são semelhantes aos da oligomicina *in vitro* – um gradiente de prótons se acumula e o transporte de elétrons para; porém, assim como no caso da oligomicina, a respiração pode ser reativada por desacopladores.

REGULAÇÃO DA FOSFORILAÇÃO OXIDATIVA

Controle respiratório e regulação por retroalimentação

O ADP é o regulador de retroalimentação chave da fosforilação oxidativa

O mecanismo mais antigo e mais simples conhecido do controle respiratório depende do suprimento de ADP. Isso se baseia no fato de que, quando adicionado a mitocôndrias isoladas, o ADP estimula a respiração e a síntese de ATP. Quando o ADP é completamente convertido em ATP, a respiração retorna à taxa inicial. A fosforilação oxidativa também está fortemente acoplada a vias fundamentais, como glicólise, oxidação de ácidos graxos e ciclo do ácido tricarboxílico (Capítulos 9, 10 e 11) por meio de mecanismos reguladores de retroalimentação, controlando o fluxo de combustível para as mitocôndrias. Como a fosforilação oxidativa depende do suprimento de $FADH_2$, NADH, ADP e Pi, bem como da razão ATP/ADP, da magnitude do potencial de membrana, do desacoplamento e dos fatores hormonais, seus modos de regulação são claramente complexos.

Regulação por modificação covalente e efetores alostéricos (ATP-ADP)

O principal alvo para a regulação da fosforilação oxidativa parece ser o complexo IV. Esse é fosforilado em resposta à ação hormonal pela PKA, proteína quinase dependente de adenosina 3',5'-monofosfato cíclico (cAMP), e desfosforilado por uma proteína fosfatase estimulada por Ca^{2+} (Capítulo 12). A fosforilação permite a regulação alostérica pela proporção de ATP para ADP. Uma taxa alta de ATP/ADP inibe e uma taxa baixa estimula a fosforilação oxidativa. Acredita-se que o complexo seja normalmente fosforilado e inibido pelo ATP. Com altos níveis de Ca^{2+}, como no músculo durante o exercício (Capítulo 37), a enzima é desfosforilada, a inibição por ATP é abolida, e sua atividade é fortemente estimulada, aumentando a produção de ATP. Com base na observação de que na diabetes tipo 2, a produção de ATP é diminuída quando a subunidade β da ATP sintase é fosforilada, foi proposto que esse complexo também seja regulado pela fosforilação/desfosforilação.

Regulação pelos hormônios tireoidianos

Os hormônios tireoidianos atuam em dois níveis nas mitocôndrias. Em ratos, o T_3 estimula a síntese de UCP2 e UCP3, que pode desacoplar o gradiente de prótons, mas isso não foi documentado em humanos. Além disso, o T_2 liga-se ao complexo IV no lado da matriz, induzindo deslizamento na citocromo *c* oxidase. O termo deslizamento significa que o complexo IV bombeia menos prótons por elétron transportado através do complexo, resultando em aumento da termogênese. A ação de T_3 poderia explicar, em parte, os efeitos termogênicos de longo prazo dos hormônios tireoidianos, e o T_2 poderia explicar os efeitos a curto prazo (Capítulo 27).

Poro de transição de permeabilidade mitocondrial (MPTP)

Localizado na membrana mitocondrial interna, o MPTP é um poro não seletivo que é um fator crítico na morte celular. Está normalmente fechado, mas se abrirá quando as células forem reperfundidas após um período de isquemia (**lesão de isquemia e reperfusão [IRI]**, Capítulo 42), e pequenas moléculas deixarão a matriz mitocondrial. A abertura do MPTP é agora considerada uma característica fundamental da IRI, na qual o dano celular é muito maior do que aquele produzido apenas pela isquemia. Cascatas de reações que ocorrem em resposta a IRI levam a apoptose, necrose e morte celular.

A isquemia, como a encontrada em ataques cardíacos, geralmente é causada por um coágulo que bloqueia uma artéria. Os agentes anticoagulantes, como a estreptoquinase, podem ser administrados para dissolver os coágulos e reperfundir as células isquêmicas. Mas se o estado isquêmico tiver sido prolongado antes da administração de um agente anticoagulante, a morte pode resultar da lesão por reperfusão e da abertura do MPTP. Isso ocorre com muita frequência em pacientes com ataque cardíaco. Várias drogas, como a ciclosporina A, inibem a abertura do MPTP e podem proteger as células de necrose ou apoptose após a administração de um agente anticoagulante.

RESUMO

- O sistema transportador de elétrons consiste em complexos carreadores de elétrons que estão localizados na membrana mitocondrial interna.
- A oxidação de combustíveis leva à produção de nucleotídeos reduzidos, NADH e $FADH_2$, e quatro principais flavoproteínas alimentam elétrons à ubiquinona, o primeiro membro da via comum do transporte de elétron.
- A energia derivada da condutância de elétrons através do sistema de transporte de elétrons é utilizada por três dos complexos ao bombear prótons para o espaço intermembranar, criando um gradiente eletroquímico ou força motriz de prótons.

QUESTÕES PARA APRENDIZAGEM

1. Revise as informações recentes sobre as diferenças entre o tecido adiposo marrom e branco e suas funções em bebês e adultos.
2. Compare o motor molecular na ATPase mitocondrial com motores moleculares em outras vias extramitocondriais.
3. A ubiquinona é comumente disponível como um suplemento na prateleira de vitaminas em farmácias, mas não é aprovado pela Food and Drug Administration dos Estados Unidos para o tratamento de qualquer doença. Revise as vias de biossíntese da ubiquinona, o papel das fontes alimentares *versus* endógenas dessa coenzima e os méritos da suplementação de ubiquinona.
4. Revise as publicações recentes sobre a temperatura das mitocôndrias. Discuta o fluxo de calor no corpo e explique por que nos sentimos desconfortáveis com a temperatura ambiente alta (37 °C), especialmente junto a alta umidade.

- O gradiente de prótons é utilizado para impelir a ATP sintase para a síntese de ATP por catálise rotativa, bem como o transporte de intermediários através da membrana interna.
- Diversas toxinas podem prejudicar gravemente o sistema de transporte de elétrons, a ATP sintase e a translocase que troca ATP e ADP através da membrana mitocondrial interna.
- A taxa de produção de ATP pelo sistema de transporte de elétrons é regulada pela modulação do gradiente de prótons, pela modificação alostérica e fosforilação-desfosforilação, e pelos hormônios tireoidianos.
- Pelo menos cinco proteínas desacopladoras (UCP) com distribuições teciduais específicas são encontradas na membrana mitocondrial interna, e todas regulam o potencial de membrana, o gasto de energia e a termogênese.
- Doenças crônicas ou condições como diabetes, câncer, obesidade e envelhecimento têm ligações metabólicas com a desregulação da fosforilação oxidativa por meio de efeitos no sistema de transporte de elétrons e na ATP sintase.
- A integridade das mitocôndrias e das células pode ser rompida pela lesão de isquemia e reperfusão e pela abertura do poro de transição de permeabilidade mitocondrial, levando a morte e dano tecidual.

LEITURAS SUGERIDAS

Acosta, M. J., Vazquez Fonseca, L., Desbats, M. A., et al. (2016). Coenzyme Q biosynthesis in health and disease. *Biochimica et Biophysica Acta, 1857,* 1079-1085.

Giachin, G., Bouverot, R., Acajjaoui, S., et al. (2016). Dynamics of human mitochondrial complex I assembly: Implications for neurodegenerative diseases. *Frontiers in Molecular Bioscience, 22*(3), 43.

Kwong, J. Q., & Molkentin, J. D. (2015). Physiological and pathological roles of the mitochondrial permeability transition pore in the heart. *Cell Metabolism, 21,* 206-214.

Lapuente-Brun, E., Moreno-Loshuertos, R., Acín-Pérez, R., et al. (2013). Supercomplex assembly determines electron flux in the mitochondrial electron transport chain. *Science, 340*, 1567-1570.

Picard, M., Taivassalo, T., Gouspillou, G., et al. (2011). Mitochondria: Isolation, structure and function. *Journal of Physiology, 589*, 4413-4421.

Pinadda, V., & Halestrap, A. P. (2012). The roles of phosphate and the phosphate carrier in the mitochondrial permeability transition pore. *Mitochondrion, 12*, 120-125.

Ruiz-Meana, M., Fernandez-Sanz, C., & Garcia-Dorado, D. (2010). The SR-mitochondria interaction: A new player in cardiac pathophysiology. *Cardiovascular Research, 88*, 30-39.

Shanbhag, R., Shi, G., Rujiviphat, J., et al. (2012). The emerging role of proteolysis in mitochondrial quality control and the etiology of Parkinson's disease. *Parkinson's Disease, 2012*, 382175 doi:10.1155/2012/382175.

Zhu, J., Vinothkumar, K. R., & Hirst, J. (2016). Structure of mammalian respiratory complex I. *Nature, 536*, 354-358.

SITES

Filmes
ATP synthase: http://www.youtube.com/watch?v=PjdPTY1wHdQ.

Animações
ATP synthase: http://vcell.ndsu.nodak.edu/animations/atpgradient/index.htm.
Virtual Cell Animation Center: http://vcell.ndsu.nodak.edu/animations/home.htm.

Outros recursos
Metformin monitoring: http://www.fda.gov/Safety/MedWatch/SafetyInformation/SafetyAlertsforHumanMedicalProducts/ucm494829.htm.
Bioenergetics: http://www.bmb.leeds.ac.uk/illingworth/oxphos/.
The Children's Mitochondrial Disease Network: http://www.cmdn.org.uk/.
United Mitochondrial Disease Foundation: http://www.umdf.org/.

ABREVIATURAS

ATP	Trifosfato de adenosina
BMR	Taxa metabólica basal
DNP	2,4-dinitrofenol
FAD	Flavina-adenina dinucleotídeo
FMN	Flavina mononucleotídeo
IMM	Membrana mitocondrial interna
IMS	Espaço intermembranar
IRI	Lesão de isquemia-reperfusão
MET	Equivalente metabólico da tarefa
mtDNA	DNA mitocondrial
NAD(H)	Nicotinamida adenina
dinucleotídeo	
OMM	Membrana mitocondrial externa
R	Constante de gás perfeito
RMR	Taxa metabólica de repouso
TIM	Transportador na membrana
interna	
TOM	Transportador na membrana
externa	
UCP	Proteína desacopladora [PD]

CAPÍTULO 9

Metabolismo Anaeróbio dos Carboidratos nas Hemácias

John W. Baynes

OBJETIVOS

Após concluir este capítulo, o leitor estará apto a:

- Descrever a sequência de reações na glicólise anaeróbia, a via central do metabolismo de carboidratos em todas as células.
- Resumir o fluxo de energia da glicólise anaeróbia, incluindo as reações envolvidas na utilização e na formação de ATP e o rendimento líquido de ATP durante a glicólise.
- Identificar o sítio primário de regulação alostérica da glicólise e o mecanismo de regulação dessa enzima.
- Identificar as etapas da glicólise que ilustram o uso de reações acopladas para impulsionar processos termodinamicamente desfavoráveis, incluindo a fosforilação no nível do substrato.
- Explicar os diferentes papéis da via da pentose fosfato nos eritrócitos e nas células nucleadas.
- Descrever o papel da glicólise anaeróbia no desenvolvimento da cárie dentária.
- Explicar por que a glicólise é essencial às funções normais dos eritrócitos, incluindo as consequências das deficiências nas enzimas glicolíticas e o papel da glicólise na adaptação a grandes altitudes.
- Explicar a origem da anemia hemolítica medicamentosa em pessoas com deficiência de G6PD.

INTRODUÇÃO

A glicólise é a via central do metabolismo da glicose em todas as células

A glicose é o principal carboidrato na Terra, a espinha dorsal e a unidade monomérica de celulose e do amido. É também o único combustível utilizado por todas as células do nosso corpo. Todas essas células, mesmo os micróbios em nossos intestinos, iniciam o metabolismo da glicose por uma via denominada *glicólise* – isto é, divisão (lise) do carboidrato (glico). A glicólise é catalisada por enzimas citosólicas solúveis e é a via metabólica central e onipresente no metabolismo da glicose. O eritrócito, comumente conhecido como hemácia, é único entre todas as células do corpo: ele utiliza a glicose e a glicólise como sua única fonte de energia. Portanto, a hemácia é um modelo útil para uma introdução à glicólise.

O piruvato, um ácido carboxílico de três carbonos, é o produto final da glicólise anaeróbica; 2 mols de piruvato são formados por mol de glicose

Em células com mitocôndrias e metabolismo oxidativo, o piruvato é convertido completamente em CO_2 e H_2O; a glicólise nesse cenário é denominada **glicólise aeróbia**. Nos eritrócitos, que não possuem mitocôndrias e metabolismo oxidativo, o piruvato é reduzido a ácido láctico, um hidroxiácido de três carbonos, o produto da **glicólise anaeróbia.** Cada mol de glicose produz 2 mols de lactato, que são então excretados no sangue. Duas moléculas de ácido láctico contêm exatamente o mesmo número de carbonos, hidrogênios e oxigênio que uma molécula de glicose (Fig. 9.1); no entanto, há energia livre suficiente disponível a partir da clivagem e do rearranjo da molécula de glicose para produzir 2 mols de ATP por mol de glicose convertida em lactato. A hemácia usa a maior parte desse ATP para manter os gradientes eletroquímicos e iônicos através de sua membrana plasmática.

Nas hemácias, 10%–20% do intermediário glicolítico 1,3-bisfosfoglicerato é desviado para a síntese do 2,3-bisfosfoglicerato (2,3-BPG), um regulador alostérico da afinidade da Hb pelo O_2 (Capítulo 5). A **via da pentose fosfato**, que também desvia intermediários da glicólise, é responsável por cerca de 10% do metabolismo da glicose nas hemácias. Nas hemácias, essa via tem um papel especial na proteção contra o estresse oxidativo, enquanto nas células nucleadas também serve como fonte de NADPH para reações biossintéticas e de pentoses para a síntese de ácido nucleico.

O ERITRÓCITO

O eritrócito, ou hemácia, depende exclusivamente da glicose sérica como combustível metabólico

O eritrócito, ou hemácia, representa 40% a 45% do volume sanguíneo e mais de 90% dos elementos figurados (eritrócitos, leucócitos e plaquetas) no sangue. A hemácia é, estrutural e metabolicamente, a célula mais simples do corpo – o produto final da maturação dos reticulócitos da medula óssea. Durante sua maturação, a hemácia perde todas as organelas subcelulares. Sem núcleos, não possui a capacidade de sintetizar DNA ou RNA. Sem ribossomos ou um retículo endoplasmático, não pode sintetizar ou secretar proteínas. Por não poder oxidar as gorduras, um processo que requer atividade mitocondrial, a hemácia depende exclusivamente da glicose sérica como combustível. Outros açúcares da dieta – como frutose, sacarose,

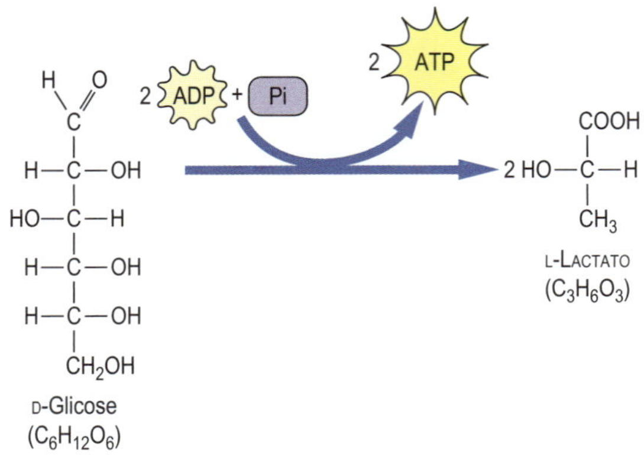

CAPÍTULO 9 Metabolismo Anaeróbio dos Carboidratos nas Hemácias

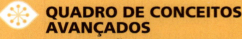

Fig. 9.1 **Conversão da glicose em lactato durante a glicólise anaeróbia.** Um mol de glicose é convertido em 2 mols de lactato durante a glicólise anaeróbia. Nenhum oxigênio é consumido nesta via e não é produzido CO_2. Há uma produção líquida de 2 mols de ATP por mol de glicose convertido em lactato.

✳ QUADRO DE CONCEITOS AVANÇADOS
UTILIZAÇÃO DA GLICOSE NA HEMÁCIA

Em uma pessoa de 70 kg, há cerca de 5 L de sangue e pouco mais de 2 kg (2 L) de hemácias. Essas células constituem cerca de 3% da massa corporal total e consomem cerca de 20 g (0,1 mol) de glicose ao dia, representando cerca de 10% do metabolismo total da glicose corporal. A hemácia possui a maior taxa específica de utilização de glicose de qualquer célula do corpo, aproximadamente 10 g de glicose/kg de tecido/dia, em comparação com ~ 2,5 g de glicose/kg de tecido/dia para todo o corpo.

Na hemácia, cerca de 90% da glicose é metabolizada via glicólise, produzindo lactato, que é excretado no sangue. Apesar de sua elevada taxa de consumo de glicose, a hemácia possui uma das menores taxas de síntese de ATP de qualquer célula no organismo, ~0,1 mol de ATP/kg de tecido/dia, refletindo o fato de que a glicólise anaeróbia recupera apenas uma fração da energia disponível a partir da combustão completa de glicose para CO_2 e H_2O.

---

xarope de milho rico em frutose e galactose do açúcar do leite (lactose) – são convertidos em glicose, principalmente no fígado. O metabolismo da glicose na hemácia é inteiramente anaeróbio, compatível com o papel primário da hemácia no transporte e no fornecimento de oxigênio, não na sua utilização.

GLICÓLISE

Visão geral

O piruvato é o produto final da glicólise anaeróbia

A glicose entra na hemácia por difusão facilitada pelo transportador de glicose independente de insulina GLUT-1. A glicólise então prossegue por uma série de intermediários fosforilados, iniciando com a síntese de **glicose-6-fosfato** (Glc-6-P). Durante esse processo, que envolve 10 etapas catalisadas enzimaticamente, duas moléculas de ATP são gastas (estágio de **investimento**) para construir um intermediário quase simétrico, a frutose-1,6-bisfosfato (Fru-1,6-BP), que é então clivada (estágio de **divisão**) a duas triose fosfatos de três carbonos. Elas são finalmente convertidas em lactato, com produção de ATP, durante o estágio de **rendimento** da glicólise. O estágio de rendimento inclui reações de redox e fosforilação, levando à formação de quatro moléculas de ATP durante a conversão das duas triose fosfatos em lactato. O resultado global são 2 mols de ATP por mol de glicose convertida em lactato.

A glicólise é uma via relativamente ineficiente para extrair energia da glicose: o rendimento de 2 mols de ATP por mol de glicose é apenas cerca de 5% dos 30–32 ATP disponíveis pela oxidação completa da glicose em CO_2 e H_2O pela mitocôndria em outros tecidos (Capítulo 10).

Pode-se perguntar por que é necessária uma via de 10 etapas para converter glicose em lactato; não poderia ter sido realizado em menos etapas ou por clivagem de um carbono de cada vez? A resposta, do ponto de vista metabólico, é que a glicólise não é um caminho isolado; a maioria dos intermediários glicolíticos serve como pontos de ramificação para outras vias metabólicas. Dessa forma, o metabolismo da glicose se cruza com o metabolismo de gorduras, proteínas e ácidos nucleicos, bem como outras vias do metabolismo de carboidratos. Algumas dessas interações metabólicas são mostradas na Figura 9.2.

O estágio de investimento da glicólise

Dois ATP são investidos para iniciar o metabolismo da glicose pela glicólise

Glicose-6-fosfato

A glicose é absorvida na hemácia por meio do transportador facilitado GLUT-1 (Capítulo 4); essa proteína compõe cerca de 5% da proteína total da membrana das hemácias, portanto, o transporte de glicose não é o limitante da taxa de glicólise. Assim, a concentração de glicose no estado estacionário na hemácia é apenas ~ 20% menor do que no plasma. A primeira etapa no comprometimento da glicose com a glicólise é a fosforilação da glicose para Glc-6-P, catalisada pela enzima hexoquinase (Fig. 9.3, topo). A formação de Glc-6-P a partir de glicose livre e fosfato inorgânico é energeticamente desfavorável, portanto, uma molécula de ATP deve ser gasta, ou investida, na reação de fosforilação; a hidrólise do ATP é acoplada à síntese de Glc-6-P. A Glc-6-P fica presa na hemácia, juntamente com outros intermediários fosforilados na glicólise, porque não há sistemas de transporte para fosfatos de açúcar nas membranas plasmáticas das células de mamíferos.

Frutose-6-fosfato

A segunda etapa da glicólise é a conversão de Glc-6-P em Fru-6-P pela **fosfoglicose isomerase** (Fig. 9.3, meio). Isomerases

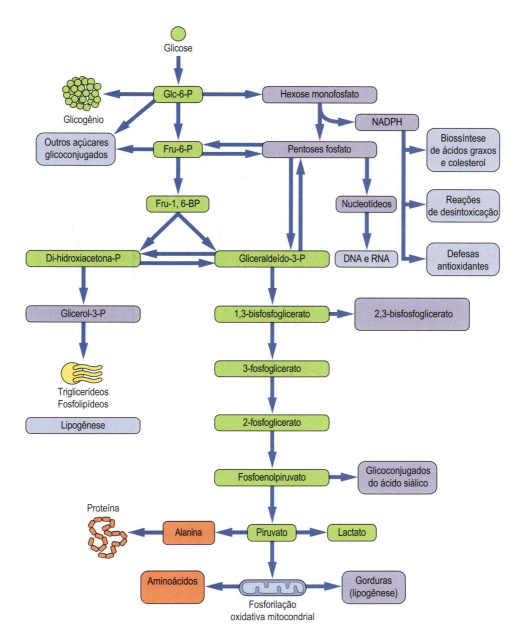

Fig. 9.2 **Interações entre glicólise e outras vias metabólicas.** As caixas de cor verde indicam intermediários envolvidos na via da glicólise. As outras caixas ilustram algumas das interações metabólicas entre glicólise e outras vias metabólicas na célula. Nem todas essas vias são ativas na hemácia, que tem capacidade biossintética limitada e não possui mitocôndrias. Glc-6-P, glicose-6-fosfato; Fru-6-P, frutose-6-fosfato; Fru-1,6-BP, frutose-1,6-bisfosfato.

catalisam reações de equilíbrio livremente reversíveis – nesse caso, uma interconversão aldose-cetose. Uma segunda molécula de ATP é investida para fosforilar Fru-6-P na posição C-1; a reação é catalisada pela **fosfofrutoquinase-1** (PFK-1). O produto, **frutose 1,6-bisfosfato** (Fru-1,6-BP), é um intermediário pseudossimétrico com um éster de fosfato em cada extremidade da molécula. Como a hexoquinase, a PFK-1 requer ATP como substrato e catalisa uma reação essencialmente irreversível. Tanto a hexoquinase como a PFK-1 são importantes enzimas regulatórias na glicólise, mas a PFK-1 é a etapa crítica e comprometedora. Essa reação direciona a glicose à glicólise, a única via para o metabolismo da Fru-1,6-BP.

O estágio de divisão da glicólise

A frutose-1,6-BP é clivada ao meio por uma reação aldólica reversa

A reação da **aldolase** (Fig. 9.3, inferior) é uma reação de equilíbrio livremente reversível, convertendo a Fru-1,6-BP

CAPÍTULO 9 Metabolismo Anaeróbio dos Carboidratos nas Hemácias

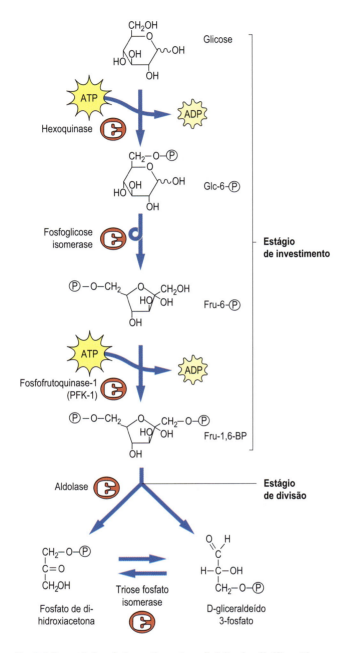

Fig. 9.3 **Os estágios de investimento e divisão da glicólise.** Observe o consumo de ATP nas reações da hexoquinase e fosfofrutoquinase-1. Glc-6-P, glicose-6-fosfato; Fru-6-P, frutose-6-fosfato; Fru-1,6-BP, frutose-1,6-bisfosfato.

O estágio de rendimento da glicólise: Síntese de ATP por fosforilação no nível de substrato

O estágio de rendimento da glicólise produz 4 mols de ATP, rendendo ao todo 2 mols de ATP por mol de glicose convertida em lactato

A síntese de ATP durante a glicólise é realizada por quinases que catalisam a **fosforilação em nível do substrato**, um processo no qual um composto de fosfato de alta energia (X ~ P) transfere o seu fosfato para o ADP, obtendo-se ATP.

Fosforilação no nível do substrato: X ~ P + ADP → X + ATP

Gliceraldeído-3-fosfato desidrogenase (GAPDH)

A GAPDH catalisa uma reação redox, formando um composto de fosfato de acila de alta energia

Para possibilitar o estágio da fosforilação no nível do substrato, o grupo aldeído do gliceraldeído-3-fosfato é oxidado para um ácido carboxílico e a energia disponível a partir da reação de oxidação é utilizada, em parte, para incorporar um fosfato do estoque citoplasmático como um **fosfato de acila**. Essa reação é catalisada pela gliceraldeído-3-fosfato desidrogenase (GAPDH), produzindo o composto de alta energia (X ~ P), 1,3-bisfosfoglicerato (1,3-BPG). A coenzima NAD+ é simultaneamente reduzida para NADH (Fig. 9.4 e 9.5).

A reação de GAPDH fornece uma ilustração interessante do papel dos intermediários ligados a enzimas na formação de fosfatos de alta energia. Como a oxidação de um aldeído e a redução de NAD$^+$ levam à formação de uma ligação acilfosfato no 1,3-BPG? Como o fosfato entra no quadro e se torna ativado em um estado de alta energia? A inibição de GAPDH por reagentes tiol como iodoacetamida, p-cloromercuribenzoato e N-etilmaleimida aponta para o envolvimento de um resíduo sulfidrila no sítio ativo. O mecanismo de ação dessa enzima está descrito na Figura 9.5.

Fosforilação no nível do substrato

A fosforilação no nível do substrato produz ATP a partir de outro composto de fosfato de alta energia

A **fosfoglicerato quinase** (PGK) catalisa a transferência do grupo fosfato a partir do fosfato de acila de alta energia do 1,3-BPG para o ADP, formando ATP. Essa reação de fosforilação em nível de substrato gera o primeiro ATP produzido na glicólise. O grupo fosfato remanescente no 3-fosfoglicerato é um éster fosfato e não possui energia suficiente para fosforilar o ADP, portanto, uma série de reações de isomerização e desidratação é recrutada para converter o éster fosfato em um enol fosfato de alta energia. A primeira etapa é transferir o fosfato para o C-2 do glicerato, convertendo o 3-fosfoglicerato em 2-fosfoglicerato, catalisado pela enzima **fosfoglicerato mutase** (Fig. 9.4). Mutases catalisam a transferência de grupos funcionais dentro de uma molécula. A fosfoglicerato mutase possui um resíduo de histidina no sítio ativo e um aduto de fosfo-histidina se forma como um intermediário ligado à enzima durante a reação de transferência do fosfato.

em duas triose fosfatos, fosfato de di-hidroxiacetona e gliceraldeído-3-fosfato, das metades superior e inferior da molécula Fru-1,6-BP, respectivamente. Apenas o gliceraldeído-3-fosfato continua através do estágio de rendimento da glicólise, mas a **triose fosfato isomerase** catalisa a interconversão do fosfato de di-hidroxiacetona e gliceraldeído-3-fosfato de forma que as duas metades da molécula de glicose sejam finalmente metabolizadas em lactato.

CAPÍTULO 9 Metabolismo Anaeróbio dos Carboidratos nas Hemácias

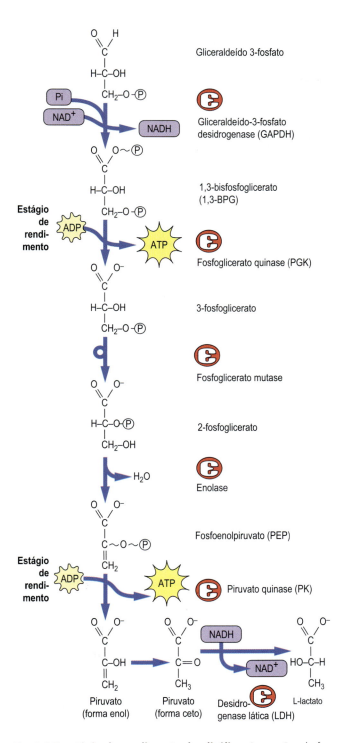

Fig. 9.4 **O estágio de rendimento da glicólise.** As reações de fosforilação em nível do substrato catalisadas pela fosfoglicerato quinase e pela piruvato quinase produzem ATP, utilizando os compostos de alta energia 1,3-bisfosfoglicerato e fosfoenolpiruvato, respectivamente. Observe que o NADH produzido durante a reação da gliceraldeído-3-fosfato desidrogenase é reciclado de volta para NAD⁺ durante a reação da desidrogenase lática, permitindo a continuação da glicólise na presença de apenas quantidades catalíticas de NAD⁺.

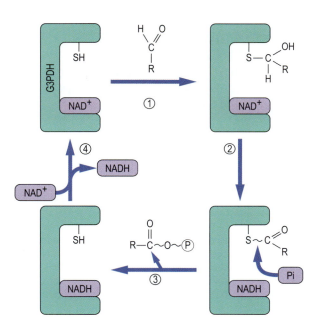

Fig. 9.5 **Mecanismo da reação da gliceraldeído-3-fosfato desidrogenase (GAPDH).** Na etapa 1, o gliceraldeído-3-P (RCHO) reage com o grupo sulfidrila no sítio ativo da GAPDH para formar um aduto tio-hemiacetal. Na etapa 2, o tio-hemiacetal é oxidado a um tioéster pelo NAD⁺, que se liga ao sítio ativo da enzima e é reduzido a NADH. Na etapa 3, o fosfato entra no sítio ativo e, em uma reação de fosforilase, cliva a ligação carbono-enxofre, deslocando o grupo 3-fosfoglicerato, produzindo 1,3-bisfosfoglicerato e regenerando o grupo sulfidrila. Na etapa 4, a enzima troca NADH por NAD⁺, concluindo o ciclo catalítico.

O 2-fosfoglicerato sofre, então, uma reação de desidratação, catalisada pela **enolase**, uma (des)hidratase, para produzir o composto de fosfato de alta energia fosfoenolpiruvato (PEP). O PEP é utilizado pela **piruvato quinase** (PK) para fosforilar ADP, produzindo piruvato e o segundo ATP, novamente por fosforilação no nível do substrato. Parece estranho que a ligação do fosfato de alta energia ao PEP possa ser formada a partir do composto de fosfato de baixa energia 2-fosfoglicerato por uma sequência simples de reações de isomerização e desidratação. No entanto, a força motriz termodinâmica para essas reações é provavelmente derivada da repulsão carga-carga entre os grupos fosfato e carboxilato do 2-fosfoglicerato e da isomerização do enolpiruvato ao piruvato após a reação de fosforilação.

A fosfoglicerato quinase e a piruvato quinase catalisam as reações de fosforilação no nível de substrato

As reações de glicólise geradoras de ATP produzem 2 mols de ATP por mol de triose fosfato ou um total de 4 mols de ATP por mol de Fru-1,6-BP. Após o ajuste para o ATP investido nas reações da hexoquinase e PFK-1, o rendimento energético líquido é de 2 mols de ATP por mol de glicose convertida em piruvato.

QUADRO DE CONCEITOS AVANÇADOS
INIBIÇÃO DA FOSFORILAÇÃO NO NÍVEL DO SUBSTRATO POR ARSENATO

O arsênico está logo abaixo do fósforo na tabela periódica dos elementos e pode-se esperar que ele compartilhe algumas das propriedades e a reatividade do fosfato. De fato, o arsenato possui valores de pKa semelhantes aos do fosfato e pode realmente ser utilizado pelo GAPDH, produzindo 1-arsenato-3-fosfoglicerato. No entanto, a ligação acil-arsenato é instável e hidrolisa rapidamente e o ATP não é gerado pela fosforilação no nível do substrato. Embora o arsenato não iniba qualquer das enzimas da glicólise, ele dissipa a energia redox disponível na reação da GAPDH e previne a formação de ATP pela fosforilação em nível do substrato na reação da PGK. Na prática, o arsenato desacopla as reações da GAPDH e da PGK. Observe que o arsênio e o arsenito também são tóxicos, mas possuem um mecanismo de ação diferente: eles reagem com os grupos tiol nas enzimas sulfidrilas, como a GAPDH (Fig. 9.5), inibindo irreversivelmente sua atividade.

QUADRO CLÍNICO
DEFICIÊNCIA DE PIRUVATO QUINASE

Uma criança apresentou icterícia e sensibilidade abdominal, que se desenvolveu após um resfriado severo. Exames laboratoriais revelaram hematócrito e concentração de hemoglobina baixos, eritrócitos normocromáticos com morfologia normal e discreta reticulocitose. A bilirrubina sérica estava aumentada.

Comentário

A deficiência de piruvato quinase é a mais comum das anemias hemolíticas, a qual resulta da deficiência de uma enzima glicolítica. É um distúrbio autossômico recessivo que ocorre com uma frequência de 1/10.000 (~1% de frequência gênica) na população mundial. Ela perde apenas para a deficiência de G6PDH (consulte discussão posterior) como uma causa enzimática da anemia hemolítica. Essas doenças são diagnosticadas pela medição dos níveis de enzimas ou metabólitos de eritrócitos, demonstrando anormalidades nas atividades enzimáticas, ou por análise genética. Defeitos enzimáticos na piruvato quinase que foram caracterizados incluem labilidade térmica, Km aumentada para PEP e ativação pela Fru-1,6-BP diminuída.

A deficiência de piruvato quinase varia significativamente em severidade, desde uma condição leve e compensada, que requer pouca intervenção, até uma doença severa que requer transfusões. A anemia resulta da incapacidade de sintetizar ATP suficiente para a manutenção dos gradientes iônicos das hemácias e da forma da célula. Curiosamente, os pacientes podem tolerar muito bem a anemia. Mesmo com anemia leve, o acúmulo de 2,3-bifosfoglicerato em suas hemácias diminui a afinidade da hemoglobina pelo oxigênio, promovendo a liberação do oxigênio para o músculo durante o exercício e até mesmo para o feto durante a gravidez.

QUADRO DE TESTE CLÍNICO
INIBIÇÃO DE ENOLASE POR FLUORETO

Medidas da concentração da glicose no sangue são utilizadas para o diagnóstico e o controle do diabetes. Frequentemente, essas medições são realizadas no laboratório clínico mais de 1 h após a coleta da amostra de sangue. Como as hemácias podem metabolizar a glicose em lactato – mesmo em um recipiente selado e anóxico –, a glicose no sangue será consumida e será produzido lactato, o qual levará à acidificação da amostra de sangue. Essas reações ocorrem nas hemácias, mesmo em temperatura ambiente, de modo que a glicemia e o pH diminuem durante o repouso, possivelmente levando a um falso diagnóstico de hipoglicemia e/ou acidemia.

O metabolismo anaeróbio da glicose pode ser prevenido pela adição de um inibidor da glicólise ao tubo de coleta de sangue. Os reagentes sulfidrila funcionariam – eles são inibidores potentes da GAPDH –, no entanto, a maioria das amostras de sangue é coletada com uma pequena quantidade de um reagente muito mais barato, o fluoreto de sódio, no frasco de coleta da amostra. O fluoreto é um forte inibidor competitivo da enolase, bloqueando a glicólise e a produção de lactato nas hemácias. Ele é um inibidor competitivo incomum porque possui pouca semelhança com o 2-fosfoglicerato. Nesse caso, o fluoreto forma um complexo com o fosfato e o Mg^{2+} no sítio ativo da enzima, bloqueando o acesso do substrato.

Desidrogenase lática (LDH)

A LDH regenera o NAD^+ consumido na reação da GAPDH, gerando lactato, o produto final da glicólise anaeróbia

Duas moléculas de piruvato possuem exatamente o mesmo número de carbonos e de oxigênio que uma molécula de glicose; no entanto, há um déficit de quatro hidrogênios – cada piruvato possui quatro hidrogênios, um total de oito hidrogênios para dois piruvatos, em comparação com 12 em uma molécula de glicose. Os quatro hidrogênios "ausentes" permanecem na forma de 2NADH e $2H^+$ formados na reação da GAPDH. Como o NAD^+ está presente apenas em quantidades catalíticas na célula e é um cofator essencial para a glicólise (e outras reações), deve haver um mecanismo para a regeneração do NAD^+ caso a glicólise continue.

A oxidação do NADH é realizada sob condições anaeróbias pela desidrogenase lática (LDH), que catalisa a redução do piruvato a lactato por NADH + H^+ e regenera o NAD^+. Nos mamíferos, todas as células possuem LDH e o lactato é o produto final da glicólise em condições anaeróbias. Sob condições aeróbias, as mitocôndrias oxidam o NADH em NAD^+ e convertem o piruvato em CO_2 e H_2O, de modo que o lactato não é formado. Apesar de sua capacidade de metabolismo oxidativo, no entanto, algumas células podem, às vezes, "se tornar glicolíticas", formando o lactato (p. ex., no músculo durante o débito de oxigênio e em fagócitos no pus ou em tecidos pouco perfundidos). A maior parte do lactato excretado no sangue é recuperada pelo fígado para uso como substrato para a gliconeogênese (Capítulo 12).

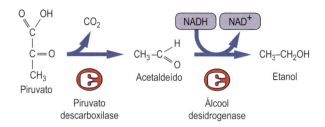

Fig. 9.6 **Glicólise anaeróbia na levedura.** Formação de etanol por glicólise anaeróbia durante a fermentação. O piruvato é descarboxilado pela piruvato descarboxilase, produzindo acetaldeído e CO_2. A álcool desidrogenase usa o NADH para reduzir o acetaldeído a etanol, regenerando o NAD^+ para a glicólise.

Fermentação

Fermentação é um termo geral para o metabolismo anaeróbio da glicose, geralmente aplicado a organismos unicelulares

Algumas bactérias anaeróbias, como os lactobacilos, produzem lactato, enquanto outras possuem vias alternativas para a oxidação anaeróbia do NADH formado durante a glicólise. Durante a fermentação nas leveduras, a via da glicólise é idêntica à da hemácia, exceto pelo fato de que o piruvato é convertido em etanol (Fig. 9.6). O piruvato é primeiramente descarboxilado pela piruvato descarboxilase para acetaldeído, liberando CO_2. O NADH produzido na reação da GAPDH é então reoxidado pela álcool desidrogenase, regenerando o NAD^+ e produzindo etanol.

O etanol é um composto tóxico e a maioria das leveduras morre quando a concentração de etanol em seu meio atinge cerca de 12%–16%, que é a concentração aproximada de álcool nos vinhos naturais. As bebidas alcoólicas são uma fonte rica de energia; o álcool produz ~7 kcal/g (29 kJ/g) pelo metabolismo aeróbio (Tabela 8.1), intermediário entre os carboidratos e os lipídeos. Como alimento, as bebidas alcoólicas são mais estáveis durante o armazenamento em longo prazo em comparação com as frutas e os vegetais a partir dos quais são produzidas. A cerveja, o vinho, a cidra e o hidromel também fornecem quantidades variadas de vitaminas, minerais, fitoquímicos e xenobióticos.

Outros produtos alimentícios fermentados, que são estimados como responsáveis por um terço de todos os alimentos consumidos pelos humanos em todo o mundo, incluem picles, chucrute, manteiga, iogurte, salsicha, alguns peixes e algumas carnes, pão, queijo e vários molhos e condimentos – até mesmo café e chocolate. A fermentação é uma fonte importante do sabor e do aroma de todos esses alimentos. O ambiente ácido produzido durante a fermentação limita a deterioração e o crescimento de microrganismos patogênicos.

Existem até 1.000 espécies de bactérias anaeróbias em nossos intestinos. Essas enterobactérias se desenvolvem em uma relação simbiótica com os humanos. Elas ajudam significativamente na digestão e na extração de energia dos alimentos, são uma fonte de biotina e vitamina K, fornecem proteção contra a infecção por patógenos e promovem o peristaltismo gastrointestinal. A distribuição das espécies também muda em resposta ao conteúdo de carboidrato, gordura e proteína de nossa dieta.

> **QUADRO CLÍNICO**
> **GLICÓLISE E CÁRIE DENTÁRIA**
>
> *Streptococcus mutans* e *Lactobacillus* são bactérias anaeróbias que colonizam a cavidade oral e contribuem para o desenvolvimento da cárie dentária. Essas bactérias crescem de maneira ótima sobre carboidratos refinados fermentáveis na dieta (p. ex., glicose e frutose no xarope de milho rico em frutose, sacarose no açúcar da beterraba e da cana). Elas se desenvolvem em microambientes acídicos e anaeróbios nas fissuras nos dentes e nas bolsas gengivais. Os ácidos orgânicos produzidos pela fermentação gradualmente corroem o esmalte e a dentina dentária e a dissolução crônica da matriz de fosfato de cálcio (hidroxiapatita) dos dentes estabelece o cenário para a formação da cavidade. O flúor, na forma de fluoreto, fornecido topicamente ou em creme dental, em níveis baixos demais para inibir a enolase, se integra à superfície dentária, formando fluorapatita, que é mais resistente à desmineralização.

Regulação da glicólise nos eritrócitos

A glicólise é regulada alostericamente em três reações de quinases

Hexoquinase

As hemácias consomem glicose a uma taxa razoavelmente constante. Elas não são fisicamente ativas como o músculo e não requerem energia para o transporte de O_2 ou CO_2. A glicólise nas hemácias parece ser regulada simplesmente pelas necessidades de energia da célula, em especial para a manutenção dos gradientes iônicos. O equilíbrio entre o consumo e a produção de ATP é controlado alostericamente em três sítios: as reações de **hexoquinase**, **fosfofrutoquinase-1** e **piruvato quinase** (Fig. 9.2). Com base nas medições da $V_{máx}$ das várias enzimas em lisados de hemácias *in vitro*, a hexoquinase está presente com a menor atividade de todas as enzimas glicolíticas. Sua atividade máxima é cerca de cinco vezes a taxa de consumo de glicose pela hemácia, mas está sujeita à inibição por retroalimentação (alostérica) pelo seu produto Glc-6-P. A hexoquinase possui 30% de homologia entre seus domínios N e C-terminal, resultado da duplicação e fusão de um gene primordial; a ligação da Glc-6-P ao domínio N-terminal inibe a atividade da enzima e a produção de Glc-6-P no sítio ativo no domínio C-terminal.

Fosfofrutoquinase-1 (PFK-1)

A PFK-1 é o principal sítio de regulação da glicólise

A PFK-1 controla o fluxo da Fru-6-P para Fru-1,6-BP e, indiretamente, por meio da reação de fosfoglicose isomerase, o nível de Glc-6-P e a inibição da hexoquinase. A PFK-1 é fortemente inibida pelo ATP do ambiente, portanto, sua atividade varia com o estado energético da célula. Surpreendentemente, o ATP é tanto um substrato (Fig. 9.3) quanto um inibidor alostérico (Fig. 9.7) da PFK-1, uma função dupla que permite o controle fino da atividade da enzima.

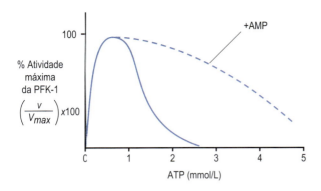

Fig. 9.7 **Regulação alostérica da fosfofrutoquinase-1 (PFK-1) por ATP.** O AMP é um potente ativador de PFK-1 na presença de ATP.

Tabela 9.1 Regulação da glicólise nas hemácias

Enzima	Regulador
Hexoquinase	Inibida pela glicose-6-P
Fosofrutoquinase-1	Inibida por ATP; ativada por AMP
Piruvato quinase	Ativada por frutose-1,6-BP

Conforme mostrado na Figura 9.7, a concentração de ATP na hemácia (~2 mmol/L) normalmente suprime a atividade da PFK-1. O AMP, que está presente em uma concentração muito inferior (~0,05 mmol/L), diminui essa inibição. Devido às suas concentrações relativas, uma pequena conversão fracionária de ATP em AMP na hemácia produz grande aumento relativo na concentração de AMP, que ativa a PFK-1. O ADP também diminui a inibição da PFK-1 por ATP, mas sua concentração não muda tanto com a utilização de energia. O AMP não só diminui a inibição da PFK-1 por ATP, mas também diminui a Km para o substrato Fru-6-P, aumentando, adicionalmente, a eficiência catalítica da enzima.

Por meio de mecanismos alostéricos, a atividade da PFK-1 na hemácia é extremamente sensível a alterações no estado energético da célula, conforme medido pelas concentrações relativas de ATP, ADP e AMP. Com efeito, a atividade global da PFK-1 e, portanto, a taxa de glicólise dependem da relação da concentração de (AMP + ADP)/ATP da célula. Esses produtos são interconversíveis pela reação da adenilato quinase:

$$2ADP \rightleftharpoons ATP + AMP$$

Quando o ATP é consumido e o ADP aumenta, o AMP é formado pela reação da adenilato quinase. O aumento das concentrações de AMP diminui a inibição da PFK-1 por ATP, ativando a glicólise. A fosforilação do ADP durante a glicólise e, então, do AMP pela reação da adenilato quinase, restaura gradualmente a concentração de ATP, ou a **carga de energia**, da célula e, à medida que a concentração de AMP diminui, a taxa de glicólise reduz para um estado de equilíbrio. A glicólise opera a uma taxa relativamente constante na hemácia, na qual o consumo de ATP é estável, mas a atividade dessa via se altera rapidamente em resposta à utilização de ATP no músculo durante o exercício.

Piruvato quinase (PK)

Além da regulação pela hexoquinase e pela PFK-1, a piruvato quinase no fígado é alostericamente ativada pela Fru-1,6-BP, o produto da reação da PFK-1. Esse processo, conhecido como regulação *feed-forward* (controle por antecipação), pode ser importante na hemácia para limitar o acúmulo de intermediários quimicamente reativos de triose fosfatos no citosol.

QUADRO CLÍNICO
GLICÓLISE NAS CÉLULAS TUMORAIS

Frequentemente, diz-se que os tumores "se tornam glicolíticos" – isto é, aumentam sua dependência da glicólise como fonte de energia. O aumento da glicólise pode resultar da inibição da fosforilação oxidativa mitocondrial como resultado da hipóxia, possivelmente porque as exigências metabólicas das células tumorais em divisão rápida excedem o suprimento de oxigênio e nutrientes do sangue. Nesses casos, a produção e o acúmulo de lactato podem se tornar tóxicos para a célula tumoral, contribuindo para a necrose e a formação de um núcleo necrótico no tumor.

Alguns tumores secretam citocinas que promovem a angiogênese (neovascularização), aumentando, assim, o suprimento de combustível e o crescimento tumoral. Inibidores da angiogênese, projetados para inibir a vascularização do tumor, estão sendo avaliados como uma abordagem não cirúrgica de terapia tumoral. A capacidade de sobreviver dependendo da glicólise em ambientes hipóxicos pode ser um fator importante na sobrevivência e no crescimento do tumor.

Características das enzimas regulatórias

Enzimas regulatórias são etapas limitantes da taxa nas vias metabólicas

Cada uma das três enzimas envolvidas na regulação da glicólise – a hexoquinase, a PFK-1 e a piruvato quinase – possui as características de uma enzima regulatória: (1) são enzimas diméricas ou tetraméricas cuja estrutura e atividade são responsivas aos moduladores alostéricos; (2) estão presentes com baixa $V/V_{máx}$ em comparação a outras enzimas na via; e (3) catalisam reações irreversíveis.

A regulação da glicólise no fígado, nos músculos e em outros tecidos é mais complicada do que na hemácia (Tabela 9.1), devido à maior variabilidade na taxa de consumo de combustível e à interação entre o metabolismo de carboidratos e de lipídeos durante o metabolismo aeróbio. Nesses tecidos, a quantidade e a atividade das enzimas regulatórias são controladas por outros efetores alostéricos, por modificações covalentes e por indução ou repressão da atividade enzimática.

SÍNTESE DE 2,3-BISFOSFOGLICERATO (2,3-BPG)

O 2,3-BPG é um efetor alostérico negativo da afinidade da hemoglobina pelo oxigênio

O 2,3-bisfosfoglicerato (Fig. 9.8) é um importante subproduto da glicólise nas hemácias, atingindo, algumas vezes, uma concentração de 5 mmol/L, que é ~25% da concentração molar de hemoglobina (Hb) na hemácia. O 2,3-BPG é o principal intermediário fosforilado no eritrócito, presente em concentrações ainda mais elevadas que o ATP (1-2 mmol/L) ou o fosfato inorgânico (1 mmol/L). O 2,3-BPG é um efetor alostérico negativo da afinidade da Hb pelo O_2. Diminui a afinidade da hemoglobina pelo O_2, promovendo a liberação de O_2 no tecido periférico. A presença de 2,3-BPG na hemácia explica a observação de que a afinidade da Hb adulta purificada (HbA) pelo O_2 é maior do que a das hemácias completas. A concentração de 2,3-BPG aumenta nos eritrócitos durante a adaptação a grandes altitudes, na doença pulmonar obstrutiva crônica e na anemia, promovendo a liberação de O_2 para os tecidos quando a tensão de O_2 e a saturação da hemoglobina estão diminuídas no pulmão. **A Hb fetal (HbF) é menos sensível que a HbA aos efeitos do 2,3-BPG; a maior afinidade de oxigênio da HbF**, mesmo na presença de 2,3-BPG, promove a transferência eficiente de O_2 pela placenta da HbA para a HbF (Capítulo 5).

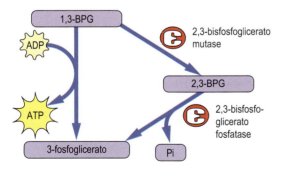

Fig. 9.8 **Via para biossíntese e degradação do 2,3-bisfosfoglicerato (2,3-BPG).** A BPG mutase catalisa a conversão de 1,3-BPG em 2,3-BPG. Essa mesma enzima possui atividade de bisfosfoglicerato fosfatase, portanto, controla tanto a síntese quanto a hidrólise do 2,3-BPG. Observe que essa via contorna a reação da fosfoglicerato quinase, de modo que o rendimento líquido de ATP é reduzido em 2 ATP/mol de glicose.

A VIA DAS PENTOSES FOSFATO

Visão geral

A via das pentoses fosfato é dividida em um estágio redox irreversível, que produz NADPH e pentoses fosfato, e um estágio de interconversão reversível, no qual o excesso de pentoses fosfato é reciclado em intermediários glicolíticos

A via das pentoses fosfato é uma via citosólica presente em todas as células, assim chamada porque é a via primária na formação de pentoses fosfato da síntese de nucleotídeos para incorporação no DNA e no RNA em células nucleadas. Essa via se ramifica a partir da glicólise em nível de Glc-6-P – daí sua nomenclatura alternativa, o "desvio da hexose monofosfato". A via das pentoses fosfato é por vezes descrita como um desvio porque, quando não são necessárias pentoses para as reações biossintéticas, os intermediários das pentoses fosfato são reciclados de volta ao fluxo principal da glicólise pela conversão em Fru-6-P e gliceraldeído-3-fosfato. Esse redirecionamento é especialmente importante na hemácia e nas células que não se dividem ou estão quiescentes, em que há uma necessidade limitada da síntese de DNA e RNA.

O NADPH é um dos principais produtos da via das pentoses fosfato em todas as células

Em tecidos com biossíntese lipídica ativa (p. ex., o fígado, o córtex adrenal ou as glândulas mamárias em lactação), o NADPH é utilizado em reações redox necessárias para a biossíntese de colesterol, sais biliares, hormônios esteroides e triglicerídeos. O fígado também utiliza o NADPH nas reações de hidroxilação envolvidas na desintoxicação e na excreção de drogas. A hemácia apresenta pouca atividade biossintética, mas ainda desvia cerca de 10% de glicose através da via das pentoses fosfato – nesse caso, quase exclusivamente para a produção de NADPH. O NADPH é utilizado principalmente para a redução de um tripeptídeo contendo cisteína, a glutationa (GSH) (Fig. 2.6), um cofator essencial para a proteção antioxidante (Capítulo 42).

O estágio redox da via das pentoses fosfato: Síntese de NADPH

O NADPH é sintetizado por duas desidrogenases na primeira e terceira reações da via das pentoses fosfato

No primeiro estágio da via das pentoses fosfato (Fig. 9.9), a reação da **Glc-6-P desidrogenase** (G6PDH) produz NADPH pela oxidação da Glc-6-P à 6-fosfoglicolactona, um éster de açúcar cíclico. A lactona é hidrolisada em ácido 6-fosfoglicônico pela **lactonase**. A descarboxilação oxidativa do 6-fosfogluconato, catalisada pela 6-fosfogluconato desidrogenase, produz, então, o açúcar cetose ribulose 5-fosfato, mais 1 mol de CO_2 e o segundo mol de NADPH.

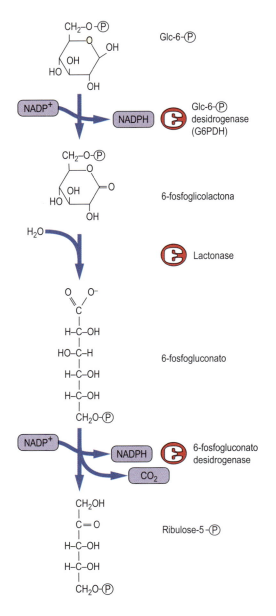

Fig. 9.9 **O estágio redox da via das pentoses fosfato.** Uma sequência de três enzimas forma 2 mols de NADPH por mol de Glc-6-P, que é convertida em ribulose 5-fosfato, com evolução de CO_2 (Fig. 9.9).

A G6PDH e a 6-fosfogluconato desidrogenase mantêm uma razão citoplasmática de $NADPH/NADP^+$ de ~100. Curiosamente, porque o NAD^+ é necessário para a glicólise, a razão de $NADH/NAD^+$ no citoplasma é quase inversa, menor que 0,01. Embora as concentrações totais (formas oxidadas mais reduzidas) de NAD(H) e NADP(H) nas hemácias sejam semelhantes (~25 μmol/L), a célula mantém esses dois sistemas redox com potenciais redox semelhantes em pontos de ajuste tão diferentes na mesma célula isolando seu metabolismo pela especificidade das desidrogenases citoplasmáticas. **As enzimas glicolíticas (GAPDH e LDH) utilizam apenas NAD(H), enquanto a via das pentoses fosfato utilizam apenas NADP(H).** Não há enzimas na hemácia que catalisam a redução de NAD^+ pelo NADPH, portanto, altos níveis de NAD^+ e NADPH podem existir simultaneamente no mesmo compartimento.

O estágio de interconversão da via das pentoses fosfato

Pentoses fosfato em excesso são convertidas em Fru-6-P e gliceraldeído-3-P no estágio de interconversão da via das pentoses fosfato

Em células com síntese de ácido nucleico ativa, a ribulose-5-fosfato da reação da 6-fosfoglucose desidrogenase é isomerizada para ribose-5-fosfato na síntese de ribo/desoxirribonucleotídeos para RNA e DNA (Fig. 9.10, topo). No entanto, nas hemácias e nas células nucleadas que não estão em divisão (quiescentes), as pentoses fosfato são encaminhadas de volta à glicólise. Isso é conseguido por meio de uma série de reações de equilíbrio em que 3 mols de ribulose-5-fosfato são convertidos em 2 mols de Fru-6-P e 1 mol de gliceraldeído-3-fosfato. Certas restrições são impostas às reações de interconversão – elas podem ser realizadas apenas pela transferência de duas ou três unidades de carbono entre os fosfatos de açúcar. Cada reação também deve envolver um doador de cetose e um receptor de aldose. As **isomerases** e as **epimerases** convertem a ribulose-5-fosfato nos substratos de aldose e cetose fosfato para o estágio de interconversão. A **transcetolase, uma enzima dependente de tiamina**, catalisa as reações de transferência de dois carbonos. A **transaldolase** atua de forma semelhante à aldolase na glicólise, exceto que a unidade de três carbonos é transferida para outro açúcar, em vez de ser liberada como triose fosfato livre para a glicólise.

Conforme mostrado na Figura 9.10 e na Tabela 9.2, duas moléculas de ribulose-5-fosfato, a primeira pentose produto do estágio redox, são convertidas em produtos separados: uma molécula é isomerizada para o açúcar aldose ribose-5-fosfato e a outra é epimerizada em xilulose-5-fosfato. A transcetolase, então, catalisa a transferência de dois carbonos da xilulose-5-fosfato para a ribose-5-fosfato, produzindo um açúcar cetose de sete carbonos, a sedoeptulose-7-fosfato, e o gliceraldeído-3-fosfato de três carbonos. A transaldolase catalisa, então, uma transferência de três carbonos entre os dois produtos da transcetolase, da sedoeptulose-7-fosfato para a gliceraldeído-3-fosfato, produzindo o primeiro intermediário glicolítico, a Fru-6-P, e uma eritrose-4-fosfato residual. Uma terceira molécula de xilulose-5-fosfato dos dois carbonos para a eritrose-4-fosfato em uma segunda reação da transcetolase, produzindo uma segunda molécula de Fru-6-P e uma molécula de gliceraldeído-3-fosfato, ambas as quais entram na glicólise.

Assim, três fosfatos de açúcar de cinco carbonos (ribulose-5-fosfato) formados no estágio redox da via das pentoses fosfato são convertidos em um intermediário de três carbonos (gliceraldeído-3-fosfato) e dois de seis carbonos (frutose-6-fosfato) para a glicólise. Na hemácia, esses intermediários glicolíticos

CAPÍTULO 9 Metabolismo Anaeróbio dos Carboidratos nas Hemácias

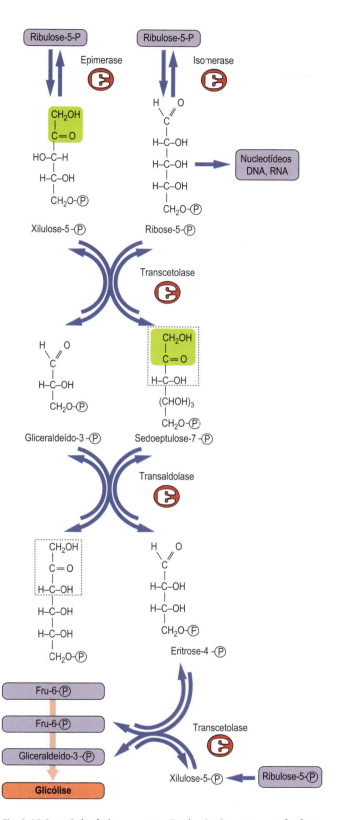

Fig. 9.10 **O estágio de interconversão da via das pentoses fosfato.** Os esqueletos de carbono de três moléculas de ribulose-5-fosfato são misturados para formar duas moléculas de Fru-6-P e uma molécula de gliceraldeído 3-fosfato, que entram na glicólise. Todas essas reações são reversíveis.

Tabela 9.2 Resumo das reações de equilíbrio na via das pentoses fosfato

Substrato(s)	⇌	Produto(s)	Enzima
Ribulose-5-P	⇌	Ribose-5-P	Isomerase
2 Ribulose-5-P	⇌	2 Xilulose-5-P	Epimerase
Xilulose-5-P + Ribose-5-P	⇌	Gliceraldeído-3-P + Sedoeptulose-7-P	Transcetolase
Sedoeptulose-7-P + Gliceraldeído-3-P	⇌	Eritrose-4-P + Frutose-6-P	Transaldolase
Xilulose-5-P + Eritrose-4-P	⇌	Gliceraldeído-3-P + Frutose-6-P	Transcetolase
3 Ribulose-5-P	⇌	Gliceraldeído-3-P + 2 Frutose-6-P	Resumo

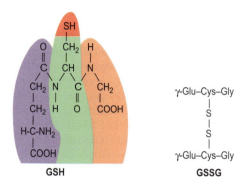

Fig. 9.11 **Glutationa.** Estrutura da glutationa reduzida (GSH) e da glutationa oxidada (GSSG). Observe a ligação isopeptídica entre a γ-carboxila em vez da α-carboxila do ácido glutâmico e o grupo α-amino da cisteína.

continuam através da glicólise até lactato, mostrando que a glicose é temporariamente desviada do fluxo principal da glicólise.

Função antioxidante da via das pentoses fosfato

A via das pentoses fosfato protege contra o dano oxidativo nas hemácias

A glutationa (GSH) é um tripeptídeo γ-glutamil-cisteinil-glicina (Fig. 9.11). Está presente nas células a 2-5 mmol/L, 99% na forma reduzida (tiol), e é uma coenzima essencial à proteção da célula contra uma série de insultos oxidativos e químicos (Capítulo 42). A maior parte do NADPH formado na hemácia é utilizada pela glutationa redutase para manter a GSH no estado reduzido. Durante sua função como coenzima para atividades antioxidantes, a GSH é oxidada em forma dissulfeto, GSSG, que é então regenerada pela ação da glutationa redutase (Fig. 9.12).

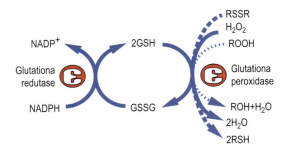

Fig. 9.12 **Atividades antioxidantes da glutationa**. A GSH é a coenzima das glutationa peroxidases, que desintoxica o peróxido de hidrogênio e hidroperóxidos orgânicos (lipídicos). O peróxido de hidrogênio e os peróxidos lipídicos são formados espontaneamente na hemácia, catalisados por reações colaterais do ferro heme durante o transporte de oxigênio pela hemoglobina (Capítulo 41). A GSH também reduz as pontes dissulfeto nas proteínas (RSSR), formadas durante o estresse oxidativo (Capítulo 41), regenerando a forma nativa da proteína (RSH).

A GSH possui uma gama de funções de proteção na célula. A glutationa peroxidase (GPx) é encontrada em todas as células e utiliza a GSH para a desintoxicação de peróxido de hidrogênio e peróxidos orgânicos (lipídicos) no citosol e nas membranas celulares (Fig. 9.12). Como a GPx contém um resíduo de selenocisteína no seu sítio ativo, o selênio, que é necessário em pequenas quantidades na dieta, é frequentemente descrito como um nutriente antioxidante (Capítulo 7).

A GSH também age como um tampão de sulfidrila intracelular, mantendo os grupos -SH das proteínas e das enzimas expostos no estado reduzido. Em circunstâncias normais, quando as proteínas são expostas ao O_2, seus grupos sulfidrila livres oxidam gradualmente para formar dissulfetos, intramolecularmente ou por ligação cruzada intermolecular com outras proteínas. Na hemácia, a GSH mantém os grupos -SH da hemoglobina no estado reduzido, inibindo a ligação cruzada do dissulfeto e a agregação da proteína.

RESUMO

Este capítulo descreve duas antigas vias metabólicas comuns a todas as células do corpo: a glicólise e a via das pentoses fosfato. A hemácia, que não possui mitocôndrias e a capacidade de metabolismo oxidativo e obtém toda a sua energia de ATP pela glicólise, é utilizada como modelo para a introdução dessas vias.

- A glicólise anaeróbica na hemácia fornece uma quantidade limitada de ATP pela conversão do açúcar glicose de seis carbonos em duas moléculas de piruvato, um cetoácido de três carbonos. O piruvato é reduzido a lactato e excretado da célula.
- Por meio de uma série de intermediários de açúcar-fosfato, a glicólise fornece metabólitos para pontos de ramificação a várias outras vias metabólicas.

QUADRO CLÍNICO
A DEFICIÊNCIA DA GLICOSE-6-FOSFATO DESIDROGENASE CAUSA ANEMIA HEMOLÍTICA

Pouco antes de uma partida planejada para os trópicos, um paciente visitou seu médico, se queixando de fraqueza e notando que sua urina há pouco tempo havia se tornado inexplicavelmente escura. O exame físico revelou esclera levemente ictérica (amarela, ictérica). Os exames laboratoriais indicaram um hematócrito baixo, um número de reticulócitos alto e um nível de bilirrubina sérica bastante aumentado. O paciente estava bem saudável durante uma visita anterior, um mês antes, quando recebeu imunizações e prescrições de medicamentos antimaláricos.

Comentário
Vários medicamentos, particularmente primaquina e antimaláricos relacionados, são submetidos a reações redox na célula, produzindo grandes quantidades de espécies reativas de oxigênio (ROS; Capítulo 42). As ROS causam a oxidação dos grupos -SH na hemoglobina e peroxidação dos lipídeos da membrana. Alguns indivíduos possuem um defeito genético na Glc-6-P desidrogenase (G6PDH), produzindo, tipicamente, uma enzima instável que tem uma meia-vida mais curta na hemácia ou é extraordinariamente sensível à inibição pela NADPH. Em qualquer um dos casos, devido à atividade de G6PDH diminuída e à produção insuficiente de NADPH sob estresse, a capacidade da célula de reciclar GSSG para GSH é prejudicada e o estresse oxidativo induzido por medicamentos leva a danos excessivos e lise de eritrócitos (hemólise) e anemia hemolítica. A bilirrubina, um pigmento marrom produzido pelo metabolismo do heme, sobrecarrega as vias hepáticas de desintoxicação e também se acumula no plasma e nos tecidos, causando icterícia. Se a hemólise for severa o suficiente, a Hb extravasa para a urina, resultando em hematúria e urina de cor escura. Corpos de Heinz, agregados de hemoglobina por ligações cruzadas dissulfeto, também são aparentes em esfregaços de sangue. A deficiência de G6PDH é tipicamente assintomática, exceto em resposta a um desafio oxidativo, que pode ser induzido por medicamentos (antimaláricos, medicamentos sulfa), dieta (favas) ou infecção severa.

Existem mais de 200 mutações do gene G6PDH conhecidas, produzindo uma ampla variação na severidade da doença. A hemácia parece ser especialmente sensível ao estresse oxidativo porque, ao contrário de outras células, não consegue sintetizar e substituir enzimas. Células mais velhas, que apresentam menor atividade de G6PDH, são particularmente afetadas. A atividade de todas as enzimas da hemácia diminui com a idade da célula e a morte celular resulta da incapacidade de produzir ATP suficiente para manutenção dos gradientes de íons celulares. O declínio gradual da atividade da via das pentoses fosfato nas células mais velhas é um mecanismo que leva à ligação cruzada oxidativa das proteínas da membrana e à perda de elasticidade da membrana, levando ao aprisionamento e à reciclagem da hemácia no baço.

- A taxa de glicólise é controlada pela regulação alostérica de três quinases na via: hexoquinase, fosfofrutose quinase-1 e piruvato quinase.
- O 2,3-bisfosfoglicerato, produzido pela isomerização do 1,3-bifosfoglicerato, regula alostericamente a afinidade do oxigênio pela hemoglobina.

QUESTÕES PARA APRENDIZAGEM

1. Por que a evolução favoreceu a glicose como o açúcar sérico, em vez de outros açúcares (p. ex., a galactose, a frutose ou a sacarose)?
2. Descreva reações enzimáticas acopladas, utilizando apenas enzimas de hemácias e um espectrômetro para medir a produção ou o consumo de NAD (P) (H), que poderiam ser utilizadas para medir as concentrações de glicose e lactato no sangue.
3. Explique a origem metabólica da acidose na doença pulmonar obstrutiva crônica.

- A Glc-6-P é oxidada para ribulose-5-P durante o estágio redox da via das pentoses fosfato, produzindo 2 mols de NADPH. Em todas as células, o NADPH fornece proteção antioxidante, mantendo a coenzima glutationa no estado reduzido; em células nucleadas, o NADPH é necessário para diversas reações biossintéticas.
- A ribulose-5-P é convertida em intermediários glicolíticos durante o estágio de interconversão da via das pentoses fosfato, catalisada por isomerases e epimerases, incluindo a transaldolase e a transcetolase. Um dos intermediários, a ribose-5-P, pode ser utilizado para a síntese de nucleotídeos e ácidos ribonucleicos e desoxirribonucleicos (RNA, DNA) nas células nucleadas.

LEITURAS SUGERIDAS

Andoh, A. (2016). Physiological Role of Gut Microbiota for Maintaining Human Health. *Digestion, 93*, 176-181.

Bar-Even, A., Flamholz, A., Noor, E., et al. (2012). Rethinking glycolysis: On the biochemical logic of metabolic pathways. *Nature Chemical Biology, 8*, 509-517.

Katz, S. E. (2012). *The art of fermentation*. White River Junction, VT: Chelsea Green Publishing.

Koralkova, P., van Solinge, W. W., & van Wijk, R. (2014). Rare hereditary red blood cell enzymopathies associated with hemolytic anemia - Pathophysiology, clinical aspects, and laboratory diagnosis. *International Journal of Laboratory Hematology, 36*, 388-397.

Nicholson, J. K., Holmes, E., Kinross, J., et al. (2012). Host-gut microbiota metabolic interactions. *Science, 336*, 1262-1267.

Schwartz, L., Supuran, C. T., & Alfarouk, K. (2017). Anticancer agents, the Warburg effect and the hallmarks of cancer. *Anti-cancer Agents in Medicinal Chemistry, 17*(2), 164-170.

SITES

Glicólise - TED Ed: https://teded.herokuapp.com/on/akcpkhf0.
Glicólise: https://www.youtube.com/watch?v=EfGlznwfu9U.
Via das pentoses fosfato: https://www.youtube.com/watch?v=EP_E-7jPnNs.
Deficiências de enzimas glicolíticas: https://www.youtube.com/watch?V=x41vJfWn9Y8.

ABREVIATURAS

1,3-BPG	1,3-bisfosfoglicerato
2,3-BPG	2,3-bisfosfoglicerato
Fru-1,6-BP	Frutose-1,6-bisfosfato
Fru-6-P	Frutose-6-fosfato
GAPDH	Gliceraldeído-3-fosfato desidrogenase
Glc-6-P	Glicose-6-fosfato
G6PDH	Glicose-6-fosfato desidrogenase
GSH	Glutationa, reduzida
GSSG	Glutationa, oxidada
LDH	Lactato desidrogenase
PEP	Ácido fosfoenolpirúvico
PFK-1	Fosfofrutoquinose-1
PK	Piruvato quinase
RBC	Hemácia [CVS]

CAPÍTULO 10

Ciclo do Ácido Tricarboxílico
Norma Frizzell e L. William Stillway

OBJETIVOS

Após concluir este capítulo, o leitor estará apto a:

- Traçar a sequência de reações no ciclo do ácido tricarboxílico (TCA) e explicar seu propósito.
- Identificar as quatro enzimas oxidativas no ciclo do TCA e seus produtos.
- Identificar os dois intermediários requeridos na primeira fase do ciclo de TCA e suas fontes metabólicas.
- Identificar quatro intermediários importantes sintetizados a partir dos intermediários do ciclo de TCA.
- Descrever como o ciclo de TCA é controlado por suprimento de subtrato, efetores alostéricos, modificação covalente e síntese proteica.
- Explicar por que não há síntese de glicose a partir de Acetil-CoA.
- Explicar o conceito de "substrato suicida" como aplicado no ciclo de TCA.
- Estimar as consequências metabólicas de falhas do ciclo de TCA, como acúmulo de metabólitos e desvio de substratos.

INTRODUÇÃO

Situado na mitocôndria, o ciclo do ácido tricarboxílico (TCA), também chamado ciclo de Krebs ou do ácido cítrico, é uma via compartilhada para metabolismo de todos os combustíveis. Ele oxidativamente retira os elétrons da acetil coenzima A (Acetil-CoA), produto comum do catabolismo de gordura, carboidratos e proteínas, produzindo a maioria das coenzimas reduzidas usadas para a geração de trifosfato de adenosina (ATP) na cadeia de transporte de elétrons. Apesar de o ciclo de TCA não usar oxigênio em suas reações, ele requer metabolismo oxidativo na mitocôndria para reoxidação das coenzimas reduzidas. O ciclo TCA possui duas funções mais importantes: produção de energia e biossíntese (Fig. 10.1).

FUNÇÕES DO CICLO DO ÁCIDO TRICARBOXÍLICO

Quatro etapas oxidativas que fornecem energia livre para a síntese de ATP

Produto final do metabolismo de carboidratos, ácidos graxos e aminoácidos, a Acetil-CoA (Fig. 10.2) é oxidada no ciclo de TCA para produção de coenzimas através de quatro reações redox por volta do ciclo. Três reações produzem nicotinamida adenina dinucleotídeo reduzido (NADH) e a outra produz flavina adenina dinucleotídeo reduzido ($FADH_2$: Fig. 8.4). Esses nucleotídeos reduzidos fornecem energia para a síntese de ATP através do sistema de transporte de elétrons (Capítulo 8). Um fosfato de alta energia, o trifosfato de guanosina (GTP), também é produzido no ciclo pela fosforilação em nível de substrato. Quase todos os dióxidos de carbono metabólicos são produzidos por descarboxilações catalisadas por desidrogenase de piruvato e pelas enzimas do ciclo de TCA na mitocôndria.

O ciclo de TCA fornece uma base em comum para interconversão de combustíveis e metabólitos

Além de sua função no catabolismo, o ciclo TCA participa da síntese de glicose de aminoácidos e lactatos em períodos de fome e jejum (gliconeogênese) e da conversão de carboidratos para gordura seguindo alimentação rica em carboidratos (lipogênese). É também uma fonte de aminoácidos não essenciais, como aspartato e glutamato, que são sintetizados diretamente a partir de oxaloacetato e α-cetoglutarato, respectivamente, e de succinil-CoA, que serve como precursor de porfirinas para a síntese do heme.

Acetil-CoA é produto comum de vários meios metabólicos

O ciclo TCA começa com a acetil-CoA (Fig. 10.2), que possui três importantes precursores metabólicos. Carboidratos sofrem glicólise para produção de piruvato (Capítulo 9), que pode ser absorvido pela mitocôndria e oxidativamente descarboxilado para acetil-CoA pelo complexo piruvato desidrogenase. Durante a lipólise, triacilgliceróis são convertidos em glicerol e ácidos graxos livres, absorvidos pelas células e transportados para dentro da mitocôndria, onde sofrerão oxidação para acetil-CoA (Capítulo 11). Por fim, a proteólise de proteínas teciduais libera os aminoácidos constituintes, muitos dos quais metabolizados para acetil-CoA e intermediários do ciclo TCA (Capítulo 15).

A primeira versão do ciclo TCA, proposta por Krebs em 1937, começa com ácido pirúvico, não com acetil-CoA. O ácido pirúvico seria descarboxilado e condensado com ácido oxaloacético através de um mecanismo para formar ácido cítrico. O intermediário-chave, acetil-CoA, não foi identificado até anos depois. É tentador considerar que o ciclo TCA inicia-se com ácido pirúvico, a não ser que seja reconhecido que ácidos graxos e muitos aminoácidos formam acetil-CoA por vias que desviam de piruvato. Além disso, a oxidação de corpos cetônicos e álcool também gera acetil-CoA para o ciclo de TCA (Capítulos 11 e 34). Por essa razão, é definido que o ciclo de TCA inicia-se com acetil-CoA, não com ácido pirúvico.

126 CAPÍTULO 10 Ciclo do Ácido Tricarboxílico

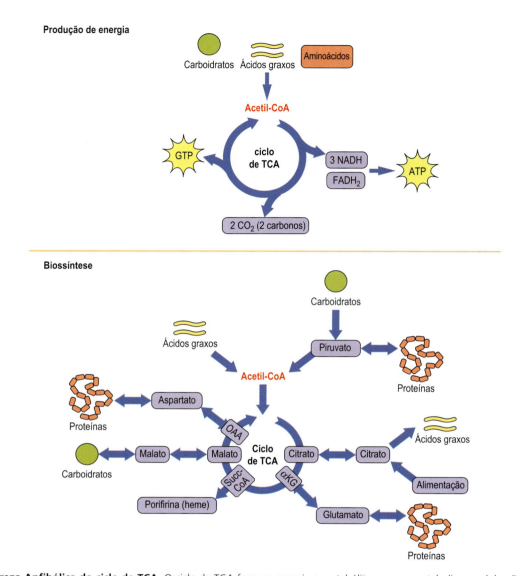

Fig. 10.1 **Natureza Anfibólica do ciclo de TCA.** O ciclo de TCA fornece energia e metabólitos para o metabolismo celular. Devido à natureza catabólica (topo) e anabólica (base) do ciclo de TCA, é descrito como anfibólico. A acetil-CoA é o intermediário comum entre combustíveis metabólicos e o ciclo TCA. αKG, α-cetoglutarato; FADH$_2$, flavina adenina dinucleotídeo reduzido; GDP, difosfato de guanosina; NADH, nicotinamida adenina dinucleotídeo reduzido; OAA, oxaloacetato; Succ-CoA, succinil-CoA.

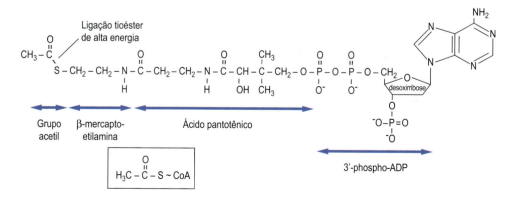

Fig. 10.2 **Estrutura de acetil-CoA.** A coenzima A é um nucleotídeo de adenina, contém uma metade de ácido pantotênico e termina em um grupo tiol. O grupo acetil é ligado ao grupo tiol por uma ligação tioester de alta energia.

O ciclo de TCA é localizado na matriz mitocondrial

A localização do ciclo de TCA na matriz mitocondrial é metabolicamente importante; ela permite que intermediários idênticos sejam usados para propósitos diferentes dentro e fora da mitocôndria. Acetil-CoA, por exemplo, não pode cruzar a membrana mitocondrial interna (IMM). O percurso principal da acetil-CoA mitocondrial é a oxidação no ciclo TCA, porém no citoplasma é usado para a biossíntese de ácidos graxos e colesterol.

PIRUVATO CARBOXILASE

Piruvato deve ser diretamente convertido em quatro metabólitos diferentes

Piruvato está em encruzilhadas no metabolismo. Ele pode ser convertido para lactato em uma etapa (desidrogenase láctica), para alanina (alanina-aminotransferase, ALT), para oxalocetato (piruvato carboxilase) e para acetil-CoA (complexo de piruvato desidrogenase; Fig. 10.3). Dependendo das circunstâncias, o piruvato pode ser encaminhado para gluconeogênese (Capítulo 12), biossíntese de ácidos graxos (Capítulo 13) ou para ciclo de TCA propriamente dito.

> ## QUADRO DE TESTE CLÍNICO
> ### ACIDOSE LÁCTICA
>
> O ácido láctico é medido no plasma do sangue em cenário clínico porque seu acúmulo pode resultar em uma morte rápida. O ácido láctico é produzido metabolicamente por uma redução reversível do piruvato com NADH pela enzima lactato desidrogenase (LDH). Lactato e piruvato coexistem nos sistemas metabólicos e a relação de piruvato:lactato é aproximadamente proporcional à relação sistólica de $NAD^+/NADH$. Tanto o lactato quanto o piruvato contribuem para a acidez do fluido biológico. No entanto, o lactato usualmente está presente em maiores concentrações e é mais facilmente medido. O lactato sanguíneo aumenta em caso de doença pulmonar obstrutiva crônica e durante exercícios intensos, quando o suprimento de oxigênio é limitador de taxas para a fosforilação oxidativa. Sua medição é normalmente indicada quando há acidose metabólica, caracterizada por uma elevada ausência de ânions, $[Na^+]$ − ($[Cl^-]$ + $[HCO_3^-]$), indicando a presença de ânion(s) desconhecido(s) no plasma. Apesar de rara, a acidose láctica pode ser causada por falhas metabólicas nas vias produtoras de energia, como algumas doenças do armazenamento do glicogênio ou em alguma enzima nas vias de piruvato para a geração de ATP – incluindo o complexo de piruvato desidrogenase, o ciclo de TCA, o sistema de transporte de elétrons ou ATP sintase. Diversos agentes farmacológicos e pesticidas de ambientes que interferem nos componentes da cadeia de transporte de elétrons também podem contribuir para a acidose láctica.

O COMPLEXO DA PIRUVATO DESIDROGENASE

O complexo da piruvato desidrogenase (PDC) funciona como uma ponte entre os carboidratos e o ciclo de TCA (Fig. 10.5). PDC é um entre as várias desidrogenases de α-cetoácido

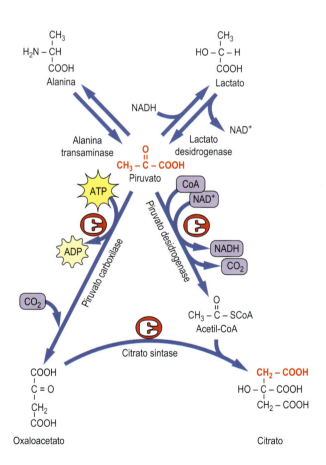

Fig. 10.3 **Piruvato nas encruzilhadas do metabolismo**. O piruvato é prontamente formado a partir de lactato ou alanina. Acetil-CoA e oxalocetato são derivados de piruvato por meio da ação catalítica da piruvato desidrogenase e da piruvato carboxilase, respectivamente. ADP, adenosina difosfato.

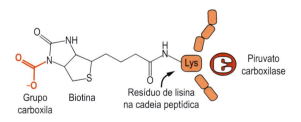

Fig. 10.4 **A carboxi-biotina intermediária**. A piruvato carboxilase catalisa a carboxilação de piruvato em oxalocetato. A coenzima biotina é covalentemente ligada a piruvato caroboxilase e transfere o carbono originado de CO_2 para piruvato (Capítulo 7).

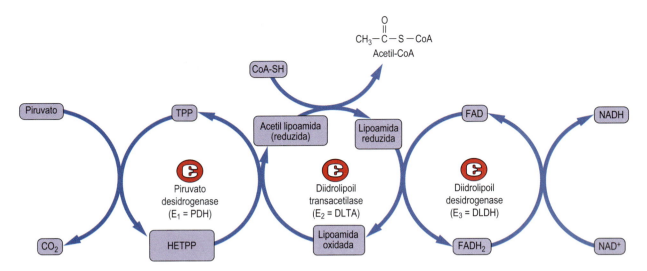

Fig. 10.5 **Mecanismo de ação do complexo da piruvato desidrogenase.** As três enzimas componentes do complexo da piruvato desidrogenase são: piruvato desidrogenase (E_1 = PDH), diidrolipoil transacetilase (E_2 = DLTA) e diidrolipoil desidrogenase (E_3 = DLDH). O piruvato é primeiramente descarboxilado pela enzima ligadora de pirofosfato de tiamina (E_1), formando CO_2 e pirofosfato de hidroxietiltiamina (HETPP). Lipoamida, o grupo prostético em E_2, serve como transportador na transferência de duas unidades de carbono de HETPP para a coenzima A (CoA). A forma oxidada de dissulfeto cíclico da lipoamida aceita o grupo hidroxietil de HETPP. Durante essa reação de transferência, a lipoamida é reduzida e o grupo hidroxietil é convertido em um grupo acetil, formando acetil-hidrolipoamida. Após a transferência do grupo acetil para CoA, E_3 reoxida a poliamida usando FAD e $FADH_2$ é oxidada por NAD^+, produzindo NADH. A reação líquida é: Pir + NAD^+ + CoA-SH → acetil-CoA + NADH + H^+ + CO_2.

com mecanismos de reação semelhantes, incluindo α-cetoglutarato desidrogenase no ciclo de TCA e α-cetoácido desidrogenase associada ao catabolismo de leucina, isoleucina e valina. Sua irreversibilidade explica parcialmente porque a acetil-CoA não pode produzir glicose. O complexo funciona como uma unidade consistindo nas seguintes três enzimas principais:

- Piruvato desidrogenase (PDH)
- Diidrolipoil transacetilase
- Diidrolipoil desidrogenase

Os intermediários são presos à transacetilase, componente do complexo, durante a sequência de reação (Fig. 10.5 e 10.6), otimizando a eficiência catalítica da enzima – uma vez que o substrato não se equilibra em solução.

Duas enzimas adicionais do complexo, piruvato desidrogenase quinase e piruvato desidrogenase fosfatase, regulam sua atividade por meio da modificação covalente via fosforilação/desfosforilação reversível. Há quatro isoformas conhecidas da quinase e duas da fosfatase; a relativa quantidade de cada uma é específica de cada célula.

Cinco coenzimas são requeridas para a atividade do PDC: pirofosfato de tiamina, lipoamida (ácido lipoico por ligação amídica a proteína), CoA, FAD e NAD^+. Quatro vitaminas são requeridas para sua síntese: tiamina, ácido pantotênico, riboflavina e nicotinamida. Deficiências em qualquer dessas vitaminas têm efeitos óbvios no metabolismo energético, por exemplo: aumentos nas concentrações celulares de piruvato e α-cetoglutarato são encontradas em beribéri devido à deficiência de tiamina (Capítulo 7). Nesse caso, todas as proteínas estão disponíveis, mas a coenzima relevante não e as conversões de piruvato para acetil-CoA e α-cetoglutarato para succinil-CoA são significativamente reduzidas. Os sintomas incluem fraqueza das musculaturas cardíaca e esquelética e doença neurológica. Deficiência de tiamina é comum em alcoolismo e contribui para uma condição conhecida como síndrome Wernicke Korsakoff (WKS), porque alcoólicos destilados são desprovidos de vitaminas e os sintomas de beribéri são frequentemente observados.

ENZIMAS E REAÇÕES DO CICLO DE ÁCIDO TRICARBOXÍLICO

O ciclo de TCA é uma sequência de reações para oxidação de acetil-CoA para CO_2 e nucleotídeos reduzidos

O ciclo de TCA é uma sequência de oito reações enzimáticas (Fig. 10.7), começando com a condensação de acetil-CoA com oxaloacetato (OAA) para formação de citrato. OAA é regenerado ao término do ciclo. Das quatro oxidações do ciclo, duas envolvem descarboxilação. Três desidrogenases produzem NADH e uma produz $FADH_2$. GTP, um fosfato de alta energia, é produzido em uma única etapa pela fosforilação em nível de substrato.

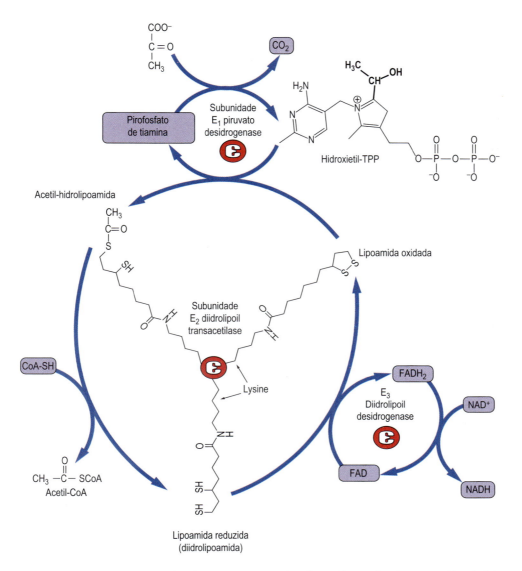

Fig. 10.6 **Ácido lipoico no complexo da piruvato desidrogenase.** A coenzima lipoamida está ligada a um resíduo de lisina na subunidade de transacetilase da piruvato desidrogenase. A lipoamida move-se de uma zona ativa para outra na subunidade de transacetilase em um mecanismo de "braço oscilante". As estruturas de pirofosfato de tiamina (TPP) e lipoamida são mostradas.

Citrato sintase

Citrato sintase começa no ciclo de TCA catalisando a condensação de acetil-CoA e OAA para formar ácido cítrico. A reação é conduzida pela clivagem da ligação tioéster de alta energia do citril-CoA, um intermediário nessa reação. O citrato produzido é um importante precursor de lipogênese *de novo* no fígado e tecido adiposo na condição de alimentação (Capítulo 13).

Aconitase

A aconitase é uma proteína de ferro-enxofre que isomeriza citrato para isocitrato pela ligação enzimática intermediária *cis*-aconitato. A reação de duas etapas é reversível e envolve desidratação seguida de hidratação. Apesar de o citrato ser uma molécula simétrica, a aconitase age especificamente na OAA final do citrato, não no fim derivado da acetil-CoA (Fig. 10.9). Essa especificidade estereoquímica ocorre devido à geometria da zona ativa da aconitase (Fig. 10.10). Uma proteína citosólica com atividade da aconitase, conhecida por ser uma proteína de ligação do elemento responsivo ao ferro (IRE-BP), funciona na regulação de armazenamento de ferro.

CAPÍTULO 10 Ciclo do Ácido Tricarboxílico

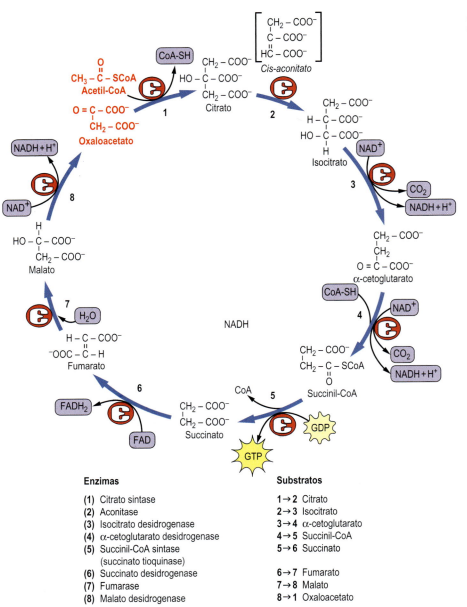

Fig. 10.7 **Enzimas e intermediários do ciclo TCA**.

Enzimas
(1) Citrato sintase
(2) Aconitase
(3) Isocitrato desidrogenase
(4) α-cetoglutarato desidrogenase
(5) Succinil-CoA sintase (succinato tioquinase)
(6) Succinato desidrogenase
(7) Fumarase
(8) Malato desidrogenase

Substratos
1→2 Citrato
2→3 Isocitrato
3→4 α-cetoglutarato
4→5 Succinil-CoA
5→6 Succinato
6→7 Fumarato
7→8 Malato
8→1 Oxaloacetato

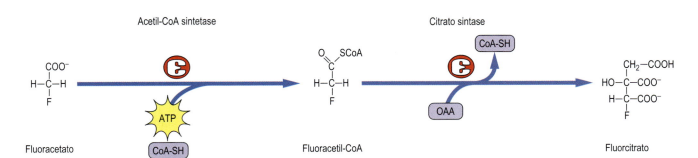

Fig. 10.8 **Toxicidade do fluoracetato: substrato suicida**. Fluoracetato é um inibidor competitivo de aconitase. OAA, oxaloacetato.

Fig. 10.9 **Especificidade da isomerização durante a reação da aconitase.**

QUADRO CLÍNICO
DEFICIÊNCIA DO COMPLEXO PIRUVATO DESIDROGENASE

A maioria das crianças com deficiência de PDH apresentam na infância desenvolvimento atrasado e tônus muscular reduzido, sempre associados a ataxia e convulsões. Alguns bebês possuem malformações congênitas do cérebro.

Comentário

Sem a oxidação mitocondrial, o piruvato é reduzido a lactato. A produção de ATP a partir da glicólise anaeróbica é menor do que um décimo da produzida a partir da oxidação de glicose via ciclo de TCA, então tanto a utilização da glicose quanto a produção de lactato aumentam. O diagnóstico é sugerido a partir da elevação do lactato, mas com proporção normal de lactato/piruvato (i.e., sem evidências de hipoxia). Dieta cetogênica e severa restrição a proteínas (<15%) e carboidratos (<5%) melhoram o desenvolvimento mental. Esse tratamento garante que as células usem acetil-CoA a partir do metabolismo das gorduras. Poucas crianças mostram redução no lactato do plasma no tratamento com altas doses de tiamina, mas o prognóstico é geralmente insatisfatório.

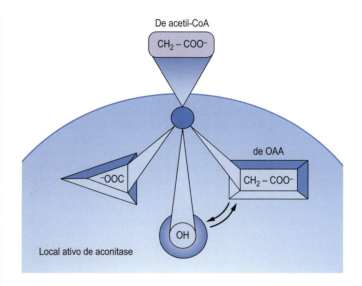

Fig. 10.10 **Estereoquímica da reação da aconitase.** A aconitase converte citrato aquiral para uma forma aquiral específica de isocitrato. A ligação dos grupos adjacentes hidroxila C3 (OH) e carboxilato (COO⁻) do citrato na superfície da enzima coloca o grupo carboximetil (-CH₂-COO⁻), derivado do final da molécula de OAA, em contato com a terceira ligação localizada no sítio ativo da aconitase. Isso assegura a transferência do grupo OH para o grupo CH₂ derivado de OAA, indicado por setas, em vez daquele derivado do grupo acetil. OAA, oxaloacetato.

QUADRO DE CONCEITOS AVANÇADOS
TOXICIDADE DE FLUORACETATO: UM SUBSTRATO SUICIDA

Fluoracetato, originalmente isolado a partir das plantas, é uma potente toxina. Ele é ativado como fluoracetil-CoA e então condensa-se com OAA para formar fluorcitrato (Fig. 10.8). A morte resulta da inibição do ciclo TCA por 2-fluorcitrato, um forte inibidor de aconitase. Fluoracetato é um exemplo de **substrato suicida**, um composto não tóxico por si só, mas é metabolicamente ativado a um produto tóxico. Portanto, diz-se que a célula comete um suicídio ao converter um substrato aparentemente inofensivo em uma toxina letal. Processos similares são envolvidos na ativação de diversos procarcinógenos ambientais em carcinógenos que induzem mutações no DNA.

Isocitrato desidrogenase e α-cetoglutarato desidrogenase

Isocitrato desidrogenase e o complexo α-cetoglutarato desidrogenase catalisam duas reações oxidativas sequenciais de descarboxilação em que NAD⁺ é reduzido para NADH e CO₂ é liberado. A primeira dessas enzimas, isocitrato desidrogenase, catalisa a conversão de isocitrato em α-cetoglutarato. É uma importante enzima regulatória, inibida sob condições ricas em energia por elevados níveis de NADH e ATP e ativada quando NAD⁺ e ADP são produzidos pelo metabolismo. A inibição dessa enzima após uma refeição de carboidratos causa acúmulo intramitocondrial de citrato, que é então exportado para o citosol, onde atuará como precursor da lipogênese (Capítulo 13)

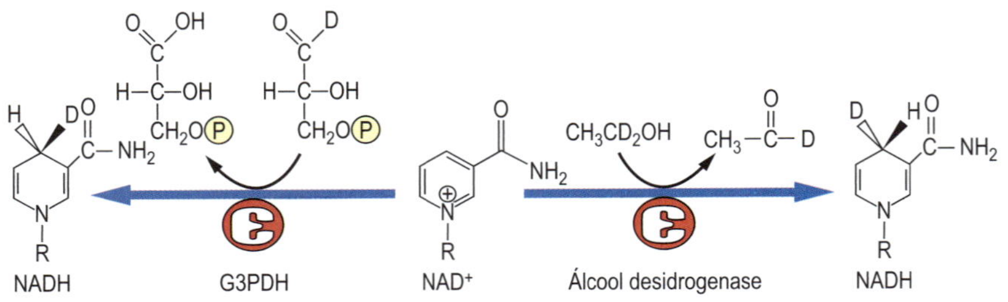

Fig. 10.11 **Estereoquímica da redução de NAD⁺ pela desidrogenase.** Álcool desidrogenase coloca o íon de hidrogênio na parte frontal do anel da nicotinamida, enquanto a gliceraldeído-3-fosfato desidrogenase (G3PDH) coloca o hidrogênio na parte traseira do anel. As duas posições podem ser discriminadas usando-se substratos deuterados (D).

QUADRO DE CONCEITOS AVANÇADOS
ESTEREOESPECIFICIDADE DAS ENZIMAS

A aconitase catalisa a isomeração da extremidade do OAA da molécula de citrato. O citrato, no entanto, não possui centros assimétricos; ele é aquiral. Como a aconitase sabe "qual extremidade está para cima"? A resposta está na natureza da ligação do citrato com o sítio ativo da aconitase, um processo conhecido como ligação de três pontos. Como mostrado na Figura 10.10, devido à geometria do sítio ativo da aconitase, há somente uma maneira de o citrato se ligar. Essa "ligação de três pontos" posiciona os carbonos OAA em uma orientação correta para a reação de isomerização, enquanto os carbonos derivados da acetil-CoA são excluídos do sítio ativo.

Apesar de o citrato ser uma molécula simétrica ou aquiral, é reconhecido como *proquiral* por ser convertido a uma molécula quiral, isocitrato. Tipos similares ao processo de três pontos são envolvidos nas reações de transaminase que produzem exclusivamente L-aminoácidos a partir de cetoácidos. A redução do anel de nicotinamida por NAD(H)-desidrogenases também é estereoespecífica. Algumas desidrogenases posicionam o hidrogênio adicionado exclusivamente na parte frontal do anel de nicotinamida (visto com o grupo amina à direita), enquanto outras adicionam hidrogênio à parte traseira (Fig. 10.11).

e inibidor alostérico de glicólise junto à fosfofrutoquinase 1 (Capítulo 9).

A segunda desidrogenase, o complexo α-cetoglutarato desidrogenase, catalisa a descarboxilação oxidativa de α-cetoglutarato para NADH, CO₂ e succinil-CoA, um composto tioéster de alta energia. Assim como o complexo da piruvato desidrogenase, o complexo dessa enzima contém três subunidades contendo as mesmas designações que a piruvato desidrogenase (E₁, E₂ e E₃). A E₃ é idêntica nos dois complexos e é codificada pelo mesmo gene. Os mecanismos da reação e os cofatores pirofosfato de tiamina, lipoato, CoA, FAD e NAD⁺ são os mesmos. Ambas as enzimas começam com um α-cetoácido, piruvato ou α-cetoglutarato, e as duas formam, respectivamente, um éster de CoA, acetil-CoA ou succinil-CoA.

Neste ponto, a produção líquida de carbono no ciclo de TCA é zero; dois carbonos foram introduzidos como acetil-CoA e dois carbonos foram liberados como CO₂. Note, no entanto, que, devido à assimetria da reação da aconitase, nenhuma das moléculas de CO₂ produzidas nesta primeira volta através do ciclo de TCA são originadas dos carbonos da acetil-CoA porque elas são derivadas do OAA final e da molécula de citrato. Ambos os carbonos originados de acetil-CoA permanecem no intermédio do ciclo TCA e devem aparecer em compostos produzidos em reações biossintéticas derivadas do ciclo TCA – incluindo glicose, ácido aspártico e heme. Entretanto, devido à perda das duas moléculas de CO₂ neste ponto, não há síntese líquida desses metabólitos a partir de acetil-CoA.

Os animais não podem realizar a síntese líquida da glicose a partir do acetil-CoA. Esse é um conceito especialmente importante para o entendimento de jejum, diabetes e cetogênese, uma vez que grandes quantidades de acetil-CoA são geradas a partir de ácidos graxos – porém esse processo não resulta em uma síntese líquida de glicose. A síntese "líquida" ocorre porque carbonos marcados do acetil-CoA acabam aparecendo na glicose, fazendo parecer que a glicose é sintetizada a partir da acetil-CoA. Entretanto, o acréscimo de dois dos carbonos da acetil-CoA é dissipado pelas duas reações de descarboxilação no ciclo de TCA.

Succinil-CoA sintetase

Succinil-CoA sintetase (succinato tioquinase) catalisa a conversão da succinil-CoA rica em energia para succinato e CoA livre. A energia livre da ligação de tioéster na succinil-CoA é conservada pela formação de GTP a partir de GDP e fosfato inorgânico (Pi). Devido à alta energia, o tioéster age como a força motriz para a síntese de GTP, uma reação de fosforilação em nível de substrato, como as reações catalisadas pela fosfoglicerato quinase e piruvato quinase na glicólise (Capítulo 9). GTP é usada pelas enzimas como um fosfoenolpiruvato carboxiquinase (PEPCK) na gliconeogênese (Capítulo 12), em diversas etapas na síntese de proteínas (Capítulo 22) e na sinalização celular (Capítulo 25). No entanto, também é prontamente equilibrada com ATP pela enzima nucleosídeo difosfato quinase:

$$GTP + ADP \rightleftharpoons GDP + ATP$$

QUADRO CLÍNICO
DEFICIÊNCIAS NO METABOLISMO DO PIRUVATO NO CICLO TCA

Uma criança de sete meses de idade apresentou degeneração neurológica progressiva caracterizada pela perda da coordenação e da tonicidade muscular. Ele era incapaz de manter a cabeça ereta e tinha grande dificuldades para mover os membros, que estavam flácidos. Também sofria de acidose incessante. A administração de tiamina não apresentou efeito algum. Medidas mostram que ele tinha níveis sanguíneos elevados de lactato, α-cetoglutarato e aminoácidos de cadeia ramificada. A criança faleceu uma semana depois. Fígado, cérebro, rim, musculatura esquelética e coração foram examinados *post-mortem* e todas as enzimas gliconeogênicas aparentavam estar com as atividades normais; no entanto, piruvato desidrogenase e α-cetoglutarato desidrogenase apresentavam deficiência. O componente deficiente foi mostrado como sendo diidrolipoil desidrogenase (E₃), que é o componente de um único gene requerido por todas as α-cetoácido desidrogenases.

Comentário

Este é um exemplo de uma das muitas variantes da síndrome de Leigh, um grupo de desordens caracterizadas por acidose láctica. O ácido láctico acumula-se sob condições anaeróbicas ou devido a uma falha em qualquer das enzimas da via desde o piruvato até a síntese de ATP. Nesse caso, havia deficiências tanto na piruvato desidrogenase quanto no complexo α-cetoglutarato, bem como em outros complexos α-cetoácidos desidrogenases requeridos para o catabolismo de aminoácidos de cadeia ramificada. A falência do metabolismo aeróbico leva ao aumento nos níveis sanguíneos de lactato, α-cetoglutarato e aminoácidos de cadeia ramificada. Tecidos dependentes do metabolismo aeróbico, como o cérebro e o músculo, são mais severamente afetados, tanto que o quadro clínico inclui função motora prejudicada, desordens neurológicas e retardo mental. Essas doenças são raras, mas deficiências na piruvato carboxilase e em todos os componentes do complexo piruvato desidrogenase (PDH) têm sido descritas, incluindo as enzimas fosfatase e quinase associadas (Fig. 10.12). Além disso, diversas mutações bem caracterizadas nos complexos da cadeia de transporte de elétrons também originam a síndrome de Leigh.

QUADRO DE CONCEITOS AVANÇADOS
O BLOQUEIO DO MALONATO

A reação malato desidrogenase exerceu um importante papel na elucidação da natureza cíclica do ciclo TCA. A adição de ácidos tricarboxílicos (citrato, aconitato) e α-cetoglutarato era reconhecida por catalisar o metabolismo de piruvato – sabemos agora que é o resultado da formação de quantidades catalíticas de OAA a partir desses intermediários. Em 1937, Krebs descobriu que malonato, o ácido dicarboxílico tri-carbono homólogo do succinato e inibidor competitivo da succinato desidrogenase, bloqueava o metabolismo de piruvato em preparações de macerado de músculo. Ele também demonstrou que a inibição por malonato do metabolismo de piruvato levou ao acúmulo não somente de succinato, mas também de citrato e α-cetoglutarato, sugerindo que succinato era produto do metabolismo de piruvato e que os ácidos tricarboxílicos poderiam ser intermediários nesse processo. Interessantemente, fumarato e OAA estimulavam a oxidação de piruvato e levaram ao acúmulo de citrato e succinato durante o bloqueio do malonato, sugerindo que os ácidos de três e quatro carbonos poderiam se combinar para formar os ácidos tricarboxílicos. Os experimentos com fumarato indicaram que havia duas vias entre fumarato e succinato – uma envolvendo a reversão da reação succinato desidrogenase, que era inibida durante o bloqueio do malonato, a outra envolvendo a conversão de fumarato para succinato por meio de uma série de ácidos orgânicos. Essas observações, combinadas com a experiência de Krebs na caracterização do ciclo da ureia alguns anos antes (Capítulo 15), levaram à sua descrição do ciclo de TCA.

As três reações seguintes no ciclo TCA ilustram um tema comum no metabolismo por introduzir um grupo carbonila em uma molécula:

- Uma reação de oxidação FAD-dependente para produzir uma ligação dupla
- Adição de água por meio da ligação dupla para formação de um álcool
- Oxidação do álcool em uma cetona

Essa mesma sequência ocorre na forma de intermediários ligados à enzima durante a oxidação de ácidos graxos (Capítulo 11).

Succinato desidrogenase

Succinato desidrogenase é uma flavoproteína que contém o grupo prostético FAD. Essa enzima é incorporada à IMM, em que faz parte do complexo II (succinato-Q-redutase). A reação envolve oxidação de succinato em ácido fumarato *trans*-dicarboxílico com redução de FAD para FADH₂.

Fumarase

A fumarase estereoespecificamente adiciona água à ligação dupla *trans* do fumarato para formar o α-hidroxiácido, o L-malato.

Malato desidrogenase

A malato desidrogenase catalisa a oxidação de L-malato para OAA, produzindo NADH, completando uma volta no ciclo de TCA. A OAA pode, então, reagir com acetil-CoA, continuando o ciclo de reações.

ENERGIA PRODUZIDA A PARTIR DO CICLO DO ÁCIDO TRICARBOXÍLICO

Durante o curso do ciclo de TCA, cada molar de acetil-CoA gera coenzimas reduzidas de nucleotídeos suficientes para a síntese de ~9 moles de ATP pela fosforilação oxidativa.

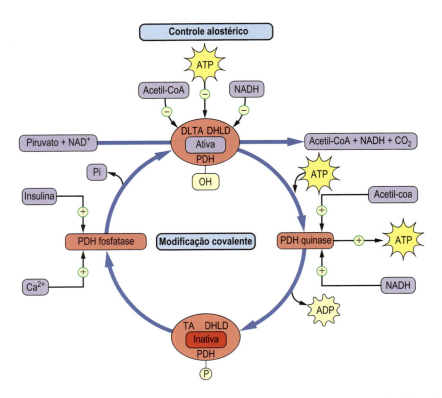

Fig. 10.12 **Regulação do complexo de piruvato desidrogenase.** O complexo de piruvato desidrogenase regula o fluxo de piruvato no ciclo de TCA. NAD(H), ATP e acetil-CoA exercem controles alostérico e covalente da atividade enzimática. PDH, piruvato desidrogenase; TA, diidrolipoil transacetilase; DHLD, unidade de diidrolipoamida desidrogenase.

$$3\,NADH \to 7,5\,ATP$$
$$1\,FADH_2 \to 1,5\,ATP$$

Junto com GTP sintetizado pela fosforilação em nível de substrato na reação de succinil-CoA sintetase (succinato tioquinase), um total de ~10 equivalentes de ATP é disponibilizado por mol de acetil-CoA. Assim, o metabolismo completo de um mol de glicose através da glicólise, do complexo da piruvato desidrogenase e do ciclo de TCA resulta em ≈ 30-32 moles de ATP (Tabela 10.1). (O rendimento real de ATP depende do percurso de transporte de equivalentes redox à mitocôndria – ou seja, cerca de 5 moles de ATP pela lançadeira de malato-aspartato e cerca de 3 moles de ATP pela lançadeira de glicerol fosfato [Capítulo 8]). Em contrapartida, somente 2 moles de ATP (líquidos) são recuperados pela glicólise anaeróbica, na qual a glicose é convertida para lactato (Capítulo 9).

REAÇÕES ANAPLERÓTICAS ("FORTALECIMENTO")

Como mostrado na Figura 10.1, muitos intermediários do ciclo de TCA participam dos processos biossintéticos, que esgotam esses intermediários do ciclo de TCA. A síntese de 1 mol de heme, por exemplo, requer 8 moles de succinil-CoA. O ciclo de TCA interromperia a função caso os intermediários não fossem reabastecidos porque o acetil-Coa não resulta em uma síntese líquida de OAA. Reações anapleróticas ("fortalecimento") fornecem ao ciclo de TCA outros intermediários, além da acetil-CoA, para manter sua atividade. A piruvato carboxilase é o principal exemplo de uma enzima que catalisa uma reação anaplerótica. Ela converte piruvato em OAA, que é requerido para a iniciação do ciclo. A enzima málica no citoplasma também converte piruvato em malato, que pode entrar na mitocôndria como substrato para o ciclo de TCA. Aspartato é também um precursor de OAA por uma reação de transaminação e o α-cetoglutarato pode ser produzido por uma reação aminotransferase de glutamato, assim como pela reação de glutamato desidrogenase. Diversos outros aminoácidos "glucogênicos" (Capítulo 15) podem também servir como fonte de piruvato ou intermediários do ciclo de TCA, garantindo que o ciclo nunca pare devido à falta de intermediários.

REGULAÇÃO DO CICLO DO ÁCIDO TRICARBOXÍLICO

Piruvato desidrogenase e isocitrato desidrogenase regulam a atividade do ciclo de TCA

Existem diversos níveis de controle do ciclo de TCA. Em geral, a atividade global do ciclo depende da disponibilidade do NAD⁺

Tabela 10.1 Produção de ATP a partir da glicose durante metabolismo oxidativo

Reação	Mecanismo	Moles de ATP/ Moles Glc
Hexoquinase	Fosforilação	-1
Fosfofrutoquinase	Fosforilação	-1
G3PDH	NADH, fosforilação oxidativa	+5 (+3)*
Fosfoglicerato quinase	Fosforilação em nível de substrato	+2
Piruvato quinase	Fosforilação em nível de substrato	+2
Piruvato desidrogenase	NADH, fosforilação oxidativa	+5
Isocitrato desidrogenase	NADH, fosforilação oxidativa	+5
α-cetoglutarato desidrogenase	NADH, fosforilação oxidativa	+5
Succinil-CoA sintetase	Fosforilação em nível de substrato (GTP)	+3
Succinato desidrogenase	$FADH_2$, fosforilação oxidativa	+3
Malato desidrogenase	NADH, fosforilação oxidativa	+5
TOTAL		32 (30)*

As produções de ATP mostradas são aproximadas por serem medidas experimentalmente com mitocôndrias isoladas vivas e há alguma variabilidade. Pesquisas recentes sugerem que as produções de ATP a partir de NADH e $FADH_2$ são em média 2,5 e 1,5, respectivamente, produzindo cerca de 30-32 moles de ATP por molécula de glicose. A oxidação da glicose em um calorímetro produz 2870 kJ/mol (686 cal/mol), enquanto a síntese de ATP requer 31 kJ/mol (7,3 kcal/mol). O metabolismo aeróbico da glicose é, então, em média 40% eficiente (2870 kJ/mol glicose / 31 kJ/mol ATP = 93 moles teóricos de ATP/mol de glicose; 36/93 = 39%).

*Elétrons do NADH citosólico podem produzir em média 5 moles de ATP por mol de glicose por meio da lançadeira malato-aspartato, mas somente cerca de 3 por meio da lançadeira glicerol-3-fosfato por mol de glicose (Capítulo 8).

para as reações de desidrogenase. Esta, por sua vez, é ligada à taxa de consumo de NADH pelo sistema de transporte de elétrons, que, por fim, depende da taxa de utilização de ATP e produção de ADP pelo metabolismo. À medida que é usado para o trabalho metabólico, o ADP é produzido, então NADH é consumido pelo sistema de transporte de elétrons para a produção de ATP e NAD^+ é produzido. O ciclo de TCA é ativado, combustíveis são consumidos e mais NADH é produzido para que então mais ATP seja feito.

Há diversas enzimas regulatórias que afetam a atividade do ciclo de TCA. A atividade do complexo de piruvato desidogenase – e, portanto, o suprimento de acetil-CoA a partir de glicose, lactato e alanina – é regulada por modificações alostérica e covalente (Fig. 10.12). Os produtos da reação de piruvato desidrogenase, NADH e acetil-CoA, bem como ATP, agem como efetores alostéricos negativos do complexo de enzimas. Além disso, o complexo piruvato desidrogenase tem enzimas quinase e fosfatase associadas, que modulam o grau de fosforilação de resíduos de serina regulatórios no complexo. NADH, acetil-CoA e ATP ativam a quinase, que fosforila e ativa o complexo de enzimas. Em contrapartida, quando esses três compostos estão em baixa concentração, o complexo de enzima é ativado alostericamente e por desfosforilação pela fosfatase. Esse é um importante processo regulatório durante jejum e fome, quando gliconeogênese é essencial para manter a concentração de glicose sanguínea. O metabolismo de gorduras ativo durante jejum leva ao aumento de NADH e acetil-CoA na mitocôndria, que leva à inibição de piruvato desidrogenase e bloqueia a utilização de carboidrato para o metabolismo energético no fígado. Nessa condição, o piruvato, a partir de intermediários como lactato e alanina, é direcionado à gliconeogênese (Capítulo 12). Por outro lado, a insulina estimula a piruvato desidrogenase por meio da ativação de fosfatase em resposta aos carboidratos da dieta. Isso direciona esses carbonos derivados de carboidratos para ácidos graxos (lipogênese), via citrato sintase (Capítulo 13). Ca^+ também afeta a atividade da PDC fosfatase em resposta ao aumento intracelular de Ca^{2+} durante contração muscular (Capítulo 37).

OAA é requerido para a entrada da acetil-CoA no ciclo TCA, e por vezes, a disponibilidade de OAA parece regular a atividade do ciclo. Isso ocorre especialmente durante jejum, quando os níveis de ATP e NADH, derivados do metabolismo de gorduras, são aumentados na mitocôndria. O aumento de NADH desloca o equilíbrio malato:OAA em direção ao malato, direcionando os intermediários do ciclo de TCA também para o malato, que é exportado para o citosol pela gliconeogênese. Enquanto isso, o acetil-CoA derivado do metabolismo de gorduras é direcionado para a síntese de corpos cetônicos devido à falta de OAA, regenerando CoA-SH e levando ao aumento de corpos cetônicos no plasma durante o jejum (Capítulo 11).

Isocitrato desidrogenase é a principal enzima regulatória no ciclo de TCA. Ela está sujeita à inibição alostérica por ATP e NADH e ativação por ADP e NAD^+. Durante o consumo de uma dieta rica em carboidratos e sob condições de repouso, a demanda por ATP é diminuída e o nível de intermediários derivados de carboidratos aumenta. Sob essas circunstâncias, níveis aumentados de insulina estimulam o complexo de piruvato desidrogenase e o acúmulo de ATP e NADH inibe isocitrato desidrogenase, causando acúmulo mitocondrial de citrato. O citrato é então exportado para o citosol pela síntese de ácidos graxos, que são exportados do fígado para o armazenamento no tecido adiposo como triglicerídeos. Com o aumento da demanda de energia (p. ex., durante a contração muscular), NAD^+ e ADP acumulam e estimulam a isocitrato desidrogenase.

Indução e repressão, assim como a proteólise de enzimas – como a piruvato carboxilase, as do complexo piruvato desidrogenase e o ciclo de TCA – também exercem importantes funções regulatórias. Na verdade, todas as enzimas do ciclo de TCA e as associadas são sintetizadas no citoplasma e transportadas por meio de uma série complexa de etapas na mitocôndria. A regulação pode ocorrer em nível de tradução, transcrição e transporte intracelular. Dietas, por exemplo, são conhecidas por controlarem a atividade de quatro quinases da piruvato desidrogenase. Uma delas é induzida em resposta à dieta rica em gorduras e é reprimida em resposta à dieta rica em carboidratos. Infelizmente, a regulação do ciclo de TCA nos níveis genético e de transporte não é bem compreendida.

Deficiência nas enzimas do ciclo do ácido tricarboxílico

Mutações germinativas em diversas enzimas do ciclo de TCA são características de alguns subtipos de câncer. Mutações nas subunidades da succinato desidrogenase resultam em feocromocitomas e paragangliomas. Mutações na fumarato hidratase estão associadas ao aumento da produção de fumarato em tumores renal, uterino e cutâneo em uma síndrome conhecida como carcinoma de células renal-leiomioma hereditário (HLRCC). Mutações na isocitrato desidrogenase 1 dependente de NADP$^+$ (IDH1) são as falhas mais frequentes ($\sim 70\%$) em uma gama de subtipos de glioma. Mutações em IDH1 levam ao ganho de função para produção de 2-hidroxiglutarato a partir de α-cetoglutarato. Essas células do tumor parecem desenvolver características metabólicas únicas que promovem sua sobrevivência mesmo quando as enzimas do ciclo de TCA são defeituosas. Células cancerígenas frequentemente usam reações anapleróticas para sustentar seu metabolismo mitocondrial; a glutamina, por exemplo, é convertida para glutamato para repor o α-cetoglutarato. O α-cetoglutarato, então, sofre carboxilação redutora (ao contrário da descarboxilação oxidativa durante o funcionamento contrário do ciclo de TCA) para isocitrato (via NADP$^+$ dependente de IDH2), que é convertido para citrato de modo a fornecer um precursor para a geração de ácidos graxos pelas células tumorais. O papel das deficiências das enzimas do ciclo de TCA no câncer é discutido em mais detalhes nos trabalhos mencionados na seção de Leituras Sugeridas.

RESUMO

- ▨ O ciclo de TCA é a via comum e central pela qual os combustíveis são oxidados. Ele também participa das maiores vias biossintéticas.
- ▨ A partir de sua função oxidativa, os produtos mais importantes do ciclo de TCA são GTP e coenzimas reduzidas NADH e FADH$_2$, que fornecem grandes quantidades de energia livre para a síntese de ATP pela fosforilação oxidativa.
- ▨ Por sua função biossintética, o ciclo de TCA fornece intermediários essenciais à síntese de glicose, ácidos graxos, aminoácidos e heme, bem como o ATP requerido para sua biossíntese.
- ▨ A atividade do ciclo de TCA é rigorosamente regulada pelo suprimento de substratos, efetores alostéricos e controle da expressão gênica para que o consumo de combustível esteja estreitamente acoplado às demandas energéticas.

QUESTÕES PARA APRENDIZAGEM

1. No beribéri, há deficiência da vitamina tiamina. Que intermediários se acumulam e por quê?
2. Compare a regulação do complexo de piruvato desidrogenase à regulação das enzimas citosólicas por reações de fosforilação/desfosforilação.
3. Estime as consequências das deficiências nas enzimas do ciclo de TCA, como succinato desidrogenase, fumarase ou malato desidrogenase.
4. Descreva ensaios enzimáticos para as medidas de lactato no soro ou no plasma no laboratório clínico.

LEITURAS SUGERIDAS

Akram, M. (2014). Citric acid cycle and role of its intermediates in metabolism. *Cell Biochemistry and Biophysics, 68*, 475-478.

Corbet, C., & Feron, O. (2017). Cancer cell metabolism and mitochondria: Nutrient plasticity for TCA cycle fueling. *Biochimica et Biophysica Acta, 1868*, 7-15.

Gerards, M., Sallevelt, S. C., & Smeets, H. J. (2016). Leigh syndrome: Resolving the clinical and genetic heterogeneity paves the way for treatment options. *Molecular Genetics and Metabolism, 117*, 300-312.

Marin-Valencia, I., Roe, C. R., & Pascual, J. M. (2010). Pyruvate carboxylase deficiency: Mechanisms, mimics and anaplerosis. *Molecular Genetics and Metabolism, 101*, 9-17.

Patel, K. P., O'Brien, T. W., Subramony, S. H., et al. (2012). The spectrum of pyruvate dehydrogenase complex deficiency: Clinical, biochemical and genetic features in 371 patients. *Molecular Genetics and Metabolism, 106*, 385-394.

Sciacovelli, M., & Frezza, C. (2016). Oncometabolites: Unconventional triggers of oncogenic signalling cascades. *Free Radical Biology and Medicine, 100*, 175-181.

Sudheesh, N. P., Ajith, T. A., Janardhanan, K. K., et al. (2009). Palladium alpha-lipoic acid complex formulation enhances activities of Krebs cycle dehydrogenases and respiratory complexes I–IV in the heart of aged rats. *Food and Chemical Toxicology, 47*, 2124-2128.

Vazquez, A., Jurre, J., Kamphorst, E. K., et al. (2016). Cancer metabolism at a glance. *Journal of Cell Science, 129*, 3367-3373.

Yang, M., Soga, T., Pollard, P. J., et al. (2012). The emerging role of fumarate as an oncometabolite. Frontiers in Oncology, 2, 85.

SITES

Animações do ciclo de TCA:.
https://www.youtube.com/watch?v=juM2ROSLWfw.
https://www.youtube.com/watch?v=kp3bC5N5Jfo.
https://www.youtube.com/watch?v=QQmlyMGeN9U&t=5s.

ABREVIATURAS

Ciclo de TCA	Ciclo do ácido tricarboxílico
DLDH	Diidrolipoil desidrogenase
DLTA	Diidrolipoil transacetilase
LDHq	Lactato desidrogenase
OAA	Oxaloacetato
PDH	Piruvato desidrogenase
Succ-CoA	Succinil-CoA

CAPÍTULO 11

Metabolismo Oxidativo de Lipídeos no Fígado e no Músculo

John W. Baynes

OBJETIVOS

Após concluir este capítulo, o leitor estará apto a:

- Descrever a via de ativação e transporte dos ácidos graxos para catabolismo na mitocôndria.
- Resumir a sequência de reações envolvidas na oxidação dos ácidos graxos na mitocôndria.
- Descrever as características gerais das vias de oxidação de ácidos graxos não-saturados, ácidos graxos de cadeia ímpar e ácidos graxos de cadeia ramificada.
- Explicar a lógica da via de cetogênese e identificar os principais intermediários e produtos dessa via. Descrever o mecanismo pelo qual a ativação hormonal da lipólise no tecido adiposo é coordenada com a ativação da gliconeogênese no fígado durante o jejum e o estresse fisiológico ou patológico.

INTRODUÇÃO

Normalmente, as gorduras são a principal fonte de energia no fígado e no músculo, assim como na maioria dos demais tecidos, com duas importantes exceções: o cérebro e os glóbulos vermelhos (hemácias)

Os triglicerídeos são a forma de armazenamento e transporte das gorduras; os ácidos graxos são a fonte imediata de energia. Os ácidos graxos são liberados a partir de depósitos de triglicerídeos no tecido adiposo, transportados no plasma em associação com a albumina e distribuídos para o metabolismo das células. O catabolismo de ácidos graxos é totalmente oxidativo; após serem transportados pelo citoplasma, sua oxidação prossegue no peroxissomo e na mitocôndria, primariamente por meio de um ciclo de reações conhecido como β-oxidação. Dois carbonos são liberados por vez na extremidade carboxila do ácido graxo; os principais produtos finais são a acetilcoenzima A (acetil-CoA) e as formas reduzidas dos nucleotídeos $FADH_2$ e NADH. No músculo, a acetil-CoA é metabolizada via ciclo do ácido tricarboxílico (TCA) e via fosforilação oxidativa para produzir ATP. No fígado, a acetil-CoA é amplamente convertida em corpos cetônicos (**cetogênese**), que são derivados lipídicos hidrossolúveis que, assim como a glicose, são exportados para utilização em outros tecidos. O metabolismo da gordura é controlado primeiramente pela velocidade de hidrólise de triglicerídeos (**lipólise**) no tecido adiposo, que é regulada por mecanismos hormonais que envolvem **insulina**, **glucagon**, **epinefrina** e **cortisol**. Esses hormônios coordenam o metabolismo de carboidratos, lipídeos e proteínas em todo o corpo (Capítulo 31).

ATIVAÇÃO DOS ÁCIDOS GRAXOS PARA TRANSPORTE PARA DENTRO DA MITOCÔNDRIA

Os ácidos graxos são ativados pela formação de uma ligação tioéster de alta energia com a coenzima A

Os ácidos graxos não existem em grande quantidade em sua forma livre no corpo – sais de ácidos graxos são sabões; eles dissolveriam as membranas celulares. No sangue, os ácidos graxos ligam-se à albumina, que está presente em uma concentração de $\sim 0,5$ mmol/L (35 mg/mL) no plasma. Cada molécula de albumina pode ligar seis a oito moléculas de ácidos graxos. No citosol, os ácidos graxos ligam-se a uma série de proteínas ligantes de ácidos graxos, que regulam seu tráfego no citosol e entre os compartimentos subcelulares. Na etapa inicial de seu catabolismo, os ácidos graxos são ativados para seus derivados CoA, utilizando ATP como fonte de energia (Fig. 11.1). O grupo carboxila é primeiramente ativado para um intermediário acil-adenilato de alta energia ligado à enzima, formado pela reação do grupo carboxila do ácido graxo com o ATP. Em seguida, o grupo acil é transferido para a CoA pela mesma enzima, a **acil-CoA sintetase**. Essa enzima é comumente conhecida como **tioquinase** de ácido graxo, porque o ATP é consumido na formação da ligação tioéster no acil-CoA.

O comprimento do ácido graxo determina onde ele é ativado em CoA

Ácidos graxos de cadeia curta e cadeia média (Tabela 11.1) podem cruzar a membrana mitocondrial por difusão passiva e são ativados em seus derivados CoA dentro da mitocôndria. Ácidos graxos de cadeia muito longa, provenientes da dieta, são encurtados para ácidos graxos de cadeia longa nos peroxissomos. Os ácidos graxos de cadeia longa são os principais componentes do armazenamento de triglicerídeos e gorduras da dieta. São ativados em seus derivados CoA no citoplasma e transportados para dentro da mitocôndria pela **lançadeira de carnitina**.

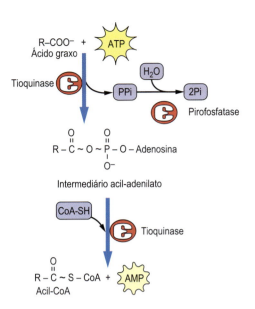

Fig. 11.1 **Ativação dos ácidos graxos pela acil-CoA sintetase (tioquinase).** O ATP forma um intermediário acil-adenilato ligado à enzima, que é liberado pela CoA-SH para formar acil-CoA. AMP, adenosina monofosfato; CoA-SH, coenzima A; PPi, pirofosfato inorgânico.

Tabela 11.1 Metabolismo das quatro classes de ácidos graxos

Classe de tamanho	Número de carbonos	Locais de catabolismo	Transporte pela membrana
Cadeia curta	2-4	Mitocôndria	Difusão
Cadeia média	4-12	Mitocôndria	Difusão
Cadeia longa	12-20	Mitocôndria	Ciclo da carnitina
Cadeia muito longa	> 20	Peroxissomo	Desconhecido

A lançadeira de carnitina

A lançadeira de carnitina contorna a impermeabilidade da membrana mitocondrial para a coenzima A

A CoA é um grande derivado nucleotídeo polar (Fig. 10.2) que não pode penetrar na membrana interna da mitocôndria. Portanto, para que ocorra o transporte do ácido graxo de cadeia longa, ele primeiramente é transferido para a molécula pequena, a carnitina, por meio da **carnitina palmitoiltransferase I** (**CPT I**), localizada na membrana mitocondrial externa. Um **transportador acil-carnitina** (ou translocase) na membrana mitocondrial interna faz a mediação da transferência da acil-carnitina para dentro da mitocôndria, onde a **CPT II** regenera a acil-CoA liberando

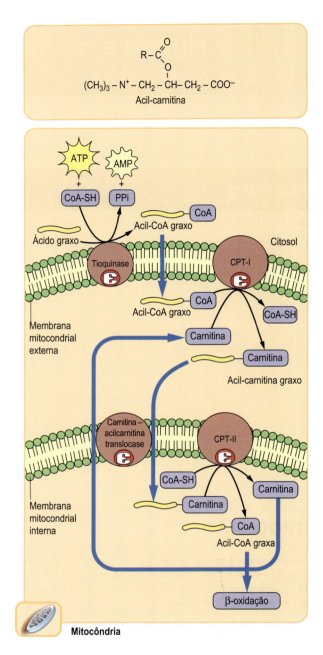

Fig. 11.2 **Transporte de ácidos graxos de cadeia longa para dentro da mitocôndria.** Os três componentes da via da carnitina incluem as carnitinas palmitoil transferases (CPT) nas membranas mitocondriais interna e externa e a carnitina-acil carnitina translocase.

carnitina livre. A lançadeira de carnitina (Fig. 11.2) opera em um mecanismo antiporte, no qual a carnitina livre e o derivado de acil-carnitina movem-se em direções opostas pela membrana mitocondrial interna. O transporte tem um importante papel na regulação da oxidação de ácidos graxos. Conforme discutido no capítulo adiante, a lançadeira de carnitina é inibida pelo **malonil-CoA** após a ingestão de refeições ricas em carboidratos. O malonil-CoA impede um ciclo fútil, no qual ácidos graxos recentemente sintetizados seriam oxidados na mitocôndria.

OXIDAÇÃO DE ÁCIDOS GRAXOS

β-Oxidação mitocondrial

A oxidação do carbono-β (C-3) facilita a clivagem sequencial de unidades acetil da extremidade carboxila dos ácidos graxos

Os acil-CoAs graxos são oxidados em um ciclo de reações que envolvem a oxidação do carbono-β (C-3) em cetona, por isso o nome *β-oxidação* (Fig. 11.3 e 11.4). A oxidação é seguida pela clivagem entre α- e β-carbonos por uma reação **tiolase** (em vez da hidrolase); dessa forma, preserva-se a ligação tioéster de alta energia a fim de fornecer a força motriz termodinâmica para reações subsequentes. Forma-se um mol de acetil CoA, FADH$_2$ e NADH durante cada ciclo, juntamente com o acil-CoA graxo com dois átomos de carbono a menos. Para um ácido graxo com 16 carbonos, tal como o palmitato, o ciclo repete-se sete vezes, produzindo 8 moles de acetil-CoA (Fig. 11.3), mais 7 moles de FADH$_2$ e 7 moles de NADH + H$^+$. Esse processo ocorre na mitocôndria; os nucleotídeos reduzidos são usados diretamente na síntese de ATP por meio da fosforilação oxidativa (Tabela 11.2).

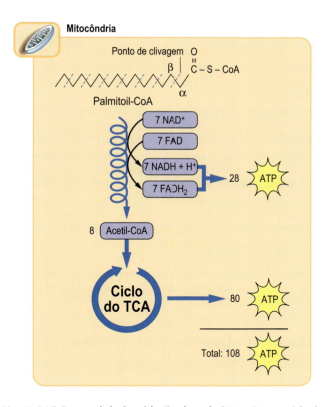

Fig. 11.3 **Visão geral da β-oxidação do palmitato.** Em um ciclo de reações, os carbonos da acil-CoA graxo são liberados em unidades acetil-CoA de dois carbonos; a produção de 28 ATP dessa β-oxidação é quase equivalente àquela da oxidação completa da glicose. No fígado, as unidades de acetil-CoA depois são utilizadas para a síntese dos corpos cetônicos; em outros tecidos, são metabolizadas no ciclo do TCA para formar ATP. A oxidação completa do palmitato produz um total líquido de 106 moles de ATP, depois da correção para equivalentes de 2 moles de ATP investidos na reação da tioquinase. A produção geral de ATP por grama de palmitato é aproximadamente o dobro daquela por grama de glicose, porque a glicose já está parcialmente oxidada quando comparada ao palmitato. Por essa razão, o valor calórico das gorduras é aproximadamente o dobro do valor calórico dos açúcares (Tabela 11.2).

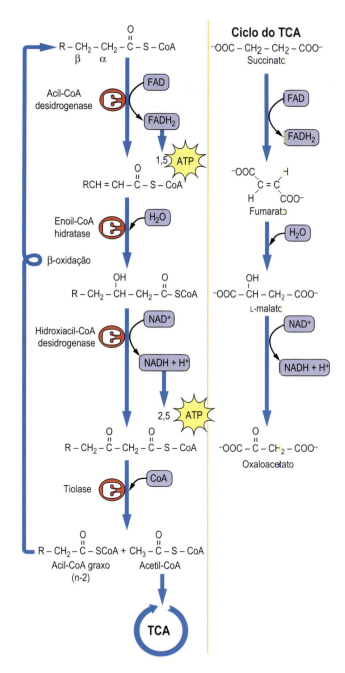

Fig. 11.4 **β-Oxidação dos ácidos graxos.** A oxidação ocorre em uma série de etapas no carbono β em relação ao grupo cetona. A tiolase quebra o derivado β-cetoacil-CoA resultante para gerar acetil-CoA e um ácido graxo com dois átomos com menos carbonos, que depois entra novamente na cascata da β-oxidação. Note a similaridade entre essas reações e aquelas do ciclo do TCA, mostradas na direita.

Tabela 11.2 Rendimento energético comparativo produzido a partir da glicose e do palmitato

Substrato	Peso molecular	Produção líquida de ATP (mol/mol)	ATP (mol/g)	Valor calórico cal/g (kJ)
Glicose	180	36-38	0,2	4 (17)
Palmitato	256	129	0,5	9 (37)

QUADRO CLÍNICO
OXIDAÇÃO PREJUDICADA DOS ÁCIDOS GRAXOS DE CADEIA MÉDIA: DEFICIÊNCIA DA ACIL-COA DESIDROGENASE

A acil-CoA desidrogenase não é uma enzima única, mas uma família de enzimas com especificidade de comprimento de cadeia para oxidação de ácidos graxos curtos, médios e longos; os ácidos graxos são transferidos de uma enzima para outra durante as reações β-oxidativas de encurtamento de cadeia. A deficiência de acil-CoA desidrogenase de cadeia média (MCAD) é uma doença autossômica recessiva caracterizada por hipoglicemia hipocetótica. A doença apresenta-se na infância, com altas concentrações de ácidos carboxílicos de cadeia média, acil-carnitinas e acil-glicinas (intermediários da biossíntese de carnitina) no plasma e na urina. A hiperamonemia também pode estar presente, como resultado do dano no fígado. As concentrações dos derivados de acil-CoA de cadeia média das mitocôndrias hepáticas também encontram-se aumentadas, limitando a β-oxidação e a reciclagem de CoA durante a cetogênese. A incapacidade de metabolizar gorduras durante o jejum é uma ameaça à vida, porque limita a gliconeogênese e causa hipoglicemia. A deficiência de MCAD é tratada com alimentação frequente, prevenção de jejum e suplementação com carnitina. As deficiências nas desidrogenases de ácidos graxos de cadeia curta e longa possuem características clínicas similares.

Os quatro passos do ciclo da β-oxidação são mostrados em detalhes na Figura 11.4. Note a similaridade entre a sequência dessas reações e das reações do succinato para oxaloacetato no TCA. Assim como a succinato desidrogenase, a acil-CoA desidrogenase utiliza o FAD como coenzima, sendo uma proteína integral da membrana mitocondrial interna. Até mesmo a geometria *trans* do fumarato e a configuração estereoquímica do L-malato no ciclo do TCA são reproduzidas pelos intermediários trans-enoil-CoA e L-hidroxiacil-CoA na β-oxidação. O último passo do ciclo da β-oxidação é catalisado pela tiolase, que aprisiona a energia obtida da clivagem da ligação carbono-carbono sob a forma de acil-CoA, permitindo que o ciclo continue, sem a necessidade de reativar o ácido graxo. O ciclo continua até que todo o ácido graxo tenha sido convertido em acetil-CoA, o intermediário comum na oxidação de carboidratos e lipídeos.

Catabolismo peroxissomal dos ácidos graxos

Os peroxissomos são essenciais para a oxidação de ácidos graxos de cadeia muito longa; essas organelas liberam ácidos graxos de cadeia média para oxidação na mitocôndria.

Os peroxissomos são organelas subcelulares encontradas em todas as células nucleadas. Estão envolvidos na oxidação de grande quantidade de substratos, incluindo o urato, os ácidos graxos ramificados e os ácidos graxos de cadeias ramificada, longa e muito longa. Também são os principais locais de produção de peróxido de hidrogênio (H_2O_2) na célula, correspondendo a aproximadamente 20% do consumo de oxigênio dos hepatócitos. Os peroxissomos possuem uma lançadeira de carnitina e conduzem a β-oxidação por uma via similar à via mitocondrial, exceto pelo fato de que sua acil-CoA desidrogenase é uma oxidase, não desidrogenase. O $FADH_2$ produzido nessa reação, assim como em outras reações oxidativas, incluindo a α-oxidação e a ω-oxidação (ver discussão adiante), é oxidado pelo oxigênio molecular para produzir H_2O_2.

Essa via é energeticamente menos eficiente do que a β-oxidação na mitocôndria, em que o ATP é produzido por fosforilação oxidativa. Enzimas peroxissomais não podem oxidar ácidos graxos de cadeia curta, de forma que produtos como butanoil-, hexanoil- e octanoil-carnitina são exportados ou difundidos dos peroxissomos para posterior catabolismo na mitocôndria.

Os peroxissomos também possuem funções anabólicas. Considera-se que desempenham algum papel na produção de acetil-CoA para a biossíntese de colesterol e poli-isoprenoides (Capítulo 14), além de conterem a di-hidroxiacetona-fosfato acil-transferase necessária à síntese de plasmalogênios (Capítulo 18).

A **síndrome de Zellweger**, resultante dos defeitos na importação de enzimas dentro dos peroxissomos, é um distúrbio que afeta vários órgãos, levando à morte em aproximadamente 6 meses de idade; caracteriza-se pelo acúmulo de ácidos graxos de cadeia longa no tecido neuronal, muito provavelmente em razão da incapacidade de reciclar os ácidos graxos neuronais. Os fibratos são uma classe de drogas hipolipidêmicas que agem por meio da indução da proliferação peroxissomal no fígado.

Vias alternativas de oxidação dos ácidos graxos

Ácidos graxos não saturados produzem menos $FADH_2$ quando são oxidados

Ácidos graxos não saturados já são parcialmente oxidados, de forma que menos $FADH_2$ (e, consequentemente, menos ATP) é produzido pela sua oxidação. As ligações duplas nos ácidos graxos poli-insaturados apresentam geometria *cis* e ocorrem em intervalos de três carbonos, enquanto os intermediários na β-oxidação têm geometria *trans* e suas reações se processam em etapas de dois carbonos. Desse modo, o metabolismo dos ácidos graxos não saturados requer enzimas isomerase e oxirredutase adicionais, ambas para trocar a posição e alterar a geometria das ligações duplas.

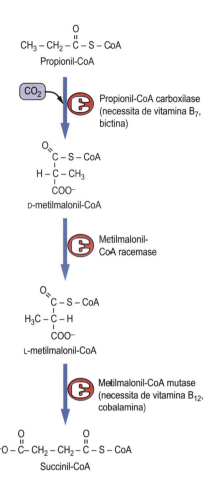

Fig. 11.5 **Metabolismo da propionil-CoA para succinil-CoA.** A propionil-CoA dos ácidos graxos de cadeia ímpar é uma fonte minoritária de carbonos para a gliconeogênese. O intermediário, metilmalonil-CoA, também é produzido durante o catabolismo de aminoácidos de cadeia ramificada. Defeitos na metilmalonil-CoA mutase ou deficiências na vitamina B_{12} levam à acidúria metilmalônica.

Ácidos graxos de cadeia ímpar produzem succinil-CoA a partir de propionil-CoA

A oxidação de ácidos graxos com número ímpar de carbonos continua da extremidade carboxila, de forma semelhante àquela dos ácidos graxos normais, exceto pelo fato de que a propionil-CoA é formada pela última reação de clivagem da tiolase. A propionil-CoA é convertida em succinil-CoA por um processo de múltiplas etapas, que envolve três enzimas e duas vitaminas – biotina e cobalamina (Fig. 11.5). A succinil-CoA entra diretamente no ciclo do TCA.

A α-oxidação inicia a oxidação de ácidos graxos de cadeia ramificada em acetil-CoA e propionil-CoA

Os ácidos fitânicos são lipídeos poli-isoprenoides de cadeia ramificada encontrados na clorofila de plantas. Como o carbono-β dos ácidos fitânicos encontra-se em um ponto de ramificação, não é possível oxidar esse carbono em uma cetona. O primeiro passo, essencial ao catabolismo dos ácidos fitânicos, é a α-oxidação para ácido pristânico, liberando o carbono-α sob a forma de dióxido de carbono. Consequentemente, conforme

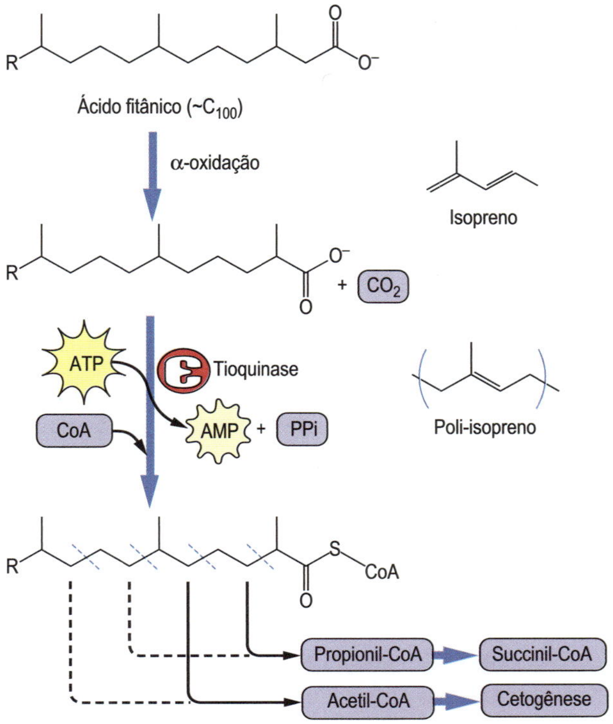

Fig. 11.6 **α-Oxidação de ácidos fitânicos de cadeia ramificada.** O primeiro carbono dos ácidos fitânicos é removido sob a forma de dióxido de carbono. Nos ciclos subsequentes da β-oxidação, acetil-CoA e propionil-CoA são liberadas alternadamente.

mostrado na Figura 11.6, são liberadas acetil-CoA e propionil-CoA de forma alternada e em quantidades iguais. A **doença de Refsum** é um distúrbio neurológico raro, caracterizado pelo acúmulo de depósitos de ácido fitânico no tecido nervoso como resultado de um defeito genético na α-oxidação.

CETOGÊNESE, UMA VIA METABÓLICA EXCLUSIVA DO FÍGADO

Cetogênese no jejum e na fome

A cetogênese é uma via de regeneração de CoA a partir da acetil-CoA excessiva

O fígado utiliza os ácidos graxos como fonte de energia para gliconeogênese durante o jejum e a fome. As gorduras são uma rica fonte de energia e, nas condições de jejum e fome, as concentrações mitocondriais de ATP derivado de gordura e NADH nas mitocôndrias do fígado são altas, inibindo a isocitrato desidrogenase e alterando o equilíbrio oxaloacetato-malato em direção ao malato. Os intermediários do ciclo do TCA que são formados a partir de aminoácidos liberados pelo músculo, como parte da resposta ao jejum e à fome (Capítulo 31), também são convertidos em malato no ciclo do TCA. O malato sai da mitocôndria para fazer parte da gliconeogênese (Capítulo 12). O baixo nível de oxaloacetato resultante

> **QUADRO CLÍNICO**
> **DEFEITOS NA β-OXIDAÇÃO: ACIDÚRIA DICARBOXÍLICA E β-OXIDAÇÃO DE ÁCIDOS GRAXOS**
>
> Diversos distúrbios do catabolismo dos lipídeos, incluindo as alterações no transporte de carnitina, as deficiências de acil-CoA desidrogenase e a síndrome de Zellweger (um defeito na biogênese dos peroxissomos), estão associados ao surgimento de ácidos dicarboxílicos de cadeia média na urina. Quando a β-oxidação dos ácidos graxos está prejudicada, os ácidos graxos são oxidados, um carbono por vez, pela α-oxidação ou pelo ω-carbono, por meio de hidroxilases e desidrogenases dependentes de citocromo P_{450} microssomal. Os ácidos dicarboxílicos de cadeia longa resultantes são substratos para a β-oxidação peroxissomal, que continua no nível dos ácidos dicarboxílicos de cadeia curta, os quais subsequentemente são excretados do peroxissomo e, por fim, aparecem na urina.

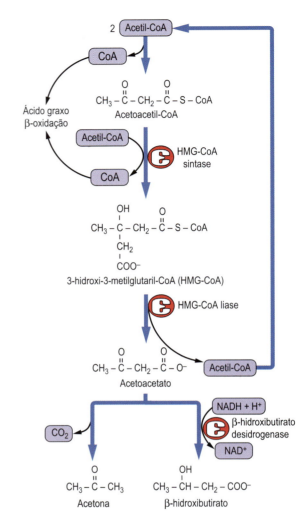

Fig. 11.7 **Via da cetogênese a partir da acetil-CoA.** A cetogênese gera corpos cetônicos a partir da acetil-CoA, liberando a CoA para participar na β-oxidação. As enzimas envolvidas, HMG-CoA sintase e liase, são exclusivas dos hepatócitos; a HMG-CoA mitocondrial é um intermediário essencial. O produto inicial é o ácido acetoacético, que pode ser reduzido enzimaticamente para β-hidroxibutirato através da β-hidroxibutirato desidrogenase ou pode se decompor espontaneamente (não enzimaticamente) em acetona, que é excretada na urina ou expirada pelos pulmões.

na mitocôndria hepática limita a atividade do ciclo do TCA, resultando em uma incapacidade de metabolizar acetil-CoA de forma eficiente nesse ciclo. Embora o fígado possa obter energia suficiente para suportar a gliconeogênese simplesmente por meio das enzimas da β-oxidação, que geram $FADH_2$ e NADH, o acúmulo de acetil CoA – com concomitante depleção da CoA – acaba limitando a β-oxidação.

O que o fígado faz com o excesso de acetil-CoA que se acumula no jejum ou na fome?

O problema de lidar com acetil-CoA em excesso é crítico, porque a CoA está presente somente em quantidades catalíticas nos tecidos, com a CoA livre sendo necessária para iniciar e dar continuidade ao ciclo da β-oxidação, que é a principal fonte de ATP no fígado durante a gliconeogênese. Para reciclar a acetil-CoA, o fígado utiliza uma via exclusiva conhecida como cetogênese, na qual a CoA livre é regenerada e o grupo acetato aparece no sangue na forma de três produtos derivados de lipídeos hidrossolúveis: **acetoacetato**, **β-hidroxibutirato** e **acetona**. A via de formação desses "**corpos cetônicos**" (Fig. 11.7) envolve a síntese e a decomposição de **hidroximetilglutaril (HMG)-CoA** na mitocôndria. O fígado é único em seu conteúdo de HMG-CoA sintase e liase, mas é deficiente nas enzimas necessárias ao metabolismo dos corpos cetônicos; os corpos cetônicos acumulados são transportados para o sangue.

Os corpos cetônicos são captados por tecidos extra-hepáticos, incluindo o músculo esquelético e o cardíaco, nos quais são convertidos em derivados de CoA para o metabolismo (Fig. 11.8). Os corpos cetônicos aumentam no plasma durante o jejum e a fome (Tabela 11.3), consistindo em uma rica fonte de energia. São utilizados nos músculos esquelético e cardíaco proporcionalmente à sua concentração plasmática. Durante o jejum, o cérebro também se converte para o uso de corpos cetônicos para mais de 50% de seu metabolismo energético, economizando glicose e reduzindo a demanda de degradação de proteína muscular para a gliconeogênese (Capítulos 12 e 31).

Tabela 11.3 Concentrações plasmáticas de ácidos graxos e corpos cetônicos em diferentes estados nutricionais

Substrato	Concentração plasmática (mmol/L)		
	Normal	Fome	Jejum
Ácidos graxos	0,6	1,0	1,5
Acetoacetato	< 0,1	0,2	1-2
β-Hidroxibutirato	< 0,1	1,0	5-10

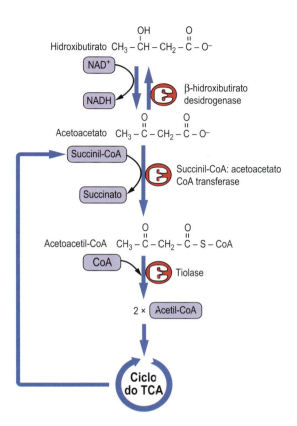

Fig. 11.8 **Catabolismo dos corpos cetônicos nos tecidos periféricos.** Succinil-CoA: acetoacetato-CoA transferase catalisa a conversão do acetoacetato em acetoacetil-CoA. Uma enzima do tipo "tioquinase" também pode ativar diretamente o acetoacetato em alguns tecidos.

QUADRO CLÍNICO
CORPOS CETÔNICOS NA URINA (CETONÚRIA) E PROGRAMAS DE PERDA DE PESO

O surgimento de corpos cetônicos na urina é um indicativo de metabolismo de gordura e gliconeogênese ativos. Normalmente, a cetonúria também pode ocorrer em associação a uma dieta rica em gorduras e pobre em carboidratos. Alguns programas de perda de peso encorajam uma redução gradual nos carboidratos e na ingestão calórica total até que os corpos cetônicos apareçam na urina (medida com Ketostix®). Indivíduos que estão em dieta são incentivados a manterem esse nível de ingestão calórica, enquanto checam as cetonas urinárias regularmente para confirmarem o consumo da gordura corporal.

Comentário
O Ketostix® e os testes "químicos secos" similares são tiras de teste práticas para a estimativa de corpos cetônicos na urina. As tiras contêm um reagente químico, tal como nitroprussiato, que reage com o acetoacetato na urina para formar uma cor de lavanda, graduada em uma escala com o máximo de 4+. Estabelece-se uma reação de 1+ (que representa 5-10 mg de corpos cetônicos/100mL) ou 2+ (10-20 mg/100mL) na tira de teste como objetivo de se assegurar o metabolismo de gordura contínuo e, consequentemente, a perda de peso. Atualmente, não se indica esse tipo de dieta, porque o surgimento de corpos cetônicos na urina indica concentrações ainda mais altas de corpos cetônicos no plasma, o que pode levar à acidose metabólica.

Mobilização de lipídeos durante a gliconeogênese

O metabolismo de carboidratos e lipídeos é coordenadamente regulado por ação hormonal durante o ciclo jejum-alimentação

A insulina, o glucagon, a epinefrina e o cortisol controlam a direção e a velocidade do metabolismo de glicogênio e glicose no fígado (Capítulo 12). Durante o jejum e a fome, a gliconeogênese hepática é ativada pelo glucagon; a gliconeogênese requer a degradação de proteínas e a liberação de aminoácidos coordenadas, por parte do músculo, assim como a degradação de triglicerídeos e a liberação de ácidos graxos coordenadas, por parte do tecido adiposo. Esse último processo, conhecido como lipólise, é controlado pela enzima adipocítica **lipase hormônio-sensível**, que é ativada pela fosforilação da proteína quinase A dependente de AMPc em resposta às concentrações aumentadas de glucagon no plasma (Capítulos 12 e 31). Assim como a gliconeogênese, a lipólise é inibida pela insulina.

A ativação da lipase hormônio-sensível tem efeitos previsíveis – aumento da concentração de ácidos graxos livres e glicerol no plasma durante o jejum e a fome (Fig. 11.9). Observam-se efeitos similares em resposta à epinefrina durante a resposta ao estresse. A epinefrina ativa a gliconeogênese no fígado e a lipólise no tecido adiposo, de forma que ambos os combustíveis (glicose e ácidos graxos) aumentam no sangue durante o estresse. O cortisol exerce um efeito mais crônico na lipólise, causando também a resistência à insulina. A **síndrome de Cushing** (Capítulo 27), na qual há altas concentrações de cortisol no sangue, caracteriza-se por hiperglicemia, perda de massa muscular e redistribuição de gordura – dos depósitos adiposos sensíveis ao glucagon para locais atípicos, como bochechas, parte superior das costas e tronco.

Regulação da cetogênese

A cetogênese é ativada em parceria com a gliconeogênese durante o jejum e a fome

A cetogênese aumenta quando a lipase hormônio-sensível é ativada pelo glucagon no tecido adiposo durante o jejum e a fome, assim como no diabetes melito. Nessas condições, aumenta a concentração de ácidos graxos no plasma e o fígado utiliza esses ácidos graxos para dar suporte à gliconeogênese. A energia deriva-se principalmente de β-oxidação; o produto, o acetil-CoA, é metabolizado pela cetogênese. Então, por que a acetil-CoA não é usada no ciclo do TCA?

Durante a gliconeogênese, a ativação da cascata de AMPc pelo glucagon no fígado inibe a glicólise (Fig. 12.9), limitando o fluxo de piruvato a partir dos carboidratos. Qualquer piruvato formado, em grande parte a partir do lactato e da alanina, é convertido em oxaloacetato pela piruvato carboxilase, que

CAPÍTULO 11 Metabolismo Oxidativo de Lipídeos no Fígado e no Músculo

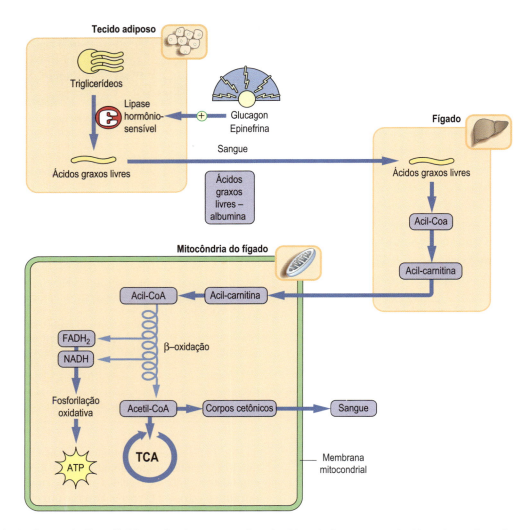

Fig. 11.9 **Regulação do metabolismo lipídico pelo glucagon e pela epinefrina.** O glucagon e a epinefrina ativam a lipase hormônio-sensível no tecido adiposo, de forma coordenada com a ativação da proteólise no músculo e a gliconeogênese no fígado. O metabolismo de ácidos graxos por meio da β-oxidação no fígado produz ATP para a gliconeogênese. A acetil-CoA é convertida em corpos cetônicos e liberada para o sangue. Esses efeitos são revertidos pela insulina após uma refeição.

QUADRO CLÍNICO
CETOGÊNESE DEFEITUOSA: CETOGÊNESE COMO RESULTADO DA DEFICIÊNCIA NO METABOLISMO DE CARNITINA

A apresentação clínica das deficiências no metabolismo de carnitina ocorre na infância e, geralmente, tem risco de morte. Os traços característicos da doença incluem hipoglicemia hipocetótica, hiperamonemia e concentração alterada de carnitina livre no plasma. Dano hepático, cardiomiopatia e fraqueza muscular são comuns.

Comentário
A carnitina é sintetizada a partir da lisina e do α-cetoglutarato, principalmente no fígado e no rim, estando normalmente presente no plasma em uma concentração de cerca de 50 μmol/L (8 mg/dL). Há sistemas de captação de alta afinidade para a carnitina na maioria dos tecidos, incluindo o rim, que absorve a carnitina a partir do filtrado glomerular, limitando sua excreção na urina. Deficiências homozigóticas nos transportadores de carnitina (CPT-I e CPT-II) e na translocase resultam em defeitos na oxidação dos ácidos graxos de cadeia longa. As concentrações de carnitina no plasma e nos tecidos diminui para < 1 μmol/L na deficiência do transporte de carnitina em razão da captação defeituosa dentro dos tecidos e da perda excessiva na urina. Por outro lado, a carnitina livre no plasma pode exceder 100 μmol/L (20 mg/dL) na deficiência de CPT-I. Em ambas as deficiências (translocase e CPT-II), a carnitina total do plasma pode estar normal, mas está em sua maioria sob a forma de ésteres de acil-carnitina de ácidos graxos de cadeia longa – no primeiro caso porque não podem ser transportados para dentro da mitocôndria; no segundo caso em razão do afluxo proveniente da mitocôndria. Essas doenças são tratadas pela suplementação de carnitina, por alimentação frequente com alimentos ricos em carboidratos e evitando-se o jejum prolongado.

QUADRO CLÍNICO
SÍNDROMES HELLP E AFLP EM MÃES DE CRIANÇAS NASCIDAS COM LCHAD (INCIDÊNCIA DE 1 EM 200.000)

A deficiência de L-3-hidroxiacil-CoA desidrogenase de cadeia longa pode se apresentar em grande variedade de formas. Os indivíduos afetados são suscetíveis a episódios de hipoglicemia não cetótica, mas podem desenvolver insuficiência hepática fulminante, cardiomiopatia, rabdomiólise e, ocasionalmente, neuropatia e retinopatia. Assim como nas deficiências de MCAD, o tratamento envolve evitar o jejum e as dietas ricas em ácidos graxos de cadeia média.

Talvez a característica mais marcante desse distúrbio raro no metabolismo dos ácidos graxos seja a associação às síndromes HELLP (hemólise, enzimas hepáticas aumentadas e plaquetas baixas) e AFLP (esteatose hepática aguda da gravidez) maternas. Essas emergências obstétricas potencialmente fatais podem ocorrer em mães heterozigóticas para LCHAD, especialmente se a criança tiver LCHAD. Essas síndromes também estão associadas a outro defeito recessivo do ácido graxo, a deficiência de carnitina palmitoil-transferase-I.

QUESTÕES PARA APRENDIZAGEM

1. Compare o metabolismo de acetil-CoA no fígado e no músculo. Explique por que o fígado produz corpos cetônicos durante a gliconeogênese. O que impede a oxidação hepática da acetil CoA?
2. Avalie as evidências para o uso de carnitina como melhorador de desempenho durante o exercício e como suplemento para pacientes geriátricos.
3. Revise a utilização atual e o mecanismo de ação das drogas proliferadoras de peroxissomos para o tratamento da dislipidemia e do diabetes.
4. Compare os mecanismos envolvidos na hiperglicemia cetoacidótica e hipoglicemia não cetótica.

é ativada pela acetil-CoA (Fig. 12.9). O oxaloacetato é convertido em malato para gliconeogênese; em razão do baixo nível de oxaloacetato (um substrato para a citrato sintase), a acetil-CoA é direcionada para a cetogênese em vez de ser usada para o metabolismo de energia no ciclo do TCA. A orientação em direção à cetogênese é controlada pela carga energética do fígado. A alta concentração de ATP produzida durante o metabolismo de gordura inibe o ciclo do TCA na etapa da isocitrato desidrogenase (Capítulo 10). Além disso, com o controle respiratório (Capítulo 8), níveis altos de ATP levam ao aumento no potencial de membrana mitocondrial, que inibe a cadeia de transporte de elétrons. O aumento resultante na razão NADH/NAD$^+$ favorece a redução do oxaloacetato em malato, que sai da mitocôndria para a gliconeogênese, em vez de ser consumido no ciclo do TCA.

Em resumo, durante a gliconeogênese, a acetil-CoA produzida pela β-oxidação de ácidos graxos é convertida em corpos cetônicos; ela não tem outro lugar ao qual ir! O aumento de corpos cetônicos no plasma (cetonemia) leva ao seu aparecimento na urina (cetonúria). No diabetes tipo I mal controlado, a alta taxa de cetogênese pode levar à cetonemia excessiva e, possivelmente, à cetoacidose diabética com risco de morte (Capítulo 31).

RESUMO

- Ao contrário dos combustíveis glicídicos, que entram no corpo principalmente sob a forma de glicose ou açúcares que são convertidos em glicose, os combustíveis lipídicos são heterogêneos no que diz respeito a comprimento da cadeia, ramificação e saturação.
- O catabolismo das gorduras é principalmente um processo mitocondrial, mas também ocorre nos peroxissomos.
- Com o uso de processos de transporte específicos para cada comprimento de cadeia e enzimas catabólicas, as principais vias de catabolismo de ácidos graxos envolvem sua degradação oxidativa em unidades de dois carbonos, um processo conhecido como β-oxidação, que produz acetil-CoA.
- Na maioria dos tecidos, as unidades de acetil-CoA são usadas para a produção de ATP na mitocôndria.
- No fígado, a acetil-CoA é catabolizada em corpos cetônicos, primeiramente em acetoacetato e β-hidroxibutirato, por meio de uma via mitocondrial denominada cetogênese. Os corpos cetônicos são exportados do fígado para o metabolismo energético no tecido periférico.
- A cetonemia e a cetonúria desenvolvem-se gradualmente durante o jejum, enquanto a cetoacidose pode se desenvolver no diabetes mal controlado, em que o metabolismo de gorduras está aumentado para altos níveis, a fim de dar suporte à gliconeogênese.

LEITURAS SUGERIDAS

Cahill, G. F., Jr. (2006). Fuel metabolism in starvation. *Annual Review of Nutrition*, 26, 1-22.

Fukushima, A., & Lopaschuk, G. D. (2016). Acetylation control of cardiac fatty acid (-oxidation and energy metabolism in obesity, diabetes, and heart failure. *Biochimica et Biophysica Acta*, 1862, 2211-2220.

Longo, N., Amat di San Filippo, C., & Pasquali, M. (2006). Disorders of carnitine transport and the carnitine cycle. *American Journal of Medical Genetics. Part C, Seminars in Medical Genetics*, 142, 77-85.

Sass, J. O. (2012). Inborn errors of ketogenesis and ketone body utilization. *Journal of Inherited Metabolic Disease*, 35, 23-28.

Tein, I. (2013). Disorders of fatty acid oxidation. *Handbook of Clinical Neurology*, 113, 1675-1688.

Vishwanath, V. A. (2016). Fatty acid beta-oxidation disorders: A brief review. *Annals of Neurosciences*, 23, 51-55.

Wanders, R. J. (2014). Metabolic functions of peroxisomes in health and disease. *Biochimie*, 98, 36-44.

SITES

Beta-oxidação: http://lipidlibrary.aocs.org/Biochemistry/content.cfm?ItemNumber=39187.

Carnitina: http://lpi.oregonstate.edu/mic/dietary-factors/L-carnitine.

Revisão da oxidação de ácidos graxos: http://themedicalbiochemistrypage.org/fatty-acid-oxidation.php.

Peroxissomos: http://emedicine.medscape.com/article/1177387-overview.

Distúrbios peroxissomais: http://emedicine.medscape.com/article/1177387-overview.

ABREVIATURAS

CoA-SH	Acetil-coenzima A
CPT-I, CPT-II	Carnitina palmitiltransferase I, II
HMG-CoA	Hidroximetilglutaril-CoA
Ciclo do TCA	Ciclo do ácido tricarboxílico

CAPÍTULO 12

Biossíntese e Armazenamento de Carboidratos no Fígado e no Músculo

John W. Baynes

OBJETIVOS

Após concluir este capítulo, o leitor estará apto a:

- Descrever a estrutura do glicogênio.
- Identificar os sítios principais de armazenamento de glicogênio no corpo e sua função nesses tecidos.
- Traçar as vias metabólicas para a síntese e a degradação do glicogênio.
- Descrever os mecanismos pelos quais o glicogênio é mobilizado do fígado em resposta ao glucagon, no músculo durante o exercício e em ambos os tecidos em resposta à epinefrina.
- Explicar a origem e as consequências da glicogenose no fígado e no músculo.
- Descrever o mecanismo para a contrarregulação da glicogenólise e da glicogênese no fígado.
- Traçar os percursos da glicogênese, incluindo substratos, enzimas exclusivas e mecanismos regulatórios.
- Descrever funções complementares da glicogênese e da gliconeogênese na manutenção da concentração de glicose no sangue.

INTRODUÇÃO

A hemácia e o cérebro apresentam dependência absoluta da glicose sanguínea para o metabolismo energético. Juntos, eles consomem em média 80% dos 200 g da glicose consumida no corpo por dia. Há uma média de somente 10 g de glicose no plasma e no volume de líquido extracelular, ~5% do requerido diariamente. Assim, a glicose sanguínea deve ser reposta constantemente. Caso contrário, desenvolve-se hipoglicemia e há comprometimento da função cerebral, levando a confusão mental e desorientação – e, possivelmente, ao coma potencialmente fatal com concentração de glicose no sangue abaixo de 2,5 mmol/L (45 mg/dL). Absorvemos glicose de nossos intestinos por apenas 2-3 horas após uma refeição contendo carboidratos, assim, deve haver um mecanismo para manutenção de glicose no sangue entre as refeições.

O glicogênio, um polissacarídeo que é forma de armazenamento da glicose, é nossa primeira linha de defesa contra a queda da concentração de glicose no sangue. Durante e imediatamente após uma refeição, a glicose é convertida em glicogênio, um processo conhecido como **glicogênese**, tanto no fígado quanto no músculo. A concentração tecidual de glicogênio é maior no fígado do que no músculo, mas, devido às massas relativas dos dois órgãos, a maior parte do glicogênio do corpo é armazenada no músculo (Tabela 12.1).

Glicogenólise e gliconeogênese hepáticas são requeridas para manutenção da concentração normal de glicose no sangue

O glicogênio hepático é gradualmente degradado entre as refeições pela via da **glicogenólise**, liberando glicose a fim de manter a concentração de glicose sanguínea. No entanto, o armazenamento total de glicogênio hepático é raramente suficiente para manter a concentração de glicose no sangue durante 12 horas de jejum.

Durante o sono, quando não estamos comendo, há uma mudança gradual de glicogenólise para a síntese "*de novo*" da glicose – também uma via hepática, conhecida por **gliconeogênese** (Fig. 12.1). A gliconeogênese é essencial à sobrevivência durante o jejum ou a inanição, quando as reservas de glicogênio estão reduzidas. O fígado usa os aminoácidos da proteína muscular como precursores primários da glicose, mas também faz uso do lactato da glicólise e do glicerol proveniente do catabolismo de gorduras. Os ácidos graxos, mobilizados dos estoques de triglicerídeos do tecido adiposo, fornecem a energia para a gliconeogênese.

O glicogênio é armazenado no músculo para uso no metabolismo energético

O glicogênio muscular não é disponibilizado para a manutenção da glicose sanguínea. A glicose obtida do sangue e do glicogênio é usada exclusivamente para metabolismo energético no músculo, especialmente durante as demandas de atividades físicas. Apesar de os músculos cardíaco e esquelético dependerem das gorduras como fontes primárias de energia, parte do metabolismo da glicose é essencial ao metabolismo eficiente de gordura nesses tecidos (Capítulo 37).

Este capítulo descreve as vias da glicogênese e da glicogenólise no fígado e no músculo e a via da gliconeogênese no fígado.

ESTRUTURA DO GLICOGÊNIO

Glicogênio, um glicano altamente ramificado, é a forma de armazenamento da glicose nos tecidos

O glicogênio é um polissacarídeo ramificado de glicose. O glicogênio contém apenas dois tipos de ligações glicosídicas, cadeias de resíduos de glicose ligadas por $\alpha1{\rightarrow}4$ com ramos de $\alpha1{\rightarrow}6$ espaçados cerca de 4-6 resíduos ao longo da cadeia $\alpha1{\rightarrow}4$ (Fig. 12.2). O glicogênio está intimamente relacionado ao **amido**, o polissacarídeo de armazenamento das plantas. O amido, no entanto, consiste em uma mistura de amilose e amilopectina. O componente amilose contém apenas cadeias lineares $\alpha1{\rightarrow}4$; o componente amilopectina é mais parecido

---

147

Tabela 12.1 Distribuição tecidual das reservas energéticas de carboidratos (Adulto 70 kg)

Tecido	Tipo	Quantidade	% da massa tecidual	Calorias
Fígado	Glicogênio	75 g	3% – 5%	300
Músculo	Glicogênio	250 g	0,5% – 1,0%	1000
Sangue e fluido extracelular	Glicose	10 g	—	40

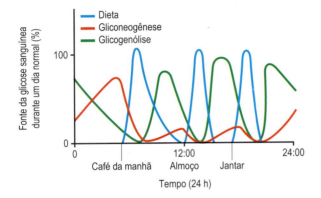

Fig. 12.1 **Fontes da glicose sanguínea durante um dia normal.** Entre as refeições, a glicose no sangue é proveniente principalmente do glicogênio. Dependendo da frequência das refeições, glicogenólise e gliconeogênese estarão mais ou menos ativas ao longo do dia. Tarde da noite ou logo pela manhã, após o esgotamento da maioria do glicogênio hepático, a gliconeogênese torna-se a fonte primária de glicose sanguínea.

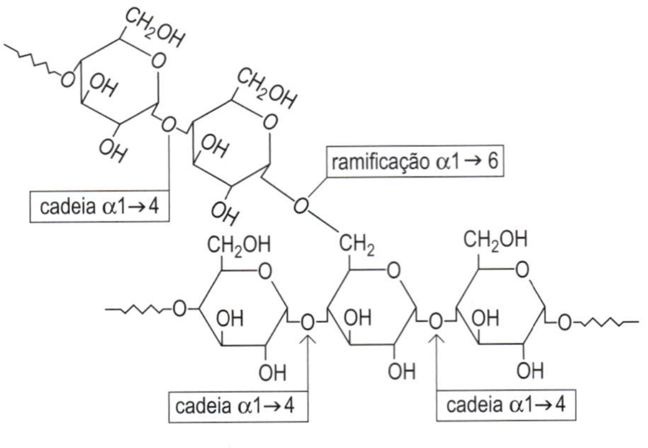

Fig. 12.2 **Estrutura do glicogênio.** A figura mostra cadeias α1→4 e um ponto de ramificação α1→6. O glicogênio é armazenado na forma de grânulos no citoplasma hepático e muscular.

com o glicogênio em sua estrutura, mas com menos ramos α1→6, cerca de 1 para cada 12 resíduos de glicose ligados por α1→4· A estrutura bruta do glicogênio é de natureza dendrítica, expandindo de um núcleo central ligado a um resíduo de tirosina da proteína **glicogenina** para uma estrutura final parecida com a cabeça de uma couve-flor. As enzimas do metabolismo de glicogênio estão ligadas à superfície da partícula de glicogênio; várias unidades de glicose terminais na superfície da molécula permitem acesso imediato para a rápida liberação de glicose a partir do polímero glicogênio.

VIA DA GLICOGÊNESE NO FÍGADO A PARTIR DA GLICOSE SANGUÍNEA

A glicogênese é ativada no fígado e no músculo após uma refeição

O fígado é rico no transportador de glicose **GLUT-2** de alta capacidade e baixa afinidade ($K_m > 10$ mmol/L), tornando-o livremente permeável à glicose fornecida em alta concentração pelo sistema porta durante e após uma refeição (Tabela 4.2). O fígado também é rico em **glicoquinase**, uma enzima específica para glicose que a converte para glicose 6-fosfato (Glc-6-P). Glicoquinase (GK) é induzida pelo consumo continuado de dieta rica em carboidratos. Apresenta K_m alta, cerca de 5-7 mmol/L, de modo a estar preparada para aumentar sua atividade à medida que a glicose portal aumenta acima da concentração normal de 5 mmol/L (100 mg/dL). Diferentemente da hexoquinase, GK não é inibida por Glc-6-P, de modo que a concentração de Glc-6-P aumenta rapidamente no fígado após uma refeição rica em carboidratos, forçando a entrada de glicose para todas as principais vias de seu metabolismo: glicólise, via de pentose-fosfato e glicogênese (Fig. 9.2). A glicose é canalizada para glicogênio, providenciando uma reserva de carboidrato para a manutenção da glicose sanguínea durante o estado pós-absortivo. O excesso de Glc-6-P no fígado, para além da necessidade de reestabelecimento das reservas de glicogênio, é canalizado para a glicólise – em parte para produção de energia, mas principalmente para conversão em ácidos graxos e triglicerídeos, que são exportados do fígado para armazenamento no tecido adiposo. A glicose que passa pelo fígado causa um aumento na concentração periférica de glicose sanguínea após refeições ricas em carboidratos. Essa glicose é usada no músculo para síntese e armazenamento de glicogênio e no tecido adiposo como fonte de glicerol para biossíntese de triglicerídeos.

A via da glicogênese a partir da glicose (Fig. 12.3A) envolve quatro etapas:

- Conversão de Glc-6-P em glicose-1-fosfato (Glc-1-P) pela **fosfoglicomutase**.
- Ativação de Glc-1-P em uridina difosfato (UDP)-glicose pela enzima **UDP-glicose pirofosforilase**.
- Transferência de glicose de UDP-Glc para glicogênio em ligação α1→4 pela **glicogênio sintase**, membro da classe de enzimas conhecidas como glicosiltransferases.
- Quando a ligação α1→4 excede oito resíduos no comprimento, a **enzima de ramificação do glicogênio**, a transglicosilase, transfere alguns açúcares ligados em α1→4 para uma ramificação α1→6, permitindo o alongamento contínuo de ambas as cadeias α1→4 até que elas, por sua vez, sejam longas o suficiente para novas transferências feitas pela enzima de ramificação.

Glicogênio sintase é a enzima regulatória para glicogênese, em vez de UDP-glicose pirofosforilase, porque a UDP-glicose

CAPÍTULO 12 Biossíntese e Armazenamento de Carboidratos no Fígado e no Músculo

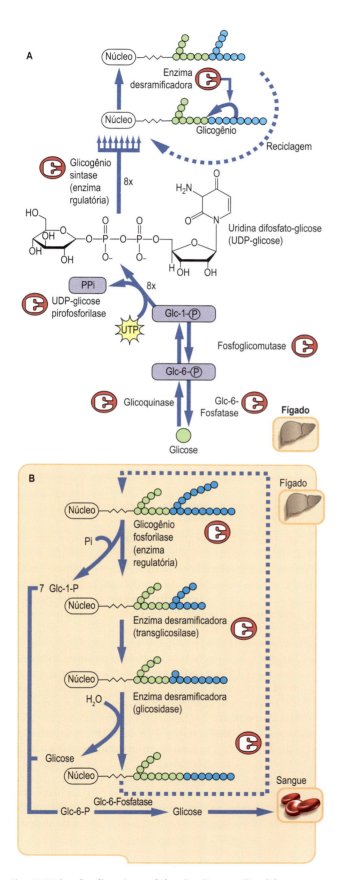

Fig. 12.3 **Vias da glicogênese (A) e da glicogenólise (B).**

também é usada para a síntese de outros açúcares e como doadora de glicosil para a síntese de glicoproteínas, glicolipídeos e proteoglicanos (Capítulos 17 a 19). Pirofosfato (PPi), o outro produto da reação de pirofosforilase, é um anidrido fosfato de alta energia. É rapidamente hidrolisado para fosfato inorgânico pela pirofosfatase, provendo a força termodinâmica motriz para a biossíntese de glicogênio.

VIA DA GLICOGENÓLISE NO FÍGADO

Glicogênio foforilase hepática fornece rápida liberação de glicose para o sangue durante o estado pós-absortivo

Como a maioria das vias metabólicas, enzimas separadas, algumas vezes em compartimentos subcelulares separados, são requeridas para as vias inversas. A via da glicogenólise (Fig. 12.3B) começa com a remoção dos resíduos abundantes e externos de glicose em ligação α1→4 no glicogênio. Isso não é feito por uma hidrolase, mas pela **glicogênio foforilase**, uma enzima que usa fosfato citosólico e libera glicose do glicogênio na forma de Glc-1-P. Glc-1-P é isomerizada pela fosfoglico-mutase para Glc-6-P, deixando-a no topo da via glicolítica; a reação da fosforilase, efetivamente, evita o requerimento por ATP nas reações da hexoquinase e da glicoquinase. No fígado, a glicose é liberada a partir de Glc-6-P pela **glicose-6-fosfatase** (Glc-6-Pase) e sai via transportador GLUT-2 para o sangue. A etapa limitante, etapa regulatória na glicogenólise, é catalisada pela fosforilase, a primeira enzima da via.

A fosforilase é específica para ligações glicosídicas α1→4; não sendo capaz de clivar ligações α1→6. Além disso, essa volumosa enzima não pode se aproximar eficientemente dos resíduos de glicose ramificada. Assim, como mostrado na Figura 12.3B, a fosforilase cliva os resíduos externos de glicose até que as ramificações sejam de três ou quatro resíduos em comprimento. Então, a **enzima desramificadora**, que possui atividade de transglicosilase e glicosidase, transfere um curto segmento de resíduos de glicose ligados à ramificação α1→6 para a porção terminal de uma cadeia adjacente α1→4, deixando um único resíduo de glicose no ponto de ramificação. Essa glicose é então removida pela atividade exo-1,6-glicosidase da enzima desramificadora, permitindo que a glicogênio fosforilase continue com a degradação da cadeia estendida α1→4 até que outro ponto de ramificação seja alcançado – permitindo a repetição das reações transglicosilase e glicosidase. Cerca de 90% da glicose é liberada a partir do glicogênio como Glc-1-P e o restante, derivado das ramificações de resíduos de α1→6, é liberado como glicose livre.

REGULAÇÃO HORMONAL DE GLICOGENÓLISE HEPÁTICA

Três hormônios (insulina, glucagon e cortisol) contrarregulam a glicogenólise e a glicogênese

A glicogenólise é ativada no fígado em resposta à demanda por glicose no sangue, seja devido à sua utilização durante o estado pós-absortivo, seja na preparação para utilização de

QUADRO CLÍNICO
DOENÇA DE VON GIERKE: GLICOGENOSE CAUSADA PELA DEFICIÊNCIA DE GLICOSE-6-FOSFATASE

Uma bebê se mostrava cronicamente enjoada, irritável e letárgica, suava muito, além de demandar por comida frequentemente. A avaliação clínica indicou um abdome estendido, resultante de um fígado aumentado. A glicose sanguínea, medida 1 hora após alimentação, era de 3,5 mmol/L (70 mg/dL); valor normal <5 mmol/L (100 mg/dL). Após 4 horas, quando a criança exibia irritabilidade e sudorese, sua frequência cardíaca aumentou (pulso = 110), e a glicose no sangue caiu para 2 mmol/L (40 mg/dL). Esses sintomas foram atenuados pela alimentação. A biópsia do fígado mostrou intensa deposição de partículas de glicogênio no citosol hepático.

Comentário
Essa criança não pode mobilizar glicogênio. Devido à severidade da hipoglicemia, a mutação mais provável é na Glc-6-fosfatase hepática, que é requerida para produção de glicose tanto na glicogenólise quanto na gliconeogênese. O tratamento envolve alimentação frequente com carboidratos de digestão lenta (p. ex., amido cru) e alimentação por sonda nasogástrica durante a noite.

A glicogenólise hepática também é ativada em resposta aos estresses agudo e crônico. O estresse pode ser dos seguintes tipos:

- Fisiológico (p. ex., em resposta ao aumento da utilização da glicose sanguínea durante exercícios)
- Patológico (p. ex., como resultado de perda de sangue [choque])
- Psicológico (p. ex., em resposta a ameaças agudas ou crônicas)

O estresse agudo, independentemente de sua origem, causa uma ativação da glicogenólise pela ação do **hormônio catecolamínico epinefrina**, liberado da medula adrenal. Durante exercício prolongado ou intenso, tanto o glucagon quanto a epinefrina contribuem para a estimulação da glicogenólise e a manutenção da concentração de glicose no sangue.

Concentraçãoes sanguíneas aumentadas de hormônio esteroide adrenocortical cortisol também induzem glicogenólise. Os níveis do **glicocorticoide cortisol** variam diurnamente no plasma, mas podem ser cronicamente elevados sob condições continuadas de estresse, incluindo estresse psicológico e ambiental (p. ex., frio).

O glucagon serve como modelo geral para o mecanismo de ação dos hormônios que agem pela via dos receptores de superfície celular. O cortisol, que age nos níveis de expressão gênica, será discutido nos Capítulos 23 e 25.

MECANISMO DE AÇÃO DO GLUCAGON

O glucagon ativa a glicogenólise durante o estado pós-absortivo

O glucagon liga-se aos receptores de membrana plasmática de células hepáticas e inicia uma cascata de reações levando à mobilização do glicogênio hepático (Fig. 12.4) durante o estado pós-absortivo. Do lado interno da membrana plasmática, existe uma classe de proteínas **transdutoras de sinal** conhecidas como **proteínas G** – que se ligam à trifosfato de guanosina (GTP) e ao difosfato de guanosina (GDP), nucleotídeos análogos ao ATP e ao ADP. O GDP está ligado no estado de repouso. A ligação de glucagon no receptor de membrana plasmática estimula a troca de GDP por GTP na proteína G, que sofre, então, uma alteração conformacional que leva à dissociação da sua subunidade α; esta então se liga e ativa a enzima de membrana plasmática **adenilato ciclase**. Essa enzima converte ATP citoplasmático em **AMP cíclico 3',5' (cAMP)**, um mediador solúvel descrito como "**segundo-mensageiro**" para a ação do glucagon (e outros hormônios). O AMP cíclico liga-se à enzima citoplasmática **proteína quinase A (PKA)**, causando dissociação das subunidades inibidoras (regulatórias) das subunidades catalíticas da enzima heterodimérica, aliviando a inbição de PKA – que então fosforila os resíduos de serina e treonina em proteínas e enzimas-alvo.

A via para ativação hormonal de glicogênio fosforilase (Fig. 12.4) envolve a fosforilação de inúmeras moléculas de **fosforilase quinase** por PKA – que fosforila e ativa inúmeras

Tabela 12.2 Hormônios envolvidos no controle da glicogenólise

Hormônio	Fonte	Estímulo	Efeito na glicogenólise
Glucagon	Células – α pancreáticas	Hipoglicemia	Ativação rápida
Epinefrina	Medula adrenal	Estresse agudo, hipoglicemia	Ativação rápida
Cortisol	Córtex adrenal	Estresse crônico	Ativação crônica
Insulina	Células – β pancreáticas	Hiperglicemia	Inibição

glicose aumentada em resposta ao estresse. Há três hormônios principais ativadores de glicogenólise: glucagon, epinefrina (adrenalina) e cortisol (Tabela 12.2).

O **glucagon** é um hormônio peptídico (3 500 Da) secretado pelas **células-α** do pâncreas endócrino. Sua função primária é ativar a glicogenólise hepática para a manutenção da concentração normal de glicose no sangue (normoglicemia). O glucagon tem meia-vida curta no plasma, cerca de 5 minutos, como resultado da ligação a receptor, filtração renal e inativação proteolítica no fígado. A concentração de glucagon no plasma, portanto, muda rapidamente em resposta à necessidade de glicose no sangue. O glucagon aumenta no sangue entre as refeições, diminui durante a refeição e é cronicamente aumentado durante o jejum ou em dieta pobre em carboidratos (Capítulo 31).

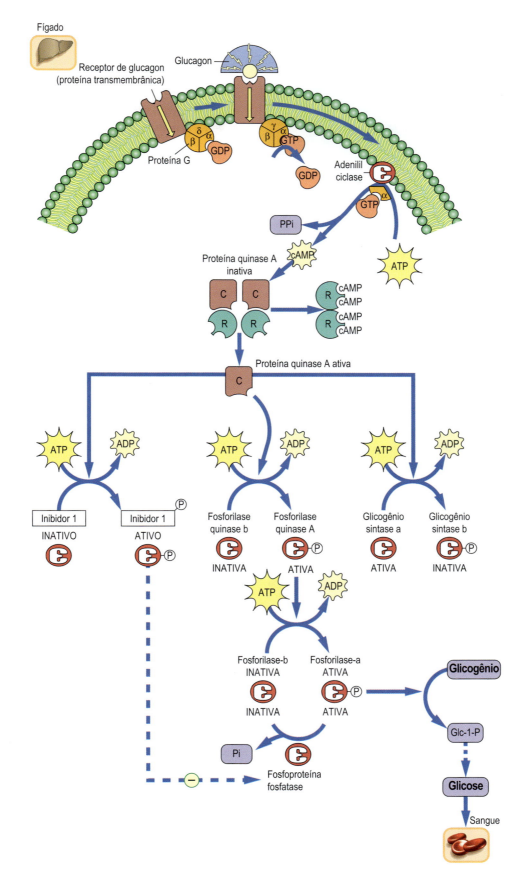

Fig. 12.4 **Sistema de amplificação em cascata.** Mobilização de glicogênio hepático pelo glucagon. Uma cascata de reações amplifica a resposta hepática ao glucagon ligado ao receptor de membrana plasmática. cAMP é conhecido como o segundo mensageiro da ação do glucagon. PKA indiretamente ativa a fosforilase via fosforilase quinase e diretamente inativa a glicogênio sintase. C, subunidades catalíticas; R, subunidades regulatórias (inibidoras); PKA, proteína quinase A.

QUADRO CLÍNICO
DOENÇA DE MCARDLE: GLICOGENOSE QUE REDUZ A CAPACIDADE PARA O EXERCÍCIO

Um homem de 30 anos consultou seu médico por conta de dores crônicas nos músculos do braço e da perna e câimbras durante o exercício. Ele indicou que sempre apresentou alguma fraqueza muscular e, por essa razão, nunca foi ativo nos esportes escolares. No entanto, o problema não era grave até que ele recentemente se engajou em um programa de exercícios para melhorar a saúde. Ele também notou que a dor geralmente desaparecia depois de cerca de 15-30 minutos, quando então podia continuar os exercícios sem desconforto. Sua concentração de glicose sanguínea manteve-se normal durante o exercício, mas a creatina quinase sérica (isoforma MM do músculo esquelético) estava elevada, sugerindo danos musculares. A glicose sanguínea caiu discretamente durante 15 minutos de exercício, mas inesperadamente o lactato sanguíneo também diminuiu em vez de aumentar – mesmo quando ele estava sentindo câimbras musculares. A biópsia indicou um aumento não usual de glicogênio no músculo, sugerindo uma **glicogenose**.

Comentário
Esse paciente sofre da doença de McArdle, uma rara deficiência da atividade da fosforilase muscular. A real deficiência da enzima deve ser confirmada por ensaio enzimático, porque várias outras mutações também podem afetar o metabolismo do glicogênio muscular. Durante os primeiros períodos de exercícios intensos, o músculo obtém a maior parte da sua energia pelo metabolismo de glicose, derivada do glicogênio. Durante as câimbras, que normalmente ocorrem durante a falta de oxigênio, a maior parte do piruvato produzido pela glicólise é excretada para o sangue como lactato, levando a um aumento na concentração de lactato sanguíneo. Neste caso, no entanto, o paciente apresentou as câimbras, mas não excretou lactato, sugerindo uma falha na mobilização de glicogênio muscular para produzir glicose. Seu restabelecimento após 15-30 minutos resulta de uma ativação mediada por epinefrina na glicogenólise hepática, que fornece glicose para o sangue e alivia o déficit da glicogenólise muscular. O tratamento para a doença de McArdle usualmente envolve evitar exercícios ou o consumo de carboidratos antes de exercícios. Caso contrário, o curso da doença torna-se contínuo.

QUADRO DE CONCEITOS AVANÇADOS
PROTEÍNA G

As proteínas G estão na membrana plasmática, são proteínas ligantes do nucleotídeo de guanosina envolvidas na transdução de sinal para uma vasta variedade de hormônios (Fig. 12.4; Cap. 25). Em alguns casos, estimulam (Gs) e, em outros, inibem (Gi) as proteínas quinases e a fosforilação de proteínas. Proteínas G estão intimamente associadas a receptores hormonais nas membranas plasmáticas e são constituídas das subunidades α, β e γ. A subunidade $G_α$ está ligada ao GDP durante o estado de repouso. Após a ligação do hormônio, o receptor recruta as proteínas G, estimulando a troca de GDP por GTP na subunidade $G_α$. A ligação de GTP leva a liberação das subunidades β e γ e a subunidade α está, então, livre para se ligar e ativar a adenilato ciclase. A resposta hormonal é amplificada após a ligação ao receptor porque um único receptor pode ativar várias subunidades α. As respostas hormonais também são desativadas no nível de receptores e proteína G por dois mecanismos:

A subunidade α possui atividade de guanosina trifosfatase (GTPase) bastante lenta que hidroliza GTP, com uma meia-vida medida em minutos, de modo que gradualmente dissocia-se da adenilato ciclase e, assim, cessa sua ativação.

A fosforilação do receptor pela proteína quinase A reduz sua afinidade pelo hormônio, um processo descrito como dessensibilização ou resistência ao hormônio.

QUADRO DE CONCEITOS AVANÇADOS
A PROTEÍNA QUINASE É MUITO SENSÍVEL ÀS PEQUENAS MUDANÇAS NA CONCENTRAÇÃO DE CAMP

Como ilustrado na Figura 12.4, a PKA-dependente de cAMP é uma enzima tetramérica com dois tipos diferentes de subunidades (R_2C_2). A subunidade catalítica C possui atividade proteína quinase e a subunidade regulatória R inibe essa atividade. A subunidade R apresenta uma sequência de aminoácidos que usualmente seria reconhecida e fosforilada pela subunidade C, exceto pelo fato de que a sequência em R contém um resíduo de alanina em vez de uma serina ou treonina. A ligação de duas moléculas de cAMP para cada subunidade R induz mudanças conformacionais que levam à dissociação de um dímero ($cAMP_2$-R_2) das subunidades C. As subunidades C monoméricas ativas então prosseguem na fosforilação de resíduos de serina e treonina nas enzimas-alvo. PKA não é uma enzima alostérica típica, em que a ligação do efetor alostérico (cAMP) causa a dissociação da subunidade. No entanto, a completa ativação de PKA envolve a ligação cooperativa de quatro moléculas de cAMP para duas subunidades R. PKA estará totalmente ativada em concentrações submicromolares de cAMP, de modo a ser finamente sensível às pequenas mudanças na atividade de adenilato ciclase em resposta ao glucagon.

---

moléculas de glicogênio fosforilase. O resultado líquido dessas etapas sequenciais, começando pela ativação de muitas moléculas de adenilato ciclase pelas proteínas G, é um sistema de "**amplificação em cascata**" não diferente de uma série de amplificadores no rádio ou no aparelho de som. Assim, há um aumento enorme na intensidade do sinal dentro de segundos após o glucagon ter se ligado à membrana plasmática do hepatócito. A fosforilase "b" – forma inativa não fosforilada da fosforilase – é normalmente inibida por ATP e glicose no fígado, mas a fosforilação a converte em sua forma ativa, fosforilase "a" (Fig. 12.4), ativando a glicogenólise e formando Glc e Glc-1-P – convertida para Glc-6-P e hidrolisada para glicose para exportação ao sangue.

Tabela 12.3 Vários mecanismos estão envolvidos na terminação da resposta hormonal ao glucagon

1. Hidrólise de GTP na subunidade G_α
2. Hidrólise de cAMP por fosfodiesterase
3. Atividade da proteína fosfatase

Glicogenólise e glicogênese são contrarreguladas pela proteína quinase A, que ativa a fosforilase e inibe a glicogênio sintase

Glicogenólise e glicogênese são vias opostas. Teoricamente, Glc-1-P produzida pela fosforilase poderia ser rapidamente ativada a UDP glicose e reincorporada ao glicogênio. Para prevenir esse desperdício, ou **ciclo fútil**, a PKA também fosforila a glicogênio sintase – nesse caso, inativando a enzima. Dessa forma, PKA coordenadamente ativa a fosforilase (glicogenólise) e inativa a glicogênio sintase (glicogênese). Outras vias biossintéticas hepáticas – incluindo aquelas de síntese de proteínas, colesterol, ácidos graxos e de triglicerídeos, bem como a glicólise – são também reguladas pela fosforilação de enzimas regulatórias-chave, geralmente limitando as reações biossintéticas e priorizando o metabolismo hepático em resposta ao glucagon na provisão de glicose sanguínea para a manutenção das funções vitais do organismo (Capítulo 31).

Para balancear a cascata de eventos amplificadores da resposta glicogenolítica ao glucagon, existem múltiplos mecanismos redundantes que asseguram uma rápida terminação da resposta hormonal (Tabela 12.3). Além da lenta atividade **GTPase** da subunidade G_α, existe também a **fosfodiesterase** celular que hidroliza cAMP para AMP, permitindo reassociação das subunidades inibidoras e catalíticas de PKA, diminuindo sua atividade de proteína quinase. Há também as fosfoproteínas fosfatases que removem os grupos fosfatos das formas ativas e fosforiladas da fosforilase quinase e da fosforilase. Outro alvo da PKA é o **inibidor-1**, uma proteína inbidora de fosfoproteína fosfatase, ativada por fosforilação. O inibidor-1 fosforilado inibe fosfoproteínas fosfatases citoplasmáticas, as quais, em caso contrário, reverteriam a fosforilação de enzimas e saciariam a resposta ao glucagon (Fig. 12.4). A queda na concentração de cAMP e na atividade de PKA também leva à diminuição da fosforilação do inibidor-1, permitindo o aumento da atividade de fosfoproteínas fosfatases. Assim, muitos mecanismos agem em conjunto para assegurar que a glicogenólise hepática diminua rapidamente em resposta ao aumento da concentração de glicose no sangue e à queda da concentração do glucagon sanguíneo após uma refeição.

Há inúmeras doenças genéticas autossômicas recessivas que afetam o metabolismo de glicogênio (Tabela 12.4). Essas doenças, conhecidas como **glicogenoses**, são caracterizadas pelo acúmulo de grânulos de glicogênio nos tecidos, o que eventualmente compromete a função tecidual. Previsivelmente, as glicogenoses que afetam o metabolismo glicogênio hepático são caracterizadas pela hipoglicemia no jejum e podem ser fatais, enquanto as deficiências do metabolismo do glicogênio

Tabela 12.4 Principais categorias de glicogenoses

Tipo	Nome	Deficiência enzimática	Consequências estruturais ou clínicas
I	Von Gireke	Glc-6-fosfatase	Hipoglicemia pós-absortiva grave, acidemia lática, hiperlipidemia
II	Pompe	α-glicosidase lisossomal	Grânulos de glicogênio nos lisossomos
III	Cori	Enzima desramificadora	Estrutura do glicogênio alterada, hipoglicemia
IV	Andersen	Enzima de ramificação	Estrutura do glicogênio alterada
V	McArdle	Fosforilase muscular	Excesso de deposição de glicogênio no músculo, câimbras e fadiga induzidas por exercícios
VI	Hers	Fosforilase hepática	Hipoglicemia não tão severa quanto a do tipo I

muscular são caracterizadas pela rápida fadiga muscular durante o exercício.

MOBILIZAÇÃO DO GLICOGÊNIO HEPÁTICO PELA EPINEFRINA

A epinefrina ativa a glicogenólise durante o estresse, aumentando a concentração de glicose no sangue

A catecolamina epinefrina (adrenalina) funciona por meio de vários receptores distintos em diferentes células. Desses receptores, os mais estudados são os receptores α- e β-adrenérgicos; eles reconhecem diferentes características da molécula de epinefrina, ligam a epinefrina com diferentes afinidades, funcionam por mecanismos diversos e são inibidos por variadas classes de drogas. Durante hipoglicemia severa, o glucagon e a epinefrina trabalham juntos para ampliar a resposta glicogenolítica no fígado. Entretanto, mesmo quando a glicose no sangue é normal, a epinefrina é liberada em resposta a ameaças reais ou potenciais, causando um aumento na glicose sanguínea para sustentar uma resposta de "luta ou fuga". A **cafeína** no café e a **teofilina** no chá são inibidores da fosfodiesterase e também causam um aumento no cAMP hepático e na taxa de glicose sanguínea. Como a epinefrina, a cafeína, administrada na forma de algumas xícaras de café forte, também pode nos deixar alertas e responsivos – além de agressivos.

A resposta da epinefrina aumenta os efeitos do glucagon no fígado durante a hipoglicemia severa (estresse metabólico) e explica, ao menos em parte, o aumento dos batimentos cardíacos, a sudorese, os tremores e a ansiedade associados à hipoglicemia. A ação da epinefrina na glicogenólise hepática ocorre por duas vias: pelo **receptor β-adrenérgico** para epinefrina, similar ao do glucagon, envolvendo os receptores específicos de epinefrina na membrana plasmática, proteína G e cAMP; e pelo

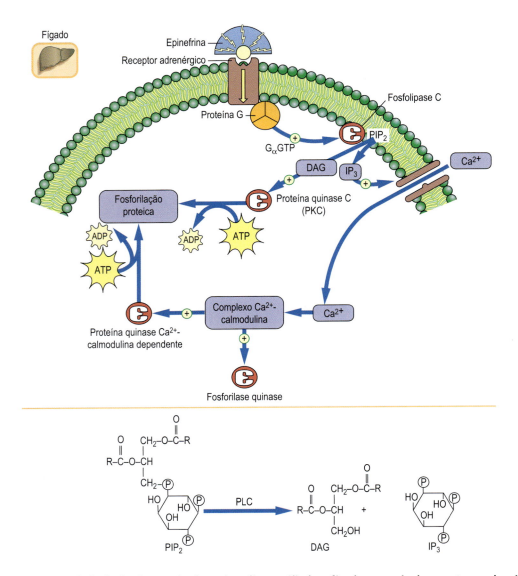

Fig. 12.5 **Mecanismo de ativação da fosforilação proteica (e, assim, glicogenólise) no fígado por meio do receptor α-adrenérgico.** Diacilglicerol (DAG) e inositol trifosfato (IP₃) são mensageiros secundários que medeiam a resposta α-adrenérgica. PIP₂, fosfatidilinositol bifosfato; PKC, proteína quinase C. Cap. 24.

receptor α-adrenérgico, que age por um mecanismo diferente. A ligação a um receptor α-adrenérgico também envolve proteínas G – elementos comuns na transdução de sinais hormonal –, mas, nesse caso, a proteína G é específica para a ativação da isoenzima de membrana **fosfolipase C (PLC)**, que é específica para a clivagem de um fosfolipídeo de membrana, **fosfatidilinositol biofosfato (PIP₂)** (Fig. 12.5). Ambos os produtos da ação PLC, **diacilglicerol (DAG)** e **inositol trifosfato (IP₃)**, agem como segundos mensageiros da ação da epinefrina. DAG ativa a **proteína quinase C (PKC)**, que, como a PKA, inicia a fosfoliração de resíduos de serina e treonina nas proteínas-alvo. Simultaneamente, IP₃ promove o transporte de Ca²⁺ para o citosol. O Ca²⁺ liga-se, então, à proteína citoplasmática calmodulina, que se liga fosforilase quinase e a ativa diretamente, levando à fosforilação independente de cAMP e à ativação da fosforilase. A proteína quinase Ca²⁺-calmodulina dependente e outras enzimas, são ativadas – seja por fosforilação, seja por associação ao **complexo Ca²⁺-calmodulina** (Fig. 12.5). Então, uma rede intrincada de vias metabólicas é ativada em resposta ao estresse, especialmente aquelas envolvidas na mobilização de reservas energéticas.

GLICOGENÓLISE NO MÚSCULO

A falta de receptor de glucagon e glicose-6-fosfatase no músculo faz com que ele não seja fonte de açúcar para o sangue durante a hipoglicemia

A localização de receptores de hormônios no tecido fornece especificidade à ação hormonal. Apenas aqueles tecidos com receptores de glucagon respondem a esse hormônio. O músculo pode ser rico em glicogênio, mesmo durante hipoglicemia, mas não tem o receptor de glucagon nem a Glc-6-Pase. Assim, o glicogênio do músculo não pode ser mobilizado para reposição de glicose no sangue. A glicogenólise muscular é ativada em resposta à epinefrina por meio do **receptor β-adrenérgico** cAMP-depentente, mas a glicose é metabolizada pela glicólise para produção de energia. Isso ocorre não somente durante as situações de "luta ou fuga", mas também em resposta às demandas metabólicas durante o exercício prolongado. Além dessa regulação hormonal durante o estresse, há dois importantes mecanismos independentes de hormônio para ativação da glicogenólise muscular (Fig. 12.6). Primeiro, a entrada de Ca^{2+} no citoplasma muscular em resposta à estimulação nervosa ativa a forma basal não fosforilada da fosforilase quinase pela ação do complexo Ca^{2+}-calmodulina. Essa ativação hormônio independente da fosforilase provê a rápida ativação da glicogenólise durante explosões curtas de exercícios, mesmo na ausência da ação da epinefrina. O segundo mecanismo para ativação da glicogenólise muscular envolve a ativação alostérica direta da fosforilase por AMP. O uso aumentado de ATP durante um rápido ciclo de atividade muscular leva ao rápido acúmulo de ADP, convertido em parte a AMP pela ação da enzima **mioquinase (adenilato cinase)**, que catalisa a reação:

$$2ADP \rightleftarrows ATP + AMP$$

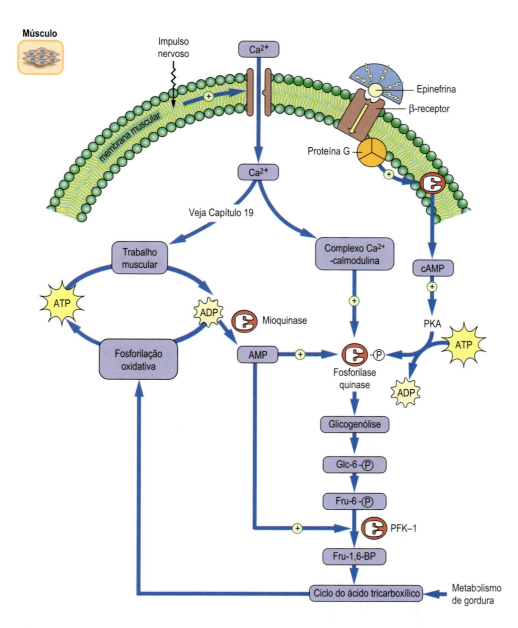

Fig. 12.6 **Regulação da proteína quinase A (PKA) no músculo.** Ativação da glicogenólise e da glicólise no músculo durante o exercício. PFK-1, fosfofrutoquinase-1. Compare com a Figura 8.4.

QUADRO DE CONCEITOS AVANÇADOS
A INIBIÇÃO MÁXIMA DA GLICOGÊNIO SINTASE SÓ É ALCANÇADA PELA AÇÃO SEQUENCIAL DE VÁRIAS QUINASES

Quando tanto o glucagon quanto a epinefrina estão agindo no fígado, a ativação da glicogenólise e a inibição da glicogênese são mediadas por pelo menos três quinases: proteína quinase A (PKA), proteína quinase C (PKC) e proteína quinase ativada por Ca^{2+}-calmodulina. Todas as três proteínas quinases fosforilam resíduos-chave de serina e treonina nas enzimas regulatórias. Essas e outras proteínas quinases funcionam em conjunto umas com as outras em um processo conhecido como **fosforilação** sequencial, ou **hierárquica**, levando à fosforilação de até nove aminoácidos de resíduos na glicogênio sintase. A inibição máxima da glicogênio sintase só é alcançada com a atividade sequencial de várias quinases. Em alguns casos, certos resíduos de serina ou treonina devem ser fosforilados em uma sequência específica pela ação cooperativa de diferentes quinases – ou seja, a fosforilação de um sítio por uma enzima requer fosforilação prévia de outro sítio por uma enzima distinta.

AMP ativa as formas basal e fosforilada da fosforilase, aumentando a glicogenólise tanto na ausência como na presença de estimulação hormonal. AMP também alivia a inibição da fosfofrutoquinase-1 (PEK-1) pelo ATP (Cap. 9), estimulando a utilização da glicose por meio da glicólise para produção de enrgia. Os efeitos estimulatórios de Ca^{2+} e AMP asseguram que o músculo possa responder a essas necessidades de energia mesmo na ausência de aporte hormonal.

REGULAÇÃO DA GLICOGÊNESE

A insulina opõe-se à ação do glucagon e estimula a glicogênese

A glicogênese e o armazenamento de energia em geral ocorrem durante e imediatamente após as refeições. Glicose e outros carboidratos, chegando ao fígado a partir do intestino através do sistema porta, são eficientemente capturados para a produção de glicogênio. Excesso de glicose segue para a circulação periférica, onde é captado pelos tecidos muscular e adiposo para reserva e armazenamento de energia. Normalmente comemos sentados, não praticando exercícios, de modo que vias opostas de captação e armazenamento *versus* as de mobilização e utilização dos suprimentos de energia são funções temporariamente compartimentalizadas em nosso organismo.

O armazenamento de energia está sob o controle do **hormônio polipeptídico insulina**, sintetizado e armazenado nas **células β** – nas ilhotas pancreáticas de Langerhans (Cap. 30). A insulina é secretada em resposta ao aumento da glicose no sangue após uma refeição, acompanhando a concentração de glicose sanguínea. Existem duas tarefas básicas no metabolismo de carboidratos: na primeira, a insulina reverte as ações do glucagon na fosforilação de proteínas, desativando a glicogênio fosforilase e ativando a glicogênio sintase, promovendo o armazenamento de glicose; na segunda, a insulina estimula a captação de glicose pelos tecidos periféricos (tecidos muscular e adiposo) por meio do transportador GLUT-4, facilitando a síntese e o armazenamento de glicogênio e triglicerídeos. A insulina também atua em nível da expressão gênica, estimulando a síntese de enzimas envolvidas no metabolismo de carboidratos e em conversão e estocagem de glicose na forma de triglicerídeos. A insulina também atua por mecanismos mais complexos, como hormônio de crescimento, estimulando a síntese e o *turnover* de proteínas durante condições de alta energia.

A **fosforilação de resíduos de tirosina** em proteínas, em vez da fosforilação da serina e da treonina, é função característica da insulina e do fator de crescimento na transdução de sinais. A insulina liga-se ao seu receptor transmembrânico (Fig. 12.7) e estimula a dimerização dos receptores, gerando atividade da **tirosina quinase** no domínio instracelular do receptor. O receptor da insulina **autofosforila** seus resíduos de tirosina, aumentando sua atividade de proteína quinase, e fosforila os resíduos de tirosina em outras proteínas efetoras intracelulares – as quais, então, ativam vias secundárias. Ao longo desse processo, há quinases que fosforilam resíduos de serina e treonina, mas em sítios e proteínas distintos daqueles fosforilados por PKA e PKC. A ativação dependente de insulina de GTPase, fosfodiesterase e fosfoproteínas fosfatases também detém a ação do glucagon – tipicamente presente no sangue em altas concentrações entre as refeições – ou seja, horas depois da última refeição.

O fígado também parece ser diretamente responsivo à concentração de glicose no sangue. O aumento na glicogênese hepática começa mais rapidamente do que o aumento de insulina no sangue após uma refeição. Perfusões de soluções de glicose *in vitro* no fígado, na ausência de insulina, também levam à inibição de glicogenólise e à ativação de glicogênese. Isso parece ocorrer por inibição alostérica da fosforilase "b" diretamente pela glicose e pela estimulação secundária da atividade da proteína fosfatase. A maioria das células, se não todas, no corpo são responsivas à insulina de alguma forma, mas a maioria dos sítios da ação da insulina, levando-se em conta as massas, está nos tecidos adiposo e muscular. Esses tecidos normalmente apresentam níveis baixos de transportadores de glicose na superfície celular, restringindo a entrada de glicose – eles dependem principalmente de lipídeos para o metabolismo de energia. Nos tecidos muscular e adiposo, a atividade do receptor de insulina, tirosina quinase, induz a mobilização do transportador-4 de glicose (**GLUT-4**; Tabela 4.2) dos vacúolos intracelulares para a superfície celular, aumentando o transporte de glicose para dentro da célula. A glicose é, então, usada no músculo para síntese de glicogênio e no tecido adiposo para produzir gliceraldeído-3-fosfato, que é convertido em glicerol-3-fosfato para a síntese de triglicerídeos (Cap. 13). Estimulada por insulina, a captação de glicose para os tecidos muscular e adiposo mediada por GLUT-4 é o mecanismo primário que limita o aumento de glicose no sangue após uma refeição.

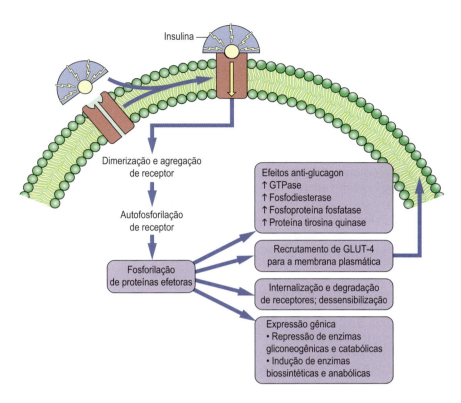

Fig. 12.7 **Mecanismos da ação da insulina.** Efeitos regulatórios da insulina nos metabolismos muscular e hepático de carboidratos (Capítulo 30).

QUADRO CLÍNICO
CRIANÇAS ACIMA DO PESO NASCIDAS DE MÃES DIABÉTICAS

Um bebê, nascido de uma mãe cronicamente hiperglicêmica e com diabates mal controlado, era grande e gordo (macrossomia), estando acima do peso ao nascer (5 kg), mas aparentava, fora isso, normalidade. No entanto, ele enfraqueceu rapidamente e dentro de 1h apresentou todos os sintomas de hipoglicemia – como no caso da bebê que nasceu de uma mãe malnutrida (adiante). A diferença, neste caso, é de que o menino era pesado, em vez de magro e malnutrido.

Comentário
Essa criança experimentou um ambiente cronicamente hiperglicêmico desde seu desenvolvimento uterino. Ele adaptou-se aumentando sua produção de insulina endógena, que tem a atividade parecida com a do hormônio do crescimento, resultando em macrossomia. Ao nascimento, quando o fornecimento placentário de glicose cessou, ele passou a ter uma concentração normal de glicose no sangue e suprimento substancial de glicogênio hepático. No entanto, a hiperinsulinemia crônica anterior ao nascimento provavelmente reprimiu enzimas gliconeogênicas e sua alta concentração de insulina no sangue ao nascer promoveu captação de glicose para os tecidos muscular e adiposo. Na ausência da fonte materna de glicose, a hipoglicemia induzida por insulina levou a uma resposta de estresse, corrigida pela infusão de glicose. Após 1-2 dias, sua grande massa corporal serve como um bom reservatório para a síntese de glicose sanguínea a partir de proteínas do músculo.

GLICONEOGÊNESE

A gliconeogênese é requerida para manutenção da glicose sanguínea durante o jejum e a inanição

Ao contrário da glicogenólise, que pode ser ativada rapidamente em resposta à estimulação hormonal, a gliconeogênese aumenta de modo mais lento, dependendo de mudanças na expressão gênica, e alcança sua atividade máxima em um período de horas (Fig. 12.1); ela torna-se nossa principal fonte de glicose sanguínea em cerca de 8 horas no estado pós-absortivo (Capítulo 31). A gliconeogênese requer tanto uma fonte de energia para biossíntese quanto de uma fonte de carbonos para a formação do esqueleto da molécula de glicose. A energia é fornecida pelo metabolismo de ácidos graxos liberados do tecido adiposo. Os esqueletos de carbono são provenientes de três fontes primárias:

- Lactato produzido em tecidos, como nas hemácias e nos músculos
- Aminoácidos derivados de proteínas musculares
- Glicerol liberado de triglicerídeos durante a lipólise no tecido adiposo

Dentre esses, **a proteína muscular é a maior precursora de glicose sanguínea durante o jejum e a inanição**. A taxa de gliconeogênese é sempre limitada pela disponibilidade de substrato, incluindo a taxa de proteólise no músculo ou, em alguns casos, na massa muscular. Durante jejum prolongado, má nutrição ou inanição, perdemos tanto massa adiposa quanto muscular. A gordura é usada para as necessidades energéticas do organismo em geral e para sustentar a gliconeogênese, enquanto a maioria dos aminoácidos das proteínas são convertidos em glicose. A excreção de nitrogênio na urina (ureia) também aumenta.

Gliconeogênese a partir do lactato

A gliconeogênese usa lactato, aminoácidos e glicerol como substratos para a síntese de glicose; os ácidos graxos fornecem a energia

A gliconeogênese a partir do lactato é conceitualmente o oposto da glicólise anaeróbica, mas ocorre por uma via ligeiramente diferente, envolvendo tanto enzimas mitocondriais quanto citosólicas (Fig. 12.8). Durante a gliconeogênese hepática, o lactato é convertido de volta em glicose, usando, em parte, as mesmas enzimas glicolíticas envolvidas na conversão da glicose em lactato. O ciclo do lactato envolvendo o fígado, as hemácias e os músculos, conhecido como **ciclo de Cori**, é discutido em detalhes no Capítulo 31. Neste ponto, priorizaremos a via metabólica para a conversão de lactato em glicose.

Um problema crítico na reversão da glicólise é a superação da irreversibilidade das três reações de quinases: **glicoquinase (GK), fosfofrutoquinase-1 (PFK-1) e piruvato quinase (PK)**. A quarta quinase na glicólise, a fosfoglicerato quinase (PGK), catalisa uma reação de equilíbrio livremente reversível: uma reação de fosforilação em nível do substrato, transferindo um acil-fosfato de alta energia do 1,3-bifosfoglicerato para uma ligação de pirofosfato energeticamente similar em ATP. **Para contornar as três reações irreversíveis na glicólise, o fígado usa quatro enzimas exclusivas: piruvato carboxilase (PC) na mitocôndria e fosfoenolpiruvato carboxiquinase (PEPK) no citoplasma para desviar da reação da PK; frutose 1,6-bifosfatase (Fru-1,6-BPase) a fim de desviar da reação da PFK 1; e Glc-6-Pase para desviar da reação da GK** (Fig. 12.8).

A gliconeogênese a partir do lactato envolve sua conversão em fosfoenolpiruvato (PEP), um processo que requer o investimento de dois equivalentes de ATP para formar a ligação de enol-fosfato de alta energia no PEP. O lactato é primeiramente convertido em piruvato pela lactato desidrogenase (LDH) e então entra na mitocôndria, na qual será convertido em oxalocetato por PC, usando **biotina** e ATP. O oxalocetato é reduzido a malato pela enzima malato desidrogenase do ciclo do ácido tricarboxílico (TCA), deixa a mitocôndria e é então reoxidado para oxalocetato pela malato desidrogenase citosólica. O oxalocetato citosólico é então decarboxilado pela PEPCK, usando GTP como cossubstrato, produzindo PEP. A energia para a síntese de PEP a partir do oxalocetato é derivada tanto da hirólise de GTP quanto da decarboxilação de oxalocetato.

Glicólise pode agora prosseguir de volta a partir de PEP até que se atinja a próxima reação irreversível, catalisada pela PFK-1. O passo catalisado por essa enzima é contornado por uma reação de hidrólise simples, catalisada pela FRu-1,6-BPase sem produção de ATP, revertendo a reação da PFK-1 e produzindo Fru-6-P. Similarmente, o desvio da GK ocorre pela

hidrólise de Glc-6-P por Glc-6-Pase sem produção de ATP. A glicose livre é então liberada do fígado para o sangue.

A gliconeogênese é bastante eficiente – o fígado pode fazer um quilograma de glicose por dia pela gliconeogênese e, na verdade, o faz em pacientes diabéticos hiperglicêmicos pobremente compensados. A produção normal de glicose, na ausência de carboidratos na dieta, é ~200 g/dia. A gliconeogênese a partir do piruvato é moderadamente dispendiosa, requerendo um gasto efetivo equivalente a 4 mols de ATP por mol de piruvato convertido em glicose (i.e., 2 mols de ATP na reação da PC e 2 mols de GTP na reação da PEPCK). ATP e GTP são fornecidos pela oxidação de ácidos graxos (Capítulo 11).

Gliconeogênese a partir de aminoácidos e glicerol

A maioria dos aminoácidos é **glicogênica** (Capítulo 15) – ou seja, após deaminação, seus esqueletos de carbono podem ser convertidos em glicose. **Alanina e glutamina são os principais aminoácidos exportados do músculo para gliconeogênese**. Suas concentrações relativas no sangue venoso proveniente do músculo excedem suas concentrações relativas nas proteínas musculares, indicando considerável remanejamento de aminoácidos no músculo para fornecer substratos gliconeogênicos. Como discutido em mais detalhes no Capítulo 15, a alanina é convertida diretamente em piruvato pela enzima alanina aminotransferase (**alanina transaminase [ALT]**) e então a gliconeogênese prossegue como descrita para o lactato. Outros aminoácidos são convertidos em intermediários do ciclo TCA e então em malato para gliconeogênese. O aspartato, por exemplo, é convertido em oxalocetato pela aspartato aminotransferase (**aspartato transaminase [AST]**) e o glutamato, em α-cetoglutarato pela glutamato desidrogenase. Alguns aminoácidos glicogênicos são convertidos por vias menos diretas em alanina ou intermediários do ciclo TCA para gliconeogênese. Os grupos amino desses aminoácidos são convertidos em ureia pelo **ciclo da ureia** nos hepatócitos e a ureia é excretada na urina (Capítulo 15).

O glicerol entra na gliconeogênese em nível da triose fosfato (Fig. 12.8). Após a liberação de glicerol e ácidos graxos a partir do tecido adiposo no plasma, o glicerol é captado no fígado e fosforilado pela **glicerol quinase**. Após a ação da glicerol-3-fosfato desidrogenase (Fig. 8.7), o glicerol entra na via gliconeogênica como di-hidroxiacetona fosfato. Somente o componente glicerol das gorduras pode ser convertido em glicose. Como PC e PEPCK não são requeridas, a transformação do glicerol em glicose requer somente 2 mols de ATP por mol de glicose produzida.

Glicose não pode ser sintetizada a partir de ácidos graxos!

O metabolismo dos ácidos graxos envolve sua conversão em duas etapas de oxidação de carbono para formar acetil-CoA, que é então metabolizada no ciclo TCA após a condensação

CAPÍTULO 12 Biossíntese e Armazenamento de Carboidratos no Fígado e no Músculo 159

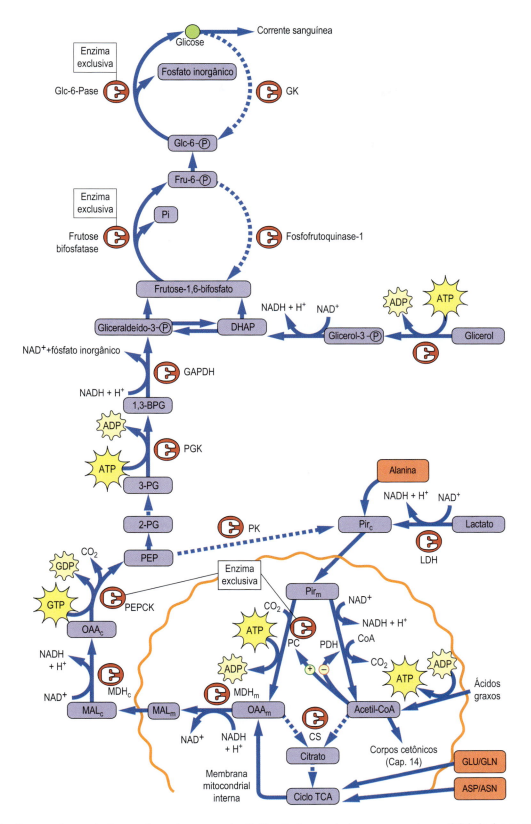

Fig. 12.8 **Via da gliconeogênese.** A gliconeogênese é o reverso da glicólise. Enzimas exclusivas superam a irreversibilidade das reações quinases da glicólise. **Compartimentos**: c, meio citoplasmático; imm, membrana mitocondrial interna; m, meio mitocondrial. **Enzimas**: CS, citrato sintase; Fru--1,6-BPase, frutose 1,6-bifosfatase; GAPDH, gliceraldeído-3-fosfato desidrogenase; Glc-6-Pase, glicose-6-fosfatase; GK, glicoquinase; MDH, malato desidrogenase; PC, piruvato carboxilase; PDH, piruvato desidrogenase; PGK, fosfoglicerato quinase. **Substratos**: 2,3-BPG, bifosfoglicerato; DHAP, di-hidroacetona fostato; Fru-1,6-BP, frutose-1,6-bifosfato; Glyc-3-P, gliceraldeído 3-fosfato; MAL, malato; OAA, oxaloacetato; PEP, fosfoenolpiruvato; PEPCK, PEP carboxiquinase; Pyr, piruvato; 3-PG, 3-fosfoglicerato. *Linhas contínuas*: ativo durante gliconeogênese. *Linhas pontilhadas*: inativo durante a gliconeogênese.

QUADRO CLÍNICO
A CRIANÇA NASCIDA DE MÃE MALNUTRIDA PODE APRESENTAR HIPOGLICEMIA

Uma menina nasceu com 39 semanas de gestação de uma mãe jovem e malnutrida. A criança também era magra e fraca ao nascer e, dentro de 1 hora após seu nascimento, apresentava sinais de sofrimento, incluindo ritmo cardíaco aumentado e respiração rápida. Sua glicose sanguínea era de 3,5 mmol/L (63 mg/dL) ao nascer e rapidamente caiu para 1,5 mmol/L (27 mg/dL) em 1 hora, quando ela se tornou irresponsiva e comatosa. Sua condição melhorou significativamente pela infusão de solução de glicose seguida por uma dieta rica em carboidrato. Ela melhorou gradualmente durante as duas semanas seguintes, antes de receber alta hospitalar.

Comentário
Durante o desenvolvimento no útero, o feto obtém glicose exogenamente pela circulação placentária. Entretanto, após o nascimento, a criança depende primeiramente da mobilização do glicogênio hepático e, então, da gliconeogênese para a manutenção da glicose sanguínea. Devido ao estado de má nutrição da mãe, a criança nasceu com uma reserva insignificante de glicogênio hepático. Assim, ela não era capaz de manter a homeostasia da glicose sanguínea no pós-parto e rapidamente entrou em hipoglicemia, iniciando uma resposta ao estresse. Após sobreviver à hipoglicemia transiente, ela provavelmente ainda apresenta déficit de de massa muscular a fim de prover suprimento suficiente de aminoácidos para a gliconeogênese. A infusão de glicose seguida de uma dieta rica em carboidratos enfrentariam esses déficits, mas não devem corrigir danos mais sérios decorrentes de uma má nutrição prolongada durante o desenvolvimento fetal.

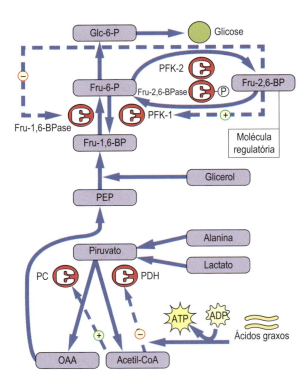

Fig. 12.9 **Regulação da gliconeogênese.** A gliconeogênese é regulada pelos níveis hepáticos de Fru-2,6-BP e acetil-CoA. A parte superior do diagrama foca na regulação recíproca de Fru-1,6-BPase e PFK-1 pela Fru-2,6-BP e a parte inferior foca na regulação de piruvato desidrogenase (PDH) e piruvato carboxilase (PC) pela acetil-CoA.

com oxalocetato para formar citrato. Apesar de os carbonos de acetato estarem teoricamente disponíveis para gliconeogênese, durante a via de citrato para malato duas moléculas de CO_2 são eliminadas nas reações da isocitrato e da α-cetoglutarato desidrogenase. Portanto, apesar de a energia ser produzida no ciclo TCA, os dois carbonos investidos para gliconeogênese a partir de acetil-CoA são perdidos como CO_2. Por essa razão, a acetil-CoA – e, assim, ácidos graxos com número par de átomos de carbono – não pode servir como substrato para gliconeogênese global. No entanto, cadeias ímpares e cadeias ramificadas de ácidos graxos, que formam propionil-CoA, podem servir como precursores secundários para a gliconeogênese. Propionil-CoA é primeiro carboxilado para metilmalonil-CoA, que sofre reações de racemase e mutase para formar succinil-CoA, um intermediário do ciclo do ácido tricarboxílico (Capítulo 11). Succinil-CoA é convertido em malato, sai da mitocôndria e é oxidado a oxalocetato. Após a descarboxilação pela PEPCK, os três carbonos de propionato são conservados no PEP e na glicose.

Regulação da gliconeogênese

Frutose-2,6-bifosfato alostericamente contrarregula a glicólise e a gliconeogênese

Assim como o metabolismo do glicogênio no fígado, a gliconeogênese é regulada primariamente por mecanismos hormonais. Nesse caso, o processo regulatório envolve a contrarregulação da glicólise e da gliconeogênese, sobretudo, pela fosforilação/desfosforilação de enzimas sob controle de glucagon e insulina. Os sítios de controle primário são as enzimas regulatórias PFK-1 e Fru-1,6-BPase, que, no fígado, são especialmente sensíveis ao modulador alostérico **frutose 2,6-bifosfato (Fru-2,6-BP)**. A Fru-2,6-bifosfato é um ativador da enzima PFK-1 e um inibidor da enzima Fru-1,6-BPase, de modo a contrarregular as duas vias opostas. Como mostra a Figura 12.9, a Fru-2,6-BP é sintetizada por uma **enzima bifuncional** não usual, a **fosfofrutocinase-2/frutose-2,6-bifosfatase (PFK-2/Fru-2,6-BPase)**, que apresenta atividades de quinase e fosfatase. No estado fosforilado, efetuado pelo glucagon através da proteína quinase A, essa enzima apresenta atividade de Fru-2,6-BPase, que reduz o nível de Fru-2,6-BP. A redução de Fru-2,6-BP simultaneamente reduz a estimulação da glicólise em PFK-1 e alivia a inibição de gliconeogênese em Fru-1,6-BPase. Dessa forma, a fosforilação de PFK-2/Fru-2,6-BP mediada por

CAPÍTULO 12 Biossíntese e Armazenamento de Carboidratos no Fígado e no Músculo

glucagon coloca a célula do fígado em modo gliconeogênico. O aumento coordenado e alostericamente mediado nas atividades de Fru-1,6-BPase e a diminuição da atividade de PFK-1 assegura que a glicose produzida pela gliconegoênese não seja consumida pela glicólise em um ciclo fútil, mas liberada no sangue pela Glc-6-Pase. Igualmente, qualquer fluxo de glicose a partir do glicogênio por meio da glicogenólise, também induzida por glucagon, é desviado para o sangue – não para a glicólise – pela inibição de PFK-1. PK também é inibida por fosforilação pela proteína quinase A (PKA), fornecendo um sítio adicional para a inibição de glicólise (Fig. 12.9).

Quando a glicose entra no fígado após uma refeição, a **insulina** medeia a desfosforilação de PFK-2/Fru-2,6-BPase, ativando a atividade de PFK-2. O aumento resultante da Fru-2,6-BP ativa PFK-1 e inibe a atividade de Fru-1,6-BPase. A gliconeogênese é inibida e a glicose que entra no fígado é então incorporada ao glicogênio ou levada via glicólise para lipogênese. Assim, o metabolismo do fígado após uma refeição é direcionado à síntese e ao armazenamento de reservas de carboidratos e lipídeos, que serão usadas posteriormente – no estado pós-absortivo – para a manutenção da homeostasia da glicose e de ácidos graxos no sangue.

A gliconeogênese também é regulada na mitocôndria pela acetil-CoA. O aumento de ácidos graxos provenientes do tecido adiposo no plasma, estimulado pelo glucagon para dar suporte à gliconeogênese (Cap. 11), leva ao aumento de acetil-CoA hepática, que é tanto um inibidor da piruvato desidrogenase (PDH) quanto um ativador alostérico essencial da piruvato carboxilase (PC; Fig. 12.8). Dessa maneira, o metabolismo de gorduras inibe a oxidação de piruvato e direciona seu uso para a gliconeogênese no fígado. Durante o jejum, a utilização da glicose para o metabolismo de energia no músculo é limitada pelo baixo nível de GLUT-4 nas membranas plasmáticas (devido à baixa concentração de insulina no plasma) e pela inibição da enzima PDH pela acetil-CoA. O metabolismo ativo de gorduras e os altos níveis de acetil-CoA no músculo promovem a excreção de uma fração significativa de piruvato como lactato, mesmo em estado de repouso. O esqueleto carbônico da glicose retorna ao fígado pelo ciclo de Cori (Capítulo 31) e a reciclagem de piruvato em glicose na verdade conserva a proteína muscular.

Conversão de frutose e galactose em glicose

Como discutido em detalhes no Capítulo 17, a frutose é metabolizada quase que exclusivamente no fígado pela enzima frutoquinase. A frutose entra na glicólise no nível da triose fosfato, contornando a enzima regulatória PFK-1. Após o consumo de sucos de frutas, Gatorade ou alimentos contendo xarope de milho com altos teores de frutose, grande quantidade de piruvato pode ser forçada à mitocôndria para uso no metabolismo energético ou para biossíntese de ácidos graxos. Durante o estado de gliconeogênese, essa frutose também pode prosseguir em direção a Glc-6-P, fornecendo uma fonte adequada de glicose para o sangue. A gliconeogênese a partir da galactose é igualmente eficiente, pois a Glc-1-P derivada da galactose-1-fosfato (Capítulo 17) é rapidamente isomerizada a Glc-6-P pela fosfoglicomutase. A frutose e a galactose são boas fontes de glicose, independentemente da glicogenólise ou da gliconeogênese.

RESUMO

- O glicogênio é armazenado em dois tecidos do corpo por razões diferentes: no fígado para manutenção a curto prazo da homeostasia da glicose no sangue e no músculo como fonte de energia. O metabolismo de glicogênio nesses tecidos responde rapidamente aos controles alostérico e hormonal.
- No fígado, o equilíbrio entre a glicogenólise e a glicogênese é regulado pelo equilíbrio nas concentrações de glucagon e insulina na circulação, que controla o estado da fosforilação das enzimas.
- A fosforilação de enzimas sob influência de glucagon direciona a mobilização de glicogênio e é a condição mais comum no fígado (p. ex., durante o sono e entre as refeições).
- O aumento na insulina do sangue durante e após as refeições promove a desfosforilação dessas enzimas, levando à glicogênese. A insulina também promove a captação de glicose nos tecidos muscular e adiposo para a síntese de glicogênio e triglicerídeos após uma refeição.
- A epinefrina aumenta a fosforilação das enzimas do fígado, possibilitando um grande impulso na glicogenólise hepática e um aumento na glicose no sangue em resposta ao estresse.
- O músculo é responsivo à epinefrina, mas não ao glucagon. Nesse caso, a glicose produzida pela glicogenólise é usada para o metabolismo energético muscular – luta ou fuga. Além disso, a glicogenólise muscular responde às concentrações de Ca^{2+} e AMP intracelulares, provendo um mecanismo independente de hormônio para o acoplamento da glicogenólise ao consumo normal de energia durante a prática de exercícios.
- Gliconeogênese acontece principalmente no fígado e é direcionada à manutenção de glicose sanguínea durante o estado de jejum. É essencial após 12 horas de jejum, quando a maioria do glicogênio hepático já foi consumido.
- Os principais substratos da gliconeogênese são lactato, aminoácidos e glicerol. O metabolismo de ácidos graxos fornece energia. O principal sítio de controle é no nível da fosfofrutoquinase-1 (PFK-1), ativada pelo modulador alostérico Fru-2,6-BP.
- A síntese de Fru-2,6-BP é controlada pela enzima bifuncional PFK-1/Fru-2,6-BPase, cujas atividades de quinase e fosfatase são reguladas por fosforilação/ desfosforilação sob controle hormonal de glucagon e insulina.
- Durante o jejum e a gliconeogênese ativa, o glucagon medeia a fosforilação e a ativação da atividade fosfatase de PFK-2/Fru-2,6-BPase, levando à queda no

Tabela 12.5 Principais características da ação hormonal

1. Especificidade tecidual, determinada pela distribuição do receptor
2. Múltipas etapas, amplificação em cascata
3. Mensageiros secundários intracelulares
4. Contrarregulação coordenada de vias opostas
5. Aumento e/ou oposição por outros hormônios
6. Múltiplos mecanismos para a terminação de resposta

A regulação hormonal do metabolismo da glicose ilustra os princípios fundamentais da ação hormonal (Capítulo 27).

QUESTÕES PARA APRENDIZAGEM

1. A inativação da glicogênese em resposta à epinefrina ocorre em uma única etapa pela ação de PKA na glicogênio sintase, enquanto a ativação da glicogenólise envolve uma enzima intermediária, a fosforilase quinase, que fosforila a fosforilase. Discuta as (des)vantagens metabólicas da ativação em dois passos para a glicogenólise.
2. Investigue o uso de inibidores de gliconeogênese para o tratamento do diabetes tipo 2.
3. A glicose-6-fosfatase é essencial à produção de glicose no fígado, mas não é enzima citosólica. Descreva a atividade e a localização subcelular dessa enzima e os estágios finais da via de produção de glicose no fígado.
4. Discuta a razão para existência dos mecanismos dependentes e independentes de hormônio na regulação do metabolismo de glicogênio e glicose.

nível de Fru-2,6-BP e a uma correspondente queda na glicólise. A degradação de carboidrato é inibida e a gordura passa a ser a primeira fonte de energia durante a fome e o jejum. A oxidação do piruvato também é inibida na mitocôndria pela inibição de PDH pela acetil-CoA, derivada do metabolismo de gorduras.

■ Após uma refeição, a redução da fosforilação das enzimas aumenta a atividade de PFK-2. O aumento na concentração de Fru-2,6-BP ativa PFK-1 e promove a glicólise, provendo piruvato, que é convertido em acetil-CoA para a lipogênese. As ações da insulina, do glucagon e da epinefrina ilustram muitos dos princípios fundamentais da ação hormonal (Tabela 12.5).

LEITURAS SUGERIDAS

Adeva-Andany, M. M., González-Lucán, M., Donapetry-García, C., et al. (2016). Glycogen metabolism in humans. *BBA Clinical, 5*, 85-100.

Bhattacharya, K. (2015). Investigation and management of the hepatic glycogen storage diseases. *Translational Pediatrics, 4*, 240-248.

Chou, J. Y., Jun, H. S., & Mansfield, B. C. (2015). Type I glycogen storage diseases: Disorders of the glucose-6-phosphatase/glucose-6-phosphate transporter complexes. *Journal of Inherited Metabolic Disease, 38*, 511-519.

Godfrey, R., & Quinlivan, R. (2016). Skeletal muscle disorders of glycogenolysis and glycolysis. *Nature Reviews. Neurology, 12*, 393-402.

Kishnani, P. S., & Beckemeyer, A. A. (2014). New therapeutic approaches for Pompe disease: Enzyme replacement therapy and beyond. *Pediatric Endocrinology Reviews, 12*(Suppl. 1), 114-124.

Ravnskjaer, K., Madiraju, A., & Montminy, M. (2016). Role of the cAMP Pathway in Glucose and Lipid Metabolism. *Handbook of Experimental Pharmacology, 233*, 29-49.

SITES

Glycogen: http://themedicalbiochemistrypage.org/glycogen.php.

Glycogen storage diseases: http://emedicine.medscape.com/article/1116574-overview.

ABREVIATURAS

ALT	Alanina transaminase
AST	Aspartato transaminase
DAG	Diaciglicerol
Fru-1,6-BPase	Frutose-1,6-bifosfatase
Fru-2,6-BPase	Frutose-2,6-bifosfatase
GK	Glicoquinase
Glc-6-Pase	Glicose-6-fosfatase
IP$_3$	Isonitol trifosfato
PC	Piruvato carboxilase
PDH	Piruvato desidrogenase
PEP	Ácido fosfoenolpirúvico
PEPCK	Fosfoenolpiruvato carboxiquinase
PIP$_2$	Bifosfato de fosfatidilinositol
PFK	Fosfofrutoquinase
PFK-2/Fru-2,6-BPase	Fosfofrutoquinase-2/frutose-2,6-bifosfatase
PK	Piruvato quinase
PKA	Proteína quinase A
PKC	Proteína quinase C
PPi	Pirofosfato inorgânico
UDP-Glc	Uridina difosfato-glicose

CAPÍTULO 13
Biossíntese e Armazenamento de Ácidos Graxos
Fredrik Karpe e Iain Broom

OBJETIVOS

Após concluir este capítulo, o leitor estará apto a:

- Descrever a via da síntese de ácidos graxos, particularmente os papéis da acetil-CoA carboxilase e da enzima multifuncional ácido graxo sintase.
- Descrever a regulação da síntese de ácidos graxos em curto e em longo prazo.
- Explicar os conceitos de elongação e dessaturação da cadeia dos ácidos graxos.
- Descrever a síntese dos triglicerídeos.
- Discutir a função endócrina do tecido adiposo.

INTRODUÇÃO

A maioria dos ácidos graxos requeridos pelos humanos é fornecida na dieta; no entanto, a via para a sua síntese *de novo* (**lipogênese**) a partir de compostos de dois carbonos está presente em muitos tecidos, como fígado, cérebro, rim, glândula mamária e tecido adiposo. Também é altamente ativa em muitos tipos de câncer. No geral, a via da síntese *de novo* é **ativa principalmente em situações de consumo excessivo de energia**, particularmente na forma de excesso de carboidrato. Nessa situação, os carboidratos e, em menor extensão, os precursores dos aminoácidos, são convertidos em ácidos graxos, principalmente no fígado, mas também no tecido adiposo, e armazenados como **triacilglicerol** (TAG, também conhecido como triglicerídeos) em gotículas lipídicas celulares. O processo é chamado de lipogênese de novo (DNL). Os ácidos graxos gerados por meio da DNL no fígado terão de ser transportados para o tecido dedicado ao armazenamento em longo prazo (isto é, o tecido adiposo). No caso de esse transporte não ser tão eficiente quanto necessário, o TAG se acumulará no tecido não dedicado ao armazenamento de gordura; esse é um processo pelo qual o **armazenamento lipídico "ectópico"** pode ocorrer. O adipócito no tecido adiposo é dedicado ao armazenamento de grandes quantidades de TAG ativado pela compartimentalização de TAG em uma grande gotícula lipídica unilocular intracelular com uma maquinaria que garante a captação controlada e a liberação de ácidos graxos. Isso fornece o armazenamento seguro para grandes quantidades de ácidos graxos.

A via da lipogênese não é simplesmente o inverso da oxidação dos ácidos graxos (Capítulo 11). A lipogênese requer um conjunto completamente diferente de enzimas e está localizada em um compartimento celular diferente, o **citosol**. Além disso, utiliza nicotinamida adenina dinucleotídio fosfato reduzido (NADPH) como fonte de energia redutora, em oposição a nicotinamida adenina dinucleotídio (NAD^+) requerido para a β-oxidação.

As proteínas de ligação ao elemento regulador de esteróis-1 (principalmente a SREBP1c, mas também a SREBP1a) fornecem uma regulação mestra da lipogênese *de novo* pelo controle transcricional. A SREBP é uma proteína ligada ao retículo endoplasmático e sensível à membrana que sofre clivagem proteolítica, permitindo o seu transporte para o núcleo. No núcleo, a SREBP se liga a sequências de DNA específicas (os elementos reguladores de esteróis ou SRE) localizadas nas regiões de controle dos genes que codificam as enzimas necessárias para a lipogênese.

SÍNTESE DO ÁCIDO GRAXO

Ácidos graxos são sintetizados a partir da acetil-CoA

A síntese de ácidos graxos em sistemas de mamíferos pode ser considerada como um processo de dois estágios, com ambas as etapas requerendo unidades de acetil-CoA e empregando proteínas multifuncionais em complexos multienzimáticos.

- O estágio 1 é a formação do precursor-chave malonil-CoA a partir da acetil-CoA pela acetil-CoA carboxilase.
- O estágio 2 é a elongação da cadeia dos ácidos graxos em incrementos de dois carbonos pela ácido graxo sintase.

Observe que o termo lipogênese também é utilizado para cobrir a síntese de ácidos graxos e a síntese de triacilglicerol (triglicerídeos).

O estágio preparatório: Acetil-CoA carboxilase

A carboxilação da acetil-CoA a malonil-CoA é a etapa de compromisso da síntese de ácidos graxos

Na primeira etapa da biossíntese de ácidos graxos, a acetil-CoA, **derivada principalmente do metabolismo dos carboidratos**, é convertida em malonil-CoA pela ação da enzima acetil-CoA carboxilase (Fig. 13.1). Existem duas formas de acetil-CoA carboxilase (ACC1 e ACC2). **A ACC1 está localizada no citoplasma e é comprometida com a síntese dos ácidos graxos, enquanto a ACC2 está nas mitocôndrias, onde**

163

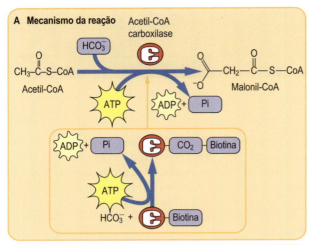

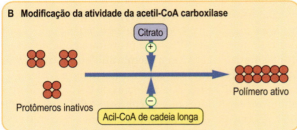

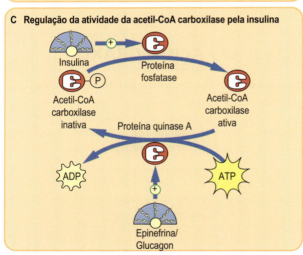

Fig. 13.1 **Conversão da acetil-CoA em malonil-CoA.** (A) Reação catalisada pela acetil-CoA carboxilase. A enzima tem a biotina ligada covalentemente, que é carboxilada utilizando uma molécula de ATP. (B) A acetil-CoA carboxilase requer a presença de citrato para a polimerização em sua forma ativa. (C) A atividade da acetil-CoA carboxilase é regulada por um mecanismo de fosforilação-desfosforilação. Esse, por sua vez, é controlado por hormônios que regulam o metabolismo do combustível: a insulina, o glucagon e a epinefrina.

regula a oxidação dos ácidos graxos. A inibição da ACC2 resulta na geração reduzida de malonil-CoA que, por sua vez, é um inibidor da carnitina-palmitoil transferase 1 (CPT-1), permitindo a captação do ácido graxo pelas mitocôndrias. Com essa inibição, a oxidação dos ácidos graxos é reduzida. A ACC1 é uma enzima dependente de biotina com funções enzimática e de proteína carreadora distintas: suas subunidades atuam como biotina carboxilase, transcarboxilase e proteína carreadora de carboxil biotina. A enzima é sintetizada em uma forma de protômero inativo, com cada protômero contendo todas as subunidades descritas anteriormente, uma molécula de biotina e um sítio alostérico regulatório para a ligação de citrato (um metabólito do ciclo de Krebs) ou palmitoil-CoA (o produto final da via biossintética dos ácidos graxos). A reação em si ocorre em estágios: primeiro, há a carboxilação da biotina, envolvendo trifosfato de adenosina (ATP), seguida da transferência desse grupo carboxila para a acetil-CoA a fim de produzir malonil-CoA. Nesse estágio, o complexo livre enzima-biotina é liberado.

Como descrito anteriormente, esse processo permite apenas o acúmulo de moléculas de ácidos graxos com números pares de átomos de carbono, o que é observado em células eucarióticas. No entanto, o propionil-CoA é um substrato para a síntese de ácidos graxos com um número ímpar de átomos de carbono, mas isso não é observado em humanos. Tipicamente, os ácidos graxos de cadeia ímpar observados em humanos se originam do consumo de gordura do leite porque o processo bacteriano/fermentação em ruminantes permite a produção desses ácidos graxos.

A acetil-CoA carboxilase está sujeita a regulação rigorosa

Os protômeros da acetil-CoA carboxilase polimerizam na presença de **citrato** ou **isocitrato**, produzindo a forma ativa da enzima. A polimerização é inibida pela ligação de **palmitoil-CoA** ao mesmo sítio alostérico. Os respectivos efeitos estimulatórios e inibitórios do citrato e da palmitoil-CoA são inteiramente lógicos: sob condições de alta concentração de citrato, é desejável o armazenamento de energia, mas quando a palmitoil-CoA, o produto da via, se acumula, é apropriada uma diminuição na síntese de ácidos graxos. Existe um mecanismo de controle adicional, independente do citrato ou da palmitoil-CoA, envolvendo a fosforilação e a desfosforilação da molécula da enzima. Isso envolve a proteína fosfatase/quinase dependente de hormônio (Fig. 13.1). **A fosforilação inibe a enzima, e a desfosforilação a ativa**. A fosforilação da enzima é promovida pelo glucagon ou pela epinefrina, e a desfosforilação é promovida pela insulina, que é um hormônio lipogênico. A fosforilação também é dependente da ativação da **proteína quinase ativada por AMP (AMPK)**. A AMPK ativada, como sinal de depleção celular de ATP, inibirá a ACC2 e ativará a malonil-CoA descarboxilase para atenuar a inibição de CPT-1 dependente de malonil-CoA e, desse modo, permitir a oxidação do ácido graxo mitocondrial.

A ingestão de carboidratos e gorduras na dieta também controla a acetil-CoA carboxilase

A carboxilação da acetil-CoA a malonil-CoA compromete a via para a síntese de ácidos graxos. É por isso que essa enzima está sob rígido controle em curto prazo. O controle em longo prazo é exercido pela indução ou repressão da síntese enzimática afetada pela dieta: a síntese da acetil-CoA carboxilase é aumentada sob condições de ingestão com alto teor de carboidrato/baixo teor de gordura, enquanto o jejum ou ingestão de alto teor de gordura/baixo teor de carboidrato leva à redução da síntese da enzima.

Sintetizando uma cadeia de ácidos graxos: ácido graxo sintase

A segunda principal etapa na síntese de ácidos graxos também envolve um complexo multienzimático, a ácido graxo sintase. Esse sistema enzimático é muito mais complexo do que a acetil-CoA carboxilase. A proteína contém **sete atividades enzimáticas distintas** e uma **proteína carreadora de acil (ACP)**. A ACP, uma proteína altamente conservada, substitui a CoA como a entidade que se liga à cadeia do ácido graxo em alongamento. A estrutura dessa molécula é mostrada na Figura 13.2 e consiste em um dímero de grandes polipeptídios idênticos arranjados da cabeça à cauda. Cada monômero contém todas as sete atividades enzimáticas e a ACP. Ele também contém um longo grupo panteteína, que atua como um "braço" flexível, tornando a molécula sintetizada disponível para diferentes enzimas no complexo ácido graxo sintase. A função na síntese de ácidos graxos é compartilhada entre as duas cadeias polipeptídicas.

A ácido graxo sintase constrói a molécula de ácido graxo até o comprimento de 16 carbonos

A reação ocorre após uma preparação inicial do grupo cisteína (Cys-SH) com a acetil-CoA, uma reação catalisada pela **acetil transacilase** (Fig. 13.3). Então, a malonil-CoA é transferida pela **malonil transacilase** para o resíduo -SH do grupo panteteína ligado à ACP na outra subunidade. Em seguida, a **3-cetoacil sintase** (a enzima de condensação) catalisa a reação entre o grupo acetil ligado anteriormente e o resíduo malonil, liberando CO_2 e formando o complexo enzimático 3-cetoacil. Isso libera o resíduo de cisteína na cadeia 1 que havia sido ocupada pela acetil-CoA. O grupo 3-cetoacil subsequentemente sofre redução sequencial, desidratação e novamente redução para formar um complexo acil-enzima saturado. A molécula seguinte de malonil-CoA desloca o grupo acil do grupo panteteína-SH para o grupo cisteína agora livre, e a sequência da reação é repetida por mais seis ciclos (sete ciclos no total). Uma vez formada a cadeia de 16 carbonos (palmitato), o complexo saturado acil-enzima ativa a **tioesterase**, liberando a molécula de palmitato do complexo enzimático. Os dois sítios -SH estão agora livres, permitindo que outro ciclo da síntese de palmitato seja iniciado.

A síntese de uma molécula de palmitato requer 8 moléculas de acetil-CoA, 7 ATP, 14 NADPH e 14 H^+:

$$8 Ac\text{-}CoA + 7 ATP + 14 NADPH + 14 H^+$$
$$\rightarrow CH_3(CH_2)14COO^- (\text{palmitato}) + 14 NADP^+ + 8 CoA$$
$$+ 6 H_2O + 7 ADP + 7 Pi + 7 CO_2$$

Assim como o sistema acetil-CoA carboxilase, a ácido graxo sintase também é regulada pela presença de açúcares fosforilados via um efeito alostérico, bem como por indução e repressão da enzima.

A alteração na quantidade de proteína enzimática é afetada pelo estado nutricional

As taxas de síntese de ácidos graxos são maiores quando um indivíduo segue uma dieta hipercalórica, com alto teor de carboidratos/baixo teor de gordura e são baixas durante o jejum ou quando se faz uma dieta com alto teor de gordura.

A lançadeira de malato

A lançadeira de malato permite o recrutamento de unidades de dois carbonos da mitocôndria para o citoplasma

A molécula principal necessária para a síntese de ácidos graxos é acetil-CoA. No entanto, a acetil-CoA é gerada na mitocôndria e não pode atravessar livremente a membrana interna da mitocôndria. Conforme observado anteriormente, a biossíntese de ácidos graxos ocorre no citosol. A lançadeira de malato é um mecanismo que permite a transferência de unidades

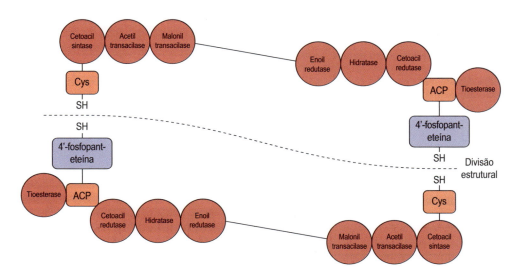

Fig. 13.2 **Estrutura da ácido graxo sintase.** A ácido graxo sintase é um dímero que consiste em duas grandes subunidades dispostas da cabeça à cauda. Contém sete atividades enzimáticas distintas e uma proteína carreadora de acil (ACP). Cys, cisteína.

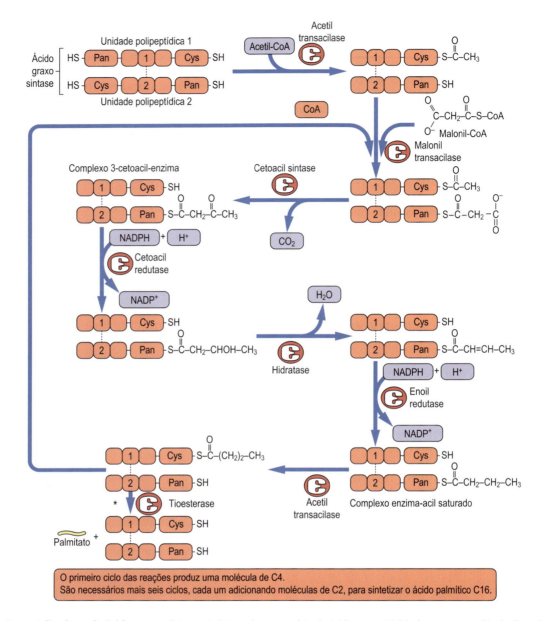

Fig. 13.3 **Reações catalisadas pela ácido graxo sintase.** A síntese de uma cadeia de ácido graxo é iniciada por uma molécula de malonil-CoA (C3), que reage com a primeira molécula de acetil-CoA (C2); isso produz uma molécula de C4 (um carbono é perdido como CO₂ durante a condensação de malonil-CoA e acetil-CoA). Há mais seis ciclos, cada um adicionando unidade de 2C à cadeia do ácido graxo (sete ciclos ao todo), e o resultado é uma molécula de palmitato de 16 carbonos. NADPH, nicotinamida adenina dinucleotídio fosfato (reduzido); Pan, panteteína. *Esta reação ocorre uma vez que a cadeia acil-graxo de 16 carbonos tenha sido formada.

de dois carbonos da mitocôndria para o citosol, e envolve o **antiportador malato-citrato** (Fig. 13.4).

O piruvato derivado da glicólise é descarboxilado para acetil-CoA na mitocôndria; subsequentemente, reage com oxaloacetato no ciclo do ácido tricarboxílico (TCA) (Capítulo 10) para formar citrato. A translocação de uma molécula de citrato para o citosol via o antiportador é acompanhada pela transferência de uma molécula de malato para a mitocôndria. No citosol, **o citrato, na presença de ATP e CoA, sofre clivagem para acetil-CoA e oxaloacetato pela citrato liase**. Isso torna a acetil-CoA disponível para carboxilação para malonil-CoA e para a síntese de ácidos graxos. A síntese de ácidos graxos também está ligada ao metabolismo da glicose pela **via das pentoses fosfato**, que é o principal fornecedor de NADPH necessário para a lipogênese. A frutose é especificamente canalizada por essa via e é muito lipogênica. Alguns NADPH também são gerados pela decarboxilação do malato ligado a NADP⁺ para piruvato pela enzima málica.

CAPÍTULO 13 Biossíntese e Armazenamento de Ácidos Graxos

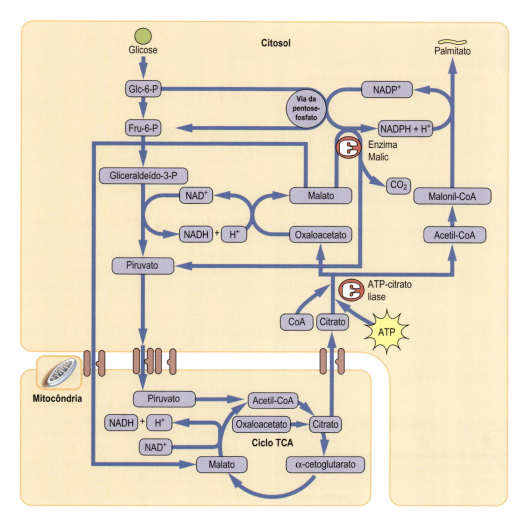

Fig. 13.4 **A lançadeira de malato.** A acetil-CoA é gerada nas mitocôndrias e não pode atravessar a membrana mitocondrial. A lançadeira de malato facilita o transporte das unidades de dois carbonos da mitocôndria para o citoplasma. O citrato, sintetizado a partir da acetil-CoA e do oxalato, é transportado para fora da mitocôndria. No citosol, é dividido novamente em acetil-CoA e oxalato. O oxalato é então convertido em malato, que retorna à mitocôndria – portanto, a "lançadeira". A acetil-CoA é novamente sintetizada no citoplasma e entra na lipogênese. Observe também a geração de NADPH na via das pentoses fosfato e pela enzima málica. Fru-6-P, frutose-6-fosfato; Glc-6-P, glucose-6-fosfato; NADH, nicotinamida adenina dinucleotídio fosfato reduzido.

QUADRO DE CONCEITOS AVANÇADOS
ALTERAÇÕES NA EXPRESSÃO ENZIMÁTICA EM RESPOSTA À INGESTÃO DE ALIMENTO REGULAM O ARMAZENAMENTO DE SUBSTRATOS ENERGÉTICOS

O estado de alimentação está associado à indução de enzimas que aumentam a síntese de ácidos graxos no fígado. Várias enzimas são induzidas, incluindo aquelas envolvidas na glicólise (p. ex., a glicoquinase [a forma hepática da hexoquinase] e a piruvato quinase), bem como enzimas ligadas ao aumento da produção de NADPH (glicose-6-P desidrogenase, 6-fosfogliconato desidrogenase e enzima málica). Além disso, há uma expressão aumentada de citrato liase, acetil-CoA carboxilase, ácido graxo sintase e Δ9 dessaturase.

Além disso, no estado alimentado, há uma repressão concomitante das principais enzimas envolvidas na gliconeogênese. A fosfoenolpiruvato carboxiquinase, a glicose-6-fosfatase e algumas aminotransferases são reduzidas em quantidade, seja pela redução na síntese ou pelo aumento de sua degradação (Capítulo 31).

Elongação de ácidos graxos

A elongação de uma cadeia de ácidos graxos além do comprimento de 16 carbonos requer outro conjunto de enzimas

O palmitato liberado da ácido graxo sintase torna-se um substrato para a síntese de ácidos graxos de cadeia mais longa, com a exceção de certos ácidos graxos essenciais (consulte a discussão a seguir). A elongação da cadeia ocorre pela adição de fragmentos de dois carbonos adicionais derivados da malonil-CoA (Fig. 13.5). Esse processo ocorre no retículo endoplasmático pela ação de outro complexo multienzimático: o da **ácido graxo elongase**. As reações que ocorrem durante a elongação da cadeia são semelhantes àquelas envolvidas na síntese de ácidos graxos, exceto pelo fato de que o ácido graxo está ligado à CoA e não à ACP. Na verdade, há sete ácidos graxos elongases discretas com diferentes expressões teciduais e especificidades de substrato (ELOVL1-7; ELOVL significa "elongação de ácidos graxos de cadeia muito longa").

Os substratos da ácido graxo elongase citosólica incluem ácidos graxos saturados com um comprimento de cadeia de 10 carbonos ou mais, bem como ácidos graxos insaturados. Os ácidos graxos de cadeia muito longa (22 a 24 carbonos) são produzidos no cérebro, e a elongação da estearoil-CoA (C18) no cérebro aumenta rapidamente durante a mielinização, produzindo os ácidos graxos necessários para a síntese de esfingolipídeos.

Os ácidos graxos também podem ser elongados nas mitocôndrias, nas quais outro sistema é utilizado: ele é dependente de NADH e usa acetil-CoA como fonte de fragmentos de dois carbonos. É simplesmente o reverso da β-oxidação (Capítulo 11), e os substratos para a elongação da cadeia são ácidos graxos de cadeia curta e média contendo menos de 16 átomos de carbono. Durante o jejum e a fome, a elongação dos ácidos graxos é bastante reduzida.

Dessaturação dos ácidos graxos

As reações de dessaturação requerem oxigênio molecular

O corpo possui uma necessidade de ácidos graxos mono e poli-insaturados, além de ácidos graxos saturados. Alguns deles necessitam ser fornecidos na dieta; estes dois ácidos graxos insaturados, linoleico e linolênico, são conhecidos como ácidos graxos essenciais (EFAs). O sistema de dessaturação requer oxigênio molecular, NADH e o citocromo b_5. O processo de dessaturação, como a elongação da cadeia, ocorre no retículo endoplasmático e resulta na oxidação do ácido graxo e do NADH (Fig. 13.6).

Em humanos, o sistema da dessaturase é incapaz de introduzir ligações duplas entre átomos de carbono além do carbono-9 e do átomo de carbono ω-(terminal metil). A maioria das dessaturações ocorre entre os átomos de carbono 9 e 10 (anotados como Δ^9 dessaturações) – por exemplo, aqueles com ácido palmítico produzindo ácido palmitoleico (C-16: 1, Δ^9) e aqueles com ácido esteárico produzindo ácido oleico (C-18: 1, Δ^9). Essa etapa é catalisada pela estearoil-CoA dessaturase (SCD).

Ácidos graxos essenciais

Os ácidos graxos ω-3 e ω-6 (ou seus precursores) devem ser fornecidos com a dieta

Conforme discutido anteriormente, a dessaturase humana é incapaz de introduzir ligações duplas além do C-9. Por outro lado, dois tipos de ácidos graxos – com três carbonos com ligações duplas a partir da extremidade metil (**ácidos graxos ω-3**) e seis carbonos a partir da extremidade metil (**ácidos graxos ω-6**) – são necessários para a produção de fosfolipídeos e síntese de eicosanoides (ácidos graxos C-20), precursores de moléculas importantes, como prostaglandinas, tromboxanos e leucotrienos. Portanto, os ácidos graxos ω-3 e ω-6 (ou seus precursores) devem ser fornecidos na dieta. Por acaso, eles são obtidos a partir de **óleos vegetais** e **carnes**, que contêm o ácido graxo ω-6, o ácido linoleico (C-18:2, $\Delta^{9,12}$) e o ácido graxo ω-3, o ácido linolênico (C- 18:3, $\Delta^{9,12,15}$). O ácido linoleico é convertido em uma série de reações de elongação e dessaturação em **ácido araquidônico** (C-20:4, $\Delta^{5,8,11,14}$), o precursor para a síntese de outros **eicosanoides** em humanos. A elongação e a dessaturação do ácido linolênico produzem ácido eicosapentaenoico (EPA; C-20:5, $\Delta^{5,8,11,14,17}$), que é um

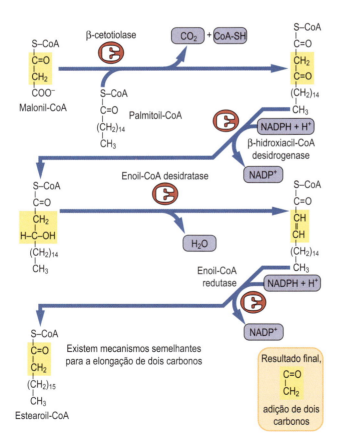

Fig. 13.5 **Elongação dos ácidos graxos.** A elongação do ácido graxo ocorre no retículo endoplasmático e é realizada por um complexo multienzimático, a ácido graxo elongase.

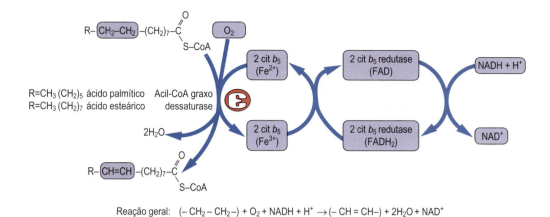

Fig. 13.6 **Dessaturação dos ácidos graxos.** A dessaturação dos ácidos graxos ocorre no retículo endoplasmático. A reação requer oxigênio molecular, NADH$_2$, FADH$_2$ e citocromo b_5. cit b_5, *citocromo b_5*; FAD, flavina adenina dinucleotídio; FADH$_2$, flavina adenina dinucleotídio reduzido.

precursor de outra série de eicosanoides. No entanto, a elongação/dessaturação de C-18:3, $\Delta^{9,12,15}$ para EPA ocorre em uma taxa baixa; a maior parte do EPA no corpo humano deriva do **consumo de peixe**.

ARMAZENAMENTO E TRANSPORTE DE ÁCIDOS GRAXOS: SÍNTESE DE TRIACILGLICERÓIS (TRIGLICERÍDEOS)

Os ácidos graxos derivados da síntese endógena ou da dieta são armazenados e transportados como triacilgliceróis, também conhecidos como triglicerídeos

Tanto no fígado como no tecido adiposo, os triacilgliceróis (TAG) são produzidos por uma via que envolve **ácido fosfatídico** como um intermediário (Fig. 13.7). A fonte de glicerol-3-fosfato é, no entanto, diferente nos dois tecidos. O **glicerol** é a fonte de ácido fosfatídico no fígado. No entanto, no tecido adiposo, devido à falta da glicerol quinase, a **glicose** é a fonte indireta de glicerol, sendo seu metabólito glicolítico di-hidroxiacetona fosfato seu precursor imediato. A primeira etapa do glicerol-3-fosfato é a acilação de ácidos graxos pela glicerol-3-fosfato aciltransferase, para a qual a cadeia acil-graxo provém de uma FA-acil-CoA. O produto é o ácido lisofosfatídico, que é submetido a uma segunda acilação de ácido graxo pela **acilglicerol aciltransferase** (AGPAT2) para produzir ácido fosfatídico. Essa etapa é absolutamente crítica para a síntese de triacilglicerois no adipócito: mutações disruptivas na AGPAT2 levam à incapacidade de formar triacilglicerol no tecido adiposo, com consequente lipodistrofia congênita total. O ácido fosfatídico é desfosforilado pela fosfatase ácida fosfatídica para formar **diacilglicerol** (DAG). Observe que o DAG formado por essa via reside no retículo endoplasmático liso e é, portanto, compartimentalizado a partir da membrana ou da formação citoplasmática do DAG por meio da reação da fosfolipase C do fosfatidilinositol. Tipicamente, o DAG formado pela via sintética do TAG possui uma mistura de ácidos graxos saturados e monoinsaturados, enquanto o DAG citoplasmático possui a composição de ácido graxo típica do fosfatidilinositol, que é o 1-estearoil-2-araquidonoil-glicerol. Finalmente, o TAG é formado a partir do DAG pela diacilglicerol aciltransferase (DGAT). Essas etapas descrevem a chamada via do monoacilglicerol, mas o TAG também pode ser formado pela via de Kennedy, que forneceria uma entrada na etapa do ácido fosfatídico (consulte Leituras Sugeridas no final do capítulo).

Os triacilgliceróis produzidos no fígado, no retículo endoplasmático liso, podem ser armazenados apenas transitoriamente

O fígado possui a capacidade única de descarregar o TAG armazenado, produzindo complexos lipoproteicos que também contêm colesterol, fosfolipídeos e apolipoproteínas (estas últimas também sintetizadas no retículo endoplasmático) para exportação na forma de **lipoproteína de densidade muito baixa (VLDL)**. A VLDL é então montada no retículo endoplasmático, transferida para o aparelho de Golgi e liberada na corrente sanguínea. Para mobilizar o TAG transitoriamente armazenado ocorre uma reação lipolítica. Isso resulta na formação de DAGs, que podem então entrar novamente na via sintética do TAG na montagem da VLDL. A natureza dessa lipase ainda não é conhecida, mas é de interesse médico significativo devido às complicações da doença hepática gordurosa. Também é possível que alguns TAGs entrem na VLDL no Golgi pela fusão de uma VLDL primordial e uma gotícula lipídica já existente para produzir as partículas de VLDL maiores.

A VLDL, uma vez liberada na corrente sanguínea, é utilizada pela **lipoproteína lipase (LPL)**. Essa enzima é encontrada ligada às glicoproteínas da membrana basal das células endoteliais capilares e é ativa contra a VLDL e as quilomicrons (Capítulo 33). O ácido graxo do TAG armazenado no tecido adiposo refletirá, portanto, a mistura dos ácidos graxos da dieta (liberados pelos quilomicrons) e os ácidos graxos endógenos fornecidos pela VLDL. Os últimos serão compostos de ácidos graxos recirculados (do tecido adiposo) e ácidos graxos da DNL do fígado. Além disso, pode haver um pequeno componente de ácidos graxos DNL gerados no tecido.

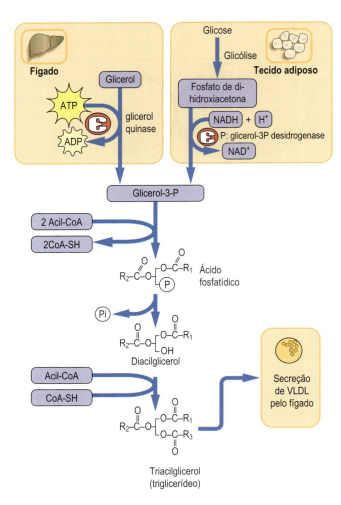

Fig. 13.7 **Síntese de triacilglicerol.** Os triacilglicerois (triglicerídeos) são sintetizados no fígado e no tecido adiposo. A fonte de glicerol-3-P é diferente nos dois tecidos. No fígado, é o glicerol, mas o tecido adiposo não possui a atividade da glicerol quinase. Lá, o glicerol-3-P é gerado a partir do intermediário glicolítico, a di-hidroxiacetona fosfato. O "alicerce" central do ácido fosfatídico, a molécula de diacilglicerol e triacilglicerol mostrada na figura, consiste em três átomos de carbono saturados com hidrogênios (compare com a Figura 30.8). Observe que os triacilgliceróis sintetizados no fígado são subsequentemente empacotados em VLDL e exportados para outros tecidos.

No estado alimentado, quando o tecido adiposo está ativamente absorvendo os ácidos graxos das lipoproteínas e armazenando-os como TAG, os adipócitos sintetizam a LPL e a secretam nos capilares do tecido adiposo. Esse aumento de síntese e secreção da LPL é estimulado pela insulina. Os níveis de insulina aumentados também estimulam a captação de glicose pelo tecido adiposo e promovem a glicólise. Isso tem o efeito líquido de produzir quantidades crescentes de α-glicerofosfato e facilita a síntese de TAG nos adipócitos. O leito capilar do músculo esquelético também possui LPL, mas esta é inibida pela insulina. Em vez disso, **a LPL é ativada no músculo esquelético por suas contrações ou pela estimulação adrenérgica.**

A insulina é um hormônio importante em relação a síntese e armazenamento de ácidos graxos. Ela promove a captação de glicose no fígado e no tecido adiposo. No fígado, ao aumentar os níveis de frutose-2,6-bifosfato, ela estimula a glicólise, aumentando, assim, a produção de piruvato. Pela estimulação da desfosforilação do complexo piruvato desidrogenase e ativação dessa enzima, a insulina promove a produção de acetil-CoA, estimulando o ciclo do TCA e aumentando os níveis de citrato, o que, por sua vez, pela estimulação da acetil-CoA carboxilase, aumenta a taxa da síntese de ácidos graxos (Capítulo 31).

QUADRO CLÍNICO
ANORMALIDADES LIPÍDICAS NO ALCOOLISMO

Uma mulher de 36 anos que compareceu a uma clínica da saúde da mulher apresentava concentrações séricas de triglicerídeos 73,0 mmol/L (6388 mg/dL) e de colesterol 13 mmol/L (503 mg/dL). Embora a princípio tenha tentado esconder o fato, ela acabou admitindo beber três garrafas de vodka e seis garrafas de vinho por semana. Quando interrompeu o uso do álcool, suas concentrações de triglicérides diminuíram para 2 mmol/L (175 mg/dL), e sua concentração de colesterol diminuiu para 5,0 mmol/L (193 mg/dL). Três anos depois, a mulher compareceu novamente com fígado aumentado e retorno da anormalidade lipídica. A biópsia hepática indicou doença hepática alcoólica com esteatose (infiltração das células hepáticas por gordura).

Comentário

Em indivíduos alcoólatras, o metabolismo do álcool produz quantidades aumentadas de NADH hepático reduzido. A razão NADH$^+$/H$^-$/NAD$^+$ aumentada inibe a oxidação dos ácidos graxos. Os ácidos graxos que chegam ao fígado a partir de fontes alimentares ou por mobilização a partir do tecido adiposo são, portanto, reesterificados com glicerol para formar triglicerídeos. Nos estágios iniciais do alcoolismo, esses são embalados com apolipoproteínas e exportados como lipoproteínas de densidade muito baixa (VLDL). Uma concentração aumentada de VLDL e, portanto, de triglicerídeos séricos, está frequentemente presente nos estágios iniciais da doença hepática alcoólica. À medida que a doença do fígado progride, há uma falha na produção das apolipoproteínas e na exportação da gordura como VLDL; resulta o acúmulo de triglicerídeos nas células hepáticas (Capítulo 34).

REGULAÇÃO DOS DEPÓSITOS TOTAIS DE GORDURA CORPORAL

O tecido adiposo é um órgão endócrino ativo

Há muito se sabe que o consumo de energia aumentado sem um aumento apropriado no gasto de energia está associado à obesidade, que é caracterizada pela **adiposidade** aumentada, significando o número de adipócitos e seu conteúdo de gordura. Nesse sentido, a quantidade de TAG armazenado é meramente uma consequência do balanço energético. No entanto, agora está claro que o tecido adiposo, longe de ser um reservatório inerte de armazenamento, é hormonalmente ativo. Os adipócitos produzem **hormônios** como a leptina,

QUADRO CLÍNICO
ESTILO DE VIDA E OBESIDADE

Um ex-soldado de infantaria de 48 anos (altura 1,91 m) apresentou o problema de peso aumentado nos últimos 8 anos desde que deixou o exército. No momento de sua aposentadoria do serviço ativo, ele pesava 95 kg (209 lb), mas, na apresentação, seu peso era de 193 kg (424,6 lb). Sua ocupação atual era motorista de caminhão. Ele negou qualquer alteração na ingestão de alimentos desde que deixou o exército, mas admitiu ter praticado pouco ou nenhum exercício. Uma pesquisa detalhada indicou que sua ingestão diária fornecia entre 12.600 e 16.800 kJ (3.000 e 4.000 kcal), com a ingestão de gordura chegando a 40%. O paciente foi inicialmente colocado em um plano de alimentação saudável, com ingestão de gordura reduzida a 35% do total de calorias. Ele foi aconselhado a se exercitar e começou a nadar três ou quatro vezes por semana. Seu peso imediatamente começou a diminuir, rapidamente no início e depois em 2 a 3 kg (4,4 a 6,6 lb) a cada mês até se estabilizar em 180 kg (396 lb). Ele foi então colocado em uma dieta rica em proteínas/baixo teor de carboidrato/baixo teor de gordura, o que induziu um retorno de perda de peso que continuou por mais 4 meses, resultando em um peso final de 173 kg (381 lb).

Comentário

A obesidade é cada vez mais prevalente em muitas partes do mundo. A obesidade clínica está agora claramente definida em termos de altura e peso por meio do índice de massa corporal (IMC), que é calculado como o peso em quilogramas dividido pela altura em metros ao quadrado (consulte o Capítulo 32 para detalhes).

Um IMC de 25-30 kg/m2 é classificado como sobrepeso ou obesidade grau I, o IMC > 30 kg/m2 é obesidade clínica ou grau II, e o IMC > 40 kg/m2 é classificado como obesidade mórbida ou grau III. Nosso paciente apresentou um IMC de 53 na apresentação, caindo para 48 após uma dieta prolongada. Se a entrada de energia exceder a saída ao longo do tempo, o peso aumentará. A obesidade predispõe a várias doenças. A mais importante é o diabetes melito tipo 2: 80% desse tipo de diabetes está associado ao estado de obesidade. Outras doenças associadas incluem doença coronariariana, hipertensão, acidente vascular cerebral, artrite e doença da vesícula biliar.

QUESTÕES PARA APRENDIZAGEM

1. Descreva como uma cadeia de ácidos graxos em crescimento é transferida entre as subunidades da ácido graxo sintase.
2. Como os eicosanoides são sintetizados?
3. Explique por que a taxa de lipólise no estado alimentado é baixa.
4. Descreva a etapa de compromisso da síntese de ácidos graxos e sua regulação.
5. Quais são as fontes de acetil-CoA para a síntese de ácidos graxos?
6. Compare e contraste a síntese de ácidos graxos e sua oxidação.

- A elongação da cadeia do ácido graxo (até o comprimento de 16 átomos de carbono) é realizada pela ácido graxo sintase dimérica, que possui várias atividades enzimáticas.
- Tanto a acetil-CoA carboxilase como a ácido graxo sintase estão sujeitas a uma complexa regulação.
- O transporte de malato facilita a transferência de unidades de dois carbonos da mitocôndria para o citoplasma para o uso na síntese de ácidos graxos.
- O poder redutor da síntese de ácidos graxos na forma de NADPH é fornecido pela via das pentoses fosfato e também pelo transporte de malato.
- Os ácidos graxos insaturados essenciais são o ácido linoleico e linolênico. O ácido linoleico é convertido em ácido araquidônico, que por sua vez, serve como precursor das prostaglandinas.
- Sinais de adiposidade são fornecidos por adipocinas, particularmente a leptina. A insulina também é importante na regulação da ingestão de alimentos.

LEITURAS SUGERIDAS

Brown, M. S., Ye, J., Rawson, R. B., et al. (2000). Regulated intramembrane proteolysis: A control mechanism conserved from bacteria to humans. *Cell*, 100, 391-398.

Gibellini, F., & Smith, T. K. (2010). The Kennedy pathway: De novo synthesis of phosphatidylethanolamine and pohosphatidylcholine. *IUMB Life*, 62, 414-428.

Guillou, H., Zadravec, D., Martin, P. G., et al. (2010). The key roles of elongases and desaturases in mammalian fatty acid metabolism: Insights from transgenic mice. *Progress in Lipid Research*, 49, 186-199.

Gurr, M. I., Harwood, J. L. K., & Frayn, K. N. (Eds.). (2008). *Lipid biochemistry: An introduction*. Oxford: Blackwell Science.

adiponectina e resistina (coletivamente conhecidos como adipocinas); **fatores de crescimento** como o fator de crescimento endotelial vascular e **citocinas pró-inflamatórias**, como o fator de necrose tumoral α (TNF-α) e a interleucina 6 (IL-6). Esses sinais hormonais, particularmente a leptina, podem alterar o balanço energético. Isso é discutido mais adiante no Capítulo 32.

RESUMO

- A síntese e o armazenamento de ácidos graxos são componentes essenciais da homeostase energética corporal.
- A síntese de ácidos graxos ocorre no citosol. Sua etapa de compromisso é a reação catalisada pela acetil-CoA carboxilase.

ABREVIATURAS

ACC1, ACC2	Acetil-CoA carboxilase
ACP	Proteína carreadora de acil
AGPAT2	Acilglicerol aciltransferase
AMPK	Proteína quinase ativada por AMP
ATP	Trifosfato de adenosina
IMC	Índice de massa corporal
CPT-1	Carnitina palmitoiltransferase I

DAG	Diacilglicerol	NAD^+	Nicotinamida adenina dinucleotídio (oxidado)
DGAT	Diacilglicerol aciltransferase	NADH	Nicotinamida adenina dinucleotídio reduzido
DNL	Lipogênese de novo	SCD	Estearoil-CoA dessaturase
EFA	Ácido graxo essencial	SRE	Elemento regulador de esteróis
ELOVL	Elongação de ácidos graxos de cadeia muito longa	SREBP1c, SREBP1a	Proteínas de ligação ao elemento regulador de esteróis-1
EPA	Ácido eicosapentaenoico	TAG, TG	Triacilglicerol, também conhecido como triglicerídeo
FAD	Flavina adenina dinucleotídio		
FADH2	Flavina adenina dinucleotídio reduzido	TCA	Ácido tricarboxílico
Fru-6-P	Frutose-6-fosfato	TNF-α	Fator de necrose tumoral α
Glc-6-P	Glicose-6-fosfato	VLDL	Lipoproteína de densidade muito baixa

CAPÍTULO 14
Biossíntese de Colesterol e Esteroides
Marek H. Dominiczak

OBJETIVOS

Após concluir este capítulo, o leitor estará apto a:

- Discutir as etapas envolvidas na síntese da molécula de colesterol.
- Discutir a regulação da concentração do colesterol intracelular.
- Explicar mecanismos aplicáveis ao metabolismo e à excreção do colesterol.
- Descrever ácidos biliares e sua circulação entero-hepática.
- Traçar as principais vias para a síntese de hormônios esteroides.

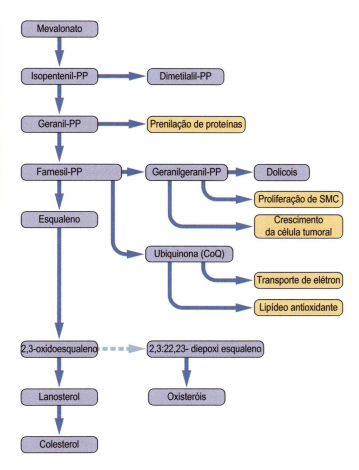

Fig. 14.1 **A síntese de colesterol e as vias relacionadas**. A via da síntese de colesterol é fonte de compostos que participam de uma variedade de funções celulares. Elas são apresentadas nos quadros de cor laranja. (Modificado de Charlton-Menys V, Durrinton PN. Exp Physiol 2007; 93:27-42, com permissão). SMC, células musculares lisas; CoQ, coenzima Q; PP, fosfato.

INTRODUÇÃO

O colesterol é essencial à estrutura e à função da célula

O colesterol é um componente essencial das membranas das células mamárias. Ele também é precursor de hormônios esteroides, vitamina D e ácidos biliares. Além disso, os estágios iniciais da síntese do colesterol fornecem substratos para a síntese de compostos importantes na proliferação da célula, no transporte de elétrons e no combate ao estresse oxidativo.

A ingestão excessiva de colesterol e as disfunções no transporte de colesterol e em seu metabolismo pela célula estão ligadas ao desenvolvimento de aterosclerose (Cap. 33).

Disfunções na síntese dos hormônios esteroides são responsáveis por uma série de desordens endócrinas, e raras deficiências herdadas de enzimas das vias biossintéticas dos hormônios esteroides são vistas na medicina neonatal. O colesterol é excretado na bile e é um componente principal dos cálculos biliares. O "Mapa Médico" do colesterol é apresentado na Figura 14.2.

A concentração de colesterol no plasma depende da síntese do colesterol endógeno e do consumo alimentar

Humanos sintetizam aproximadamente 1 g de colesterol por dia. Uma típica dieta ocidental contém aproximadamente 55 mg (1,2 mmol) de colesterol diário, principalmente em carnes, ovos e laticínios (Cap. 32). Sob circunstâncias normais, 30% a 60% desse total é absorvido durante a passagem pelo intestino. Após a absorção intestinal, o colesterol é transportado para o fígado e para os tecidos periféricos como um componente de partículas de lipoproteínas, os quilomícrons, e é então distribuído para os tecidos periféricos por lipoproteínas de muito baixa densidade (VLDL) e de baixa densidade (LDL). Ele é removido das células por proteínas de alta densidade (HDL).

Os humanos não podem metabolizar a estrutura esterol

O colesterol é excretado pelo fígado na bile como ácido biliar ou como colesterol livre. A maioria dos ácidos biliares são reabsorvidos no íleo terminal e reciclados de volta para o fígado.

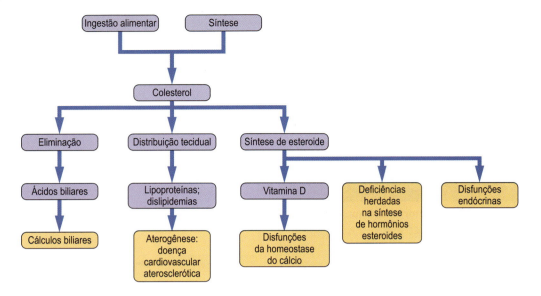

Fig. 14.2 **Contexto clínico da síntese e do metabolismo do colesterol**.

A MOLÉCULA DE COLESTEROL

A estrutura do colesterol é apresentada na Figura 14.3. Possui um peso molecular de 386 Da e contém 27 átomos de carbono, dos quais 17 estão incorporados aos quatro anéis fundidos A, B, C e D da estrutura colestano. Dois carbonos adicionais estão no grupo metil nas junções dos anéis AB e CD e oito estão na cadeia lateral. Há um solitário grupo hidroxila no carbono 3 no anel A. Há somente uma dupla ligação entre os átomos de carbono 5 e 6 no anel B.

O colesterol aumenta a fluidez da membrana

O colesterol nas membranas é mantido na bicamada lipídica por interações físicas entre o anel esteroide planar e as cadeias de ácidos graxos. A ausência de ligações covalentes significa que deve facilmente deslocar-se para dentro e para fora da membrana. As membranas são estruturas fluidas ricas em fosfolipídeos e esfingolipídeos em que ambas as moléculas de lipídeo e de proteína movimentam-se e sofrem mudanças conformacionais (Cap. 4). Na temperatura corporal, as longas cadeias de hidrocarbonetos da bicamada lipídica são capazes de mobilidade considerável. O colesterol é localizado entre essas cadeias de hidrocarbonetos. **O colesterol estabiliza a fluidez das membranas**. Quanto mais fluida a bicamada fosfolipídica se torna, mais permeável é a membrana.

O colesterol é agrupado em regiões dentro da bicamada lipídica. Nessas aglomerações, há 1 mol de colesterol por 1 mol de fosfolipídeo, enquanto nas áreas adjacentes não há colesterol. Assim, a membrana contém partes impermeáveis ricas em colesterol e regiões mais permeáveis de colesterol livre. Diferentes organelas celulares variam substancialmente no conteúdo de colesterol. Ele é praticamente ausente, por exemplo, na membrana mitocondrial interna.

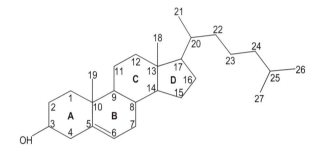

Fig. 14.3 **Estrutura do colesterol**. A-D é a notação convencional usada para descrever os quatro anéis de estrutura colestano. Os números 1-27 denotam os átomos de carbono.

O COLESTEROL ESTÁ ESTERIFICADO NAS CÉLULAS E NO PLASMA

O colesterol é fracamente solúvel em água. Apenas cerca de 30% do colesterol circulante ocorre na forma livre – a maioria forma ésteres com cadeias longas de ácidos graxos como ácidos oleico e linoleico. Ésteres de colesteril (CE) são ainda menos solúveis em água em relação ao colesterol livre. O colesterol é esterificado nas células pela **acil-CoA: colesterol aciltransferase (ACAT)** e CE são armazenados em gotículas de lipídeos no retículo endoplasmático. No plasma, é esterificado pela **leticina colesterol aciltransferase** e está majoritariamente presente como CE nas lipoproteínas (Cap. 33).

O colesterol é absorvido no intestino por transportadores específicos

O colesterol alimentar é absorvido pelo intestino por meio do transportador de membrana conhecido como proteína

Niemann-Pick C1-*like* (NPC1L1). Outro transportador é o ATP-*binding cassette* G5/G8, composto por dois meios transportadores: ABCG5 e ABCG8. Eles estão envolvidos na secreção de outros esteróis dentro da bile. Mutações nesses genes resultam no acúmulo de esteróis vegetais (**sitosterolemia**) nos tecidos. O fármaco **ezetimiba** supre o transporte de colesterol mediado por NPC1L1 e tem sido utilizado no tratamento de hipercolesterolemia.

A BIOSSÍNTESE DO COLESTEROL

O colesterol é sintetizado a partir da acetil coenzima A

O fígado é o principal sítio da síntese do colesterol e quantidades menores são sintetizadas no intestino, no córtex adrenal e nas gônadas. Praticamente todas as células humanas possuem a capacidade para produzir colesterol. Sua síntese requer uma fonte de átomos de carbono, uma fonte redutora energética e quantidades significantes de energia fornecida por ATP. A acetil-coenzima A (acetil-CoA) provê um ponto de partida de alta energia. A acetil-CoA deve ser fornecida pela β-oxidação de ácidos graxos de cadeia longa, pela desidrogenação de piruvato e também pela oxidação de aminoácidos cetogênicos – como leucina e isoleucina. A redução energética é fornecida pela redução de nicotinamida dinucleotídeo fosfato (NADPH) gerada na via das pentoses fosfato (Cap. 9).

Em geral, a síntese de 1 mol de colesterol requer 18 mols de acetil-CoA, 36 mols de ATP e 16 mols de NADPH. Todas as reações biossintéticas ocorrem dentro do citoplasma, apesar de algumas enzimas requeridas serem ligadas ao retículo endoplasmático das membranas.

A primeira etapa comprometida na via da síntese de colesterol é a formação do ácido mevalônico

Três moléculas de acetil-CoA são convertidas em ácido mevalônico com seis carbonos (Fig. 14.4). As primeiras duas etapas ocorrem no citoplasma e são reações de condensação levando à formação de 3-hidroxi-3-metilglutaril-CoA (HGM-CoA). Essas reações, catalisadas por acetoacetil-CoA tiolase e HMG-CoA sintase, são as mesmas das sínteses de corpos cetônicos, apesar de a última ocorrer na mitocôndria.

A enzima limitadora de taxas na via é HMG-CoA redutase

A etapa limitante é catalisada pela HMG-CoA redutase (HMGR) e leva à formação de ácido mevalônico. A reação utiliza duas moléculas de NADPH.

HMGR é embutida no retículo endoplasmático. É controlada em diversos níveis: pela inibição de *feedback*, pela taxa de degradação, pela fosforilação (é ativa em estado não fosforilado) e por mudanças na expressão do gene. Também é afetada por diversos hormônios: insulina e triiodotironina aumentam sua atividade, enquanto o glucagon e o cortisol a inibem. HMGR pode ser fosforilada (e então inibida) por essa enzima "sensor de energia", a cinase dependente de AMP (AMPK. Cap. 32).

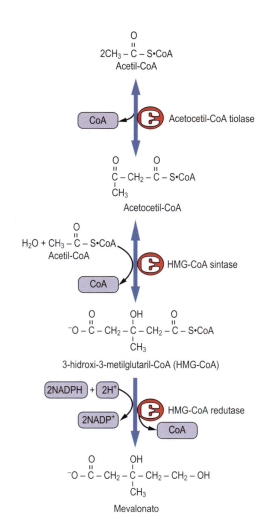

Fig. 14.4 **Via da síntese de colesterol: Síntese do ácido mevalônico**. O ácido mevalônico contém seis átomos de carbono derivados de três moléculas de acetil-CoA.

Farnesil pirofosfato é composto de três unidades de isopreno

Três moléculas de ácido mevalônico são fosforiladas em duas reações que requerem ATP. A descarboxilação subsequente produz as **unidades isoméricas de 5 carbonos**, isopentenil pirofosfato e dimetilalil pirofosfato, que condensam juntos para formar geranil pirofosfato de 10 carbonos. A adicional condensação com isopentenil pirofosfato produz a molécula de 15 átomos de carbono de farnesil pirofosfato (Fig. 14.5). Além de ser intermediário na biossíntese de colesterol, farnesil pirofosfato é o ponto de ramificação para a síntese de dolicol (um substrato para a síntese de glicoproteína) e ubiquinona (Fig. 14.1).

Esqualeno é uma molécula linear capaz de formar um anel

A esqualeno sintase condensa duas moléculas de farnesil pirofosfato para formar **esqualeno**, um hidrocarbono de 30 carbonos contendo seis ligações duplas (Fig. 14.6), as quais o

CAPÍTULO 14 Biossíntese de Colesterol e Esteroides

QUADRO DE CONCEITOS AVANÇADOS
O DESENVOLVIMENTO MODULAR DA MOLÉCULA DE COLESTEROL

A isopentil difosfato (IPP), também chamada de unidade derivada de isopreno, é precursora de um alto número de compostos, conhecidos como isoprenoides, em plantas e animais.

Também é um bloco da molécula de esteroide construído por 5 carbonos; duas moléculas de isopreno fundidas são chamadas terpeno. Na síntese de colesterol, primeiro, a condensação dos dois isômeros IPP produz um terpeno geranil de 10 carbonos. Outra IP adicionada forma farnesil com 15 carbonos. Duas unidades de farnesil se unem para formar esqualeno de 30 carbonos. A eliminação dos três grupos metil nos estágios finais da via leva à formação de colesterol.

tornam capaz de se dobrar em um anel parecido com o núcleo esteroide. Muitos intermediários são formados nesse estágio.

O esqualeno cicliciza para lanosterol

Antes que o anel seja fechado, o esqualeno é convertido em 2,3-óxido de esqualeno pela esqualeno monoxigenase. Essa enzima dependente de NADPH insere uma molécula de oxigênio dentro da estrutura. Assim, a ciclicização é catalisada pela oxidoesqualeno ciclase, produzindo lanosterol (Fig. 14.7).

Nas plantas, há um produto diferente da ciclicização de esqualeno, chamado cicloartenol. Ele é posteriormente metabolizado para uma gama de fitosteróis, incluindo sitosterol.

Os estágios finais da biossíntese do colesterol ocorrem em uma proteína transportadora

Esqualeno, lanosterol e todos os intermediários subsequentes na síntese do colestrol são hidrofófícos. Para que as etapas finais ocorram em meio aquoso, esses intermediários

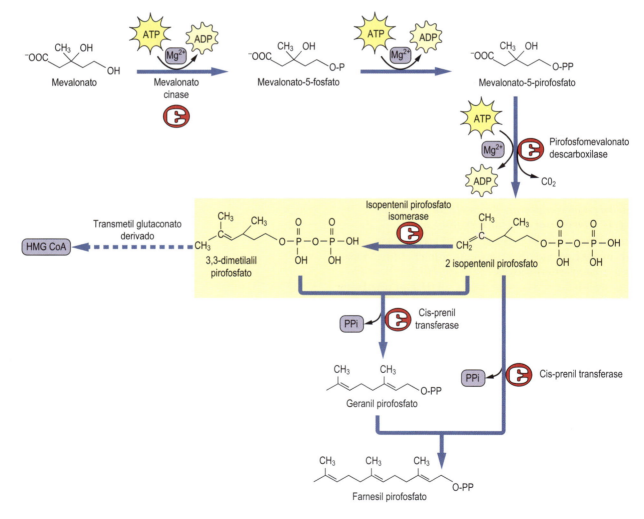

Fig. 14.5 **Via da síntese de colesterol: Mevalonato para farnesil pirofosfato**. Farnesil pirofosfato é contituído por três unidades de isopreno de 5 carbonos. ADP, adenosina difosfato.

CAPÍTULO 14 Biossíntese de Colesterol e Esteroides

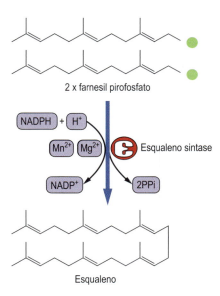

Fig. 14.6 **A via da síntese de colesterol: farnesil pirofosfato para esqualeno**. Esqualeno, ainda uma molécula linear, resulta da condensação de duas moléculas de farnesil pirofosfato de 15 carbonos. As seis ligações duplas habilitam a estrutura do esqualeno a posteriormente se dobrar em um anel.

se ligam a proteínas de ligação do esqualeno e esteróis. A conversão de lanosterol de 30 carbonos para o colesterol de 27 carbonos envolve descarboxilações, isomerizações e reduções, e resultando na eliminação dos três grupos metil (Fig. 14.7).

A oxidação da cadeia lateral do colesterol produz oxisteróis

É realizada por uma enzima citocromo P450, colesterol 24 hidroxilase (CYP46A1) presente no cérebro, e 25 hidroxilase (CYP25A1) e 27 hidroxilase (CYP27A1), presentes em outros tecidos. A 27-hidroxicolesterol pode atravessar a barreira sangue-cérebro sem a necessidade de um transportador que exija energia. A 25-hidroxicolesterol regula o receptor X do fígado (LXR). No cérebro, por meio dos LXRs, ela regula a manifestação da apolipoproteína E (um importante transportador de colesterol no cérebro) e os transportadores ABCA1, ABCG1 e ABCG4 presentes nos astrócitos das membranas.

Precursores de esteroides vegetais e colesterol são marcadores de absorção e metabolismo de colesterol

Nos estudos sobre o metabolismo de colesterol, os esteroides vegetais campesterol, sitosterol e o esterol biliar 5α-colestanol têm sido usados como indicadores da absorção de

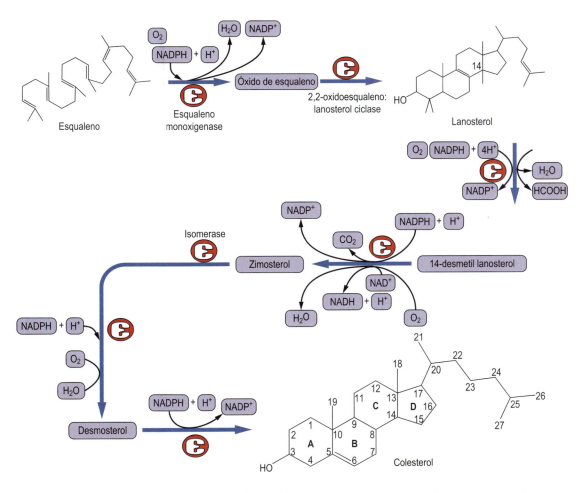

Fig. 14.7 **A via da síntese de colesterol: Esqualeno para colesterol**. Essas reações ocorrem em proteínas ligadas a esqualenos e esteróis.

colesterol. Mensurações de ácido mevalônico, esqualeno e lanosterol têm sido consideradas marcadoras da síntese de colesterol.

QUADRO DE CONCEITOS AVANÇADOS
A PROTEASE PCSK9 REGULA A DEGRADAÇÃO DE RECEPTORES DE LDL

A **serino protease PCSK9** (pró-proteína convertase subtilisina/kexina tipo 9) regula os receptores de LDL. PCSK9 é secretada do fígado, está presente no plasma e conecta-se ao domínio extracelular do receptor de LDL. Após o complexo de receptores LDL ser internalizado, PCSK9 previne que ele se recicle para a membrana e seja levado à degradação. A superexpressão de PCSK9 em ratos trangênicos reduz os níveis de receptores de LDL, diminuindo a capacidade da célula de captar colesterol, levando à concentração de colesterol elevada no plasma. Em **indivíduos hipercolesterolêmicos** com mutações de ganho de função, PCSK9 aumenta a afinidade com o receptor de LDL. No entanto, a mutação de perda de função resulta na queda do colesterol plasmático, porque ele leva a mais receptores de LDL na membrana e, assim, aumenta a captação de colesterol do plasma. Anticorpos monoclonais direcionados a PCSK9 que suprimem sua atividade são usados como medicamentos redutores de colesterol.

Regulação do conteúdo de colesterol celular

As células adquirem colesterol pela síntese "de novo" e por fornecimento externo

Note que o "fornecimento externo" no caso de uma célula não necessariamente equivale a dieta. O colesterol exógeno atinge as células predominantemente como um componente de lipoproteínas, que se ligam aos receptores apo B/E presentes nas membranas plasmáticas (Cap. 33). Os complexos lipoproteína/receptor são absorvidos pela célula. No citoplasma, vesículas carregando complexos internalizados sofrem ação das enzimas lisossomais, que separam LDL de receptor e hidrolisam ésteres colesteróis. O colesterol livre é liberado para a membrana. A apoproteína B da LDL é degradada.

A síntese de novo do colesterol e o fornecimento pelas lipoproteínas estão reciprocamente relacionados

Sob circunstâncias normais, há uma relação inversa entre a ingestão de colesterol alimentar e a taxa de biossíntese de colesterol. Esse fato assegura um suprimento relativamente constante de colesterol para as células. Ele também explica o porquê de a restrição alimentar somente ser capaz de atingir uma redução moderada da concentração de colesterol no plasma.

A regulação sincronizada de colesterol intracelular envolve HMG-CoA redutase, o receptor de LDL, 7α-hidroxilase, e uma rede de receptores nucleares. A concentração de colesterol intracelular (intramembrana) é fator regulador principal da síntese de colesterol celular e de receptores de LDL. Então, o aumento da concentração de colesterol livre resulta no seguinte (Tabela 14.1 e Fig. 14.8):

Tabela 14.1 Regulação da concentração de colesterol intracelular

Processos que aumentam a concentração de colesterol livre
Síntese *de novo*
Hidrólise de ésteres de colesterol intracelulares pela hidrolase de éster de colesterol
Ingestão alimentar de colesterol
Captação do receptor mediado de LDL: suprarregulação dos receptores de LDL

Processos que reduzem a concentração de colesterol intracelular
Inibição da síntese *de novo* de colesterol
Regulação negativa de receptores de LDL
Esterificação de colesterol pela enzima acil-coenzima A: colesterol acil transferase
Liberação de colesterol da célula para HDL
Conversão de colesterol para ácidos biliares ou hormônios esteroides
Fatores que inibem a atividade de HMG-CoA redutase
Queda na concentração de HMG-CoA
Alta concentração de colesterol na membrana

- Redução na atividade e na expressão de HMG-CoA redutase – limita a síntese de colesterol
- Regulação negativa de receptores de LDL – limita a captação celular de colesterol
- Aumento do efluxo de colesterol e de fosfolipídeos da célula para HDL – reduz o colesterol intracelular
- Aumento na taxa de conversão de colesterol para ácidos biliares – aumenta a eliminação de colesterol

Proteínas de ligação ao elemento regulador de esterol (SREBP) são reguladores de transcrição da síntese de colesterol

SREBP são sintetizadas como precursores inativos 120-KDa, que são parte integral do retículo endoplasmático da membrana. Elas se ligam às proteínas do retículo endoplasmático, conhecida como proteína ativadora da clivagem de SREBP (SCAP). O complexo SCAP/SREBP é transferido do retículo endoplasmático para o complexo de Golgi, no qual as SREBPs são clivadas pela protease, liberando os fatores ativos da transcrição – que translocam para o núcleo e ativam todos os genes na via sintética de colesterol (Fig. 14.9).

Esse processo está por si só sujeito a um engenhoso mecanismo regulatório. As moléculas de colesterol conectam-se aos domínios sensores de esteróis intermembranosos ("receptores" de colesterol) na proteína SCAP. Isso permite uma ligação entre o complexo SCAP/SREBP e outra proteína do retículo endoplasmático, a Insig-1 (Insig significa "gene induzido por insulina"). A estabilidade do complexo SCAP/SREBP/Insig-1 é fator regulatório essencial. Funciona da seguinte maneira: **quando o colesterol está baixo**, o complexo SCAP/SREBP se dissocia de Insig-1 e transita para o complexo de Golgi. No entanto, **quando a concentração de colesterol na membrana é alta**, a ligação de coleterol e SCAP estabiliza o complexo SCAP/SREBP/Insig-1, bloqueando sua movimentação para o com-

CAPÍTULO 14 Biossíntese de Colesterol e Esteroides

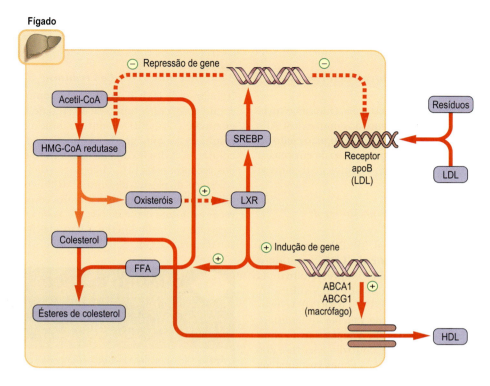

Fig. 14.8 **Regulação da concentração de colesterol intracelular**. O colesterol livre na membrana e os oxisteróis regulam a concentração de colesterol intracelular induzindo ou reprimindo a manifestação do gene. Note que um aumento na concentração de colesterol intracelular suprime a síntese de HMG-CoA redutase e receptor apo B/E, ao mesmo tempo em que há aumento da esterificação do colesterol e sua remoção das células. Veja o texto para detalhes. FFA, ácidos graxos livres; LXR, receptor X do fígado; SREBP, proteína de ligação ao elemento regulator de esterol.

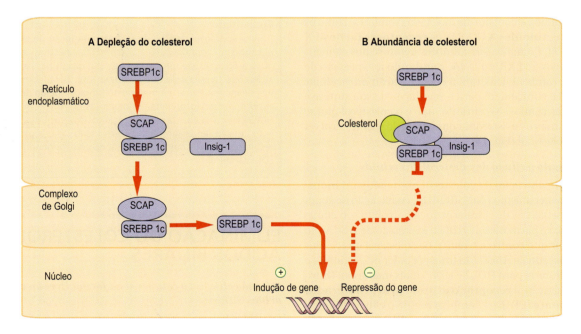

Fig. 14.9 **Controle da transcrição por fatores de transcrição regulado por esteróis (SREBP).** (A) Quando a concentração de colesterol livre na membrana é baixa, o complexo SCAP/SREBP transfere do ER para o complexo de Golgi. A proteólise ocorre e o fator ativo de transcrição entra no núcleo e inicia a transcrição do gene. (B) Quando a concentração de colesterol livre na membrana é alta, a mudança conformacional na proteína SCAP, induzida pela ligação de colesterol, estabiliza sua ligação com Insig-1. O complexo permanece no ER com SREBP em sua forma inativa e a transcrição é reprimida. Veja o texto para detalhes. ER, retículo endoplasmático; SREBP, proteína de ligação ao elemento regulatório de esterol; SCAP, proteína de ativação da clivagem de SREBP.

plexo de Golgi. Consequentemente, há uma queda na SREBP nuclear e a transcrição de genes relevantes é reprimida. A síntese de colesterol é inibida (Fig. 14.9).

Regulação de HMG-CoA redutase pelo colesterol envolve a redução da enzima

HMGR possui um domínio sensor de esteróis. Quando o nível de colesterol é alto, HMGR, similarmente ao complexo SCAP/SREBP, liga-se à proteína Insig-1. Entretanto, aqui, o efeito da ligação é diferente: ele aumenta a ubiquitinação da enzima e a leva à degradação. O efeito geralmente é a inibição da síntese de colesterol.

SREBPs possuem efeitos abrangentes na síntese de colesterol e ácidos graxos

Além do efeito na síntese de colesterol, SREBPs **aumentam a expressão do gene do receptor de LDL** e afetam a **síntese de ácidos graxos**. Os mamíferos apresentam duas SREBPs estritamente relacionadas: SREBP1 e SREBP2. A SREBP1 possui duas isoformas: SREBP1a e SREBP1c produzidas pelo mesmo gene por meio de *splicing* alternativo. SREBP2 regula a síntese de colesterol e a expressão do gene receptor de LDL, enquanto SREBP1c controla a síntese dos ácidos graxos. SREBP1a induz todos os genes responsivos de SREBP.

SREBP1c pode ser ativada pelos receptores X do fígado em resposta aos oxisteróis

As SREBP1c são reguladas positivamente por LXRs. Esses são **fatores ligantes ativados da transcrição** e membros da superfamília dos receptores nucleares (Cap. 25). Eles formam heterodímeros com outras moléculas similares, como os **receptores retinoides X** (RXR) e os **receptores farnesil X** (FXRs; Cap. 7). Complexos resultantes ligam-se aos elementos responsivos de LXR no DNA, regulando a expressão de genes. LXRs também detectam a concentração intracelular de colesterol e contribuem para a regulação de sua síntese e seu efluxo das células. No entanto, não é o colesterol que se liga ao LXR, mas os oxisteróis, como 25-hidroxicolesterol ou 27-hidroxicolesterol (Fig. 14.1).

SREBP1c regula o efluxo de colesterol das células

Uma alta concentração de colesterol no hepatócito induz, também pelo mecanismo LXR-SREBP1c, codificação de genes para transportadores de colesterol que controlam seu efluxo das células para partículas de HDL: a expressão de ABCA1 (o transportador que controla o efluxo de colesterol das células para HDL nascente) e ABCG1 (o transportador que estimula o efluxo do colesterol para HDL2 e HDL3 mais maduras). Outro fator de transcrição, o **receptor α ativado pelo proliferador de peroxissoma** (PPARα), também regula o efluxo de colesterol, agindo por meio de LXR (Cap. 33). PPARα é afetado por um grupo de fármacos redutores de lipídeos que são derivados do ácido fíbrico (fibratos).

SREBP1c regula a síntese de ácidos graxos

Uma alta concentração intracelular de colesterol também induz (por meio de SREBP1c) a codificação de genes para todas as enzimas que catalisam a síntese de ácidos graxos. O aumento no abastecimento de ácidos graxos provê substratos para a esterificação de colesterol.

A estatina inibe HMG-CoA redutase

Inibidores de HMGR, conhecidos como **estatinas**, reduzem o colesterol conectando-se ao sítio de ligação HMG-CoA na enzima e competitivamente inibindo sua atividade. Como resultado, há uma queda na concentração de colesterol intracelular. A redução do colesterol livre estimula a expressão dos receptores de LDL. A remoção de LDL aumenta e o LDL colesterol do plasma diminui. HMGR hepática apresenta ritmo diurno: sua atividade está em alta cerca de horas após escurecer e mínima cerca de 6 horas após exposição à luz. Assim, as estatinas normalmente são usadas à noite, para assegurar seu efeito máximo.

> **QUADRO CLÍNICO**
> **UM HOMEM DE 50 ANOS DE IDADE COM HIPERCOLESTEROLEMIA TRATADA COM ESTATINA**
>
> Apesar de sua alimentação de baixo teor de carboidratos, um homem de 50 anos com histórico familiar de doença cardiovasular precoce tinha uma concentração sérica de colesterol de 8,0 mmol/L (309 mg/dL); a concentração desejável é 4,0 mmol/L (<155 mg/dL). Ele também fumava 15 cigarros por dia. Foi alertado para parar de fumar e teve estatina prescrita. Tolerou bem a terapia e, três meses depois, seu colesterol era de 5,5 mmol/L (212 mg/dL). A dose da estatina foi aumentada e, após mais três meses, sua concentração de colesterol no plasma era de 4,1 mmol/L (158 mg/dL).
>
> **Comentário**
> A inibição parcial de HMGR acarreta a redução de colesterol do plasma em cerca de 30% a 50% e LDL colesterol em cerca de 30% a 60%. Existe uma gama de estatinas disponível, seguindo a descoberta inicial de que a compactina (posteriormente renomeada mevastatina), um metabólito fúngico isolado de *Penicillium citrium*, possuía propriedades inibidoras de HMGR. A inibição de HMGR leva à queda da concentração de colestrol livre intracelular e ao consequente aumento da expressão de receptores LDL. O resultado final é a diminuição total do colesterol do plasma e do LDL colesterol.

ELIMINAÇÃO DO COLESTEROL: OS ÁCIDOS BILIARES

O fígado elimina o colesterol na forma livre ou como ácidos biliares

Os ácidos biliares são quantitativamente os mais abundantes produtos metabólicos do colesterol. Existem quatro ácidos biliares humanos principais (Fig. 14.10). Todos eles possuem 24 átomos de carbono; os três carbonos finais da cadeia lateral de colesterol são removidos. Eles têm os núcleos saturados de esteroides e diferem somente no número e na posição dos grupos hidroxila.

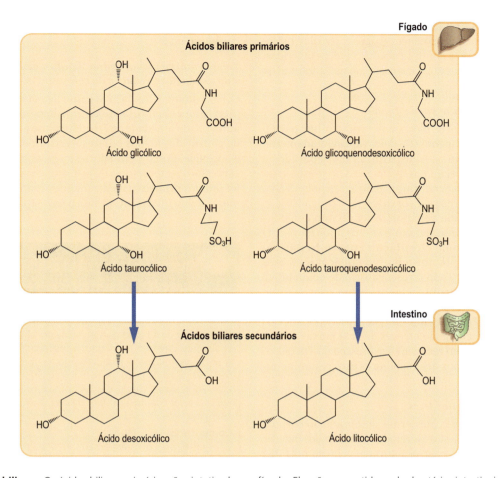

Fig. 14.10 **Ácidos biliares**. Os ácidos biliares primários são sintetizados no fígado. Eles são convertidos pelas bactérias intestinais em ácidos biliares secundários.

Ácidos biliares primários são sintetizados no fígado

Ácidos cólicos e **quenodesoxicólicos**, os ácidos biliares primários, são sintetizados nas células hepáticas parenquimatosas. A etapa de taxa limitante é a reação catalisada pela **7 α-hidroxilase** microssomal (uma monoxigenase denominada CYP7A1), que introduz o grupo hidroxila à posição 7α.

Antes de serem secretados, ácidos biliares primários são **conjugados** através do grupo carboxila, formando ligações de amida com **glicina** ou **taurina**. Em humanos, há uma proporção de 3:1 em favor da conjugação de glicina. Os produtos secretados são, então, ácidos glicólico, glicoquenodesoxicólico, taurocólico e tauroquenodesoxicólico. No pH fisiológico, os ácidos biliares estão presentes como sais de sódio e potássio. Os termos *ácidos biliares* e *sais biliares* são usados de forma intercambial. Esses compostos são diretamente secretados no duodeno ou armazenados na vesícula biliar junto com água, fosfolipídeos, colesterol e produtos de excreção, como bilirrubina, formando a bile.

Os receptores X do fígado participam da síntese e da secreção da bile

Os LXRs coordenam a expressão de diversos genes relevantes para a excreção do colesterol, incluindo a colesterol 7α-hidroxilase. O colesterol é bombeado para a bile pelas **proteínas transportadoras ABCG5 e ABCG8** e a expressão de cada uma é regulada pelos LXRs. A excreção de colesterol na bile também é regulada por outros receptores nucleares: o receptor X de farnesil (FXR), que forma um heterodímero com RXR e se liga aos elementos responsivos aos ácidos biliares no DNA. FXR age como um sensor celular de ácidos biliares por ligações com ácidos biliares e supressão de sua síntese.

De forma importante, a bile supersaturada com colesterol facilita a formação de cálculos biliares de colesterol.

Ácidos biliares secundários são sintetizados no intestino

Os ácidos biliares secundários, desoxicólico e litocólico, são formados no intestino por bactérias anaeróbicas (principalmente *Bacteroides*) a partir dos ácidos biliares primários (Fig. 14.10). Apenas uma parte dos ácidos biliares primários é convertida em ácidos biliares secundários.

Ácidos biliares auxiliam na digestão de gorduras da dieta

A secreção da bile e o esvaziamento da vesícula biliar são controlados pelos hormônios gastrointestinais hepatocrinina e colecistocinina, respectivamente. Eles são liberados quando os alimentos parcialmente digeridos passam pelo estômago para o duodeno. Uma vez secretados no intestino, os ácidos biliares agem como detergentes (eles possuem grupos carboxila e hidroxila polares), auxiliando a emulsificação de lipídeos ingeridos, e ajudam a digestão enzimática e a absorção das gorduras da dieta (Cap. 30).

Ácidos biliares recirculam para o fígado

Até 30 g de ácidos biliares passam do ducto biliar para o instestino por dia, mas apenas 2% deles (aproximadamente 0,5 g) são perdidos com as fezes. Muitos são separados e reabsorvidos. Sua absorção passiva ocorre no jejuno e no cólon, mas eles são mais captados pelo transporte ativo no íleo. Os ácidos biliares reabsorvidos são transportados de volta para o fígado via veia porta, sendo não covalentemente ligados à albumina, e são ressecretados na bile. O processo é conhecido como **circulação entero-hepática**. A recirculação explica por que a bile possui ácidos biliares primário e secundário. Todo o reservatório de ácido biliar comporta apenas 3 g e, então, eles precisam recircular de 5 a 10 vezes por dia.

A 7α-hidroxilase é sujeita a inibição por *feedback* pelos ácidos biliares, retornando ao fígado através da veia porta. Ácidos biliares dietéticos também reduzem a expressão da 7α-hidroxilase. O metabolismo dos ácidos biliares está resumido na Figura 14.11.

O colesterol é excretado nas fezes

Aproximadamente 1 g de colesterol é eliminado do corpo a cada dia pelas fezes: 50% são excretados como ácidos biliares e o restante, como esteróis neutros saturados coprostanol (5β-)
e colestanol (5α-) produzidos pela redução bacteriana da molécula de colesterol.

Colestiramina é uma resina ligada a ácidos biliares e tem sido usada para redução do colesterol no plasma

Colestiramina é um fármaco que liga ácidos biliares e então interrompe a circulação entero-hepática. Isso leva a um aumento da atividade de 7α-hidroxilase e, assim, ao aumento da síntese dos ácidos biliares e ao aumento da excreção de ácido biliar. Como resultado, a síntese do colesterol celular e a expressão dos receptores de LDL aumentam. A colestiramina foi um dos primeiros medicamentos redutores de colesterol, mas atualmente foi substituída pelas estatinas.

> **QUADRO CLÍNICO**
> **MULHER DE 45 ANOS ADMITIDA COM DOR ABDOMINAL E VÔMITOS: CÁLCULO BILIAR**
>
> Uma mulher de 45 anos queixou-se de dor abdominal no quadrante superior direito e de vômitos após ingerir comida gordurosa. A única anormalidade bioquímica foi uma modesta elevação de fosfatase alcalina a 400 U/L (o limite superior de referência é 260 U/L). Foi realizado um ultrassom abdominal que mostrou que a vesícula biliar continha cálculos biliares. Ela foi encaminhada para cirurgiões.
>
> **Comentário**
> Cálculos biliares ocorrem em até 20% da população dos países ocidentais. Pedras ricas em colesterol são formadas dentro da vesícula biliar. O colesterol está presente em altas concentrações na bile, sendo solubilizado em micelas que também contêm fosfolipídeos e ácidos biliares. Quando o fígado secreta a bile com a proporção colesterol para fosfolipídeo maior do que 1:1, torna-se difícil solubilizar todo o colesterol nas micelas. Assim, há uma tendência de cristalização do excesso ao redor de qualquer núcleo insolúvel. Há uma posterior concentração de bile na vesícula biliar, que resulta da absorção de água e eletrólitos.
>
> A condição deve ser abordada conservadoramente com a redução do colesterol alimentar e o aumento da disponibilização dos ácidos biliares que auxiliarão a solubilização do colesterol na bile e sua excreção pelo intestino. O tratamento alternativo inclui a desintegração das pedras por ondas de choque (litotripsia) e cirurgia. A fosfatase alcalina elevada é marcador de colestase.

HORMÔNIOS ESTEROIDES

O colesterol é o precursor dos hormônios esteroides

Os mamíferos produzem uma vasta gama de hormônios esteroides, alguns dos quais se diferem apenas pela ligação dupla ou pela orientação do grupo hidroxila. Consequentemente, há necessidade de se desenvolver uma nomenclatura sistemática para detalhar suas estruturas exatas. Há três grupos de hormônios esteroides (Fig. 14.12). Os **corticoesteroides** têm 21 átomos de carbono no anel pregnano básico. A perda

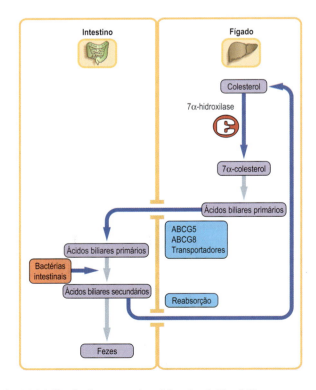

Fig. 14.11 **Circulação entero-hepática dos ácidos biliares**.

CAPÍTULO 14 Biossíntese de Colesterol e Esteroides

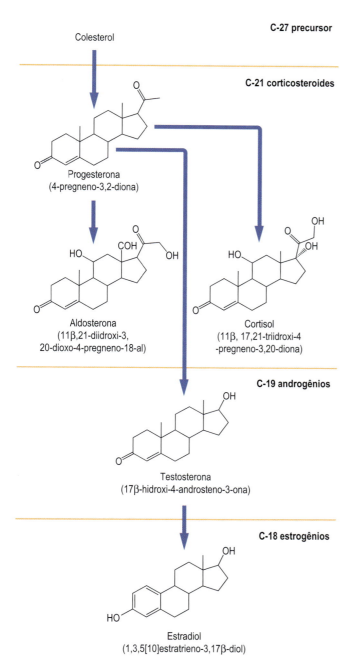

Fig. 14.12 **Os hormônios esteroides humanos mais importantes**. Seus nomes triviais e seus nomes sistemáticos (entre parênteses) são exibidos. Para a numeração de átomos em uma molécula esteroide, ver Figura 14.1.

Biossíntese de hormônios esteroides

A síntese de hormônios esteroides ocorre em três órgãos: córtex adrenal, testículos e ovários

A simplificação usada na prática é considerar os corticoesteroides como os produtos do córtex adrenal, os androgênios como os produtos dos testículos e os estrogênios como os produtos do ovário. Essa via simplificada da síntese de esteroides é apresentada na Figura 14.13 (Cap. 27 e Fig. 27.7). No entanto, todos os três órgãos são capazes de secretar pequenas quantidades de esteroides pertencentes a outros grupos. Em situações patológicas, como um defeito na esteroidogênese ou um tumor secretor de esteroides, um padrão anormal de secreção de esteroide pode aparecer.

Esteroidogênese é controlada pelas citocromo P450 monoxigenases

A maioria das enzimas envolvidas na conversão de colesterol em hormônios esteroides são as proteínas citocromo P450 que requerem oxigênio e NADPH. Essas enzimas catalisam a reposição de uma ligação de carbono e hidrogênio pela ligação carbono e hidroxil – consequentemente, a denominação *monoxigenase*. A hidroxilação dos átomos de carbono adjacentes precede a clivagem da ligação de carbono-carbono. A comparação da estrutura de colesterol (Fig. 14.3) com as dos hormônios esteroides (Fig. 14.12) demontra que a via biossintética amplamente consiste na clivagem das ligações de carbono-carbono e nas reações de hidroxilação. As enzimas envolvidas possuem nomenclatura própria, em que o símbolo CYP é seguido por

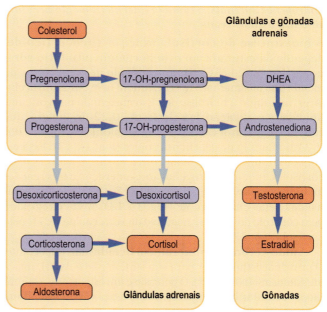

Fig. 14.13 **Visão geral da síntese de hormônios esteroides**. Note como as ramificações do colesterol acabam levando à síntese de mineralcorticoides (p. ex., aldosterona), glicocorticoides (cortisol), androgênios (testosterona) e estrogênios (estradiol). DHEA, dehidroepiandrosterona.

de dois átomos de carbono da cadeia lateral do colesterol produz o anel andostrano e os hormônios conhecidos como **androgênios**. Por fim, a perda do grupo metil ao átomo de carbono 19 como parte da aromatização do anel A resulta na estrutura estrano encontrada nos **estrogênios**. A presença e a posição das ligações duplas e a posição e a orientação dos grupos funcionais nos núcleos básicos são características particulares de cada hormônio.

um sufixo específico. Assim, CYP21A2, por exemplo, refere-se à enzima que hidroxila o átomo de carbono 21.

QUADRO CLÍNICO
SÍNDROME DE SMITH-LEMLI-OPTIZ: A DEFICIÊNCIA NA 7-DEHIDROCOLESTEROL REDUTASE

A síndrome apresenta-se no nascimento por meio de microcefalia, raízes nasais curtas, queixo pequeno, palato elevado e arqueado, além de, frequentemente, fendas da linha média. Muitas vezes há deficiências no sistema nervoso central (SNC), polidactilia e, em homens, genitália ambígua.

A deficiência na 7-dehidrocolesterol redutase foi identificada em 1993. A fisiopatologia envolve processamento incompleto de proteínas embriônicas sinalizadas (proteínas HH), resultando em deficiências variáveis em diferentes tecidos.

Apesar de algumas crianças afetadas morrerem na infância, o restante, se auxiliadas na alimentação, sobrevive com retardo mental grave (QI 20-40). Muitas também desenvolvem retardo tardio. O tratamento envolve administrar colesterol adicional à criança. Isso melhora o crescimento, mas não parece ter benefícios para o SNC.

Corticosteroides

Nas glândulas adrenais, a zona fasciculada e a zona reticular são os locais das sínteses de cortisol e de andrógenos adrenais; a camada externa (zona glomerular) sintetiza a aldosterona

A **biossíntese do cortisol**, principal **glicocorticoide**, depende da estimulação pelo hormônio pituitário adrenocorticotrófico (ACTH), que é ligado aos receptores da membrana plasmática. ACTH estimula os eventos intracelulares, incluindo a hidrólise de CE armazenado nas gotículas lipídicas e a ativação da colesterol 20,22-desmolase, que converte colesterol C-27 em pregnenolona, o primeiro dos C-21 na família dos corticosteroides (Fig. 14.13). Essa é a etapa limitante da esteroidogênese. Assim, a conversão do cortisol requer a desidrogenação-isomeração e três reações de hidroxilação sequenciais em C-17, C-21 e C-11, catalisadas pelas enzimas CYP (Fig. 14.13). A via é regulada pelo controle do *feedback* negativo da secreção de ACTH pelo cortisol (Cap. 27).

A **aldosterona** é o **mineralocorticoide** mais importante. O principal estimulador para sua síntese não é ACTH, mas a angiotensina II (Cap. 35). O potássio é um importante estimulador secundário. A angiotensina II e o potássio trabalham cooperativamente para ativar a primeira etapa no percurso: a conversão de colesterol em pregnenolona. A *zona glomerular* não apresenta 17α-hidroxilase, mas possui quantidades abundantes de 18-hidroxilase, que é a primeira etapa para a reação de dois estágios – formando o grupo 18-aldeído da aldosterona (Fig. 14.13).

Androgênios

A conversão dos corticosteroides em androgênios requer a divisão de C17-20 e a adição do grupo 17α-hidroxila

O grupo 17 α-hidroxila é adicionado antes da quebra da ligação C17-20 para produção da estrutura do **anel androstano** (Fig. 14.13). A enzima é abundante nas células de Leydig dos testículos e nas células granulosas do ovário. No entanto, nesses dois tecidos, a mesma etapa biossintética é controlada por dois hormônios diferentes. Nos testículos, a etapa limitante de clivagem da cadeia lateral do colesterol é estimulada pelo hormônio luteinizante (LH), enquanto no ovário ela é estimulada pelo hormônio folículo-estimulante (FSH).

Estrogênios

A conversão de androgênios em estrogênios envolve a remoção do grupo metil em C-19

O anel A sofre duas desidrogenações, produzindo o característico núcleo 1,3,5(10)-estratrieno (Fig. 14.13). Essa aromatase é mais abundante nas células granulosas do óvario. Muitas deficiências genéticas foram identificadas nas enzimas CYP. Essas falhas levam à biossíntese de esteroide anormal e a desordens clínicas, como **hiperplasia adrenal congênita**.

QUADRO DE CONCEITOS AVANÇADOS
ANORMALIDADES NA SÍNTESE DE ESTEROIDES SÃO REVELADAS PELA ALTERAÇÃO NOS PADRÕES DOS METABÓLITOS ESTEROIDES URINÁRIOS

Os metabólitos esteroides são excretados junto à urina, majoritariamente como sulfato solúvel em água ou ácidos glicurônicos conjugados. O procedimento usado para sua identificação é a cromatografia gasosa acoplada à espectometria de massa (GC-MS) e é muito semelhante aos métodos adotados para identificação de esteroides anabolizantes nos esportes. O primeiro estágio na análise envolve a liberação enzimática dos esteroides desses conjugados; em seguida, há uma derivatização química para aumentar a estabilidade e desenvolver a separação, realizada pela cromatografia gasosa nas colunas capilares em altas temperaturas. A detecção final ocorre por meio da fragmentação de massa: para cada metabólito esteroide, uma única fragmentação iônica é obtida, o que permite identificação e quantificação positivas.

QUADRO CLÍNICO
UM RECÉM-NASCIDO COM GENITÁLIA AMBÍGUA: HIPERPLASIA ADRENAL CONGÊNITA

Uma criança nasceu com a genitália ambígua. Dentro de 48 horas, o bebê entrou em sofrimento e ficou hipotenso. Pesquisas bioquímicas revelaram que:
- Na^+ 114 mmol/L (faixa de referência 135-145 mmol/L)
- K^+ 7,0 mmol/L (3,5-5,0 mmol/L)
- 17-hidroxiprogesterona 550 mmol/L (referência de limite máximo 50 mmol/L)

Comentário
Esse bebê apresentou grave deficiência de esteroide 21-hidroxilase, a condição mais comum de todas as condições conhecidas como hiperplasia adrenal congênita. Elas são caracterizadas por falhas na atividade de uma das enzimas na via esteroidogênica. A condição apresenta uma base genética e leva à falência na produção de cortisol (e possivelmente da aldosterona). Isso resulta na redução da inibição do *feedback* negativo da produção pituitária de ACTH. ACTH continua a estimular a glândula adrenal para produzir esteroides a montante do bloqueio de enzima. Os esteroides acumulados incluem **17-hidroxiprogesterona**, que é posteriormente metabolizada para testosterona (Fig. 14.14), o que resulta na **androgenização** de um neonato feminino. A deficiência de mineralocorticoide causa perda de sais renais e requer tratamento urgente com esteroides e fluidos. A terapia de manutenção a longo prazo com hidrocortisona e mineralocorticoide suprime a produção andrógena e de ACTH.

Uma forma menos severa dessa condição é resultado da deficiência parcial das enzimas. Ela ocorre em mulheres jovens que apresentam irregularidade menstrual e hirsutismo como consequência do excesso de andrógenos adrenais.

Mecanismo de ação dos hormônios esteroides

Ações biológicas dos hormônios esteroides são diversas e mais bem consideradas como pertencentes ao sistema de hormônios tróficos (Cap. 27).

Hormônios esteroides agem por meio de receptores nucleares

Todos os hormônios esteroides agem pela ligação aos receptores nucleares ativados por ligantes. A superfamília dos receptores de hormônio também inclui receptores para o hormônio da tireoide triiodotironina (T_3) e as formas ativas das vitaminas A e D (Cap. 25). Adjacente ao domínio de ligação hormonal do receptor está um domínio de ligação de DNA altamente conservado caracterizado pela presença de dois zinco *fingers* (Cap. 22). A ligação do esteroide facilita a translocação de um receptor ativado para o núcleo e a sua ligação com um elemento de resposta esteroide específico nas regiões promotoras dos genes-alvo (Cap. 22). A variabilidade genética na estrutura dos receptores de esteroides deve estar associada ao grau variado da resistência do hormônio e a diversas apresentações clínicas. Veja também a discussão sobre receptor de esteroide no Cap. 23.

Vitamina D

A vitamina D é derivada do colesterol e exerce importante função no metabolismo do cálcio. As ações e o metabolismo da vitamina D estão descritos no Cap. 38.

Eliminação de hormônios esteroides

A maioria dos hormônios esteroides é excretada na urina. Há duas etapas principais nesse processo. A primeira é a remoção da potência biológia de um esteroide conseguida após uma série de reações de redução. Segundo, a estrutura do esteroide tem de se tornar solúvel em água pela **conjugação para glicuronídeo** ou **sulfato**, normalmente por meio do grupo hidroxila C-3. Muitos conjugados diferentes de hormônios esteroides estão presentes na urina. O esteroide urinário caracterizado pela cromatografia gasosa acoplada à espectometria de massa (GC-MS) tipicamente identifica mais de 30 esteroides semelhantes. Suas concentrações relativas devem ser usadas para identificar falhas específicas na via esteroidogênica (Fig. 14.14).

RESUMO

- O colesterol é um contituinte essencial das membranas celulares e é molécula precursora para ácidos biliares, hormônios esteroides e vitamina D.
- O colesterol é abastecido pela alimentação e pela síntese *de novo* da acetil-CoA.
- A enzima restritiva das taxas na via da síntese de colesterol é a HMG-CoA redutase.
- A síntese de ácidos biliares e hormônios esteroides do colesterol envolve várias reações de hidroxilação catalisadas pelas citocromo P450 monoxigenases.

QUESTÕES PARA APRENDIZAGEM

1. Descreva os mecanismos de regulação do colesterol intracelular.
2. Quais são os ácidos biliares secundários e como eles são produzidos?
3. Discuta a circulação entero-hepática dos ácidos biliares.
4. Discuta a função das monoxigenases na síntese de esteroides.

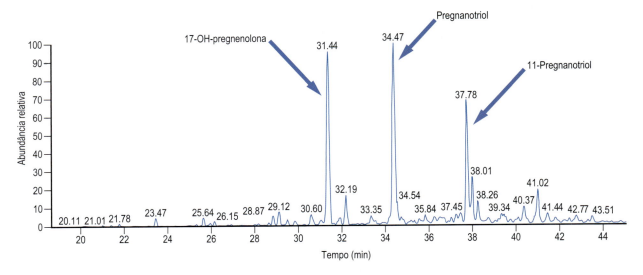

Fig. 14.14 **Separação de esteroides urinários pela cromatografia gasosa acoplada à espectrometria de massa (GC-MS)**. No laboratório clínico, a mensuração dos metabólitos esteroides urinários ajuda a diagnosticar disfunções hereditárias na síntese e no metabolismo de esteroides adrenais e esteroides produtores de tumores. É particularmente útil na identificação do sítio da falha na hiperplasia adrenal congênita. Essas investigações são mais comumente realizadas em neonatos com genitália ambígua, crianças com puberdade precoce e pacientes com suspeita de síndrome de Cushing (Cap. 27). Aqui é ilustrado um padrão dos metabólitos esteroides urinários de **paciente com deficiência de 21-hidroxilase**. Os metabólitos esteroides mais proeminentes são 17-hidroxipregnenolona, pregnanetriol e 11 oxo-pregnanotriol. *Eixo-X*: tempo em que os metabólitos esteroides cromatograficamente separados foram identificados pela espectrometria de massa. *Eixo-Y*: abundância relativa (quantidade de íons).

LEITURAS SUGERIDAS

Barnes, P. J., & Adcock, I. M. (2009). Glucocorticoid resistance in inflammatory diseases. *Lancet, 373*, 1905-1917.
Charlton-Menys, V., & Durrington, P. N. (2007). Human cholesterol metabolism and therapeutic molecules. *Experimental Physiology, 93*, 27-42.
Goldstein, J., DeBose Boyd, R. A., & Brown, M. S. (2006). Protein sensors for membrane sterols. *Cell, 124*, 35-46.
Griffiths, W. J., Abdel-Khalik, J., Hearn, T., et al. (2016). Current trends in oxysterol research. *Biochemical Society Transactions, 44*, 652-658.
Soyal, S. M., Nofziger, C., Dossena, S., et al. (2015). Targeting SREBPs for treatment of the metabolic syndrome. *Trends in Pharmacological Sciences, 36*, 406-416.
Vegiopoulos, A. A., & Herzig, S. (2007). Glucocorticoids, metabolism and metabolic diseases. *Molecular and Cellular Endocrinology, 275*, 43-61.
Young, S. G., & Fong, L. G. (2012). Lowering plasma cholesterol by raising LDL receptors – revisited. *The New England Journal of Medicine, 366*, 1154-1155.

SITES

Cholesterol biosynthetic pathway - Rat Genome Database: http://rgd.mcw.edu/rgdweb/pathway/pathwayRecord.html?acc_id=PW:0000454.
KEGG Pathway Database. Primary bile acid biosynthesis - Reference pathway: http://www.genome.jp/kegg/pathway/map/map00120.html.
Bile acid biosynthesis - The Metabolomic Innovation Centre (TMIC). The Small Molecule Pathway Database (SMPDB): http://smpdb.ca/view/SMP00035.

MAIS CASOS CLÍNICOS

Por favor, consultar Apêndice 2 para mais casos relevantes a esse capítulo.

ABREVIATURAS

ABCG5, G8, A1, G1 e G4	Transportadores de ATP *Binding cassette*
ACAT	Colesterol aciltransferase
Acetil-CoA	Acetil-coenzima A
ACTH	Hormônio adrenocorticotrófico
AMPK	Cinase dependente de AMP
CE	Éster colesterol
SNC	Sistema nervoso central
FXR	Receptor X de farnesil
FSH	Hormônio folículo-estimulante
GC-MS	Cromatografia gasosa acoplada à espectrometria de massa
HDL	Lipoproteínas de alta densidade
HMG-CoA	3-hidroxi-3-metilglutaril-CoA
HMGR	HMG-CoA redutase
IPP	Isopentenil difosfato
LDL	Lipoproteína de baixa densidade
LH	Hormônio luteinizante
LXR	Receptores X do fígado
NADPH	Nicotinamida adenina dinucleotídiofosfato (reduzido)
NPC1L1	Proteína Niemann-Pick C1-*like*
PCSK9	Pró-proteína convertase subtilisina/kexina tipo 9
PPARα	Receptor α ativado por proliferador de peroxissoma
RXR	Receptores retinoides X
SCAP	Proteína ativadora da clivagem de SREBP
SREBP	Proteína de ligação ao elemento regulador de esterol
VLDL	Lipoproteína de muito baixa densidade

CAPÍTULO 15
Biossíntese e Degradação de Aminoácidos
Allen B. Rawitch

OBJETIVOS

Após concluir este capítulo, o leitor estará apto a:

- Descrever os três mecanismos usados por humanos para remoção de nitrogênio de aminoácidos antes do metabolismo de seus esqueletos de carbono.
- Traçar a sequência de reações no ciclo da ureia e traçar o fluxo de entrada e saída do nitrogênio de aminoácidos do ciclo.
- Descrever a função da vitamina B_6 nas reações de aminotransferases.
- Definir os termos e dar exemplos de aminoácidos glicogênicos e cetongênicos.
- Resumir os fatores que contribuem para a entrada e a redução do reservatório de aminoácidos livres em animais.
- Resumir as fontes e o uso de amônia em animais, e explicar o conceito de balanço de nitrogênio.
- Identificar os aminoácidos essenciais e as fontes metabólicas de aminoácidos não essenciais.
- Explicar as bases bioquímicas e a fundamentação terapêutica para o tratamento de fenilcetonúria e doença da urina de xarope de ácer.

INTRODUÇÃO

Os aminoácidos são uma fonte de energia da alimentação e durante jejum

Complementando suas funções como elementos de construção de peptídeos e proteínas e como precursores de neurotransmissores e hormônios, os esqueletos de carbono de alguns aminoácidos podem ser utilizados para produzir glicose por meio de gliconeogênese, provendo, assim, combustível metabólico para os tecidos que requerem ou preferem glicose; tais aminoácidos são designados glicogênicos. Os esqueletos de carbono de alguns aminoácidos também podem produzir equivalentes de acetil-CoA ou acetocetato, e são denominados cetogênicos, indicando que podem ser metabolizados para fornecer precursores imediatos de lipídeos e corpos cetônicos. Em um indivíduo que consome adequadas quantidades de proteína, uma quantidade significativa de aminoácidos também pode ser convertida em carboidratos (glicogênio) ou gorduras (triglicerol) para armazenamento. Diferentemente de carboidratos e lipídeos, os aminoácidos não possuem uma forma de armazenamento equivalente a glicogênio ou gordura, mas ainda poderão fornecer uma fonte de energia sob algumas circunstâncias.

Quando os aminoácidos são metabolizados, o excesso de nitrogênio resultante deve ser excretado. Como a forma primária em que o nitrogênio é removido dos aminoácidos é amônia, e porque a amônia livre é muito tóxica, os humanos e a maioria dos animais superiores rapidamente convertem a amônia derivada do catabolismo de aminoácidos em ureia, que é neutra, menos tóxica e muito solúvel e ainda é excretada na urina. Assim, **o produto da excreção de nitrogênio primário nos humanos é a ureia, produzida pelo ciclo da ureia no fígado**. Animais que excretam ureia são denominados ureotélicos. Em uma média individual, mais de 80% do nitrogênio excretado está na forma de ureia (25-30 g/24 h). Quantidades menores de nitrogênio também são excretadas na forma de ácido úrico, creatinina e íon de amônio.

Os esqueletos de carbono de muitos aminoácidos podem ser derivados a partir de metabólitos em vias centrais, permitindo a biossíntese de alguns, mas não de todos, os aminoácidos humanos. Os aminoácidos que podem ser sintetizados dessa maneira não são, portanto, requeridos na alimentação (aminoácidos não essenciais), enquanto os aminoácidos com esqueletos de carbono que não podem ser derivados do metabolismo humano normal devem ser fornecidos na alimentação (aminoácidos essenciais). Na biossíntese de aminoácidos não essenciais, os grupos amino devem ser adicionados aos próprios esqueletos de carbono, o que geralmente ocorre por meio da transaminação de um α-ceto ácido correspondente ao esqueleto de carbono daquele aminoácido específico.

METABOLISMO DE PROTEÍNAS ENDÓGENAS E DA ALIMENTAÇÃO

Relação com o metabolismo central

Proteína muscular e lipídeos adiposos são consumidos para dar suporte à gliconeogênese durante jejum e fome

Apesar de asproteínas do corpo representarem uma proporção significativa das reservas energéticas potenciais (Tabela 15.1), sob circunstâncias normais, elas não são usadas para produção de energia. Em jejum prolongado, no entanto, as proteínas do músculo são degradadas para aminoácidos pela síntese das proteínas essenciais e para αceto ácidos para gliconeogênese a fim de manter a concentração de glicose sanguínea, assim como para prover metabólitos para a produção de energia. Esse processo é responsável pela perda de massa muscular durante o jejum.

Além do seu papel como uma importante fonte de esqueletos de carbono para o metabolismo oxidativo e para a produção de energia, proteínas alimentares devem prover quantidades

187

adequadas de aminoácidos para suporte à síntese normal de proteínas. As relações de proteína corporal e proteína alimentar para o reservatório de aminoácidos e o metabolismo central são ilustradas na Figura 15.1.

Digestão e absorção de proteína alimentar

A fim de proteínas alimentares contribuírem para o metabolismo energético ou reservatórios de aminoácidos essenciais, a proteína deve ser digerida em nível de aminoácidos livres ou peptídeos pequenos e absorvidos pelo intestino. A digestão de proteínas começa no estômago com a ação da pepsina, uma carboxiprotease ativa em pH muito baixo do ambiente gástrico. A digestão continua à medida que o conteúdo do estômago é esvaziado para o intestino delgado e misturado com secreções do pâncreas. Essas secreções pancreáticas são alcalinas e contêm precursores inativos de muitas serinas proteases, incluindo tripsina, quimotripsina e elastase, junto com carboxipeptidases. O processo é completado por enzimas do intestino delgado (Cap. 30). Depois que qualquer di ou tripeptídeo remanescente é quebrado nos enterócitos, os aminoácidos livres são absorvidos e transportados para a veia porta, que os leva até o fígado para metabolismo energético, biossíntese ou distribuição a outros tecidos em necessidades similares.

Reciclagem de proteínas endógenas

Além da ingestão, digestão e absorção dos aminoácidos das proteínas alimentares, todas as proteínas do corpo têm meia-vida ou expectativa de vida e são rotineiramente degradas em aminoácidos e substituídas por proteínas recentemente

Tabela 15.1 Formas de armazenamento de energia no corpo

Combustível armazenado	Tecido	Quantidade (g)*	Energia (kJ)	(kcal)
Glicogênio	Fígado	70	1176	280
Glicogênio	Músculo	120	2016	480
Glicose livre	Fluidos corporais	20	336	80
Triglicerol	Adiposo	15.000	567.000	135.000
Proteína	Músculo	6000	100.800	24.000

As proteínas representam uma energia substancial no corpo.
*Em indivíduos de 70 kg.
(Adaptado com permissão de Cahill, 1976)

QUADRO DE CONCEITOS AVANÇADOS
ALANINA, CARBONO INTER-ÓRGÃOS E O FLUXO DE NITROGÊNIO

Muito do fluxo de carbono que ocorre entre os tecidos periféricos, como a musculatura esquelética e o fígado, é facilitado pela liberação de alanina no sangue pelo tecidos periféricos. A alanina é convertida em piruvato no fígado, e o componente nitrogênio é incorporado em ureia. O piruvato pode ser usado pela gliconeogênese para produzir glicose, que é liberada no sangue para transporte de volta aos tecidos periféricos. Esse ciclo glicose-alanina permite a conversão líquida de carbonos de aminoácidos em glicose, a eliminação de nitrogênio de aminoácidos em ureia, e o retorno dos carbonos aos tecidos periféricos na forma de glicose.

O ciclo glicose-alanina funciona de modo similar ao ciclo de Cori (Cap. 31), em que o lactato, liberado do músculo esquelético, é usado pela gliconeogênese hepática, a principal diferença sendo que a alanina também carrega um átomo de nitrogênio para o fígado. Alanina e glutamina são liberadas em quantidades aproximadamente iguais do músculo esquelético e representam quase 50% dos aminoácidos liberados do músculo esquelético no sangue – uma quantidade que de longe supera a proporção desses aminoácidos nas proteínas do músculo. Assim, há uma remodelagem substancial de aminoácidos derivados de proteínas pelas reações de transaminação antes que sejam liberados do músculo.

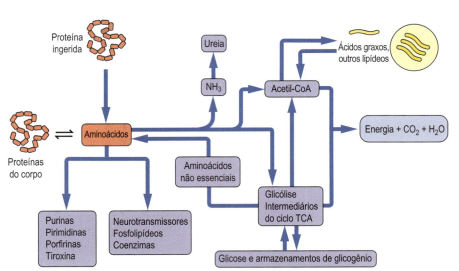

Fig. 15.1 **Relações metabólicas entre aminoácidos.** O reservatório de aminoácidos livres é derivado da degradação e da reciclagem das proteínas do corpo e da alimentação. Os aminoácidos são precursores de importante biomoléculas, incluindo hormônios, neurotransmissores e proteínas, e também serve como fonte de carbono para o metabolismo central, incluindo gliconeogênese, lipogênese e produção de energia.

CAPÍTULO 15 Biossíntese e Degradação de Aminoácidos

sintetizadas. Esse processo de reciclagem das proteínas é realizado no lisossomo ou por proteassomas (Cap. 22). No caso da digestão lisossomal, a reciclagem de proteínas começa com o engolfamento da proteína ou da organela em vesículas conhecidas como autofagossomos em um processo chamado autofagia. As vesículas, então, se fundem com os lisossomos e as proteínas, lipídeos e açúcares são degradados por hidrolases ácidas lisossomais. Proteínas citosólicas são degradadas primariamente pelas proteassomas, complexos de alto peso molecular que contêm múltiplas atividades proteolíticas. Esse processo é geralmente desencadeado pela anexação de uma pequena proteína (ubiquitina), apesar de haver muitas vias, tanto dependentes quanto independentes de ubiquina, para a degradação de proteínas citosólicas.

DEGRADAÇÃO DE AMINOÁCIDOS

Os aminoácidos destinados ao metabolismo energético devem ser desaminados para a produção de esqueleto de carbono

Há três mecanismos para a remoção do grupo amino dos aminoácidos:

- **Transaminação** – a transferência do grupo amino para um ceto ácido aceptor adequado (Fig. 15.2).
- **Desaminação exidativa** – a remoção oxidativa do grupo amino, resultando em ceto ácidos, uma coenzima flavina reduzida e amônia (Fig. 15.3).
- **Remoção de uma molécula de água pela desidratase** (p. ex., serina ou treonina desidratase) – essa reação produz um intermediário imina instável que hidroliza

espontaneamente para produzir um α–ceto ácido e amônia (Fig. 15.3).

O principal mecanismo para a remoção dos grupos amino dos aminoácidos comuns é via transaminação ou transferência dos grupos amino do aminoácido para um α–ceto ácido aceptor adequado – mais comumente para α–cetoglutarato ou oxalocetato – formando glutamato e aspartato, respectivamente. Várias enzimas chamadas **aminotransferases (ou transaminases)** são capazes de remover o grupo amino da maioria de aminoácidos e produzir o correspondente α–ceto ácido. As enzimas aminotransferases usam fosfato de piridoxal, um cofator derivado da **vitamina B_6 (piridoxina)**, como componente-chave nos seus mecanismos catalíticos: piridoxamina é um intermediário na reação. As estruturas de várias formas de vitamina B_6 e a reação

---

QUADRO DE TESTE CLÍNICO
MEDIDA DO NITROGÊNIO DA UREIA DO SANGUE

As medidas da ureia sérica (também referida em laboratórios como BUN) são críticas para o monitoramento de pacientes com uma variedade de doenças metabólicas em que o metabolismo de aminoácidos pode ser afetado e no rastreamento das condições de indivíduos com problemas renais. A metodologia tradicional usada para a medida da ureia no sangue baseia-se na ação da enzima urease, que converte ureia em CO_2 e amônia. A amônia resultante pode ser detectada espetofotometricamente pela formação de um composto colorido na reação com fenol ou com um composto relacionado (a reação de Berthelot).

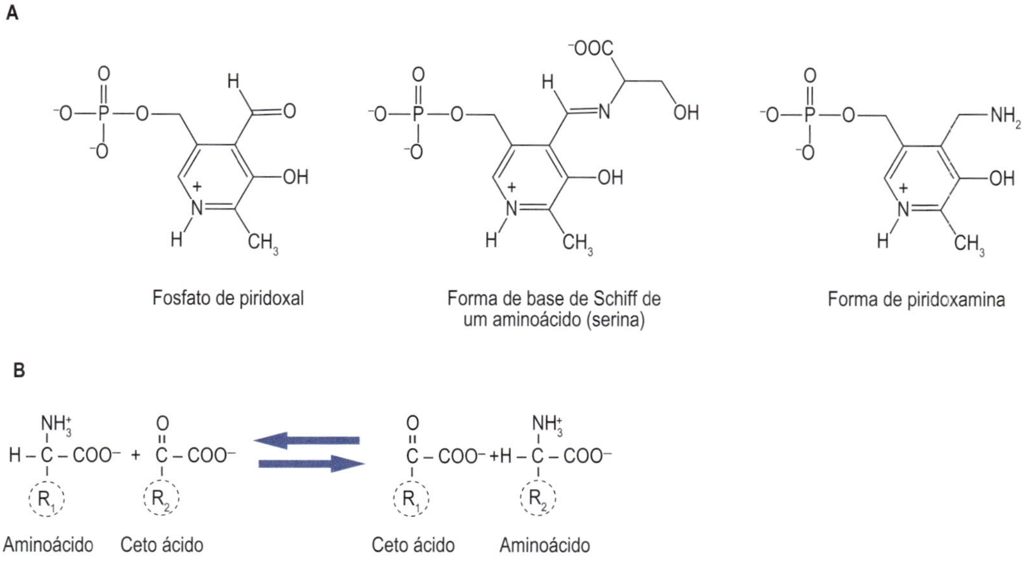

A

Fosfato de piridoxal

Forma de base de Schiff de um aminoácido (serina)

Forma de piridoxamina

B

Aminoácido   Ceto ácido   Ceto ácido   Aminoácido

Fig. 15.2 **A função catalítica do fosfato de piridoxal.** Aminotransferases, ou transaminases, usam o fosfato de piridoxal como cofator. Um aduto de piridoxamina age na transferência do grupo amino entre um α–aminoácido e um α–ceto ácido. (A) Estruturas dos componentes envolvidos. O cofator, fosfato de piridoxal, é usado em uma variedade de reações catalisadas por enzimas envolvendo ambos os grupos amino e ceto, incluindo reações de transaminação e descarboxilação. (B) A transaminação envolve um doador de α–aminoácido (R_1) e um aceptor de α–ceto ácido (R_2). Os produtos são um ácido α–ceto derivado do esqueleto de carbono de R_1 e α–aminoácido do esqueleto de carbono de R_2.

Fig. 15.3 **Desaminação de aminoácidos.** A rota primcipal para a remoção do grupo amino é via transaminação. Há, no entanto, enzimas adicionais capazes de remover o grupo α–amino. (A) L-aminoácido oxidase produz amônia e α–ceto ácido diretamente, usando mononucleotídeo de flavina (FMN) como cofator. A forma oxidada da flavina deve ser regenerada usando oxigênio molecular; essa reação é uma das várias que produzem H_2O_2. O peróxido é descomposto pela catalase. (B) O segundo meio de desaminação é possível somente para os hidroxiaminoácidos (serina e treonina) por meio do mecanismo de desidratase; a base de Schiff de imina intermediária sofre hidrólise para formar um ceto ácido e amônia.

QUADRO CLÍNICO
REAÇÃO A GLUTAMATO MONOSSÓDICO

Uma mulher saudável de 30 anos de idade vivenciou o surgimento repentino de dor de cabeça, sudorese e náusea após comer em um restaurante oriental. Ela sentiu fraqueza e apresentou dormência e sensação de calor na face e na parte superior do torso. Os sintomas passaram após cerca de 30 minutos, e ela não teve mais problemas. Em consulta ao médico no dia seguinte, ela aprendeu que alguns indivíduos reagem a comidas contendo altos níveis do aditivo alimentar glutamato monossódico, o sal sódico do ácido glutâmico. O glutamato monossódico é um aditivo alimentar comumente usado para intensificar os sabores em muitas comidas. É uma das principais substâncias responsáveis pela sensação de umami, ou gosto saboroso e agradável, que realça os efeitos dos outros sabores básicos e de combinações de sabores.

Comentário

Sintomas similares aos da gripe que desenvolvemos, previamente descritos como "síndrome de restaurante chinês", têm sido atribuídos aos efeitos do glutamato ou seu derivado, o neurotransmissor inibidor ácido γ–aminobutírico (GABA), no Sistema Nervoso Central (CNS). Interessantemente, estudos mostraram que esse fenômeno não causa danos permaentes ao CNS e que, apesar de os broncoespasmos serem desencadeados em indivíduos com asma grave, os sintomas são geralmente breves e completamente reversíveis. O glutamato mnossódico continua a ser um aditivo amplamente usado em muitas comidas processadas e é aprovado pela Food and Drug Administration (FDA) dos Estados Unidos.

---

líquida catalisada por pelas aminotransferases são mostradas na Figura 15.2.

Átomos de nitrogênio são incorporados à ureia por duas fontes: glutamato e aspartato

A transferência do grupo amino do esqueleto de carbono de um α–ceto ácido para outro pode parecer improdutiva e inútil por si só. No entanto, quando se considera a natureza dos ceto ácidos acetores que participam dessas reações (α–cetoglutarato e oxalocetato) e seus produtos (glutamato e aspartato), a lógica desse metabolismo torna-se clara. Os dois átomos de nitrogênio da ureia são derivados exclusivamente desses dois aminoácidos (Fig. 15.4). A amônia, produzida primariamente a partir do glutamato e via reação da glutamato desidrogenase (GDH) (Fig. 11.5), entra no ciclo da ureia como **carbamoil fosfato**. O segundo nitrogênio é fornecido à ureia pelo ácido aspártico. O fumarato é formado nesse processo e deve ser reciclado pelo ciclo do ácido tricarboxílico (TCA) para oxalocetato, que pode aceitar outro grupo amino e reingressar no ciclo da ureia, ou o fumarato pode ser usado para o metabolismo energético ou gliconeogênese. Esse processo liga o ciclo da ureia no metabolismo do nitrogênio ao ciclo de TCA e metabolismo celular energético. Assim, o afunilamentodos grupos amino dos outros aminoácidos em glutamato e aspartato fornece o nitrogênio apropriado para a síntese da ureia de uma forma apropriada pelo ciclo de ureia (Fig. 15.4). As outras vias que levam à liberação dos grupo amino de alguns aminoácidos através da ação das aminoácido oxidases ou desidratases (Fig. 15.3) realizam uma contribução relativamente menor para o fluxo dos grupos amino dos aminoácidos para a ureia.

A função central da glutamina

A amônia é detoxificada pela sua incorporação na glutamina, então posteriormente, na ureia

Além da função do glutamato como carregador de grupos amino para GDH, ele age como precursor da glutamina – um processo que consome uma molécula de amônia. Isso é importante porque a glutamina, junto com a alanina, é o principal transportador dos grupos amino entre os vários tecidos e o fígado e está presente em maiores concentrações do que a

CAPÍTULO 15 Biossíntese e Degradação de Aminoácidos

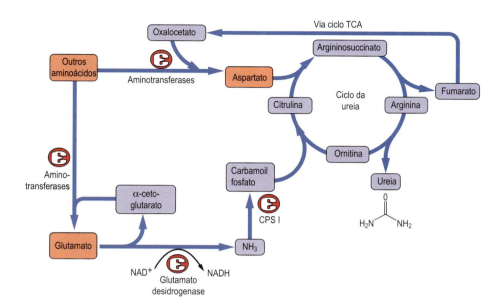

Fig. 15.4 **Fontes de átomos de nitrogênio no ciclo da ureia.** O nitrogênio entra no ciclo da ureia a partir da maioria dos aminoácidos via transferência de grupos α – amino para oxalocetato ou α – cetoglutarato de modo a formar aspartato ou glutamato, respectivamente. Glutamato libera amônia no fígado pela ação de GDH (Fig. 15.5). A amônia é incorporada ao carbamoil fosfato, e o aspartato combina com citrulina a fim de prover o segundo nitrogênio para a síntese de ureia. Oxalocetato e α – cetoglutarato podem ser repetidamente reciclados para canalizar o nitrogênio nessa via. CPS I, carbamoil fosfato sintetase I.

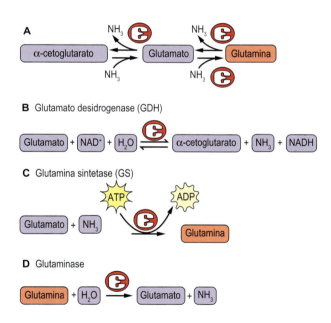

Fig. 15.5 **Relações entre glutamato, glutamina e α – cetoglutarato.** As várias formas de esqueleto de carbono do ácido glutâmico possuem funções importantes no metabolismo dos grupos amino. (A) Três formas do mesmo esqueleto de carbono. (B) A reação de glutamina desidrogenase é uma reação reversível que pode produzir glutamato de α – cetoglutarato ou converter glutamato em α – cetoglutarato e amônia. A última reação é importante na síntese de ureia porque os grupos amino são fornecidos aos α – cetoglutaratos via transaminação de outros aminoácidos. (C) A glutamina sintetase catalisa uma reação que requer energia com uma função-chave no transporte de grupos amino de um tecido para outro; isso também fornece um tamponamento contra altas concentrações de amônia livre nos tecidos. (D) A segunda metade do sistema de transporte de glutamina para nitrogênio é a enzima glutaminase, que hidrolisa glutamina para glutamato e amônia. Essa reação é importante no rim para o gerenciamento do transporte de prótons e do controle de pH.

maioria dos outros aminoácidos no sangue. As três formas do mesmo esqueleto de carbono – α–cetoglutarato, glutamato e glutamina – são interconvertidas via aminotransferases, glutaminas sintetases, glutaminases e GDH (Fig. 15.5). Assim, a glutamina pode servir como tamponante para utilização de amônia, seja como uma fonte de amônia, seja como carregador de grupos amino. Como a amônia é muito tóxica, deve ser mantido um equilíbrio entre sua produção e sua utilização. Um resumo das fontes e vias que usam ou produzem amônia é mostrado na Figura 15.6. Deve-se notar que a reação GDH é reversível sob condições fisiológicas, e se os grupos amino são requeridos para os aminoácidos e outros processos biossintéticos, a reação pode ocorrer na direção oposta.

O ciclo da ureia e sua relação com o metabolismo central

O ciclo da ureia é uma via hepática para descarte de excesso de nitrogênio

A ureia é o principal produto da excreção de nitrogênio em humanos (Tabela 15.2). O ciclo da ureia (Fig. 15.4) foi o primeiro ciclo metabólico bem definido; sua descrição precedeu a do ciclo de TCA. O início do ciclo da ureia pode ser considerado a síntese do carbamoil fosfato a partir de um íon amônio, derivado primariamente do glutamato via GDH (Fig. 15.5), e bicarbonato nas mitocôndrias do fígado. Essa reação requer duas moléculas de ATP e é catalisada pela enzima **carbamoil fosfato sintentase I (CPS I**: Fig. 15.7), encontrada em altas concentrações na matriz mitocondrial.

A isoenzima mitocondrial CPS I não é usual porque requer N-acetilglutamato como cofator. É uma das duas enzimas

CAPÍTULO 15 Biossíntese e Degradação de Aminoácidos

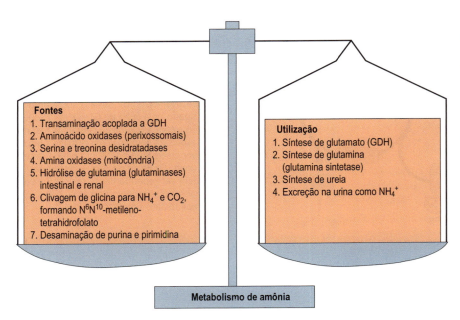

Fig. 15.6 **Equilíbrio no metabolismo de amônia.** O equilíbrio entre a produção e a utilização de amônia livre é crítico para a manutenção da saúde. Esta figura resume as fontes e as vias que usam amônia. Apesar de a maioria dessas reações ocorrer em muitos tecidos, *a síntese de ureia e o ciclo da ureia são restritos ao fígado*. A glutamina e a alanina funcionam como transportadores primários de nitrogênio a partir de tecidos periféricos para o fígado.

Tabela 15.2 Excreção do nitrogênio urinário

Metabólito urinário	g excretado/24h*	% do total
Ureia	30	86
Íon amônio	0,7	2,8
Creatinina	1,0-1,8	4-5
Ácido úrico	0,5-1,0	2-3

Valores aproximados em média para um adulto homem.

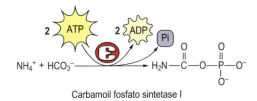

Fig. 15.7 **Síntese de carbomoil fosfato.** O primeiro nitrogênio, derivado da amônia, entra no ciclo da ureia como carbamoil fosfato, sintetizado pela carbamoil fosfato sintetase I no fígado.

carbamoil fosfato sintetase que possuem funções principais no metabolismo. A segunda, CPS II, é encontrada no citosol, não requer N-acetilglutamato e está envolvida na biossíntese de pirimidinas (Cap. 16).

Ornitina transcarbamoilase catalisa a condensação de carbamil fosfato com o aminoácido **ornitina** para formar **citrulina**: veja a Figura 15.4 para a via e a Tabela 15.3 para as estruturas. Por sua vez, a citrulina é condensada com aspartato para formar argininosuccinato. Essa etapa é catalisada pela argininosuccinato sintetase e requer ATP e ácido aspártico: a reação cliva o ATP para adenosina monofosfato (AMP) e pirofosfato inorgânico (PPi; equivalente a 2 ATP). A formação de argininosuccinato incorpora o segundo átomo de nitrogênio destinado à ureia. Argininosuccinato é clivado pela argininosuccinase em arginina e fumarato, e a arginina é então clivada pela **arginase** para produzir ureia e ornitina, completando o ciclo. A ornitina e o fumarato podem reingressar no ciclo da ureia e no ciclo TCA, respectivamente, enquanto a ureia, difundida no sangue, é transportada para o rim e excretada na urina. O processo líquido da ureogênese está resumido na Tabela 15.4.

O ciclo da ureia é dividido entre a matriz mitocondrial e o citosol

As primeiras duas etapas do ciclo da ureia ocorrem na mitocôndria. A citrulina, formada na mitocôndria, move-se para o citosol pelo sistema de transporte passivo específico. O ciclo é completado no citosol com a liberação da ureia da arginina e a regeneração da ornitina. A ornitina é transportada de volta através da membrana mitocondrial para continuar o ciclo. Os carbonos do fumarato, liberados na etapa da argininosuccinase, podem também reingressar na mitocôndria e ser reciclados pelas enzimas no ciclo de TCA para oxalocetato e, por último, para aspartato (Fig. 15.8), completando a segunda parte do ciclo da ureia. *A síntese da ureia ocorre prática e exclusivamente no fígado*, e apesar de a enzima arginase ser encontrada em outros tecidos, sua função é provavelmente mais relacionada aos requerimentos de ornitina para a síntese de poliamina do que para a produção de ureia.

CAPÍTULO 15 Biossíntese e Degradação de Aminoácidos

Tabela 15.3 Enzimas do ciclo da uréia

Enzima	Reação catalisada	Considerações	Produto da reação
Carbamoil fosfato sintetase	Formação de carbamoil fosfato a partir de amônio e CO_2	Incorpora a amônia liberada a partir de aminoácidos; usa 2 ATP; localizada na mitocôndria; a deficiência leva a altas concentrações de amônia do sangue e toxicidade relacionada.	$H_2N-\overset{\overset{O}{\|}}{C}-O-\overset{\overset{O}{\|}}{\underset{\underset{O^-}{\|}}{P}}-O^-$ carbamoyl phosphate Carbamoil fosfato
Ornitina transcarbamoilase	Formação de citrulina a partir de ornitina e carbamoil fosfato	Libera Pi; um exemplo de transferase; localizada na mitocôndria; sua deficiência leva a altas concentrações de amônia e ácido orótico, como carbamoil fosfato é desviado para a síntese de pirimidina.	$NH_2-\overset{\overset{O}{\|}}{C}-NH-(CH_2)_3-\overset{\overset{NH_3^+}{\|}}{CH}-COO^-$ citrulline Citrulina
Argininosuccinato sintetase	Formação de argininosuccinato de citrulina e aspartato	Requer ATP, que é dividido em AMP + PPi — um exemplo de ligase, localizada no citosol. Sua deficiência leva a altas concentrações de amônia e citrulina no sangue.	$\overset{COO^-}{\underset{NH_2-\overset{\|}{C}-NH-(CH_2)_3-\overset{\overset{NH_3^+}{\|}}{CH}-COO^-}{NH-CH-CH_2-COO^-}}$ argininosuccinate Argininosuccinato
Argininosuccinase	Clivagem da argininosuccinato para arginina e fumarato	Um exemplo de liase, localizada no citosol. Sua deficiência leva a altas concentrações de amônia de citrulina no sangue.	$^-OOC-CH=CH-COO^-$ $\overset{NH_2}{\|}$ $\overset{NH_2^-}{\|}$ $NH_2-C-NH-(CH_2)_3-CH-COO^-$ fumarate + arginine Fumarato + arginina
Arginase	Clivagem de arginina para ornitina e ureia	Um exemplo de hidrolase, localizada no citosol e primariamente no fígado. Sua deficiência leva ao moderado aumento da amônia sanguínea e a altas concentrações de arginina no sangue. A ureia é excretada e a ornitina reingressa no ciclo da ureia.	$NH_2-\overset{\overset{O}{\|}}{C}-NH_2$ $NH_2-CH_2-CH_2-CH_2-\overset{\overset{NH_3^+}{\|}}{CH}-COO^-$ urea + ornithine Ureia + ornitina

Cinco enzimas catalisam o ciclo da ureia no fígado. A primeira enzima, CPS I, que incorpora NH_4^+ como carbamoil fosfato, é a enzima regulatória e é sensível ao efetor alostérico N-acetilglutamato.

Tabela 15.4 Síntese da ureia

Reações componentes na síntese da ureia
$CO_2 + NH_3 + 2ATP \rightarrow$ Carbamoil fosfato + 2ATP + Pi
Carbamoil fosfato + ornitina $\rightarrow$ Citrulina + Pi
Citrulina + aspartato + ATP $\rightarrow$ Argininosuccinato + AMP + PPi
Argininosuccinato $\rightarrow$ Arginina + fumarato
Arginina $\rightarrow$ Ureia + ornitina
$CO_2 + NH_3 + 3ATP$ + aspartato $\rightarrow$ Ureia + 2ADP + AMP + 2Pi + PPi + fumarato

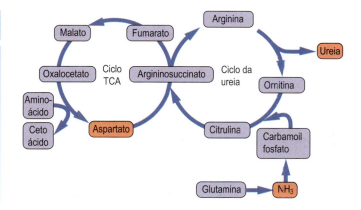

Fig. 15.8 **Os ciclos do ácido tricarboxílico e da ureia.** A análise do ciclo da ureia revela que ele é na verdade dois ciclos com a divisão do fluxo de carbono entre o processo sintético de ureia primária e a reciclagem de fumarato para aspartato. O último ciclo ocorre na mitocôndria e envolve partes do ciclo TCA e uma aminotransferase.

QUADRO DE CONCEITOS AVANÇADOS
SÍNTESE DE CARBAMOIL FOSFATO

A enzima carbamoil fosfato sintetase I (CPS I) é encontrada na mitocôndria e primariamente no fígado; uma segunda enzima, CPS II, é encontrada no citosol e em praticamente todos os tecidos. Apesar de o produto dessas duas enzimas ser o mesmo - carbamoil fosfato – as enzimas são derivadas de diferentes genes e agem na ureogênese (CPS I) ou na biossíntese de pirimidina (CPS II), respectivamente. Diferenças adicionais entre as duas enzimas incluem suas fontes de nitrogênio (NH_3 para CPS I; glutamina para CPS II) e seus requerimentos para N-acetilglutamato (requerido por CPS I, mas não por CPS II). Sob circunstâncias normais, CPS I e II funcionam independentemente e em diferentes compartimentos celulares. No entanto, quando o ciclo da ureia é bloqueado (p. ex., como resultado de deficiência em ornitina transcarbamoilase), o carbamoil fosfato acumulado na mitocôndria divide-se em compartimento citosólico e pode estimular a síntese de excesso de pirimidina, resultando em um acúmulo de ácido orótico no sangue e na urina.

QUADRO CLÍNICO
DOENÇA DE PARKINSON

Um homem aparentemente saudável de 60 anos notou um tremor ocasional em seu braço esquerdo quando relaxado e assistindo televisão. Ele também percebeu uma ocasional cãibra muscular em sua perna esquerda, e sua esposa notou que ele, por vezes, desenvolvia um olhar de transe. Um exame físico completo e consulta com neurologista confirmou o diagnóstico de doença de Parkinson. Ele recebeu a prescrição de um medicamento que contém L-diidroxifenilalanina (L-DOOA) e um inbidor de monoamina oxidase (MAOI). L-DOOA é precursor de neurotransmissor dopamina, enquanto a monoamina oxidase é a enzima responsável pela desaminação oxidativa e degradação de dopamina. seus sintomas melhoraram imediatamente, mas ele as poucos vivenciou efeitos colaterais significativos da medicação, incluindo movimentos involuntários e problemas de comportamento ou humor.

Comentário

A doença de Parkinson é causada pela morte das células produtoras de dopamina na substância negra e do cerúleo. Apesar de o medicamento poder reduzir significativamente os sintomas, a doença é progressiva e resultará em desabilitação grave. Agonistas dopaminérgicos sempre apresentam efeitos colaterais e possuem efeito limitado no tremor, e então outros tratamentos, como estimulação cerebral profunda ou ablação, são usados em casos selecionados. Monoamina oxidase também é envolvida na desaminação de outras aminas no cérebro, então os inibidores de monoamina oxidase (MAOI) possuem muitos efeitos colaterais indesejados. Transplantes de tecido fetal dopaminérgico no cérebro vem sendo tentados, porém permanecem como tratamento experimental controverso até o momento.

QUADRO DE CONCEITOS AVANÇADOS
AMÔNIA ENCEFALOPATIA

Os mecanismos envolvidos na toxicidade da amônia — a encefalopatia, em particular – não são bem definidos. É claro, no entanto, que quando sua concentração acumula no sangue e em outros fluidos biológicos, a amônia difunde-se nas células e através da barreira hematoencefálica. O aumento de amônia provoca a síntese elevada de glutamato a partir de α – cetoglutarato e a síntese elevada de glutamina. Apesar de ser uma reação de detoxicação normal nas células, quando as concentrações de amônia são significativamente aumentadas, o fornecimento de α – cetoglutarato nas células do CNS deverá ser reduzido, resultando na inibição do ciclo de TCA e na queda na produção de ATP. Mecanismos adicionais devem ser considerados para o comportamento inadequado observado em indivíduos com altas concentrações de amônia no sangue. Mudanças no glutamato – principal neurotransmissor inibitório – ou seu derivado, ácido γ–aminoburítico (GABA), também pode contribuir para os efeitos no CNS.

Regulação do ciclo da ureia

N-acetilglutamato (e, indiretamente, arginina) é um regulador alostérico essencial do ciclo da ureia

O ciclo da ureia é regulado em parte pelo controle da concentração de **N-acetilglutamato**, o ativador alostérico essencial de CPS I. A arginina é um ativador alostérico de N-acetilglutamato sintase, e é também uma fonte de ornitina (via arginase) para o ciclo de ureia. As concentrações de enzimas no ciclo da ureia também aumentam ou diminuem em resposta a dietas de alta ou baixa proteína. Síntese e excreção de ureia são reduzidas, e a excreção de NH_4^+ é aumentada durante acidose como um mecanismo para excretar prótons na urina. Apesar de os detalhes dessa complexa regulação não estarem completamente definidos, é claro que os mecanismos alostérico e genético estão envolvidos. Por último, deve ser notado que durante o jejum, a proteína é quebrada em aminoácidos livres, que são usados para gliconeogênese. O aumento na degradação de proteína durante o jejum resulta no aumento da síntese e escreção de ureia como mecanismo para descarte do nitrogênio liberado. Deficiências em qualquer enzima do ciclo da ureia pode resultar em graves consequências. Bebês nascidos com falhas em qualquer das quatro primeiras enzimas dessa via devem parecer normais ao nascimento, mas rapidamente tornam-se letárgicos e hipotérmicos e frequentemente possuem dificuldades de respiração. Concentrações sanguíneas de amônia aumentam rapidamente, seguidas por edema cerebral. Os sintomas são mais graves quando etapas iniciais no ciclo são afetadas. No entanto, uma falha em uma das enzimas nesse percurso é um sério problema e pode causar hiperamonemia e levar rapidamente a edema do sistema nervoso central (CNS), coma e morte. Ornitina transcarbamoilase é a deficiência mais comum entre essas enzimas do ciclo da ureia e apresenta um padrão de herançaligada ao cromossomo X. As deficiências restantes conhecidas associadas ao ciclo da ureia são autossômicas recessivas. Uma deficiência em arginase, a última enzima no ciclo, produz sintomas menos severos, contudo caracterizados pelo aumento nas concentrações de arginina no sangue e, ao menos, pelo moderado aumento de amônia no sangue. Em indivíduos com altas concentrações de amônia no sangue, deve ser usada a hemodiálise, sempre seguida de administração instravenosa de benzoato de sódio e fenilacetato.

CAPÍTULO 15 Biossíntese e Degradação de Aminoácidos

QUADRO DE TESTE CLÍNICO
RASTREIO DE DEFICIÊNCIAS METABÓLICAS DOS AMINOÁCIDOS NO RECÉM NASCIDO

Nos países mais desenvolvidos atualmente, o sangue de recém-nascidos é rotineiramente recolhido em filtro de papel e testado quanto a uma série de compostos que são marcadores de doeças metabólicas herdadas. O número de marcadores testados deve variar entre estados dos Estados Unidos, mas geralmente varia entre 10 a 30. Devido à necessidade de rastreamento rápido, pequeno tamanho de amostra e custo reduzido, a metodologia antiga está sendo substituída por uma tecnologia que usa cromatografia gasosa ou líquida acoplada à espectometria de massa para medir o nível de indicadores marcadores múltiplos simultaneamente. A velocidade e a múltipla capacidade dessa tecnologia **metabolômica** permite um rápido rastreamento de 20 ou mais marcadores a partir de pontos de sangue seco e a identificação de bebês que são vítimas potenciais desses erros de metabolismo de recém-nascidos. Essa tecnologia também é aplicada à análise de amostras de urina.

QUADRO CLÍNICO
HIPERAMONEMIA HEREDITÁRIA

Uma bebê de 5 meses de idade aparentemente saúdavel foi trazida ao consultório pediátrico pela mãe com a queixa de periódicas crises de vômito e dificuldade para ganhar peso. A mãe também relatou que a criança estaria oscilando entre períodos de irritabilidade e letargia. Exames subsequentes e resultados de laboratório revelaram um eletroencefalograma anormal, um significativo aumento da concentração de amônia no plasma (323 mmol/L; 550 mg/dL; faixa normal é 15-88 mmol/L ou 25-150 mg/dL) e uma concentração maior do que o normal de glutamina, mas com baixas concentrações de citrulina. Orotato, o precursor de nucleotídico de pirimidina, foi encontrado em sua urina.

Comentário

A bebê foi admitida no hospital e tratada com benzoato e fenilacetato intravenosos junto co arginina. O benzoato e o fenilacetato são metabolizados para glicina e conjugados de glutamato, que são excretados, com seu conteúdo de nitrogênio, na urina. A arginina estimula a atividade residual do ciclo da ureia. A criança melhorou rapidamente e recebeu alta hospitalar com uma dieta de baixa proteína com suplementação de arginina. Biópsia subsequente do fígado dos pais da paciente indicou que sua atividade de ornitina transacarbamoilase hepática estava cerca de 10% do normal.

O conceito de balanço de nitrogênio

Um equilíbrio cuidadoso é mantido entre a ingestão e a secreção de nitrogênio

Devido à não existência de armazenamento significativo de compostos aminados em humanos, o metabolismo de nitrogênio é dinâmico. Em média, em uma alimentação saudável, o conteúdo de proteína excede a quantidade requerida no fornecimento de aminoácidos essenciais e não essenciais para a síntese proteica, e a quantidade de nitrogênio excretada é aproximadamete igual à ingerida. Um adulto saudável seria considerado o que tivesse um "balanço neutro de nitrogênio". Quando há a necessidade do aumento da síntese de proteínas, como na recuperação de um trauma ou em uma criança em crescimento rápido, os aminoácidos são usados para novas sínteses de proteínas, e a quantidade de nitrogênio secretado é menor do que a consumida na dieta: o indivíduo estaria em um "balanço de nitrogênio positivo". O inverso é verdadeiro em uma má nutrição proteica: devido à necessidade de sintetizar proteínas essenciais do corpo, outras proteínas, particularmente musculares, são degradadas e mais nitrogênio é perdido do que consumido na dieta. Tal indivíduo seria dito estar em um "balanço negativo de nitrogênio". Jejum, fome e diabetes mal controlado também são caracterizados por balanço negativo de nitrogênio à medida que a proteína do corpo é degradada para aminoácidos e seus esqueletos de carbono são utilizados para gliconeogênese. O conceito de balanço de nitrogênio é clinicamente importante por nos relembrar da reciclagem contínua de aminoácidos e proteínas no corpo (Cap. 22).

O METABOLISMO DOS ESQUELETOS DE CARBONO DE AMINOÁCIDOS

A interface do metabolismo de aminoácidos com o metabolismo de carboidratos e lipídeos

Quando se examina o metabolismo dos esqueletos de carbonos dos 20 aminoácidos comuns, há uma interface óbvia com o metabolismo de carboidratos e lipídeos. Aproximadamente todos os carbonos podem ser convertidos em intermediários da via glicolítica, do ciclo TCA ou do metabolismo de lipídeos. A primeira etapa desse processo é a transferência de grupo α-amino pela transaminação para α-cetoglutarato ou oxalocetato, provendo glutamato e aspartato, as fontes dos atomos de nitrogênio do ciclo da ureia (Fig. 15.9). A única exceção a isso é a lisina, que não sofre transaminação. Apesar de os detalhes das vias para os vários aminoácidos variarem, a regra geral é de que há a perda do grupo amino seguida pelo metabolismo direto numa via central (glicólise, ciclo TCA ou metabolismo de corpos cetônicos) ou uma ou mais conversões de intermediários para produzir metabólitos em uma das vias centrais. Exemplos de aminoácidos que seguem o primeiroesquemaincluem alanina, glutamato e aspartato, os quais produzem piruvato, α-cetoglutarato e oxalocetato, respectivamete. Os aminoácidos de cadeia ramificada (leucina, valina e isoleucina) e os aminoácidos aromáticos (tirosina, triptofano e fenilalanina) são exemplos do último esquema, de vias mais complexas.

Os aminoácidos podem ser glicogênicos ou cetogênicos

Dependendo do ponto do metabolismo central em que os carbonos de aminoácido entram, o aminoácido pode ser considerado **glicogênico** ou **cetogênico** – ou seja, possui a capacidade de aumentar as concentrações de glicose ou de corposcetônicos,

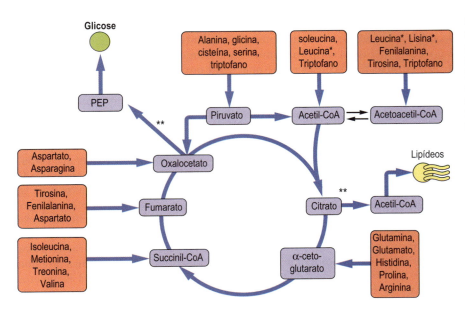

Fig. 15.9 **Metabolismo de aminoácidos e vias metabólicas centrais.** Esta figura resume as interações entre o metabolismo de aminoácidos e as vias metabólicas centrais. *Os aminoácidos indicados com asterísco são somente cetogênicos. PEP, fosfoenolpiruvato. **Note que, além da energia fornecida, os carbonos derivados de aminoácidos podem produzir glicose e ácidos graxos via oxaloacetato e citrato, respectivamente.

 QUADRO CLÍNICO
HOMOCISTINÚRIA

Um homem de 21 anos de idade deu entrada no hospital após um episódio de perda da fala e fraqueza grave no lado direito. Foi realizado o diagnóstico de acidente vascular isquêmico, e o paciente foi tratado com terapia anticoagulante e melhorou. Resultados de laboratório indicaram níveis substancialmente elevados de homocisteína no sangue. O paciente teve uma recuperação significativa e recebeu alta com uma dieta modificada, juntamente com suplementos de vitamina B₆, ácido fólico e vitamina B₁₂.

Comentário
Homocistinúria é uma condição autossômica recessiva relativamente rara (1 em 200.000 mil nascimentos) que resulta em uma gama de sintomas, incluindo retardo mental, problemas de visão e acidentes vasculares trombóticos e doença arterial coronária ainda em idade jovem. A condição é causada pela falta da enzima que catalisa a transferência de enxofre de homocisteína para serina, formando a cisteína. Alguns desses pacientes respondem à suplementação vitamínica. Estudos de corte transversal e retrospectivos sugerem que mesmo níveis moderadamente elevadosde hemocisteína podem ser correlacionados ao aumento da incidência de doença cardíaca e acidente vascular, mas ainda não se tem certeza de que a real diminuição dos níveis de homocisteína irá reduzir o desenvolvimento dessas doenças graves.

respectivamente, quando ingerido por um animal. Aqueles aminoácidos que fornecem carbonos no ciclo do TCA no nível do α-cetoglutarato, succinil-CoA, fumarato ou oxaloacetato, e aqueles que produzem piruvato podem todos originar a produção líquida de glicose via gliconeogênese e são chamados de glicogênicos. Aqueles aminoácidos que fornecem carbonos no metabolismo central no nível de acetil-CoA ou acetoacetil-CoA são consequentemente considerados cetogênicos. Devido à natureza do ciclo TCA, nenhum fluxo líquido de carbonos pode ocorrer entre o acetato ou seu equivalente (p. ex., butirato ou acetoacetato) a partir de aminoácidos cetogênicos para glicose via gliconeogênese (Caps. 10 e 12).

Vários aminoácidos, principalmente aqueles com estruturas mais complexas ou aromáticas, podem produzir ambos fragmentos glicogênicos e cetogênicos (Fig. 15.9). Somente os aminoácidos leucina e lisina são considerados como sendo exclusivamente cetogênicos, e devido ao metabolismo complexo de lisina e a falta de capacidade de sofrer transaminação, alguns autores não aconsideram como exclusivamente cetogênico. Essas classificações são resumidas a seguir:

- **Aminoácidos glicogênicos**: alanina, arginina, asparagina, ácido aspártico, cisteína, cistina, glutamina, ácido glutâmico, glicina, histidina, metionina, prolina, serina, valina
- **Aminoácidos cetogênicos**: leucina, lisina
- **Aminoácidos glicogênicos e cetogênicos**: isoleucina, fenilalanina, treonina, triptofano, tirosina.

O metabolismo de esqueletos de carbono de aminoácidos selecionados

Os 20 aminoácidos são metabolizados por vias complexas para vários intermediários no metabolismo de carboidratos e lipídeos

Alanina, aspartato e glutamato são exemplos de aminoácidos glicogênicos. Em cada caso, pela transaminação ou desaminação oxidativa, o α-ceto ácido resultante é precursor direto do oxaloacetato através de vias metabólicas centrais. O oxaloacetato pode ser convertido para PEP e subsequentemente para glicose via gliconeogênese. Outros aminoácidos glicogênicos alcançam o ciclo TCA ou intermediários metabólicos relacionados por meio de algumas etapas após a remoção do grupo amino (Fig. 15.10).

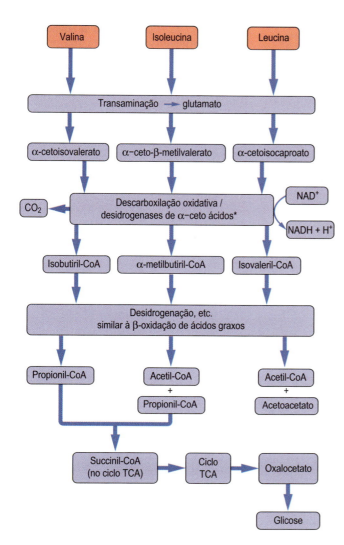

Fig. 15.10 **Degradação de aminoácidos de cadeia ramificada.** O metabolismo de aminoácidos de cadeia ramificada produz Acetil-CoA e acetoacetato. No caso da valina e isoleucina, propionil-CoA é produzido e metabolizado, em duas etapas, para succinil-CoA (Fig. 11.5). *As desidrogenases de aminoácidos de cadeia ramificada são estruturalmente relacionadas à piruvato desidrogenase e à α – cetoglutarato desidrogenase e usam os cofatores pirofosfato de tiamina, ácido lipoico, dinucleotídeo flavina adenina, NAD+ e CoA.

A leucina é um exemplo de aminoácido cetogênico. Seu catabolismo começa com a transaminação para produzir 2-cetoisocaproato. O metabolismo de 2-cetoisocaproato requer descarboxilação oxidativa pelo complexo desidrogenase para produzir isovaleril-CoA. O metabolismo posterior de isovaleril-CoA leva à formação de 3-hidroxi-3-metilglutaril-CoA, um precursor de acetil-CoA e corposcetônicos. O metabolismo de leucina e de outros aminoácidos de cadeia ramificada está resumido na Figura 15.10. Note que propionil-CoA, derivado da degradação de aminoácidos ou do metabolismo de ácidos graxos de cadeia ímpar, é convertido para succinil-CoA (Fig. 11.5) e pode contribuir para a gliconeogênese.

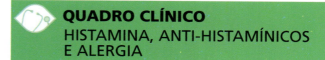

QUADRO CLÍNICO
HISTAMINA, ANTI-HISTAMÍNICOS E ALERGIA

Uma criança de 8 anos de idade foi considerada com alergia clínica devido a repetidas crises de eczema com coceira intensa. Ele não apresentava outros problemas de saúde. Tratamentos anteriores consistiam em medicação anti-histamínica oral com algum alívio, mas não prevenia a recorrência dos sintomas. Após testes extensivos, foi descoberto que apesar de ele ser ligeiramente positivo para reações alérgicas a pelos de gato e cachorro e a poeiras de casa, era fortemente positivo para alergia a tomate. Exames da alimentação do menino (que gostava muito de pizza e espaguete com molho de tomate) demonstraram a correlação das suas crises de eczema com seu consumo de produtos contendo tomate. Uma modificação alimentar para evitar a resposta alérgia ao tomate foi iniciada, e seus sintomas tornaram-se imediatamente menos frequentes e foram bem contornados com medicação anti-histamínica oral e uso esporádico de cremes esteroides tópicos.

Este é um bom exemplo da importância de testes de alergia apropriados e da importância dos anti-histamínicos no tratamento de reações alérgicas. Essa classe de medicamento (há muitos disponíveis atualmente) age pela interferência na interação da histamina com seu receptor, ou inibindo a produção de histamina a partir do seu precursor, o aminoácido histidina.

Triptofano é um bom exemplo de aminoácido que produz precursores glicogênicos e cetogênicos. Após clivagem do seu anel heterocíclico e de um conjunto complexo de reações, o cerne da estrutura do aminoácido é liberado como alanina (um precursor glicogênico), enquanto o balanço de carbonos é finalmente convertido para glutaril-CoA (um precursor cetogênico). A Figura 15.11 resume as ideias principais no catabolismo de aminoácidos aromáticos.

BIOSSÍNTESE DE AMINOÁCIDOS

A evolução deixou nossa espécie sem a capacidade de sintetizar quase metade dos aminoácidos necessários para a síntese de proteínas e outras biomoléculas

Os humanos usam 20 aminoácidos para construir peptídeos e proteínas que são essenciais para muitas funções de suas células. A biossíntese dos aminoácidos envolve a síntese dos esqueletos de carbono para os α-ceto ácidos correspondentes, seguida da adição do grupo amino via transaminação. No entanto, os humanos são capazes de executar a biossíntese dos esqueletos de carbono de apenas cerca da metade dos α-ceto ácidos em quantidade suficiente. Os aminoácidos que não podemos sintetizar são chamados **aminoácidos essenciais**, e são requeridos na alimentação. Apesar de quase todos os eminoácidos poderem ser classificados como essenciais ou não essenciais baseando-se em estudos experimentais de alimentação, alguns requerem uma qualificação mais profunda. Por exemplo, apesar de a cisteína não ser geralmente considerada

CAPÍTULO 15 Biossíntese e Degradação de Aminoácidos

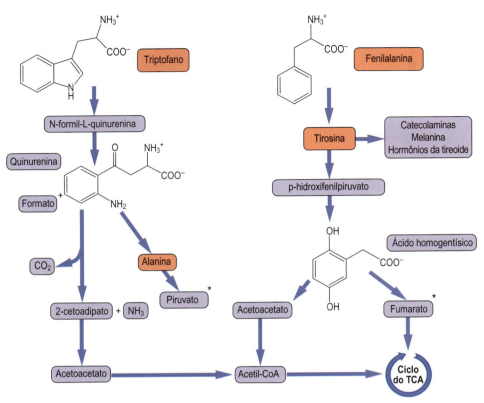

Fig. 15.11 **Catabolismo de aminoácidos aromáticos.** Esta figura resume o catabolismo de aminoácidos aromáticos, ilustrando as vias que levam aos precursores cetogênicos e glicogênicos derivados da tirosina e triptofano. *Piruvato e fumarato podem levar à síntese líquida de glicose. Eles constituem as porções glicogênicas do metabolismo desses aminoácidos.

um aminoácido essencial por poder ser derivada do aminoácido não essencial serina, seu enxofre vem do aminoácido requerido ou essencial, metionina. Similarmente, o aminoácido tirosina não é requerido na alimentação, mas deve ser derivado do aminoácido essencial fenilalanina. Essa relação entre fenilalanina e tirosina será discutida mais adiante quando considerarmos a doença hereditária fenilcetonúria (PKU). Apesar de a arginina poder ser sintetizada como um intermediário do ciclo de ureia, que corresponde às necessidades de um adulto saudável e normal, em uma criança em crescimento e em indivíduos em recuperação após algum trauma, é considerada um aminoácido essencial. As Tabelas 15.5 e 15.6 listam os aminoácidos essenciais e não essenciais e a fonte do esqueleto de carbono no caso daqueles não requeridos na dieta.

Os aminoácidos são precursores de muitos compostos essenciais

Além da sua função como blocos formadores de peptídeos e proteínas, os aminoácidos são precursores de uma série de neurotransmissores, hormônios, mediadores inflamatórios e moléculas carreadoras e efetoras(Tabela 15.7). Os exemplos incluem histidina, usada como precursora da histamina (o mediador de inflamação liberada pelos mastócitos e linfócitos), e glutamato, glicina e aspartato, que são neurotransmissores. Outros exemplos incluem ácido γ − aminobutírico (GABA), que é derivado do glutamato, e tirosina, que é derivada de fenilalanina. Tirosina é o precursor dos neurotransmissores 1,3-diidroxifenilalanina (DOPA), dopamina e epinefrina; os hormônios tireoidianos triiodotironina e tiroxina; e melanina.

Tabela 15.5 Origens dos aminoácidos não essenciais

Aminoácido	Fonte
Alanina	Piruvato, via transaminação
Ácido aspártico, asparagina, arginina, ácido glutâmico, glutamina, prolina	Intermediários do ciclo de TCA
Serina	3-fosfoglicerato (glicólise)
Glicina	Serina
Cisteína*	Serina; requer enxofre derivado de metionina
Tirosina*	Derivado de fenilalanina via hidroxilação

* São exemplos de aminoácidos não essenciais que dependem de quantidades adequadas de um aminoácido essencial.

DOENÇAS HEREDITÁRIAS DO METABOLISMO DE AMINOÁCIDOS

Além das deficiências no ciclo da ureia, falhas no metabolismo dos esqueletos de carbono de vários aminoácidos estavam entre as primeiras doenças a serem declaradamente associadas aos padrões simples de herança. Essas observações aumentam o conceito de base genética dos estados de doenças

Tabela 15.6 Aminoácidos essenciais da dieta

Mnemônica	Aminoácido*	Notas ou comentários
P	Fenilalanina	Requerida na dieta também como precursor de tirosina
V	Valina	Um dos três aminoácidos de cadeia ramificada
T	Treonina	Metabolizado como um aminoácido de cadeia ramificada
T	Triptofano	Sua cadeia lateral heterocíclica de indol não pode ser sintetizada em humanos
I	Isoleucina	Um dos três aminoácidos de cadeia ramificada
M	Metionina	Fornece enxofre para a cisteína e participa como doador de metil no metabolismo. A homocisteína é reciclada.
H	Histidina	Sua cadeia lateral heterocíclica de imidazol não pode ser sintetizada em humanos
A	Arginina	Enquanto arginina pode ser derivada da ornitina no ciclo da ureia em quantidades suficientes para suportar as necessidades dos adultos, animais em crescimento a requerem na alimentação
L	Leucina	Aminoácido cetogênico puro
K	Lisina	Não sofre transaminação direta

* Os mnemônicos PVT TIM HALL são utilizados para lembrar os nomes dos aminoácidos essenciais.

Tabela 15.7 Exemplos de aminoácidos como moléculas efetoras ou precursores

Aminoácido	Efetor molecular ou grupo prostético
Arginina	Precursor imediato da ureia, precursor do óxido nítrico
Aspartato	Neurotransmissor excitatório
Glicina	Neurotransmissor inibitório; precursor do heme
Glutamato	Neurotransmissor excitatório; precursor de γ-aminobutírico (GABA), um neurotransmissor inibitório
Histidina	Precursor de histamina, um mediador de inflamação e um neurotransmissor
Triptofano	Precursor de serotonina, um potente estimulador de contração do músculo liso; precursor de melatonina, um regulador do ritmo circadiano
Tirosina	Precursor dos hormônios e neurotransmissores catecolaminas, dopamina, epinefrina e norepinefrina, tiroxina

metabólicas, também conhecido como **erros inatos do metabolismo**. Garrod considerou uma série de estados de doenças que parecia ser hereditário no padrão Mandeliano, e propôs uma correlação entre essas anormalidades e genes específicos, em que o estado de doença poderia ser dominante ou recessivo. Dúzias de erros inatos do metabolismo de aminoácidos foram, descritos, e o defeito molecular foi identificado para muitos deles. Três clássicos erros inatos do metabolismo que envolve aminoácidos são discutidos aqui com algum detalhe.

Fenilcetonúria (PKU)

A forma comum de PKU resulta da deficiência da enzima fenilalanina hidroxilase. A hidroxilação de fenilalanina é uma etapa requerida tanto na degradação normal do esqueleto de carbono deste aminoácido quanto na síntese de tirosina (Fig. 15.12). Quando não tratada, essa deficiência metabólica leva à excreção urinária excessiva de fenilpiruvato e fenilacetato, e retardo mental severo. Além disso,

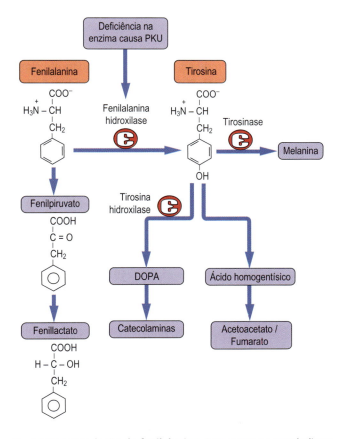

Fig. 15.12 **Degradação de fenilalanina.** Para entrar no metabolismo normal, a fenilalanina deve ser hidroxilada pela enzima fenilalanina hidroxilase. Uma falha nessa enzima leva a fenilcetonúria (PKU). Tirosina é um precursor de Acetil-CoA e fumarato, hormônios catecolamina, o neurotransmissor dopamina e o pigmento melanina. DOPA, diidroxifenilalanina.

QUADRO CLÍNICO
ALBINISMO

Um bebê com período gestacional completo, que nasceu de pai e mãe normais e saudáveis, foi observado com falta de pigmentação. A criança, que aparentava normalidade, tinha olhos azuis e cabelos loiros muito claros, quase brancos. Essa falta de pigmentação foi confirmada como albinismo clássico com base no histórico familiar e a verificação da falta da enzima tirosinase, responsável pela hidroxilação em duas etapas da tirosina para diidroxifenilalanina (DOPA) e subsequente oxidação para uma quinona, um precursor de melanina em melanócitos.

Comentário

A causa primária de albinismo é deficiência homozigótica da tirosinase ou de uma proteína Pacessória. Uma enzima separada produtora de DOPA, tirosina hidroxilase, é envolvida na biossíntese de neutotransmissores catecolaminas, então os albinos não aparentam ter déficits neurológicos. Como resultado da falta de pigmentação, no entanto, eles são bastante suscetíveis a danos pela luz solar e devem se precaver contra a radiação ultravioleta do sol. Os albinos geralmente são muito sensíveis à claridade. Eles possuem visão normal, apesar da falta de pigmentação — os pigmentos da retina são derivados de caroteno (vitamina A), não tirosina. No entanto, são propensos a problemas oculares.

QUADRO DE CONCEITOS AVANÇADOS
SELENOCISTEÍNA

Além dos 20 aminoácidos comuns achados nas proteínas, um 21° aminoácido foi descoberto e apresentado como aminoácido do sítio ativo em várias enzimas, incluindo a enzima anti-oxidante glutatione peroxidase (Cap. 42) e a 5'-deiodinases (importantes no metabolismo de hormônios da tireoide; Cap. 27). **Selenocisteína** é derivada da serina e possui propriedades químicas únicas. É devido à necessidade de selenocisteína que quantidades traço de selênio são requeridas na alimentação. Deve ser notado que apesar de a selenocisteína ser incorporada por si nas enzimas em que age, um número de outros aminoácidos não usuais pode ser encontrado em algumas proteínas devido à modificação pós-tradicional. Exemplos podem ser vistos no colágeno e nas proteínas do tecido conjuntivo que contêm formas hidroxiladas de prolina e lisina, formadas após a incorporação da prolina e da lisina na cadeia polipeptídica (Cap. 19).

---

indivíduos com PKU tendem a ter pigmentação muito clara da pele: passo incomum, posição e postura sentada, e uma alta frequência de epilepsia. Nos Estados Unidos, esse defeito recessivo autossômico ocorre em cerca de 1 em 30.000 nascimentos com vida. Devido a essa frequência e a capacidade de prevenir consequências mais sérias da deficiência com uma alimentação pobre em fenilalanina, recém-nascidos nos países mais desenvolvidos são roineiramente testados quanto a concentrações sanguíneas de fenilalanina. Felizmente, com a detecção inicial e o uso de alimentação restritiva de fenilalanina – porém, suplementada com tirosina – a maior parte do retardo mental pode ser evitada. Mães que são homozigóticas para essa deficiência possuem alta probabilidade de gerar uma criança com defeitos congênitos e retardo mental, a menos que suas concentrações de fenilalanina no sangue sejam controladas pela dieta. O feto em desenvolvimento é muito sensível aos efeitos tóxicos das altas concentrações maternas de fenilalanina e fenilcetonas relacionadas. Nem todas as hiperfenilalaninemias são causadas por deficiência na fenilalanina hidroxilase; em alguns casos, há defeito na biossíntese ou na redução do cofator requerido tetra-hidrobiopterina.

Alcaptonúria (doença da urina preta)

Um segund defeito hereditário na via fenilalanina-tirosina envolve uma deficiência na enzima que catalisa a oxidação do ácido homogentísico, um intermediário no catabolismo de tirosina e fenilalanina. Nessa condição, que ocorre em 1 a cada 1.000.000 nascidos vivos, o ácido homogentísico é acumulado e excretado na urina. Esse composto oxida para alcaptona na permanência ou no tratamento com álcali, dando à urina cor escura. Indivíduos com **alcaptonúria** sofrem da deposição do pigmento escuro (de cor ocre) na cartilagem, com subsequente dano no tecido, incluindo artrite severa. O surgimento desses sintomas é geralmente na terceira ou quarta década de vida. Essa doença recessiva autossômica foi a primeira das muitas que Garrod considerou ao propor sua hipótese inicial de erros inatos do metabolismo. Apesar de a alcaptonúria ser relativamente benigna se comparada à PKU, há poucas formas de tratamento disponíveis, além do alívio sintomático.

Doença da urina de xarope de ácer (MSUD)

O metabolismo normal de aminoácidos de cadeia ramificada leucina, isoleucina e valina envolve a perda do grupo α-amino seguida pela descarboxilação oxidativa do α-ceto ácido resultante. Essa etapa de descarboxilação é catalisada pela descarboxilase de ceto ácido de cadeia ramificada, um complexo multienzimáticos associado à membrana interna da mitocôndria. Em aproximadamente 1 a cada 300.000 nascidos vivos, uma falha nessa enzima leva ao acúmulo de ceto ácidos correspondente a esses aminoácidos de cadeia ramificada no sangue e então à cetoacidúria de cadeia ramificada. Quando não tratada ou não monitorada, essa condição pode levar ao atraso físico e mental do recém-nascido e a um característico odor de xarope de ácer na urina. Essa deficiência pode ser parcialmente controlada com uma dieta modificada ou de baixa proteína, mas não em todos os casos. Em algumas situações, suplementação com altas doses de pirofosfato de tiamina, um cofator desse complexo de enzimas, tem sido adequada.

QUADRO CLÍNICO
CISTINÚRIA

Um homem de 21 anos de idade foi à emergência com graves dores do lado direito e nas costas. Investigação subsequente indicou uma pedra no rim, bem como elevadas concentrações de cistina, arginina e lisina na urina. O paciente apresentou sintomas caraterísticos de cistinúria.

Comentário

A cistinúria é uma desordem recessiva autossômica da absorção intestinal e reabsorção proximal tubular de aminoácidos dibásicos; ela não resulta de uma falha no metabolismo de cisteína em si. Devido à deficiência no transporte, a cisteína, que é normalmente reabsorvida no túbulo renal proximal, permanece na urina. A cisteína espontaneamente se oxida para sua forma de dissulfeto, cistina. A cistina é relativamente insolúvel e tende a precipitar no trato urinário, formando as pedras renais. A condição é geralmente tratada com restrição da ingestão de metionina na alimentação (precursor biossintético de cisteína), encorajamento de alta ingestão de líquidos para manter a urina diluída, e mais recentemente, o uso de medicamentos que convertem cisteína urinária em um composto mais solúvel que não precipitará.

QUESTÕES PARA APRENDIZAGEM

1. A tirosina é incluída como suplemento no planejamento de dietas para indivíduos com fenilcetonúria. Qual é a justificativa para esse suplemento? Compare as abordagens terapêuticas para o tratamento de várias formas de PKU em que a fenilalanina hidroxilase não é afetada.
2. Reveja a justificativa para o uso de levodopa, inibidores de catecol-O-metiltransferase e inibidores de monoamina oxidase para o tratamento da doença de Parkinson.
3. Reveja as vias para a biossíntese dos neurotransmissores serotonina, melatonina e dopamina, e as catecolaminas. Quais enzimas são envolvidas na inativação desses compostos?

RESUMO

- O catabolismo de aminoácidos geralmente começa com a remoção dos grupos α-amino, transferidos para α-cetoglutarato e oxalocetato, e por último, excretados na forma de ureia.
- Como os esqueletos de carbono de vários aminoácidos podem ser derivados de ou inseridos na via glicolítica, ciclo do TCA, biossíntese de ácidos graxos e gliconeogênese, o metabolismo de aminoácidos não deve ser considerado uma via isolada.
- Apesar de os aminoácidos não serem armazenados como glicose (glicogênio) ou ácidos graxos (triglicerídeos), eles possuem uma importante função e dinâmica, não somente em fornecer os blocos constituintes para a síntese e reciclagem de peptídeos e proteínas, mas também no metabolismo energético, provendo uma fonte de carbono para a gliconeogênese quando necessário, e como fonte de energia em última instância no jejum.
- Os aminoácidos fornecem precursores para a biossíntese de uma variedade de pequenas moléculas sinalizadoras, incluindo hormônios e neurotransmissores.
- As graves consequências de doenças hereditárias como fenilcetonúria e doença de urina de xarope de ácer ilustram os efeitos do metabolismo anormal de aminoácidos.

LEITURAS SUGERIDAS

Dietzen, D. J., Rinaldo, P., Whitley, R. J., et al. (2009). National academy of clinical biochemistry laboratory medicine practice guidelines: Follow-up testing for metabolic disease identified by expanded newborn screening using tandem mass spectrometry; Executive summary. *Clinical Chemistry*, 55, 1615-1626.

Kuhara, T. (2007). Noninvasive huma metabolome analysis for differential diagnosis of inborn errors of metabolism. *Journal of Chromatography B*, 855, 42-50.

MacLeod, E., Hall, K., & McGuire, P. (2016). Computational modeling to predict nitrogen balance during acute metabolic decompensation in patient with urea cycle disorders. *Journal of Inherited Metabolic Disease*, 39, 17-24.

Mitchell, J. J., Trakadis, Y. J., & Scriver, C. R. (2011). Phenylalanine hydroxylase deficiency. *Genetics in Medicine*, 13, 697-707.

Morris, S. M., Jr. (2006). Arginine: Beyond protein. *Am J Clin Nutr*, 83(Suppl.), 508S-512S.

Natesan, V., Mani, R., & Arumugam, R. (2016). Clinical aspects of urea cycle dysfunction and altered brain energy metabolism on modulation of glutamate receptors and transporters in acute and chronic hyperammonemia. *Biomed Pharmacother*, 81, 192-202.

Ogier de Baulny, H., & Saudubray, J. M. (2002). Branched-chain organic acidurias. *Seminars in Fetal and Neonatal Medicine*, 7, 65-74.

Saudubray, J. M., Nassogne, M. C., de Lonlay, P., et al. (2002). Clinical approach to inherited metabolic disorders in neonates: An overview. *Seminars in Fetal and Neonatal Medicine*, 7, 3-15.

Singh, R. H. (2007). Nutritional management of patients with urea cycle disorders. *Journal of Inherited Metabolic Disease*, 30, 880-887.

Summar, M. L., Dobbelaere, D., Brusilow, S., et al. (2008). Diagnosis, symptoms, frequency and mortality of 260 patients with urea cycle disorders from a 21-year, multicentre study of acute hyperammonaemic episodes. *Acta Paediatrica*, 97, 1420-1425.

Sun, R., Xi, Q., Sun, J., et al. (2016). In low protein diets, microRNA-19b regulates urea synthesis by targeting SIRT5. *Scientific Reports*, 6, 33291.

Wilcken, B. (2012). Screening for disease in the newborn: The evidence base for blood-spot screening. *Pathology*, 44, 73-79.

SITES

Sociedade para Estudos de Erros Inatosde Metabolismo (SSIEM): http://www.ssiem.org
Distúrbios do ciclo da ureia:
 http://www.ncbi.nlm.nih.gov/books/NBK1217/
 http://www.horizonpharma.com/urea-cycle-disorders/
Metabolismo do nitrogênio: http://themedicalbiochemistrypage.org/nitrogen-metabolism.php
Doença de Parkinson: http://www.mayoclinic.org/diseases-conditions/parkinsons-disease/basics/definition/con-20028488
Fenilcetonúria: http://www.nlm.nih.gov/medlineplus/phenylketonuria.html

ABREVIATURAS

BUN   Nitrogênio ureico, equivalente à ureia (não é sinônimo)
CPS   Carbamoil fosfato sintetase
MAO   Monoamina oxidase
MAOI   Inibidor de monoamina oxidase
PKU   Fenilcetonúria

CAPÍTULO 16

Biossíntese e Degradação dos Nucleotídeos

Alejandro Gugliucci, Robert W. Thornburg e Teresita Menini

OBJETIVOS

Após concluir este capítulo, o leitor estará apto a:

- Comparar e contrastar a estrutura e a biossíntese de purinas e pirimidinas, ressaltando as diferenças entre as vias *de novo* e de recuperação.
- Descrever como as células suprem suas necessidades de nucleotídeos em vários estágios do ciclo celular.
- Explicar o fundamento bioquímico lógico para o uso da fluoruracila e do metotrexato em quimioterapia.
- Descrever a base metabólica e o tratamento de doenças clássicas do metabolismo de nucleotídeos: gota, síndrome de Lesch–Nyhan e SCIDS.

- Síntese *de novo* de nucleotídeos a partir de metabólitos básicos, o que é de suma importância e condição *sine qua non* para as células em crescimento
- Vias de recuperação que reciclam bases e nucleosídeos pré-formados e que fornecem um suprimento adequado de nucleotídeos para as células em repouso
- Vias catabólicas para a excreção de produtos de degradação de nucleotídeos, um processo que é essencial para limitar o acúmulo de níveis tóxicos de nucleotídeos no interior das células. (A eliminação comprometida ou a produção aumentada de **ácido úrico**, o produto final do metabolismo das purinas, podem causar gota e estão associadas a hipertensão e síndrome metabólica.)
- Vias de biossíntese para a conversão dos ribonucleotídeos nos desoxirribonucleotídeos, fornecendo precursores para o DNA

INTRODUÇÃO

Os nucleotídeos, que são moléculas compostas de uma pentose, uma base nitrogenada e fosfato, constituem elementos-chave na fisiologia celular, visto que desempenham as seguintes funções:

- Precursores do DNA e do RNA
- Componentes de coenzimas (p. ex., NAD[H], NADP[H], FMN[H_2] e coenzima A)
- Elementos de troca de energia, propulsionando processos anabólicos (p. ex., ATP e GTP)
- Carreadores na biossíntese (p. ex., UDP para os carboidratos e CDP para os lipídeos)
- Moduladores alostéricos de enzimas fundamentais no metabolismo
- Segundos mensageiros em vias de sinalização importantes (p. ex., cAMP e cGMP)

Podemos sintetizar nucleotídeos de purina e de pirimidina a partir de intermediários metabólicos. Dessa maneira, apesar da ingestão de ácidos nucleicos e nucleotídeos na alimentação, a sobrevivência não exige sua absorção e utilização. Como os nucleotídeos estão envolvidos em diversos níveis do metabolismo, eles constituem alvos importantes para os agentes quimioterápicos utilizados no tratamento de infecções microbianas, parasitárias e do câncer.

Este capítulo irá descrever inicialmente a estrutura e, em seguida, o metabolismo de duas classes de nucleotídeos: as **purinas** e as **pirimidinas**. As vias metabólicas são apresentadas em quatro seções:

Purinas e pirimidinas

Os nucleotídeos são formados a partir de três componentes: uma base nitrogenada, um açúcar de cinco carbonos e fosfato

As bases nitrogenadas encontradas nos ácidos nucleicos pertencem a um de dois grupos heterocíclicos: as purinas ou as pirimidinas (Fig. 16.1). As principais purinas tanto do DNA quanto do RNA são a guanina e a adenina. No DNA, as principais pirimidinas são a timina e a citosina, ao passo que, no RNA, são a uracila e a citosina; **a timina é exclusiva do DNA, enquanto a uracila é exclusiva do RNA**.

Quando as bases nitrogenadas se combinam com um açúcar de cinco carbonos, elas são conhecidas como nucleosídeos. Quando os nucleosídeos são fosforilados, os compostos resultantes são conhecidos como nucleotídeos. O fosfato pode estar ligado na posição 5′ ou na posição 3′ da ribose, ou em ambas. A Tabela 16.1 fornece os nomes e as estruturas das purinas e das pirimidinas mais importantes.

METABOLISMO DAS PURINAS

Síntese *de novo* do anel purínico: Síntese de inosina monofosfato (IMP)

As purinas e as pirimidinas são sintetizadas tanto pela via de novo quanto por vias de recuperação

A demanda de biossíntese de nucleotídeos pode variar acentuadamente. Ela é alta durante a fase S do ciclo celular, quando as

CAPÍTULO 16 Biossíntese e Degradação dos Nucleotídeos

Purina   Pirimidina

Fig. 16.1 **Classificação dos nucleotídeos.** Estrutura básica das purinas e das pirimidinas.

Tabela 16.1 Nomes e estruturas de purinas e pirimidinas importantes

Estrutura	Base livre	Nucleosídeo	Nucleotídeo
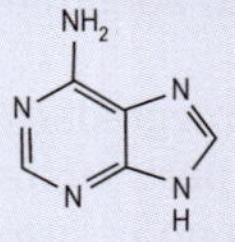	Adenina	Adenosina	AMP ADP ATP cAMP
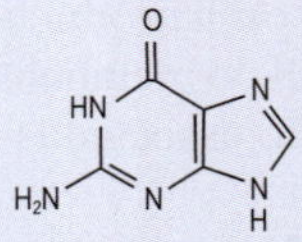	Guanina	Guanosina	GMP GDP GTP cGMP
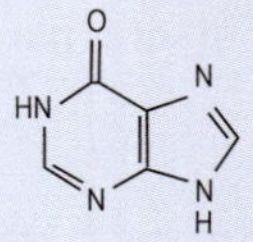	Hipoxantina	Inosina	IMP
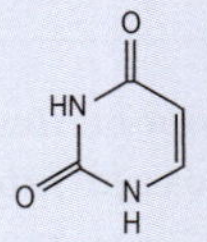	Uracila	Uridina	UMP UDP UTP
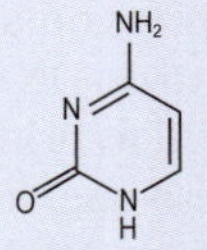	Citosina	Citidina	CMP CDP CTP
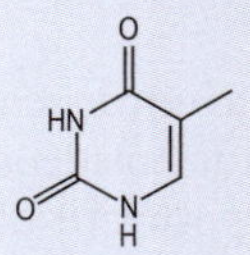	Timina	Timidina	TMP TDP TTP

A designação NTP refere-se ao ribonucleotídeo; o prefixo d, como em dATP, é empregado para identificar os desoxirribonucleotídeos. O dTTP é habitualmente escrito como TTP, estando o prefixo d implícito.

células estão prestes a se dividirem (Capítulo 28). Por conseguinte, o processo é muito ativo nos tecidos em crescimento, no tecido embrionário e fetal e nas células ativamente proliferativas (p. ex., células hematopoiéticas [sanguíneas] e células cancerosas), bem como durante a cicatrização de feridas e a regeneração de tecidos. A biossíntese das purinas e a das pirimidinas são processos de alto custo energético, que estão sujeitos a mecanismos intracelulares que detectam e regulam efetivamente o tamanho das reservas de intermediários e produtos, de modo a evitar o desperdício de energia.

A matéria-prima para a síntese de purinas consiste em CO_2, aminoácidos não essenciais (Asp, Glu, Gly) e derivados do ácido fólico, que atuam como doadores de um único carbono. São necessárias cinco moléculas de ATP para a síntese de IMP, o primeiro produto purínico e o precursor comum do AMP e do GMP. O material inicial para a síntese de IMP é a ribose 5-fosfato, um produto da via das pentoses fosfato (Capítulo 9). A primeira etapa, catalisada pela **ribose-fosfato pirofosfoquinase (PRPP sintetase; fosforribosil pirofosfato sintetase)**, gera a forma ativada da pentose fosfato pela transferência de um grupo pirofosfato do ATP para formar 5-fosforribosil-pirofosfato (PRPP; Fig. 16.2). Em uma série de 10 reações, o PRPP é convertido em IMP. A maioria dos carbonos e todos os átomos de nitrogênio do anel de purina são derivados de aminoácidos; um carbono é derivado do CO_2 e dois do **N^{10}-formiltetra-hidrofolato (THF)**, um derivado do **ácido fólico** (Fig. 16.9). O ácido fólico é uma vitamina; por conseguinte, a deficiência de folato pode comprometer a síntese de purinas, podendo causar doenças, notavelmente a anemia. Por outro lado, uma deficiência induzida de folato pode ser explorada clinicamente para matar as células que sofrem rápida divisão, as quais possuem uma alta demanda de biossíntese de purinas. O produto final dessa sequência de reações é o ribonucleotídeo IMP; a base purínica é denominada hipoxantina, o nucleosídeo é a inosina, e o nucleotídeo é a inosina monofosfato.

Síntese de ATP e GTP a partir do IMP

O IMP não se acumula de modo significativo no interior da célula: ele é convertido em AMP e em GMP. São necessárias duas reações enzimáticas em cada caso (Fig. 16.3). Diferentes enzimas, a adenilato quinase e a guanilato quinase, utilizam o ATP para sintetizar os nucleotídeos difosfato a partir dos nucleotídeos monofosfato. Por fim, uma única enzima, denominada **nucleotídeo difosfoquinase**, converte os difosfonucleotídeos em nucleotídeos trifosfato. Trata-se de uma enzima de amplo espectro, que possui atividade sobre todos os nucleotídeos difosfato, incluindo pirimidinas e purinas e tanto ribo quanto desoxirribonucleotídeos para a síntese do RNA e do DNA, respectivamente.

Vias de recuperação para a biossíntese de nucleotídeos de purina

Além da síntese *de novo*, as células podem utilizar nucleotídeos pré-formados obtidos da dieta ou da degradação de ácidos nucleicos endógenos por meio de vias de recuperação. Trata-se de um importante mecanismo de economia de energia. Nos mamíferos, existem duas enzimas na via de recuperação de purinas. A **adenina fosforribosil transferase (APRT)** converte a adenina livre em AMP (Fig. 16.4A). A **hipoxantina-guanina fosforribosil transferase (HGPRT)** catalisa uma reação semelhante para a hipoxantina (a base purínica no IMP) e para a guanina (Fig. 16.4B). Os nucleotídeos de purina são sintetizados preferencialmente por vias de recuperação, contanto que haja nucleobases livres disponíveis. Essa preferência é mediada pela inibição exercida pela **amidofosforribosil transferase**, a

CAPÍTULO 16 Biossíntese e Degradação dos Nucleotídeos

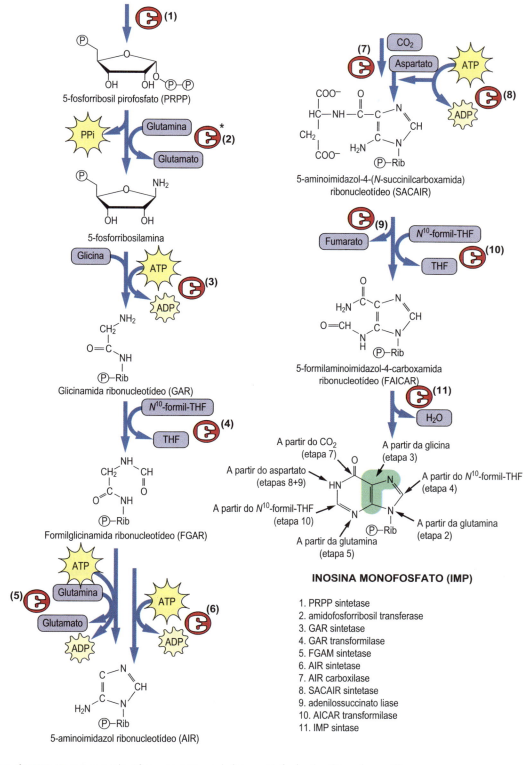

Fig. 16.2 **Síntese de IMP.** *O asterisco identifica a enzima reguladora amidofosforribosil transferase (2).

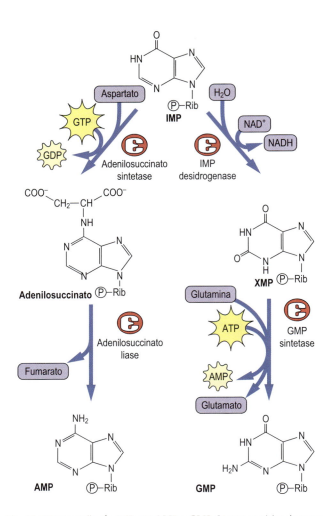

Fig. 16.3 **Conversão do IMP em AMP e GMP.** São necessárias duas reações enzimáticas em cada ramificação da via. XMP, xantosina monofosfato.

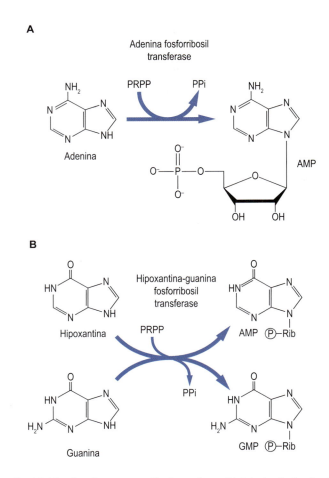

Fig. 16.4 **As vias de recuperação de purinas.** (A) Adenina fosforribosil transferase. (B) Hipoxantina-guanina fosforribosil transferase.

etapa 2 da via *de novo* (Fig. 16.2), em que o AMP e o GMP atuam de modo sinérgico em sítios distintos na enzima. Observe que essa etapa constitui o ponto de inibição da biossíntese de purinas por conta de o PRPP também ser utilizado em outros processos de biossíntese, incluindo vias de recuperação de nucleotídeos.

Metabolismo das purinas e do ácido úrico em humanos

Fontes e eliminação do ácido úrico

O ácido úrico é o produto final do catabolismo das purinas nos seres humanos

O ácido úrico, produto final do catabolismo das purinas nos humanos, não é metabolizado e precisa ser excretado. Entretanto, o processamento renal complexo do urato, descrito mais adiante, sugere que há uma vantagem evolutiva em ter níveis circulantes elevados de urato. Conforme observado no Capítulo 42, o ácido úrico é um antioxidante circulante. Em pH de 7,4, 98% dele estão ionizado e, portanto, circulam na forma de urato monossódico. Esse sal tem baixa solubilidade; o líquido extracelular torna-se saturado em concentrações de urato um pouco acima do limite superior da faixa de referência. Por conseguinte, existe uma tendência de o urato monossódico sofrer cristalização em indivíduos com **hiperuricemia**. A cristalização é promovida por uma baixa temperatura e pH nas extremidades. A manifestação clínica mais óbvia desse processo é a gota, na qual há formação de cristais na cartilagem e na membrana e líquido sinoviais. Esse processo pode ser acompanhado de formação de **cálculos renais** (cálculos de urato) e **tofos** (acúmulo de depósitos de urato de sódio nos tecidos moles). A ocorrência de um súbito aumento na produção de urato — por exemplo, durante a quimioterapia, quando diversas células morrem rapidamente – pode levar à cristalização disseminada do urato nas articulações, mas principalmente na urina, causando **nefropatia úrica** aguda.

Existem três fontes de purinas nos seres humanos: a síntese *de novo*, as vias de recuperação e a dieta. A reserva corporal de urato (e, portanto, a concentração plasmática de ácido úrico) é controlada pelas taxas relativas de formação e excreção de urato. Mais da metade do urato é excretada pelos rins, enquanto o restante é eliminado pelos intestinos, onde as bactérias o consomem. Nos rins, o urato é filtrado e quase totalmente reabsorvido no túbulo proximal. Distalmente, ocorrem secreção e absorção, de modo que a depuração global do urato alcança cerca de 10% da carga filtrada (i.e., 90% ficam retidos no

QUADRO DE CONCEITOS AVANÇADOS
AS VIAS DE RECUPERAÇÃO CONSTITUEM A PRINCIPAL FONTE DE NUCLEOTÍDEOS NOS LINFÓCITOS

Nos seres humanos, os linfócitos T em repouso, as células do sistema imune produzidas no timo (Capítulo 43), obtêm suas necessidades metabólicas habituais de nucleotídeos pela via de recuperação, porém a síntese *de novo* é necessária para sustentar o crescimento das células que se dividem rapidamente. A recuperação de nucleotídeos é particularmente importante nos linfócitos T infectados pelo HIV. Em pacientes assintomáticos, os linfócitos em repouso exibem um bloqueio na biossíntese *de novo* de pirimidinas e uma redução correspondente no tamanho das reservas de pirimidinas. Após ativação da população de linfócitos T, essas células não podem mais sintetizar DNA novo em quantidades suficientes. O processo de ativação leva à morte celular, contribuindo para o declínio da população de linfócitos T durante os estágios tardios da infecção por HIV.

As vias de recuperação também são particularmente importantes para muitos parasitas. Alguns destes, como *Mycoplasma*, *Borrelia* e *Chlamydia*, perderam os genes necessários para a síntese *de novo* de nucleotídeos. Esses organismos saqueiam metabolicamente seus hospedeiros, utilizando os metabólitos pré-formados, incluindo nucleotídeos.

QUADRO CLÍNICO
A GOTA RESULTA DE UM EXCESSO DE ÁCIDO ÚRICO

Diagnóstico
O diagnóstico de **gota** é principalmente clínico e baseia-se na presença de hiperuricemia. Cerca de 90% dos pacientes com gota parecem excretar urato em uma taxa inadequadamente baixa para a concentração plasmática, enquanto cerca de 10% apresentam uma produção excessiva. A artrite gotosa tem um início normalmente hiperagudo (menos de 24 horas), com dor intensa, edema, vermelhidão e calor na(s) articulação(ões), em geral na primeira articulação metatarsofalângica (o hálux), mas também no cotovelo, nos joelhos e em outras articulações. O diagnóstico é confirmado pela presença de tofos ou cristais de urato de sódio no líquido sinovial. Os cristais, que têm o formato de agulhas, são visualizados no interior dos neutrófilos e apresentam uma birrefringência negativa quando examinados com luz polarizada.

Patogenia
Os cristais de urato nas articulações são fagocitados pelos neutrófilos (leucócitos presentes no sangue e nos tecidos). Os cristais danificam as membranas celulares, e a liberação de enzimas lisossomais na articulação desencadeia uma reação inflamatória aguda. Diversas citocinas aumentam e perpetuam a inflamação, que é agravada por células fagocíticas, monócitos e macrófagos.

Tratamento
A crise aguda é tratada com agentes anti-inflamatórios, incluindo fármacos anti-inflamatórios esteroides (p. ex., prednisona) e não esteroides (AINEs). Mudanças na dieta (menor consumo de carne e de bebidas alcoólicas, aumento da ingestão de água, redução do peso) e mudanças nas terapias farmacológicas concomitantes, como diuréticos, podem ser úteis. A probenecida, um fármaco uricosúrico, é bastante utilizada para reduzir uricemia. A colchicina, um fármaco que causa ruptura dos microtúbulos, também pode ser utilizada durante uma crise aguda para inibir a fagocitose e a inflamação. Quando o paciente já é um hiperexcretor ou apresenta tofos, ou doença renal, utiliza-se então o alopurinol. Esse fármaco é um inibidor da xantina oxidase (Fig. 16.5). O alopurinol sofre a primeira oxidação para dar origem à aloxantina, porém é incapaz de sofrer a segunda oxidação. A aloxantina permanece ligada à enzima, atuando como potente inibidor competitivo. O recentemente comercializado febuxostate pertence a uma nova geração de inibidores da xantina oxidase, que atua por meio de um mecanismo semelhante. O febuxostate produz bloqueio não competitivo do centro molibdênio-pterina da enzima. A ação dos inibidores da xantina oxidase leva a uma redução na formação de ácido úrico e ao acúmulo de xantina e hipoxantina, que são 10 vezes mais solúveis e, portanto, facilmente excretados na urina. Outro fármaco recentemente aprovado, o lesinurade, atua por meio de inibição da reabsorção de urato (aumentando, portanto, a sua eliminação) no nível do URAT1, um transportador de ânions orgânicos.

---

organismo). Normalmente, a excreção de urato aumenta se a carga filtrada se elevar. Devido ao papel do rim no metabolismo do urato, as doenças renais podem levar à retenção de urato e à sua precipitação no rim (cálculos) e na urina. As purinas da dieta respondem por cerca de 20% do urato excretado. Por conseguinte, a restrição de purinas na dieta (menos carne) pode reduzir os níveis de urato em apenas 10-20%.

Formação endógena de ácido úrico

Cada um dos monofosfatos de nucleotídeos de purina (IMP, GMP e AMP) pode ser convertido em seus nucleosídeos correspondentes pela 5′-nucleotidase. A enzima purina nucleosídeo fosforilase converte, em seguida, os nucleosídeos inosina ou guanosina nas bases purínicas livres, a hipoxantina e a guanina, bem como a ribose-1-P. A hipoxantina é oxidada, enquanto a guanina é desaminada para produzir xantina (Fig. 16.5). Duas outras enzimas, a **AMP desaminase** e a **adenosina desaminase**, convertem o grupo amino do AMP e da adenosina em IMP e inosina, respectivamente, que são então convertidos em hipoxantina. De fato, a guanina é convertida diretamente em xantina, enquanto a inosina e a adenina são convertidas em hipoxantina e, a seguir, em xantina.

A **xantina oxidase (XO)**, a enzima final dessa via, catalisa uma reação de oxidação em dois passos, convertendo a hipoxantina em xantina e, em seguida, a xantina em ácido úrico. O ácido úrico é o produto metabólico final do catabolismo das purinas nos primatas, nas aves, nos répteis e em muitos insetos. Outros organismos, incluindo a maioria dos mamíferos, peixes, anfíbios e invertebrados, metabolizam o ácido úrico a produtos mais solúveis, como a alantoína (Fig. 16.5).

Hiperuricemia e gota

Os indivíduos com hiperuricemia permanecem, em sua maioria, assintomáticos durante toda a vida, porém não existe gota sem hiperuricemia

A concentração plasmática de urato é, em média, mais alta nos homens do que nas mulheres. Tende a aumentar com a idade; e, em geral, apresenta-se elevada em indivíduos obesos

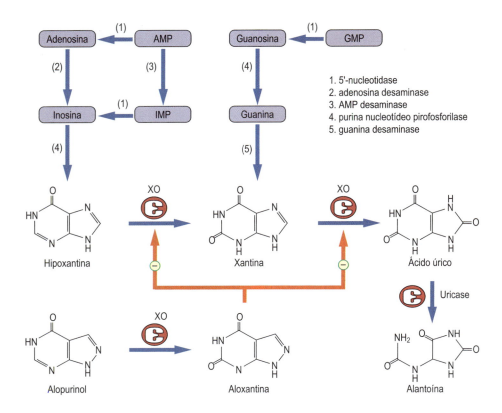

Fig. 16.5 **Degradação das purinas e base bioquímica do tratamento da gota com alopurinol.** O mecanismo envolvido no tratamento da gota com alopurinol consiste na inibição da xantina oxidase (XO) pela aloxantina. A enzima uricase está ausente nos primatas (incluindo os seres humanos), porém é utilizada comumente para determinar os níveis séricos de ácido úrico em seres humanos. (1) 5'-nucleotidase; (2) adenosina desaminase; (3) AMP desaminase; (4) purina nucleotídeo pirofosforilase; (5) guanina desaminase.

e em indivíduos de classes socioeconômicas mais altas; a gota é conhecida, há milênios, como uma "doença dos ricos". A presença de níveis mais elevados de ácido úrico correlaciona-se com um elevado consumo de açúcar, carne e álcool. O risco de gota, uma doença dolorosa que resulta da precipitação de cristais de urato de sódio nas articulações e na derme, aumenta com concentrações plasmáticas mais altas de urato. Pode ocorrer hiperuricemia em consequência de aumento na formação ou diminuição na excreção de ácido úrico, ou ambos. A excreção renal diminuída de urato pode resultar de uma redução na filtração e/ou secreção. Muitos fatores (incluindo fármacos e álcool) também afetam o processamento tubular de uratos e podem causar hiperuricemia ou aumentá-la.

METABOLISMO DAS PIRIMIDINAS

À semelhança das purinas, as pirimidinas (uracila, citosina e timina) também são sintetizadas por meio de uma série complexa de reações que utilizam matérias-primas prontamente disponíveis nas células. Uma importante diferença é a de que a base pirimidínica é produzida primeiro, e o açúcar é acrescentado subsequentemente (Fig. 16.6), enquanto a montagem das purinas é feita sobre um esqueleto de ribose-5-P (Fig. 16.2). A uridina monofosfato (UMP) é o precursor de todos os nucleotídeos de pirimidina. A via *de novo* produz UMP, que, em segui-

QUADRO CLÍNICO
SÍNDROME DE LESCH-NYAN: DEFICIÊNCIA DE HGPRT

O gene que codifica a HGPRT está localizado no cromossomo X. A sua deficiência resulta em uma doença recessiva rara ligada ao X, denominada síndrome de Lesch-Nyhan. A ausência de HGPRT provoca acúmulo de PRPP, que também é o substrato para a enzima amidofosforribosil transferase. Isso estimula a biossíntese de purinas em até 200 vezes. Em consequência da síntese aumentada de purinas, o produto de degradação, o ácido úrico, acumula-se também em altos níveis. O ácido úrico elevado leva ao desenvolvimento de artrite gotosa incapacitante e neuropatologia grave, resultando em retardo mental, espasticidade, comportamento agressivo e compulsão para automutilação por meio de mordidas e arranhões.

da, é convertido em citidina trifosfato (CTP) e em timidina trifosfato (TTP). As vias de recuperação também recuperam as pirimidinas pré-formadas.

Via de novo

A biossíntese de pirimidinas e a de purinas compartilham vários precursores comuns: CO_2, aminoácidos (Asp, Gln) e, para a timina, N^5,N^{10}-metilenotetra-hidrofolato (**N^5-N^{10}-metileno-THF**; Fig. 16.9). A via de biossíntese de UMP está esquematizada na Figura 16.6. A primeira etapa, que é catalisada pela enzima **carbamoil fosfato sintetase II (CPS II)**, utiliza bicarbonato, glutamina e 2 mols de ATP para formar carbamoil fosfato (a CPS I é utilizada na síntese de arginina no ciclo da ureia; Capítulo 15). A maioria dos átomos necessários para a formação do anel de pirimidina provém do aspartato, adicionados em uma única etapa pela **aspartato transcarbamoilase** (ATCase). Em seguida, o carbamoil aspartato é ciclizado em ácido diidroorótico pela ação da enzima diidroorotase. O ácido diidroorótico é oxidado a **ácido orótico** por uma enzima mitocondrial, a diidroorotato desidrogenase. A leflunomida, um inibidor específico dessa enzima, é utilizada para o tratamento da artrite reumatoide, visto que o bloqueio dessa etapa inibe a ativação dos linfócitos e, portanto, limita a inflamação. O grupo ribosil-5′-fosfato do PRPP é, então, transferido para o ácido orótico a fim de formar a orotidina monofosfato (OMP). Por fim, o OMP é descarboxilado para formar UMP. O UTP é sintetizado em duas etapas de fosforilação enzimática pelas ações da UMP quinase e nucleotídeo difosfoquinase. A CTP sintetase converte o UTP em CTP por meio de aminação do UTP (Fig. 16.7, à esquerda). Essa etapa completa a síntese dos ribonucleotídeos para a síntese de RNA.

A canalização metabólica por multienzimas melhora a eficiência

Nas bactérias, as seis enzimas da biossíntese de pirimidinas (UMP) existem como proteínas distintas. Entretanto, durante a evolução dos mamíferos, as três primeiras atividades enzimáticas sofreram fusão na **CAD**, um polipeptídeo multifuncional único, codificado por um único gene. O nome da enzima deriva de suas três atividades: **c**arbamoil fosfato sintase, **a**spartato transcarbamoilase e **d**iidroorotase. As duas atividades enzimáticas finais da biossíntese de pirimidinas, a orotato fosforribosil transferase e a orotidilato descarboxilase, são também fundidas em uma única enzima, a UMP sintase. À semelhança do complexo da ácido graxo sintase (Capítulo 13), essa fusão de atividades enzimáticas sequenciais evita a difusão dos intermediários metabólicos no meio intracelular, melhorando, assim, a eficiência metabólica das etapas individuais.

Vias de recuperação das pirimidinas

À semelhança das purinas, as bases livres de pirimidinas, disponíveis a partir da dieta ou a partir da degradação de ácidos nucleicos, podem ser recuperadas por várias enzimas de recuperação. A uracila fosforribosil transferase (UPRTase) assemelha-se às enzimas das vias de recuperação de purinas. Essa enzima também ativa alguns agentes quimioterápicos, como a 5-fluoruracila (FU) ou a 5-fluorcitosina (FC). Uma uridina-citidina quinase e uma timidina quinase mais específica catalisam a fosforilação desses nucleosídeos; as nucleotídeo quinases e difosfoquinase completam o processo de recuperação.

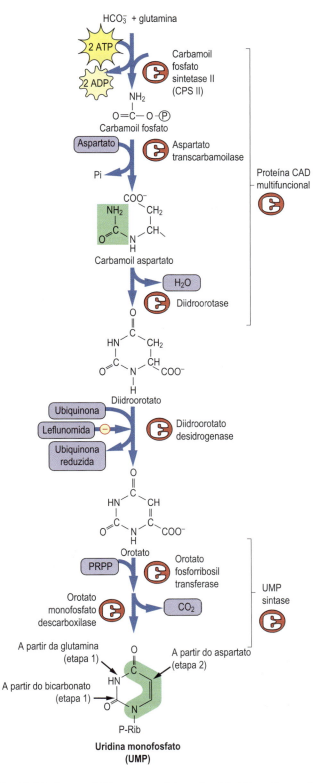

Fig. 16.6 **A via metabólica para a síntese de pirimidinas.** Formação do ácido orótico e do UMP, o primeiro nucleotídeo pirimidínico.

CAPÍTULO 16 Biossíntese e Degradação dos Nucleotídeos

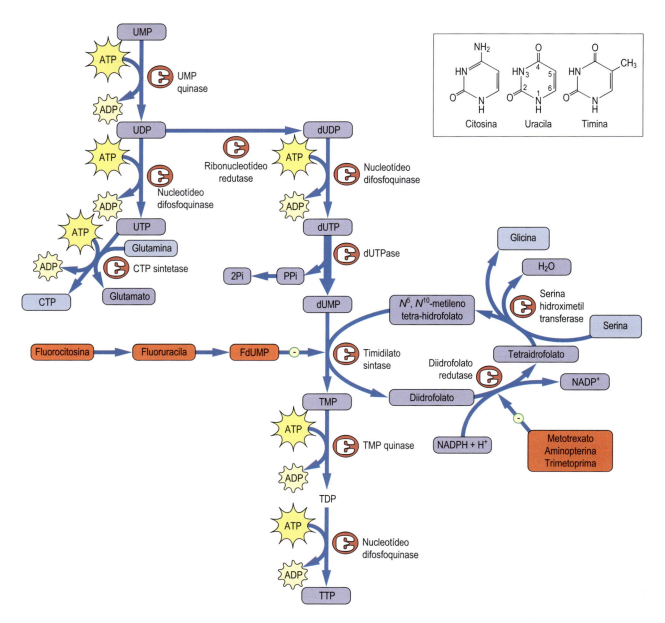

Fig. 16.7 **Síntese de pirimidina trifosfatos.** A síntese de timidina é inibida pelo fluorodesoxiuridilato (FdUMP), pelo metotrexato, pela aminopterina e pela trimetoprima nos pontos indicados.

FORMAÇÃO DE DESOXINUCLEOTÍDEOS

Ribonucleotídeo redutase

A ribonucleotídeo redutase catalisa a redução da ribose a desoxirribose em nucleotídeos para síntese de DNA

Como o DNA utiliza desoxirribonucleotídeos em lugar dos ribonucleotídeos encontrados no RNA, as células necessitam de vias para converter os ribonucleotídeos em formas desoxi. Os desoxirribonucleotídeos de adenina, guanina e uracila são sintetizados a partir de seus difosfatos de ribonucleotídeos correspondentes por meio de redução direta da 2'-hidroxila pela enzima **ribonucleotídeo redutase**, conforme ilustrado para o dUDP na Figura 16.8. A redução da 2'-hidroxila da ribose utiliza um par de grupos sulfidrila ligados a proteína (resíduos de cisteína). O grupo hidroxila é liberado na forma de água, e as cisteínas são oxidadas a cistina durante a reação. Para regenerar uma enzima ativa, o dissulfeto precisa ser reduzido de volta ao par de sulfidrilas original por meio de troca de dissulfeto; isso é realizado pela reação com uma pequena proteína, a **tiorredoxina**. A tiorredoxina, uma proteína Fe-S altamente conservada, é reduzida, por sua vez, pela flavoproteína tiorredoxina redutase.

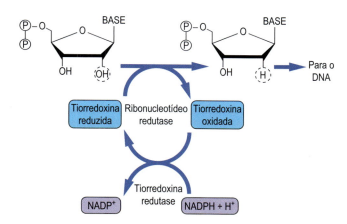

Fig. 16.8 **Formação de desoxirribonucleotídeos, com exceção do TTP, pela ribonucleotídeo redutase.** A tiorredoxina e o NADPH (a partir da via de pentose fosfato) são necessários para a reciclagem da enzima.

Uma via única para a timidina trifosfato

A timina é sintetizada por uma complexa via de reações, oferecendo muitas oportunidades para a quimioterapia
O nucleotídeo desoxi-TMP, abreviado como TMP em lugar de dTMP pelo fato de a timina ser exclusiva do DNA, é sintetizado por uma via especial, que envolve a metilação da forma desoxirribose do uridilato, o dUMP (Fig. 16.7). A via de biossíntese do TMP vai desde o UMP ao UDP, e, em seguida, por meio da ribonucleotídeo redutase, ao dUDP. Em seguida, o dUDP é fosforilado a dUTP, o que cria um problema bioquímico inesperado. A DNA polimerase não discrimina efetivamente entre os dois desoxirribonucleotídeos, o dUTP e o TTP; a única diferença é um grupo metila em *C*-5. A DNA polimerase incorpora o dUTP no DNA *in vitro*, porém essa reação levaria a uma elevada taxa de mutagênese *in vivo*. Por essa razão, as células limitam a concentração de dUTP por meio de hidrólise rápida do dUTP a dUDP, catalisada por uma enzima dUTPase altamente específica, de baixo valor de K_m (~ 1 μM) e cineticamente rápida. Essa enzima cliva uma ligação de alta energia e libera pirofosfato, que é rapidamente hidrolisado em fosfato, deslocando o equilíbrio ainda mais em direção à formação de dUMP. O dUMP é convertido em TMP pela **timidilato sintase (TS)**, utilizando o N^5,N^{10}-metileno-THF como doador de metila; o produto diidrofolato é reciclado pela ação das enzimas **diidrofolato redutase** e serina hidroximetil transferase. Dois ciclos de fosforilação do TMP produzem o TTP para a síntese de DNA.

A síntese de TTP é uma via indireta, porém oferece oportunidades para a quimioterapia por meio da inibição da biossíntese de TMP (Fig. 16.7). Existe apenas uma reação na síntese de pirimidinas que exige um derivado de THF: a conversão do dUMP em TMP, que é catalisada pela timidilato sintase. Essa reação é, com frequência, limitadora de velocidade para a divisão celular. Com efeito, a deficiência de folato compromete a replicação celular, particularmente a replicação de células que sofrem rápida divisão. Por conseguinte, a deficiência de folato constitui uma causa frequente de anemia; as células da

 QUADRO DE CONCEITOS AVANÇADOS
ALVOS DA QUIMIOTERAPIA: RECICLAGEM DO FOLATO E TIMIDILATO SINTASE

O fluorodesoxiuridilato (FdUMP) é um **inibidor suicida** específico da timidilato sintase. No FdUMP, um flúor altamente eletronegativo substitui o próton do carbono-5 da uridina. Esse composto pode iniciar a conversão enzimática em dTMP por meio da formação do complexo covalente enzima–FdUMP; entretanto, o intermediário covalente não pode aceitar o grupo metila doado pelo metileno THF, nem pode ser degradado para liberar a enzima ativa. O resultado é um complexo suicida, em que o substrato está covalentemente fixado ao sítio ativo da timidilato sintase. O fármaco em geral é administrado como **fluoruracila**, e o metabolismo normal do corpo converte a fluoruridina em FdUMP. A fluoruracila é utilizada no tratamento dos cânceres de mama, colorretal, gástrico e de útero.

A fluorocitosina é um poderoso agente antimicrobiano. Seu mecanismo de ação assemelha-se ao do FdUMP; entretanto, ela precisa ser inicialmente convertida em fluoruracila pela ação da citosina desaminase. Subsequentemente, a fluoruracila é convertida em FdUMP, que bloqueia a timidilato sintase, conforme anteriormente explicado. Embora a citosina desaminase seja encontrada na maioria dos fungos e bactérias, ela está ausente em animais e plantas. Por conseguinte, nos seres humanos, a fluorocitosina não é convertida em fluoruracila e não é tóxica, ao passo que, nos micróbios, o metabolismo da fluorocitosina resulta em morte celular.

A **aminopterina** e o **metotrexato** são análogos do ácido fólico (Fig. 16.9), que se ligam cerca de 1.000 vezes mais firmemente à diidrolato redutase (DHFR) do que o diidrofolato. Dessa maneira, eles bloqueiam de modo competitivo e quase irreversível a síntese de dTMP. Esses compostos também são inibidores competitivos de outras reações enzimáticas dependentes de THF, que são utilizadas na biossíntese de purinas, histidina e metionina. A trimetoprima liga-se à DHFR e liga-se mais firmemente às DHFRs bacterianas do que às enzimas de mamíferos, tornando-a um agente antibacteriano efetivo. Os análogos do folato são agentes quimioterápicos relativamente inespecíficos. Eles envenenam as células que sofrem rápida divisão – não apenas as células cancerosas, mas também os folículos capilares, as células hematopoéticas e as células epiteliais do intestino, causando queda dos cabelos, anemia e efeitos colaterais gastrintestinais da quimioterapia. Além desses papéis, o metotrexato em doses baixas é utilizado no tratamento da artrite reumatoide, inibindo a proliferação dos linfócitos. Além disso, tendo em vista o papel da inflamação na aterosclerose, estudos multicêntricos de grande porte estão avaliando atualmente o metotrexato em baixas doses para reduzir o risco de doença cardiovascular.

medula óssea envolvidas na eritropoiese e hematopoiese estão entre as células que se dividem mais rapidamente no corpo. Conforme esquematizado no Quadro de Conceitos Avançados (acima), a inibição da timidilato sintase, diretamente ou por meio da inibição da reciclagem do THF, oferece uma oportunidade especial para a quimioterapia, tendo como alvo a síntese de precursores de DNA nas células cancerosas que sofrem divisão rápida.

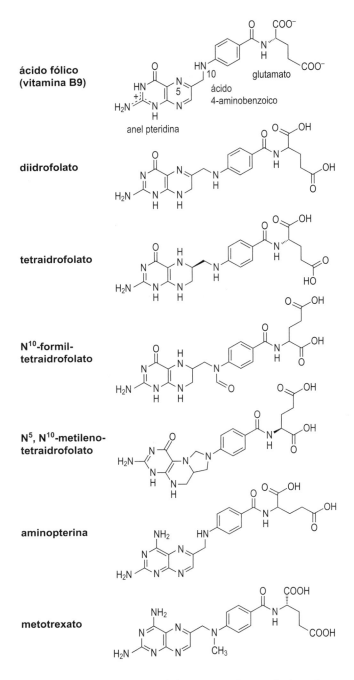

Fig. 16.9 **Estrutura do ácido fólico e coenzimas relacionadas e agentes quimioterápicos.**

O metabolismo *de novo* de nucleotídeos é altamente regulado

A ribonucleotídeo redutase é a enzima alostérica que coordena um suprimento equilibrado de desoxinucleotídeos para a síntese de DNA

Como os nucleotídeos são necessários para a proliferação das células nos mamíferos, as enzimas envolvidas na síntese *de novo* das urinas e das pirimidinas são induzidas durante a fase S da divisão celular. As regulações covalentes e alostéricas também desempenham um importante papel no controle da síntese de nucleotídeos. A proteína multimérica CAD é ativada por fosforilação realizada por proteína quinases em resposta a fatores de crescimento, aumentando a sua afinidade pelo PRPP e diminuindo a inibição pelo UTP. Ambas as mudanças favorecem a biossíntese de pirimidinas para a divisão celular.

A biossíntese de pirimidinas segue paralelamente a biossíntese de purinas mol por mol, sugerindo a presença de um controle coordenado. Entre elas, um dos pontos-chave é a reação da PRPP sintase. O PRPP é um precursor para todos os ribo e desoxirribonucleotídeos. A PRPP sintase é inibida por nucleotídeos tanto pirimidínicos quanto purínicos.

A ribonucleotídeo redutase coordena a biossíntese de todos os quatro desoxinucleotídeos

Como uma única enzima é responsável pela conversão de todos os ribonucleotídeos e desoxirribonucleotídeos, essa enzima está sujeita a uma complexa rede de regulação por retroalimentação. A ribonucleotídeo redutase contém vários sítios alostéricos para a regulação metabólica. Os níveis de cada um dos dNTPs modulam a atividade da enzima para os outros NDPs. Ao regular a atividade enzimática da síntese de desoxirribonucleotídeos em função da concentração dos diferentes dNTPs, frequentemente descrita como "comunicação cruzada" entre as vias, a célula garante a produção de razões adequadas dos diferentes desoxirribonucleotídeos para o crescimento e a divisão celular normais.

Catabolismo dos nucleotídeos de pirimidina

Diferentemente da degradação das purinas a ácido úrico, as pirimidinas são degradadas em compostos solúveis, que são prontamente eliminados na urina e não constituem uma causa frequente de patologia. Podem ocorrer acidúrias oróticas nos casos raros em que as enzimas das vias catabólicas das pirimidinas são defeituosas. De outro modo, os nucleotídeos e os nucleosídeos de pirimidinas são convertidos em bases livres, e o anel heterocíclico é clivado, dando origem ao **β-aminoisobutirato** como principal produto de excreção, juntamente com certa quantidade de amônia e CO_2.

RESUMO

■ Os nucleotídeos são sintetizados principalmente a partir de precursores de aminoácidos e fosforribosil pirofosfato por vias complexas, constituídas de múltiplas etapas e de alto custo metabólico.

■ O metabolismo de nucleotídeos *de novo* é necessário para a proliferação celular, porém as vias de

QUADRO CLÍNICO
AS SÍNDROMES DE IMUNODEFICIÊNCIAS COMBINADAS GRAVES (SCIDS) SÃO CAUSADAS PELO COMPROMETIMENTO DAS VIAS DE RECUPERAÇÃO DE PURINAS

As SCIDs são distúrbios fatais, que resultam de defeitos nas funções imunes tanto celular quanto humoral. Os pacientes com SCIDs são incapazes de produzir eficientemente anticorpos em resposta a um estímulo antigênico. Cerca de 50% dos pacientes com a forma autossômica recessiva da SCID apresentam uma deficiência genética na enzima de recuperação de purinas, a **adenosina desaminase**. A fisiopatologia envolve linfócitos de origem tanto do timo quanto da medula óssea (linfócitos T e B), bem como "autodestruição" das células diferenciadas após estímulo antigênico. A causa precisa da morte celular ainda não é conhecida, porém pode envolver o acúmulo de adenosina, desoxiadenosina e dATP nos tecidos linfoides, acompanhado de depleção de ATP. O dATP inibe a ribonucleotídeo redutase e, portanto, a síntese de nucleotídeos de DNA. A descoberta de que a deficiência da próxima enzima na via de recuperação de purinas, a nucleosídeo fosforilase, também está associada a um distúrbio de imunodeficiência sugere que a integridade da via de recuperação de purinas é de importância crítica para a diferenciação e a função normais das células imunocompetentes nos seres humanos.

QUADRO CLÍNICO
EVOLUÇÃO REVERSA: A URICASE COMO NOVO TRATAMENTO PARA A GOTA REFRATÁRIA

Os fármacos empregados no tratamento de pacientes com gota vêm sendo utilizados, em sua maioria, há mais de 40 anos. Mais recentemente, com os progressos em nosso conhecimento fisiológico da gota, foram desenvolvidos novos tratamentos inovadores, que foram introduzidos no mercado, como a terapia enzimática pela administração de uricase. A pegloticase, uma uricase recombinante, constitui uma nova opção terapêutica para pacientes que sofrem de gota crônica e refratária. A enzima uricase suína foi combinada com polietilenoglicol (PEG), o que aumenta a sua meia-vida plasmática em 2 semanas, tornando a injeção intravenosa desse fármaco uma abordagem alternativa ao tratamento de pacientes com gota sintomática para os quais os agentes hipouricêmicos disponíveis não têm sucesso ou são contraindicados.

Ensaios clínicos realizados em seres humanos mostram que a pegloticase mantém as concentrações de ácido úrico abaixo de 7 mg/dL em pacientes com gota crônica. Essas uricases recombinantes podem desempenhar um papel no tratamento da gota grave, particularmente em pacientes com gota grave e tofácea, de modo a promover a dissolução dos tofos.

QUADRO DE CONCEITOS AVANÇADOS
O YIN E O YANG DA XANTINA OXIDASE: ALÉM DA PRODUÇÃO DE ÁCIDO ÚRICO

A xantina oxidase (XO) é uma flavoproteína citosólica ubíqua, que controla a etapa limitadora de velocidade no catabolismo das purinas. A oxidação da xantina a ácido úrico produz $FADH_2$, e a reoxidação do $FADH_2$ produz espécies reativas de oxigênio (ROS; superóxido e peróxido de hidrogênio), que são tóxicas quando presentes em altas concentrações na célula. A produção excessiva de ROS está associada a muitas doenças agudas e crônicas, incluindo lesão de isquemia-reperfusão (IRI), doença cardiovascular, síndromes microvasculares, síndrome metabólica e câncer (Capítulo 42). A XO, entre outras enzimas, contribui para a geração de ROS em excesso nessas condições. Na IRI, são produzidas ROS durante a reperfusão do tecido (i. é, durante a fase de recuperação). O alopurinol, um inibidor da XO, está sendo avaliado como terapia adjuvante para limitar a produção de ROS durante a recuperação do infarto do miocárdio e do acidente vascular encefálico. Por outro lado, a XO também está sendo conjugada a anticorpos antitumorais em estudos experimentais, de modo a direcionar a produção de ROS para o ambiente do tumor, destruindo as células tumorais. Por conseguinte, embora a XO seja um ator principal no catabolismo das purinas, ela também desempenha outros papéis na patologia e na terapia.

QUADRO DE CONCEITOS AVANÇADOS
A FRUTOSE PODE AUMENTAR OS NÍVEIS PLASMÁTICOS DE ÁCIDO ÚRICO, QUE PODEM ESTAR IMPLICADOS NA SÍNDROME METABÓLICA – DE QUE MANEIRA?

Nos últimos anos, fortes evidências epidemiológicas mostraram a existência de uma conexão entre o consumo de frutose (particularmente a forma de bebidas adoçadas com açúcar, incluindo sucos de frutas) e aumentos nos níveis plasmáticos de ácido úrico. Em muitos casos, isso está associado a hipertensão e síndrome metabólica. Quanto ao mecanismo envolvido, essas associações podem ser explicadas por duas conexões bioquímicas diretas e integrativas. Conforme descrito no Capítulo 12, a frutose alcança o fígado, essencialmente o único lugar onde é metabolizada. Ela escapa das duas principais etapas reguladoras da glicólise; por conseguinte, surtos de frutose (pense em dois grandes copos de soda ou suco de maçã, contendo 40 g ou mais de 200 mM de frutose) levam a uma fosforilação irrestrita de frutose, que consome ATP. O ADP resultante é reciclado a ATP pela nucleosídeo difosfoquinase, com consequente acúmulo de AMP. O AMP é convertido em ácido úrico, que pode inibir a AMP quinase, uma enzima reguladora de suma importância. Sua inibição favorece a estimulação de lipogênese hepática, secreção de glicose e biossíntese de colesterol, todas associadas à síndrome metabólica. O ácido úrico também é um repressor do NO, levando a uma elevação da pressão arterial.

QUESTÕES PARA APRENDIZAGEM

1. Comparar os papéis da síntese *de novo* e das vias de recuperação da síntese de nucleotídeos em vários tipos de células (p. ex., eritrócitos, linfócitos e células musculares e hepáticas).
2. Além de sua atividade como inibidor da xantina oxidase, que outras atividades do alopurinol poderiam contribuir para a sua eficácia no tratamento da gota?
3. Discutir o uso dos inibidores da timidilato sintetase e análogos do folato no tratamento de outras doenças além do câncer (p. ex., artrite, psoríase).
4. Revisar a função dos folatos no metabolismo e explicar os efeitos da deficiência de folato e o fundamento lógico para a suplementação de folato durante a gravidez.
5. Por que se recomenda uma redução do consumo de álcool em indivíduos suscetíveis a desenvolver gota?

recuperação também desempenham um papel proeminente no metabolismo dos nucleotídeos.

- Ambas as classes de nucleotídeos (purinas e pirimidinas) são sintetizadas como precursores (IMP, UMP), que são então convertidos em precursores de DNA (dATP, dGTP, dCTP, TTP).
- Com exceção do TTP, os ribonucleotídeos são convertidos em desoxirribonucleotídeos pela ribonucleotídeo redutase. O TTP é sintetizado a partir do dUMP por uma via especial envolvendo folatos.
- As vias de recuperação demonstraram ser úteis para a ativação de agentes farmacêuticos, enquanto a exclusividade da via para a síntese de TTP tem fornecido um alvo especial à inibição da síntese de DNA e da divisão celular por quimioterapia em células cancerosas.
- As concentrações plasmáticas elevadas de ácido úrico, o produto final do catabolismo das purinas nos seres humanos, podem levar à gota e à formação de cálculos renais e estão associados à síndrome metabólica.

LEITURAS SUGERIDAS

Agarwal, A., Banerjee, A., & Banerjee, U. C. (2011). Xanthine oxidoreductase: A journey from purine metabolism to cardiovascular excitation-contraction coupling. *Critical Reviews in Biotechnology, 31,* 264-280.

Doghramji, P. P. (2015). Hot topics in primary care: Update on the recognition and management of gout; More than the great toe. *The Journal of Family Practice, 64*(Suppl. 12), S31-S36.

Gangjee, A., Jain, H. D., & Kurup, S. (2008). Recent advances in classical and non-classical antifolates as antitumor and antiopportunistic infection agents. *Anti-cancer Agents in Medicinal Chemistry, 8,* 205-231.

Garay, R. P., El-Gewely, M. R., Labaune, J. P., et al. (2012). Therapeutic perspectives on uricases for gout. *Joint, Bone, Spine: Revue Du Rhumatisme, 79,* 237-242.

Johnson, R. J. (2015). Why focus on uric acid? *Current Medical Research and Opinion, 31*(Suppl. 2), 3-7.

Jordan, K. M. (2012). Up-to-date management of gout. *Current Opinion in Rheumatology, 24,* 145-151.

Jurecka, A. (2009). Inborn errors of purine and pyrimidine metabolism. *Journal of Inherited Metabolic Disease, 32,* 247-263.

Lee, B. E., Toledo, A. H., Anaya-Prado, R., et al. (2009). Allopurinol, xanthine oxidase, and cardiac ischemia. *Journal of Investigative Medicine, 57,* 902-909.

Maiuolo, J., Oppedisano, F., Gratteri, S., et al. (2016). Regulation of uric acid metabolism and excretion. *International Journal of Cardiology, 213,* 8-14.

Nyhan, W. L. (1997). The recognition of Lesch–Nyhan syndrome as an inborn error of purine metabolism. *Journal of Inherited Metabolic Disease, 20,* 171-178.

Shannon, J. A., & Cole, S. W. (2012). Pegloticase: A novel agent for treatment-refractory gout. *The Annals of Pharmacotherapy, 46,* 368-376.

Wu, A. H., Gladden, J. D., Ahmed, M., et al. (2016). Relation of serum uric acid to cardiovascular disease. *International Journal of Cardiology, 213,* 4-7.

SITES

Gota : http://www.niams.nih.gov/Health_Info/Gout/default.asp

Síndrome de Lesch-Nyhan: http://emedicine.medscape.com/article/1181356-overview

Scid

http://www.scid.net

http://themedicalbiochemistrypage.org/nucleotide-metabolism.php

ABREVIATURAS

APRT	Adenosina fosforribosil transferase
ATCase	Aspartato transcarbamoilase
CAD	Carbamoil fosfato sintetase-Aspartato transcarbamoilase-Diidroorotase
CPS-II	Carbamoil fosfato sintetase II
HGPRT	Hipoxantina-guanina fosforribosil transferase
IMP	Monofosfato de inositina
N^5-N^{10}-THF	N^5-N^{10}-tetraidrofolato
PRPP	5-fosforribosil-a-pirofosfato
SCID	Síndrome de imunodeficiência combinada grave
THF	Tetraidrofolato

CAPÍTULO 17

Carboidratos Complexos: Glicoproteínas

Alan D. Elbein (in memoriam) e Koichi Honke

OBJETIVOS

Após concluir este capítulo, o leitor estará apto a:

- Descrever as estruturas gerais dos oligossacarídeos (glicanos) em vários tipos de glicoproteínas.
- Esboçar a sequência de reações envolvidas na biossíntese e no processamento dos N-glicanos para produzir os vários tipos de cadeias de oligossacarídeos.
- Descrever o papel dos N-glicanos no dobramento, na estabilidade e no reconhecimento célula-célula das proteínas.
- Explicar a importância dos O-glicanos na função da mucina.
- Descrever como cada monossacarídeo envolvido na biossíntese de N-glicanos e O-glicanos é sintetizado a partir da glicose e ativado para a síntese dos glicoconjugados.
- Diferenciar lectinas de outros tipos de proteínas, e descrever seu papel em fisiologia e patologia.
- Descrever várias doenças associadas a deficiências em enzimas envolvidas na síntese, modificação ou degradação de carboidratos complexos.

INTRODUÇÃO

Glicoconjugados incluem glicoproteínas, proteoglicanos e glicolipídeos

Muitas proteínas dos mamíferos são glicoproteínas – isto é, elas contêm, em suas estruturas, açúcares ligados de forma covalente a aminoácidos específicos. Há dois tipos principais de proteínas constituídas por açúcares que ocorrem em células animais, geralmente chamadas de glicoproteínas e proteoglicanos. Juntamente com os glicolipídeos, os quais são apresentados no próximo capítulo, todos esses componentes são parte do grupo de macromoléculas que contêm açúcar, chamadas de **glicoconjugados**.

As glicoproteínas (Fig. 17.1A) têm cadeias curtas de glicanos; elas podem ter até 20 açúcares, mas em geral contêm entre 3 e 15 açúcares. Esses oligossacarídeos são altamente ramificados, não têm unidades repetidas e usualmente contêm aminoaçúcares (N-acetilglicosamina ou N-acetilgalactosamina), açúcares neutros (D-galactose, D-manose, L-fucose) e o açúcar ácido siálico (ácido N-acetilneuramínico). As glicoproteínas geralmente não contêm os ácidos urônicos, açúcares ácidos que são a parte principal dos proteoglicanos. Muitas vezes elas contêm quantidades menores de carboidratos do que de

proteínas, caracteristicamente de uma pequena porcentagem de carboidratos a 10% -15% de açúcar por peso.

Os proteoglicanos (Fig. 17.1B e Capítulo 19) contêm até 50%-60% de carboidratos. Nessas moléculas, as cadeias de açúcar são polímeros longos, não ramificados, que podem conter centenas de monossacarídeos. Essas cadeias de sacarídeos têm unidades de dissacarídeo repetidas, geralmente constituídas de um ácido urônico e um aminoaçúcar.

A maioria das proteínas nas membranas das superfícies celulares que funcionam como receptores para hormônios ou participam em outros importantes processos associados à membrana, tais como interações célula-célula, são glicoproteínas. Muitas das proteínas de membrana do retículo endoplasmático ou do aparelho de Golgi, bem como aquelas proteínas secretadas das células, incluindo proteínas da mucosa e do soro, também são glicoproteínas. De fato, a glicosilação é a principal modificação enzimática de proteínas no corpo. A adição de açúcares a uma proteína pode ocorrer ao mesmo tempo e na mesma localização em que a síntese de proteínas estiver ocorrendo no retículo endoplasmático (i.e., co-traducionalmente), ou depois que a síntese de proteínas tenha se completado e a proteína tenha sido transportada ao aparelho de Golgi (i.e., pós-traducionalmente). As funções das cadeias de carboidratos das glicoproteínas resultantes são diversas (Tabela 17.1).

ESTRUTURAS E LIGAÇÕES

Os açúcares são adicionados a aminoácidos específicos nas proteínas

Os açúcares podem ser adicionados a proteínas em ligações **N-glicosídicas** ou **O-glicosídicas**. Os oligossacarídeos N-ligados (N-glicanos) são amplamente encontrados na natureza e são característicos de membranas e proteínas secretoras. A adição desses oligossacarídeos às proteínas envolve uma ligação **glicosilamina** entre um resíduo de N-acetilglicosamina (GlcNAc) e o nitrogênio amida de um resíduo de asparagina (Fig. 17.2A). A asparagina, que serve como aceptor desse oligossacarídeo, deve estar na **sequência consenso** Asn-X-Ser (Thr) a ser reconhecida como aceptor pela enzima de transferência do oligossacarídeo (ver a seguir). Entretanto, nem todos os resíduos de asparagina, mesmo aqueles nessa sequência consenso, tornam-se glicosilados, indicando que outros fatores, como a conformação ou outras propriedades da proteína, podem estar envolvidos.

Os oligossacarídeos O-ligados (O-glicanos) são mais encontrados nas proteínas dos fluidos mucosos, mas também ocorrem

CAPÍTULO 17 Carboidratos Complexos: Glicoproteínas

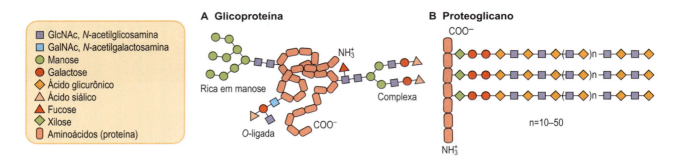

Fig. 17.1 **Modelo generalizado da estrutura de glicoproteínas e proteoglicanos.**

Tabela 17.1 Função dos carboidratos nas glicoproteínas

- Auxiliar no enovelamento das proteínas para uma conformação correta
- Melhorar a solubilidade proteica
- Estabilizar a proteína contra desnaturação
- Proteger a proteína de degradação proteolítica
- Dirigir a proteína a suas localizações subcelulares específicas
- Servir como sinais de reconhecimento para as proteínas ligadas a carboidratos (lectinas)

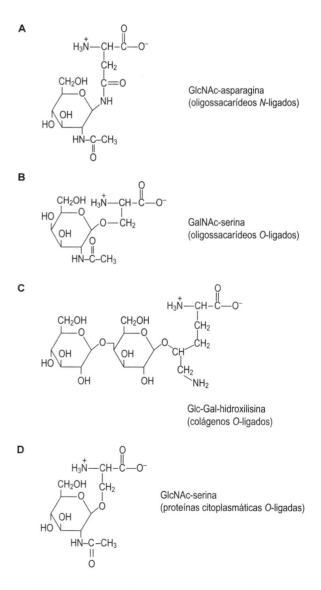

com frequência nas mesmas membranas e proteínas secretórias que contêm os N-glicanos. Os O-glicanos contêm, de forma característica, três ou mais açúcares em cadeias lineares ou ramificadas, fixados à proteína por uma ligação glicosídica entre um resíduo da N-acetilgalactosamina (GalNAc) e o grupo hidroxil de um resíduo de serina ou de treonina da proteína (Fig. 17.2B e Fig. 17.4). Aparentemente, não há uma sequência consenso de aminoácidos para a glicosilação O-ligada, embora haja frequência elevada de resíduos de prolina nas posições -1 e +3, preferência por aminoácidos ácidos vizinhos e baixa frequência de aminoácidos aromáticos e volumosos próximos aos sítios de O-glicosilação. Essas correlações sugerem que os resíduos de serina ou treonina O-glicosilada estão próximos a voltas na cadeia de peptídeos na superfície hidrofílica da proteína.

Um dissacarídeo glicosil-galactose em geral está ligado ao grupo hidroxil dos resíduos de hidroxilisina na proteína fibrosa, o colágeno (Fig. 17.2C). A **hidroxilisina** é um aminoácido incomum, encontrado somente em colágenos e proteínas com domínios colagenosos. A hidroxilisina não é incorporada diretamente à proteína, mas é produzida por hidroxilação pós-traducional de resíduos de lisina. A lisil-hidroxilase requer vitamina C como cofator; a vitamina C é usada muitas vezes para acelerar a cicatrização de feridas. O colágeno é sintetizado primeiro na célula como uma forma precursora chamada pró-colágeno. Os pró-colágenos são sintetizados comumente como glicoproteínas N-ligadas, mas o N-glicano é removido como parte do peptídeo que é clivado do pró-colágeno durante sua maturação para colágeno. Somente os dissacarídeos O-ligados permanecem na molécula de colágeno madura. Os colágenos menos glicosilados tendem a formar estruturas ordenadas, fibrosas, como ocorre nos tendões, enquanto os colágenos

Fig. 17.2 **Várias ligações de açúcares a aminoácidos em glicoproteínas.** GlcNAc, N-acetilglicosamina.

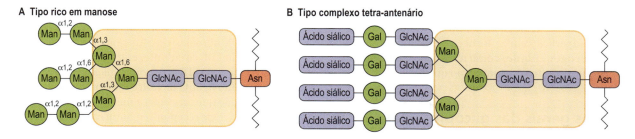

Fig. 17.3 **Estruturas típicas de oligossacarídeos ricos em manose e N-ligados complexos.** A estrutura central (área sombreada) é comum a ambas as estruturas. Asn, asparagina; Gal, galactose; GlcNAc, N-acetilglicosamina; Man, manose.

mais altamente glicosilados são encontrados em estruturas de malha, como as membranas basais da parede vascular e no glomérulo renal (Capítulo 19).

Uma única GlcNAc é adicionada ao grupo hidroxil dos resíduos de serina ou treonina em várias proteínas nucleares e citoplasmáticas (Fig. 17.2D). Esse GlcNAc O-ligado (O-GlcNAc) liga-se a resíduos específicos de serina e treonina, que se tornam fosforilados pelas proteínas quinases durante estimulação hormonal ou outros eventos sinalizadores. A enzima que adiciona o GlcNAc é amplamente distribuída, mas ainda não está clara a forma pela qual ela é controlada. Há uma segunda enzima, que remove o GlcNAc dos resíduos de serina e treonina de forma semelhante ao papel regulatório contrastante das proteínas quinases e fosfatases. A modificação do GlcNAc (**O-GlcNAcilação**) pode representar um mecanismo que permite às células bloquearem a fosforilação de resíduos de serina e treonina específicos em proteínas selecionadas, enquanto permite que outros sejam fosforilados. Então, o GlcNAc pode ser removido, sob condições apropriadas, para permitir a fosforilação. O substrato doador de O-GlcNAcilação é o UDP-GlcNAc (ver adiante), que é derivado de glicose. A O-GlcNAcilação é dependente do nível de UDP-GlcNAc intracelular, que está correlacionado à concentração de glicose extracelular. A O-GlcNAcilação de proteínas envolvidas na via de sinalização da insulina ocasiona a resistência à insulina em músculo esquelético, tecido adiposo e células β-pancreáticas, que causam a diabetes tipo 2. A O-GlcNAcilação também regula os fatores de transcrição, bem como o proteassomo, que está envolvido na renovação proteica (Capítulo 22).

Uma nova classe de glicanos O-ligados, nos quais a manose se liga aos resíduos de serina e treonina, é encontrada na proteína distroglicana, específica de nervos e músculos. Um típico glicano O-manose consiste em GlcNAc, galactose e ácido siálico, que se ligam ao núcleo da manose nessa sequência. Os glicanos O-manose atuam como conectores entre o citoesqueleto intracelular e a matriz extracelular para manter a função do miócito. A deficiência na biossíntese de glicanos O-manose causa distrofia muscular.

Outro aminoácido que pode servir como sítio para a glicosilação é a tirosina. O único exemplo dessa ligação ocorre na proteína glicogenina, encontrada no núcleo do glicogênio (Capítulo 12). A **glicogenina** é uma proteína autoglicosilante que inicialmente adiciona uma glicose ao grupo hidroxil de um de seus resíduos de tirosina. A proteína então acrescenta várias outras glicoses à glicose ligada à proteína, para formar um oligossacarídeo, o qual serve como aceptor para a glicogênio-sintase.

Os N-glicanos têm estruturas "ricas em manose" ou "complexas" montadas sobre um núcleo comum

Embora exista um grande número de diferentes estruturas de carboidratos produzidas por células vivas, a maioria dos oligossacarídeos em glicoconjugados apresenta muitos açúcares e ligações glicosídicas em comum. Todos os N-glicanos têm cadeias de oligossacarídeos que são estruturas ramificadas, tendo um cerne comum de três resíduos de manose e dois resíduos de GlcNAc (Fig. 17.3 A,B), mas diferem consideravelmente além da região do cerne, podendo formar cadeias dos tipos rica em manose e complexa. A razão para essa semelhança na estrutura é que o oligossacarídeo N-ligado do tipo rico em manose é o precursor biossintético para todos os outros N-glicanos. Como indicado na discussão seguinte (Fig. 17.11), o oligossacarídeo é formado inicialmente em um lipídeo carreador no retículo endoplasmático como uma estrutura rica em manose, e então é transferido para a proteína. Ele pode permanecer como uma estrutura rica em manose, em especial em organismos inferiores, mas, em animais, os oligossacarídeos sofrem várias etapas de processamento no retículo endoplasmático e aparelho de Golgi que envolvem a remoção de algumas manoses e a adição de outros açúcares. Como resultado, além da região do cerne, os oligossacarídeos dão origem a uma variedade de estruturas conhecidas como ricas em manose (Fig. 17.3A) e cadeias complexas (Fig. 17.3B)

Os oligossacarídeos complexos são chamados assim devido a sua composição de açúcar mais complexa, incluindo galactose, ácido siálico e L-fucose. As cadeias complexas têm sequências trissacarídicas terminais compostas de ácido siálico→galactose→GlcNAc presas a cada manose do oligossacarídeo ramificado central (Fig. 17.3B). A L-fucose pode também ser encontrada em ligação ao núcleo GlcNAc (Fig. 17.1A), à galactose terminal (Fig. 18.12) ou à penúltima GlcNAc (Fig. 17.9). De forma semelhante ao ácido siálico, a fucose geralmente é um açúcar terminal nos oligossacarídeos – isto é, nenhum outro açúcar é adicionado a ela. Alguns dos oligossacarídeos complexos têm duas sequências de trissacarídeos, cada uma delas ligada a uma manose do oligossacarídeo ramificado central, sendo, portanto, chamadas cadeias complexas biantenárias, enquanto outros têm três (triantenárias) ou quatro (tetra-antenários) estruturas de trissacarídeos (Fig. 17.3B). Mais de 100 estruturas diferentes de oligossacarídeos complexos foram identificadas em várias proteínas de superfície celular, fornecendo grande diversidade (**micro-heterogeneidade**) como mediadores de reconhecimento celular e eventos de sinalização química.

Estruturas gerais das glicoproteínas

Uma glicoproteína pode ter uma cadeia única de N-glicano, ou pode ter vários desses tipos de oligossacarídeos. Além disso, todos os N-glicanos podem ter estruturas idênticas, ou podem ser bastante diferentes em estrutura. Por exemplo, as glicoproteínas de revestimento do vírus influenza, a hemaglutinina e a neuraminidase, são ambas glicoproteínas, que geralmente têm sete cadeias de N-glicanos, das quais cinco são cadeias complexas biantenárias e duas são estruturas ricas em manose. Portanto, várias estruturas relacionadas são encontradas comumente em uma glicoproteína simples, e, de fato, múltiplas estruturas diferentes podem também ser encontradas em um único sítio em moléculas de glicoproteínas diferentes. A **micro-heterogeneidade** das estruturas de oligossacarídeos resulta do processamento incompleto de algumas cadeias durante sua biossíntese (Fig. 17.12). Consequentemente, alguns dos oligossacarídeos em uma glicoproteína podem ser cadeias complexas completas, enquanto outros podem ser processados somente parcialmente. Essa diversidade no processamento dos N-glicanos é controlada por muitos fatores; por exemplo, estrutura próxima ao sítio de N-glicosilação. Em geral, os N-glicanos expostos na superfície de uma proteína enovelada são modificados pelas enzimas processadoras, enquanto aqueles protegidos dentro da estrutura da proteína são inacessíveis para as enzimas.

Muitas glicoproteínas N-ligadas também contêm O-glicanos do tipo mostrado na Figura 17.4. O número de O-glicanos varia consideravelmente dependendo da proteína e de sua função.

Por exemplo, o receptor da lipoproteína de baixa densidade (LDL) está presente na membrana plasmática de células musculares lisas e de fibroblastos, e funciona para ligar e promover a endocitose da LDL circulante, entregando colesterol para a célula. O receptor da LDL tem dois N-glicanos, localizados próximo ao domínio ligante de LDL e um conjunto de O-glicanos próximo à região que atravessa a membrana. Como mostrado na Figura 17.5, esse receptor tem uma região de aminoácidos hidrofóbicos que atravessa a membrana, uma região estendida de aminoácidos no lado externo da membrana plasmática que contém um conjunto de O-glicanos, e um domínio funcional que está envolvido na ligação à LDL (Capítulo 33). Embora os dois N-glicanos estejam próximos ao domínio funcional, eles não atuam na ligação à LDL. Em vez disso, sua função parece ser a de ajudar a proteína a se dobrar em sua conformação apropriada no retículo endoplasmático, de forma que ela possa ser translocada ao aparelho de Golgi. Acredita-se que a função dos O-glicanos carregados negativamente, contendo um ácido siálico cada um, seja a de manter a proteína em um estado estendido e impedir que ela volte a se dobrar.

Relações estrutura-função nas glicoproteínas de mucina

Mucinas são glicoproteínas secretadas pelas células epiteliais de revestimento dos tratos respiratório, gastrintestinal e geniturinário. Essas proteínas são muito grandes em tamanho, com subunidades de peso molecular superior a 1 milhão de dáltons e tendo até 80% de seu peso de carboidratos. **As mucinas são desenhadas unicamente para sua função**, com cerca de um terço dos aminoácidos sendo serinas ou treoninas, e a maioria desses sendo substituídos por O-glicanos. Como a maior parte desses oligossacarídeos carrega um ácido siálico carregado negativamente, e essas

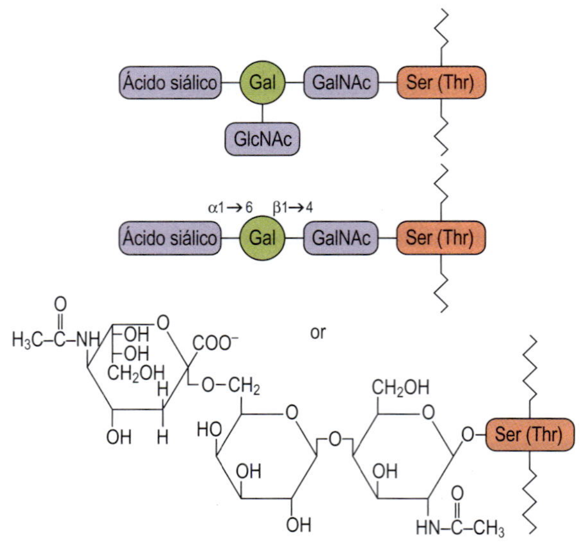

Fig. 17.4 **Estruturas típicas de oligossacarídeos O-ligados.**

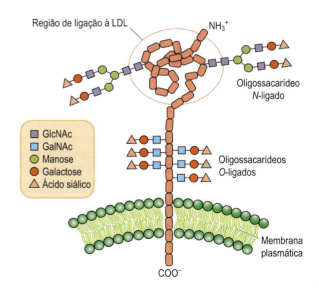

Fig. 17.5 **Modelo de receptor de lipoproteína de baixa densidade (LDL).** (Ver também Capítulo 32 e comparar Figura 32.2)

QUADRO DE CONCEITOS AVANÇADOS
A ESTRUTURA DOS N-GLICANOS DEPENDE DO COMPLEMENTO ENZIMÁTICO DA CÉLULA

A estrutura final da cadeia de N-glicano de uma dada glicoproteína não é codificada nos genes para a proteína, mas depende do complemento enzimático da célula que produz aquele oligossacarídeo. Todas as células parecem ter as enzimas necessárias para produzir o precursor sacarídico ligado a lipídeo das cadeias ricas em manose N-ligadas, e elas podem, portanto, glicosilar qualquer proteína de membrana que tenha a asparagina apropriada na conformação proteica e na sequência corretas. Entretanto, as glicosiltransferases e glicosidases envolvidas no processamento do oligossacarídeo até sua estrutura complexa final não são distribuídas tão amplamente, e uma dada glicosiltransferase pode estar presente em um tipo de célula, mas não em outro. Por exemplo, um tipo celular pode ter a GlcNAc-transferase (GlcNAc T-IV ou V) necessária para fixar uma segunda GlcNAc nas manoses-α 2-ligadas a fim de formar uma cadeia triantenária ou tetra-antenária, enquanto outra célula pode não ter essas GlcNAc-transferases. Essa célula formará somente cadeias biantenárias. Os vírus envelopados, como o vírus da influenza ou o HIV, são exemplos desse fenômeno, porque suas estruturas N-glicanas refletem aquelas das células nas quais eles cresceram: os vírus usam os mecanismos celulares para formar todas as suas estruturas e, portanto, suas glicoproteínas terão estruturas de carboidratos características da célula infectada. Para o vírus isso é benéfico porque suas proteínas não serão reconhecidas como proteínas estranhas, e escaparão da vigilância imunológica. Além disso, isso permite que o vírus se ligue aos receptores celulares do hospedeiro, unindo-se às membranas celulares, por interação com as lectinas do hospedeiro. Na indústria biotecnológica, isso significa que, embora uma proteína tenha sequência de aminoácidos idêntica, independentemente do tipo de célula, ela terá diferentes estruturas de oligossacarídeos, dependendo da célula na qual ela se expresse. Essas diferenças na estrutura do carboidrato podem afetar a conformação e as propriedades funcionais da proteína, e limitam seu uso na terapia de reposição de proteínas ou enzimas. De fato, muitas células usadas para expressar proteínas "humanas" são biodesenvolvidas a fim de conter o complemento de enzimas necessário para glicosilar apropriadamente a proteína-alvo.

cargas negativas estão bem próximas, elas repelem umas às outras e impedem as proteínas de enovelar, fazendo-as permanecer em seu estado estendido. Assim, a solução de proteína é altamente viscosa, formando uma barreira protetora na superfície epitelial, fornecendo lubrificação entre as superfícies, e facilitando os processos de transporte, como o movimento do alimento pelo sistema gastrintestinal. Há grande variação de estruturas ramificadas e lineares complexas de oligossacarídeos nas mucinas, incluindo antígenos de grupos sanguíneos (Capítulo 18). Alguns oligossacarídeos participam na interação e ligação a várias superfícies celulares bacterianas. Essa propriedade pode desempenhar um importante papel no sequestro e na eliminação bacteriana, limitando a colonização e a infecção.

INTERCONVERSÕES DE AÇÚCARES DA DIETA

As células podem usar a glicose para fazer todos os outros açúcares de que elas necessitam

Os seres humanos têm necessidades de alguns ácidos graxos essenciais, aminoácidos e vitaminas em sua dieta, mas todos os açúcares de que eles necessitam para produzir glicoconjugados podem ser sintetizados a partir do açúcar sanguíneo (i.e., D-glicose). A Figura 17.6 apresenta uma visão geral da sequência de reações envolvidas na interconversão de açúcares em células de mamíferos. Todas essas reações de interconversão do açúcar envolvem açúcares-fosfatos ou açúcares-nucleotídeos.

Formação de galactose, manose e fucose a partir de glicose

A glicose é fosforilada pela hexoquinase (ou glicoquinase no fígado) quando entra na célula. A glicose-6-fosfato (Glc-6-P) pode então ser convertida por uma mutase (fosfoglicomutase) para formar a UDP-Glc, catalisada pela enzima UDP-Glc pirofosforilase (Fig. 17.6). Essa enzima designa-se à reação reversa na qual o fosfato de Glc-1-P age para clivar a ligação pirofosfato da UTP, a fim de formar UDP-Glc e pirofosfato (PPi). A clivagem da ligação de alta energia de PPi pela pirofosfatase fornece a força motriz para a reação. Essa é a mesma via usada no fígado e no músculo para incorporação de glicose no glicogênio (Capítulo 12). A UDP-Glc é epimerizada a UDP-galactose (UDP-Gal) pela UDP-Gal-4-epimerase, fornecendo UDP-Gal para a síntese de glicoconjugados.

A Glc-6-P pode também ser convertida a frutose-6-fosfato (Fru-6-P) pela enzima glicolítica fosfoglicose-isomerase, e a Fru-6-P pode ser isomerizada a manose-6-fosfato (Man-6-P) pela fosfomanose-isomerase. A Man-6-P é então convertida por uma mutase (fosfomanomutase) a Man-1-P, a qual reage com GTP para formar GDP-Man. A GDP-Man é a forma de manose usada na formação dos oligossacarídeos N-ligados, e é também a precursora para a formação da fucose ativada, a GDP-L-fucose. A manose está presente em nossa dieta em pequenas quantidades, mas não é um componente essencial da dieta porque pode ser rapidamente produzida a partir da glicose. Entretanto, a manose da dieta pode também ser fosforilada pela hexoquinase a Man-6-P, e então entrar no metabolismo por meio da fosfomanose-isomerase.

Metabolismo da galactose

Embora as células animais possam elaborar toda a galactose de que necessitam a partir da glicose, pela via da UDP-Gal 4-epimerase, a galactose ainda é um componente significante de nossa dieta, porque é um dos açúcares que compõem o dissacarídeo lactose do leite. A via do metabolismo da galactose

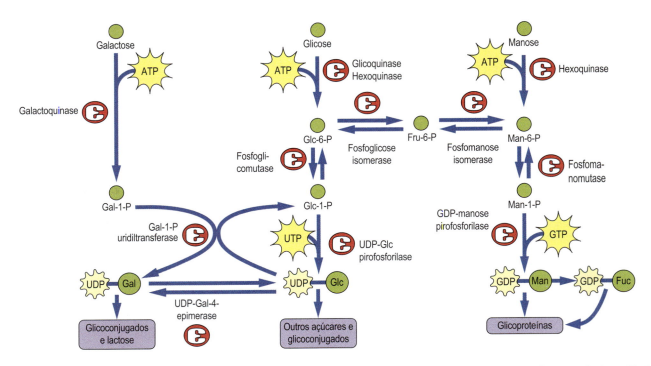

Fig. 17.6 **Interconversões de glicose, manose, galactose e seus açúcares nucleotídeos.** Fuc, fucose; Gal-1-P, galactose-1-fosfato; Glc-1-P, glicose-1-fosfato; Man-1-P, manose-1-fosfato.

requer três enzimas (Fig. 17.6). A galactose da dieta é transportada ao fígado, onde é fosforilada por uma quinase específica (galactoquinase), que liga o fosfato ao grupo hidroxil no carbono-1 (em vez de carbono-6) para formar a galactose-1-fosfato (Gal-1-P). Os humanos carecem de UDP-Gal-pirofosforilase, então a conversão de Gal-1-P a Glc-1-P envolve a participação de UDP-Glc. A enzima Gal-1-P-uridiltransferase catalisa uma troca entre UDP-Glc e Gal-1-P para formar UDP-Gal e GLc-1-P (Fig. 17.6). A UDP-Gal é usada para a síntese de glicoconjugados, e a Glc-1-P pode ser convertida a Glc-6-P pela fosfoglicomutase; assim a molécula de galactose original entra na glicólise.

A UDP-Glc está presente somente em concentrações micromolares nas células, de forma que sua disponibilidade para o metabolismo da galactose seria rapidamente esgotada, não fosse pela presença da terceira enzima, a UDP-Gal-4-epimerase. Essa enzima catalisa o equilíbrio entre UDP-Glc e UDP-Gal, fornecendo uma fonte constante de UDP-Glc durante o metabolismo da galactose. As reações catalisadas por (1) **galactoquinase**, (2) **Gal-1-P uridiltransferase** e (3) **UDP-Gal-4-epimerase** estão resumidas a seguir, ilustrando a via rotatória pela qual a galactose entra nas vias metabólicas convencionais:

1) Gal + ATP → Gal-1-P + ADP
2) Gal-1-P + UDP-Glc → Glc-1-P + UDP-Gal
3) UDP-Gal ⇌ UDP-Glc

Líquido: Gal + ATP → Glc-1-P + ADP

Metabolismo da frutose

A frutose representa aproximadamente metade do açúcar na sacarose (açúcar de mesa) e no xarope de milho com alto teor de frutose

A frutose pode ser metabolizada por duas vias nas células, como mostrado na Figura 17.7. Ela pode ser fosforilada pela hexoquinase, uma enzima presente em todas as células; entretanto, a hexoquinase tem uma forte preferência pela glicose como substrato e essa que está presente a uma concentração de aproximadamente 5mmol/L no sangue, é um forte inibidor competitivo da fosforilação da frutose. A via primária do metabolismo da frutose, que é especialmente importante após as refeições, envolve a enzima hepática frutoquinase. Essa enzima é uma quinase muito específica, que fosforila a frutose no carbono-1 (como a galactoquinase e não como a glicoquinase ou a hexoquinase) para dar origem à frutose-1-fosfato (Fru-1-P). A aldolase hepática é chamada de **aldolase B**, e é diferente da aldolase A muscular na especificidade do substrato, porque a aldolase B pode clivar tanto a Fru-1-P quanto a Fru-1,6-P, enquanto a aldolase A clivará somente a Fru-1,6-P_2. Assim, no fígado, os produtos da divisão da frutose pela aldolase B são diidroxiacetona fosfato e gliceraldeído (não gliceraldeído-3-P). O gliceraldeído deve então ser fosforilado pela triose quinase para ser metabolizado na glicólise.

Deve-se notar que, no fígado, a frutose entra na glicólise no nível dos intermédios da triose fosfato, e não como Fru-6-P no músculo. Assim, o metabolismo glicolítico da

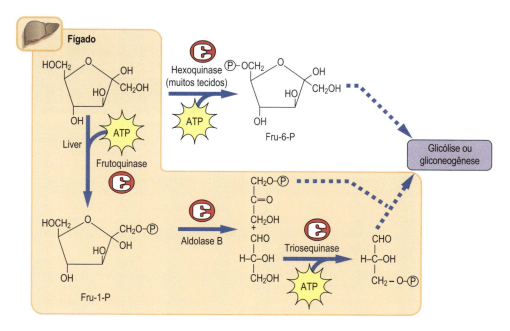

Fig. 17.7 Metabolismo de frutose por frutoquinase ou hexoquinase.

QUADRO DE CONCEITOS AVANÇADOS
BIOSSÍNTESE DE LACTOSE

Lactose-sintase e α-lactalbumina

A lactose (galactosil-β1,4-glicose) é sintetizada a partir da UDP-Gal e da glicose nas glândulas mamárias durante a lactação. A lactose-sintase é formada pela ligação da **α-lactalbumina** à galactosiltransferase, que normalmente participa na biossíntese dos N-glicanos. A α-lactalbumina, que é expressa somente nas glândulas mamárias e somente durante a lactação, converte a galactosiltransferase em lactose sintase, reduzindo o K_m da enzima para glicose por aproximadamente três ordens de magnitude, de 1 mol/L para 1 mmol/L, levando à síntese preferencial de lactose, em vez de galactosilação de glicoproteínas. A α-lactalbumina é o único exemplo conhecido de uma **proteína "especificadora"** que altera a especificidade do substrato de uma enzima.

OUTRAS VIAS DO METABOLISMO DE AÇÚCARES NUCLEOTÍDEOS

UDP-GlcUA

A UDP-Glc é o precursor de vários outros açúcares, como ácido glicurônico, xilose e galactose, que são necessários para a síntese de proteoglicanos e/ou glicoproteínas. As reações que levam à formação desses outros açúcares estão resumidas nas Figuras 17.6 e 17.8. Uma oxidação de dois passos da UDP-Glc pela enzima UDP-Glc-desidrogenase leva à formação da forma ativada do ácido glicurônico, UDP-GlcUA (Fig. 17.8). Esse açúcar nucleotídeo é o doador de ácido glicurônico, tanto para a formação de proteoglicanos (Capítulo 19) quanto para as reações de conjugação e detoxicação que ocorrem no fígado para remover bilirrubina, fármacos e xenobióticos (Capítulo 34). A UDP-GlcUA é também o precursor da UDP-xilose, um açúcar nucleotídeo pentose (Fig. 17.8). A UDP-GlcUA sofre uma reação de descarboxilação, que remove o carbono-6 para formar a UDP-xilose, a forma ativada da xilose. A xilose é o açúcar de ligação entre proteína e glicano nos proteoglicanos (Fig. 17.1B e Capítulo 19). Ela está também presente em muitas glicoproteínas de plantas, como parte de seus oligossacarídeos N-ligados, e é parcialmente responsável por reações alérgicas a proteínas de nozes e amendoins.

GDP-Man e GDP-Fuc

A guanosina difosfato-manose (GDP-Man) é o substrato doador para a maioria das manosiltransferases. Como é mostrado na Figura 17.6, ela é produzida a partir da Man-

frutose ingerida não está sujeito a regulação nos pontos de controle usuais, hexoquinase e fosfofrutoquinase. Contornando esses dois passos limitantes de velocidade, a frutose fornece uma fonte rápida de energia, tanto nas células aeróbicas quanto nas anaeróbicas. Isso foi parte da fundamentação por trás do desenvolvimento de bebidas com alto teor de frutose, como o Gatorade®. A significância da frutoquinase, e não da hexoquinase, na via do metabolismo da frutose, é indicada pela patologia como intolerância hereditária de frutose (ver Quadro Clínico).

QUADRO CLÍNICO
GALACTOSEMIA: UM LACTENTE QUE DESENVOLVEU ICTERÍCIA APÓS AMAMENTAÇÃO

Um lactente recém-nascido aparentemente normal começou a vomitar e desenvolveu diarreia após a amamentação. Esses problemas, associados a desidratação, continuaram por vários dias, quando a criança passou a recusar alimento e desenvolveu icterícia indicativa de lesão hepática, seguida por hepatomegalia e então opacificações de lentes (cataratas). A medida da glicemia por um exame de glicose oxidase (Cap. 6) indicou que a concentração de glicose era baixa, consistente com falha em absorver alimentos. Entretanto, a glicose medida pelo método colorimétrico que mede o açúcar redutor total (i.e., qualquer açúcar capaz de reduzir o cobre sob condições alcalinas) indicou que a concentração de açúcar estava bastante alta, tanto no sangue quanto na urina. O açúcar redutor acumulado foi depois identificado como galactose, indicando uma anormalidade no metabolismo de galactose conhecida como **galactosemia**. Esse achado foi consistente com a observação de que quando o leite era removido da dieta e substituído por uma fórmula infantil contendo sacarose em vez de lactose, os vômitos e diarreia pararam, e a função hepática gradualmente melhorou.

Comentário
O acúmulo de galactose no sangue mais frequentemente é o resultado de deficiência na enzima Gal-1-P uridiltransferase (forma clássica de galactosemia), a qual evita a conversão de galactose em glicose e leva ao acúmulo de Gal e Gal-1-P nos tecidos. O Gal-1-P acumulado interfere no metabolismo de fosfato e glicose, levando a lesão tecidual generalizada, falência de órgãos e retardo mental. Além disso, o acúmulo de galactose nos tecidos resulta em conversão da galactose, pela **via dos polióis**, a galactitol, a qual resulta, na lente, em estresse osmótico e desenvolvimento de catarata (comparar com catarata diabética; Capítulo 31). Outra forma de galactosemia é causada por deficiência de galactoquinase, mas, nesse caso, a Gal-1-P não se acumula, e as complicações são mais amenas.

QUADRO CLÍNICO
INTOLERÂNCIA HEREDITÁRIA À FRUTOSE: UMA CRIANÇA QUE DESENVOLVEU HIPOGLICEMIA APÓS INGERIR FRUTA

Uma criança foi trazida para a sala de emergência apresentando náuseas, vômitos e sintomas de hipoglicemia associados a suores, tonturas e tremores. Os pais indicaram que esses sintomas ocorriam logo após a ingestão de fruta (que contém o açúcar das frutas, a frutose) ou doce (sacarose). Como resultado desses sintomas, a criança estava desenvolvendo forte aversão a frutas, então a mãe estava fornecendo grande suplementação de preparações multivitamínicas. A criança apresentava peso abaixo do normal, mas não havia exibido quaisquer dos sintomas incomuns descritos durante o período do aleitamento. Uma série de exames clínicos demonstrou certo grau de cirrose hepática e teste de tolerância à glicose normal. Entretanto, foram detectadas substâncias redutoras na urina, que não reagiram no teste de glicose-oxidase (i.e., elas não eram devidas à glicose). Foi realizado **teste de tolerância à frutose**, usando-se 3g de frutose/m^2 de área de superfície corporal, administrada por via intravenosa em *bolus*. Em 30 minutos, a criança manifestou sintomas de hipoglicemia. A análise da glicemia confirmou isso e revelou que a hipoglicemia era mais acentuada após 60-90 minutos. As concentrações de frutose alcançaram um máximo (3,3 mmol/L) após 15 minutos, e gradualmente diminuíram para zero em 3 horas. A concentração plasmática de fosfato foi reduzida em 50%, e os testes para as enzimas alanina aminotransferase e aspartato aminotransferase indicaram que ambas estavam elevadas após cerca de 90 minutos. A urina foi também positiva para frutose.

Comentário
A intolerância hereditária à frutose é causada por uma deficiência de aldolase B no fígado (Fig. 17.7). Os resultados do teste de tolerância à frutose demonstram o acúmulo de frutose e seus derivados no sangue e urina. A elevação de enzimas hepáticas, alanina e aspartato aminotransferase, bem como icterícia e outros sintomas, indicam lesão hepática, e sugerem que a Fru-1-P afeta o metabolismo intermediário dos carboidratos de uma forma similar àquela da Gal-1-P na galactosemia.

6-P e é também a precursora para a GDP-L-fucose (GDL-Fuc), a qual é o substrato doador para todas as fucosiltransferases. A fucose é uma 6-desoxi-hexose – isto é, um açúcar importante que participa em muitas reações de reconhecimento em eventos biológicos, como a resposta inflamatória (Fig. 17.9). A conversão de GDP-Man a GDP-Fuc envolve uma série complexa de passos oxidativos e redutivos, assim como epimerizações. A deficiência do transportador GDP-Fuc que transloca a GDP-Fuc do citosol ao lume do aparelho de Golgi está associada a uma resposta inflamatória defeituosa e a uma suscetibilidade à infecção aumentada (deficiência na adesão leucocitária II [LADII]). Nessa doença, a depleção da GDP-Fuc no lume do aparelho de Golgi bloqueia a biossíntese da estrutura do **sinal de reconhecimento leucocitário, a estrutura sialil-Lewis-X** (Fig. 17.9).

Aminoaçúcares

A Fru-6-P é a precursora dos amino açúcares

A Figura 17.10 mostra a via de formação de GlcNAc, GalNAc e ácido siálico. A reação inicial envolve a transferência de um grupo amino a partir do nitrogênio amida de glutamina para Fru-6-P, para produzir a glicosamina-6-P (GlcN-6-P). Um grupo acetil é então transferido da Acetil-CoA ao grupo amino da GlcN-6-P a fim de formar GlcNAc, que é convertida a sua forma ativada, UDP-GlcNAc, pelas reações sequenciais da mutase e da pirofosforilase. Além de seu papel como doador de GlcNAc, a UDP-GlcNAc também pode ser epimerizada a UDP-GalNAc. Com poucas exceções, todos os aminoaçúcares em glicoconjugados são acetilados; portanto, eles são

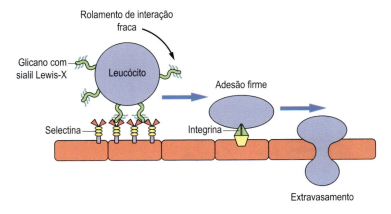

neutros e não contribuem com nenhuma carga iônica para seus conjugados.

Ácido siálico

A UDP-GlcNAc é o precursor do ácido N-acetilneuramínico (NeuAc), também conhecido como ácido siálico, um ácido N-acetilamino-cetodesoxigliônico de nove carbonos produzido pela condensação de um aminoaçúcar com o **fosfoenolpiruvato** (Fig. 17.10). O ácido citidina monofosfato neuramínico (CMP-NeuAc) é a forma ativada do ácido siálico e é o doador de ácido siálico nas reações biossintéticas. O ácido CMP-siálico é o único doador de açúcar nucleosídeo monofosfato no metabolismo de glicoconjugados.

BIOSSÍNTESE DE OLIGOSSACARÍDEOS

A montagem de N-glicanos começa no retículo endoplasmático

A síntese de N-glicanos começa com a transferência de dois resíduos de GlcNAc para um lipídeo ligado à membrana, chamado doliquil fosfato. Os resíduos de manose e glicose são juntados para formar um intermediário oligossacarídeo ligado ao lipídeo, que é transferido em bloco para a proteína no lume do retículo endoplasmático (Fig. 17.11). **Dolicóis** são derivados poli-isoprenoides de cadeia longa, contendo geralmente cerca de 120 átomos de carbono (cerca de 22-26 unidades isopreno) com um grupo

Fig. 17.8 **Conversão de UDP-Glc para UDP-ácido glicurônico (UDP-GlcUA) e UDP-xilose.** Note que a oxidação de UDP-Glc é uma reação de dois passos, de álcool para aldeído, e então para um ácido. Ambas as reações são catalisadas pela UDP-Glc desidrogenase.

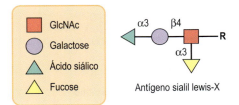

Fig. 17.9 **Interações célula-célula dependentes de carboidratos na inflamação.** O sialil Lewis-X, um antígeno tetrassacarídeo que forma parte da estrutura membranar dos leucócitos, é reconhecido por uma proteína ligante de carboidrato, a selectina, na superfície das células endoteliais. A interação sialil Lewis-X-selectina medeia a fraca ligação inicial que resulta no rolamento dos leucócitos ao longo da monocamada de células endoteliais. Ela facilita a adesão firme mediada pelas interações proteína-proteína levando a extravasamento.

QUADRO DE CONCEITOS AVANÇADOS
INTERAÇÕES CÉLULA-CÉLULA DEPENDENTES DE CARBOIDRATOS

Um exemplo importante de interações célula-célula dependentes de carboidratos ocorre durante a inflamação. A lesão das células endoteliais vasculares, ou a infecção delas, desencadeia uma resposta inflamatória que causa a liberação de citocinas, como o fator de necrose tumoral α (TNF-α) e a interleucina-1 (IL-1), do tecido lesado. Essas citocinas atraem os leucócitos ao sítio de lesão ou infecção para remover o tecido lesado ou os organismos invasores. Os leucócitos devem ser hábeis em parar o fluxo sanguíneo ou sair dele, e fixar-se no tecido lesado. Eles podem fazer isso porque têm um carboidrato ligante em sua superfície, que é reconhecido por uma **lectina** (proteína ligada a carboidrato) que se torna exposta na superfície das células endoteliais lesadas. O carboidrato ligante é um tetrassacarídeo chamado de antígeno sialil Lewis-X (Fig. 17.9), que é um componente de uma glicoproteína ou glicolipídeo na superfície do leucócito. O antígeno sialil Lewis-X é reconhecido pelas lectinas **E-selectina e P-selectina**, que são expressas nas superfícies das células endoteliais em resposta à estimulação das citocinas. A Figura 17.9 ilustra a sequência de eventos que ocorrem durante a adesão vascular e o extravasamento de leucócitos ao tecido inflamado. A interação sialil Lewis-X-selectina medeia o passo inicial da interação leucócitos-endotélio, que é descrita como uma adesão, seguido pelo enrolamento de leucócitos ao longo da superfície celular endotelial. Embora essa ligação carboidrato-proteína seja fraca e transitória, interações múltiplas retardam os leucócitos que circulam sob uma forte força de cisalhamento no sangue, e permitem interações proteína-proteína firmes entre as integrinas da superfície celular dos leucócitos e seus receptores. No final, os leucócitos migram por meio do endotélio ao tecido subjacente.

Uma interação similar de L-selectina expressa nos linfócitos com um oligossacarídeo semelhante a sialil Lewis-X expresso nas células endoteliais das vênulas endoteliais altas (VEA) possibilita que os linfócitos circulantes na corrente sanguínea entrem no linfonodo por um mecanismo similar. Esse processo é chamado de **endereçamento linfocitário**. Embora essas interações carboidrato-proteína desempenhem um papel fundamental no sistema imune, elas podem ser perigosas e potencialmente fatais em certas circunstâncias. Algumas células de câncer usam essas interações carboidrato-proteína para facilitar suas metástases por meio da corrente sanguínea. Há pesquisa ativa no desenvolvimento de fármacos cuja estrutura é similar à dos carboidratos (glicomiméticas) que bloquearão a adesão vascular das células do tumor e prevenirão metástases.

Comentário

As interações lectina-carboidrato *in vivo* envolvem muitas diferentes lectinas com sítios de reconhecimento específicos de carboidratos. Uma vez que a estrutura do carboidrato seja conhecida e o sítio de ligação à proteína tenha sido mapeado, pode ser possível conceber compostos que mimetizem a estrutura do carboidrato. Esses compostos sintéticos devem se ligar aos sítios de ligação dos carboidratos da lectina e bloquear a interação natural. Uma das dificuldades com essa abordagem é que as interações de ligação individual são fracas, e são necessários múltiplos contatos célula-célula; essas interações múltiplas podem ser difíceis de ser bloqueadas pelos fármacos com pequenas moléculas. Um segundo problema é que a síntese de oligossacarídeos específicos é difícil e cara, e, devido a suas meias-vidas curtas na circulação, grandes quantidades precisam ser injetadas frequentemente para tratamento eficaz.

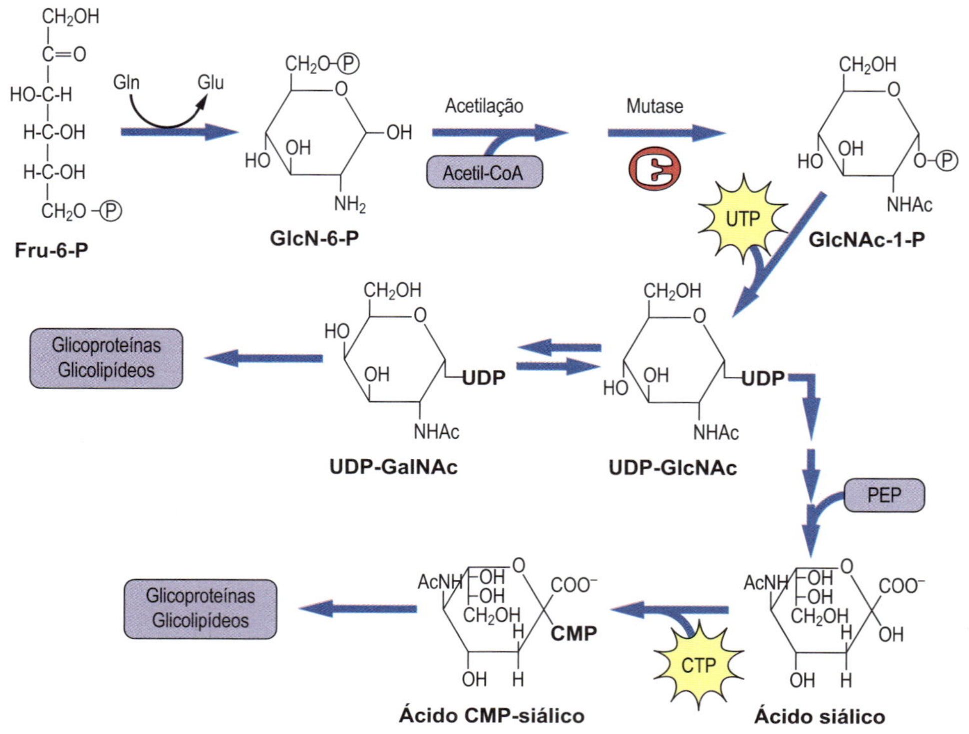

Fig. 17.10 **Síntese de aminoaçúcares e ácido siálico.** Acetil-CoA, acetilcoenzima A; GlcN-6-P, glicosamina-6-fosfato; GlcNAc-6-P, N-acetilglicosamina-6-fosfato; GalNAc, N-acetilgalactosamina; HNAc, AcHN, grupo acetamida; FEP, fosfoenolpiruvato.

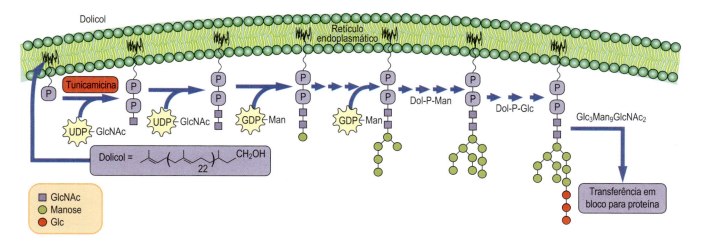

Fig. 17.11 **Síntese de oligossacarídeos N-ligados no retículo endoplasmático.** A tunicamicina é um inibidor de GlcNAc-fosfotransferase que catalisa o primeiro passo na síntese de glicanos. GLcNAc, N-acetilglicosamina; Dol, dolicol; Man, manose.

fosfato em uma extremidade. São sintetizados nas membranas, usando o mesmo mecanismo utilizado para formar o colesterol, mas, diferentemente do colesterol, os dolicóis permanecem como cadeias longas e lineares. O comprimento da cadeia exige que ela serpenteie através da bicamada fosfolipídica, fornecendo uma forte âncora para a cadeia oligossacarídica em crescimento.

O primeiro açúcar a ser adicionado ao doliquil-P a partir da UDP-GlcNAc é a GlcNAc-1-P por uma GlcNAc-1 transferase, de modo a formar doliquil-P-P-GlcNAc. Uma segunda GlcNAc é adicionada à primeira a partir da UDP-GlcNAc, seguida pela adição de quatro a cinco resíduos de manose a partir da GDP-man. Doliquil-P-Man e doliquil-P-Glc servem como doadores de glicosil para as manoses remanescentes e os três resíduos de glicose. Cada açúcar é transferido por uma glicosiltransferase específica localizada tanto dentro da membrana do retículo endoplasmático quanto sobre ela. As glicoses não são encontradas em nenhum oligossacarídeo N-ligado nas glicoproteínas, mas são removidas pelas glicosidases no retículo endoplasmático. Por que elas são adicionadas em primeiro lugar? Elas exercem duas funções muito importantes. Primeiramente, a presença de glicose no oligossacarídeo ligado ao lipídeo mostrou facilitar a transferência de oligossacarídeo do lipídeo para a proteína — a enzima de transferência (oligossacarídeo transferase) tem preferência por oligossacarídeos que contenham três glicoses e transfere esses oligossacarídeos para a proteína muito mais rapidamente. Em segundo lugar, as glicoses são importantes para direcionar o enovelamento proteico no retículo endoplasmático (discussão a seguir).

O processamento de intermediários continua no retículo endoplasmático (RE) e no aparelho de Golgi

Em uma série de reações de aparo ou desbaste (Fig. 17.12), todas as três glicoses são removidas no RE. O oligossacarídeo pode então permanecer como oligossacarídeo com alto teor de manose, ou pode ser posteriormente processado a uma estrutura de oligossacarídeo complexo. Uma ou mais manoses podem ser removidas no RE, e a proteína enovelada é então translocada ao aparelho de Golgi, onde três ou quatro manoses adicionais podem ser removidas para deixar a estrutura central de três resíduos de manose e dois de GlcNAc.

No Golgi-*cis*, os resíduos de GlcNAc são adicionados a cada manose na região central. Então, a proteína entra na fração Golgi-*trans*, onde os açúcares restantes das sequências trissacarídeas (i.e. galactose, ácido siálico e fucose) podem ser adicionados para formar várias cadeias complexas diferentes. A estrutura final das cadeias de oligossacarídeos depende do complemento de glicosiltransferase da célula.

O-glicanos

O-glicanos são sintetizados no aparelho de Golgi

Em contrapartida à biossíntese de N-glicanos, a síntese de O-glicanos ocorre somente no aparelho de Golgi pela adição gradativa de açúcares, a partir de seus doadores de açúcares nucleotídeos para a proteína. Nenhum intermediário lipídico está envolvido na formação de O-glicano. A Figura 17.13 resume a sequência gradativa de reações envolvidas na reunião de uma cadeia de oligossacarídeos na mucina salivar. Nessa sequência, a GalNAc é primeiramente transferida da UDP-GalNAc aos resíduos de serina ou treonina na proteína por uma GalNAc-transferase no aparelho de Golgi. A proteína GalNAc-serina resultante serve como aceptor para a galactose e então ácido siálico, transferido de seus açúcares nucleotídeos (UDP-Gal e CMP-ácido siálico) pelas galactosiltransferases e sialiltransferases de Golgi. Outras glicosiltransferases estão envolvidas na biossíntese gradativa de oligossacarídeos mucina mais complexos e na síntese de O-glicanos em proteoglicanos e colágenos (Capítulo 19). Há mais de 100 glicosiltransferases envolvidas na síntese de glicoconjugados em uma célula típica.

226 CAPÍTULO 17 Carboidratos Complexos: Glicoproteínas

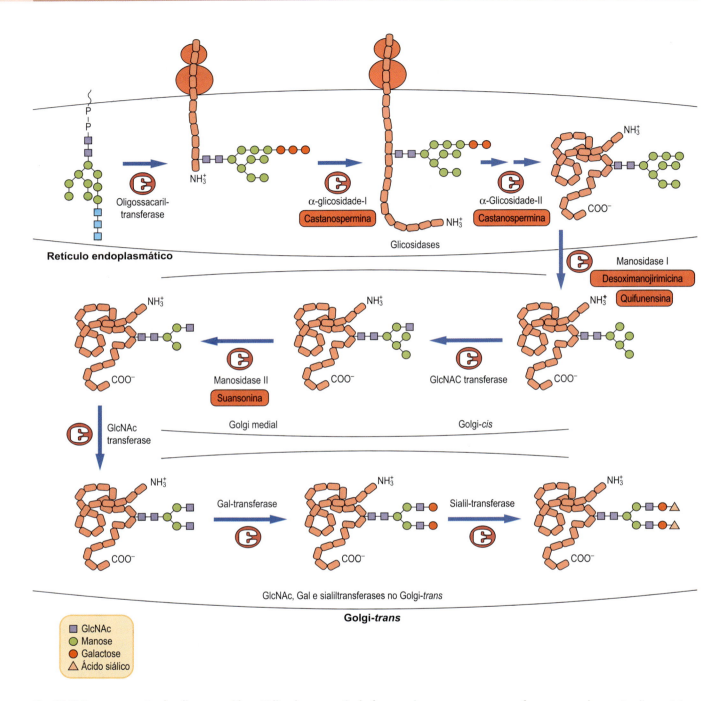

Fig. 17.12 **Processamento de oligossacarídeos N-ligados, a partir de formas ricas em manose para formas complexas.** As glicoproteínas são transportadas entre o retículo endoplasmático e os compartimentos de Golgi em vesículas. Inibidores das enzimas processadoras de glicanos são mostrados em vermelho. GlcNAc, N-acetilglicosamina.

FUNÇÕES DAS CADEIAS OLIGOSSACARÍDICAS DE GLICOPROTEÍNAS

Os N-glicanos desempenham importante papel no enovelamento de proteínas

As proteínas residentes no retículo endoplasmático, conhecidas como **chaperonas**, ajudam as proteínas recém-sintetizadas a se enovelarem em suas conformações apropriadas. Duas dessas chaperonas, a calnexina e a calreticulina, ligam-se a glicoproteínas desdobradas por reconhecimento de oligossacarídeos ricos em manose que ainda contêm uma glicose simples remanescente de suas estruturas após a remoção, pelas glicosidases, de duas de suas três glicoses. Nem todas as glicoproteínas sintetizadas na célula requerem assistência no enovelamento, mas, para aquelas que o fazem, a velocidade de enovelamento é bastante acelerada pelas chaperonas. As proteínas enoveladas

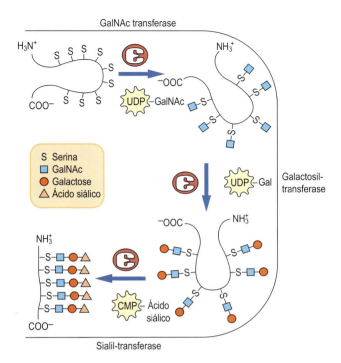

Fig. 17.13 **Biossíntese de oligossacarídeos O-ligados de mucinas no aparelho de Golgi.** GalNAc, N-acetilgalactosamina.

> ### QUADRO DE CONCEITOS AVANÇADOS
> ### INIBIDORES DA BIOSSÍNTESE DE GLICOPROTEÍNAS
>
> Os inibidores da biossíntese de N-glicanos foram identificados, e esses compostos provaram ser reagentes valiosos para estudos sobre o papel de estruturas específicas de carboidratos na função das glicoproteínas. A **tunicamicina** é um antibiótico glicosídeo que inibe o primeiro passo da síntese de N-glicanos – isto é, a formação de dolicil-PP-GlcNAc (Fig. 17.11). A tunicamicina tem variados efeitos, de inócuos a significativos, na síntese de glicoproteínas e nas células. Em alguns casos, a porção proteica da glicoproteína é sintetizada, mas sem seu carboidrato, então ela é enovelada erradamente, agregada e degradada na célula. Dessa forma, o tratamento de células com tunicamicina frequentemente leva a estresse no retículo endoplasmático (RE) (Capítulo 22).
>
> Outros inibidores impedem passos específicos na via de processamento. Muitos são alcaloides de plantas que estruturalmente se assemelham aos açúcares glicose e manose, e inibem as glicosidases de desbaste (Fig. 17.12). A castanospermina inibe as glicosidases do RE, enquanto quifunensina, desoximanojirimicina e suainsonina inibem, cada uma, um diferente processamento da manosidase. Esses fármacos impedem a formação de cadeias complexas e são, portanto, úteis para avaliar as relações estrutura-função. Alguns compostos foram testados contra HIV e alguns cânceres, e mostraram efeitos inibitórios positivos. Entretanto, eles também apresentam efeitos adversos nas enzimas em células normais e, em vista disso, não são úteis para tratamento medicamentoso. Com compostos mais específicos, será possível manipular as estruturas de glicanos para fins terapêuticos.

incorretamente ou não enoveladas não se submetem ao transporte normal ao aparelho de Golgi, e se elas não se enovelarem apropriadamente, precipitam no retículo endoplasmático ou, na maioria dos casos, são exportadas ao citoplasma para degradação pelo sistema da ubiquitina-proteassoma (Capítulo 22).

Oligossacarídeos que contêm enzimas lisossomais alvo Man-6-P para o lisossomo

Os lisossomos são organelas subcelulares envolvidas na hidrólise e renovação de muitas proteínas e organelas celulares. Eles contêm várias enzimas hidrolíticas com pH ótimo ácido. A maior parte dessas enzimas lisossomais são glicoproteínas N-ligadas, sintetizadas e glicosiladas no retículo endoplasmático e aparelho de Golgi. A seleção das enzimas lisossomais ocorre no Golgi-*cis*. As proteínas destinadas a serem transportadas aos lisossomos contêm um conjunto de resíduos de lisina que se juntam como resultado do enovelamento de proteínas em sua conformação apropriada. Como mostrado na Figura 17.14, esse conjunto de resíduos de lisina serve como um sítio de ancoragem para uma enzima, a GlcNAc-1-P transferase, que transfere um GlcNAc-1-P da UDP-GlcNAc para resíduos da manose terminal nas cadeias ricas em manose das enzimas lisossomais. Uma segunda enzima, chamada de enzima reveladora, então remove a GlcNAc, deixando os resíduos de fosfato ainda ligados às manoses nas cadeias ricas em manose. Os resíduos Man-6-P resultantes na estrutura rica em manose são agora reconhecidos pela proteína de Golgi chamada de receptor da Man-6-P, que direciona a enzima até os lisossomos. Portanto, **os resíduos de Man-6-P são um sinal de direcionamento** usado pela célula para classificar aquelas proteínas destinadas a ir para os lisossomos, e separá-las daquelas outras proteínas que estão sendo sintetizadas no aparelho de Golgi. O receptor Man-6-P está presente também na superfície da célula; então, mesmo as enzimas extracelulares que têm esse sinal sofrem endocitose e são transportadas para os lisossomos.

As cadeias de oligossacarídeos de glicoproteínas geralmente aumentam a solubilidade e a estabilidade das proteínas

Como os oligossacarídeos são hidrofílicos, eles aumentam a solubilidade de proteínas em ambiente aquoso. Assim, a maioria das proteínas secretadas das células são glicoproteínas, incluindo proteínas plasmáticas, exceto a albumina plasmática. Essas glicoproteínas e enzimas geralmente têm alta estabilidade a calor, desnaturantes químicos, detergentes, ácidos e bases. A remoção enzimática do carboidrato de muitas dessas proteínas reduz grandemente sua estabilidade ao estresse. De fato, quando as glicoproteínas são sintetizadas nas células na presença de inibidores da glicosilação – como a tunicamicina, que previne a produção e, portanto, a adição de cadeias de N-glicanos – muitas dessas proteínas tornam-se insolúveis e formam corpos de inclusão nas células como resultado do enovelamento incorreto e/ou hidrofilicidade reduzida.

Os açúcares estão envolvidos nas interações de reconhecimento químico com as lectinas

Os N-glicanos de superfície das células de mamíferos desempenham papéis fundamentais nas interações célula-célula e em outros processos de reconhecimento.

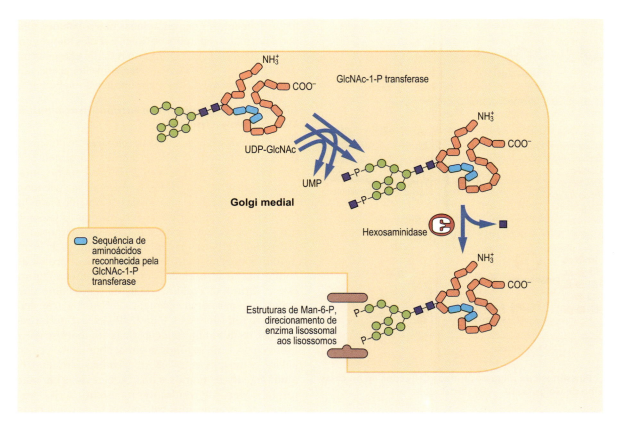

Fig. 17.14 **Direcionamento de enzimas lisossomais aos lisossomos.** GlcNAc, N-acetilglicosamina; Man, manose.

QUADRO CLÍNICO
DEFICIÊNCIAS NA SÍNTESE DE GLICOPROTEÍNAS

Os **distúrbios congênitos de glicosilação (DCG)** constituem um grupo de doenças genéticas raras que afetam a biossíntese de glicoproteínas descrito recentemente. Todos os pacientes mostram doença multissistêmica, com grave envolvimento do sistema nervoso. Três classes distintas foram identificadas até o momento, e caracterizam-se por deficiência na estrutura da fração de carboidrato das glicoproteínas séricas, enzimas lisossomais ou glicoproteínas de membrana. O diagnóstico da doença é feito rotineiramente por eletroforese da transferrina sérica. Nos DCG, a transferrina contém menos ácido siálico, e, portanto, a proteína migra mais lentamente. A redução no ácido siálico resulta de um defeito na biossíntese da estrutura do oligossacarídeo subjacente. Embora uma alteração na migração de transferrina sérica indique que o paciente esteja sofrendo de um dos DCG, ela não identifica a lesão específica. Isso somente pode ser feito caracterizando-se a estrutura da(s) cadeia(s) de oligossacarídeo(s) alterada(s) para determinar quais açúcares ou estruturas estão faltando ou fazendo-se um perfil das enzimas-chave nas vias biossintéticas, uma vez que a ausência de quaisquer dessas enzimas afetará a estrutura final de oligossacarídeos.

Comentário
Os defeitos básicos nesse grupo de doenças parecem estar na síntese ou no processamento de N-glicanos. Entretanto, defeitos em fosfomanose isomerase e fosfomanomutase (Fig. 17.6) foram também identificados como causas de DCG.

QUADRO CLÍNICO
DOENÇA DA CÉLULA I

Doença da Célula I (mucolipidose II) e polidistrofia pseudo-Hurler (mucolipidose III) são doenças adquiridas raras causadas por deficiências no mecanismo que orienta as enzimas lisossomais aos lisossomos. A apresentação clínica inclui grave retardo psicomotor, características faciais grosseiras e anormalidades esqueléticas; a morte geralmente ocorre na primeira década. Em fibroblastos cultivados retirados de pacientes com mucolipidose II, enzimas lisossomais recém-sintetizadas são secretadas no meio extracelular em vez de serem orientadas corretamente aos lisossomos. As células mesenquimais, especialmente os fibroblastos, abrigam numerosos vacúolos ligados à membrana em citoplasma contendo material fibrilogranular. Esses depósitos são chamados corpos de inclusão, e essa é a origem do nome da doença da célula I.

Comentário
Doença da Célula I resulta de uma deficiência na síntese do sinal de orientação, os resíduos de Man-6-P, nos oligossacarídeos ricos em manose. A mutação é mais comumente uma ausência de GlcNAc-1-P transferase, mas defeitos na enzima reveladora também ocorrem. É provável que a ausência de uma proteína receptora de Man-6-P produziria o mesmo fenótipo. Na doença da célula I os lisossomos, não dispondo do espectro completo de enzimas hidrolases, tornam-se abarrotados com substânciasnão digeríveis.

Uma célula pode conter em sua superfície uma proteína de reconhecimento de carboidratos, conhecida como **lectina**, que se liga a estruturas de oligossacarídeos específicas na superfície da célula complementar. A interação entre essas duas interfaces químicas medeia um reconhecimento químico específico entre as células, e esse processo é um fator-chave em fertilização, inflamação, infecção, desenvolvimento e diferenciação.

As interações carboidrato-proteína são também importantes em interações não próprias. Muitos patógenos usam esse mecanismo para reconhecer suas células-alvo. A *Escherichia coli*, por exemplo, e algumas outras bactérias entéricas gram-negativas apresentam, em suas superfícies, projeções curtas, semelhantes a cabelos, chamadas pili. Esses pili têm lectinas ligadas à manose em suas extremidades, que podem reconhecer e se ligar a oligossacarídeos ricos em manose nas bordas em escova das membranas das células epiteliais intestinais. Essa interação permite que a bactéria seja retida no intestino. O vírus influenza usa uma proteína hemaglutinina em sua superfície para se ligar aos resíduos do ácido siálico nas glicoproteínas e nos glicolipídeos nas superfícies das células-alvo.

Variações na estrutura da mucina parecem ter um papel na especificidade de fertilização, diferenciação celular, desenvolvimento da resposta imune e infectividade viral. A glicoproteína ZP3, que está presente na zona pelúcida do óvulo de ratos, funciona como um receptor ao esperma durante a fertilização. A remoção enzimática dos O-glicanos de ZP3 resulta em perda de atividade receptora do esperma, enquanto a remoção dos N-glicanos não tem qualquer efeito na ligação do esperma. Os O-glicanos isolados obtidos da ZP3 também têm atividade ligada ao esperma, e inibem a interação esperma-ovo e a fertilização *in vitro*. Acredita-se também que diferenças entre as estruturas O-glicanas dos linfócitos citotóxicos e células auxiliares envolvidas na resposta imune sejam importantes na mediação das interações celulares durante a resposta imune.

QUADRO DE CONCEITOS AVANÇADOS
TOXICIDADE DE RICINA E OUTRAS LECTINAS

As lectinas são encontradas em vários alimentos, incluindo feijão, amendoim e cereais secos. Muitas lectinas de plantas são tóxicas para as células animais. Em plantas comestíveis, elas podem não ser problema se os alimentos forem cozidos, porque as lectinas são desnaturadas, e então digeridas pelas proteases gastrintestinais. Por outro lado, as lectinas em plantas não cozidas são muito resistentes a proteases e podem, portanto, causar sérios problemas. Elas ligam-se a células no trato gastrintestinal, inibindo as atividades enzimáticas, a digestão de alimentos e a absorção de nutrientes, causando desconforto gastrintestinal e reações alérgicas.

A **ricina**, produzida pela planta da mamona, está entre as proteínas mais venenosas que existem. Esses tipos de lectinas tóxicas são compostos geralmente de várias subunidades, uma das quais é o sítio de ligação a carboidratos ou reconhecimento de carboidratos, enquanto a outra subunidade é uma enzima que, por exemplo, pode inativar os ribossomos por catálise. Assim, uma simples molécula dessa subunidade catalítica que entra na célula pode bloquear completamente a síntese de proteínas naquela célula. Outras lectinas tóxicas incluem modecina, abrina e lectina I do visco.

RESUMO

- A glicosilação é a principal modificação pós-traducional das proteínas teciduais.
- A glicosilação é uma atividade multicompartimental, que envolve interconversões e ativações de açúcares no compartimento citossólico, criando estruturas complexas nos intermediários dos lipídeos no RE, e reações de glicosilação e desbaste no RE e no aparelho de Golgi. O resultado é uma variedade surpreendentemente diversa de estruturas de oligossacarídeos nas proteínas.
- Os açúcares nos glicoconjugados podem desempenhar várias funções diferentes, incluindo:
  - Modificar as propriedades físicas da proteína (solubilidade, estabilidade e/ou viscosidade)

QUADRO CLÍNICO
MUDANÇAS NA COMPOSIÇÃO E/OU ESTRUTURA DO AÇÚCAR PODEM SER MARCADORES DIAGNÓSTICOS DE ALGUNS TIPOS DE CÂNCER

Mudanças na glicosilação, tanto de proteínas quanto de lipídeos, são relatadas consistentemente na superfície celular de glicoconjugados de vários tipos de células de câncer, incluindo melanoma, câncer ovariano e carcinoma hepatocelular. Embora essas mudanças não sejam a causa da doença, elas estão sendo avaliadas como ferramentas diagnósticas para a detecção precoce da doença. A enzima GlcNAc transferase V (a transferase envolvida na adição de um segundo resíduo de GlcNAc [ramificação] para um resíduo de manose, a fim de formar uma cadeia complexa triantenária) é super expressa em algumas células transformadas, resultando em ramificação aumentada e na produção de oligossacarídeos N-ligados maiores. Mudanças nos oligossacarídeos O-ligados também foram relatadas – por exemplo, níveis aumentados de antígeno sialil Lewis-X, o que, acredita-se, contribua para metástases. Mudanças na quantidade e na sialilação de mucinas estão também associadas a metástases de células de carcinoma de pulmão e cólon, e estão sendo estudadas para sua utilidade como biomarcadores para diagnóstico ou prognóstico. Há também evidências de que mudanças no nível de fucose em algumas glicoproteínas regulam o fenótipo biológico de células do câncer, e, de fato, a fucosilação da proteína α–fetoproteína (AFP-L3) tem sido usada clinicamente como marcador para carcinoma hepatocelular.

Comentário
A estrutura e a composição de glicoproteínas e glicolipídeos são alteradas em células tumorais, comparadas às células normais. Embora essas mudanças possam não causar o câncer, elas podem ter um efeito significativo no desfecho clínico (p. ex., se limitam a infiltração leucocitária, ajudam a evitar a vigilância imunológica, ou facilitam as metástases). A análise das estruturas de oligossacarídeos pode ser útil para detecção precoce e objetivos diagnósticos, e a manipulação da estrutura de oligossacarídeos pode se provar útil no tratamento de alguns cânceres.

QUESTÕES PARA APRENDIZAGEM

1. Por que células eucarióticas usam oligossacarídeos ligados a lipídeos como intermediários na síntese de N-glicanos, mas não de O-glicanos?
2. As células animais necessitam de aminoaçúcares e ácidos urônicos na dieta para sintetizar carboidratos complexos? Se não, por quê? Revise o uso de suplementos de glicosamina-condroitina no tratamento da artrite.
3. Descreva o papel das interações célula-célula dependentes de carboidrato durante o desenvolvimento do sistema nervoso ou imune.

- ■ Ajudar no enovelamento da proteína
- ■ Participar no direcionamento da proteína para sua localização correta na célula
- ■ Mediar o reconhecimento célula-proteína e célula-célula durante fertilização, desenvolvimento, inflamação e outros
- ■ Inúmeras doenças humanas envolvem defeitos no metabolismo do açúcar, incluindo galactosemia e intolerância hereditária à frutose, deficiência da adesão de leucócitos, distúrbios congênitos de glicosilação (DCG) e doenças de armazenamento lisossomal

LEITURAS SUGERIDAS

Behera, S. K., Praharaj, A. B., Dehury, B., et al. (2015). Exploring the role and diversity of mucins in health and disease with special insight into non-communicable diseases. *Glycoconjugate Journal, 32*, 575-613.

Bode, L. (2015). The functional biology of human milk oligosaccharides. *Early Human Development, 91*, 619-622.

Brooks, S. A. (2017). Lectin histochemistry: Historical perspectives, state of the art, and the future. *Methods in Molecular Biology, 1560*, 93-107.

Etulain, J., & Schattner, M. (2014). Glycobiology of platelet-endothelial cell interactions. *Glycobiology, 24*, 1252-1259.

Frenkel, E. S., & Ribbeck, K. (2015). Salivary mucins in host defense and disease prevention. *Journal of Oral Microbiology, 7*, 29759.

Hennet, T., & Cabalzar, J. (2015). Congenital disorders of glycosylation: A concise chart of glycocalyx dysfunction. *Trends in Biochemical Sciences, 40*, 377-384.

Jegatheesan, P., & De Bandt, J. P. (2017). Fructose and NAFLD: The multifaceted aspects of fructose metabolism. *Nutrients, 9*(3.), .

Manning, J. C., Romero, A., Habermann, F. A., et al. (2017). Lectins: A primer for histochemists and cell biologists. *Histochemistry and Cell Biology, 147*, 199-222.

Mason, C. P., & Tarr, A. W. (2015). Human lectins and their roles in viral infections. *Molecules : A Journal of Synthetic Chemistry and Natural Product Chemistry, 20*, 2229-2271.

Singh, R. S., Walia, A. K., & Kanwar, J. R. (2016). Protozoa lectins and their role in host-pathogen interactions. *Biotechnology Advances, 34*, 1018-1029.

van Putten, J. P., & Strijbis, K. (2017). Transmembrane mucins: Signaling receptors at the intersection of inflammation and cancer. *Journal of Innate Immunity, 9*(3), 281-299.

Vliegenthart, J. F. (2017). The complexity of glycoprotein-derived glycans. *Proceedings of the Japan Academy, Ser. B, Physical and Biological Sciences, 93*, 64-86.

Zacchi, L. F., & Schulz, B. L. (2016). N-glycoprotein macroheterogeneity: Biological implications and proteomic characterization. *Glycoconjugate Journal, 33*, 359-376.

SITES

Biossíntese de glicoproteínas: https://rarediseases.org/rare-diseases/congenital-disorders-of-glycosylation/

Distúrbios congênitos da glicosilação: http://www.galactosemia.org/understanding-galactosemia/

Doença da célula I: https://www.ncbi.nlm.nih.gov/books/NBK1954/

Galactosemia: http://www.ccrc.uga.edu/~lwang/bcmb8020/N-glycans-A.pdf.

Intolerância hereditária à frutose: http://www.glycoforum.gr.jp/science/word/glycoprotein/GP_E.html.

Lectinas de plantas: http://www.bu.edu/aldolase/HFI/.

Modificação de proteínas O-GlcNAc: http://emedicine.medscape.com/article/945460-overview.

Tópicos sobre glicoproteínas: http://poisonousplants.ansci.cornell.edu/toxicagents/lectins.html.

ABREVIATURAS

DCG	Defeitos congênitos da glicosilação
CMP-NeuAc	Ácido CDP-neuramínico (siálico)
Dol	Dolicol
RE	Retículo endoplasmático
AFP-L3	α-fetoproteína
Fru-1-P	Frutose-1-fosfato
Fru-1,6-P	Frutose-1,6-bifosfato
Gal-1-P	Galactose-1-fosfato
GalNAc	N-acetilgalactosamina
GDP-Fuc	Difosfato de guanosina-L-fucose
GDP-Man	Difosfato de guanosina-manose
GlcNAc	N-acetilglicosamina
LDL	Lipoproteína de baixa densidade
Man-6-P	Manose-6-fosfato
NeuAc	Ácido neuramínico (siálico)
UDP-Gal	Uridina difosfato galactose
UDP-GalNAc	Uridina difosfato N-acetilgalactosamina
UDP-Glc	Uridina difosfato glicose
UDP-GlcNAc	Uridina difosfato N-acetilglicosamina
UDP-Xyl	Uridina difosfato xilose

CAPÍTULO 18

Lipídeos Complexos

Alan D. Elbein (in memoriam) e *Koichi Honke*

OBJETIVOS

Após concluir este capítulo, o leitor estará apto a:

- Descrever como os vários fosfolipídeos à base de glicerol são sintetizados e como eles são interconvertidos.
- Descrever os múltiplos papéis dos nucleotídeos citidina na ativação de intermediários na síntese de fosfolipídeos.
- Descrever os vários tipos de esfingolipídeos e glicolipídeos que ocorrem nas células de mamíferos e suas funções.
- Explicar a etiologia das doenças de depósito lisossômico, suas patologias e a justificativa para a terapia de reposição enzimática no tratamento dessas doenças.

INTRODUÇÃO

Lipídeos complexos englobam os glicerofosfolipídeos, apresentados no Capítulo 3, e os esfingolipídeos. Essas moléculas são encontradas principalmente em dois locais, embebidas em membranas biológicas ou em lipoproteínas circulantes. Os esfingolipídeos são quase exclusivamente encontrados nas membranas celulares, principalmente na membrana plasmática. Eles carregam uma ampla gama de estruturas de carboidratos que estão voltadas para o ambiente externo e, como as glicoproteínas, possuem uma gama de funções de reconhecimento. A principal diferença entre essas duas classes de lipídeos é que os glicerofosfolipídeos são saponificáveis (exceto os plasmalogênios), enquanto os **esfingolipídeos** não contêm ligações éster álcali-lábeis. Assim, era conveniente isolar os esfingolipídeos dos tecidos por saponificação e então extrair os lipídeos remanescentes em um solvente orgânico. Uma vez isolada, a caracterização da estrutura do glicano dos esfingolipídeos era tecnicamente desafiadora. Portanto, as estruturas foram, por muito tempo, desconhecidas e misteriosas, levando ao seu nome: semelhantes a esfinge ou esfingolipídeos.

Este capítulo abrange a estrutura, a biossíntese e a função das duas principais classes de lipídeos polares: glicerofosfolipídeos e esfingolipídeos. Na preparação para este capítulo, pode ser útil rever a estrutura dos fosfolipídeos no Capítulo 3.

SÍNTESE E RENOVAÇÃO METABÓLICA ("*TURNOVER*") DOS GLICEROFOSFOLIPÍDEOS

Síntese dos glicerofosfolipídeos

Há muitas espécies de glicerofosfolipídeos com uma composição distinta de grupamentos cabeça polar e grupos acil hidrofóbicos (Capítulo 3). Em relação aos grupos acil, os ácidos graxos saturados são geralmente esterificados na posição *sn*-1, enquanto os ácidos graxos insaturados são esterificados na posição *sn*-2. A biossíntese dos glicerofosfolipídeos segue pela via *de novo* e, depois, os ácidos graxos originalmente adicionados nessa via são substituídos por outros na via de remodelação. Por essa via de remodelação, a diversidade e a assimetria dos grupos acil são geradas.

Via de novo

Os fosfolipídeos estão em constante estado de síntese, renovação metabólica ("turnover") e remodelação

A via *de novo* inicia com reações sequenciais, nas quais o glicerol-3-P é acilado pela transferência de dois ácidos graxos da acil-CoA para produzir **ácido fosfatídico** (PA) via o intermediário, o ácido lisofosfatídico (Fig. 18.1). Então, o PA é desfosforilado em **diacilglicerol** (DAG) por uma fosfatase citosólica específica. Alternativamente, o PA reage com o trifosfato de citidina (CTP) para produzir o ácido fosfatídico ativado **citidina difosfato (CDP)-DAG**. O ácido fosfatídico e o DAG são intermediários comuns na síntese dos triglicerídeos (triacilgliceróis) e dos fosfolipídeos. Todas as células animais, com a exceção dos eritrócitos, são capazes de sintetizar fosfolipídeos *de novo*, enquanto a síntese de triglicerídeos ocorre principalmente no fígado, tecido adiposo e células intestinais. O material inicial, o **glicerol-3-fosfato**, é formado na maioria dos tecidos por redução do intermediário glicolítico fosfato de dihidroxiacetona (DHAP). No fígado, rim e intestino, o glicerol-3-P também pode ser formado diretamente via fosforilação do glicerol pela glicerol quinase. A DHAP também pode ser acilada pela adição de um ácido graxo ao grupo 1-hidroxil; esse intermediário é então reduzido e acilado para PA.

A biossíntese do fosfolipídeo principal **fosfatidilcolina** (PC; também conhecida como **lecitina**) a partir do DAG

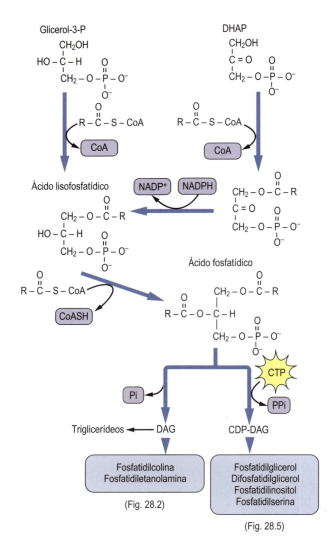

Fig. 18.1 **Via *de novo* para a síntese de glicerofosfolipídeos.** CDP, difosfato de citidina; CDP-DAG, CDP-diacilglicerol; CTP, trifosfato de citidina; CoA, coenzima A; DHAP, fosfato de di-hidroxiacetona; Pi, fosfato inorgânico; PPi, pirofosfato inorgânico.

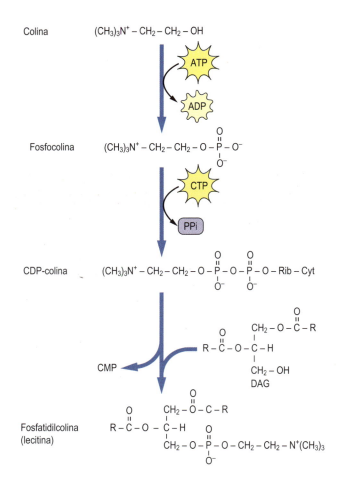

Fig. 18.2 **Formação de fosfatidilcolina pela via da CDP-colina.** Esta via é uma extensão do lado inferior esquerdo da Figura 18.1. Cyt, citosina; CDP, difosfato de citidina; CMP, monofosfato de citidina; DAG, diacilglicerol; Rib, ribose; CTP, trifosfato de citidina.

requer a ativação da colina em CDP-colina. Nessa série de reações, mostradas na Figura 18.2, o "grupamento cabeça" da colina é convertido em fosfocolina e então ativado em **CDP-colina** por uma reação da pirofosforilase. A ligação de pirofosfato é clivada, e a fosfocolina (colina fosfato) é transferida para o DAG de modo a formar PC. Essa reação é análoga a transferência de GlcNAc-6-P para o dolicol ou ao núcleo rico em manose das enzimas lisossômicas, nas quais tanto o açúcar como um fosfato são transferidos a partir do derivado nucleotídico. A **fosfatidiletanolamina** (PE) é formada por uma via semelhante usando CTP e fosfoetanolamina a fim de formar CDP-etanolamina. A PC e a PE podem reagir com a serina livre por uma reação de troca para formar fosfatidilserina (PS) e a base livre, colina ou etanolamina (Fig. 18.3).

Grandes quantidades de PC são necessárias no fígado para a biossíntese de lipoproteínas e bile. Em uma via hepática secundária, que é um suplemento necessário à via da CDP-colina em momentos de inanição, a PC também pode ser formada pela metilação da PE com o doador de metil **S-adenosilmetionina (SAM**; Fig. 18.3 e 18.4). Essa via de metilação envolve a transferência sequencial de três grupos metil ativados a partir de três moléculas de SAM. A PE usada nessa via é fornecida pela PS por uma descarboxilase mitocondrial específica (Fig. 18.3).

A PS e outros fosfolipídeos com um grupamento cabeça álcool (p. ex., fosfatidilglicerol [FG] e fosfatidilinositol [PI]) são sintetizados por uma via alternativa. Neste caso, o PA é ativado por CTP, produzindo CDP-DAG (Fig. 18.5); o grupo PA é então transferido para a serina, o glicerol ou o inositol livre a fim de formar PS, FG ou PI, respectivamente. Um segundo PA também pode ser adicionado ao fosfatidilglicerol para formar 1,3-difosfatidilglicerol (DPG). Esse lipídeo, comumente conhecido como **cardiolipina**, é encontrado quase que exclusivamente na membrana mitocondrial interna; ele representa cerca de 20% dos fosfolipídeos das mitocôndrias cardíacas e é necessário à

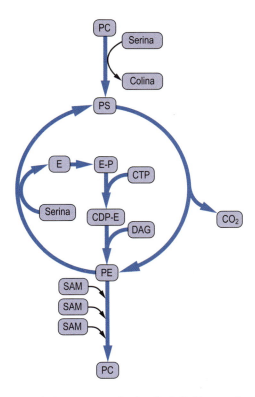

Fig. 18.3 **Vias de interconversão dos fosfolipídeos pela troca de grupamentos cabeça, por metilação ou descarboxilação.** CDP, difosfato de citidina; CTP, trifosfato de citidina; DAG, diacilglicerol; E, etanolamina; PC, fosfatidilcolina; PE, fosfatidiletanolamina; PS, fosfatidilserina; SAM, S-adenosilmetionina.

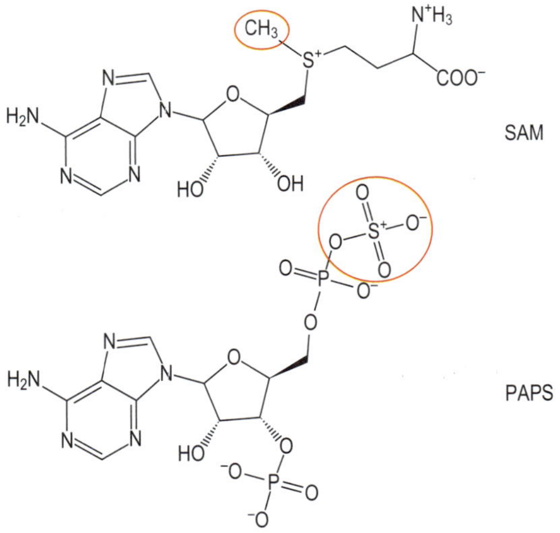

Fig. 18.4 **Estruturas dos dadores de metil e sulfato envolvidos na síntese de lipídeos de membrana.** SAM, S-adenosilmetionina; PAPS, 3'-fosfoadenosina-5'-fosfossulfato (sulfato ativo).

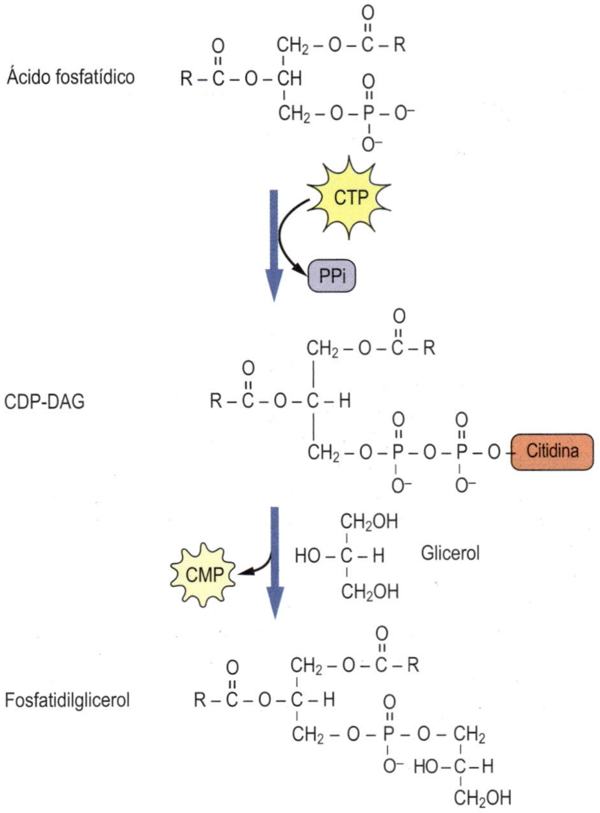

Fig. 18.5 **Formação de fosfatidilglicerol pela ativação do ácido fosfatídico para formar CDP-DAG e transferência do DAG ao glicerol.** Esta via é uma extensão do lado inferior direito da Figura 18.1. CMP, monofosfato de citidina; CTP, trifosfato de citidina.

atividade eficiente dos complexos de transporte de elétrons III e IV e do ATP:ADP translocase.

Os **plasmalogênios** são uma segunda classe importante de lipídeos mitocondriais e são abundantes no tecido nervoso e muscular; no coração, eles representam quase 50% do total de fosfolipídeos. A biossíntese de plasmalogênios procede da DHAP: ela é primeiramente acilada no C-1, então o grupo acil permuta com um álcool lipídico para formar um éter lipídico. O éter lipídico é dessaturado, conduzindo possivelmente a um 1-alceniléter-2-acil-fosfolípídeo. A função dos plasmalogênios *versus* os diacilfosfolipídeos não é clara, mas há algumas evidências de que eles são mais resistentes ao dano oxidativo, o que pode fornecer proteção contra o estresse oxidativo em tecidos com metabolismo aeróbio ativo (Capítulo 42).

Via de remodelação

Os grupos acil dos glicerofosfolipídeos são altamente diversificados e distribuídos de maneira assimétrica entre a posição *sn*-1 e *sn*-2 do glicerol; os ácidos graxos polinsaturados, como o araquidonato, são encontrados predominantemente na posição *sn*-2. A composição dos grupos acil graxos nos fosfolipídeos também varia entre os tecidos e as membranas e de acordo com a natureza do grupamento cabeça: colina, etanolamina, serina, inositol ou glicerol. A diversidade e a assimetria dos fosfolipídeos não são explicadas pela via *de novo* devido ao ácido fosfatídico e o DAG serem precursores comuns dos

QUADRO CLÍNICO
FUNÇÃO SURFACTANTE DOS FOSFOLIPÍDEOS: SÍNDROME DO DESCONFORTO RESPIRATÓRIO AGUDO

A síndrome do desconforto respiratório agudo (ARDS) é responsável por 15% a 20% da mortalidade neonatal nos países ocidentais. A doença afeta bebês prematuros, e sua incidência está diretamente relacionada ao grau de prematuridade.

Comentário
Os pulmões imaturos não possuem células epiteliais do tipo II suficientes para sintetizar quantidades adequadas do fosfolipídeo **dipalmitoilfosfatidilcolina (DPPC)**. Esse fosfolipídeo perfaz mais de 80% do total de fosfolipídeos da camada lipídica extracelular que reveste os alvéolos dos pulmões normais. A DPPC diminui a tensão superficial da camada aquosa superficial dos pulmões, facilitando a abertura dos alvéolos durante a inspiração. A deficiência de surfactante faz com que os pulmões entrem em colapso durante a fase de expiração da respiração, ocasionando a ARDS. A maturidade do pulmão fetal pode ser avaliada pela medida da razão lecitina:esfingomielina no líquido amniótico. Se houver um possível problema, uma mãe pode ser tratada com um glicocorticoide para acelerar a maturação do pulmão fetal. A ARDS é também observada em adultos nos quais as células epiteliais do tipo II foram destruídas como resultado do uso de drogas imunossupressoras ou de certos agentes quimioterápicos.

QUADRO DE CONCEITOS AVANÇADOS
ÂNCORAS DE MEMBRANA DE GLICOSILFOSFATIDILINOSITOL

O fosfatidilinositol é um componente integral da estrutura do glicosilfosfatidilinositol (GPI), o qual ancora várias proteínas à membrana plasmática (Fig. 18.7). Ao contrário de outros fosfolipídeos da membrana, incluindo a maior parte do fosfatidilinositol da membrana, o GPI possui uma cadeia de glicano que contém glicosamina e manose ligadas ao inositol. A etanolamina liga o GPI-glicano ao terminal carboxil da proteína. Muitas proteínas de membrana em células eucarióticas são ancoradas por uma estrutura de GPI, incluindo a fosfatase alcalina e a acetilcolinesterase, que possuem papéis na mineralização óssea e na transmissão nervosa, respectivamente. Diferentemente das proteínas de membrana integrais ou periféricas, as proteínas ancoradas por GPI podem ser liberadas da superfície celular pela fosfolipase C em resposta a processos regulatórios.

triglicerídeos e dos fosfolipídeos. Em vez disso, a redistribuição dos ácidos graxos nos fosfolipídeos é realizada pelas vias de remodelação através da ação conjunta das **fosfolipases A2** (PLA2) e **lisofosfolipídeo aciltransferases** (LPLAT), que removem, substituem e, no processo, redistribuem os ácidos graxos nos fosfolipídeos. Somente na última década as enzimas LPLAT foram identificadas; elas desempenham um papel essencial na (re)incorporação de ácidos graxos polinsaturados nos fosfolipídeos.

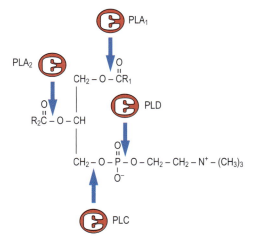

Fig. 18.6 **Sítios de ação de fosfolipases na fosfatidilcolina.** PLA_1, PLA_2, PLC e PLD são fosfolipases A1, A2, C e D, respectivamente.

Renovação metabólica (*turnover*) dos fosfolipídeos

Os fosfolipídeos estão em um estado contínuo de renovação metabólica na maioria das membranas. Isso ocorre como resultado de dano oxidativo durante a inflamação e pela ativação de fosfolipases, particularmente em resposta a estímulos hormonais. Conforme mostrado na Figura 18.6, há um número de fosfolipases que atuam sobre ligações específicas na estrutura do fosfolipídeo. A fosfolipase A2 (PLA2) e a **fosfolipase C** (PLC) são particularmente ativas durante a resposta inflamatória e na transdução de sinal. A fosfolipase B (não mostrada) é uma lisofosfolipase que remove o segundo grupo acil após a ação da PLA1 ou da PLA2. Os lisofosfolipídeos podem ser degradados ou reciclados (reacilados).

ESFINGOLIPÍDEOS

Estrutura e biossíntese da esfingosina

Os esfingolipídeos são um grupo complexo de lipídeos anfipáticos e polares. Eles são construídos em uma estrutura central do amino-álcool de cadeia longa esfingosina, que é formado por descarboxilação oxidativa e condensação do palmitato com a serina. Em todos os esfingolipídeos, o ácido graxo de cadeia longa é ligado ao grupo amino da esfingosina por uma ligação amida (Fig. 18.8). Devido a estabilidade alcalina das amidas, em comparação com os ésteres, os esfingolipídeos são insaponificáveis, o que facilita a sua separação dos glicerolipídeos álcali-lábeis.

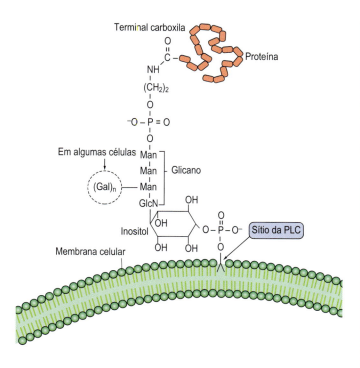

Fig. 18.7 **Estrutura da âncora de glicosilfosfatidilinositol (GPI) e sua ligação às proteínas.** Gal, galactose; GlcN, glicosamina; Man, manose; PLC, fosfolipase C.

QUADRO DE CONCEITOS AVANÇADOS
ANTÍGENOS DE SUPERFÍCIE VARIÁVEIS DOS TRIPANOSSOMAS

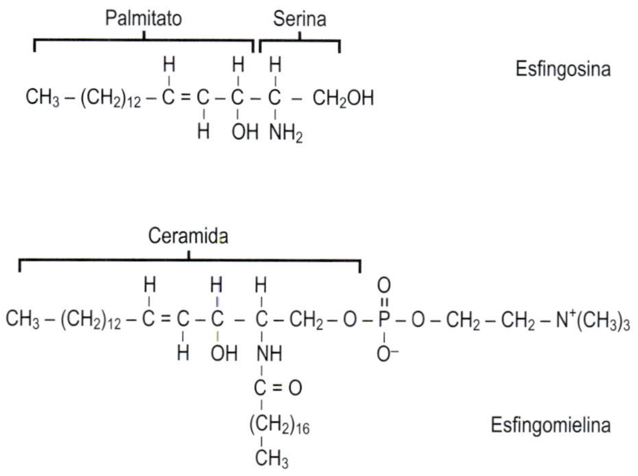

O tripanossoma parasítico causador da doença do sono, o *Trypanosoma brucei*, possui uma proteína chamada antígeno de superfície variável ligada a sua superfície celular por uma âncora GPI. Esse antígeno de superfície variável provoca a formação de anticorpos específicos no hospedeiro os quais podem atacar e matar o parasita. No entanto, alguns dos parasitas evadem a vigilância imunológica ao soltar esse antígeno como se estivessem retirando um casaco.

Comentário

Os tripanossomas e alguns outros patógenos são capazes de soltar seus antígenos de superfície porque possuem uma enzima, a fosfolipase C, que cliva a âncora GPI na ligação fosfato-diacilglicerol, liberando o resíduo glicano da proteína no fluido externo. As células sobreviventes rapidamente produzem um novo revestimento com uma estrutura antigênica diferente que não será reconhecida pelo anticorpo original. Evidentemente, essa nova camada irá desencadear a formação de novos anticorpos específicos, mas o parasita pode soltar o revestimento novamente e assim por diante, em uma sequência aleatória para evadir o sistema imune do hospedeiro.

QUADRO CLÍNICO
DEFEITOS NA ANCORAGEM GPI EM CÉLULAS HEMATOPOIÉTICAS: HEMOGLOBINÚRIA PAROXÍSTICA NOTURNA

Hemoglobinúria paroxística noturna (PNH) é um distúrbio hematológico complexo caracterizado por anemia hemolítica, trombose venosa em locais incomuns e hematopoiese deficiente. O diagnóstico desta doença se baseia na sensibilidade incomum dos eritrócitos à ação hemolítica do complemento (Capítulo 41), uma vez que os eritrócitos de pacientes com PNH não possuem diversas proteínas envolvidas na inibição da ativação do complemento na superfície celular.

Comentário

Uma destas proteínas de superfície celular é o fator acelerador de decaimento, uma proteína ancorada ao GPI que inativa um complexo hemolítico formado durante a ativação do complemento; na sua ausência, há hemólise aumentada. A PNH é uma doença genética adquirida resultante de uma mutação nas células-tronco hematopoiéticas. Uma dessas mutações envolve um defeito na GlcNAc transferase, que adiciona N-acetil-glicosamina à porção inositol do fosfatidilinositol, o primeiro passo na formação da âncora de GPI (Fig. 18.7).

Fig. 18.8 **Estruturas da esfingosina e da esfingomielina.**

A síntese da **esfingosina**, base dos esfingolipídeos, envolve a condensação da palmitoil-CoA com a serina, na qual o carbono-1 da serina é perdido como dióxido de carbono. O produto dessa reação é convertido em várias etapas em esfingosina, que é então N-acilada para formar **ceramida** (N-acilesfingosina). A ceramida (Fig. 18.9) é a precursora e o esqueleto da esfingomielina e dos glicoesfingolipídeos.

Esfingomielina

A esfingomielina é o único esfingolipídeo que contém fosfato e é o principal fosfolipídeo na bainha de mielina dos nervos

A esfingomielina (Fig. 18.8) é encontrada nas membranas plasmáticas, nas organelas subcelulares, no retículo endoplasmático

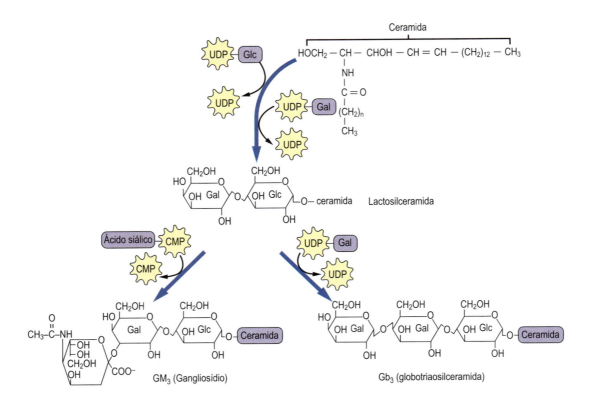

Fig. 18.9 **Um esboço das reações da transferase para a elongação dos glicolipídeos e formação dos gangliosídios.**

e nas mitocôndrias. Ela compreende de 5% a 20% do total de fosfolipídeos na maioria dos tipos celulares e está localizada principalmente na membrana plasmática. O grupo fosfocolina da esfingomielina é transferido para o grupo hidroxila terminal da esfingosina por uma reação de transesterificação com a fosfatidilcolina. A composição dos ácidos graxos varia, mas os ácidos graxos de cadeia longa são comuns, incluindo os ácidos lignocérico (24 : 0), cerebrônico (2-hidroxilignocérico) e nervônico (24 : 1). Embora não sejam ácidos graxos essenciais, são importantes para o cérebro em desenvolvimento e estão presentes no leite materno.

Glicolipídeos

Os esfingolipídeos contendo açúcares covalentemente ligados são conhecidos como glicoesfingolipídeos ou glicolipídeos. Tal como com os glicoconjugados em geral, a estrutura das cadeias de oligossacarídeos é altamente variável. Além disso, a distribuição da glicosiltransferase e o conteúdo glicoesfingolipídico das células variam durante o desenvolvimento e em resposta aos processos regulatórios.

Os glicolipídeos podem ser classificados em três grupos principais: glicolipídeos neutros, **sulfatídeos** e gangliosídeos. Em todos esses compostos, o grupamento cabeça polar, compreendendo os açúcares, é ligado à ceramida por uma ligação glicosídica no grupo hidroxil terminal da esfingosina. A Figura 18.9 ilustra a estrutura e a biossíntese de alguns dos glicolipídeos mais simples. Os glicolipídeos neutros contêm apenas açúcares neutros e amino.

Glicosilceramida (GlcCer) e galactosilceramida (GalCer) são os menores membros desta classe de compostos e servem como o núcleo para a elaboração de estruturas mais complexas. Os sulfatídeos são formados pela adição de sulfato do doador de sulfato, **3'-fosfoadenosina-5'-fosfossulfato (PAPS)** (Fig. 18.4), produzindo, por exemplo, GalCer 3-sulfato. Finalmente, os glicolipídeos contendo ácido siálico (ácido N-acetilneuramínico [NeuAc]) são denominados gangliosídeos.

Estrutura e nomenclatura de gangliosídeos

Os gangliosídeos são glicoesfingolipídeos contendo ácido siálico (N-acetilneuramínico)

O termo *gangliosídio* se refere aos glicolipídeos que foram originalmente identificados em altas concentrações nos gânglios do sistema nervoso central. Em geral, mais de 50% do ácido siálico nessas células está presente nos gangliosídeos. Os gangliosídeos também são encontrados nas superfícies de membrana das células da maioria dos tecidos extraneurais, mas nesses tecidos eles representam menos de 10% do ácido siálico total.

A nomenclatura utilizada para identificar os vários gangliosídeos se baseia no número de resíduos de ácido siálico contidos na molécula e na sequência dos carboidratos (Fig. 18.10). GM se refere a um gangliosídeo com um único ácido (mono) siálico,

Fig. 18.10 **Estruturas generalizadas dos gangliosídios.** Glc, glicose; Gal, galactose; NeuAc, ácido N-acetilneuramínico; GalNAc, N-acetilgalactosamina.

QUADRO CLÍNICO
ESFINGOLIPIDOSES E GANGLIOSIDOSES

A **doença de Tay-Sachs** é uma gangliosidose na qual o gangliosídio GM_2 se acumula como resultado da ausência de hexosaminidase A lisossômica (Fig. 18.11). Indivíduos com essa doença geralmente apresentam retardo mental e cegueira e vão a óbito entre 2 e 3 anos de idade. A **doença de Fabry** é uma esfingolipidose resultante de uma deficiência de α-galactosidase lisossômica e do acúmulo de globotriaosilceramida (Gb3; consulte a Tabela 18.1). Os sintomas da doença de Fabry são erupção cutânea, insuficiência renal e dor nas extremidades inferiores. Pacientes com essa condição se beneficiam de transplantes renais e geralmente vivem do início a meados da idade adulta. A maioria dessas doenças de depósito lisossômico aparece em várias formas (variantes), resultantes de diferentes mutações no genoma. Algumas doenças de depósito lisossômico e algumas variantes são mais severas e debilitantes que outras. Embora as doenças de depósito lisossômico sejam relativamente raras, elas tiveram um grande impacto na nossa compreensão da função e importância dos lisossomos.

Comentário
Quando as células morrem, as biomoléculas, incluindo os glicoesfingolipídeos e as glicoproteínas, são degradadas em seus componentes individuais. A Figura 18.11 apresenta a via para a degradação do gangliosídio GM_1 nos lisossomos. Uma série de doenças lisossômicas resulta da ausência de uma glicosidase essencial na cadeia de reações da hidrolase (Tabela 18.1). As esfingolipidoses são caracterizadas pelo acúmulo lisossômico do substrato da enzima ausente, que interfere na função lisossômica normal na renovação metabólica (*turnover*) de biomoléculas.

enquanto GD, GT e GQ indicam dois, três e quatro resíduos de ácido siálico na molécula, respectivamente. O número após o GM (p. ex., GM_1) se refere à estrutura do oligossacarídeo. Esses números foram derivados da mobilidade relativa dos glicolipídeos nas cromatografias em camada delgada; os gangliosídios maiores (p. ex., GM_1) migram mais lentamente.

QUADRO CLÍNICO
DOENÇA DE GAUCHER: UM MODELO PARA A TERAPIA DE REPOSIÇÃO ENZIMÁTICA

A doença de Gaucher é uma doença de depósito lisossômico na qual os indivíduos afetados não apresentam a enzima β-glicosidase (também conhecida como glicocerebrosidase). Essa enzima remove o açúcar final da ceramida, permitindo que a porção lipídica seja adicionalmente degradada nos lisossomos. Essa doença é caracterizada por hepatomegalia e neurodegeneração, mas existem variantes mais leves que são passíveis de tratamento por terapia de reposição enzimática.

Para o tratamento da doença de Gaucher, a β-glicosidase exógena foi direcionada com sucesso para os lisossomos dos macrófagos. Para isso, foi necessário produzir a enzima recombinante de substituição com cadeias de N-glicano contendo resíduos terminais de manose. Isso foi realizado clivando os glicanos da enzima produzida em células de mamífero com uma combinação de sialidase (neuraminidase), β-galactosidase e β-hexosaminidase para o arranjo das cadeias complexas até o núcleo de manose. Uma glicosidase recombinante alternativa foi produzida em um sistema de células de insetos infectadas por baculovírus. Ambas as enzimas possuem um oligossacarídeo rico em manose; embora elas não possuam resíduos Man-6-P, são reconhecidas por um receptor de superfície celular em macrófagos para oligossacarídeos ricos em manose; as enzimas são endocitadas e terminam no compartimento lisossômico, no qual hidrolisam a glicosilceramida. As enzimas recombinantes são administradas via intravenosa. O sucesso no uso da glicocerebrosidase recombinante para o tratamento da doença de Gaucher estimulou o desenvolvimento de outras hidrolases lisossômicas para o tratamento de doenças de depósito lisossômico.

DOENÇAS DE DEPÓSITO LISOSSÔMICO RESULTANTES DE DEFEITOS NA DEGRADAÇÃO DE GLICOLIPÍDEOS

Os oligossacarídeos complexos nos glicolipídeos são construídos, um resíduo de açúcar por vez, no aparelho de Golgi e são degradados de maneira semelhante, mas na direção oposta por uma série de exoglicosidases nos lisossomos (Fig. 18.11). Defeitos na degradação sequencial dos glicolipídeos levam a várias **doenças de depósito lisossômico**, conhecidas como esfingolipidoses e gangliosidoses (Tabela 18.1). Essas doenças são de herança autossômica recessiva. Os heterozigotos são assintomáticos, indicando que uma única cópia do gene para uma enzima funcional é suficiente para uma renovação metabólica (*turnover*) aparentemente normal dos glicolipídeos. Como a doença de célula I (Capítulo 17), as esfingolipidoses são caracterizadas pelo acúmulo de lipídeos não digeridos em corpos de inclusão nas células.

Tabela 18.1 Algumas doenças de depósito de lipídeos

Doença	Sintomas	Principal produto de depósito	Enzimas deficientes
Tay-Sachs	Cegueira, retardo mental, óbito entre o 2° e o 3° ano	Gangliosídio GM$_2$	Hexosaminidase A
de Gaucher	Aumento do fígado e do baço, retardo mental na forma infantil	Glicocerebrosídeo	β-Glicosidase
de Fabry	Erupção cutânea, insuficiência renal, dor nas extremidades inferiores	Ceramida tri-hexosídeo	α-Galactosidase
de Krabbe	Aumento do fígado e do baço, retardo mental	Galactocerebrosídeo	β-Galactosidase

QUADRO CLÍNICO
DOENÇA DE FABRY (INCIDÊNCIA DE 1 EM 100.000)

Um homem de 30 anos de idade apresentou proteinúria em um exame médico do seguro. Ele havia sido examinado ao longo de vários anos desde por volta dos 10 anos de idade com cefaleias, vertigens e dores nos braços e nas pernas. Não foi feito diagnóstico e ele cresceu acostumado com esses problemas. O médico examinou cuidadosamente seu períneo e o escroto, identificando um angioqueratoma pequeno, elevado e vermelho.

Comentário

Este homem foi diagnosticado com doença de Fabry, que muitas vezes leva anos antes de o diagnóstico ser confirmado pela medição da atividade da α-galactosidase A. As principais deposições endoteliais de uma ceramida tri-hexosídeo (Gal-α1-4-Gal-β1-4-Glc-β-ceramida; Gb3) ocorrem no rim (levando a proteinúria e insuficiência renal), coração e cérebro (levando a infarto do miocárdio e acidente vascular cerebral) e ao redor dos vasos sanguíneos que suprem os nervos (levando à parestesia dolorosa). Historicamente, a maioria dos pacientes apresentou doença renal em estágio final, necessitando de transplante. No entanto, a terapia de reposição com enzima recombinante parece remover a Gb3 depositada e estudos iniciais sugerem que a função renal é mantida.

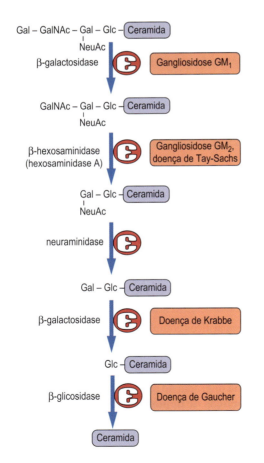

Fig. 18.11 **Via lisossômica para a renovação metabólica (degradação) do gangliosídio GM$_1$ em células humanas.** Várias enzimas podem estar ausentes nas doenças de depósito lipídico, conforme indicado na Tabela 18.1. Gal, galactose; GalNAc, N-acetilgalactosamina; Glc, glicose; NeuAc, ácido N-acetilneuramínico.

ANTÍGENOS DO GRUPO SANGUÍNEO ABO

A transfusão de sangue reconstitui a capacidade de transporte de oxigênio do sangue em pessoas que sofrem de perda sanguínea ou anemia (Capítulo 5). O termo **transfusão de sangue** é uma espécie de equívoco porque envolve apenas a infusão de eritrócitos lavados e preservados. As membranas dos eritrócitos contêm vários antígenos de grupo sanguíneo, dos quais o sistema do grupo sanguíneo ABO é o mais bem compreendido e mais amplamente estudado.

Os antígenos do grupo sanguíneo ABO são carboidratos complexos presentes como componentes de glicoproteínas ou glicoesfingolipídeos das membranas dos eritrócitos (Fig. 18.12). O loco H codifica uma fucosiltransferase, que adiciona fucose a um resíduo de galactose em uma cadeia de glicano. Indivíduos com sangue tipo A possuem, além da substância H, um gene A que codifica uma GalNAc transferase específica que adiciona GalNAc α1,3 ao resíduo de galactose da **substância H** para formar o antígeno A. Indivíduos com sangue tipo B possuem um gene B que codifica uma galactosiltransferase a qual adiciona galactose α1,3 ao resíduo de galactose da substância H para formar o antígeno B. Indivíduos com sangue tipo AB possuem as transferases GalNAc e Gal, e seus eritrócitos contêm uma mistura das substâncias A e B. Aqueles com sangue tipo O possuem apenas a substância H nas membranas de seus eritrócitos; eles não sintetizam nenhuma das enzimas. Enzimas como a α-galactosidase do grão de café podem remover a galactose dos eritrócitos tipo B, uma abordagem que está sendo testada para aumentar a oferta de eritrócitos tipo O (doador universal).

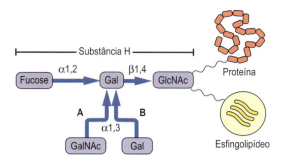

Fig. 18.12 **Relação entre as substâncias H, A e B do grupo sanguíneo ABO.** O oligossacarídeo terminal é ligado através de outros açúcares a proteínas e lipídeos da membrana do eritrócito. GlcNAc, N-acetilglicosamina; GalNAc, N-acetilgalactosamina; Gal, galactose.

Um indivíduo pode possuir sangue tipo A, tipo B, tipo AB ou tipo O. Indivíduos com células tipo A desenvolvem anticorpos naturais no plasma que são dirigidos contra e aglutinam os eritrócitos tipo B e do tipo AB; aqueles com eritrócitos tipo B desenvolvem anticorpos contra a substância A e aglutinam o tipo A e o tipo AB. Pessoas com sangue tipo AB não possuem anticorpos A nem B e são denominadas **receptoras universais**, porque podem receber transfusão com células de qualquer tipo sanguíneo. Indivíduos com sangue tipo O possuem apenas a substância H, sem substância A ou B em seus eritrócitos, e são **doadores universais** porque seus eritrócitos não são aglutinados por anticorpos A ou B; no entanto, eles podem aceitar sangue apenas de um doador tipo O.

Os antígenos ABO estão presentes na maioria das células do corpo, mas são referidos como antígenos do grupo sanguíneo devido à sua associação com reações transfusionais. A reação transfusional é o resultado da reação dos anticorpos do hospedeiro com os eritrócitos transfundidos, resultando em hemólise mediada pelo complemento (Capítulo 41). Embora a reação transfusional demonstre o papel dos carboidratos no reconhecimento de eritrócitos estranhos, a função fisiológica das substâncias do grupo sanguíneo não é clara. Pessoas com um genótipo O são geralmente tão saudáveis quanto aquelas com genótipo A ou B. No entanto, existem algumas evidências de que fenótipos específicos podem conferir resistência diferencial a doenças; por exemplo, pessoas com sangue tipo A e tipo O parecem ser mais suscetíveis à varíola e à cólera, respectivamente.

Os antígenos do **grupo sanguíneo de Lewis** correspondem a um conjunto de estruturas de glicano fucosiladas. O antígeno Lewis-A (Lewis[a]) é sintetizado por uma fucosiltransferase que transfere um resíduo de fucose para um resíduo GlcNAc em uma cadeia de glicano (Fig. 18.13), e o antígeno Lewis[b] é sintetizado pela ação de uma segunda fucosiltransferase, que transfere fucose para o resíduo terminal de galactose na mesma cadeia de glicano. Observe a semelhança dessas estruturas com o antígeno sialyl Lewis-X na Figura 17.9 e com os antígenos ABO na Figura 18.12. Há 13 genes da fucosil-transferase no genoma humano. Alterações na fucosilação de glicanos estão associadas a diferenciação, desenvolvimento, carcinogênese e metástase.

Os antígenos do **grupo sanguíneo P** expressos na série globo dos glicoesfingolipídeos estão distribuídos em eritrócitos e outros tecidos. Mais uma vez, os glicanos desse grupo

QUADRO DE CONCEITOS AVANÇADOS
GLICOLIPÍDEOS SÃO LOCAIS DE LIGAÇÃO PARA BACTÉRIAS E TOXINAS BACTERIANAS

As bactérias evoluíram com lectinas chamadas **adesinas**, que reconhecem e interagem com estruturas específicas de carboidratos nos glicolipídeos, glicoproteínas e até mesmo proteoglicanos. Muitas das adesinas bacterianas são subunidades proteicas dos pili, estruturas semelhantes a pelos nas superfícies das bactérias. Os domínios de reconhecimento de carboidratos geralmente estão localizados na ponta dos pili. A maioria das bactérias também possui vários diferentes tipos de adesinas em suas superfícies, cada uma com diferentes sítios de reconhecimento de carboidratos, e essas adesinas definem a gama de tecidos suscetíveis aos quais as bactérias podem se ligar e talvez invadir. Cada adesina ligante individual é de baixa afinidade e a ligação é fraca, mas há muitas cópias de uma determinada adesina na superfície bacteriana as quais agrupam entre si, de modo que a interação total é polivalente em vez de monovalente, e a ligação se torna muito forte. A interação da adesina com seu receptor pode ativar vias de transdução de sinal e levar a eventos que são críticos para a colonização e, talvez, para a infecção.

Algumas das adesinas bacterianas têm como alvo oligossacarídeos contendo Galβ1-4Glc. Esta é a estrutura dissacarídica encontrada no glicolipídeo lactosilceramida e pode estar presente como tal ou pode ser coberta com outros açúcares, como nos antígenos do grupo sanguíneo ABO. Mas algumas bactérias secretam enzimas (glicosidases) que podem remover esses açúcares terminais para expor a estrutura da lactose para ligação à sua adesina. As células epiteliais do intestino grosso expressam lactosilceramida, enquanto as células que revestem o intestino delgado não expressam esse glicolipídeo. Como resultado, *Bacteroides*, *Clostridium*, *Escherichia coli* e *Lactobacilos* somente se ligam e colonizam o intestino grosso sob condições normais.

Além da ligação bacteriana, certas toxinas que são secretadas pelas células bacterianas também se ligam a glicolipídeos específicos. A mais bem estudada dessas toxinas é a toxina da cólera, a toxina produzida pelo *Vibrio cholerae*, que se liga a GM_1. A toxina da *Shigella dysenteriae* também se liga às células do intestino grosso, mas reconhece um glicolipídeo diferente – neste caso, o Gb3. Esses dois exemplos ilustram como alterações sutis nas estruturas das moléculas de carboidratos podem ser reconhecidas por diferentes proteínas e como as estruturas dos carboidratos fornecem informações de reconhecimento químico. Há outras toxinas, como a toxina tetânica produzida pelo *Clostridium tetani* ou a toxina botulínica pelo *Clostridium botulinum*, que também se ligam a glicolipídeos nas membranas das células nervosas. Essas toxinas reconhecem glicolipídeos muito mais complexos. Por exemplo, a toxina tetânica se liga ao gangliosídeo GT1b.

sanguíneo são sintetizados pela ação sequencial de glicosiltransferases distintas. A função fisiológica desses grupos sanguíneos é desconhecida, mas os antígenos P estão associados a infecções do trato urinário e infecções por parvovírus. Cepas uropatogênicas de *Escherichia coli* expressam lectinas que se ligam à porção Galα1,4Gal dos antígenos P^k e P_1. Mais estudos são necessários para compreender a genética e a bioquímica destes e de outros antígenos de grupo sanguíneo, bem como seus papéis na fisiologia e nas doenças.

QUADRO CLÍNICO
RECEPTOR DE GANGLIOSÍDEO PARA A TOXINA COLÉRICA

Os glicolipídeos que contêm galactose nas membranas plasmáticas das células epiteliais intestinais são sítios de ligação para bactérias. Os glicolipídeos parecem ajudar na retenção da flora intestinal normal (simbiontes) no intestino, mas, alternativamente, acredita-se que a ligação de bactérias patogênicas a esses e outros glicolipídeos facilita a infecção das células epiteliais. A diferença entre bactérias simbióticas e parasíticas depende, em parte, de sua capacidade de secretar toxinas ou de penetrar na célula hospedeira após a reação de ligação. As células da mucosa intestinal contêm o gangliosídeo GM1 (Fig. 18.10). Esse gangliosídeo serve como o receptor ao qual a toxina colérica se liga como a primeira etapa da sua penetração nas células intestinais. A toxina colérica é uma proteína hexamérica secretada pela bactéria *Vibrio cholerae*. A proteína é composta de uma subunidade A e cinco subunidades B. A proteína se liga aos gangliosídeos por meio de múltiplas interações através das subunidades B, o que permite que a subunidade A entre na célula e ative a adenilato ciclase na superfície interna da membrana. O AMP cíclico formado estimula as células intestinais a exportar íons cloreto, levando a diarreia osmótica, desequilíbrio eletrolítico e desnutrição. **A cólera continua a ser o assassino número um de crianças no mundo hoje.**

QUESTÕES PARA APRENDIZAGEM

1. Compare o papel dos plasmalogênios *versus* os diacilfosfolipídeos nas membranas celulares.
2. Discuta os desafios no desenvolvimento de uma vacina para proteção contra a tripanossomíase.
3. Revise as abordagens terapêuticas atuais para o diagnóstico e o tratamento da Síndrome do desconforto respiratório agudo (ARDS).
4. Revise o atual cenário da terapia de reposição enzimática no tratamento de doenças de depósito lisossômico. Quais outras doenças genéticas são tratadas por essa terapia?

possuem propriedades funcionais importantes como surfactantes, como cofatores de enzimas membranares e como componentes dos sistemas de transdução de sinal.
- A principal via para a biossíntese *de novo* dos fosfolipídeos envolve a ativação de um dos componentes (DAG ou o grupamento cabeça) com CTP para formar um intermediário de alta energia, como CDP-diacilglicerol ou CDP-colina.
- Os fosfolipídeos sofrem maturação na via de remodelação, na qual os grupos acil na posição *sn*-2 são substituídos por novos, gerando diversidade e assimetria da porção hidrofóbica dos fosfolipídeos.
- Os glicoesfingolipídeos funcionam como receptores para o reconhecimento e a interação célula-célula e como sítios de ligação para bactérias simbióticas e patogênicas e para vírus. Estruturas de carboidratos nos glicoesfingolipídeos das membranas dos eritrócitos também são determinantes antigênicos responsáveis pelo ABO e outros tipos sanguíneos.
- Os glicoesfingolipídeos são degradados nos lisossomos por uma sequência de reações que envolvem uma remoção gradual dos açúcares da extremidade não redutora da molécula, com cada etapa envolvendo uma exoglicosidase lisossômica específica. As doenças de depósito lisossômico hereditárias resultam de defeitos na degradação de esfingolipídeos.

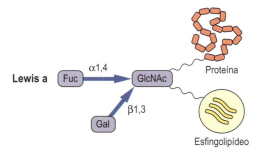

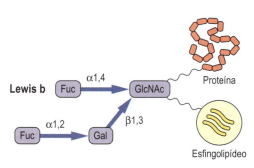

Fig. 18.13 **Estrutura dos antígenos do grupo sanguíneo de Lewis.**

RESUMO

- Os lipídeos polares complexos são componentes essenciais de todas as membranas celulares.
- Os fosfolipídeos são os principais lipídeos estruturais de todas as membranas, mas eles também

LEITURAS SUGERIDAS

Belický, Š., Katrlík, J., & Tkáč, J. (2016). Glycan and lectin biosensors. *Essays in Biochemistry, 60*, 37-47.

Cooling, L. (2015). Blood groups in infection and host susceptibility. *Clinical Microbiology Reviews, 28*, 801-870.

Desnick, R. J., & Schuchman, E. H. (2012). Enzyme replacement therapy for lysosomal diseases: Lessons from 20 years of experience and remaining challenges. *Annual Review of Genomics and Human Genetics, 13*, 307-335.

Ezgu, F. (2016). Inborn errors of metabolism. *Advances in Clinical Chemistry, 73*, 195-250.

Franchini, M., & Liumbruno, G. M. (2013). ABO blood group: Old dogma, new perspectives. *Clinical Chemistry and Laboratory Medicine, 51*, 1545-1553.

Han, S., & Mallampalli, R. K. (2015). The role of surfactant in lung disease and host defense against pulmonary infections. *Annals of the American Thoracic Society, 12*, 765-774.

Heider, S., Dangerfield, J. A., & Metzner, C. (2016). Biomedical applications of glycosylphosphatidylinositol-anchored proteins. *Journal of Lipid Research, 57*, 1778-1788.

Johannes, L., Wunder, C., & Shafaq-Zadah, M. J. (2016). Glycolipids and lectins in endocytic uptake processes. *Molecular Biology, 428*, 4792-4818.

Oder, D., Nordbeck, P., & Wanner, C. (2016). Long-term treatment with enzyme replacement therapy in patients with Fabry disease. *Nephron, 134*, 30-36.

Pralhada Rao, R., Vaidyanathan, N., Rengasamy, M., et al. (2013). Sphingolipid metabolic pathway: An overview of major roles played in human diseases. *Journal of Lipid Research, 2013*, 178910.

Stirnemann, J., Belmatoug, N., & Camou, F. (2017). A review of Gaucher disease pathophysiology, clinical presentation and treatments. *International Journal of Molecular Sciences, 18*, 441.

Unione, L., Gimeno, A., & Valverde, P. (2017). Glycans in infectious diseases: A molecular recognition perspective. *Current Medicinal Chemistry, 2017* Advance online publication..

SITES

Grupos sanguíneos: http://www.bloodbook.com/type-sys.html

Ácidos graxos essenciais: http://lpi.oregonstate.edu/mic/other-nutrients/essential-fatty-acids

Doença de Gaucher: https://www.ninds.nih.gov/Disorders/All-Disorders/Gaucher-Disease-Information-Page

Âncoras de glicosilfosfatidilinositol: https://www.ncbi.nlm.nih.gov/books/NBK1966/

Hemoglobinúria paroxística noturna: http://emedicine.medscape.com/article/207468-overview

Esfingolipídeos: http://themedicalbiochemistrypage.org/sphingolipids.php

Doença de Tay-Sachs: https://www.ninds.nih.gov/Disorders/All-Disorders/Tay-Sachs-Disease-Information-Page

ABREVIATURAS

ARDS	Síndrome da insuficiência respiratória aguda [SARA]
CDP	difosfato de citidina
CDP-DAG	CDP-diacilglicerol
DAG	Diacilglicerol
DPPC	Dipalmitoilfosfatidilcolina
GPI	Âncora de glicosilfosfatidilinositol
LPLAT	Lisofosfolipídeo aciltransferase
PAPS	Fosfoadenosina 5'-fosfossulfato
PNH	Hemoglobinúria paroxística noturna
PA	Ácido fosfatídico
PC	Fosfatidilcolina
PE	Fosfatidiletanolamina
PI	Fosfatidilinositol
PLA2	Fosfolipase A2
PLC	Fosfolipase C
PS	Fosfatidilserina
SAM	*S*-adenosilmetionina

CAPÍTULO 19

A Matriz Extracelular

Gur P. Kaushal, Alan D. Elbein (in memorian) e Wayne E. Carver

OBJETIVOS

Após concluir este capítulo, o leitor estará apto a:

- Descrever a composição, a estrutura e a função da matriz extracelular (ECM) e seus componentes, incluindo colágenos, proteínas não colagenosas, ácido hialurônico e glicosaminoglicanos/proteoglicanos.
- Resumir a sequência de passos na biossíntese e modificação pós-translacional dos colágenos e elastina, incluindo a estrutura e a formação de ligações cruzadas.
- Descrever as vias de biossíntese e renovação metabólica (*turnover*)dos proteoglicanos.
- Descrever o papel das proteínas de ligação na formação da matriz extracelular e a estrutura e a função das integrinas como receptores para os componentes da ECM.
- Descrever a patologia de diversas doenças associadas aos defeitos nos componentes da ECM.

INTRODUÇÃO

A matriz extracelular (ECM) é uma rede complexa de macromoléculas secretadas, localizadas no espaço extracelular. Historicamente, descrevia-se a ECM simplesmente como fornecedora de uma estrutura tridimensional para a organização de tecidos e órgãos; contudo, cada vez fica mais claro seu papel central na regulação dos processos básicos, incluindo proliferação, diferenciação, migração e, até mesmo, sobrevivência das células. A rede macromolecular da ECM é constituída de colágenos, elastina, glicoproteínas não colagenosas e proteoglicanos que são secretados por uma variedade de tipos celulares. Os componentes da ECM estão em contato íntimo com suas células de origem, formando um leito gelatinoso tridimensional no qual as células se desenvolvem (Fig. 19.1). As proteínas na ECM também encontram-se ligadas à superfície celular, transmitindo sinais mecânicos resultantes do estiramento e da compressão dos tecidos. A abundância relativa, a distribuição e a organização molecular dos componentes da ECM variam enormemente, dependendo de tipo de tecido, estágio de desenvolvimento e estado patológico. Variações na composição, acumulação e organização da ECM impactam dramaticamente as propriedades biomecânicas, estruturais e funcionais do tecido. Alterações nas características da ECM estão associadas às doenças crônicas como artrite, aterosclerose, câncer e fibrose.

COLÁGENOS

Os colágenos são as principais proteínas na ECM

Os colágenos são uma família de proteínas que correspondem a cerca de 30% da massa proteica total do corpo, sendo encontrados em quantidades variadas em todos os tecidos e órgãos. Até o presente momento, já se identificaram mais de 25 tipos de colágenos, os quais são amplamente subclassificados de acordo com sua função, estrutura dos domínios e organização supramolecular. De forma geral, a família do colágeno pode ser dividida em colágenos formadores de fibrilas (fibrilares) e colágenos não fibrilares. As fibras de colágeno são os componentes estruturais mais abundantes da ECM. Sua flexibilidade e grande resistência à tensão desempenham papéis importantes na arquitetura e integridade tecidual. A Tabela 19.1 lista os tipos de colágenos e sua distribuição geral.

Estrutura de tripla hélice dos colágenos

A estrutura de tripla hélice orientada para a esquerda no colágeno é única entre as proteínas

Todos os colágenos compartilham um motivo estrutural comum: a **tripla hélice do colágeno**. As moléculas de colágeno são compostas por três polipeptídeos individuais conhecidos como cadeias α. A tripla hélice do colágeno forma-se pelo dobramento das três cadeias de polipeptídeoα. Análises por difração de raio-x indicam que as três cadeias polipeptídicas helicoidais orientadas para a esquerda ficam envolvidas umas ao redor das outras como se fossem uma corda para formar uma super-hélice, ou estrutura superenrolada (Fig. 19.2). A hélice orientada para a esquerda é mais prolongada do que a α-hélice das proteínas globulares, apresentando quase o dobro do aumento por volta e somente 3,0 (em vez de 3,6) aminoácidos a cada volta da hélice. Todo terceiro aminoácido é glicina, porque somente esse aminoácido – com a menor cadeia lateral – cabe no espaço restrito do núcleo central da hélice. A sequência repetida característica do colágeno é **Gli-X-Y**, onde X e Y podem ser quaisquer aminoácidos; porém, mais frequentemente, o X é prolina e o Y é hidroxiprolina. Por causa de sua rotação restrita e de seu volume, a prolina e a hidroxiprolina conferem rigidez à hélice. As intra e intercadeias das hélices estabilizam-se por meio de pontes de hidrogênio, em grande parte entre o peptídeo NH e os grupos C=O. As cadeias laterais dos aminoácidos X e Y apontam para fora da hélice e, consequentemente, encontram-se na superfície da proteína, onde formam interações laterais com outras triplas hélices ou proteínas.

CAPÍTULO 19 A Matriz Extracelular

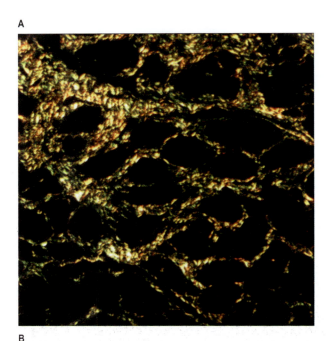

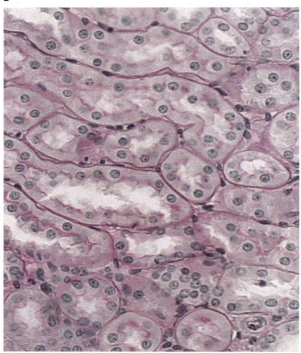

Fig. 19.1 (A) Fotomicrografia de luz com vermelho de picrosirius da matriz extracelular do tecido cardíaco, mostrando o colágeno insolúvel e as proteínas elastinas. Essas proteínas formam uma bainha ao redor das células e estão imersas em uma matriz gelatinosa solúvel de polissacarídeos e glicoconjugados, ácido hialurônico e proteoglicanos. As células interagem com os componentes da ECM, respondendo a estímulos mecânicos através das proteínas de superfície celular, incluindo as integrinas, laminina e fibronectina. (B) Coloração ácido periódico-Schiff (PAS) das membranas basais dos túbulos renais. A coloração de PAS é específica para o componente proteoglicano da ECM (Capítulo 35).

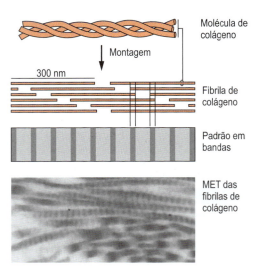

Fig. 19.2 **Estrutura tridimensional do colágeno.** Cordões polipeptídicos individuais de colágeno assumem uma estrutura terciária α-helicoidal orientada para a esquerda. Depois, associam-se para formar uma estrutura quaternária super-helicoidal de três cadeias, orientada para a direita, característica da molécula de colágeno. As moléculas de colágeno associam-se de forma escalonada para formar fibrilas colágenas que têm um padrão característico em bandas. TEM, microscopia eletrônica de transmissão.

Cada colágeno tem um ou mais domínios helicoidais triplos, cujos comprimentos podem variar de acordo com o tipo de colágeno. As formas maduras de colágenos fibrilares consistem essencialmente em regiões de tripla hélice muito longas, algumas com mais de 1000 aminoácidos, ou cerca de 300 nm de comprimento. Colágenos não fibrilares podem conter menos de 10% de seus aminoácidos em estrutura de tripla hélice.

Colágenos formadores de fibrilas

Colágenos fibrilares conferem força tênsil aos tendões, ligamentos e pele

O colágeno tipo I é o colágeno fibrilar mais abundante, ocorrendo em uma grande variedade de tecidos, enquanto outros tipos de colágenos têm uma distribuição mais limitada nos tecidos (Tabela 19.1). O colágeno tipo I e os colágenos fibrilares relacionados formam feixes de fibrilas bem organizados, conferindo grande força tênsil à pele, aos tendões e aos ligamentos devido às ligações covalentes entre moléculas de colágeno. Conforme indicado previamente, os colágenos são trímeros compostos por três cadeias polipeptídicas α-hélice (Fig. 19.2). A molécula de colágeno tipo I é um heterotrímero composto de duas cadeias polipeptídicas α1(I) e uma cadeia polipeptídica α2(I). Cada uma dessas cadeias polipeptídicas contém cerca de 1.000 aminoácidos e possui uma estrutura de domínio helicoidal triplo ao longo de quase todo o comprimento da molécula de colágeno. As fibrilas de colágeno são formadas pela associação lateral de triplas hélices em um alinhamento "escalonado em quartos", no qual cada molécula de colágeno é deslocada por cerca de um quarto de seu comprimento em relação ao seu vizinho mais próximo (Fig. 19.2). A **organização escalonada em quartos** é responsável pela aparência em "bandas" das fibras de colágeno nos tecidos conjuntivos.

Tabela 19.1 Membros da família do colágeno: Classificação e distribuição dos diferentes tipos de colágenos

Tipo	Classe	Distribuição
I	Fibrilar	Amplamente distribuído, incluindo pele, tendões, osso, coração e ligamentos (representa aproximadamente 90% de todo o colágeno)
II	Fibrilar	Cartilagem, córnea em desenvolvimento e humor vítreo
III	Fibrilar	Importante no tecido conjuntivo frouxo e tecidos extensíveis (p. ex., pele, pulmão, útero e sistema vascular
IV	Formador da membrana basal	Membranas basais dos epitélios, músculos etc.
V	Fibrilar	Amplamente expresso no tecido conjuntivo de múltiplos órgãos, incluindo fígado, córnea, baço e outros
VI	Formador da membrana basal	Maioria dos tecidos conjuntivos; particularmente abundante imediatamente ao redor dos condrócitos da cartilagem
VII	Formador da membrana basal	Presente nas fibrilas de ancoragem de pele, útero, esôfago e outros órgãos
VIII	Formador de rede	Vasos sanguíneos
IX	FACIT	Associado às fibras de colágeno tipo II na cartilagem
X	Formador de rede	Cartilagem
XI	Formador de fibra	Associado aos colágenos tipo I e tipo II na cartilagem, no osso e na placenta
XII	FACIT	Tendão embrionário e pele
XIII	Transmembrana	Amplamente distribuído, incluindo osso, cartilagem, pele, intestino, músculo estriado e outros
XIV	FACIT	Pele fetal, placenta e tendões
XV	Multiplexina (múltiplos domínios de tripla hélice e interrupções)	Coração e músculo esquelético
XVI	FACIT	Amplamente distribuído; associado aos fibroblastos e às células musculares lisas vasculares
XVII	Transmembrana	Epitélio
XVIII	Multiplexina	Associado ao epitélio e às membranas basais vasculares
XIX	FACIT	Vasos sanguíneos
XX	FACIT	Córnea, tendões e cartilagem
XXI	FACIT	Coração, músculo esquelético e tecidos conjuntivos densos
XXII	FACIT	Coração, músculo esquelético, cartilagem articular e pele
XXIII	Transmembrana	Coração, retina e células tumorais metastáticas
XXIV	Fibrilar	Olho embrionário e osso; associado às fibras de colágeno tipo I
XXV	Transmembrana	Cérebro

FACIT, colágeno associado às fibrilas com triplas hélices interrompidas (do inglês fibril-associated collagen with interrupted triple helices)

As fibras são estabilizadas por forças não covalentes e ligações cruzadas intercadeias derivadas dos resíduos de lisina.

Colágenos não fibrilares

Colágenos entrelaçados não fibrilares são os principais componentes estruturais das membranas basais

Os colágenos não fibrilares são um grupo heterogêneo que contém segmentos tripla hélice de comprimento variado, interrompidos por um ou mais segmentos não helicoidais intermediários. Esse grupo inclui os colágenos da membrana basal (a família do tipo IV), colágenos associados às fibrilas com tripla hélice interrompida (FACITs – *fibril-associated collagens with interrupted triple helices*), colágenos transmembrana e colágenos com múltiplos domínios tripla hélice com interrupções – conhecidos como multiplexinas. Muitos dos colágenos não fibrilares associam-se aos colágenos fibrilares formando microfibrilas e redes ou estruturas em forma de trama. O colágeno tipo IV agrupa-se dentro de uma rede semelhante a uma trama flexível nas **membranas basais**. As membranas basais são camadas relativamente finas de ECM encontradas na superfície basal das células epiteliais e ao redor de outros tipos celulares, incluindo miócitos, células de Schwann e adipócitos. A membrana basal tem uma grande quantidade de funções, como ancoragem de células ao redor do tecido conjuntivo e seleção. O colágeno tipo IV contém um longo domínio tripla-hélice interrompido por sequências não colagenosas curtas. Essas interrupções no domínio helicoidal bloqueiam a associação contínua de duas tripla-hélices, obrigando-as a encontrar outro parceiro, o que contribui para a formação de uma estrutura tipo treliça dentro da membrana basal. As anomalias no colágeno tipo IV na membrana basal

>
> ## QUADRO CLÍNICO
> ### OSTEOGÊNESE IMPERFEITA
>
> Um menino de seis anos de idade foi visto no departamento de emergência com a tíbia e a fíbula quebradas durante uma partida de futebol. Seu pai de 1,80 m de altura explicou que o menino quebrou as pernas quatro vezes na escola. Os dentes do pai eram ligeiramente transparentes e descoloridos.
>
> **Comentário**
> A osteogênese imperfeita (OI), também conhecida como doença dos ossos de vidro, é uma doença congênita causada por defeitos genéticos múltiplos na síntese do colágeno tipo I. Caracteriza-se por ossos frágeis, pele fina, dentes anormais e tendões enfraquecidos. A maioria dos indivíduos com esta doença possui mutações nos genes que codificam polipeptídeos α1(I) ou α2(I) do colágeno. Muitas dessas mutações são substituições de uma única base que convertem a glicina na repetição Gli-X-Y em aminoácidos volumosos, impedindo o dobramento correto das cadeias polipeptídicas do colágeno em tripla hélice e seu agrupamento dentro das fibrilas de colágeno
>
> A dominância do colágeno tipo I nos ossos explica por que os ossos são predominantemente afetados pela doença. Contudo, há uma variabilidade clínica notável, caracterizada por fragilidade óssea, osteopenia, graus variados de baixa estatura e deformidades esqueléticas progressivas. A forma mais comum de OI — com uma apresentação que às vezes é confundida com abuso infantil — tem um bom prognóstico, com a diminuição da quantidade de fraturas após a puberdade, embora a redução geral na massa óssea signifique que o risco durante a vida permanece alto. Frequentemente, os pacientes desenvolvem surdez devido à osteosclerose, em parte por causa de fraturas no estribo. Fármacos bifosfonados que inibem a atividade osteoclástica e, consequentemente, inibem a reabsorção óssea normal, reduzem a incidência de fraturas. Estudos prospectivos, de seguimento de longo prazo (*follow-up*) já estão em curso.

do rim resultam em doenças glomerulares, incluindo a **síndrome de Goodpasture**. Essa síndrome é uma doença autoimune rara, causada pela produção de anticorpos que se ligam especificamente ao colágeno tipo IV das membranas basais. Os sintomas dessa síndrome progridem do sangue na urina (hematúria) até o excesso de proteína na urina (proteinúria), podendo levar a insuficiência renal.

Síntese e modificação pós-translacional dos colágenos

A síntese de colágeno tem início no retículo endoplasmático rugoso (RER)

As etapas da síntese da maior parte dos colágenos fibrilares são similares e envolvem a via secretória constitutiva utilizada pelas células. As cadeias α do colágeno são sintetizadas no RER como precursores longos, cadeias pró-α ou moléculas pré-pró-colágeno, que depois sofrem grandes modificações no complexo de Golgi e no espaço extracelular (Fig. 19.3). Inicialmente, o pré-pró-colágeno é sintetizado com uma sequência sinal hidrofóbica que facilita a ligação dos ribossomos no retículo endoplasmático (RE). A modificação pós-translacional da proteína começa com a remoção do peptídeo sinal no RE, produzindo **pró-colágeno**. Depois, três diferentes hidroxilases adicionam grupos hidroxila aos resíduos de prolina e lisina, formando 3- e 4-**hidroxiprolina** e δ-**hidroxilisina**. Essas hidroxilases necessitam de ascorbato (vitamina C) como cofator (Fig. 19.3). A deficiência de vitamina C leva ao **escorbuto**, como resultado das alterações na síntese e nas ligações cruzadas do colágeno.

A glicosilação O-ligada ocorre pela adição de resíduos galactosil à hidroxilisina, através da galactosil transferase; forma-se um dissacarídeo pela adição de glicose à galactosil hidroxilisina através de uma glicosil transferase (Fig. 19.3). Essas enzimas possuem especificidade estrita ao substrato para hidroxilisina ou galactosil hidroxilisina, glicosilando somente aquelas sequências peptídicas que estão em domínios não colagenosos. A glicosilação N-ligada também ocorre em resíduos específicos de asparagina em domínios não fibrilares. Os colágenos não fibrilares, com uma maior extensão de domínios não helicoidais, são altamente mais glicosilados do que os colágenos fibrilares. Portanto, a extensão da glicosilação pode influenciar a estrutura fibrilar, interrompendo a formação de fibrilas e promovendo interações intercadeias, necessárias à estrutura em rede. Formam-se ligações dissulfeto intra e intercadeias nos domínios C-terminal por uma proteína dissulfeto isomerase, facilitando a associação e o dobramento das cadeias peptídicas em tripla hélice (Fig. 19.3). Neste estágio, o **pró-colágeno** ainda é solúvel e contém extensões não helicoidais adicionais em suas porções N- e C-terminais.

O pró-colágeno é finalmente modificado em colágeno no complexo de Golgi

Após a formação da tripla hélice, o pró-colágeno é transportado do RER para o compartimento de Golgi, no qual é empacotado em vesículas secretórias e depois exportado para o espaço extracelular através de exocitose. As extensões não helicoidais do pró-colágeno são removidas no espaço extracelular por proteinases N- e C- terminais específicas para o pró-colágeno (Fig. 19.3). As moléculas de colágeno (anteriormente chamadas de tropocolágeno), então, se arranjam em fibrilas de colágeno insolúvel, que depois são estabilizadas pela formação de ligações cruzadas intermoleculares derivadas de aldeído. A **lisil oxidase** (que não deve ser confundida com a lisil hidroxilase envolvida na formação da hidroxilisina) remove oxidativamente (desamina) o grupo ε-amino de alguns resíduos lisina e hidroxilisina, produzindo derivados aldeído reativos conhecidos como **alisina e hidroxialisina**. Os grupos aldeídos agora formam produtos de condensação aldol com grupos aldeídos vizinhos, gerando ligações cruzadas dentro das moléculas tripla hélice e entre as mesmas. Também podem reagir com os grupos amino dos resíduos de lisina e hidroxilisina não oxidados para formar ligações cruzadas do tipo base de Schiff (imina) (Fig. 19.4). Os produtos iniciais podem se reorganizar ou podem ser desidratados ou reduzidos para formar ligações cruzadas estáveis, como **lisinonorleucina**. Estudos com β-aminopropionitrila, que inibe a enzima lisil oxidase, estabelecem que a formação da ligação cruzada do colágeno é o principal determinante das propriedades mecânicas e da resistência do tecido. A inibição da lisil oxidase pode resultar em **latirismo**, uma doença induzida pela dieta que é caracterizada por deformação da coluna, deslocamento das articulações,

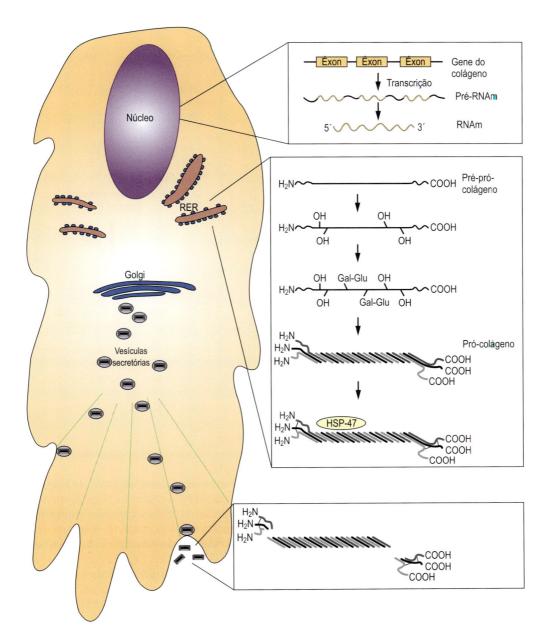

Fig. 19.3 **Biossíntese e processamento pós-translacional do colágeno.** A formação das fibrilas de colágeno é um processo complexo com múltiplas etapas que se inicia com a transcrição do RNAm da cadeia-α do colágeno no núcleo. O RNAm do colágeno é transportado para o citoplasma, no qual se associa ao retículo endoplasmático rugoso (RER). No RER, ocorre a translação dos polipeptídeos (denominados, nesta fase, de pré-pró-colágeno), que inclui pro-peptídeos nos terminais amino e carboxila. Enquanto estão no RER, os polipeptídeos são modificados pela hidroxilação dos aminoácidos específicos prolina e lisina (dependentes de vitamina C), glicosilação pela adição de oligossacarídeos *O*- e *N*-ligados e formação de ligações intracadeia e dissulfeto nas regiões *N*- e *C*-terminais. Os polipeptídeos da cadeia-α associam-se para formar moléculas de pró-colágeno entrelaçadas em três, que são estabilizadas por pontes de hidrogênio intercadeias e associação com proteínas chaperonas, como a proteína de choque térmico 47 (HSP-47). As moléculas solúveis de pró-colágeno são transportadas para o complexo de Golgi, onde são empacotadas em vesículas secretórias. As vesículas secretórias contendo pró-colágeno são transportadas para a superfície celular, um processo que depende dos microtúbulos e proteínas motoras associadas. Segue-se, então, a exocitose das moléculas de procolágeno e subsequente clivagem dos pró-peptídeos não helicoidais *N*- e *C*-terminais pelas proteinases *N*- e *C*- terminais. Depois, as moléculas de colágeno se arranjam para formar as fibrilas colágenas, tipicamente em "recôncavos" na superfície celular. As fibrilas são estabilizadas pela formação de ligações cruzadas covalentes, um processo mediado pela lisil oxidase (não ilustrado).

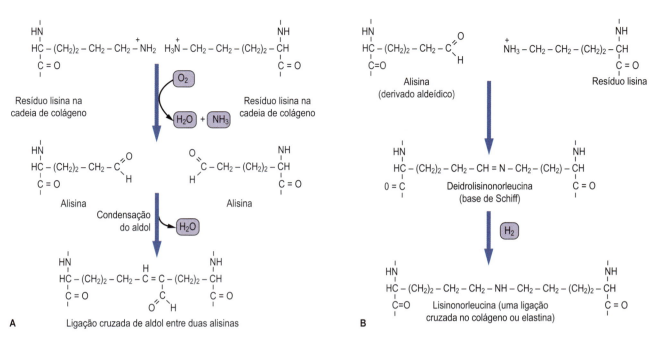

Fig. 19.4 **Formação da ligação cruzada do colágeno.** A alisina e a hidroxialisina são precursores da formação da ligação cruzada do colágeno por meio (A) da condensação do aldol e (B) dos intermediários da base de Schiff (imina).

desmineralização óssea, aneurismas aórticos e hemorragias articulares. O latirismo pode ser causado pela ingestão crônica da ervilha doce *Lathyrus odoratus*, cujas sementes contêm β-aminopropionitrila, um inibidor irreversível da lisil oxidase.

PROTEÍNAS NÃO COLAGENOSAS NA MATRIZ EXTRACELULAR

Elastina

Interações hidrofóbicas fracas entre resíduos de valina permitem a flexibilidade e a extensibilidade da elastina

A flexibilidade necessária para a função dos vasos sanguíneos, pulmões, ligamentos e pele é conferida por uma rede de fibras elásticas na ECM desses tecidos. A proteína predominante das fibras elásticas é a elastina. Ao contrário da família do colágeno que tem diversos genes, há um único gene para a elastina, que codifica um peptídeo com cerca de 750 aminoácidos de comprimento. Assim como os colágenos, a elastina é rica em resíduos de glicina e prolina, mas é mais hidrofóbica: um em cada sete aminoácidos é valina. Diferentemente dos colágenos, a elastina contém pouca hidroxiprolina e não contém cadeias de hidroxilisina e carboidratos; também não tem uma estrutura secundária regular. A estrutura primária da elastina consiste em lisina hidrofílica e hidrofóbica (alternadas) e domínios ricos em valina. As lisinas estão envolvidas na ligação cruzada intermolecular, enquanto as interações fracas entre resíduos valina nos domínios hidrofóbicos transmitem elasticidade à molécula.

A forma monomérica solúvel da elastina, sintetizada inicialmente no RER, chama-se tropoelastina. Exceto por alguma hidroxilação da prolina, a tropoelastina não sofre modificação pós-translacional. Durante o processo de montagem no espaço extracelular, a lisil oxidase gera alisina em sequências específicas: -Lis-Ala-Ala-Lis e Lis-Ala-Ala-Ala-Lis- (Fig. 19.5). Assim como o colágeno, o aldeído reativo de lisina condensa-se com outras alisinas ou com lisinas não modificadas. A alisina e a deidrolisinonorleucina em diferentes cadeias de tropoelastina também se condensam para formar ligações cruzadas de piridíneo – estruturas heterocíclicas conhecidas como **desmosina** ou **isodesmosina** (Fig. 19.5). A elastina pode se esticar em duas dimensões, por causa da forma em que seus monômeros estão organizados em polímeros.

Outras glicoproteínas principais da ECM

A fibronectina e a laminina possuem diversos locais de ligação para proteínas e proteoglicanos da ECM

A fibronectina é uma glicoproteína que pode apresentar-se como componente estrutural da ECM ou como proteína solúvel no plasma. A fibronectina é um dímero de duas subunidades polipeptídicas idênticas, cada uma com 230 kDa, unidas por um par de ligações dissulfeto sem suas porções C-terminais. Cada subunidade encontra-se organizada em domínios múltiplos, conhecidos como domínios tipo I, II e III. Tipicamente, 12

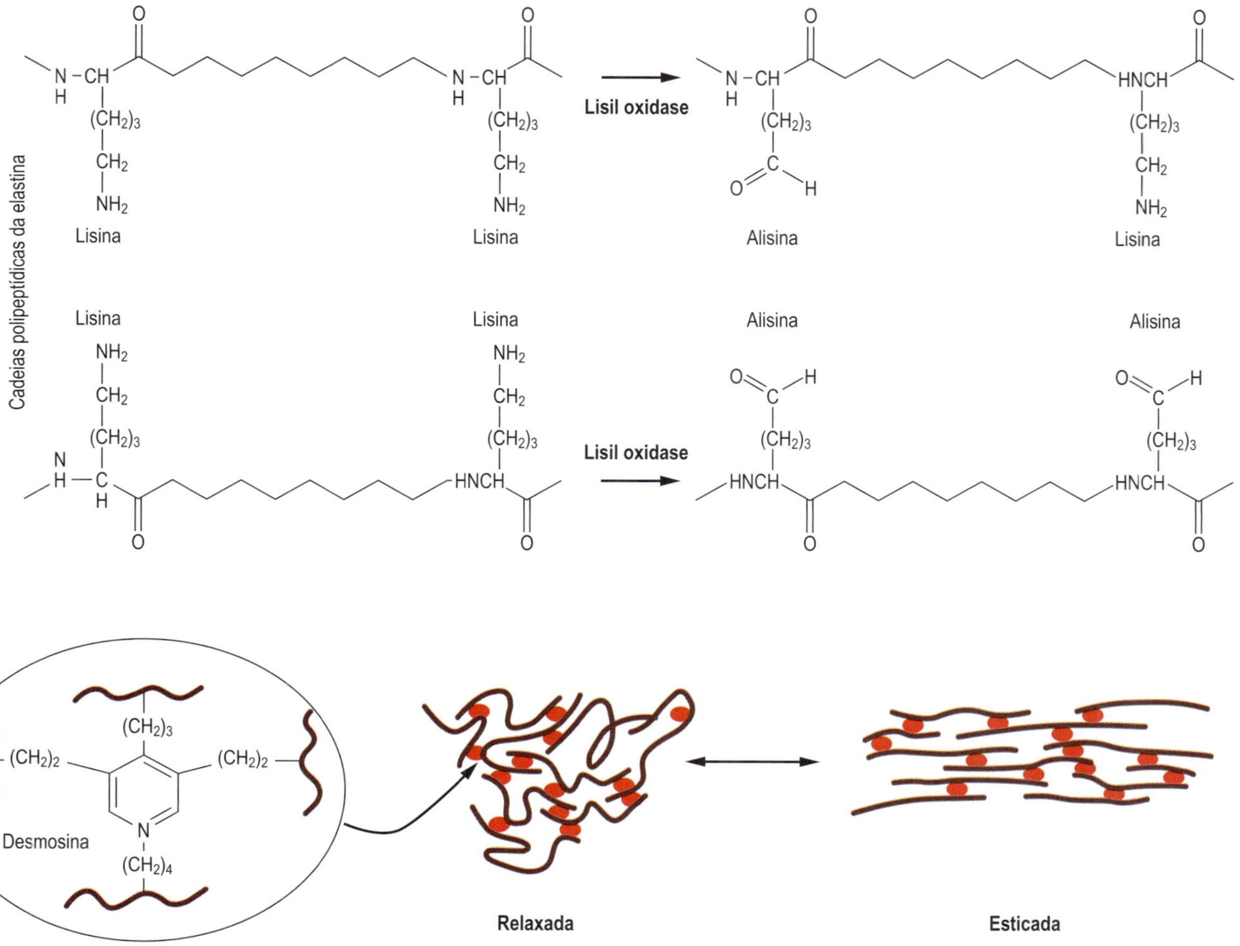

Fig. 19.5 **Desmosina – uma ligação cruzada multicadeia na elastina.** A formação do resíduo alisina é mediada pela lisil oxidase. Os resíduos alisina e deidrolisinonorleucina nas cadeias de elastina adjacentes reagem para formar um polímero elástico tridimensional, cuja ligação cruzada é feita pela desmosina. Estas ligações cruzadas entre as fibras elásticas permitem-nas esticar e retornar à sua conformação inicial quando relaxadas.

QUADRO CLÍNICO
SÍNDROME DE MARFAN: CAUSADA POR MUTAÇÕES NO GENE DA FIBRILINA

A ultraestrutura das fibras elásticas revela a elastina como um núcleo insolúvel, polimérico e amorfo, coberto por uma bainha de microfibrilas que contribui para a estabilidade da fibra elástica. O principal componente das microfibrilas é a glicoproteína fibrilina. A síndrome de Marfan é uma doença genética relativamente rara do tecido conjuntivo, causada por mutações no gene da fibrilina (frequência: 1 a cada 10.000 nascimentos). Pessoas com essa doença normalmente têm estatura alta, braços e pernas longas e aracnodactilia (longos dedos "de aranha"). A doença, em sua forma leve, causa articulações frouxas, deformidade na coluna, valvas mitrais moles (levando à regurgitação cardíaca) e problemas nos olhos, como descolamento de retina. Em indivíduos severamente afetados, a parede aórtica é mais propensa à ruptura por causa dos defeitos na formação das fibras elásticas.

domínios tipo I, dois domínios tipo II e 15-17 domínios tipo III organizam-se para formar um polipeptídeo de fibronectina. A funcionalidade da proteína fibronectina é determinada pela afinidade de ligação em sequências de domínio específico para outros componentes da ECM e da superfície celular. Os domínios tipo I interagem com fibrina, heparina (ver adiante) e colágeno; domínios tipo II se ligam ao colágeno; domínios tipo III estão envolvidos na ligação com heparina e com a superfície celular. Interações específicas foram mapeadas adicionalmente para pequenos trechos de aminoácidos. Por exemplo, um pequeno peptídeo contendo Arg-Gli-Asp (RGD), presente no domínio tipo III da fibronectina, liga-se à família das proteínas integrinas presentes nas superfícies celulares. Essa sequência não é exclusiva da fibronectina, mas também é encontrada em outras proteínas da ECM. Já foram identificadas, no mínimo, 20 diferentes isoformas de fibronectina tecido-específicas, todas produzidas por *splicing* alternativo de um único precursor de ácido ribonucleico mensageiro (RNAm). O *splicing* alternativo é regulado não somente de forma tecido-específica, mas também durante a embriogênese, o reparo tecidual e a oncogênese.

QUADRO CLÍNICO
DISTROFIAS MUSCULARES

As distrofias musculares são um grupo heterogêneo de doenças genéticas que resultam em declínio progressivo da força e estrutura muscular. Até o presente momento, já se identificaram mutações em mais de 30 genes que resultam em distrofias musculares. Muitos dos produtos gênicos identificados são componentes do complexo "ECM–superfície celular–citoesqueleto" das células musculares. Em particular, uma classe de distrofia muscular é causada por mutações na cadeia α2 da laminina-2. Essas mutações impedem a formação do polímero normal de laminina-2 e resultam em organização anormal da membrana basal que circunda as fibras do músculo esquelético de pacientes com esta distrofia muscular.

QUADRO CLÍNICO
EPIDERMÓLISE BOLHOSA

A epidermólise bolhosa é uma doença hereditária rara, caracterizada por severa formação de bolhas na pele e tecido epitelial. Há três tipos conhecidos:
- **Simples**: bolhas na epiderme, causadas por defeitos nos filamentos de queratina
- **Juncional**: formação de bolhas na junção derme-epiderme, causada por defeitos na laminina
- **Distrófica**: formação de bolhas na derme, causada por mutações no gene que codifica o colágeno tipo VII

A epidermólise bolhosa ilustra a natureza multifatorial das doenças do tecido conjuntivo que possuem características clínicas similares.

As lamininas são uma família de glicoproteínas não colagenosas encontradas nas membranas basais e expressas de formas variadas em diferentes tecidos. São grandes moléculas heterotriméricas (850 kDa) compostas por cadeias α, β e γ. Até o presente momento, já se identificaram cinco cadeias α, quatro cadeias β e três cadeias γ, que podem se associar para produzir, no mínimo, 15 variantes de laminina diferentes. As três cadeias que interagem em um heterotrímero estão organizadas em uma molécula cruciforme assimétrica (em forma de cruz), mantida unida por ligações dissulfeto. As lamininas sofrem automontagem reversível na presença de cálcio para formar polímeros, contribuindo para a elaborada rede em forma de treliça na membrana basal. Assim como a fibronectina, as lamininas interagem com as células por meio de diversos sítios de ligação em diversos domínios da molécula. Os polímeros de laminina também estão conectados ao colágeno tipo IV por uma proteína de cadeia única, **nidogênio/entactina**, que tem um sítio de ligação para o colágeno e, em comum com a fibronectina, também possui uma sequência RGD para ligação de integrina. O nidogênio tem um papel principal na formação de ligações cruzadas entre a laminina e o colágeno tipo IV, criando um esqueleto para ancoragem de células e moléculas da ECM na membrana basal.

Tabela 19.2 Estrutura e distribuição dos glicosaminoglicanos

Glicosaminoglicano	Dissacarídeo característico	Sulfatação	Localização tecidual
Ácido hialurônico	[4GlcUAβ1–3GlcNAcβ1]	Nenhuma	Articulação e fluidos oculares
Sulfatos de condroitina	[4GlcUAβ1–3GalNAcβ1]	GalNAc	Cartilagem, tendões, ossos e valvas cardíacas
Dermatan sulfato	[4IdUAα1–3GalNAcβ1]	IdUA, GalNAc	Pele, valvas cardíacas e vasos sanguíneos
Heparan sulfato	[4IdUAα1–4GlcNAcβ1]	GlcNAc	Superfícies celulares e membranas basais
Heparina	[4IdUAα1–4GlcNAcβ1]	GlcNH$_2$, IdUA	Mastócitos e basófilos
Queratan sulfatos	[3Galβ1–4GlcNAcβ1]	GlcNAc	Cartilagem, córnea e ossos

GalNAc, N-acetilgalactosamina; GlcNH$_2$, glicosamina; GlcUA, ácido D-glicorônico; IdUA, ácido L-idurônico

PROTEOGLICANOS

Os proteoglicanos são os componentes que formam o gel da ECM, constituindo aquilo que é classicamente conhecido como "substância fundamental". São compostos por um cerne proteico ou proteína central (*core proteins*) que contêm açúcares ligados covalentemente (glicosaminoglicanos [GAGs]). As cadeias peptídicas dos proteoglicanos geralmente são mais rígidas e extensas do que a porção proteica das glicoproteínas; os proteoglicanos contêm quantidades muito maiores de carboidrato — tipicamente mais de 95%. Os proteoglicanos possuem uma diversidade inacreditável no número de GAGs fixados aos seus cernes, desde 1 GAG (decorina) até mais de 200 GAGs (agrecan).

Estrutura dos proteoglicanos

Glicosaminoglicanos são os componentes polissacarídeos dos proteoglicanos

Os GAGs são oligossacarídeos não ramificados lineares, muito mais longos do que aqueles das glicoproteínas, podendo conter mais de 100 resíduos de açúcar em uma cadeia linear. Os GAGs possuem uma unidade dissacarídeo repetida, geralmente composta por um ácido urônico e um açúcar amino (Tabela 19.2); os GAGs são polianiônicos por causa das cargas negativas dos grupos carboxila dos ácidos urônicos e dos grupos sulfato ligados a alguns dos grupos hidroxila ou amino dos açúcares. A **repetição dissacarídea** é diferente para cada tipo de GAG, mas é essencialmente composta de uma hexosamina e um resíduo de ácido urônico, exceto no caso do queratan sulfato, no qual o ácido urônico é substituído pela galactose. O açúcar amino no GAG é glicosamina (GlcNH$_2$) ou galactosamina (GalNH$_2$), sendo ambos presentes em suas formas N-acetiladas, na maioria das vezes (GlcNAc e GalNAc); contudo, em alguns GAGs (p. ex., heparina, heparan sulfato), o grupo amino é sulfatado, em vez de acetilado. O ácido urônico geralmente é ácido D-glicurônico (GlcUA), mas em alguns casos (p. ex., dermatan sulfato, heparina) pode ser **ácido L-idurônico (IdUA)**. Com a exceção do ácido hialurônico e do queratan sulfato, todos os GAGs estão ligados à proteína por um trissacarídeo central, o Gal-Gal-Xil; a xilose liga-se ao resíduo de serina ou treonina da proteína central. O queratan sulfato também está ligado à proteína, mas nesse caso a ligação ocorre entre um oligossacarídeo N-ligado (queratan sulfato I) ou um oligossacarídeo O-ligado (queratan sulfato II). O ácido hialurônico, que possui as cadeias mais longas de polissacarídeos, é o único GAG que não se liga à proteína central.

Síntese e degradação dos proteoglicanos

A estrutura dos glicosaminoglicanos é determinada pela ação de glicosil e sulfotransferases das células

Os proteoglicanos são sintetizados por uma série de glicosil transferases, epimerases e sulfotransferases, iniciando com a síntese do **trissacarídeo central (Xil→Gal→Gal)** enquanto a proteína ainda está no RER. A síntese do oligossacarídeo de repetição e outras modificações acontecem no aparato de Golgi. Assim como na síntese das glicoproteínas e glicolipídeos, diferentes enzimas estão envolvidas em cada etapa. Por exemplo, há galactosil transferases separadas para duas unidades de galactose no núcleo, GlcUA transferases separadas para o núcleo e dissacarídeos repetidos e sulfotransferases separadas para as posições C-4 e C-6 dos resíduos GalNAc dos sulfatos de condroitina. A fosfoadenosina-5'-fosfosulfato (PAPS) é o doador de sulfato para as sulfotransferases. Essas vias estão ilustradas na Figura 19.6 para condroitina-6-sulfato.

Defeitos na degradação dos proteoglicanos levam às mucopolissacaridoses

A degradação dos proteoglicanos ocorre nos lisossomos. A porção proteica é degradada por proteases lisossomais, e as cadeias de GAGs são degradadas pela ação sequencial de diversas hidrolases ácidas lisossomais diferentes. A degradação progressiva dos GAGs envolve exoglicosidases e sulfatases, começando pela extremidade externa da cadeia glicana. Isso pode envolver a remoção do sulfato por uma sulfatase, depois, a remoção do açúcar terminal por uma glicosidase específica e assim sucessivamente. A Figura 19.7 mostra os passos da degradação do heparan sulfato. Assim como na degradação dos glicoesfingolipídeos, se uma das enzimas envolvidas na via progressiva estiver faltando, o processo completo de degradação é interrompido em um determinado ponto, com as moléculas não degradadas se acumulando no lisossomo. As doenças de armazenamento lisossomal que resultam do acúmulo de GAGs são conhecidas como **mucopolissacaridoses** (Tabela 19.3),

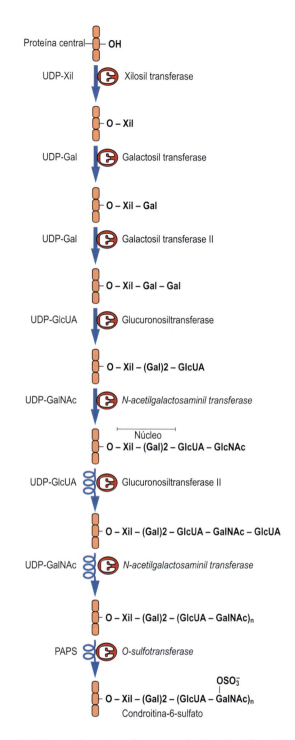

Fig. 19.6 **Síntese do proteoglicano condroitina-6-sulfato.** Diversas enzimas participam nesta via. Xil, xilose.

por causa da designação original dos GAGs como mucopolissacarídeos. Há mais de uma dúzia dessas mucopolissacaridoses que resultam de defeitos na degradação dos GAGs. Em geral, essas doenças podem ser diagnosticadas pela identificação de cadeias de GAGs específicas na urina, seguida pela análise de hidrolases específicas nos leucócitos ou fibroblastos.

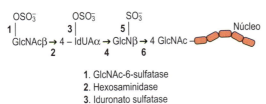

1. GlcNAc-6-sulfatase
2. Hexosaminidase
3. Iduronato sulfatase
4. Iduronidase
5. N-sulfatase
6. Glicosaminidase

Fig. 19.7 **Degradação do heparan sulfato.** Este processo avança por uma sequência definida de atividades da hidrolase lisossomal.

Tabela 19.3 Defeitos enzimáticos característicos de vários mucopolissacarídeos

Síndrome	Enzima deficiente	Produto acumulado nos lisossomos e secretado na urina
Síndrome de Hunter	Iduronato sulfatase	Heparan e dermatan sulfato
Síndrome de Hurler	α-Iduronidase	Heparan e dermatan sulfato
Síndrome de Morquio A	Galactose-6-sulfatase	Queratan sulfato
Síndrome de Morquio B	β-Galactosidase	Queratan sulfato
Síndrome de Sanfilippo A	Heparan sulfamidase	Heparan sulfato
Síndrome de Sanfilippo B	N-acetilglicosaminidase	
Síndrome de Sanfilippo C	N-acetilglicosamina-6-sulfatase	

Funções dos proteoglicanos

Uma das principais funções dos proteoglicanos é fornecer suporte estrutural para os tecidos, especialmente a cartilagem e o tecido conjuntivo. Na cartilagem, grandes agregados (compostos por sulfato de condroitina e cadeias de queratan sulfato ligadas às suas proteínas centrais) estão ligados de forma não covalente com o ácido hialurônico via **proteínas de ligação**, formando uma matriz semelhante à geleia na qual as fibras de colágeno encontram-se embebidas. Essa macromolécula, uma **estrutura em forma de escova** conhecida como **agrecan** (Fig. 19.8), confere rigidez e estabilidade ao tecido conjuntivo. Por causa de sua carga negativa, os GAGs ligam grandes quantidades de cátions monovalentes e bivalentes: uma molécula de proteoglicano da matriz da cartilagem, de massa molecular 2×10^6 Da, possui uma carga negativa agregada de cerca de 10.000. Consequentemente, a manutenção da neutralidade elétrica requer uma concentração alta de contra-íons. Esses íons atraem água para dentro da ECM, causando inchaço e endurecimento da matriz, resultado da tensão entre forças osmóticas e interações de ligação entre proteoglicanos e colá-

> ### QUADRO DE CONCEITOS AVANÇADOS
> #### MECANISMOS DO EFEITO ANTICOAGULANTE DA HEPARINA
>
> A heparina é um oligossacarídeo heterogêneo (3.000-30.000 kDa), polianiônico, ativador da antitrombina III (AT). A AT é um inibidor lento, mas quantitativamente importante, da trombina (fator X) e outros fatores (IX, XI e XII) na cascata de coagulação do sangue (Capítulo 41). Quando a heparina se liga à AT, converte a AT de inibidor lento para inibidor rápido das enzimas de coagulação. A heparina interage com um resíduo lisina na AT e induz uma alteração conformacional que promove a ligação covalente da AT aos centros ativos de serina das enzimas coagulantes, formando um complexo ternário e inibindo a atividade pró-coagulante. Depois, a heparina se dissocia do complexo e pode ser reciclada para anticoagulação.
>
> O menor e mais ativo componente da heparina é um pentassacarídeo (GlcN-[N-sulfato-6-O-sulfato]-α1,4-GlcUA-β1,4-GlcN-[N-sulfato-3,6-di-O-sulfato]-α1,4-IdUA-[2-O-sulfato]-α-1,4-GlcN-[N-sulfato-6-O-sulfato]), que possui um K_d de ~10 μM para se ligar à ATIII. A heparina tem uma meia-vida média de 30 minutos na circulação, por isso é comumente administrada por infusão. A heparina não tem atividade fibrinolítica; consequentemente, não faz lise de coágulos existentes. Além de sua atividade anticoagulante, a heparina também libera diversas enzimas dos sítios de ligação do proteoglicano na parede vascular, incluindo lipase lipoproteica, que em geral é dosada na forma de "atividade plasmática da lipoproteína lipase liberada pela heparina" ou "lipase pós-heparina". A lipase lipoproteica é induzida pela insulina; a atividade reduzida dessa enzima atrasa a remoção dos quilomícrons e da lipoproteína de densidade muito baixa (VLDL) do plasma, contribuindo para a hipertrigliceridemia no diabetes.

geno. A estrutura e a hidratação da ECM permitem algum grau de rigidez, combinado com flexibilidade e compressibilidade, fazendo com que o tecido resista à torsão e ao choque. Os agregados de ácido hialurônico–proteoglicano–colágeno nos discos vertebrais e articulares possuem algumas das propriedades viscoelásticas da "massa de vidraceiro" – resistência mais resiliência – amortecendo o impacto entre os ossos. Os discos sofrem compressão ao longo do dia e expandem-se elasticamente durante a noite, deformando-se gradualmente com a idade.

COMUNICAÇÃO DAS CÉLULAS COM A MATRIZ EXTRACELULAR

As integrinas são proteínas da membrana plasmática que se ligam e transmitem sinais mecânicos entre a ECM e as proteínas intracelulares

Já identificaram-se diversos receptores de superfície celular que medeiam as interações das células com a ECM, incluindo integrinas, receptores do domínio da discoidina, distroglicanos e outros. Dentre esses, as **integrinas** parecem ser a forma mais onipresente de receptores da ECM. As integrinas são heterodímeros de cadeia α e β que são agrupados em subfamílias, de

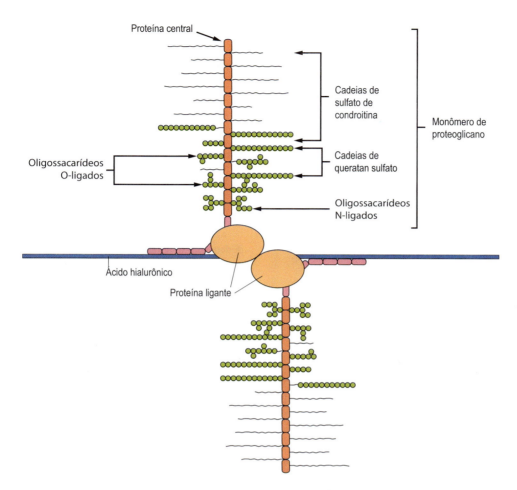

Fig. 19.8 **Estrutura do agrecan.** Associações entre proteoglicanos e ácido hialurônico formam a estrutura do agrecan na ECM. A extensão desta estrutura produz um conjunto tridimensional de proteoglicanos ligados ao ácido hialurônico, que cria uma matriz rígida (em forma de escova), estrutura na qual o colágeno e outros componentes da ECM estão imersos.

acordo com o componente da cadeia β. Até a presente data, já identificaram-se 18 cadeias α e 8 cadeias β em mamíferos. Por meio de diversas combinações das cadeias α e β, descreveram-se mais de 20 diferentes heterodímeros funcionais de integrina. A combinação específica das cadeias α e β dita o ligante específico da ECM para um heterodímero de integrina em particular. Entretanto, diversos heterodímeros de integrina podem se ligar a alguns componentes da ECM. Por exemplo, $α_4β_1$, $α_5β_1$ e $α_vβ_3$ interagem com a fibronectina pela sequência RGD. Além disso, diversos heterodímeros de integrina ligam-se a múltiplos componentes da ECM. Por exemplo, o $α_vβ_3$ – que originalmente foi descrito como um receptor de vitronectina – pode interagir não somente com a vitronectina, mas também com fibronectina, fibrinogênio e osteopontina.

Em uma integrina funcional, as cadeias α e β cruzam a membrana celular (Fig. 19.9). Tipicamente, cada cadeia apresenta um domínio extracelular grande, um domínio transmembrana único e uma cauda citoplasmática curta. A região extracelular do heterodímero de integrina interage com os componentes da ECM de forma cátion bivalente dependente. As integrinas estão em uma posição ideal para transmitir sinais físicos ou mecânicos da ECM para o interior da célula. Esses sinais físicos podem ser adicionalmente distribuídos através da célula via citoesqueleto contendo actina e, por fim, modular a expressão gênica no núcleo. Sinais físicos provenientes da ECM também podem ser transduzidos em eventos bioquímicos no citoplasma da célula através das integrinas. Ao contrário de alguns tipos de receptores, as integrinas, por si sós, não possuem atividade enzimática. Contudo, elas associam-se a um grande número de proteína quinases citoplasmáticas, incluindo a quinase de adesão focal e a Src. A ativação das integrinas inicia cascatas enzimáticas através das quinases associadas, iniciando alterações no comportamento celular e expressão gênica.

RESUMO

■ A ECM contém uma gama complexa de colágenos fibrilares e colágenos formadores de redes, fibras de elastina, uma matriz gelatinosa rígida de proteoglicanos

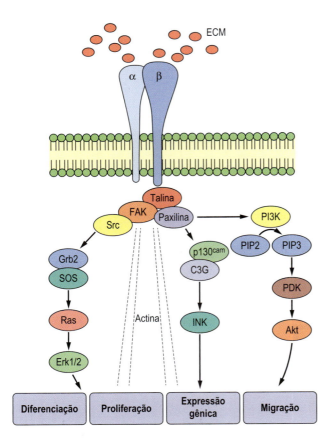

 QUADRO DE CONCEITOS AVANÇADOS
REMODELAMENTO DA MATRIZ

A ECM está em constante estado de síntese e degradação, reparo e remodelamento – por exemplo, durante migração celular, morfogênese e angiogênese e na resposta a inflamação e lesão. O *turnover* da ECM é mediado principalmente por uma família de **metaloproteinases da matriz (MMP)**, cerca de 30 endoproteinases de zinco com especificidade para diferentes componentes da ECM. A família de MMPs inclui colagenases, estromelisinas, matrilisinas e elastases. Essas enzimas, com grandes especificidades de substratos, catalisam a degradação de colágeno, agrecan e proteínas acessórias da matriz, como a fibronectina e a laminina.

As MMPs podem ser proteínas integrais da membrana plasmática, podem ligar-se à membrana plasmática através de uma âncora de glicosilfosfatidilinositol (GPI) (Fig. 18.7) ou podem ser secretadas no espaço extracelular. Existem sob a forma de zimogênios até que sejam ativadas localmente pela clivagem proteolítica, em resposta a sinais celulares ou enzimas extracelulares, como a trombina e a plasmina (ativadas durante a coagulação sanguínea e fibrinólise). Assim como na cascata de reações de proteases envolvidas na coagulação sanguínea, também há inibidores teciduais de MMPs, conhecidos como TIMPs, uma família de quatro proteínas que inativam as MMPs e limitam a disseminação do dano. O equilíbrio entre a ativação e a inibição das MMPs é crítico para a integridade e a função da ECM; alterações na atividade da MMP estão associadas a displasias esqueléticas, doença arterial coronariana, artrite e metástase.

Fig. 19.9 **Organização das integrinas.** As cadeias α e β cruzam a membrana celular, interagindo com a ECM fora da célula e com citoesqueleto e moléculas de sinalização dentro da mesma. Dessa forma, as integrinas podem transduzir sinais da ECM em eventos bioquímicos e mecânicos no citoplasma; esses eventos resultam, em última instância, em alterações na morfologia e função da célula. Os círculos contêm abreviaturas para os componentes da complexa cascata de sinalização que transmite informações da molécula de integrina para o núcleo da célula.

QUADRO DE CONCEITOS AVANÇADOS
MATRIZ EXTRACELULAR E ENGENHARIA TECIDUAL

Durante a década passada, cresceu consideravelmente o interesse na produção de tecidos substitutos por meio da engenharia tecidual. O objetivo final da engenharia tecidual é combinar células e biomateriais apropriados para produzir equivalentes teciduais que mimetizam tecidos e órgãos normais e possam substituir tecidos doentes ou danificados. Já que as propriedades biológicas e mecânicas dos tecidos são determinadas, em parte, pela composição e organização heterogênea da ECM, a criação bem-sucedida de equivalentes teciduais requer o desenvolvimento de suportes estruturais (*scaffolds*) tridimensionais de ECM apropriados.

Uma abordagem terapêutica atraente é combinar células-tronco indiferenciadas com suportes estruturais e fatores bioquímicos apropriados a fim de promover a diferenciação das células em linhagens específicas, dependendo do tecido de substituição desejado. As propriedades do suporte estrutural da ECM – incluindo composição da ECM, porosidade e propriedades mecânicas – têm efeitos importantes na diferenciação das células tronco. A cultura de células-tronco mesenquimais em suportes estruturais de rigidez relativamente alta tende a promover a formação de tecido semelhante ao osso e formação de osteoblastos, enquanto a cultura dessas mesmas células-tronco em suportes estruturais de menor rigidez resulta na formação de células cartilaginosas ou condroblastos. Esses e outros estudos mostram que as propriedades físicas e mecânicas da ECM são importantes na regulação da diferenciação das células-tronco. Avanços na engenharia tecidual e produção de tecidos de substituição necessitam de um entendimento aprofundado da ECM normal e alterada.

QUESTÕES PARA APRENDIZAGEM

1. Discuta as características e papéis das principais famílias de proteínas colagenosas.
2. Compare a estrutura da heparina, seu mecanismo de ação e sua via e frequência de administração em relação a outros anticoagulantes comuns, como a aspirina e os derivados de cumarina.
3. Revise as consequências dos defeitos genéticos que alteram a sulfatação dos proteoglicanos.
4. Discuta materiais biomiméticos da ECM enquanto ferramentas de pesquisa e dispositivos terapêuticos.

e uma grande quantidade de glicoproteínas que medeiam a interação dessas moléculas umas com as outras e também com a superfície celular.

- A hetrogeneidade dos componentes de proteína e carboidrato da ECM garante enorme diversidade na estrutura e função da ECM em vários tecidos.
- As interações entre os componentes da ECM conferem estrutura, estabilidade e elasticidade à ECM, fornecendo uma rota de comunicação entre os ambientes intra e extracelular nos tecidos.

LEITURAS SUGERIDAS

Couchman, J. R., & Pataki, C. A. (2012). An introduction to proteoglycans and their localization. *Journal of Histochemistry and Cytochemistry*, *60*, 885-897.

Curry, A. S., Pensa, N. W., Barlow, A. M., et al. (2016). Takings cues from the extracellular matrix to design bone-mimetic regenerative scaffolds. *Matrix Biology*, *52-54*, 397-412.

Gaggar, A., & Weathington, N. (2016). Bioactive extracellular matrix fragments in lung health and disease. *Journal of Clinical Investigation*, *126*, 3176-3184.

Ghatak, S., Maytin, E. V., Mack, J. A., et al. (2015). Roles of proteoglycans and glycosaminoglycans in wound healing and fibrosis. *International Journal of Cell Biology*, *2015*, 834893.

Ingber, D. E. (2008). Tensegrity-based mechanosensing from macro to micro. *Progress in Biophysics and Molecular Biology*, *97*, 163-179.

Mittal, R., Patel, A. P., Debs, L. H., et al. (2016). Intricate functions of matrix metalloproteinases in physiological and pathological conditions. *Journal of Cell Physiology*, *231*, 2599-2621.

Prydz, K. (2015). Determinants of glycosaminoglycan (GAG) structure. *Biomolecules*, *5*, 2003-2022.

Theocharis, A. D., Skandalis, S. S., Gialeli, C., et al. (2016). Extracellular matrix structure. *Advanced Drug Delivery Reviews*, *97*, 4-27.

Triggs-Raine, B., & Natowicz, M. R. (2015). Biology of hyaluronan: Insights from genetic disorders of hyaluronan metabolism. *World Journal of Biological Chemistry*, *26*, 110-120.

Wraith, J. E. (2013). Mucopolysaccharidoses and mucolipidosis. *Handbook of Clinical Neurology*, *113*, 1723-1729.

Yamauchi, M., & Sricholpech, M. (2012). Lysine post-translational modifications of collagen. *Essays in Biochemistry*, *52*, 113-133.

Yigit, S., Dinjaski, N., & Kaplan, D. L. (2016). Fibrous proteins: At the crossroads of genetic engineering and biotechnological applications. *Biotechnology and Bioengineering*, *113*, 913-929.

SITES

A matriz extracelular: http://themedicalbiochemistrypage.org/extracellularmatrix.php

Síndrome de Marfan: https://rarediseases.org/rare-diseases/marfan-syndrome/

Mucopolissacaridoses:
https://rarediseases.org/rare-diseases/mucopolysaccharidoses/
https://www.orpha.net/data/patho/Pub/en/Mucopolysaccharidoses_En_2013.pdf

Escorbuto: http://www.bbc.co.uk/history/british/empire_seapower/captaincook_scurvy_01.shtml

ABREVIATURAS

ECM	Matriz extracelular (MEC)
GAG	Glicosaminoglicana
IdUA	Ácido idurônico
MMP	Metaloproteinases de matriz
OI	Osteogênese imperfeita
RER	Retículo endoplasmático rugoso
RGD	Sequência de reconhecimento Arg-gli-asp
TIMP	Inibidor tecidual de MMPs

CAPÍTULO 20

Ácido Desoxirribonucleico

Alejandro Gugliucci, Robert W. Thornburg e Teresita Menini

OBJETIVOS

Após concluir este capítulo, o leitor estará apto a:

- Descrever a composição e a estrutura do DNA com base no modelo de Watson-Crick, incluindo os conceitos de direcionalidade e de complementaridade na estrutura do DNA.
- Descrever o empacotamento do DNA no núcleo.
- Explicar como a replicação do DNA com alta fidelidade é obtida.
- Discutir as enzimas envolvidas, as atividades em forquilhas de replicação e as estruturas e os intermediários que participam do processo de replicação.
- Traçar o mecanismo pelo qual a replicação é controlada em células eucarióticas.
- Descrever os tipos de dano ao DNA e os mecanismos envolvidos no reparo do DNA.
- Descrever o mecanismo de ação da terapia antirretroviral no tratamento da AIDS.
- Descrever os princípios de hibridização e de Southern e Northern *blotting*.
- Descrever algumas aplicações da clonagem do DNA e da tecnologia recombinante do DNA.
- Definir RFLP e SNPs e explicar seu uso (polimorfismo no comprimento dos fragmentos/polimorfismo simples de nucleotídeo).

INTRODUÇÃO

Os ácidos nucleicos celulares existem em duas formas: ácido desoxirribonucleico (DNA) e ácido ribonucleico (RNA). Aproximadamente 90% do conteúdo de ácidos nucleicos nas células são constituídos de RNA e o restante é DNA, que é o repositório das informações genéticas. Este capítulo vai examinar primeiramente a estrutura do DNA, a maneira pela qual ele é armazenado em cromossomos no núcleo e os mecanismos envolvidos em sua biossíntese e reparo. Vamos explorar então a tecnologia recombinante do DNA, que possibilitou a atual onda de aplicações em pesquisas, em medicina clínica e na área forense.

ESTRUTURA DO ÁCIDO DESOXIRRIBONUCLEICO

O DNA é um dímero antiparalelo de hélices de ácidos nucleicos

O DNA é constituído de nucleotídeos contendo o açúcar desoxirribose. A desoxirribose não apresenta o grupo hidroxila na posição 2' da ribose. As cadeias de DNA são polimerizadas por uma ligação fosfodiéster da hidroxila 3' de uma ribose à hidroxila 5' da ribose seguinte (Fig. 20.1A). O DNA, portanto, é um polímero linear duplo de desoxirribose 3',5'-fosfato, com bases purínicas e pirimidínicas fixadas ao carbono 1' da subunidade de desoxirribose.

Utilizando a composição de bases determinada por Chargaff, assim como as fotografias de difração de raios-X do DNA obtidas por Rosalind Franklin, James Watson e Francis Crick propuseram uma estrutura para o DNA em 1953. Esse modelo propôs que o DNA era constituído de **duas hélices complementares entrelaçadas**, com ligações hidrogênio mantendo as hélices unidas (Fig. 20.1B). A simplicidade básica dessa estrutura era consistente com a observação de Chargaff de que em todo o DNA o conteúdo molar de A é igual àquele de T, e o conteúdo molar de G é igual àquele de C. Embora alguns detalhes do modelo tenham sido modificados, a hipótese de Watson-Crick foi aceita rapidamente, e seus elementos essenciais permaneceram inalterados desde a proposta original.

Modelo de DNA de Watson e Crick

Conforme proposto originalmente por Watson e Crick, o DNA é constituído de duas fitas, entrelaçadas uma na outra numa estrutura helicoidal voltada para a direita, com os pares de bases no meio e as cadeias de desoxirribosil fosfato na parte externa. A orientação das fitas de DNA é **antiparalela** — ou seja, as fitas correm em direções opostas. As bases nucleotídicas em cada fita interagem com as bases nucleotídicas na outra fita e formam pares de bases (Fig. 20.2). Os pares de bases são planares e estão orientados quase perpendicularmente ao eixo da hélice. Cada par de bases é mantido unido por uma ligação hidrogênio entre uma purina e uma pirimidina. De maneira consistente com esse pareamento e com as formas predominantemente tautoméricas das bases nitrogenadas, a guanina forma três ligações hidrogênio com citosina, e a adenina forma duas com a timina. Devido à especificidade das interações entre purinas e pirimidinas nas fitas opostas, considera-se que as fitas opostas do DNA tenham estruturas complementares. A força composta das inúmeras ligações hidrogênio formadas entre as bases das fitas opostas e as interações hidrofóbicas e as forças de Van der Waals agindo entre as bases empilhadas é responsável pela estabilidade extrema da dupla hélice de DNA. As ligações hidrogênio entre as fitas são afetadas pela temperatura e força iônica, e estruturas complementares estáveis podem ser formadas à temperatura ambiente com apenas seis a oito nucleótides.

CAPÍTULO 20 Ácido Desoxirribonucleico

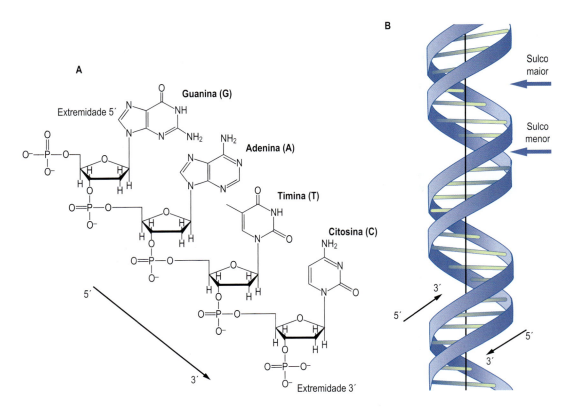

Fig. 20.1 **Estrutura do DNA.** (A) Uma sequência de tetranucleotídeos de DNA mostrando cada um dos nucleotídeos encontrados normalmente no DNA. Os açúcares desoxirribose não possuem a 2'-hidroxila que está presente nos açúcares ribose encontrados no RNA. Por convenção, o DNA é lido da extremidade 5' à 3', de modo que a sequência do tetranucleotídeo é 5'-GATC-3'. (B) Uma representação gráfica da estrutura do DNA B, a principal forma de DNA na célula. Os pares de bases no meio estão alinhados quase perpendicularmente ao eixo da hélice. São mostrados o sulco maior e o sulco menor. Observe que as fitas são antiparalelas.

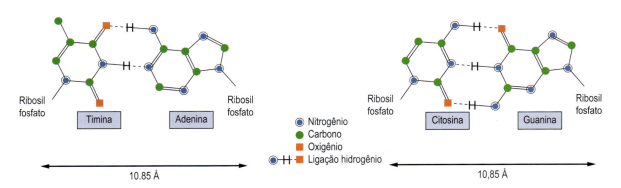

Fig. 20.2 **Pareamento de bases de nucleotídeos no DNA de Watson-Crick.** Os pares de bases AT formam duas ligações hidrogênio, e os pares de bases GC formam três ligações hidrogênio. Assim, as regiões ricas em GC são mais estáveis que aquelas ricas em AT.

DNA tridimensional

A estrutura tridimensional da **dupla hélice** de DNA é tal que o esqueleto de desoxirribosil fosfato das duas fitas apresenta um ligeiro desvio do alinhamento em relação ao centro da hélice. Devido a isso, os sulcos entre as duas fitas têm tamanho diferente. Esses sulcos são designados como sulco maior e sulco menor (Fig. 20.1B). O sulco maior é mais aberto e expõe os pares de bases de nucleotídeos. O sulco menor é mais constrito, sendo bloqueado parcialmente pelos radicais desoxirribosil que ligam os pares de bases. A ligação de proteínas ao DNA ocorre predominantemente no sulco maior e é específica da sequência de nucleotídeos do DNA. Essa ligação é muito específica e constitui a interação-chave que regula a função do DNA; ela determina quais genes serão expressos, pois as proteínas envolvidas são fatores de transcrição.

Formas alternativas de DNA podem ajudar a regular a expressão de genes

Embora a maioria das moléculas de DNA na célula exista na forma B descrita, há também formas alternativas de DNA (pelo menos seis). Quando a umidade relativa da forma B do DNA se reduz a menos de 75%, essa forma apresenta uma transição reversível à forma A do DNA. Na forma A os pares de bases nucleotídicas estão inclinados em 20° relativamente ao eixo da hélice, e o diâmetro da hélice está aumentado em comparação ao da forma B (Fig. 20.3). A forma A é observada *in vivo* quando as fitas de DNA incluem traços de resíduos de polipurina (e polipirimidinas complementares). Essas regiões não ligam histonas de maneira eficiente e por isso são incapazes de formar nucleossomos (ver mais adiante), ocasionando regiões do DNA desprovidas de nucleossomos (expostas).

No DNA Z, que se forma quando a sequência de DNA consiste em trechos alternados de purina/pirimidina, os pares de bases giram 180° em relação à ligação do açúcar do nucleotídeo. Isso acarreta uma nova conformação dos pares de bases relativa ao esqueleto de açúcar-fosfato, produzindo uma forma de DNA com conformação em ziguezague (daí, portanto, a designação DNA Z) ao longo do esqueleto de açúcar-fosfato. Surpreendentemente, essa mudança na conformação leva à formação de uma hélice de DNA voltada para a esquerda. A forma de DNA Z é a preferencial em concentrações iônicas elevadas *in vitro*, mas também é induzida a concentrações iônicas normais pela metilação de resíduos de citosina, uma forma de **modificação epigenética** do DNA (Capítulo 23). Interações de ligação de proteínas com essas formas alternativas de DNA, que se encontram amplamente distribuídas pelo genoma, estão envolvidas na regulação da expressão gênica.

O código linear digital (pareamento de bases) na dupla hélice de DNA tem um componente significativo que age alterando, ao longo de sua extensão, a forma e a rigidez da molécula. Dessa maneira uma região do DNA é estruturalmente diferenciada de outra, o que proporciona outro nível de informação codificada no espaço tridimensional. Essas variações locais na forma e na rigidez permitem estruturas super-helicoidais e interações espaciais tridimensionais no DNA. A densidade super-helicoidal se comporta como um regular analógico, em oposição ao conteúdo de informação puramente digital mais frequentemente aceito.

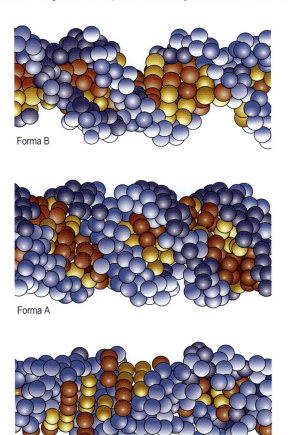

Fig. 20.3 **As estruturas de diferentes formas de DNA incluem as formas B, A e Z.** O esqueleto de açúcar-fosfato das fitas de DNA está em azul. As bases de nucleotídeos que formam os pares de bases internos estão em amarelo para as pirimidinas (timina e citosina) e em vermelho para as purinas (adenina e guanina).

Fitas separadas de DNA podem se reassociar para formar o DNA duplo

Fitas complementares de DNA se hibridizam espontaneamente e formam estruturas helicoidais

Por serem complementares e se manterem unidas somente por forças não covalentes, as fitas de DNA podem ser separadas em fitas individuais. Essa separação das fitas, desnaturação ou dissolução do DNA é induzida comumente pelo aquecimento da solução. A dissociação é reversível e, ao resfriamento, as sequências complementares de nucleotídeos se reanelam para re-formar seus pares de bases originais. Como adenina e timina interagem por meio de duas ligações hidrogênio e guanina e citosina por meio de três (Fig. 20.2), as regiões no DNA ricas em AT se fundem a temperaturas mais baixas que as regiões ricas em GC. A desnaturação do DNA também pode ser induzida localmente por enzimas ou por proteínas que se ligam ao DNA. A região promotora do DNA contém uma sequência TATA (TATA *box*), uma região do DNA facilmente dissociável, que facilita o desenrolar do DNA durante os estágios iniciais de expressão de genes (Capítulo 23).

O genoma humano

O genoma humano contém 20.000-30.000 diferentes genes codificadores de proteínas espalhados por 23 pares de cromossomos.

Os genes são sequências específicas de DNA que codificam proteínas e estão presentes em cópias simples ou no máximo em poucas cópias por genoma. Há também vários tipos de sequências de DNA repetidas no genoma. Essas sequências são divididas em duas classes principais: de repetição média (< 10 cópias por genoma) e de alta repetição (> 10 cópias por genoma).

Parte do DNA de repetição média consiste em genes que determinam a transmissão e os ácidos ribonucleicos, os quais estão envolvidos na síntese de proteínas (Capítulo 22) e proteínas histona que fazem parte do nucleossomo (ver a discussão a seguir). Outras sequências de DNA de repetição média não têm uma função útil conhecida, mas podem participar da associação das fitas de DNA e de rearranjos cromossômicos durante a meiose. A sequência de alta repetição mais bem caracterizada em seres humanos foi designada como sequência Alu. Entre 30.000 e 500.000 Alu I se repetem de aproximadamente 300 pares de bases disseminadas por todo o genoma humano, constituindo 3%-6% do DNA total. As repetições individuais da sequência Alu podem variar em 10%-20% em sua identidade. Sequências semelhantes são encontradas em outros mamíferos e em eucariotos inferiores.

DNA satélite

O DNA satélite foi identificado originalmente como uma subfração do DNA com densidade ligeiramente menor do que a do DNA genômico, devido a um conteúdo maior de pares de bases AT. Ele consiste em agrupamentos de sequências curtas, específicas da espécie,praticamente idênticas que são repetidas em *tandem* centenas de milhares de vezes. Esses agrupamentos não apresentam genes codificadores de proteínas e são encontrados principalmente nas proximidades do centrômero dos cromossomos, sugerindo que eles podem funcionar no alinhamento dos cromossomos durante a divisão celular para facilitar a recombinação. Como essas sequências repetidas cobrem longos trechos dos cromossomos (centenas a milhares de pares de bases: kilobases; kbp), a determinação da sequência do DNA satélite e o sequenciamento do DNA da região do centrômero constituem grandes desafios para se completar a sequência não codificadora de genomas eucarióticos.

DNA mitocondrial

O núcleo das células eucarióticas contém a maior parte do DNA na célula – o DNA genômico. Todavia, o DNA também é encontrado em mitocôndrias e em cloroplastos de plantas, o que é consistente com as **teorias endosimbiontes** quanto às origens dessas organelas celulares – isto é, que eles são parasitas que se adaptaram à vida intracelular por simbiose.

O genoma mitocondrial tem tamanho pequeno, é circular e codifica relativamente poucas proteínas

Em seres humanos, o genoma mitocondrial codifica 22 RNAt, 2 RNAr e 13 proteínas mitocondriais que estão envolvidas no aparato respiratório, incluindo subunidades de NADH desidrogenase, citocromo *b*, citocromo oxidase e ATPase.

As demais proteínas que são encontradas em mitocôndrias (em torno de 1.000) são produzidas a partir de genes nucleares, sintetizadas no citoplasma em ribossomos "livres" (Capítulo 22) e a seguir importadas para as mitocôndrias. Esse processo de importação exige uma **sequência de importação mitocondrial** *N*-terminal especial de aproximadamente 25 aminoácidos de extensão, que forma uma hélice anfipática que interage com proteínas transportadoras e chaperonas na membrana mitocondrial interna e externa e na matriz mitocondrial. Aquelas poucas proteínas que são codificadas pelo genoma mitocondrial são sintetizadas na mitocôndria utilizando um maquinário semelhante àquele utilizado no citoplasma para a síntese de proteínas não mitocondriais.

O DNA está compactado nos cromossomos

Os cromossomos são formas compactas e altamente organizadas de DNA

O DNA nuclear nos eucariontes está disposto em superestruturas denominadas cromossomos. Cada cromossomo contém entre 48 milhões e 240 milhões de pares de bases. A forma B do DNA tem um comprimento de 3,4 Å por par de bases. Assim sendo, os cromossomos têm comprimento de 1,6-8,2 cm, o que é muito maior que o de uma célula. Para caber no núcleo o DNA é condensado quase 10.000 vezes numa estrutura organizada. Interações entre o DNA e cátions – como Na^+, Mg^{2+} e as poliaminas, como **espermina** e **espermidina** – têm um papel importante nas propriedades físicas e função biológica do DNA. Mesmo em soluções diluídas, aproximadamente três em cada quatro cargas do DNA são neutralizadas por um cátion que está num certo sentido "ligado". Essa neutralização facilita a compactação do DNA na cromatina densamente empacotada e a deformação do DNA por proteínas.

A cromatina contém DNA, RNA e proteínas, mais contra-íons orgânicos e inorgânicos

No cromossomo nativo, o DNA está em complexo com o RNA e uma massa aproximadamente equivalente de proteína. Esses complexos DNA-RNA-proteína são denominados cromatina. As proteínas predominantes na cromatina são as histonas. As histonas são uma família de proteínas altamente conservadas, que estão envolvidas no empacotamento e no dobramento do DNA no interior do núcleo. Há cinco classes de histonas, designadas como H1, H2A, H2B, H3 e H4. Todas elas são ricas (> 20%) em aminoácidos básicos de carga positiva (lisina e arginina). Essas cargas positivas interagem com os grupos fosfato ácidos de carga negativa das fitas de DNA, para reduzir a repulsão eletrostática e permitir um empacotamento mais denso do DNA.

Os nucleossomos são os tijolos da cromatina

As proteínas histona se associam num complexo denominado nucleossomo (Fig. 20.4). Cada um desses complexos contém duas moléculas de H2A, H2B, H3 e H4 e uma molécula de H1. O complexo proteico do nucleossomo é circundado por aproximadamente 200 pares de bases de DNA, que formam dois círculos em torno do centro do nucleossomo. A proteína H1 se associa externamente do centro do nucleossomo para estabilizar o complexo. A densidade de empacotamento do DNA é aumentada em cerca de sete vezes pela formação dos nucleossomos.

Os **nucleossomos** também são organizados em outras estruturas, mais fortemente empacotadas, designadas como filamentos de cromatina de 300 Å. Esses filamentos são construídos enrolando-se as partículas do nucleossomo numa estrutura solenoide em forma de mola, com cerca de seis nucleossomos por volta (Fig. 20.4). O solenoide é estabilizado por associações cabeça-cauda das histonas H1. Finalmente, os filamentos de cromatina são compactados no cromossomo maduro com o uso de um arcabouço nuclear. O arcabouço tem cerca de 400 nm de diâmetro e forma a parte central do cromos-

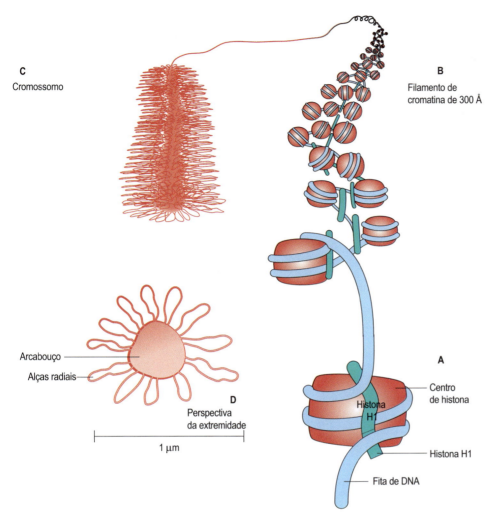

Fig. 20.4 **Estruturas envolvidas no empatocamento dos cromossomos.** (A) O centro do nucleossomo é constituído de duas subunidades cada de H2A, H2B, H3 e H4. O centro é duas vezes envolvido pelo DNA, e a histona H1 se liga ao complexo concluído. (B) O filamento de cromatina de 300 Å é formado envolvendo-se os nucleossomos num solenoide em forma de mola. (C) O cromossomo é constituído de filamentos de 300 Å, que se fixam a um arcabouço nuclear, formando grandes alças circulares de cromatina. (D) A perspectiva de extremidade de um cromossomo mostra o arcabouço nuclear central circundado pelas alças radiais de cromatina. O diâmetro do cromossomo é de aproximadamente 1 μm.

somo. Os filamentos ficam dispersos em torno do arcabouço, formando alças radiais de cerca de 300 nm de comprimento. O diâmetro final de um cromossomo é de aproximadamente 1 μm, em comparação aos 1,6-8,4 cm de comprimento do DNA.

Telômeros

Os telômeros são complexos nucleoproteicos que arrematam as extremidades 3' dos cromossomos eucarióticos. Eles são essenciais para a viabilidade celular. Essas estruturas consistem em repetições em tandem de oligonucleotídeos curtos, ricos em G, espécie-específicos. Em humanos, a sequência repetida é TTAGGG. Os telômeros podem conter até 1.000 cópias dessa sequência. Durante a síntese dos telômeros, a enzima **telomerase**, um complexo ribonucleoproteico, adiciona repetições hexanucleotídicas pré-formadas à extremidade 3' do cromossomo, utilizando como molde o RNA do telômero; não há nenhuma necessidade de um molde de DNA. Em células somáticas humanas, o DNA telomérico se encurta em cada divisão celular até não poder exercer suas funções protetoras da extremidade (p. ex., evitar o reconhecimento das extremidades do cromossomo como quebra dupla da fita). O encurtamento dos telômeros após muitas replicações celulares foi ligado à ocorrência da senescência celular. Quando tornam-se disfuncionais em consequência de um encurtamento desproporcional ou de defeitos em suas proteínas intrínsecas, os telômeros desencadeiam vias que restringem a proliferação celular. A instabilidade cromossômica baseada nos telômeros foi proposta como uma das forças motrizes da oncogênese.

O CICLO CELULAR NOS EUCARIONTES

A Figura 20.5 mostra as diversas fases do crescimento e da divisão de células eucarióticas, conhecidas como o ciclo celular. A fase G_1 (crescimento) é um período de crescimento celular que ocorre antes da replicação do DNA. A fase durante a qual o DNA é sintetizado ou replicado é denominada fase S (síntese). Uma segunda fase de crescimento, designada como G_2 (lacuna), ocorre após a replicação do DNA, porém antes da divisão celular. A mitose, ou fase M, é o período de divisão celular. Após a mitose as células filhas reentram na fase G_1 ou passam a uma fase quiescente designada como G_0, em que o crescimento e a replicação cessam. A passagem das células pelo ciclo celular é

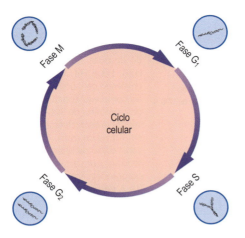

Fig. 20.5 **Estágios do ciclo celular.** G_1 e G_2 são fases de crescimento que ocorrem antes e depois da síntese de DNA, respectivamente. A replicação do DNA ocorre durante a fase S. A mitose ocorre durante a fase M, produzindo novas células filhas que podem entrar novamente na fase G_1 (comparar com a Fig. 29.1).

fortemente controlada por várias proteínas designadas como quinases dependentes de ciclinas (Capítulo 28).

REPLICAÇÃO DO DNA

O DNA é replicado pela separação e a cópia das fitas

Para que as células se dividam seu DNA deve ser duplicado durante a fase S do ciclo celular. A estrutura da dupla hélice do DNA e sua complementaridade sugeriram o mecanismo para a replicação do DNA – separação das fitas seguida de cópia das mesmas. As fitas parentais separadas servem de molde para a síntese de novas fitas filhas. Esse método de replicação do DNA foi descrito como **semi-conservativo**: cada molécula filha de DNA replicada contém uma fita materna e outra fita recém-sintetizada.

Replicação do DNA

O local em que é iniciada a replicação do DNA é denominado **origem da replicação**.

Nos procariontes uma proteína de ligação de DNA designada como DnaA se liga a sequências de nucleotídeos repetidas localizadas na origem. A ligação de 20-30 moléculas de DnaA à origem da replicação induz o desenrolar, o que separa as fitas numa região rica em AT adjacente aos locais de ligação de DnaA. A seguir a proteína hexamérica DnaB se liga às fitas separadas. A DnaB tem atividade de **helicase**, catalisando o desenrolar da hélice de DNA mediado por ATP. A DNA **girase** também participa da separação das fitas. Como esse complexo continua desenrolando as fitas de DNA em ambas as direções a partir da origem da replicação, as fitas simples de DNA são recobertas de proteínas para inibir sua reassociação.

Assim que as fitas estão suficientemente separadas, outra proteína, denominada **primase** de DNA é adicionada, ocasionando a formação de

QUADRO DE CONCEITOS AVANÇADOS
DIFERENÇAS ENTRE O DNA VIRAL, BACTERIANO E EUCARIÓTICO

Embora os componentes essenciais do DNA sejam os mesmos ao longo da árvore da vida, há diferenças significativas entre vírus, bactérias e eucariontes na maneira pela qual eles são organizados, armazenados e localizados. O DNA viral (há vírus de RNA e de DNA) é geralmente de dupla fita, mas também pode ser de fita simples. Ele é geralmente protegido e circundado por lipídeos e proteínas, sem nenhum papel regulador conhecido exceto pelo propósito fundamental de transferência para um hospedeiro bacteriano ou eucariótico. O DNA bacteriano não é separado do restante das células como nos eucariontes. Proteínas de ligação semelhantes a histonas estão presentes em muitas bactérias, das quais participam da arquitetura, mas não formam nucleossomos. As bactérias também apresentam DNA circulares designados como plasmidiais, que podem se replicar fora do genoma do hospedeiro. A transferência de plasmídios é um dos mecanismos que as bactérias utilizam para desenvolver resistência a antibióticos; os plasmídios também são recursos-chave da biologia molecular (discutidas adiante no capítulo). O DNA eucariótico se encontra em sua maior parte isolado no núcleo das células, em que constitui 10% da massa nuclear, sob a forma de nucleossomos e de cromossomos.

um **complexo primossomo** na **forquilha de replicação**. O primossomo sintetiza curtos ($n \leq 10$) oligonucleotídeos de RNA complementares a cada fita parental de DNA. Esses oligonucleotídeos servem como iniciadores para a síntese do DNA. Assim que cada iniciador de RNA é depositado, são montados dois complexos de **DNA polimerase III**, um em cada dos locais iniciadores. Além de sua atividade de polimerase, uma das subunidades de DNA polimerase III tem atividade de exonuclease de **revisão**, que corrige incompatibilidades e assegura a fidelidade na replicação do DNA.

A síntese do DNA prossegue em direções opostas ao longo das fitas líder e atrasada do DNA molde

Devido à atividade sintética unidirecional de 5' a 3' da polimerase e à natureza antiparalela das duas fitas, a síntese do DNA ao longo das mesmas é diferente (Fig. 20.6). As duas fitas filhas sendo sintetizadas são designadas como líder e fita retardada. A síntese do DNA se dá ao longo da fita líder numa direção de 5' a 3', produzindo uma única, longa e contínua fita. Todavia, como a síntese de DNA adiciona novos nucleotídeos somente na extremidade 3' da fita filha de DNA, a DNA polimerase III não pode sintetizar a fita retardada num pedaço longo e contínuo como faz com a fita líder. Em vez disso, a fita retardada é sintetizada em pequenos fragmentos, de comprimento entre 1.000-5.000 pares de bases, designados como **fragmentos de Okazaki** (Fig. 20.6). O primossomo permanece associado à fita retardada e continua a sintetizar periodicamente iniciadores de RNA complementares à fita retardada. À medida que se desloca ao longo da fita parental de DNA, a DNA polimerase III desencadeia a síntese de fragmentos de Okazaki nos iniciadores de RNA, alongando os diferentes fragmentos a partir de cada iniciador.

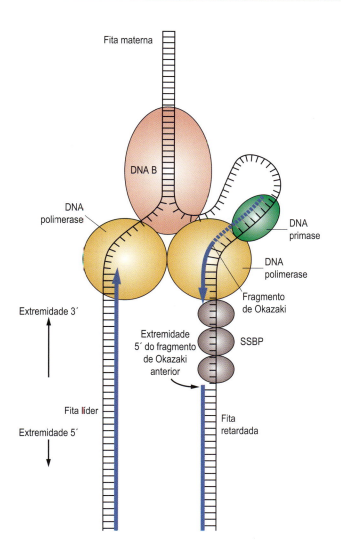

Fig. 20.6 **Síntese do DNA.** A síntese do DNA ocorre numa forquilha de replicação, produzindo novas fitas designadas como fita líder e haste retardada. Os "trilhos ferroviários" representam o DNA fita dupla. São mostradas algumas das enzimas envolvidas na síntese do DNA: DNA B (helicase), DNA primase, DNA polimerase e proteína de ligação do DNA de fita simples (SSBP). A fita líder é replicada de forma contínua. No caso da fita retardada, porém, iniciadores de RNA são adicionados periodicamente pela DNA primase ao longo da fita. A DNA polimerase III alonga esses iniciadores de RNA para formar os fragmentos de Okazaki. Quando o fragmento de Okazaki está completo, a DNA polimerase III passa para o iniciador de RNA seguinte a fim de iniciar outro fragmento de Okazaki. A atividade de exonuclease da DNA polimerase I remove os iniciadores de RNA e os substitui por DNA. A DNA ligase fecha as lacunas nas fitas de DNA e completa a síntese da fita retardada.

Quando a extremidade 3' do fragmento de Okazaki em alongamento chega à extremidade 5' do fragmento sintetizado anteriormente, a DNA polimerase III libera o molde e encontra outro iniciador de RNA adiante ao longo da fita retardada, sintetizando outro fragmento de Okazaki. Os fragmentos de Okazaki são unidos finalmente pela **DNA polimerase I**. Essa enzima, que também participa do reparo do DNA, tem uma atividade de exonuclease que lhe permite remover e substituir um trecho de nucleotídeos ao prosseguir ao longo de um molde de DNA. Durante a replicação do DNA, a DNA polimerase I remove o iniciador de RNA e o substitui por DNA. Finalmente, a DNA **ligase** une os fragmentos de DNA da haste posterior de modo a formar uma fita contínua.

Os eucariontes regulam rigorosamente a replicação do DNA

A síntese do DNA eucariótico é notavelmente semelhante àquela do DNA procariótico. Os eucariontes, porém, têm um número muito maior de origens de replicação. Essas origens são ativadas simultaneamente durante a fase S do ciclo celular, possibilitando a replicação rápida de todo o cromossomo. Para assegurar que não haja um acúmulo de uma quantidade excessiva de DNA em replicação inacabado, as células usam uma proteína denominada **fator de licenciamento**, que está presente no núcleo antes da replicação. Depois de cada rodada de replicação esse fator é desativado ou destruído, impedindo a replicação adicional até que seja sintetizado mais fator de licenciamento, adiante no ciclo celular.

REPARO DO DNA

Há tipicamente mais de 10.000 modificações do DNA por célula por dia

Como o DNA é o reservatório das informações genéticas na célula, é extremamente importante manter a sua integridade. Por essa razão, a célula desenvolveu múltiplos mecanismos altamente eficientes ao reparo do DNA modificado ou danificado.

O DNA pode ser danificado por inúmeros tipos de agentes endógenos e exógenos que causam modificações nos nucleotídeos, deleções, inserções, inversões de sequência e transposições. Parte desses danos é derivado de modificação química do DNA por agentes alquilantes (incluindo muitos carcinógenos), espécies de oxigênio reativas (Capítulo 42) e radiação ionizante (ultravioleta ou radioativa). Tanto o açúcar como as bases do DNA estão sujeitos a modificações, produzindo um número estimado em 10.000 a 100.000 modificações do DNA por célula por dia. A natureza desses danos é bastante variável, incluindo modificações de bases individuais, rupturas de uma única fita ou das fitas duplas e ligações cruzadas entre bases ou entre bases e proteínas. Os danos oxidativos são provavelmente as formas mais comuns de dano ao DNA; eles se encontram aumentados em inflamações, pelo tabagismo e no envelhecimento e nas doenças relacionadas à idade, incluindo aterosclerose, diabetes e doenças neurodegenerativas (Capítulo 29). Se não reparados, os danos acumulados vão levar a alterações permanentes na estrutura do DNA, preparando o terreno para a perda de função celular, morte celular ou câncer.

Múltiplas vias enzimáticas reparam uma grande variedade de modificações químicas do DNA

A modificação química dos nucleotídeos na fita de DNA leva ao pareamento errôneo durante a síntese do DNA. Depois da replicação cromossômica, a fita filha daí resultante contém uma sequência de DNA diferente (mutação) daquela da fita mãe. As células usam o reparo por excisão para remover nucleotídeos alquilados e outros análogos de bases fora do comum, protegendo, assim, a sequência de DNA das mutações. A fita não modificada serve como molde ao processo de reparo.

QUADRO CLÍNICO
TERAPIA ANTIRRETROVIRAL PARA A INFECÇÃO POR HIV

A infecção por HIV acarreta um enfraquecimento profundo do sistema imune que torna o paciente suscetível a uma gama de superinfecções por bactérias, fungos, protozoários e vírus. Também pode vir a se manifestar um **sarcoma de Kaposi**: esta é uma doença dos vasos sanguíneos semelhante a um câncer, causada pela infecção pelo vírus herpes humano 8 (HHV-8). O tratamento efetivo da infecção viral por HIV se baseia no conhecimento detalhado do ciclo de vida do vírus. Para o vírus da AIDS, o genoma viral é de RNA. Nas células infectadas ele é copiado para DNA por uma enzima viral denominada **transcriptase reversa**. A transcriptase reversa é uma enzima propensa a erros que não tem a capacidade de revisão da DNA polimerase III. Seis classes de fármacos foram desenvolvidos para o tratamento do HIV, e há mais de 25 medicamentos individuais no mercado. Eles são usados em combinação para atacar diversas fases do ciclo viral; o protocolo é conhecido como terapia antirretroviral altamente ativa (HAART), e combina pelo menos dois inibidores de transcriptase reversa de nucleosídeos (NRTI), com um inibidor de transcriptase reversa não nucleosídica ou um inibidor de protease ou uma substância de outras classes. Uma abordagem terapêutica-chave ao tratamento da AIDS tira proveito da falta de especificidade da enzima na escolha de substratos complementares. Vários fármacos antivirais importantes são, portanto, análogos de nucleotídeos que inibem a transcriptase reversa (NRTI), incluindo o AZT (azido-2'-3'-didesoxitimidina, Fig. 20.7). O AZT, por exemplo, é metabolizado ao análogo de timina trifosfato (TTP) azido-TTP. A transcriptase reversa do HIV incorpora erroneamente o azido-TTP ao genoma viral transcrito de forma reversa, o que bloqueia o alongamento adicional da cadeia porque o grupo 3'-azido não consegue formar uma ligação fosfodiéster com nucleosídeos trifosfatos subsequentes. A incapacidade de síntese do DNA a partir do molde do RNA viral acarreta a inibição da replicação viral. O ciclo de vida do HIV se estende por cerca de 1,5 dia da entrada numa célula, a replicação e a montagem à liberação de novas partículas virais para a infecção de novas células. O HIV não tem enzimas de revisão para corrigir os erros que ocorram durante a conversão de seu RNA a DNA via transcriptase reversa. Seu curto ciclo de vida e sua elevada frequência de erros fazem o vírus apresentar mutações muito rapidamente, causando uma grande variabilidade genética no HIV. Muitas das mutações não são patogênicas, mas algumas têm uma vantagem em termos de seleção natural em relação à sua forma original, possibilitando que elas escapem ao sistema imune e aos fármacos antirretrovirais. Quanto mais ativamente o vírus se replicar, maior a possibilidade de que venha a aparecer uma cepa resistente às substâncias antirretrovirais. Se a terapia antirretroviral for empregada de forma incorreta, essas cepas resistentes a multifármacos podem se tornar os genótipos dominantes muito rapidamente. O uso seriado incorreto de inibidores da transcriptase reversa, como zidovudina, didanosina, zalcitabina, estavudina e lamivudina pode provocar mutações resistentes a multifármacos (para maior capacidade de leitura).

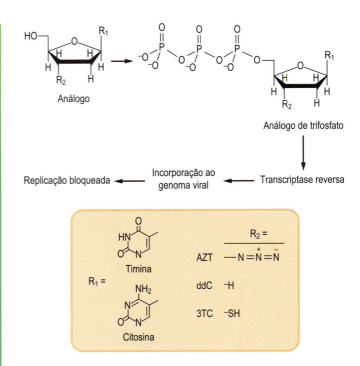

Fig. 20.7 **Mecanismo de ação de fármacos quimioterápicos antirretrovirais.** Essa classe de inibidores inclui diversos compostos com estrutura química ligeiramente diferente na estrutura de nucleobases e na substituição no carbono 3' do anel de açúcar. Esses compostos são metabolizados à forma trifosfato pelo metabolismo celular normal. Os análogos de trifosfato são então incorporados ao genoma viral por transcriptase reversa. Isso bloqueia a síntese do DNA viral, porque o R_2 da extremidade 3' modificada da molécula do DNA viral não é um substrato para rodadas adicionais de síntese de DNA. AZT, azido-2',3'-didesoxitimidina; ddC, 2',3'-didesoxicitidina; 3TC, 2',3'-didesoxi-3'-tiacitina.

A luz UV produz dímeros de timina: reparo por excisão de nucleotídeos

Quando o comprimento de onda curto da luz ultravioleta (UV) interage com o DNA, as bases timina adjacentes apresentam uma dimerização fora do comum, produzindo dímeros pirimí- dicos ciclobutanos na fita de DNA (Fig. 20.8). O mecanismo primário para o reparo desses dímeros de timina intrafitas é um mecanismo de reparo por excisão de nucleotídeos. Uma endonuclease específica para esse tipo de modificação efetua a clivagem da fita contendo o dímero nas proximidades do dímero de timina, sendo removida uma pequena parte dessa fita. A DNA polimerase I, a mesma enzima que está envolvida na biossíntese do DNA, reconhece então o hiato decorrente disso e o preenche. A DNA ligase completa o reparo unindo novamente as fitas de DNA.

Desaminação: Reparo por excisão

Aqueles nucleotídeos que apresentam aminas, citosina e adenosina podem se desaminar espontaneamente e formar uracil ou hipoxantina, respectivamente. Essas bases são removidas por **N-glicosilases** específicas quando são encontradas no DNA. Isso produz lacunas de pares de bases que são reconhecidas por endonucleases apurínicas ou apirimidínicas que efetuam a clivagem do DNA próximo ao local do defeito. Uma exonuclease remove então o trecho da fita de DNA contendo o defeito. Uma DNA polimerase substitui o DNA, e finalmente a DNA ligase une a nova fita de DNA. Esse mecanismo de reparo é também designado como reparo por excisão.

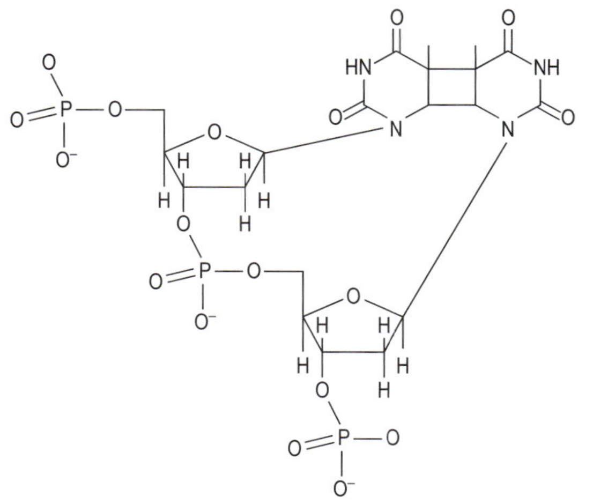

Fig. 20.8 **Dímeros de timina.** Um dímero de timina consiste em um anel ciclobutano se unindo a um par de nucleotídeos timina adjacentes.

Despurinação

As alterações num único par de bases incluem também a despurinação. As ligações purina-*N*-glicosídicas são particularmente lábeis, de modo que um número estimado em três a sete purinas é removido do DNA por minuto por célula. Enzimas específicas reconhecem esses locais despurinados, e a base é substituída sem interrupção do esqueleto de fosfodiester.

Quebras das fitas

Quebras de uma única fita são induzidas frequentemente pela radiação ionizante. Essas rupturas são reparadas por ligação direta ou por mecanismos de reparo por excisão. As quebras duplas das fitas são produzidas pela radiação ionizante e por alguns fármacos quimioterápicos. Fora isso, quebras duplas nas fitas de DNA são raras *in vivo*; elas são encontradas nas extremidades de cromossomos e em alguns complexos especializados envolvidos no rearranjo de genes. Um sistema enzimático especializado visa reconhecer e unir novamente essas extremidades, mas o dano não é reparado prontamente caso elas se afastem uma da outra.

Reparo de erros de pareamento

Erros que escapam à atividade checagem da DNA polimerase III aparecem no DNA recém-sintetizado sob a forma pareamento errôneo dos nucleotídeos. Embora eles sejam passíveis de reparação rápida, a questão criticamente importante é a identificação da fita a ser reparada. Qual das fitas de nucleotídeos é a fita filha contendo o erro? Em sistemas bacterianos o reparo de pareamento errôneo é efetuado pela metilação de resíduos adenina pós-replicação do DNA em sequências específicas espaçadas ao longo do genoma; a metilação não afeta o pareamento das bases. As fitas recém-sintetizadas não apresentam resíduos adenina metilados, de modo que as enzimas do sistema de reparo de pareamento errôneo examinam o DNA, identificam o pareamento errado das bases e reparam então a fita não metilada por reparo por excisão. Uma abordagem semelhante é utilizada na correção de erros de pareamento que ocorrem durante a síntese do

> **QUADRO CLÍNICO**
> **XERODERMA PIGMENTOSO**
>
> O xeroderma pigmentoso (XP) é um grupo de transtornos autossômicos recessivos raros (incidência = 1/250.000) que acarretam risco de vida para o indivíduo e se caracterizam por uma sensibilidade extrema à luz solar. À exposição à luz solar ou à radiação ultravioleta (UV) a pele dos pacientes com XP apresenta erupções de manchas pigmentadas semelhantes a sardas. Múltiplos carcinomas e melanomas aparecem ao início da vida, exacerbados pela exposição ao sol, e a maioria dos pacientes sucumbe a um câncer antes de atingir a idade adulta.
>
> O XP é decorrente de defeitos no reparo de dímeros de timina induzidos pela radiação UV no DNA. Há pelo menos oito polipeptídeos (genes) envolvidos no reconhecimento, no desenrolar e no reparo por excisão de dímeros de timina induzidos pela radiação UV. Os pacientes portadores de XP devem evitar a luz solar direta, a luz fluorescente, a luz de halogênios ou qualquer outra fonte de luz UV. Uma forma experimental de terapia proteica, em avaliação clínica atualmente, envolve a aplicação de uma loção na pele contendo a proteína ou enzima que falta. Idealmente essa proteína vai penetrar nas células da pele e estimular o reparo do DNA danificado pela radiação UV. Todavia, a proteção se dá unicamente onde a loção pode ser aplicada. Esse tratamento não resolve, por exemplo, os problemas neurológicos que afetam cerca de 20% dos pacientes de XP.

DNA mamífero. Defeitos no reparo de pareamento errôneo se associam ao câncer de colo intestinal não poliposo hereditário, uma condição autossômica dominante em seres humanos.

8-Oxo-2'-desoxiguanosina

Já foram caracterizadas mais de 20 diferentes modificações oxidativas do DNA; a mais estudada é a 8-oxo-2'-desoxiguanosina (8-oxoG; Fig. 20.9). Durante o processo de replicação do DNA, o pareamento errôneo entre o nucleosídeo 8-oxoG modificado na fita do molde e os nucleotídeos trifosfatos novos acarretam transversões de G para T, introduzindo, assim, mutações na fita de DNA. Embora os mecanismos de reparo por excisão sejam eficazes, as 8-oxoG, assim como outras bases modificadas, podem ser reincorporadas ao DNA após a excisão.

Foi caracterizada recentemente uma proteína de mamíferos, MTH1, que degrada especificamente o 8-oxodGTP, impedindo, desse modo, a incorporação incorreta desse nucleotídeo alterado ao DNA. A técnica de edição de genes foi utilizada para se desenvolver um camundongo mutante ("nocaute") para MTH1. Em comparação ao animal do tipo "selvagem", o nocaute apresentou um número maior de tumores no pulmão, no fígado e no estômago, ilustrando a importância desse (e de outros) mecanismo(s) de proteção pós-reparo.

Nas células pulmonares, a inalação de alguns materiais particulados acarreta um aumento nos níveis de 8-oxoG. O processo inflamatório pode contribuir para a formação de tumores pulmonares induzidos pelo amianto. O tabagismo também induz danos oxidativos e aumenta os níveis de produtos de oxidação do DNA nos pulmões, no sangue e na urina. A 8-Oxo-2'-desoxiguanosina é eliminada por filtração renal. Sua concentração urinária é utilizada, portanto, como um biomarcador sensível do estresse oxidativo em muitos estudos clínicos (Capítulo 42).

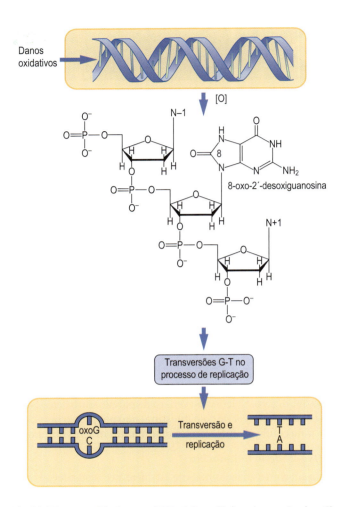

Fig. 20.9 **Danos oxidativos ao DNA.** A 8-oxo2'-desoxiguanosina (oxoG) é uma modificação oxidativa do DNA que causa mutações durante a replicação do DNA. A replicação da fita contendo oxoG produz frequentemente uma pirimidina A na fita complementar, que à replicação subsequente produz um par de bases AT em vez do par de bases GC original.

TECNOLOGIA DO DNA RECOMBINANTE

O sequenciamento, a hibridização e a clonagem do DNA são técnicas fundamentais da engenharia genética

Nossa capacidade atual de analisar e manipular genomas começou com relatos da década de 1970 de métodos para a clivagem do DNA em locais específicos, de inserção de novos fragmentos de DNA em plasmídeos bacterianos e de sequenciamento de regiões de DNA com mais do que apenas alguns nucleotídeos de extensão. Isso ocasionou uma explosão de conhecimento, de conquistas técnicas e de aplicações biológicas e médicas da tecnologia do DNA recombinante. Essa tecnologia é amplamente empregada nos dias atuais nas seguintes aplicações: (a) produção de proteínas humanas em escala suficientemente grande para o uso no tratamento de doenças, (b) diagnóstico de doenças ou predição da predisposição a uma doença, (c) predição da resposta individual a fármacos (farmacogenômica), (d) produção de proteínas para vacinas, (e) medicina forense, (f) estudos em antropologia e em evolução

QUADRO DE TESTE CLÍNICO
TESTE AMES PARA MUTAGÊNICOS

Agentes mutagênicos são compostos químicos que induzem alterações na sequência do DNA. Um grande número de compostos químicos naturais e produzidos pelo homem são mutagênicos. Visando avaliar o potencial de mutação do DNA, o bioquímico Bruce Ames elaborou um teste simples empregando cepas especiais de *Salmonella typhimurium* que não conseguem crescer na ausência de histidina (fenótipo His⁻). Essas cepas auxotróficas de histidina apresentam substituições ou deleções de nucleotídeos que impedem a produção de enzimas de biossíntese de histidina.

Para testar a mutagênese, as bactérias mutantes são semeadas num meio de cultura desprovido de histidina; adiciona-se ao meio o mutagênico suspeito. A ação do mutagênico acarreta ocasionalmente a reversão da mutação da histidina, produzindo uma cepa revertida que pode agora sintetizar histidina e vai crescer em sua ausência. A mutagenicidade de um composto é pontuada contando-se o número de colônias que cresceram (isto é, que reverteram ao fenótipo His⁺). Há uma correlação boa entre os resultados do teste de mutagenicidade de Ames e testes diretos da atividade carcinogênica em animais.

Alguns compostos químicos (**pró-carcinógenos**) não são mutagênicos por si, mas são ativados a compostos mutagênicos durante processos metabólicos (p. ex., durante a desintoxicação de drogas no fígado ou rim). O benzopireno, por exemplo, não é mutagênico, mas durante sua desintoxicação no fígado, é convertido a diol epóxidos, que são potentes mutagênicos e carcinógenos. Para proporcionar sensibilidade na detecção de pró-carcinógenos, o meio de cultura do teste Ames é suplementado com um extrato de microssomos hepáticos, uma subfração do tecido rica em retículo endoplasmático liso contendo enzimas que metabolizam drogas.

QUADRO CLÍNICO
NOVIDADES NO TRATAMENTO DO CÂNCER: DUAS NOVAS PROTEÍNAS-ALVO PARA COMBATER A "RECIDIVA" E A "RESISTÊNCIA A FÁRMACOS"

Tratamentos atuais do câncer como a radiação ionizante e fármacos quimioterápicos têm como alvo o DNA. Sua base lógica é clara: esses tratamentos quebram o genoma e é atingido um equilíbrio entre impedir as células cancerosas de se dividir e proliferar enquanto não danifica de forma irreversível células sadias, que não se dividem tão rapidamente. Apesar disso, as células cancerosas têm uma ampla gama de mecanismos de reparo do DNA para limitar lesões. Por essa razão, os sistemas de reparo do DNA são alvo da terapia adjuvante utilizada para aumentar a sensibilidade das células cancerosas a agentes direcionados ao DNA. O reparo por excisão de bases e o reparo por excisão de nucleotídeos são mecanismos-chave do reparo do DNA. Dois alvos proteicos foram associados a fenômenos típicos da recidiva e de resistência a fármacos observados durante quimioterapia: o grupo complementar cruzado do reparo por excisão 1 (ERCC1) e a DNA polimerase β. A primeira é participante-chave do reparo por excisão de nucleotídeos; a última é a polimerase propensa a erros do reparo por excisão de bases. Foram descobertos apenas alguns inibidores de ERCC1, mas já foram encontrados mais de 60 inibidores da DNA polimerase β. A descoberta de inibidores dessas enzimas potentes e específicos de tumores deve melhorar as terapias atuais nos casos em que ocorre resistência, incluindo bleomicina, drogas alquilantes e cisplatina.

humana, (g) compreensão dos mecanismos moleculares das doenças e (h) terapia genética. Antes desses avanços, os genes em seres humanos eram conhecidos quase que exclusivamente por seus efeitos – ou seja, por fenótipos e doenças; os genes eram conceitos e não estruturas. Gradualmente, se tornou possível ver exatamente o que era um gene e determinar se os genes eram normais ou portavam mutações. A etapa principal do processo foi o reconhecimento de que fitas simples de ácidos nucleicos vão formar fitas duplas, (DS) pareadas umas com as outras somente se as sequências forem altamente complementares. Assim como os anticorpos podem detectar proteínas individuais no meio de milhares de outras, as sequências de ácidos nucleicos vão se ligar somente à sua complementar na presença de milhões de sequências não correspondentes. Um segundo avanço importante foi a descoberta de enzimas de restrição, que convertem o DNA cromossômico em fragmentos discretos de comprimento útil. Após a separação por tamanho, esses fragmentos menores podem ser detectados por sondas de ácidos nucleicos, sendo também sequenciados. Embora muitos dos procedimentos usados na análise do DNA no século XX tenham apenas interesse histórico hoje em dia, algum conhecimento deles é necessário tanto para a leitura da literatura mais antiga como para o entendimento da tecnologia moderna do DNA recombinante. A capacidade de unir e recombinar fragmentos de DNA em vírus, plasmídeos bacterianos e até mesmo cromossomos revolucionou a produção de muitas proteínas humanas e vacinas importantes clinicamente.

Vamos apresentar aqui uma perspectiva geral de algumas das técnicas gerais na formação do assim chamado DNA recombinante e na clonagem do DNA.

PRINCÍPIOS DE HIBRIDIZAÇÃO MOLECULAR

A hibridização se baseia nas propriedades de anelamento do DNA

A hibridização é um processo pelo qual um pedaço de DNA ou de RNA com sequência de bases conhecida, cujo tamanho pode variar de panas 15 pares de bases (bp) a várias centenas de kilobases, é utilizado para se identificar uma região ou um fragmento de DNA contendo sequências complementares. O primeiro pedaço de DNA ou de RNA é denominado sonda. O DNA sonda vai formar pares de bases complementares com a outra fita de DNA, que é designado frequentemente como alvo, caso as duas fitas sejam complementares e seja formado um número suficiente de pontes de hidrogênio.

Para a hibridização molecular é essencial que a sonda e o alvo sejam inicialmente de uma fita única

Sondas podem variar em seu tamanho e natureza (DNA, RNA ou oligonucleotídeo). No entanto, uma característica essencial para qualquer reação de hibridização é que ambas sonda e alvo necessariamente sejam livres de pares de base uma com a outra. Para a hibridização, as duas fitas de DNA devem ser inicialmente separadas por tratamento térmico ou químico, um processo chamado de **desnaturação** ou **fusão** do DNA. Uma vez que as fitas de DNA estejam separadas, a mistura das duas, sob condições

que favoreçam a formação da dupla-hélice, permitirá que as bases complementares se recombinem. Esse processo é chamado **anelamento** ou **reassociação**, e quando a fita sonda reage com a fita-alvo, o complexo é denomidado *"heteroduplex"*.

A formação do *heteroduplex* sonda-alvo é a fundamental para o uso da hibridização molecular

As condições em que ocorre a hibridização do DNA e a confiabilidade e especificidade, ou estringência, da hidridização são afetadas por diversos fatores:

- **Composição de bases:** Os pares GC têm três ligações hidrogênio em comparação a duas num par AT. Um DNA de dupla fita com um elevado conteúdo de GC, portanto, é mais estável e tem uma temperatura de fusão (T_m) mais alta.
- **Comprimento da fita:** Quanto mais longa a fita de DNA, maior será o número de ligações hidrogênio entre as duas fitas. Fitas mais longas requerem temperaturas mais altas ou o tratamento alcalino mais forte para sua desnaturação; a estabilidade varia drasticamente com o comprimento para sondas muito curtas, porém acima de algumas centenas de pares de bases a estabilidade é relativamente insensível ao comprimento e é determinada principalmente pela composição de bases.
- **Condições de reação:** Uma elevada concentração de cátions (tipicamente Na^+) favorece o DNA dupla-fita porque as cargas negativas no esqueleto de açúcar-fosfato são protegidas umas em relação às outras. Concentrações elevadas de ureia ou de formamida favorecem o DNA de fita única porque esses reagentes reduzem o empilhamento das bases e podem competir pela formação de ligações hidrogênio. As hibridizações são consideradas como sendo realizadas em **baixa estringência** quando as condições favorecem fortemente a formação da associação, permitindo algum erro no pareamento no DNA duplo, e em **alta estringência** quando são formadas apenas fitas duplas complementares.

Assim, pela seleção apropriada de condições (alta estringência), uma pequena sonda de 30 a 50 bp pode necessitar de uma correspondência perfeita para formar um híbrido estável com seu alvo. Reciprocamente, sob baixa estringência, uma sonda maior (500 bp, p. ex.) pode reagir com alvos que contenham múltiplos erros no pareamento ou mutações de nucleotídeos (Fig. 20.10).

A estabilidade de um ácido nucleico duplo pode ser aferida pela determinação de sua temperatura de fusão (T_m)

A temperatura de fusão (T_m) é a temperatura na qual 50% de um de um DNA dupla-fita se dissocia em fita simples. No caso de sondas de DNA relativamente longas, a T_m é determinada principalmente pela composição de bases, com o DNA rico em AT se fundindo a uma temperatura mais baixa que o DNA rico em GC. Em seres humanos e em outros mamíferos, o conteúdo médio de GC é de cerca de 40%, e a temperatura de fusão em solução salina moderada está em torno de 87°C. No caso de oligonucleotídeos curtos, como os iniciadores utilizados em reações de polimerização em cadeia (PCR), é preciso levar em consideração os efeitos do comprimento, da composição e até mesmo das variações na sequência de dinucleotídeos. Isso ocorre porque o DNA dupla-fita é estabilizado pelo grau de sobreposição por parte das bases empilhadas em nucleotídeos sucessivos, e isso

A. Características da hibridização utilizando uma sonda convencional grande (> 200 bases)

Correspondência	Perfeita	Pareamento errôneo de uma única base	Múltiplos erros de pareamento
Estringência	Alta	Intermediária	Baixa
Exemplo	Alvo humano + sonda humana 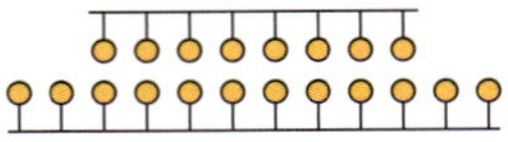	Alvo humano + sonda humana com mutação 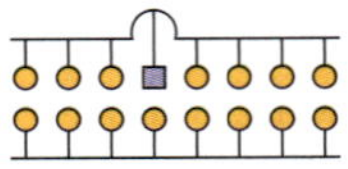	Alvo Humano + sonda de camundongo 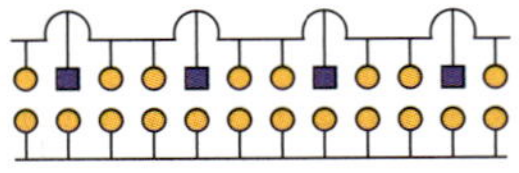
Estabilidade	Estável	Estável	Estável

B. Características da hibridização utilizando uma sonda pequena de oligonucleotídeos

Correspondência	Perfeita	Erro de pareamento de uma única base	
Estringência	Alta	Alta	
Exemplo	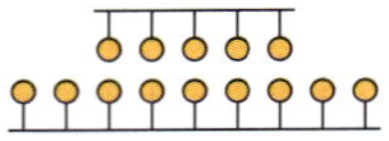	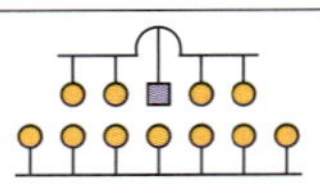	
Estabilidade	Estável	Instável	

Fig. 20.10 **Hibridização sonda-molde.** (A) Sondas de grande tamanho (p. ex., 200 bases ou mais) podem formar heteroduplexes estáveis com o DNA alvo, ainda que haja um número significativo de bases não complementares em condições de baixa estringência. (B) As sondas de oligonucleotídeos, por outro lado, podem discriminar entre alvos que diferem em uma única base em condições estringentes.

varia dependendo dos nucleotídeos vizinhos específicos de uma base em particular. Há programas de computador amplamente disponíveis para a predição dos valores de T_m.

As sondas precisam ser marcadas para serem identificadas

Está implícita no uso de sondas para a identificação de pedaços de DNA complementares a noção de que o *heteroduplex* pode ser detectado especificamente caso a hibridização ocorra. Assim, a sonda é marcada de tal modo que o duplex sonda-alvo possa ser identificado. Os marcadores se distribuem geralmente por duas categorias, isotópicos (isto é, envolvendo átomos radioativos) ou não isotópicos (p. ex., sondas com caudas terminais fluorescentes ou pequenas moléculas ligantes). O uso de marcadores fluorescentes e da detecção a laser se tornou bem mais difundido nos últimos anos. Ainda assim, algumas técnicas envolvendo a hibridização por sondas e também estudos de ligação de proteínas ao DNA usam radioisótopos como ^{32}P, ^{35}S ou ^{3}H e, por essa razão, precisam de um método para a detecção e a localização da radioatividade. O método mais comum envolve o processo de **autorradiografia**. A autorradiografia possibilita que informações de uma fase sólida (um gel ou uma amostra de tecido fixado, p. ex.) sejam detectadas e salvas em forma bidimensional como uma imagem fotográfica exposta.

Southern blots são o protótipo para métodos que utilizam sondas de hibridização específicas para identificar sequências no DNA ou no RNA

Uma das etapas fundamentais na evolução da biologia molecular foi a descoberta de que o DNA podia ser transferido (*blotting*) de um gel semissólido (p. ex., agarose ou poliacrilamida) para uma membrana de nitrocelulose, de tal maneira que a membrana pode agir como um registro da informação do DNA no gel e pode ser usada em múltiplos experimentos com sondas. O processo pelo qual o DNA é transferido para a membrana foi descrito originalmente por Edward Southern. As técnicas de *blotting* subsequentes utilizaram o jargão laboratorial para a transferência de RNA (Northern) e de proteínas (Western), e o jargão se tornou a nomenclatura padrão.

Enzimas de restrição: Uso de enzimas de restrição na análise do DNA genômico

As enzimas de restrição efetuam a clivagem do DNA em sequências de nucleotídeos específicas

As endonucleases de restrição efetuam a clivagem da dupla fita de DNA. Essas enzimas são sequência-específicas, e cada enzima age num número limitado de locais do DNA designados como sítios de reconhecimento, ou de clivagem. As endonucleases de restrição fazem parte do "sistema imune" bacteriano. As bactérias metilam seu próprio DNA em locais específicos para os quais produzem uma enzima de restrição, protegendo-as de suas próprias enzimas de restrição, mas clivam DNA infectantes virais ou bacteriofágicos em locais específicos, desativando, assim, o vírus e restringindo a infecção viral.

Se o DNA é digerido por uma enzima de restrição, será reduzido a fragmentos de tamanho variável dependendo de quantos sítios de clivagem para essa enzima de restrição estejam presentes no DNA. Os sítios de clivagem são frequentemente **sequências palindrômicas**, locais em que a leitura da sequên-

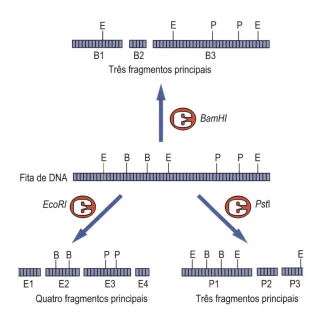

Fig. 20.11 **Digestão do DNA por enzimas de restrição.** A digestão de uma molécula de DNA por várias enzimas de restrição diferentes pode resultar em muitos fragmentos diferentes, mesmo que o tamanho aparente dos fragmentos seja semelhante. Como exemplo, os fragmentos E1 e P3 têm tamanho semelhante, mas são claramente pedaços diferentes de DNA. E, sítio de *Eco*RI; B, sítio de *Bam*HI; P, sítio de *Pst*I.

Tabela 20.1 Endonucleases de restrição de uso comum

Endonuclease	Sítio de restrição	Extremidades
HaeIII	GG*CC CC*GG	Cegas
MspI	C*CGG GGC*C	Adesivas
*Eco*RV	GAT*ATC CTA*TAG	Cegas
*Eco*RI	G*AATTC CTTAA*G	Adesivas
NatI	GC*GGCCGC CGCCGG*CG	Adesivas

As enzimas podem efetuar a clivagem do DNA para produzir "extremidades cegas" em pontos em que o DNA é cortado "verticalmente", deixando duas extremidades que não têm oligonucleotídeos sobressaltados. Se a clivagem do DNA for feita "obliquamente," o DNA vai ter fitas únicas curtas com oligonucleotídeos pendentes. Essas extremidades são designadas como "adesivas" porque vão se reunir seletivamente (hibridizar) a oligonucleotídeos sobressaltados compatíveis. Os locais de clivagem do DNA por enzimas de restrição são frequentemente descritos como palindrômicos devido à sua simetria de repetição invertida – eles têm sequências idênticas em direções opostas nas fitas complementares.

cia de bases de 5' para 3' numa fita é a mesma que a leitura da sequência de 3' a 5' na fita complementar de uma dupla-hélice. É importante notar que cada enzima vai cortar o DNA a um conjunto específico de fragmentos (Fig. 20.11). Muitas das enzimas de restrição reconhecem locais que têm tipicamente um comprimento de quatro (p. ex., HaeIII), seis (p. ex., *Eco*RI) ou oito nucleotídeos (p. ex., NotI) (Tabela 20.1). A variação em apenas um nucleotídeo na sequência de reconhecimento torna uma sequência inteiramente resistente a uma enzima específica.

A frequência dos sítios de clivagem para diversas enzimas varia com o comprimento do sítio de reconhecimento. Os sítios de clivagem para uma enzima com um sítio de reconhecimento de quatro bases, como HaeIII, ocorreriam ao acaso uma vez em cada sequência de 256 bp. Sítios de clivagem para uma enzima com um local de reconhecimento de oito bases, como NotI, ocorreriam apenas uma vez em cerca de 656.000 pares de bases. Assim, enzimas de corte frequentes geram tipicamente muitos fragmentos pequenos, enquanto as raras geram menos fragmentos de tamanho maior. Essas diferenças podem ser exploradas na análise da estrutura de genes e da localização de cromossomos.

Os fragmentos de DNA, transferidos de um gel para uma fase gel sólida, são utilizados como molde para a exposição a uma gama de sondas moleculares

Quando o DNA é digerido por uma enzima de restrição, o produto de digestão resultante pode ser separado com base no tamanho por eletroforese em gel. A eletroforese em gel de agarose é comumente empregada para se separarem fragmentos variando de tamanho de 100 bases a cerca de 20 kb em comprimento (a resolução é mínima acima de 40 kb). Depois da eletroforese os géis são embebidos numa solução alcalina forte para se desnaturar o DNA. Os fragmentos de fita única podem ser transferidos, então, para uma membrana de nitrocelulose ou de nylon, à qual se ligam prontamente e, quando preservados de maneira adequada, permanentemente. O processo de transferência envolve a passagem do tampão através do gel, carregando o DNA passivamente e produzindo uma imagem do gel na membrana (Fig. 20.12). A membrana pode ser hibridizada então por um oligonucleotídeo ou um fragmento de DNA (*Southern blot*) para uso na genotipagem, em testes de paternidade ou na identificação de células que incorporam um gene durante um experimento de clonagem, por exemplo, conforme descrito mais adiante no capítulo.

Polimorfismos no comprimento dos fragmentos de restrição (RFLP) e polimorfismos de nucleotídeo único (SNP)

A análise do comprimento do fragmento de restrição pode ser usada para se detectar uma mutação ou um polimorfismo num gene

Quando uma alteração na sequência do DNA cria ou destrói um sítio de reconhecimento que produz um fragmento detectado por uma sonda, o comprimento alterado desse fragmento pode ser então detectado por *Southern blotting*. **Uma alteração que envolve apenas um nucleotídeo é designada como polimorfismo nucleotídeo único (SNP).** Se for criado um sítio de clivagem, o fragmento se torna menor; o fragmento se torna maior se o sítio de clivagem for eliminado. Os diferentes padrões gerados em consequência de uma mutação ou de uma variante de um gene são conhecidos como polimorfismos no comprimento dos fragmentos de restrição (RFLP; Fig. 20.13). Esses RFLPs podem ser utilizados para identificar mutações causadoras de doenças, decorrentes de uma única mutação pontual que cria ou abole um sítio de restrição, ou para se estudarem variações no DNA não codificante para uso no estudo de ligações genéticas. Como exemplo, foi revelada há alguns anos a sequência do DNA de James Watson. Foi encontrado que ele apresentava mais de 1 milhão de SNP em comparação ao genoma humano "padrão" publicado em 2003. Já foram elaborados mapas de RFLP e SNP do genoma humano, que servem como âncoras ao estudo de doenças de um único gene e de doenças poligênicas.

A análise de RFLP também pode detectar alterações patológicas maiores na sequência de DNA, como deleções e duplicações. Grandes deleções de um gene podem abolir sítios de restrição; isso leva ao desaparecimento de um fragmento numa análise de *Southern blot* em indivíduos homozigotos. Por outro lado, se houver um evento de duplicação do DNA pode ser formado um novo gene, que tem um padrão diferente de sítios de restrição, os quais possibilitam a detecção do novo gene. Esse tipo de hibridização é efetuado utilizando grandes sondas (0,5-5,0 kb) e é realizado sob estringência moderada – isto é, é suficientemente severa para permitir a hibridização da sonda e do alvo, mas também tolera diferenças menores, por exemplo, no DNA não codificante.

A hibridização de baixa estringência de uma sonda para um *Southern blot* de DNA digerido pode possibilitar a identificação de genes relacionados ao gene inicial, porém não idênticos ao mesmo. Muitos genes existem em famílias ou têm cópias não funcionais, praticamente idênticas, em outros locais do genoma (pseudogenes) e, por essa razão, a hibridização de uma sonda pode identificar um ou mais fragmentos de restrição correspondendo a genes relacionados. Assim também, pode-se identificar genes relacionados em espécies diferentes usando-se uma única sonda que pode se hibridizar a baixa estringência a sequências complementares em *blots* de DNA de camundongos, ratos ou outras espécies.

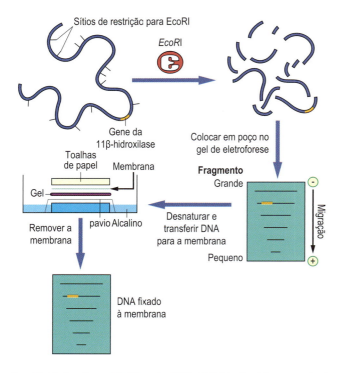

Fig. 20.12 ***Southern blotting*** **de DNA.** O DNA digerido por meio de uma enzima de restrição é fracionado quanto ao tamanho por eletroforese em agarose. O gel de agarose é colocado então em solução alcalina para a desnaturação do DNA. O DNA, agora de uma fita única, pode passar então do gel para a membrana (tipicamente de nylon ou nitrocelulose) enquanto a solução tampão flui em sentido ascendente por ação capilar, formando um registro permanente do DNA digerido.

CLONAGEM DE DNA

Clonagem baseada em células

Os plasmídeos bacterianos são submetidas à bioengenharia para otimizar seu uso como vetores

A clonagem de base celular se baseia na capacidade de replicação das células (p. ex., bactérias) para permitir a replicação do assim chamado DNA recombinante

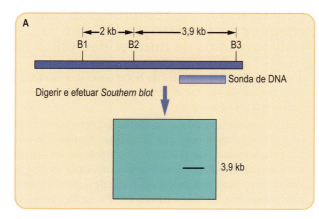
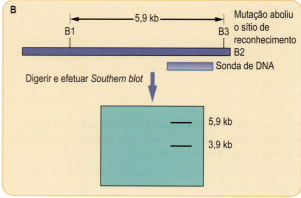

Fig. 20.13 **Polimorfismo no comprimento do fragmento de restrição (RFLP).** Variações na sequência de nucleotídeos de DNA, devido à variação natural em indivíduos ou em decorrência de uma mutação do DNA, podem abolir os sítios de reconhecimento para a enzima de restrição. Isso significa que, quando o DNA é digerido com a enzima cujo local foi abolido, o tamanho dos fragmentos decorrentes disso se altera. Pode-se usar o *Southern blotting* e a hibridização por sondas para se detectarem essas alterações. São mostrados os resultados de um gene representativo de (A) indivíduos homozigóticos normais e (B) indivíduos heterozigóticos mutantes. B, sítio de restrição de *Bam*HI. A sonda de DNA é visualizada por radioatividade ou por fluorescência.

QUADRO CLÍNICO
USO DE RFLPS NA DETECÇÃO DO GENE DA ANEMIA FALCIFORME

Uma mulher grávida afro-caribenha de 24 anos foi encaminhada para aconselhamento pré-natal. Seu irmão mais novo tinha anemia falciforme, seu parceiro era reconhecidamente portador da mutação falciforme (traço falciforme) e ela queria saber se o filho dela poderia desenvolver anemia falciforme.

Por ter risco de ser portadora, a paciente optou por se submeter à coleta de amostras das vilosidades coriônicas (CVS) para se detectar a presença ou ausência da mutação falciforme na criança. A análise de seu próprio DNA revelou que ela era portadora, e a CVS mostrou que a criança também era portadora e não desenvolveria anemia falciforme.

Comentário

Ocasionalmente uma mutação vai abolir ou criar diretamente um sítio de restrição e possibilitar, assim, o uso de um método com base na restrição para se demonstrar a presença ou ausência do alelo mutante. Uma mutação amplamente examinada é a substituição A > T no códon 6 na sequência do gene da β-globulina responsável pela anemia falciforme (Capítulo 5). Isso acarreta uma mutação glutamina-valina (Glu-Val) na sequência de aminoácidos da β-globulina e também abole um local para o reconhecimento de MstII (CCTN[A > T]GG) no gene da β-globina. A digestão do DNA humano normal com MstII e a hibridização por *Southern blot* com uma sonda específica para o promotor do gene da β-globina produz uma banda única de 1,2 kb, porque o local MstII mais próximo se encontra 1,2 kb corrente acima na região 5' do gene. A abolição do sítio de restrição no códon 6 significa que o tamanho do fragmento visto ao se hibridizar o DNA digerido com MstII passou a ser de 1,4 kb, porque o próximo sítio de MstII está localizado 200 kilobases abaixo no intron após o exon 1. Portanto, pacientes portadores de anemia falciforme vão apresentar apenas uma banda, de 1,4 kb; os portadores terão duas bandas, uma de 1,4 kb e outra de 1,2 kb; e os indivíduos não afetados terão uma única banda de 1,2 kb.

em seu interior. DNA recombinante refere-se toda e qualquer molécula de DNA que seja construída artificialmente a partir de dois pedaços de DNA que normalmente não são encontrados juntos. Um dos pedaços de DNA será o DNA alvo que será amplificado, e o outro será o **vetor** da replicação ou *replicon*, uma molécula capaz de iniciar a replicação do DNA numa célula hospedeira adequada.

Hoje em dia, a maior parte da clonagem baseada em células é realizada usando-se células bacterianas. Além de seu cromossomo, as bactérias podem conter um DNA de dupla fita extracromossomal que pode sofrer replicação. Um exemplo disso é o plasmídeo bacteriano. Os **plasmídeos** são moléculas de DNA de dupla fita circulares que apresentam replicação intracelular e são passadas da célula mãe para cada célula filha. Entretanto, diferentemente do cromossomo bacteriano, os plasmídeos utilizados nessas técnicas são copiados muitas vezes durante cada divisão celular. Por essa razão, os plasmídeos são transportadores ideais para a amplificação do DNA-alvo e, portanto, da proteína codificada; eles são também projetados de modo a conter genes de resistência a antibióticos, o que permite a seleção de células hospedeiras infectadas. O DNA alvo é introduzido num plasmídeo usando-se enzimas de restrição para cortar o DNA alvo e o do plasmídeo de modo que o DNA alvo e o DNA vetor linearizado tenham extremidades adesivas complementares

(Fig. 20.14). A DNA ligase liga então covalentemente o alvo às extremidades do vetor, formando um plasmídeo recombinante circular fechado. Assim que o DNA alvo é incorporado ao vetor plasmidial, a etapa seguinte consiste em se introduzir o plasmídeo numa célula hospedeira para possibilitar a replicação. A membrana celular das bactérias é seletivamente permeável e impede a passagem de moléculas grandes como as de DNA para dentro e para fora da célula. Todavia, a permeabilidade das células pode ser alterada temporariamente por fatores tais como correntes elétricas (eletroporação) ou elevadas concentrações de solutos (estresse osmótico), de modo que a membrana se torna temporariamente permeável, e o DNA pode entrar na célula. Esse processo torna as células competentes; elas podem captar o DNA estranho a partir do líquido extracelular, um processo designado como **transformação**. No entanto, esse processo é geralmente ineficiente, de modo que apenas uma pequena fração das células pode captar o DNA plasmidial, e com frequência apenas um único plasmídeo por bactéria é introduzido durante a transformação. Ainda assim, é esse processo de captação celular do DNA plasmidial que constitui uma etapa criticamente importante na clonagem de base celular. DNA recombinantes individuais são facilmente separados uns dos outros por serem captados por células diferentes, que podem ser isoladas simplesmente espalhando-as numa superfície de ágar.

Após a transformação as células podem se replicar geralmente numa placa de ágar comum contendo um antibiótico adequado (Fig. 20.14B) para matar as células que não abrigam o plasmídeo contendo o gene resistente ao antibiótico. Esse processo de seleção ou de triagem, com base na resistência a antibióticos, é uma etapa importante devido à baixa eficiência da captação do DNA plasmidial por bactérias. As colônias (clones de células sobreviventes individuais) são então "colhidas" e transferidas para tubos para o crescimento em cultura líquida e para uma segunda fase de aumento exponencial no número de células. Esse trabalho é feito automaticamente em sistemas de microplacas, de modo que, a partir de uma única célula e de uma única molécula de DNA, é possível gerar um número extremamente grande de células contendo múltiplos plasmídeos idênticos recombinantes num tempo relativamente curto (Fig. 20.15). A recuperação do DNA plasmidial é fácil por ser um círculo pequeno, covalentemente intacto, facilmente separado do DNA cromossomal bacteriano por diversas técnicas, como a eletroforese gel ou a ultracentrifugação.

A célula bacterina cresce então em cultura, e a proteína-alvo é recuperada após a lise celular. Por outro lado, o plasmídeo pode codificar uma proteína com uma sequência sinal, de modo a ser secretada no meio; a sequência sinal seria removida posteriormente.

A tecnologia para a produção de compostos farmacêuticos proteicos é um processo complexo, em múltiplas etapas, frequentemente protegido por segredos comerciais. No caso da síntese bacteriana de insulina recombinante (ver o quadro associado), por exemplo, não há um gene ou mRNA para a sequência da insulina – esta é sintetizada como pré-pró-insulina, que é processada em células β pancreáticas para produzir o hormônio secretado (Capítulo 31). A síntese de insulina humana num sistema bacteriano pode envolver a incorporação do gene da pró-insulina em um plasmídeo, a transformação num hospedeiro bacteriano, a síntese da pró-insulina, a formação espontânea de ligações cruzadas de dissulfeto, o proces-

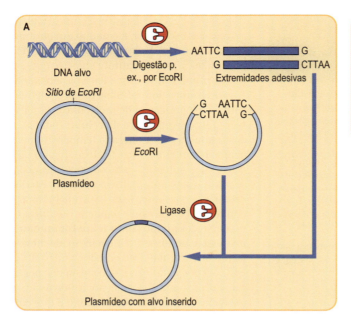
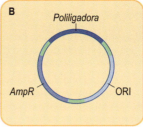

Fig. 20.14 **Formação de um plasmídeo contendo um gene-alvo para clonagem.** (A) O DNA contendo o gene-alvo é digerido por meio de uma enzima de restrição que produz "extremidades adesivas," como, por exemplo, *Eco*RI. O plasmídeo também contém um local de restrição para *Eco*RI, de modo que, ao ser digerida por essa enzima, se torna uma fita linear de DNA com "extremidades adesivas" complementar ao alvo. Ao serem ligados o alvo e o vetor formam uma molécula recombinante. (B) Estrutura de um plasmídeo típico. O plasmídeo contém um gene que confere resistência ao antibiótico ampicilina (AmpR) e uma região de poliligação contendo aproximadamente 10 diferentes sítios de reconhecimento de enzimas de restrição, que servem como locais para a inserção do DNA alvo. O plasmídeo também apresenta ORI, o sítio de origem de replicação do DNA.

samento por endopeptidases para a remoção do C-peptídeo e depois sua dobra para produzir a molécula de insulina ativa. O processamento proteolítico pode ocorrer na célula ou após o isolamento da pró-insulina; o processamento intracelular tornaria necessária a codificação da protease no plasmídeo bacteriano. Seria possível imaginar outras estratégias, como a síntese das cadeias A e B em hospedeiros bacterianos separados, seguida da associação extracelular ao hormônio ativo. Seria igualmente possível se elaborar um produto proteico que seria secretado pela célula bacteriana e processado então *ex vivo* para se remover a sequência secretora e o C-peptídeo.

Direções futuras

A clonagem do DNA é um campo em rápida evolução na pesquisa biomédica e na medicina moderna. Ela tem a metodologia básica para a produção de organismos geneticamente modificados (GMO), incluindo produtos agrícolas e animais transgênicos e nocaute. Sistemas de expressão eucariótica mais sofisticados, incluindo células tumorais humanas, ovos de galinha e células de plantas, são bastante utilizados atualmente para a produção de compostos farmacêuticos proteicos. Em alguns casos, essas células são projetadas para conter enzimas processadoras específicas (glicosiltransferases, p. ex.) para a modificação da pós-traducional da proteína. A β-glicosidase utilizada na terapia de reposição enzimática na doença de Gaucher (Capítulo 18) é produzida em células de ovário de *hamsters* chineses (CHO) modificadas por bioengenharia. A enzima secretada por essas células contém um sinal de manose-6-fosfato, sendo assim captada pelos lisossomos após a injeção intravenosa. Proteínas *humanizadas* também podem ser sintetizadas em células murinas e a seguir processadas por glicosidases e/ou glicosil transferases de modo a produzir uma proteína com as modificações pós-traducionais apropriadas para uso no plasma ou em células humanas. Num futuro não muito distante, pode ser possível se contornarem todas essas etapas por terapia genética – ou seja, pela incorporação do gene de interesse diretamente às células humanas relevantes com o uso de vetores virais.

Deve-se dizer que parte do otimismo excessivo produzido pelo Projeto Genoma Humano (Human Genome Project) e as fanfarras de que essa conquista importante, completada em 2003, viria a iluminar rapidamente a patogenicidade (e, portanto, os alvos para tratamento) das doenças se mostraram demorados, surgindo depois de quase 15 anos. Foi dada muita ênfase à biologia molecular, sem perceber que a expressão de proteínas, interações, fluxos e metabolismo vai muito além de uma sequência codificadora linear. É por isso que estamos abordando agora o proteoma, o lipidoma, o metaboloma e assim por diante e utilizando a biologia de sistemas para interpretar a corrente de dados provenientes desses experimentos.

RESUMO

- O genoma humano é constituído de DNA, uma dupla fita helicoidal de um polímero de desoxirribonucleotídeos, antiparalelo, estabilizado por ligações hidrogênio entre bases complementares.

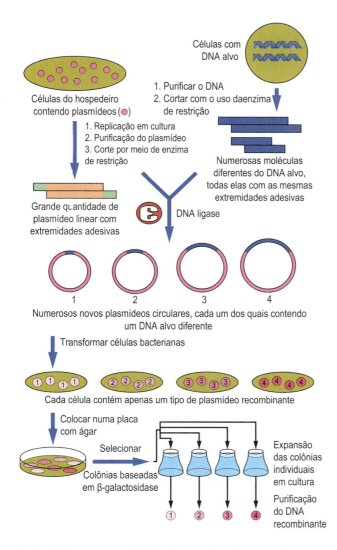

Fig. 20.15 **Clonagem de DNA de base celular.** Um exemplo de clonagem de DNA genômica utilizando células bacterianas. De modo geral, cada bactéria transformada vai captar apenas uma molécula de plasmídeo. Em consequência disso, as colônias bacterianas individuais vão conter muitas cópias idênticas de somente um DNA recombinante específico.

- O DNA é empacotado no cromossomo numa estrutura condensada altamente organizada, designada como cromatina.
- A replicação do DNA é um processo complexo e rigidamente regulado. As informações genéticas são replicadas por um mecanismo semiconservativo, em que as fitas maternas são separadas e ambas agem como moldes para as fitas filhas de DNA.
- O DNA é basicamente o único polímero no corpo que é reparado, em vez de ser degradado, após modificações químicas ou biológicas. Os mecanismos de reparo envolvem geralmente a excisão de bases modificadas e sua substituição, utilizando-se como molde a fita não modificada.
- A tecnologia do DNA recombinante emprega técnicas de clivagem do DNA, hibridização e clonagem que são úteis para o diagnóstico de doenças e a produção de proteínas humanas no tratamento de doenças.

QUADRO CLÍNICO
PRODUÇÃO DE PROTEÍNAS RECOMBINANTES: INSULINA

Uma menina de 13 anos foi admitida apresentando desidratação, vômitos e perda de peso. Seu nível sanguíneo de glicose era de 19,1 mmol/L (344 mg/dL), e ela apresentava cetonúria. Foi feito um diagnóstico de diabetes melito tipo 1. Ela começou a usar insulina humana recombinante, foi reidratada e se recuperou prontamente.

Comentário

Antes do advento da tecnologia recombinante de DNA, a terapia insulínica envolvia o uso de insulinas animais, mais comumente suína ou bovina, que eram quimicamente semelhantes, porém não idênticas à insulina humana. Em consequência dessas diferenças, as insulinas animais levavam frequentemente ao desenvolvimento de anticorpos, que reduziam a eficácia da insulina e podiam ocasionar insucessos do tratamento.

A insulina foi a primeira molécula humana clinicamente importante a ser produzida por meio da tecnologia de DNA recombinante. Após a clonagem do gene da insulina humana, a produção em larga escala da insulina humana pura foi possível pela inserção do gene clonado num sistema de amplificação de base celular. Foram produzidas grandes quantidades de cópias do gene da insulina, que foram expressas em bactérias ou em leveduras, e a insulina purificada decorrente disso se tornou disponível para uso no tratamento de pacientes diabéticos. Por esse meio a insulina recombinante humana praticamente tomou o lugar da insulina animal no tratamento do diabete. Outros peptídeos humanos recombinantes importantes utilizados clinicamente incluem o hormônio do crescimento, a eritropoietina e o hormônio paratireoide.

QUADRO DE CONCEITOS AVANÇADOS
SISTEMAS DE VETORES PARA A CLONAGEM DE GRANDES FRAGMENTOS DE DNA

Uma consideração de importância crítica na tecnologia de DNA recombinante é o tamanho do DNA alvo. Os plasmídeos bacterianos convencionais, embora convenientes para se trabalhar, são limitados pelo tamanho da inserção que podem aceitar: o tamanho comum da inserção é de 1-2 kb (em torno de 600 aminoácidos, representando uma proteína de 75.000 kDa), com um limite superior de 5-10 kb. Alguns vetores plasmidiais modificados, denominados **cosmídeos**, podem aceitar fragmentos maiores de até 20 kb. Outro vetor bastante empregado que tem a capacidade de aceitar fragmentos maiores do DNA é o **bacteriófago lambda** (λ). Essa partícula viral contém um genoma de DNA de dupla fita empacotado num revestimento proteico. O λ-fago pode infectar células de *Escherichia coli* com alta eficiência e introduzir seu DNA na bactéria. A infecção leva à replicação do DNA viral e à síntese de novas partículas virais, que podem então lisar a célula hospedeira e infectar células vizinhas de modo a repetir o processo. O DNA viral é então isolado novamente para obter-se o DNA recombinante.

Inserções maiores também podem ser clonadas usando-se cromossomos modificados de bactérias **(cromossomos bacterianos artificiais [BAC])** ou de leveduras **(cromossomos artificiais de leveduras [YAC])**. Esses vetores podem acomodar fragmentos de DNA de até 1-2 Mb. Os BAC têm sido particularmente importantes para se determinar a sequência do genoma humano.

QUESTÕES PARA APRENDIZAGEM

1. Muitas organizações oferecem a análise do DNA para pesquisa genealógica. Que tipos de análises são realizadas? Como o DNA masculino se difere do DNA feminino? Por quê?
2. Discuta o uso de RFLP e de SNP no aconselhamento genético e na medicina forense.
3. Reveja a gama de terapias por um fármaco e multifármacos em uso atualmente no tratamento de HIV/AIDS.

LEITURAS SUGERIDAS

Baeshen, N. A., Baeshen, M. N., Sheikh, A., et al. (2014). Cell factories for insulin production. *Microbial Cell Factories*, *13*, 141.

Brázda, V., & Coufal, J. (2017). Recognition of local DNA structures by p53 protein. *International Journal of Molecular Sciences*, *18*, 375.

Mukherjee, S. (2016). *The gene: An intimate history*. New York, NY: Simon & Schuster.

Nieto Moreno, N., Giono, L. E., Cambindo Botto, A. E., et al. (2015). Chromatin DNA structure and alternative splicing. *FEBS Letters*, *589*, 3370-3378.

Sanchez-Garcia, L., Martín, L., Mangues, R., et al. (2016). Recombinant pharmaceuticals from microbial cells: A 2015 update. *Microbial Cell Factories*, *15*, 33.

Stryjewska, A., Kiepura, K., Librowski, T., et al. (2013). Biotechnology and genetic engineering in new drug development. Part I. DNA technology and recombinant proteins. *Pharmacological Reports*, *65*, 1075-1085.

Travers, A., & Muskhelishvili, G. (2015). DNA structure and function. *The FEBS Journal*, *282*, 2279-2295.

Travers, A. A., Muskhelishvili, G., & Thompson, J. M. (2012). DNA information: From digital code to analogue structure. *Philosophical Transactions. Series A, Mathematical, Physical, and Engineering Sciences*, *370*, 2960-2986.

Venter, J. C. (2011). Genome sequencing anniversary: The human genome at 10 – successes and challenges. *Science*, *331*, 546-547.

Watson, J. D. (1980). *The double helix: A personal account of the discovery of the structure of DNA*. New York, NY: W. W. Norton.

SITES

Estrutura do DNA: http://www.chemguide.co.uk/organicprops/aminoacids/dna1.html

Descoberta Watson e Crick - Nature : http://www.nature.com/scitable/topicpage/discovery-of-dna-structure-and-function-watson-397

Codificação das informações biológicas - Nature : http://www.nature.com/scitable/topicpage/dna-is-a-structure-that-encodes-biological-6493050

National Human Genome Research Institute: https://www.genome.gov/11006943/human-genome-project-completion-frequently-asked-questions/

Sondas de hibridização: http://www.biogene.com/ApplicationNotes/Analysis/Application/Hybridisation_Probes.htm

Clonagem DNA: https://www.khanacademy.org/science/biology/biotech-dna-technology/dna-cloning-tutorial/a/overview-dna-cloning

DNA Learning Center: https://www.dnalc.org/resources/animations/cloning101.html

ABREVIATURAS

8-oxoG	8-oxo-2′-desoxiguanosina
PCR	Reação em cadeia da polimerase
RFLP	Polimorfismo de comprimento de fragmento de restrição
SNP	Polimorfismo de nucleotídeo único
XP	Xeroderma pigmentoso

CAPÍTULO 21

Ácido Ribonucleico

Robert W. Thornburg

OBJETIVOS

Após concluir este capítulo, o leitor estará apto a:

- Identificar os tipos principais de RNA celular e a função de cada um deles.
- Descrever as etapas principais na transcrição de uma molécula de RNA.
- Explicar a função das diferentes enzimas RNA polimerase.
- Descrever as diferenças principais entre o mRNA procariótico e o eucariótico.
- Descrever os diferentes eventos de processamento e de *splicing* que ocorrem durante a síntese de mRNAs eucarióticos.
- Explicar como pequenos RNAs regulam a expressão de mRNA.

INTRODUÇÃO

A transcrição é definida como a síntese de uma molécula de ácido ribonucleico (RNA) utilizando como modelo o ácido desoxirribonucleico (DNA)

A transcrição é a série de processos enzimáticos que acarreta a transferência da informação genética armazenada no DNA dupla fita para uma molécula de RNA simples fita. Três classes principais de RNA estão envolvidas na conversão da sequência do nucleotídeo do genoma na sequência de aminoácidos das proteínas: RNA ribossomal (rRNA), RNA de transferência (tRNA) e RNA mensageiro (mRNA). Além disso, foi descrita recentemente uma classe de pequenos RNAs que funcionam em complexos proteína/RNA que unem, clivam ou editam outros mRNAs para alterar a expressão de genes no interior das células. Cada uma das classes primárias de RNA tem tamanho e função característicos (Tabela 21.1), descritos pela velocidade de sedimentação numa ultracentrífuga (S, unidades Svedberg) ou por seu número de bases (nt, nucleotídeos, ou kb, quilobases). Os procariotos têm as mesmas classes primárias de RNA dos eucariotos, mas o tamanho e as características estruturais diferem:

- O RNA ribossomal (rRNA) dos procariotos consiste em RNA de três tamanhos diferentes, enquanto o RNA dos eucariotos consiste em RNA de quatro tamanhos diferentes. Esses RNAs interagem uns com os outros e com proteínas formando um **ribossomo**, que é a maquinaria básica onde ocorre a síntese de proteínas.

- Os RNAs de transferência (tRNA) têm 65-110 nt de comprimento: eles funcionam como moléculas transportadoras de aminoácidos e de reconhecimento, que identificam a sequência de nucleotídeos de um mRNA e traduzem essa sequência para a sequência de aminoácidos de proteínas.

- Os RNAs mensageiros (mRNA) constituem a classe mais heteróloga de RNA encontrados nas células. Os mRNA variam de tamanho geralmente de ~500 nt a ~6 kb (alguns mRNAs raros, porém importantes, têm > 100 kb). Os mRNAs são transportadores de informações genéticas, definindo a sequência de todas as proteínas na célula. Eles constituem a "cópia operacional" do genoma.

Para explicar a complexa série de eventos que leva à produção dessas três classes primárias de RNA, este capítulo está dividido em cinco seções. A primeira seção trata da estrutura das classes principais de RNA e das etapas envolvidas em sua formação. A segunda seção descreve as principais enzimas envolvidas na transcrição. A terceira descreve as três etapas (iniciação, alongamento e terminação) necessárias à produção de um mRNA ativo. A quarta descreve modificações que são feitas nos produtos primários da transcrição (processamento pós-transcricional). A última seção descreve a nova área emergente de micro-RNAs, que funcionam regulando a expressão de genes no nível do RNA.

ANATOMIA MOLECULAR DAS MOLÉCULAS DE ÁCIDO RIBONUCLEICO

Ao contrário do DNA, os RNA têm uma fita simples e contêm uracila em vez de timina

Os RNAs produzidos por procariotos e por eucariotos são moléculas de ácido nucleico de fita simples que consistem em nucleotídeos adenina, guanina, citosina e uracila unidos uns aos outros por ligações fosfodiéster. O início de uma molécula de RNA é designado como sua extremidade 5', e o término do RNA é a extremidade 3'. Embora tenham uma fita simples, os RNA se dobram sobre si mesmos e formam estruturas secundárias de hélice dupla que são importantes para seu funcionamento. Designadas como **alças em grampo de cabelo** (Fig. 21.1), essas estruturas secundárias são decorrentes do pareamento intramolecular de bases que ocorre entre nucleotídeos complementares dentro de uma única molécula de RNA.

rRNAs: os RNAs ribossomais

Os rRNAs eucarióticos são sintetizados como um único transcrito de RNA que tem ~ 13 kb (45-S) de comprimento. Esse

Tabela 21.1 Classes gerais de RNA

RNA	Tamanho e extensão	Porcentagem do RNA celular total	Função
rRNA	28 S, 18 S, 5,8 S, 5 S (23 S, 16 S, 5 S)*	80	Interagem para formar ribossomos
tRNA	65-110 nt	15	Adaptador
mRNA	0,5-6+ kb	5	Dirige a síntese de proteínas celulares

Nt, nucleotídeos; kb, quilobases; S, unidades svedberg.
*Tamanho do rRNA em células procarióticas.

Tabela 21.2 rRNAs e ribossomos

Tipo celular	rRNA	Subunidade	Tamanho	Ribossomo intacto
Procariótico	23 S, 5 S*	Grande	50 S	70 S
	16 S	Pequena	30 S	
Eucariótico	28 S, 5,8 S, 5 S	Grande	60 S	80 S
	18 S	Pequena	40 S	

S, unidades svedberg
*Tamanho do rRNA nas células.

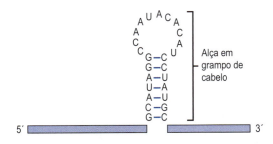

Fig. 21.1 **Alça de RNA em grampo de cabelo.** O RNA (e o DNA) pode formar estruturas secundárias denominadas alças em grampo de cabelo. Essas estruturas se formam quando bases complementares num RNA individual compartilham ligações hidrogênio e formam pares de bases. As alças em grampo de cabelo são importantes na regulação da transcrição tanto em células procarióticas como nas eucarióticas.

transcrito primário grande é processado a rRNAs 28-S, 18-S, 5,8-S e 5-S (~ 3 kb, 1,5 kb, 160 nt e 120 nt, respectivamente) (Tabela 21.1). Os rRNAs 28-S, 5,8-S e 5-S se associam a proteínas ribossômicas e formam a grande subunidade ribossômica. O rRNA 18-S se associa a um conjunto diferente de proteínas e forma a pequena subunidade ribossômica (Tabela 21.2). A grande subunidade ribossômica, com seu RNA e suas proteínas, tem tamanho característico de 60 S; a pequena subunidade ribossômica tem tamanho de 40 S. Essas duas subunidades interagem para formar o ribossomo funcional 80-S (Capítulo 22). Os rRNAs procarióticos interagem de maneira semelhante formando subunidades ribossômicas que têm tamanho ligeiramente menor, refletindo a diferença no tamanho dos transcritos de rRNA procarióticos e eucarióticos (Tabela 21.2)

tRNA: a folha de trevo molecular

O tRNA procariótico e o eucariótico se assemelham tanto em tamanho como em estrutura. Eles apresentam uma extensa estrutura secundária e incluem vários **ribonucleotídeos modificados** que derivam dos quatro ribonucleotídeos normais. Todos os tRNA têm um dobramento semelhante, com quatro alças distintas que foram descritas convencionalmente como uma estrutura em **folha de trevo** (Fig. 21.2A); todavia, as estruturas tRNA por cristalografia de raios X mostram que a estrutura efetiva da folha de trevo dobrada é de uma molécula em forma de L (Fig. 21.2B). A alça D contém várias bases modificadas, incluindo citosina metilada e diidrouridina (D), que dá o nome à alça. A **alça anticódon** é a estrutura responsável pelo reconhecimento do códon complementar de uma molécula de mRNA; a interação específica de um anticódon do tRNA com o códon apropriado no mRNA se deve ao pareamento de bases entre essas duas sequências de trinucleotídeos complementares. Uma alça variável, de 3-21 nt de comprimento, existe em muitos tRNA, mas sua função ainda é desconhecida. Finalmente, há uma alça TψC que contém uma base modificada, pseudouridina (ψ). Outra estrutura proeminente encontrada em todas as moléculas de tRNA é a **haste aceptora**. Essa estrutura é formada pelo pareamento de bases entre os nucleotídeos em cada extremidade do tRNA. As três últimas bases encontradas na ponta da extremidade 3′ permanecem não pareadas e têm sempre a mesma sequência: 5′-...CCA-3′. O aminoácido a ser incorporado à proteína é fixado à extremidade 3′ da haste aceptora por uma ligação éster entre o grupo 3′ hidroxila da adenosina terminal do tRNA e o grupo carboxila do aminoácido (Capítulo 22).

mRNA: o mRNA procariótico e o eucariótico diferem significativamente em sua estrutura e seu processamento

Procariotos e eucariotos têm ciclos vitais acentuadamente diferentes. Não é de se estranhar, portanto, que haja diferença na estrutura dos genes, em seu mecanismo de transcrição e na estrutura de seus mRNAs. De fato, podemos explorar essas diferenças com novos inibidores antibióticos que têm como alvo partes específicas do ciclo vital procariótico. Como há algumas diferenças importantes entre o mRNA procariótico e o eucariótico, elas serão tratadas nas seções subsequentes. Resumidamente, essas diferenças são as seguintes:

- Unidades de transcrição que diferem em estrutura: os mRNA procarióticos são policistrônicos; os mRNA eucarióticos são monocistrônicos (Fig. 21.3).
- Compartimentalização da transcrição e da tradução: os procariotos sintetizam RNA e proteínas num único compartimento, o citoplasma; os eucariotos separam esses eventos no núcleo e no citoplasma.
- Proteção em suas extremidades 5′ e 3′: as extremidades dos mRNA procarióticos são nuas; os mRNA eucarióticos são protegidos por uma capa (*cap*) 5′ e uma cauda de poli(A) 3′.
- Processamento dos mRNAs: os mRNAs procarióticos não são processados; os mRNA eucarióticos apresentam íntrons que são removidos por *splicing*.

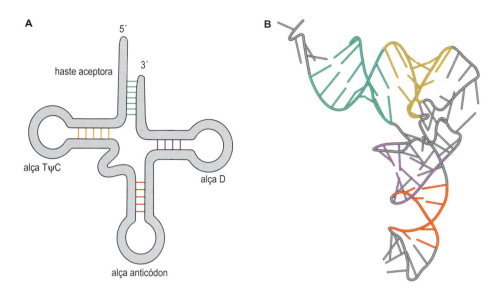

Fig. 21.2 **A estrutura de uma molécula de tRNA.** (A) A molécula de tRNA prototípica consiste em três estruturas de alça em grampo de cabelo, chamadas de alça TψC, alça anticódon e alça D. A estrutura tridimensional da molécula é gerada pelo pareamento de bases complementares entre nucleotídeos num único RNA. Todos os tRNAs têm essa estrutura básica. (B) Análise por cristalografia de raio X de um tRNA mostrando a estrutura em forma de L da molécula dobrada, incluindo o pareamento de bases que mantém a estrutura unida. As cores das alças no painel A são mantidas na estrutura dobrada no painel B.

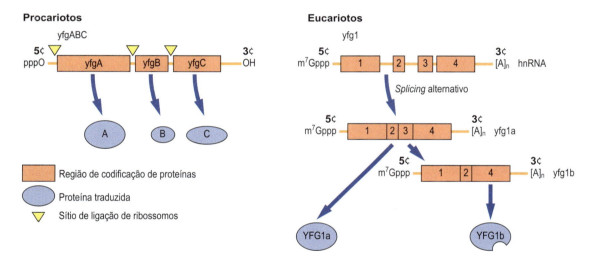

Fig. 21.3 **Estruturas prototípicas de mRNAs procarióticos (policistrônicos) e eucarióticos.** Os mRNAs procarióticos têm extremidades nuas (trifosfato na extremidade 5' e hidroxila na extremidade 3'. As caixas indicam as porções do mRNA que codificam uma proteína. Os triângulos invertidos indicam a localização de sítios de ligação de ribossomos. Os três genes no cístron procariótico são traduzidos a três proteínas diferentes. Outros cístrons procarióticos podem codificar até 10 proteínas diferentes num único mRNA. Os transcritos do mRNA eucariótico recém-produzidos **(RNA nuclear heterogêneo [hnRNA])** incluem tanto éxons (caixas) como íntrons (linhas). Os mRNAs eucarióticos são protegidos por um *cap* de 7-metilguanina (m⁷Gppp) na extremidade 5' e por uma cauda poli[A] ([A]$_n$) na extremidade 3' do mRNA. Após o *splicing*, o mRNA maduro consiste apenas em éxons mais as UTR 5' e 3'. Como alternativa, os mRNA submetidos ao *splicing* são traduzidos a diferentes isoformas de proteínas. *yfg*, seu gene favorito; UTR, região não traduzida.

Uma diferença importante entre os mRNAs procarióticos e os eucarióticos diz respeito à estrutura da unidade de transcrição. As unidades de transcrição nos procariotos são geralmente policistrônicas, contendo múltiplas regiões codificadoras de proteínas (Fig. 21.3), enquanto nos eucariotos cada unidade de transcrição codifica geralmente apenas uma proteína. Os **mRNAs policistrônicos** dos procariotos têm códons individuais de início e de término ao início e ao final de cada **quadro aberto de leitura**, a sequência de mRNA que especifica a sequência da cadeia polipeptídica. Cada códon de término é seguido de perto por outro local de ligação ao ribossomo e por um local de início da tradução que funciona para o quadro aberto de leitura subsequente. Em alguns casos pode haver a síntese de múltiplas proteínas a partir do transcrito de um único gene eucariótico por **deslocamento do quadro de leitura**, em que locais de início alternativos produzem diferentes quadros abertos de leitura e proteínas diferentes.

Uma segunda diferença importante entre os mRNAs procarióticos e eucarióticos é a compartimentalização da transcrição e da tradução. Como os procariotos não têm um núcleo, a transcrição e a tradução estão intimamente acopladas no citoplasma; de fato, a tradução procariótica na extremidade 5′ do mRNA é geralmente iniciada antes de se terminar a transcrição na extremidade 3′. Com o acoplamento desses processos os procariotos aumentam a velocidade com que as proteínas são expressas. Isso é consistente com o ciclo de vida relativamente curto dos procariotos. As células eucarióticas, por outro lado, separam a transcrição no núcleo da tradução no citoplasma. Embora torne mais lenta a resposta de produção de proteínas, esse arranjo possibilita um controle mais sutil da expressão de proteínas.

O processamento prós-transcricional dos mRNAs também é significativamente diferente nos procariotos e nos eucariotos. Devido à sua importância, essas diferenças são detalhadas numa seção separada que aborda o processamento pós-transcricional dos mRNAs. Em suma, os eucariotos protegem as extremidades 5′ e 3′ dos mRNA pela adição de estruturas moleculares específicas (*cap 5′* e **cauda de poli[A]**), as quais funcionam reduzindo a reciclagem do mRNA. Os genes eucarióticos também apresentam íntrons, sequências que interrompem os transcritos recém-produzidos e que devem ser removidas para a produção de mRNA maduros.

POLIMERASES DE ÁCIDO RIBONUCLEICO

As RNA polimerases transcrevem segmentos definidos do DNA ao RNA com um alto grau de seletividade e de especificidade

As enzimas responsáveis pela síntese do RNA são denominadas RNA polimerases (RNA Pol). Ao contrário das DNA polimerases (Capítulo 20), as RNA polimerases não necessitam de um *primer* para iniciar a síntese de RNA. As RNA polimerases consistem em duas subunidades de alto peso molecular e de muitas subunidades menores, todas as quais são necessárias para uma transcrição correta. Os procariotos dispõem de uma única RNA polimerase para a síntese de todos os RNAs; os eucariotos, porém, têm três RNA polimerases diferentes, designadas como RNA polimerase I, II e III.

Cada polimerase eucariótica se especializa na transcrição de uma classe de RNA

- A RNA Pol I transcreve os RNA ribossomais. Todos os rRNAs são produzidos a partir de uma unidade de transcrição específica que é processada subsequentemente para produzir os rRNA 28-S, 18-S, 5,8-S e 5-S.
- A RNA Pol II transcreve a maioria dos genes numa célula eucariótica, incluindo todos os genes codificadores de proteínas que produzem mRNA. A RNAPol II é extraordinariamente sensível à α-amanitina, um inibidor da transcrição potente e tóxico encontrado em alguns cogumelos venenosos. A RNAPol II também transcreve RNAs não codificadores que produzem micro-RNAs (discutidos mais adiante no capítulo).
- A RNA Pol III transcreve muitos dos pequenos RNA celulares, incluindo os tRNA.

ÁCIDO RIBONUCLEICO MENSAGEIRO: TRANSCRIÇÃO

A transcrição é um processo dinâmico envolvendo a interação de enzimas com o DNA para a produção de moléculas de RNA

É conveniente se dividir a transcrição em três estágios: iniciação, alongamento e terminação. Pode-se aprender muito a respeito da iniciação pela estrutura da RNA Pol II de leveduras. Essa enzima consiste em uma região central de 12 subunidades, e sua estrutura é um modelo excelente para a enzima humana. Ela oscila entre duas conformações alternativas. A primeira delas é uma forma aberta semelhante a uma mão em concha, com uma fenda para a ligação da molécula de DNA e fatores de transcrição associados nas proximidades do ponto de início da transcrição. Após a desnaturação e a dissociação do DNA duplex ligado, o complexo apresenta uma grande mudança de conformação que fecha a fenda, formando uma pinça em torno da **fita anti-senso** ou **molde** do DNA. A fita senso (que não é molde) não é ligada. Em seguida, uma proteína específica (*rbp4/7*) se liga à base da pinça, trancando-a no estado fechado, que é então competente para o alongamento do transcrito. Durante o alongamento, a enzima RNA Pol II se move ao longo da fita anti-senso/molde, produzindo um **RNA complementar** que é idêntico à fita senso do DNA (Fig. 21.4), exceto que os

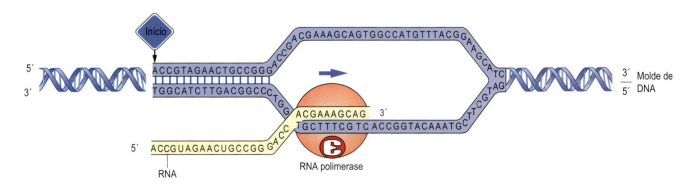

Fig. 21.4 **Transcrição.** A transcrição envolve a síntese de um RNA pela RNA polimerase utilizando DNA como molde. A holoenzima RNA polimerase usa a fita anti-senso do DNA para dirigir a síntese de uma molécula de RNA que é complementar a essa fita.

resíduos timina são substituídos por resíduos de uracila no RNA. A RNA Pol II de leveduras também parece ser um bom modelo para a função das enzimas RNA Pol I e III, porque as subunidades centrais são comuns entre as diversas enzimas.

A RNA Pol I bacteriana é semelhante aos complexos enzimáticos eucarióticos, exceto que a enzima bacteriana contém menos subunidades e, diferentemente da enzima eucariótica, requer apenas um fator de transcrição geral (fator α) para reconhecer o promotor e recrutar a RNA polimerase de modo a iniciar a transcrição.

QUADRO CLÍNICO
INTOXICAÇÃO POR α-AMANITINA: COLHENDO O COGUMELO ERRADO

Uma mulher jovem saudável sob todos os demais aspectos chega à sala de emergência de madrugada com fortes náuseas, cólicas abdominais e uma diarreia profusa. Os sinais vitais da paciente mostram taquicardia, e a pele tem turgor baixo, indicando desidratação. Ao fornecer sua história médica, a paciente explicou que os sintomas se iniciaram subitamente, em torno de 6 h depois de seu jantar. Suspeitando-se de uma intoxicação alimentar. Solicita-se à paciente recordar tudo que ela havia ingerido nas últimas 24 h. A paciente relatou que havia comido cogumelos no jantar e acrescentou que os cogumelos haviam sido colhidos numa caminhada que fizera recentemente pelo bosque. Inicia-se agressivamente a administração de solução salina e eletrólitos para a reposição dos líquidos perdidos, e aplica-se carvão ativado para absorver quaisquer toxinas residuais ou recirculantes no trato gastrointestinal. A paciente se estabilizou aparentemente nas 24 h subsequentes e se mostra lúcida; todavia, ela permanece letárgica, e a pele começa a assumir uma coloração amarelada. Os exames de sangue mostram glicose sanguínea reduzida, elevação das aminotransferases séricas e aumento do tempo de protrombina, todos indicativos de estresse hepático. Os níveis de amilase e de lipase estão normais, indicando a ausência de envolvimento pancreático, e a urinálise não indica envolvimento renal. O médico consulta um gastroenterologista, que aconselha um monitoramento intensificado da função hepatorrenal e o tratamento intensivo e continuado de reposição hídrica e eletrolítica intravenosa. Depois de aproximadamente 5 dias a paciente se recuperou. Qual é a base bioquímica da doença dessa paciente?

Comentário
Cerca de 95% de todas as mortes por cogumelos na América do Norte se associam à ingestão de cogumelos do gênero *Amanita*. Essas espécies produzem uma toxina, α-amanitina, que se liga à RNA Pol II e inibe sua função. As primeiras células a encontrar a toxina são aquelas que revestem o trato digestivo. As células incapazes de sintetizar novos mRNA morrem, causando um desconforto gastrointestinal agudo. A insuficiência hepática é uma complicação grave da ingestão de α-amanitina, devido à inibição da apoptose nas células hepáticas. A icterícia e as provas de função hepática (níveis de transaminase, fosfatase alcalina, bilirrubina, aminotransferase e tempo de protrombina) indicam o grau de envolvimento hepático (Capítulo 34). Muitas exposições acidentais a cogumelos ocorrem em crianças com menos de 6 anos, que absorvem uma dose maior de toxina por quilograma de peso corporal devido a seu tamanho. Mesmo em adultos, porém, a ingestão de apenas um cogumelo *A. phalloides* pode ser fatal. A mortalidade varia de 10% a 20% de todos os pacientes. Não se dispõe de um antídoto específico para a amatoxina, mas a administração de altas doses de penicilina G desloca a amatoxina das proteínas plasmáticas circulantes, promovendo, assim, sua excreção.

Iniciação

A iniciação começa por interações sítio-específicas da RNA polimerase com o DNA

Como a maior parte do DNA genômico não codifica proteínas, a identificação de locais de início da transcrição é crucial para a obtenção dos mRNA desejados. Sequências especiais designadas como promotores recrutam a RNA polimerase até o local de início da transcrição (Fig. 21.5). Os promotores estão geralmente localizados à frente (a montante) em relação ao gene que vai ser transcrito (Capítulo 23). Os promotores da RNA polimerase III, porém, estão localizados no gene.

Os genes procarióticos apresentam geralmente promotores simples, que são ricos em adenina (A) e em timina (T). A presença desses nucleotídeos facilita a separação das duas hastes de DNA, porque as ligações de hidrogênio entre pares de bases A-T são mais fracas que aquelas entre pares de bases G-C. Comparações de um grande número de promotores procarióticos identificaram duas regiões comuns conservadas. Elas se localizam aproximadamente 10 nt e 35 nt a montante em relação ao local de início da transcrição (Fig. 21.5). A sequência -10 é designada como **TATA box**. Essa sequência se liga ao fator de transcrição geral procariótico (fator σ), que interage com a RNA polimerase e a recruta até o promotor. Promotores fortes tendem a ter uma sequência consenso correspondente, enquanto a sequência de promotores mais fracos difere da sequência consenso e se liga menos firmemente ao fator σ e à RNA polimerase, apresentando, assim, níveis reduzidos de transcrição.

Em promotores da RNA Pol II eucariótica, **elementos reguladores** (sequências curtas e específicas de DNA) designados como **sequências de ativação *upstream* (a montante) (UASes)**, *enhancers*, repressores, CAATT e TATA *boxes* estão espalhados por várias centenas a alguns milhares de nucleotídeos. Fatores de transcrição individuais (ativadores ou repressores) reconhecem essas UASes e se ligam a elas. O controle da iniciação e da regulação da expressão de genes está delineado com detalhes no Capítulo 22.

Alongamento

O alongamento é o processo no qual nucleotídeos são adicionados, um a um, à cadeia de RNA em crescimento

O alongamento nos procariotos é um processo relativamente simples. Os ribonucleotídeos se ligam a um local de entrada na RNA polimerase. Se o ribonucleotídeo que chega corresponde à base seguinte no modelo de DNA (isto é, forma um pareamento de bases Watson-Crick compatível), o ribonucleotídeo que chegou é transferido para o local ativo da polimerase e é formada uma nova ligação fosfodiéster. Se não for compatível, o ribonucleotídeo é liberado, e o processo é repetido até ser encontrado o ribonucleotídeo compatível. Depois da formação da ligação fosfodiéster, a RNA polimerase se move ao longo da fita molde de DNA. Considera-se que a RNA polimerase faz isso oscilando uma pequena região helicoidal de sua molécula entre conformações reta e inclinada, permitindo que a polimerase se desloque aproximadamente 3 Å (~ 1 passo de nucleotídeo) ao

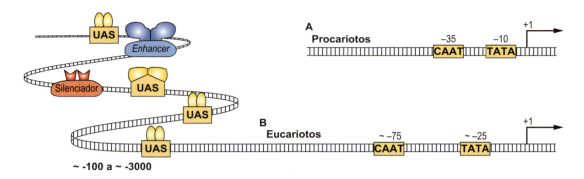

Fig. 21.5 **Promotores procarióticos e eucarióticos.** (A) Os promotores procarióticos contêm uma TATA *box* a cerca de 10 nt do sítio de início da transcrição (+1) e uma CAAT *box* aproximadamente 35 nt a montante da posição +1. (B) Os promotores eucarióticos também têm caixas TATA e CAAT (ligeiramente diferentes das caixas procarióticas); todavia, essas caixas estão deslocadas a montante relação à posição das caixas procarióticas. Um pouco mais a montante ao promotor central se encontra uma série de elementos reguladores. Esses elementos variam de um promotor para outro e podem conter sequências de ativação a montante (UASes) que são reconhecidas por um ou por vários fatores de transcrição. Além disso, *enhancers* e silenciadores da transcrição reconhecem elementos específicos que podem existir em promotores eucarióticos (Capítulo 23).

longo da fita anti-senso. Depois da translocação, é adicionado um novo nucleotídeo.

Nos eucariotos, depois que a RNA polimerase II inicia a transcrição, um par de fatores reguladores negativos do alongamento (NELF e DSIF) prende a RNA polimerase na posição de início. Um complexo de RNA e proteína, chamado de P-TEFb, é uma quinase que fosforila essas duas moléculas inibitórias, liberando, assim, a RNA polimerase para continuar a síntese de RNA.

O vírus da estomatite vesicular (VSV) e o HIV produzem proteínas virais que estabilizam o complexo da RNA polimerase, seja diretamente ou recrutando fatores do hospedeiro. A proteína TAT (uma proteína reguladora transativadora) do HIV é uma das mais bem conhecidas dessas proteínas estabilizadoras. À interação com a RNA polimerase, a proteína TAT recruta rapidamente o complexo P-TEFb, acarretando a transcrição aumentada de toda a extensão do RNA viral, às custas dos RNA celulares.

O alongamento pode ser um processo rápido, ocorrendo à razão de ~40 nt por segundo. Para que o alongamento venha a ocorrer, o DNA dupla fita deve ser desenrolado continuamente, de modo que a fita molde esteja acessível à RNA polimerase. As DNA **topoisomerases** I e II, enzimas associadas ao complexo de transcrição, movem-se ao longo do molde juntamente com a RNA polimerase, separando as fitas de DNA de modo que elas fiquem acessíveis para a síntese de RNA.

Terminação

A terminação da transcrição é catalisada por múltiplos mecanismos tanto em procariotos como em eucariotos

À extremidade 3' de uma unidade de transcrição, as RNA polimerases terminam a síntese de RNA em locais definidos. Os mecanismos de término da transcrição são muito mais bem entendidos em procariotos do que em eucariotos. Nos procariotos, o término se dá por um de dois mecanismos bem caracterizados, que tornam necessária a formação de alças em grampo de cabelo na estrutura secundária do RNA. No término *rho* dependente, o transcrito de RNA codifica um local de ligação para uma helicase dependente de ATP, designada como *rho*, que desenrola do DNA o transcrito de RNA. Ela "persegue" a RNA polimerase, mas é mais lenta que essa enzima. Um sítio de terminação por *rho* próximo da extremidade da unidade de transcrição faz com que a RNA polimerase faça uma pausa, possibilitando que a proteína *rho* venha a alcançar e desenrolar o duplex RNA:DNA, deslocando a RNA polimerase do molde, e assim fazendo cessar a transcrição. No término **in**dependente de *rho*, uma alça em grampo de cabelo se forma imediatamente a montante de uma sequência de seis a oito resíduos de uridina (U) localizados próximos à extremidade 3' do transcrito. A formação dessa estrutura em forma de grampo de cabelo desprende a RNA polimerase do DNA molde, ocasionando o término da síntese de RNA.

Nos eucariotos as três RNA polimerases empregam mecanismos diferentes para terminar a transcrição. A RNA Pol I usa uma proteína específica, o fator de terminação 1 (TTF 1), que se liga a um sítio de terminação de 18 nt localizado a cerca de 1.000 nt a jusante da sequência de RNA. Quando a RNA Pol I encontra o TTF 1 ligado ao DNA, um fator de liberação libera a polimerase do gene do rRNA. A RNA Pol III usa um mecanismo que é semelhante ao término *rho* independente bacteriano; todavia, o comprimento do trecho de uridina (U) é menor, e não há necessidade de uma estrutura secundária de RNA para desprender a RNA Pol III. O mecanismo de terminação da RNA Pol II, que transcreve muitos dos genes eucarióticos, não é bem entendido, em parte porque os produtos da RNA Pol II são imediatamente processados pela remoção da extremidade 3' nascente e, imediatamente depois disso, pela adição de uma cauda de poliadenosina (poli[A]).

PROCESSAMENTO PÓS-TRANSCRICIONAL DE ÁCIDOS RIBONUCLEICOS

A estratégia de vida dos procariotos consiste em se replicar o mais rapidamente possível quando as condições sustentam o crescimento. Os eucariotos têm uma estratégia de vida mais controlada, que investe mais robustamente na regulação

QUADRO CLÍNICO
UM MICRÓBIO TEIMOSO

Um jovem trabalhador numa organização de caridade procurou sua clínica. Acabava de retornar de um período prolongado de trabalho fora do país. Ele se queixa de febre, perda de peso, fadiga e suores noturnos. Tem uma tosse produtiva. Ao narrar sua história médica, ele relatou que um médico local o tratou com rifampicina, um potente inibidor da RNA polimerase bacteriana, mas que sua condição não melhorou. De fato, ele se queixa de que a condição dele piorou. Ao exame físico, você observa que ele apresenta sons respiratórios anormais nos lobos superiores dos pulmões. Você suspeita de tuberculose, solicitando então um teste cutâneo de tuberculina e, como a cultura de micobactérias pode levar semanas, você solicita igualmente um teste da reação em cadeia da polimerase (PCR) (Capítulo 24) específico para a avaliação do DNA de *Mycobacterium tuberculosis*. Você interna o jovem em um quarto de isolamento. No dia seguinte, o teste com base na PCR retorna positivo para *M. tuberculosis* e, depois de 72 h, o teste cutâneo a tuberculina mostra uma enduração de 10 mm de diâmetro, indicando uma resposta bem forte. O paciente lhe pergunta por que os antibióticos não funcionaram.

Comentário

Os antibióticos funcionam tendo como alvo funções específicas na célula. A rifampicina é um potente inibidor de RNA polimerases procarióticas, porém não de RNA polimerases eucarióticas. Embora a rifampicina seja um dos antibióticos indicados para tuberculose, a condição do paciente se agravou, fazendo com que você suspeite que esse jovem pode ter uma forma de tuberculose resistente a antibióticos ou resistente a múltiplas drogas (MDR). Formas resistentes a antibióticos estão se mostrando progressivamente mais e mais comuns na tuberculose, assim como em muitas doenças bacterianas. Você solicita testes de crescimento do isolado micobacteriano para determinar se a cepa é de fato de tuberculose resistente a múltiplas drogas (MDR-TB) e inicia imediatamente no paciente um regime de múltiplas drogas visando combater a MDR-TB. Depois de duas semanas de administração diária, o paciente pode ser passado para a administração de duas a três vezes por semana. A coloração vital do escarro por diacetato de fluoresceína (FDA), que indica bacilos vivos após o tratamento antibiótico inicial, é recomendada para se confirmar a MDR-TB. O tratamento continuado da MDR-TB pode durar de 18 a 24 meses, devendo-se consultar um especialista em MDR-TB. Como muitos pacientes não completam o regime antibiótico integral, a recidiva da MDR-TB é alta, de 20% a 65%.

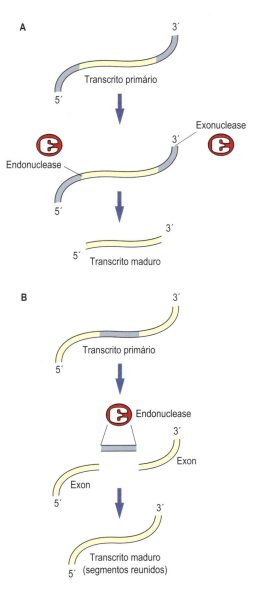

Fig. 21.6 **Processamento do RNA.** Há dois tipos gerais de eventos de processamento do RNA. O processamento de um transcrito de RNA pode envolver (A) a remoção de sequências em excesso pela ação de endonucleases e de exonucleases, tal como no processamento de genes de rRNA e de tRNA, ou (B) a remoção de sequências em excesso e a reunião dos segmentos do RNA recém-transcrito, tal como na junção de mRNAs.

aumentada para obter um crescimento estável, mas limita a reprodução rápida. Ambas as estratégias funcionam bem para cada tipo de organismo, conforme evidenciado pela rica diversidade da vida na Terra; por conseguinte, os mecanismos de síntese e de processamento do RNA evoluíram de modo a otimizar cada uma das estratégias de vida.

Pré-r-RNA e pré-t-RNA

Os rRNA e os tRNA são sintetizados como precursores de tamanho maior (pré-RNA), que são processados para produzir transcritos maduros (Fig. 21.6)

Nos procariotos um único transcrito de RNA 30-S (~ 6,5 kb) contém regiões anterior e posterior específicas localizadas nas extremidades 5′ e 3′ do transcrito, assim como uma cópia de cada um dos RNAs 23-S, 16-S e 5,8-S. Esse arranjo é claramente vantajoso para se manter a proporção de subunidades ribossômicas grandes para as pequenas. Os genes do rRNA incluem também alguns tRNAs que estão incrustados no transcrito de pré-rRNA. O transcrito de rRNA precisa ser processado para liberar os diversos RNAs funcionais.

Nos procariotos o processamento do pré-rRNA requer várias RNases. A ribonuclease III (RNase III) efetua a clivagem do pré-rRNA em regiões de hélice dupla que ocorrem em cada extremidade dos r-RNAs 16-S e 23-S. Sua clivagem libera os rRNAs do transcrito de pré-rRNA. Os rRNAs 16-S e 23-S são processados adicionalmente em suas extremidades 5' e 3'; esse corte exige a presença de proteínas ribossômicas específicas e ocorre durante a montagem dos ribossomos.

Em todos os eucariotos, de leveduras a mamíferos, os transcritos de pré-rRNA são processados de maneira semelhante ao processamento do pré-rRNA procariótico. Todos os transcritos de rRNA 45-S (~13,7 kb) incluem uma cópia única dos rRNAs 18-S, 5,8-S e 28-S (nos eucariotos o rRNA 5-S é codificado separadamente). O processamento do rRNA humano, porém, é mais complexo. O transcrito pré-rRNA sofre clivagem em 11 locais diferentes para gerar os rRNAs maduros 18-S, 5,8-S e 28-S. O processamento se dá num enorme complexo ribonucleoproteico designado como **processomo**. Além das modificações por clivagem, o rRNA humano maduro contém 115 modificações de grupo metil específicas (na maioria delas, o grupo metil não é adicionado à nucleobase, mas sim ao grupo ribosil-2'-hidroxila da cadeia, produzindo uma modificação 2'-O-metil) e 95 conversões específicas de uridina a pseudouridina (U-ψ). Essas modificações são introduzidas no pré-rRNA pela interação com pequenos complexos nucleolares individuais de RNA e proteína (**snoRNPs**, pronunciado como "snorps"). Cada uma dessas snoRNPs contém um único RNA guia (~60 a 300 nt de comprimento) e de uma a quatro moléculas de proteína. Cada snoRNP é específico de um único ou no máximo de alguns locais de modificação individuais. O componente **snoRNA** (pequeno RNA ribonuclear) dos snoRNPs contém motivos estruturais altamente conservados que pertencem a dois grupos, ou caixa C/D, ou a caixa H/ACA, essa última contendo duas alças em grampo de cabelo. Essas sequências dirigem a ligação de snoRNPs a locais nas moléculas de pré-rRNA por um trecho nucleotídeo complementar (~10 a 20 nucleotídeos). Isso posiciona corretamente uma metil transferase (caixa C/D) ou uma pseudouridina sintase (caixa H/ACA) ao longo do pré-rRNA para modificação. O processomo é uma estrutura complexa, contendo mais de 100 snoRNAs e mais de 100 proteínas individuais.

Além dos genes do rRNA, os tRNA também são sintetizados em forma de precursores. Até sete tRNA individuais podem ser sintetizados a partir de um único gene de pré-tRNA. O processamento dos tRNA a partir dos pré-tRNA requer RNase P, que efetua a clivagem de cada tRNA a partir do pré-tRNA por uma única clivagem em sua extremidade 5'. A RNase P é um complexo ribonucleoproteico contendo um RNA de 377 nucleotídeos e uma proteína de 20-kDa. A parte proteica não é necessária para a atividade enzimática (isto é, o RNA é catalítico por si só). Outra enzima, a RNase D, corta os nucleotídeos 3' extra dos pré-RNA, deixando o CCA invariante que é encontrado na extremidade 3' de todos os RNA. Alguns tRNAs também contêm íntrons em suas alças anticódon, que devem ser removidos durante o processamento.

QUADRO DE CONCEITOS AVANÇADOS
O MUNDO DO RNA E AS RIBOZIMAS

Os organismos primordiais apareceram na Terra cerca de 3,5 bilhões de anos atrás. Os mecanismos que descrevem essa transição da ausência de vida à vida não foram estabelecidos. O dogma central da biologia molecular afirma que "o DNA faz RNA, faz proteínas." Nas últimas décadas, porém, surgiu uma ideia nova que sugere que o DNA pode não ter sido o ácido nucleico original. Em vez disso, acredita-se que os RNAs tenham sido os primeiros biopolímeros catalíticos a se formarem na Terra. Há várias linhas de evidência que apoiam essa hipótese. Em primeiro lugar, há a descoberta de RNAs que fazem *splicing* em si mesmos — ou seja, a autorremoção de íntrons de pré-mRNA por atividade enzimática endógena. Segundo, o ribossomo é um grande complexo molecular de RNA e proteínas; no entanto, tanto análises estruturais quanto bioquímicas dos ribossomos revelam que o mecanismo da síntese de proteínas é catalisado pelo rRNA e não pelas proteínas ribossômicas. Assim, as primeiras formas de vida podem ter usado RNA tanto para armazenar informações genéticas quanto para catalisar processos bioquímicos, antes mesmo do desenvolvimento das proteínas. Em seguida, bem ao início da história da vida, uma ribozima que podia copiar ou replicar fitas de armazenamento do RNA evoluiu. Posteriormente, um sistema mais estável de armazenamento de informações (DNA) e melhores estruturas catalíticas (proteínas) evoluíram, de forma a produzir nossa atual estratégia de vida.

Ribozimas

Em alguns casos, os RNAs têm uma atividade catalítica semelhante aos tipos de atividades atribuídas anteriormente apenas a proteínas (isto é, atividade de ribonuclease). Esses RNA catalíticos incomuns são designados como ribozimas. A especificidade de substrato de uma ribozima é determinada pelo pareamento de bases de nucleotídeos entre sequências complementares contidas na enzima e no substrato cuja clivagem ela efetua. Assim como as enzimas proteináceas, a ribozima é um catalisador que efetua a clivagem de seu substrato (RNA) num local específico e o libera então, sem que ela própria seja consumida no processo. Alguns vírus de RNA e algumas partículas semelhantes a vírus, como o agente delta do vírus da hepatite (HVD), utilizam um ciclo de replicação por círculo rolante que requer ribozimas para efetuar a clivagem de RNAs virais do produto pré-RNA.

Como já foram identificadas as sequências necessárias para a atividade da ribozima, foram elaboradas ribozimas que vão efetuar a clivagem de RNAs alelo-específicos. As ribozimas recombinantes estão sendo consideradas como possíveis compostos terapêuticos para doenças como a distrofia muscular, a doença de Alzheimer, a doença de Huntington e a doença de Parkinson, as quais são causadas pela expressão inadequada de RNAs mutados. Embora os estudos em seres humanos ainda estejam num estágio experimental, ratos tratados por ribozimas específicas para o gene de aldeído desidrogenase mitocondrial (*ALDH2*) apresentam uma redução no consumo voluntário de álcool.

Processamento do pré-mRNA

Os procariotos sintetizam rapidamente seus mRNA e, em geral, não os processam nem os modificam; tanto as extremidades 5' como as 3' dos mRNA procarióticos são nuas e desprotegidas. Em consequência disso, até mesmo mRNAs recém-sintetizados são rapidamente degradados por RNases celulares normais. Este não é um problema para organismos de crescimento rápido (bactérias), porque eles alteram rapidamente a razão de síntese de RNA para a produção de proteínas. Depois que suas necessidades imediatas são satisfeitas, eles degradam subsequentemente seus mRNAs e reutilizam os ribonucleotídeos para a síntese de outros mRNAs. A meia-vida típica de um mRNA procariótico é de aproximadamente 3 min. Os eucariotos, por outro lado, tomam precauções especiais para manter estáveis seus mRNA para uso continuado. A meia-vida dos mRNAs em eucariotos varia de alguns minutos para alguns fatores de transcrição altamente regulados até 30 h para alguns transcritos de vida mais longa.

Os mRNA eucarióticos têm meia-vida mais longa que os mRNA procarióticos devido a modificações protetoras em suas extremidades 5' e 3'

Os eucariotos desenvolveram métodos para proteger cada uma das extremidades de seus mRNA. Na extremidade 5' é adicionada uma estrutura singular designada como *cap 5'*. Essa capa consiste em um resíduo **7-metilguanina** que é fixado em *orientação reversa* em relação ao primeiro nucleotídeo do mRNA — ou seja, por uma ligação trifosfato 5' a 5'. Como a enzima que capeia o mRNA também interage com a RNA Pol II, a adição do *cap* ao mRNA recém-formado se dá logo depois do início da síntese do mRNA. A maioria das exo-RNases celulares não têm capacidade de hidrolisar esse capuz do mRNA, de modo que a extremidade 5' está protegida da atividade da exo-5'-RNase. Na extremidade 3' de praticamente todos os mRNA eucarióticos (com exceção dos mRNAs de histonas), um rastro de poliadenosina (a **cauda de poli[A]**) é adicionado logo que termina a síntese do mRNA. Os resíduos de adenosina não são codificados pelo DNA; em vez disso, eles são adicionados pela ação da poli(A) polimerase utilizando ATP como substrato. Essa cauda de poli(A) tem frequentemente mais de 250 nucleotídeos de comprimento. Embora ela ainda seja suscetível à ação de exo-3'-RNases, a presença da cauda poli(A) reduz significativamente a reciclagem do mRNA, aumentando, assim, seu tempo de vida. A presença da cauda poli(A) foi utilizada historicamente para se isolar mRNA de células eucarióticas por cromatografia por afinidade.

O spliceossomo une exons do pré-mRNA e forma um mRNA maduro

No processamento pós-transcricional mais complicado dos mRNAs eucarióticos, sequências denominadas **íntrons** (sequências intervenientes) são removidas do transcrito primário, pré-RNA, o componente principal do RNA nuclear heterogêneo (hnRNA). Os demais segmentos, designados como **éxons** (sequências expressas) são ligados para formar um mRNA funcional. Esse processo envolve um grande complexo de proteínas e de RNAs auxiliares designados como pequenos RNA nucleares (snRNAs), que interagem para formar um **spliceossomo**. A função dos cinco snRNAs (U1, U2, U4, U5, U6) no spliceossomo é ajudar a posicionar grupos reativos na molécula de mRNA substrato, de modo que os íntrons possam ser removidos e os éxons apropriados podem ser unidos por *splicing* (Tabela 21.1). Os snRNAs executam essa tarefa por pareamento de bases com locais do mRNA que constituem limites íntron/éxon.

Tabela 21.3 A função dos pequenos RNAs nucleares (snRNA) no *splicing* dos mRNAs

snRNA	Tamanho	Função
U1	165 nt	Liga-se ao limite íntron/éxon 5'
U2	185 nt	Liga-se ao local de ramificação do íntron
U4	145 nt	Ajuda a montar o spliceossomo
U5	116 nt	Liga-se ao limite éxon/íntron 3'
U6	106 nt	Desloca U1 após o primeiro rearranjo

A remoção de um intron e a junção de dois éxons podem ser consideradas como ocorrendo em três etapas (Fig. 21.7). A primeira etapa envolve a ligação do snRNA U1 ao limite éxon/íntron na extremidade 5' do intron, juntamente com a ligação do snRNA U2 a um nucleotídeo alvo de adenosina, encontrado geralmente a cerca de 30 nt a montante da extremidade 3' do íntron. Após a ligação do complexo snRNP U4/U5/U6 (pronunciado "snurp") imediatamente a montante do sítio de junção 5', o íntron faz um laço sobre si mesmo, posicionando as extremidades dos íntrons na posição correta. Nesse processo o snRNP U6 desliga o snRNP U1 do mRNA. Subsequentemente uma reação de transesterificação entre a hidroxila 2' da adenosina alvo e a ligação fosfodiéster do resíduo de guanosina 5' do íntron quebra o sítio de *splicing* a montante e forma uma estrutura de cadeia ramificada em que a adenosina alvo tem grupos fosfato 2'-, 3'- e 5'-. A estrutura circular do íntron tem aparência semelhante ao **laço** de um caubói. Após um rearranjo físico subsequente que libera a snRNP U4, uma segunda reação de transesterificação liga a extremidade 3' do éxon 1 à extremidade 5' do éxon 2. O spliceossomo se desmonta então, liberando a estrutura do laço, que é degradada, e o mRNA maduro está pronto para processamentos adicionais.

A junção alternativa produz múltiplos mRNA a partir de um único transcrito de pré-mRNA

Muitos mRNAs eucarióticos consistem em múltiplos introns e múltiplos exons. Se a junção fosse consistente, somente um único mRNA maduro ocorreria em consequência dos pré-mRNAs. Muitos genes eucarióticos, porém, passam por um processo designado como **junção alternativa**, em que diferentes regiões do mRNA são removidas do pré-mRNA, acarretando múltiplos mRNA maduros com sequências diferentes. Quando esses diferentes mRNAs são traduzidos, são produzidas múltiplas isoformas de proteínas. Em seres humanos, quase 60% dos pré-mRNAs dão origem a múltiplos mRNAs maduros após junções alternativas. Cerca de 80% desses mRNAs submetidos a junções alternativas ocasionam alterações nas proteínas codificadas. A junção alternativa pode acarretar a inserção ou a deleção de aminoácidos na sequência da proteína, alterações nas estruturas de leitura ou até mesmo a introdução de novos códons de término. Essas junções alternativas podem igualmente adicionar ou remover sequências de mRNA que podem alterar elementos reguladores e afetar a tradução, a estabilidade do mRNA ou sua localização subcelular.

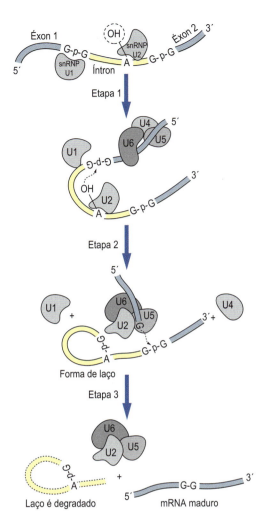

Fig. 21.7 **Splicing de RNA.** O *splicing* do RNA é um processo em múltiplas etapas catalisado por complexos ribonucleoproteicos, "simplificados" nesse diagrama. Numa reação de transesterificação, a ligação fosfato de um resíduo de guanosina no limite íntron/éxon 5' é rompida e unida à OH-2' de um resíduo de adenosina localizado no meio do íntron. Numa etapa posterior, a ligação fosfato do limite íntron/éxon 3' é primeiramente submetida à clivagem e em seguida os dois éxons são reunidos pela nova formação de uma ligação fosfodiéster entre os nucleotídeos em qualquer uma das extremidades dos exons. O íntron é eliminado na forma de uma estrutura em laço, com a formação de um ciclo através de um resíduo adenosina 2',3',5'-fosforilado. N, qualquer nucleotídeo.

Os editossomos modificam a sequência de nucleotídeos de mRNAs maduros

Finalmente, em alguns casos os mRNAs são modificados pós-transcricionalmente por um grande complexo multiproteico denominado **editossomo**. Estão envolvidos aí vários mecanismos diferentes de edição. Esses mecanismos incluem modificações específicas de C para U, catalisadas pela citosina deaminase, ou modificações de A para I catalisadas por adenosina deaminases; até mesmo a deleção de resíduos U singulares ou múltiplos para alterar a sequência de nucleotídeos do mRNA, com frequência na região não traduzida 3' do mRNA. Essas alterações acarretam deslocamentos de quadro de leitura e mudanças de códons, que produzem sequências de aminoácidos diferentes na proteína e podem causar alterações também em níveis de expressão do mRNA.

Os snoRNAs que agem em modificações do rRNA e do tRNA também operam no processo de edição de mRNA. Os snoRNAs se ligam a locais de edição nos mRNA e posicionam o editossomo com atividade de citosina deaminase ou de adenosina deaminase na posição correta para completar a modificação.

DEGRADAÇÃO OU INATIVAÇÃO SELETIVA DO MRNA

Micro-RNAs, siRNA, RNAi e RISC

Apenas 3% do genoma humano codifica éxons de mRNA — e, portanto, proteínas —, mas a transcrição ocorre em quase 80% do genoma. Então, o que é essa grande quantidade de RNAs não codificadores transcritos no interior da célula e o que eles fazem? O DNA de origem desses RNA não codificadores foi designado originalmente como "lixo de DNA," mas estudos mais recentes sugeriram que essas sequências têm funções significativas em regular a expressão de mRNA celulares normais.

Uma das classes mais específicas de RNA consiste em um grupo de RNAs singularmente pequenos que se ligam a genes normais e afetam sua expressão em células. Esses RNA se distribuem por duas grandes categorias: miRNA e siRNA. Os

QUADRO DE CONCEITOS AVANÇADOS
IMPRINTING GENÔMICO

Os snoRNAs também atuam no *imprinting* genômico. O *imprinting* genômico é um processo epigenético que ocasiona a expressão diferencial de genes maternos e paternos num embrião em desenvolvimento. Esse processo ocorre tanto em mamíferos como em plantas, porque ambos esses grupos de organismos têm em comum conexões placentárias com seus filhos. Genes específicos são metilados durante a meiose e assim inativados. Essa metilação ocorre de maneira diferencial no desenvolvimento de oócitos e de espermatócitos, inativando, assim, de maneira específica os alelos maternos ou paternos durante o desenvolvimento embrionário. O *imprinting* genômico pode afetar alguns riscos de saúde em seres humanos, incluindo a suscetibilidade à asma, ao câncer, ao diabetes, à obesidade e a transtornos neurocomportamentais, como as síndromes de Angelman e de Prader-Willi. Essas síndromes são causadas pela deleção do mesmo domínio de 2,0 Mb (15q11-q13) do cromossomo 15 que contém um agrupamento de genes que sofreram *imprinting*. Esses transtornos são distintos porque a região deletada contém genes tanto de impressão paterna quanto de impressão materna. Esses genes incluem as proteínas de expressão paterna (NDN, MKRN3, MAGEL2, SNURF-SNRPN), assim como snoRNA da caixa C/D e um único gene de expressão materna, ubiquitina ligase (*UBE3A*). A transmissão hereditária da deleção dessa região de *imprinting* do pai ou da mãe acarreta a síndrome de Angelman ou a síndrome de Prader-Willi. O *imprinting* ocorre reconhecidamente em pelo menos 83 genes em seres humanos e em mais de 1.300 genes em camundongos.

micro-RNAs (miRNA) são RNAs não codificadores que foram preditos de regular grandes frações (até 30%) de todos os genes codificadores de proteínas tanto em plantas como em animais. Essa regulação dos genes por miRNA permite que a célula efetue a sintonia fina do nível de expressão de genes nela própria. Os pequenos RNAs de interferência (siRNA) derivam de RNA de fita dupla (dsRNA); eles operam de maneira semelhante aos mi-RNAs efetuando atenuação da expressão de genes.

miRNAs

Transcritos primários de mi-RNA, os pri-miRNAs, são transcritos pela RNA Pol II a partir de partes não codificadoras do genoma. Os genes primários-miRNA incluem duplicações invertidas naturais que, ao serem transcritas, são capazes de formar múltiplas dobras em grampo de cabelo nativas nos pri-miRNA (Fig. 21.8). Essas dobras podem abranger miRNA semelhantes ou diferentes. Os miRNA autênticos são excisados dos pri-miRNA por um par de proteínas tipo RNase III. A primeira dessas proteínas, designada como **Drosha**, tem localização nuclear e efetua a clivagem dos pri-miRNAs a pré-miRNAs individuais. Subsequentemente, após o transporte dependente de GTP a partir do núcleo, o pré-miRNA interage no citoplasma com a segunda proteína RNase III, Dicer. A proteína **Dicer** efetua a clivagem do pré-miRNA a fragmentos muito pequenos (de 21 a 25 nt) com extremidades 3′ pendentes. O processamento adicional por fosforilação acarreta um duplex de mi-RNA de fita dupla. Esse duplex fosforilado é desenrolado, produzindo uma "fita guia" que é fixada pela proteína **Argonauta** (AGO) e uma "fita passageira," que é degradada. A proteína Argonauta (juntamente com a fita guia a ela ligada) é carregada em seguida num complexo multiproteico designado como **complexo de silenciamento induzido pelo RNA** ou **RISC**. O complexo RISC/fita guia age então como um cofator que tem como alvo o RNA e que lê os mRNAs celulares em busca de sequências complementares. Depois que uma sequência complementar é identificada e ligada pelo complexo RISC/fita guia, a proteína Argonauta ativa e cliva o mRNA alvo, ocasionando a atenuação da expressão do gene.

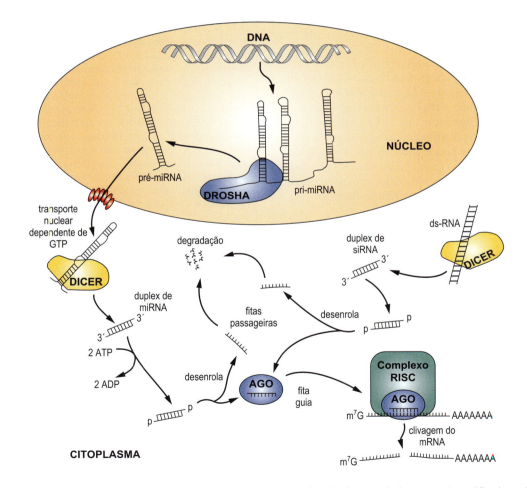

Fig. 21.8 **Síntese e ação de miRNAs e de siRNAs.** No núcleo, os pri-miRNAs são sintetizados a partir de partes não codificadoras dos genomas. Os pri-miRNAs são reconhecidos por uma RNase, Drosha, para efetuar a clivagem dos miRNAs primários a pré-miRNAs. Após a exportação do núcleo para o citoplasma, uma segunda RNase, Dicer, efetua a clivagem dos pequenos fragmentos de fita dupla (21-25 nt) do pré-miRNA. Depois da fosforilação, o duplex de miRNA é desenrolado, e a fita guia é ligada à proteína Argonauta (AGO). O complexo Argonauta/guia é carregado então no complexo de silenciamento induzido pelo RNA (RISC). Esse complexo analisa os mRNAs celulares à procura de sequências complementares à fita guia. Quaisquer mRNAs reconhecidos ativam a Argonauta, que efetua a clivagem daqueles mRNAs reconhecidos, atenuando a expressão do gene. Os siRNAs são processados de maneira semelhante, porém a partir de RNA de fita dupla encontrados no citoplasma e derivados originalmente de RNAs virais.

O genoma humano pode conter mais de 900 sequências de miRNA. Algumas delas têm como alvo muitos genes celulares diferentes (talvez até 200 genes) e podem, em consequência disso, afetar centenas ou milhares de mRNA diferentes. As sequências de alguns genes incluem múltiplos locais alvo de miRNA e são reguladas, portanto, por múltiplos miRNA, sugerindo complexas redes reguladoras coordenando a expressão de genes. Os miRNA regulam processos metabólicos como a diferenciação dos adipócitos e a produção de insulina, que estão envolvidos no desenvolvimento da obesidade e da diabete.

si-RNAs

Os pequenos RNAs de interferência (siRNA) fazem parte da imunidade celular inata de células que têm especificamente como alvo sequências de RNA para degradação rápida. Esse processo é designado como interferência do RNA (RNAi) ou silenciamento de genes pós-transcricional (PTGS). Os siRNAs derivam de RNAs duplex introduzidos na célula por uma infecção viral e não pelo genoma celular. Eles evoluíram supostamente como defesa em relação a formas de vírus RNA de fita dupla, mas também operam como um mecanismo endógeno para a regulação de genes durante o desenvolvimento dos eucariotos.

Esse processo tem início quando o RNA duplex é reconhecido dentro das células pela proteína Dicer. Como foi dito anteriormente, Dicer produz curtos fragmentos de RNA duplex semelhantes ao miRNA duplex. Depois de ser desenrolada, a fita guia do siRNA duplex se liga à proteína Argonauta e funciona degradando as formas replicativas de muitos vírus de RNA. Esse processo tem sido amplamente utilizado por pesquisadores para atenuar a expressão de genes para estudos funcionais sobre inúmeros genes de interesse, bem como para opções terapêuticas (ver Quadro de Conceitos Avançados).

O interferon ativa outras vias que inibem a proliferação de vírus de RNA

Os vírus de RNA acarretam um grande desafio para as células eucarióticas. Eles formam geralmente um intermediário replicativo de fita dupla (ds) durante seu ciclo vital, e essa estrutura singular não é encontrada em células eucarióticas. Além do reconhecimento por Drosha e por siRNA, ela pode ser reconhecida por outras proteínas de ligação de ds-RNA e vai desencadear subsequentemente respostas que visam limitar infecções virais. Um desses mecanismos envolve a **proteína quinase R (PKR) ativada por ds-RNA**. Quando ativada pela ligação de dsRNA, a PKR pode fosforilar e desativar o fator de tradução de proteínas, eIF2α, atenuando, assim, a tradução na presença de dsRNA na célula. De modo parecido, quando ativada por dsRNA, a enzima 2′-5′-oligoadenilato sintase polimeriza o ATP em uma série de nucleotídeos curtos (**2′-5′-oligoadenilato, [2-5A]** — diferente da estrutura 5′-3′ encontrada no RNA normal). A forma mais ativa é um trímero, pppA-2′-p-5′-A-2′-p-5′-A. O acúmulo de oligonucleotídeos 2-5 A inibe a tradução de proteínas virais (e do hospedeiro) por ativar uma endorribonuclease (RNase L) que degrada de maneira indiscriminada tanto mRNAs como rRNAs na célula. Ambos os genes, da PKR e da 2-5 A sintase, são induzidos pelo interferon, que é ele próprio suprarregulado por infecções

QUADRO DE CONCEITOS AVANÇADOS
RNAI COMO UMA OPÇÃO TERAPÊUTICA

A degeneração macular relacionada à idade (AMD) é a principal causa de cegueira em idosos nos países desenvolvidos. A AMD decorre de uma atrofia da mácula na retina. A consequência da atrofia é uma perda da visão central, que pode levar à incapacidade de ler ou até mesmo de reconhecer rostos de entes queridos. O tipo mais grave de AMD (a forma úmida) causa perda de visão devido ao crescimento excessivo de vasos sanguíneos (neovascularização) nos coriocapilares da retina, o que leva ao vazamento de sangue e de proteínas por sob a mácula quando não tratado. Isso acaba por produzir a formação de cicatrizes e danos irreversíveis aos fotorreceptores.

Um dos mecanismos que causa neovascularização é a expressão aberrante do fator de crescimento do endotélio vascular (VEGF) proangiogênico na retina, que acarreta o crescimento de vasos sanguíneos. Uma abordagem ao tratamento da AMD envolve a injeção de anticorpos anti-VEGF (ranibizumab [Lucentis®] ou bevacizumab [Avastin®]) diretamente no humor vítreo do olho. Esses anticorpos se ligam ao VEGF e o desativam, reduzindo, assim, a angiogênese e prolongando a visão. Estudos recentes utilizando tecnologias de liberação prolongada de drogas (nanoestruturas poliméricas) sugeriram que dispositivos de liberação de drogas podem ser implantados no humor vítreo e proporcionar a liberação duradoura dos princípios ativos por até 12 meses.

A capacidade de uma célula em subregular mRNAs específicos, acoplada à área de tratamento localizada proporcionada pelo humor vítreo, faz do gene do VEGF um candidato ideal à subregulação mediada por RNAi. Pequenas moléculas de RNA complementares ao mRNA do VEGF são injetadas no humor vítreo. Ao serem captadas pela célula, essas moléculas atuam como siRNA, causando a degradação do mRNA do VEGF e diminuindo a biossíntese do VEGF. Estão bem adiantados outros estudos com siRNA. Estavam em andamento em 2016 pelo menos 29 ensaios clínicos diferentes de candidatos a droga de RNAi, contra 27 alvos de muitas doenças diferentes.

virais. Isso acarreta um mecanismo de amplificação eficiente, levando à morte celular programada **(apoptose)** e limitando o crescimento e a disseminação do vírus.

RESUMO

Os principais produtos de transcrição são os rRNAs, tRNAs e mRNAs. Esses RNAs executam funções específicas numa célula: os mRNA transportam informações genéticas do DNA nuclear para os ribossomos para a síntese de proteínas; os rRNA interagem com proteínas e formam ribossomos, o maquinário celular em que ocorre a síntese de proteínas; e os tRNA funcionam como transportadores de aminoácidos que conectam (traduzem) a informação armazenada na sequência de nucleotídeos do mRNA à sequência de aminoácidos de proteínas.

- Em células eucarióticas, cada uma dessas classes de RNA é produzida por uma RNA polimerase diferente e específica (RNA Pol I, II ou III), enquanto em células

QUESTÕES PARA APRENDIZAGEM

1. Quais antibióticos comumente utilizados são dirigidos à inibição de RNA polimerases bacterianas, mas não afetam o complexo dos mamíferos? Por que esses fármacos têm eficácia menor contra infecções por fungos?
2. Rever a patogênese do lúpus eritematoso sistêmico (SLE), uma doença autoimune em que anticorpos a partículas de ribonucleoproteínas foram implicadas no desenvolvimento da inflamação crônica. O quadro clínico inicial do SLE inclui tumefação das articulações; febre > 38°C, queda de cabelo, úlceras no nariz ou na boca e erupção cutânea após a exposição ao sol. Explicar como cada um desses sintomas pode ocorrer em consequência da patogênese do SLE.
3. Rever a patogênese da hemoglobina E/β-talassemia. Reconhecer como a mutação num único ponto da Hb-E no códon 26 (β26, GAG → AAG) pode acarretar o acúmulo do transcrito de hemoglobina E, ocasionando a β-talassemia.

bacterianas uma única RNA polimerase sintetiza todas as três classes de RNA.

- As estruturas básicas dos rRNA e dos tRNA de células eucarióticas e de células bacterianas são semelhantes. Entretanto, os mRNA de células eucarióticas têm um *cap* 5'-(m'Gppp) e uma cauda 3'-poli(A). Os transcritos de mRNA procarióticos não apresentam essas modificações em suas extremidades 5' e 3' e podem ser policistrônicos.
- @2Muitos dos mRNA eucarióticos, ainda que não todos eles, são submetidos a um processo designado como splicing para serem funcionais, enquanto que os mRNA procarióticos são funcionais assim que são sintetizados. O splicing envolve a remoção de sequências denominadas íntrons e a reunião das sequências expressas, denominadas éxons, para a formação de um mRNA funcional maduro.
- O processo de transcrição consiste em três partes: iniciação, alongamento e terminação. A iniciação envolve o reconhecimento e a ligação de sequências promotoras de RNA polimerase e dos cofatores de transcrição associados. O alongamento envolve a seleção do nucleotídeo apropriado e a formação de pontes fosfodiéster entre cada nucleotídeo na molécula do RNA. Finalmente, a terminação envolve a dissociação da RNA polimerase do DNA molde. Isso é mediado pela estrutura secundária do RNA ou por fatores proteicos específicos.
- Pequenas moléculas de RNA, os miRNA, dirigem a clivagem específica de miRNA, atenuando a expressão de genes ou de redes de genes.

LEITURAS SUGERIDAS

Baralle, D., & Buratti, E. (2017). RNA splicing in human disease and in the clinic. *Clinical Science, 131*, 355-368.

Bobbin, M. L., & Rossi, J. J. (2016). RNA Interference (RNAi)-based therapeutics: Delivering on the promise? *Annual Review of Pharmacology and Toxicology, 56*, 103-122.

Chapman, C. G., & Pekow, J. (2015). The emerging role of miRNAs in inflammatory bowel disease: A review. *Therapeutic Advances in Gastroenterology, 8*, 4-22.

Li, Y., Sun, N., Lu, Z., et al. (2017). Prognostic alternative mRNA splicing signatures in non-small cell lung cancer. *Cancer Letters, 393*, 40-51.

Li, X. (2014). miR-375, a microRNA related to diabetes. *Gene, 533*, 1-4.

Mouillet, J. -F., Ouyang, Y., Coyne, C. B., et al. (2015). MicroRNAs in placental health and disease. *American Journal of Obstetrics and Gynecology, 213*(Suppl. 4), S163-S172.

Posthuma, C. C., Te Welthuis, A. J., & Snijder, E. J. (2017). Nidovirus RNA polymerases: Complex enzymes handling exceptional RNA genomes. *Virus Research, 234*, 58-73.

Smith, A., & Hung, D. (2017). The dilemma of diagnostic testing for Prader-Willi syndrome. *Translational Pediatrics, 6*, 46-56.

Wen, M. M. (2016). Getting miRNA therapeutics into the target cells for neurodegenerative diseases: A mini-review. *Frontiers in Molecular Neuroscience, 9*, 129.

Xu, Y., & Vakocm, C. R. (2017). Targeting cancer cells with BET bromodomain inhibitors. *Cold Spring Harbor Perspectives in Medicine, 7*(7), doi:10.1101/cshperspect.a026674..

SITES

RNA polimerase
  http://www.rcsb.org/pdb/101/motm.do?momID=40.
  http://www.ncbi.nlm.nih.gov/books/NBK22085/.
Spliceossomo e *splicing* alternativo
  http://www.eurasnet.info/alternative-splicing/what-is-alternative-splicing/AS.
Micro-RNA e RNAi
  http://www.sigmaaldrich.com/life-science/functional-genomics-and-rnai/mirna/learning-center/mirna-introduction.html.
  http://www.youtube.com/watch?v=cK-OGB1_ELE.
  Anon,inpress http://www.youtube.com/watch?v=5YsTW5i0Xro.
  https://www.ibiology.org/genetics-and-gene-regulation/introduction-to-micrornas/.
  http://www.youtube.com/watch?v=IOmHDBX4jQk.
Degeneração macular
  http://www.macular.org/what-macular-degeneration.
  https://nei.nih.gov/health/maculardegen/armd_facts.
O mundo de RNA
  https://www.ibiology.org/evolution/origin-of-life/.

ABREVIATURAS

dsRNA	RNA de fita dupla
hnRNA	RNA nuclear heterogêneo
kb	Quilobase
MDR	Resistência a múltiplas drogas
mRNA	Ácido ribonucleico mensageiro
miRNA	Micro-RNA
nt	Nucleotídeo (como medida de tamanho/comprimento de um ácido nucleico)
RISC	Complexo de silenciamento induzido por RNA
RNA	Pol RNA polimerase
rRNA	RNA ribossomal
siRNA	RNA pequeno de interferência
snoRNA	RNA pequeno ribonuclear
snoRNP	Pequenos complexos de proteína ribonuclear
tRNA	RNA de transferência
UAS	Sequência de ativação *upstream*
UTR	Região não traduzida

CAPÍTULO 22

Síntese e Renovação das Proteínas

Edel M. Hyland e Jeffrey R. Patton

OBJETIVOS

Após concluir este capítulo, o leitor estará apto a:

■ Descrever de que maneira os diversos RNA envolvidos na síntese de proteínas interagem produzindo um polipeptídeo.

■ Delinear a estrutura e a redundância do código genético.

■ Explicar como as proteínas são direcionadas a organelas subcelulares específicas.

■ Descrever as principais etapas na síntese e na degradação de uma proteína citosólica.

INTRODUÇÃO

A tradução constitui o processo pelo qual as informações codificadas num mRNA são traduzidas à estrutura primária de uma proteína

A síntese de proteínas ou tradução representa o ápice da transferência de informações genéticas, armazenadas como bases de nucleotídeos no ácido desoxirribonucleico (DNA), para moléculas de proteínas que são os mais importantes componentes estruturais e funcionais das células vivas. É durante a tradução que essas informações, expressas como uma sequência de nucleotídeos específica na molécula de um ácido ribonucleico mensageiro (mRNA), são utilizadas para dirigir a síntese de uma proteína. A proteína então dobra-se numa estrutura tridimensional que é definida, em grande parte, por sua sequência de aminoácidos. Para a tradução de um mRNA a proteína, há necessidade de três componentes RNA principais:

■ Ribossomos, contendo RNA ribossomal (rRNA)
■ RNA mensageiro (mRNA)
■ RNA de transferência (tRNA)

Constituído tanto de rRNA como de numerosas proteínas, o ribossomo é a máquina macromolecular em que ocorre a síntese de todas as proteínas. As informações necessárias para dirigir a síntese da sequência básica da proteína estão contidas no mRNA. Os aminoácidos que vão ser incorporados à proteína são ligados enzimaticamente a tRNA específicos por um processo denominado carregamento. O ribossomo facilita a interação entre o mRNA e as moléculas do tRNA carregadas, de modo que o aminoácido correto seja incorporado à cadeia polipeptídica em crescimento. A tradução do mRNA começa nas proximidades da extremidade 5′ do modelo e se move em direção à extremidade

3′, sendo as proteínas sintetizadas a partir de suas extremidades aminoterminais. Por conseguinte, a extremidade 5′ do RNA codifica a extremidade aminoterminal da proteína, e a extremidade 3′ do RNA codifica a extremidade carboxiterminal da proteína.

Este capítulo se inicia por uma introdução ao código genético e aos componentes necessários para a síntese de proteínas. Isso é seguido pela apresentação da estrutura e da função do ribossomo, detalhando o processo de tradução pelo delineamento de iniciação, alongamento e terminação da síntese de proteínas e do mecanismo pelo qual as proteínas são direcionadas a locais específicos da célula. Depois de tratar das modificações pós-traducionais das proteínas, o capítulo termina por uma descrição do papel de um segundo complexo macromolecular, o **proteassomo**, no controle de qualidade e na renovação das proteínas.

O CÓDIGO GENÉTICO

O código genético é degenerado e não plenamente universal

O mRNA molde para a tradução é constituído de apenas quatro nucleotídeos – adenosina, A; citidina, C; guanosina, G; e uridina, U – mas vai codificar uma proteína contendo até 20 aminoácidos diferentes. Assim sendo, não há uma correspondência um a um entre nucleotídeos e a sequência de aminoácidos; em vez disso, uma série de três nucleotídeos no mRNA, conhecida como um **códon**, é necessária para especificar cada um dos aminoácidos. Levando-se em conta todas as combinações de quatro nucleotídeos, três de cada vez, são formados 64 possíveis códons (Tabela 22.1). Três desses códons (UAA, UAG, UGA) são **códons de parada**, utilizados para sinalizar o término da síntese de proteínas; eles não especificam um aminoácido. Os 61 códons restantes especificam os 20 aminoácidos, o que mostra que o código genético é **degenerado**, significando que mais de um códon pode especificar um aminoácido específico. Como exemplo, os códons GUU, GUC, GUA e GUG codificam todos eles o aminoácido valina. De fato, todos os aminoácidos, com exceção de metionina (AUG) e de triptofano (UGG), têm mais de um códon. O códon AUG, que especifica a metionina, a codifica em qualquer ponto do RNA em que aparecer, mas também tem uma função específica na definição do ponto de início da síntese de proteínas na maioria dos mRNA (ver a discussão subsequente para as poucas exceções).

O código genético, conforme especificado pela trinca de nucleotídeos, é em sua maior parte o mesmo para todos os organismos e é designado como "universal." Entretanto, há exceções notáveis. Nas bactérias, por exemplo, tanto GUG como UUG

Tabela 22.1 O código genético

Primeira posição	Segunda posição				Terceira posição
	G	A	C	U	
G	Gly	Glu	Ala	Val	G
	Gly	Glu	Ala	Val	A
	Gly	Asp	Ala	Val	C
	Gly	Asp	Ala	Val	U
A	Arg	Lys	Thr	Met	G
	Arg	Lys	Thr	Ile	A
	Ser	Asn	Thr	Ile	C
	Ser	Asn	Thr	Ile	U
C	Arg	Gln	Pro	Leu	G
	Arg	Gln	Pro	Leu	A
	Arg	His	Pro	Leu	C
	Arg	His	Pro	Leu	U
U	Trp	Parada	Ser	Leu	G
	Parada	Parada	Ser	Leu	A
	Cys	Tyr	Ser	Phe	C
	Cys	Tyr	Ser	Phe	U

O código genético é degenerado, o que quer dizer que mais de um códon pode codificar um determinado aminoácido e, em muitos casos, a mudança do nucleotídeo na terceira posição não altera o aminoácido codificado. Para se encontrar a(s) sequência(s) de códons que codificam um aminoácido específico, encontra-se o aminoácido na tabela e se combina a sequência de nucleotídeos de cada posição. Como exemplo, a metionina (Met) é codificada pela sequência AUG. Reverte-se esse processo para se encontrar o aminoácido que corresponde a uma sequência de códon.

Tabela 22.2 Efeito de mutações sobre a síntese de proteínas

Descrição da alteração na sequência do gene	Sequência do mRNA	Sequência da proteína	Resultado da alteração
Gene normal	AUG GGG AAU CUA UCA CCU GAU C...	Met-Gly-Asn-Leu-Ser-Pro-Asp-...	Proteína normal
Inserção de um C	AUG GGC GAA UCU AUC ACC UGA UC...	Met-Gly-Glu-Ser-Ile-Thr-Parada	Mutação da fase de leitura, levando a uma parada prematura
Deleção de um A	AUG GGG AAU CUA UCC CUG AUC-...	Met-Gly-Asn-Leu-Ser-Leu-Ile-...	Mutação da fase de leitura, levando a uma sequência diferente
Substituição de UC por CG	AUG GGG AAU CUA CGA CCU GAU C...	Met-Gly-Asn-Leu-Arg-Pro-Asp-...	Substituição de um único aminoácido
Substituição de A por G	AUG GGG AAU CUG UCA CCU GAU C...	Met-Gly-Asn-Leu-Ser-Pro-Asp-...	Nenhuma alteração (silenciosa)
Substituição de C por G	AUG GGG AAU CUA UGA CCU GAU C...	Met-Gly-Asp-Leu-Parada	Parada prematura

*As mutações num gene são transcritas para o mRNA e são mostradas as alterações decorrentes disso na sequência da proteína. Veja que, dependendo da posição da mutação, a substituição de um único nucleotídeo pode ocasionar **alterações silenciosas**, uma alteração num único aminoácido **(sentido incorreto)** ou até mesmo o término prematuro **(sem sentido)**.*

podem ser lidos como um códon para metionina quando ocorrem próximo à extremidade 5′ do mRNA. Há também pequenas diferenças no código genético no DNA mitocondrial; nos vertebrados, por exemplo, a metionina mitocondrial é especificada por códons adicionais – UGA, normalmente um códon de parada, codifica o triptofano – e há códons de parada adicionais.

Outro aspecto do código genético é que, uma vez iniciada a síntese no primeiro códon AUG codificando a metionina, cada trinca sucessiva a partir desse códon de início será lida em registro sem interrupção até que seja encontrado um códon de parada. Assim, a **fase de leitura** do mRNA será ditada pelo códon de início. Mutações que causem a adição ou a deleção até mesmo de um único nucleotídeo vão produzir uma alteração na fase de leitura, ocasionando uma proteína com uma sequência diferente de aminoácidos após a mutação ou uma proteína que termina prematuramente caso um códon de parada passe a fazer parte da estrutura (**mutação sem sentido**; Tabela 22.2).

O MAQUINÁRIO DA SÍNTESE PROTEICA

O ribossomo é uma linha de montagem em múltiplas etapas para a síntese de proteínas

Os ribossomos são as máquinas moleculares que conduzem a síntese de proteínas, e consistem em uma subunidade pequena e uma grande; cada uma delas

QUADRO CLÍNICO
ANEMIA FALCIFORME: MUTAÇÃO DO CÓDIGO GENÉTICO

A anemia falciforme é um exemplo de uma doença em que a alteração de um único nucleotídeo na região codificadora do gene para a cadeia β da hemoglobina A, a principal forma de hemoglobina adulta, produz uma proteína alterada que tem sua função prejudicada (Capítulo 5). A mutação que causa essa doença é a alteração de um único nucleotídeo, pela qual um códon glutamato GAG é trocado para GUG, codificando valina. O resíduo polar glutamato está localizado numa superfície da hemoglobina, que é exposta somente no estado desoxigenado. A substituição do Glu por Val cria uma superfície hidrofóbica que promove a polimerização das moléculas de desoxihemoglobina, levando à formação de estruturas em forma de bastonetes. Isso acarreta a deformação das hemácias, especialmente nos capilares venosos, alterando e bloqueando o fluxo sanguíneo. Esse exemplo, em que um aminoácido com cadeia lateral ácida é substituído por um aminoácido com cadeia lateral hidrofóbica, apolar, é designado como **alteração não conservativa**. Reciprocamente, a substituição de um aminoácido por outro de propriedades físicas e químicas semelhantes é denominada **conservativa** e foi predita como tendo consequências de menor gravidade sobre a função das proteínas (p. ex., uma mutação Arg → Lis ou Asp → Glu).

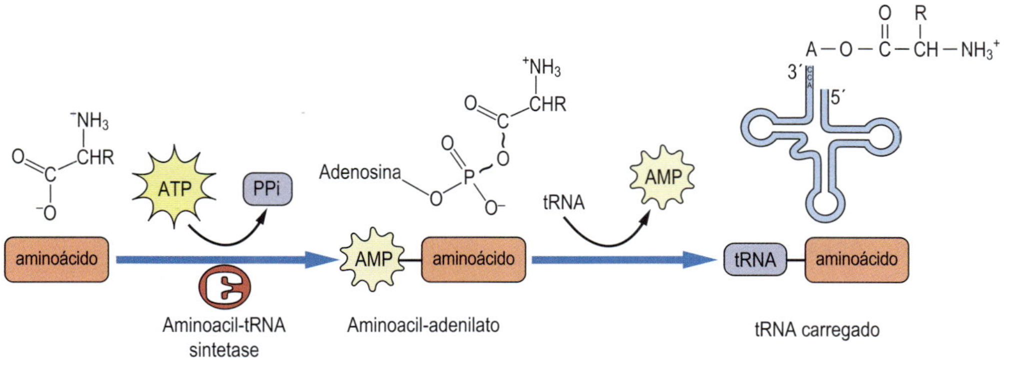

Fig. 22.1 **Ativação de um aminoácido e fixação a seu tRNA cognato.** O aminoácido precisa ser ativado por uma aminoacil-tRNA sintetase para formar um intermediário aminoacil-adenilato antes de sua fixação à extremidade 3′ (CCA) do tRNA. AMP, adenosina monofosfato; PPi, pirofosfato inorgânico

é uma partícula ribonucleoproteica (razão de rRNA para proteína de aproximadamente 1:1) contendo ao todo quatro espécies de RNA e 80 subunidades proteicas. A associação dessas subunidades forma três sítios específicos no ribossomo, que são ocupados por tRNA individuais numa sucessão definida à medida que avançam pelas etapas de síntese de proteínas. Esses sítios são conhecidos como **aminoacil-tRNA**, ou **sítio A**, **peptidil-tRNA**, ou **sítio P** e **sítio de saída**, ou **sítio E** (de *exit*). O sítio A é aquele em que uma molécula de tRNA doador, carregada com o aminoácido apropriado, é posicionada antes de esse aminoácido ser incorporado ao polipeptídeo em crescimento. O sítio P é o local no ribossomo que contém uma molécula de tRNA com o polipeptídeoamino terminal da proteína recém-sintetizada ainda ligado. O processo de formação da ligação peptídica tem lugar entre os sítios A e P. Esse processo é catalisado pela atividade de uma peptidil-transferase, que forma a ligação peptídica entre o grupo amino do aminoácido no sítio A e o carboxiterminal do peptídeo nascente, ligado ao tRNA no sítio P. O sítio E é um terceiro sítio de interação entre o tRNA e o mRNA no ribossomo, ocupado pelo tRNA desacilado após a formação da ligação peptídica, mas antes de ele sair do ribossomo. A pausa do tRNA desacilado no sítio E antes da saída é importante para a manutenção da estrutura de leitura e para assegurar a fidelidade da tradução:

- Sítio A – sítio ocupado pelo aminoacil-tRNA doador
- Sítio P – sítio ocupado por um tRNA com cadeia peptídica em crescimento
- Sítio E – sítio ocupado por tRNA desacilado

Cada aminoácido tem uma sintetase específica que o liga a todos os tRNA que o codificam

Embora haja uma molécula de tRNA distinta para a maioria dos códons representados na Tabela 22.1, a estrutura individual dos tRNA é muito semelhante (Fig. 22.2). Todos os tRNA têm entre 73 e 93 nucleotídeos de comprimento e têm uma estrutura secundária em "folha-de-trevo" semelhante, constituída de quatro braços de bases pareadas distintas e três alças. Em sua estrutura terciária, os tRNA adotam uma estrutura

semelhante a um L torcido. A extremidade 3′ da molécula do tRNA, ou uma das extremidades do "L," é designada como **braço do aminoácido**, em que uma enzima denominada **aminoacil-tRNA sintetase** catalisa a adição de um aminoácido específico, e a outra extremidade do "L" contém o **braço anticódon**, o qual interage com o mRNA. A aminoacil-tRNA sintetase catalisa a formação de uma ligação éster unindo o grupo 3′ hidroxila do nucleotídeo adenosina do tRNA ao grupo carboxila do aminoácido (Fig. 22.1). A fixação de um aminoácido a um tRNA é uma reação de duas etapas. O grupo carboxil do aminoácido é inicialmente ativado pela reação com adenosina trifosfato (ATP) formando um intermediário aminoaciladenilato, que se liga ao complexo sintetase. A enzimologia da ativação do grupo carboxila dos aminoácidos se assemelha àquela da ativação dos ácidos graxos pela tioquinase (Capítulo 11), porém, em vez da transferência do grupo acil ao grupo tiol da coenzima A, o grupo aminoacil é transferido para a 3′-hidroxila do tRNA. O produto é descrito como uma molécula de **tRNA carregada**. Nesse ponto ele está apto a se ligar ao sítio A do ribossomo, no qual seu aminoácido vai contribuir para a cadeia peptídica em crescimento no sítio B. Há uma única enzima sintetase específica para cada um dos 20 aminoácidos, e cada sintetase vai ligar o aminoácido correto a todos os tRNA que reconhecem os diferentes códons especificando esse aminoácido.

Alguma flexibilidade no pareamento de bases ocorre na base 3′ do códon do mRNA

A interação do tRNA carregado com seu códon cognato é realizada pela associação do braço anticódon no tRNA com o códon no mRNA por ligação hidrogênio de pares de bases complementares (Fig. 22.2). Todavia, os organismos tipicamente não têm um tRNA específico ao reconhecimento de cada um dos 64 códons. Para lidar com isso, as regras do pareamento de bases entre o tRNA e o mRNA, especificamente na terceira posição (extremidade 3′) do códon, se desviam daquelas do DNA (Capítulo 20). Nessa posição podem se formar pares de bases não clássicos entre esse nucleotídeo e a primeira base (extremidade 5′) do anticódon. Essa então chamada **hipótese**

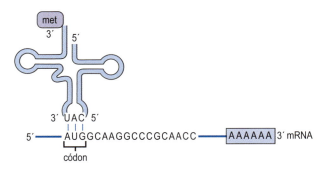

Fig. 22.2 **Interação do tRNA carregado com o mRNA.** A interação de um tRNA carregado com um mRNA ocorre por pareamento de bases através de bases complementares no braço anticódon e no códon do mRNA.

Tabela 22.3 Possibilidades de pareamento de bases entre a terceira posição ou o nucleotídeo 3' do códon do mRNA e a primeira posição ou o nucleotídeo 5' do anticódon do tRNA

Códon, terceira posição ou 3' (mRNA)	Anticódon, primeira posição ou 5' (tRNA)
G	C
U	A
A ou G	U
C ou U	G
A ou C ou U	I

QUADRO DE CONCEITOS AVANÇADOS
FIDELIDADE DA TRADUÇÃO

As Aminoacil-tRNA Sintetases têm Capacidade de Revisão

Visando preservar a correspondência não ambígua códon-anticódon ditada pelo código genético, as aminoacil-tRNA sintetases individuais são capazes de identificar as pequenas diferenças entre cada tRNA específico para emparelhar o tRNA correto a seu aminoácido correlato. Essa discriminação é facilitada por ligações hidrogênio específicas entre a enzima e o tRNA correto. Além disso, as aminoacil-tRNA sintetases desenvolveram a capacidade não apenas de discriminar entre os aminoácidos antes de eles serem ligados ao tRNA apropriado como também de remover aminoácidos que estejam ligados ao tRNA incorreto por uma etapa de revisão. Essas capacidades são executadas por dois sítios específicos na enzima que discriminam aminoácidos com base no tamanho. O primeiro deles, o "sítio sintético" em que ocorre a acilação do tRNA, vai acomodar tanto o aminoácido cognato como os outros aminoácidos menores que apresentam semelhança ao cognato. No segundo "sítio de edição," as enzimas vão remover o aminoácido menor incorporado erroneamente devido à falta das interações entre ligações hidrogênio que ocorrem unicamente entre a enzima e o aminoácido cognato. Esses mecanismos discriminatórios se combinam para assegurar que a transferência correta de informações do mRNA para as proteínas contribua para a baixa frequência de erros de tradução, que é de apenas aproximadamente 1 erro em 10^3-10^4 aminoácidos polimerizados.

da oscilação do pareamento códon-anticódon permite a um tRNA com um anticódon que não é perfeitamente complementar ao códon do mRNA reconhecer a sequência e possibilitar a incorporação do aminoácido à cadeia peptídica em crescimento. Como exemplo, um resíduo guanina na extremidade 5' do anticódon pode formar um par de bases com um resíduo citidina ou uridina na extremidade 3' do códon. Assim também, caso ocorra na extremidade 5' do anticódon, o resíduo adenosina modificado, a inosina, pode formar um par de bases com uridina, adenosina ou até mesmo citidina na extremidade 3' do códon (Tabela 22.3). Esse pareamento impreciso possibilita que um tRNA com o anticódon GAG decodifique os códons CUU e CUC, ambos os quais codificam a leucina. O pareamento oscilatório, portanto, reduz o número de tRNAs necessários para a decodificação do mRNA e proporciona uma justificativa lógica para o mecanismo que explica a degeneração do código genético, já que a degeneração ocorre sempre no terceiro resíduo do códon.

Como o ribossomo sabe onde iniciar a síntese de proteínas?

A molécula do mRNA transporta as informações que serão usadas para dirigir a síntese da cadeia polipeptídica de uma proteína, mas como o maquinário sintético sabe onde começar – qual nucleotídeo inicia o primeiro códon a ser traduzido em proteína? Muitos mRNA eucarióticos apresentam regiões tanto antes como depois da região codificadora de proteínas, designados como **regiões não traduzidas (UTR)** nas extremidades 5' e 3'. Essas sequências são importantes para a estabilidade do mRNA e para a determinação do local de início e a regulação da razão de síntese de proteínas. Nas células eucarióticas, o ribossomo se liga primeiramente a uma estrutura em "quepe" de 7-metilguanina (Capítulo 21) na extremidade 5' do mRNA, movendo-se em seguida pela molécula abaixo e esquadrinhando a sequência até encontrar o primeiro códon AUG (Fig. 22.3). Isso sinaliza o ribossomo a dar início à síntese de proteínas, começando por um resíduo metionina e parando ao encontrar um dos códons de parada. Em alguns mRNAs virais e eucarióticos, um local alternativo de recrutamento ribossômico, um **sítio interno de entrada ribossômica de (IRES**; Fig. 22.3) possibilita o início da tradução independente do quepe.

O mRNA procariótico é diferente em inúmeros aspectos. Em primeiro lugar, ele carece de um quepe 5' m^7G para facilitar a ligação ao ribossomo. Segundo, os mRNAs procarióticos podem ser **policistrônicos**, o que quer dizer que vários polipeptídeos são codificados por um único mRNA, tornando difícil para o ribossomo saber onde iniciar a síntese de proteínas. Contudo, foi identificada em muitos mRNAs procarióticos uma sequência que dirige o ribossomo ao início de cada região codificadora de proteínas. Essa sequência rica em purinas, designada como **sequência Shine-Dalgarno (SD)**, é complementar a uma parte do rRNA de 16S na pequena subunidade ribossômica bacteriana (Fig. 22.3). Com a formação de ligações hidrogênio, o ribossomo é posicionado ao início de cada região codificadora de proteínas.

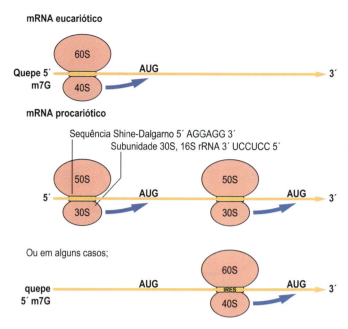

Fig. 22.3 **Encontrando-se a região codificadora de proteínas.** O ribossomo se liga ao mRNA antes de localizar a região codificadora de proteínas. (Acima) Os ribossomos eucarióticos se ligam ao quepe 5′ dos mRNA e se movem em seguida pelo mRNA até encontrar o primeiro códon AUG. (No meio) Os ribossomos bacterianos se ligam a uma sequência Shine-Dalgarno complementar a uma sequência no rRNA de 16S do ribossomo; as sequências Shine-Dalgarno estão localizadas a uma distância curta do início da região codificadora de proteínas. Ao contrário do mRNA eucariótico, o mRNA bacteriano é policistrônico, com múltiplos locais de início no mesmo mRNA. (Abaixo) Em alguns casos, especialmente em mRNA virais, os ribossomos eucarióticos se ligam internamente a um sítio interno de entrada ribossômica (IRES) e se movem então até o códon AUG. Esse mecanismo independente do quepe permite a tradução do mRNA viral quando a tradução do RNA genômico é inibida por proteínas virais.

O PROCESSO DE SÍNTESE DE PROTEÍNAS

A tradução é um processo dinâmico que envolve a interação de mRNA, enzimas, tRNA, fatores de tradução, proteínas ribossômicas e rRNA

A tradução é dividida em três etapas:

- Iniciação
- Alongamento
- Terminação

Iniciação

A síntese de uma proteína é iniciada no primeiro códon AUG (metionina) no mRNA

O início da tradução nos eucariotos depende da interação coordenada de pelo menos 12 fatores eucarióticos de iniciação (eIF), o mRNA e o ribossomo. Forma-se inicialmente um

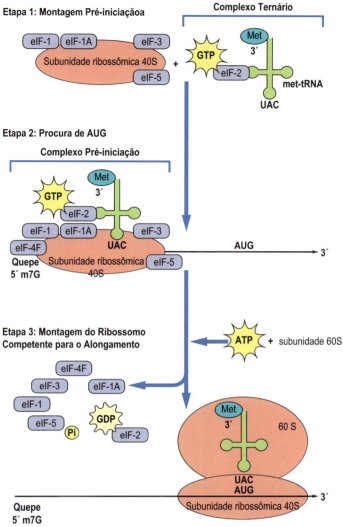

Fig. 22.4 **Iniciação da síntese de proteínas em células eucarióticas.** São reunidos a subunidade ribossômica de 40S com os fatores de início eIF-1, eIF-1A, eIF-3 e eIF-5 ligados a ela; o m-RNA ligado ao quepe 5′; e o met-RNA ligado a eIF-2. Depois de montados esses componentes, o complexo se transloca até o códon AUG, esquadrinhando a sequência do mRNA e hidrolisando ATP no processo. Os fatores de iniciação são liberados. Veja que no início o sítio P está ocupado pelo iniciador met-RNA, como é mostrado na Figura 22.5. GDP, guanosina difosfato; eIF, fator de iniciação eucariótico.

complexo ternário entre eIF-2, GTP e tRNA iniciador de metionina (Met-tRNAi) (Fig. 22.4) para levar o Met-tRNAi ao sítio A da pequena subunidade ribossômica 40S. O **complexo pré-iniciação** é então montado sobre a subunidade ribossômica 40S pela interação do complexo ternário com eIF-1, eIF-1A, eIF-3 e eIF-5. Esse complexo pré-iniciação é dirigido à extremidade 5′ do mRNA por interação com o complexo eIF-4F, constituído de uma proteína de ligação do quepe de 7-metil guanosina previamente montada eIF-4E e outros eIF-4 relacionados. Utilizando a energia da hidrólise do ATP, o complexo examina o mRNA para localizar o primeiro códon AUG. Ao reconhecimento do códon AUG, o GTP ligado ao

CAPÍTULO 22 Síntese e Renovação das Proteínas

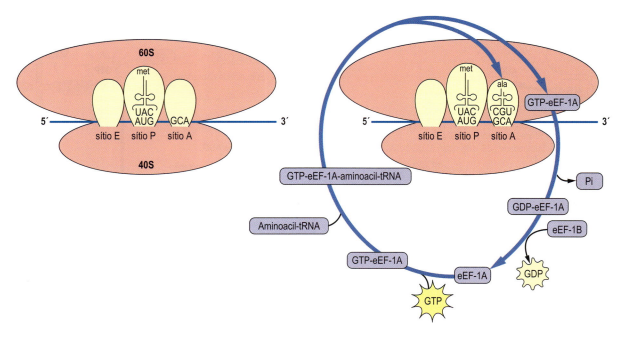

Fig. 22.5 **Reciclagem do fator de alongamento eEF-1A.** Uma molécula de tRNA carregado é levada até o sítio A do complexo de iniciação com o auxílio do eEF-1A, juntamente com o GTP a ela ligado, para dar início ao processo de alongamento. O fator é liberado assim que o GTP é hidrolisado, e o processo de reciclagem do eEF-1A é auxiliado pelo fator de troca eEF-1B. A adição de cada aminoácido sucessivo requer que a molécula de tRNA corretamente carregada seja trazida para o sítio A do ribossomo. ala, alanina; Pi, fosfato inorgânico.

IF-2 é hidrolisado, desencadeando o desmonte de todos os eIF e o recrutamento concomitante da grande subunidade ribossômica 60S. Com a ajuda de eIF-5B (não mostrado), o Met-tRNAi é posicionado corretamente no sítio P do ribossomo (Fig. 22.5), em preparação para a fase subsequente de alongamento. Em células procarióticas, o processo envolve três fatores de início (IF-1, IF-2 e IF-3), e o complexo de iniciação se forma originalmente logo a frente de 5′ em relação à região codificadora em consequência da interação do 16S rRNA na pequena subunidade com a sequência Shine-Dalgarno no mRNA. A N-formil metionina (fmet), codificada por AUG, é o primeiro aminoácido em todas as proteínas bacterianas, em vez da metionina.

Alongamento

Os fatores envolvidos no estágio de alongamento da síntese de proteínas são alvo de alguns antibióticos

Após completar-se a iniciação, começa o processo de traduzir as informações no mRNA para uma proteína funcional. O ciclo de alongamento começa pela ligação de um tRNA carregado ao sítio A do ribossomo. Em células eucarióticas a molécula do tRNA carregado é levada até o ribossomo pela ação de um fator de alongamento ligado a GTP denominado eEF-1A (Fig. 22.5). Ao

QUADRO CLÍNICO
REGULAÇÃO INCORRETA DA INICIAÇÃO DA TRADUÇÃO EM DOENÇAS HUMANAS

Um Número Crescente de Mutações em Proteínas que Regulam o Início da Síntese de Peptídeos Está Sendo Relacionado a Doenças

O controle da tradução é essencial para a sintonia fina de cada proteína na célula visando atender às suas necessidades. Alterar-se a regulação da síntese de proteínas pode ter efeitos prejudiciais. Um exemplo disso é a descoberta de mutações no maquinário de iniciação da tradução que alteram o nível e a função do fator de iniciação eucariótico 2 (eIF2), causando doenças neurológicas raras, porém fatais, como a ataxia infantil com hipomielinização do sistema nervoso central (CACH) e a leucoencefalopatia da substância branca desaparecida (VHM). Mutações em eIF2 e eIF2α quinase também foram associadas à leucemia mieloide aguda e a uma forma rara de diabetes neonatal caracterizada por desenvolvimento alterado das células β pancreáticas (síndrome de Wolcott-Rollison). Alterações na fosforilação de eIF2 e na eIF2α quinase são igualmente observadas no cérebro em doenças neurodegenerativas, incluindo as doenças de Alzheimer e de Parkinson. Há um interesse crescente pelo desenvolvimento de terapias farmacológicas que tenham como alvo a regulação de fatores de iniciação eucarióticos para tratar essas e outras doenças.

pareamento do anticódon tRNA a seu códon cognato, o GTP é hidrolisado, e o eEF-1A é liberado. Para ser reutilizado, o eEF-1A é regenerado por um fator de alongamento denominado eEF-1B, que promove a substituição do GDP do eEF-1A por GTP, de modo que ele possa se ligar a outra molécula de tRNA carregado (Fig. 22.5). Depois que a molécula de tRNA corretamente carregada é entregue no sítio A do ribossomo, a atividade de **peptidil-transferase** do ribossomo catalisa a formação de uma ligação peptídica entre o aminoácido no sítio A e o aminoácido ao final da cadeia peptídica em crescimento no sítio P. A cadeia tRNA-peptídeo se encontra agora transitoriamente ligada ao sítio A (Fig. 22.6). Com a ajuda de eEF-2, o ribossomo transloca então um códon pelo mRNA abaixo (em direção à extremidade 3′), ocasionando o reposicionamento do tRNA, com a cadeia peptídica recém-gerada ligada do sítio A para o sítio P. Esse movimento também faz com que o tRNA não carregado no sítio P se reposicione no sítio E, acarretando um total de nove pares de nucleotídeos estabilizando o complexo ribossomo-mRNA-tRNA. Esse ciclo é repetido para a incorporação do aminoácido seguinte (Fig. 22.6). A mecânica desse processo complexo é idêntica nas células procarióticas, mas os ribossomos e os fatores de alongamento são diferentes, possibilitando o desenvolvimento de antibióticos que inibem seletivamente a síntese de proteínas nas bactérias (Tabela 22.4).

Terminação

A terminação da síntese de proteínas tanto em células eucarióticas como nas bacterianas ocorre quando o sítio A do ribossomo chega a um dos códons de parada do mRNA. Proteínas designadas como fatores de liberação dos complexos eucarióticos (eRF) reconhecem esses códons e proporcionam a liberação da proteína que está ligada à última molécula de tRNA no sítio P (Fig. 22.7). Esse processo é uma reação dependente de energia catalisada pela hidrólise do GTP, que transfere uma molécula de água para a extremidade da proteína, liberando-a assim do tRNA no sítio P. Após a liberação da proteína recém-sintetizada, as subunidades ribossômicas, o tRNA e o mRNA se dissociam uns dos outros, preparando–se para a tradução de outro mRNA.

DOBRAMENTO DE PROTEÍNAS E ESTRESSE DO RETÍCULO ENDOPLASMÁTICO (ER)

O estresse do ER, decorrente de erros no dobramento de proteínas, se evidencia em muitas condições crônicas, incluindo obesidade, diabetes e câncer

Para se tornar funcionalmente ativa, uma proteína recém-sintetizada precisa ser dobrada a uma estrutura tridimensional específica. Dado que há múltiplas conformações possíveis que podem ser potencialmente adotadas por um polipeptídeo, as proteínas necessitam da ajuda de uma classe de proteínas denominadas **chaperonas** para chegar à sua estrutura nativa

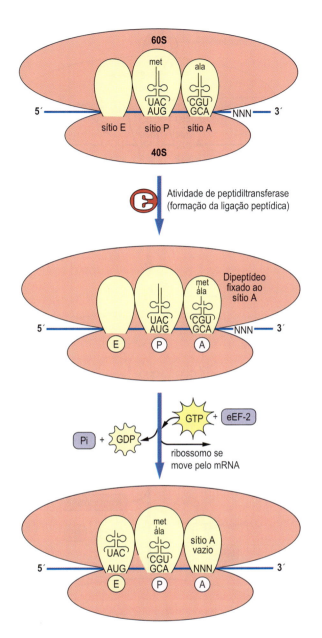

Fig. 22.6 **Formação e translocação da ligação peptídica.** A formação da ligação peptídica entre cada aminoácido sucessivo é catalisada pela peptidiltransferase. Depois que é formada a ligação peptídica, um fator de alongamento (nesse caso, eEF-2) vai mover o ribossomo um códon abaixo no mRNA, de modo que o sítio A fique vazio e pronto para receber o próximo tRNA carregado. O sítio E é ocupado então pelo tRNA não carregado (met). NNN é o códon para o próximo aminoácido.

correta. As chaperonas promovem a dobra, a montagem e a organização corretas das proteínas, bem como de estruturas macromoleculares como o nucleossomo e complexos de transporte de elétrons. No ER as chaperonas se ligam a regiões hidrofóbicas expostas de proteínas não dobradas, protegendo essas superfícies interativas e impedindo, assim, dobras incorretas e a formação de agregados inespecíficos. As chaperonas promovem a dobra correta de proteínas recém-sintetizadas por meio de ciclos de

296 CAPÍTULO 22 Síntese e Renovação das Proteínas

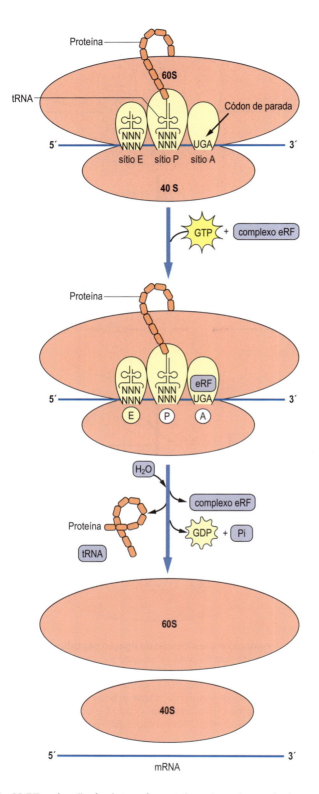

Fig. 22.7 **Terminação da síntese de proteínas.** A terminação da síntese de proteínas se dá quando o sítio A se localiza sobre um códon de parada. Um complexo do fator de liberação do complexo eucariótico (eRF), com eRF-1 no sítio A, vai ocasionar a liberação da proteína completada, e o ribossomo, o mRNA e o tRNA vão se dissociar uns dos outros e começar outro ciclo de tradução.

Tabela 22.4 Antibióticos selecionados que afetam a síntese de proteínas

Antibiótico	Alvo
Tetraciclina	Sítio A do ribossomo bacteriano
Estreptomicina	Subunidade 30S do ribossomo bacteriano
Eritromicina	Subunidade 50S do ribossomo bacteriano
Cloranfenicol	Peptidil-transferase do ribossomo bacteriano
Puromicina	Causa o término prematuro
Cicloheximida	Ribossomo 80S eucariótico

Observe que a cicloheximida é tóxica para seres humanos.

QUADRO CLÍNICO
UM PACIENTE NÃO COMPATÍVEL AO QUAL FOI PRESCRITO UM ANTIBIÓTICO

Um jovem homem sendo tratado de uma infecção dos seios paranasais retorna à clínica depois de uma semana, ainda se queixando de cefaleias sinusais e de plenitude nos seios da face. Ele explicou que começou a se sentir melhor em torno de 3 dias depois de começar a tomar o antibiótico tetraciclina, que você tinha prescrito a ele. Você indaga se ele continuou a tomar a dose integral do fármaco mesmo depois de começar a se sentir melhor. Ele admitiu, relutantemente, que parou de tomar o fármaco assim que começou a se sentir melhor. Como você explica a seu paciente que é importante que ele tome o medicamento pelo período que você prescreveu, ainda que ele se sinta melhor após apenas alguns dias?

Comentário
Como médico você sabe que a tetraciclina é um antibiótico de amplo espectro que inibe o maquinário de síntese de proteínas da célula bacteriana por se ligar ao sítio A do ribossomo (Tabela 22.4). Você também sabe que a síntese de proteínas pode ser retomada se o fármaco for removido. Se não for tomado por todo o período recomendado, as bactérias podem começar a crescer novamente, levando ao ressurgimento da infecção. Além disso, aquelas bactérias que começam a crescer após o término precoce do tratamento podem ser mais resistentes à substância. Devido à seleção de cepas mutantes mais resistentes, a infecção secundária pode ser de controle mais difícil.

ligação e liberação a proteínas (substrato), reguladas pela atividade da ATPase e por cofatores proteicos específicos. As **proteínas de choque térmico (HSP**, de *heat shock proteins*) são um grupo de proteínas chaperonas que são expressas por células em resposta à temperatura elevada. Todavia, as HSP auxiliam o redobramento de proteínas desnaturadas, não apenas em consequência do calor, como também em resposta a estresses físicos e químicos.

Quando uma proteína dobrada incorretamente é detectada no ER, a proteína **GRP78/BiP** (proteína regulada por glicose/proteína imunoglobulina de ligação de 78 KDa) se liga à proteína não dobrada e a prende no ER, impedindo seu transporte e sua secreção adicionais.

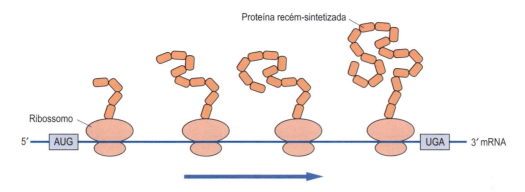

Fig. 22.8 **Síntese de proteínas no polissomo.** As proteínas podem ser sintetizadas por vários ribossomos ligados ao mesmo mRNA, formando uma estrutura denominada polissomo.

SÍNTESE DE PROTEÍNAS: PEPTIDIL-TRANSFERASE

A Peptidil-Transferase Não é uma Enzima Típica – Ela é uma Ribozima

A atividade da peptidil-transferase é responsável pela formação de ligações peptídicas durante a síntese de proteínas. A atividade dessa enzima catalisa a reação entre o grupo amino do aminoacil-tRNA no sítio A e o carboxila do carbono do peptidil-tRNA no sítio P, formando uma ligação peptídica a partir de uma ligação éster. A atividade é atribuída ao ribossomo, mas as proteínas ribossômicas não têm a capacidade de catalisar essa reação. Estruturas cristalográficas do ribossomo mostraram que a atividade de peptidil-transferase é catalisada pelo RNA de 28S na subunidade principal do rRNA. Embora aminoácidos específicos sejam importantes para o posicionamento dos tRNA e a estabilização de sua interação com o rRNA, a atividade catalítica se localiza inteiramente no rRNA.

A proteína não dobrada é então direcionada à **via de degradação associada ao ER (ERAD)**, que facilita a exportação ao citosol e a degradação proteassômica da proteína dobrada incorretamente (ver mais adiante).

Uma condição conhecida como **estresse do ER** ocorre se a atividade das chaperonas e da via ERAD é sobrecarregada, levando ao acúmulo de agregados proteicos na luz do ER. Isso pode ocorrer em consequência de uma mutação da proteína ou de uma deficiência da glicosil transferase ou de um inibidor como tunicamicina (Fig. 17.11). O estresse do ER ativa a **resposta a proteína desenovelada (UPR)** de maneira dependente de GRP78/BiP, que aumenta a expressão de várias chaperonas e proteínas ERAD. Além disso, a proteína PERK (proteína quinase semelhante à RNA ER quinase) é ativada por oligomerização e autofosforilação e fosforila eIF-2, inibindo o início da tradução (Fig. 22.4). Isso torna mais lenta a razão de síntese de proteínas e restaura a homeostase, quando tem êxito. Se o estresse do ER for muito grave, porém, a apoptose (Capítulo 29) vai ser desencadeada e eliminar a célula. Algumas doenças humanas se caracterizam por estresse do ER e a UPR, incluindo algumas formas de fibrose cística e de retinite pigmentosa. O estresse do ER e a UPR também inibem a sinalização da insulina, causando resistência à insulina, e contribuem para o desenvolvimento da patologia na obesidade e no diabetes melito (Capítulo 31).

DIRECIONAMENTO A ALVOS PROTEICOS E MODIFICAÇÕES PÓS-TRADUCIONAIS

Alvos proteicos

Um mRNA pode ter vários ribossomos ligados a ele ao mesmo tempo e isso é designado como **polirribossomo ou polissomo** (Fig. 22.8). Duas classes de polissomos são encontradas nas células: mRNAs que codificam proteínas destinadas ao citoplasma ou ao núcleo são traduzidas predominantemente em polissomos livres no citoplasma, enquanto mRNAs codificantes para proteínas de membrana e proteínas secretadas são traduzidos em polissomos ligados ao ER. As regiões do ER repletas de ribossomos ligados são descritas como **retículo endoplasmático rugoso (RER)**.

O destino celular das proteínas é determinado por sua sequência peptídica sinal

As proteínas que se destinam a exportação, inserção em membranas ou a organelas celulares específicas, como o núcleo, os lisossomos ou mitocôndrias, são distintas das proteínas que se localizam no citoplasma. A característica distintiva das proteínas direcionadas a esses locais é que elas incluem uma **sequência sinal** de 20-30 aminoácidos, geralmente na extremidade aminoterminal da proteína. No caso de proteínas secretadas ou de membrana, a sequência sinal é reconhecida em cotransducionalmente por um complexo ribonucleoproteico designado como **partícula de reconhecimento de sinal (SRP)**, que é constituído por um pequeno RNA e por seis proteínas. Ligando-se à sequência sinal a SRP faz cessar a tradução do restante da proteína. Esse complexo direciona então o mRNA ligado ao ribossomo, com seu peptídeo recém-sintetizado, à membrana do ER por uma interação com

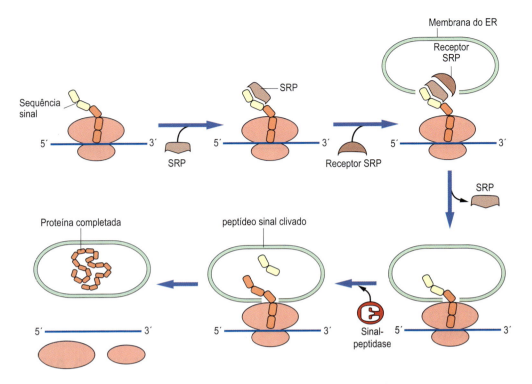

Fig. 22.9 **Síntese de proteínas no retículo endoplasmático.** A sequência sinal da proteína que está sendo traduzida é ligada a um SRP, e esse complexo é reconhecido pelo receptor SRP no retículo endoplasmático (ER), onde a sequência sinal é inserida através da membrana. Uma sinal-peptidase remove tipicamente a sequência sinal, porém não em todas as proteínas. Depois que se completa a síntese da proteína, esta é inserida nas membranas ou secretada.

o receptor de SRP, sendo a sequência sinal introduzida através da membrana. Dentro do ER a SRP se dissocia, e a tradução é retomada, com a cadeia polipeptídica sendo movida, assim que é sintetizada, através da membrana para o espaço intersticial do ER (Fig. 22.9). A proteína é então transferida ao aparelho de Golgi e daí para seu destino final.

Ao contrário das proteínas secretadas e de membrana, as proteínas mitocondriais e nucleoplásmicas são transportadas depois que a tradução se completa. As proteínas destinadas às mitocôndrias podem ter até duas sequências sinal específicas em sua extremidade N-terminal, dependendo de se destinarem à matriz mitocondrial ao espaço intermembranar. As proteínas mitocondriais precisam ser desdobradas para poderem ser transportadas por transportadores na membrana interna e na membrana externa (TIM, *translocase of the inner membrane*, e TOM, *translocase of the outer membrane*; Fig. 8.3). As proteínas nucleares, por outro lado, apresentam **sinais de localização nuclear** (NLS) localizados em qualquer ponto da sequência da proteína, mas expostos em sua superfície tridimensional. As proteínas nucleares não precisam ser desdobradas antes do transporte, porque os poros nucleares são canais abertos muito grandes que podem acomodar o reconhecimento e o transporte de uma proteína em seu estado nativo. Determinadas glicoproteínas que têm como alvo lisossomos não possuem uma sequência sinal clássica de aminoácidos. Em vez disso, elas são substratos para enzimas que adicionam oligossacarídeos modificados ricos em manose com resíduos Man-6-P terminais que servem como o sinal de direcionamento ao alvo (Fig. 17.14).

Modificação pós-traducional

Muitas proteínas necessitam de modificação pós-traducional para tornarem-se biologicamente ativas

O retículo endoplasmático e o aparelho de Golgi são os locais mais importantes para a modificação pós-traducional de proteínas. No ER, uma enzima denominada **sinal-peptidase** remove a sequência sinal da região aminoterminal de determinadas proteínas, acarretando uma proteína madura que é 20-30 aminoácidos mais curta que aquela codificada pelo mRNA. No ER e no aparelho de Golgi, cadeias laterais de carboidrato são adicionadas e modificadas em locais específicos da proteína (Capítulo 17). Uma das modificações aminoterminal comuns das células eucarióticas é a remoção do resíduo metionina aminoterminal que dá início à síntese proteica. Finalmente, muitas proteínas (p. ex., os hormônios insulina e glucagon) são sintetizadas como pré-pró-proteínas e pró-proteínas que têm que ser submetidas à clivagem proteolítica para se tornarem ativas. A clivagem de um precursor à sua forma biologicamente ativa é efetuada habitualmente por uma protease específica e é um evento celular rigidamente regulado.

Proteassomos: Maquinário celular para a renovação proteica

Diferentemente do DNA. Proteínas danificadas não são reparadas, mas sim degradadas

A degradação das proteínas é um processo complexo que é fundamental para a regulação biológica e o controle de qualidade. Há alguns desencadeadores que fazem com que uma proteína seja degradada:

1. Uma proteína apresentou desnaturação gradual durante um estresse ambiental normal.
2. Uma proteína foi modificada de forma inadequada por uma reação ilegítima com compostos intracelulares reativos, como um intermediário metabólico, uma espécie reativa de oxigênio ou um composto carbonil (Capítulos 29 e 42).
3. A função da proteína não é mais necessária e precisa ser removida. Como exemplo, proteínas envolvidas em vias de sinalização ou no ciclo celular ou aquelas que atuam como fatores de transcrição têm por vezes uma pequena janela de tempo para operar e então precisam ser removidas rapidamente para se atenuar a resposta ou o sinal. Algumas dessas últimas proteínas têm uma sequência de aminoácidos característica ou resíduos N-terminais que promovem sua renovação rápida. No caso de algumas proteínas, uma sequência interna **PEST (ProGluSerThr)** sinaliza sua degradação rápida, e proteínas com arginina N-terminal têm geralmente meia-vida curta em comparação àquelas com metionina N-terminal.

O proteassomo é um complexo multicatalítico destinado à degradação de proteínas citosólicas

Por ser um processo destrutivo, a degradação de proteínas deve ser isolada dentro de organelas celulares específicas. Os lisossomos, por exemplo, englobam e degradam mitocôndrias e outras organelas membranosas. Muitas proteínas citoplasmáticas, porém, são degradadas em estruturas denominadas **proteassomos**. O proteassomo de 26S (Fig. 22.10) consiste em dois tipos de subunidades: uma protease multicatalítica multimérica de 20S (MCP) e uma ATPase de 19S. O proteassomo é uma estrutura em forma de barril formada por uma pilha de quatro anéis de sete monômeros homólogos, subunidades do tipo α nas extremidades externas e subunidades do tipo β nos anéis internos do barril. A atividade proteolítica — três tipos diferentes de treonina proteases — se localiza nas subunidades β, com locais ativos voltados para a parte interna do barril, protegendo, assim, as proteínas citoplasmáticas de uma degradação inadequada. As subunidades ATPase estão fixadas a uma ou outra extremidade do barril e agem como porteiras, permitindo a entrada unicamente de proteínas destinadas à destruição. As proteínas são desdobradas por um processo que requer ATP e são degradadas pela atividade das proteases a pequenos peptídeos, de seis a nove aminoácidos de comprimento, que são lançados no citoplasma para degradação adicional.

A ubiquitina direciona proteínas ao proteassomo para degradação

As proteínas destinadas à destruição proteassômica são marcadas covalentemente por uma cadeia de uma proteína de 76

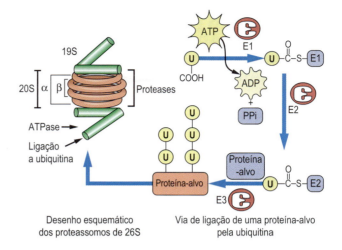

Fig. 22.10 **Estrutura do proteassomo e o papel da ubiquitina (U) na renovação das proteínas.** O proteassomo mostrado à esquerda é uma estrutura em forma de barril. A protease multicatalítica de 20S nos anéis médios do barril tem atividade de protease na face interna. As partículas reguladoras 19S em cada extremidade do barril operam ligando e liberando ubiquitina, têm atividade de ATPase e controlam o acesso de proteínas à parte interna do barril para a degradação. O ciclo da ubiquitina está envolvido na marcação de proteínas para degradação pelo proteassomo. A ubiquitina é ativada inicialmente como um derivado tioéster pela enzima de ativação de ubiquitina E1; ela é transferida então para a enzima de conjugação de ubiquitina E2 e em seguida para um resíduo lisina na proteína-alvo, catalisada pela ubiquitina-ligase E3, e finalmente polimerizada em cadeias nas proteínas-alvo. Quanto mais longa for a cadeia de poliubiquitina, mais suscetível é a proteína à degradação proteassômica. Veja que o desenho não está em escala; o proteassomo é um complexo macromolecular de 26S (≥ 2.000.000 Da); as proteínas alvo são menores, e a ubiquitina tem menos de 10.000 Da.

aminoácidos altamente conservada denominada **ubiquitina**, que é encontrada em todas as células. A princípio, a ubiquitina precisa ser ativada para desempenhar seu papel (Fig. 22.10), o que é feito por uma enzima ativadora da ubiquitina designada como E1. A ativação se dá quando a E1 é fixada por uma ligação tioéster ao C-terminal da ubiquitina pela formação dependente de ATP de um intermediário ubiquitina-adenilato. A ubiquitina ativada é então fixada a uma proteína transportadora de ubiquitina, designada como E2, por meio de uma ligação tioéster. E finalmente, uma proteína ubiquitina ligase designada como E3 transfere a ubiquitina de E2 para a proteína-alvo, formando uma **ligação isopeptídica** entre carboxiterminal da ubiquitina e o grupo ε-amino de um resíduo lisina na proteína-alvo. A partir desse monômero isolado de ubiquitina, uma cadeia de ubiquitina é polimerizada sobre proteínas-alvo (**poliubiquitinação**), a qual é reconhecida por um sítio de ligação de ubiquitina na subunidade 19S do proteassomo. Depois de ser ligada, a proteína poliubiquitinada entra no barril, a ubiquitina é liberada pela atividade da ubiquitinase e é reciclada ao citosol para ser reutilizada.

A via da ubiquitina levando à degradação proteassômica de proteínas é complexa e rigidamente regulada. Embora o número de enzimas E1 seja tipicamente pequeno, há várias proteínas E2 e muitas proteínas E3 com diferentes especificidades de alvo. Há

QUADRO DE CONCEITOS AVANÇADOS
INIBINDO O PROTEASSOMO PARA TRATAR O CÂNCER

O mieloma múltiplo (MM) é um câncer dos plasmócitos (linfócitos B), que são encontrados normalmente nos ossos e sintetizam anticorpos como parte do sistema imune (Capítulos 40 e 43). O crescimento descontrolado desses plasmócitos ocasiona anemia, tumores nos ossos e uma resposta imune comprometida. Uma opção de tratamento eficaz em pacientes com MM recorrente é o bortezomibe, um inibidor da atividade de protease no proteassomo. Essa substância melhora as chances de sobrevivência de pacientes com MM e aumenta o período de tempo antes da remissão, especialmente quando combinado a outras terapias como radioterapia ou uma quimioterapia adicional. O bortezomibe causa um acúmulo maior de proteínas desdobradas no retículo endoplasmático, induzindo estresse do ER e apoptose. Inibidores do proteassomo de segunda geração que têm como alvo diferentes partes do complexo estão atualmente em ensaios clínicos para o tratamento de diferentes tipos de câncer, assim como de pacientes com MM que se mostrem resistentes ao bortezomibe.

QUESTÕES PARA APRENDIZAGEM

1. Reveja o mecanismo de ação de diversos fármacos que inibem a síntese de proteína no ribossomo bacteriano.
2. Descreva as sequências sinal que direcionam proteínas ao lisossomo, à mitocôndrias ou ao núcleo.
3. Discuta o papel do aminoácido N-terminal como fator de regulação da razão de renovação numa proteína citoplasmática.
4. Explique como os vírus assumem o controle do maquinário celular de tradução de proteínas durante infecções virais para favorecer a síntese de proteínas virais.

seis atividades diferentes de ATPase associadas à subunidade de 19S. Essas atividades enzimáticas estão envolvidas na desnaturação de proteínas ubiquitinadas e no transporte das cadeias peptídicas para a região central do proteassomo. Todas essas variações nos componentes proporcionam uma via flexível e regulada para a renovação das proteínas.

- O alongamento é uma adição progressiva por etapas dos aminoácidos individuais a uma cadeia peptídica em crescimento pela ação da ribozima peptidiltransferase.
- A terminação da síntese de proteínas se dá quando o ribossomo chega a um códon de parada e fatores de liberação catalisam a liberação da proteína.
- Após a liberação as proteínas recém-sintetizadas precisam ser dobradas corretamente com a ajuda de proteínas auxiliares denominadas chaperonas, podem ser modificadas pós-traducionalmente e são direcionadas a compartimentos subcelulares específicos por sequências sinal.
- A degradação de proteínas pelo proteassomo macromolecular é um mecanismo controlado pelo qual uma célula elimina proteínas indesejadas ou danificadas.

RESUMO

- A síntese de proteínas é o ápice da transferência de informações genéticas do DNA para proteínas. Nessa transferência as informações precisam ser traduzidas da linguagem de quatro nucleotídeos do DNA e do RNA para a linguagem de 20 aminoácidos das proteínas.
- O código genético, em que três nucleotídeos no mRNA (códon) especificam um aminoácido, constitui o dicionário para a tradução das duas linguagens.
- A molécula de tRNA é a ponte entre a sequência dos nucleotídeos no mRNA e os aminoácidos na proteína. Os tRNA executam essa tarefa por meio de seu braço anticódon, que interage com códons específicos no mRNA e também com aminoácidos específicos por meio de seus sítios de fixação específicos, localizados nas extremidades 3' das moléculas.
- O processo de tradução consiste em três partes: iniciação, alongamento e terminação.
- A iniciação envolve a montagem do ribossomo e do tRNA carregado no códon iniciador (AUG) do mRNA.

LEITURAS SUGERIDAS

Bohnert, K. R., McMillan, J. D., & Kumar, A. (2017). Emerging roles of ER stress and unfolded protein response pathways in skeletal muscle health and disease. *Journal of Cellular Physiology*, 9999, 1-12.

Brar, G. A. (2016). Beyond the triplet code: Context cues transform translation. *Cell*, 167, 1681-1692.

Finley, D., Chen, X., & Walters, K. J. (2016). Gates, channels, and switches: Elements of the proteasome machine. *Trends in Biochemical Sciences*, 41, 77-93.

Gilda, J. E., & Gomes, A. V. (2017). Proteasome dysfunction in cardiomyopathies. *Journal of Physiology*, 595, 4051-4071.

McCaffrey, K., & Braakman, I. (2016). Protein quality control at the endoplasmic reticulum. *Essays in Biochemistry*, 60, 227-235.

Qi, L., Tsai, B., & Arvan, P. (2017). New insights into the physiological role of endoplasmic reticulum-associated degradation. *Trends in Cell Biology*, 27(6), 430-440.

Ramakrishnan, V. (2014). The ribosome emerges from a black box. *Cell*, 159, 979-984.

Śledź, P., & Baumeister, W. (2016). Structure-driven developments of 26S proteasome inhibitors. *Annual Review of Pharmacology Toxicology*, 56, 191-209.

Wehmer, M., & Sakata, E. (2016). Recent advances in the structural biology of the 26S proteasome. *International Journal of Biochemistry and Cell Biology*, 79, 437-442.

Yusupova, G., & Yusupov, M. (2014). High-resolution structure of the eukaryotic 80S ribosome. *Annual Review of Biochemistry*, 83, 467-486.

Zhang, J., & Ferré-D'Amaré, A. R. (2016). The tRNA elbow in structure, recognition and evolution. *Life (Basel)*, 6(1), E3.

SITES

Código genético: http://www.ncbi.nlm.nih.gov/Taxonomy/Utils/wprintgc.cgi?mode=c

IRES: http://www.iresite.org

Proteassomo: http://www.biology-pages.info/P/Proteasome.html

Ubiquitina: http://www.rcsb.org/pdb/101/motm.do?momID=60

Ribossomo: http://www.weizmann.ac.il/sb/faculty_pages/Yonath/home.html

Translocação: http://rna.ucsc.edu/rnacenter/ribosome_movies.html

ABREVIATURAS

eEF	Fator de alongamento eucariótico
eIF	Fator de iniciação eucariótico
eRF	Fatores de liberação do complexo eucariótico
ERAD	Via de degradação associada ao ER
HSP	Proteína de choque térmico
IRES	Sítio interno de entrada ribossômicaPEST Sinal de degradação Pro/Glu/Ser/Thr
MCP	Proteína multicatalítica
RER	Retículo endoplasmático rugoso
SRP	Partícula de reconhecimento de sinal
UPR	Resposta a proteína desenovelada
UTR	Região não traduzida

CAPÍTULO 23

Regulação da Expressão Gênica: Mecanismos Básicos

Edel M. Hyland e Jeffrey R. Patton

OBJETIVOS

Após concluir este capítulo, o leitor estará apto a:

- Descrever os mecanismos gerais da regulação da expressão gênica, com uma ênfase na iniciação da transcrição.
- Descrever os diversos níveis em que a expressão gênica pode ser controlada, utilizando a expressão gênica induzida por esteroide como um modelo.
- Explicar como o *splicing* alternativo de mRNA, promotores alternativos para o início da síntese de mRNA, edição pós-transcricional do mRNA e a inibição da síntese de proteínas por pequenos RNAs podem modular a expressão de um gene.
- Explicar como a estrutura e o empacotamento da cromatina podem afetar a expressão gênica.
- Explicar como o *imprinting* genômico afeta a expressão gênica, dependendo se os alelos são herdados maternal ou paternalmente.

INTRODUÇÃO

Apesar do DNA idêntico em todas as células, a expressão gênica varia significativamente conforme o tempo e o lugar no corpo, e também conforme o sexo

O estudo dos genes e o mecanismo pelo qual as informações que eles contêm são convertidas em proteínas para realizar todas as funções celulares é o domínio da biologia molecular. Exceto pelo eritrócito, todas as células do corpo possuem o mesmo complemento de DNA. No entanto, apesar disso, existem diferenças significativas entre os variados tipos de células, dependendo do conjunto único de genes que elas expressam. Um dos aspectos mais fascinantes da biologia molecular é o estudo dos mecanismos que controlam a expressão gênica diferencial, tanto no tempo como no local, e as consequências se esses mecanismos de controle forem interrompidos.

O objetivo deste capítulo é apresentar os conceitos básicos envolvidos na regulação de genes codificadores de proteínas e como esses processos estão envolvidos na causa da doença humana. O mecanismo básico da regulação da expressão gênica será descrito primeiro, seguido por uma discussão do sistema específico de regulação gênica para destacar vários aspectos do mecanismo básico. O capítulo termina com uma discussão sobre várias maneiras em que o aparato de regulação genética pode ser adaptado para atender às necessidades de diferentes tecidos e situações.

MECANISMOS BÁSICOS DA EXPRESSÃO GÊNICA

A expressão gênica é regulada em diversas etapas diferentes

O controle da expressão gênica em humanos ocorre principalmente no nível de transcrição, a síntese de mRNA. No entanto, a transcrição é apenas o primeiro passo na conversão da informação genética codificada por um gene para o produto gênico processado final, e tornou-se cada vez mais claro que os eventos pós-transcricionais permitem um controle primoroso da expressão gênica. A sequência de eventos envolvidos na expressão definitiva de um gene em particular pode ser resumida da seguinte forma:

1. Iniciação da transcrição;
2. Processamento pós-transcricional do mRNA transcrito;
3. Transporte do mRNA processado para o citoplasma;
4. Tradução do mRNA processado em proteína.

Em cada uma dessas etapas, as verificações de controle de qualidade determinam se a célula prossegue para a próxima etapa ou atenua ou interrompe o processo. Por exemplo, se o processamento do RNA não for correto ou completo, o mRNA resultante seria inútil e possivelmente destruído. Além disso, se o mRNA não for transportado para fora do núcleo, ele não será traduzido. Claramente, durante o crescimento de um embrião humano de um único óvulo fertilizado para um recém-nascido, as diferenças na regulação da expressão gênica permitem a diferenciação de uma única célula em muitos tipos celulares que desenvolvem características específicas dos tecidos. Tais eventos programados são comuns em todos os organismos, e a produção dessas mudanças fenotípicas nas células – e, portanto, no organismo como um todo – é resultado de mudanças na expressão de genes-chave. Embora cada tipo de célula e estágio de desenvolvimento dependam da expressão de diferentes subconjuntos de genes, os mecanismos reguladores subjacentes a essas diferenças estão disponíveis basicamente para todas as células. A Tabela 23.1 descreve alguns dos mecanismos regulatórios em humanos e na maioria dos outros eucariotos em cada estágio da expressão gênica, juntamente com seus possíveis resultados.

A transcrição gênica depende de sequências-chave de ação cis de DNA na região do gene

Para genes codificadores de proteínas, o objetivo da transcrição é converter as informações contidas no DNA do gene em RNA mensageiro, que pode então ser utilizado como um molde para a síntese do produto proteico do gene. Portanto, a enzima que

CAPÍTULO 23 Regulação da Expressão Gênica: Mecanismos Básicos

Tabela 23.1 Mecanismos regulatórios no controle da expressão gênica e seus resultados

Processo	Mecanismo regulatório	Possíveis resultados
Transcrição de mRNA	Controle do acesso à sequência genética pela manipulação da estrutura da cromatina (a cromatina condensada é um molde inadequado para a transcrição).	(i) Regulação temporal da transcrição gênica específica. (ii) Transcrição alelo-específica.
	Metilação do DNA em sequências promotoras para inibir a transcrição.	(i) Desativar permanentemente a transcrição de promotor(es) específico(s). (ii) Seleção de promotores alternativos dando diferentes pontos de partida.
	Disponibilidade de fatores corretos de ação trans, como fatores de transcrição e cofatores.	(i) Transcrição específica de tecido / célula. (ii) Regulação temporal da transcrição gênica específica.
Processamento do mRNA	Capeamento da extremidade 5' do mRNA com a N-7-metilguanosina; adição de poli-adenosina (poli [A]) à extremidade 3' da maioria dos mRNA.	(i) Estabilização do mRNA. (ii) Reconhecimento por fatores que facilitam o transporte de mRNA para o citoplasma. (iii) Iniciação regulada da tradução de mRNA para proteína.
	Remoção dos íntrons a partir do *splicing* de mRNA.	(i) *Splicing* alternativo, aumenta potencial de codificação.
	Sequências em regiões 3' não traduzidas (UTR) de mRNAs que podem estabilizar ou marcar o RNA para destruição	(i) Controle da meia-vida de um transcrito de mRNA.
Edição do mRNA	Edição de mRNAs para alterar a sequência codificadora, alterando um aminoácido ou criando um códon de parada.	(i) Altera a sequência de aminoácidos da proteína. (ii) Introduz um códon de parada no mRNA, produzindo uma proteína truncada.
Tradução de mRNA	Disponibilidade de fatores para transportar mRNA ao citoplasma.	(i) Regulação temporal da iniciação da tradução. (ii) Entrega de mRNA para regiões específicas do citoplasma, como as extremidades dos axônios, para a tradução local.
	Disponibilidade dos fatores necessários à síntese de proteínas.	(i) Regulação temporal da iniciação da tradução (ii) Uso de códons de iniciação alternativos devido ao sítio interno de entrada no ribossomo (IRES).
	Produção de miRNAs para diminuir a abundância de transcritos específicos.	(i) Tradução limitada ou inexistente de um transcrito

catalisa a formação de mRNA, RNA polimerase II (RNA Pol II), deve ser capaz de identificar as sequências de DNA que marcam o início e o fim de um gene. Em todos os organismos, a RNA Pol II não realiza esse feito sozinha; a transcrição regulada requer a ação de muitas outras proteínas que reconhecem determinados elementos da sequência de DNA associados a cada gene. Essas sequências de DNA são coletivamente chamadas de elementos reguladores de ação *cis*, porque estão fisicamente na mesma molécula de DNA que o gene a ser transcrito; as **sequências de ação *cis*** incluem promotores, *enhancers* (potenciadores) e elementos de resposta. As proteínas que os reconhecem são denominadas **fatores de ação *trans***.

Uma unidade de transcrição engloba mais do que apenas um gene

Classicamente, um gene codificador de proteínas foi definido como uma sequência de DNA que codifica todas as informações necessárias para formar uma proteína funcional. Historicamente, a crença era de que um gene dá origem a um produto gênico, ou proteína. No entanto, agora está claro que muitos produtos funcionais – diferentes espécies de mRNA ou diferentes produtos proteicos – podem surgir de uma única região de DNA transcrito, como resultado de diferenças nos níveis de transcrição ou pós-transcrição. Portanto, há agora uma tendência a se referir a tais "genes" como unidades de transcrição. A **unidade de transcrição** encapsula não apenas as partes do gene classicamente consideradas como a unidade do gene, como os promotores, os éxons e os íntrons, mas também os elementos adicionais da sequência de DNA

que modificam o processo de transcrição desde a iniciação da transcrição até as modificações pós-transcricionais finais. A Figura 23.1 ilustra a nossa compreensão atual dos elementos de sequência conhecidos dentro de uma unidade de transcrição que regulam o tempo e a extensão da sua expressão. Cada um desses elementos de sequência será descrito em mais detalhes nas seções a seguir.

Promotores

Os promotores estão normalmente a montante do ponto de início de transcrição de um gene

As sequências que são relativamente próximas ao local de início da transcrição de um gene e controlam sua expressão são conhecidas coletivamente como promotor. Em eucariotos, os promotores situam-se entre algumas centenas e alguns milhares de nucleotídeos do ponto inicial e são referidos como **promotores proximais**. A sequência promotora atua como uma unidade básica de reconhecimento, sinalizando à RNA Pol II que existe um gene que pode ser transcrito. Além disso, o promotor fornece a informação para a RNA Pol II a fim de iniciar a síntese de RNA no lugar certo e usando a fita correta do DNA como molde. O promotor também desempenha um papel importante na garantia de que o mRNA seja sintetizado no momento certo na célula correta. Como o promotor é crítico para a expressão gênica, ele é frequentemente considerado como parte do gene que ele controla; sem isso, o mRNA não poderia ser feito. Entretanto, dado que os promotores estão

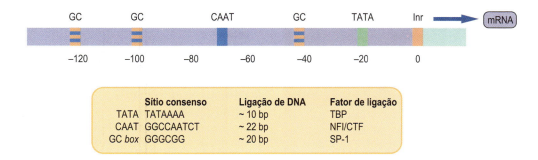

Fig. 23.1 **Versão idealizada de uma unidade de transcrição compreendendo vários elementos promotores.** Cada unidade de transcrição é composta de íntrons, éxons e regiões não traduzidas (UTR), bem como elementos promotores distintos que são classificados como centrais, proximais ou distais, dependendo de sua posição em relação ao sítio de início da transcrição (TSS). A posição dos elementos promotores distais é muito menos definida e pode estar entre 2 e 50 kb de distância do TSS. Certos elementos possuem sequências consenso que se ligam a fatores da ativação de transcrição ubíquos. A ligação dos fatores de transcrição engloba o sítio consenso e um número variável de nucleotídeos adjacentes anônimos, dependendo do elemento promotor. CTF, um membro de uma família de proteínas cujos membros agem como fatores de transcrição; TBP, proteína de ligação a TATA; NFI, fator nuclear I; SP-1, fator de transcrição ubíquo.

tipicamente a montante (5') do local de início da transcrição, eles não são transcritos em mRNA, embora existam algumas exceções documentadas a essa regra. A estrutura exata dos promotores varia de gene para gene dentro do mesmo organismo, mas há um número de elementos-chave de sequência que podem ser identificados dentro de promotores. Esses elementos podem estar presentes em diferentes combinações entre diferentes genes, e alguns elementos podem estar presentes em um gene, mas ausentes em outro.

A eficiência e especificidade da expressão gênica são conferidas por elementos promotores

Embora a sequência de nucleotídeos imediatamente adjacente ao início da transcrição de um gene varie de gene para gene, o primeiro nucleotídeo no transcrito de mRNA tende a ser adenosina, geralmente seguido por uma sequência rica em pirimidina, denominada **iniciadora (Inr)**. Em geral, possui a sequência de nucleotídeos Py_2CAPy_5 (Py-base de pirimidina) e é encontrada entre as posições -3 a +5 em relação ao ponto de início. Além de Inr, a maioria dos promotores possui uma sequência conhecida como **TATA box**, aproximadamente 25 pares de bases (pb) a montante do início da transcrição. A TATA box tem uma sequência consenso de 8 pb que, em geral, consiste inteiramente em pares de bases de adenina-timina (A-T), embora muito raramente um par de guanina-citosina (G-C) possa estar presente. Essa sequência é importante no processo de transcrição, pois as substituições de nucleotídeos que interrompem a TATA box resultam em uma redução acentuada na eficiência da transcrição. As posições da Inr e da TATA box em referência ao início são relativamente fixas e, juntamente com o sítio de início da transcrição (TSS) e o sítio de ligação da polimerase de RNA, são referidas como o **promotor central** (Fig. 23.1). No entanto, deve-se salientar que existem muitos genes eucarióticos que não possuem uma TATA box identificável e, para esses genes, outras sequências são essenciais a fim de determinar o início da transcrição.

Além da TATA box, há descrição de outros elementos promotores proximais de ação cis bastante encontrados. Por exemplo, a **CAAT box** é frequentemente encontrada a montante da TATA box, normalmente cerca de 80 pb a partir do início da transcrição. Como no caso da TATA box, pode ser importante mais pela sua capacidade de aumentar a força do sinal do promotor do que pelo controle tecidual ou temporal da expressão do gene. Outro elemento promotor bastante observado é a **GC box**, uma sequência rica em GC; várias cópias podem ser encontradas em uma única região promotora. A Figura 23.1 ilustra alguns dos elementos comuns de atuação em cis observados nos promotores eucarióticos.

Promotores alternativos permitem a expressão gênica em tecidos ou estágios de desenvolvimento específicos

Embora esteja claro que os promotores são essenciais para que a expressão gênica ocorra, um único promotor não pode direcionar a especificidade tecidual ou a especificidade de estágio de desenvolvimento direcionando a expressão de um gene em diferentes tempos e lugares. Alguns genes desenvolveram uma série de promotores que podem conferir expressão específica nos tecidos. Além do uso de diferentes promotores que estão fisicamente separados, cada um dos promotores alternativos é frequentemente associado ao seu próprio primeiro éxon, e como resultado, cada mRNA e proteína subsequente têm uma extremidade 5' e uma sequência de aminoácidos específicas para o tecido. Um bom exemplo do uso de promotores alternativos em humanos é o gene para a distrofina, a proteína muscular que é deficiente na distrofia muscular de Duchenne (Capítulo 37). Esse gene usa promotores alternativos que dão origem a proteínas específicas do cérebro, do músculo e da retina, todas com diferentes sequências de aminoácidos do N-terminal.

Enhancers

Os enhancers (potenciadores) modulam a intensidade da expressão gênica em uma célula

Embora o promotor seja essencial para a iniciação da transcrição, ele não está necessariamente sozinho na influência da transcrição de um gene em particular. Outro grupo de elementos de ação cis, conhecidos como **enhancers**, pode regular o nível de transcrição de um gene, mas, diferentemente dos

QUADRO DE CONCEITOS AVANÇADOS
IDENTIFICANDO A FUNÇÃO E A ESPECIFICIDADE DAS SEQUÊNCIAS DOS NUCLEOTÍDEOS

As **sequências consenso** são sequências de nucleotídeos que contêm elementos centrais exclusivos que identificam a função e a especificidade da sequência – por exemplo, a TATA *box*. A sequência do elemento pode diferir por alguns nucleotídeos em diferentes genes ou espécies, mas sempre há uma sequência central, ou consenso. Em geral, as diferenças não influenciam a eficácia da sequência. Essas sequências consenso são deduzidas comparando os promotores dos mesmos genes de diferentes espécies de eucariotos, comparando as sequências promotoras de genes que se ligam ao mesmo fator de transcrição, ou determinando experimentalmente a sequência de DNA que serve como elemento de ligação para um fator de transcrição (Fig. 23.1).

promotores, sua posição pode variar muito em relação ao ponto de início da transcrição, e sua orientação não tem efeito sobre sua eficiência. Os **enhancers** podem situar-se a montante ou a jusante do promotor proximal e por vezes são referidos como promotores distais.

Muitos *enhancers* são importantes para conferir transcrição específica a tecidos e, em alguns casos, um promotor não específico só pode iniciar a transcrição na presença de um *enhancer* específico de tecido. Alternativamente, um promotor específico de tecido pode iniciar a transcrição, mas com uma eficiência muito aumentada na presença de um *enhancer* próximo que não seja específico do tecido. Em alguns genes – por exemplo, os genes da imunoglobulina – os *enhancers* podem, na verdade, estar presentes a jusante do ponto inicial de transcrição, dentro de um íntron do gene que está sendo ativamente transcrito.

Insuladores

Insuladores restringem a ação dos intensificadores

Dado que os elementos *enhancer* podem ser posicionados a distâncias significativas do promotor proximal de um gene, não ficou claro como um determinado *enhancer* atinge com precisão o gene correto. Elementos genéticos, chamados **insuladores**, ou isoladores, foram subsequentemente identificados por atuar como elementos de contorno, permitindo que os genes mantenham programas de expressão independentes. Esses elementos insuladores são sequências curtas de DNA que recrutam *proteínas de elementos de contorno*, impedindo que os *enhancers* influenciem a expressão de um promotor vizinho não intencional. Embora as propriedades dos elementos insuladores sejam bem caracterizadas, seu mecanismo preciso de ação é objeto de pesquisa; há evidências de que eles funcionam alterando a estrutura local do DNA (p. ex., induzindo a formação de alças).

Elementos de resposta

Os elementos de resposta são sítios de ligação para fatores de transcrição e regulam de forma coordenada a expressão de múltiplos genes (p. ex., em resposta a estímulos hormonais ou ambientais)

Os elementos de resposta (RE) são sequências que permitem estímulos específicos, como hormônios esteroides (elemento regulador de esterol [SRE]), AMP cíclico (elemento de resposta a AMP cíclico [CRE]) ou fator de crescimento semelhante à insulina tipo 1 (IGF-1, elemento de resposta à insulina [IRE]), para estimular ou reprimir a expressão gênica. Os elementos de resposta fazem parte dos promotores ou dos *enhancers*, nos quais funcionam como locais de ligação para fatores de transcrição específicos. Os elementos de resposta são sequências de ação cis, tipicamente com 6 a 12 bases de comprimento, e as sequências consenso foram determinadas para aqueles que respondem ao mesmo estímulo. Um único gene pode possuir vários elementos de resposta diferentes, possivelmente com transcrição ativada por um estímulo e inibida por outro. Múltiplos genes podem ter o mesmo elemento de resposta, e isso facilita a coindução ou a coexpressão de um grupo de genes, como em resposta a um estímulo hormonal.

Fatores de transcrição

Fatores de transcrição são proteínas de ligação ao DNA que regulam a expressão gênica

Promotores, *enhancers* e elementos de resposta são elementos de sequência que fazem parte do gene; fatores de transcrição são as proteínas que reconhecem essas sequências. Fatores de transcrição são fatores de ação *trans*, pois são proteínas solúveis que podem se difundir dentro do núcleo e agir em múltiplos genes em diferentes cromossomos. Ao contrário das sequências de ação cis, elas não estão fisicamente conectadas com o gene que está sendo transcrito. O genoma humano codifica aproximadamente 2.000 diferentes fatores de transcrição, representando mais de 10% de todos os genes humanos.

Os fatores de transcrição podem afetar diretamente a transcrição ao controlar a função da RNA polimerase, ou indiretamente, afetando a estrutura da cromatina

Existem dois tipos principais de fatores de transcrição: (1) fatores gerais de transcrição e (2) fatores de transcrição específicos de sequência. Os fatores gerais de transcrição são necessários para a expressão de cada gene. Esses fatores de transcrição interagem com a RNA polimerase, formando o **complexo de iniciação** necessário para o início da transcrição. Os fatores gerais de transcrição irão variar dependendo da classe do gene que está sendo transcrito, sendo geralmente diferentes para RNA polimerase I, II e III (Capítulo 21). A RNA Pol II, por exemplo, requer os fatores gerais de transcrição TFIIA, B, D, E, F e H.

Os fatores de transcrição específicos de sequência são proteínas de ligação ao DNA que reconhecem sequências de nucleotídeos específicos e regulam a expressão gênica (Fig. 23.2). Esses fatores de transcrição podem agir positivamente para promover

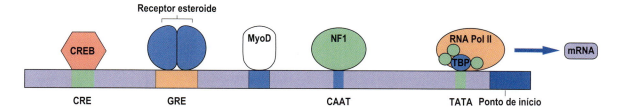

Fig. 23.2 **Regulação da expressão gênica por elementos regulatórios específicos.** A ligação de fatores de transcrição a um elemento regulador de esterol modula a taxa de transcrição da mensagem. Diferentes elementos têm efeitos variados no nível de transcrição, com alguns exercendo efeitos maiores do que outros, e eles também podem ativar expressão específica de tecidos. CRE, elemento de resposta ao AMP cíclico; CREB, proteína de ligação a CRE; GRE, elemento de resposta a glicocorticoide; MyoD, fator de transcrição específico de célula muscular; NF1, fator nuclear 1. As proteínas são mostradas em um arranjo linear por conveniência, mas interagem fisicamente umas com as outras por causa de seu tamanho e do dobramento do DNA.

a transcrição ou negativamente para promover o silenciamento do gene. O repertório único de fatores de transcrição presentes em uma célula em um determinado momento determinará em grande parte que porção do genoma é transcrita em RNA. Em células eucarióticas, particularmente células de mamíferos, as RNA polimerases não podem reconhecer as sequências promotoras por si só. A tarefa dos fatores específicos dos genes é criar um ambiente local que possa atrair com sucesso os fatores gerais, os quais, por sua vez, atraem a polimerase. No entanto, há evidências emergentes de que o próprio complexo de RNA polimerase também pode ser importante na regulação da expressão gênica.

Além disso, outras proteínas podem se ligar aos fatores de transcrição específicos de sequência e modular sua função reprimindo ou ativando a expressão gênica; esses fatores são frequentemente chamados de **coativadores** ou **correpressores**. Assim, a taxa global de transcrição de RNA de um gene é o resultado da interação complexa de uma multiplicidade de fatores de transcrição, coativadores e correpressores. Como existem milhares desses fatores em uma célula, há um número quase inimaginavelmente grande de combinações que podem ocorrer e, assim, o controle da expressão gênica pode ser muito específico e muito sutil.

Existem muitas diferenças na regulação transcricional entre procariotos e eucariotos. A estrutura gênica é fundamentalmente diferente em procariotos, porque os genes são tipicamente organizados em operons policistrônicos, pelos quais uma sequência promotora regula a expressão de múltiplos genes. Além disso, nos procariotos, os elementos *cis* que controlam o local de início e, em geral, o início da transcrição são colocados mais próximos do ponto de partida. Esses elementos *cis* são em menor número e são muito menos variados em comparação com os dos eucariotas, e os elementos promotores distais, tais como *enhancers*, não existem. Além disso, há menos fatores *trans* ativos que controlam a expressão gênica e, na maior parte dos procariotos, os genes estão tipicamente no estado "ligado", com os fatores agindo de forma *trans* primariamente como repressores transcricionais. No geral, a regulação da expressão gênica é muito menos complexa em procariotos em comparação com os eucariotos.

A iniciação da transcrição requer a ligação de fatores de transcrição gerais ao DNA

Para que a transcrição ocorra, os fatores de transcrição devem se ligar ao DNA. Um dos primeiros passos na iniciação da transcrição é o reconhecimento e a ligação à sequência da TATA *box* por uma **proteína de ligação a TATA (TBP)**. Para a iniciação da transcrição da RNA Pol II, a TBP se associa a uma variedade de outras proteínas de modo a compor o fator de transcrição geral multi-subunidades **II D (TFIID**, ou **TF$_{II}$D)**. A ligação da TBP à TATA *box* tem dois efeitos: (1) Direciona o posicionamento do aparato de transcrição a uma distância fixa do ponto inicial de transcrição e, assim, permite que a RNA Pol II seja posicionada exatamente no local de início da transcrição. (2) Ela distorce o DNA duplo, fazendo com que o DNA naquele sítio se curve. Após o recrutamento de outros fatores gerais de transcrição e na presença de ATP, o DNA neste local é parcialmente desenovelado, expondo a fita de DNA correta ao sítio ativo da RNA Pol II a ser utilizado como um molde para a síntese de RNA modelada por DNA. Isso é denominado **formação do complexo aberto do promotor**. Uma vez iniciada a transcrição e o híbrido inicial RNA:DNA estabilizado, muitos dos fatores de transcrição necessários para a ligação e o alinhamento de RNA Pol II são liberados, e a polimerase viaja ao longo do DNA, formando o transcrito pré-mRNA em um processo denominado **remoção (ou escape) do promotor**.

A função dos fatores de transcrição (TF) é controlada por redes intricadas de transdução de sinais celulares que processam os sinais externos, como estimulação por fatores de crescimento, hormônios e outros estímulos extracelulares, em mudanças nas atividades do FT. Tais alterações são frequentemente conferidas pela fosforilação, que pode regular a localização nuclear dos FTs, sua capacidade de se ligar ao DNA ou sua regulação da atividade da RNA polimerase. A presença de diferentes locais de ligação de FT num promotor de genes confere ainda a regulação combinatória. Esse tipo de controle de múltiplas camadas garante que a transcrição gênica possa ser finamente ajustada de maneira altamente versátil para estados celulares específicos e requisitos ambientais.

Fatores de transcrição possuem sítios de ligação de DNA altamente conservados

A ligação dos fatores de transcrição ao DNA envolve uma área relativamente pequena da proteína fator de transcrição, que entra em contato íntimo com o sulco maior e/ou menor da dupla hélice do DNA a ser transcrita. As regiões dessas proteínas que entram em contato com o DNA são chamadas de domínios ou motivos de ligação ao DNA, e são altamente conservadas entre as espécies. Existe uma variedade de domínios de ligação ao DNA, alguns dos quais ocorrem em múltiplos fatores de transcrição ou múltiplas vezes no mesmo fator. **Quatro classes comuns de domínio de ligação ao DNA são as seguintes:**

1. Hélice-volta-hélice;
2. Motivos de hélice-alça-hélice;
3. Dedos de zinco (discutidos mais adiante no capítulo);
4. Zíperes de leucina.

A maioria dos fatores de transcrição específicos de sequência contém pelo menos um desses motivos de ligação ao DNA, e as proteínas com funções desconhecidas que contêm qualquer um desses motivos são, provavelmente, fatores de transcrição. Os fatores de transcrição se ligam em média a uma sequência de DNA de 10 nucleotídeos e possuem 20 ou mais locais de contato entre a proteína e o DNA, o que amplifica a força e a especificidade da interação. Existem cerca de 2.000 fatores de transcrição no genoma humano, o que representa ~10% dos genes, permitindo uma regulação sofisticada da expressão gênica.

Além de um domínio de ligação ao DNA, os fatores de transcrição específicos de sequência também possuem um **domínio regulatório de transcrição** que é necessário para sua capacidade de modular a transcrição. Esse domínio pode funcionar de várias maneiras. Ele pode interagir diretamente com o complexo RNA polimerase–fator de transcrição geral. Pode ter efeitos indiretos via coativadores ou proteínas correpressoras, ou pode estar envolvido na remodelação da cromatina (discutido a seguir no capítulo), e assim alterar a capacidade do promotor de recrutar outros fatores de transcrição.

Uma maneira de caracterizar a interação de um fator de transcrição com uma sequência particular de DNA é utilizar uma técnica denominada **ensaio de retardo da mobilidade eletroforética (EMSA;** Fig. 23.3). Esse método tem sido utilizado para auxiliar na purificação de fatores de transcrição, identificá-los em misturas complexas (como um extrato celular), delinear o tamanho do local de ligação e estimar a força da interação entre o fator e a sequência de DNA que reconhece.

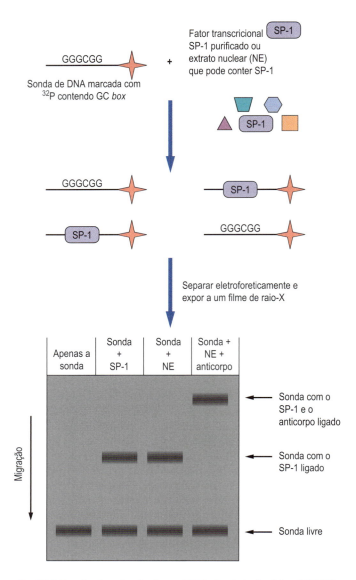

Fig. 23.3 **Ensaio de retardo da mobilidade eletroforética (EMSA).** Os componentes básicos do método EMSA estão incluídos no diagrama. Neste exemplo, uma sonda de DNA marcada com ^{32}P é primeiramente incubada com o fator de transcrição purificado SP-1 ou com o extrato nuclear (NE) que contém SP-1 e é então submetida à eletroforese em gel nativo (não desnaturante). Se a SP-1 se ligar à sonda, ela terá uma mobilidade mais lenta no gel do que a sonda sem ligação à proteína (sonda livre). Caso um anticorpo para SP-1 seja incluído na reação com NE, então o complexo sonda/anticorpo anti-SP-1 migra ainda mais lentamente, confirmando que a proteína ligada à sonda é de fato a SP-1. A EMSA pode ser utilizada para ajudar a caracterizar qualquer interação ácido nucleico-proteína, incluindo a interação de RNA e proteínas.

RECEPTORES ESTEROIDES

Receptores esteroides possuem muitas características de fatores de transcrição e fornecem um modelo para o papel das proteínas dedo de zinco na ligação ao DNA

Os hormônios esteroides têm uma ampla gama de funções em humanos e são essenciais para a vida normal. Eles são derivados de um precursor comum, o colesterol e, portanto, compartilham um esqueleto estrutural semelhante (Capítulo 14). No entanto, as diferenças na hidroxilação de certos átomos de carbono e a aromatização do anel esteroide A dão origem a diferenças marcadas no efeito biológico. Os esteroides provocam os seus efeitos biológicos ligando-se a receptores hormonais específicos de esteroides; esses receptores são encontrados no citoplasma e no núcleo da célula. Para os receptores do tipo I (citoplasmáticos), os ligantes esteroides induzem alterações estruturais que levam à dimerização do receptor e à exposição de **um sinal de localização nuclear (NLS)**; esse sinal, assim como a dimerização, em geral é bloqueado por uma proteína de choque térmico que é liberada na ligação com esteroides. O complexo ligante-receptor entra agora no núcleo, onde se liga ao DNA no elemento regulador de esterol (SRE), alternativamente chamado de **elemento de resposta hormonal (HRE)**. Os SREs podem ser encontrados muitas kilobases a montante ou a jusante do início da transcrição. O complexo esteroide-receptor funciona como um fator de transcrição específico de sequência, e a ligação do complexo ao SRE resulta na ativação do promotor e na iniciação da transcrição (Fig. 23.4) ou, em alguns casos, na repressão da transcrição. Como pode ser esperado, devido ao grande número de esteroides encontrados em humanos, existem um número correspondentemente grande de proteínas receptoras de esteroides, e cada uma delas reconhece uma sequência consenso, um SRE, na região de um promotor.

O motivo dedo de zinco

Um motivo dedo de zinco em receptores esteroides liga-se ao elemento regulador de esterol no DNA

Fundamental para o reconhecimento do SRE no DNA, e para a ligação do receptor a ele, é a presença da região chamada dedo de zinco no domínio de ligação do DNA da molécula receptora. Os dedos de zinco consistem em uma alça peptídica com um átomo de zinco no centro dessa estrutura. No dedo de zinco típico, a alça compreende dois resíduos de cisteína e dois de histidina em posições altamente conservadas em relação uma à outra, separadas por um número fixo de aminoácidos intervenientes; os resíduos Cys e His são coordenados ao íon zinco. O dedo de zinco medeia a interação entre a molécula do receptor esteroide e o SRE no sulco maior da dupla hélice do DNA. Os motivos dedo de zinco no DNA são geralmente organizados como uma série de dedos em repetição em tandem; o número de repetições varia em diferentes fatores de transcrição. A estrutura precisa do receptor esteroide dedo de zinco difere a partir de uma sequência consenso (Fig. 23.5).

As proteínas dedo de zinco reconhecem e se ligam a **sequências palindrômicas** curtas do DNA. Os palíndromos são sequências de DNA onde se lê a mesma sequência (5' a 3') nas fitas antiparalelas – por exemplo, 5' - GGATCC - 3', onde se lê a mesma sequência 5' a 3' na fita complementar. A dimerização do receptor e o reconhecimento das sequências idênticas em filamentos opostos fortalecem a interação entre o receptor e o DNA e, assim, aumentam a especificidade do reconhecimento do SRE.

Organização do receptor esteroide

Os receptores esteroides são produtos de uma família de genes altamente conservada

Uma característica central de todas as proteínas receptoras de esteroides é a similaridade na organização de suas moléculas receptoras. Cada receptor possui um domínio de ligação ao DNA, um domínio de ativação da transcrição, um domínio de ligação ao hormônio esteroide e um domínio de dimerização. Existem três características marcantes sobre a estrutura dos receptores de hormônios esteroides:

- A região de ligação ao DNA contém sempre uma região altamente conservada de dedos de zinco que, se alterada, resulta na perda de função do receptor.

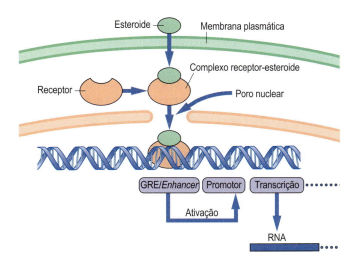

Fig. 23.4 **Regulação da transcrição gênica por glicocorticoides.** Os esteroides induzem a dimerização de moléculas receptoras que, por sua vez, se ligam a um *enhancer*, ativando a transcrição do gene. GRE, elemento de resposta a glicocorticoide.

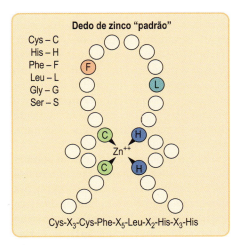

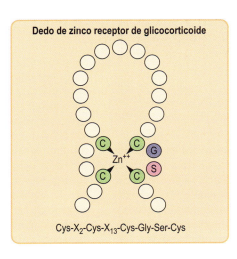

Fig. 23.5 **Um dedo de zinco "padrão" e um dedo de zinco receptor de esteroide.** Os dedos de zinco são sequências que ocorrem comumente e permitem a ligação de proteínas ao DNA de fita dupla. C, cisteína; G, glicina; S, serina; X, qualquer aminoácido interveniente.

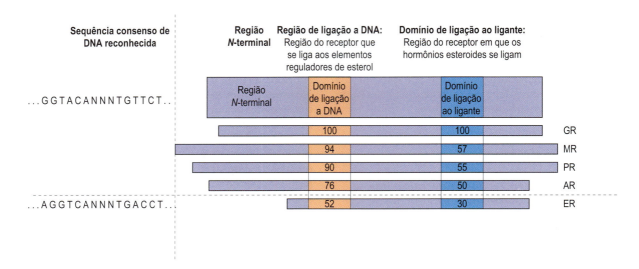

Fig. 23.6 **Semelhança entre diferentes receptores esteroides.** As regiões de ligação a DNA e de ligação a hormônios dos receptores esteroides partilham um elevado grau de homologia. O receptor de estrogênio é menos semelhante ao receptor de glicocorticoide do que os outros. AR, receptor de androgênio; ER, receptor de estrogênio; GR, receptor de glicocorticoide; MR, receptor mineralocorticoide; PR, receptor de progesterona; NNN, quaisquer três nucleotídeos. Os números denotam o percentual de homologia dos aminoácidos para a sequência no GR.

 QUADRO DE CONCEITOS AVANÇADOS
FAMÍLIA DE GENES DE RECEPTORES ESTEROIDES: OS RECEPTORES DO HORMÔNIO DA TIREOIDE

A família de genes de receptores esteroides, embora grande, é na verdade apenas um subconjunto de uma família muito maior dos chamados receptores nucleares. Todos os membros desta família possuem a mesma estrutura básica que os receptores de hormônios esteroides: uma região N-terminal muito variável, uma região de ligação do DNA altamente conservada, uma região variável de dobradiça e um domínio de ligação ao ligante altamente conservada (Fig. 23.6). Eles são separados em dois grupos básicos. Os **receptores do tipo I (citoplasmáticos)** são um grupo de proteínas receptoras, como o receptor de glicocorticoide, que formam homodímeros e ligam-se especificamente a elementos de resposta hormonal de esteroide apenas na presença de seu ligante. Os **receptores do tipo II (nucleares)** formam homodímeros que podem se ligar a elementos de resposta na ausência de seu ligante. Os receptores do tipo II incluem os receptores do hormônio da tireoide, da vitamina D e do ácido retinoico.

- As regiões de ligação ao DNA de todos os receptores de hormônios esteroides têm um alto grau de homologia entre si.
- As regiões de ligação a esteroides mostram um alto grau de homologia entre si.

Essas características comuns identificaram as proteínas receptoras de esteroides como produtos de uma família de genes. Parece que, durante o curso da evolução, a diversificação de organismos resultou na necessidade de diferentes esteroides com ações biológicas variadas e, consequentemente, um único gene ancestral passou por duplicação e mudança evolutiva ao longo de milhões de anos, resultando em um grupo de receptores relacionados, mas ligeiramente diferentes (Fig. 23.6).

ABORDAGENS ALTERNATIVAS PARA A REGULAÇÃO GÊNICA EM HUMANOS

Acesso ao promotor

A estrutura da cromatina afeta o acesso dos fatores de transcrição aos genes e, portanto, afeta a expressão gênica

O DNA no núcleo da célula é empacotado em nucleossomos e em estruturas de ordem superior em associação com histonas e outras proteínas, formando a cromatina (Capítulo 20). Assim, os promotores de alguns genes podem não estar prontamente acessíveis aos fatores de transcrição, mesmo se os próprios fatores de transcrição estiverem presentes no núcleo. Tornou-se evidente que o grau de empacotamento do DNA promotor e a presença, ausência e localização precisa dos nucleossomos em um promotor influenciam o grau de acesso, tanto para os fatores de transcrição específicos de sequência quanto para o complexo RNA Pol II associado a fatores gerais de transcrição. A cromatina condensada, denominada **heterocromatina**, na qual o DNA está fortemente associado aos nucleossomos, não é um bom molde para a transcrição; o remodelamento da cromatina (discutido mais adiante no capítulo) é necessário antes que a transcrição prossiga. A **eucromatina** é o termo dado a regiões genômicas que estão apenas parcialmente condensadas na cromatina e tipicamente, mas nem sempre, contêm regiões de transcrição gênica ativas.

O remodelamento também pode ser necessário em porções de eucromatina, dependendo da célula ou do tecido, mas o estado inicial da cromatina é mais acessível. Diferentes regiões do genoma serão empacotadas em heterocromatina e eucromatina, dependendo do tipo de célula, permitindo a regulação da expressão gênica no nível da acessibilidade ao DNA. Certas porções de cromossomos, como centrômeros e telômeros, são constitutivamente mantidas em um estado heterocromático e são refratárias à transcrição.

Os nucleossomos são alterados dinamicamente durante a expressão gênica por meio da ação de enzimas que os modificam e os remodelam

O empacotamento do DNA em cromatina em células eucarióticas levou à evolução de mecanismos reguladores que controlam o empacotamento das histonas e a estabilidade dos nucleossomos e, portanto, a acessibilidade ao DNA da maquinaria de transcrição. Existem duas classes de fatores de transcrição que influenciam a estrutura da cromatina; eles podem facilitar ou reprimir a transcrição:

1. Aqueles que alteram a composição química da cromatina pela modificação pós-traducional das proteínas histonas.
2. Aqueles que utilizam a energia da hidrólise do ATP para reposicionar fisicamente os nucleossomos em relação ao DNA subjacente.

As proteínas histonas são substratos para enzimas que adicionam e removem diversos grupos químicos e pequenas proteínas (Tabela 23.2). A primeira modificação de histonas identificada foi a **acetilação de histona**, a adição de um grupo acetil a partir de acetil-CoA ao grupo amino de resíduos de lisina, predominantemente no domínio N-terminal das histonas H3 e H4. Os resíduos das histonas também são fosforilados, metilados e ubiquitinados, e foram identificadas muitas enzimas que catalisam a adição e a remoção dessas modificações. A consequência das modificações das histonas é dupla. Podem agir diretamente interferindo na interação histona:DNA. Por exemplo, a acetilação de resíduos de lisina neutraliza sua carga positiva e enfraquece a interação histona:DNA, tornando o DNA subjacente mais acessível. Em segundo lugar, as modificações das histonas podem atuar indiretamente, servindo como pontos de ancoragem para o recrutamento de outros fatores de transcrição para regiões específicas do genoma. Por exemplo, a metilação da histona H3 leva à ligação de uma proteína HP-1 (proteína da heterocromatina

1) e fatores associados, levando ao aumento da condensação do DNA nessa região. Esses dois exemplos ilustram como diferentes modificações de histonas podem afetar a estrutura da cromatina de maneiras contrastantes e, portanto, têm efeitos opostos na transcrição. Em geral, a acetilação de histonas se correlaciona com a transcrição gênica ativa, enquanto a metilação de histonas tende a causar o silenciamento gênico. No entanto, deve-se notar que existem exemplos que contradizem essa regra, e o efeito de uma determinada modificação de histona depende do resíduo específico da histona que é modificado bem como o contexto genômico do nucleossomo modificado.

Os **remodeladores de cromatina** representam a segunda classe dos fatores de transcrição que afetam a estrutura dos cromossomos; elas são translocases de DNA dependentes de ATP que são importantes para o empacotamento do genoma e para a regulação da acessibilidade do DNA em regiões empacotadas. A transcrição é influenciada pelos remodeladores da cromatina de formas antagônicas: certos remodeladores agem para organizar a cromatina e restringir o acesso à maquinaria de transcrição, enquanto outros ejetam os nucleossomos de sequências reguladoras *cis* nos promotores, promovendo, assim, a ativação da transcrição. Certos remodeladores também são essenciais para auxiliar a progressão da RNA polimerase ao longo de um gene durante o alongamento da transcrição. Remodeladores de cromatina atuam em conjunto com modificações de histonas, porque muitas das proteínas de remodelação contêm domínios de reconhecimento de modificação de histonas, que as direcionam para localizações genômicas específicas, por meio de uma interação direta com uma histona modificada. Tomados em conjunto, é evidente que a interação dinâmica da estrutura da cromatina, do fator de transcrição e da ligação de cofator é importante para determinar se um gene é transcrito e quão eficientemente a RNA polimerase o transcreve.

A metilação do DNA regula a expressão gênica

A metilação é uma das várias modificações epigenéticas do DNA; padrões de metilação do DNA ao nascer afetam o risco de várias doenças relacionadas à idade

Em eucariotos multicelulares, certos nucleotídeos, principalmente a citidina na quinta posição no anel de pirimidina, podem sofrer metilação enzimática sem afetar o pareamento de Watson-Crick. Os resíduos de citidina metilada são geralmente encontrados associados a uma guanosina, porque o dinucleotídeo CpG – e em DNA dupla fita, a citidina complementar – também é metilado, dando origem a uma sequência palindrômica:

$5'^{m}$CpG $3'$
$3'$GpC^{m} $5'$

A presença da citidina metilada pode ser examinada por suscetibilidade a enzimas de restrição (Capítulo 20) que cortam o DNA em locais contendo grupos CpG especificamente não metilados em comparação com outras enzimas de restrição que cortam independentemente de o CpG estar metilado. Além disso, uma técnica de **sequenciamento de DNA tratado com bissulfito,** que se baseia na reatividade diferencial da

Tabela 23.2 Exemplos de modificações pós-traducionais de histonas em humanos

Efeito transcricional	Modificação	Proteína histona	Resíduo
Repressão transcricional	Metilação de argininas	H3	Arg2
	Metilação de lisinas	H3	Lys9, Lys27
Ativação transcricional	Metilação de lisinas	H3	Lys4, Lys36, Lys79
		H4	Lys20
		H2B	Lys5
	Acetilação de lisinas	H3	Lys4, Lys14, Lys18, Lys23, Lys27
		H4	Lys5, Lys8, Lys12, Lys16, Lys20, Lys91
		H2A	Lys5, Lys9
		H2B	Lys5, Lys12, Lys20, Lys120
	Fosforilação de serinas	H3	Ser10
		H4	Ser1

QUADRO DE CONCEITOS AVANÇADOS
REGULAÇÃO EPIGENÉTICA DA EXPRESSÃO GÊNICA

A metilação é um aspecto do estudo da **epigenética**, um amplo campo que, em geral, aborda estados alternativos e hereditários da expressão gênica os quais dependem de modificações no DNA e na proteínas, sem alterações na sequência do DNA. Mecanismos de controle epigenético incluem metilação do DNA e modificação de histonas, e evidências sugerem que esses mecanismos podem ser diretamente influenciados pelo ambiente de um organismo. Por exemplo, o campo da nutrigenômica pergunta como dietas e fatores nutricionais regulam a expressão gênica; a privação nutricional precoce por um curto período de tempo afeta os mecanismos epigenéticos. Especificamente, essa privação pode causar *imprinting* nutricional, gerando estados de cromatina, o que em certos indivíduos predispõe a maquinaria de expressão gênica para o desenvolvimento de doenças mais tarde na vida. Assim, o risco de doenças relacionadas à idade, como síndrome metabólica, obesidade, aterosclerose, diabetes, artrite e câncer, pode ser afetado por fatores de dieta e estilo de vida durante a juventude. O impacto dos fatores epigenéticos pode mudar a nossa abordagem nos cuidados médicos, enfatizando a importância da medicina preventiva e intervenção precoce para o controle de doenças relacionadas com a idade, porque o ponto de partida para susceptibilidade à doença pode acontecer muitos anos antes do aparecimento dos primeiros sintomas.

A suscetibilidade e a progressão do câncer também podem ser predeterminadas pelo nosso epigenoma. Por exemplo, a hipermetilação de genes supressores de tumor é comumente observada em cânceres humanos. Drogas que inibem as DNA-metil transferases estão sendo testadas como um meio de expor esses genes reprimidos para o tratamento de leucemias. Além disso, os genes que regulam negativamente o crescimento celular muitas vezes são reprimidos pela desacetilação das histonas nesses locais, criando uma forma de cromatina mais compacta e transcricionalmente silenciosa. **Inibidores da histona desacetilase (HDAC)** estão sendo testados como agentes terapêuticos para o tratamento de cânceres de rápido crescimento, como os linfomas.

QUADRO DE CONCEITOS AVANÇADOS
CRISPR: EDITANDO O GENOMA

Repetições **p**alindrômicas **c**urtas **a**grupadas e **r**egularmente **i**nterespaçadas (CRISPR) são *loci* genéticos que foram originalmente descritos em genomas bacterianos. As repetições palindrômicas são separadas (intercaladas) por sequências únicas que compreendem uma biblioteca de DNA derivada da exposição prévia a vírus. Esses conjuntos de genes funcionam em conjunto com os genes do sistema associado a CRISPR (*cas*) como parte do sistema imune adaptativo bacteriano. Após a infecção por um vírus, o sistema CRISPR irá segmentar e clivar sequências gênicas complementares no DNA viral e inibir sua replicação; um sistema semelhante visa o RNA estranho.

A Cas9, uma exonuclease de DNA guiada por RNA, é um componente central do CRISPR. A Cas9 se liga a um RNA CRISPR altamente estruturado (RNAcr) que contém uma extensão curta (~ 20 nucleotídeos) chamada RNA guia (RNAg). RNAs guias são derivados do DNA intercalado e são complementares às sequências no genoma viral. O RNA guia direciona a Cas9 para a sequência do gene-alvo com alta precisão, o genoma viral é clivado por uma ruptura de fita dupla feita por Cas9, e a quebra é prolongada pela atividade da exonuclease Cas9 – o agente infeccioso foi destruído.

A tecnologia CRISPR revolucionou a edição do genoma. Simplesmente por meio da engenharia de um RNA guia complementar a um alvo de DNA específico e da expressão da proteína Cas9, o CRISPR pode ser aplicado em muitos contextos celulares, incluindo as células eucarióticas. De fato, o sistema CRISPR/Cas9 já foi utilizado para interromper ou eliminar genes eucarióticos, introduzindo uma quebra de fita dupla no que se tornaria um éxon no mRNA. Embora a quebra dupla não altere por si só a função do gene, o processo de reparo pela célula, tipicamente por meio de recombinação não homóloga (Capítulo 20), introduz uma sequência de DNA modificada no local complementar à sequência nas proximidades da quebra. Dessa forma, a sequência do DNA é editada, e a função do gene é permanentemente interrompida. Em aplicações mais sofisticadas, os processos de clivagem e reparo de DNA podem ser controlados para inserir uma sequência de DNA modificado, corrigindo uma mutação no genoma.

A tecnologia CRISPR foi aplicada a células em cultura, células-tronco, embriões e até mesmo mamíferos inteiros. Atualmente, estudos em modelos animais são promissores, e embora a enzima Cas9 ainda cometa erros ocasionais, o CRISPR está sendo utilizado em humanos individuais e em estudos clínicos. Dependendo do sucesso desses esforços, a edição genética provavelmente será direcionada a uma ampla gama de doenças genéticas; anemia falciforme, fibrose cística e câncer são os principais candidatos para estudos iniciais.

metil citidina, pode ser utilizada para mapear precisamente os locais de metilação com resolução de um único par de base.

A metilação do DNA é realizada por um grupo de enzimas conhecidas como DNA-metiltransferases (DNMT), que estão presentes nos genomas, desde bactérias até humanos. No entanto, a extensão em que o genoma de um organismo é metilado varia muito. O genoma humano é em grande parte metilado, e ficou claro que a **metilação é geralmente associada a regiões de DNA que transcrevem menos ativamente o RNA**. Acredita-se que isso seja o resultado de ambas (a) a incapacidade de certos fatores de transcrição se ligarem ao DNA metilado e (b) o recrutamento direto de enzimas modificadoras de histonas cuja atividade resulta em um estado de heterocromatina silenciosa, mais compacta. Embora a metilação do DNA tenha sido vista como uma marca permanente, tornou-se evidente que a desmetilação de um gene nas suas sequências promotora e codificadora permite a iniciação e a eficiência ideal da transcrição, respectivamente. Na verdade, a regulação do estado de metilação dos promotores pode ser um processo mais dinâmico do que se acreditava anteriormente – por exemplo, observou-se uma diminuição da metilação de determinados promotores gênicos nas células musculares após o exercício.

Muitos genes em humanos (cerca de 50%) possuem trechos concentrados de dinucleotídeos CG, as chamadas **ilhas CpG (CPI)**, na região de seus promotores. Essas CPIs são evidentes na medida em que tendem a não ser metiladas e, portanto, permitem o início da transcrição nesses locais. Entretanto, a hipermetilação de CPIs específicas foi detectada em certas doenças, como câncer, esquizofrenia e transtornos do espectro do autismo. Além disso, recentemente foi observada uma ligação em humanos entre a hipermetilação de CPIs e o envelhecimento.

Splicing alternativo do mRNA

O splicing alternativo produz muitas variantes de uma proteína a partir de um único pré-mRNA

No Capítulo 21, foi apresentado o conceito de *splicing* do transcrito inicial, ou pré-mRNA. A maioria dos pré-mRNAs pode sofrer *splicing* de maneiras alternativas, incluindo ou excluindo diferentes combinações de éxons. Em humanos, mais de 90% dos genes multiéxon estão sujeitos a *splicing* alternativo. Argumenta-se que o *splicing* alternativo é um mecanismo para fornecer diversidade suficiente entre as espécies a fim de explicar a singularidade individual, apesar das semelhanças em seu complemento gênico. Como existem, em média, cerca de sete éxons por gene humano, um pré-mRNA pode originar muitas versões diferentes do mRNA e, portanto, diferentes proteínas finais, conhecidas como **isoformas**. Essas isoformas de proteínas podem diferir apenas por alguns aminoácidos ou, alternativamente, podem ter diferenças significativas que conferem diferentes papéis biológicos. Por exemplo, a inclusão ou exclusão de um éxon particular pode afetar onde a proteína está localizada, se uma proteína permanece na célula ou se é secretada, e se há isoformas específicas no músculo esquelético *versus* cardíaco. Em alguns casos, o processamento alternativo produz uma isoforma de proteína truncada, conhecida como **proteína mutante negativa dominante**, que age inibindo a função da proteína de comprimento total.

O *splicing* alternativo é rigidamente regulado, de modo que formas particulares de *splicing* estão tipicamente presentes somente em células ou tecidos específicos, em estágios definidos de desenvolvimento ou sob condições bem definidas. Por exemplo, no cérebro humano, existe uma família de proteínas de adesão na superfície celular, as **neurexinas**, que medeiam a complexa rede de interações entre aproximadamente 10^{12} neurônios. As neurexinas estão entre os maiores genes humanos, e centenas, talvez milhares, de isoformas de neurexina são geradas a partir de apenas três genes por promotores e *splicing* alternativos. Essas isoformas facilitam uma gama diversificada de comunicações intercelulares necessárias ao desenvolvimento de redes neurais sofisticadas. As neurexinas provavelmente têm um conjunto igualmente complexo de isoformas ligantes, proporcionando uma grande flexibilidade para interações celulares reversíveis durante o desenvolvimento do sistema nervoso central.

Edição de RNA no nível pós-transcricional

O editossomo modifica a sequência de nucleotídeos interna dos mRNAs maduros

A edição de RNA envolve a alteração mediada por enzima de mRNAs maduros antes da tradução. Esse processo, realizado por **editossomos** (Capítulo 21), pode envolver inserção, deleção ou conversão de nucleotídeos na molécula de RNA. Como o *splicing* alternativo, a substituição de um nucleotídeo por outro pode resultar em diferenças específicas de tecido nos transcritos. Por exemplo, *APOB*, o gene da apolipoproteína B humana (apoB), um componente da lipoproteína de baixa densidade, codifica um transcrito de mRNA de 14,1 kb no fígado e um produto proteico de 4536 aminoácidos, apoB100 (Capítulo 33). No entanto, no intestino delgado, o mRNA é traduzido em um produto proteico chamado apoB48, que tem 2152 aminoácidos de comprimento (∼ 48% de 4536), sendo esses aminoácidos idênticos aos primeiros 2152 aminoácidos da apoB100. A diferença no tamanho da proteína ocorre porque, no intestino delgado, o nucleotídeo 6666 é "editado" pela desaminação de um único resíduo de citidina, convertendo-o em um resíduo de uridina. A mudança resultante, de uma glutamina para um códon de parada, causa a terminação prematura, produzindo apoB48 no intestino (Fig. 23.7).

Além dessa citidina desaminase, existem outras enzimas que modificam mRNAs antes da tradução, como as **ADARs (uma *a*denosina *d*esaminase *a*tuante no *R*NA)**. A ADAR1 catalisa a desaminação da adenosina em resíduos de inosina em dsRNAs; a edição do RNA é essencial ao desenvolvimento de células-tronco hematopoiéticas, e mutações nessa enzima em camundongos causam a morte embrionária precoce. A ADAR2 modifica o mRNA de um receptor do glutamato neuronal,

---

QUADRO CLÍNICO
O *SPLICING* ALTERNATIVO E A EXPRESSÃO ESPECÍFICA DE TECIDO DE UM GENE: UMA MENINA COM UM EDEMA NO PESCOÇO

Uma menina de 17 anos notou um inchaço no lado esquerdo do pescoço. Fora isso, ela estava bem, mas tanto a mãe como o tio materno tiveram tumores da tiroide removidos. O sangue foi retirado e enviado ao laboratório para medição da calcitonina, um biomarcador de carcinoma medular. A calcitonina estava bastante aumentada, e a patologia da massa tireoidiana excisada confirmou o diagnóstico de carcinoma medular da tireoide. Essa família tem uma mutação genética que causa a condição conhecida como neoplasia endócrina múltipla tipo IIA (MEN IIA). A MEN IIA é uma síndrome de câncer autossômica dominante de alta penetrância causada por uma mutação germinativa no proto-oncogene RET. Cerca de 5% a 10% dos cânceres resultam de mutações germinativas, mas outras mutações somáticas são necessárias para o desenvolvimento do câncer.

Comentário

A expressão do gene da calcitonina fornece um exemplo de como diferentes mecanismos podem regular a expressão gênica e dar origem a produtos gênicos específicos de tecidos que têm atividades muito diferentes. O gene da calcitonina consiste em cinco éxons e usa dois sítios alternativos de sinalização por poliadenilação. Na glândula tireoide, as células C medulares produzem calcitonina usando um sítio de sinalização por poliadenilação associado ao éxon 4, para transcrever um pré-mRNA compreendendo os éxons 1–4. Os íntrons associados são excisados, e o mRNA é traduzido para gerar calcitonina; a calcitonina elevada é diagnóstica para essa condição. No entanto, no tecido neural, é utilizado um segundo local de sinalização por poliadenilação próximo ao éxon 5. Isso resulta em um pré-mRNA compreendendo todos os cinco éxons e seus íntrons intervenientes. Esse pré-mRNA maior é então processado, e além de todos os íntrons, o éxon 4 também é excisado, deixando um mRNA que compreende os éxons 1–3 e 5, o qual é então traduzido em um potente vasodilatador, peptídeo relacionado ao gene da calcitonina (CGRP).

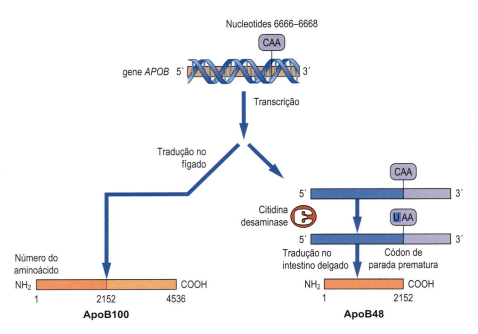

Fig. 23.7 **A edição de RNA do gene APOB em humanos dá origem a transcritos tecido-específicos.** No intestino delgado, o nucleotídeo 6666 do mRNA da apoB é convertido de uma citosina para uracila pela ação da enzima citidina desaminase. Esta alteração converte um códon de glutamina no mRNA de apoB100 para um códon de terminação prematura, e quando o mRNA é traduzido, o produto truncado apoB48 é produzido (Capítulo 33).

que resulta na alteração de um único aminoácido necessário para a função do receptor; a deficiência dessa enzima leva a convulsões e morte neonatal em camundongos.

RNA de interferência

O RNA de interferência (RNAi), discutido em mais detalhes no Capítulo 21, é outra maneira de controlar a expressão gênica. No cerne do RNAi estão os RNAs não codificantes muito pequenos, com cerca de 20 a 30 nucleotídeos de comprimento, conhecidos como micro-RNAs (miRNA). Estes estão envolvidos na atenuação ou repressão da tradução por ligação à 3' UTR de um mRNA e recrutamento de fatores que inibem a síntese de proteínas, ou pela destruição do mRNA por uma via alternativa, por exemplo, um complexo silenciador induzido por RNA (RISC) (Capítulo 21). Durante a embriogênese e em certos estados patológicos, como o câncer, ocorrem mudanças no padrão de expressão do miRNA nas células, alterando a expressão gênica de forma a alterar o destino celular ou favorecer a proliferação celular. O RNAi é promissor no tratamento de doenças humanas em que a inibição da expressão de um produto genético ou a destruição do RNA seria terapêutica, como em infecções virais ou câncer.

Ativação preferencial de um alelo de um gene

Genes humanos são bialélicos, mas às vezes apenas um alelo do gene é expresso

O complemento normal de cromossomos humanos compreende 22 pares de autossomos, um de cada pai e dois cromossomos sexuais. Os genes localizados em cada um dos pares de autossômicos estão, portanto, presentes em duas cópias: são bialélicos. Em circunstâncias normais, ambos os genes são expressos sem preferência dada a qualquer um dos alelos do gene – isto é, ambas as cópias paterna e materna do gene podem ser expressas, a menos que haja uma mutação em um alelo que impeça que isso ocorra.

A situação em relação aos cromossomos sexuais é ligeiramente diferente. Os cromossomos sexuais são de dois tipos, X e Y, sendo o X bem maior que o Y. As fêmeas têm dois cromossomos X, enquanto os machos têm um cromossomo X e um Y. Embora existam certos genes em comum aos cromossomos X e Y, também existem genes específicos para o cromossomo X e aqueles presentes apenas nos cromossomos Y – por exemplo, o SRY, um gene que determina o sexo. Tais genes são ditos monoalélicos; eles não oferecem escolha quanto a qual alelo do gene será expresso.

Além dos casos específicos de genes monoalélicos nos cromossomos sexuais, todos os genes bialélicos devem ser expressos. No entanto, em humanos, certos genes bialélicos foram identificados por meio dos quais apenas um único alelo – materno ou paterno – é preferencialmente expresso, apesar do fato de ambos os alelos serem genes funcionais e, em alguns casos, terem a mesma sequência. Três mecanismos foram identificados em humanos que restringem a expressão de genes bialélicos (Tabela 23.3). O *imprinting* genômico é a verdadeira expressão específica do pai ou da mãe, em que o alelo materno ou paterno é constitutivamente expresso, enquanto o outro alelo se mantém permanentemente silenciado. Por outro lado, para a inativação do cromossomo X e a exclusão alélica, há expressão estocástica de qualquer dos alelos, o que resulta em diferentes células no mesmo indivíduo expressando o alelo materno ou paterno. Embora não haja consenso sobre o mecanismo que governa cada tipo de expressão específica de alelo, os mecanismos epigenéticos desempenham um papel fundamental.

QUADRO CLÍNICO
NÍVEL DE FERRO NO ORGANISMO REGULA A TRADUÇÃO DE UMA PROTEÍNA TRANSPORTADORA DE FERRO: UM HOMEM COM FALTA DE AR E FADIGA

Um homem caucasiano de 57 anos de idade apresentou-se ao seu médico de família com falta de ar e fadiga. Ele notou que sua pele havia ficado mais escura. A avaliação clínica indicou insuficiência cardíaca com comprometimento da função ventricular esquerda como resultado de cardiomiopatia dilatada, baixa concentração sérica de testosterona e elevada concentração de glicose em jejum. A concentração sérica de ferritina estava bastante aumentada, em > 300 μg/L, e foi feito o diagnóstico de hemocromatose hereditária. O homem foi tratado por flebotomia regular até que sua ferritina sérica chegasse a < 20 μg/L (valor normal 30-200 μg/L), ponto em que o intervalo de flebotomia foi aumentado para manter a concentração de ferritina sérica em < 50 μg/L.

Comentário
Em condições de excesso de ferro – por exemplo, hemocromatose — há um aumento na síntese de ferritina, uma proteína de ligação e armazenamento de ferro. Por outro lado, em condições de deficiência de ferro, há um aumento na síntese da proteína receptora de transferrina, que está envolvida na captação de ferro. Em ambos os casos, as próprias moléculas de RNA permanecem inalteradas, e não há mudança na síntese dos respectivos mRNAs. No entanto, tanto o mRNA da ferritina como o mRNA do receptor da transferrina contêm uma sequência específica conhecida como o elemento de resposta ao ferro (IRE), e uma proteína específica de ligação a IRE pode se ligar ao mRNA. Na deficiência de ferro, a proteína de ligação a IRE liga-se ao mRNA da ferritina e impede a tradução da ferritina, e liga-se ao mRNA do receptor da transferrina, impedindo a sua degradação. Assim, na deficiência de ferro, as concentrações de ferritina são baixas, e as concentrações de receptor de transferrina são altas. Em estados de excesso de ferro, ocorre o processo reverso, e a tradução de mRNA de ferritina aumenta, enquanto o mRNA do receptor de transferrina sofre degradação, as concentrações séricas de ferritina são altas e as concentrações de receptor da transferrina são baixas (Fig. 23.8). Cerca de 10% da população dos Estados Unidos carrega o gene da hemocromatose hereditária, mas apenas os homozigotos são afetados pela doença. (Discussão sobre metabolismo do ferro e hemocromatose no Capítulo 32).

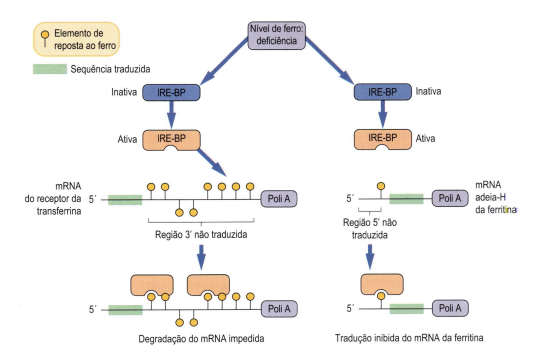

Fig. 23.8 **Regulação da tradução de mRNA pelo nível de ferro no organismo.** A ligação de uma proteína de ligação específica ao elemento de resposta ao ferro (IRE) do mRNA de genes responsivos ao ferro pode alterar a tradução do mRNA em proteínas funcionais de diferentes maneiras. Quando há deficiência de ferro, a proteína de ligação a IRE (IRE-BP) é ativada e pode se ligar à extremidade 3' do mRNA do receptor da transferrina. Isso evita a degradação do mRNA e, portanto, aumenta a quantidade do receptor de transferrina que pode ser produzida (à esquerda), aumentando, assim, a quantidade de ferro que o receptor pode fornecer à célula. No entanto, o IRE-BP também se liga à extremidade 5' do mRNA da ferritina e impede a sua tradução (à direita). A ferritina é uma proteína que sequestra e armazena ferro no citoplasma, e é menos necessária em tempos de deficiência de ferro. (Fig. 32.8).

Tabela 23.3 Exemplos de tipos de restrição de genes bialélicos em humanos

Imprinting genômico	Expressão de genes autossômicos específicos (<100) cuja fonte (materna ou paterna) é estabelecida em células germinativas. O *imprinting* pode ser específico de tecido – expressão monoalélica em alguns tecidos, bialélica em outros. Exemplos incluem o fator de crescimento semelhante à insulina tipo 2 (IGF-2) e o gene supressor do tumor de Wilms (WT1).
Exclusão Alélica	Ocorre especificamente nas células B durante a expressão de cadeias pesadas e leves de imunoglobulina, uma vez que apenas um alelo é expresso num dado momento para facilitar a produção de um anticorpo funcional. Uma vez realizada, a expressão do alelo que não contribuiu para o anticorpo funcional é permanentemente reprimida.
Inativação do cromossomo X (Lionização)	Repressão da transcrição da maioria dos genes em um cromossomo X em todas as fêmeas, para compensar o desequilíbrio da dosagem gênica com os machos, que possuem apenas um cromossomo X. A escolha de qual cromossomo X é inativado em cada célula feminina é aleatória.

Para alguns genes, embora existam dois alelos em qualquer célula particular, apenas um desses alelos está ativo. Assim, o gene se comporta como se fosse monoalélico, embora seja, de fato, bialélico.

QUADRO DE CONCEITOS AVANÇADOS
INATIVAÇÃO DO CROMOSSOMO X

Os machos têm um cromossomo X, enquanto as fêmeas têm dois. Assim, os genes no cromossomo X são bialélicos nas fêmeas, mas monoalélicos nos machos. Para neutralizar esse desequilíbrio de dosagem de genes, nas fêmeas, um dos cromossomos X de cada célula é inativado em um estágio inicial da embriogênese, interrompendo a expressão da maioria de seus genes. Essa repressão transcricional é devida principalmente à metilação de ilhas CpG na maioria dos genes do cromossomo inativado. O cromossomo X inativado pode ser paternal ou maternalmente derivado, e qual deles é inativado para uma determinada célula é, portanto, aleatório, mas os descendentes dessa célula terão o mesmo X inativado. O cromossomo X inativado ainda pode expressar alguns genes, no entanto, incluindo XIST (transcrito específico do X inativo – Xi), que codifica um RNA não codificante que é crucial na manutenção da inativação estável do X. O cromossomo X inativado é reativado durante a ovogênese na fêmea.

RESUMO

- O controle da expressão gênica envolve eventos transcricionais e pós-transcricionais que regulam a expressão de um gene no tempo e no espaço e em resposta a vários sinais de desenvolvimento, hormonais e de estresse.

QUESTÕES PARA APRENDIZAGEM

1. Como os elementos reguladores de esterol são identificados no genoma? Discuta as consequências de uma mutação em um SRE *versus* uma mutação na proteína de ligação a SRE. Como a proteína dedo de zinco para o receptor de glicocorticoide difere daquela para o receptor de andrógeno ou estrogênio?
2. Quais são as consequências bioquímicas da edição do gene APOB em humanos? Compare os efeitos da edição para introduzir uma substituição *versus* uma inserção ou deleção em uma molécula de mRNA.
3. Alguns genes têm promotores que não possuem TATA *box* (genes sem TATA). Sem esse elemento, o que determina onde o complexo RNA Pol II iniciará a transcrição?
4. Compare o número total de genes com o número de proteínas traduzidas que podem ser sintetizadas pelo genoma humano. Compare a concentração de fatores de transcrição à concentração de enzimas glicolíticas na célula.

- Sequências de DNA e proteínas de ligação a DNA controlam a expressão gênica. As sequências de DNA incluem os promotores de ação *cis*, tais como a TATA *box, enhancers* e elementos de resposta.
- As proteínas de ligação ao DNA são fatores de transcrição de ação *trans* que se ligam com alta especificidade a essas sequências e facilitam a ligação e o posicionamento de RNA Pol II para a síntese do pré-mRNA.
- Outros fatores que afetam a conversão de genes em proteínas incluem o acesso do aparato transcricional ao gene, a modificação enzimática de histonas e de nucleotídeos no DNA, fatores que afetam o *splicing* alternativo de íntrons, a edição pós-transcricional do pré-mRNA, RNA de interferência e expressão restrita de genes bialélicos.

LEITURAS SUGERIDAS

Chery, J. (2016). RNA therapeutics: RNAi and antisense mechanisms and clinical applications. *Postdoc Journal, 4*, 35-50.

Desiderio, A., Spinelli, R., Ciccarelli, M., et al. (2016). Epigenetics: Spotlight on type 2 diabetes and obesity. *Journal of Endocrinological Investigation, 39*, 1095-1103.

Duarte, J. D. (2013). Epigenetics primer: Why the clinician should care about epigenetics. *Pharmacotherapy, 33*, 1362-1368.

Jiang, F., & Doudna, J. A. (2017). CRISPR-Cas9 structures and mechanisms. *Annual Review of Biophysics, 46*, 505-529.

Khyzha, N., Alizada, A., Wilson, M. D., et al. (2017). Epigenetics of atherosclerosis: Emerging mechanisms and methods. *Trends in Molecular Medicine, 23*(4), 332-347.

Kuneš, J., Vaneˇcˇková, I., Mikulášková, B., et al. (2015). Epigenetics and a new look on metabolic syndrome. *Physiological Research, 64*, 611-620.

Liscovitch-Brauer, N., Alon, S., Porath, H. T., et al. (2017). Trade-off between transcriptome plasticity and genome evolution in cephalopods. *Cell, 169*, 191-202.

Oliveto, S., Mancino, M., Manfrini, N., et al. (2017). Role of microRNAs in translation regulation and cancer. *World Journal of Biological Chemistry, 8*, 45-56.

Qin, J., Li, W., Gao, S. J., et al. (2017). KSHV microRNAs: Tricks of the devil. *Trends in Microbiology, 25*, 648-661.

Sabari, B. R., Zhang, D., Allis, C. D., et al. (2017). Metabolic regulation of gene expression through histone acylations. *Nature Reviews. Molecular Cell Biology, 18*, 90-101.

Salsman, J., & Dellaire, G. (2017). Precision genome editing in the CRISPR era. *Biochemistry and Cell Biology, 95*, 187-201.

Smith, N. C., & Matthews, J. M. (2016). Mechanisms of DNA-binding specificity and functional gene regulation by transcription factors. *Current Opinion in Structural Biology, 38*, 68-74.

SITES

Catálogo de doenças genéticas: http://www.ncbi.nlm.nih.gov/omim.

CRISPR:https://www.youtube.com/watch?v=MnYppmstxIs.

https://www.addgene.org/crispr/guide/.

Epigenética: http://learn.genetics.utah.edu/content/epigenetics/.

Regulação gênica: http://www.biology-pages.info/P/Promoter.html.

Edição do RNA: http://dna.kdna.ucla.edu/rna/index.aspx.

RNA de interferência: http://www.rnaiweb.com/.

Receptores de hormônios esteroides: http://www.biology-pages.info/S/SteroidREs.html.

ABREVIATURAS

ADAR	Adenosina desaminase atuando no RNA
EMSA	Ensaio de mudança de mobilidade eletroforética
HRE	Elemento de resposta a hormônio
Inr	Iniciador (sequência de um gene)
IRE	Elemento responsivo ao ferro
SRE	Elemento de resposta a esteroide
TF	Fator de Transcrição
TSS	Sítio de início de transcrição

CAPÍTULO 24

Genômica, Proteômica e Metabolômica

Andrew R. Pitt e Walter Kolch

OBJETIVOS

Após concluir este capítulo, o leitor estará apto a:

■ Descrever o significado dos termos genômica, transcriptômica, proteômica e metabolômica.

■ Discutir as diferenças entre os métodos das -ômicas e seus desafios particulares.

■ Fornecer vários exemplos de métodos utilizados nas várias tecnologias -ômicas.

■ Discutir os biomarcadores e o seu papel na medicina baseada em evidências.

INTRODUÇÃO

De maneira surpreendente, os 3 bilhões de bases do genoma humano só abrigam um número estimado de 19.000-22.000 genes codificadores de proteínas. Isso representa apenas cerca de quatro vezes o número de genes existentes nas leveduras, duas vezes o número encontrado na mosca-da-fruta *Drosophila melanogaster*, e menos do que o número encontrado em muitas plantas. Entretanto, a descoberta de mais de 1.800 miRNAs – RNAs curtos, não codificadores de proteína e biologicamente ativos que também são transcritos a partir do DNA humano – demonstra que os genes não constituem as únicas partes biologicamente importantes de nosso DNA. A complexidade da biologia humana só pode ser explicada pelas interações complexas dos genes, dos miRNAs, das proteínas e dos metabólitos.

Muitas das funções biológicas complexas são geradas por interações entre genes, e não por genes individuais

Muitas das funções biológicas complexas que caracterizam os seres humanos são geradas pela **interação combinatória entre genes**, em lugar do dogma agora antiquado segundo o qual cada gene individual é responsável por uma função biológica específica. Os genes dos mamíferos consistem, em sua maioria, em múltiplos éxons, que são as partes que finalmente irão constituir o mRNA maduro, e em íntrons, que separam os éxons e que são removidos do transcrito primário por *splicing*. As células dos mamíferos utilizam o *splicing alternativo* e promotores gênicos alternativos para produzir de quatro a seis mRNAs diferentes a partir de um único gene, de modo que o número de mRNAs codificadores de proteínas produzido por transcrição gênica, o **transcriptoma**, pode alcançar 100.000 (Capítulos 21 e 22).

As modificações pós-traducionais acrescentam mais níveis de complexidade

Essa complexidade aumenta ainda mais em nível proteico, devido a modificações pós-traducionais e a proteólises específicas, que poderiam gerar um número estimado de 500.000-1.000.000 de entidades proteicas funcionalmente diferentes, que compreendem o **proteoma**. Estima-se que 10-15% dessas proteínas desempenham uma função no metabolismo, que descreve coletivamente os processos utilizados para o fornecimento de energia e os blocos de construção básicos de baixo peso molecular das células, como aminoácidos, ácidos graxos e açúcares. Inclui também os processos que metabolizam as substâncias exógenas, como fármacos e substâncias químicas ambientais.

Atualmente, a base de dados do metaboloma humano contém cerca de 42.000 entradas. O tamanho real do **metaboloma** não é conhecido, visto que ele aumenta com o número de substâncias ambientais às quais um organismo é exposto. A relação entre os diferentes -omas está ilustrada na Figura 24.1.

Os estudos dos genoma, do transcriptoma, do proteoma e do metaboloma apresentam diferentes desafios

O genoma e o transcriptoma são constituídos inteiramente pelos ácidos nucleicos DNA e RNA, respectivamente. Suas propriedades físico-químicas uniformes possibilitaram o desenvolvimento de métodos eficientes e cada vez mais baratos para amplificação, síntese, sequenciamento e análise altamente multiplexada. O proteoma e o metaboloma apresentam desafios analíticos muito mais importantes, visto que consistem em moléculas com propriedades físico-químicas e abundância amplamente diferentes. Por exemplo, a concentração de proteínas no soro humano alcança 12 ordens de magnitude, e, em condições normais, os genes são igualmente abundantes, e o genoma é relativamente estático, enquanto o transcriptoma e o proteoma são dinâmicos e podem mudar em questão de segundos em resposta a estímulos externos e internos. As respostas dinâmicas mais pronunciadas podem se manifestar no metaboloma, visto que ele reflete diretamente as interações entre o organismo e o ambiente. Por conseguinte, a complexidade aumenta à medida que passamos do genoma para o transcriptoma e para o proteoma e metaboloma, enquanto o nosso conhecimento detalhado dos componentes diminui. A análise de todos os dados das -ômicas exige grandes recursos **bioinformáticos** sofisticados e tem estimulado o desenvolvimento da **biologia de sistemas**, que utiliza modelos matemáticos e computacionais para interpretar a informação funcional sobre processos biológicos contidos nesses dados.

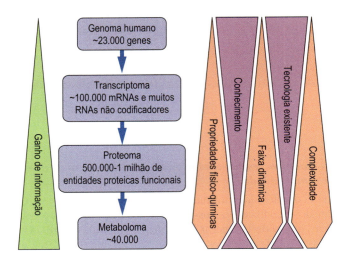

Fig. 24.1 **Relação entre as -ômicas.** A complexidade, a faixa dinâmica e a diversidade das propriedades físico-químicas aumentam à medida que passamos dos genes para os transcritos e as proteínas; todavia, podem diminuir novamente em nível dos metabólitos. Isso representa um enorme desafio tecnológico, mas também uma fonte rica de ganho de informações, particularmente se for possível integrar as diferentes disciplinas das -ômicas em uma visão comum.

GENÔMICA

A análise do genoma fornece uma maneira de prever a probabilidade de uma condição, porém não fornece informações sobre se e quando essa probabilidade irá se manifestar

A informação sobre "se e quando" pode ser mais bem adquirida a partir de transcriptoma, proteoma e metaboloma. Eles fornecem um quadro dinâmico do estado atual de um organismo e possibilitam o monitoramento de alterações nesse estado (p. ex., durante a progressão de uma doença ou o seu tratamento). Por conseguinte, a informação fornecida pelas tecnologias das -ômicas é complementar, e o seu uso para propósitos de diagnóstico é principalmente limitado pela complexidade do equipamento e da análise. A genômica e a transcriptômica estão começando a se impor nos laboratórios clínicos e estão prontas para se tornarem parte dos exames complementares de rotina nos próximos anos.

Muitas doenças possuem um componente genético hereditário

Muitas doenças são causadas por aberrações genéticas, e muitas outras manifestam uma predisposição ou componente genético. A base de dados Online Mendelian Inheritance in Man (OMIM) tem uma lista de mais de 22.000 mutações gênicas que estão associadas a mais de 7.700 fenótipos, que causam ou predispõem à doença. Esses números sugerem que muitas doenças são causadas por mutações em genes individuais, e que um número muito maior tem um componente genético hereditário. Por conseguinte, o genoma consiste em uma rica fonte de informações sobre a nossa fisiologia e fisiopatologia. Atualmente, temos à nossa disposição um amplo arsenal de técnicas para a análise do genoma, as quais permitem a detecção de anormalidades flagrantes até alterações em um único nucleotídeo e são cada vez mais utilizadas para o diagnóstico clínico.

QUADRO DE CONCEITOS AVANÇADOS
O PROJETO DO GENOMA HUMANO

O Projeto Genoma Humano (HGP) começou oficialmente em 1990 e culminou com a apresentação da sequência completa em bases de dados públicas em 2003. Todavia, a análise mais aprofundada e a interpretação irão prosseguir por muito mais tempo. O HGP foi singular em vários aspectos. Foi o primeiro projeto global das ciências da vida, coordenado pelo Department of Energy e o National Institutes of Health (Estados Unidos). O Wellcome Trust (Reino Unido) tornou-se um importante parceiro em 1992, e outras contribuições significativas foram feitas por Japão, França, Alemanha, China e outros países. Mais de 2.800 cientistas de 20 instituições por todo o mundo contribuíram para o artigo que descreve a sequência completa do DNA em 2004. Esse trabalho foi conduzido em escala industrial, com logística e organização em estilo industrial. Com efeito, o HGP enfrentou a competição da Celera Genomics, uma companhia privada, fundada em 1998, e os primeiros esboços das sequências do genoma humano foram publicados em dois artigos paralelos, em 2001. O HGP utilizou uma **abordagem "clone-a-clone"**, em que o genoma foi inicialmente clonado, e, em seguida, esses grandes clones foram divididos em porções menores e sequenciados. A Celera seguiu uma estratégia fundamentalmente diferente, o **sequenciamento por *shotgun***, em que todo o genoma é dividido em pequenos fragmentos, os quais podem ser sequenciados diretamente, com montagem posterior de toda a sequência. Essa abordagem é muito mais rápida, porém menos confiável na produção de sequências contínuas e muito menos capaz de corrigir lacunas na sequência organizada. Os esboços do genoma de 2001 estimaram a existência de 30.000-35.000 genes. A sequência refinada do HGP de 2003 confirmou a existência de 19.599 genes codificadores de proteínas e identificou outros 2.188 genes previstos de DNA, um número surpreendentemente baixo. Esses genes estão contidos em 2,85 bilhões de nucleotídeos, que abrangem mais de 99% da eucromatina (i.e., DNA contendo genes). Desde então, muitos milhares de genomas foram sequenciados, e o genoma de referência humano é constantemente atualizado. Em 2016, utilizando uma combinação de quatro abordagens, foi publicada uma sequência com apenas 85 lacunas eucromáticas, em comparação com 150.000 no esboço da sequência, e as sequências atuais são extremamente acuradas. As sequências do genoma são acessíveis ao público por meio de todas as principais bases de dados de nucleotídeos. A rápida redução nos custos associados ao sequenciamento do genoma tem viabilizado seu uso disseminado na pesquisa e no diagnóstico clínico.

Cariotipagem, hibridização genômica comparativa (CGH), análise cromossômica por microarranjos (*microarray*) (CMA) e hibridização fluorescente *in situ* (FISH)

A cariotipagem avalia a arquitetura cromossômica geral

Entre os primeiros sucessos na exploração das informações do genoma para o diagnóstico de doenças humanas destacam-se

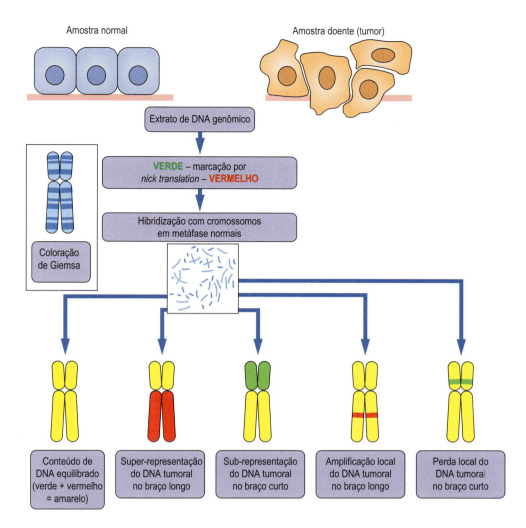

Fig. 24.2 **Princípios da hibridização genômica comparativa (CGH).** O DNA genômico é isolado a partir de uma amostra normal e uma amostra doente (neste caso, de um tumor) para comparação. O DNA é marcado por meio da reação de *nick translation* com corantes fluorescentes verde ou vermelho e, em seguida, hibridizado com uma amostra de cromossomos normais. Se o conteúdo de DNA entre as amostras for equilibrado, quantidades iguais de DNA de controle (verde) e do tumor (vermelho) irão hibridizar, resultando em uma cor amarela. Amplificações ou perdas globais ou locais de material genético irão se revelar por um desequilíbrio na coloração.

a descoberta da trissomia do 21 como causa da **síndrome de Down**, em 1959, e a descoberta do **cromossomo Filadélfia**, associado à leucemia mieloide crônica (CML), em 1960. Desde então, a cariotipagem identificou um grande número de aberrações cromossômicas, incluindo amplificações, deleções e translocações, particularmente em tumores. O método baseia-se na simples coloração dos cromossomos pelo método de Giemsa ou com outros corantes, que revelam o padrão de bandas característico de cada cromossomo, visível à microscopia óptica. Embora revele apenas informações básicas, como número, formatos e alterações grosseiras da arquitetura geral do cromossomo, a cariotipagem continua sendo um dos pilares da análise genética clínica.

A hibridização genômica comparativa compara dois genomas de interesse

Um refinamento da cariotipagem é a **hibridização genômica comparativa (CGH)**, que detecta diferenças no número de cópias entre o DNA cromossômico do teste e de referência. O princípio da CGH é comparar dois genomas de interesse, habitualmente um genoma doente em relação a um genoma de controle normal. Os genomas a serem comparados são marcados com dois corantes fluorescentes diferentes. Os DNAs marcados com fluorescência são então hibridizados com uma amostra de cromossomos normais e avaliados por análise quantitativa de imagem (Fig. 24.2). Como a fluorescência possui uma ampla faixa dinâmica (i.e., a relação entre a intensidade da fluorescência e a concentração da sonda é linear ao longo de uma ampla faixa), a CGH pode detectar ganhos ou perdas regionais nos cromossomos com acurácia e resolução muito maiores do que a cariotipagem convencional. A CGH tem a capacidade de detectar perdas de 5-10 megabases (Mb) e amplificações de <1 Mb, possibilitando a detecção de deleções e duplicações cromossômicas. Entretanto, alterações balanceadas, como inversões ou translocações balanceadas, escapam à detecção, visto que elas não modificam o número de cópias nem a intensidade da hibridização.

Na análise cromossômica por microarranjos (microarray), o DNA marcado é hibridizado com um arranjo de oligonucleotídeos

Progressos ainda maiores na resolução são proporcionados pela **análise cromossômica por microarranjos (CMA)**. Nesse método, o DNA marcado é hibridizado com um arranjo de oligonucleotídeos. Os métodos modernos de síntese de oligonucleotídeos e produção de arranjos possibilitam a obtenção de arranjos contendo muitos milhões de oligonucleotídeos em *chips* do tamanho de uma lâmina microscópica. Ao escolher os oligonucleotídeos de modo que possam abranger a região de interesse de modo igual, pode-se obter uma resolução muito alta, possibilitando a detecção de alterações no número de cópias da ordem de 5-10 kb no genoma humano. A CMA é utilizada no **exame pré-natal para a detecção de defeitos cromossômicos**. Como a sonda de DNA pode ser amplificada por meio de reação em cadeia da polimerase (PCR; Fig. 24.3), são necessárias apenas minúsculas quantidades de material inicial.

A hibridização in situ por fluorescência pode ser utilizada quando o gene em questão é conhecido

Se o gene de interesse for conhecido, o DNA recombinante respectivo pode ser marcado e utilizado como sonda em conjuntos de cromossomos. Esse método, denominado **hibridização fluorescente *in situ* (FISH)**, tem a capacidade de detectar amplificações ou deleções gênicas e translocações cromossômicas. Com o uso de marcadores fluorescentes de diferentes cores, é possível corar simultaneamente diversos genes.

As mutações gênicas podem ser estudadas por sequenciamento

Os esforços na identificação de genes de doença individuais foram dificultados pelo conhecimento insuficiente do genoma e pela falta de métodos de mapeamento de alta resolução. Essa situação mudou radicalmente com a conclusão da sequência

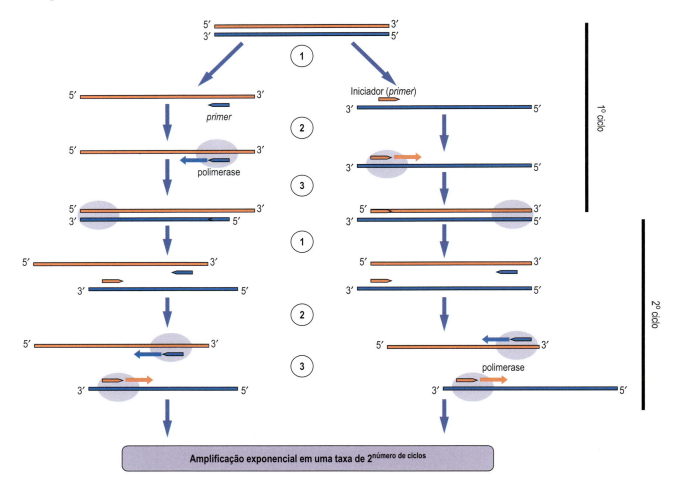

Fig. 24.3 **Reação em cadeia da polimerase (PCR).** Este método é amplamente utilizado para a amplificação do DNA e do RNA. O molde de ácido nucleico é desnaturado por aquecimento, e iniciadores (*primers*) específicos são anelados pela redução da temperatura **(etapa 1)**. Os *primers* são estendidos utilizando a transcriptase reversa se o molde for RNA, ou uma DNA polimerase, se o molde for DNA **(etapa 2)**. O resultado consiste em um produto de fita dupla **(etapa 3)**, que é desnaturado por aquecimento, de modo que o ciclo possa mais uma vez recomeçar. Normalmente, são utilizados entre 25 e 35 ciclos. A amplificação é exponencial, e, portanto, a PCR possibilita a análise de quantidades diminutas de DNA ou de RNA até o nível de uma única célula. O uso de DNA polimerases termoestáveis e de alta fidelidade permite a amplificação de fragmentos com comprimento de até vários milhares de pares de bases. Foram desenvolvidas muitas variações da PCR para uma ampla gama de aplicações, como clonagem molecular, mutagênese sítio-dirigida, produção de sondas marcadas para experimentos de hibridização, quantificação da expressão de RNA, sequenciamento do DNA, genotipagem e muitas outras aplicações.

do genoma humano, em 2003, e com o rápido desenvolvimento de novas tecnologias, chamadas de **sequenciamento de nova geração (NGS)**, que tornaram o sequenciamento rápido e acessível financeiramente.

Os quatro princípios do sequenciamento do DNA

Existem quatro princípios de sequenciamento do DNA. (1) O **método de Maxam-Gilbert** utiliza substâncias químicas para clivar o DNA em bases específicas e, em seguida, separa os fragmentos por tamanho em géis de alta resolução, possibilitando a leitura da sequência a partir dos fragmentos. (2) O **método de Sanger** utiliza uma polimerase para a síntese do DNA na presença de pequenas quantidades de nucleotídeos de terminação de cadeia (Fig. 24.4). Esses métodos foram as primeiras técnicas de sequenciamento de DNA bem-sucedidas. Enquanto o primeiro método tornou-se obsoleto, o método de

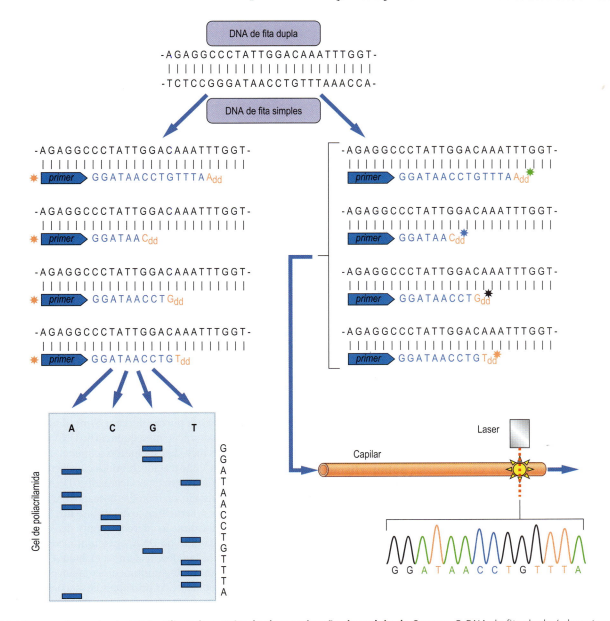

Fig. 24.4 **Sequenciamento do DNA utilizando o método de terminação da cadeia de Sanger.** O DNA de fita dupla é desnaturado por aquecimento para gerar DNA de fita simples. Os *primers* (habitualmente hexâmeros de sequência aleatória) são anelados de modo a gerar sítios de iniciação aleatórios para a síntese de DNA, que ocorre na presença de DNA polimerase, desoxinucleotídeos (dNTP) e pequenas quantidades de didesoxinucleotídeos (ddNTP). Os ddNTPs carecem do grupo 3'-hidroxila, que é necessário para o alongamento da fita de DNA. Eles terminam a síntese, produzindo fragmentos de diferentes tamanhos, terminando, cada um deles, em um nucleotídeo específico. Esses fragmentos podem ser separados por eletroforese em gel de poliacrilamida, e, em seguida, efetua-se a leitura da sequência a partir da "escada" de fragmentos no gel. Para visualizar os fragmentos, o DNA pode ser marcado pela adição de dNTPs radioativos ou fluorescentes ou os *primers* podem ser marcados (conforme indicado na figura) com um corante fluorescente. O uso de ddNTPs marcados com corantes diferentes possibilita a mistura de todas as quatro reações e a sua separação por eletroforese capilar. A detecção por laser acoplado ao capilar permite a leitura direta da sequência. Esse "sequenciamento do DNA no capilar" proporciona leituras mais longas do que os géis, permite a multiplexação e apresenta alto rendimento. Foi o método empregado para a maioria do sequenciamento do Projeto Genoma Humano.

Sanger ainda é amplamente utilizado. (3) A extensão da fita de DNA complementar é medida quando se acrescenta um nucleotídeo correspondente. (4) A ligação de um oligonucleotídeo sintético ao DNA-alvo a ser sequenciado é monitorada; isso ocorre apenas quando um par de nucleotídeos no oligonucleotídeo corresponde à sequência do DNA-alvo. Variações desses quatro métodos são incorporadas a fluxos de trabalho do NGS.

Existem diversos métodos de NGS que utilizam diferentes maneiras para a leitura da sequência do DNA

Todos os métodos de NGS compartilham o princípio de conduzir muitos milhões de reações de sequenciamento paralelas em compartimentos microscópicos em arranjos, nanoesferas ou por meio de nanoporos. Esses fragmentos de sequência são organizados em sequências genômicas completas que utilizam métodos bioinformáticos sofisticados. Enquanto o sequenciamento do genoma humano teve um custo de 2,7 bilhões de dólares e levou mais de 10 anos para ser concluído, graças ao NGS, é possível agora efetuar o sequenciamento do genoma humano em um único dia por cerca de 1.000 dólares. Dessa maneira, o NGS permitiu a procura em larga escala de mutações gênicas por sequenciamento direto. Exemplos notáveis desses projetos são o **Projeto Genoma do Câncer**, executado pelo Wellcome Trust Sanger Centre, no Reino Unido, e pelo US National Cancer Institute, e o **Projeto 100.000 Genomas**, patrocinado pelo governo do Reino Unido. O objetivo desses projetos é estabelecer um mapa sistemático das mutações nas doenças e utilizar esse mapa para a estratificação de risco, o diagnóstico precoce e a escolha do melhor tratamento para os pacientes, bem como potencialmente fornecer informações sobre as causas subjacentes das doenças, podendo resultar em melhores tratamentos.

Os polimorfismos de nucleotídeo único (SNPs) são úteis na identificação e na avaliação do risco de doenças

Os genomas em determinada população variam ligeiramente com pequenas alterações, envolvendo, com mais frequência, apenas nucleotídeos únicos, denominadas **polimorfismos de nucleotídeo único (SNPs)**. A maneira mais comum de examinar os SNPs consiste em sequenciamento direto ou métodos baseados em arranjos. No primeiro método, o DNA é habitualmente amplificado por PCR e, em seguida, sequenciado. No segundo método, arranjos de oligonucleotídeos contendo todas as permutações possíveis de SNPs recebem sondas de DNA genômico, de modo que a hibridização bem-sucedida só pode ocorrer quando houver uma correspondência exata nas sequências de DNA.

O mapeamento sistemático dos SNPs demonstrou ser útil no estudo da identidade genética e hereditariedade, bem como na identificação e avaliação do risco de doenças genéticas

As sequências iniciais do genoma humano produziram aproximadamente 2,5 milhões de SNPs, ao passo que, em 2016, foram catalogados quase 550 milhões de SNPs. O **International HapMap Projet** cataloga sistematicamente as variações genéticas com base em uma análise em larga escala dos SNPs em mais de 1.300 seres humanos de 11 origens étnicas diversas.

Os estudos de associação genômica ampla (GWAS) procuram relacionar a frequência de SNPs com o risco de doenças

Embora os GWASs tenham identificado novos genes envolvidos em doenças, como a doença de Crohn ou a degeneração macular relacionada com a idade, o risco normalmente baixo associado a SNPs individuais dificulta essas correlações, particularmente em doenças multigenéticas. Há muita controvérsia sobre o quanto pode ser viável superar essa limitação pelo exame de coortes muito grandes.

As alterações epigenéticas são traços hereditários, que não se refletem na sequência do DNA

Embora o genoma, conforme definido pela sua sequência de DNA, seja comumente considerado como o material hereditário, existem também outros traços hereditários que não se refletem em alterações na sequência do DNA

Esses traços são denominados alterações epigenéticas (Capítulo 23). Compreendem **modificações das histonas, como acetilação e metilação**, que afetam a estrutura da cromatina. Outra modificação é a **metilação do próprio DNA**, que ocorre na posição N^5 das citosinas, normalmente no contexto da sequência CpG. A metilação de agrupamentos de CpG, as denominadas ilhas de CpG, nos promotores gênicos pode interromper a expressão de um gene. Esses padrões de metilação podem ser herdados por um processo pouco compreendido, denominado *imprinting* genômico.

As aberrações nos padrões de metilação dos genes podem causar doenças e são comuns nos tumores humanos, servindo frequentemente para silenciar a expressão de genes supressores tumorais.

Os métodos mais comuns para analisar a metilação do DNA baseiam-se no fato de que o bissulfito converte os resíduos de citosina em uracila, porém deixa a 5-metilcitosina intacta (Fig. 24.5). Essa alteração na sequência do DNA pode ser detectada por diversos métodos, incluindo sequenciamento do DNA tratado *versus* DNA não tratado, hibridização diferencial de oligonucleotídeos que detectam especificamente o DNA com mutação ou o DNA não alterado, ou métodos baseados em arranjos. Esses últimos métodos, à semelhança da análise dos SNPs, também se baseiam na hibridização diferencial para detectar alterações induzidas por bissulfito no DNA; entretanto, como milhões de sondas de oligonucleotídeos podem ser exibidas em um arranjo, são capazes de examinar simultaneamente um grande número de padrões de metilação. As principais limitações consistem na possibilidade de que a modificação pelo bissulfito seja incompleta, dando origem a resultados falso-positivos, e a extrema degradação generalizada do DNA, que ocorre durante as condições severas de modificação pelo bissulfito. Alguns métodos novos de NGS podem detectar diretamente a metilação do DNA, e isso irá acelerar o progresso da epigenômica. **O epigenoma é mais variável entre indivíduos do que o genoma**. Por conseguinte, será necessário um maior esforço para mapeá-lo de modo sistemático; entretanto, ele também contém mais informações individuais que podem ser úteis nesse momento para a elaboração de abordagens personalizadas da Medicina.

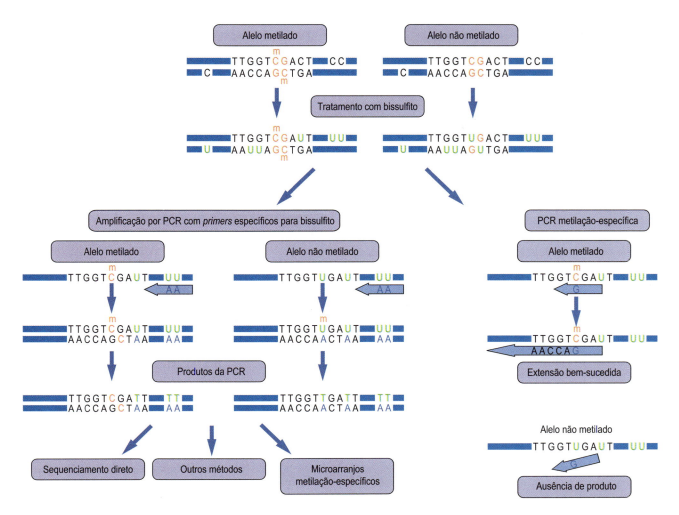

Fig. 24.5 **Análise da metilação do DNA.** Normalmente, a metilação do DNA ocorre na citosina, no contexto das denominadas "ilhas de CpG" (indicadas na cor laranja), que são abundantes nas regiões promotoras dos genes. O bissulfito converte os resíduos de citosina em uracila, porém deixa os resíduos de 5-metilcitosina intactos. Isso provoca alterações na sequência do DNA, que podem ser detectadas de diversas maneiras. Muitos métodos utilizam uma etapa de amplificação por reação em cadeia da polimerase (PCR), com *primers* que irão hibridizar seletivamente com o DNA modificado (painel à esquerda). Os produtos da PCR apresentam alterações de sequência características, em que pares de bases de citosina-guanosina não modificados são substituídos por timidina-adenosina, enquanto a sequência original é mantida quando a citosina está metilada. Existem muitos métodos para analisar esses produtos de PCR. Os mais comuns consistem em sequenciamento direto ou hibridização com um microarranjo que contém oligonucleotídeos representando todas as permutações das alterações esperadas. Outro método comum é a PCR metilação-específica (MSP), em que o *primer* é elaborado de modo que possa apenas hibridizar e estender-se se a citosina foi metilada e, portanto, preservada durante o tratamento com bissulfito.

Expressão gênica e transcriptômica

Os genes representam as sequências de DNA que correspondem a unidades funcionalmente distinguíveis de hereditariedade. Essa definição remonta aos experimentos realizados por Gregor Mendel, o pai da genética, nos anos de 1860, que demonstrou que a cor das plantas de ervilha é herdada como unidades genéticas distintas. Cerca de 100 anos mais tarde, Marshall Nirenberg definiu uma relação simples – isto é, "o gene produz RNA, produz proteína" –, que ancorou o conceito de que os genes codificam a informação para produzir proteínas, sendo o RNA o mensageiro que transporta essa informação (o que explica a designação de mRNA). Foi constatado que cada etapa é altamente regulada e diversificada.

Os seres humanos possuem cerca de 20.000 genes codificadores de proteínas, cada um dos quais dá origem a, em média, de quatro a seis transcritos de mRNA gerados por *splicing* diferencial, edição do RNA e uso de promotores alternativos. O transcriptoma representa o conjunto dos RNAs transcritos a partir do genoma. Entretanto, a maior parte do transcriptoma não consiste em genes codificadores de proteínas, porém em RNAs não codificadores, que desempenham funções estruturais e reguladoras. O transcriptoma é naturalmente mais dinâmico do que o genoma e pode diferir amplamente entre vários tipos de células, tecidos e condições.

A tradução dos mRNAs em proteínas (Capítulo 22) também é um processo altamente regulado, de modo que não é possível estabelecer correlações gerais diretas entre a expressão do mRNA e as concentrações de proteínas. **Os genes codificadores de proteínas constituem apenas 1-2% da sequência do genoma humano**, e o pressuposto de que a maioria dos transcritos origina-se de genes foi recentemente

QUADRO DE CONCEITOS AVANÇADOS
RNAS NÃO CODIFICADORES NCRNA

Os RNAs não codificadores (ncRNA) é uma abreviatura para referir-se aos RNAs que não codificam proteínas. Eles compreendem diversas espécies, como os RNAs de transferência e os RNAs ribossômicos, que estão envolvidos na tradução de proteínas, e vários ncRNAs atuam como guias moleculares, que participam em processos que exigem reconhecimento específico de sequência, como *splicing* do RNA ou manutenção dos telômeros. Entretanto, a grande maioria dos ncRNAs parece desempenhar funções reguladoras na expressão gênica. A notoriedade veio com o Prêmio Nobel concedido a Andrew Fire e Craig Mello, em 2006, pela sua descoberta do RNA de interferência– silenciamento de genes por RNA de fita dupla. Esses **pequenos RNAs de interferência (siRNA)** fazem parte de um complexo enzimático que tem como alvo mRNAs e os cliva com alta especificidade, conferida pela sequência do siRNA. Atualmente, os siRNA tornaram-se uma poderosa ferramenta no arsenal dos biologistas moleculares para atenuar a expressão de mRNAs selecionados com elevada especificidade e eficiência. Os **micro-RNAs (miRNAs)** também são pequenos RNAs, que são transcritos sob o controle de seu próprio promotor ou que, com frequência, também fazem parte de íntrons em genes codificadores de proteínas. Originam-se de transcritos mais longos e são mais extensamente processados do que os siRNAs. Do ponto de vista funcional, uma distinção importante é o fato de que os **siRNAs são muito específicos**, exigindo uma correspondência perfeita com os seus alvos, enquanto os **miRNAs possuem um reconhecimento de sequência imperfeito** e, portanto, atuam sobre uma maior gama de alvos, regulando frequentemente conjuntos inteiros de genes. Outra diferença é que os siRNAs induzem a degradação do mRNA, enquanto os miRNAs também podem impedir a tradução do mRNA. O genoma humano codifica mais de 1.800 miRNAs, os quais podem regular até 60% dos genes, desempenhando, assim, um importante papel no controle da expressão gênica. Por terem alvos pleiotrópicos, os **miRNAs** podem afetar programas inteiros de expressão gênica, e a expressão aberrante de miRNA tem sido implicada em muitas doenças humanas, incluindo o câncer, a obesidade e a doença cardiovascular. A descoberta de **RNAs não codificantes longos** (lncRNA), que têm mais de 200 nucleotídeos de comprimento e que parecem desempenhar muitas funções diferentes, amplia ainda mais o papel do RNA. Parece que muito pouco, ou nada, do genoma seja "lixo", como se acreditava comumente há apenas 10 anos.

Estudo da transcrição gênica por (micro) arranjos de DNA e sequenciamento do RNA

Os métodos para estudar a transcrição global já estão bem estabelecidos atualmente. Os métodos originais baseavam-se nos **(micro)arranjos de DNA**, que contêm vários milhões de *spots* (pontos) de DNA, organizados em uma lâmina, de acordo com uma ordem definida (Fig. 24.6). Os arranjos modernos utilizam oligonucleotídeos sintéticos, que podem ser pré-fabricados e depositados no *chip*, ou sintetizados diretamente na superfície do *chip*. Em geral, são utilizados vários oligonucleotídeos por gene. São cuidadosamente elaborados com base na informação da sequência do genoma, de modo a representar sequências únicas, adequadas para a identificação inequívoca de transcritos específicos de RNA. Os atuais arranjos de alta densidade contêm pontos de dados suficientes para estabelecer a transcrição de todos os genes humanos, de modo a mapear o conteúdo de éxons e das variantes de *splicing* dos mRNAs; nos *tiling arrays* (arranjos em blocos), são utilizadas sequências de oligonucleotídeos, superpostas ou não, representando todo o genoma. Os RNAs não codificadores, como os siRNAs e os miRNAs, também podem ser incluídos.

Os arranjos são hibridizados com sondas de RNA complementar (cRNA), correspondendo aos transcritos de RNA isolados de células ou tecidos que se pretendem comparar. As sondas são feitas a partir de RNAs isolados, que são inicialmente copiados em DNA complementar (cDNA) utilizando a transcriptase reversa, uma polimerase que tem a capacidade de sintetizar DNA a partir de moldes de RNA. O cDNA resultante é transcrito de volta em cRNA, visto que o RNA hibridiza mais intensamente com os oligonucleotídeos de DNA no arranjo, em comparação com o cDNA. Durante a síntese de cRNA, são incorporados nucleotídeos modificados, que são marcados com corantes ou marcadores fluorescentes, como a biotina, e podem ser facilmente detectados após hibridização das sondas de cRNA no arranjo. Após a hibridização e a remoção das sondas não ligadas, o arranjo é examinado, e as intensidades de hibridização são comparadas, utilizando análises estatísticas e bioinformáticas. Os resultados possibilitam uma quantificação relativa de alterações na abundância de transcritos entre duas amostras ou em diferentes períodos de tempo. Graças a uma convenção comum para relatar os experimentos com microarranjos, denominada informação mínima para a anotação de experimentos de microarranjos (MIAME, *minimal information for the annotation of microarray experiments*) os resultados dos arranjos de diferentes experimentos podem ser comparados, e as bases de dados públicas de arranjos gênicos constituem uma valiosa fonte para análise posterior. A análise de arranjos gênicos já está sendo utilizada para aplicações clínicas. Por exemplo, os padrões de transcrição gênica nos **cânceres de mama** foram aplicados em testes para avaliar o risco de recidiva e o benefício potencial da quimioterapia.

Atualmente, a análise do transcriptoma é realizada mais comumente por **sequenciamento direto**, após conversão dos RNAs em cDNAs. Os avanços nos métodos rápidos e baratos de sequenciamento do DNA permitem que cada transcrito seja sequenciado diversas vezes. Esses **métodos de "sequen-**

suplantado pela descoberta de que mais de 80% do genoma podem ser transcritos. Enquanto alguns desses **RNAs não codificadores** desempenham funções estruturais (p. ex., como parte de ribossomos), a maioria regula a transcrição gênica, o processamento do mRNA, a estabilidade do mRNA e a tradução em proteínas. **Por conseguinte, a maior parte do transcriptoma parece ser dedicada a funções reguladoras**, e esses RNAs reguladores podem ser até mesmo transcritos a partir de genes codificadores de proteínas. Por conseguinte, o conceito do que constitui um gene provavelmente será revisto com o passar dos anos.

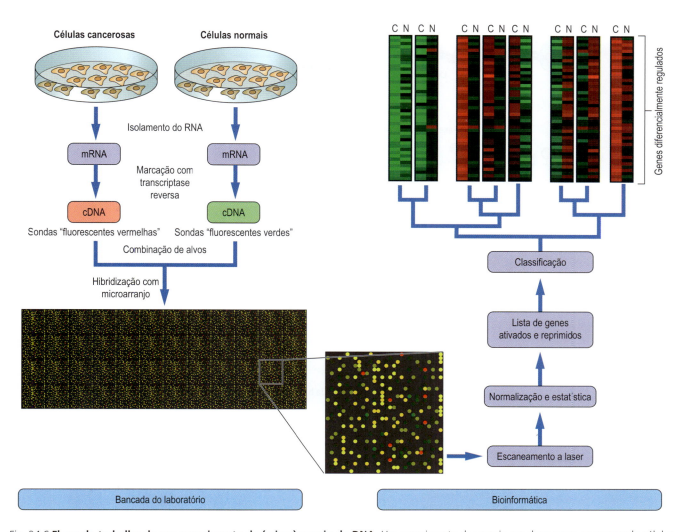

Fig. 24.6 **Fluxo de trabalho de um experimento de (micro)arranjo de DNA.** Um experimento de arranjo em duas cores, comparando células normais e células cancerosas, é apresentado como exemplo. Ver o texto para mais detalhes. Uma maneira comum de exibir os resultados consiste na utilização de mapas de calor, em que intensidades crescentes de vermelhos e de verdes indicam genes cuja expressão foi ativada ou reprimida, respectivamente, enquanto o preto indica ausência de alteração. C, células cancerosas; N, células normais. A figura foi modificada de http://en.wikipedia.org/wiki/DNA_microarray.

ciamento profundo" não apenas identificam de modo inequívoco os transcritos e as formas de *splicing*, como também permitem a contagem direta dos transcritos ao longo de toda a faixa dinâmica de expressão do RNA, resultando em números absolutos de transcritos, e não em comparações relativas. Esses métodos de sequenciamento, designados como **RNAseq**, tornaram-se a base da transcriptômica, embora os métodos baseados em arranjos continuem melhorando e ainda tenham valor. O RNAseq é rápido e captura todos os RNAs sem qualquer conhecimento prévio, de modo que ele constitui o melhor instrumento de descoberta. Todavia, o RNA geralmente precisa ser fragmentado em partes mais curtas, com reconstrução de toda sequência após a análise, o que aumenta a complexidade, e algumas informações podem ser omitidas. A tecnologia está progredindo rapidamente nessa área, e com os avanços, como os sistemas de nanoporos, pode não demorar muito para que os transcriptomas possam ser lidos em pequenos dispositivos de conexão USB na clínica.

A técnica *ChIP-on-chip* combina a imunoprecipitação da cromatina com a tecnologia de microarranjos

O mapeamento da ocupação dos sítios de ligação de fatores de transcrição pode revelar quais são os genes que tendem a ser regulados por esses fatores

Nossa capacidade de investigar a transcrição de todos os genes humanos conhecidos levanta a questão de saber quais os fatores de transcrição (TF) que estão controlando os padrões de transcrição observados. O genoma humano contém muitos milhares de sítios de ligação para qualquer TF específico, porém apenas uma pequena fração desses sítios de ligação é efetivamente ocupada por TFs e está envolvida na regulação da transcrição gênica. Por conseguinte, **o mapeamento sistemático da ocupação dos sítios de ligação de TFs pode revelar quais são os genes efetivamente regulados por**

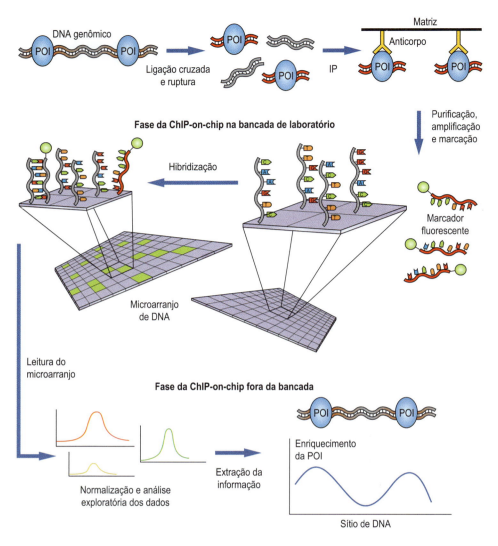

Fig. 24.7 **Análise da ChIP-on-chip.** Ver o texto para mais detalhes. POI, proteína de interesse.

quais TFs. As técnicas desenvolvidas para isso (Fig. 24.7) combinam a **imunoprecipitação da cromatina (ChIP)** com a **tecnologia de microarranjo (chip)** ou sequenciamento do DNA e são designadas como **ChIP-on-chip** ou **ChIP-seq**.

A ChIP envolve a formação de ligações cruzadas covalentes entre proteínas e o DNA ao qual estão ligadas por meio de tratamento das células vivas com formaldeído. Em seguida, o DNA é purificado e dividido em pequenos fragmentos (0,2-1,0 kb) por sonicação com ultrassom. Esses fragmentos de DNA são isolados por meio de imunoprecipitação da proteína que apresenta ligação cruzada, utilizando um anticorpo específico. Em seguida, o DNA associado é eluído e identificado por PCR com *primers* específicos que amplificam a região do DNA que se pretende examinar. Esse método avalia um sítio de ligação de cada vez e exige uma hipótese sugerindo que sítio(s) deve(m) ser examinado(s). Todavia, a identificação do DNA associado pode ser intensamente multiplexada por meio do uso de microarranjos de DNA para detecção, que representem todo ou grande parte do genoma. De modo semelhante, conforme discutido anteriormente, como alternativa dos microarranjos gênicos, o DNA associado pode ser identificado por sequenciamento.

As técnicas de ChIP-on-chip e ChIP-seq são poderosas e informativas, e possibilitam a correlação da ligação dos TFs com a atividade de transcrição. **As técnicas de ChIP podem ser utilizadas para estudar qualquer proteína que interaja com o DNA**, incluindo proteínas envolvidas na replicação e no reparo do DNA e na modificação da cromatina. O sucesso depende essencialmente da qualidade e da especificidade dos anticorpos empregados, visto que as quantidades de DNA coimunoprecipitado são muito pequenas, e não existe nenhuma outra etapa de separação, além da especificidade fornecida pelo anticorpo.

PROTEÔMICA

A proteômica é o estudo do complemento proteico de uma célula, o equivalente proteico do transcriptoma ou do genoma

A palavra *proteoma* foi criada por Marc Wilkins, em uma palestra em Siena, em 1994. Wilkins definiu o proteoma como o complemento proteico de uma célula, o equivalente proteico do transcriptoma ou do genoma. Desde então, o estudo do proteoma, denominado proteômica, expandiu-se em uma variedade de temas diferentes, abrangendo muitas áreas da ciência das proteínas.

A proteômica é, possivelmente, a mais complexa de todas as ciências -ômicas, também é provavelmente a mais informativa, visto que as proteínas constituem as entidades funcionais da célula, e praticamente não ocorre nenhum processo biológico sem a participação de uma proteína. O mapeamento do proteoma irá fornecer uma compreensão de como a biologia atua e o que acontece de errado nas doenças, bem como a capacidade de diagnosticar a doença e acompanhar a sua progressão e resposta ao tratamento.

Inicialmente, a proteômica concentrava-se em catalogar as proteínas contidas em uma organela, em uma célula, tecido ou organismo, validando a existência dos genes previstos no genoma. Esse processo evoluiu rapidamente para a proteômica comparativa, na qual os perfis proteicos de duas ou mais amostras são comparados, de modo a identificar diferenças quantitativas que podem ser responsáveis pelo fenótipo observado – por exemplo, entre células doentes e células saudáveis, ou verificar alterações induzidas por hormônios ou tratamento farmacológico. Atualmente, a proteômica também inclui o **estudo das modificações pós-traducionais** de proteínas individuais, a constituição e a dinâmica dos **complexos proteicos**, o mapeamento de redes de **interações entre proteínas** e a identificação de **biomarcadores de doença**. A proteômica quantitativa tornou-se uma ferramenta sólida, e até mesmo a quantificação absoluta já é relativamente rotineira.

A proteômica apresenta vários desafios

Logo tornou-se evidente que a complexidade do proteoma iria representar um grande obstáculo para alcançar a aspiração inicial de Wilkins de observar todas as proteínas em uma célula ou organismo ao mesmo tempo. Embora o número de genes existentes em um organismo não seja esmagador, nos sistemas eucarióticos, o *splicing* alternativo de genes e as modificações pós-traducionais (PTM) de proteínas, como a adição potencial de mais de 40 grupos químicos diferentes de ligação covalente (p. ex., fosforilação e glicosilação), significam que pode haver 10 ou, em casos extremos, 1.000 espécies diferentes de proteínas, todas elas bastante semelhantes, produzidas a partir de cada gene. Os 20.000 genes previstos no genoma humano poderiam facilmente dar origem a 500.000 ou mais espécies de proteínas individuais na célula. Além disso, existe uma ampla faixa de abundância de proteínas na célula, e estima-se que varie desde menos de 10 a 500.000 ou mais moléculas por célula, e a função de uma proteína pode depender de sua abundância, das PTMs, da localização na célula e de sua associação a outras proteínas, podendo todas essas variáveis mudar em questão de segundos!

Não existe nenhum equivalente proteico da PCR que possibilite a amplificação das sequências proteicas, de modo que ficamos limitados à quantidade de proteína que pode ser isolada da amostra

Se a amostra for pequena (p. ex., uma biópsia por agulha), um tipo celular raro, como células tumorais circulando no sangue, ou um complexo de sinalização isolado, são necessários métodos ultrassensíveis para detectar e analisar as proteínas. Foi somente a partir da introdução de novos métodos de **espectrometria de massa**,

QUADRO DE CONCEITOS AVANÇADOS
MODIFICAÇÕES PÓS-TRADUCIONAIS

Durante o processo de transcrição e tradução e no funcionamento da célula, as proteínas podem sofrer uma série de modificações. Durante a transcrição, os íntrons são retirados do gene por *splicing*, e o *splicing* diferencial do gene pode resultar na produção de uma variedade de mRNAs diferentes; por conseguinte, diversas proteínas que diferem acentuadamente nas suas sequências podem originar-se do mesmo gene. Após a tradução do mRNA em proteína, a proteína pode ser "decorada" com uma variedade impressionante de grupos químicos adicionais, ligados de modo covalente, muitos dos quais regulam a atividade da proteína. Seguem-se alguns exemplos:

- **A adição de ácidos graxos** a resíduos de cisteína, que ancoram a proteína a uma membrana.
- **Glicosilação:** a adição de oligossacarídios complexos a um resíduo de asparagina ou de serina, comum nas proteínas de membrana que possuem um componente extracelular ou que são secretadas. Muitas proteínas envolvidas em eventos de reconhecimento célula-célula são glicosiladas, assim como os anticorpos.
- **Fosforilação:** a adição de um grupo fosfato a resíduos de serina, treonina, tirosina ou histidina. Trata-se de uma modificação que pode ser acrescentada ou removida, permitindo ao sistema responder com muita rapidez a uma alteração do ambiente. É fundamental para os eventos de sinalização na célula. Foi estimado que um terço de todas as proteínas eucarióticas pode sofrer fosforilação reversível.
- **Ubiquitinação:** a adição de uma cadeia de poliubiquitina, que marca a proteína para a sua destruição pelo proteassoma. A ubiquitinação também pode regular as atividades enzimáticas e a localização subcelular. A própria ubiquitina é uma pequena proteína.
- **Formação de pontes dissulfeto** entre resíduos de cisteína na estrutura do polipeptídeo, que se encontram próximas no espaço após o enovelamento da proteína. Elas desempenham diversas funções, incluindo fornecer uma estabilidade estrutural adicional, particularmente para as proteínas exportadas, e perceber o equilíbrio redox na célula.
- **Acetilação** de resíduos, mais comumente o *N*-terminal da proteína ou lisina. A acetilação de lisinas nas histonas desempenha um importante papel no processo de transcrição gênica, e os fármacos direcionados para as proteínas que acetilam ou desacetilam as histonas constituem uma terapia potencial para o câncer.
- **Clivagem proteolítica:** a maioria das proteínas tem a metionina *N*-terminal removida, que resulta do códon de iniciação ATG da tradução gênica. Em algumas proteínas, ocorre clivagem da cadeia polipeptídica, como na ativação dos zimogênios na cascata da coagulação, ou partes significativas da cadeia polipeptídica inicial são removidas por completo, como na conversão da pró-insulina em insulina.
- **Modificações não enzimáticas**, como glicação, oxidação, carbonilação, desamidação e ligação cruzada (Capítulo 42).

em meados da década de 1990, que foi possível fazer uma tentativa de analisar o proteoma. Os proteomas de espécies eucariotas simples (p. ex., levedura) foram decifrados em termos da identificação das proteínas expressas e de muitas de suas interações. Entretanto, convém assinalar que, até mesmo nos estudos mais abrangentes desse organismo simples, ainda não foi demonstrada a geração de proteínas a partir de 5% dos genes previstos com segurança. O complemento de proteínas humanas expressas em muitas linhagens celulares foi determinado, incluindo o mapeamento de mais de 35.000 PTMs (incluindo cerca de 24.000 sítios de fosforilação), e, em 2014, dois artigos publicaram um esboço do "proteoma humano"; todavia, ainda estamos bem longe de sermos capazes de identificar todas as variantes proteicas e PTMs.

A proteômica na Medicina

Apesar dos desafios, a proteômica tornou-se uma poderosa ferramenta para compreender os processos biológicos fundamentais

À semelhança das outras tecnologias -ômicas, a proteômica possibilitou a descoberta de novas informações sobre um problema biológico, sem a necessidade prévia de ter uma compreensão clara das alterações biológicas envolvidas. Com frequência, são gerados mais dados a partir de um bom experimento de proteômica do que é razoável, ou possível, de se analisar.

A proteômica tem sido aplicada com sucesso ao estudo de alterações bioquímicas básicas em muitos tipos diferentes de amostras biológicas: células, tecidos, plasma, urina, líquido cerebrospinal e até mesmo líquido intersticial coletado por microdiálise

Em células isoladas de culturas celulares, é possível investigar questões biológicas fundamentais e complexas. Uma área amplamente estudada é a decifração das cascatas de sinalização mitogênicas, que envolvem a associação específica de proteínas em complexos multiproteicos, e a compreensão de como o processo pode sofrer alteração no câncer. É possível obter informações, a partir dos líquidos biológicos, sobre o estado geral de um organismo, visto que, por exemplo, o sangue está em contato com todas as partes do corpo. Podem acabar surgindo doenças em locais específicos como alterações no conteúdo proteico do sangue, visto que ocorre extravasamento do tecido lesionado. Atualmente, essa área é descrita, com frequência, como **descoberta de biomarcadores**. Os tecidos representam um desafio maior. Em virtude da heterogeneidade de muitos tecidos, é difícil comparar biópsias teciduais, as quais podem conter quantidades diferentes de tecido conjuntivo, vasculatura etc. Hoje em dia, aumentos na sensibilidade das análises estão superando esse problema, permitindo que pequenas quantidades de material obtidas por métodos de separação tecidual, como a captura a *laser*, a microdissecção ou a citometria de fluxo, sejam utilizadas para análise. Há um grande empenho voltado para o desafio final: a análise de células individuais. Essa análise é valiosa, visto que as abordagens atuais consideram a média das alterações na amostra analisada, e, assim, são perdidas todas as informações sobre a heterogeneidade natural em biologia – por exemplo,

uma alteração registrada de 50% nos níveis de determinada proteína pode ser de 50% em todas as células, ou pode ser de 100% em 50% das células da amostra.

Principais métodos utilizados na proteômica

A proteômica depende da separação de misturas complexas de proteínas ou peptídeos, da quantificação das abundâncias de proteínas e de sua identificação

Essa abordagem tem múltiplas etapas, porém é modular, o que se reflete nas numerosas combinações de separação, quantificação e identificação. Aqui, iremos ressaltar os princípios em vez de fazer um detalhamento abrangente.

Técnicas de separação de proteínas

As estratégias para separação de proteínas são motivadas pela necessidade de reduzir a complexidade – isto é, o número de proteínas a serem analisadas – enquanto se retém o maior número possível de informações sobre o contexto funcional da proteína, incluindo a sua localização subcelular, a sua incorporação em diferentes complexos proteicos e a enorme variedade de PTMs. Nenhum método disponível consegue conciliar todos esses requisitos. Por conseguinte, foram desenvolvidos diferentes métodos, que exploram a variedade de propriedades físico-químicas das proteínas (tamanho, carga, hidrofobicidade, PTMs etc.) para a separação de misturas complexas (Fig. 24.8).

Um método clássico de separação de proteínas é a eletroforese em gel de poliacrilamida bidimensional (2D) (2DE, 2D-PAGE)

Na 2D-PAGE, as proteínas são separadas por focalização isoelétrica, de acordo com a sua carga elétrica na primeira dimensão e de acordo com o seu tamanho na segunda dimensão (Fig. 2.15). A marcação das proteínas com corantes fluorescentes ou com o uso de colorações fluorescentes torna o método quantitativo, porém as manchas (*spots*) de proteínas precisam ser coletadas dos géis individualmente para a sua identificação subsequente por **espectrometria de massa** (MS).

Hoje em dia, a 2D-PAGE é raramente utilizada, sendo substituída, em grande parte, pela **cromatografia líquida de alta eficiência** (HPLC), que pode ser acoplada diretamente à MS. Por conseguinte, as moléculas eluídas da coluna de cromatografia podem ser medidas e identificadas em tempo real. Como a identificação baseada na MS é melhor para moléculas de tamanho menor, por razões técnicas, as proteínas são digeridas com proteases (habitualmente tripsina) em pequenos peptídeos antes da análise por HPLC-MS. A HPLC separa proteínas ou peptídeos com base em diferentes propriedades físico-químicas, mais comumente a carga da molécula ou a sua hidrofobicidade, utilizando a cromatografia de troca iônica ou de fase reversa, respectivamente. Isso é obtido pela existência de grupos químicos ligados a uma resina particulada empacotada em uma coluna, sobre a qual se aplica uma solução. As moléculas irão se ligar à resina (fase estacionária) com diferentes afinidades. As moléculas com alta afinidade irão levar mais tempo para

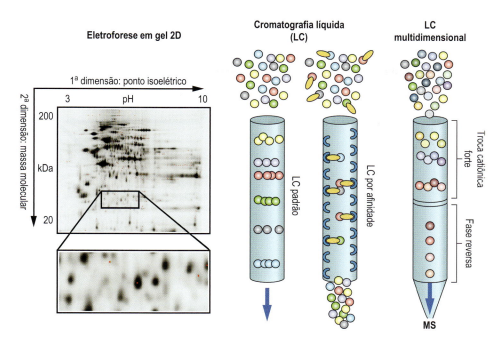

Fig. 24.8 **Técnicas de separação de proteínas e peptídeos.** O **painel à esquerda** mostra um gel bidimensional (2D), em que os lisados proteicos foram separados por focalização isoelétrica na primeira dimensão e de acordo com a massa molecular na segunda dimensão. As manchas (*spots*) de proteínas foram visualizadas com um corante fluorescente. O **painel do meio** ilustra os princípios da cromatografia líquida (LC), em que as proteínas e os peptídeos são separados por interações físico-químicas diferenciais com a resina, à medida que fluem através da coluna. Uma variação é a LC por afinidade, em que a resina é modificada com um grupo de afinidade o qual retém as moléculas que se ligam seletivamente a esses grupos. O **painel à direita** demonstra a configuração da LC multidimensional, em que uma coluna de troca catiônica forte é diretamente acoplada a uma coluna de fase reversa, permitindo uma separação em dois passos por hidrofilicidade e hidrofobicidade. O eluído pode ser diretamente injetado em um espectrômetro de massa (MS) para a identificação dos peptídeos.

atravessar o comprimento da coluna e, portanto, irão eluir da coluna dentro de um período de tempo mais longo. Por conseguinte, as moléculas são separadas ao longo do tempo no efluente que sai da coluna. A cromatografia por afinidade utiliza resinas especializadas, que se ligam fortemente a determinados grupos químicos ou epítopos biológicos e retêm as proteínas que carregam esses grupos. Por exemplo, as resinas que contêm Fe^{3+} quelado ou TiO_2 (**Cromatografia de afinidade por íons metálicos imobilizados** [IMAC]) ligam-se ao fosfato e são utilizadas para selecionar peptídeos fosforilados. A HPLC também pode ser realizada em duas dimensões. O acréscimo de uma etapa de **cromatografia de troca catiônica forte (SCX)** antes da IMAC remove muitos peptídeos não fosforilados, aumentando o enriquecimento de fosfopeptídeos na etapa da IMAC.

O primeiro método de cromatografia líquida 2D (LC) com acoplamento direto das duas dimensões é designado como tecnologia para identificação de proteínas multidimensional (MudPIT)

Na MudPIT, o conteúdo total de proteínas da amostra é inicialmente digerido com tripsina, e os peptídeos resultantes são fracionados por uma coluna de SCX, que separa os peptídeos de acordo com a sua carga. Em seguida, as frações de peptídeos são ainda separadas por LC de fase reversa e aplicadas diretamente na MS. Atualmente, os modernos instrumentos de MS de varredura rápida e alta resolução acoplados à separação de alta resolução por HPLC tornaram possível dispensar a primeira dimensão para todas as amostras, exceto as mais complexas. Esse método de identificação de proteínas baseada em peptídeos, possibilitada pela MS, é frequentemente designado como **proteômica *bottom-up* ou "*shotgun*"**. Na **proteômica *top-down***, proteínas intactas são isoladas em um espectrômetro de massa de retenção de íons para fragmentação e identificação das proteínas.

Identificação de proteínas por espectrometria de massa

A espectrometria de massa é uma técnica utilizada para determinar as massas moleculares de moléculas em uma amostra

A MS também pode ser utilizada para selecionar um componente individual da mistura, decompor a sua estrutura química e medir as massas dos fragmentos, as quais podem ser então utilizadas para determinar a estrutura da molécula. Existem muitos tipos diferentes de espectrômetros de massa disponíveis, porém os princípios subjacentes da espectrometria de massa são relativamente simples. O primeiro passo no processo é gerar moléculas com cargas, íons, a partir das moléculas presentes na amostra. Isso é relativamente fácil de alcançar para muitas biomoléculas solúveis, visto que a sua química polar fornece grupos que facilmente apresentam cargas. Por exemplo, a adição de um próton (H^+) ao aminoácido aminoterminal ou às cadeias laterais dos aminoácidos básicos lisina, arginina ou histidina, produz uma molécula de carga positiva. Quando uma molécula com carga é submetida a um campo elétrico,

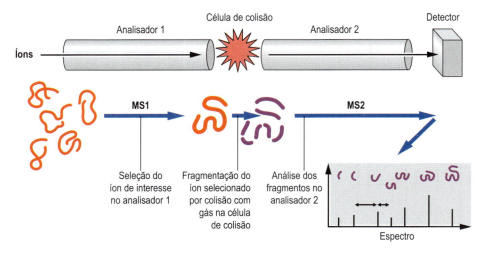

Fig. 24.9 **Princípios básicos da espectrometria de massa em *tandem*.** Ver o texto para mais detalhes. MS, espectrômetro de massa.

ela será repelida pelo eletrodo de sinal idêntico e atraída pelo eletrodo de sinal oposto, acelerando a molécula em direção ao eletrodo de carga oposta. Como a força é igual para todas as moléculas de mesma carga, as moléculas maiores terão uma menor aceleração do que as moléculas pequenas (força = massa × aceleração), de modo que as moléculas pequenas irão adquirir maior velocidade. Esse conceito é utilizado para determinar a massa. Por exemplo, após as moléculas terem sofrido aceleração, o tempo necessário para percorrer uma determinada distância pode ser medido e relacionado com a massa. Esse método é denominado **espectrometria de massa por tempo de voo (*time-of-flight*)**.

Um espectrômetro de massa em tandem é efetivamente composto de dois analisadores de espectrometria de massa unidos sequencialmente, com uma área entre eles onde as moléculas podem ser fragmentadas

O primeiro analisador é utilizado para selecionar uma das moléculas de uma mistura, com base na sua massa molecular, que, em seguida, é clivada em fragmentos menores, habitualmente por colisão com uma pequena quantidade de gás na região intermediária (denominada célula de colisão). Os fragmentos assim gerados são, em seguida, analisados no segundo espectrômetro de massa (Fig. 24.9). Como os peptídeos tendem a sofrer fragmentação na ligação peptídica, os picos de fragmentos obtidos são separados pelas massas dos diferentes aminoácidos na sequência correspondente. Esse resultado é, em princípio, semelhante ao método de Sanger para o sequenciamento do DNA (Capítulo 2), permitindo que a sequência peptídica seja deduzida. Todavia, diferentemente do sequenciamento do DNA com o método de Sanger, a fragmentação peptídica não é uniforme, e o espectro habitualmente só cobre parte da sequência, deixando lacunas e reconstrução da sequência ambígua. Além disso, a MS mede e fragmenta peptídeos à medida que são eluídos da LC, resultando em proteínas abundantes que são identificadas muitas vezes, enquanto as proteínas de baixa abundância passam despercebidas se a MS for sobrecarregada por um fluxo de peptídeos abundantes. Esta é uma das principais razões pelas quais o fracionamento prévio das proteínas ou dos peptídeos aumenta o número de proteínas identificadas com sucesso. Por fim, a **sequência peptídica é deduzida com base na correspondência estatística das massas observadas em comparação com uma digestão e fragmentação peptídica virtuais de proteínas em uma base de dados** (Fig. 24.10). Hoje em dia, com a MS altamente acurada e as bases de dados bem documentadas, essas previsões computacionais das sequências são muito confiáveis. A proteômica depende intimamente da qualidade e totalidade do sequenciamento do genoma e das bases de dados do genoma que são utilizadas para inferir a sequência das proteínas codificadas.

Para viabilizar a identificação dirigida de proteínas específicas, foi desenvolvida uma técnica, denominada monitoramento de reação selecionada (SRM) ou monitoramento por reação múltipla (MRM)

Este método utiliza a MS1 para selecionar um íon peptídico de uma mistura e, em seguida, o fragmenta e seleciona massas de fragmentos definidas para detecção na MS2 (Fig. 24.11). Um protocolo de *software* para a seleção peptídica da MS1 e para a detecção de fragmentos da MS2 fornece identificações de proteínas únicas, com base na medição de alguns peptídeos selecionados. Trata-se de um poderoso método para otimizar a identificação de proteínas a partir de amostras complexas apenas por meio de monitoramento sistemático dos fragmentos peptídicos mais informativos. O atlas de peptídeos é uma base de dados desses fragmentos informativos, que facilita enormemente a análise sistemática dos proteomas e subproteomas.

Espectrometria de massa quantitativa

A MS pode se tornar quantitativa de diversas maneiras. Se possível, as amostras podem ser cultivadas em um meio seletivo, que fornece um aminoácido essencial em sua forma natural (a forma "leve") ou marcado isotopicamente com um isótopo estável (p. ex., ^{13}C ou ^{2}H, a forma "pesada"), o que faz com que todos os peptídeos contendo esse aminoácido apareçam mais pesados no espectrômetro de massa. Trata-se do denominado método de **marcação com isótopos estáveis de aminoácidos em cultura de células** (SILAC), que é um dos métodos mais amplamente usados e consistentes das tecno-

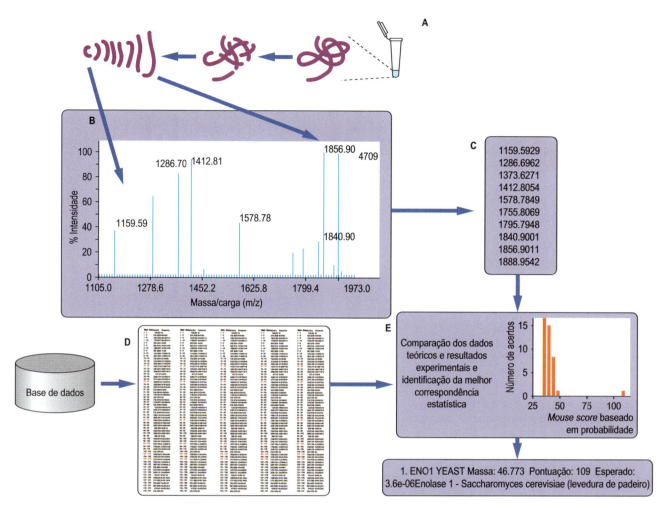

Fig. 24.10 **Identificação das proteínas por espectrometria de massa.** Um fluxo de trabalho típico: (A) A amostra é digerida com uma protease específica, habitualmente tripsina, para produzir um conjunto de peptídeos menores, que serão exclusivos da proteína. (B) A massa de um subgrupo dos peptídeos resultantes é medida por meio de MS; na MS em *tandem*, cada peptídeo é fragmentado, e a massa dos fragmentos é também medida. (C) Uma lista das massas experimentais observadas é gerada a partir do espectro de massas. (D) Uma base de dados de sequências proteicas é teoricamente digerida (e fragmentada no caso da MS em *tandem*) *in silico*, e um conjunto de tabelas dos peptídeos esperados é gerado. (E) Os dados experimentais são comparados com a base de dados teórica digerida, e uma pontuação estatística da adequação dos dados experimentais com os dados teóricos é gerada, fornecendo uma pontuação de "confiança", que indica a probabilidade de identificação correta.

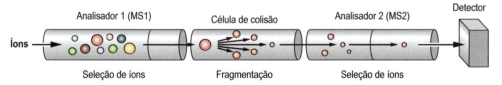

Fig. 24.11 **Os princípios dos experimentos de monitoramento de reação selecionada (SRM) ou monitoramento por reação múltipla(MRM).** Ver o texto para mais detalhes.

logias de marcação (Fig. 24.12). As amostras são misturadas e analisadas utilizando a abordagem *shotgun*. As razões entre peptídeos "pesados" e peptídeos "leves" equivalentes são utilizadas para determinar as quantidades relativas da proteína a partir da qual foram obtidos.

Os métodos alternativos incluem a reação química das proteínas na amostra (p. ex., utilizando os **marcadores de afinidade codificados com isótopos [ICAT]** ou os peptídeos após a digestão da amostra (p. ex., nos **marcadores isobáricos para quantificação relativa e absoluta [iTRAQ]**), com um reagente químico "leve" ou reagente químico "pesado" equivalente marcado isotopicamente, misturando, em seguida, as amostras e analisando-as como na abordagem do método SILAC. A comparação direta das observações da cromatografia líquida unidimensional (1D-LC), com base na intensidade de sinal normalizada, sem a necessidade de marcação, também é possível, em virtude dos avanços na reprodutibilidade da LC e *software*. Além disso, a contagem de íons peptídicos no espectrômetro de

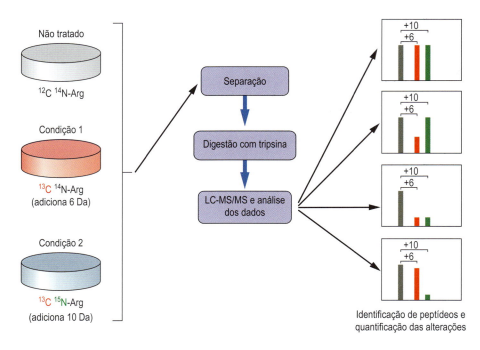

Fig. 24.12 **Marcação com isótopos estáveis de aminoácidos em cultura de células (SILAC) para espectrometria de massa quantitativa.** Ver o texto para mais detalhes.

massa levou aos denominados **métodos de quantificação sem marcação**, estão melhorando rapidamente e, em breve, poderão permitir uma quantificação acurada, sem a necessidade de marcar células ou proteínas. A vantagem dessas metodologia é que a análise é facilmente automatizada, e as abordagens podem ser utilizadas para obter informações sobre proteínas que não funcionam bem com a abordagem de focalização isoelétrica 2D, como as proteínas de membrana, as proteínas pequenas e as proteínas com pIs extremos (p. ex., histonas). A desvantagem é que a informação sobre modificações pós-traducionais é habitualmente perdida, e a digestão da amostra gera uma amostra muito mais complexa para a etapa de separação.

Métodos de captura por afinidade para interações moleculares

Um recente progresso na proteômica tem sido o uso de pequenas moléculas imobilizadas em superfícies sólidas para enriquecer proteínas que se ligam à molécula. Esse método tem sido utilizado para rastrear classes particulares de proteínas e compreender os efeitos de fármacos. Um exemplo é a imobilização de inibidores da quinase de baixa seletividade em esferas sólidas (*beads*) para enriquecer por afinidade um grande número de quinases (o "quinoma") a partir de um lisado de células. O lisado é aplicado às *beads*, e as proteínas que interagem com o fármaco imobilizado ligam-se a ele. Em seguida, as proteínas podem ser seletivamente liberadas por meio de sua competição com o fármaco solúvel e, em seguida, analisadas utilizando técnicas proteômicas padrões. Esse procedimento foi comercializado com o nome de *kinobeads* (quinase + esferas). O mesmo método pode ser empregado para o perfil da seletividade de fármacos, em que as proteínas que se ligam identificam o fármaco-alvo, juntamente com qualquer ligação do fármaco fora do alvo que possa ser responsável pelos efeitos colaterais. Em seguida, pode-se utilizar a química medicinal para melhorar o fármaco, e a mesma abordagem pode ser utilizada a fim de determinar se houve melhora da seletividade. Foram desenvolvidas sondas químicas que também possibilitam a captura de outras enzimas, como ATPases, hidrolases e proteases.

Tecnologias que não são baseadas na MS

Embora a MS continue sendo uma importante técnica utilizada na proteômica, vários outros métodos estão se tornando estabelecidos. Os **microarranjos de proteínas** assemelham-se conceitualmente àqueles utilizados na transcriptômica. São apresentados em três versões (Fig. 24.13). No **arranjo de proteínas de fase reversa** (RPPA), os lisados de células ou tecidos são aplicados em pontos específicos de uma lâmina de microscópio, com revestimento favorável a proteínas. Em seguida, esses arranjos recebem sondas com um anticorpo específico contra uma proteína ou determinada PTM. Após lavagem para remover os anticorpos não ligados, os eventos de ligação bem-sucedidos são visualizados por um anticorpo secundário anti-anticorpo, que carrega um marcador detectável, habitualmente um corante fluorescente. Dessa maneira, é possível comparar simultaneamente um grande número de amostras ou condições de tratamento. O sucesso desse método depende totalmente da especificidade do anticorpo e é condicionado pela disponibilidade limitada de anticorpos monoespecíficos de alta qualidade. No **arranjo de captura**, são depositados anticorpos no arranjo, que é, em seguida, incubado com um lisado de proteínas. A detecção das proteínas capturadas é efetuada por outro anticorpo. Por conseguinte, a especificidade global resulta da sobreposição entre as especificidades dos anticorpos de captura e de detecção, diminuindo a exigência de que cada anticorpo

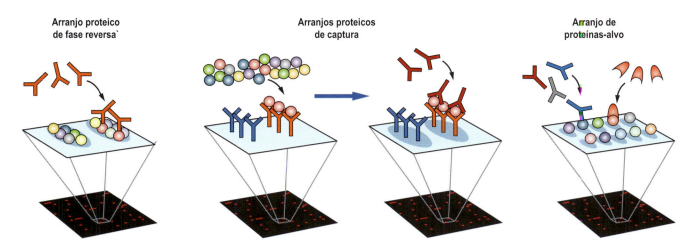

Fig. 24.13 **Micro(arranjos) proteicos.** Ver o texto para mais detalhes.

seja absolutamente específico. Os **arranjos-alvo** contêm uma única espécie de proteína purificada em cada mancha (*spot*). Esses arranjos são utilizados a fim de identificar parceiros de ligação para proteínas específicas. Podem ser sondados com outra proteína purificada, com um extrato celular ou com uma mistura de anticorpos (p. ex., do soro de um paciente) para determinar se um paciente possui anticorpos específicos para uma proteínas em particular. Os microarranjos de proteínas podem ser utilizados de modo a quantificar a proteína presente em uma amostra e, portanto, são apropriados ao diagnóstico clínico.

O Human Protein Atlas tem por objetivo gerar anticorpos contra cada proteína do proteoma humano e utilizá-los para visualizar as proteínas e suas localizações subcelulares em tecidos humanos saudáveis e com doença

Em 2016, o HPA (Atlas das Proteínas Humanas) compreendia mais de 17.000 proteínas— isto é, mais de 80% dos produtos gênicos, desprezando-se as formas de *splicing* e outras variantes. Esforços estão sendo envidados para incluir variantes proteicas e modificações pós-traducionais. Dessa maneira, o HPA está se tornando um importante recurso para a análise do proteoma.

A microscopia também tornou-se uma ferramenta bastante utilizada na proteômica espacial, para avaliar a localização das proteínas na célula e como essa localização muda em diferentes condições. Isso se tornou possível devido aos avanços na expressão intracelular de proteínas, que consistem em uma fusão entre as proteínas de interesse e a proteína fluorescente verde (GFP) ou seus análogos. Em seguida, a localização celular da proteína pode ser acompanhada por microscopia, seguindo o sinal fluorescente da proteína ligada a ela. Atualmente, existem análogos da GFP, que emitem uma ampla variedade de comprimentos de onda, o que significa que é possível acompanhar paralelamente três ou até mesmo quatro proteínas.

METABOLÔMICA

Os metabólitos são as pequenas moléculas químicas, como açúcares, aminoácidos, lipídeos e nucleotídeos, que estão presentes em uma amostra biológica. O estudo do conjunto de metabólitos de uma amostra é denominado **metabolômica**, enquanto a análise quantitativa das alterações dinâmicas nos níveis de metabólitos em decorrência de um estímulo ou outra alteração é frequentemente designada como **metabonômica**. Os termos *metabolômica* e *metabonômica* são frequentemente empregados como sinônimos, apesar de os puristas afirmarem que, embora ambos envolvam a medição multiparamétrica dos metabólitos, a metabonômica dedica-se à análise das alterações dinâmicas nos níveis de metabólitos, enquanto a metabolômica

QUADRO DE CONCEITOS AVANÇADOS
ESPECTROSCOPIA POR RESSONÂNCIA MAGNÉTICA NUCLEAR

A espectroscopia por ressonância magnética nuclear (RMN) fornece informações estruturais úteis sobre moléculas, que podem ser utilizadas para a sua identificação. Os núcleos atômicos comportam-se como pequenos magnetos, de modo que, quando são colocados em um campo magnético forte, eles se alinham com o campo. A aplicação de uma energia apropriada (radiação eletromagnética por radiofrequência) faz com que os núcleos virem e se alinhem com o campo. Em seguida, retornam ao seu estado basal quando o campo é desligado, girando de volta à sua posição; ao fazê-lo, eles emitem frequências específicas de radiação. Essas frequências podem ser registradas e representadas em um gráfico. Cada núcleo em uma molécula que possui um ambiente único irá emitir uma frequência única, e os núcleos ligados entre si ou em estreita proximidade no espaço irão interagir com núcleos adjacentes (acoplamento), o que também pode ser medido. Essa valiosa informação sobre a molécula permite determinar os elementos estruturais, e a amplitude dos sinais pode ser utilizada para quantificar com razoável acurácia a quantidade de material. Isso é de grande utilidade na **metabolômica**. A principal limitação é que o espectro da RMN torna-se rapidamente congestionado com informações de uma amostra complexa, de modo que é necessária uma alta resolução (obtida de campos magnéticos muito fortes). Além disso, a técnica é relativamente insensível e apresenta um limite de detecção de três a quatro ordens de magnitude menores do que a espectrometria de massa.

concentra-se na identificação e na quantificação dos níveis intracelulares de metabólitos no estado de equilíbrio dinâmico. A metabolômica é o termo genérico mais utilizado.

A metabolômica fornece outro nível de informações sobre um sistema biológico

A metabolômica mede as concentrações de metabólitos e fornece informações sobre os resultados da atividade de enzimas, o que pode não depender apenas da abundância da proteína, visto que isso pode ser modulado pelo suprimento de substratos, pela concentração de cofatores ou produtos e pelos efeitos de outras moléculas pequenas ou proteínas que modulam a atividade da enzima (efetores). Em certos aspectos, a metabolômica pode ser mais fácil de realizar do que a proteômica. No metaboloma, há uma amplificação de quaisquer alterações que possam ocorrer no proteoma, visto que as enzimas irão transformar muitas moléculas de substrato por cada molécula de enzima. Os métodos empregados para procurar determinado metabólito em cada organismo serão os mesmos, visto que muitos dos metabólitos serão idênticos, diferentemente das proteínas, cujas sequências são muito menos conservadas entre os organismos. Por conseguinte, as redes metabólicas são mais limitadas, tornando o seu acompanhamento mais fácil.

Todavia, a análise do metaboloma é ainda complexa, visto que ele é muito dinâmico; muitos metabólitos dão origem a diversas espécies moleculares ao formar adutos com diferentes contraíons ou outros metabólitos. As moléculas que não provêm do hospedeiro, mas sim de substâncias alimentares, de fármacos, do ambiente ou até mesmo da microflora no intestino, complicam acentuadamente a análise; o metaboloma efetivo pode estar próximo de ser tão complicado quanto o proteoma.

De modo semelhante, a **lipidômica** tornou-se um tópico por direito próprio e estuda as alterações dinâmicas que ocorrem nos lipídeos em diversas funções, como nas membranas, nas lipoproteínas e nas moléculas de sinalização. Em 2007, o Human Metabolome Project (Projeto do Metaboloma Humano) lançou o primeiro esboço do metaboloma humano, que consistia em 2.500 metabólitos, 3.500 componentes alimentares e 1.200 fármacos. Atualmente, existem informações sobre aproximadamente 20.000 metabólitos, cerca de 1.600 fármacos e seus metabólitos, 3.100 toxinas e poluentes ambientais e cerca de 28.000 componentes alimentares.

Os métodos mais comumente utilizados para a investigação do metaboloma são a espectrometria de massa, frequentemente acoplada à LC, como é usada na proteômica, e a **espectroscopia por ressonância magnética nuclear (RMN)**. A identificação de sinais que correspondem a metabólitos específicos pode ser então utilizada para quantificar esses metabólitos em uma amostra complexa e verificar como se modificam.

A metabolômica pode ser subdividida em diversas áreas

- **_Fingerprinting_ metabólico:** obtenção de uma "foto" do metaboloma de um sistema, gerando um conjunto de valores para a intensidade de um sinal de uma espécie, sem necessariamente saber de que espécie se trata. Com frequência, não há separação cromatográfica das espécies. O _fingerprinting_ metabólico é utilizado para a descoberta de biomarcadores.
- **Perfil de metabólitos:** produção de um conjunto de dados quantitativos sobre o número de metabólitos, habitualmente de identidade conhecida, ao longo de uma variedade de condições ou períodos de tempo. É utilizado na metabolômica, na metabonômica, na biologia de sistema e na descoberta de biomarcadores.
- **Análise de metabólitos-alvo:** determinação da concentração de um metabólito específico ou de um pequeno conjunto de metabólitos ao longo de uma variedade de condições e períodos de tempo.

Biomarcadores

Os biomarcadores são marcadores que podem ser utilizados na Medicina para detecção precoce, diagnóstico, estadiamento ou prognóstico de doenças, ou ainda para determinação da terapia mais efetiva

Um **biomarcador** é geralmente definido como um marcador específico a um determinado estado de um sistema biológico. Os marcadores podem consistir em metabólitos, peptídeos, proteínas ou qualquer outra molécula biológica ou em medições de propriedades físicas (p. ex., pressão arterial). A importância dos biomarcadores está aumentando rapidamente, visto que os progressos na Medicina personalizada exigem a caracterização detalhada e objetiva dos pacientes proporcionada pela análise dos biomarcadores. Os biomarcadores podem originar-se do próprio processo patológico ou da reação do corpo à doença. Por conseguinte, podem ser encontrados nos líquidos corporais e nos tecidos. Para facilitar a obtenção de amostras e a adesão do paciente, os estudos de biomarcadores utilizam, em sua maioria, urina ou plasma, embora a saliva, o líquido intersticial, o aspirado de ductos mamários e o líquido cerebrospinal também tenham sido utilizados.

Os métodos mais comuns para a descoberta de biomarcadores foram desenvolvidos a partir daqueles utilizados na transcriptômica, na proteômica e na metabolômica (i.e., arranjos de genes, espectrometria de massa, frequentemente acoplada à cromatografia, e espectroscopia por RMN)

Com frequência, a descoberta de biomarcadores é feita em pequenas coortes de pacientes; todavia, para ser clinicamente útil, é necessária uma análise estatística consistente de um grande número de amostras de indivíduos saudáveis e doentes em estudos bem controlados. Os progressos nos métodos de análise estatística, acoplados a métodos de detecção capazes de diferenciar centenas a dezenas de milhares de componentes individuais na amostra complexa, aumentaram a seletividade a um nível em que esses objetivos podem ser alcançados. Em geral, há necessidade de definir um certo número de marcadores (i.e., um **painel de biomarcadores**), que sejam indicativos de determinada doença, de modo a obter uma seletividade, em lugar de apenas detectar uma resposta sistêmica geral, como a resposta inflamatória, ou uma doença estreitamente relacionada. Teoricamente, não há necessidade de identificar de modo efetivo o biomarcador, embora a sua identificação possa fornecer informações sobre a bioquímica subjacente da doença, e muitas autoridades reguladoras exigem que os marcadores sejam identificados antes que um método possa ser licenciado. Isso também pode permitir o desenvolvimento subsequente de ensaios mais baratos e de maior rendimento.

Alguns exemplos bem conhecidos de biomarcadores são a determinação dos níveis de glicemia no diabetes, o antígeno prostático específico para o câncer de próstata e os genes HER-2 ou BRCA1/2 no câncer de mama

A pesquisa de biomarcadores também pode elucidar os mecanismos envolvidos na doença, bem como marcadores adicionais ou alvos farmacológicos potenciais. Por exemplo, a utilização de uma abordagem de focalização isoelétrica 2D para determinar quais as vias de reparo do DNA que foram perdidas no **câncer de mama** levou à descoberta de que os cânceres com deficiência nos genes *BRCA1/2* são sensíveis à inibição de outra proteína de reparo do DNA, a poli(ADP-ribose) polimerase 1, conhecida como PARP-1. Os inibidores da PARP-1 estão sendo promissores em ensaios clínicos para o tratamento de tumores deficientes em *BRCA1/2*.

Análise e interpretação de dados pela bioinformática e biologia de sistemas

Os experimentos das -ômicas podem gerar muitos *gigabytes*, até mesmo *tetrabytes* de informações. Entretanto, os **dados não são informações, e a informação não é conhecimento**. A utilização desses dados depende fundamentalmente de métodos computacionais. **Bioinformática** é o termo empregado para referir-se a métodos computacionais de extração de informação útil a partir de conjuntos de dados complexos gerados a partir de experimentos das -ômicas – por exemplo, a obtenção de dados quantitativos da transcrição gênica a partir do sequenciamento de nova geração ou a identificação de proteínas a partir dos fragmentos gerados na espectrometria de massa. A anotação desses conjuntos de dados, por exemplo, com a função e a localização de proteínas, e a organização hierárquica dos dados podem ser vistas como informação estática. A **biologia de sistemas** leva isso adiante e gera modelos computacionais e matemáticos do nosso conhecimento da biologia e dos dados refinados provenientes da análise bioinformática. Esses modelos são utilizados para estimular processos bioquímicos e biológicos *in silico* (expressão que significa "realizado em computadores") e para revelar como sistemas complexos, como as redes de sinalização intracelular, funcionam efetivamente.

RESUMO

■ As abordagens das -ômicas possuem um enorme potencial para a avaliação dos riscos, a detecção precoce, o diagnóstico, a estratificação e o tratamento personalizado das doenças humanas.

QUESTÕES PARA APRENDIZAGEM

1. O que é um gene?
2. Os genomas de quem foram sequenciados no Projeto Genoma Humano?
3. Como o conteúdo da informação aumenta quando se passa da genômica para a transcriptômica e, em seguida, para a proteômica e a metabolômica?
4. Os fatores de transcrição representam cerca de 20% das proteínas no genoma. Discuta as limitações da tecnologia da proteômica para quantificar as alterações nos fatores de transcrição e seu grau de fosforilação em resposta a estímulos hormonais.

■ As tecnologias das -ômicas estão sendo introduzidas na prática clínica, lideradas pela genômica e pela transcriptômica. Isso se deve principalmente ao fato de que o DNA e o RNA possuem propriedades físico-químicas definidas, que são passíveis de amplificação, bem como à elaboração de plataformas de ensaio consistentes, compatíveis com as rotinas dos laboratórios clínicos. Por exemplo, a PCR e o sequenciamento do DNA são utilizados em Medicina forense para estabelecer a paternidade e determinar a identidade de amostras de DNA deixadas nas cenas de crimes. Os testes genéticos para o diagnóstico de mutações gênicas e doenças hereditárias já estão estabelecidos.

■ Foram aprovados testes de microarranjos baseados na transcriptômica para o câncer de mama, e testes semelhantes para outras doenças estão se tornando disponíveis.

■ A proteômica e a metabolômica exigem equipamentos especializados e especialização, cuja aplicação em laboratórios clínicos de rotina é atualmente difícil. Entretanto, o conteúdo de sua informação excede o da genômica, e, com o progresso crescente da tecnologia, suas aplicações clínicas irão se tornar uma realidade.

LEITURAS SUGERIDAS

Adamski, J. (2016). Key elements of metabolomics in the study of biomarkers of diabetes. *Diabetologia, 59*, 2497-2502.

Aronson, J. K., & Ferner, R. E. (2017). Biomarkers - A General Review. *Current Protocols in Pharmacology, 76* 9.23.1–9.23.17.

Corbo, C., Cevenini, A., & Salvatore, F. (2017). Biomarker discovery by proteomics-based approaches for early detection and personalized medicine in colorectal cancer. *Proteomics. Clinical Applications, 11*(5–6), doi: 10.1002/prca.201600072.

Duarte, T. T., & Spencer, C. T. (2016). Personalized proteomics: The future of precision medicine. *Proteomes, 4*(4), 29.

Faria, S. S., Morris, C. F., Silva, A. R., et al. (2017). A timely shift from shotgun to targeted proteomics and how it can be groundbreaking for cancer research. *Frontiers in Oncology, 7*, 13.

Fu, S., Liu, X., Luo, M., et al. (2017). Proteogenomic studies on cancer drug resistance: Towards biomarker discovery and target identification. *Expert Review of Proteomics, 14*(4), 351-362.

Lima, A. R., Bastos, M. L., Carvalho, M., et al. (2016). Biomarker discovery in human prostate cancer: An update in metabolomics studies. *Translational Oncology, 9,* 357-370.

Matthews, H., Hanison, J., & Nirmalan, N. (2016). "Omics"-informed drug and biomarker discovery: Opportunities, challenges and future perspectives. *Proteomes, 4*(3), 28.

Mokou, M., Lygirou, V., Vlahou, A., et al. (2017). Proteomics in cardiovascular disease: Recent progress and clinical implication and implementation. *Expert Review of Proteomics, 14,* 117-136.

Newgard, C. B. (2017). Metabolomics and metabolic diseases: Where do we stand? *Cell Metabolism, 25,* 43-56.

O'Gorman, A., & Brennan, L. (2017). The role of metabolomics in determination of new dietary biomarkers. *The Proceedings of the Nutrition Society,* 1-8.

Walsh, A. M., Crispie, F., Claesson, M. J., et al. (2017). Translating omics to food microbiology. *Annual Review of Food Science and Technology, 8,* 113-134.

SITES

The Human Genome Project (Projeto do Genoma Humano): https://www.genome.gov/10001772/

The Cancer Genome Atlas (Atlas do Genoma do Cancer): https://cancergenome.nih.gov/

The Human Protein Project (Projeto das Proteínas Humanas): http://www.thehpp.org/

The Human Metabolome Project (Projeto do Metaboloma Humano: http://www.hmdb.ca/

Base de dados de MicroRNA: http://www.mirbase.org

Introdução à proteômica: https://www.unil.ch/paf/files/live/sites/paf/files/shared/PAF/downloads/PROTEOMICS_INTRO.pdf

The Human Protein Atlas (Atlas das Proteínas Humanas): http://www.proteinatlas.org/

Multi-organism peptide atlas (Atlas de peptídeos multiorganismo): http://www.peptideatlas.org

Online Mendelian inheritance in man (Hereditariedade Mendeliana no Homem Online): https://www.omim.org/

ABREVIATURAS

CGH	Hibridização genômica comparativa
ChIP	Imunoprecipitação de cromatina
ChIPseq	Combinação de imunoprecipitação de cromatina e tecnologia de RNAseq
ChIP-on-chip	Combinação de imunoprecipitação de cromatina e tecnologia de microarranjos
CMA	Análise cromossômica por microarranjos
cDNA	DNA complementar
cRNA	RNA complementar
FISH	Hibridização fluorescente *in situ*
GWAS	Estudo de associação genômica ampla
HGP	Projeto Genoma Humano
IMAC	Cromatografia de afinidade por íons metálicos imobilizados
lncRNA	RNA não codificantes longos
miRNA	MicroRNA
MRM	Monitoramento por reação múltipla
MS	Espectrometria de massa [EM]
MudPIT	Tecnologia para identificação de proteínas multidimensional
ncRNA	RNA não codificador muito pequeno
NGS	Sequenciamento de nova geração
PCR	Reação em cadeia da polimerase
PTM	Modificação pós-traducional
RNAseq	Tecnologia de sequenciamento profundo para análise de transcriptoma
siRNA	Pequeno RNA de interferência
SNP	Polimorfismo de nucleotídeo único

CAPÍTULO 25

Receptores de Membrana e Transdução de Sinal

Ian P. Salt

OBJETIVOS

Após concluir este capítulo, o leitor estará apto a:

- Distinguir entre hormônios esteroides e polipeptídicos e descrever seus mecanismos de ação.
- Descrever os receptores acoplados à proteína G (GPCR)
- Descrever a ativação de cascatas de sinalização intracelular a jusante por sinalização de proteínas G heterotriméricas.
- Discutir a formação de segundos mensageiros, como o AMP cíclico, o inositol-trisfosfato (IP_3), o diacilglicerol (DAG) e o Ca^{2+}, e explicar como eles ativam as proteínas quinase-chave.
- Explicar como as fosfolipases geram uma gama diversificada de segundos mensageiros lipídicos.
- Discutir como a geração de uma diversidade de segundos mensageiros pode amplificar os sinais e desencadear respostas biológicas específicas.

INTRODUÇÃO

Os sinais celulares são processados por receptores específicos, elementos efetores e proteínas reguladoras

As células percebem, respondem e integram múltiplos sinais diversos de seu ambiente. Esses sinais podem ser hormônios produzidos em partes diferentes do seu local de ação (**sinalização endócrina**), sinais gerados localmente na célula-alvo (**sinalização parácrina**), sinais de células em contato físico com a célula-alvo (**sinalização justácrina**) ou sinais gerados pela própria célula-alvo (**sinalização autócrina**). Sinais hidrofóbicos e moléculas pequenas podem atravessar a membrana plasmática e exercer seus efeitos por meio de receptores no interior da célula, enquanto a maioria dos sinais é hidrofílica, não são capazes de atravessar a membrana plasmática lipídica e requerem receptores de membrana da superfície celular específicos. Em qualquer um dos casos, os sinais são detectados e processados por **complexos de transdução de sinal celular** que contêm receptores específicos, elementos de sinalização efetores e proteínas reguladoras. Esses complexos de sinalização servem para detectar, amplificar e integrar os diversos sinais externos de modo a gerar a resposta celular apropriada (Fig. 25.1). Em última análise, os sinais podem alterar rapidamente os processos celulares, como o metabolismo ou exocitose e alterar a atividade dos fatores de transcrição, levando a alterações na expressão do gene-alvo.

Neste capítulo, discutiremos em primeiro lugar como os receptores de superfície celular recebem e transduzem o seu sinal específico por acoplamento transmembranar a sistemas enzimáticos efetores, incluindo a geração de moléculas de massa molecular baixa denominadas segundos mensageiros. Em seguida, discutiremos a diversidade desses segundos mensageiros e como eles influenciam a atividade de uma série de proteínas efetoras que, por fim, determinam a resposta biológica obtida.

TIPOS DE RECEPTORES DE HORMÔNIOS E MONOAMINAS

Os receptores de hormônios esteroides são diferentes dos receptores de hormônios polipeptídicos e monoaminas

Os hormônios são mensageiros bioquímicos que agem orquestrando as respostas de diferentes células dentro de um organismo multicelular (Capítulo 27). Eles geralmente são sintetizados por tecidos específicos e secretados diretamente no sangue, que os transporta para seus órgãos responsivos. A sinalização hormonal pode ser subdividida em duas grandes classes:

- Sinalização hormonal esteroide;
- Sinalização hormonal polipeptídica e monoamina.

Os hormônios exercem seus efeitos biológicos interagindo com receptores específicos para induzir cascatas de sinalização intracelular (Tabela 25.1).

Hormônios esteroides atravessam as membranas celulares

Os hormônios esteroides, como os glicocorticoides, os mineralocorticoides, os hormônios sexuais e a vitamina D, são derivados do colesterol e, portanto, são hidrofóbicos. Assim, eles podem atravessar a membrana plasmática das células para iniciar suas respostas via receptores de hormônios esteroides citoplasmáticos (Fig. 25.1). Os receptores de hormônios esteroides pertencem a uma superfamília de receptores citoplasmáticos chamada **superfamília de receptores intracelulares**, cujos membros também transduzem sinais de outras pequenas moléculas hidrofóbicas sinalizadoras, como os hormônios tireoidianos derivados da tirosina (p. ex., tiroxina) e os retinoides derivados da vitamina A (p. ex., ácido retinoico).

Os receptores intracelulares de hormônios esteroides e tireoidianos e retinoides são fatores de transcrição

Os receptores intracelulares dos hormônios esteroidais/tireoidianos e retinoides são **fatores de transcrição**; eles se ligam a regiões reguladoras do DNA de genes que respondem

339

CAPÍTULO 25 Receptores de Membrana e Transdução de Sinal

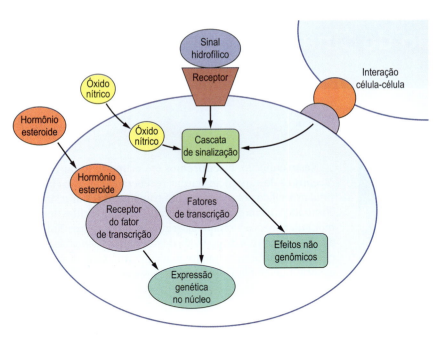

Fig. 25.1 **Mecanismos de sinalização celular.**

Tabela 25.1 Classificação de receptores de membrana

Classe de receptores	Domínios transmembranares	Atividade catalítica intrínseca	Moléculas acopladoras/reguladoras acessórias	Exemplos de classes de receptores/ligantes
Receptores acoplados a proteínas G (receptores serpentina)	Múltiplas passagens (sete α-hélices transmembranares	Nenhuma	Proteínas G	Glucagon α-adrenérgico, β-adrenérgico (epinefrina) Muscarínico (acetilcolina) Rodopsina (visão) Quimiocinas (IL-8)
Receptores de canais iônicos (canais regulados por ligantes)	Múltiplas passagens; geralmente foram complexos multiméricos	Atividade de canal iônico	Nenhuma	Neurotransmissores Íons Nucleotídios Inositol-trifosfato (IP_3)
Receptores intrínsecos de tirosina quinase	Domínio transmembranar simples, mas pode ser multimérico (p. ex., receptor de insulina)	Tirosina-quinase	Nenhuma	Insulina Fatores de crescimento peptídicos (p. ex., PDGF, FGF, NGF, EGF)
Receptores associados a tirosina quinases	Domínio transmembranar simples, mas geralmente formam receptores multiméricos	Nenhuma	Algumas requerem proteínas contendo ITAM/ITIM	Receptores antigênicos (quinases relacionadas com ITAM-Src) FcγR (quinases relacionadas a ITIM-Src) Leptina, IL-6 (Janus-quinases)
Receptores intrínsecos de tirosina-fosfatase	Domínio transmembranar simples	Tirosina fosfatase	Nenhuma	Receptor CD45-fosfatase
Receptores intrínsecos de serina/treoninaquinase	Domínio transmembranar simples	Serina/treonina-quinase	Nenhuma	Fator de crescimento tumoral β (TGF-β)
Receptores intrínsecos de guanilato ciclase	Domínio transmembranar simples	Guanilato ciclase (gera cGMP)	Nenhuma	Proteína natriurética atrial (PNA)
Receptores de domínio de morte	Domínio transmembranar simples	Nenhuma	Proteínas acessórias do domínio de morte (TRADD, FADD, RIP, TRAFs)	Fator de necrose tumoral α (TNF-α) Fas

cGMP, monofosfato de guanosina cíclico; FADD, domínio de morte associado a Fas; FcγR, receptor de Fc-γ (receptor para imunoglobulina G); IL, interleucina; ITAM/ITIM, motivo de ativação/inibição do imunorreceptor baseado em tirosina; RIP, proteína de interação a receptores; Src, tipo de tirosina quinase; TRADD, domínio de morte associado ao receptor TNF; TRAFs, fatores associados ao receptor TNF; PDGF, fator de crescimento derivado de plaquetas; FGF, fator de crescimento de fibroblastos; EGF, fator de crescimento epidérmico; NGF, fator de crescimento nervoso.

particularmente ao hormônio esteroide/tireoidiano. Assim, a "ligação do ligante" (ligação) induz uma alteração conformacional no fator de transcrição que o permite ativar ou reprimir a indução gênica. Embora todas as células-alvo apresentem receptores específicos para os hormônios individuais, elas expressam combinações distintas de proteínas reguladoras específicas para o tipo celular que cooperam com o receptor hormonal intracelular para ditar o repertório preciso de genes que são induzidos. Portanto, os hormônios induzem conjuntos distintos de respostas em diferentes células-alvo (Capítulo 23).

Hormônios polipeptídicos agem por meio de receptores de membrana

Ao contrário dos hormônios esteroides, os hormônios polipeptídicos não conseguem atravessar as membranas celulares e devem iniciar seus efeitos nas células-alvo por meio de **receptores de superfície** celular específicos (Fig. 25.1). A ligação ao receptor específico da superfície celular provoca uma alteração conformacional nesse receptor que pode envolver **cascatas de sinalização** de várias maneiras diferentes. A ligação do receptor pode:

- Regular a produção de moléculas de sinalização de baixo peso molecular, como o monofosfato de adenosina cíclico (cAMP) ou o cálcio, que são chamados **segundos mensageiros**;
- Alterar a atividade catalítica intrínseca do receptor;
- Alterar o recrutamento de moléculas reguladoras para o receptor (Tabela 25.1)
- Alterar outras moléculas que sinalizam por meio dos receptores de membrana.

Além dos hormônios polipeptídicos, uma ampla gama de moléculas de sinalização utiliza *complexos* de transdução de sinais transmembrana para desencadear seus efeitos biológicos. Esses sinais incluem fatores de crescimento polipeptídicos, polipeptídeos sinais que medeiam inflamação e a imunidade (citocinas e quimiocinas), além de pequenas moléculas hidrofílicas (como acetilcolina, catecolaminas, purinas, nucleotídeos ou inositol-trifosfato; Tabela 25.1).

Algumas moléculas de sinalização de baixo peso molecular atravessam a membrana celular

Embora a maioria dos sinais extracelulares medeie seus efeitos via interação receptor-ligante de receptores de superfície celular ou citoplasmáticos, algumas moléculas de sinalização de baixo peso molecular são capazes de atravessar a membrana plasmática e modular diretamente a atividade dos domínios catalíticos dos receptores transmembranares ou enzimas de transdução de sinal citoplasmáticas (Fig. 25.1). Por exemplo, o óxido nítrico (NO) – que executa uma variedade de funções, incluindo o relaxamento das células musculares lisas vasculares – pode estimular a guanilato ciclase, levando à geração do segundo mensageiro, o cGMP (monofosfato de guanosina cíclico). Os pacientes com **angina *pectoris*** são tratados com nitroglicerina, que é convertida em NO, resultando no relaxamento dos vasos sanguíneos que fornecem oxigênio e nutrientes ao coração. A consequente melhora na liberação de oxigênio para o músculo cardíaco alivia a dor causada pelo fluxo sanguíneo inadequado ao coração.

ACOPLAMENTO DO RECEPTOR À TRANSDUÇÃO INTRACELULAR DO SINAL

Receptores de membrana acoplam-se a vias de sinalização utilizando diversos mecanismos

Alguns receptores de membrana, por exemplo, os receptores β-adrenérgicos ou os receptores de antígeno nos linfócitos, não exercem nenhuma atividade catalítica intrínseca e constituem simplesmente unidades específicas de reconhecimento. Esses receptores usam vários mecanismos, incluindo moléculas adaptadoras ou moléculas reguladoras cataliticamente ativas, como **proteínas G** (guanosina trifosfatases [GTPases], que hidrolisam o GTP) para se acoplarem a seus elementos de sinalização efetores, os quais geralmente são enzimas (muitas vezes chamadas de enzimas sinalizadoras ou transdutores de sinal), ou canais iônicos (Fig. 25.2). Por outro lado, outros receptores (p. ex., os receptores intrínsecos de tirosina quinase para insulina e muitos fatores de crescimento; os receptores intrínsecos de serina quinase para moléculas como o fator de crescimento transformador-β) possuem domínios extracelulares de ligação a ligantes e domínios catalíticos citoplasmáticos. Após a ligação ao receptor, esses receptores podem iniciar diretamente as suas cascatas de sinalização por fosforilação e modulação das atividades de moléculas-alvo de transdução de sinal (enzimas de sinalização a jusante). Essas, por sua vez, propagam o sinal do fator de crescimento modulando a atividade de outros transdutores de sinal específicos ou fatores de transcrição, levando à indução gênica (Capítulo 23). Além disso, sistemas sensoriais como visão (Capítulo 39), paladar e olfato usam mecanismos similares de transdução de sinal acoplados à membrana da superfície celular (Tabela 25.1).

Alguns receptores possuem atividade intrínseca de proteína quinase

A ligação de ligantes a muitos receptores de fatores de crescimento estimula a atividade de proteína quinase de um domínio intracelular do complexo receptor. O receptor ativado fosforila subsequentemente proteínas substrato, nas quais o fosfato γ do trifosfato de adenosina (ATP) é transferido aos grupos hidroxila das cadeias laterais nos resíduos de serina, treonina ou tirosina. Todas as proteínas quinases dos receptores são serina/treonina quinases ou tirosina quinases específicas, mas nunca ambas. Além disso, as proteínas quinases fosforilam substratos em resíduos específicos de serina, treonina ou tirosina, dependendo da sequência que circunda o local da fosforilação. Após ligação ao ligante, as proteínas quinases do receptor frequentemente **se autofosforilam (fosforilam a si mesmas)**. A introdução do grupo fosfato volumoso durante autofosforilação ou em outras proteínas substrato altera acentuadamente a conformação da proteína, desencadeando alterações na atividade ou atuando como locais de ancoragem para outras proteínas (adaptadoras). As proteínas adaptadoras contêm domínios específicos que reconhecem e se ligam às proteínas fosforiladas. Como as proteínas quinases receptoras frequentemente fosforilam em vários locais, isso pode levar ao recrutamento de várias proteínas adaptadoras diferentes para o complexo receptor ativado. Subsequentemente,

342 CAPÍTULO 25 Receptores de Membrana e Transdução de Sinal

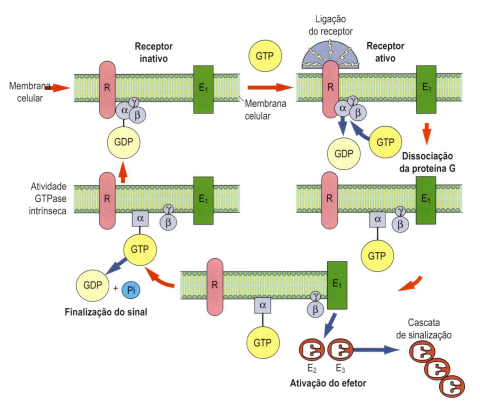

Fig. 25.2 **Mecanismo de sinalização das proteínas G.** No estado inativo, as proteínas G existem na forma heterotrimérica com GDP ligado fortemente à subunidade α. Nenhuma das subunidades é uma proteína integral de membrana, contudo, a proteína G está ancorada à membrana plasmática por modificação lipídica das subunidades γ (prenilação) e de algumas das subunidades α (miristoilação na família $G_{i\alpha}$). A ligação do receptor (R) leva à troca de GDP por GTP e induz uma alteração conformacional em Gα, que resulta em uma diminuição de sua afinidade, tanto para o receptor quanto para as subunidades βγ, levando à dissociação do complexo receptor-proteína G. A subunidade Gα ativada (ligada ao GTP) ou as subunidades βγ liberadas, ou ambas, podem então interagir com um ou mais efetores para produzir segundos mensageiros intracelulares que ativam as cascatas de sinalização a jusante. A sinalização é terminada pela atividade GTPase intrínseca da subunidade α, que hidrolisa o GTP em GDP, permitindo a reassociação da proteína G heterotrimérica inativa, Gαβγ.

essas proteínas adaptadoras podem envolver várias vias de sinalização diferentes.

O exemplo da sinalização da insulina

Um exemplo disso é a sinalização da insulina. A ligação da insulina ao receptor de insulina (IR) desencadeia ativação e autofosforilação dos domínios tirosinaquinase intracelulares. As proteínas adaptadoras, incluindo as proteínas do substrato do receptor de insulina (IRS) e proteínas Shc (proteína adaptadora do tipo colágeno e homóloga Src), se ligam aos resíduos de fosfotirosina no IR. Em seguida, os próprios IRSs são fosforilados pela IR em resíduos de tirosina, gerando sítios de ancoragem para a lipídeo quinase fosfatidilinositol-3'-quinase, que gera fosfatidilinositol 3,4,5-trifosfato (PIP_3) na membrana plasmática. O PIP_3 recém-formado recruta a proteína serina/treonina quinase Akt para a membrana plasmática, e a Akt é posteriormente fosforilada e ativada por outras proteínas quinases (Fig. 25.3). A ativação de Akt é a via de sinalização fundamental pela qual a insulina exerce a maioria de seus efeitos metabólicos, incluindo a estimulação do transporte de glicose e a supressão da gliconeogênese (Capítulo 31). A ligação da Shc ao IR ativado leva ao recrutamento da proteína ligada ao receptor do fator de crescimento (Grb2) para Shc, que subsequentemente ativa um fator de troca do nucleotídeo guanina (SOS), o qual estimula a pequena proteína G Ras, que inicia a cascata de proteínas quinases na qual várias proteínas quinases fosforilam-se mutuamente. A sinalização por essa via está associada às ações mitogênicas e promotoras de crescimento da insulina. Portanto, **a ligação do ligante pode iniciar múltiplas vias de sinalização com diferentes efeitos celulares**.

Alguns receptores de membrana são acoplados a proteínas G

Receptores acoplados às proteínas G (GPCR) compreendem uma superfamília de receptores estruturalmente relacionados a hormônios, neurotransmissores, mediadores inflamatórios, proteinases, moléculas gustativas e odoríferas e fótons de luz. Um exemplo comum dessa classe de receptores é **o receptor β-adrenérgico** (para o qual o ligante é a epinefrina), porque suas propriedades estrutura-função têm sido extensivamente estudadas em relação à ativação das cascatas de transdução de sinal. Os GPCRs são proteínas integrais de membrana caracterizadas por sua estrutura com sete hélices transmembrana comum. Eles geralmente são constituídos por um N-terminal extracelular, sete α-hélices transmembranares (20 a 28 aminoácidos hidrofóbicos cada uma), três alças extracelulares e intracelulares e uma cauda C-terminal intracelular. Os ligantes, como a epinefrina, ligam-se tipicamente ao GPCR alojando-se em uma bolsa formada pelas hélices transmembranares. Os GPCRs não possuem domínios catalíticos intrínsecos; após ativação, eles recrutam proteínas G por intermédio de sua terceira alça citoplasmática para se acoplarem aos elementos de transdução de sinal. Os GPCRs frequentemente são alvo de fármacos; de fato, estima-se que cerca de 30% de todos os tratamentos disponíveis hoje em dia atuam sobre os GPCRs. Além disso, usando as informações obtidas pelo sequenciamento do genoma humano, é evidente que existem muitos membros adicionais da família GPCR para os quais o sinal ainda não foi identificado.

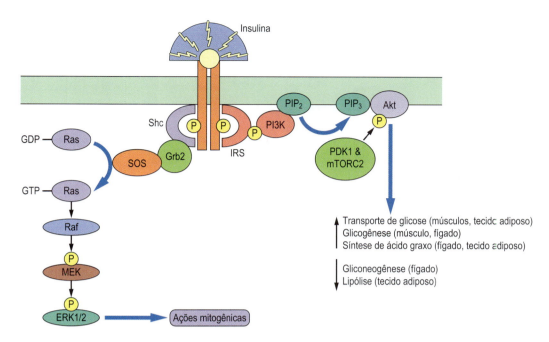

Fig. 25.3 **Vias de sinalização da insulina.** A ligação da insulina ao receptor de insulina dimérico com atividade de tirosina quinase estimula a autofosforilação. O substrato do receptor de insulina (IRS) e as proteínas adaptadoras do tipo colágeno e homólogas Src (Shc) se ligam às fosfotirosinas no receptor da insulina. Os IRSs são subsequentemente fosforilados pelo receptor da insulina, gerando locais de ancoragem para a fosfoinositídeo-3'-quinase (PI3K), que produz a molécula sinalizadora lipídica fosforilada fosfatidilinositol 3,4,5-trifosfato (PIP3) a partir de fosfatidilinositol 4,5-bisfosfato (PIP2). O PIP3 recruta a proteína serina/treonina quinase Akt para a membrana plasmática, na qual a Akt é fosforilada e ativada pela quinase dependente de PIP3 (PDK1) e pelo complexo 2 do alvo da rapamicina em mamíferos (mTORC2). A Akt é essencial para os efeitos metabólicos da insulina no músculo (M), fígado (F) e tecido adiposo (A). A Shc ligada ao receptor da insulina recruta a proteína ligada ao receptor do fator de crescimento 2 (Grb2), que se encontra ligado ao fator de troca de nucleotídios de guanina *Son of Sevenless* (SOS). O SOS catalisa a troca GDP-GTP na pequena proteína G Ras. A Ras ativa ligada ao GTP inicia uma cascata de proteínasquinases na qual a proteínaquinase Raf fosforila e ativa outra proteína -quinase, a MEK, que subsequentemente fosforila e ativa as proteínas -quinases ERK1 e ERK2, que medeiam muitas das ações mitogênicas da insulina. Para mais detalhes veja o Capítulo 31, Figura 31.4.

As proteínas G regulam uma gama diversificada de processos biológicos

As proteínas G constituem um grupo de moléculas reguladoras que estão envolvidas na regulação de uma gama diversificada de processos biológicos, incluindo transdução de sinal, síntese de proteínas, tráfego intracelular (liberação direcionada a membrana plasmática ou organelas intracelulares) e exocitose, bem como movimento celular, crescimento, proliferação e diferenciação. A superfamília das proteínas G compreende predominantemente duas principais subfamílias: as pequenas proteínas G monoméricas do tipo *Ras* e as proteínas G heterotriméricas. As proteínas G heterotriméricas regulam a transdução dos sinais transmembranares a partir de receptores de superfície celular para uma variedade de efetores intracelulares, como adenilato ciclase, fosfolipase C (PLC), cGMP-fosfodiesterase (PDE) e sistemas efetores de canal iônico. As proteínas G heterotriméricas consistem em três subunidades: α (39–46 kDa), β (37 kDa) e γ (8 kDa). Em geral, a especificidade efetora é conferida pela subunidade α, que contém o sítio de ligação a GTP e uma atividade GTPase intrínseca. No entanto, hoje em dia, é amplamente aceito que os complexos βγ também podem regular diretamente efetores como a fosfolipase A_2 (PLA_2), as isoformas PLC-β, a adenilato ciclase e canais iônicos. Quatro subfamílias principais de genes da subunidade α foram identificados com base na sua homologia e função do seu cDNA: $G_s\alpha$, $G_i\alpha$, $G_{q/11}\alpha$ e $G1_{2/13}\alpha$ (Tabela 25.2). Muitas dessas subunidades Gα exibem um padrão amplo de expressão nos sistemas dos mamíferos ao nível do mRNA, mas também é claro que determinadas subunidades α apresentam um perfil de expressão restrito ao tecido. Além disso, há evidências de uma expressão diferencial de subunidades α durante o desenvolvimento celular.

As proteínas G atuam como interruptores moleculares

As proteínas G heterotriméricas regulam os sinais transmembranares atuando como interruptores moleculares, ligando os receptores acoplados à proteína G na superfície celular a uma ou mais moléculas de sinalização a jusante (Fig. 25.2). A ligação de um GPCR inicia uma interação com a proteína G heterotrimérica inativa ligada ao GDP. Essa interação impulsiona a troca de GDP por GTP, induzindo uma alteração conformacional em Gα, que resulta em uma diminuição na sua afinidade tanto pelo GPCR quanto pelas subunidades βγ, levando à dissociação do complexo GPCR-proteína G. As subunidades Gα ativadas (ligadas a GTP) liberaram subunidades βγ, ou ambas, podem então interagir com um ou mais efetores para gerar segundos mensageiros intracelulares, que ativam cascatas de sinalização a jusante. A sinalização é terminada pela atividade GTPase intrínseca da subunidade α, que hidrolisa GTP a GDP

Tabela 25.2 Propriedades das subunidades α das proteínas G dos mamíferos

Subfamília de proteínas G	Subunidade α	Distribuição tecidual	Toxina substrato	Exemplos de efetores
Gsα	$G_s\alpha$	Ubíqua	Toxina colérica	Ativa a adenilato ciclase (G_s, $G_{olf}\alpha$)
	$G_{olf}\alpha$	Neurônios olfatórios, sistema nervoso central	Toxina colérica	Canais de K+ ($G_s\alpha$) Tirosina quinases Src ($G_s\alpha$)
Giα	$G_i\alpha$	Ubíqua	Toxina pertussis	Inibe a adenilato ciclase (G_iG_0, $G_2\alpha$)
	$G_0\alpha$	Tecidos neuronais/neuroendócrinos	Toxina pertussis	Ativa canais de K+ (G_i, G_0, $G_2\alpha$)
	$G_2\alpha$	Neurônios, plaquetas	Nenhuma	G Fosfodiesterase do cGMP (Giα)
	$G_t\alpha$	Retina	Toxina pertussis	
	$G_{gust}\alpha$	Papilas gustativas	Toxina pertussis	
$G_{q/11}\alpha$	$G_q\alpha$	Ubíqua	Nenhuma	Ativa a PLC indiretamente por meio da ativação de canais de cálcio
	$G_{11}\alpha$	Ubíqua	Nenhuma	Ativa canais de K+ ($G_q\alpha$)
	$G14\alpha$	Pulmão, rins, fígado, baço, testículos	Nenhuma	
	$G16\alpha$ ($G15\alpha$ em camundongo)	Células hematopoéticas	Nenhuma	
$G_{12/13}\alpha$	$G_{12}\alpha$	Ubíqua	Nenhuma	Ativa a PLC indiretamente por meio da ativação de canais de cálcio
	$G_{13}\alpha$	Ubíqua	Nenhuma	Ativa a PLD Ativa a Rho GEF

cGMP, monofosfato de guanosina cíclico; PLC, fosfolipase C; PLD, fosfolipase D; Rho GEF, Fator Rho GTPase de troca de nucleotídeo de guanina daRho GTPase.

QUADRO DE CONCEITOS AVANÇADOS
TOXINAS BACTERIANAS QUE TÊM COMO ALVO PROTEÍNAS G E DESENCADEIAM VÁRIAS DOENÇAS

Várias toxinas bacterianas exercem seus efeitos tóxicos modificando covalentemente as proteínas G e, portanto, modulando irreversivelmente sua função. Por exemplo, a **toxina cólera** sintetizada pelo *Vibrio cholerae* contém uma enzima (subunidade A) que catalisa a transferência da ribose do ADP a partir de NAD+ intracelular para a subunidade α de G_s. Essa modificação evita a hidrólise do GTP ligado a G_s, resultando em uma forma constitutiva (permanentemente) ativa da proteína G. O aumento prolongado resultante nas concentrações de cAMP nas células epiteliais intestinais leva à fosforilação dos canais de Cl⁻ mediada pela PKA, causando um grande efluxo de eletrólitos e água para o intestino, que é responsável pela diarreia grave característica do cólera. A ação da enterotoxina é iniciada pela ligação

específica das subunidades B (ligante) da toxina da cólera (AB_5) à porção oligossacarídica do monossialogangliosídeo, GM_1, nas células epiteliais. Um mecanismo molecular semelhante foi atribuído à ação da **enterotoxina lábil ao calor**, toxina lábil secretada por várias cepas de *Escherichia coli* responsáveis pela "diarreia do viajante".

Por outro lado, a **toxina *pertussis*** (outra toxina AB_5) da bactéria *Bordetella pertussis*, o agente causador da coqueluche, catalisa a ribosilação de ADP de $G_{i\alpha}$, o que impede que $G_{i\alpha}$ interaja com receptores ativados. Assim, a proteína G é inativada e não pode agir inibindo a adenilato ciclase, ativando PLA_2 ou PLC, abrindo canais de K+, ou abrindo e fechando canais de Ca^{2+}, causando desacoplamento generalizado dos receptores hormonais a partir das suas cascatas de sinalização.

---

para permitir a reassociação da proteína G heterotrimérica inativa (Gαβγ).

SEGUNDO MENSAGEIROS

AMP cíclico (cAMP) é uma molécula-chave na transdução de sinal

O cAMP é uma molécula pequena com papel fundamental na regulação da transdução de sinal intracelular e é derivado do

ATP pela ação catalítica da enzima de sinalização **adenilato ciclase** (Fig. 25.4). Essa reação de ciclização envolve o ataque intramolecular do grupo 3'-OH da unidade de ribose no grupo α-fosforil do ATP para formar uma ligação fosfodiéster. A hidrólise do cAMP a 5'-AMP por cAMP fosfodiesterases específicas interrompe o sinal do cAMP.

O glucagon e os receptores β-adrenérgicos são acoplados ao cAMP

O glucagon e os receptores β-adrenérgicos são GPCRs que estimulam a geração de cAMP. O hormônio β-adrenérgico

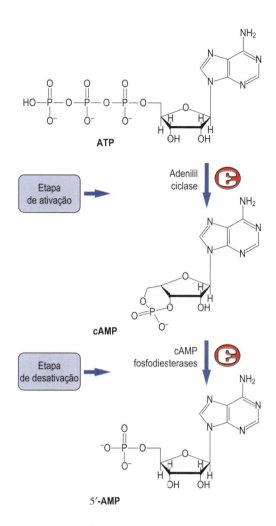

Fig. 25.4 **Metabolismo do AMP cíclico.** A adenilato ciclase catalisa uma reação de ciclização para produzir o cAMP ativo, que é então desativado por fosfodiesterases de cAMP. cAMP, monofosfato de adenosina cíclico.

epinefrina induz a degradação do glicogênio em glicose-1-fosfato no músculo e, em menor escala, no fígado. A degradação do glicogênio no fígado é predominantemente estimulada pelo hormônio polipeptídico glucagon, que é secretado pelo pâncreas quando o nível de glicose plasmática está baixo (Capítulos 12 e 31). A ligação de epinefrina ou glucagon aos receptores β-adrenérgicos ou receptor de glucagon, respectivamente, estimula a atividade de adenilato-ciclase nas células hepáticas e musculares e estimula a degradação de glicogênio, efeitos que podem ser mimetizados por análogos de cAMP que permeiam as células, como dibutiril-cAMP em hepatócitos, destacando a importância do cAMP.

A adenilato ciclase é regulada pelas subunidades α da proteína G

Os receptores β-adrenérgicos e receptores de glucagon são acoplados à ativação da adenilato ciclase pela ação de uma forma específica da subunidade α da proteína G, denominada G$_s$α. Embora a hidrólise do GTP pela GTPase intrínseca da subunidade G$_s$α atue para desativar a atuação da adenilato

QUADRO CLÍNICO
UMA CRIANÇA COM DESENVOLVIMENTO DE MAMA PREMATURO: SÍNDROME DE MCCUNT-ALBRIGHT

Uma menina de 3 anos foi levada para o hospital porque sua mãe estava preocupada com o aparente desenvolvimento das mamas nos últimos 6 meses e com uma mancha de sangue na sua calça na semana anterior. No exame, ela apresentou desenvolvimento da mama no estágio 3 de Tanner. No tronco, ela apresentava três áreas de pigmentação cutânea com coloração castanha de bordas irregulares.

Comentário
Esta criança apresenta a síndrome de McCune-Albright. É provável que ela desenvolva displasia fibrosa poliostótica, com áreas delgadas e esclerose dos ossos longos, que podem sofrer fraturas. Outras endocrinopatias manifestadas incluem tireotoxicose, hipersecreção de hormônio de crescimento, síndrome de Cushing (excesso de cortisol) e hiperparatireoidismo. A causa é uma mutação ativadora *missense* (sentido errado) do gene que codifica a subunidade G$_{sα}$ da proteína G a qual estimula a formação do AMP cíclico. O problema apresenta a seguir uma mutação de células somáticas com características clínicas dependentes de uma distribuição em mosaico de células aberrantes. A incidência da síndrome é de 1 em 25.000.

QUADRO CLÍNICO
RECEPTOR 3 DO FATOR DE CRESCIMENTO DE FIBROBLASTOS E ACONDROPLASIA

O receptor 3 do fator de crescimento de fibroblastos (FGF) (FGFR3) é um receptor tirosina quinase intrínseco com um papel importante na regulação do crescimento ósseo. Nos condrócitos (células que sintetizam cartilagem nas epífises de ossos longos), a ligação do FGF a dois monômeros do FGFR3 causa dimerização do receptor, permitindo que os domínios intracelulares tirosina-quinase se transfosforilem entre si. Essa autofosforilação do FGFR3 desencadeia a ativação das vias de sinalização, incluindo o fator de transcrição, transdutor de sinal e ativador da transcrição-1 (STAT1), além da pequena proteína G Ras, que subsequentemente ativa a cascata da proteína Raf-MEK-ERK. A ativação dessas vias inibe a diferenciação e a proliferação dos condrócitos. Assim, a estimulação de FGFR3 suprime o crescimento dos ossos longos porque o número reduzido de condrócitos diminui a deposição de cartilagem que normalmente serviria como molde para os osteoblastos formarem osso por ossificação.

A acondroplasia, caracterizada por baixa estatura e macrocefalia, ocorre com uma incidência de 1 em 15.000 a 40.000 neonatos. A maioria das pessoas com acondroplasia possui mutações no FGFR3 que aumentam sua atividade tirosina-quinase na ausência de FGF. Como consequência, a proliferação de condrócitos e a deposição de cartilagem estão prejudicados, levando a redução no comprimento dos ossos longos.

ciclase, o complexo hormônio-GPCR também deve ser desativado para a célula retornar ao seu estado de repouso, não estimulado. No caso dos receptores β-adrenérgicos, essa dessensibilização do receptor, que ocorre após exposição prolongada ao hormônio, envolve a fosforilação da cauda C-terminal do receptor β-adrenérgico ocupado pelo hormônio por uma quinase conhecida como quinase do receptor β-adrenérgico. Outros GPCRs, como os receptores α_2-adrenérgicos no músculo liso, atuam inibindo a adenilato ciclase e a geração de cAMP. Nesse caso, os receptores estão acoplados a uma forma inibitória específica da subunidade α da proteína G, designada $G_i\alpha$ (Tabela 25.2), que inibe a atividade da adenilato ciclase, reduzindo as concentrações de cAMP.

Os sinais podem ativar diferentes subtipos de receptores, com variadas consequências

Os subtipos de receptores são expressos de maneira específica para determinados sinais, como a epinefrina e a angiotensina II. Esses diferentes subtipos de receptores podem se acoplar de diversas formas; por exemplo, a epinefrina estimula a síntese de cAMP por meio de receptores β-adrenérgicos acoplados a $G_s\alpha$ no músculo esquelético, mas inibe a síntese de cAMP por meio de receptores α_2-adrenérgicos acoplados a $G_i\alpha$ no músculo liso. **Portanto, o mesmo sinal pode exercer diferentes efeitos nas cascatas de sinalização intracelular, dependendo do tecido analisado.**

Proteína quinase A

O cAMP faz a transdução de seus efeitos na interconversão de glicogênio-glicose-1-fosfato, regulando uma enzima de sinalização-chave, a proteína quinase A (PKA), que fosforila as proteínas-alvo nos resíduos de serina e treonina.

A proteína quinase A liga-se a cAMP e fosforila outras enzimas

A PKA é uma enzima multimérica que contém duas subunidades reguladoras (R) e duas subunidades catalíticas (C): a forma tetramérica R_2C_2 da PKA é inativa, mas a ligação de quatro moléculas de cAMP às subunidades R desencadeia a liberação de subunidades C cataliticamente ativas, que podem então fosforilar e modular a atividade de duas enzimas-chave, a fosforilase quinase e a glicogênio sintase (Fig. 25.5), que estão envolvidas na regulação do metabolismo de glicogênio (Capítulo 12).

Muitas outras respostas celulares podem ser mediadas pelo complexo de sinalização cAMP-PKA

A fosforilação mediada pela PKA pode regular a atividade de vários canais iônicos, como os canais de K^+, Cl^- e Ca^{2+}, e de fosfatases envolvidas na regulação da sinalização celular. Além disso, a translocação da PKA ativada para o núcleo permite a modulação da atividade de fatores de transcrição, como a proteína de ligação ao elemento de resposta cAMP (CREB) e as famílias de fator de ativação de transcrição (ATF), levando à indução ou à repressão da expressão de genes específicos (Fig. 25.5).

QUADRO CLÍNICO
ANTAGONISTAS DO RECEPTOR DE OREXINA A PARTIR DO RECEPTOR ÓRFÃO ACOPLADO A PROTEÍNA G PARA TRATAMENTO DA INSÔNIA

Cerca de 30% dos fármacos atualmente sob uso clínico têm como alvo receptores acoplados a proteína G (GPCR). O sequenciamento do genoma humano identificou mais de 800 genes que codificam membros da superfamília GPCR, mas não se sabe o que modula aproximadamente 140 desses GPCRs, que são denominados "GPCRs órfãos". Por causa do envolvimento dos GPCRs na regulação de uma ampla gama de processos fisiológicos e na fisiopatologia humana, os GPCRs constituem um alvo terapêutico comum para a descoberta de medicamentos, e há um grande interesse na caracterização adicional da biologia, da estrutura e do potencial terapêutico dos GPCRs órfãos. Para entender a função dos GPCRs órfãos, sua distribuição tecidual e localização subcelular foram estudadas, e o fenótipo fisiológico e comportamental de modelos animais que não possuem o GPCR órfão em questão foram examinados. Além disso, possíveis ligantes para GPCRs órfãos foram identificados por triagem usando células cultivadas geneticamente manipuladas para expressar altos níveis do GPCR órfão em estudo e, em seguida, usando isso como um "sistema reporter" para identificar se há influência no GPCR.

Dois GPCRs órfãos que foram "desorfanizados" desse modo são os receptores da orexina. Pesquisadores examinaram frações derivadas de extratos de tecidos contra linhagens celulares, cada uma expressando 1 entre mais de 50 GPCRs órfãos. Eles descobriram várias frações de extratos de cérebros de ratos que estimulavam determinados GPCRs órfãos e então purificavam essas frações para determinar o componente que influenciava o GPCR órfão. Ao fazer isso, eles encontraram dois peptídeos que se ligavam aos GPCRs e que esses peptídeos estimulavam o comportamento alimentar quando administrados em roedores. Esses, portanto, foram denominados orexina A e orexina B com derivados da palavra grega *orexis*, que significa "apetite", e desorfanizaram dois GPCRs, o receptor de orexina-1 e o receptor de orexina-2. Esse processo consumiu um esforço em pesquisa para se compreender a biologia desses peptídeos inteiramente novos e seus receptores. Curiosamente, mutações no receptor de orexina-2 foram encontradas em cães que apresentavam um fenótipo de narcolepsia, e pesquisas adicionais identificaram que uma alta proporção de pessoas com narcolepsia apresentava deficiência de orexina. A narcolepsia é um distúrbio da organização do ciclo sono-vigília, no qual as pessoas apresentam sonolência diurna excessiva e cataplexia. Como consequência, muitos esforços foram realizados a fim de identificar agonistas do receptor de orexina para tratar a narcolepsia e os antagonistas do receptor da orexina para tratar a insônia. Esse trabalho culminou na aprovação do *suvorexant* como um antagonista do receptor da orexina para o tratamento da insônia nos Estados Unidos.

O cAMP pode estimular a sinalização celular independente da PKA

Tornou-se claro que nem todas as ações do cAMP são mediadas pela PKA. O cAMP também pode ligar-se às Epacs (proteínas de troca diretamente ativadas pelo cAMP), que são fatores de troca de nucleotídeos de guanina para a pequena GTPase Rap. A ativação das Epacs tem sido envolvida na ação anti-inflamatória do cAMP e no crescimento e desenvolvimento neuronal.

Fosfodiesterases interrompem o sinal do cAMP

As fosfodiesterases (PDEs) interrompem o sinal de cAMP por hidrólise do cAMP para 5'-AMP (Fig. 25.4) e, portanto, desempenham funções fundamentais na regulação de várias respostas fisiológicas de muitas células e tecidos diferentes. Existem muitas isoformas diferentes de PDEs que exibem um padrão específico de expressão tecidual e seletividade diferente para cAMP ou cGMP. Demonstrou-se que as PDEs regulam a ativação plaquetária, o relaxamento vascular, a contração do músculo cardíaco e a inflamação. Inibidores seletivos de PDEs têm sido utilizados como agentes terapêuticos para **asma** (metilxantinas), **disfunção erétil** (sildenafila) e **insuficiência cardíaca** (milrinona). A milrinona é seletiva para as isoformas PDE_3, o que aumenta a força contrátil do coração, presumivelmente devido ao aumento das concentrações de cAMP e atividade da PKA, levando a fosforilação dos canais de cálcio cardíaco e subsequente aumento na concentração de cálcio intracelular.

Segundos mensageiros derivados de fosfolipase

A fosfolipase C hidrolisa o fosfolipídeo de membrana fosfatidilinositol-4,5-bisfosfato para formar dois segundos mensageiros

GPCRs que estão acoplados à subunidade $G_q\alpha$ da subunidade α da proteína G estimulam a atividade da **fosfolipase C (PLC)**. Além disso, outros tipos de receptores de membrana — como o receptor do fator de crescimento vascular endotelial (VEGF), que possui atividade intrínseca da tirosina cinase quinase — também são capazes de estimular a PLC. A PLC catalisa a hidrólise de uma espécie fosfolipídica menor, o fosfatidilinositol 4,5-bisfosfato de (PIP_2), que geralmente representa cerca de 0,4% do total de fosfolipídeos nas membranas, gerando dois mensageiros: **inositol-1,4,5-trifosfato** (IP_3) e **diacilglicerol** (DAG; Fig. 25.7). O IP_3 é hidrofílico e mobiliza as reservas intracelulares de cálcio ao ser liberado no citosol. O DAG é um segundo mensageiro lipídico, que está ancorado na membrana plasmática em virtude de suas cadeias laterais de ácido graxo hidrofóbico e ativa uma família-chave de enzimas de sinalização conhecida como **proteína quinase C** (PKC).

IP_3 estimula a mobilização de cálcio intracelular

Uma vez sintetizado a partir do PIP_2, IP_3 liga-se a receptores encontrados no retículo endoplasmático de todas as células. Os receptores de IP3 compreendem uma família de glicoproteínas relacionadas (massa molecular 250 kDa), que apresentam seis domínios transmembranares. O receptor ativo é expresso como um multímero de quatro moléculas receptoras de IP_3 que atua como um canal de **Ca^{2+} controlado por ligantes**. A estrutura tetramérica do receptor IP3 dá origem à cooperatividade na atividade do canal de Ca^{2+}. Estimou-se que a estimulação com IP_3 desencadeia o transporte de 20-30 íons de cálcio, revelando a amplificação inerente a essa cascata de sinalização. Consistentes com a natureza transitória da liberação de Ca^{2+} intracelular que é observada após a ligação do receptor ao

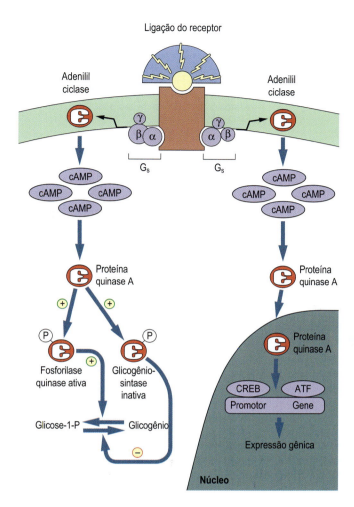

Fig. 25.5 **A proteína-quinase A (PKA) age como uma enzima de sinalização para o segundo mensageiro, o cAMP.** A ligação de uma proteína G estimuladora (G_s) ao complexo hormônio-receptor ativa a adenilato ciclase, que catalisa a produção de cAMP. A PKA é ativada pela ligação de quatro moléculas de cAMP. A translocação da PKA para o núcleo modula a atividade de fatores de transcrição, por exemplo, CREB e ATF (consulte o texto), levando a indução ou repressão da expressão gênica (Capítulo 12).

As cascatas de sinalização amplificam os sinais iniciados pela ligação dos receptores

As concentrações de hormônios e outros sinais estão frequentemente na faixa nanomolar (10^{-9} mol/L) ou picomolar (10^{-12} mol/L). Como consequência, é importante que o sinal seja amplificado. As cascatas de transdução de sinal em múltiplas camadas amplificam substancialmente o sinal original em cada estágio da cascata, assegurando que a ligação de apenas algumas moléculas de hormônio desencadeie uma resposta biológica apropriada. Por exemplo, o estímulo da degradação do glicogênio pelo glucagon ou pela epinefrina envolve a amplificação do sinal no nível das proteínas G, adenilato ciclase, PKA e fosforilase de tal forma que muitas moléculas de glicose-1-fosfato são liberadas (Fig. 25.6).

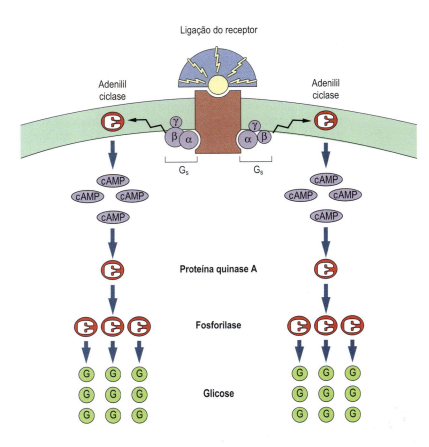

Fig. 25.6 **A cascata de sinalização induz a amplificação do sinal hormonal.** Cada complexo hormônio-receptor ativado pode estimular múltiplas moléculas G_s. Cada adenilato ciclase pode catalisar a formação de muitas moléculas de cAMP, e cada proteína quinase A pode ativar muitas moléculas de fosforilase, levando à quebra de glicogênio em muitas moléculas de glicose-1-fosfato como resultado da degradação de glicogênio (Capítulo 12).

hormônio, as concentrações celulares de IP_3 são rapidamente retornadas aos valores de repouso (10 nmol/L) por mais de uma via de degradação (Fig. 25.7).

Transdução de sinal por Ca^{2+}

O Ca^{2+} é um mensageiro ubíquo com um papel importante na transdução de sinais, desencadeando diversas respostas celulares que incluem alterações na motilidade celular, fertilização do óvulo, neurotransmissão, secreção, diferenciação e proliferação celular. As células gastam uma energia considerável mantendo um gradiente de concentração de Ca^{2+} tal que a concentração intracelular de Ca^{2+} nas células em repouso, não estimuladas, é na ordem de 10^{-7} mol/L, enquanto a concentração extracelular de Ca^{2+} é cerca de 10.000 vezes superior, geralmente na ordem de 10^{-3} mol/L. Esse gradiente permite alterações abruptas, transitórias e rápidas na concentração de Ca^{2+} em resposta aos sinais. A ligação do ligante por uma ampla diversidade de receptores desencadeia um aumento rápido (em segundos) e transitório na concentração intracelular de Ca^{2+} mediado pela PLC, para a faixa micromolar (Capítulo 4). As rápidas alterações nas concentrações de Ca^{2+} são rigidamente reguladas e utilizam vários mecanismos que envolvem a compartimentalização celular. Por exemplo, as concentrações de Ca^{2+} intracelular podem ser reduzidas pelo **sequestro de Ca^{2+} para o retículo endoplasmático** pelas Ca^{2+}-ATPases ou **para as mitocôndrias** por meio de gradiente eletroquímico dependente de energia. Alternativamente, o Ca^{2+} livre pode ser **quelado** por proteínas ligantes de Ca^{2+}, como a calsequestrina.

Muitos eventos de sinalização a jusante mediados por Ca^{2+} são modulados por uma proteína sensora e ligante de Ca^{2+}, a calmodulina

A **calmodulina** (CaM) é uma proteína abundante de 17-kDa que contém um motivo estrutural de ligação ao Ca^{2+} chamado de motivo EF (Fig. 25.8). A CaM é composta por dois domínios globulares similares unidos por uma longa hélice α, com cada lobo globular contendo dois motivos EF. A ligação de três a quatro íons cálcio ocorre quando a concentração intracelular de Ca^{2+} aumenta para cerca de 500 nmol/L, induzindo uma grande alteração conformacional que permite que a CaM se ligue e modifique as proteínas-alvo. A ligação de vários íons Ca^{2+} permite a cooperatividade na ativação da CaM, de tal forma que pequenas alterações na concentração de Ca^{2+} causam grandes alterações na concentração de um complexo ativo de Ca^{2+}/CaM, fornecendo amplificação do sinal hormonal original.

A Calmodulina apresenta uma ampla gama de efetores-alvo

A CaM apresenta uma ampla gama de efetores-alvo, incluindo a **NO sintase (NOS)**, que estimula a síntese de NO em resposta a sinais de mobilização de Ca^{2+}, e **proteínas quinases dependentes de Ca^{2+}/CaM**, as quais fosforilam resíduos serina-treonina em proteínas para regular uma variedade de processos. Por exemplo, a quinase de ampla especificidade Ca^{2+}/CaM-cinase II está envolvida na regulação do metabolismo de combustível, permeabilidade iônica, biologia de neurotransmissores e contração muscular. A CaM também atua como uma subunidade reguladora permanente da fosforilase quinase e também pode regular certas isoformas de adenilato-ciclase e

CAPÍTULO 25 Receptores de Membrana e Transdução de Sinal 349

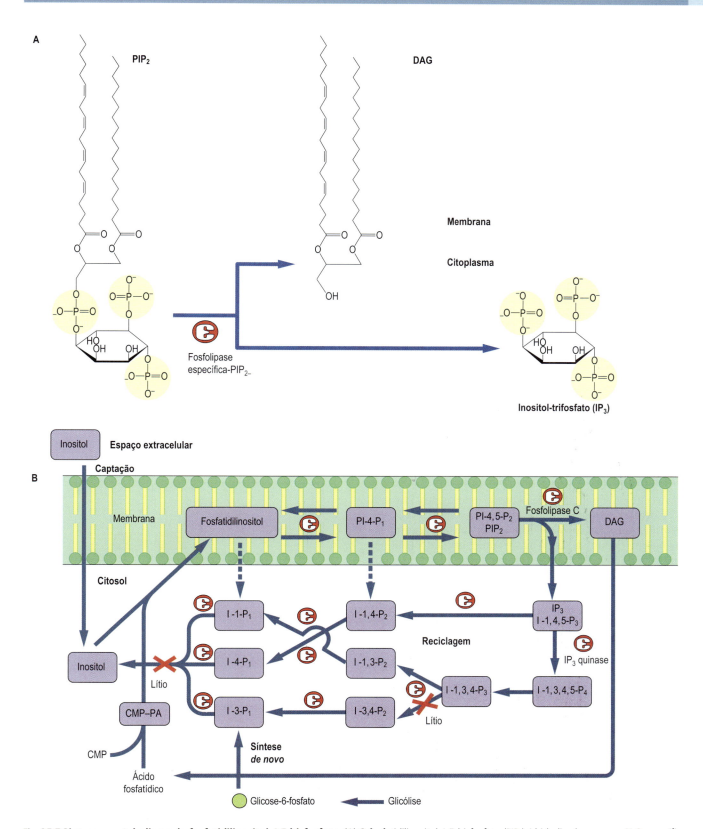

Fig. 25.7 **Síntese e metabolismo do fosfatidilinositol-4,5-bisfosfato.** (A) O fosfatidilinositol 4,5-bisfosfato (PIP$_2$) é hidrolisado por uma PLC específica para PIP$_2$, gerando dois segundos mensageiros: inositol-1,4,5-P$_3$ (IP$_3$) e DAG. IP$_3$, que é liberado no citosol, mobiliza os estoques intracelulares de cálcio. DAG é um segundo mensageiro lipídico ancorado na membrana plasmática que ativa PKCs. (B) PIP$_2$ é produzido a partir do fosfatidilinositol pela fosfatidilinositol-4-quinase e a fosfatidilinositol-5-quinase. O IP$_3$ é degradado pela (i) ação sequencial de fosfatases, convertendo o Ins-1,4,5-P3 em inositol, e (ii) uma IP$_3$ quinase, que forma inositol-1,3,4,5-P$_4$, que é, por sua vez, sequencialmente degradada a inositol por fosfatases específicas do fosfato de inositol, algumas das quais podem ser inibidas pelo lítio. DAG, diacilglicerol; PA, ácido fosfatídico; CMP-PA, Citosina Monofosfato-Ácido fosfatídico.

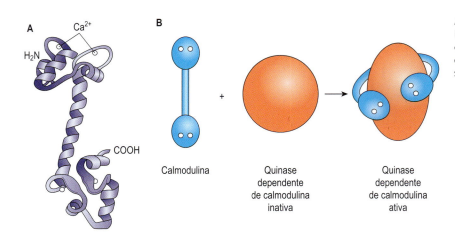

Fig. 25.8 **Calmodulina.** (A) Estrutura da calmodulina. (B) A ligação de cálcio induz uma alteração conformacional, permitindo à calmodulina a ligação e a modificação da atividade de enzimas-alvo de sinalização.

Tabela 25.3 A superfamília das proteínas-quinase C (PKC)								
	PKCs convencionais			Novas PKCs			PKCs atípicas	
	α	β	γ	δ	ε	η	θ	λ (ι em camundongo) ζ
Sensíveis ao Ca^{2+}	Sim	Sim	Sim	Não	Não	Não	Não	Não Não
Sensíveis ao DAG	Sim	Sim	Sim	Sim	Sim	Sim	Sim	Não Não

PDEs específicas de cAMP, permitindo uma "conversa cruzada" entre as vias de sinalização dependentes de cAMP e Ca^{2+}.

Diacilglicerol (DAG) ativa a proteína quinase C

A DAG cumpre o seu papel de segundo mensageiro, ativando as isoformas da proteína quinase C (PKC) sensíveis a DAG, que fosforilam uma ampla gama de proteínas-alvo de transdução de sinal em resíduos de serina ou treonina. As PKCs constituem uma superfamília de quinases relacionadas que apresentam diferentes requisitos de ativação (Tabela 25.3) e exibem expressão tecido-específica. No entanto, todas essas enzimas possuem dois domínios principais: um domínio regulador N-terminal e um domínio da quinase catalítica C-terminal. O domínio regulador contém uma sequência "pseudossubstrato" que se assemelha ao local de fosforilação consenso nos substratos da PKC. Na ausência de cofatores de ativação (Ca^{2+}, fosfolipídeo, DAG), essa sequência pseudossubstrato interage com a fenda de ligação ao substrato no domínio catalítico e reprime a atividade da PKC. A ligação de cofatores ativadores reduz a afinidade dessa interação, induz alteração conformacional na PKC e estimula a atividade da PKC. Consistente com o fato de que o ativador/cofator DAG está ancorado nas membranas, a ativação da PKC geralmente está associada à translocação do citosol para a membrana plasmática ou membranas nucleares.

Outras fosfolipases hidrolisam fosfatidilcolina ou fosfatidiletanolamina, gerando uma série de segundos mensageiros lipídicos

Foram identificadas vias adicionais de sinalização lipídica acoplada ao receptor envolvendo a hidrólise da fosfatidilcolina ou da fosfatidiletanolamina, que podem originar o DAG e outros

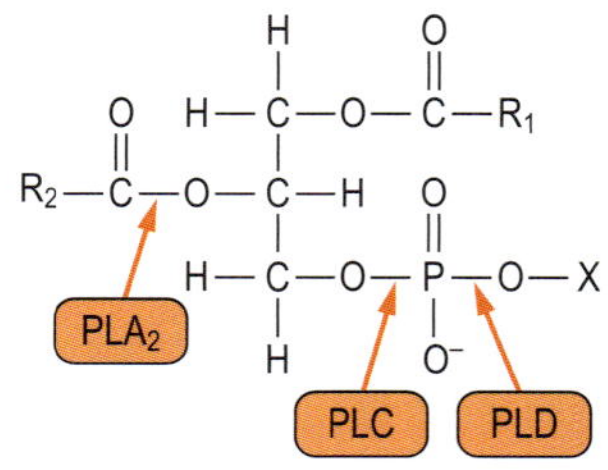

Fig. 25.9 **Sítios de ação das fosfolipases.** A hidrólise da fosfatidilcolina e da fosfatidiletanolamina pela fosfolipase A_2 (PLA_2) resulta na produção de lisofosfatidilcolina ou lisofosfatidiletanolamina e um ácido graxo. A hidrólise pela fosfolipase C (PLC) resulta na síntese de DAG e fosfocolina ou fosfoetanolamina. A hidrólise da fosfatidilcolina ou da fosfatidiletanolamina pela fosfolipase D (PLD) resulta na produção de ácido fosfatídico e de colina ou etanolamina. R1, R2: cadeias de ácidos graxos; X: colina/etanolamina.

lipídeos biologicamente ativos (Fig. 25.9) em resposta a uma ampla gama de fatores de crescimento e de mitógenos. **A fosfatidilcolina representa cerca de 40% do total de fosfolípideos celulares.** Pode ser hidrolisada por fosfolipases distintas, gerando uma diversidade de segundos mensageiros lipídicos, incluindo ácidos graxos como o ácido araquidônico (gerado pela PLA_2), bem como diferentes espécies de DAG (gerado pela PLC) e ácido fosfatídico (gerado pela fosfolipase D [PLD]). Também foram descritas atividades de PLD de fosfatidiletanolamina estimulada por hormônio. Alguns hormônios ou fatores de crescimento podem estimular apenas uma ou outra dessas fosfolipases, mas outros ligantes podem estimular todas essas vias após a ligação a seus receptores específicos.

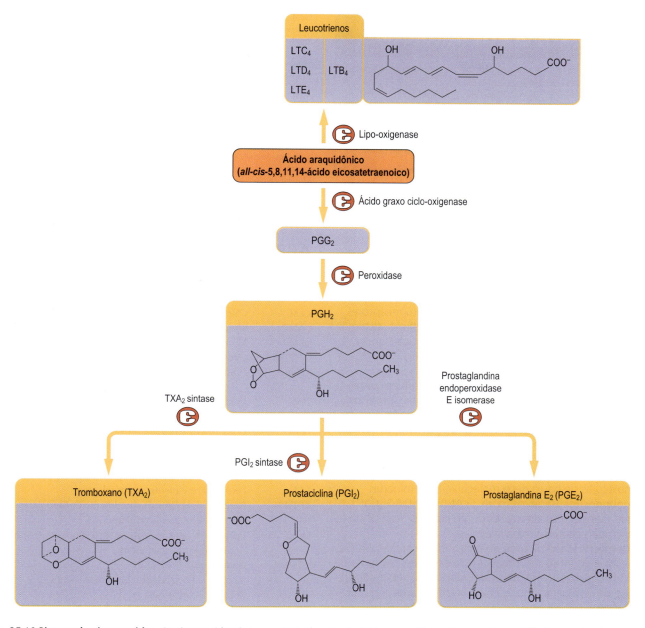

Fig. 25.10 **Síntese de eicosanoides.** Os eicosanoides derivam principalmente do ácido araquidônico. Os leucotrienos (LT) são sintetizados por meio de uma via dependente da lipo-oxigenase, enquanto as prostaglandinas (PG), as prostaciclinas e os tromboxanos (TX) resultam de vias dependentes da ciclo-oxigenase.

O ácido araquidônico é um segundo mensageiro que regula fosfolipases e proteínasquinases

O ácido araquidônico é um ácido graxo poli-insaturado C-20 que contém quatro ligações duplas. Demonstrou-se que a síntese aumentada de ácido araquidônico regula várias enzimas sinalizadoras, incluindo as isoformas PLC e PKC convencionais. Além disso, o ácido araquidônico é um intermediário inflamatório-chave. O ácido araquidônico é sintetizado por várias enzimas PLA$_2$, incluindo a PLA$_2$ citossólica, que pode ser regulada por Ca^{2+} e fosforilação de proteínasquinases e pela PLA$_2$ secretada, em grande parte responsável pelas ações inflamatórias do ácido araquidônico.

O ácido araquidônico é o precursor dos eicosanoides

Como principal mediador inflamatório-chave, o ácido araquidônico é o principal precursor do grupo de moléculas denominadas **eicosanoides**, que englobam as **prostaglandinas**, as **prostaciclinas**, os **tromboxanos** e os **leucotrienos**. Eicosanoides sinalizam pela via de GPCRs e apresentam uma ampla variedade de atividades biológicas, incluindo modulação da contração do músculo liso vascular, agregação plaquetária, secreção de ácido gástrico, equilíbrio hidroeletrolítico, mediação da dor e respostas inflamatórias. Prostaglandinas, prostaciclinas e tromboxanos são sintetizados nas membranas do ácido araquidônico pelas ações sucessivas de várias enzimas, começando com a ciclo-oxigenase (Fig. 25.10).

QUESTÕES PARA APRENDIZAGEM

1. Compare e diferencie um receptor de hormônio polipeptídico e um receptor de esteroide.
2. Descreva o mecanismo de sinalização da proteína G.
3. Dê um exemplo de um receptor que apresente atividade de proteína quinase e os componentes da sua cascata de sinalização.
4. Comente sobre a diversidade de enzimas fosfolipases.
5. Descreva o mecanismo de interrupção da ativação de cAMP.

RESUMO

- As células respondem especificamente aos múltiplos sinais provenientes do ambiente por meio de complexos de transdução de sinal, que compreendem receptores de membrana de superfície celular específicos, sistemas de sinalização efetores (p. ex., adenilato ciclase, fosfolipases, canais iônicos) e proteínas reguladoras (p. ex., proteínas G, proteínas -quinases).
- Esses complexos de transdução de sinal servem para detectar, amplificar e integrar diversos sinais externos de modo a gerar a resposta celular apropriada.
- Os receptores podem apresentar atividade enzimática intrínseca (p. ex., proteína -quinase, proteína fosfatase, atividade dos canais iônicos) ou estar acoplados a proteínas que estimulam a geração citosólica de moléculas de baixo peso molecular, denominadas segundos mensageiros (p. ex., cAMP, IP$_3$, DAG, Ca^{2+}), que medeiam suas funções de sinalização, regulando as principais proteínas sinalizadoras.
- A especificidade de uma determinada resposta pode ser ainda mais intensificada pela variedade de atividades de sinalização de fosfolipase disponíveis (PLC, PLD e PLA$_2$), que podem gerar uma gama diversificada de segundos mensageiros lipídicos.

LEITURAS SUGERIDAS

Fredholm, B. B., Hökfelt, T., & Milligan, G. (2007). G-protein-coupled receptors: An update. *Acta Physiologica*, *190*, 3-7.

Halls, M. L., & Cooper, D. M. (2011). Regulation by Ca^{2+}-signaling pathways of adenylyl cyclases. *Cold Spring Harbor Perspectives in Biology*, *3*, a004143.

Houslay, M. D. (2010). Underpinning compartmentalized cAMP signaling through targeted cAMP breakdown. *Trends in Biochemical Sciences*, *35*, 91-100.

Jastrzebska, B. (2013). GPCR: G protein complexes: The fundamental signaling assembly. *Amino Acids*, *45*, 1303-1314.

Leslie, C. C. (2015). Cytosolic phospholipase A2: Physiological function and role in disease. *Journal of Lipid Research*, *56*, 1386-1402.

Leto, D., & Saltiel, A. R. (2012). Regulation of glucose transport by insulin: Traffic control of GLUT4. *Nature Reviews. Molecular Cell Biology*, *13*, 383-396.

Michel, T., & Vanhoutte, P. M. (2010). Cellular signaling and NO production. *Pflugers Archiv: European Journal of Physiology*, *459*, 807-816.

Osborne, J. K., Zaganjor, E., & Cobb, M. H. (2012). Signal control through Raf: In sickness and in health. *Cell Research*, *22*, 14-22.

Parekh, A. B. (2011). Decoding cytosolic Ca^{2+} oscillations. *Trends in Biochemical Sciences*, *36*, 78-87.

Smith, W. L. (2008). Nutritionally essential fatty acids and biologically indispensable cyclooxygenases. *Trends in Biochemical Sciences*, *33*, 27-37.

Stockert, J. A., & Devi, L. A. (2015). Advancements in therapeutically targeting orphan GPCRs. *Frontiers in Pharmacology*, *6*, 10.

SITES

Science magazine's signal transduction knowledge environment: http://www.stke.org

Kimball's biology pages: http://www.biology-pages.info/C/CellSignaling.html

Cell signaling pathway maps: http://www.cellsignal.com/reference/pathway/index.html

ABREVIATURAS

Akt	Proteína quinase
ATF	Fator de ativação da transcrição
CaM	Calmodulina
cAMP	Monofosfato de adenosina cíclico
cGMP	Monofosfato de guanosina cíclico
CMP-PA	Citosina Monofosfato-Ácido fosfatídico
CREB	Proteína de ligação do elemento de resposta AMP cíclico
DAG	Diacilglicerol
EGF	Fator de crescimento epidérmico
Epacs	Proteínas de troca diretamente ativadas por cAMP
ERK	Quinase regulada por sinais extracelulares
FADD	Proteína acessória do "domínio da morte"
FcγR	Receptor de Fc-γ (receptor para imunoglobulina G)
FGF	Fator de crescimento de fibroblastos
FGFR3	Receptor 3 do fator de crescimento de fibroblastos
GPCR	Receptor acoplado à proteína G
Grb2	Proteína de ligação ao receptor do fator de crescimento 2; molécula adaptadora
GTPase	Guanosina Trifosfatase
IP$_3$	inositol-1,4,5-trifosfato; inositol trifosfato
IR	Receptor de insulina
IRS	Substrato do receptor de insulina
ITAM/ITIM	Domínio de ativação/inibição do imunorreceptor tipo tirosina quinase
LT	Leucotrieno
mTORC2	Complexo 2 do alvo da rapamicina em mamíferos
MEK	Quinase ativadora da MAPK
NGF	Fator de crescimento de nervo
NO	Óxido nítrico
NOS	Óxido nítrico sintase
PA	Ácido fosfatídico
PDE	Fosfodiesterase
PDGF	Fator de crescimento derivado de plaquetas
PDK1	Quinase dependente de PIP3
PG	Prostaglandinas
PI$_3$K	Fosfatidilinositol-3'-quinase
PIP$_2$	Fosfatidilinositol 4,5-bisfosfato
PIP3	Fosfatidilinositol 3,4,5-trifosfato
PK	Piruvato quinase

PL	Fosfolipase: PLA2, PLC, PLC-β, PLD	Src	Tipo de proteína tirosina quinase
Raf	Família de serina/treonina quinases	SOS	*Son of Sevenless*, fator de troca do nucleotídeo guanina
Rap	Pequena GTPase		
Ras	Proteína G monomérica pequena	STAT1	Transdutor de sinal e ativador da transcrição 1
Rho GEF	Fator de troca de nucleotídeos de guanina da GTPase Rho	TRADD	Proteína acessória com "domínio da morte"
		TRAFs	Proteína acessória com "domínio da morte"
RIP	Proteína acessória do "domínio da morte"	TX	Tromboxanos
Shc	Proteínas adaptadora do tipo colágeno e homóloga Src	VEGF	Fator de crescimento endotelial vascular

CAPÍTULO

26 Neurotransmissores

Simon Pope e Simon J.R. Heales

OBJETIVOS

Após concluir este capítulo, o leitor estará apto a:

- Enumerar os critérios que precisam ser atendidos para que uma molécula seja classificada como um neurotransmissor.
- Identificar os principais tipos de neurotransmissores e estar ciente de que algumas moléculas apresentam propriedades neurotransmissoras, mas não podem, no sentido mais estrito, ser classificadas como neurotransmissores.
- Explicar a geração de potenciais de ação, avaliar como os neurotransmissores podem ser excitatórios ou inibitórios e resumir o processo pelo qual um neurotransmissor é liberado da célula pré-sináptica.
- Descrever os diferentes receptores de neurotransmissores e seu modo geral de ação.
- Descrever as principais vias bioquímicas de síntese e de degradação dos neurotransmissores.
- Identificar certas desordens clínicas que podem surgir como resultado de desajustes no metabolismo de neurotransmissores.

INTRODUÇÃO

Os neurotransmissores são moléculas que agem como substâncias químicas sinalizadoras entre as células nervosas

As células nervosas se comunicam umas com as outras e com os tecidos-alvo por meio da secreção de mensageiros químicos chamados neurotransmissores. Este capítulo descreve as várias classes de neurotransmissores e como eles interagem com suas células-alvo. Discute os efeitos de neurotransmissores no organismo, como as alterações na sinalização mediada por neurotransmissores podem causar doenças e como a manipulação farmacológica de suas concentrações pode ser usada terapeuticamente. Tradicionalmente, para uma molécula ser definida como um neurotransmissor, vários critérios devem ser atendidos:

- A síntese da molécula ocorre dentro do neurônio (ou seja, todas as enzimas biossintéticas, substratos, cofatores e assim por diante devem estar presentes para a síntese *de novo*).
- O armazenamento da molécula ocorre dentro da terminação nervosa antes da sua liberação (p. ex., nas vesículas sinápticas).
- A liberação da molécula da terminação pré-sináptica ocorre em resposta a um estímulo apropriado, como um potencial de ação.

- Há ligação e reconhecimento da suposta molécula neurotransmissora na célula-alvo pós-sináptica.
- Existem mecanismos para a inativação e o término da atividade biológica do neurotransmissor.

A adesão rigorosa a esses critérios significa que algumas moléculas envolvidas na comunicação cruzada entre os neurônios não podem ser classificadas como neurotransmissores no sentido estrito. Por isso o óxido nítrico (NO), a adenosina, nos n *neuroesteroides* e as poliaminas, entre outros, são frequentemente denominados **neuromoduladores**, em vez de neurotransmissores.

Uma **classificação dos neurotransmissores** com base na composição química é mostrada na Tabela 26.1. Muitos neurotransmissores são derivados de compostos simples, como aminoácidos (Tabela 26.2), mas, atualmente, os peptídeos também são reconhecidos como extremamente importantes. Os principais transmissores do sistema nervoso periférico são a norepinefrina e a acetilcolina (ACh; Fig. 26.1).

Vários transmissores podem ser encontrados em um nervo

Um dogma antigo acerca da função nervosa sustentava que um nervo continha um único transmissor. Atualmente, sabe-se que isso é uma simplificação excessiva e que as combinações de transmissores constituem a regra. O padrão dos transmissores celulares pode caracterizar um determinado papel funcional, mas os detalhes relacionados a isso permanecem incertos. Um importante transmissor de baixo peso molecular, como uma amina, está frequentemente presente junto a vários peptídeos, um aminoácido e uma purina. Às vezes, pode haver mais de um Tranisissos possível em uma determinada vesícula, como acredita-se que seja o caso do trifosfato de adenosina (ATP) e da norepinefrina nos nervos simpáticos. Em alguns casos, a intensidade da estimulação pode controlar qual transmissor é liberado, sendo que os peptídeos frequentemente exigem maiores níveis de estímulo. Além disso, diferentes transmissores podem apresentar uma escala de tempo diferente para suas ações. Os nervos simpáticos são bons exemplos de nervos relacionados a esse caso: acredita-se que o ATP cause a rápida excitação, enquanto a norepinefrina e o neuromodulador neuropeptídeo Y (NPY) desencadeiem uma fase de ação mais lenta. Em alguns tecidos, o NPY por si só pode produzir uma excitação muito lenta.

NEUROTRANSMISSÃO

Os potenciais de ação são desencadeados por alterações nos fluxos iônicos através das membranas celulares

O sinal transmitido por uma célula nervosa reflete uma alteração abrupta na diferença de potencial de voltagem através da

Tabela 26.1 Classificação dos neurotransmissores

Grupo	Exemplos
Aminas	Acetilcolina (ACh), norepinefrina, epinefrina, dopamina, 5-HT
Aminoácidos	Glutamato, GABA
Purinas	ATP, adenosina
Gases	Óxido nítrico
Peptídios	Endorfinas, taquicininas, muitos outros

*5-HT, 5-hidroxitriptamina; GABA, ácido γ-aminobutírico.
Os neurotransmissores podem ser classificados de várias maneiras. O esquema mostrado fundamenta-se nas semelhanças químicas. Todos, exceto os peptídeos, são sintetizados na terminação nervosa e empacotados em vesículas; os peptídeos são sintetizados no corpo celular e transportados pelo axônio.*

Tabela 26.2 Neurotransmissores de baixo peso molecular

Composto	Fonte	Local de produção
Aminoácidos		
Glutamato		Sistema nervoso central (SNC)
Aspartato		SNC
Glicina		Medula espinal
Derivados de aminoácidos		
GABA	Glutamato	SNC
Histamina	Histidina	Hipotálamo
Norepinefrina	Tirosina	Nervos simpáticos, SNC
Epinefrina	Tirosina	Medula suprarrenal e alguns nervos do SNC
Dopamina	Tirosina	SNC
Serotonina	Triptofano	SNC, células intestinais enterocromafins, nervos entéricos
Derivados de purinas		
ATP		Nervos sensoriais, entéricos, simpáticos
Adenosina	ATP	SNC, nervos periféricos
Gás		
Óxido nítrico	Arginina	Trato genitourinário, SNC
Mistos		
Acetilcolina	Colina	Nervos parassimpáticos, SNC

Muitos neurotransmissores são compostos simples, frequentemente derivados de aminoácidos comuns.

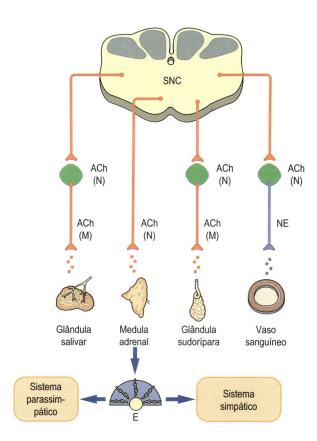

Fig 26.1 **Transmissores no sistema nervoso autônomo. As catecolaminas e a acetilcolina (ACh)** são transmissores do sistema **nervoso simpático e do parassimpático**. Todos os **nervos pré-ganglionares** secretam ACh, que se liga aos **receptores nicotínicos (N)**. A maioria dos **nervos pós-ganglionares** simpáticos libera norepinefrina (NE), enquanto os nervos pós-ganglionares parassimpáticos liberam ACh, que age nos receptores **muscarínicos (M)**. As glândulas suprarrenais liberam epinefrina (E). Os neurônios motores liberam ACh, que age em diferentes receptores nicotínicos.

membrana celular. A diferença de potencial de repouso normal é de alguns milivolts, sendo o interior da célula negativo, o que é determinado por um desbalanço de íons através da membrana plasmática: a concentração do íon K^+ é muito maior dentro das células do que fora, enquanto o oposto é verdadeiro para o íon Na^+. Essa diferença é mantida pela ação da **Na^+/K^+-ATPase** (Capítulo 35). Somente aqueles íons para os quais a membrana é permeável podem afetar o potencial, pois eles podem alcançar um estado estacionário eletroquímico sob a influência combinada das diferenças de concentração e de voltagem. Como as membranas em todas as células em repouso são comparativamente permeáveis ao K^+ como resultado da presença de canais de K^+ independentes de voltagem (vazamento), esse íon controla fortemente o potencial de repouso.

Uma alteração na voltagem que tende a direcionar o potencial de repouso para zero, a partir da voltagem negativa normal, é conhecida como despolarização, enquanto um processo que aumenta o potencial negativo é chamado de hiperpolarização

Até o momento, este cenário é comum a todas as células. No entanto, as células nervosas contêm canais de sódio depen-

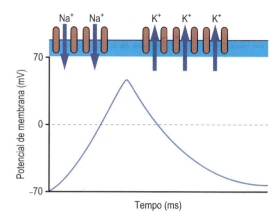

Fig. 26.2 **Geração do potencial de ação.** O potencial de ação é formado da seguinte forma: no início do potencial de ação, a membrana está no potencial de repouso de aproximadamente −70 mV. Esse potencial é mantido pelos canais de K+ independentes de voltagem. Quando um impulso é iniciado por um sinal de um neurotransmissor, os canais de Na+ dependentes de voltagem se abrem. Isso permite o influxo de íons Na+, que altera o potencial de membrana para valores positivos. Os canais de Na+ então se fecham, e os canais de K+, chamados canais retificadores tardios, se abrem para restaurar o balanço inicial dos íons e o potencial de membrana negativo.

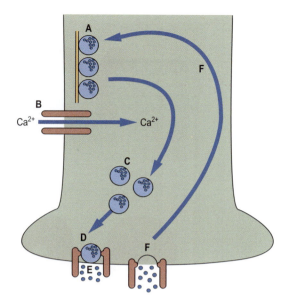

Fig. 26.3 **Liberação dos neurotransmissores.** Os neurotransmissores são secretados das vesículas na membrana sináptica. (A) No estado de repouso, as vesículas encontram-se ligadas aos microtúbulos. (B) Quando um potencial de ação é recebido, os canais de cálcio se abrem. (C) As vesículas se movem para a membrana plasmática e (D) ligam-se a um complexo de proteínas de ancoragem. (E) O neurotransmissor é liberado, e (F) as vesículas são recicladas.

dentes de voltagem que se abrem rapidamente quando uma perturbação despolarizante na voltagem é aplicada. Quando eles se abrem, permitem a entrada de um grande número de íons Na+ a partir do líquido extracelular (Fig. 26.2), o que altera o potencial de repouso e eleva o potencial de membrana para valores positivos. Essa inversão de voltagem é o **potencial de ação**. Quase imediatamente após, os canais de sódio se fecham, e os chamados canais de potássio tardios se abrem. Esse mecanismo restaura o equilíbrio de repouso normal de íons ao longo da membrana, e após um curto período refratário, a célula pode conduzir um outro potencial de ação. Enquanto isso, o potencial de ação se espalhou por condutância elétrica para o próximo segmento da membrana nervosa, e todo o ciclo recomeça.

Neurotransmissores alteram a atividade de vários canais iônicos desencadeando alterações no potencial de membrana

Os neurotransmissores **excitatórios** causam uma alteração **despolarizante** na voltagem, caso em que é mais provável que um potencial de ação ocorra. Por outro lado, os transmissores **inibitórios hiperpolarizam** a membrana, e um potencial de ação é menos provável de ocorrer.

Neurotransmissores atuam nas sinapses

Os neurotransmissores são liberados no espaço entre as células em uma área especializada conhecida como sinapse (Fig. 26.3). No caso mais simples, eles se difundem da membrana pré-sináptica através da fenda sináptica se ligam aos receptores na membrana pós-sináptica. Entretanto, muitos neurônios, particularmente os que contêm aminas, possuem diversas varicosidades ao longo do axônio contendo transmissores. Essas varicosidades podem não estar próximas a uma célula vizinha, de tal forma que o neurotransmissor liberado a partir delas pode afetar muitos neurônios. Os nervos que inervam a musculatura lisa geralmente são desse tipo.

Quando o potencial de ação chega ao final do axônio, a alteração na voltagem abre os canais de cálcio. A entrada de cálcio é essencial para a mobilização de vesículas contendo o transmissor e para sua eventual fusão com a membrana sináptica e a liberação a partir dela.

Como os transmissores são liberados das vesículas, os impulsos chegam à célula pós-sináptica em "pacotes" individuais ou *quanta*. Na junção neuromuscular entre os nervos e as células do músculo esquelético, um grande número de vesículas é descarregado de cada vez, e um único impulso pode, portanto, ser suficiente para estimular a contração da célula muscular. O número de vesículas liberadas nas sinapses entre os neurônios, no entanto, é muito menor; consequentemente, a célula receptora será estimulada apenas se a soma algébrica total dos vários estímulos positivos e negativos exceder o limiar. Como cada célula do cérebro recebe a aferência de um grande número de neurônios, isso implica que há capacidade muito maior para o controle das respostas no sistema nervoso central (SNC) do que na junção neuromuscular.

Receptores

Neurotransmissores agem por meio da ligação a receptores específicos e abrem ou fecham os canais iônicos

Existem vários mecanismos pelos quais os receptores de neurotransmissores excitatórios podem causar a propagação de um potencial de ação em um neurônio pós-sináptico. Direta ou

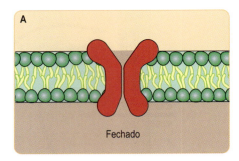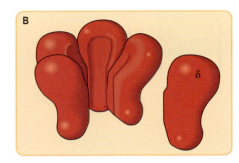
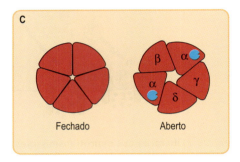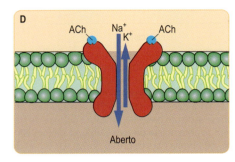

Fig. 26.4 **Mecanismo de ação dos receptores ionotrópicos.** Os receptores ionotrópicos abrem diretamente os canais iônicos (na verdade, eles próprios são canais iônicos). O exemplo mais bem estudado é o receptor nicotínico de ACh. Esse receptor é uma proteína transmembrana (A) consistindo em cinco subunidades não idênticas (B), cada uma cruzando diretamente a membrana. As subunidades circundam um poro (C) que permite a passagem seletiva de determinados íons quando é aberto por um ligante (D).

indiretamente, eles causam mudanças no fluxo de íons através da membrana até que o potencial atinja o ponto crítico, ou limiar, para o início de um potencial de ação. Os receptores que controlam diretamente a abertura de um canal iônico são chamados de **ionotrópicos**, enquanto os receptores **metabotrópicos** desencadeiam alterações nos sistemas de segundos mensageiros os quais, por sua vez, alteram a função dos canais que estão separados do receptor.

Receptores ionotrópicos (canais iônicos)

Receptores ionotrópicos contêm um canal iônico no interior de sua estrutura (Fig. 26.4; Capítulo 4). Exemplos incluem o **receptor de ACh nicotínico e alguns receptores de glutamato e ácido γ-aminobutírico (GABA)**. Essas são proteínas transmembranares, com várias subunidades, geralmente cinco, que circundam um poro através da membrana. Cada subunidade possui quatro regiões transmembranares. Quando o ligante se liga, há uma alteração na e@@strutura tridimensional do complexo que permite o fluxo de íons através do esmo. O efeito no potencial de membrana depende de quais íons tem permissão de passar pelo canal: os receptores nicotínicos de ACh são relativamente inespecíficos para sódio e potássio e causam despolarização, enquanto o receptor GABA$_A$ é um canal de cloreto e causa hiperpolarização.

Receptores Metabotrópicos

Todos os receptores metabotrópicos conhecidos são acoplados ás proteínas G

Receptores metabotrópicos são acoplados a vias de segundo mensageiros e atuam mais lentamente que os receptores ionotrópicos. Todos os receptores metabotrópicos conhecidos são acoplados às **proteínas G** (Capítulo 25) e, assim como os receptores hormonais, possuem sete regiões transmembrana. Geralmente, eles se unem à adenilato ciclase, alterando a produção de adenosina monofosfato cíclico (cAMP) ou à via fosfatidilinositol, que altera o fluxo de cálcio. Canais iônicos separados do receptor geralmente são modificados pela fosforilação. Por exemplo, o receptor β-adrenérgico, que responde à norepinefrina e epinefrina (Capítulo 25) desencadeia aumento no cAMP, que estimula uma quinase a fosforilar e ativar um canal de cálcio. Algumas das classes muscarínicas dos receptores de ACh exercem efeitos semelhantes nos canais de K$^+$.

Regulação dos neurotransmissores

A ação dos transmissores deve ser interrompida por meio da sua remoção da fenda sináptica

Quando os transmissores terminam sua função, eles devem ser removidos da fenda sináptica. A difusão simples é provavelmente o principal mecanismo de remoção dos neuropeptídeos. Enzimas como a **acetilcolinesterase**, que clivam a ACh, podem destruir qualquer transmissor remanescente. Transmissores excedentes também podem ser captados de volta ao neurônio pré-sináptico para serem reutilizados, e esta é uma das principais vias de remoção de catecolaminas e aminoácidos. A interferência na captação causa um aumento na concentração do transmissor na fenda sináptica, o que, muitas vezes, tem consequências terapêuticas úteis.

Concentrações de neurotransmissores podem ser manipuladas

Os efeitos dos neurotransmissores podem ser alterados por meio da modificação de suas concentrações efetivas ou número de receptores. As concentrações podem ser alteradas por meio de:

- mudança na taxa de síntese,
- alteração na taxa de liberação na sinapse,
- bloqueio da recaptação ou
- bloqueio da degradação Alterações no número de receptores podem estar envolvidas nas adaptações de longo prazo à administração de fármacos.

CLASSES DE NEUROTRANSMISSORES

Aminoácidos

Tem sido particularmente difícil provar que os aminoácidos são verdadeiros neurotransmissores; eles estão presentes em altas concentrações por causa de suas outras funções metabólicas e, portanto, a simples mensuração de suas concentrações não forneceu evidências conclusivas. Estudos farmacológicos de respostas aos diferentes análogos e a clonagem de receptores específicos finalmente forneceram a prova.

Glutamato

O glutamato é o transmissor excitatório mais importante no SNC

O glutamato atua em receptores ionotrópicos e metabotrópicos. Clinicamente, o receptor caracterizado *in vitro* pela ligação do **N-metil-D-aspartato (NMDA)** é particularmente importante (Fig. 26.5).

O hipocampo (Fig. 26.6) é uma área do sistema límbico do encéfalo envolvida na emoção e na memória. Certas vias sinápticas tornam-se mais ativas quando estimuladas cronicamente, um fenômeno conhecido como potenciação de longo prazo. Isso representa um possível modelo de como a memória é armazenada e requer a ativação do receptor NMDA e o consequente influxo de cálcio.

O glutamato é reciclado por transportadores de alta afinidade nos neurônios e nas células gliais. As células da glia convertem o glutamato em glutamina, que então se difunde de volta ao interior do neurônio. A glutaminase mitocondrial no neurônio regenera o glutamato para reutilização.

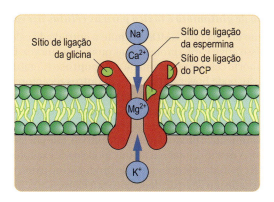

Fig. 26.5 **Receptor NMDA de glutamato.** O receptor de glutamato que liga o N-metil-D-aspartato (NMDA) é complexo e clinicamente importante, já que pode causar dano aos neurônios após o acidente vascular encefálico (excitotoxicidade). Ele contém diversos sítios de ligação modulatórios, de tal forma que é possível o desenvolvimento de fármacos que possam alterar sua função. A glicina é um cofator obrigatório, da mesma forma que as poliaminas, como a espermina. O magnésio bloqueia fisiologicamente o canal no potencial de repouso, de modo que o canal pode abrir somente quando a célula foi parcialmente despolarizada por um estímulo independente. O magnésio, portanto, prolonga a excitação. Esse receptor também se liga à fenciclidina (PCP). Como esse fármaco de abuso pode causar sintomas psicóticos, é possível que uma disfunção das vias envolvendo os receptores NMDA cause alguns dos sintomas da esquizofrenia.

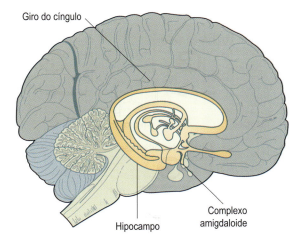

Fig. 26.6 **Sistema límbico.** O sistema límbico do encéfalo está envolvido nas emoções e na memória. Consiste em várias áreas que circundam o tronco encefálico superior, incluindo o hipocampo, o corpo amigdaloide e o giro do cíngulo. A remoção do hipocampo impede a fixação da memória de curta duração, enquanto a função amigdaloide intacta é necessária para a sensação de medo.

Glutamato e excitotoxicidade

A concentração extracelular de glutamato aumenta após o **trauma** e o **acidente vascular encefálico**, durante convulsões graves e em algumas doenças cerebrais orgânicas, como **coreia de Huntington, demência relacionada à AIDS e doença de Parkinson**. Isso ocorre em função da liberação de glutamato das células danificadas e por danos às vias de captação do glutamato.

O excesso de glutamato é tóxico para as células nervosas

A ativação do receptor NMDA permite a entrada de cálcio nas células. Isso ativa várias proteases, as quais, por sua vez, iniciam a via de morte celular programada ou **apoptose** (Capítulo 28). Além disso, pode haver alterações em outros receptores ionotrópicos de glutamato que também causam captação anormal de cálcio. A captação de íons de sódio também está envolvida e causa inchaço das células. A ativação dos receptores NMDA também aumenta a produção de óxido nítrico, que por si só pode ser tóxico. A morte celular em alguns modelos de excitotoxicidade pode ser evitada por inibidores da produção de óxido nítrico, mas o mecanismo de toxicidade não está claro.

Estão sendo feitas tentativas de desenvolver fármacos para inibir a ativação do NMDA e suprimir a excitotoxicidade. A esperança é que os danos causados pelo acidente vascular encefálico possam ser limitados ou mesmo revertidos. Infelizmente, muitos dos fármacos causam efeitos adversos porque se ligam ao sítio de ligação da fenciclidina, o que produz efeitos psicológicos desagradáveis, como paranoia e delírios.

Ácido γ-amino butírico (GABA)

O GABA é sintetizado a partir do glutamato pela enzima glutamato descarboxilase

O GABA (Fig. 26.7) é o principal transmissor inibitório encefálico. Existem dois receptores GABA conhecidos: o receptor $GABA_A$ é ionotrópico, e o receptor $GABA_B$ é metabotrópico. O receptor $GABA_A$ é composto por cinco subunidades originadas de várias famílias de genes, o que gera um enorme número de possíveis receptores com diferentes afinidades de ligação. Esse receptor é o alvo de vários fármacos úteis. Os **benzodiazepínicos** se ligam a ele e causam uma potencialização da resposta ao GABA endógeno; esses fármacos reduzem a ansiedade e também causam relaxamento muscular. Os **barbitúricos** também se ligam ao receptor GABA e o estimulam diretamente na ausência do GABA; por causa dessa falta de dependência do ligante endógeno, eles são mais propensos a causar efeitos adversos tóxicos na overdose.

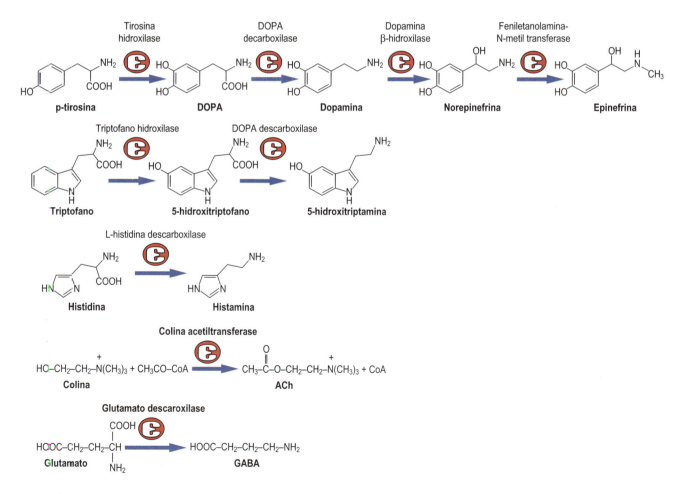

Fig. 26.7 **Síntese de neurotransmissores e seus precursores.** O aminoácido tirosina é o precursor da dopamina, norepinefrina e epinefrina. O triptofano é o precursor da serotonina (5-hidroxitriptamina), e a histamina deriva do aminoácido histidina. A colina, um aminoálcool, é o precursor da acetilcolina, e o ácido glutâmico, um aminoácido comum, é o precursor do GABA. Observe que a DOPA descarboxilase também é conhecida como descarboxilase dos L-aminoácido aromáticos, AADC.

> **QUADRO DE CONCEITOS AVANÇADOS**
> **ENCEFALOPATIA POR GLICINA**
>
> A glicina age como um neurotransmissor inibitório na medula espinal e tronco encefálico, mas também possui efeitos excitatórios no córtex. Os níveis de glicina são regulados pelo sistema de clivagem de glicina (GCS), um complexo de quatro proteínas que degradam a glicina em amônia e dióxido de carbono. O GCS está presente em altos níveis no fígado, cérebro e tecido placentário. Os defeitos no GCS resultam em níveis elevados de glicina no plasma e no líquido cerebrospinal (LCR) e causam encefalopatia por glicina, também conhecida como hiperglicinemia não cetótica (NKH). Na encefalopatia por glicina, os níveis de glicina no LCR apresentam-se desproporcionalmente elevados em comparação com o plasma, e acredita-se que a fisiopatologia seja decorrente principalmente dos efeitos do alto nível de glicina no cérebro. A encefalopatia por glicina normalmente desencadeia sintomas neurológicos, incluindo hipotonia, convulsões, retardo mental e malformações cerebrais. Geralmente, é uma doença grave, de início precoce, com prognóstico ruim, embora existam fenótipos mais leves, tardios, dependendo da mutação exata. Atualmente, não há medicação efetiva.

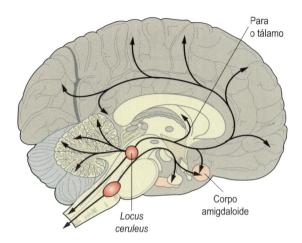

Fig. 26.8 **Neurônios de norepinefrina no sistema nervoso central (SNC).** Os neurônios que contêm norepinefrina se originam no *locus ceruleus*, no tronco encefálico, e se distribuem por todo o córtex.

Glicina

A glicina é encontrada principalmente em interneurônios inibitórios na medula espinal, na qual bloqueia os impulsos que migram pela medula ao longo dos neurônios motores para estimular o músculo esquelético. O receptor de glicina nos neurônios motores é ionotrópico e é bloqueado pela estricnina: os impulsos motores podem então ser transmitidos sem um controle negativo, o que explica a rigidez e as convulsões causadas por esta toxina.

Catecolaminas

Norepinefrina, epinefrina e dopamina, conhecidas como catecolaminas, são todas derivadas do aminoácido tirosina (Fig. 26.7). Em comum com outros compostos que contêm grupos amina, como a serotonina, eles também são conhecidos como **aminas biogênicas**. Nervos que liberam catecolaminas apresentam varicosidades ao longo do axônio, em vez de uma única área de liberação terminal. O transmissor é liberado a partir das varicosidades e se difunde através do espaço extracelular até encontrar um receptor. Isso permite que ele afete uma ampla área de tecido, e acredita-se que esses compostos exerçam um efeito modulador geral nas funções gerais do cérebro, como humor e excitação.

Norepinefrina e epinefrina

A norepinefrina (também conhecida como noradrenalina) é um importante transmissor do sistema nervoso simpático

Os nervos simpáticos originam-se na medula espinal e direcionam-se para os gânglios situados perto da medula, a partir

> **QUADRO CLÍNICO**
> **UM HOMEM COM CEFALEIA GRAVE E HIPERTENSÃO**
>
> Um homem de 50 anos sofre de depressão há alguns anos. Sua condição foi tratada com tranilcipromina, um inibidor da monoamina oxidase tipos A e B. Ele desenvolveu uma cefaleia intensa e latejante, e sua pressão arterial era de 200/110 mmHg. A única ocorrência incomum foi a participação em um coquetel na noite anterior, no qual comeu salgadinhos de queijo e bebeu vários copos de vinho tinto.
>
> **Comentário**
> O paciente estava apresentando uma crise hipertensiva causada pela interação entre a comida que ele havia ingerido e o fármaco que fazia uso para o tratamento, um inibidor da monoamina oxidase (MAO). Esse fármaco inibe a principal enzima que catabolisa as catecolaminas. Vários alimentos, incluindo queijo, arenque em conserva e vinho tinto, contêm uma amina chamada tiramina, que é semelhante em estrutura aos transmissores aminérgicos naturais e também catabolizada pela MAO. Se essa enzima não está ativa, as concentrações de tiramina aumentam e ela passa a agir como um neurotransmissor. Isso pode desencadear crise hipertensiva, como ocorreu no caso desse paciente.

dos quais nervos pós-ganglionares direcionam-se para o tecido-alvo. A norepinefrina (Fig. 26.1 e 26.7) é o transmissor desses nervos pós-ganglionares, enquanto o transmissor dos gânglios intermediários é a ACh. A estimulação desses nervos é responsável por várias características da resposta de "luta ou fuga", como a estimulação da frequência cardíaca, sudorese, vasoconstrição na pele e broncodilatação. Existem também neurônios que contêm norepinefrina no SNC, principalmente no tronco encefálico (Fig. 26.8). Seus axônios se estendem em uma ampla rede por todo o córtex e alteram o estado geral de alerta ou atenção. Os efeitos estimulatórios das **anfetaminas** são causados por sua estreita similaridade química com as catecolaminas.

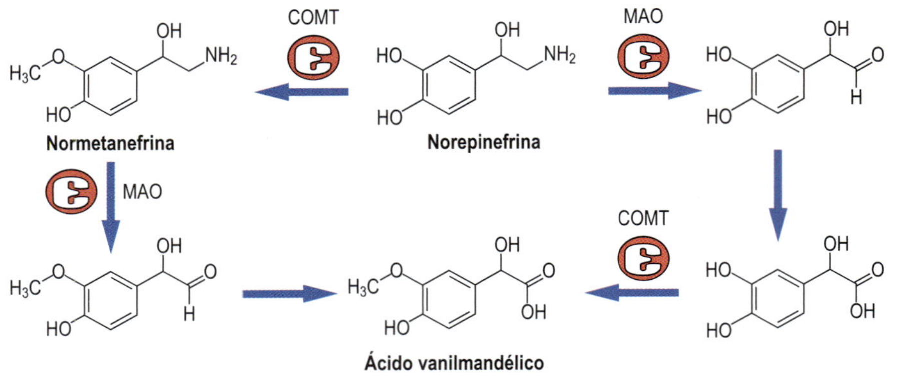

Fig. 26.9 **Catabolismo das catecolaminas.** As catecolaminas são degradadas por oxidação do grupo amino pela enzima monoamina oxidase (MAO) e por metilação pela catecol-O-metiltransferase (COMT). A via apresentada é referente à norepinefrina, mas as vias para epinefrina (adrenalina), dopamina e 5-HT são análogas.

A epinefrina (também conhecida como adrenalina) é produzida pela medula suprarrenal sob a influência de nervos que contêm ACh análogos aos nervos pré-ganglionares simpáticos

A epinefrina é mais ativa que a norepinefrina no coração e nos pulmões, causa o redirecionamento do sangue da pele para o músculo esquelético e tem importantes efeitos estimulatórios sobre o metabolismo do glicogênio no fígado. Em resposta à epinefrina, um suprimento súbito e extra de glicose é liberado para o músculo, o coração e os pulmões trabalham mais intensamente para bombear oxigênio pela circulação, e o corpo é então preparado para correr ou se defender (Capítulo 31). No entanto, a adrenalina não é essencial à vida, pois é possível remover a medula suprarrenal sem consequências graves.

Os receptores de norepinefrina e epinefrina são chamados de **adrenoreceptores**. Eles são divididos em classes e subclasses de receptores α e β com base na sua farmacologia. A epinefrina atua em todas as classes de receptores, mas a norepinefrina é mais específica para os receptores α. Os β-bloqueadores, como o atenolol, são usados para tratar a **hipertensão** e a dor no peito (angina) na **doença cardíaca isquêmica**, porque antagonizam os efeitos estimulatórios das catecolaminas no coração. Os **α-bloqueadores** inespecíficos têm uso limitado, embora os bloqueadores α 1 mais específicos, como a prazosina, e os bloqueadores α2, como a clonidina, possam ser usados para tratar a **hipertensão**. Certas subclasses de receptores β são encontradas em determinados tecidos; por exemplo, o receptor β2 está presente no pulmão, e os **agonistas do receptor β2**, como o salbutamol, são, portanto, usados para produzir dilatação brônquica na asma sem estimular o receptor β1 no coração.

A norepinefrina é captada pelas células por um transportador de alta afinidade e catabolizada pela enzima monoamina oxidase (MAO). Oxidação e metilação adicionais realizadas pela catecol-O-metiltransferase (COMT) convertem os produtos em **metanefrinas e ácido vanilmandélico** (ácido 4-hidróxi-3-metoximandélico) (Fig. 26.9), que podem ser medidos na urina como marcadores da função suprarrenal. Esses compostos apresentam-se particularmente em níveis elevados em pacientes portadores com tumor da medula suprarrenal, conhecido como feocromocitoma. Esse tumor causa hipertensão devido à ação vasoconstritora das catecolaminas produzidas por ele.

QUADRO DE CONCEITOS AVANÇADOS
DEPRESSÃO COMO DOENÇA DE NEUROTRANSMISSORES AMINA: OS ANTIDEPRESSIVOS

Inibidores da monoamina oxidase (MAO) evitam o catabolismo de catecolaminas e da serotonina. Eles, portanto, aumentam as concentrações desses compostos na sinapse e aumentam a ação dos transmissores. Os compostos com essa propriedade são os **antidepressivos**. A reserpina, um fármaco anti-hipertensivo que depleta as catecolaminas, causa depressão e não é mais utilizada. Assim, esses achados deram origem à "teoria aminérgica da depressão", que estabelece que a depressão é causada por uma deficiência relativa de aminas neurotransmissoras nas sinapses centrais e preconiza que os fármacos que aumentem as concentrações das aminas podem melhorar os sintomas dessa condição.

Corroborando essa teoria, temos os antidepressivos tricíclicos que inibem o transporte de norepinefrina e de serotonina para os neurônios, aumentando, assim, a concentração de aminas na fenda sináptica. Os **inibidores seletivos da recaptação da serotonina (ISRS)**, como a fluoxetina (Prozac®), também são **antidepressivos** altamente eficazes. No entanto, como os sintomas da depressão não se resolvem por vários dias após o início do tratamento, é provável que as adaptações em longo prazo das concentrações dos transmissores e seus receptores sejam pelo menos tão importantes quanto as alterações agudas nas concentrações de amina na fenda sináptica.

O papel das monoaminas na depressão é, sem dúvida, uma simplificação exagerada. Assim, a cocaína também é um inibidor efetivo da recaptação, mas não é um antidepressivo, e as anfetaminas bloqueiam a recaptação e causam a liberação de catecolaminas dos terminais nervosos, mas causam mania, em vez de alívio da depressão.

Dopamina

A dopamina é um intermediário na síntese de norepinefrina e um neurotransmissor

A dopamina é um importante transmissor de nervos que interconectam os núcleos dos gânglios da base no cérebro e controlam o movimento voluntário (Fig. 26.10). Danos a esses

QUADRO CLÍNICO
UMA MULHER DE 56 ANOS APRESENTA HIPERTENSÃO GRAVE: FEOCROMOCITOMA

Uma mulher de 56 anos apresenta hipertensão grave. Ela sofre crises de sudorese, cefaleia e palpitações. Sua hipertensão arterial não respondeu ao tratamento com inibidor da enzima conversora de angiotensina e um diurético. Uma amostra de urina foi coletada para quantificação de catecolaminas e metabólitos. A taxa de excreção de norepinefrina foi de 1500 nmol/24 h (253 mg/24 h; intervalo de referência <900 nmol/24 h, <152 mg/24 h), a epinefrina 620 nmol/24 h (113 mg/24 h; intervalo de referência <230 nmol/24h, <42 mg/24 h) e a de ácido vanilmandélico 60 mmol/24 h (11,9 mg/24 h; intervalo de referência <35,5 mmol/24 h <7,0 mg/24 h).

Comentários
A paciente tem um feocromocitoma, que é um tumor da medula suprarrenal que secreta catecolaminas. Tanto a norepinefrina quanto a epinefrina podem ser secretadas; a norepinefrina causa hipertensão pela ativação dos adrenoceptores α1 no músculo liso vascular, e a epinefrina aumenta a frequência cardíaca pela ativação dos adrenoceptores β1 no músculo cardíaco. A hipertensão pode ser paroxística e grave, levando a acidente vascular encefálico ou insuficiência cardíaca.

O diagnóstico é realizado por meio da quantificação das catecolaminas no plasma ou na urina ou seus metabólitos, como as metanefrinas e o ácido vanilmandélico na urina. O tumor geralmente é localizado por técnicas radiológicas, como ressonância magnética nuclear (RMN) ou tomografia computadorizada (TC).

Embora esta seja uma causa rara de hipertensão, responsável por apenas cerca de 1% dos casos, é muito importante que ela seja lembrada, porque a condição é perigosa e muitas vezes passível de cura mediante cirurgia.

---

nervos causam doença de Parkinson, que é caracterizada por tremores e dificuldades em iniciar e controlar o movimento. A dopamina também é encontrada em vias que afetam o sistema límbico do cérebro, as quais estão envolvidas nas respostas emocionais e na memória. Os defeitos nos sistemas dopaminérgicos são implicados na **esquizofrenia**, uma vez que muitos fármacos antipsicóticos usados para tratar essa doença se ligam aos receptores da dopamina.

Nesse sentido, a dopamina causa vasodilatação e, portanto, é usada clinicamente para estimular o fluxo sanguíneo renal, sendo importante no tratamento da **insuficiência renal**. O catabolismo da dopamina é comparável à da norepinefrina. No entanto, o principal metabólito formado é o **ácido homovanílico (HVA)**.

Serotonina (5-hidroxitriptamina)

A serotonina, também chamada de 5-hidroxitriptamina (5-HT), é derivada do triptofano

A biossíntese da serotonina apresenta várias semelhanças bioquímicas com a síntese da dopamina. Assim, tanto a triptofano hidroxilase como a tiramina hidroxilase requerem tetra-hidro-biopterina (BH4; veja a seguir) como cofator. Além

QUADRO CLÍNICO
DEFICIÊNCIAS DE TIROSINA HIDROXILASE E DE DESCARBOXILASE DOS AMINOÁCIDOS AROMÁTICOS: CAUSAS HEREDITÁRIAS DE PROBLEMAS NO METABOLISMO DE AMINAS BIOGÊNICAS

A tirosina hidroxilase catalisa a primeira etapa na biossíntese da dopamina, e doenças hereditárias que afetam a atividade dessa enzima resultam em deficiência de dopamina no cérebro. Diversos fenótipos clínicos foram descritos, incluindo um distúrbio da marcha progressiva e parkinsonismo infantil. O tratamento da deficiência de tirosina hidroxilase é realizado com administração de L-dopa. A fim de evitar a descarboxilação de L-dopa em dopamina no sangue (pela descarboxilase de aminoácido aromático periférico, AADC), um inibidor (que não afeta a atividade da AADC cerebral) é dado ao mesmo tempo que o L-dopa. Essa inibição otimiza o transporte de L-dopa através da barreira hematoencefálica. Dentro do cérebro, a AADC pode então converter L-dopa em dopamina.

AADC catalisa a conversão de L-dopa em dopamina e 5-hidroxitriptofano em serotonina. Consequentemente, um erro inato do metabolismo afetando a atividade dessa enzima resulta em uma deficiência encefálica tanto de dopamina quanto de serotonina. Os pacientes com deficiência de AADC têm um quadro clínico que inclui grave distúrbio do movimento, movimentos oculares anormais e prejuízo neurológico. O tratamento da deficiência da AADC consiste na prevenção da degradação de qualquer dopamina e serotonina que possa ser produzida pela atividade residual da AADC, isto é, pelo uso dos inibidores da monoamina oxidase. Além disso, os agonistas da dopamina, como a pergolida e a bromocriptina, são utilizados para "mimetizar" os efeitos da dopamina.

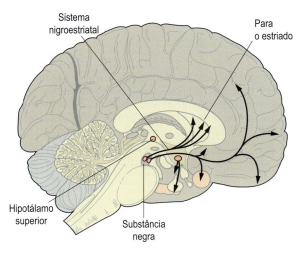

Fig. 26.10 **Dopamina no trato nigroestriatal.** Os nervos contendo dopamina correm em tratos bem definidos. Um dos tratos mais importantes, o nigroestriatal, conecta a substância negra no mesencéfalo aos núcleos basais abaixo do córtex. Dano nessa via causa doença de Parkinson, com perda do controle fino dos movimentos.

QUADRO CLÍNICO
A PERDA DA ATIVIDADE DE UM TRANSPORTADOR DE DOPAMINA LEVA A UM QUADRO CLÍNICO SUGESTIVO DE UM ESTADO DE DEFICIÊNCIA DOPAMINÉRGICA

A dopamina liberada na fenda sináptica é recaptada, por meio do transportador de dopamina (DAT; SLC6A3), para os neurônios pré-sinápticos, nos quais pode ser reciclada. Atualmente, foram descritas mutações autossômicas recessivas que afetam o DAT. Isso resulta em uma deficiência de dopamina neuronal intracelular e um aumento acentuado nos níveis extracelulares do neurotransmissor. Esse excesso de dopamina é metabolizado em **ácido homovanílico (HVA)** via monoamina oxidase não neuronal e catecol-O-metiltransferase. A concentração elevada do HVA no líquido cerebrospinal é um forte indicador de deficiência de DAT. A prolactina sérica também pode estar elevada nesse distúrbio. Clinicamente, os pacientes com mutações DAT podem apresentar distonia-parkinsonismo, associada a características como distúrbio do movimento ocular e do trato piramidal. Atualmente, não há tratamento adequado.

QUADRO DE CONCEITOS AVANÇADOS
FATORES SECUNDÁRIOS QUE MIMETIZAMDESORDENS ENVOLVENDO NEUROTRANSMISSORES

À medida que mais mutações genéticas em distúrbios neurometabólicos/neurodegenerativos estão sendo caracterizadas, está se tornando aparente que elas podem ter efeitos negativos secundários na neurotransmissão. Exemplos incluem **comprometimento mitocondrial** e perda resultante da disponibilidade de ATP no cérebro. Isso, por sua vez, pode limitar o empacotamento de neurotransmissores, como a dopamina, em vesículas, levando ao catabolismo acelerado. A perda da **função lisossômica** também prejudica o metabolismo dos neurotransmissores de monoamina, embora o mecanismo exato ainda não seja conhecido. Entretanto, a reciclagem mitocondrial neuronal (mitofagia) depende da função lisossômica. Consequentemente, a função mitocondrial pode ser novamente comprometida, levando ao aumento do catabolismo dos neurotransmissores. Deve-se notar que as mutações que afetam o metabolismo mitocondrial ou lisossômico estão associadas ao parkinsonismo, que é um estado de deficiência de dopamina.

QUADRO DE TESTE CLÍNICO
CONCENTRAÇÃO HORMONAL SÉRICA PODE APONTAR DEFICIÊNCIA CENTRAL DO NEUROTRANSMISSOR: PROLACTINA E DOPAMINA

A dopamina hipotalâmica é um inibidor da liberação de **prolactina** da hipófise. Consequentemente, uma deficiência grave de dopamina central pode levar a elevações na concentração de prolactina sérica. No entanto, é fundamental adotar intervalos de referência ajustados à idade no uso desse biomarcador periférico porque, por exemplo, a concentração sérica de prolactina declina pronunciadamente durante o primeiro ano de vida. Embora a prolactina sérica possa não estar elevada em todos os casos de deficiência central de dopamina, foram observadas elevações documentadas nos distúrbios hereditários do metabolismo da tetra-hidrobiopterina e nos estados de deficiência da tirosina hidroxilase e da descarboxilase dos aminoácidos aromáticos. Além disso, a correção do déficit central de dopamina pode ser acompanhada por uma redução da concentração sérica de prolactina, permitindo, assim, o monitoramento da eficácia do tratamento.

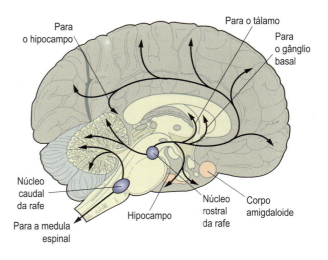

Fig. 26.11 **Nervos serotoninérgicos no sistema nervoso central (SNC).** Os nervos que contêm serotonina se originam no núcleo da rafe, parte da formação reticular do tronco encefálico superior. Assim como os nervos que contêm norepinefrina, são amplamente distribuídos.

disso, o 5-hidroxitriptofano é convertido em serotonina pela dopa descarboxilase (também conhecida como aminoácido aromático descarboxilase) (Fig. 26.7).

Os neurônios serotoninérgicos estão concentrados nos núcleos da rafe na parte superior do tronco encefálico (Fig. 26.11), mas projetam-se até o córtex cerebral e até a medula espinal. Eles são mais ativos quando os pacientes estão acordados do que quando estão dormindo, e a serotonina pode controlar o grau de responsividade dos neurônios motores na medula espinal. Além disso, a serotonina também está envolvida nos chamados comportamentos vegetativos, como alimentação, comportamento sexual e controle da temperatura.

Acetilcolina

A acetilcolina (ACh) é o transmissor do sistema nervoso autônomo parassimpático e dos gânglios simpáticos (Fig. 26.1)

A estimulação do sistema parassimpático produz efeitos que são amplamente opostos aos do sistema simpático, como diminuição da frequência cardíaca, broncoconstrição e estimulação

QUADRO DE CONCEITOS AVANÇADOS
RECEPTORES DE DOPAMINA E DE SEROTONINA

Múltiplos receptores para dopamina e serotonina foram isolados. Nem todos os receptores que foram clonados demonstraram ser funcionais, mas a possível relevância em termos de desenvolvimento de fármacos é óbvia. Em alguns casos, a manipulação específica de determinados receptores pode ser explorada terapeuticamente.

Existem cinco receptores de dopamina conhecidos, pertencentes a dois grupos principais (**tipo-D_1**: D_1 e D_5; e **tipo-D_2**: D_2, D_3 e D_4) que diferem em suas vias de sinalização. Os receptores D_1 aumentam a produção de cAMP, enquanto os receptores D2 inibemesse processo. Drogas antipsicóticas, como as fenotiazinas e o haloperidol, tendem a inibir os receptores tipo D_2, sugerindo que a atividade excessiva da dopamina possa ser importante na causa de sintomas da esquizofrenia.

O receptor D_2 é um dos principais receptores nos nervos que interconectam os gânglios basais. Como se sabe que a destruição desses nervos causa a **doença de Parkinson**, não é de surpreender que fármacos antipsicóticos que inibem o receptor D_2 tendam a exercer o efeito colateral de causar movimentos anormais. Fármacos, como a clozapina, que se ligam preferencialmente ao receptor D4 parecem estar livres de tais efeitos colaterais, embora essa droga também se ligue a vários outros receptores.

Mais de uma dúzia de **receptores de serotonina (5-HT)** foram isolados com o uso das técnicas de biologia molecular. Eles foram divididos em classes e subclasses com base em suas propriedades farmacológicas e suas estruturas. A maioria é metabotrópica, apesar de o receptor $5-HT_3$ ser ionotrópico e mediar um sinal rápido no sistema nervoso entérico. O receptor $5-HT_{1A}$ é encontrado em diversos neurônios pré-sinápticos, nos quais ele atua como um autorreceptor inibindo a liberação de 5-HT.

Em geral, o aumento da concentração encefálica de 5-HT parece aumentar a **ansiedade**, enquanto sua redução é útil no tratamento dessa condição. O antidepressivo buspirona atua como um agonista de receptores $5-HT_{1A}$ e, presumivelmente, causa diminuição na produção de 5-HT. Além de seus efeitos no receptor D_4 de dopamina, a clozapina se liga fortemente ao receptor $5-HT_{2A}$, e é possível que um alto grau de antagonismo do receptor $5-HT_{2A}$, aliado a uma baixa atividade de ligação em D_2, seja desejável para que fármacos utilizados no tratamento da esquizofrenia apresentem o mínimo de efeitos adversos. O ondansentrona, um bloqueador de receptor $5-HT_3$, é um antiemético muito utilizado na prevenção de vômitos durante a quimioterapia. A enxaqueca pode ser tratada com sumatriptana, um agonista $5-HT_{1D}$.

O papel central da 5-HT no controle da função cerebral e o grande número de receptores associados sugerem que pode ser possível produzir um grande número de fármacos para tratar distúrbios específicos e que a manipulação farmacológica da função do sistema nervoso provavelmente ainda está dando os primeiros passos.

QUADRO CLÍNICO
UM HOMEM DE 60 ANOS COM CRISES DE RUBORIZAÇÃO E DIARREIA: SÍNDROME CARCINOIDE

Um homem de 60 anos queixou-se de crises de ruborização associadas a um aumento da frequência cardíaca. Ele também apresentava diarreia e dores abdominais incômodas e havia perdido peso. Os sintomas sugeriram um diagnóstico de síndrome carcinoide causada pela secreção excessiva de serotonina e outros compostos metabolicamente ativos de um tumor. A fim de confirmar o diagnóstico presuntivo, uma amostra de urina foi coletada para medição do nível do **ácido 5-hidroxi-indolacético (5-HIAA)**, o principal metabólito da 5-HT; a concentração encontrada foi de 120 mmol/24 h (23 mg/24 h; intervalo de referência 10-52 mmol/24 h, 3-14 mg/24 h).

Comentário

O paciente apresentava síndrome carcinoide, que é causada por tumores de células enterocromafins, geralmente originárias do íleo, que se metastatizam para o fígado. Essas células estão relacionadas às células cromafins produtoras de catecolaminas na medula suprarrenal e convertem o triptofano em serotonina (5-HT). Acredita-se que a própria serotonina cause diarreia, mas outros mediadores, como a histamina e a bradicinina, podem ser mais importantes nas crises de ruborização. A **concentração urinária de 5-HIAA** fornece um teste diagnóstico útil e pode ser usada para monitorar a resposta do câncer ao tratamento.

A ACh é sintetizada a partir da colina pela enzima colina acetiltransferase. Após ser secretada na fenda sináptica, a ACh é amplamente decomposta pela acetilcolinesterase. O restante é captado de volta para o interior da célula nervosa por transportadores semelhantes aos das aminas.

Existem duas classes principais de receptores de ACh: **nicotínicos** e **muscarínicos** (Capítulo 39, Fig. 39.3). Ambos respondem à ACh, mas podem ser distinguidos por seus agonistas e antagonistas associados; eles são bastante diferentes estruturalmente e diferem em seus mecanismos de ação.

- **Receptores nicotínicos são ionotrópicos**. Estes receptores se ligam a nicotina e são encontrados nos gânglios e na junção neuromuscular. Quando ACh ou nicotina se ligam, um canal se abre, o que permite a passagem de Na^+ e K^+. Por ser direta, a ação do ligante no canal é rápida.
- **Os receptores muscarínicos, que respondem à toxina fúngica muscarina, são metabotrópicos**. Estes receptores são muito mais distribuídos no cérebro do que os receptores nicotínicos, e também são os principais receptores encontrados no músculo liso e nas glândulas inervadas pelos nervos parassimpáticos. A **atropina** inibe especificamente esses receptores. Existem vários receptores muscarínicos separados, diferindo em sua distribuição tecidual e vias de sinalização. Até o momento, nenhum padrão claro emergiu em relação às suas funções específicas.

Clinicamente, os agonistas da ACh, assim como os inibidores da acetilcolinesterase, são utilizados para tratar o **glaucoma**, uma doença ocular caracterizada por elevação do músculo liso intestinal. A ACh também atua nas junções neuromusculares, em que os nervos motores entram em contato com as células musculares esqueléticas e fazem com que elas se contraiam. Além dessas funções, a ACh pode estar envolvida no aprendizado e na memória, já que os neurônios que contêm esse transmissor também existem no encéfalo.

> **QUADRO CLÍNICO**
> **UMA MULHER COM VISÃO DUPLA OCASIONAL E ALTERAÇÃO NA SUA VOZ: MIASTENIA GRAVE**
>
> Uma mulher de 35 anos percebeu que apresentava dificuldade em manter os olhos abertos. Ela também apresentava períodos de visão dupla quando sua voz se manifestava alterada e anasalada, e apresentava dificuldade para engolir. Seu médico suspeitou de miastenia, uma doença de condução nervo-músculo. O título sérico de anticorpos contra o **receptor de acetilcolina** foi medido e apresentava-se em nível elevado.
>
> **Comentário**
> A paciente era portadora de miastenia grave. Constitui uma doença que se manifesta como fraqueza dos músculos voluntários e é corrigida pelo tratamento com inibidores da acetilcolinesterase. É causada pela **produção de autoanticorpos direcionados contra o receptor nicotínico da acetilcolina**, que circulam no soro. Por causa desses autoanticorpos, a transmissão dos impulsos nervosos para o músculo é muito menos eficiente que o normal.
>
> Fármacos que inibem a acetilcolinesterase aumentam a concentração de acetilcolina na fenda sináptica, o que compensa o número reduzido de receptores. A melhora da condução nervo-muscular em resposta ao edrofônio pode ser usada como teste diagnóstico, mas requer várias precauções; os inibidores da acetilcolinesterase de ação prolongada, como a piridostigmina, podem ser usados para tratar a doença, mas os corticosteroides são frequentemente eficazes.

da pressão intraocular, aumentando o tônus dos músculos da acomodação do olho. Eles também são usados para estimular a função intestinal após cirurgia. Por outro lado, quando a acetilcolinesterase é inibida por **inseticidas organofosforados** ou por gases com ação no sistema nervoso, uma síndrome tóxica é causada pelo excesso de ACh. Pode haver diarreia, aumento da atividade secretora de várias glândulas e broncoconstrição. Essa síndrome pode ser antagonizada pela atropina, embora o tratamento a longo prazo envolva o uso de fármacos que possam remover o inseticida da enzima, como a pralidoxima.

O gás óxido nítrico

Nos nervos autonômicos e entéricos, o óxido nítrico (NO) é produzido a partir da arginina pelas óxido nítrico sintases dependentes de tetra-hidrobiopterina

O NO apresenta inúmeras funções fisiológicas, incluindo o relaxamento do músculo liso vascular e intestinal e a possível regulação da produção de energia mitocondrial. Além disso, no interior do encéfalo, o NO pode apresentar um papel na formação da memória. No entanto, a formação excessiva de NO tem sido envolvida nos processos neurodegenerativos associados às doenças de **Parkinson** e **Alzheimer**. Embora o mecanismo exato pelo qual o excesso de NO cause a morte neuronal não seja conhecido, um corpo crescente de evidências sugere que danos irreversíveis à cadeia de transporte de elétrons mitocondriais podem ser um fator importante.

NO não é armazenado em vesículas, mas liberado diretamente no espaço extracelular

Consequentemente, o NO por si só, no sentido mais estrito, não atende a todos os critérios atuais para ser classificado como um neurotransmissor. O próprio NO difunde-se com facilidade entre as células e se liga diretamente aos grupos heme da enzima guanilato ciclase, estimulando a produção de monofosfato de guanosina cíclica.

Outras moléculas pequenas

Atualmente sabe-se que o ATP e outras purinas dele derivadas têm funções transmissoras

O ATP está presente nas vesículas sinápticas dos nervos simpáticos, juntamente com a norepinefrina, e é responsável por potenciais excitatórios rápidos no músculo liso. Os receptores de adenosina estão distribuídos no cérebro e no tecido vascular. A adenosina é marjoritariamente inibitória no SNC, e acredita-se que a inibição dos receptores de adenosina esteja subjacente aos efeitos estimuladores da **cafeína**.

O estudo da histamina nos nervos é dificultado devido à grande quantidade desse composto nos mastócitos

A histamina é encontrada em um pequeno número de neurônios, principalmente no hipotálamo, embora suas projeções sejam disseminadas por todo o cérebro. Foi demonstrado que a histamina controla a liberação de hormônios hipofisários, o estado de alerta e a ingestão de alimentos. Os **anti-histamínicos** utilizados para controlar **alergias** causadas pela liberação de histamina a partir de mastócitos atuam no receptor H_1 e tendem a ser sedativos, sugerindo que outras funções centrais para a histamina também provavelmente existam. O **receptor de histamina no estômago** é da classe H_2; portanto, os inibidores de receptores H_2, como a **cimetidina e a ranitidina**, usados no tratamento de úlceras pépticas, não apresentam efeito sobre a alergia.

Peptídeos

Muitos peptídeos atuam como neurotransmissores

É uma questão ainda em aberto se todos os peptídeos que foram descritos são realmente neurotransmissores verdadeiros. No entanto, foi demonstrado que mais de 50 pequenos peptídeos têm influência sobre a função neural. Todos os receptores de peptídeos conhecidos são metabotrópicos e acoplados às proteínas G (Capítulo 25), portanto, eles atuam de forma relativamente lenta. Não existem vias de captação específicas ou enzimas degradativas, e a principal via de eliminação é a difusão simples seguida de clivagem por várias peptidases no líquido extracelular. Isso permite que um peptídeo afete vários neurônios antes que seja finalmente degradado.

QUADRO CLÍNICO
DEFICIÊNCIA DO PIRIDOXAL FOSFATO: UMA CAUSA DA EPILEPSIA NEONATAL

O piridoxal fosfato (PLP), a forma biologicamente ativa da vitamina B_6 (Capítulo 7), é utilizado como cofator por mais de 100 enzimas, incluindo reações catalisadas pela descarboxilase dos aminoácidos aromáticos (AADC), treonina desidratase e o sistema de clivagem de glicina. A vitamina B_6 está presente no corpo humano como diversos "vitâmeros" que são precursores do PLP. Uma enzima essencial na formação de PLP é a piridox(am)ina-5'-fosfato oxidase (PNPO). Essa enzima catalisa a conversão dos precursores fosfato de piridoxina e fosfato de piridoxamina em PLP. Deficiência de PNPO resulta na diminuição da disponibilidade de PLP, e pacientes, quando no período neonatal, desenvolvem um quadro clínico que inclui epilepsia grave. A análise bioquímica do LCR revela elevação dos níveis de treonina e glicina e, evidências de comprometimento da atividade da AADC. Além disso, a concentração de PLP no LCR é baixa. O tratamento, que pode ser particularmente eficaz, se dá pela administração de PLP.

O **peptídeo intestinal vasoativo** (VIP) é um dos muitos peptídeos que afetam a função do intestino pelo sistema nervoso entérico. Foi originalmente descrito como um hormônio intestinal que afetava o fluxo sanguíneo e a secreção de fluidos, mas atualmente é conhecido por ser um importante neuropeptídeo entérico, que inibe a contração do músculo liso. Também causa vasodilatação em várias glândulas secretoras e potencializa a estimulação pela ACh.

Muitos neuropeptídeos pertencem a uma família multigênica

Os **peptídeos opioides** e receptores opioides constituem um bom exemplo de uma família multigênica. Eles são os ligantes endógenos para analgésicos opiáceos, como morfina e codeína. O controle da dor é complexo, e peptídeos opioides e receptores são encontrados tanto na medula espinal quanto no próprio cérebro. Existem pelo menos três genes que codificam esses peptídeos, e cada um contém as sequências de várias moléculas ativas:

- A **pró-opiomelanocortina** contém β-endorfina, que se liga a receptores opiáceos do tipo μ e também hormônio adrenocorticotrófico (ACTH) e os hormônios estimulantes dos melanócitos (MSH), os quais são hormônios da pituitária (Capítulo 27).
- A **pró-encefalina A** contém as sequências para as Met- e Leu- encefalinas, que se ligam aos receptores δ e estão envolvidas na regulação da dor local no cérebro e na medula espinal.
- A **pró-dinorfina** contém sequências para a dinorfina e vários outros peptídeos, que se ligam aos receptores de classe k.

Os opiáceos afetam as vias de sinalização do prazer no cérebro, o que explica seus efeitos de euforia, e também exercem efeitos adversos, como depressão respiratória, o que limita o seu uso. Em excesso, causam a contração dos músculos oculares, resultando em "pupilas de alfinete". Tem sido demonstrado que as **endorfinas** são liberadas após exercícios extenuantes, causando o chamado "barato do corredor" (*jogger's high*). Espera-se que o aumento do conhecimento sobre os receptores opioides específicos e as vias opioides neurais permitam o desenvolvimento de analgésicos com menos efeitos colaterais e menor probabilidade de abuso.

A **substância P** é outro exemplo de membro de uma família multigênica, conhecida como a família da taquicinina. Está presente nas fibras aferentes dos nervos sensoriais e transmite sinais em resposta à dor. Também está envolvida na chamada inflamação neurogênica estimulada por impulsos nervosos, e é um importante neurotransmissor no intestino.

Neuropeptídeos podem atuar como neuromoduladores

Alguns peptídeos atuam como neurotransmissores verdadeiros, mas também exercem muitas outras ações. Frequentemente alteram a ação de outros transmissores, agindo como neuromoduladores, mas não possuem ação própria. Por exemplo, o VIP aumenta o efeito da ACh na secreção das glândulas salivares submandibulares de gatos (glândulas localizadas sob o osso mandíbular), causando vasodilatação e potencializando o componente colinérgico. O NPY causa inibição da liberação de norepinefrina nos terminais nervosos autônomos, atuando em autorreceptores pré-sinápticos, e potencializam a ação da norepinefrina em determinadas artérias, enquanto suas próprias ações são fracas. Os peptídeos opioides também são capazes de modular a liberação de neurotransmissores.

RESUMO

- Os neurônios comunicam-se nas sinapses por meio de neurotransmissores.
- Um grande número de compostos, seja de baixo peso molecular, como as aminas biogênicas, ou peptídeos maiores, podem atuar como neurotransmissores.

QUESTÕES PARA APRENDIZAGEM

1. O óxido nítrico preenche todos os critérios para ser definido como um neurotransmissor verdadeiro?
2. Explique como um neurotransmissor, como a serotonina, pode apresentar efeitos tão diversos no sistema nervoso central.
3. Explique como os neurotransmissores podem ser excitatórios ou inibitórios.
4. Quais tipos de neurotransmissores podem estar reduzidos no cérebro de um paciente com um erro inato que afeta a tirosina hidroxilase, a descarboxilase dos aminoácidos aromáticos e o metabolismo da tetra-hidrobiopterina?
5. Discuta os fatores que precisam ser considerados ao estabelecer um método de diagnóstico para distúrbios do metabolismo da dopamina e da serotonina.
6. Explique o conceito de receptores ionotrópicos e metabotrópicos.

- Os neurotransmissores atuam em receptores específicos, e normalmente há mais de um receptor para cada neurotransmissor.
- A presença de vários transmissores nos mesmos nervos e a identificação de múltiplos receptores sugerem a existência de um alto grau de flexibilidade e complexidade nos sinais que podem ser produzidos no sistema nervoso.

LEITURAS SUGERIDAS

Aitkenhead, H., & Heales, S. J. (2013). Establishment of paediatric age-related reference intervals for serum prolactin to aid in the diagnosis of neurometabolic conditions affecting dopamine metabolism. *Annals of Clinical Biochemistry, 50*, 156-158.

Clayton, P. T. (2006). B6-responsive disorders: A model of vitamin dependency. *Journal of Inherited Metabolic Disease, 29*, 317-326.

De la Fuente, C., Burke, D., Eaton, S.,et al. (2017). Inhibition of neuronal mitochondrial complex I or lysosomal glucocerebrosidase is associated with increased dopamine and serotonin turnover. Neurochemistry International. doi:10.1016/J.neuroint.2017.02.013.

Kurian, M. A., Zhen, J., Meyer, E., et al. (2011). Clinical and molecular characterisation of hereditary dopamine transporter deficiency syndrome: An observational cohort and experimental study. *The Lancet. Neurology, 10*, 54-56.

Lam, A. A. J., Hyland, K., & Heales, S. J. R. (2007). Tetrahydrobiopterin availability, nitric oxide metabolism and glutathione status in the hph-1 mouse: Implications for the pathogenesis and treatment of tetrahydrobiopterin deficiency states. *Journal of Inherited Metabolic Disease, 30*, 256-262.

Ng, J., Papandreou, A., Heales, S. J., et al. (2015). Monoamine neurotransmitter disorders – clinical advances and future perspectives. *Nature Reviews. Neurology, 11*(10), 567-584.

SITES

AADC Research Trust: http://www.aadcresearch.org.

Bases de dados dos http://www.BioPKU.org.

PND Association, uma associação que representa crianças e famílias que são afetadas por uma doença pediátrica ligada a neurotransmissores: http://www.pndassoc.org.

ABREVIATURAS

AADC	descarboxilase dos aminoácidos aromáticos
ACh	Acetilcolina
ACTH	Hormônio adrenocorticotrófico
ATP	Trifosfato de adenosina
BH4	Tetra-hidrobiopterina
cAMP	Monofosfato de adenosina cíclico
CNS	Sistema nervoso central [SNC]
COMT	Catecolamina-*O*-metiltransferase
CT	Tomografia computadorizada
DAT	Transportador de dopamina
GABA	Ácido γ-aminobutírico
GCS	Sistemas de clivagem de glicina
5-HIAA	Ácido 5-hidróxi-indolacético
5-HT	5-hidroxitriptamina, serotonina
HVA	Ácido homovanílico
MAO	Monoamina oxidase
MSH	Hormônio estimulador dos melanócitos
NKH	Hiperglicinemia não cetótica
NMDA	N-metil-D-aspartato
RMN	Ressonância magnética nuclear
NO	Óxido nítrico
NPY	Neuropeptídeo Y
PCP	Fenciclidina
PLP	Piridox(am)ina-5'-fosfato oxidase
PNPO	Fosfato de piridoxal
VIP	Peptídeo intestinal vasoativo

CAPÍTULO 27

Endocrinologia Bioquímica
David Church e Robert Semple

OBJETIVOS

Após concluir este capítulo, o leitor estará apto a:

- Definir o que é um hormônio e explicar sua ação nos sistemas endócrino, parácrino e autócrino.
- Explicar a classificação dos hormônios de acordo com sua estrutura.
- Descrever a organização e o papel regulador do hipotálamo e da hipófise.
- Explicar os processos que controlam a biossíntese, o transporte e a ação dos hormônios da tireoide.
- Explicar os mecanismos que regulam a síntese e ação dos glicocorticoides.
- Descrever a regulação da síntese e a atividade dos hormônios esteroides sexuais e seu papel na reprodução humana.
- Explicar as ações diretas e indiretas do hormônio do crescimento.
- Descrever as ações da prolactina.
- Descrever as manifestações clínicas de deficiências e excessos de hormônios.
- Descrever os princípios da investigação da disfunção endócrina.

INTRODUÇÃO

A regulação dos processos celulares é necessária para manter o equilíbrio do corpo na presença de um ambiente em constante mudança. O hipotálamo integra o sistema nervoso junto com o sistema endócrino para mediar o processo adaptativo. O sistema nervoso age rapidamente por meio de reflexos e ações motoras para respostas de "luta ou fuga" que podem exigir uma reação a ameaças em segundos. O sistema endócrino instiga a alteração ao longo de segundos a dias ou semanas, e pode alterar processos como o metabolismo celular, o crescimento e a função sexual. A desregulação desses mecanismos pode levar à ruptura da homeostase do organismo e, por fim, a doenças.

HORMÔNIOS

Existem hormônios endócrinos, parácrinos e autócrinos

Os hormônios são mensageiros químicos produzidos por grupos de células especializadas que interagem com receptores de células-alvo, iniciando uma resposta.

Classicamente, **hormônios endócrinos** (p. ex., cortisol, insulina e prolactina) são mensageiros transportados no sangue até um alvo que fica distante do local de sua secreção, enquanto os **hormônios parácrinos** (p. ex., neurotransmissores e fatores de crescimento) exercem sua ação localmente no sítio de secreção. Ademais, quando os hormônios atuam sobre as células de sua origem sintética, eles são descritos como **hormônios autócrinos** (p. ex., IL-2 em linfócitos ativados). Esses podem influenciar sua própria hormoniogênese.

Classificação dos hormônios

Estruturalmente, os hormônios podem ser aminoácidos modificados, peptídeos, glicoproteínas ou esteroides.

Os hormônios podem ser classificados de acordo com sua estrutura como (1) aminoácidos modificados, (2) peptídeos, (3) glicoproteínas ou (4) esteroides. **Aminoácidos modificados** estão, quimicamente, entre os hormônios mais simples (Tabela 27.1). Exemplos desses hormônios incluem a tiroxina, que está presente no plasma ligada principalmente a proteínas plasmáticas (em particular, globulina de ligação à tireoide, TBG) e catecolaminas, como epinefrina (adrenalina) e norepinefrina (noradrenalina), que circulam como hormônios livres. Os hormônios **peptídicos** variam em tamanho desde tripeptídeos simples (p. ex., hormônio liberador de tirotropina, TRH) até **glicoproteínas** complexas (p. ex., hormônio luteinizante, LH). Hormônios peptídicos menores frequentemente são sintetizados a partir de precursores polipeptídicos maiores, ou pró-hormônios, que sofrem clivagem pós-tradução por enzimas proteolíticas, levando à secreção do hormônio bioativo da glândula endócrina. Um exemplo disso é a insulina, produzida com um peptídeo de ligação (peptídeo C) resultante da clivagem proteolítica da proinsulina pelas endopeptidases (Capítulo 31). Muitos hormônios peptídicos e do tipo amina interagem com os receptores da superfície celular para iniciar uma resposta de "segundo mensageiro". Esses dependem de uma cascata de eventos de fosforilação pós-ativação que, por sua vez, alteram a atividade enzimática e a expressão gênica (Capítulo 25). Os hormônios **esteroides** são derivados do colesterol, são hidrofóbicos e estão presentes no plasma, principalmente ligados a proteínas, estando o hormônio não ligado ("livre") biodisponível para exercer sua ação (Capítulos 14 e 40). A concentração total de hormônios é afetada por alterações na quantidade de proteína transportadora, como o cortisol em pacientes que fazem uso de pílulas contraceptivas orais. Hormônios esteroides interagem com receptores intracelulares após difusão passiva através das bicamadas lipídicas celulares.

369

Tabela 27.1 Derivação química de hormônios

Derivados da tirosina	Tiroxina
	Tri-iodotironina
	Epinefrina (adrenalina)
	Norepinefrina (noradrenalina)
Peptídeos	Hormônio liberador de tirotropina
	Hormônio liberador de corticotropina
	Hormônio adrenocorticotrófico
	Hormônio liberador de gonadotropina
	Hormônio liberador do hormônio de crescimento
	Grelina
	Hormônio do crescimento
	Somatostatina
	Insulina
	Fator de crescimento semelhante à insulina-1 (IGF-1)
	Prolactina
Glicoproteínas	Hormônio estimulante da tireoide
	Hormônio folículo-estimulante
	Hormônio luteinizante
	Inibina
Hormônios derivados do colesterol	Cortisol
	Testosterona
	Androstenediona
	Desidroepiandrosterona
	Estradiol
	Progesterona
	Aldosterona

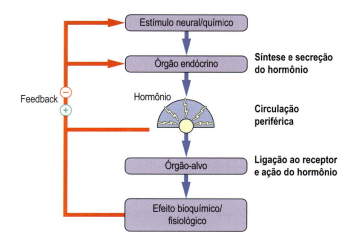

Fig 27.1 **Processos endócrinos básicos.** A regulação por *feedback* (retroalimentação) da ação hormonal é um exemplo clássico de autorregulação, e as alças de feedback podem operar em diferentes níveis do sistema endócrino.

A pesquisa em busca de novos receptores continua, e existem diversos possíveis receptores para hormônios ainda não descobertos que foram identificados em virtude da homologia de sequência. Esses possíveis genes codificadores de receptores constituem um foco de busca de possíveis alvos de drogas para pesquisas farmacêuticas.

Princípios da ação hormonal

Os sistemas endócrinos exibem propriedades gerais centrais: (1) liberação de hormônios em resposta a um estímulo, (2) transporte do hormônio para o tecido-alvo, (3) estimulação hormonal de receptores celulares, (4) regulação por retroalimentação da secreção hormonal (Fig. 27.1) e (5) eliminação de hormônios.

Regulação da produção hormonal

Os sistemas hormonais normalmente são controlados por mecanismos de retroalimentação (feedback)

O **feedback negativo** descreve a inibição da produção hormonal resultante do hormônio em si ou como resposta à ação do hormônio e é a forma mais comum de *feedback* nos sistemas de homeostase. Um exemplo é o efeito da **tiroxina (T4) e da triiodotironina (T3)** no hipotálamo e hipófise. Mecanismos de *feedback* negativo não existem sem influência externa; se existissem, a hormoniogênese permaneceria constante. De fato, muitos órgãos endócrinos, particularmente aqueles que estão sob controle hipotalâmico, exibem ritmicidade, que é influenciada pelo estímulo neuronal. O **feedback positivo** descreve a estimulação da produção hormonal resultante do próprio hormônio ou como resposta à ação do hormônio. Isso é mais raro, e exemplos incluem a secreção de LH no ciclo menstrual feminino, em que as concentrações hormonais aumentam rapidamente antes da ovulação.

Degradação e eliminação de hormônios

A inativação de hormônios é essencial para a sua função como controladores da homeostase

A diminuição da secreção é um mecanismo que reduz as concentrações plasmáticas; no entanto, pode haver persistência da ação até que o hormônio seja adequadamente eliminado da circulação. A degradação hormonal pode ocorrer no sangue, em órgãos como fígado ou rins, ou no próprio tecido-alvo após a internalização mediada por receptor. A eliminação dos hormônios varia amplamente, desde minutos (insulina) até horas (glicocorticoides), até dias (T4). A eliminação também pode alterar os estados de doença, como a eliminação tardia da insulina que pode ser observada na doença hepática.

AVALIAÇÃO LABORATORIAL DA AÇÃO HORMONAL

A medida de hormônios no sangue e fluidos (p. ex., urina e saliva) faz parte da avaliação da ação hormonal e dos eixos endócrinos

A medida de hormônios no sangue e fluidos (p. ex., urina e saliva) faz parte da avaliação da ação hormonal e dos eixos endócrinos, com critérios diagnósticos para distúrbios endócrinos comuns, geralmente com bases nas medida de hormônios em condições padronizadas. Os valores hormonais são variáveis contínuas com limites de referência ou limites de ação desenvolvidos com base em referências clínicas correlacionadas utilizadas para orientar os médicos sobre como interpretar os resultados. A interpretação clínica correta dos resultados endócrinos requer conhecimento do quadro clínico, além da medida hormonal e dos resultados bioquímicos relacionados. Valores individuais podem apresentar conotações muito diferentes, dependendo do contexto clínico – criticamente, um resultado endócrino pode ser anormal mesmo se estiver dentro dos limites de referência proporcionados. Um exemplo disso é o paratormônio (PTH), que pode estar dentro dos limites de referência e ainda assim estar anormal (isto é, não suprimido) em face à hipercalcemia. Outro exemplo é o cortisol sérico; a interpretação requer conhecimento do momento de coleta da amostra e se o paciente está fazendo uso de medicação, como pílula contraceptiva oral ou glicocorticoides exógenos. A investigação laboratorial pode identificar pacientes não apenas com doença clínica, mas também com resultados consistentes com distúrbios "subclínicos" que podem exigir monitoramento ou tratamento.

Mais frequentemente, é o **hormônio** de interesse que será medido no sangue como parte da avaliação endócrina. No entanto, pode ser apropriado medir tecnicamente (p. ex., em virtude de problemas com a medida ou a estabilidade do analito) ou fisiologicamente (p. ex., devido a flutuações rápidas em níveis nos quais uma única medida no tempo pode ser enganosa) os **hormônios tróficos** *upstream* (a montante) (p. ex., 25-hidroxi vitamina D) ou **metabólitos** *downstream* (a jusante) (p. ex., metanefrinas na urina). A medida de mais de um hormônio pode ser necessária para avaliar de forma completa o eixo hormonal, discriminar a hipersecreção hormonal autônoma da elevação secundária do hormônio ou para distinguir a insuficiência hormonal a partir da supressão secretora apropriada.

Perfil diário, testes de estimulação e testes de supressão hormonal

Medidas isoladas de hormônios que exibem ritmo circadiano, como o cortisol e o hormônio de crescimento, apresentam valor limitado

Medidas isoladas de hormônios que exibem ritmo circadiano são de valor limitado porque, além da variação interindividual, a variação intraindividual complica a interpretação de valores únicos. Os endocrinologistas podem usar, por exemplo, comparações das concentrações de cortisol diurna e noturna para avaliar a variação diurna, e em indivíduos com insuficiência suprarrenal, um perfil de cortisol diário pode ser empregado de modo a ajudar a confirmar a reposição adequada de hidrocortisona. Os testes de **estimulação** e de **supressão** hormonal (Tabela 27.2) são usados para identificar hipo e hipersecreção de hormônios, respectivamente. Aqui, os hormônios são medidos no estado estacionário e novamente após a administração de um desafio farmacológico ou fisiológico apropriado. A estimulação da glândula endócrina tem como objetivo provocar uma resposta secretora alta, fornecendo informações sobre a reserva funcional da glândula em questão, e os limites da ação clínica são desenvolvidos pela correlação dos resultados dos testes bioquímicos e os resultados clínicos. Por outro lado, o uso de um agente conhecido por suprimir a secreção de um hormônio permite a identificação de secreção

Tabela 27.2 Exemplos de testes de função dinâmica comumente usados

Eixo endócrino	Estímulo	Medida	Uso/Indicação
Hipotálamo-hipófise-córtex suprarrenal	Hormônio adrenocorticotrófico sintético	Cortisol	Testes de integridade funcional da glândula suprarrenal, que é dependente de ações tróficas do hormônio adrenocorticotrófico
Hipotálamo-hipófise-córtex suprarrenal	Hipoglicemia induzida por insulina	Cortisol	Hipoglicemia grave assemelha-se ao estresse para testar o hipotálamo de forma robusta
Hipotálamo-hipófise-tireoide	Hormônio liberador de tireoide (TRH)	Hormônio estimulante da tireoide	O padrão de liberação do hormônio estimulante da tireoide após a estimulação com TRH pode fornecer informações úteis no diagnóstico de hipotireoidismo central
Hipotálamo-hipófise-hormônio do crescimento	Hipoglicemia induzida por insulina	Hormônio do crescimento	Para testar a deficiência de hormônio do crescimento; a pulsatilidade da linha de base do hormônio do crescimento é superada pela aplicação de um forte estímulo à sua liberação
Hipotálamo-hipófise-hormônio do crescimento	Sobrecarga de glicose oral	Hormônio do crescimento	A falha da supressão do hormônio do crescimento pela glicose é usada no diagnóstico da acromegalia

autônoma (como por um adenoma) que demonstra um *feedback* fisiológico (negativo) normal. Os estímulos metabólicos das glândulas endócrinas usados na prática clínica incluem o teste oral de tolerância à glicose para avaliar a secreção de insulina pelas células beta pancreáticas e a hipoglicemia induzida por insulina para avaliar o eixo hipófise-suprarrenal.

Endocrinologia laboratorial

No laboratório clínico, os níveis hormonais no sangue e na urina geralmente são medidos por imunoensaio ou espectrometria de massas (MS)

O imunoensaio utiliza anticorpos para ligar o hormônio de interesse e gerar um sinal que é então comparado a calibradores contendo um valor hormonal conhecido para determinar a concentração de hormônio na amostra. A MS é útil para a medida específica de determinados hormônios (p. ex., testosterona) e baseia-se na característica proporção massa/carga de compostos ionizados (e seus fragmentos) para identificação e medida. A medida precisa dos hormônios depende da especificidade de um ensaio para medir o hormônio de interesse e discriminá-lo de outros compostos. A fim de limitar a deterioração da qualidade da amostra antes da análise, o preparo específico da amostra (p. ex., adição de conservante ao plasma) e/ou princípios de coleta (p. ex., centrifugação urgente) podem ser necessários para testes endócrinos.

CAUSAS DE DOENÇAS ENDÓCRINAS

Autoimunidade e neoplasia

A perda do funcionamento do tecido endócrino pode ser o resultado de destruição devido a autoimunidade ou neoplasia

A autoimunidade endócrina pode ser específica do órgão ou, como nas síndromes poliendrócrinas autoimunes, pode afetar grupos de glândulas. Os anticorpos séricos específicos para órgãos endócrinos devem ser detectados na endocrinopatia autoimune e podem ser usados para prever doenças futuras. Normalmente, a autoimunidade está associada à hipofunção da glândula; no entanto, na doença de Graves, o hipertireoidismo ocorre na presença de anticorpos que estimulam o receptor do hormônio estimulante da tireoide (TSH).

A doença neoplásica endócrina pode ser benigna ou maligna

Os adenomas benignos podem ser encontrados incidentalmente em exames de imagem (frequentemente chamados de "incidentalomas"); no entanto, eles também podem causar doença pela hipersecreção autônoma de hormônios e podem danificar os tecidos endócrinos vizinhos por meio de efeitos de massa, especialmente em espaços anatômicos anexos, como a fossa da hipófise. Doenças malignas das glândulas endócrinas podem ser de origem primária ou metastática.

Administração de hormônios exógenos

A terapia hormonal pode resultar em problemas clínicos atribuíveis a excesso de administração hormonal, perda da pulsatilidade fisiológica ou perda do ritmo diurno

Quando a terapia com glicocorticoides é usada para fins anti-inflamatórios ou imunossupressores, uma consequência da melhora clínica na queixa médica principal (p. ex., doença autoimune ou inflamatória) pode comumente ser a síndrome de Cushing, discutida em detalhes mais adiante no capítulo. A autoadministração oculta de hormônios exógenos também pode imitar a hipersecreção endógena. Exemplos incluem o uso ilícito de excesso de tiroxina prescrita para ajudar na perda de peso, que pode ter um efeito adverso na função cardíaca e densidade óssea, ou uso recreativo de esteroides anabolizantes (p. ex., testosterona) para aumentar a massa muscular ou melhorar o desempenho atlético.

O HIPOTÁLAMO E A GLÂNDULA HIPÓFISE

Estrutura

O **hipotálamo** ocupa o prosencéfalo adjacente ao terceiro ventrículo e está conectado à glândula hipófise pelo pedículo hipofisário (Fig. 27.2).

A hipófise é uma glândula do tamanho de uma ervilha envolvida por uma cavidade óssea craniana chamada *sela túrcica*. É dividida em dois componentes embriológicos e fisiologicamente distintos, a **hipófise anterior** (adeno-hipófise) e

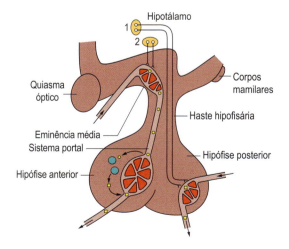

Fig. 27.2 **Esquema básico das ligações anatômicas entre o hipotálamo e a hipófise.** Os hormônios da hipófise posterior são sintetizados e empacotados nos núcleos supraóptico e paraventricular do hipotálamo (1), transportados pelos axônios e armazenados na hipófise posterior antes da liberação na circulação. Os hormônios da hipófise anterior são sintetizados no núcleo arqueado e vários outros núcleos hipotalâmicos (2) e transportados para a eminência média; desta eles viajam até a hipófise anterior pelo sistema venoso portal.

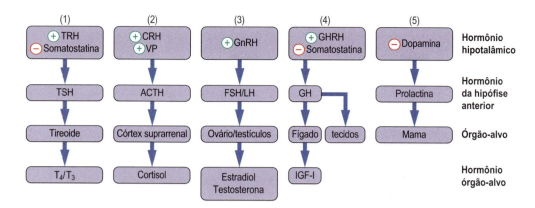

Fig. 27.3 **Eixos de órgãos-alvo reguladores do hipotálamo-hipófise anterior.** O sistema regulador hipotálamo-hipófise anterior compreende cinco eixos endócrinos paralelos que regulam a biossíntese e a liberação de: (1) hormônios tireoidianos; (2) glicocorticoides; (3) esteroides sexuais; (4) hormônio do crescimento e (5) prolactina. T4, tiroxina; T3, tri-iodotironina; GHRH, hormônio liberador do hormônio do crescimento; GnRH, hormônio liberador de gonadotrofina; IGF-1, fator de crescimento semelhante à insulina tipo 1; ACTH, hormônio adrenocorticotrófico; FSH, hormônio folículo-estimulante; LH, hormônio luteinizante; TRH, hormônio liberador da tireotrofina; CRH, hormônio liberador de corticotrofina; TSH, hormônio estimulador da tireoide; VP, vasopressina; (+) indica ação estimuladora e (−), ação inibidora.

a **hipófise posterior** (neuro-hipófise). A hipófise anterior origina-se embriologicamente a partir do ectoderma da cavidade oral (bolsa de Rathke) e abrange o tecido glandular secretor. É um órgão-alvo para hormônios hipotalâmicos e recebe suprimento sanguíneo via vasos porta hipofisários que a ligam ao hipotálamo. A hipófise posterior, que consiste amplamente em neurônios, desenvolve embriologicamente a partir do cérebro e está conectada ao hipotálamo. Corpos celulares de neurônios especializados estão presentes nos núcleos paraventriculares e supraópticos do hipotálamo, e esses corpos celulares sintetizam e empacotam hormônios que são transportados ao longo dos axônios para a hipófise posterior, em que são liberados no sangue através dos terminais.

Regulação hipotálamica da hipófise

Tanto a hipófise anterior quanto a hipófise posterior estão sob a influência do hipotálamo

O hipotálamo recebe estímulos sinápticos de diferentes centros superiores do cérebro e recebe sinais periféricos através da barreira hematoencefálica. Tanto a hipófise anterior quanto a posterior estão sob a influência do hipotálamo. O hipotálamo age coordenando muitos processos endócrinos e neurais. As redes hipotálamo-hipofisárias que controlam os órgãos-alvo a jusante (*downstream*) são descritas individualmente como **eixos**.

Hipófise anterior

O hipotálamo secreta hormônios que podem estimular ou inibir a liberação de hormônios da hipófise anterior

O hipotálamo secreta hormônios que são transportados no sangue portal hipofisário os quais podem estimular ou inibir a liberação de hormônios da hipófise anterior e são denominados hormônios *liberadores* ou *inibidores*, respectivamente. Os hor-

Tabela 27.3 Condições clínicas resultantes de distúrbios hormonais hipofisários

Hormônio	Excesso	Deficiência
Hormônio adrenocorticotrófico	Doença de Cushing	Hipoadrenalismo secundário
Hormônio estimulante da tireoide	Hipertireoidismo secundário	Hipotireoidismo secundário
Hormônio estimulador do folículo/hormônio luteinizante	Puberdade precoce	Hipogonadismo secundário
Hormônio do crescimento	Gigantismo/acromegalia	Baixa estatura em crianças
Prolactina	Galactorreia/impotência (homens), infertilidade (mulheres)	Nenhum

mônios hipofisários e os produtos de órgãos-alvo *downstream* (a jusante) podem regular o hipotálamo por meio da inibição do *feedback* negativo (Fig. 27.3).

Seis hormônios peptídicos bem descritos são secretados pela hipófise anterior. Estes são o hormônio adrenocorticotrófico (ACTH), hormônio estimulante da tireoide (TSH), hormônio folículo-estimulante (FSH), LH, prolactina e hormônio do crescimento (GH). ACTH, TSH e FSH/LH são considerados hormônios "**tróficos**" para órgãos endócrinos-alvo (ou seja, suprarrenais, tireoide e gônadas, respectivamente), e aumentam a quantidade e a meia-vida biológica dos hormônios *downstream* (a jusante) produzidos. O GH é um hormônio trófico (estimulador da produção hepática de fator de crescimento semelhante à insulina-1 [IGF-1]) que também exerce efeitos metabólicos diretos. A prolactina não é um hormônio trófico. Excesso ou deficiência do(s) hormônio(s) hipofisário(s) resulta em doença endócrina (Tabela 27.3).

Pituitária posterior

A ocitocina e a vasopressina são dois hormônios peptídicos sintetizados nos corpos celulares dos neurônios hipotalâmicos que são subsequentemente secretados pela hipófise posterior

A ocitocina estimula a contração do músculo liso no útero e na mama, funcionando no parto e na amamentação, respectivamente. É liberado em resposta à estimulação de mecanorreceptores na mama com a amamentação. A ocitocina sintética pode ser usada para induzir o parto ou controlar o sangramento uterino após o parto. A vasopressina (VP), também conhecida como hormônio antidiurético (ADH), é fundamental para o controle homeostático da tonicidade do líquido extracelular, e sua função é descrita em detalhes no Capítulo 35. A resposta vasopressora está relacionada à forma como seu nome foi derivado, embora seja fisiologicamente menos significativa. A VP humana é denominada como arginina vasopressina (AVP) devido à presença do aminoácido arginina na posição 8 do nonapeptídeo.

FUNÇÃO DA TIREOIDE: O EIXO HIPOTÁLAMO-HIPÓFISE-TIREOIDE

Hormônio liberador de tireotrofina (TRH)

O TRH (também conhecido como tireoliberina), um tripeptídeo sintetizado nos núcleos hipotalâmicos peptidérgicos e transportado para a hipófise anterior através da circulação portal, estimula a síntese e a secreção de TSH

A secreção é estimulada pela ligação do TRH aos receptores acoplados à proteína G, na membrana celular dos tireótropos da hipófise, que estão ligados à fosfolipase C (Capítulo 25). Há um aumento do trifosfato de inositol intracelular (IP_3) o qual desencadeia a liberação de cálcio intracelular, o que, por sua vez, resulta na secreção de TSH. O número de receptores TRH nos tireotropos é regulado pela concentração do próprio TRH e dos hormônios tireoidianos.

Hormônio estimulante da tireoide (TSH)

O TSH é um heterodímero de glicoproteína composto por uma subunidade α e uma β, com cerca de 15% de seu peso em carboidratos

A subunidade α tem uma estrutura idêntica a outros hormônios glicoproteicos (LH, FSH, gonadotrofina coriônica humana [hCG]); no entanto, a subunidade β é específica do TSH. A produção de TSH é regulada pela ação estimulatória do TRH e pela inibição de T4 e T3. A secreção de TSH é pulsátil e circadiana, com uma meia-vida plasmática de aproximadamente 1 h. O receptor de TSH faz parte da família de receptores acoplados à proteína G tipo rodopsina e está presente na membrana basolateral das células foliculares da tireoide. O TSH liga-se a um domínio extracelular de alta afinidade e atua por meio de uma proteína G. As ações de TSH incluem a estimulação da captação de iodeto no epitélio folicular da tireoide, síntese e secreção de tireoglobulina (Tg), iodação de resíduos de tirosina de Tg e secreção de T4 e T3 na circulação.

Tiroxina (T4) e tri-iodotironina (T3)

A tireoide é composta por folículos esféricos que compreendem uma única camada de células epiteliais cuboidais ao redor do lúmen do folículo, as quais são preenchidas com coloide homogêneo composto por proteínas como Tg, uma glicoproteína de ligação coloidal rica em tirosina. A Tg é uma molécula dimérica contendo 115–123 resíduos de tirosina produzida nas células da tireoide e secretada como um coloide. A Tg é glicosilada e então secretada para o lúmen folicular, onde os resíduos de tirosina são iodados.

Íons iodeto são ativamente bombeados contra um gradiente no epitélio folicular e em seguida passam para os folículos tireoidianos, onde são oxidados para moléculas de iodo. A oxidação do iodeto é catalisada pela enzima tireoide peroxidase (TPO) na face interna do tireócito. O iodo combina-se à tirosina ligada à Tg, e são produzidos monoiodotirosina (MIT) e di-iodotirosina (DIT). As células foliculares das glândulas tireoides são as unidades secretoras de hormônios bioativos, tiroxina (DIT + DIT), também conhecida como T4, e, em menor quantidade, tri-iodotironina (MIT + DIT), também conhecida como T3, que são armazenados como coloide até serem liberados na corrente sanguínea (Fig. 27.4). Os hormônios tireoidianos sintetizados são secretados na rede capilar que circunda os folículos tireoidianos. A tireoide também pode converter algum T4 por desiodação em um produto que geralmente é considerado biologicamente inativo, conhecido como "T3 reverso" (rT3). A tireoide também secreta pequenas quantidades de T3 reverso (rT3) e os precursores de T4/T3 monoiodotirosina (MIT) e di-iodotirosina (DIT). O iodo recuperado pela desiodação de MIT e DIT é reutilizado pela glândula tireoide para a síntese de hormônios adicionais.

O T4 representa 80% a 95% dos hormônios tireoidianos produzidos pela glândula tireoide. A maioria do T3 (> 80%) é formada pela desiodação de T4 por desiodases (Fig. 27.5) presentes nos tecidos periféricos, como fígado, rins e músculo esquelético e sistema nervoso central, e não por secreção tireoidiana direta. T3 apresenta cerca de cinco vezes a potência de T4; assim sendo, T4 geralmente é considerado um pró-hormônio. Existe um grande "reservatório" plasmático de T4, que apresenta uma renovação lenta em relação a T3, que é principalmente intracelular e apresenta uma velocidade de renovação mais rápida. O rT3 é produzido por 3′ deiodação de T4 (Fig. 27.5) e é um mecanismo pelo qual a produção de T3 a partir de T4 pode ser controlada.

Embora hormônios livres sejam secretados pela tireoide, T4 e T3 são relativamente lipofílicos e apresentam-se principalmente ligados às proteínas plasmáticas, com mais de 99% de ambos os hormônios ligados a TBG e albumina (esta última com maior capacidade de ligação a T4) e transtirretina. Embora as concentrações totais medidas de T4 ("livre" mais ligado) sejam aproximadamente 40 vezes maior do que as do T3, devido à diferença na ligação às proteínas, a concentração de T4 livre (fT4) é apenas

CAPÍTULO 27 Endocrinologia Bioquímica 375

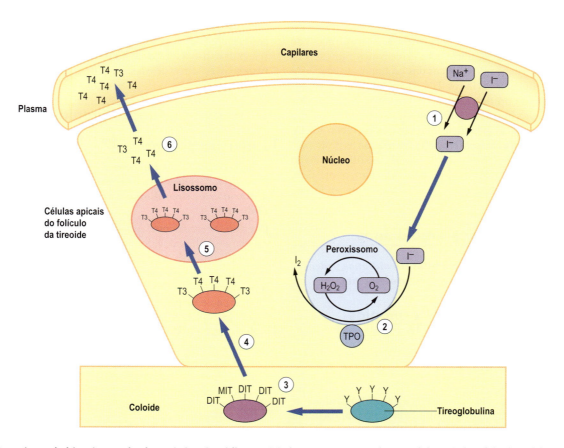

Fig. 27.4 **Mecanismo da biossíntese dos hormônios tireoidianos.** O iodeto está concentrado nas células epiteliais foliculares (1) após a entrada por meio de um simportador de sódio e iodeto, antes da oxidação (2) pela tireoperoxidase (TPO) no peroxissomo para iodo. Na membrana plasmática adjacente ao lúmen folicular (3), ocorre a conversão de resíduos tirosil (Y) na superfície da tireoglobulina, tanto para a monoiodotirosina (MIT) quanto para di-iodotirosina (DIT). Há então o acoplamento das tirosinas iodadas para formar T4 (DIT + DIT) ou T3 (MIT + DIT). A tireoglobulina é exocitada (4) e hidrolisada (5) nos lisossomos de modo a liberar T3 e T4 livres. Os hormônios da tireoide são transportados para a membrana plasmática e liberados na corrente sanguínea.

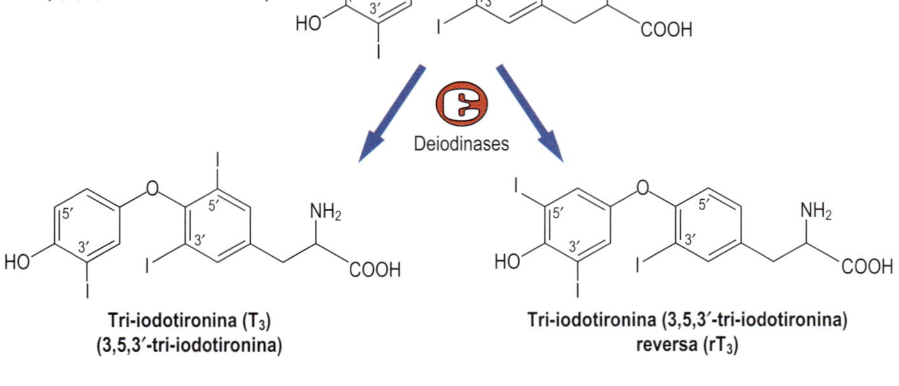

Fig. 27.5 **Estruturas dos hormônios tireoidianos tiroxina (T4), tri-iodotironina (T3) e T3 reversa (rT3).**

4 vezes maior do que a de T3 livre (fT3). A conversão de T4 para T3 está conservada em uma ampla gama de concentrações de T4. Os níveis circulantes de hormônios tireoidianos totais dependem das concentrações plasmáticas das proteínas de ligação, e constituem os hormônios livres (fT4; fT3) bioativos e medidos rotineiramente na prática clínica. Os principais mecanismos de eliminação dos hormônios tireoidianos são o metabolismo tecidual e a conjugação hepática, com alguma excreção adicional na urina, embora isso seja restrito pela ligação às proteínas. Os hormônios tireoidianos conjugados (com sulfato e ácido glicurônico) são excretados na bile, passando para o intestino, onde parte de iodo é reabsorvida pela circulação êntero-hepática

Ações dos hormônios tireoidianos

Os efeitos fisiológicos dos hormônios tireoidianos podem ser divididos em metabólicos e de desenvolvimento

Efeitos metabólicos dos hormônios tireoidianos

Os hormônios tireoidianos aumentam a taxa metabólica, elevando consumo de oxigênio e produção de calor

Há aumento no metabolismo de carboidratos, ácidos graxos livres e proteínas. A frequência cardíaca e o débito cardíaco se elevam, e a motilidade gastrointestinal é estimulada. Há maior formação de ácidos biliares, o que desencadeia aumento na excreção fecal de derivados do colesterol, diminuindo, assim, as concentrações circulantes de colesterol.

Efeitos dos hormônios tireoidianos no desenvolvimento

Os hormônios tireoidianos apresentam um efeito crítico no desenvolvimento normal do sistema nervoso central e esquelético

Pequenas quantidades de T4 ou T3 são transferidas para a circulação fetal a partir da circulação materna, uma vez que a glândula tireoide funcional fetal (em torno de 10 semanas de gestação) é necessária para o crescimento e o desenvolvimento normais.

Mecanismo de ação dos hormônios tireoidianos

Os hormônios tireoidianos exercem seus efeitos por meio de receptores nucleares

Duas isoformas do receptor são codificadas pelo gene alfa receptor do hormônio da tireoide (*THRA*) e sofrem *splicing* alternativo: $TR\alpha1$ é expresso principalmente no osso, coração, músculo esquelético, sistema nervoso central e trato gastrointestinal, enquanto $TR\alpha2$ (não ligado a T3) é expresso em tecidos como testículo e cérebro. Outras duas isoformas receptoras que diferem na sua região aminoterminal são codificadas pelo gene beta do hormônio da tireoide (*THRB*): $TR\beta1$ é expresso principalmente no rim, no fígado e na tireoide, e $TR\beta2$ está envolvido no desenvolvimento visual e auditivo. Os receptores da tireoide se ligam a sequências curtas e repetidas de DNA conhecidas como elementos de resposta à tireoide. A ligação ao receptor causa a alteração da transcrição de genes específicos responsivos à tireoide e à síntese de proteínas.

Distúrbios da função tireoidiana

Hipertireoidismo

O hipertireoidismo, também descrito como "tireoide hiperativa", representa uma excessiva produção e secreção de hormônios tireoidianos e é causado por várias condições (Tabela 27.4)

O termo "tireotoxicose" é usado para descrever o estado clínico hipermetabólico devido ao excesso de atividade dos hormônios tireoidianos. A causa mais comum de hipertireoidismo é a **doença de Graves**, uma doença autoimune que envolve a produção de anticorpos IgG estimuladores do receptor de TSH. O paciente pode apresentar a tireoide (bócio) difusamente aumentada e sintomas de hipertireoidismo; os anticorpos séricos antirreceptores de TSH também podem ser medidos em laboratório clínico. A tireotoxicose também pode ser causada por nódulos tireoidianos ("**bócio multinodular tóxico**") ou por nódulos tireoidianos tóxicos solitários que não respondem aos mecanismos habituais de *feedback* negativo e secretam hormônios tireoidianos de forma autônoma. No hipertireoidismo

Tabela 27.4 Hipertireoidismo

Causas comuns

Doença de Graves – doença autoimune com anticorpos para receptores do hormônio estimulantes da tireoide estimulatórios e hiperplasia tireoidiana difusa
Bócio multinodular tóxico – múltiplos nódulos tireoidianos secretando hormônios tireoidianos (doença de Plummer)
Adenoma tóxico solitário – nódulo tireoidiano único que produz hormônios tireoidianos de forma autônoma

Causas menos comuns

Tireoidite subaguda (de Quervain) – tireoidite inflamatória que leva à liberação de hormônios tireoidianos
Fármacos – administração excessiva de hormônio tireoidiano exógeno; amiodarona (também pode desencadear hipotireoidismo)
Tecido tireoidiano ectópico (p. ex., metástases funcionais do câncer de tireoide; *struma ovarii*)

Sintomas

Perda de peso (com apetite normal/aumentado)
Palpitações
Ansiedade
Intolerância ao calor
Suor/pele oleosa
Diarreia
Oligomenorreia

Sinais

Taquicardia/fibrilação atrial
Tremor
Retração da pálpebra
Bócio/nódulo/nódulos (causa-dependente)

primário, o TSH sérico está abaixo do limite de referência, e fT4, fT3 ou ambos estão aumentados. O tratamento do hipertireoidismo baseia-se no uso de fármacos antitireoidianos, remoção com radioiodo e ressecção cirúrgica ou combinações destes.

QUADRO CLÍNICO
ANTICORPOS QUE ESTIMULAM O RECEPTOR DE TSH E HIPERTIREOIDISMO

Uma mulher de 31 anos apresentou nervosismo, "batimento cardíaco acelerado", cansaço crônico e coceira. Nos últimos meses, percebeu que o número do tamanho das roupas diminuiu, mas ela não tinha deliberadamente perdido peso. No exame, ela teve um tremendo tremor simétrico quando suas mãos foram estendidas, e as palmas das mãos estavam úmidas. Ela apresentava taquicardia (frequência cardíaca de 114/min, regular), e havia marcas nas pernas consistentes com marcas de coceira. Havia um leve aumento difuso da tireoide (bócio) e um sopro, ou murmúrio audível, sobre a glândula. O TSH sérico estava suprimido (<0,05 mU/L; faixa de referência 0,35 a 4,5 mU/L) e o fT4 elevado (52 pmol/L [4,0 ng/dL]; intervalo de referência 9 a 21 pmol/L [0,7-1,6 ng]/dL]), fT3 de 18 pmol/L (1168 pg/dL; intervalo de referência 2,6-6,5 pmol/L [162-422 pg/dL]). Foram detectados anticorpos antirreceptores de TSH.

Comentário

A doença de Graves é uma doença tireoidiana autoimune caracterizada por hipertireoidismo devido à estimulação direta das células epiteliais da tireoide por anticorpos estimuladores do receptor de TSH. As características clínicas adicionais podem incluir aumento difuso da tireoide e características sistêmicas como oftalmopatia e dermopatia. Os médicos utilizam exames de medicina nuclear por imagem (nos quais a tireoide é estudada com radionucleotídeo, p. ex., tecnécio-99m ou iodo 123) e medida de anticorpos séricos antirreceptores de TSH. Ensaios que são desenhados para detectar anticorpos antir-receptores de TSH por sua capacidade de competir pela ligação do receptor de TSH com um ligante de TSH (p. ex., TSH ou anticorpo monoclonal anti-TSHR) serão incapazes de diferenciar anticorpos estimulantes de não estimulantes (neutros ou inibidores). Muitos avanços foram realizados para se detectarem anticorpos que se ligam a epítopos na porção N-terminal do receptor humano de TSH. São esses anticorpos que desencadeiam estimulação em vez dos anticorpos que se ligam aos resíduos da extremidade C-terminal que bloqueiam a atividade do receptor. Até recentemente, os ensaios específicos para anticorpos estimuladores do receptor de TSH só podiam ser medidos por bioensaios; no entanto, há novos imunoensaios automatizados que se tornaram disponíveis em laboratórios clínicos com especificidade para os anticorpos estimulantes, que podem servir a fim de discriminar melhor a doença de Graves de outras formas de hipertireoidismo.

Hipotireoidismo

O hipotireoidismo, também descrito como "tireoide subativa", caracteriza-se pela deficiência de hormônio tireoidiano

As características clínicas variam de leves e inespecíficas até risco de vida (Tabela 27.5). O hipotireoidismo pode ser identificado após investigação laboratorial para causas secundárias de, por exemplo, infertilidade ou hipercolesterolemia. **Mixedema** é um termo usado para o hipotireoidismo grave e acúmulo de mucopolissacarídeos na pele e nos tecidos subcutâneos. O coma mixedematoso pode se manifestar após hipotireoidismo grave não tratado, como diminuição da acuidade mental, hipotermia, bradicardia e inconsciência. A **deficiência de iodo** é a causa mais comum de hipotireoidismo gotoso em todo o mundo, e o aumento resultante do TSH exerce um efeito trófico, causando aumento da tireoide. A deficiência de iodo pode resultar em restrição de crescimento intrauterino e durante a infância. Os medicamentos contendo iodo (p. ex., amiodarona) podem desencadear sobrecarga de iodo, o que resulta em inibição da produção de hormônios tireoidianos (efeito de Wolff-Chaikoff). Ao contrário da deficiência de iodo, o hipotireoidismo atrófico primário não é glomerular, porque há atrofia tecidual, apesar das altas concentrações de TSH.

O **hipotireoidismo primário**, no qual o TSH está acima e as concentrações de fT4 abaixo de seus respectivos limites de referência, é tratado com reposição do hormônio tireoidiano, geralmente com levotiroxina oral diária (T4). Embora as concentrações de fT4 respondam rapidamente à reposição de T4, os níveis de TSH podem levar 6 ou mais semanas para atingir um novo estado estacionário. O hipotireoidismo primário é mais comum em indivíduos com doenças autoimunes (p. ex., diabetes tipo 1, doença celíaca) e pode ocorrer como parte de múltiplas endocrinopatias autoimunes (síndromes poliendrócrinas autoimunes). O **hipotireoidismo secundário** é raro; no entanto, pode ocorrer em pacientes com distúrbios hipofisários. O hipotireoidismo secundário, demonstrado bioquimicamente, consiste em TSH abaixo ou na extremidade inferior do limite de referência e um fT4 desproporcionalmente baixo; é raro e, em especial, uma consequência dos tumores hipofisários.

O **hipotireoidismo congênito** é raro e pode ocorrer como resultado da completa ausência de tecido tireoidiano, de dis-

Tabela 27.5 Hipotireoidismo

Causas comuns

Hipotireoidismo atrófico – infiltrado linfocitário difuso
Tireoidite de Hashimoto – tireoidite crônica autoimune com infiltrado linfocítico/plasmocitário

Causas menos comuns

Deficiência de iodo (comum em todo o mundo)
Iatrogênicos – pós-operatório, agentes antitireoidianos (p. ex., carbimazol, tratamento com iodo radioativo), outros fármacos (p. ex., amiodarona, lítio)
Hipopituitarismo (raro) – tumores hipofisários, necrose isquêmica pós-parto (síndrome de Sheehan)

Sintomas

Cansaço, letargia
Intolerância ao frio
Ganho de peso
Prisão de ventre
Menorragia
Cognição ruim
Pele seca e cabelo

Sinais

Bradicardia
Edema não intermitente
Relaxamento lento dos reflexos tendinares
Neuropatia periférica

túrbios da síntese dos hormônios tireoidianos ou como resultado da deficiência congênita do TSH. Foi indicada resistência do TSH em humanos devido a defeitos genéticos em $TR\alpha$ e $TR\beta$, embora a resistência aos hormônios tireoidianos devido a mutação em $TR\beta$ ($RTH\beta$) seja muito mais comum. $RTH\beta$ caracteriza-se por níveis séricos elevados de hormônio tireoidiano na ausência de supressão de TSH, e as apresentações variam desde uma doença assintomática até a tireotoxicose. Indivíduos com resistência aos hormônios tireoidianos por casa da mutação em $TR\beta$ ($RTH\beta$) podem apresentar TSH normal ou levemente aumentado e T4 baixo/baixo normal (e diminuição na proporção fT4/fT3), e, em geral, não apresentam características anormais no nascimento, mas posteriormente, podem continuar a exibir características de hipotireoidismo. Programas de triagem neonatal para hipotireoidismo primário existem em grande parte do mundo em desenvolvimento; no entanto, o TSH pode ser medido isoladamente; assim, o hipotireoidismo secundário pode não ser identificado.

Investigações laboratoriais da função tireoidiana

O TSH sérico normalmente é usado como triagem de primeira linha para doenças da tireoide; o fT4 também pode ser solicitado se houver uma forte suspeita clínica de doença tireoidiana ou se houver indicação para considerar doença hipofisária

Se a concentração de TSH estiver baixa ou alta, então fT4 deve ser medido, e o teste de fT4 pode ser realizado automaticamente pelo laboratório clínico após a detecção de concentrações anormais de TSH. Algumas interpretações básicas dos resultados dos testes de função tireoidiana são fornecidas na Tabela 27.6.

A doença tireoidiana primária descreve uma anormalidade na produção do hormônio tireoidiano devido à patologia na própria tireoide. fT4 e fT3 elevados na presença de TSH abaixo do limite de referência (suprimido) têm relação com hipertireoidismo primário. No quadro que exibe TSH baixo e fT4 dentro do limite de referência (em um paciente sem doença tireoidiana conhecida), a medida de fT3 está indicada para identificar "toxicose por T3". Nessa situação, a concentração sérica de fT3 apresenta-se

QUADRO CLÍNICO
HIPOTIREOIDISMO

Uma mulher de 64 anos apresentou-se com queixa de extremo cansaço e que estava mentalmente menos alerta, o que estava dificultando a realização do seu trabalho como bibliotecária. Ela estava sofrendo intolerância ao frio, vestindo roupas extras em comparação aos seus colegas de trabalho. Em outro questionamento, ela sofria de prisão de ventre há alguns meses. Sua irmã possuía "tireoide subativa". No exame, ela estava acima do peso e tinha pele seca, rosto inchado, com frequência cardíaca baixa (54 batimentos/min e regular); a glândula tireoide não estava palpável. TSH estava elevado (80 mU/L; intervalo de referência 0,35-4,5 mU/L) e fT4 estava baixo (5 pmol/L; intervalo de referência 9-21 pmol/L [0,7-1,6 ng / dL]).

Comentário

O início do hipotireoidismo pode ser insidioso, e as características clínicas são razoavelmente inespecíficas. O TSH elevado com baixo fT4 é consistente com um distúrbio primário da tireoide. Os exames de sangue de acompanhamento foram positivos para anticorpos antitireoidianos peroxidase. O diagnóstico de tireoidite linfocítica (tireoidite de Hashimoto) foi realizado.

QUADRO DE CONCEITOS AVANÇADOS
IGSF1 E HIPOTIROIDISMO CENTRAL

O membro 1 da superfamília de imunoglobulinas (IGSF1) é um gene altamente polimórfico localizado no cromossomo X e codifica uma glicoproteína de membrana. Mutações no IGSF1 foram identificadas recentemente como causa de hipotireoidismo secundário ("central"). Os homens afetados apresentam hipotireoidismo secundário, seja isoladamente ou combinado a hipoprolactinemia e macro-orquidia em adultos. Embora a função do IGSF1 na fisiologia hipotalâmica e hipofisária seja sustentada por estudos de expressão celular e sequelas de deficiência de IGSF1, sua função ainda não é completamente compreendida. Concentrações séricas mais elevadas de FSH comparadas às de LH podem sugerir que o macro-orquidismo pode ocorrer devido ao excesso de TRH hipotalâmico (que aumenta o FSH e não o LH de forma independente de GnRH [Schoenmakers et al., 2015]).

Tabela 27.6 Interpretação do teste de função tireoidiana

		Tiroxina plasmática livre (fT4)		
		Acima da faixa de referência	Dentro do intervalo de referência	Abaixo do intervalo de referência
Hormônio estimulante da tireoide no plasma (TSH)	Acima do limite de referência	Hipertireoidismo secundário ("TSH-oma") – muito raro	Hipotireoidismo subclínico/compensado	Hipotireoidismo primário; síndrome do eutireoide doente (fase de recuperação)
	Dentro do limite de referência	Resistência ao hormônio tireoidiano	Eutireoidismo	Síndrome do eutireoide doente; hipotireoidismo secundário (insuficiência hipofisária)
	Abaixo do limite de referência	Hipertireoidismo primário	Síndrome do eutireoide doente; "T3-toxicose" (tri-iodotironina livre aumentada [fT3])	Hipotireoidismo secundário (insuficiência hipofisária)

aumentada, o que desencadeia a supressão do TSH, e pode ocorrer em alguns pacientes com adenoma tóxico solitário, múltiplos nódulos tireoidianos ou na doença de Graves precoce.

Baixo fT4 com TSH elevado é consistente com o hipotireoidismo primário. Vale ressaltar que a conversão de T4 para T3 pode ser preservada no hipotireoidismo e, portanto, as concentrações de fT3 podem estar dentro dos limites de referência. No hipotireoidismo secundário, as concentrações de fT4 são baixas; no entanto, os níveis de TSH podem estar baixos ou dentro do intervalo de referência (o TSH é insuficiente para elevar o fT4).

Hiper e hipotireoidismo subclínico descrevem amplamente a concentração baixa ou alta de TSH, respectivamente, no quadro de fT4 e fT3 dentro dos limites de referência. Vale ressaltar que alguns pacientes podem apresentar sintomas de doença da tireoide com hormônios tireoidianos nos extremos, mas dentro dos limites de referência, e a decisão de tratar deve considerar a apresentação clínica. Os quadros clínicos de **hipotiroxinemia eutireoide** podem ocorrer em doenças não tireoidianas e são denominados "síndrome eutireoide doente". A conversão periférica diminuída de T4 para T3 (com um aumento correspondente em rT3) pode ocorrer na doença não tireoidiana inicial, e o TSH pode diminuir. Durante a recuperação de uma doença grave, o TSH pode aumentar. Portanto, é aconselhável interpretar os testes da função tireoidiana com cautela durante a doença aguda ou grave e evitar os testes, a menos que clinicamente indicados.

O EIXO HIPOTÁLAMO-HIPÓFISE-SUPRARRENAL

Hormônio liberador de corticotropina (CRH)

O hormônio liberador de corticotropina (CRH, corticoliberina) é um peptídeo de 41 aminoácidos sintetizado pelos núcleos paraventriculares hipotalâmicos. É secretado no sangue portal hipofisário e atua por meio de receptores acoplados à proteína G nas células corticotrópicas hipofisárias. A ativação do sistema de segundos mensageiros de adenosina 3', 5'-ciclofosfato (AMPc) estimula a síntese e a secreção de ACTH. A liberação de CRH pode ocorrer de forma episódica ou circadiana, e promove um ritmo circadiano de produção de ACTH. O CRH e o ACTH estão sob influência do *feedback* negativo a partir do cortisol circulante.

Hormônio adrenocorticotrófico (ACTH)

O ACTH (também denominado corticotropina) é um polipeptídeo de 39 aminoácidos sintetizado a partir de uma molécula precursora de 241 aminoácidos, a pró-opiomelanocortina (POMC)

A clivagem da POMC também origina outros hormônios, incluindo o hormônio estimulante de melanócitos (MSH) e a endorfina (Capítulo 32). O ACTH é liberado da glândula hipófise anterior, e a secreção é pulsátil e exibe um ritmo diurno. A concentração sérica mínima é atingida à meia-noite, com um rápido aumento na concentração aproximadamente às 3 da manhã, para atingir um pico por volta das 8 da manhã, com subsequente declínio a partir de então. A secreção de ACTH também é aumentada pelo estresse, seja psicológico ou físico (p. ex., exercício, doença, trauma, hipoglicemia). Sua secreção é inibida pelo *feedback* negativo do cortisol. Portanto, a falta de produção de cortisol, como na insuficiência suprarrenal ou após adrenalectomia, desencadeia aumento nas concentrações plasmáticas de ACTH. Por outro lado, o excesso de cortisol, seja por superprodução endógena ou administração exógena, leva a uma redução no ACTH plasmático. O *feedback* negativo do cortisol pode atuar tanto no nível hipotalâmico como no hipofisário, com *feedback* rápido ou *feedback* lento. O primeiro altera a liberação hipotalâmica de CRH, e o segundo acompanha a diminuição da síntese de CRH mais a supressão da transcrição do gene POMC, resultando na diminuição da síntese de ACTH.

O ACTH circula não ligado no plasma, e sua meia-vida é de aproximadamente 10 minutos

O ACTH atua no córtex suprarrenal por meio da interação com os receptores acoplados à proteína G da superfície celular, levando à estimulação da produção de AMPc. O aumento agudo resultante na síntese do cortisol pela cortical suprarrenal ocorre em 3 min, em grande parte devido à estimulação da colesterol esterase nas células suprarrenais, o que desencadeia hidrólise dos ésteres de colesterol para liberar ácidos graxos e colesterol. Os efeitos a longo prazo do ACTH (horas a dias) incluem aumento da transcrição de genes que codificam enzimas esteroidogênicas. Baixos níveis de ACTH, como na supressão devido a glicocorticoides exógenos, causam atrofia do córtex suprarrenal e, em casos de supressão significativamente prolongada, pode levar de dias a semanas para uma recuperação funcional do eixo hipotálamo-hipófise-suprarrenal.

Anatomia e bioquímica da glândula suprarrenal

As glândulas suprarrenais são corpos pareados, cada uma situada no polo superior de cada rim. As glândulas consistem em um córtex externo em torno da medula central, em que cada região é embriológica e funcionalmente distinta.

O córtex é composto por três zonas histologicamente distinguíveis: a zona reticular (adjacente à medula suprarrenal), a zona fasciculada e a zona glomerulosa (camada mais externa; Fig. 27.6). A conversão do colesterol em pregnenolona é o passo inicial limitante da esteroidogênese e ocorre nas mitocôndrias (Capítulo 14). A pregnenolona é o precursor dos esteroides, a partir do qual são sintetizados andrógenos suprarrenais (zona reticular), glicocorticoides (zona fasciculada) e mineralocorticoides (zona glomerulosa). Um esquema simplificado de esteroidogênese é mostrado na Figura 27.7. A zona glomerulosa está sob o controle do sistema renina-angiotensina; no entanto, a zona fasciculada e a zona reticular estão sob a influência do ACTH. Essa é uma consideração importante quando se investiga a doença suprarrenal, a qual pode afetar tanto a síntese de glicocorticoides quanto de mineralocorticoides, e a doença hipofisária que resulta tipicamente apenas na deficiência de glicocorticoides.

380 CAPÍTULO 27 Endocrinologia Bioquímica

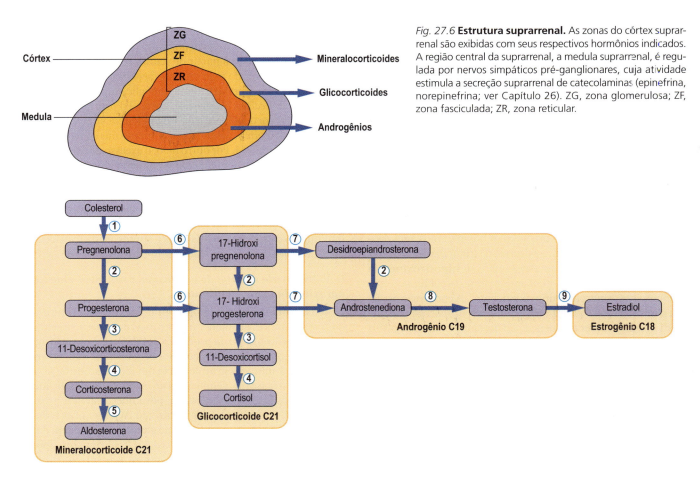

Fig. 27.6 **Estrutura suprarrenal.** As zonas do córtex suprarrenal são exibidas com seus respectivos hormônios indicados. A região central da suprarrenal, a medula suprarrenal, é regulada por nervos simpáticos pré-ganglionares, cuja atividade estimula a secreção suprarrenal de catecolaminas (epinefrina, norepinefrina; ver Capítulo 26). ZG, zona glomerulosa; ZF, zona fasciculada; ZR, zona reticular.

Fig. 27.7 **Resumo da biossíntese de hormônios esteroides.** (1) colesterol 20,22-desmolase; (2) 3β-hidroxiesteroide desidrogenase/Δα 4,5 isomerase; (3) 21β-hidroxilase; (4) 11β-hidroxilase; (5) aldosterona sintase; (6) 17α-hidroxilase; (7) 17,20-liase/desmolase; (8) 17β-hidroxiesteroide desidrogenase; (9) aromatase (Capítulo 14).

Biossíntese do cortisol

O cortisol, um hormônio esteroide e principal glicocorticoide sintetizado e secretado pelo córtex da suprarrenal humana, é sintetizado e liberado conforme a necessidade

O principal estímulo fisiológico para a síntese e a secreção de cortisol é o ACTH. A secreção de cortisol apresenta um ritmo diurno que é refletido nas concentrações plasmáticas; o nível entre 4 da tarde até a meia-noite é cerca de 75% ou menos do nível das 8 da manhã. A coleta aleatória de amostras de sangue para a dosagem de cortisol pode ser um desafio para interpretação e pode apresentar valor limitado no diagnóstico de hiper e hipossecreção. Aproximadamente 95% do cortisol plasmático está ligado à proteína, principalmente a globulina de ligação ao cortisol (CBG, também conhecida como transcortina). O cortisol restante é não ligado no plasma, e esse cortisol "livre" é excretado inalterado na urina. Aumentos nas concentrações plasmáticas de cortisol levam a um aumento na proporção de cortisol livre no plasma. Isso ocorre porque a ligação do cortisol ao CBG é quase saturada como concentra- ções fisiológicas do cortisol, e aumentos na secreção de cortisol são refletidos em um aumento desproporcional na quantidade de cortisol livre na urina. O cortisol apresenta meia-vida de aproximadamente 100 min e é metabolizado no fígado e em outros órgãos. A inativação deve-se principalmente à redução da ligação dupla entre os átomos C4 e C5. Existem etapas posteriores de redução e conjugação antes que os metabólitos sejam excretados na urina.

Ações do cortisol

Existem quatro áreas amplas de ação do cortisol: feedback negativo para hipotálamo e hipófise anterior, homeostase metabólica, homeostase de fluidos/eletrólitos e efeitos anti-inflamatórios/imunossupressores

A principal ação metabólica do cortisol é o metabolismo de carboidratos e proteínas. O cortisol apresenta um efeito significativo sobre a homeostase da glicose, como sugere o nome "glicocorticoide" (Capítulo 31). Atua tanto nos tecidos periféricos para diminuir a captação e a utilização de glicose e em receptores nucleares para aumentar a gliconeogênese (produção de glicose a partir de substratos não carboidratos), com uma ação líquida para aumentar a glicose no sangue. A síntese e o armazenamento de glicogênio também são estimulados. O cortisol desencadeia redução da proteína celular extra-hepática, como no músculo, suprimindo o RNA e a síntese de proteínas. No excesso de cortisol, a quebra muscular pode ser suficiente para causar fraqueza muscular, como observado na síndrome de Cushing. O inverso ocorre no fígado, no qual a liberação hepática de aminoácidos permite o aumento da síntese proteica e a gliconeogênese. O cortisol exerce um efeito permissivo ao hormônio do crescimento, glucagon e catecolaminas (isto é, o cortisol é necessário para que esses hormônios exerçam seu efeito máximo). Glicocorticoides em altas doses diminuem a secreção de GH, inibem o crescimento e também diminuem a liberação de TSH.

O cortisol possui múltiplas ações no tecido adiposo, atuando na indução de genes lipogênicos e função endócrina adiposa

Embora o cortisol geralmente seja citado como hormônio lipolítico, evidências experimentais são conflitantes, e os resultados diferem em relação à concentração de glicocorticoides e ao modelo animal utilizado. De fato, a exposição crônica ao cortisol do tecido adiposo humano mostrou aumentar a atividade dos genes envolvidos na lipogênese e na lipólise simultaneamente. O excesso de cortisol sistêmico nos seres humanos resulta em aumento na adiposidade central (particularmente visceral) e perda de tecido adiposo periférico, que pode ser identificada clinicamente (ver a discussão seguinte sobre a síndrome de Cushing).

O cortisol apresenta ação mineralocorticoide fraca, e o receptor de mineralocorticoide se liga à aldosterona e ao cortisol com igual afinidade

A concentração molar plasmática total do cortisol é cerca de 1000 vezes maior do que a do mineralocorticoide aldosterona. No entanto, as células-alvo para a aldosterona expressam a desidrogenase do 11-β-hidroxi-esteroide, que atua convertendo o cortisol em cortisona, sendo que esta exibe apenas uma baixa afinidade pelo receptor de mineralocorticoide. Essa conversão permite que a aldosterona se ligue ao receptor de mineralocorticoide. O cortisol influencia o metabolismo ósseo e induz uma tendência ao desequilíbrio negativo de cálcio aumentando a absorção de cálcio gastrointestinal e aumentando a excreção renal. A terapia com glicocorticoides exógenos pode resultar em perda rápida da densidade óssea, resultando em osteoporose. O cerne desse processo é o aumento da reabsorção óssea e apoptose de osteoblastos e osteócitos; a diminuição da função dos osteoblastos também contribui. O sistema imune é modulado pelo cortisol por meio de efeitos sobre eventos de leucócitos, produção de citocinas e proliferação de vasos sanguíneos, e as propriedades anti-inflamatórias dos glicocorticoides são utilizadas terapeuticamente para tratar uma ampla gama de doenças inflamatórias e autoimunes. Os glicocorticoides reduzem a vasodilatação, exercendo um efeito permissivo nos vasodilatadores, como as catecolaminas.

Distúrbios da secreção de cortisol

Hipofunção suprarrenal

A insuficiência adrenocortical pode ser decorrente de um distúrbio suprarrenal primário ou secundário à falha da hipófise anterior para produzir ACTH

A forma mais comum de insuficiência suprarrenal acompanha a terapia glicocorticoide exógena, que exerce um *feedback* negativo sobre a secreção de CRT e ACTH. A administração de glicocorticoides exógenos também pode resultar em supressão de IRC e de ACTH, desencadeando redução da estimulação das glândulas suprarrenais e, consequentemente, atrofia dessas glândulas. Após o término da terapia com glicocorticoides de longo prazo, a secreção de cortisol na glândula suprarrenal pode levar meses para voltar ao normal. Portanto, os pacientes que fazem tratamento com glicocorticoides a longo prazo correm o risco de exibir insuficiência suprarrenal se os esteroides exógenos forem interrompidos abruptamente.

> **QUADRO CLÍNICO**
> **INTERRUPÇÃO AGUDA DE GLICOCORTICOIDE**
>
> Um homem de 47 anos procurou o pronto-socorro com náusea persistente, vômitos, letargia e dor abdominal generalizada após um surto de intoxicação alimentar. Ele tinha conseguido beber alguns líquidos, mas não conseguia manter a comida ou os comprimidos no estômago. Apresentava uma história de asma crônica grave que foi recentemente bem controlada com inaladores e glicocorticoides orais de longa duração. No exame clínico, havia um leve chiado bilateral nos pulmões; o abdome estava mole e indolor, e havia ruídos intestinais. A pressão arterial era de 115/65 mmHg em repouso. A glicose venosa sanguínea era de 3,8 mmol/L 68 mg/dL (4-6 mmol/L; 72-109 mg/dL). Foram administrados hidrocortisona e fluidos via intravenosa, e o paciente recuperou-se completamente.
>
> **Comentário**
> Esta apresentação é um quadro de **hipoadrenalismo agudo** após a interrupção súbita da terapia com glicocorticoides. Devido ao uso prolongado de glicocorticoides exógenos, os pacientes podem apresentar atrofia suprarrenal (devido à falta de produção de ACTH). O estresse pode precipitar uma crise suprarrenal em pacientes incapazes de montar uma resposta adequada ao cortisol, e as "regras para dias de crise" (*"sick-days rules"*) são ensinadas para que os indivíduos possam aumentar sua dose de esteroides durante os períodos da doença.

Insuficiência suprarrenal primária

Insuficiência adrenocortical primária (também conhecida como "doença de Addison") é uma falha do córtex suprarrenal

Uma falha do córtex suprarrenal pode acompanhar a destruição autoimune das glândulas (a causa mais comum no mundo desenvolvido), invasão neoplásica (p. ex., metástases do pulmão, da mama, ou carcinoma renal), infiltração amiloide, hemocromatose, hemorragia, infecções, essas como a tuberculose (a causa mais comum em todo o mundo) ou citomegalovírus (em indivíduos imunocomprometidos). As glândulas suprarrenais também podem ser removidas durante uma cirurgia.

A identificação da deficiência de cortisol pode ser clinicamente desafiadora, particularmente nos estágios iniciais da doença, porque algumas características comuns são inespecíficas (Tabela 27.7)

Os resultados do cortisol plasmático e do ACTH devem ser interpretados com cautela e o tempo das amostras deve ser considerado (ver seção anterior "Avaliação Laboratorial da Ação Hormonal"). A maioria das características clínicas está relacionada à produção insuficiente de glicocorticoides (cortisol) e mineralocorticoides (aldosterona) para a saúde normal. Bioquimicamente, a falta de atividade mineralocorticoide (Capítulo 35) resulta em baixo nível sérico de sódio, altas concentrações de potássio e acidose metabólica. As glândulas suprarrenais não conseguem induzir um aumento apropriado na liberação de cortisol em resposta à administração de ACTH sintético (Synacthen; Fig. 27.8). As concentrações plasmáticas basais de ACTH são altas, refletindo a resposta fisiológica à falta de cortisol. O aumento da produção de ACTH pode resultar na pigmentação da pele, pois o ACTH é derivado da clivagem de POMC, que também é um precursor do hormônio estimulador de melanócitos (MSH). A reposição vitalícia de glicocorticoides, comumente associada à reposição de mineralocorticoides, é necessária em condições que ameaçam a vida, e a terapia com glicocorticoides deve ser aumentada durante os períodos de doença aguda para imitar a resposta endógena ao estresse naqueles pacientes com glândulas funcionais. A substituição adequada do cortisol é avaliada clinicamente pela medida do ACTH plasmático e por medidasseriadas do cortisol sérico (curva diária de cortisol), assegurando o equilíbrio ideal entre a dose adequada do tratamento e a limitação do risco de substituição excessiva. A atividade mineralocorticoide é avaliada pela medida da renina e da aldosterona no plasma (Capítulo 35), com o aumento da renina e a diminuição da aldosterona sendo consistentes com insuficiência suprarrenal.

A doença suprarrenal autoimune pode ocorrer como parte de um grupo de doenças autoimunes (como diabetes tipo 1 e hiper ou hipotireoidismo) que se apresentam no mesmo paciente. Esses outros distúrbios podem não ser diagnosticados e podem afetar a apresentação clínica e o perfil bioquímico. A doença de Addison sem hipotireoidismo pode se apresentar associada ao TSH elevado que se resolve após a terapia de reposição de glicocorticoides. Isso é importante porque o tratamento com tiroxina pode exacerbar as características do hipoadrenalismo.

Insuficiência suprarrenal pode ser resultante de condições genéticas causadas por defeitos na biossíntese de esteroides

Na hiperplasia suprarrenal congênita (CAH), a deficiência de cortisol desencadeia aumento da secreção de ACTH pela hipófise, o que resulta em hiperplasia suprarrenal (devido a estimulação de ACTH) e aumento dos precursores de esteroides. A deficiência de 21-hidroxilase é o defeito enzimático mais comum na CAH, e os pacientes geralmente o apresentam no período neonatal com genitália ambígua em mulheres genéticas (excesso de 17-hidro-

Tabela 27.7 Insuficiência adrenocortical primária

Causas comuns

Administração exógena de glicocorticoides a longo prazo
Adrenalite autoimune
Tuberculose

Causas menos comuns

Doenças malignas (metástases)
Amiloidose
Hemocromatose
Hemorragia
Infecção
Adrenalectomia

Sintomas

Fadiga, letargia
Fraqueza generalizada
Anorexia
Tontura (hipotensão postural)
Pigmentação
Dor abdominal inespecífica, náusea, vômito
Perda de peso
Hipoglicemia

Sinais

Pigmentação (pregas palmares, mucosa bucal)
Hipotensão postural

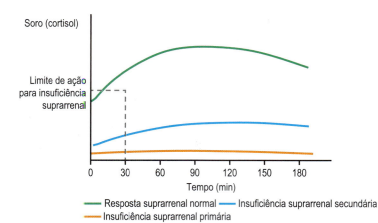

Fig. 27.8 **Resposta do cortisol sérico ao teste de estimulação com ACTH.** Concentrações indicadas abaixo do limiar de 30 min são consistentes com insuficiência suprarrenal. A diminuição da resposta do cortisol na insuficiência suprarrenal secundária deve-se à atrofia da glândula suprarrenal.

xiprogesterona [17-OHP] é convertido em androgênios) e, na presença de perda completa da atividade enzimática, hipercalêmica hiponatrêmica, "crise de perda de sal" (cortisol e deficiência de aldosterona apresentando-se como hipoadrenalismo agudo) durante a segunda ou terceira semanas de vida (ver também Capítulo 14 e Quadro Clínico "Um recém-nascido com genitália ambígua: hiperplasia adrenal congênita"). O diagnóstico da condição envolve a medida de altas concentrações séricas de 17-OHP (Fig. 27.7). O rastreio da deficiência de 21-hidroxilase pode ser realizado no período neonatal pela medida da concentração de 17-OHP numa gota de sangue seco ("Guthrie Card"). Raramente, a apresentação é adiada para depois da puberdade (deficiência de 21-hidroxilase de início tardio), e pacientes do sexo feminino apresentam características clínicas como hirsutismo, irregularidade menstrual ou infertilidade. A CAHresultante da deficiência de 11β-hidroxilase é marcada por virilização em fêmeas genéticas; no entanto, a ação mineralocorticoide é mantida devido ao aumento da 11-desoxicorticosterona, e a crise de perda de sal não ocorre. A deficiência de 17α-hidroxilase resulta na perda de androgênios, bem como na síntese de cortisol, e pode causar genitália ambígua em machos genéticos ou infantilismo sexual em fêmeas genéticas, com hipertensão devido ao excesso de mineralocorticoide.

Uma causa hereditária rara de insuficiência adrenal é a **adrenoleucodistrofia** ligada ao cromossomo X causada por um defeito nos peroxissomas. A falha na quebra de ácidos graxos nas células leva ao acúmulo de ácidos graxos de cadeia muito longa no sangue e danos às glândulas suprarrenais e à mielina. Embora os pacientes a apresentem tipicamente após os primeiros anos de vida, alguns podem não manifestar até a idade adulta. A forma mais comum e grave da doença se manifesta como deterioração neurológica progressiva na infância. Para outras formas de adrenoleucodistrofia, há uma ampla gama de quadros clínicos graves, e o envolvimento suprarrenal pode preceder ou seguir sintomas neurológicos.

Insuficiência suprarrenal secundária

As deficiências isoladas de CRH e ACTH são raras e em geral estão presentes juntamente a outras insuficiências de hormônios hipotalâmicos ou hipofisários. A secreção de aldosterona não é dependente de ACTH e anula a perda significativa de sal renal, embora a hipotensão ainda possa ocorrer, já que a falta de cortisol reduz a atividade das catecolaminas no músculo liso arteriolar.

Hiperfunção suprarrenal

Hipercortisolismo

A síndrome de Cushing é a apresentação clínica do hipercortisolismo – que é mais comumente iatrogênica, causada pelo uso de terapia com glicocorticoides exógenos (p. ex., prednisolona, dexametasona) (Tabela 27.8).

No entanto, a síndrome de Cushing também pode ser decorrente de hiperfunção primária ou secundária. O **adenoma corticotrópico da hipófise** representa 70% dos casos **("doença de Cushing")**, o **adenoma suprarrenal** é responsável por 15%, sendo que as causas remanescentes incluem hiperplasia suprarrenal, devido a anormalidades genéticas ou secreção ectópica de ACTH associada a alguns tumores (p. ex., câncer de pulmão de células pequenas, tumores carcinoides brônquicos, carcinoma medular da tireoide e carcinoide tímico).

As manifestações clínicas da hipercortisolemia endógena crônica variam desde sintomas leves e inespecíficos até ganho de peso, depressão, perda de massa muscular proximal e remodelação do tecido adiposo (aumento da adiposidade central, face de lua cheia, coxim gorduroso dorsocervical [corcova de búfalo], gordura supraclavicular), pletora, pele fina, hematomas, cicatrização lenta e estrias abdominais. As consequências metabólicas associadas à hipercortisolemia incluem osteoporose (com fraturas), hipertensão e intolerância à glicose ou diabetes. O excesso de cortisol pode suprimir o eixo hipotalâmico, resultando em disfunção erétil em homens e menstruação irregular em mulheres. Alguns pacientes podem apresentar sintomas que flutuam devido a variações na secreção de cortisol em um estado descrito como síndrome de Cushing "cíclica". A síndrome de Cushing ectópica dependente do ACTH pode se manifestar após uma duração muito menor da doença, com hipercortisolismo e hipocalemia profundos (hipercortisolemia significativa está associada à alcalose por hipocalemia).

Tabela 27.8 Síndrome de Cushing
Causas
Dependência de hormônio adrenocorticotrófico (ACTH)
Hipersecreção hipofisária de ACTH e hiperplasia suprarrenal bilateral (doença de Cushing) Secreção ectópica de ACTH (p. ex., carcinoma de pequenas células dos tumores carcinoides de pulmão) Iatrogênica (administração de ACTH)
Independente de ACTH
Iatrogênica (terapia com glicocorticoides exógenos) Adenoma suprarrenal Carcinoma suprarrenal Hiperplasia suprarrenal macronodular independente de ACTH
Características clínicas
Obesidade e ganho de peso Pletora facial Obesidade troncular (face da lua, coxim adiposo dorsocervical) Pletora Pele fina Contusões fáceis, cicatrização lenta Libido reduzida Irregularidade menstrual, hirsutismo Estrias abdominais Fraqueza muscular proximal Distúrbio psiquiátrico (depressão, euforia, mania) Disfunção erétil
Características associadas
Osteopenia/osteoporose Hipertensão Intolerância à glicose Nefrolitíase

Diagnóstico da síndrome de Cushing

Em linhas gerais, existem dois estágios para estabelecer o diagnóstico laboratorial da síndrome de Cushing: confirmação e hipersecreção autônoma de cortisol e determinação de a secreção de cortisol ser depende ou independente de ACTH

As medidas séricas aleatórias de cortisol apresentam utilidade limitada no diagnóstico da síndrome de Cushing em função do pronunciado ritmo circadiano e a considerável variabilidade biológica do cortisol, e um cortisol às 9 da manhã dentro do intervalo de referência não exclui o diagnóstico. Para confirmar a presença de hipercortisolemia, um **cortisol livre de urina de 24 horas (UFC)** é tipicamente usado, superando o desafio da variação diurna. A utilidade diagnóstica das coletas de urina aos testes bioquímicos é afetada pela forma como a coleta é realizada, e uma coleta incompleta ou coleta de urina por mais de 24 horas afetará o resultado. Esse teste pode ser usado como ferramenta de triagem, com investigações adicionais realizadas dependendo dos resultados desse teste e da suspeita clínica pré-teste. A fim de determinar a hipersecreção *autônoma*, os exames adicionais comumente solicitados são o teste de supressão com dexametasona para avaliar supressão do *feedback* negativo normal da produção de cortisol e o teste do cortisol áureo da meia-noite para avaliar o ritmo circadiano. Ambos geralmente são perdidos na síndrome de Cushing. A administração do glicocorticoide sintético dexametasona ("**teste de supressão de dexametasona durante a noite**" [ONDST]) leva à supressão de ACTH em indivíduos normais. No ONDST, a dexametasona é administrada por via oral entre as 23h e meia-noite e uma medida de cortisol sérico é realizada às 9h da manhã seguinte. A dexametasona é usada como o supressor do ACTH/cortisol, porque a dexametasona não reage de forma cruzada nos imunoensaios clínicos de cortisol (assim sendo, apenas o cortisol endógeno é detectado). A falha em suprimir a produção de cortisol às 9h é indicativa da síndrome de Cushing. As limitações do ONDST incluem a falha do paciente em tomar a dexametasona de acordo com as instruções ou o uso de medicamentos que induzem a enzima CYP3A4, aumentando, assim, o metabolismo da dexametasona (p. ex., fenitoína, rifampicina) ou aumentando o cortisol "total" devido a um CBG aumentado (p. ex., estrógenos exógenos). No **teste de supressão de dose baixa de dexametasona**, a dexametasona é administrada em intervalos de 6h por 48h, iniciando às 9 horas do dia 1, com medida de cortisol sérico realizada às 9 horas do dia 3, 6 horas após a última dose de dexametasona.

A perda ou a variação diurna alterada da secreção de cortisol é uma observação precoce na síndrome de Cushing e pode ser estabelecida pela medida da concentração de cortisol à meia-noite, quando os níveis são fisiologicamente mais baixos. Isso pode ser realizado durante internação hospitalar, embora o estresse para o paciente deva ser minimizado a fim de evitar hipercortisolemia induzida por estresse. Uma alternativa é a medida de cortisol livre na saliva noturna. O cortisol salivar tem benefícios práticos porque dispensa a necessidade de internação, e a estabilidade da amostra significa que o esfregaço salivar pode ser simplesmente armazenado em um refrigerador antes de ser enviado ao laboratório.

A medida do ACTH plasmático na presença de hipercortisolemia é usada para determinar se a produção de cortisol é induzida por ACTH em vez de autônoma

A ausência da supressão do ACTH sugere ACTH de fonte hipofisária ou ectópica, sendo que esta última produz concentrações extremamente altas. Nesta fase, utilizam-se exames de imagem apropriados para identificar a lesão e orientar o tratamento. Isso pode incluir ressonância magnética por imagem (MRI) da hipófise para doença de Cushing; tomografia computadorizada (CT) da suprarrenal (/MRI para adenoma/carcinoma suprarrenal; e, quando indicado, CT de tórax/abdome, cintilografia de corpo inteiro ou tomografia por emissão de pósitrons (PET) para procurar o local de produção de excesso de ACTH/cortisol. Quando os exames laboratoriais e de imagem de primeira escolha não distinguem claramente entre a doença de Cushing e a síndrome de Cushing ectópica ACTH-dependente, uma amostragem bilateral do seio petroso inferior (com comparação das concentrações de ACTH com as do sangue periférico) pode ser usada para localizar lesões secretas autônomas. Na **síndrome de Cushing independente de ACTH**, a amostragem venosa suprarrenal pode ser usada para comparar o cortisol sérico da direita com a veia suprarrenal esquerda. O tratamento definitivo de uma lesão adenomatosa é geralmente cirúrgico e, quando a cirurgia não é possível, o uso de fármacos para suprimir a produção de cortisol pode ajudar a reduzir os sintomas do paciente. A metirapona é um agente terapêutico que inibe a 11β-hidroxilação na biossíntese do cortisol (e, em menor grau, da aldosterona). Em seguida à queda desejada nos níveis de cortisol e aumento no ACTH, observa-se diminuição do *feedback* negativo para a hipófise. Consequentemente, o

---

QUADRO CLÍNICO
DOENÇA DE CUSHING: HIPERCORTISOLISMO CONDUZIDO POR ACTH HIPOFISÁRIO

Uma mulher de 42 anos apresentou fadiga, depressão, ganho de peso e sangramento menstrual irregular por vários meses. Ela queixou-se de dificuldade para subir escadas e notou recentemente que se machucava facilmente nos braços. Ela apresentava histórico médico de diabetes tipo 2 e hipertensão leve, que estava sendo monitorada. O cortisol urinário livre (UFC) era de 1064 nmol/24 h (34 μg/dL; intervalo de referência <250 nmol/24h [<9 μg/dL]). A concentração basal de ACTH era de 120ng/L (intervalo de referência <80 ng/L), e a concentração sérica de cortisol as 9h da manhã era de 580 nmol/L (21 μg/dL) após 1 mg de dexametasona (intervalo de referência <50 nmol/L [<1,8 μg/dL]).

Comentário
Esta mulher apresentava características clínicas consistentes com síndrome de Cushing. Investigações bioquímicas evidenciaram aumento na produção de cortisol (confirmado pelo aumento de UFC) cuja supressão não foi atingida adequadamente com dexametasona. O ACTH não suprimido é condizente com diagnóstico de hipercortisolemia por ACTH que pode ocorrer em função de um adenoma hipofisário (mais provavelmente) ou secreção ectópica de ACTH a partir de uma neoplasia oculta. Neste caso, a ressonância magnética revelou um tumor na hipófise.

11-desoxicortisol (Fig. 27.7) é liberado na circulação, metabolizado pelo fígado e excretado por via renal. Ao monitorar os pacientes que fazem uso desse medicamento, é importante notar que as quantidades aumentadas de precursores de cortisol podem reagir de forma cruzada (isto é, ser medido como cortisol) no imunoensaio de cortisol, e os resultados podem não refletir a resposta ao tratamento. A medida específica do cortisol pode ser realizada por espectrometria de massa em laboratórios clínicos especializados.

Hiperaldosteronismo

Hiperaldosteronismo primário constitui a hipersecreção autônoma de aldosterona (ou seja, independente do sistema renina-angiotensina-aldosterona [Capítulo 35]), resultando em retenção de sódio e água e supressão da produção de renina

Os pacientes são tipicamente assintomáticos e apresentam hipertensão que pode ser difícil de ser controlada. Alguns pacientes podem apresentar sequelas de **hipocalemia**. Os resultados bioquímicos exibem supressão da renina com concentrações elevadas de aldosterona, tipicamente associada à hipocalemia (devido à excreção renal excessiva), sódio normal ou aumentado e alcalose metabólica. Deve haver cautela ao interpretar os resultados da renina e da aldosterona em pacientes que fazem uso de medicamentos anti-hipertensivos (p. ex., betabloqueadores ou inibidores da enzima conversora de angiotensina), porque esses fármacos podem afetar a secreção de aldosterona. Em aproximadamente dois terços dos pacientes, o hiperaldosteronismo primário é causado por um **adenoma solitário produtor de aldosterona (síndrome de Conn)**; em um terço dos pacientes é causada por hiperplasia adrenocortical difusa bilateral. O hiperaldosteronismo supressor de glicocorticoides é uma causa hereditária rara de hiperaldosteronismo primário no qual a aldosterona está sob a influência do ACTH.

O EIXO HIPOTÁLAMO-HIPÓFISE-GONADAL

Hormônio liberador de gonadotrofina (GnRH)

O GnRH é essencial para a secreção de FSH e LH

O hormônio liberador de gonadotrofinas (GnRH) é um decapeptídeo sintetizado dentro do núcleo arqueado da área medial basal e pré-óptica medial do hipotálamo e é essencial para a secreção de FSH e LH. O GnRH é transportado pelos axônios neuronais especializados e liberado na circulação portal que envolve a hipófise anterior. O receptor de GnRH é um membro da superfamília de receptores acoplados à proteína G semelhante à rodopsina e possui um domínio transmembranar. A ligação do GnRH resulta em alteração conformacional do receptor e ativação de vias de sinalização intracelulares, com transcrição *downstream* (a jusante) de múltiplos genes celulares alvo. A secreção de GnRH é altamente pulsátil, e a liberação

estimula a síntese da expressão de FSH e LH. A liberação de GnRH é ativa durante o período neonatal, seguida por um estágio de dormência durante a infância até o início da puberdade, que é anunciada por pulsos de GnRH, os quais aumentam em frequência e amplitude. O aumento resultante nos níveis de gonadotrofina estimula os ovários ou testículos previamente adormecidos. Exatamente o que desencadeia o início da puberdade não é conhecido, mas existem várias linhas de evidências sugerindo que isso é largamente determinado de forma central. Os neuropeptídeos hipotalâmicos **kisspeptina**, um potente secretagogo da GnRH, e a **neurocinina B**, que exerce um papel importante na liberação de kisspeptina e gonadotrofina, foram identificados como componentes críticos do mecanismo central que determina o início da puberdade.

A administração de agonistas de GnRH de ação prolongada (p. ex., leuprolida, buserelina e goserelina) causa estimulação contínua de GnRH e, portanto, regulação negativa dos receptores de GnRH, inibindo, assim, a secreção de gonadotropina. Isso permite a exploração do *feedback* negativo para fins terapêuticos. Tais agonistas são utilizados para tratamento do câncer de próstata (reduzindo a testosterona e a di-hidrotestosterona e, portanto, o crescimento do câncer). Os agonistas de GnRH também podem ser usados em mulheres para tratar condições dependentes de estrogênio, como endometriose ou menorragia.

Hormônio folículo-estimulante (FSH) e hormônio luteinizante (LH)

A glândula hipófise produz as gonadotrofinas FSH e LH, essenciais para a função reprodutiva gonadal em homens e mulheres

O FSH e o LH (juntamente com TSH e hCG) são hormônios glicoproteicos compostos pelas subunidades α e β não ligadas covalentemente. Eles compartilham a homologia estrutural, exibindo uma subunidade α idêntica, mas com uma subunidade β específica do hormônio. A liberação de gonadotropinas é estimulada pelo GnRH, e a frequência e a amplitude de pulso controlam a síntese e a secreção de FSH e LH. Um esboço dos eixos hipotalâmico-hipofisário-gonadal no homem e na mulher é mostrado na Figura 27.9. Os receptores de LH estão presentes nas células de Leydig dos testículos e nas células tronculares do ovário. Ambos os receptores FSH e LH estão localizados nas membranas plasmáticas das células de Sertoli dos testículos e das células da granulosa do ovário.

Ação das gonadotrofinas nos testículos

Nos homens, o LH estimula a secreção de testosterona pelas células de Leydig dos testículos, que atuam por meio de um receptor acoplado à proteína G associado à membrana, resultando em aumento *downstream* (a jusante) do AMPc e ativação da via da proteína quinase A intracelular dependente de AMPc (Capítulo 25). O FSH, em cooperação com a testosterona intratubular, promove a espermatogênese no túbulo seminífero. A testosterona (e o estradiol produzido a partir da testosterona) fornece um *feedback* negativo para a secreção de GnRH e LH.

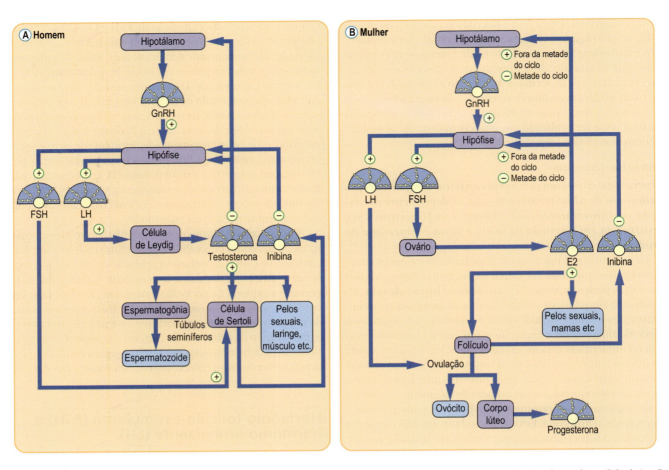

Fig. 27.9 **Controle do eixo hipotalâmico-hipofisário-gonadal.** (A) Nos homens, a testosterona é produzida a partir do colesterol na célula de Leydig do testículo em resposta à estimulação do LH. A testosterona e o FSH mantém a espermatogênese. (B) Nas mulheres, o estradiol (E2) é produzido pela célula granulosa do ovário e desenvolve o folículo após a estimulação por *feedback*. O *feedback* de E2 é principalmente negativo, mas no meio do ciclo, há um *feedback* central E2 positivo, culminando no surto de LH que causa a ovulação. A progesterona é secretada pelo corpo lúteo resultante.

Androgênios

Ações bioquímicas da testosterona no homem

A testosterona é um hormônio anabólico que aumenta a massa muscular estimulando a síntese proteica (Fig. 27.10)

Durante o desenvolvimento embrionário, a testosterona produzida pelas células testiculares que finalmente se transformam nas células de Leydig induz o desenvolvimento do ducto de Wolffian. No entanto, ao contrário do nascimento, quando a produção de testosterona está sob a influência do sistema hipotalâmico-hipofisário, os testículos embrionários são controlados pela hCG. Nem toda a testosterona se origina nos testículos, com aproximadamente 5% sendo produzida pela glândula suprarrenal. Durante a adrenarca, as glândulas suprarrenais sintetizam androgênios fracos, particularmente androstenediona, de-hidroepiandrosterona (DHEA) e sulfato de de-hidroepiandrosterona (DHEAS). Esses androgênios são metabolizados em testosterona e di-idrotestosterona (DHT) e estimulam o crescimento dos pelos pubianos e axilares.

Deficiência de testosterona em homens

A falha endócrina dos testículos pode ser primária, devido a trauma ou inflamação dos testículos, por exemplo, ou secundária, devido a uma falha do hipotálamo ou hipófise

De fato, os gonadotropos estão entre os tipos de células hipofisárias anteriores mais sensíveis a danos (p. ex., devido à compressão por um adenoma dentro das contenções ósseas da sela turca) e, em consequência, a **insuficiência gonadal é frequentemente a manifestação mais precoce** de insuficiência hipofisária. **Hipogonadismo secundário** (hipogonadismo hipotalâmico) pode ser congênito (p. ex., síndrome de Kallmann) ou adquirido (p. ex., lesões infiltrativas da hipófise e do hipotálamo). Pode ocorrer em resposta a perda de peso grave (p. ex., anorexia nervosa) ou estresse fisiológico (p. ex., queimaduras graves), quando é uma manobra poupadora de energia, ou pode estar associada à doença de Cushing ou ao uso crônico de opioides.

Durante a investigação da suspeita de deficiência de testosterona, a medida laboratorial da testosterona (por imunoensaio) geralmente quantifica a testosterona total circulante (formas livres e ligadas a proteínas). Aproximadamente 97%

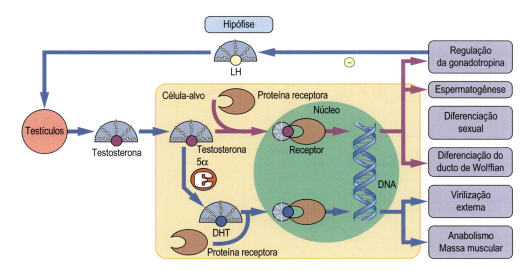

Fig. 27.10 **Mecanismos de ação da testosterona.** A testosterona derivada dos testículos entra na célula-alvo e se liga ao receptor de androgênio, tanto diretamente quanto após a conversão em 5α-di-hidrotestosterona (DHT). As ações finais mediadas pela testosterona dentro da célula são mostradas pelas setas púrpuras, aquelas mediadas pela DHT são mostradas pelas setas azuis.

da testosterona plasmática está ligada à globulina ligadora de hormônios sexuais (SHBG) e, em menor grau, a albumina e outras proteínas em circulação. A medida da testosterona livre é desafiadora, mas existem fórmulas de estimativa de testosterona livre que levam em consideração as concentrações séricas de albumina, SHBG e testosterona. Nos homens, os níveis séricos de testosterona mostram variação circadiana, estando os níveis mais altos de manhã e os mais baixos no final da tarde. Tal variação intraindividual nos níveis de testosterona pode ser de aproximadamente 35%.

Disgenesia gonadal masculina

A síndrome de Klinefelter, que é mais frequentemente causada pela aquisição de uma cópia adicional do cromossomo X em cada célula (cariótipo 47, XXY), exibe uma prevalência de 1 em 500-1000 de todos os machos fenotípicos

Os genes do cromossomo X interferem no desenvolvimento sexual masculino normal e causam vários graus de hipogonadismo. As manifestações clássicas da síndrome de Klinefelter incluem eunucoidismo (hipogonadismo com maturação sexual incompleta), ginecomastia (proliferação benigna anormal do tecido glandular mamário masculino), micro-orquidismo (testículos pequenos) e azoospermia (ausência de espermatozoides viáveis no sêmen), embora alguns indivíduos apresentem nenhum sinal ou poucos sinais e sintomas associados. O FSH apresenta-se elevado e o LH, em geral, também está elevado, mas as células de Leydig não respondem normalmente, e a testosterona plasmática pode ser subnormal. Alguns indivíduos com características da síndrome de Klinefelter podem exibir mais de um cromossomo X adicional, mosaicismos ou 46 cromossomos (cariótipo 46 XY), com translocação da região masculina do cromossomo Y para o cromossomo X.

Excesso de andrógeno no homem

Excesso androgênico no hiperandrogenismo masculino devido ao excesso de andrógeno testicular pode causar puberdade precoce

A puberdade precoce é uma condição rara que pode resultar da ativação precoce do eixo hipotalâmico-hipofisário-gonadal normal ou de uma mutação de ganho de função no receptor de LH ou kisspeptina. O excesso de androgênio também pode ocorrer em função de um tumor secretor de androgênio ou de hCG. O excesso de androgênio suprarrenal pode causar hirsutismo em crianças, mas no homem adulto, pode não causar manifestações clínicas evidentes. A administração de andrógenos exógenos, como para melhorar o desempenho atlético ou hipertrofia muscular, pode desencadear efeitos colaterais como anormalidades na próstata, icterícia colestática, alterações na libido, supressão da espermatogênese, ginecomastia, policitemia, hipertensão, hirsutismo, calvície masculina e acne. O excesso de secreção androgênica suprarrenal também pode estar associado à síndrome de Cushing.

Ações da FSH e LH no ovário

Na mulher madura, há alterações cíclicas no eixo hipotalâmico-hipofisário-gonadal orquestrado pelo gerador de pulsos de GnRH

Ao contrário do homem maduro, no qual a esteroidogênese é contínua, na mulher madura, há alterações cíclicas no eixo hipotálamo-hipófise-gonadal orquestradas pelo gerador de pulsos de GnRH. Após a puberdade, os ovários humanos contêm aproximadamente 400.000 folículos primordiais, cada um contendo um oócito em estado de repouso, sem formação de outros gametas no período pós-natal. Os folículos primordiais iniciam o crescimento e a maturação independentes de

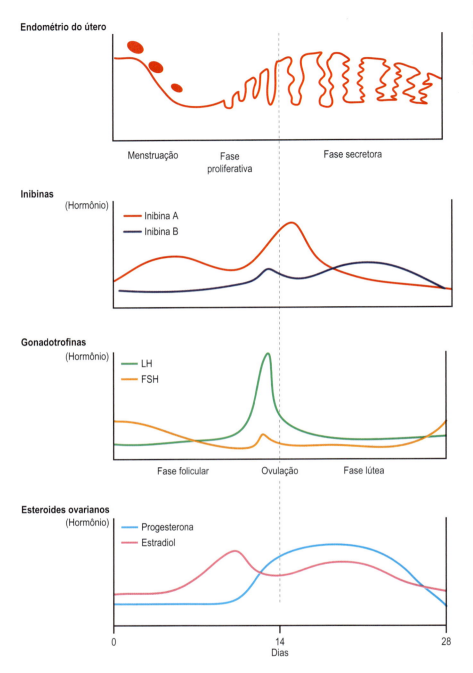

Fig. 27.11 **Alterações hormonais e endometriais durante o ciclo menstrual.** LH, hormônio luteinizante; FSH, hormônio folículo estimulante.

hormônios antes do início do ciclo menstrual, mas apenas no início do ciclo, quando adquirem a capacidade de responder ao FSH, existem alguns folículos preservados da atresia. Durante a fase folicular, concentrações crescentes de FSH estimulam a síntese de estradiol (Fig. 27.11) e a proliferação de células da granulosa. Receptores adicionais de FSH e novos receptores de LH são sintetizados nas células da granulosa sob influência do FSH. À medida que o estradiol aumenta, a secreção de FSH é suprimida, e essa combinação desempenha um papel importante na seleção de um folículo dominante para desenvolvimento posterior, enquanto os folículos não dominantes sofrem atresia. Sob influência do estradiol, a maturação do folículo dominante continua, o crescimento do endométrio uterino é estimulado, e há mais secreção de LH na hipófise. O *feedback*

positivo no folículo dominante, o que desencadeia aumento do estradiol, faz com que o *feedback* negativo do estrogênio se altere para um *feedback* positivo, iniciando um surto de LH. O LH liga-se a receptores no folículo dominante, e isso culmina na liberação de um óvulo maduro do ovário aproximadamente 9 horas após o pico de LH.

Após a ovulação, o folículo rompido se transforma no corpo lúteo, que secreta progesterona e estradiol de modo a sustentar o oócito e estimular a preparação do endométrio estrogênico para a implantação de um óvulo fertilizado. Durante esse período, conhecido como fase lútea, a progesterona age evitando outro surto de LH por meio da secreção de estrogênio. Na investigação da infertilidade feminina, a dosagem sérica de progesterona em concentrações normais para a fase lútea pode fornecer evidências de que a ovulação ocorreu. Na ausência de fertilização, a função do corpo lúteo declina, as concentrações de progesterona e estradiol diminuem, e o desenvolvimento folicular prossegue para o ciclo seguinte. Alterações vasculares subsequentes no endométrio levam a involução tecidual e menstruação.

A inibina e o ovário

As células da granulosa secretam inibina, uma glicoproteína heterodimérica composta de uma subunidade α ligada por uma ponte dissulfeto a uma das duas subunidades β homólogas

Inibina B (α-βB), produzida por folículos pré-antrais e antrais pequenos, é mais alta durante a fase folicular média (Fig. 27.11) e exerce um papel junto com o estradiol para suprimir a síntese e a secreção de FSH, assegurando a seleção do folículo dominante. Os níveis decrescentes de inibina A (α-βA) durante a fase lútea tardia, após um pico durante a fase lútea média, são sugestivos de reguladores predominantes da concentração crescente de FSH durante a transição entre a fase lútea e a fase folicular.

Gonadotrofinas e gestação

Após a implantação bem-sucedida do óvulo fertilizado, a manutenção do corpo lúteo e a produção de progesterona são vitais para garantir a progressão do desenvolvimento

A **hCG**, que exibe homologia ao LH, secretada pelo trofoblasto gestacional, mantém o corpo lúteo até a 9ª semana de gestação, momento em que o próprio trofoblasto pode produzir progesterona suficiente. A hCG pode ser detectada na urina e no sangue a partir de 1 a 2 semanas após a fertilização. A medida de hCG na urina e/ou sangue é usada clinicamente para **confirmar a gestação**, e no início da gravidez, medições séricas seriadas podem ser realizadas para auxiliar a avaliação da viabilidade inicial da gravidez, quando espera-se que haja uma duplicação aproximada dos níveis de hCG a cada 48h. O nível baixo e/ou diminuído de hCG ao longo do tempo pode indicar aborto espontâneo ou gestação uterina não viável, e os níveis que permanecem estáticos ou aumentam lentamente podem indicar uma gravidez ectópica (tubária). Níveis mais altos do que o esperado podem indicar gestações de múltiplos ou gestação molar. Os exames de sangue são apoiados por avaliação clínica e exame ultrassonográfico. Como a placenta se torna o principal local de produção de progesterona, a hCG é obrigada a manter a síntese de progesterona pelo sinciciotrofoblasto; os níveis de hCG atingem o pico em cerca de 7 semanas e, em seguida, diminuem para atingir um nível estacionário durante o resto da gestação.

Gonadotrofinas e menopausa

Os folículos ovarianos tornam-se depletados de oócitos após 30-40 anos de ciclos ovulatórios, e a gestação normal não é mais possível

Quando a menstruação cessa permanentemente devido à perda da atividade folicular ovariana, isso é chamado menopausa, ou climatério. Nesse momento, os estrogênios circulantes diminuem e, com a ausência de *feedback* negativo, as concentrações de FSH e LH aumentam e permanecem altas em relação às concentrações medidas durante o ciclo menstrual normal. Sabe-se que a deficiência de estrogênio na pós-menopausa a longo prazo aumenta a velocidade de perda óssea, o que resulta em osteoporose e, com o metabolismo de lipoproteínas alterado, há um risco aumentado de doença cardiovascular.

QUADRO CLÍNICO
INVESTIGAÇÃO DE AMENORREIA SECUNDÁRIA

Uma mulher de 22 anos procurou o pronto atendimento com queixa de letargia e falta de menstruação há vários meses. Ela era estudante universitária e estudava ansiosamente para os exames finais. Sua ingestão de alimentos nas últimas semanas estava reduzida. Anteriormente, os sangramentos menstruais eram regulares, após terem início por volta dos 12 anos de idade. O exame físico estava normal, e a PA era de 110/60 mmHg.

Comentário

A amenorreia secundária pode ser definida como a ausência de menstruação em mulheres que apresentavam períodos menstruais previamente normais e regulares ou em mulheres com oligomenorreia prévia. Embora não haja consenso geral sobre os períodos definidos, há concordância em avaliar após 3 a 6 meses em uma paciente com menstruação previamente normal. O diagnóstico diferencial nesta paciente inclui gestação, hipogonadismo secundário (p. ex., devido a anorexia nervosa ou exercício excessivo), síndrome do ovário policístico (um distúrbio endócrino complexo que pode desencadear oligomenorreia ou amenorreia; outras características clínicas incluem hirsutismo e acne – devido ao excesso de androgênios – e múltiplos cistos ovarianos), além de hipotireoidismo primário. A **gestação (ausência de liberação cíclica de LH) deve ser excluída primeiro** como causa de amenorreia secundária em qualquer paciente do sexo feminino em idade reprodutiva. Isso geralmente pode ser realizado em cuidados primários usando um teste de urina para hCG.

Estrogênios e progesterona: Ações dos hormônios esteroides na mulher

Além da sua função no ciclo menstrual, os esteroides sexuais femininos exercem papéis adicionais

O estrogênio plasmático, cujas concentrações são baixas antes da puberdade, promove o desenvolvimento de algumas características sexuais secundárias femininas e, na mulher adulta, tanto o estrogênio quanto a progesterona suportam a função da mama. A progesterona é responsável pelo aumento da temperatura corporal durante a fase lútea do ciclo menstrual (cerca de 1 a 2 dias após a ovulação), e a diminuição da secreção da progesterona pode contribuir para alterações pré-menstruais no humor.

O EIXO HORMONAL DO CRESCIMENTO

A secreção de GH pela hipófise anterior é regulada por dois hormônios hipotalâmicos: o hormônio liberador do hormônio do crescimento (GHRH), que estimula a liberação de GH, e a somatostatina, que inibe a liberação de GH.

Hormônio liberador do hormônio do crescimento (GHRH)

GHRH é um peptídeo de 44 aminoácidos sintetizado nos núcleos hipotalâmicos arqueados e ventromediais do hipotálamo

O GHRH é secretado episodicamente, liga-se aos receptores de GHRH nas células somatotrópicas da hipófise e ativa tanto a adenilil ciclase quanto os sistemas intracelulares cálcio-calmodulina para estimular a transcrição e a secreção de GH. A síntese e a secreção de GHRH está sob controle de *feedback* negativo de GH e IGF-1.

A grelina é um hormônio peptídico de 28 aminoácidos com uma cadeia de ácidos graxos que também é um potente indutor da secreção de GH

Originalmente isolada do estômago, a grelina já foi identificada no trato gastrointestinal, pâncreas, córtex suprarrenal e ovário. Além de sua função no equilíbrio energético (Capítulo 32), a grelina liga-se ao receptor do secretagogo do hormônio de crescimento e parece agir sinergicamente ao GHRH para modular a secreção de GH.

Somatostatina

A somatostatina (por vezes denominada como hormônio inibidor do hormônio do crescimento [GHIH]) é sintetizada nos núcleos paraventriculares e ventromediais do hipotálamo

A somatostatina é encontrada sob duas isoformas, uma de 14 e uma de 28 aminoácidos, ambas produzidas pela clivagem do mesmo produto gênico de 116 aminoácidos, e ambas são ativas na inibição da secreção de GH. A somatostatina atua no eixo hipotalâmico-hipofisário e também no trato gastrointestinal. Além de inibir a liberação de GH, a secreção de TSH da hipófise anterior também é inibida. A somatostatina se liga aos receptores transmembranares acoplados à proteína G que estão ligados à adenilil ciclase, e a diminuição na produção de AMPc ocorre quando há ativação do receptor.

A somatostatina suprime a liberação dos hormônios gastrintestinais gastrina, colecistocinina, peptídeo intestinal vasoativo (VIP), polipeptídeo inibitório gástrico, insulina e glucagon

Os **análogos da somatostatina** são usados terapeuticamente para inibir a secreção de GH em pacientes com excesso de GH e podem ser usados no tratamento de tumores neuroendócrinos secretores, como na síndrome carcinoide, VIPomas e glucago-nomas, além de servirem para inibir as secreções exócrinas do pâncreas após a cirurgia pancreática.

Hormônio do crescimento

A liberação de GH é episódica e influencia pelo hipotálamo, com aproximadamente dois terços da secreção total de GH de 24 horas ocorrendo à noite

O grupo do hormônio de crescimento humano (hGH) contém cinco genes: um, hGH-N, é expresso principalmente em somatótropos hipofisários, e os quatro genes restantes (os genes de somatomamotropina coriônica, *hCS-L*, *hCS-A* e *hCS-B* e *hGH-V*) são expressos seletivamente pela placenta. A GH secretada pela hipófise anterior é uma mistura heterogênea em consequência das modificações pós-traducionais, como glicosilação e metabolização periférica. Isso é relevante para a medida do GH porque existem múltiplas variantes de GH no plasma que podem ser detectadas em extensões diferentes em qualquer teste para GH, incluindo isoformas monoméricas, homo- e heteropolímeros, fragmentos e complexos com outras moléculas, além do efeito da ligação do GH a proteína (até 50% do GH estão ligados a proteínas).

O GH é sintetizado pelas células somatotrópicas da hipófise anterior e armazenado dentro dos grânulos

A liberação de GH é episódica e influenciada pelo hipotálamo, com aproximadamente dois terços da secreção total de GH de 24 horas ocorrendo à noite. Surtos podem ocorrer em outros momentos, como após as refeições, mas as concentrações plasmáticas são geralmente menores durante o dia. Consequentemente, o GH plasmático pode estar abaixo dos limites de quantificação do imunoensaio de GH na saúde normal, sem necessariamente indicar deficiência de GH. No geral, as concentrações de GH são mais altas em adolescentes e menores em idosos. Estímulos diferentes, como estresse físico (p. ex., exercício, hipoglicemia), estresse psicológico e aumentos de aminoácidos circulantes (p. ex., arginina e leucina) estimulam a secreção de GH, enquanto a glicose e os ácidos graxos suprimem a liberação de GH. Os moduladores hormonais da secreção de GH incluem TRH, glicocorticoides, testosterona e estrogênios que atuam no hipotálamo e hipófise. Nas concentrações plasmáticas máximas, a quantidade de GH pode ser 100 vezes maior do que os valores basais e, portanto, os limites de referência são de uso limitado, embora os níveis para eliminar o excesso de GH e a deficiência sejam aplicados aos testes de supressão e estimulação relevantes, respectivamente. Múltiplas medições plasmáticas podem ser realizadas em um período de 24 horas para fornecer informações sobre o padrão e a quantidade de secreção de GH, mas a tarefa é muitas vezes impraticável.

O **receptor transmembranar de GH** é expresso como um monômero; no entanto, ele funciona como um dímero constitutivo, com o complexo ligante-receptor formado por uma molécula de GH e dois receptores de GH (homodímero). A ligação do GH resulta em alterações estruturais no complexo, e quinases abaixo da membrana celular são capazes de se ativar mutuamente por meio da transfosforilação, iniciando cascatas de sinalização intracelulares, desencadeando transcrição de muitas enzimas, hormônios e fatores de crescimento, incluindo o IGF-1 (Capítulo 28).

CAPÍTULO 27 Endocrinologia Bioquímica

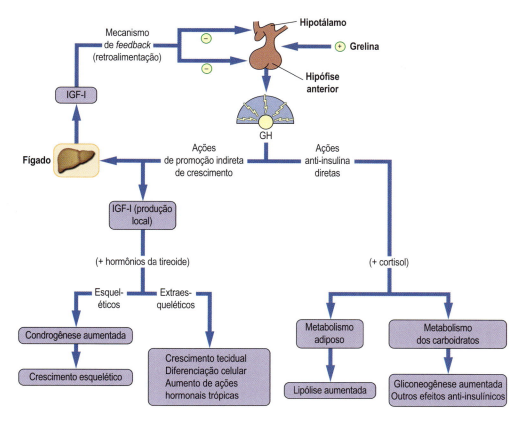

Fig. 27.12 **Funções bioquímicas do hormônio do crescimento.** Elas podem ser divididas convenientemente em ações diretas no metabolismo de lipídeos e de carboidratos e ações indiretas na síntese proteica e na proliferação celular.

A ação geral do GH é promover o crescimento de osso, cartilagem e tecido mole

O GH é um hormônio anabólico e exerce efeito direto no balanço positivo do nitrogênio e do fosfato. A diversidade da ação do GH torna difícil integrar todas as suas funções. Portanto, pode ser conveniente dividir as funções em diretas e indiretas (Fig. 27.12). Ações diretas do GH direcionam-se ao metabolismo de lipídeos, carboidratos e proteínas. Durante a hipoglicemia, o GH estimula a lipólise, induz a resistência periférica à insulina e estimula a captação de ácidos graxos não esterificados pelo músculo. Ações indiretas de GH são mediadas pelo IGF-1, e essas ações incluem a promoção da proliferação de condrócitos e a síntese de matriz de cartilagem em tecidos esqueléticos. O IGF-1 aumenta a oxidação da glicose no tecido adiposo e estimula o transporte de glicose e aminoácidos para o coração e para o músculo diafragmático.

Fator de crescimento semelhante à insulina-1 (IGF-1)

A medida do IGF-1 tem utilidade clínica como indicador da atividade integrada do GH

O IGF-1 é um peptídeo composto por 70 aminoácidos secretado principalmente pelo fígado e, em seguida, transportado para tecidos-alvo, agindo como um hormônio endócrino, embora alguma quantidade de IGF-1 seja secretada por outras células e atuem como hormônio parácrino, como no tecido cartilaginoso. O IGF-1 possui uma cadeia A e B conectada por pontes dissulfeto e compartilha homologia com a insulina. Essa semelhança estrutural pode explicar a capacidade de o IGF-1 se ligar (com baixa afinidade) ao receptor de insulina. Embora as concentrações circulantes de IGF-1 sejam muito superiores às da insulina, ao contrário da insulina, que não está ligada na circulação, 99% do IGF-1 está complexado a uma série de proteínas de ligação ao IGF (IGFBP) que moderam a sua biodisponibilidade. Aproximadamente 80% do IGF-1 circulante em humanos é transportado pela IGFBP-3 em um complexo composto por uma molécula de IGF-1, uma molécula de IGFBP-3 e uma molécula da subunidade de ácido lábil. As afinidades relativas da insulina e do IGF-1 aos seus respectivos receptores resultam em pouca estimulação cruzada na fisiologia normal, embora em situações patológicas, seja possível que a insulina apresente alguma atividade de IGF-1 e vice-versa. Isso tem implicações para os estados graves de resistência à insulina, em que algumas características clínicas foram atribuídas ao IGF-1, como manchas escuras escamosas e espessas da pele (acantose nigricans).

A medida do IGF-1 tem utilidade clínica como um indicador da atividade integrada do GH. As concentrações plasmáticas de IGF-1 aumentam durante a infância e atingem os níveis de adultos na época da puberdade. Os limites de referência para o IGF-1 em adultos com idade entre 20 e 60 anos são relativamente constantes, e as concentrações de IGF-1 caem após a sexta década de vida. Espera-se que as concentrações de IGF-1 estejam aumentadas em pacientes com excesso de GH e reduzidas nos pacientes com deficiência de GH e em estados de crescimento restritos, como a deficiência nutricional crônica.

QUADRO DE CONCENTOS AVANÇADOS
"IGF-2 "GRANDE" E HIPOGLICEMIA HIPOINSULINÊMICA

Ao contrário do IGF-1, que é o principal regulador do crescimento pós-natal, o fator de crescimento semelhante à insulina-2 (IGF-2) desempenha uma função importante no desenvolvimento fetal normal e na função placentária, promovendo a proliferação e a sobrevivência celular. A **hipoglicemia do tumor de células não ilhotas (NICTH)** é uma doença paraneoplásica rara na qual a hipoglicemia é induzida por precursores de IGF-2 incompletamente processados que são liberados por tumores. O IGF-2 de alto peso molecular ("grande"), que exerce uma potente ação na redução de glicose, favorece a existência como um complexo binário com IGFBP-3, e acredita-se que o complexo tenha a capacidade de atravessar a barreira endotelial. Os efeitos fisiológicos são inibição da produção de glicose pelo fígado, aumento da captação periférica da glicose e inibição do GH, do glucagon (hormônios contrarregulatórios) e da produção de cetonas. A hipoglicemia está associada a um peptídeo C/insulina suprimido (Capítulo 31), um IGF-1 suprimido, IGF-2 dentro do limite de referência ou aumento da razão IGF-2:IGF-1, além da presença do tumor secretor (Bodnar, Acevedo e Pietropaolo, 2014).

Tabela 27.9 Excesso de hormônio de crescimento

Causas

Adenoma hipofisário
Hormônio de crescimento ectópico
Tumor que secreta hormônio liberador de hormônio de crescimento

Características clínicas

Estatura alta (crianças/adolescentes)
Características faciais grosseiras: ponte supraorbital proeminente, prognatismo, dentes amplamente espaçados, macroglossia
Tumefação dos tecidos moles na laringe — ronco, apneia obstrutiva do sono
Aumento acral (crescimento excessivo das mãos: "mãos semelhantes a pás"; aumento do tamanho do anel; crescimento excessivo do pé – aumento do tamanho do sapato)
Hiperidrose (transpiração excessiva)
Artralgia
Síndrome do túnel do carpo
Tolerância à glicose prejudicada ou diabetes melito (aumento da gliconeogênese e diminuição da captação periférica de glicose)
Hipertensão; hipertrofia esquerda/biventricular; insuficiência cardíaca
Sintomas de compressão local: cefaleia, defeito de campo visual

Distúrbios clínicos da secreção de GH

Excesso ou deficiência clinicamente significativa de GH é relativamente incomum e pode ser de difícil diagnóstico

A ausência de um intervalo de referência sensível e específico para o GH significa que o diagnóstico laboratorial requer o estudo da dinâmica da secreção do GH ou o uso de um teste de função dinâmica relevante. O IGF-1 basal pode servir como um teste de triagem e pode ser usado no diagnóstico de deficiência ou excesso de GH porque as concentrações se correlacionam com a secreção de GH nas 24 horas precedentes. No entanto, em aproximadamente 25% dos indivíduos com excesso de GH, o IGF-1 está dentro dos limites de referência. Portanto, em indivíduos que exibem concentração normal de IGF-1, em que a suspeita clínica é alta, é necessária uma investigação mais aprofundada. Na síndrome de Laron (ou nanismo de Laron), as concentrações de GH são altas, embora as concentrações de IGF-1 estejam baixas; essa é uma condição autossômica recessiva causada por um defeito no receptor do hormônio do crescimento.

Deficiência de hormônio de crescimento

A deficiência de GH na infância é uma possível causa de baixa estatura

A deficiência congênita grave de GH pode se manifestar com hipoglicemia e hiperbilirrubinemia no período neonatal ou com problemas de crescimento durante o primeiro ano de vida. A deficiência de GH na infância é uma possível causa de baixa estatura e incapacidade de atingir as metas de crescimento. Parâmetros auxológicos são usados para identificar pacientes cuja investigação de deficiência do GH deve ser realizada, incluindo a altura e a velocidade de crescimento. O tratamento envolve injeção regular de hGH recombinante, que é sintetizado usando tecnologia de DNA recombinante. Adultos com uma causa definida de deficiência de GH (p. ex., hipopituitarismo) também são candidatos à reposição de GH, o que às vezes pode melhorar a qualidade de vida.

Excesso de hormônio de crescimento

Excesso de secreção de GH ocorre mais comumente devido a um tumor hipofisário

O excesso de secreção de GH ocorre com mais frequência devido a um tumor hipofisário secretor autônomo, embora sejam possíveis tumores secretores de GHRH no hipotálamo e produção ectópica de GHRH (Tabela 27.9). A exposição prolongada ao excesso de GH resulta em supercrescimento do esqueleto e do tecido mole. Na infância e antes da fusão das placas de crescimento epifisário, o excesso de GH se manifesta como gigantismo, caracterizado pelo crescimento linear excessivo. No excesso de GH no adulto, acromegalia, há crescimento de tecido mole e osso, mas o crescimento ósseo linear não é possível. Os sinais podem se desenvolver de forma insidiosa, causando atraso na realização do diagnóstico. Classicamente, o excesso de GH é diagnosticado por meio de um teste oral de tolerância à glicose, demonstrando a falta de inibição da liberação de GH após uma carga de glicose. Paradoxalmente, alguns indivíduos com acromegalia apresentam aumento do GH em resposta à glicose. A falta de supressão do GH não é específica para a acromegalia e pode ocorrer no diabetes, na doença hepática e na doença renal e, portanto, a concentração sérica de IGF-1 deve ser usada em conjunto com o resultado do teste oral de tolerância à glicose (OGTT). Mais de 95% dos casos de acromegalia são causados por um adenoma hipofisário secretor de GH proveniente de células somatotrópicas, e, em geral, essas ocorrem mais esporádica e isoladamente. Os tumores hipofisários podem ser identificados por meio de MRI, para a qual a cirurgia transesfenoidal é a opção de tratamento preferencial, embora os análogos da somatostatina de longa duração (p. ex., octreotida, lanreotida) e radioterapia também possam ser eficazes. O pegvisomante, um análogo geneticamente modificado do hormônio do crescimento humano, é um antagonista seletivo do receptor do hormônio do crescimento usado no tratamento da acromegalia em pacientes com resposta inadequada após cirurgia da hipófise, radiação ou tratamento com análogos da somatostatina. A acromegalia está associada a aumento do risco de desenvolvimento de certos tumores, estando o câncer colorretal entre os mais bem documentados, embora sejam as complicações cardiovasculares a principal causa de morte.

O EIXO DA PROLACTINA

Prolactina e dopamina

Prolactina é um hormônio polipeptídico composto por 198 aminoácidos secretado exclusivamente por células lactotrópicas da hipófise anterior

A principal função fisiológica da prolactina ocorre durante a gravidez, quando a prolactina inicia e sustenta a lactação. Como um hormônio, é incomum, pois sua secreção está sob controle inibitório tônico do hipotálamo, e ela não é regulada pelo *feedback* negativo do tecido alvo. O inibidor é a molécula de **dopamina** secretada pelos neurônios tuberoinfundibulares na circulação portal e que se liga a um receptor acoplado à proteína G, inibindo a adenilil ciclase e a fosfolipase C (Capítulo 26). Na ausência de dopamina, a secreção de prolactina é autônoma. Alguns peptídeos, como TRH, VIP, ocitocina e serotonina, podem estimular a secreção, mas não são considerados fisiologicamente importantes. A secreção de prolactina é pulsátil, e as concentrações séricas podem aumentar durante a gravidez, assim como durante estresse, esforço físico e hipoglicemia.

A dopamina estimula os receptores D2, inibindo a adenilil ciclase e, desse modo, inibindo a síntese e a secreção de prolactina

As células lactotrópicas aumentam em número durante a gravidez, à medida que a prolactina sérica aumenta e atinge seu pico; as concentrações então diminuem na ausência de amamentação após o nascimento e após cerca de 3 meses com amamentação contínua. A estimulação mecânica do mamilo durante a amamentação promove a secreção de prolactina para ajudar na produção de leite. A prolactina aumentada durante a amamentação pode ter ação contraceptiva pela inibição da secreção de GnRH do hipotálamo, limitando, assim, a produção de gonadotrofinas, e inibindo a ovulação e a menstruação. A única manifestação clínica da baixa concentração de prolactina é a perda da capacidade de lactar.

Distúrbios da secreção de prolactina

Hiperprolactinemia patológica

A hiperprolactinemia extrema é altamente sugestiva de prolactinoma em pacientes que não fazem uso de medicamentos antidopaminérgicos

A hipersecreção de prolactina por células lactotrópicas pode ocorrer em virtude de um tumor autônomo secretor de prolactina (insensível à inibição da dopamina), perda da inibição

Tabela 27.10 Hiperprolactinemia
Causas
Fisiológica: gravidez/amamentação
Fármacos (p. ex., fenotiazina, haloperidol)
Prolactinoma: macro ou macroprolactinoma
Compressão da haste hipofisária
Doença hipotalâmica (p. ex., craniofaringioma)
Hipotireoidismo
Sintomas
Mulher: irregularidade menstrual, infertilidade
Masculino: disfunção erétil, galactorreia
Efeitos de compressão (p. ex., hemianopsia temporal bilateral)

da dopamina (p. ex., compressão do pedículo hipofisário por adenoma não funcional) ou uso de fármacos antidopaminérgicos (p. ex., medicamentos antipsicóticos clássicos, como as fenotiazinas). A hiperprolactinemia extrema é altamente sugestiva de um prolactinoma em pacientes que não fazem uso de medicamentos antidopaminérgicos, sendo esse diagnóstico mais desafiador, pois as concentrações séricas de prolactina podem ser comparáveis aos altos níveis medidos em pacientes com prolactinoma. A hiperprolactinemia pode se manifestar em mulheres com irregularidades menstruais e em homens ou mulheres com **infertilidade** ou **galactorreia**. Uma lista de características clínicas é fornecida na Tabela 27.10. Uma vez identificado um prolactinoma, as opções de tratamento incluem um agonista da dopamina de ação prolongada, como a bromocriptina ou a cabergolina, cuja utilização diminui a secreção de prolactina e quase invariavelmente reduz os tumores grandes. Em alguns indivíduos, os fármacos podem ser interrompidos, e a hiperprolactinemia não se repete. A cirurgia transesfenoidal pode ser necessária para tumores resistentes, particularmente quando esses causam compressão (p. ex., do quiasma óptico, causando um defeito visual).

A macroprolactina é a prolactina ligada ao anticorpo circulante como um complexo e pode ser detectada por alguns testes de prolactina, resultando na medida de uma alta concentração sérica de prolactina

Esses complexos, no entanto, são biologicamente inativos, mas ainda podem ser detectados por imunoensaio. Técnicas laboratoriais, como precipitação com polietilenoglicol (para precipitar a prolactina ligada ao anticorpo) e cromatografia de filtração em gel (para separar a prolactina ligada ao anticorpo da prolactina não ligada; Fig. 27.13) são usadas para identificar essa entidade.

SISTEMAS ENDÓCRINOS NÃO CONSIDERADOS NESTE CAPÍTULO

Existem outros sistemas endócrinos que não são considerados neste capítulo, embora sejam regidos pelos mesmos princípios gerais. Alguns desses sistemas são descritos em outros capítulos deste livro como parte da função fisiológica dos hormônios.

394 CAPÍTULO 27 Endocrinologia Bioquímica

1. Soro-controle

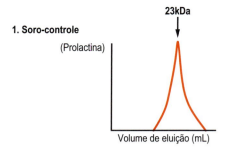

2. Soro de macroprolactinemia

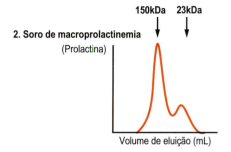

Fig. 27.13 **Cromatografia de filtração em gel de (1) controle e (2) soro de macroprolactinemia.** A prolactina é medida em tampão de cromatografia eluída. As espécies de prolactina são separadas de acordo com o tamanho: moléculas menores fluem mais lentamente através da coluna porque elas podem acessar poros no material de gel inacessíveis a moléculas maiores. O soro controle gera um pico consistente com a prolactina monomérica (23 kDa); O soro de macroprolactinemia gera dois picos consistentes com a prolactina monomérica (23 kDa) e com a macroprolactina (150 kDa).

3. Cromatografia separando as espécies de prolactina de acordo com o tamanho

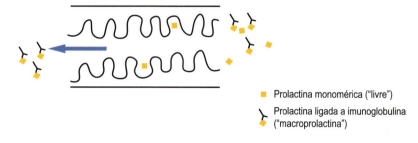

■ Prolactina monomérica ("livre")
⋏ Prolactina ligada a imunoglobulina
● ("macroprolactina")

 QUADRO DE TESTE CLÍNICO
MACRO-HORMÔNIOS

Os **macro-hormônios** são hormônios ligados à imunoglobulina na forma de um complexo circulante que ainda pode ser detectado pelo teste hormonal. Macrocomplexos têm sido descritos para muitos hormônios, incluindo LH, FSH, TSH, hCG e insulina, embora a **macroprolactina** seja a mais bem caracterizada. A separação do tamanho das espécies de prolactina usando cromatografia de filtração em gel (Fig. 27.13) mostrou três formas de prolactina: monomérica (PM 23 kDa), grande (PM 50-60 kDa) e muito grande (> 150 kDa). Onde há concentrações normais de prolactina monomérica bioativa, o aumento das concentrações de prolactina grande e muito grande que originam a hiperprolactinemia é denominado "macroprolactinemia", tendo sido descrita em até um em cada quatro pacientes com hiperprolactinemia. É importante identificar a macroprolactina para evitar a investigação excessiva e até mesmo diagnósticos errados de pacientes que exibem concentração aumentada de prolactina sérica. As técnicas laboratoriais usadas atualmente para rastrear os complexos hormônio-anticorpo incluem imunoprecipitação com polietilenoglicol, que funciona por exclusão de volume e precipitação dos complexos, uma vez que a solubilidade das proteínas é excedida.

QUADRO DE CONCEITOS AVANÇADOS
ÓRGÃOS ENDÓCRINOS NÃO CLÁSSICOS

Atualmente, além das glândulas endócrinas clássicas, muitos tecidos são conhecidos por serem endocrinologicamente ativos (denominados "não clássicos" porque a produção hormonal não é sua função primária). A nova compreensão desses hormônios ajudou a explicar certos processos fisiológicos e patológicos, e a medida desses hormônios pode ajudar no diagnóstico clínico de certas condições. Exemplos de hormônios endócrinos não clássicos incluem: (1) a produção de **leptina** a partir de tecido adiposo branco e leptina liberada do estômago, que juntos desempenham um papel no sistema de controle do equilíbrio energético em humanos (Capítulo 32); (2) a produção do **fator de crescimento de fibroblastos (FGF-23)** pelos osteócitos (que diminui a reabsorção renal e aumenta a excreção de fosfato) — mutações no gene FGF-23 podem aumentar a atividade, e o FGF-23 pode ser produzido ectopicamente por alguns tumores, resultando em hipofosfatemia; (3) a produção de **hCG** pela placenta em desenvolvimento, juntamente com progesterona, hormônio de crescimento placentário e lactogênio placentário humano, que têm funções definidas na gestação; (4) produção de **peptídeo natriurético cerebral (BNP)** por ventrículos cardíacos em humanos, que atua na diminuição da resistência vascular sistêmica — o BNP e seu pro-hormônio, NT-proBNP, são medidos no diagnóstico e na avaliação da gravidade da insuficiência cardíaca; e (5) produção de **peptídeo semelhante ao glucagon 1 (GLP-1)**, que diminui a glicose no sangue de forma dependente da glicose por meio de potencialização da secreção de células L enteroendócrinas intestinais.

QUESTÕES PARA APRENDIZAGEM

1. Rastreie o fluxo bidirecional de sinalização entre o hipotálamo e os ovários durante o ciclo menstrual e descreva como os hormônios femininos mudam durante a gravidez.
2. Descreva como GH, cortisol e insulina interagem para regular o metabolismo lipídico e de carboidratos.

Assim, o leitor é direcionado ao Capítulo 31, para informações relacionadas à **homeostase dos carboidratos**, e ao Capítulo 35, para informações sobre **equilíbrio hidroeletrolítico e controle da pressão arterial**. Os sistemas intracelulares pelos quais os hormônios exercem seus efeitos são descritos no Capítulo 25.

RESUMO

- O sistema endócrino é uma coleção de glândulas que produzem hormônios, um grupo estruturalmente diversificado de mensageiros químicos os quais regulam e coordenam o metabolismo de todo o corpo, o crescimento, a reprodução e as respostas a estímulos externos.
- O eixo hipotálamo-hipófise é um elo crítico entre o cérebro e as glândulas endócrinas e orquestra a síntese e a ação dos hormônios tireoidianos, dos glicocorticoides, dos esteroides sexuais, do hormônio do crescimento e da prolactina.
- Os mecanismos de *feedback* (retroalimentação) são importantes reguladores dos sistemas endócrinos, e tanto a hiperatividade quanto a falta de atividade desses sistemas podem produzir síndromes clínicas; medidas dos níveis sanguíneos de hormônios-alvo e da hipófise podem ajudar a determinar se a disfunção endócrina se origina de uma glândula endócrina periférica (primária) ou devido a hipo/hiperfunção da hipófise (secundária).
- O diagnóstico laboratorial dos distúrbios endócrinos depende da medida dos hormônios, e a secreção hormonal pode ser pulsátil (p. ex., hormônio do crescimento), circadiana (p. ex., cortisol, testosterona) ou infradiana (ritmos acima de 24h, p. ex., FSH, LH), limitando, assim, a utilidade da amostragem "aleatória"; deve haver uma atenção cuidadosa ao momento de coleta da amostra, e é preferível, e algumas vezes necessário, usar um teste de provocação apropriado para o qual os limites de ação estão disponíveis.

LEITURAS SUGERIDAS

Antonelli, A., Ferrari, S. M., Corrado, A., et al. (2015). Autoimmune thyroid disorders. *Autoimmunity Reviews*, 14, 174-180.

Bodnar, T. W., Acevedo, M. J., & Pietropaolo, M. (2014). Management of non-islet-cell tumor hypoglycemia: A clinical review. *The Journal of Clinical Endocrinology and Metabolism*, 99(3), 713-722.

Brandão Neto, R. A., & de Carvalho, J. F. (2014). Diagnosis and classification of Addison's disease (autoimmune adrenalitis). *Autoimmunity Reviews*, 13, 408-411.

Chaker, L., Bianco, A. C., Jonklaas, J., et al. (2017). Hypothyroidism. *Lancet* doi:10.1016/S0140-6736(17)30703-1, pii: S0140-6736(17)30703-1.2017, (Epub ahead of print).

Clemmons, D. R. (2010). Clinical laboratory indices in the treatment of acromegaly. *Clinica Chimica Acta*, 412, 403-409.

Cooper, D. S., & Biondi, B. (2012). Subclinical thyroid disease. *Lancet*, 379, 1142-1154.

De Leo, S., Lee, S. Y., & Braverman, L. E. (2016). Hyperthyroidism. *Lancet*, 388, 906-918.

Fahie-Wilson, M., & Smith, T. P. (2013). Determination of prolactin: The macroprolactin problem. *Best Practice and Research. Clinical Endocrinology and Metabolism*, 27, 725-742.

Henderson, J. (2005). Ernest Starling and 'Hormones': An historical commentary. *The Journal of Endocrinology*, 184, 5-10.

Higham, C. E., Johannsson, G., & Shalet, S. M. (2016). Hypopituitarism. *Lancet*, 388, 2403-2415.

Höybye, C., & Christiansen, J. S. (2015). Growth hormone replacement in adults: Current standards and new perspectives. *Best Practice and Research. Clinical Endocrinology and Metabolism*, 29, 115-123.

Koulouri, O., Moran, C., Halsall, D., et al. (2013). Pitfalls in the measurement and interpretation of thyroid function tests. *Best Practice and Research. Clinical Endocrinology and Metabolism*, 27, 745-762.

Loriaux, D. L. (2017). Diagnosis and differential diagnosis of Cushing's syndrome. *The New England Journal of Medicine*, 376, 1451-1459.

Melmed, S. (2006). Medical progress: Acromegaly. *The New England Journal of Medicine*, 355, 2558-2573.

Melmed, S., Casanueva, F. F., Hoffman, A. R., et al. (2011). Diagnosis and treatment of hyperprolactinemia: An Endocrine Society clinical practice guideline. *The Journal of Clinical Endocrinology and Metabolism, 96*, 273-288.

Molitch, M. E. (2017). Diagnosis and treatment of pituitary adenomas: A review. *JAMA: The Journal of the American Medical Association, 317*, 516-524.

Schoenmakers, N., Alatzoglou, K. S., Chatterjee, V. K., et al. (2015). Recent advances in central congenital hypothyroidism. *The Journal of Endocrinology, 227*, R51-R57.

Semple, R. K., & Topaloglu, A. K. (2010). The recent genetics of hypogonadotrophic hypogonadism: Novel insights and new questions. *Clinical Endocrinology, 72*, 427-435.

Smith, T. J., & Hegedüs, L. (2016). Graves' disease. *The New England Journal of Medicine, 375*, 1552-1565.

Vilar, L., Vilar, C. F., Lyra, R., et al. (2017). Acromegaly: Clinical features at diagnosis. *Pituitary, 20*, 22-32.

SITES

Cushing's Support & Research Association: http://www.CSRF.net

Endotext: http://www.endotext.org

National Institute of Diabetes and Digestive and Kidney Diseases: http://www.endocrine.niddk.nih.gov/

Pituitary Network Association: http://www.pituitary.org

The Endocrine Society: http://www.endocrine.org/

Thyroid disease manager: http://www.thyroidmanager.org

MAIS CASOS CLÍNICOS

Por favor, consulte o Apêndice 2 para mais casos relevantes referentes a este capítulo.

ABREVIATURAS

α-βA	Inibina A
α-βb	Inibina B
ACTH	Hormônio adrenocorticotrófico
ADH	Hormônio antidiurético
AVP	Argininovasopressina (igual a hormônio antidiurético)
cAMP	Adenosina 3′,5′-monofosfato cíclico
CBG	Globulina de ligação ao cortisol (também conhecida como transcortina)
CRH	Hormônio de liberação de corticotrofina
CT	Tomografia computadorizada
DHEA	De-hidroepiandrosterona
DHEAS	Sulfato de de-hidroepiandrosterona
DHT	Di-Hidrotestosterona
DIT	Di-iodotirosina
fT3 e fT4	T3 livre e T4 livre
GH	Hormônio do crescimento
GHRH	Hormônio liberador do hormônio de crescimento
GnRH	Hormônio liberador de gonadotrofina
HAC	Hiperplasia suprarrenal congênita
hCG	Gonadotrofina coriônica humana
hGH	Hormônio de crescimento humano
hCS-A, hCS-B, hCS-L e hGH-V	Genes humanos de somatomamotropina (GH)
IGF-1	Fator de crescimento semelhante à insulina-1
IGFBP	Proteínas de ligação de IGF
LH	Hormônio luteinizante
MIT	Monoiodotirosina
MS	Espectrometria de massa [EM]
MRI	Ressonância magnética por imagem
MSH	Hormônio estimulador dos melanócitos
17-OHP	17-hidroxiprogesterona
OGTT	Teste de tolerância oral à glicose [TTOG]
ONDST	Teste *overnight* de supressão de dexametasona
POMC	Pro-opiomelanocortina
rT3	T3 reversa
SHBG	Globulina ligadora de hormônios sexuais
T3	Tri-iodotironina
T4	Tiroxina
Tg	Tireoglobulina
THRB	Gene beta do hormônio tireoidiano
TPO	Peroxidase tireoidiana
TRH	Hormônio liberador de tirotropina
TSH	Hormônio tireoestimulante (tireotropina)
UFC	Cortisol livre na urina 24h
VP	Vasopressina
ZF	Zona fasciculada
ZG	Zona glomerulosa
ZR	Zona reticular

CAPÍTULO 28

Homeostasia Celular: Crescimento Celular e Câncer

Alison M. Michie, Verica Paunovi e Margaret M. Harnett

OBJETIVOS

Após concluir este capítulo, o leitor estará apto a:

- Definir os estágios do ciclo celular dos mamíferos.
- Delinear como o ciclo celular é regulado por ciclinas e quinases dependentes de ciclinas.
- Descrever os eventos moleculares que permitem aos fatores de crescimento regular a proliferação celular.
- Discutir os diferentes mecanismos que permitem às células interromper a proliferação ou morrer.
- Explicar os eventos moleculares e celulares que definem a apoptose e a autofagia.
- Delinear algumas técnicas experimentais capazes de elucidar o crescimento, a proliferação e a morte celular.
- Explicar como a subversão do crescimento fisiológico normal desencadeia o desenvolvimento de tumores.
- Distinguir oncogenes dos genes supressores tumorais e descrever seu papel na progressão/supressão tumoral..

INTRODUÇÃO

O desenvolvimento e a sobrevivência de organismos multicelulares, como os seres humanos, depende da regulação apropriada do crescimento, diferenciação e morte de diferentes tipos celulares para a manutenção da integridade do organismo

Apesar de as células terem desenvolvido um programa complexo de mecanismos de controle para impedir a replicação de células danificadas e permitir seu reparo, se os mecanismos de controle do crescimento ficarem comprometidos, pode haver o desenvolvimento do câncer. A maioria das células no adulto não se encontra em divisão. No entanto, em determinadas circunstâncias, como no reparo tecidual e na senescência, os processos de crescimento e a proliferação ocorrem de forma controlada. Assim, à medida que as células morrem, seja por senescência ou como resultado de uma lesão tecidual, elas devem ser substituídas de uma maneira rigorosamente regulada. A homeostasia celular mantém a integridade dos órgãos mediante o controle da sobrevivência, proliferação e morte celular, para garantir que as células saudáveis, ao contrário das células cancerosas (transformadas), em geral, parem de se dividir quando entram em contato com as células vizinhas.

Pesquisa realizada em células cancerosas transformadas tem destacado os importantes mecanismos que regulam o crescimento e a divisão celular nas células normais

Por meio de pesquisa sobre alterações genéticas nas células cancerosas, tem sido possível realizar a identificação de um grande número de genes que são críticos para a regulação da proliferação celular normal. Talvez não seja surpreendente verificar que os mecanismos moleculares que favorecem os processos de sobrevivência e proliferação celulares se encontrem frequentemente suprarregulados nos cânceres humanos. Os genes proliferativos mutados são chamados de **oncogenes** (genes causadores de câncer), e seus homólogos celulares normais são chamados **proto-oncogenes**. Os proto-oncogenes são predominantemente transdutores de sinal que atuam regulando o crescimento e a divisão celular normal; a regulação aberrante desses processos leva à transformação celular. Por outro lado, as proteínas envolvidas na supressão da proliferação, ou **genes supressores de tumor,** geralmente estão inibidas durante a oncogênese, o que desencadeia a proliferação descontrolada. A exploração da função dessas proteínas em circunstâncias fisiológicas normais pode auxiliar na compreensão de como elas podem ser subvertidas quando se tornam desreguladas durante a oncogênese.

CICLO CELULAR

Células individuais se multiplicam por meio da duplicação do seu conteúdo e, então, se dividem em duas células-filhas

A divisão celular é estreitamente regulada por um mecanismo complexo chamado ciclo celular. A duração do ciclo celular varia entre os organismos, bem como entre os diferentes tipos celulares dentro de um único organismo. Nos mamíferos, por exemplo, pode durar de minutos a anos. No entanto, em linhagens celulares imortalizadas, que são amplamente utilizadas como sistemas de modelo experimental, uma volta do ciclo celular tipicamente se completa em 24 horas.

Em anos recentes, a extensa pesquisa sobre o ciclo celular definiu vários pontos de controle fundamentais

Tradicionalmente, o ciclo celular é dividido em várias fases (Fig. 28.1). A **mitose (fase M)** é a fase da divisão celular que geralmente se completa em uma hora. O restante do ciclo celular, durante o qual a célula se prepara para a divisão e duplica o ácido desoxirribonucleico (DNA), é denominado como **interfase**. A replicação do DNA nuclear ocorre na **fase de síntese (S)** da interfase. O período entre as fases M e S é

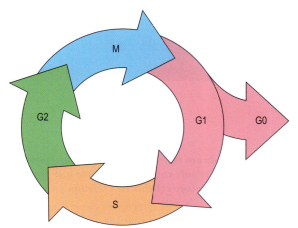

Fig 28.1 **As fases do ciclo celular.** O ciclo celular é divido em interfase e mitose. Na interfase, composta pelas fases G1, S e G2, as células crescem, preparam-se para a divisão e duplicam o seu DNA. A mitose é o estágio da divisão celular em duas células filhas. M, mitose; S, fase de síntese do DNA da interfase; G1, intervalo entre as fases M e S; G2, intervalo entre as fases S e M; G0, fase de repouso ou quiescente.

chamado **fase G1**, enquanto o intervalo entre as fases S e M é chamado **fase G2**. Durante as fases G1 e G2, a célula passa por vários pontos de controle para assegurar que está ocorrendo o crescimento celular adequado e a síntese de DNA com acurácia antes da divisão celular, prevenindo, assim, a incorporação de DNA mutado nas células-filhas. A duração do ciclo celular varia enormemente, e a maior parte dessa variabilidade pode ser atribuída à diferente duração da fase G1. Isso se deve ao fato de algumas células, que não são estimuladas a duplicar seu DNA, poderem entrar na forma especializada da fase G1, chamada **fase G0**.

A fase G0 é uma forma de estado de repouso, ou quiescência, no qual as células permanecem até que recebam sinais apropriados — por exemplo, por fatores de crescimento — estimulando-as a entrar novamente e a progredir pelo ciclo celular

Nos mamíferos, o tempo necessário para uma célula passar do início da fase S até a mitose normalmente é de 12-24 horas, independentemente da duração da fase G1. Assim, a maior parte da variação nas taxas de proliferação observada entre os diferentes tipos de células deve-se à quantidade de tempo gasto na fase G0/G1. Em condições que favoreçam o crescimento celular, o conteúdo total de ácido ribonucleico (RNA) e de proteína da célula aumenta continuamente, exceto na fase M, na qual os cromossomos estão excessivamente condensados para permitir que a transcrição ocorra.

É importante observar que a maioria das células no corpo humano se retiram irreversivelmente do ciclo celular para um estado de diferenciação terminal (neurônios, miócitos ou células epiteliais superficiais da pele e mucosas) ou permanecem na fase quiescente reversível G0 (célula-tronco, células gliais, hepatócitos ou células foliculares da tireoide). Apenas uma minoria das células mantém-se ativamente no ciclo, e estas estão localizadas principalmente nos compartimentos estaminais/de trânsito em tecidos capazes de autorrenovação, que incluem a medula óssea e os epitélios.

REGULAÇÃO DA PROLIFERAÇÃO E CRESCIMENTO CELULAR: FATORES DE CRESCIMENTO

As células de um organismo multicelular precisam receber sinais positivos para crescer e se dividir

Muitos desses sinais estão sob a forma de **hormônios polipeptídicos** (p. ex., a insulina), **fatores de crescimento** (p. ex., o fator de crescimento epidérmico [EGF]) ou **citocinas** (p. ex., interleucinas IL-1 até IL-36). Esses fatores de crescimento se ligam a receptores de superfície celular específicos, iniciando uma intricada rede de cascatas de sinalização intracelular que se opõem aos controles reguladores negativos presentes nas células em repouso para bloquear a progressão no ciclo celular e divisão.

Na maioria dos tipos celulares, a proliferação é controlada por sinais gerados a partir de uma combinação específica de fatores de crescimento em vez da estimulação de um único fator

Dessa forma, um número relativamente pequeno de fatores de crescimento pode regular seletivamente a proliferação de vários tipos celulares. Além disso, alguns dos fatores podem induzir o crescimento celular sem fornecer um sinal para a divisão. De fato, os neurônios na fase G0 do ciclo celular crescem muito sem se dividir. Adicionalmente, apesar de as células em proliferação poderem parar de crescer quando estão privadas de fatores de crescimento, continuam o seu progresso ao longo do ciclo celular até atingirem o ponto na fase G1, em que podem entrar em fase G0 (estado de repouso) ou entrar em senescência.

Os fatores de crescimento se ligam a receptores de superfície celular específicos

Os fatores de crescimento se ligam aos seus receptores de superfície celular específicos expressos nas células efetoras, que geralmente são proteínas transmembranares com um domínio de ligação ao fator de crescimento (ou ligante) e um domínio citoplasmático de proteína tirosina quinase (PTK) (Capítulo 25). Existem cerca de 50 fatores de crescimento conhecidos, dos quais o fator de crescimento derivado das plaquetas (PDGF) foi o primeiro identificado. As respostas de crescimento e proliferação ao PDGF são prototípicas para vários fatores de crescimento e incluem:

- Aumento imediato dos níveis de Ca^{2+} intracelulares – indicando a iniciação da sinalização transmembranar.
- Reorganização das fibras de estresse de actina – para permitir a adesão celular dependente da ancoragem, um requisito para a progressão no ciclo celular.
- Ativação e/ou translocação nuclear de fatores de transcrição que se ligam a regiões reguladoras do DNA codificadoras de genes responsivos a fatores de crescimento específicos. Esses genes são denominados como **genes iniciais imediatos**, os quais geralmente codificam eles mesmos fatores de transcrição que medeiam a expressão

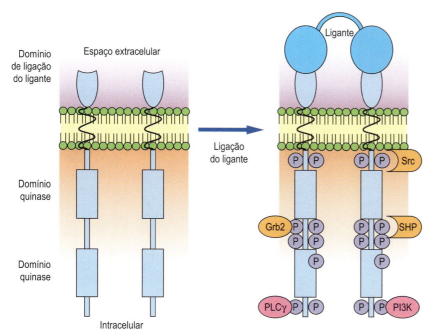

Fig. 28.2 **Ativação do receptor de fator de crescimento pela ligação do ligante e recrutamento de moléculas de sinalização.** A ligação de um fator de crescimento, como o PDGF ou EGF, aos seus receptores desencadeia a dimerização do receptor e a ativação da tirosina quinase, intrínseca aos domínios citoplasmáticos do receptor. Essa ativação desencadeia a fosforilação da tirosina dos receptores dimerizados em locais específicos nos domínios citoplasmáticos mediante o processo de transfosforilação. Os eventos de fosforilação criam locais de ancoragem que permitem interações proteína-proteína entre o receptor e os componentes de sinalização cascata abaixo, como a PLC-γ, a proteína tirosina quinase Src, a tirosina fosfatase SHP, a PI3K e moléculas adaptadoras(como a Grb2) que, por sua vez, recrutam a via Ras/MAPK. PLC-γ, fosfolipase Cγ; PI3K, fosfatidilinositol 3-quinase; Grb2, proteína ligada ao receptor do fator de crescimento 2; SHP, fosfatase contendo domínio SH2.

de componentes da maquinaria do ciclo celular, como as ciclinas.
- Síntese de DNA e divisão celular.

Os fatores de crescimento iniciam cascatas de sinalização seletivamente

Os fatores de crescimento individuais ativam distintos grupos de moléculas de sinalização e fatores de transcrição que, por sua vez, induzem um repertório único de expressão gênica. Dessa forma, fatores de crescimento específicos iniciam respostas diferenciais características que têm um impacto único no comportamento celular (Capítulo 25).

Os fatores de crescimento iniciam cascatas de sinalização seletivamente por meio de ligação aos seus receptores

A ligação a um receptor causa sua dimerização ou oligomerização e a ativação do domínio intracelular tirosina quinase o qual, por sua vez, medeia a transfosforilação do receptor em aminoácidos específicos dentro do domínio citoplasmático. A região fosforilada do receptor é então capaz de atuar como "**sítio de ancoragem**" para a ligação de proteínas transdutoras específicas, permitindo interações proteína-proteína (Fig. 28.2). Esse processo, por sua vez, leva ao recrutamento e ativação de moléculas adicionais de sinalização, como enzimas e **moléculas adaptadoras**, que medeiam a propagação da cascata de sinalização intracelular a partir da superfície da membrana plasmática para o interior da célula. A transfosforilação dos domínios citoplasmáticos de receptores cria um **suporte estrutural para a ligação de elementos de transdução de sinal**, como a fosfolipase Cγ (PLC-γ), proteínas ativadoras de GTPase (GAPs), PTKs não receptoras (designadas Src, Fyn, Abl), fosfotirosina fosfatases (PTPases) e moléculas adaptadoras (Shc ou Grb2), por meio de seus domínios de reconhecimento da fosfotirosina.

Sinalização do receptor do fator de crescimento epidérmico (EGFR)

Havendo ligação a um ligante, o EGFR ativa sinais por meio das cascatas de sinalização mediadas por Ras/Raf/MAPK e PI3K/Akt/mTOR

O EGFR pode ser ligado e ativado por um conjunto de ligantes, incluindo o EGF e o fator de crescimento transformador α (TGF-α). A ligação do EGFR leva ao recrutamento e à ativação da família *Src* das PTKs, que catalisa a fosforilação da PLC-γ, levando à ativação dessa enzima. A PLC-γ ativada catalisa, então, a hidrólise do fosfatidilinositol 4,5-bifosfato (PIP$_2$) para originar os segundos mensageiros intracelulares, inositol 1,4,5-trifosfato (IP$_3$) e diacilglicerol (DAG). O IP$_3$ estimula a liberação de Ca^{2+} dos estoques intracelulares (principalmente do retículo endoplasmático [ER]), e o DAG ativa membros de uma família importante de proteínas transdutoras de sinal, a família da proteína quinase C (PKC). A ligação do EGFR também induz a ativação de outra enzima modificadora de lipídeos, a fosfatidilinositol 3-quinase (PI3K). Essa enzima medeia a fosforilação do PIP$_2$, formando o segundo mensageiro lipídico fosfatidilinositol 3,4,5-trifosfato (PIP$_3$), o qual contribui para a ativação de determinados membros da família da PKC (Fig. 28.3). Além disso, o PIP$_3$ pode ativar outra quinase referida como quinase dependente do PIP$_3$ (PDK1) ou servir como sítio de ancoragem para proteínas que contêm os chamados domínios de homologia de plecstrina (PH).

A cascata de sinalização que envolve a Ras GTPase é importante na regulação da divisão celular

Um quarto de todos os tumores apresentam mutações constitutivamente ativas no componente de sinalização Ras, que é crítico para a transmissão de sinais de proliferação e diferenciação a partir de receptores extracelulares para o núcleo. A Ras é

QUADRO DE CONCEITOS AVANÇADOS
PROTEÍNAS TIROSINA QUINASE

Papel na Transdução do Sinal

As proteínas tirosina quinase (PTKs) são enzimas que transferem o grupo γ-fosfato do ATP para resíduos de tirosina das proteínas-alvo. A expressão *proteína tirosina quinase* é um termo genérico para uma grande superfamília de enzimas que compreende tanto os receptores transmembranares com atividade tirosina quinase intrínseca em seus domínios citoplasmáticos (p. ex., alguns receptores de fator de crescimento) quanto uma grande variedade de subfamílias de tirosina quinases citoplasmáticas que não são receptores, como as famílias Src, Abl, Syk, Tec ou Janus quinase (JAK) (Capítulo 25).

A fosforilação da tirosina é uma modificação covalente das proteínas que fornece um mecanismo rápido e reversível (pela ação das proteínas tirosina fosfatases) de alteração da atividade enzimática das proteínas-alvo e de modificação dessas proteínas, para que possam atuar como adaptadores com o fim de recrutar outras moléculas de sinalização.

Por exemplo, a fosforilação de resíduos de tirosina dos receptores ou moléculas de sinalização cria "sítios de ancoragem" que permitem interações proteína-proteína por meio de domínios específicos, tais como os chamados domínios SH2, contidos dentro da sequência de outros transdutores de sinal. SH2 representa o domínio 2 de homologia à Src da tirosina quinase citoplasmática Src, um elemento de transdução de sinal no qual esse domínio proteico foi primeiramente caracterizado. Os domínios SH2 compreendem cerca de 100 aminoácidos e reconhecem especificamente uma fosfotirosina no contexto dos três aminoácidos seguintes na direção C-terminal a essa fosfotirosina.

Papel na Regulação da Proliferação, Sobrevivência e Diferenciação Celular

As PTKs desempenham um papel fundamental na regulação da proliferação, sobrevivência e diferenciação celular, e a importância desses eventos reguladores é salientada pelos defeitos que são observados após a desregulação de genes que codificam PTKs. De fato, a expressão desregulada de receptores de fator de crescimento contendo atividade PTK intrínseca pode levar à ativação constitutiva das vias de sinalização Ras/Raf/MEK/ERK e Ras/PI3K/Akt/mTOR, acarretando crescimento, sobrevivência e proliferação celular aumentadas, além de subversão de eventos moleculares que regulam a apoptose, os quais se encontram desregulados no câncer. Foram identificadas mutações específicas no PDGFR, EGFR, Kit e Flt3 em tipos de câncer específicos. De fato, **mutações na família de receptores EGFR são responsáveis por 30% de todos os cânceres epiteliais, incluindo os cânceres de pulmão e do cérebro.**

As tirosinas quinase não receptoras também desempenham papéis críticos nas respostas celulares; mutações que levam a uma perda na atividade quinase resultam em **sérias anormalidades no desenvolvimento de linfócitos T e B**. Por exemplo, a perda de atividade/expressão da ZAP-70, uma PTK essencial para a ativação das células T dependente de antígeno, pode levar à **imunodeficiência combinada grave** (SCID) devido à ausência de função das células T efetoras durante um desafio imunológico. De forma semelhante, a **agamaglobulinemia ligada ao X**, uma imunodeficiência causada por ausência de produção de anticorpo IgG, ocorre como resultado de mutações causadoras de perda de função da Btk, uma PTK que é importante nas funções efetoras das células B.

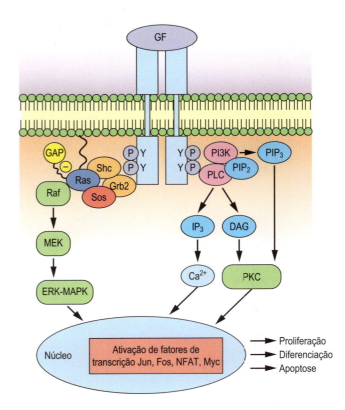

Fig. 28.3 **Ativação das cascatas de sinalização da Ras-ERK-MAPK e da PKC após a ligação de um fator de crescimento.** Os sinais de fator de crescimento ativados na membrana plasmática resultantes da ligação de um ligante podem regular a transcrição de genes, a progressão no ciclo celular, a proliferação, a diferenciação e a apoptose. Os sinais do receptor de fator de crescimento ativam sinais para recrutar as moléculas adaptadoras Grb2 e Shc, que levam à ativação das vias da ERK-MAPK, da PI3K/Akt e da PKC. Ras é ancorada na membrana plasmática e recrutada para o receptor de fator de crescimento ativado via interação com o complexo Grb2-Sos. A troca de GTP/GDP estimulada pelo receptor ativado, que é requerida para a ativação de Ras, é promovida por Sos, enquanto a GAP inativa a Ras ao estimular a sua atividade GTPase intrínseca. Ras acopla os receptores de fator de crescimento à cascata de sinalização MAPK pela estimulação das quinases intermediárias Raf e MEK. MAPK transloca-se ao núcleo e fosforila os fatores de transcrição essenciais envolvidos na regulação da síntese de DNA e divisão celular, como o Jun e o Fos (que dimerizam para formar o AP1), o NFAT e o Myc. Estes regulam a indução de componentes da maquinaria do ciclo celular que controlam a progressão no ciclo e identificam a necessidade de reparo do DNA. Se forem detectados danos no DNA, o ciclo celular é interrompido; se os danos forem excessivamente grandes, então a apoptose é induzida. GF, fator de crescimento; DAG, diacilglicerol; GAP, proteína ativadora de GTPase; IP3, inositol 1,4,5-trifosfato; MAPK, proteína quinase ativada por mitógeno; PI3K, fosfatidilinositol 3-quinase; PIP$_2$, fosfoinositol 4,5-bifosfato; PIP$_3$, fosfoinositol 3,4,5-trifosfato; PKC, proteína quinase C; PLC, fosfolipase C; Shc, proteína adaptadora do tipo colágeno e homóloga a Src, molécula adaptadora; Sos, *Son de Sevenless*.

uma GTPase constitutivamente ligada à membrana plasmática por meio de uma modificação pós-translacional que envolve a adição de grupo farnesil lipofílico. A ligação do EGFR recruta Ras por meio de ligação à proteína adaptadora Grb2. A Ras se alterna entre uma forma ativa ligada a GTP e uma forma inativa ligada a GDP (Fig. 28.3). Sua atividade catalítica intrínseca é baixa e é intensificada pela ligação a uma proteína ativadora da

GTPase (GAP). A troca de GDP/GTP é promovida pela ligação a um fator de troca de nucleotídeo de guanina, chamado Sos, que possibilita o retorno da Ras a um estado ativo. Uma das principais funções da Ras ativa é agir como regulador alostérico da cascata de sinalização da proteína quinase ativada por mitógeno (MAPK). A Ras traduz sinais a partir do EGFR mediante a ativação de duas quinases intermediárias, as quinases Raf e MEK. A MEK é uma quinase que ativa MAPK, especificamente duas isoformas das quinases reguladas por sinais extracelulares (ERK1 e ERK 2), ao mediar a fosforilação de dupla especificidade nos resíduos de tirosina e treonina no motivo de ativação Thr-Glu-Tyr (TEY). Após ativação, elas se translocam para o núcleo e fosforilam (em serinas e treoninas) fatores de transcrição-chave, envolvidos na regulação da transcrição de genes que controlam a síntese de DNA e a divisão celular (Fig. 28.3; compare com a sinalização da insulina descrita no Capítulo 31).

Complexos mTORC-1 e mTORC-2 integram sinais mitogênicos e nutricionais

Além de regular membros seletivos da família da PKC, a PI3K também é responsável pela ativação da PKD1 que, por sua vez, ativa a Akt. Essa enzima medeia a atividade do alvo da rapamicina em mamíferos (mTOR), uma proteína quinase serina/treonina. A mTOR pode participar em dois complexos de sinalização distintos, o mTORC-1 e o mTORC-2, integrando sinais mitogênicos e nutricionais para promover a sobrevivência, o crescimento e a proliferação celulares. A ativação da PI3K/Akt pela ligação do receptor leva à fosforilação da proteína da esclerose tuberosa 1/2 (TSC1/2), resultando na ativação do mTORC-1. Os efetores cascata abaixo (*downstream*) do mTORC-1 mais bem caracterizados são reguladores translacionais da via de síntese de proteínas, a proteína 1 ligante do fator de iniciação eucariótico 4E (4E-BP1) e a proteína quinase 1 ribossomal S6 (S6K1), que são estimuladas pela fosforilação mediada por mTORC-1 (Fig. 28.4).

Embora as vias de sinalização anteriormente descritas sejam lineares, ocorre uma quantidade significativa de cruzamentos entre os elementos das cascatas

Por exemplo, a cascata de sinalização ERK-MAPK é capaz de regular o mTORC-1 ao ativar a quinase RSK1 que, por sua vez, fosforila e inibe a TSC1/2, resultando, assim, na ativação do mTORC-1. Exemplos como este ilustram a complexidade existente nas vias de sinalização intracelular cascata abaixo (*downstream*). De fato, essa comunicação cruzada destaca como uma mutação em um único componente de sinalização pode ter impacto em um vasto conjunto de respostas biológicas dentro de uma única célula.

Sinalização dos receptores de citocinas

As citocinas são fatores de crescimento que coordenam principalmente o desenvolvimento de células hematopoiéticas e a resposta imune, apesar de também exercerem múltiplos efeitos em tipos de células não hematopoiéticas

De forma semelhante aos fatores de crescimento, as citocinas também exercem efeitos nas células ao se ligarem a receptores de superfície celular. Existem várias classes de receptores de

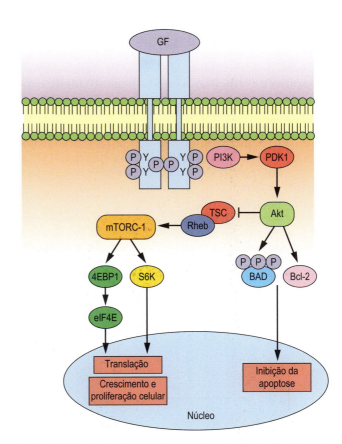

Fig. 28.4 **Estimulação do fator de crescimento da sinalização mTor.** Sinais de fator de crescimento ativados na membrana plasmática como resultado da ligação do ligante podem ocasionar o recrutamento de PI3K, ativando, assim, a PDK1/Akt, que intensifica a síntese de proteínas por meio do mTOR (a subunidade catalítica do complexo proteico mTORC-1), contribuindo para a progressão no ciclo celular. Também ocorre a inibição da apoptose pelo aumento da expressão de ciclinas e de membros da família antiapoptótica Bcl-2. Além disso, a Akt inibe a apoptose ao mediar a hiperfosforilação da proteína pró-apoptótica BAD, levando à estabilização da mitocôndria. Ver o texto para mais detalhes. GF, fator de crescimento; PI3K, fosfatidilinositol 3-quinase; PDK1, quinase dependente de PIP 3; mTOR, alvo da rapamicina em mamíferos; BAD, promotor de morte associado à Bcl-2; TSC, complexo da esclerose tuberosa; Rheb, homólogo da Ras enriquecido no cérebro; eIF4E, fator de iniciação eucariótico 4E; S6K1, proteína quinase 1 ribossomal S6 ; 4E-BP1, proteína 1 ligante a eIF4E.

citocinas, muitas das quais pertencem a uma superfamília chamada **receptores hematopoiéticos**. Estes são receptores transmembranares glicoproteicos, caracterizados pelos domínios extracelulares de ligação aos ligantes conservados, que contêm pares de cisteína característicos e um motivo pentapeptídico WSXWS (triptofano-serina-X-triptofano-serina, em que X é qualquer aminoácido). Muitos desses receptores consistem em subunidades múltiplas, contendo uma única subunidade de ligação ao ligante que lhes conferem especificidade e uma subunidade transdutora de sinal comum, a qual frequentemente é partilhada por várias citocinas relacionadas. O compartilhamento da subunidade transdutora de sinal é a base para a classificação das citocinas em diferentes subfamílias e ajuda a explicar a imunodeficiência grave resultante de defeitos que ocorrem naturalmente nesses receptores.

Janus quinases (JAKs) ligam os receptores hematopoiéticos à sinalização cascata abaixo (downstream) e à transcrição gênica

Ao contrário dos receptores de fatores de crescimento, os **receptores de citocinas não possuem atividade catalítica intrínseca**. No entanto, membros de uma família de PTKs citossólicas chamada Janus quinases (JAKs) são essenciais para a conexão dos receptores hematopoiéticos com a sinalização cascata abaixo (*downstream*) e a transcrição gênica. Assim, após a interação do ligante com o receptor, as JAKs se associam aos receptores ligando-se às regiões conservadas próximas ao domínio transmembranar. Com a ligação da citocina, que causa a oligomerização do receptor, as JAKs são fosforiladas e ativadas de modo a mediar a fosforilação de seus alvos cascata abaixo, os quais são fatores de transcrição chamados STATs (transdutores de sinais e ativadores) (Fig. 28.5). Em células não estimuladas, os STATs se encontram no citoplasma na forma monomérica. A estimulação por citocinas leva à fosforilação dos STATs mediada pelas JAKs e à sua dimerização. Então os dímeros de STAT se translocam para o núcleo, onde medeiam a transcrição de genes-alvo ao se ligarem às suas sequências específicas de DNA. Recentemente foi demonstrado que fatores de crescimento, como o EGF e o PDGF, também induzem a ativação das vias JAK/STAT; dessa forma, **a sinalização JAK/STAT pode ser um mecanismo universal utilizado pelos fatores de crescimento para regular a indução de genes e as respostas celulares.** Além disso, a maioria das citocinas, assim como fatores de crescimento clássicos, pode sinalizar através das cascatas de sinalização PLC, PI3K e Ras-MAPK.

A descoberta de que a mutação de um membro da família JAK, JAK3, resultou em **imunodeficiência combinada grave** (SCID) sugeriu que a JAK3 pode ser um bom alvo terapêutico para o desenvolvimento de novos imunossupressores. De fato, o inibidor de JAK3, tofacitinibe, é utilizado como imunossupressor para prevenir a **rejeição de transplantes de órgãos**, bem como doenças autoimunes, tais como **psoríase, artrite psoriática, síndrome inflamatória do intestino e artrite reumatoide**. Além disso, os inibidores de JAK3 são potenciais agentes **terapêuticos antitumorais** para cânceres que exibem atividade aumentada de JAK3, como **leucemia mieloide aguda** (AML) e **câncer colorretal e pulmonar**.

REGULAÇÃO DO CICLO CELULAR

A família de quinases dependentes de ciclinas (CDK) e as ciclinas regulam os pontos de transição do ciclo celular

À medida que as células progridem ao longo do ciclo celular em resposta à estimulação desencadeada pelos fatores de crescimento, elas devem passar por três pontos de transição/restrição semelhantes a um interruptor, posicionados no limiar das fases G1/S e na entrada e saída da fase M. Os principais reguladores desses pontos de transição incluem membros de uma família de quinases dependentes de ciclinas (CDK), que são serina/treonina quinases, e de uma família de proteínas, conhecidas como ciclinas.

As CDKs são expressas como heterodímeros contendo uma subunidade proteína quinase e uma subunidade regulatória de ciclina. Sua atividade é fortemente regulada por diferentes mecanismos, incluindo o estado de fosforilação da subunidade quinase, os níveis de ciclinas e/ou a interação com proteínas inibidoras de CDK (CDKI) que bloqueiam sua atividade catalítica. Enquanto os níveis de expressão de CDK são relativamente constantes ao longo do ciclo celular, os níveis de expressão das ciclinas são rigorosamente controlados, tanto no nível do mRNA quanto no nível da proteína (controle transcricional e traducional). De fato, a princípio, as ciclinas foram definidas como proteínas que eram especificamente degradadas durante cada mitose.

O modelo tradicional do ciclo celular estipula que uma associação ciclina-CDK específica dirige partes distintas do ciclo celular: as ciclinas tipo D e a CDK4/6 regulam os eventos no início da fase G1, a ciclina E-CDK2 desencadeia a fase S, a ciclina A-CDK2 e a ciclina A-CDK1 regulam a conclusão da fase S, enquanto a ciclina B-CDK1 controla a mitose (Fig. 28.6).

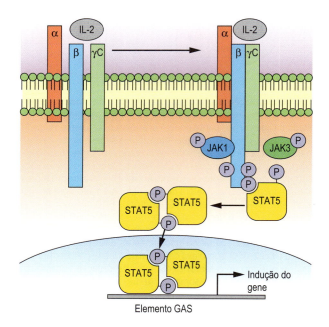

Fig. 28.5 **Sinalização do receptor de citocina: receptor de IL-2.** O receptor é composto pela cadeia α do receptor da IL-2 (IL-2Rα), pela IL-2/15Rβ e pela cadeia comum do receptor de citocina γ (γc). A ligação da IL-2 à subunidade α causa a associação dessa subunidade às subunidades β e γ, formando um heterotrímero estável. As moléculas JAK se associam às subunidades β (JAK1) e γc (JAK3) e fosforilam a si mesmas e aos resíduos de tirosina nos domínios intracelulares β e γc, permitindo o recrutamento e a fosforilação da STAT5. As moléculas STAT5 fosforiladas se dissociam dos receptores e formam dímeros, os quais são rapidamente translocados para o núcleo a fim de atuarem como fatores de transcrição, ligando-se a elementos GAS. Diferentes JAKs e STATs podem ser utilizadas para atingir a resposta específica de citocinas individuais. Essas vias controlam a transcrição, o crescimento, a proliferação e a sobrevivência celular. JAK, Janus quinase; STAT, transdutor de sinal e ativador; GAS, sítio de ativação do interferon gama.

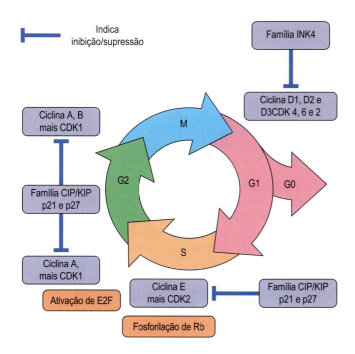

Fig. 28.6 **Regulação das fases do ciclo celular.** O ciclo celular é dividido em interfase e fase mitótica. Na interfase, composta pelas fases G1, S e G2, as células crescem, preparam-se para divisão e duplicam seu DNA. A mitose é o estágio da divisão celular em duas células-filhas. A progressão pelo ciclo celular é regulada pela interação entre associações específicas ciclina-CDK e seus inibidores. A expressão de ciclinas, particularmente daquelas que controlam as fases G1 e S, é regulada pela sinalização dos fatores de crescimento. Membros da família INK4 inibem CDKs específicas da ciclina D (CDK4 e 6), enquanto a família CIP/KIP inibe todas as CDKs. M, mitose; S, fase de síntese do DNA da interfase; G1, intervalo entre as fases M e S; G2, intervalo entre as fases S e M; G0, repouso ou fase quiescente; CDK, quinase dependente de ciclina; CDKI, inibidor de CDK; E2F, fator de transcrição; Rb, proteína de retinoblastoma; INK4, inibidores da família CDK4.

Mitogênese

Sinais mitogênicos ativados por fatores de crescimento exercem seus efeitos entre o início da fase G1 e um ponto tardio na fase G1, chamado ponto de restrição

O evento-chave para a iniciação do ciclo celular na fase G1 é a fosforilação de vários resíduos da **proteína do retinoblastoma** (Rb). A Rb controla a expressão de genes que conduzem as células que chegaram ao ponto de restrição no final da fase G1 a entrar na fase S (síntese de DNA) do ciclo celular. No início da fase G1, as moléculas Rb estão no estado hipofosforilado. Isso lhes permite ligar e reprimir a atividade de ligação ao DNA dos principais reguladores da transição entre as fases G1/S, membros da família E2F de fatores de transcrição, inibindo, assim, a progressão do ciclo celular (Fig. 28.6). Outras moléculas que desempenham um papel importante nessa fase são as **histonas desacetilases** e os **complexos de remodelação da cromatina,** os quais regulam epigeneticamente a transcrição de genes. A estimulação com fatores de crescimento e/ou mitógenos afeta a entrada no ciclo celular ao desencadear a expressão e/ou ativação de **proto-oncogenes**, como o *Ras* e *Myc*, o que resulta na indução da expressão de ciclinas da família do tipo D (D1, D2 e/ou D3), seguidas pelas ciclinas da família do tipo E (E1 e E2). As ciclinas do tipo D associam-se à CDK4/6 e estimulam sua atividade, enquanto as ciclinas do tipo E aumentam a atividade quinase da CDK2. Essas associações ciclina-CDK modulam o estado de fosforilação da Rb ao convertê-la do estado hipofosforilado para o hiperfosforilado, inativando, assim, Rb e promovendo a liberação de E2F do complexo inibitório de Rb. As proteínas E2F livres mediam a transcrição de genes, cujos produtos são importantes para a entrada na fase S e avanço, como as ciclinas dos tipos A e B (Fig. 28.6). Desse ponto em diante, a progressão no ciclo celular independe de fatores de crescimento.

Quando as ciclinas do tipo E são degradadas, a CDK2 se liga às ciclinas do tipo A, e esses complexos fosforilam várias

---

 QUADRO DE CONCEITOS AVANÇADOS
ALTERANDO O PARADIGMA CLÁSSICO DO CICLO CELULAR

Estudos pioneiros que avaliavam as células em diferentes fases do ciclo celular usando abordagens bioquímicas clássicas, como a superexpressão de CDK mutante e o uso de inibidores farmacológicos seletivos das CDK, revelaram as associações ciclina-CDK preferenciais, levando à formulação do modelo tradicional do ciclo celular. No entanto, resultados de estudos genéticos recentes, envolvendo deleções específicas de ciclinas e CDKs em ratos e leveduras, demonstraram que este modelo deve ser revisto. Curiosamente, os embriões de ratos são viáveis mesmo na ausência de CDK2, CDK4 e CDK6, indicando que essas CDKs têm funções redundantes e são dispensáveis para controlar a proliferação celular. A ausência das CDKs, no entanto, afeta a proliferação e/ou diferenciação de alguns tipos celulares específicos.

- Camundongos *knockout* para CDK2 sobrevivem até os dois anos de idade, mas são estéreis, indicando que a CDK2 é absolutamente necessária para a meiose.
- CDK4 controla a proliferação/diferenciação das células β pancreáticas e das células produtoras do hormônio hipofisário.
- CDK6 regula a proliferação/diferenciação de algumas células hematopoiéticas.
- CDK1 é essencial para dirigir o ciclo celular na maioria dos tipos celulares, pelo menos até a metade do tempo de gestação.

A partir desses estudos, emergiu um novo modelo conhecido como **modelo do limiar mínimo**. Nesse modelo, tanto a CDK1 quanto a CDK2 associadas à ciclina A ou E são suficientes para controlar a interfase, enquanto a CDK1 associada à ciclina B dirige as células para a mitose. As diferenças na atividade dos mesmos complexos ciclina-CDK na interfase e na mitose podem ser atribuídas não apenas à especificidade de substrato, mas também à diferente localização no interior da célula e a um limiar de atividade superior para a mitose em relação à interfase. Além de ser regulada pela ligação de ciclinas, a ativação das CDK é também modulada por fosforilação. O complexo ativador de CDKs (CAK) – composto pela CDK7, pela ciclina H e MAT1 (*ménage a trois*) – medeia a fosforilação/ativação da CDK1, CDK2, CDK4 e CDK6 nos complexos ciclina-CDK. Além disso, o CAK desempenha um papel na transcrição de genes como parte do TFIIH, que é um fator de transcrição geral. Nesse contexto, o CAK fosforila o domínio C-terminal (CTD) da subunidade maior da RNA polimerase II. Esse evento faz parte do processo de remoção do promotor e de progressão da fase de pré-iniciação para a fase de iniciação da transcrição.

proteínas-alvo necessárias para a conclusão e a saída adequadas da fase S. No final da fase S, as ciclinas do tipo A se associam também à CDK1, e esses complexos partilham substratos com o complexo ciclina A-CDK2. A importância da existência de ambos os complexos, ciclina A-CDK1 e ciclina A-CDK2, ainda não está clara.

Ainda assim, durante a fase G2, as ciclinas do tipo A são degradadas por proteólise mediada por ubiquitina, e ciclinas do tipo B são sintetizadas e interagem com a CDK1. Estima-se que os complexos ciclina B-CDK1 fosforilem mais de 70 proteínas-alvo, que são mediadores importantes de processos regulatórios e estruturais (condensação cromossômica, fragmentação da rede de Golgi e quebra do invólucro nuclear) durante a transição G2/M. Por fim, a inativação dos complexos ciclina B-CDK1 é necessária para a saída da mitose. Isso é alcançado pela marcação com ubiquitina e subsequente degradação proteossômica das ciclinas do tipo B regulada pelo complexo promotor da anáfase (APC). A principal fosfatase que medeia o regresso à interfase após a mitose é uma forma da proteína fosfatase-2A (PP2A), cuja atividade é aumentada após a degradação das ciclinas mitóticas.

Monitoramento de danos no DNA

Os pontos de checagem moleculares que medeiam a progressão adequada ao longo do ciclo celular são sensíveis a problemas que podem ocorrer durante a síntese do DNA e a segregação dos cromossomos

O papel prioritário desses pontos de checagem é inibir a atividade dos complexos ciclina-CDK e, assim, atrasar ou interromper a divisão celular. Durante a replicação, o DNA está menos condensado e, portanto, menos protegido do ataque de agentes genotóxicos exógenos e endógenos que podem causar danos no DNA.

No caso de ocorrerem danos, os pontos de checagem de danos no DNA são sensíveis às alterações e ativam vias de sinalização que medeiam o reparo do DNA

Se o dano for irreparável, ocorre a indução de apoptose. As moléculas centrais do ponto de checagem de danos no DNA são as **quinases sensoras**, a proteína ataxia telangiectasia mutada (ATM) e a proteína ataxia telangiectasia mutada relacionada a Rad3 (ATR) – que detectam quebras na cadeia dupla e estresse replicativo, respectivamente – e as **quinases de ponto de checagem**, a CHK1 e a CHK2, as quais dependem dos sinais das quinases sensoras. Essas moléculas evitam as fases de transição G1/S e G2/M inibindo a atividade das CDK por meio do aumento da expressão da proteína inibidora de CDK (CDKI) p21 via estabilização da proteína p53 e/ou inibição da fosfatase Cdc25 (que é ativadora de CDK).

A proteína supressora tumoral p53 é predominantemente uma proteína sensível aos danos no DNA e que monitora o DNA ao longo do ciclo celular

Se forem detectados danos no DNA, a ATM e, subsequentemente, a CHK2 quinase são ativadas, construindo uma ação que contribui para a estabilização da p53 de modo a permitir a indução de mecanismos de reparo do DNA. Uma das funções da p53 é atuar como um fator de transcrição, aumentando a expressão da p21 (CDKI) (gene WAF1). Por sua vez, p21 inibe os complexos ciclina D-CDK4, evitando a fosforilação da Rb e, dessa forma, promovendo a ligação Rb/E2F e a supressão da transcrição de genes mediada pelo E2F. Além disso, os complexos ciclina E-CDK2 são inibidos, permitindo a interrupção no ciclo celular na transição G1/S. Isso proporciona tempo à célula para o reparo dos danos no DNA e, assim, previne a incorporação de material genético mutado nas células filhas. No entanto, se os danos no DNA forem irreparáveis, a morte celular programada por **apoptose** dependente da p53 é desencadeada.

Uma via independente da p53 envolvendo a família de proteínas INK4 também pode induzir a interrupção do ciclo celular na fase G1 em resposta a danos no DNA

Estas proteínas, que incluem a p16 (INK4A), a p15 (INK4B), a p18 (INK4C) e a p19 (INK4D), medeiam a interrupção do ciclo celular ao ligarem-se à CDK4/6 ou ao seu ligante, a ciclina D, causando a inativação dos complexos ciclina D-CDK4/6. Outro ponto de controle importante é o ponto de checagem da montagem do fuso mitótico (SAC), que assegura o alinhamento e a segregação adequados dos cromossomos na metáfase da mitose. O sinal do SAC é gerado pela presença de cinetócoros (complexos de proteínas nas cromátides que medeiam a ligação ao fuso mitótico) não inseridos ou indevidamente ligados, que leva, em última instância, à inibição de APC, evitando, portanto, o início da anáfase.

Os defeitos nos pontos de checagem de danos no DNA permitem o acúmulo de alterações no DNA, contribuindo para a **instabilidade genômica**, enquanto um SAC defeituoso pode levar a uma segregação desigual do material genético para as células filhas, criando **aberrações cromossômicas**. Tanto a instabilidade genômica quanto as aberrações cromossômicas constituem as principais causas de transformação celular e oncogênese.

QUADRO CLÍNICO
ATAXIA TELANGIECTASIA

A ataxia telangiectasia é uma doença autossômica recessiva rara causada por mutações no gene ataxia telangiectasia mutado (*ATM*). Os pacientes que apresentam essa doença têm os seguintes sintomas e sinais: intestino instável, telangiectasia, pigmentação cutânea, infertilidade, deficiências imunes e incidência aumentada de câncer, especialmente de tumores linforreticulares.

Comentário
A ATM é uma proteína quinase serina/treonina envolvida na indução do ponto de checagem de danos no DNA em resposta à radiação ionizante, a tratamentos anticâncer ou a quebras programadas no DNA durante a meiose. As células na ataxia telangiectasia exibem instabilidade cromossômica, hipersensibilidade a reagentes que induzam quebras na cadeia de DNA, defeitos nas fases G1/G2 e regulação alterada da expressão de p53 e p21. A ATM é constitutivamente expressa durante o ciclo celular e está envolvida na indução da interrupção do ciclo celular e/ou na apoptose mediada pela p53. Na ataxia telangiectasia, as células com ATM mutada são **incapazes de ativar adequadamente a p53** para induzir a interrupção do ciclo celular ou a apoptose em resposta à radiação ionizante. Além disso, quando a p53 também está mutada, o ciclo celular não é adequadamente regulado, o que aumenta ainda mais o risco de formação de tumores como resultado da acumulação de mutações.

MORTE CELULAR

A morte celular é uma parte fundamentalmente importante do ciclo de vida da célula, e a regulação adequada desse processo é essencial para manter a regulação homeostática de um organismo multicelular

A morte celular pode ser acidental ou programada, sendo iniciada e executada por meio de vias bioquímicas distintas. A **morte celular programada** (PCD, do inglês *programmed cell death*) é geneticamente regulada, e seu papel é remover células desnecessárias, danificadas ou mutadas. Durante vários anos, apoptose era sinônimo de PCD; no entanto, esse conceito está mudando devido aos recentes achados que identificaram diferentes modos de morte celular controlada.

Tanto o início como a execução da morte celular são processos complexos, e os pesquisadores classificam os vários tipos de morte celular com base em características morfológicas e/ou bioquímicas, que são os critérios mais utilizados. De acordo com critérios morfológicos, a morte celular pode ser classificada em:

- Apoptose – arredondamento da célula, retração dos pseudópodes, redução dos volumes celular e nuclear (picnose), condensação e fragmentação da cromatina (cariorrexe), aparecimento de bolhas na membrana plasmática, formação de corpos apoptóticos e ingestão por fagócitos residentes *in vivo*.
- Necrose ou morte celular necrótica – aumento do volume celular, dilatação das organelas celulares e rompimento da membrana plasmática, com perda concomitante do conteúdo intracelular. A necrose é frequentemente considerada uma forma acidental e incontrolável de morte celular que ocorre após uma injúria severa na célula. No entanto, pesquisas recentes demonstraram que a necrose pode ser controlada e iniciada por intermédio de vias de sinalização específicas envolvendo principalmente a serina/treonina quinase RIP1. Esse tipo de necrose é chamado **necrose programada (*"necrosis-like PCD"*)** ou necroptose e foi observada em células cancerígenas, células em proliferação que sofreram danos no DNA, bem como em células infectadas com determinados vírus (como vírus *Vaccinia*).
- **Morte celular autofágica** (ACD; autofagia) – vacuolização intensa do citoplasma, acúmulo de vacúolos autofágicos de membrana dupla, sem condensação da cromatina e pouca ou nenhuma ingestão por fagócitos *in vivo*. ACD frequentemente é confundida com a PCD acompanhada por autofagia em vez da morte mediada pelo processo de autofagia. Além disso, o termo ACD deveria ser usado somente quando a morte celular é executada por mero processo de autofagia, sem envolver apoptose ou necrose. Até o momento, esse tipo de PCD tem sido identificado em células de mamíferos quando a apoptose apresenta-se defeituosa ou está bloqueada e em glândulas salivares de *Drosophila*.

Apoptose

A apoptose é iniciada e executada após a perturbação da homeostasia intracelular por meio da ativação das vias intrínseca (mitocondrial) e extrínseca (p. ex., Fas, TNFR)

Em ambas as vias, duas famílias de proteínas são consideradas reguladores por excelência: cisteínas proteases chamadas de **caspases** e os **membros da família relacionada à proteína 2 do linfoma de células B (Bcl-2)**, que interagem para modular as decisões de vida ou morte (Fig. 28.7). No entanto, existem crescentes evidências de que outras vias de PCD são sensíveis ao estresse e aos danos em outras organelas celulares (como RE e lisossomos) e resultam na iniciação de programas de morte. Esses programas podem ocorrer em associação a ou independentemente da via mitocondrial intrínseca.

Caspases

As caspases são cisteínas proteases com especificidade para o substrato aspartato

As caspases são sintetizadas como proenzimas inativas (zimogênios) referidas como pró-caspases. De acordo com seu papel nas vias de morte, as caspases podem ser classificadas como caspases iniciadoras ou efetoras.

As **caspases iniciadoras** (caspase 2, 8, 9, 10) são sintetizadas como monômeros e, quando a célula recebe um sinal de morte, sofrem ativação resultante de alterações conformacionais induzidas por proximidade e dimerização dentro de complexos multiméricos, bem como clivagem autoproteolítica, que induz à atividade enzimática completa. Uma vez ativadas/clivadas, as caspases medeiam a clivagem proteolítica de outras caspases na via de morte.

As **caspases efetoras** são pró-enzimas expressas como dímeros pré-formados que são ativados pelo ataque proteolítico direto de caspases iniciadoras. Esses efetores executam o programa de morte celular por meio da clivagem de várias proteínas celulares vitais (como as laminas ou a gelsolina), induzindo interrupção do ciclo celular e incapacitando a iniciação de mecanismos homeostáticos e de reparo. Coletivamente, esses eventos levam à desinserção da célula do tecido circundante, desmontagem dos componentes estruturais e, em última instância, a externalização da fosfatidilserina (PS), que é um sinal para a fagocitose. A superexpressão de caspases ativas é suficiente para induzir apoptose celular.

Família de genes IAP: sua principal função é inibir a apoptose

A família de genes inibidores da apoptose (IAP), composta por nove membros da família (XIAP, cIAP1, cIAP2, IAP do melanoma, *IAP-like protein*, proteína inibidora da apoptose neuronal, survivina, livina e apollon) é evolucionalmente conservada desde a *Drosophila* até os humanos. A principal função desta família de genes é, tal como o nome indica, inibir a apoptose bloqueando diretamente caspases e/ou ativando vias de sobrevivência por meio da ativação do NFκB. Por exemplo, a XIAP inibe as caspases 3, 7 e 9 por ligação direta ao sítio ativo das caspases 3 e 7, enquanto no caso da caspase 9 evita a dimerização necessária para a ativação total. Por outro lado, a cIAP1 e a cIAP2 são reguladores positivos tanto da via canônica quanto da via não canônica da ativação do NFκB. A survivina, além de inibir a apoptose, desempenha um papel na progressão do ciclo celular ao bloquear a atividade da caspase 3, preservando assim a integridade da p21 no interior do complexo survivina-caspase 3-p21, e ao mediar a segregação apropriada dos cromossomos como parte do complexo que

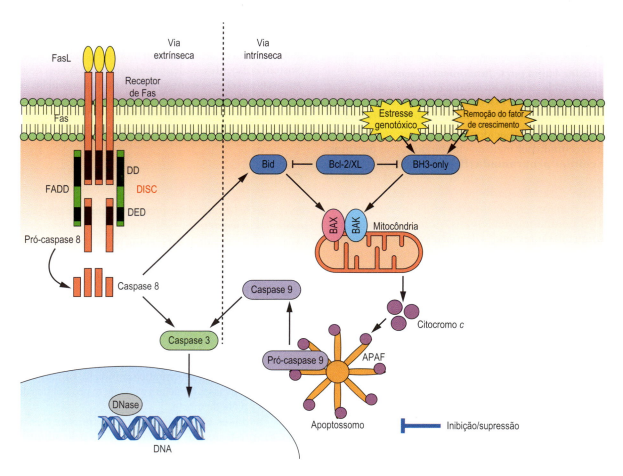

Fig. 28.7 **Regulação da apoptose.** Dois principais modos de apoptose são induzidos pela ligação aos receptores de morte, como o Fas, por privação de fatores de crescimento ou por estresse genotóxico. A ligação ao receptor Fas induz a via extrínseca de morte celular: a principal caspase iniciadora é a caspase 8. A ligação do FasL causa a trimerização do receptor e a formação de uma estrutura macromolecular chamada DISC, que atua como uma plataforma para a ativação da caspase8. Quando ativada, a caspase 8 pode diretamente clivar e ativar a caspase 3 ou pode clivar a proteína Bid, que atua de modo direto na mitocôndria, alimentando, assim, a segunda via de morte celular, conhecida como via intrínseca. Essa via é iniciada pela regulação positiva ou ativação de membrosda família pró-apoptótica que contém exclusivamente o domínio BH3, os quais inibem a proteína anti-apoptótica Bcl-2/xL, permitindo a formação do poro pela atuação de Bax/Bak oligomerizados na membrana externa mitocondrial. Esse poro permite a liberação do citocromo c para o citoplasma, em que forma o apoptossomo junto com a APAF1 e a pró-caspase 9. O apoptossomo é uma plataforma para a ativação da caspase 9 que, quando clivada, adota uma conformação ativa e pode clivar a caspase 3 efetora. A caspase 3 ativa medeia, então, a proteólise em massa ao ativar outras hidrolases ou clivando diretamente componentes estruturais. DISC, complexo de sinalização indutor de morte; Bid, agonista de morte que interage com o domínio BH3; Bax, proteína X associada à Bcl-2; Bak, Antagonista/assassino homólogo a Bcl-2; APAF1, fator de ativação da protease apoptótica 1; FADD, proteína de domínio de morte associada à FAS; DD, domínio de morte; DED, domínio do efetor de morte.

liga os cromossomos aos cinetócoros. Não é, portanto, surpreendente que se tenha descoberto que membros da família IAP contribuam para a sobrevivência de células tumorais, para a invasão celular e para as metástases em vários cânceres humanos. Curiosamente, a perda de cIAP1/cIAP2 está envolvida no desenvolvimento de **mieloma múltiplo**.

A família de genes Bcl-2 é composta por proteínas estruturalmente relacionadas que formam homo ou heterodímeros e atuam como reguladores positivos ou negativos da apoptose

O gene *Bcl-2* foi inicialmente descoberto em um linfoma folicular de células B como uma proteína constitutivamente expressa devido a uma translocação cromossômica t(14;18), que colocou o gene *Bcl-2* sob o controle do promotor da cadeia pesada da imunoglobulina. Os membros da família *Bcl-2* têm sido tradicionalmente classificados em três grupos: os membros da família anti-apoptótica (Bcl-2; Bcl-xL; Bcl-W; Mcl-1); da família pró-apoptótica BAX/BAK e das proteínas pró-apoptóticas que contêm apenas o domínio BH3 (BIM; BID; PUMA; NOXA; BAD; BIK). Enquanto a função da Bcl-2 envolve a preservação da integridade da membrana mitocondrial externa, os membros pró-apoptóticos da família BAX e BAK são responsáveis por induzir a permeabilização da membrana mitocondrial externa e subsequente liberação de mediadores apoptóticos (como o citocromo c), levando à ativação de caspases. A Bcl-2 e a Bcl-xL evitam a indução da apoptose ao inibir a BAX e a BAK, ao passo que os membros da família que contêm apenas o domínio BH3 ("*BH3 only*") previnem essa inibição por meio de uma ligação direta a Bcl-2 e a outros membros anti-apoptóticos (Fig. 28.7).

Existem vias alternativas à apoptose

A ruptura das membranas lisossômicas causa a liberação e a ativação de **proteases lisossômicas** (isto é, catepsinas), que medeiam a clivagem proteolítica direta de componentes celulares ou a ativação da via intrínseca. O estresse no retículo endoplasmático (ER) é geralmente causado pelo acúmulo de proteínas desenoveladas ou desdobradas (*unfolded*) no lúmen, dando origem à resposta a proteínas desenoveladas ou fluxo intracelular irregular de Ca^{2+}. Essas perturbações usualmente induzem apoptose por meio da via intrínseca. A acumulação de agregados de proteínas desenoveladas ou dobradas incorretamente está associada a várias doenças neurodegenerativas, incluindo **doença de Alzheimer, doença de Huntington e doença de Parkinson**. Por exemplo, agregados de proteína β-amiloide e mutações na presenilina 1 associada ao RE têm sido relacionados ao desenvolvimento de doença de Alzheimer familiar. Curiosamente, todas essas vias podem manter uma ligação cruzada e executar programas de morte complexos em ambos os sentidos, morfológico e bioquímico.

QUADRO DE CONCEITOS AVANÇADOS
AS VIAS DE MORTE INTRÍNSECA E EXTRÍNSECA

A via apoptótica extrínseca é ativada pela ligação de receptores de morte, tais como os membros da família do TNF (Fas, TNFR, TRAIL ou TWEAK). Por exemplo, a ligação do ligante homotrimérico FasL ao Fas provoca oligomerização do receptor e a montagem de um "complexo de sinalização indutor de morte" (DISC) intracelular. O DISC contém a pró-caspase 8, a molécula adaptadora FADD (domínio de morte associado ao Fas) e o seu modulador cFLIP. A ativação da caspase 8 ocorre primeiramente por alteração conformacional, que possibilita a total atividade enzimática e, em seguida, por clivagem autoproteolítica da forma pró-caspase. Então, as moléculas de caspase 8 clivadas deixam o DISC e ganham acesso aos alvos cascata abaixo, que incluem as caspases efetoras, como as caspases 3 e 7, ou a proteína pró-apoptótica membro da família Bcl-2, a Bid (do inglês *BH3-interacting-domain death agonist* – agonista de morte que interage com o domínio BH3). A Bid clivada ativa a via intrínseca para amplificar o sinal de morte (Fig. 28.7).

A via apoptótica intrínseca é também referida como uma via regulada pela Bcl-2, devido à complexa interação entre os membros pró e antiapoptóticos da família Bcl-2, que determina o destino da célula. Esse complexo geralmente é ativado por infecções virais, danos no DNA e privação de fatores do crescimento ou outros insultos citotóxicos. Essas condições de estresse aumentam a expressão de membros da família Bcl-2 que contém apenas o domínio BH3 ou, como alternativa, aumentam sua ativação pós-translacional, dependendo do contexto da indução de morte. Os membros da família pró-apoptótica Bcl-2 ativados liberam a inibição da proteína X associada ao Bcl-2 (BAX) e da proteína antagonista/assassina homóloga a Bcl-2 (BAK) nos poros da membrana mitocondrial externa, permitindo a liberação de citocromo c do espço intermembranar mitocondrial para o citoplasma. O citocromo c citoplasmático se liga, então, ao fator de ativação da protease apoptótica 1 (APAF1), permitindo a formação do apoptossomo, que serve de plataforma para a ativação da caspase 9 (Fig. 28.7). A caspase 9 ativa cliva, posteriormente, a caspase 3 e/ou 7 que, por sua vez, medeia a proteólise em massa de proteínas celulares vitais, ativa DNAses e orquestra a destruição da célula.

Autofagia

A autofagia é um processo de degradação de componentes celulares, no qual uma parte do citoplasma é englobado por uma membrana específica e os conteúdos são subsequentemente degradados por enzimas lisossômicas

A autofagia é um processo homeostático altamente regulado que desempenha um papel na degradação e reciclagem ("*turnover*") de proteínas mais antigas ou na eliminação de organelas defeituosas, como a mitocôndria (mitofagia) ou o RE (reticulofagia; Fig. 28.8). Além de estar associada à morte celular, a autofagia pode também permitir às células sobreviverem em condições de jejum nas circunstâncias de disponibilidade diminuída de nutrientes intra e extracelulares. Nesse caso, a autofagia induz processos catabólicos que geram substratos metabólicos a partir de componentes "próprios", permitindo, assim, que as células supram as suas necessidades energéticas e iniciem a chamada síntese adaptativa de proteínas em tempo de escassez. Os principais reguladores da autofagia são membros da família de genes relacionados a autofagia (ATG), composta por 31 genes até o momento. Desde a sua descoberta inicial em *Saccharomyces cerevisiae*, ortólogos (genes em diferentes espécies que evoluíram a partir de um gene ancestral comum) foram identificados em mamíferos, indicando que essa família de genes está conservada desde as leveduras.

A autofagia é induzida por vários estímulos estressores, incluindo estresse energético e privação nutricional, bem como hipoxia, estresse oxidativo, infecções, estresse do RE e danos mitocondriais

Todos esses estresses induzem diferentes vias de sinalização que regulam a autofagia. Um evento de sinalização característico que induz a autofagia como resultado da privação de nutrientes é a inibição da sinalização de **mTORC-1** e/ou da ativação da **proteína quinase ativada por 5'AMP (AMPK)**. O processo da autofagia envolve a formação de uma estrutura membranar, denominada fagóforo (provavelmente pela síntese *de novo*), que envolve e engloba parte do citoplasma ou a totalidade de uma organela, formando uma estrutura de membrana dupla chamada autofagossomo. Este pode se fundir a um endossomo, gerar um anfissomo. Subsequentemente, essas estruturas fundem-se a um lisossomo, gerando o autolisossomo, no qual hidrolases ácidas rompem a membrana interna e digerem o seu conteúdo. Os blocos de construção das macromoléculas digeridas são, então, reciclados para o citoplasma por intermédio de proteínas carreadoras denominadas permeases (Fig. 28.8).

Além da função de manutenção da homeostasia celular, a autofagia desempenha um papel tanto na imunidade inata quanto na adaptativa. Por exemplo, a autofagia é usada para a eliminação de bactérias intracelulares, como o *Streptococcus pyogenes* e o *Mycobacterium tuberculosis*. Além disso, o antígeno nuclear 1 do vírus Epstein-Barr (EBNA1) é processado por meio de uma via autofágica e ligado às moléculas MHC classe II para apresentação aos linfócitos T $CD4^+$ (Capítulo 43).

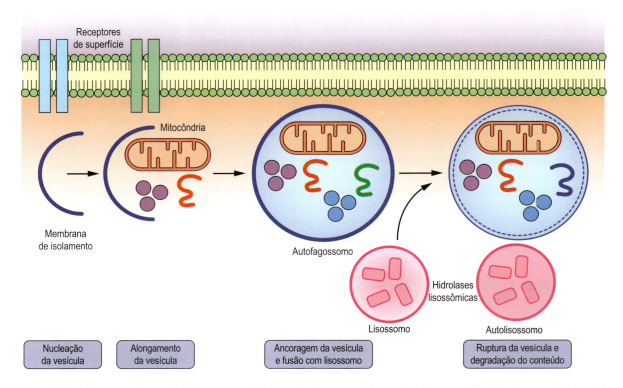

Fig. 28.8 **Autofagia.** O processo de autofagia começa pela formação de uma membrana de isolamento (fagóforo) que engloba a mitocôndria danificada e/ou proteínas anormalmente dobradas e forma a vesícula de membrana dupla chamada autofagossomo (vacúolo autofágico). Os autofagossomos sofrem maturação e fundem-se com lisossomos, criando, dessa forma, os autolisossomos, em que a membrana interna do autofagossomo e seu conteúdo luminal são degradados pela ação de hidrolases ácidas lisossômicas, como as catepsinas.

QUADRO TÉCNICO EXPERIMENTAL
ANÁLISE DA PROGRESSÃO DO CICLO CELULAR, APOPTOSE E AUTOFAGIA

A apoptose é um processo complexo e dinâmico com muitas características peculiares que permitiram o desenvolvimento de técnicas experimentais para a detecção dos diferentes estágios pelos quais as células em processo de morte chegam à morte: assimetria da membrana plasmática levando à externalização da fosfatidilserina (PS), alterações no potencial transmembrânico mitocondrial (MMP) e atividade de caspases, como indicado pela presença de caspases clivadas e pelo conteúdo de DNA, os quais podem ser detectados por citometria de fluxo com o uso de corantes fluorescentes apropriados. A **citometria de fluxo** é uma técnica quantitativa que mede a fluorescência no nível unicelular dentro de uma amostra de células em suspensão. Além disso, a **citometria de varredura a laser** (LSC) permite a quantificação por fluorescência e a geração de imagens topográficas, o que torna possível avaliar a apoptose não apenas nas células, mas também dentro dos tecidos.

A proliferação celular pode ser mensurada pela coloração das células com éster succinimídico de diacetato de carboxifluoresceína (CFDA SE), que é altamente permeável devido às duas cadeias laterais de acetato. Quando as moléculas de CFDA SE entram na célula, os grupos acetato são clivados por esterases celulares que os convertem em uma forma CFSE fluorescente, a qual sai da célula em uma velocidade mais lenta. Ao mesmo tempo, a molécula succinimidil liga-se a grupos amino livres de várias moléculas que contêm amina, algumas das quais apresentam meia-vida curta ou são transportadas para fora da célula. No entanto, um número suficiente de aminas de meia-vida longa é marcado com CFSE, como proteínas do citoesqueleto, o que permite o rastreamento de células *in vivo* durante semanas. A intensidade de fluorescência das células coradas com CFSE é proporcional à concentração de CFSE utilizada e à duração da coloração. Quando as células coradas são estimuladas a se dividirem, o CFSE é fracionado de forma igual entre as células-filhas. Esse fenômeno pode ser detectado pela citometria de fluxo. A diminuição no brilho da fluorescência é observada em picos distintos com redução dos valores médios da fluorescência, permitindo a análise da progressão da divisão de acordo com o número de divisão definidopelas janelas (*gates*) selecionadas ao redor de cada pico.

O conteúdo de DNA aumenta durante a fase S de um DNA cromossômico diploide na fase G0/G1 para tetraploide em G2/M, antes de retornar ao estado diploide novamente após a fase M. Durante a apoptose, o DNA é fragmentado pela ação de endonucleases de DNA, criando uma população de células que exibem um conteúdo subdiploide. Portanto, tanto o ciclo celular quanto a apoptose podem ser detectados por meio da mensuração do conteúdo de DNA das células. Os protocolos de coloração fluorescente mais comumente usados para avaliar o conteúdo de DNA constituem a coloração com iodeto de propídio (PI) ou com 4'-6'-diamidino-2-fenilindol (DAPI). PI é

QUADRO TÉCNICO EXPERIMENTAL (Cont.)
ANÁLISE DA PROGRESSÃO DO CICLO CELULAR, APOPTOSE E AUTOFAGIA

um corante que se intercala no DNA; portanto, a extensão da ligação, medida pela fluorescência emitida, indica o conteúdo total de DNA. O DAPI funciona de uma maneira semelhante, exceto pelo fato de que as moléculas do corante se ligam preferencialmente aos pares de bases A-T. De fato, a análise por LSC das células fixadas em uma lâmina e coradas permite determinar a progressão do ciclo celular em virtude do valor máximo de pixel DAPI (condensação da cromatina) ao longo do eixo x e do valor integral DAPI (conteúdo de DNA) no eixo y. As células apoptóticas (AP) exibem baixo conteúdo de DNA (sub G1). A análise por LSC permite que imagens de células individuais em estágios distintos do ciclo celular sejam visualizadas. Outro método comumente usado para avaliar o conteúdo de DNA, no contexto da síntese de DNA (indicando progresso através da fase S), é marcar as células com bromodeoxiuridina (BrdU), que é incorporada ao DNA no lugar da timidina durante a síntese do DNA. A quantidade de BrdU incorporada frequentemente é mensurada por citometria de fluxo, utilizando anticorpos anti-BrdU acoplados a corantes fluorescentes.

A fragmentação do DNA também pode ser avaliada pelo ensaio TUNEL, no qual os fragmentos de DNA são marcados com corantes fluorescentes. Essa técnica emprega a capacidade da enzima terminal desoxinucleotidil transferase (TdT) em adicionar nucleotídeos marcados com biotina, como dUTP, às extremidades dos fragmentos de DNA. Subsequentemente, esses fragmentos são visualizados pela ligação do ligante de biotina, a estreptavidina, acoplado a corantes fluorescentes. A maneira mais simples de detectar a fragmentação do DNA é separando os fragmentos por eletroforese em gel de agarose, que permite a visualização destes em um padrão de escadas (*DNA ladders*).

A autofagia também é um processo dinâmico e complexo. Ao longo dos anos, várias técnicas foram desenvolvidas para detectar diferentes etapas da autofagia. Por exemplo, um acúmulo de autofagossomos pode ser visualizado usando microscopia eletrônica ou citometria de fluxo/microscopia fluorescente para detectar aumentos na fluorescência de corantes acidotrópicos, como o corante laranja de acridina ou o *lysotracker* vermelho, ou pela avaliação da conversão da proteína LC3-I (proteína de cadeia leve 3 associada a microtúbulos) para a forma conjugada com fosfatidiletanolamina (LC3-II) por *Western blotting* ou imunofluorescência.

QUADRO CLÍNICO
APOPTOSE E AUTOFAGIA DESREGULADAS PODEM CAUSAR CONDIÇÕES PATOLÓGICAS DISTINTAS

Apoptose Desregulada
A apoptose excessiva está ligada a **doenças neurodegenerativas** e à **imunodeficiência**, enquanto a evasão à apoptose é um importante fator de contribuição para a **oncogênese** e para o desenvolvimento de **doenças autoimunes**. Mutações (deleções/adições de um ou de um pequeno número de nucleotídeos nos éxons codificantes ou nos locais de *splice*) no receptor de morte Fas desencadeiam uma falha na apoptose mediada por Fas, que leva ao aumento da sobrevivência de linfócitos ativados, causando a síndrome linfoproliferativa autoimune (ALPS). Essa doença hereditária rara se apresenta geralmente no início da infância. Pacientes com ALPS apresentam linfoadenopatias, esplenomegalia e citopenias autoimunes e possuem risco aumentado para o desenvolvimento de linfomas. A mutação de Fas ou a deleção do membro da família Bcl-2 Bim em camundongos causa uma doença semelhante ao lúpus eritematoso sistêmico (LES-like), enquanto a translocação cromossômica do Bcl-2 para o locus da cadeia pesada da imunoglobulina (t[14;18]) resulta na expressão constitutiva da Bcl-2, levando ao desenvolvimento de linfoma folicular. No memo sentido, a expressão e a função aberrantes dos membros da família Bcl-2 também estão envolvidas no desenvolvimento de doenças autoimunes e câncer.

Autofagia Desregulada
Perturbações na indução e execução da autofagia também podem levar a uma série de distúrbios e doenças. Deleções monoalélicas no gene BECN1/ATG são tumorigênicas em camundongos, e a diminuição da expressão de Beclina 1 é observada no **carcinoma de mama humano**. Mutações de perda de função nos genes Pink1 e Parkin, que são reguladores da mitofagia, estão associadas à doença de Parkinson familiar nos seres humanos. As **doenças de armazenamento lisossômico**, de forma semelhante às doenças neurodegenerativas comuns, que incluem mais de 40 distúrbios genéticos, apresentam-se em sua maioria associadas à deficiência de hidrolases lisossômicas. A função reduzida ou comprometida dessas enzimas causa acúmulo de moléculas que seriam degradadas, ao passo que as **doenças de Parkinson e de Huntington** estão associadas ao acúmulo de umaforma mutante da proteína α-sinucleína.

CÂNCER

As células que desenvolvem mutações que afetam a regulação normal do ciclo celular são capazes de apresentar proliferação descontrolada, o que resulta na perda da regulação homeostática e no desenvolvimento de tumor ou neoplasia

Enquanto as células neoplásicas permanecem como um tumor intacto, o tumor é considerado **benigno**. No entanto, se mutações adicionais permitem que as células tumorais invadam e colonizem outros tecidos, produzindo tumores secundários generalizados ou **metástases**, o tumor será descrito como **maligno** e classificado como **câncer**. Todo câncer é proveniente de uma única célula que apresentou alguma mutação na linhagem germinativa, o que permitiu o excessivo crescimento ao redor das células; no momento em que são detectados pela primeira vez, os tumores tipicamente contêm um bilhão de células. Os cânceres são classificados de acordo com o tipo de tecido e de célula da qual são derivados: os derivados de células epiteliais são **carcinomas**, os derivados de células do tecido conjuntivo ou muscular são **sarcomas** e os derivados de células hematopoiéticas são chamados **leucemias/linfomas**. Cerca de 90% dos cânceres humanos são carcinomas, sendo os cinco mais comuns o **câncer de mama, próstata, pulmão, intestino e melanoma**.

Na maioria dos casos, uma única mutação não é suficiente para converter uma célula saudável em uma célula cancerosa; várias mutações devem ocorrer em conjunto

As mutações no DNA ocorrem espontaneamente a uma velocidade de 10^{-6} mutações por gene, por divisão celular (ainda mais na presença de agentes mutagênicos). Assim, como ocorrem aproximadamente 10^{16} divisões celulares no corpo humano ao longo de um tempo médio de vida, cada gene humano vai provavelmente sofrer uma mutação em cerca de 10^{10} ocasiões. Então, é claro que uma única mutação não é normalmente suficiente para converter uma célula saudável em uma célula cancerígena; várias mutações devem ocorrer em conjunto, como descrito por estudos epidemiológicos que mostram que, para qualquer tipo de câncer, a incidência aumenta exponencialmente com a idade. Foi estimado que entre três e sete mutações independentes geralmente são necessárias, sendo que as leucemias aparentemente necessitam de um número menor de mutações, e os carcinomas necessitam de um número maior.

As mutações devem ocorrer nas células apropriadas para haver o desenvolvimento de uma neoplasia, indicando que o contexto celular possui um importante significado no tipo de câncer que subsequentemente se desenvolverá

Além do desenvolvimento de mutações promotoras de câncer, a célula na qual a mutação ocorre deve, então, ser permissiva a ser uma célula iniciadora de câncer. Isso está relacionado ao contexto celular no qual um oncogene é expresso e às propriedades conferidas à célula tumoral pela expressão de um determinado oncogene. Para tornar-se oncogênica e promover o crescimento de células cancerígenas, a célula deve apresentar a capacidade de autorrenovação. Se a expressão de oncogenes ocorre em uma célula-tronco, isso pode inibir as redes regulatórias negativas estabelecidas que normalmente interromperiam o crescimento e a proliferação celular, gerando, assim, uma **célula-tronco cancerosa**. Cânceres como a **leucemia mieloide crônica (CML)** e a **leucemia mieloide aguda (AML)** podem ter origem em mutações nas células-tronco. No entanto, não é essencial que a célula que origina um câncer derive de uma célula-tronco. De fato, o câncer pode surgir em células progenitoras comprometidas as quais sofrem mutações que permitem que essas células adquiriram potencial para se autorrenovar e proporcionar, assim, uma fonte celular para o câncer.

As mutações que levam à expressão de oncogenes estabelecidos não resultam no desenvolvimento de câncer se ocorrerem em células não suscetíveis

Por exemplo, o cromossomo Filadélfia (t[9;22]) contém um gene derivado de dois genes de diferentes cromossomos, que se fusionam após a troca de fragmentos (translocação) entre os cromossomos 9 e 12. Esse gene gera a proteína de fusão BCR-Abl, que codifica uma forma constitutivamente ativa da PTK c-Abl (mutação causadora do desenvolvimento de >95% dos casos de CML), detectada em um nível muito baixo nas células sanguíneas periféricas em circulação de cerca de 30% de indivíduos saudáveis. Estudos demonstraram que somente a expressão de BCR-Abl não confere propriedades de autorrenovação nas células progenitoras comprometidas, indicando que

---

QUADRO DE CONCEITOS AVANÇADOS
CÉLULAS-TRONCO DO CÂNCER

Embora todas as células dentro dos tumores compartilhem aberrações genéticas similares responsáveis pelo seu crescimento, os tumores são compostos por vários tipos de células diferentes, que diferem na morfologia e nos marcadores de superfície celular. Dessa forma, os tumores apresentam muitas características semelhantes às do tecido normal. A análise da velocidade de proliferação de diferentes células tumorais revelou que, embora a maioria das células tenha realizado o ciclo em velocidade rápida, houve uma pequena população de células que proliferou com velocidade mais lenta. Essa última população era capaz de permanecer em repouso ou quiescente durante semanas. Dois modelos mutuamente exclusivos foram gerados para explicar esse comportamento. No **modelo estocástico** de desenvolvimento do câncer, as células tumorais são biologicamente homogêneas; no entanto, a atuação de fatores microambientais intrínsecos e extrínsecos induz a heterogeneidade dentro do tumor, influenciando aleatoriamente as propriedades das células em relação a morfologia, velocidade de proliferação e capacidade de formar novos tumores. Por outro lado, no **modelo hierárquico**, como observado no tecido normal, apenas um subconjunto distinto de células, as células-tronco do câncer (CSC) iniciadoras, é capaz de gerar novos tumores (autorrenovação), enquanto as CSC progenitoras proliferam para compor a maior parte do volume do tumor, mas são incapazes de se autorrenovarem. Esse modelo indica que as CSCs desenvolvem propriedades semelhantes às células-tronco, mas isso não implica que as CSCs se originam somente de células-tronco normais. De fato, estudos em leucemias estabeleceram que algumas mutações são capazes de promover a autorrenovação nas células progenitoras, conferindo a estas a propriedade crítica das células-tronco, o que é essencial para sua capacidade de manter o crescimento tumoral. Até agora, as CSCs foram identificadas em leucemias (CLM, ALL, AML) e cânceres no cérebro, na mama, na próstata, na pele e no colo do intestino.

Comentário

A descoberta de que as CSCs, ou células iniciadoras de tumor, apresentam propriedades de células-tronco representou um problema em relação à intervenção terapêutica. Células-tronco normais (e CSCs) são quiescentes, apresentam vida de longa duração e se autorrenovam. Isso dificulta a remoção de CSCs porque a maioria das terapias se dirige às células ativamente proliferativas. Embora isso remova a maior parte do tumor, a raiz do tumor (ou a CSC) permanece, o que resulta no recrescimento tumoral ou recidiva. Por essa razão, tornou-se criticamente importante elucidar as diferenças entre as células-tronco normais e as CSCs para permitir o desenvolvimento de terapias que visem especificamente as CSCs, removendo, assim, a origem do câncer. Para complicar ainda mais, por causa da subversão dos pontos regulatórios de checagem do ciclo celular nas CSCs, uma característica particular dessas células é a instabilidade genética. Nesse contexto dinâmico, é possível que o clone tumoral evolua, um processo conhecido como **evolução clonal**, levando ao desenvolvimento de um clone mais agressivo do câncer que pode prosperar e ser potencialmente resistente a novas terapias, daí a **necessidade de terapias de segunda e terceira linha**.

são necessárias mutações secundárias para tornar essas células cancerosas. Esse achado sugere que a expressão de oncogenes como o BCR-Abl dentro de um ambiente de células-tronco pode permitir que ele se infiltre no início do programa neoplásico.

QUADRO DE CONCEITOS AVANÇADOS
EVENTOS ONCOGÊNICOS SÃO DEPENDENTES DO CONTEXTO CELULAR

Embora as mutações genéticas sejam comuns e esperadas, com perda de função em p53, PTEN e Rb, e ganho de função em Ras, o sequenciamento do genoma também identificou mutações em genes "não esperados" em determinados tipos de cânceres. Por exemplo, o gene *Notch* encontra-se mutado para produzir a forma constitutivamente ativa da proteína Notch e está relacionado ao desenvolvimento de cerca de 50% dos casos de leucemia linfoblástica aguda de células T (T-ALL). No entanto, mutações ativadoras no *Notch1* também foram identificadas em doenças em células da linhagem B, incluindo a leucemia linfocítica crônica (CLL) e o linfoma de células do manto (MCL). Recentemente, foi identificada uma mutação inativadora de *Notch* no carcinoma de células escamosas de cabeça e pescoço, indicando que, apesar de *Notch* atuar nas linhagens hematopoiéticas como promotor tumoral, pode comportar-se como supressor tumoral na carcinogênese de células escamosas.

Foram identificadas também alterações na expressão de genes como mecanismo para desenvolvimento/promoção de tumores. De fato, os padrões de expressão de isoformas específicas da proteína quinase C (PKC) estão desregulados em um conjunto de cânceres, possivelmente por meio de alterações na regulação epigenética da expressão gênica. Em particular, a PKCα está suprarregulada nos cânceres de mama, gástricos, da próstata e cerebrais, sugerindo que ela contribui para a tumorigênese. Além disso, os níveis de expressão de PKCα também foram relacionados à agressividade e à capacidade de invasão das células tumorais do câncer de mama. No entanto, a expressão de PKCα está sub-regulada nos cânceres colorretal, epidérmico e pancreático e na CLL, sugerindo que a PKCα pode também agir como um supressor tumoral. Quando analisadas em conjunto, esses achados indicam que a célula na qual a mutação ou a modulação da expressão de uma proteína ocorre exerce influência direta na probabilidade de formação de um câncer.

Promotores tumorais: Oncogenes

As mutações que levam à proliferação descontrolada de células cancerígenas podem ser resultantes da interrupção do controle da divisão celular normal ou, de forma alternativa, da redução dos processos normais de diferenciação terminal ou apoptose. Essa distinção se reflete nos dois grupos principais de genes que são alvo de mutações no câncer: **oncogenes** e **genes supressores de tumor**.

Oncogenes foram primeiramente identificados como genes virais que infectam as células normais e as transformam em células tumorais

O vírus do sarcoma de Rous, um retrovírus que causa tumores no tecido conjuntivo de galinhas, infecta e transforma os fibroblastos que crescem em cultura de células. As células transformadas crescem mais do que as células normais e apresentam várias anomalias ligadas ao crescimento, como perda da inibição do crescimento mediada pelo contato celular e perda da dependência de ancoragem para o crescimento. Além disso, as células exibem uma aparência arredondada e podem proliferar na ausência de fatores de crescimento. Adicionalmente, as células são imortais (não entram em senescência) e podem induzir a formação de tumor quando injetadas em um animal hospedeiro apropriado, confirmando a sua capacidade de autorrenovação.

A chave para a compreensão da transformação celular reside na mutação de um gene celular normal que controla o crescimento celular

O uso do mutante do vírus do sarcoma de Rous que, apesar de se multiplicar normalmente, perdeu a capacidade de transformar as células hospedeiras, demonstrou que o gene *Src* é o responsável pela transformação celular. O avanço da nossa compreensão sobre como esse único gene pode transformar células em cultura aconteceu quando se tornou evidente que o oncogene viral era um homólogo mutado de um gene celular normal. Atualmente, esse gene é denominado proto-oncogene *c-Src* e foi identificado como uma PTK transdutora de sinal envolvida no controle do crescimento celular normal. Como a expressão desse gene não é essencial para a sobrevivência do retrovírus, é provável que o *Src* tenha sido acidentalmente incorporado pelo vírus a partir do genoma de um hospedeiro anterior e que, de alguma forma, tenha sofrido mutação durante o processo. De fato, no caso do vírus do sarcoma de Rous, os íntrons normalmente presentes no *c-Src* são removidos por *splicing*, e ocorre um conjunto de mutações que causam substituições de aminoácidos, resultando em uma PTK constitutivamente ativa (independentemente das condições metabólicas).

A transformação celular pode, no entanto, também resultar de oncogenes que não são constitutivamente ativos, mas que são superexpressos em um número anormalmente alto de cópias, como consequência de o gene estar sob controle de potentes promotores ou ativadores no genoma viral. De forma alternativa, no caso dos retrovírus, as cópias de DNA do RNA viral podem ser inseridas no genoma do hospedeiro, próximas ou nos sítios dos proto-oncogenes (mutação por inserção), causando a ativação anormal desses proto-oncogenes. Nessa situação, o genoma alterado é herdado por toda a progênie da célula hospedeira original.

A maioria dos tumores humanos não é de origem viral e surge em função de mutações espontâneas ou induzidas

Aproximadamente 85% dos tumores humanos originam-se como resultado de mutações pontuais ou deleções. Essas mutações podem ser espontâneas ou induzidas por carcinógenos ou radiação, resultando em superexpressão ou hiperatividade dos proto-oncogenes. *Ras*, que é encontrado mutado em uma forma constitutivamente ativa em cerca de 25% de todos os tumores, parece exercer muitos de seus efeitos, se não todos, por meio da suprarregulação da expressão de ciclina D, estimulando, assim, a progressão do ciclo celular. Essa suprarregulação da expressão da ciclina D é resultante da ativação da cascata MAPK pelo *Ras* e da indução da proteína ativadora-1 AP-1.

QUADRO CLÍNICO
MTOR NO CÂNCER E DISTÚRBIOS METABÓLICOS

Devido ao seu papel fundamental na regulação da proliferação/sobrevivência celular e à sua estreita relação com a via da fosfatidilinositol-3-quinase (PI3K), os componentes da via do mTOR estão muitas vezes disfuncionais em muitos tipos de câncer e distúrbios metabólicos. O **complexo da esclerose tuberosa (TSC)** é uma doença genética autossômica dominante que ocorre como resultado de mutações inativadoras nos genes TSC1 ou TSC2. O TSC se caracteriza por múltiplos tumores benignos, tais como o angiofibroma da pele, o linfangioleiomioma dos pulmões, o angiomiolipoma renal e o astrocitoma cerebral.

No contexto do eixo mTORC-1, o *Tsc1/2* serve de centro de retransmissão para as condições do microambiente tumoral. Em circunstâncias normais, hipoxia (via Hif1α), dano ao DNA (via p53) e privação de nutrientes (via fator de transcrição LKB1) ativam o Tsc1/2 para regular o complexo mTORC-1, controlando, assim, os processos biossintéticos. Essas vias são inativadas durante a tumorigênese, geralmente pela ação cooperativa das vias oncogênicas PI3K/PDK1 e Ras/MAPK para reduzir a atividade do *Tsc1/2*. A suprarregulação da sinalização mTORC-1 leva à ativação aumentada da biossíntese de proteínas e lipídeos, que sustentam as necessidades bioenergéticas das células tumorais energeticamente exigentes em proliferação. A elevada síntese proteica promove muitas vezes a expressão aumentada dos reguladores do ciclo celular, como a ciclina D1 e a ciclina E, enquanto a Akt constitutivamente ativa contribui para a inativação dos inibidores do ciclo celular p27 e p21. O papel do mTORC-2 na tumorigênese ainda não está bem definido; contudo, parte do complexo mTORC-2 denominado Rictor é superexpresso em muitos gliomas. Essa expressão aumentada promove a montagem e a ativação do complexo mTORC-2, permitindo que as células tenham uma maior proliferação e capacidade de invasão. Esses eventos sugerem que o câncer pode ser considerado um distúrbio metabólico.

De fato, também tem sido demonstrado que a desregulação da via mTOR contribui para o desenvolvimento de vários distúrbios metabólicos, como **obesidade, esteatose hepática não alcoólica e diabetes tipo 2**. Por exemplo, no hipotálamo, a leptina transmite sinais via mTORC-1 para a redução da ingestão de alimentos. A supra-ativação do mTORC-1, devido a uma dieta rica em gordura, pode promover a obesidade ao favorecer a resistência aos sinais anorexigênicos induzidos pela leptina, estimulando, assim, a hiperfagia. Adicionalmente, a ativação aumentada do mTORC-1 promove a adipogênese e a expansão do tecido adiposo, inibe a sinalização da insulina nos músculos esqueléticos, fígado e pâncreas ao promover a resistência à insulina, e contribui para a indução da apoptose nas células β pancreáticas por exaustão dos processos homeostáticos de compensação das células β (Capítulos 31 e 32).

O sequenciamento completo do exoma/genoma de pacientes individuais, utilizado para determinar o panorama mutacional específico dentro dos subtipos de câncer, permitiu o estabelecimento de ligações entre cânceres aparentemente diferentes que resultam de mutações genéticas semelhantes

É importante observar que a presença da mutação B-Raf[V600E] foi recentemente descoberta em quase todos os pacientes diagnosticados com **leucemia das células pilosas** (HCL). B-Raf[V600E] é oncogênica em uma série de tumores, incluindo o melanoma, codificando a quinase ativa B-Raf que leva à ativação constitutiva da via de sinalização MEK/ERK. Essa mutação exerce um impacto maior no ciclo celular. A identificação da mutação B-Raf[V600E] como um evento causal/condutor da HCL representa uma oportunidade para o desenvolvimento de terapias-alvo que visam inibir especificamente a B-Raf ativa para o tratamento da HCL. A identificação de mutações condutoras específicas em um determinado tipo de célula tumoral oferece a possibilidade de tratar pacientes com uma terapêutica dirigida a essa mutação.

A cariotipagem de células tumorais também tem demonstrado que a translocação cromossômica pode colocar o oncogene sob controle de um promotor inapropriado. Por exemplo, no **linfoma de Burkitt**, a superexpressão do gene *Myc* ocorre por meio de sua translocação para a proximidade de um dos locus Ig. Como *Myc* normalmente age como um sinal proliferativo nuclear, sua superexpressão induz a divisão celular, mesmo sob condições que normalmente determinariam a interrupção do crescimento.

Genes supressores tumorais: Subversão do ciclo celular

As mutações nos genes supressores tumorais são recessivas e, portanto, mutações em ambas as cópias do gene geralmente são necessárias para a transformação. Como é muito difícil identificar a perda de função de um único gene em uma célula, grande parte da informação inicial relacionada aos genes supressores tumorais foi obtida por meio de estudo de várias síndromes de cânceres hereditários (Tabela 28.1).

p53: Guardiã do genoma

A proteína p53 desempenha um papel crítico na regulação da transição das fases G1/S do ciclo celular e no monitoramento de danos no DNA, tornando-se ativada após detectar danos, estresse e sinais oncogênicos para induzir a interrupção do ciclo celular e/ou a morte. Dessa forma, não é surpreendente que a função da p53 esteja frequentemente comprometida nas células cancerígenas. Esse comprometimento pode ocorrer diretamente por intermédio de mutações que inativam as funções da p53, anulando sua atividade transcricional, ou pela desregulação das vias responsáveis pela ativação da p53. A importância da p53 é destacada em indivíduos que têm apenas uma cópia funcional do gene *p53*. As pessoas portadoras dessa síndrome, chamada **síndrome de Li-Fraumeni**, estão predispostas a desenvolver uma grande variedade de tumores, incluindo sarcomas, carcinomas de pulmão, mama, laringe e colo do intestino, tumores cerebrais e leucemias. Essa síndrome é rara, e as células tumorais nos indivíduos afetados exibem defeitos em ambas as cópias do *p53*. A deleção do *p53*, além de permitir a progressão descontrolada pelo ciclo celular, possibilita também a replicação de DNA danificado, levando a mutações carcinogênicas adicionais ou à amplificação gênica.

CAPÍTULO 28 Homeostasia Celular: Crescimento Celular e Câncer

Tabela 28.1 Algumas síndromes de câncer hereditário

Síndrome	Câncer	Produto gênico
Li-Fraumeni	Sarcomas, carcinoma adrenocortical, de mama, pulmão e laringe; tumores do colo do intestino e cerebrais; leucemias	p53: fator de transcrição, danos no DNA e estresse
Retinoblastoma familiar	Retinoblastoma, osteossarcoma	Rb1: regulação do ciclo celular e da transcrição
Polipose adenomatose familiar (FAP)	Câncer colorretal; adenomas colorretais; tumores duodenal e gástrico; osteomas e tumores desmoides (síndrome de Gardner), meduloblastoma (síndrome de Turcot)	APC: regulação da β-catenina, ligação aos microtúbulos
Síndrome de Beckwith-Wiedmann	Tumor de Wilms, organomegalia, hemi-hipertrofia, hepatoblastoma, câncer adrenocortical	P57/KIP2: regulador do ciclo celular
Síndrome do tumor hamartoma PTEN	Tumores benignos: mama, tireoide, colorretal, endometrial; câncer do rim	PTEN: fosfatase de proteínas e lipídeos, regulação da quinase Akt e do ciclo celular
Neurofibromatose tipo 1 (NF1)	Neurofibrossarcoma, AML, tumores cerebrais	Proteína ativadora da GTP-ase (GAP) para Ras
Carcinoma papilar renal hereditário	Câncer renal	Receptor MET para o ligante HGF
Melanoma familiar	Melanoma, câncer pancreático, nevos displásicos, molas atípicas	p16 (CDK): inibidor de quinase dependente de ciclina (CDK4/6)

AML, leucemia mieloide aguda; HGF, fator de crescimento de hepatócitos; KIP2, inibidor de 57 kDa de complexos ciclina-CDK.

QUADRO CLÍNICO
MUTAÇÕES ESPECÍFICAS QUE DEFINEM A TERAPÊUTICA DO CÂNCER

Na maioria dos casos, é necessário um certo número de mutações para transformar uma célula saudável em uma célula cancerígena. Uma possível exceção a essa regra é a **leucemia mieloide crônica** (CML), que se desenvolve em 95% dos casos como resultado de uma translocação entre os cromossomos 9 e 22 (t[9;22]), originando o cromossomo Filadélfia no compartimento das células-tronco hematopoiéticas. Esse tipo de translocação também pode ser encontrada em 25% a 30% dos casos de leucemia linfoblástica aguda (ALL) e em uma minoria dos casos de leucemia mieloide aguda (AML). A translocação leva à fusão entre o gene *BCR* (região do ponto de interrupção do *cluster*) e o gene *ABL* da proteína Abl (Abelson tirosina quinase), resultando na expressão constitutiva da proteína de fusão BCR-Abl, que apresenta aumento da atividade PTK. Como a Abl regula várias proteínas envolvidas no ciclo celular, o resultado da expressão de BCR-Abl é o aumento da divisão celular, levando à superprodução de células da linhagem mieloide. Adicionalmente, a BCR-Abl inibe os mecanismos de reparo de DNA, levando à instabilidade genômica, a qual permite que as células acumulem várias mutações adicionais que precipitam a progressão da doença. Isso modifica a doença de sua fase crônica, que é estável durante vários anos, em direção a uma fase de crise blástica/aguda.

Comentário

A BCR-Abl foi uma das primeiras proteínas para a qual foram feitos fármacos específicos para antagonizar o transdutor de sinal de interesse, a chamada terapia-alvo. O Imatinib (Glivec®) é um inibidor tirosina quinase (TKI) desenvolvido para inibir especificamente a atividade da quinase Abl. Apesar da incapacidade de erradicar completamente as célulasCML, esse inibidor reduziu a taxa de proliferação e retardou o início da crise blástica. Embora o imatinib seja um fármaco importante no tratamento da maioria dos pacientes com CML, uma pequena porcentagem dos pacientes é resistente ou torna-se resistente ao tratamento, possivelmente devido a mutações adquiridas dentro do BCR-Abl, o que tem levado ao desenvolvimento de terapias de segunda (p. ex., dasatinibe e nilotinibe) e terceira geração (ponatinibe) para a CML. Deve ser salientado que, até o momento, as terapias com TKI não têm sido eficazes na erradicação das células-tronco da CML; dessa forma, existe o risco de recidiva em pacientes tratados com TKI se a terapia for interrompida ou se estes desenvolverem quimiorresistência.

Fosfatase e tensina homóloga (PTEN)

A PTEN supressora tumoral é uma das proteínas mais frequentemente inativadas no câncer esporádico

Conforme descrito anteriormente, as vias de sinalização mediadas pela PI3K são ativadas em resposta a uma multiplicidade de estímulos de fatores de crescimento, resultando em promoção do crescimento, sobrevivência e proliferação celular. A principal proteína responsável pela atenuação da atividade da PI3K e das vias cascata abaixo (*downstream*) é a proteína de especificidade dupla e fosfatase lipídica PTEN. Essa proteína reverte a atividade da PI3K ao desfosforilar a PIP_3. A PTEN supressora tumoral é uma das proteínas mais comumente inativadas no câncer esporádico, resultando em uma sinalização PI3K/Akt sustentada e na sobrevivência e proliferação celular descontrolada. Foram identificadas mutações na PTEN em vários tipos de cânceres, incluindo **cânceres de mama, tireoide, próstata e cerebrais**. Curiosamente, indivíduos que apresentam mutações germinativas hereditárias no

PTEN, conhecidas como **síndrome do tumor hamartoma – -PTEN**, desenvolvem tumores benignos associados a mama, tireoide, colo do intestino/reto, endométrio e rim. No entanto, esses pacientes também comportam um elevado risco ao longo da vida de desenvolverem tumores malignos nesses tecidos. A maior suscetibilidade ao câncer em células que transportam mutações germinativas no PTEN destaca a importância dessa proteína como um supressor tumoral.

QUESTÕES PARA APRENDIZAGEM

1. Como é a progressão pelo ciclo celular regulado?
2. Delineie ensaios experimentais que podem ser usados para quantificar a viabilidade e proliferação celular.
3. Descreva, fazendo referência a exemplos específicos, como a ligação ao receptor de fatores de crescimento medeia a proliferação celular.
4. Destaque os mecanismos distintos pelos quais a célula pode sofrer morte celular.
5. Explique, com exemplos específicos, como mutações selecionadas nos sinalizadores responsáveis pelo crescimento normal podem originar fenótipos cancerígenos nas células humanas.
6. Defina a teoria das células-tronco tumorais e explique como essa teoria pode influenciar o planejamento de futuras terapias contra o câncer.

RESUMO

- A maioria dos proto-oncogenes e dos genes supressores tumorais têm uma função associada à transdução de sinal, mimetizando os efeitos da estimulação mitogênica persistente e, dessa forma, desacoplando as células de seus controles externos normais.
- Essas vias de sinalização convergem na maquinaria que controla a passagem da célula pela fase G1 e impedem a saída do ciclo celular.
- Alterações em outros genes, muitos dos quais são alvo de translocações cromossômicas câncer-específicas, resultam no escape da morte celular por apoptose. As duas proteínas supressoras tumorais, p53 e PTEN, que exercem funções-chave ao determinarem a progressão no ciclo celular e a apoptose, e os genes que codificam essas proteínas são os mais frequentemente comprometidos nas células cancerosas.

LEITURAS SUGERIDAS

Chiara Maiuri, M., Zalckvar, E., Kimchi, A., et al. (2007). Self-eating and self-killing: Crosstalk between autophagy and apoptosis. *Nature Reviews. Molecular Cell Biology, 8*, 741-752.

Dick, J. E. (2008). Stem cell concepts renew cancer research. *Blood, 112*, 4793-4807.

Hollander, M. C., Blumenthal, G. M., & Dennis, P. A. (2011). PTEN loss in the continuum of common cancers, rare syndromes and mouse models. *Nature Reviews Cancer, 11*, 289-301.

Hotchkiss, R. S., Strasser, A., McDunn, J. E., et al. (2009). Cell Death. *The New England Journal of Medicine, 361*, 157-183.

Laplante, M., & Sabatini, D. M. (2012). mTOR signaling in growth control and disease. *Cell, 149*, 274-293.

Levine, A. J., & Oren, M. (2009). The first 30 years of p53: Growing ever more complex. *Nature Reviews Cancer, 9*, 749-758.

Malumbres, M., & Barbacid, M. (2009). Cell cycle, CDKs and cancer: A changing paradigm. *Nature Reviews Cancer, 9*, 153-166.

Taylor, R. C., Cullen, S. P., & Martin, S. J. (2008). Apoptosis: Controlled demolition at the cellular level. *Nature Reviews Molecular Cell Biology, 9*, 231-241.

SITES

Wiley Essential for Life Sciences - Citable reviews in life sciences: http://www.els.net/

Kimball's Biology Pages: http://users.rcn.com/jkimball.ma.ultranet/BiologyPages/

KEGG - Human cell cycle: http://www.genome.jp/kegg/pathway/hsa/hsa04110.html

---

ABREVIATURAS

Abl	Proteína tirosina quinase não receptora
ACD	Morte celular autofágica (autofagia)
ALL	Leucemia linfoblástica aguda
ALPS	Síndrome linfoproliferativa autoimune
AML	Leucemia mieloide aguda
AMPK	Proteína quinase ativada por AMP
AP-1	Proteína ativadora-1
APAF1	Fator de ativação da protease apoptótica 1
APC	Complexo promotor de anáfase
ATG	Gene relacionado à autofagia
ATM	Gene mutado da ataxia telangiectasia Proteína ataxia telangiectasia mutada
ATR	Proteína ataxia telangiectasia mutada relacionada a Rad3
BAD	Promotor de morte associado a Bcl-2
Bak	Antagonista/assassino homólogo a Bcl-2
BAX	Proteína X associada a Bcl-2
Bcl-2	Proteína 2 do linfoma de células B; membros da família Bcl-2 incluem membros da família pró-sobrevivência (Bcl-2, Bcl-xL, Bcl-W, Mcl-1); família pró-apoptótica BAX/BAK e proteínas pró-apoptóticas BH-3 (BIM, Bid, PUMA, NOXA, BAD, BIK)
BCR	Região do ponto de interrupção do cluster
BH3	Domínio de ligação do agonista de morte
BrdU	Bromodesoxiuridina
Btk	Tirosina quinase de Bruton
CAK	Complexo ativador de CDK, composto por CDK7, ciclina H e MAT1 (*ménage a trois*)
CDK	Quinase dependente de ciclina
CDKIs	Inibidor da cinase dependente de ciclina Proteínas inibidoras de CDK
CFDA SE	Éster succinimídico de diacetato de carboxifluoresceína
cFLIP	Modulador de FADD, domínio de morte associado ao Fas
CHK1	Quinase do ponto de checagem

CHK2	Quinase do ponto de checagem	mTORC-1 e mTORC-2	Complexos mTOR
CLL	Leucemia linfocítica crônica	Myc	Fator de transcrição
CML	Leucemia mieloide crônica	NFAT	Fator de transcrição
CSC	Célula-tronco do câncer	p53	Proteína supressora de tumor
CTD	Domínio C-terminal	PCD	Morte celular programada
DAG	Diacilglicerol	PDGF	Fator de crescimento derivado de plaquetas
DAPI	4′-6′-diamidino-2-fenilindol	PDK1	Quinase dependente de PIP_3
DD	Domínio de morte	PE	Fosfatidiletanolamina
DED	Domínio do efetor de morte	PH	Domínios de homologia a pleckstrina
DISC	Complexo de sinalização indutor de morte	PI	Iodeto de propídio
4E-BP1	Proteína 1 ligante a eIF4E	PI3K	Fosfatidilinositol 3-quinase
E2F	Família de fatores de transcrição	PIP_2	Fosfatidilinositol 4,5-bisfosfato
EBNA1	Antígeno nuclear 1 do vírus Epstein-Barr	PIP_3	Fosfatidilinositol 3,4,5-trisfosfato
eIF4E	Fator de iniciação eucariótico 4E	PP2A	Proteína fosfatase-2A
EGF	Fator de crescimento epidérmico	PKC	Proteína quinase C
EGFR	Receptor do fator de crescimento epidérmico	PCL-γ	Fosfolipase Cγ
		PS	Fosfatidilserina
ER	Retículo endoplasmático	PTK	Proteína tirosina quinase
ERK 1 e 2	Quinases reguladas por sinais extracelulares; duas isoformas de MEK quinase que ativam MAPK	PTEN	Fosfatase e tensina homóloga
		PTPase	Fosfotirosina fosfatase
		Ras	GTPase
FADD	Proteína acessória do "domínio da morte"	Rb	Proteína do retinoblastoma
Fyn	PTK não receptora	Rheb	Homólogo da Ras enriquecido no cérebro
FasL	Ligante de Fas	Rictor	Complexo mTORC-2
G0	Fase de repouso ou quiescente	RIP1	Serina/treonina quinase
G1	Intervalo entre as fases M e S	RNA	Ácido ribonucleico
G2	Intervalo entre as fases S e M	RSK1	Quinase ribossomal
GAPs	Proteína ativadora de GTPase	S	Fase de síntese de DNA da interfase
GAS	Sítio de ativação do interferon gama	S6K1	Quinase 1 ribossomal S6
Grb2	Proteína ligada ao receptor do fator de crescimento 2 molécula adaptadora	SAC	Ponto de checagem da montagem do fuso mitótico
HCL	Leucemia de células pilosas	SCID	Imunodeficiência combinada grave
HGF	Fator de crescimento de hepatócito	SH2	Domíno 2 de homologia à Src, a partir do citoplasma
Ig	Imunoglobulina		
IAP	Família de genes inibidores da apoptose	Shc	Proteína adaptadora do tipo Colágeno e homóloga a Src, molécula adaptadora
IL-2	Proteínas interleucina INK 2 (4A, 4B, 4C, 4D) que medeiam a interrupção do ciclo celular, inibidores da família CDK4 (também conhecida como p16, p15, p18 e p19, respectivamente)	SHP	Fosfatase contendo o domínio SH2
		Sos	*Son of Sevenless*, fator de troca de nucleotídeo guanina
		Src	Proteína com domínio de homologia ao colágeno, uma PTK não receptora
IP_3	Inositol 1,4,5-trifosfato		
JAK	Janus quinase	STAT	Transdutor de sinal e ativador da transcrição
KIT	Genes tirosina quinase 3	T-ALL	Leucemia linfoblástica aguda de linfócitos T
KIP2	Inibidor de 57 kDA dos complexos ciclina-CDK	TdT	Desoxinucleotidil transferase terminal
		TFIIH	Fator geral de transcrição
LC3	Proteína de cadeia leve 3 associada a microtúbulos	TKI	Inibidor da tirosina quinase
		TGF-α	Fator de crescimento transformador alfa
LSC	Citometria de varredura a laser	TNFR	Receptor de morte, membro da família TNF
M	Mitose	TRAIL	Receptore de morte, membro da família TNF
MCL	Linfoma de células do manto	TSC	Complexo da esclerose tuberosa
MMP	Potencial de membrana mitocondrial	TSC1/2	Proteína da esclerose tuberosa1/2
MAPK	Proteína quinase ativada por mitógeno	TWEAK	Receptor de morte, membro da família TNF
MEK	Quinase ativadora da MAPK; duas isoformas, ERK 1 e ERK2	UVRAG	Proteína associada a gene de resistência à radiação UV
mTOR	Alvo mecanístico da proteína quinase rapamicina, uma quinase serina/treonina	ZAP-70	PTK que é essencial para a ativação das células T dependentes de antígeno

CAPÍTULO 29

Envelhecimento

John W. Baynes

OBJETIVOS

Após concluir este capítulo, o leitor estará apto a:

- Descrever a relação entre envelhecimento e doença.
- Explicar o gráfico de Gompertz e como ele descreve a velocidade de envelhecimento em diferentes espécies.
- Diferenciar as teorias biológicas e químicas do envelhecimento.
- Explicar os preceitos da teoria do radical livre no processo de envelhecimento, incluindo a identificação de produtos de oxidação característicos que se acumulam em proteínas de vida longa duração com o envelhecimento.
- Esboçar as evidências de que a taxa de mutação do DNA é um importante determinante da velocidade de envelhecimento.
- Esboçar as evidências que fundamentam a teoria mitocondrial do envelhecimento e descrever como essa teoria interage com a teoria de envelhecimento associada aos radicais livres.
- Descrever a etiologia e a patologia característica de várias doenças do envelhecimento acelerado.
- Descrever os efeitos da restrição calórica na velocidade de envelhecimento em roedores.

INTRODUÇÃO

O envelhecimento pode ser definido como a deterioração dependente do tempo em função de um organismo

Embora os efeitos fisiológicos do envelhecimento sejam amplos, o envelhecimento é fundamentalmente o resultado de alterações em estrutura e função celular, bioquímica e metabolismo (Tabela 29.1). O resultado do envelhecimento, mesmo do envelhecimento saudável, é o aumento da suscetibilidade às doenças e o aumento da probabilidade de morte – o ponto final do envelhecimento. No entanto, o envelhecimento não é uma doença. Doenças afetam uma fração da população; envelhecimento afeta a todos nós, seja de forma programada ou estocástica.

Com o envelhecimento da população, a gerontologia e a medicina geriátrica estão se tornando cada vez mais importantes. Este capítulo apresenta uma visão geral das alterações bioquímicas e fisiológicas associadas ao envelhecimento global e ao envelhecimento de sistemas orgânicos específicos. Inclui uma revisão das teorias atuais sobre envelhecimento (há várias teorias e, em geral, quanto mais teorias existem, menos compreendemos realmente algo), e conclui com uma discussão sobre a relação entre câncer e envelhecimento, além de uma atualização sobre as abordagens relacionadas ao aumento da expectativa de vida.

Envelhecimento de sistemas complexos

Excluindo os defeitos genéticos, doenças da infância e acidentes, os seres humanos sobrevivem até cerca dos 50 anos, com necessidades limitadas de manutenção ou risco de morte; então nos tornamos cada vez mais frágeis, e nossa taxa de mortalidade aumenta com o tempo, atingindo o máximo em torno de 76 anos. Nossa expectativa de vida é afetada pela genética e pela exposição a fatores ambientais, e a morte geralmente é atribuída à falência de um sistema de órgãos crítico (cardiovascular, renal, pulmonar etc.). A capacidade desses sistemas fisiológicos interdependentes geralmente declina como uma função linear da idade, levando a um aumento exponencial na taxa de mortalidade específica por idade (Fig. 29.1). Historicamente, melhorias nos cuidados com a saúde e com o meio ambiente resultaram em uma **"retangularização" da curva de sobrevida** – nossa média de expectativa de vida aumentou, mas sem um efeito significativo na expectativa de vida máxima (Fig. 29.1A).

O limite de Hayflick: senescência replicativa

A capacidade de replicação das células diminui com a idade

As células diferenciadas dos animais sofrem apenas um número limitado de divisões celulares (duplicações da população) na cultura de tecidos, a menos que se transformem em células cancerígenas por mutação ou infecção por determinados vírus. O número possível de divisões celulares é maior em animais de vida mais longa, o que sugere uma relação entre o potencial de divisão celular e a longevidade. Os fibroblastos neonatais humanos irão se dividir até 70 vezes, depois entrar em um estado senescente sem divisão, enquanto os fibroblastos de camundongos, que apresentam menor expectativa de vida, sofrem cerca de 20 divisões celulares *in vitro*. Células de doadores mais jovens apresentam maior capacidade de replicação e maior número de divisões celulares em cultura de células, mas o número de células em divisão diminui conforme a idade avança. Essa limitação da capacidade de duplicação, descrita pelo Dr. Leonard Hayflick, é conhecida como o **limite de Hayflick**. A relevância do limite de Hayflick para o envelhecimento humano ainda é controversa – certamente, as células humanas mantêm alguma capacidade replicativa, mesmo na idade avançada, e os principais tecidos, como músculos e nervos, são em grande parte pós-mitóticos. Entretanto, alterações no metabolismo das células senescentes, incluindo diminuição da responsividade a hormônios e o declínio de sua capacidade de síntese e de degradação (p. ex., nos sistemas imunológico e reticuloendotelial), podem afetar nossa capacidade de adaptação e suscetibilidade a estresse e doenças relacionadas à idade, impondo limites na nossa expectativa de vida.

Tabela 29.1 Declínio dos sistemas bioquímico e fisiológico no envelhecimento

Bioquímico	Fisiológico
Taxa metabólica basal	Volume de expansão pulmonar
Renovação (reciclagem) de proteínas	Capacidade de filtração renal (glomerular)
Tolerância à glicose	Capacidade de concentração renal (tubular)
Capacidade reprodutiva	Desempenho cardiovascular
Encurtamento de telômero	Sistema musculoesquelético
Fosforilação oxidativa	Velocidade de condução nervosa
	Sistemas endócrino e exócrino
	Defesas imunológicas
	Sistemas sensoriais (visão, audição)

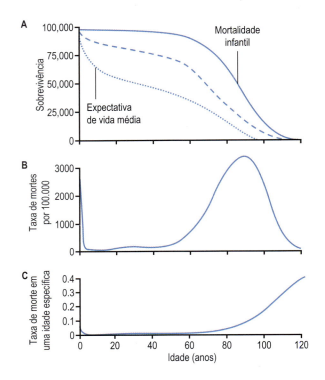

Fig. 29.1 **Curva de sobrevivência e taxa de morte.** (A) A **expectativa de vida média** é definida como a idade na qual 50% da população sobrevivem (ou morrem). A inclinação negativa da curva de sobrevivência atinge um máximo na expectativa de vida média de uma espécie, a qual foi de 84 anos (média de ambos os sexos) no Japão em 2015. A linha pontilhada descreve uma curva de sobrevivência para os países em desenvolvimento, onde a mortalidade infantil e as doenças diminuem de forma significativa a expectativa de vida média. A linha tracejada descreve uma curva de sobrevivência para os Estados Unidos no início do século XX. A linha sólida refere-se à Europa no século XXI. (B) A **taxa de morte** alcança o máximo na expectativa de vida média. (C) A **taxa de morte específica para a idade**, definida como o número de mortes em uma determinada idade por tempo (p. ex., mortes por 100.000 pessoas de uma idade específica por ano), aumenta exponencialmente com a idade. A expectativa de vida ou a expectativa de vida potencialmente máxima (MLSP) é definida como a idade máxima que pode ser atingida por um membro da população, que é em torno de 120 anos para os seres humanos.

Modelos matemáticos do envelhecimento

Em pecilotérmicos, a taxa de envelhecimento está correlacionada com temperatura, atividade física e taxa metabólica

No início do século XIX, Gompertz observou que a taxa de mortalidade específica por idade dos seres humanos aumentava exponencialmente após os 35 anos de idade e que as curvas de sobrevivência humana poderiam ser modeladas pelo que hoje é conhecido como a **equação de Gompertz** (Fig. 29.2):

$$m_t = Ae^{\alpha t}$$

O termo m_t é a taxa de mortalidade específica por idade na idade t; α é a inclinação, o efeito do tempo na taxa de mortalidade; e A, a interceptação do eixo y, é a taxa de mortalidade no nascimento. A equação de Gompertz-Makeham

$$m(t) = Ae^{\alpha t} + B$$

adiciona uma constante, B, para corrigir a taxa de mortalidade independentemente da idade (p. ex., como resultado de mortalidade infantil ou acidentes) e fornece um melhor ajuste aos dados atuariais.

Os gráficos de Gompertz na Figura 29.2 ilustram as alterações dependentes do tempo na taxa de mortalidade para três espécies diferentes de vertebrados e para moscas criadas a diferentes temperaturas. Mamíferos de vida mais curta apresentam uma taxa de mortalidade ajustada à idade maior (α = declive), enquanto a taxa de mortalidade de peciilotérmicos varia conforme a temperatura ambiente – moscas vivem mais quando cultivadas em temperaturas mais baixas. Essa observação foi interpretada como evidência para as teorias do envelhecimento "**taxa de sobrevivência**" ou "**teoria do desgaste**". As moscas, sendo mais ativas em temperaturas mais altas, consomem mais energia, se desgastam e morrem mais rapidamente. Moscas que são contidas (p. ex., em uma caixa de fósforos em vez de um grande garrafão) também vivem mais, moscas sem asas vivem mais e moscas masculinas, segregadas das fêmeas, também vivem mais. Em cada caso – em pequenos recintos, sem asas e na ausência do sexo oposto – as moscas masculinas são menos ativas, apresentam taxas metabólicas basais mais baixas e têm um tempo de vida médio e máximo mais longo. Nenhuma dessas estratégias de extensão de vida é aplicável aos seres humanos.

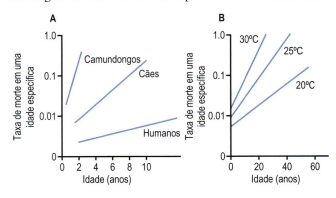

Fig. 29.2 **Gráficos de Gompertz para os seres humanos e outras espécies.** (A) Humanos e outros vertebrados. (B) Moscas criadas em diversas temperaturas (adaptado do trabalho do professor R.S. Sohal).

TEORIAS DO ENVELHECIMENTO

As teorias do envelhecimento podem ser divididas em duas categorias gerais: biológica e química

As teorias biológicas do envelhecimento tratam o envelhecimento como um evento geneticamente controlado, determinado pela expressão programada ou repressão da informação genética. Envelhecimento e morte são vistos como o final orquestrado do nascimento, crescimento, maturação e reprodução. **A apoptose** (morte celular programada) e a involução tímica são exemplos de eventos geneticamente programados no nível de células e órgãos, e o declínio nos sistemas imunológico, neuroendócrino e reprodutivo pode ser observado, em um contexto mais amplo, como evidência para a ação de um relógio biológico que afeta as funções integradas de um organismo. As teorias biológicas atribuem as diferenças no tempo de vida de diferenças interespécies à genética, mas também proporcionam uma explicação para a observação de que existe um componente genético para a longevidade dentro de uma espécie (p. ex., em famílias com histórico de longevidade). As diferenças na expectativa de vida entre as espécies também estão intimamente correlacionadas à eficiência dos mecanismos de reparo do DNA. Espécies de vida mais longa apresentam processos de reparo de DNA mais eficientes (Fig. 29.3). Inúmeras doenças do envelhecimento acelerado (progeria) também ilustram a importância da genética e a manutenção da integridade do genoma durante o envelhecimento.

As teorias químicas do envelhecimento o tratam como um processo somático resultante do dano cumulativo às biomoléculas. Em um extremo, **a teoria do erro catastrófico** propõe que o envelhecimento é o resultado de erros cumulativos na maquinaria para replicação, reparo, transcrição e tradução de informações genéticas. Por fim, erros em enzimas críticas – como DNA e RNA polimerases ou enzimas envolvidas na síntese e na velocidade de renovação de proteínas – afetam gradualmente a fidelidade de expressão da informação genética e permitem o acúmulo de proteínas alteradas. A propagação de erros e o acúmulo resultante de macromoléculas disfuncionais acabam levando ao colapso do sistema. Alinhado a essa teoria, quantidades crescentes de enzimas funcionalmente inativas, imunologicamente detectáveis, mas desnaturadas ou modificadas, se acumulam nas células em função da idade.

Teorias químicas mais gerais tratam o envelhecimento como resultado de modificações químicas crônicas e cumulativas (não enzimáticas), lesões ou danos a todas as biomoléculas (Tabela 29.2). Assim como a ferrugem ou a corrosão, o acúmulo de danos com a idade afeta gradualmente a função. Esse dano é mais aparente em proteínas teciduais de vida longa, como cristalinas de cristalino e colágenas extracelulares, que acumulam uma ampla gama de modificações químicas com a idade. Essas proteínas gradualmente se tornam castanhas com a idade como resultado da formação de compostos conjugados com absorvância na região amarelo-avermelhada do espectro (Fig. 29.4); no cristalino, elas atuam como um filtro, contribuindo para a perda da visão das cores conforme a idade avança. As cristalinas altamente modificadas, a principal proteína do cristalino, gradualmente se precipitam, levando ao desenvolvimento de cataratas. Danos químicos à integridade do genoma também ocorre, mas o dano cumulativo ao DNA é mais difícil de

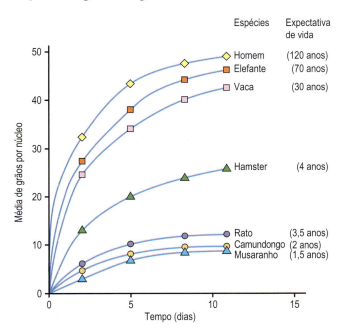

Fig. 29.3 **Correlação entre a atividade de reparo do DNA e a longevidade.** Fibroblastos de várias espécies foram rapidamente irradiados, formando dímeros de timina e timina glicol (Capítulos 20 e 42). As bases oxidadas são removidas e substituídas pelo reparo por excisão. O reparo do DNA foi avaliado pela taxa de incorporação de um traçador de [^{3}H] timidina no DNA por autorradiografia (adaptado de Hart, R.W., & Setlow, R. B. [1974]. Correlation between deoxyribonucleic acid excision-repair and life-span in a number of mammalian species. *Proceedings of the National Academy of Sciences*, 71, 2169–2173).

Tabela 29.2 Alterações químicas dependentes da idade em biomoléculas

Modificação nas proteínas	Modificação no DNA e mutação	Outros
Ligações cruzadas (*crosslinking*)	Oxidação	Lipofuscina
Oxidação	Depurinação	Enzimas inativas
Desaminação	Substituições	
D-aspartato	Inserções e deleções	
Proteínas carboniladas	Inversões e transposições	
Glicoxidação		
Lipoxidação		

Proteínas de vida longa, como o cristalino do olho e os tecidos colagenosos, acumulam danos conforme a idade avança. A modificação e as ligações cruzadas (crosslinking) de proteínas ocorrem como resultado de mecanismos não oxidativos (desaminação, racemização) ou oxidativos (proteínas carboniladas) ou por reações de proteínas com produtos de carboidratos ou peroxidação lipídica (glicoxidação, lipoxidação). O dano ao DNA é frequentemente silencioso, isto é, formas modificadas de nucleotídeos podem não se acumular, porém o dano aumenta na forma de mutações que resultam de erros no reparo.

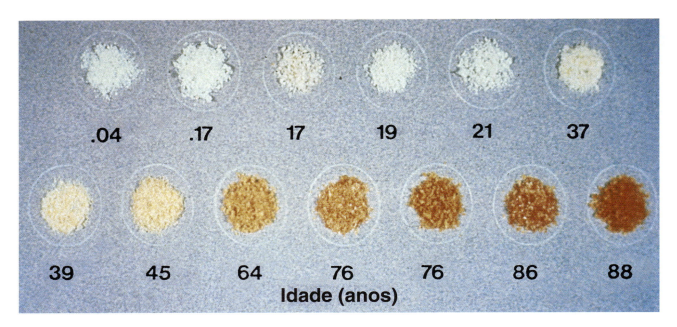

Fig. 29.4 **Alterações da cartilagem costal com a idade.** O acastanhamento é um aspecto característico do envelhecimento de proteínas, não só no cristalino, o qual é exposto à luz do sol, mas também do colágeno dos tecidos em todo o organismo. As ligações cruzadas (*crosslinking*) de proteínas também aumentam o acastanhamento e contribuem para a insolubilidade gradual das proteínas do cristalino com a idade. As ligações cruzadas dos colágenos articulares e vasculares diminuem a elasticidade dos discos vertebrais e a flexibilidade da parede vascular com a idade. Essas alterações nas proteínas extracelulares são semelhantes às alterações induzidas pela reação de carboidratos e lipídeos com proteínas durante o cozimento de alimentos, um processo conhecido como **reação de Maillard ou reação de acastanhamento**. Os seres humanos foram descritos como fornos de baixa temperatura, operando a 37 °C, com longos ciclos de cozimento (≈ 75 anos). Muitos dos produtos da reação de Maillard detectados na crosta de pães e de roscas têm sido identificados nos cristalinos e nos colágenos humanos e aumentam com a idade. (Veja também a discussão a respeito das complicações diabéticas no Capítulo 31.)

ser quantificado por causa da eficiência dos processos de reparo que eliminam e reparam nucleotídeos modificados. Conforme observado na Tabela 29.2, há várias consequências silenciosas de danos no DNA. Esse dano é principalmente endógeno, mas é reforçado por agentes xenobióticos e fatores ambientais.

As teorias do envelhecimento do sistema de órgãos incorporam vários aspectos das teorias que acabamos de descrever. Essas teorias atribuem o envelhecimento à falha de sistemas integrativos, como os sistemas imunológico, neurológico, endócrino ou circulatório. Embora não atribuam uma causa específica, essas teorias integram teorias biológicas e químicas, reconhecendo as contribuições genéticas e ambientais para o envelhecimento.

A teoria do envelhecimento associada aos radicais livres

A teoria do envelhecimento associada aos radicais livres é a teoria do envelhecimento mais aceita amplamente

A teoria do envelhecimento pelos radicais livres (FRTA) trata o envelhecimento como resultado do dano oxidativo cumulativo às biomoléculas: DNA, RNA, proteínas, lipídeos e glicoconjugados. Do ponto de vista da FRTA, os organismos de vida mais longa apresentam taxas mais baixas de produção **de espécies reativas de oxigênio** (ROS; Capítulo 42), melhores defesas antioxidantes e processos de reparo ou *turnover* mais eficientes. Embora seja uma teoria química, a FRTA não ignora a importância da genética e da biologia na limitação da produção das ROS e o papel dos mecanismos antioxidantes e de reparo. Essa teoria também se inter-relaciona com outras teorias do envelhecimento, como a teoria da taxa de vida (porque a taxa de geração de ROS é uma função da taxa global e/ou extensão do consumo de oxigênio) e a teoria da reticulação (porque alguns produtos da ROS danificam a ligação cruzada das proteínas, contribuindo, por exemplo, para a diminuição da elasticidade vascular com o avanço da idade). Finalmente, como uma hipótese química, a FRTA não exclui danos químicos cumulativos, independente de ROS, como racemização e desamidação de aminoácidos, mas se concentra em ROS como a principal fonte de dano e a causa fundamental do envelhecimento.

A FRTA é sustentada pela correlação inversa entre a taxa metabólica basal (taxa de consumo de oxigênio por unidade de peso) e a expectativa de vida máxima de mamíferos e pela evidência de aumento do dano oxidativo às proteínas com a idade. O grupo carbonil das proteínas, como os semialdeídos do ácido glutâmico e aminoadípico, formados pela desaminação oxidativa da arginina e da lisina, respectivamente, são formados em proteínas expostas às ROS. O nível estacionário das **proteínas carboniladas** em proteínas intracelulares cresce logaritmicamente conforme a idade aumenta e a uma velocidade inversamente proporcional ao tempo de vida das espécies. As carbonilas proteicas são também muito mais altas nos fibroblastos de pacientes com progeria (envelhecimento acelerado; p. ex., nas síndromes de Werner ou Hutchinson-Gilford), em comparação com indivíduos pareados por idade. Concentrações

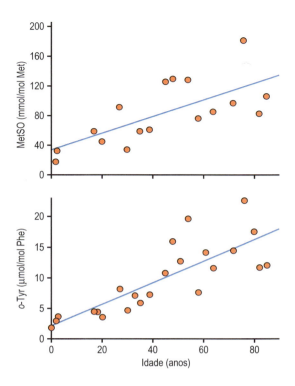

Fig. 29.5 **Acúmulo de produtos de oxidação de aminoácidos no colágeno da pele humana com a idade.** A metionina é oxidada em sulfóxido de metionina (MetSO) pelo HOCl ou H_2O_2; a ortotirosina é um produto da adição do radical hidroxila à fenilalanina (Phe). Apesar de uma diferença de 100 vezes na sua taxa de acúmulo no colágeno, os níveis de MetSO e de o-tirosina se correlacionam fortemente um com o outro, indicando que múltiplas ROS contribuem para o dano oxidativo às proteínas (adaptado de Wells-Knecht, M. C., et al. [1997]. Age-dependent accumulation of *ortho*-tyrosine and methionine sulfoxide in human skin collagen is not increased in diabetes: Evidence against a generalized increase in oxidative stress in diabetes. *Journal of Clinical Investigation*, 100, 839–846).

similares de proteínas carboniladas também estão presentes em tecidos de ratos idosos e humanos idosos, o que corrobora o argumento de que mudanças similares ocorrem na velhice em uma variedade de organismos, independentemente da diferença de expectativa de vida.

A Figura 29.5 ilustra a acumulação de dois produtos de oxidação de aminoácidos relativamente estáveis em colágeno da pele humana: **sulfóxido de metionina** e **ortotirosina**. Esses compostos são formados por diferentes mecanismos envolvendo diferentes ROS (Capítulo 42) e estão presentes em concentrações significativamente diferentes no colágeno da pele, mas aumentam de acordo com a idade. Outras modificações de aminoácidos que se acumulam no colágeno da pele com a idade incluem **produtos finais de glicosilação e de lipoxidação avançada (AGE/ALE)**, como a $N^{\epsilon-}$ (carboximetil) lisina (CML), pentosidina (Fig. 29.6) e D-aspartato.

O **D-aspartato** é uma modificação não oxidativa da proteína que é formada pela racemização espontânea, dependente da idade, do L-aspartato, a forma natural do aminoácido na proteína. A renovação mais rápida do colágeno da pele, em comparação ao colágeno articular, produz uma menor taxa de acúmulo de D-aspartato no colágeno da pele com a idade

 QUADRO CLÍNICO
PROGERIAS: ENVELHECIMENTO ACELERADO RESULTANTE DE DEFEITOS NO REPARO DE DNA

Certas doenças genéticas são consideradas modelos de envelhecimento acelerado (progeria). Essas doenças monogênicas apresentam muitas, mas nunca todas, as características do envelhecimento normal; poucos pacientes com progeria desenvolvem demência ou patologias relacionadas à idade, como a doença de Alzheimer. As progerias são algumas vezes descritas como caricaturas do envelhecimento, mas são modelos úteis para entender o processo de envelhecimento.

As **síndromes de Werner e Bloom** são doenças autossômicas recessivas causadas pela mutação de genes distintos de helicase do DNA que têm papéis específicos no reparo de DNA danificado. Pacientes com síndrome de Werner parecem normais durante a infância, mas param de crescer na adolescência. Eles gradualmente mostram muitos sintomas de envelhecimento prematuro, incluindo cabelos brancos e perda de cabelo, afinamento da pele, desenvolvimento de catarata precoce, diminuição da tolerância à glicose e diabetes, aterosclerose, osteoporose, além de maior incidência de câncer. A morte geralmente ocorre em meados dos 40 anos por doença cardiovascular. Os fibroblastos dos pacientes de Werner se dividem apenas cerca de 20 vezes na cultura de células, em comparação com 60 divisões das células normais, e apresentam níveis mais elevados de grupos carbonil ligados às proteínas, um indicador de aumento do estresse oxidativo.

A síndrome de Bloom é caracterizada pelo aumento da frequência de quebras cromossômicas, nanismo, fotossensibilidade e aumento da frequência de câncer e leucemia; a morte ocorre tipicamente por volta dos 20 anos. Ataxia-telangiectasia, ou síndrome do cromossomo frágil, resulta de um defeito no reparo de quebras dupla na fita de DNAe também está associado ao aumento da perda de telômeros na divisão celular. É causada por um defeito em uma proteína quinase envolvida na transdução de sinal, no controle do ciclo celular e no reparo do DNA.

A **síndrome de Hutchinson-Gilford** é uma forma pediátrica grave de progeria. Os pacientes têm muitos dos sintomas da síndrome de Werner, mas estes aparecem em uma idade mais precoce, e a morte geralmente ocorre por volta dos 20 anos. Essa síndrome é causada por um defeito no gene da lamina, um componente do envelope nuclear. A síndrome Hutchinson-Gilford é uma das várias síndromes distintas associadas a mutações de lamina, que causam um aumento na fragilidade nuclear e processamento aberrante de mRNA; assim como na síndrome de Werner, os fibroblastos cultivados tornam-se prematuramente senescentes. Essas doenças progéricas ilustram a importância de um eficiente reparo do DNA para crescimento e envelhecimento normais.

e também explica as menores taxas de acúmulo de AGE/ALE na pele *versus* colágeno articular. AGE/ALEs são ainda maiores em cristalinos dos olhos, que têm a menor taxa de rotatividade entre as proteínas do corpo. A **desamidação** de asparagina e glutamina é outra modificação química não oxidativa que aumenta com a idade em proteínas, tendo sido descrita principalmente em proteínas intracelulares.

A taxa de acúmulo dessas modificações depende da taxa de renovação dos colágenos (Fig. 29.7) e é acelerada pela hiperglicemia e hiperlipidemia no diabetes e na aterosclerose. Acredita-se que o aumento de AGE/ALE e a reticulação oxidativa do colágeno prejudicam o *turnover* e contribuem para o espessamento das membranas basais com o envelhecimento.

Níveis aumentados com a idade de AGE/ALEs no colágeno estão envolvidos na patogênese das complicações do diabetes e da aterosclerose. Esses produtos também estão aumentados conjuntamente no tecido encefálico de diversas doenças neurodegenerativas, incluindo as doenças de Alzheimer, de Parkinson e de Creutzfeldt-Jakob (príon).

Apesar de não tão bem caracterizado, o pigmento **lipofuscina** é um biomarcador característico do envelhecimento. Seu acúmulo ocorre na forma de grânulos fluorescentes, derivados de lisossomos no citoplasma de células pós-mitóticas, em uma taxa inversamente relacionada com a expectativa de vida das espécies. Ele é considerado restos acumulados e indigeríveis de reações entre peróxidos lipídicos e proteínas. A lipofuscina pode representar 10% a 15% do volume do músculo cardíaco e das células neuronais em idade avançada, e sua taxa de deposição nos miócitos cardíacos em cultura de células é acelerada pelo crescimento em condições hiperóxicas. Nas moscas, a taxa de acúmulo de lipofuscina varia diretamente com a temperatura e a atividade do ambiente e inversamente à expectativa de vida, de forma consistente com os efeitos dessas variáveis na expectativa de vida (Fig. 29.2B).

Em resumo, uma ampla gama de modificações químicas, oxidativas e não oxidativas, pode se acumular em proteínas conforme a idade avança. Embora, com frequência, o foco da atenção seja a modificação da proteína, o dano real a partir dos radicais livres e do estresse oxidativo ocorre no nível do genoma, uma vez que, se o DNA não for reparado corretamente, a célula morrerá, sua capacidade pode estar prejudicada ou o dano será propagado. O dano ao DNA se acumula não na forma de ácidos nucleicos modificados, mas como erros quimicamente "silenciosos" no reparo — inserções, deleções, substituições, transposições e inversões de sequências de DNA — que afetam a expressão e a estrutura das proteínas. Como o reparo é bastante eficiente em humanos em comparação com outros animais, e a composição do DNA não muda no reparo, as mutações no DNA não são detectáveis nos tecidos pelas técnicas analíticas convencionais. No entanto, a presença de pirimidinas e purinas oxidadas na urina (Fig. 42.6) fornece evidência de dano oxidativo crônico ao genoma.

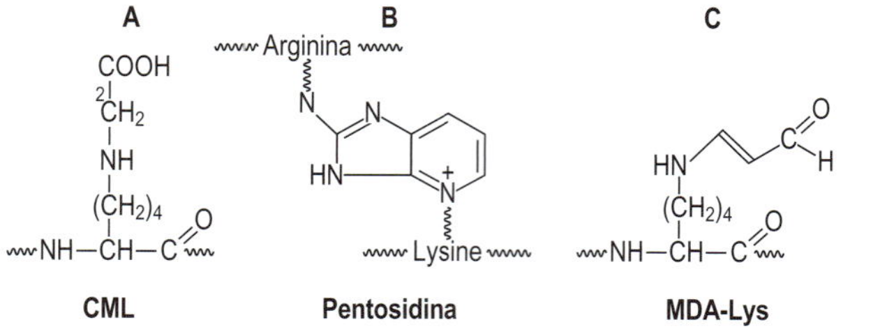

Teorias mitocondriais do envelhecimento

O DNA mitocondrial é particularmente suscetível a danos oxidativos

Teorias mitocondriais do envelhecimento constituem uma mistura de teorias biológicas e químicas, tratando o envelhecimento como resultado de danos químicos ao DNA mitocondrial (mtDNA). As mitocôndrias contêm proteínas especificadas pelo DNA nuclear e mitocondrial, mas apenas 13 proteínas mitocondriais são codificadas pelo DNA mitocondrial. Embora isso possa

Fig. 29.6 **Estrutura dos principais produtos finais de glicoxidação avançada e de lipoxidação (AGE/ALEs).** (A) O AGE/ALE, N$^\varepsilon$-(carboximetil)lisina (CML), que é formado durante as reações de peroxidação tanto de carboidratos quanto lipídica. (B) O AGE, pentosidina, uma ligação cruzada fluorescente em proteínas. (C) O ALE, o malondialdeído-lisina (MDA-Lis), um ALE reativo que pode levar à formação de ligações cruzadas de aminoenimina (RNHCH = CHCH = NR) em proteínas.

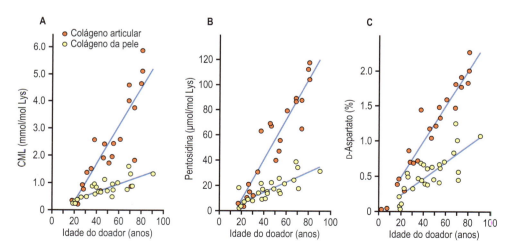

Fig. 29.7 **Acúmulo de produtos finais de glicoxidação avançada e de lipoxidação (AGE/ALEs) e de d-aspartato nos colágenos articular e da pele com a idade.** A N$^\varepsilon$-(carboximetil)lisina (CML) é formada por meio de mecanismos oxidativos a partir de proteínas glicadas ou de reações de glicose, ascorbato ou de produtos de peroxidação lipídica com proteínas. A ligação cruzada fluorescente pentosidina é formada pela reação oxidativa de glicose ou de ascorbato com proteínas. O d-aspartato é formado não oxidativamente por racemização de resíduos de l-aspartato em proteínas. Os níveis teciduais de biomarcadores oxidativos e não oxidativos se correlacionam uns com os outros, e as diferenças em suas velocidades de acúmulo nos colágenos articular e da pele resultam de diferenças nas velocidades de *turnover* desses colágenos (adaptado de Verzijl, N., et al. [2000]. Effect of collagen turnover on the accumulation of advanced glycation end products. *Journal of Biological Chemistry*, 275, 39027–39031).

QUADRO CLÍNICO
BIOMARCADORES DE ESTRESSE OXIDATIVO E ENVELHECIMENTO

Produtos finais de glicoxidação e de lipoxidação avançadas (AGE/ALE) são formados pela reação de proteínas com produtos de oxidação de carboidratos e lipídeos (Fig. 29.6). Alguns compostos, como N-(carboximetil) lisina (CML), podem ser formados a partir de carboidratos ou de lipídeos; outros, como a pentosidina, são formados apenas a partir de carboidratos; e outros ainda, como o aducto do malondialdeído em resíduos de lisina, são formados exclusivamente a partir de lipídeos. As fontes de carboidratos de AGEs incluem glicose, ascorbato e intermediários glicolíticos; ALEs são derivados da oxidação de ácidos graxos poli-insaturados em fosfolipídeos. Os resíduos de lisina, histidina e cisteína são os principais locais de formação de AGE/ALE na proteína. Mais de 30 AGE/ALE diferentes foram detectados em proteínas teciduais, e muitos destes são conhecidos por aumentar com a idade. AGE/ALEs são biomarcadores úteis do envelhecimento de proteínas e sua exposição ao estresse oxidativo.

QUADRO DE CONCEITOS AVANÇADOS
ENVELHECIMENTO DO SISTEMA CIRCULATÓRIO

A matriz extracelular da aorta e das principais artérias torna-se mais espessa e com mais ligações cruzadas com a idade, contribuindo tanto para a diminuição da elasticidade quanto a habilidade do endotélio em dilatar os vasos sanguíneos em resposta aos estímulos físicos e químicos. Essas alterações ocorrem de modo natural com a idade, independentemente da doença, mas podem contribuir para o aumento do risco cardiovascular do idoso. Os AGEs e os ALEs estão envolvidos na ligação cruzada da matriz extracelular vascular, explicando o aumento relacionado com a idade da ligação cruzada arterial no diabetes e na dislipidemia. Aumentos dos AGE/ALEs e das ligações cruzadas entre proteínas estão também implicados na alteração das propriedades de filtração da membrana basal glomerular renal no diabetes.

QUADRO CLÍNICO
DOENÇA DE ALZHEIMER: ESTRESSE OXIDATIVO EM DOENÇA NEURODEGENERATIVA

A doença de Alzheimer (DA) é a forma mais comum de deterioração cognitiva progressiva em idosos. É caracterizada microscopicamente pelo aparecimento de **emaranhados neurofibrilares** e placas senis em regiões corticais do cérebro. Os emaranhados estão localizados dentro dos neurônios e são ricos em proteína τ (tau), que é derivada de microtúbulos; é hiperfosforilada e poliubiquitada. Placas são agregados extracelulares, localizados em torno de depósitos de amiloide, formados a partir de peptídeos insolúveis derivados de uma família de **proteínas precursoras de amiloide**. A DA afeta principalmente os neurônios colinérgicos, e drogas que inibem a degradação da acetilcolina nas sinapses são um dos pilares da terapia. Uma abordagem semelhante é usada para a preservação da dopamina em neurônios dopaminérgicos na doença de Parkinson (ou seja, inibindo a enzima degradativa monoamina oxidase).

Vários estudos mostraram que tanto os AGEs quanto os ALEs estão aumentados em emaranhados e placas no cérebro de pacientes com DA em comparação com controles pareados por idade. Outros indicadores de estresse oxidativo generalizado no cérebro com DA incluem níveis aumentados de carbonilas em proteínas, nitrotirosina e 8-OH-desoxiguanosina, todos detectados por métodos imuno-histoquímicos. A proteína amiloide é tóxica para os neurônios em cultura celular e catalisa o estresse oxidativo e as respostas inflamatórias nas células gliais. Quantidades significativas de ferro redox-ativo descompartmentalizado, um catalisador de reações de Fenton (Capítulo 42), também são detectáveis histologicamente no cérebro com DA e podem ser removidas reversivelmente (*in vitro*) por tratamento com quelantes, como desferrioxamina – o ferro heme é resistente a esse tratamento, indicando que o ferro é livre e potencialmente ativo cataliticamente na geração de ROS via reações de Fenton. Com base nesses e em outros dados, o estresse oxidativo está fortemente envolvido no desenvolvimento e/ou na progressão da DA, e o uso de quelantes está sendo clinicamente avaliado em seu tratamento.

parecer trivial, essas 13 proteínas incluem as subunidades essenciais das três bombas de prótons e ATP sintase. O mtDNA é especialmente sensível a mutações: as mitocôndrias são o principal local de produção de ROS na célula (Fig. 42.4), o mtDNA não é protegido por uma bainha de histonas, e as mitocôndrias possuem capacidade limitada para o reparo de DNA.

As **doenças mitocondriais** comumente envolvem defeitos do metabolismo energético, incluindo o complexo piruvato desidrogenase, piruvato carboxilase, complexos de transporte de elétrons, ATP sintase e enzimas da biossíntese de ubiquinona. Esses defeitos podem ser causados por mutações no DNA nuclear e mitocondrial, mas o mtDNA sofre muito mais mutações do que o DNA nuclear. Esses defeitos frequentemente resultam no acúmulo de ácido láctico devido ao prejuízo da fosforilação oxidativa e podem causar morte celular, especialmente nos músculos esquelético (miopatias), cardíaco (cardiomiopatias) e nos nervos (encefalopatias), todos os quais são fortemente dependentes do metabolismo oxidativo. O número de mitocôndrias e as múltiplas cópias do genoma mitocondrial na célula fornecem alguma proteção contra a disfunção mitocondrial como resultado de mutação, mas a perda de mitocôndrias totalmente funcionais e, às vezes, o número de mitocôndrias, é uma característica do envelhecimento.

MODELOS GENÉTICOS DE AUMENTOS DA EXPECTATIVA DE VIDA

O efeito da genética na longevidade aparece rapidamente em modelos animais

Diferentes linhagens de camundongos variam em mais de duas vezes em relação à expectativa de vida, e existem também diferenças significativas na expectativa de vida de camundongos machos e fêmeas da mesma linhagem criados em condições idênticas. Deficiências em determinados hormônios ou defeitos em seus receptores ou nas vias de sinalização pós-receptor têm

QUADRO DE CONCEITOS AVANÇADOS
TELÔMEROS: O RELÓGIO DO ENVELHECIMENTO

Os **telômeros** são as sequências repetitivas nas extremidades do DNA cromossômico, normalmente milhares de cópias de DNA repetitivo curto e altamente redundante – TTAGGG em humanos (Capítulo 20). A DNA polimerase requer um modelo de fita dupla para replicação; os iniciadores de RNA na extremidade 5'do molde servem para iniciar a síntese de DNA. No entanto, nas extremidades cromossômicas, a síntese de DNA é restrita porque não há sequências mais a montante para o acoplamento da DNA primase. Portanto, cada ciclo de replicação cromossômica resulta em encurtamento do cromossomo. A enzima telomerase é uma transcriptase reversa que contém RNA com uma sequência complementar ao DNA dos telômeros. Ela atua para manter o comprimento dos telômeros na extremidade 3' dos cromossomos. A telomerase é encontrada em tecidos fetais, em células germinativas adultas e em células tumorais, mas as células somáticas de organismos multicelulares carecem de atividade telomerase. Isso levou à hipótese de que o encurtamento do telômero pode contribuir para o limite de Hayflick e está envolvido no envelhecimento de organismos multicelulares. O aumento da expressão da telomerase em células humanas resulta em telômeros alongados e um aumento na longevidade dessas células em pelo menos 20 duplicações de células. Células de indivíduos com progeria também apresentam telômeros curtos. Por outro lado, as células cancerígenas, que são imortais, expressam atividade de telomerase ativa. Todas essas observações sugerem que a diminuição do comprimento dos telômeros está associada à senescência celular e ao envelhecimento. Camundongos nocaute, nos quais o gene da telomerase foi deletado, apresentam cromossomos sem telômeros detectáveis. Esses camundongos manifestam altas frequências de aneuploidia e anormalidades cromossômicas. A doença disqueratose congênita autossômica apresenta uma mutação no lócus da telomerase, desencadeando incapacidade das células somáticas de reconstituir seus telômeros e, consequentemente, perda da epiderme e medula hematopoiética. Essa doença apresenta muitas das características do envelhecimento acelerado.

QUADRO DE CONCEITOS AVANÇADOS
ENVELHECIMENTO DO MÚSCULO: DANO AO DNA MITOCONDRIAL

O envelhecimento é caracterizado pela diminuição geral na massa muscular esquelética (**sarcopenia**) e na força como resultado da redução no número de neurônios motores e no número e tamanho de miofibras. A perda de fibras é acompanhada por aumento no tecido conjuntivo fibroso intersticial e redução na densidade capilar, o que limita o suprimento de sangue. A diminuição da massa e força muscular contribui para a fragilidade e aumenta o risco de mortalidade. A perda de massa muscular esquelética também pode contribuir para a intolerância à glicose em idosos, como resultado da diminuição da massa de tecido disponível para absorver glicose do sangue.

Uma das principais alterações bioquímicas musculares com o avançar da idade é o aumento no número de células musculares com mitocôndrias deficientes em citocromo oxidase, que limita a capacidade de trabalho do músculo. À medida que as mitocôndrias se tornam menos eficientes na oxidação do NADH, elas se tornam mais reduzidas, e o acúmulo de ubiquinona parcialmente reduzido (semiquinona) promove a redução do oxigênio molecular, levando ao aumento da produção de superóxido nas mitocôndrias mais antigas (Capítulo 42). Sob essas condições, quando a fosforilação oxidativa é prejudicada, as células parecem gerar ATP principalmente pela glicólise. O NADH também é oxidado extramitocondrialmente, em especial por NADH oxidases na membrana plasmática, que produz peróxido de hidrogênio, mas não ATP.

$$\text{NADH oxidases}: NADH + H^+ + O_2 \rightarrow NAD^+ + H_2O_2$$

Essas alterações são observadas tanto no sistema muscular cardíaco como no sistema muscular esquelético e parecem resultar de grandes deleções aleatórias no DNA mitocondrial (25%-75% do mtDNA total), que é então amplificado pela expansão clonal, levando à atrofia e à fragmentação da fibra. A fibra muscular é tão forte quanto seu elo mais fraco, de modo que pequenas regiões de perda de fibras afetam a capacidade muscular total. Felizmente, a sarcopenia pode ser retardada e parcialmente revertida pelo exercício de resistência, com ênfase no exercício regular entre os idosos.

---

um efeito significativo na expectativa de vida de camundongos. Efeitos profundos são observados em camundongos anões das linhagens Ames e Snell. Esses camundongos têm defeitos hipofisários diferentes, ambos resultando em secreção desprezível do hormônio de crescimento (GH; estimula a secreção de IGF-1 pelo fígado), hormônio estimulante da tireoide e prolactina (Capítulo 27). Ocorre diminuição do peso corpóreo de adultos jovens em aproximadamente 35%, e sua expectativa de vida máxima aumenta em cerca de 45% quando em comparação com os controles, mas, estranhamente, eles se tornam obesos com o avanço da idade. Efeitos similares no peso e tempo de vida são observados em camundongos com defeitos em receptores de GH ou IGF-1 ou transdução de sinal. Muitas dessas linhagens são frágeis: os anões Ames ou Snell apresentam hipotireoidismo, hipoglicemia, hipoinsulinemia e baixa temperatura corpórea; eles apresentam capacidade reprodutiva prejudicada, são mais suscetíveis a infecções e exigem condições especiais de habitação para manter a temperatura corporal – mas vivem mais tempo! O tratamento do hipotireoidismo em anões Snell resultou na restauração da expectativa de vida quase normal, enquanto a hipofisectomia de ratos jovens tenha aumentado sua expectativa de vida máxima em 15%-20%. Assim, três hormônios que exercem um profundo efeito sobre o metabolismo e o crescimento (**hormônio do crescimento, IGF-1 [e insulina] e tiroxina**) também exercem efeitos profundos na expectativa de vida.

Nos seres humanos, o determinante genético mais significativo para a expectativa de vida é o gênero: as mulheres vivem 5% a 7% mais do que os homens. A genética responde por cerca de 20% a 50% da variação remanescente no tempo médio de expectativa de vida, com os outros 50% a 80% sendo atribuídos a variações ambientais e de desenvolvimento aleatório. Estimou-se (em 2008) que existem pelo menos 30 genes que influenciam significativamente na vida humana. Os cruzamentos entre as populações humanas e as diversas combinações alélicas desses genes podem ofuscar os efeitos observados em linhagens consanguíneas de vermes ou de roedores. No entanto, há um relato recente de que os judeus ashkenazi que vivem mais de 95 anos apresentam maior frequência de mutações no gene para o receptor de IGF-1 (IGF-1R). Existem outros genes ou produtos genéticos associados ao aumento da longevidade em humanos (p. ex., variantes na ApoE, ApoC3 e CETP). No entanto, esses genes parecem aumentar a expectativa de vida média, provavelmente modulando os efeitos cardiovasculares do colesterol da dieta, em vez de causar um aumento no tempo de vida máximo.

INTERVENÇÕES ANTIENVELHECIMENTO: O QUE FUNCIONA E O QUE NÃO FAZ DIFERENÇA

Suplementos antioxidantes

Os suplementos antioxidantes podem melhorar a saúde, mas não aumentam o tempo de vida

Com base na FRTA, parece razoável especular que a suplementação com antioxidantes deve ter um efeito sobre a longevidade. No entanto, na verdade, não há evidências experimentais rigorosas e reprodutíveis de que os suplementos antioxidantes exerçam qualquer efeito na expectativa de vida máxima em humanos ou em outros vertebrados. Ao mesmo tempo, os suplementos antioxidantes, a maior parte dos quais inclui vitaminas, podem melhorar a saúde, particularmente nos indivíduos com deficiências vitamínicas. Assim, espera-se que ocorra algum efeito da terapia antioxidante na expectativa de vida média (e saudável). A impossibilidade de se atingir a expectativa de vida máxima pode resultar do fato de que existem muitos mecanismos para a produção e o controle de radicais livres e para a inibição e a reversão do dano em biomoléculas. Muitos desses processos dependem da atividade de enzimas que detoxificam as ROS ou regeneram antioxidantes endógenos. Essas enzimas, como a superóxido dismutase, catalase e a glutationa peroxidase (Capítulo 42), são induzidas em resposta ao estresse oxidativo e também podem estar reprimidas em momentos em que ele se encontra baixo. Assim, o organismo pode responder a fim de manter um balanço homeostático entre as forças pró e antioxidantes (Fig. 42.2), contrariando os esforços para aumentar as defesas antioxidantes. Essa resposta pode ser essencial, por exemplo, para manter a atividade bactericida eficaz durante a explosão respiratória que acompanha a fagocitose.

Restrição de calorias

A restrição calórica é o único regime conhecido por aumentar o tempo de vida em animais

A restrição calórica (RC) é a única intervenção que prolonga consistentemente o tempo de vida máximo em diversas espécies, incluindo mamíferos, peixes, moscas, vermes e leveduras. A redução na ingestão calórica total é a característica essencial dessa intervenção, isto é, os efeitos benéficos que prolongam a vida são observados sempre que a RC é aplicada e independentemente da composição da dieta, embora a intervenção precoce e prolongada resulte em efeitos mais impressionantes.

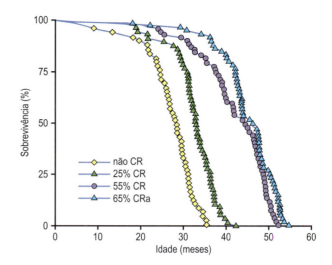

Fig. 29.8 **A restrição calórica (CR) aumenta a longevidade em camundongos.** O grupo não CR recebeu alimento *ad libitum*. Outros grupos tiveram restrição de 25%, 55% e 65% da dieta *ad libitum*, iniciando-se no primeiro mês de vida (adaptado de Weindruch, R., et al. [1986]. Retardation of aging in mice by dietary restriction. *Journal of Nutrition*, 116, 651–654).

Conforme mostrado na Figura 29.8, a RC leva a um aumento significativo tanto na média quanto no tempo máximo de vida dos ratos de laboratório, o que equivale a prolongar o tempo de vida de seres humanos para cerca de 180 anos. Ratos com restrição calórica apresentam menos fibras musculares sem citocromo oxidase e níveis reduzidos de deleções no DNA mitocondrial muscular. Camundongos sob restrição calórica também têm níveis mais baixos de genes induzíveis para a detoxificação hepática, para o reparo do DNA e para a resposta ao estresse oxidativo (proteínas de choque térmico), sugerindo menor taxa de estresse oxidativo e dano às proteínas e ao DNA.

Restrição calórica atrasa o início de doenças relacionadas à idade, incluindo câncer

CR é a intervenção de prevenção ao câncer mais potente e de ampla ação em roedores. Argumenta-se que o aumento da expectativa de vida máxima pela CR é alcançado pelo retardo do início do câncer (Fig. 29.9). Animais de vida longa são mais eficientes na proteção do seu genoma e, assim, retardam o aparecimento de câncer, mas a RC pode limitar ainda mais os danos, preservando a integridade do genoma e, assim, levando a uma maior longevidade. Embora a CR a longo prazo não tenha sido testada em humanos, a obesidade, no extremo oposto do espectro de peso, é um estado pró-inflamatório e um fator de risco para o câncer em humanos.

Em experimentos de CR, tem sido difícil diferenciar os efeitos da restrição alimentar sobre o gasto energético (taxa de sobrevida) *versus* a redução no peso corporal ou na massa de tecido adiposo que acompanha a restrição alimentar. Os camundongos FIRKO (nocaute para os receptores de insulina no tecido adiposo [gordura]) apresentam uma diminuição de 15% a 25% na massa corporal, em grande parte devido a uma diminuição de 50% na massa gorda. No entanto, esses ratos consomem quantidades idênticas de alimentos por dia

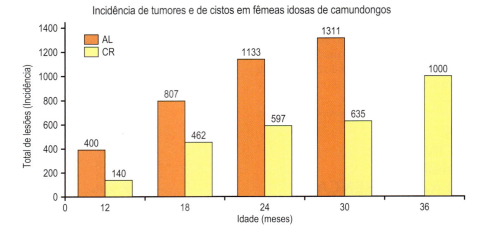

Fig. 29.9 **Efeito da restrição calórica (CR) no desenvolvimento de tumores em camundongos.** Mais de 1.000 camundongos, na proporção de 50:50 entre machos e fêmeas, de quatro genótipos diferentes foram divididos em dois grupos, um alimentado *ad libitum* (AL), outro recebendo 60% da ingestão calórica do grupo controle (CR), mas com ingestão comparável de vitaminas, minerais e micronutrientes. Coortes de animais foram eutanasiadas em tempos específicos, e as lesões totais (tumores mais cistos) foram medidas. Aos 24 meses, 51% dos camundongos AL e 13% dos CR tinham tumor. Observe a ausência de tumores nos camundongos controle aos 36 meses – todos os camundongos do grupo controle estão mortos. A CR aumentou a expectativa de vida média e máxima dos camundongos e também retardou o início do câncer (adaptado de Bronson, R. T., & Lipman, R. D. [1991]. Reduction in rate of occurrence of age related lesions in dietary restricted laboratory mice. *Growth, Development, and Aging*, 55, 169–184).

> **QUADRO DE CONCEITOS AVANÇADOS**
>
> ***SIRTUINAS*: REGULADORES DE INFORMAÇÃO SILENCIOSA E MEDIADORES DOS EFEITOS DA RESTRIÇÃO CALÓRICA**
>
> **As sirtuínas** constituem uma família de proteínas desacetilases dependentes de NAD⁺; diferentes isoenzimas são encontradas no núcleo e nos compartimentos citosólico e mitocondrial. As sirtuínas funcionam em uma ampla gama de substratos proteicos, incluindo histonas, enzimas reguladoras e sistemas de reparo de DNA, e estimulam a biogênese mitocondrial e o metabolismo oxidativo. Originalmente, foi evidenciado que as sirtuínas prolongavam o tempo de vida de levedura, *C. elegans* e da *Drosophila*. A expressão da sirtuína apresenta-se aumentada no músculo e no tecido adiposo durante a restrição calórica em camundongos, a superexpressão de sirtuínas mimetiza os efeitos da restrição calórica na expectativa de vida do camundongo e o nocaute de sirtuínas bloqueia a extensão média de vida nos camundongos. Mecanisticamente, o aumento na razão NAD⁺/NADH observado durante a restrição calórica parece induzir a expressão da sirtuína e também fornecer aumento de substrato, NAD⁺. As sirtuínas são induzidas em eucariotos por pequenas moléculas, como o **resveratrol** e a quercetina, estimulando o interesse no desenvolvimento de abordagens farmacêuticas para a extensão da expectativa de vida.

quando em comparação com o grupo controle – na verdade, mais do que os animais controle quando normalizados pelo seu peso corpóreo. Eles também apresentam aumento de 20% na expectativa de vida, o que sugere que a diminuição na massa corporal ou gordura é mais importante do que a ingestão calórica na determinação do potencial máximo de vida útil. Em outro estudo, a superexpressão da enzima gliconeogênica PEPCK no músculo esquelético produziu um camundongo mais magro, com 50% do peso corporal e 10% da massa gorda, em comparação aos controles. Esses camundongos eram sete vezes mais ativos e comiam 60% a mais do que os camundongos do grupo controle, mas viviam mais e com vida reprodutiva mais longa. De forma geral, a diminuição do peso corpóreo ou da adiposidade durante a CR, em vez de levar a uma diminuição do consumo de alimento, parece ter seu maior efeito no aumento da expectativa de vida. Um resultado geral desses experimentos alimentares e genéticos é que a eficiência mitocondrial, medida como menor taxa de produção de ROS/ATP, parece ser um importante determinante de longevidade.

Estudos sobre RC em espécies de primatas de vida mais longa estão em andamento desde os anos 1980. A partir desses estudos, há evidências claras de que os macacos em RC são mais ativos e jovens em aparência, têm melhores perfis de sensibilidade à insulina e de lipídeos plasmáticos e risco diminuído de diabetes, melhor saúde cardiovascular e renal global, apresentam menor sarcopenia e atrofia cerebral associadas à idade e têm risco diminuído de câncer, em comparação com animais com alimentação normal e da mesma idade. No entanto, a evidência de extensão do tempo de vida é fraca e ainda controversa (Fig. 29.10). Mesmo que CR possa prolongar a expectativa de vida em macacos, é improvável que os humanos sejam capazes de adotar o controle dietético estrito necessário para esse regime. No entanto, melhorias similares na saúde foram observadas em estudos de curto prazo com seres humanos (isto é, melhora na glicemia de jejum, sensibilidade à insulina e perfil lipídico plasmático, juntamente com diminuição da pressão arterial, em comparação com um grupo controle pareado). A compreensão dos mecanismos biológicos dos efeitos da RC pode levar a estratégias alternativas que mimetizam a RC e possivelmente prolonguem o tempo de vida saudável dos seres humanos.

Fig. 28.10 **Efeitos da restrição calórica em primatas.** O animal à esquerda foi criado sob restrição calórica, enquanto o da direita foi alimentado com uma dieta normal. Um estudo da University of Wisconsin, em 2009, concluiu que a restrição calórica aumentou o tempo de vida de macacos Rhesus, enquanto outro, dos US National Institutes of Health, em 2012, também com macacos Rhesus, concluiu não haver efeito. Estudos com outras espécies de primatas continuam em andamento, considerando que o assunto ainda não está completamente elucidado; porém, está claro em todos os estudos que a restrição calórica produz um fenótipo mais saudável, com menos doenças crônicas relacionadas à idade e redução do risco de câncer (com permissão do Instituto Nacional de Saúde do EUA, National Institutes of Health, NIH).

RESUMO

- O envelhecimento é caracterizado por um declínio gradual na capacidade dos sistemas fisiológicos, levando eventualmente à falha de um sistema crítico e então à morte.
- No nível bioquímico, o envelhecimento é considerado o resultado da modificação química crônica de todas as classes de biomoléculas.
- De acordo com a teoria dos radicais livres do envelhecimento, as ROS são as principais responsáveis, causando alterações na sequência do DNA (mutações) e na estrutura das proteínas. A longevidade é alcançada com o desenvolvimento de sistemas eficientes para limitar e/ou reparar danos químicos.
- A restrição calórica é, atualmente, o único mecanismo amplamente aplicável para retardar o envelhecimento e estender o tempo médio, saudável e máximo de vida das espécies.
- A RC parece funcionar, em parte, inibindo a produção de ROS e limitando os danos às biomoléculas, retardando muitas das características do envelhecimento, incluindo o câncer. Sirtuínas foram identificadas como possíveis mediadoras dos efeitos da restrição calórica.

QUESTÕES PARA APRENDIZAGEM

1. Discuta a natureza das proteínas carboniladas e da lipofuscina e sua relevância para o envelhecimento.
2. Discuta a importância relativa do dano químico às proteínas e ao DNA durante o envelhecimento.
3. Revise a literatura recente sobre modelos genéticos em camundongos relacionados ao envelhecimento de mamíferos e discuta a correlação entre taxa de crescimento, obesidade, restrição calórica e envelhecimento em camundongos.
4. Quase uma dúzia de genes foi identificada que, quando mutados, prolongam a vida dos animais. Por que os genes do tipo selvagem são preservados no *pool* genético?
5. Discuta as evidências de que a restrição calórica aumenta a expectativa de vida média, a vida saudável e máxima dos primatas.

LEITURAS SUGERIDAS

Bhullar, K. S., & Hubbard, B. P. (2015). Lifespan and healthspan extension by resveratrol. *Biochimica et Biophysica Acta, 1852*, 1209-1218.

Carrero, D., Soria-Valles, C., & López-Otín, C. (2016). Hallmarks of progeroid syndromes: Lessons from mice and reprogrammed cells. *Disease Models and Mechanisms, 9*, 719-735.

Carvalho, A. N., Firuzi, O., Gama, M. J., et al. (2017). Oxidative stress and antioxidants in neurological diseases: Is there still hope? *Current Drug Targets*, *18*, 705-718.

da Costa, J. P., Vitorino, R., Silva, G. M., et al. (2016). A synopsis on aging: Theories, mechanisms and future prospects. *Ageing Research Reviews*, *29*, 90-112.

Michan, S. (2014). Calorie restriction and NAD/sirtuin counteract the hallmarks of aging. *Frontiers in Bioscience, Landmark Edition*, *19*, 1300-1319.

Most, J., Tosti, V., Redman, L. M., et al. (2017). Calorie restriction in humans: An update. *Ageing Research Reviews*, *39*, 36-45 doi:10.1016/j. arr. 2016. 08.005.

Pinto, M., & Moraes, C. T. (2015). Mechanisms linking mtDNA damage and aging. *Free Radical Biology and Medicine*, *85*, 250-258.

Reeg, S., & Grune, T. (2015). Protein oxidation in aging: Does it play a role in aging progression? *Antioxidants and Redox Signaling*, *23*, 239-255.

SITES

Recursos e links sobre envelhecimento: http://www.pathguy.com/lectures/aging. htm

http://www.benbest.com/lifeext/aging.html

Restrição calórica: http://www.crsociety.org

Restrição calórica e longevidade em primatas: http://www.iflscience.com/health-and-medicine/caloric-restriction-increases-lifespan-monkeys/

Progeria: http://www.progeriaresearch.org/index.html

ABREVIATURAS

AD	Doença de Alzheimer
AGE	Produto final de glicação avançada
AL	*Ad libitum*
ALE	Produto final de lipoxidação avançada
ApoE	Apolipoproteína E
ApoC3	Apolipoproteína C3
CETP	Proteína de transferência de éster de colesterol
CML	Ne- (carboximetil) lisina **N.B.** epsilon sobrescrito
CR	Restrição de Calorias
FIRKO	Nocaute (*knockout*) de insulina no tecido adiposo (gordura)
FRTA	Teoria dos radicais livres do envelhecimento
GH	Hormônio do crescimento
IGF	Fator de crescimento semelhante à insulina
MetSO	Sulfóxido de metionina
MSLP	Potencial máximo de vida
mtDNA	DNA mitocondrial
o-Tyr	Orto-Tirosina
ROS	Espécies reativas de oxigênio

CAPÍTULO 30

Digestão e Absorção de Nutrientes: O Trato Gastrointestinal

Marek H. Dominiczak e Matthew Priest

OBJETIVOS

Após concluir este capítulo, o leitor estará apto a:

- Descrever os estágios da digestão.
- Discutir mecanismos envolvidos na absorção de nutrientes.
- Discutir o papel das enzimas digestivas.
- Discutir a digestão das principais classes de nutrientes: carboidratos, proteínas e gorduras.
- Identificar compostos gerados pela digestão de carboidratos, proteínas e gorduras que se tornam substratos para o metabolismo posteriormente.

INTRODUÇÃO

Todos os organismos necessitam de fontes de energia e outros materiais para possibilitar o funcionamento e o crescimento. Sua sobrevivência depende da capacidade de extrair e assimilar esses recursos do alimento ingerido. O trato gastrointestinal (GI) e os órgãos funcionalmente associados a ele são responsáveis pela digestão e absorção dos alimentos. O epitélio intestinal e as junções oclusivas (*tight junctions)* entre enterócitos formam a barreira mais importante entre o organismo e seu ambiente externo. Essa barreira tem capacidade seletiva de absorção e secreção e também pode se tornar um cenário de resposta imune ou autoimune.

A **digestão** é o processo pelo qual o alimento é dividido em componentes simples o suficiente para serem absorvidos no intestino. A **absorção** é a captação dos produtos da digestão pelas células intestinais (enterócitos) do lúmen do intestino e posterior distribuição ao sangue ou linfa. A digestão e a absorção de nutrientes estão intimamente ligadas e são reguladas pelo sistema nervoso, além de hormônios e fatores parácrinos. A presença física de partículas de alimentos no trato GI também estimula esses processos.

Absorção e secreção de íons, como sódio, cloreto de potássio e bicarbonato, e a absorção de água também são funções essenciais do trato GI. Portanto, muitos problemas clínicos associados a digestão e absorção estão intimamente ligados a distúrbios fluídos e eletrolíticos (Capítulo 35).

O comprometimento da digestão e absorção resulta em síndromes de má digestão e má absorção, respectivamente. A **má digestão** indica deficiência na degradação dos nutrientes para formação dos seus produtos absorvíveis. A **má absorção** é a absorção, a captação e o transporte de nutrientes (adequadamente digeridos) defeituosos.

Os principais sinais clínicos do indício de má absorção e/ou má digestão são **diarreia**, **esteatorreia** (presença de excesso de gordura nas fezes) e **perda de peso**. As crianças podem apresentar **déficit de crescimento**. Enquanto a diarreia aguda acarreta um risco de desidratação rápida e depleção eletrolítica, a diarreia crônica está associada à desnutrição progressiva. Segundo dados da Organização Mundial de Saúde (WHO, 2015), a doença diarreica é a oitava principal causa de morte no mundo (ver Leituras Sugeridas). A má absorção e má digestão também podem se desenvolver como consequências de intervenção cirúrgica, como gastrectomia, ressecção do intestino delgado ou colectomia.

A função geral do trato GI é decompor o alimento em elementos que podem ser absorvidas e utilizadas pelo corpo (Fig. 30.1) e depois excretar o material não absorvido. Seus diferentes segmentos anatômicos possuem funções específicas relacionadas a digestão e absorção:

- A boca, o estômago e o duodeno lidam com o processo inicial de misturar alimentos ingeridos e começar a digestão.
- No duodeno, as secreções biliares e pancreáticas entram pelo ducto biliar comum.
- O intestino delgado é a principal área digestiva: no jejuno, os processos digestivos continuam e a absorção é iniciada; isso continua no íleo.
- O intestino grosso (ceco, cólon e reto; principalmente o cólon) está envolvido na reabsorção e secreção de eletrólitos e água.

MANEJO DE ÁGUA E ELETRÓLITOS NO TRATO GASTROINTESTINAL

O manejo de eletrólitos e água pelo trato GI é uma de suas principais funções

O manejo de eletrólitos e água pelo trato GI inclui não apenas a absorção e a secreção, mas também a manutenção do volume celular, e afeta a proliferação e a diferenciação celular, bem como a apoptose e a carcinogênese.

CAPÍTULO 30 Digestão e Absorção de Nutrientes: O Trato Gastrointestinal

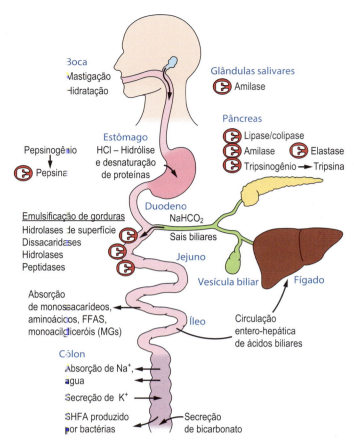

Fig. 30.1 **O trato gastrointestinal.** A digestão e absorção de nutrientes requerem a função integrada de vários órgãos. A mistura de alimentos e o início da digestão ocorrem na boca e no estômago. Os processos absortivos começam no jejuno. No entanto, a maioria dos nutrientes é absorvida no íleo. O intestino grosso está envolvido na absorção de água e eletrólitos e participa da recirculação dos ácidos biliares para o fígado. Uma grande quantidade de fluido (aproximadamente 10 litros) passa pelo trato GI todos os dias. FFA, ácidos graxos livres.

Um grande volume de líquido é secretado e reabsorvido pelo trato GI

Em um período de 24 horas, cerca de 10 litros de líquido entram e saem do trato GI. Um litro de saliva, contendo eletrólitos, proteínas e muco, é secretado por dia.

A ingestão diária média de água é de aproximadamente 2 litros, e as secreções intestinais totais consistem em cerca de 7 litros. A maior parte desse líquido é reabsorvida pelo intestino delgado. O cólon absorve cerca de 90% do fluido que passa através dele, e apenas cerca de 150 a 250 mL de água é normalmente excretada nas fezes.

Os eletrólitos são secretados por glândulas salivares, estômago e pâncreas

Vários processos secretórios ocorrem no trato GI. As glândulas salivares, estômago e pâncreas secretam enzimas digestivas na forma de zimogênios inativos. A secreção do íon hidrogênio ocorre no estômago. A secreção do íon bicarbonato ocorre ao longo do trato GI, com quantidades particularmente elevadas presentes no suco pancreático. A secreção de potássio ocorre predominantemente no cólon e é regulada pela aldosterona.

O comprometimento da função intestinal leva a distúrbios potencialmente graves do equilíbrio hidroeletrolítico e ácido-base

As doenças do trato GI e a remoção cirúrgica de segmentos do intestino delgado e grosso acarretam risco de grandes distúrbios de água e eletrólitos. Antes do tratamento para a cólera ser conhecido, uma pessoa com diarreia fulminante causada pela infecção por *Vibrio cholerae* poderia morrer de desidratação em questão de horas. A acidose grave devida à perda de bicarbonato também pode ser uma característica da doença intestinal (Capítulo 36).

QUADRO CLÍNICO
CAUSAS DA PERDA DE FLUÍDO E ELETRÓLITO DO TRATO GASTROINTESTINAL

Vômitos prolongados causam perda de água, íons hidrogênio, e cloreto e uma perda adicional de potássio devido aos mecanismos compensatórios do corpo. A **diarreia** pode ser causada pelo aumento da secreção intestinal devido, por exemplo, à inflamação, ou pode ser causada por má absorção de nutrientes. A diarreia grave que leva à perda de conteúdo intestinal alcalino pode resultar em desidratação e acidose metabólica. Também resulta na perda de sódio, potássio e outros minerais. Os pacientes com a síndrome do intestino curto, resultante de extensa ressecção do intestino delgado (p. ex., na doença de Crohn), podem desenvolver problemas graves no equilíbrio de fluídos devido à incapacidade de reabsorver a água.

Mecanismos de transporte de água e eletrólitos no intestino

ATPase Na⁺/K⁺ é a força motriz dos processos de transporte nos enterócitos

Os enterócitos possuem um conjunto de transportadores e canais iônicos (Fig. 30.2). A ATPase Na⁺/K⁺ ou bomba de sódio-potássio, descrita com mais detalhes no Capítulo 35, está localizada na membrana basolateral (voltada para o lado do sangue circulante) e transporta o íon sódio para fora da célula em troca do íon potássio (3Na⁺ para cada 2K⁺). Isso cria um gradiente de concentração de sódio e hiperpolariza a membrana, aumentando o potencial negativo intracelular e impulsionando os sistemas de transporte passivo (e, consequentemente, o transporte iônico transcelular). Além disso, o transporte de sódio (e cloreto) é acompanhado pelo transporte passivo de água, que ocorre tanto pela via paracelular, através das junções oclusivas, quanto pela transcelular, utilizando transportadores de água presentes na membrana, as aquaporinas.

Cotransportadores de sódio são um modo comum de transporte intestinal

Os cotransportadores de sódio transportam o íon sódio juntamente com outra molécula (Fig. 30.2A). Por exemplo, a glicose

CAPÍTULO 30 Digestão e Absorção de Nutrientes: O Trato Gastrointestinal 431

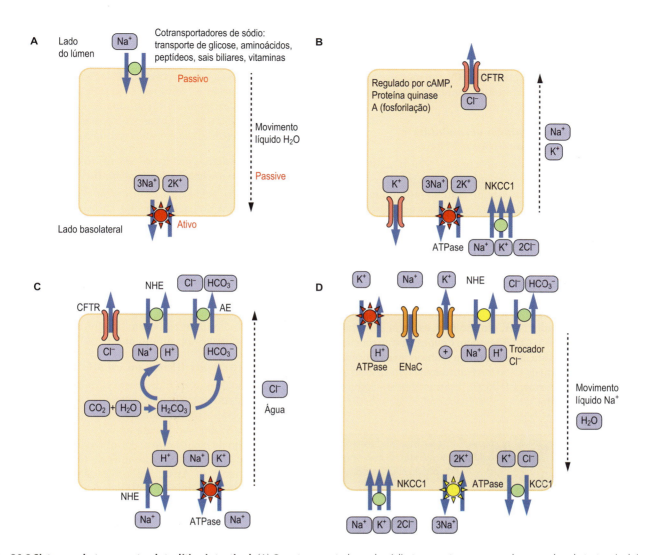

Fig. 30.2 **Sistemas de transporte eletrolítico intestinal.** (A) Os cotransportadores de sódio transportam uma ampla gama de substratos, incluindo glicose. A baixa concentração de sódio intracelular e, portanto, a grande diferença no gradiente de concentração de Na+ extracelular e intracelular, é mantida pela Na+/K+ ATPase localizada na membrana basolateral. (B) O transportador CFTR secreta íon cloreto e é regulado pela cascata de sinalização cAMP-PKA. O sódio e o potássio também podem ser secretados como contraíons. Observe o canal de "vazamento" de potássio na membrana basolateral. O transportador NKCC1 fornece cloreto à célula. (C) Transporte eletroneutro de sódio e secreção de bicarbonato. (D) Absorção eletrogênica de sódio e secreção de potássio no cólon distal. Os transportadores marcados em **amarelo** são regulados pela **aldosterona** no cólon distal. Veja o texto para detalhes. CFTR, regulador da condutância transmembrana da fibrose cística; NHE, trocador de sódio/hidrogênio; ENaC, canal de sódio epitelial; AE, trocador de ânions (trocador cloreto/bicarbonato); NKCC1, cotransportador Na + /K + /2Cl- isoforma 1 ; KCC1, cotransportador K+/Cl-.

é absorvida com o sódio pelo cotransportador sódio-glicose presente na membrana luminal, conhecido como transportador tipo 1 de glicose acoplado ao Na+ (**SGLT-1**). A glicose é subsequentemente transportada para o plasma por intermédio do transportador **GLUT2**, que cruza a membrana basolateral. A descoberta de que o transporte celular de sódio e glicose está acoplado teve enormes consequências clínicas. Durante uma epidemia de cólera em Manila, no final da década de 1960, os pesquisadores observaram que pacientes desidratados com diarreia não absorviam bem o cloreto de sódio oral durante as tentativas de reidratação oral. No entanto, quando glicose também foi fornecida, a absorção de água e eletrólitos melhorou. Essa observação levou à formulação da **solução de reidratação oral da OMS,** que posteriormente salvou a vida

de milhões de crianças afetadas por diarreia grave em todo o mundo (ver Leituras Sugeridas).

Outros modos de transporte de sódio incluem transporte eletroneutro e eletrogênico

O transporte eletroneutro de sódio ocorre através do trocador de sódio/hidrogênio (**NHE**) e geralmente é acoplado ao transporte de cloreto através do trocador de cloreto/bicarbonato (ou trocador aniônico, AE) (Fig. 30.2C). Os trocadores estão presentes nas membranas luminal e basolateral. Esse tipo de transporte controla a maior parte da reabsorção de cloreto de sódio no cólon.

A absorção eletrogênica de sódio ocorre através dos canais de sódio epiteliais (**ENaCs**, também conhecidos como canais de sódio sensíveis a amilorida), que estão presentes no lúmen no lado luminal do epitélio (Fig. 30.2D). Os ENaCs são regulados pela aldosterona e são particularmente importantes no cólon distal. O Na⁺ absorvido é seguido pelo Cl⁻, que move-se através de um canal de cloreto. A aldosterona também regula a bomba de sódio-potássio.

Transporte de cloreto: regulador de condutância transmembranar de fibrose cística (CFTR)

A secreção luminal de cloreto ocorre via CFTR (Fig. 30.2B). O CFTR é um canal iônico de membrana com um único polipeptídeo. Também está presente no epitélio pulmonar e nas glândulas sudoríparas. Sua função é controlada pela cascata de sinalização da proteína quinase A (PKA) (Capítulo 25). Como o CFTR é ativado pelo cAMP, a secreção de cloreto pode ser ativada pela prostaglandina E_2 (PGE_2) e pela serotonina, bem como pela toxina colérica e pela enterotoxina termoestável de *Escherichia coli*. As mutações de perda de função do CFTR levam à **fibrose cística**, em que o transporte de cloreto é prejudicado ou inibido. O CFTR também tem função reguladora: sua fosforilação inibe o trocador NHE, diminuindo, assim, a absorção de Na⁺. Curiosamente, o CFTR também é capaz de transportar cloreto na direção oposta, auxiliando na reabsorção de cloreto. A captação basolateral de Cl⁻ ocorre através do cotransportador Na⁺/K⁺/2Cl⁻ isoforma 1 (NKCC1) e através de trocadores de cloreto/bicarbonato.

QUADRO CLÍNICO
FIBROSE CÍSTICA

A fibrose cística (FC), um distúrbio autossômico recessivo monogênico, envolve a inibição do transporte de cloreto devido à ausência do CFTR. Diferentes mutações no gene *CFTR* levam à completa ausência do transportador ou ao comprometimento de sua funcionalidade.

A prevalência da FC é de 1: 3.000 nascidos vivos nos Estados Unidos e no norte da Europa. Nos Estados Unidos, a fibrose cística é uma das principais causas de **má absorção**. Ela se manifesta predominantemente na infância. Os principais problemas são geralmente respiratórios. A secreção de cloreto está diminuída, e a reabsorção de Na⁺ é acelerada. Isso resulta em diminuição da hidratação das secreções epiteliais. No trato respiratório, há **diminuição da hidratação do muco das vias aéreas** e, portanto, falha de sua depuração, com consequentes infecções bacterianas. Problemas gastrointestinais incluem **íleo meconial** e **obstrução intestinal**. A ausência do CFTR também afeta o funcionamento do trocador de Cl⁻/HCO₃⁻ (e, portanto, a secreção passiva de Na⁺) no pâncreas — isso resulta em comprometimento da função endócrina e exócrina. As secreções biliares espessadas podem ser uma causa de **cirrose biliar** focal e **colelitíase crônica**. Há também comprometimento da secreção de muco nas criptas colônicas, com reabsorção de Na⁺ aumentada através dos canais de Na⁺ e transportadores de Na⁺/H⁺.

A absorção de potássio e a secreção de potássio no cólon são auxiliadas por diferentes canais de potássio

A absorção de potássio é mediada por **H⁺/K⁺ ATPases** presente na membrana luminal. Por outro lado, o transporte basolateral de potássio é feito pelos canais de potássio e pelo cotransportador K⁺/Cl⁻ (**KCC1**). Os canais de K⁺ luminal e basolateral são necessários a fim de hiperpolarizar a membrana e estabelecer a força motriz para o transportador ENaC. A secreção de K⁺ através dos canais de K⁺ luminais é paralela à secreção de Cl⁻ através do CFTR e é igualmente estimulada por cAMP, cGMP e proteína quinase C (PKC). A expressão dos canais de K⁺ luminais também é estimulada por aldosterona e glicocorticoides.

A reabsorção de ácidos graxos de cadeia curta ocorre juntamente com a secreção de bicarbonato

O cólon reabsorve ácidos graxos de cadeia curta (SCFA) derivados da fermentação bacteriana das fibras, combinado com a secreção de bicarbonato. Assim, o bicarbonato é secretado usando os trocadores de ânions na membrana luminal SCFA/HCO₃⁻ ou Cl⁻/HCO₃⁻.

Aquaporinas controlam reabsorção de água colônica

A reabsorção de água no cólon é mediada por canais iônicos conhecidos como aquaporinas (AQPs; Capítulo 35). AQP1, 3 e 4 estão localizados nas membranas basolaterais, e AQP8 está localizado nas membranas luminais.

As secreções intestinais diferem em seu pH

A concentração de íons de hidrogênio varia amplamente em diferentes partes do trato GI. Isso facilita o processo digestivo e também é importante para a proteção dos tecidos no estômago e no intestino. A saliva secretada na boca é alcalina devido ao seu conteúdo de bicarbonato. Por outro lado, o conteúdo do estômago é fortemente ácido, mas o muco que protege suas paredes é alcalino. Assim, embora as células parietais do estômago secretem grandes quantidades de íon hidrogênio, principalmente através da ação da H⁺/K⁺-ATPase luminal, as células da superfície gástrica secretam muco contendo íon bicarbonato, empregando o trocador Cl⁻/HCO₃⁻. Na entrada do duodeno, o conteúdo ácido do estômago é neutralizado pelas secreções pancreáticas fortemente alcalinas.

COMPONENTES DA DIGESTÃO

A **mastigação** promove a decomposição da comida. A adição de saliva na boca inicia o processo digestivo e atua como lubrificação para facilitar a deglutição. A comida é então movida para o esôfago por um processo impulsionado pelo reflexo esofágico. Ao ser transferida para o **estômago**, ela é dividida em partículas menores. A presença de digestão desencadeia o peristaltismo, que ajuda na mistura do conteúdo e estimula as secreções digestivas. Os principais estímulos ao peristaltismo são mediados pelo sistema nervoso parassimpático. Absorção de nutrientes depende da taxa de trânsito; assim, a motilidade aumentada pode levar a um trânsito impropriamente rápido e, portanto, a má absorção.

O estômago e o intestino são revestidos por epitélio, cuja superfície invaginada aumenta consideravelmente a sua área de absorção. O **intestino delgado** é revestido por enterócitos dispostos em **vilosidades** intestinais. Além disso, cada célula contém **microvilosidades**. A área total de absorção do intestino é de cerca de 250 m², aproximadamente a área de uma quadra de basquete júnior. A **doença celíaca** (enteropatia sensível ao glúten) causa inflamação do intestino delgado e atrofia das vilosidades, reduzindo bastante essa área de superfície, resultando em má absorção.

QUADRO DE CONCEITOS AVANÇADOS
FUNÇÃO DIGESTIVA DO ESTÔMAGO

Existem diferentes tipos de células na parede da mucosa do estômago, cada uma desempenhando funções digestivas diferentes. Células chamadas "células principais" secretam **pepsinogênio**, que é um precursor da **pepsina**. O pepsinogênio é ativado para pepsina no ambiente ácido do lúmen do estômago. As células parietais geram **íons hidrogênio** através da ação da anidrase carbônica e, em seguida, os bombeiam para o lúmen por meio de uma bomba de prótons dependente de ATP presente na membrana luminal. A secreção de H⁺ é dependente da exportação paralela de K⁺ através dos canais luminais de K⁺.

A atividade das células parietais é estimulada pela ação da **histamina**, que atua nos receptores H₂ produzidos pelas células secretoras de histamina. O hormônio **gastrina** é secretado pelas células G, evento desencadeado pela entrada de alimentos no estômago. As células do estômago também secretam **fator intrínseco (IF)**, o que facilita a absorção de vitamina B₁₂ no intestino (Capítulo 7). Por último, mas não menos importante, as células epiteliais secretam muco alcalino, que protege o revestimento do estômago dos efeitos do ácido forte.

Os danos no revestimento do estômago ou do duodeno levam à **ulceração**; na maioria dos casos, isso está associado à infecção por *Helicobacter pylori* no estômago. O tratamento de sintomas relacionados ao ácido, como **dispepsia** ou **refluxo gastroesofágico**, pode ser conseguido com **antiácidos**, que simplesmente neutralizam o pH; **antagonistas de H₂** (p. ex., cimetidina ou ranitidina), que impedem a liberação de histamina; ou **inibidores da bomba de prótons** (p. ex., omeprazol), que bloqueiam a secreção de H⁺ pelas células parietais. O tratamento do *H. pylori* com uma combinação da supressão ácida e antibióticos geralmente resultará na cura da úlcera.

Digestão é uma série sequencial de processos

No curso da digestão, carboidratos, proteínas e gorduras contidos nos alimentos são decompostos em produtos absorvíveis. Algum material ingerido, como carboidratos complexos de origem vegetal, é indigesto e constitui fibra.

Há vários estágios que ocorrem em uma sequência, permitindo a contribuição do conteúdo de fluídos, pH, agentes emulsificantes e enzimas. Isso requer uma ação secretora combinada das glândulas salivares, do fígado e da vesícula biliar, do pâncreas e da mucosa intestinal. Os processos envolvidos estão descritos na Figura 30.1 e podem ser resumidos da seguinte forma:

- Lubrificação e homogeneização dos alimentos com fluídos secretados por glândulas do trato intestinal
- Secreção de enzimas que decompõem macromoléculas em uma mistura de oligômeros, dímeros e monômeros
- Secreção de íon hidrogênio e bicarbonato em diferentes partes do trato GI para otimizar as condições de hidrólise enzimática
- Secreção de ácidos biliares para emulsionar o lipídeo dietético, facilitando a hidrólise enzimática e a absorção
- Hidrólise adicional de oligômeros e dímeros por enzimas ligadas à membrana
- Absorção específica do material digerido nos enterócitos e sua transferência para o sangue ou a linfa
- Reciclagem dos ácidos biliares e absorção dos SCFAs produzidos pelas bactérias do cólon
- Reabsorção de água e eletrólitos

Existe considerável reserva funcional em todos os aspectos da digestão e absorção

Um comprometimento considerável da estrutura e/ou função precisa estar presente antes que os sinais e sintomas de má digestão ou má absorção ocorram. A perda funcional em menor nível pode passar despercebida, permitindo que a patologia progrida por algum tempo antes de ser diagnosticada. Por exemplo, a doença pancreática manifesta-se somente após 90% da função pancreática ser destruída. Cada um dos órgãos envolvidos na digestão e absorção tem a capacidade de aumentar sua atividade várias vezes; isso aumenta a capacidade de reserva.

Observe também que a digestão de um determinado nutriente ocorre em vários pontos do trato GI. Lipídeos, carboidratos e proteínas podem ser digeridos em vários locais. Portanto, é improvável que a interrupção dos mecanismos digestivos em um único ponto resulte em uma completa incapacidade de digerir um grupo nutriente (Fig. 30.3).

O trato GI também pode acomodar a perda da função de um órgão constituinte. Por exemplo, se o estômago é removido cirurgicamente, o pâncreas e o intestino delgado podem compensar

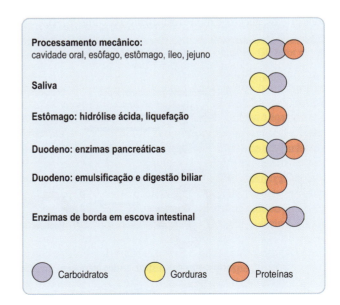

Fig. 30.3 **Digestão como um processo multiorgânico.** Como cada um dos principais grupos de nutrientes (carboidratos, proteínas e gorduras) sofre digestão em vários pontos, há uma considerável capacidade ociosa e resiliência no sistema.

a perda da digestão gástrica. Na doença pancreática, as lipases linguais podem acomodar alguma perda de lipase pancreática.

Enzimas digestivas e zimogênios

A maioria das enzimas digestivas é secretada como precursores inativos

Com exceção de amilase salivar e lipases linguais (associadas à língua), as enzimas digestivas são secretadas no lúmen do intestino como precursores inativos, os zimogênios (Capítulo 6). O processo de secreção de enzimas digestivas é semelhante nas glândulas salivares, mucosa gástrica e pâncreas. Esses órgãos contêm células especializadas para síntese, empacotamento e transporte dos grânulos de zimogênio para a superfície da célula e, em seguida, para o lúmen intestinal. Essas secreções são denominadas exócrinas (isto é, "secretoras para o exterior"), em oposição à secreção endócrina de hormônios.

As enzimas envolvidas na digestão de proteínas (proteases) e gorduras (lipase: fosfolipase A_2) são sintetizadas como zimogênios inativos e são ativadas somente na sua liberação para o lúmen intestinal. Em geral, essas enzimas, uma vez em suas formas ativas, podem ativar seus próprios precursores. A ativação dos precursores também pode ocorrer por alteração do pH (p. ex., o pepsinogênio é convertido em pepsina no estômago em pH inferior a 4) ou pela ação de enteropeptidases específicas ligadas à membrana mucosa do duodeno (Fig. 30.1).

Todas as enzimas digestivas são hidrolases

Os produtos da hidrólise são oligômeros, dímeros e monômeros de macromoléculas precursoras. Assim, os carboidratos são hidrolisados em uma mistura de dissacarídeos e monossacarídeos. As proteínas são decompostas em uma mistura de di e tripeptídeos e aminoácidos. Os lipídeos são decompostos em uma mistura de ácidos graxos, glicerol e mono e diacilgliceróis (Fig. 30.4).

DIGESTÃO E ABSORÇÃO DE CARBOIDRATOS

Os carboidratos da dieta entram no trato GI como mono, di e polissacarídeos

Os carboidratos da dieta consistem principalmente em amidos de plantas e animais – polissacarídeos (amidos), os dissacarídeos sacarose e lactose e os monossacarídeos (Fig. 30.5). Os **monossacarídeos** incluem glicose, frutose e galactose, presentes na dieta ou gerados pela digestão de di e polissacarídeos. A lactose, por exemplo, é um **dissacarídeo** derivado de produtos lácteos e é hidrolisada nos monossacarídeos glicose e galactose pela lactase e β-galactosidase. Os monômeros de açúcar são então absorvidos no trato GI.

Dissacarídeos e polissacarídeos requerem clivagem hidrolítica em monossacarídeos antes da absorção

Os dissacarídeos são decompostos por dissacaridases ligadas à membrana presentes na superfície da mucosa do intestino. Glicogênio e amido requerem capacidade hidrolítica adicional da amilase encontrada nas secreções das glândulas salivares e no pâncreas (Fig. 30.6).

O amido é um polissacarídeo vegetal, e o glicogênio é o equivalente animal. Ambas contêm uma mistura de cadeias lineares de moléculas de glicose ligadas por ligações α-1,4-glicosídicas (amilose) e por cadeias de glicose ramificadas com ligações α-1, 6 (amilopectina). O glicogênio tem uma estrutura mais ramificada do que o amido. A digestão desses polissacarídeos é promovida pelas endossacaridases e amilase.

Os produtos da hidrólise do amido são o dissacarídeo maltose, o trissacarídeo maltotriose e uma unidade ramificada denominada dextrina α-limite. Eles são ainda adicionalmente hidrolisados por enzimas ligadas aos enterócitos, produzindo a glicose monossacarídica (Fig. 30.7A).

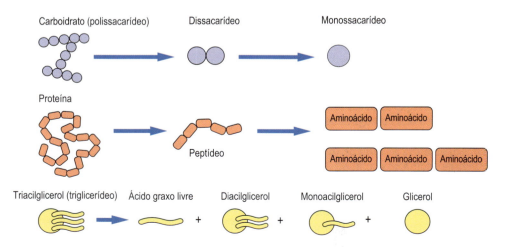

Fig. 30.4 **Digestão de polímeros dietéticos.** O denominador comum entre o manejo de diferentes grupos de nutrientes é a decomposição de polímeros de nutrientes em monômeros. Assim, os polissacarídeos são digeridos para produzir di e monossacarídeos, e as proteínas são digeridas em aminoácidos componentes. A gordura (predominantemente triacilgliceróis) é digerida em mono e diacilacilgliceróis.

CAPÍTULO 30 Digestão e Absorção de Nutrientes: O Trato Gastrointestinal

Carboidrato	Fonte de alimento	Estrutura
Amido (amilose) [planta]	Batatas, arroz, pão, cebolas	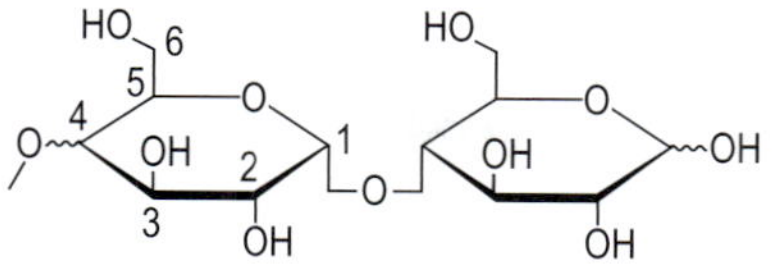
Amilopectina (glicogênio) [planta, animal]	Batatas, arroz, pão, músculo, fígado	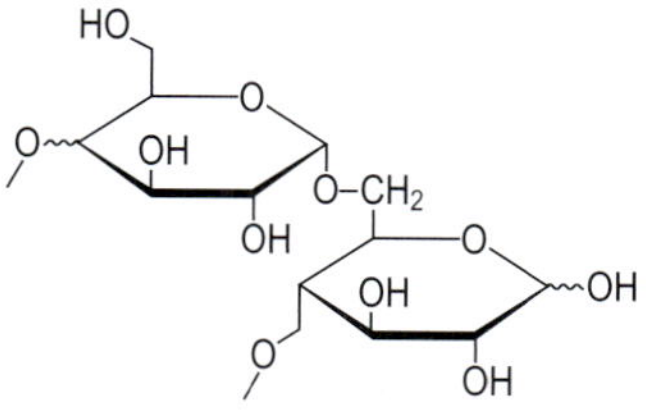
Sacarose	Sobremesas, doces, açúcar de mesa	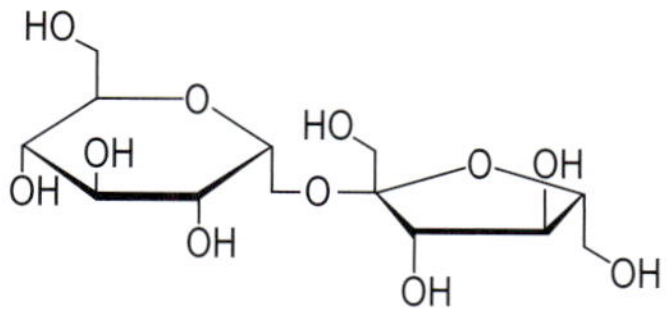
Lactose	Leite	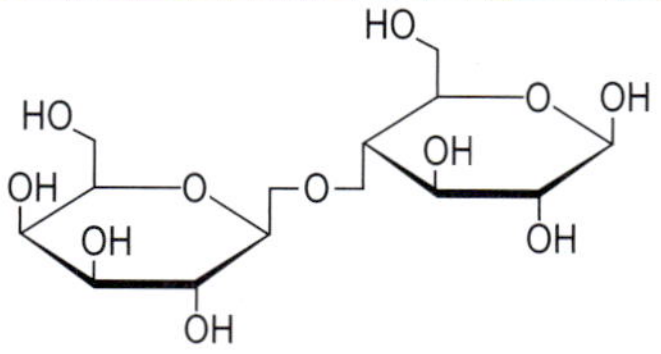
Frutose	Frutas, mel	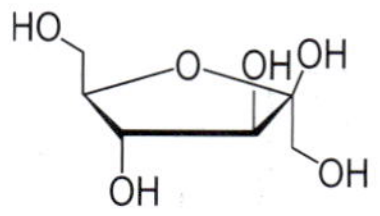
Glicose	Frutas, mel	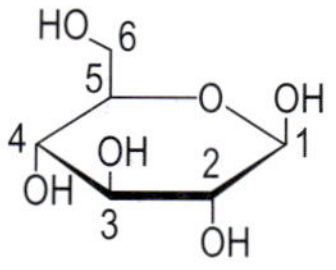

Fig. 30.5 **Principais carboidratos da dieta.** Amido e amilopectina são polissacarídeos. Apenas duas moléculas de açúcar componentes são mostradas para cada uma para ilustrar suas ligações intermoleculares. A sacarose e a lactose são os dissacarídeos mais comuns, e a frutose e a glicose, os monossacarídeos mais comuns. Consulte a molécula de glicose na linha inferior para numeração padrão de átomos de carbono.

Os dissacarídeos dietéticos, como lactose, sacarose e trealose (um dissacarídeo formado por duas moléculas de glicose unidas por uma ligação α-1,1), são hidrolisados em seus monossacarídeos constituintes por **dissacaridases** específicas ligadas à membrana de borda em escova no intestino delgado. Os domínios catalíticos dessas enzimas se projetam no lúmen do intestino, e seus domínios estruturais não catalíticos são ligados à membrana do enterócito.

As dissacaridases são indutíveis, com exceção da lactase

Quanto maior a quantidade de um dissacarídeo, tal como sacarose, que está presente na dieta ou é produzido por digestão, maior é a quantidade de dissacaridases específicas (p. ex., sacarase) produzidas pelos enterócitos. O passo limitante na absorção de dissacarídeos dietéticos é o transporte dos monossacarídeos resultantes. A lactase, no entanto, é uma dissacaridase

não indutível na membrana de borda em escova e, portanto, o fator limitante na absorção da lactose é sua hidrólise.

Os sistemas de transporte ativo e passivo transferem monossacarídeos através da membrana de borda em escova

O processo de digestão resulta em um grande aumento no número de partículas de monossacarídeos osmoticamente ativos dentro do lúmen do intestino. Isso leva à saída de água da mucosa do trato GI e do compartimento vascular para o lúmen intestinal. O aumento da hidrólise na borda em escova aumenta a carga osmótica, enquanto o aumento do transporte de monossacarídeos através do enterócito na borda em escova promove diminuição. Para a maioria das oligo e dissacaridases, o transporte dos monômeros resultantes é um fator limitante. Como as concentrações de açúcares monoméricos (e, consequentemente, osmolalidade) aumentam no lúmen

QUADRO DE CONCEITOS AVANÇADOS
PAPEL DA AMILASE, α-GLICOSIDASES E ISOMALTASE NA DIGESTAÇÃO DE POLISSACARÍDEO

Durante a alimentação, a homogeneização dos alimentos ocorre pela mastigação. Esse processo é auxiliado pelas contrações dos músculos da parede do estômago e pelas pregas gástricas. Uma consequência disso é que os polissacarídeos da dieta se tornam hidratados. Isso é necessário para a ação da **amilase**, que é específica para ligações α-1,4-glicosídicas internas e não para ligações α-1,6. A amilase também não atua nas ligações α-1,4 de resíduos glicosílicos que servem como unidades de ramificação. Assim, as unidades clivadas formadas por sua ação são o dissacarídeo maltose, o trissacarídeo maltotriose e um oligossacarídeo com um ou mais ramos α-1,6, contendo, em média, oito unidades glicosiladas, denominadas "dextrina α-limite". Esses compostos são ainda clivados em glicose por **oligossacarídeos** e **α-glicosidase**, com este último removendo os resíduos individuais de glicose a partir de oligossacarídeos ligados em α-1,4 (incluindo maltose). Um complexo de **sacarase-isomaltase** é secretado como uma molécula precursora de um único polipeptídeo e é ativado em duas enzimas separadas, uma das quais (isomaltase) é responsável pela clivagem hidrolítica de ligações α-1,6-glicosídicas. Assim, o produto final da digestão de amidos é a glicose. A amilase ocorre livre no lúmen, enquanto α-glicosidases e **isomaltase** estão ligadas à membrana do enterócito.

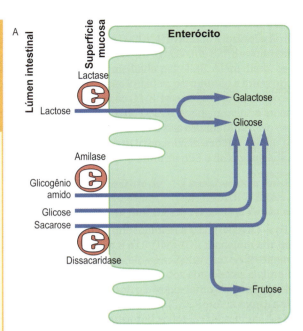

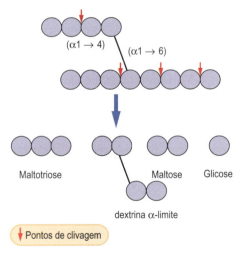

Fig. 30.6 **Clivagem hidrolítica de polissacarídeos.** Polissacarídeos e dissacarídeos são digeridos por hidrólise enzimática. As setas ilustram os pontos de clivagem e o tipo de ligação hidrolisada. Observe que a dextrina α-limite ainda contém as ligações α-1,4 e α-1,6.

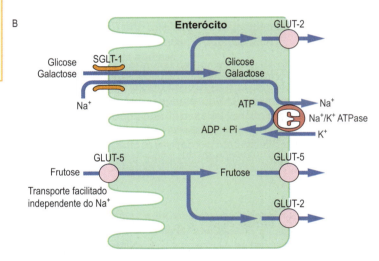

Fig. 30.7 **Digestão e absorção de carboidratos na dieta.** (A) Os monossacarídeos são liberados como resultado da hidrólise dos polissacarídeos. A digestão preliminar ocorre no lúmen do intestino, e o estágio final ocorre na superfície da mucosa. Observe que a digestão intestinal do amido envolve amilase pancreática. (B) Ligações entre absorção de monossacarídeos e sódio e sua relação com a atividade de Na$^+$/K$^+$-ATPase.

do intestino, há uma diminuição compensatória na atividade das dissacaridases na borda em escova. Isso controla a carga osmótica e evita deslocamentos excessivos de fluído.

Glicose, frutose e galactose são os principais monossacarídeos gerados pela digestão dos carboidratos da dieta

A absorção desses açúcares e de outros monossacarídeos secundários ocorre por meio de mecanismos específicos mediados por transportadores (Fig. 30.7B), que exibem cinética de saturação e podem ser especificamente inibidos. Além disso, todos os monossacarídeos podem atravessar a membrana de borda em escova por difusão simples, embora isso seja extremamente lento.

Existem pelo menos dois mecanismos de transporte mediado por transportadores para os monossacarídeos

Na membrana de borda em escova, tanto a glicose quanto a galactose são transportadas pelo SGLT-1. Essa proteína ancorada à membrana liga-se com glicose (ou galactose) e

QUADRO CLÍNICO
TIPOS DE DIARREIA

A diarreia pode ser causada pelos solúveis não absorvíveis presentes no intestino (diarreia osmótica), pela falha em digerir ou absorver nutrientes e também pelos agonistas secretórios (diarreia secretora).

A **diarreia osmótica** pode ser causada por má absorção, deficiências nas enzimas digestivas, na síndrome do intestino curto e em doenças inflamatórias.

A **diarreia secretora** pode ser causada por infecções, má absorção de sais biliares ou gordura ou por causas endócrinas, como a síndrome carcinoide ou a síndrome de Zollinger-Ellison.

A absorção pode ser prejudicada e a secreção aumentada em condições que levam à inflamação do intestino (**diarreia inflamatória**). As principais causas de diarreia inflamatória crônica são a doença de Crohn e a colite ulcerativa. Caracteristicamente, a diarreia secretora, mas não osmótica, persiste no jejum.

A natureza da diarreia irá variar dependendo da área do trato gastrointestinal envolvida. A colite ulcerativa afeta apenas o intestino grosso e raramente causa má absorção, embora os pacientes possam desenvolver anemia devido a perda de sangue e baixa concentração de albumina decorrente de inflamação crônica e perda de proteína. A doença de Crohn pode afetar qualquer parte do trato gastrointestinal e tem maior probabilidade de causar má absorção devido à inflamação do intestino delgado ou à formação de fístulas entre as diferentes áreas do intestino.

QUADRO CLÍNICO A
MENINO COM DESCONFORTO ABDOMINAL, INCHAÇO E DIARREIA: INTOLERÂNCIA À LACTOSE

Um menino afro-americano de 15 anos veio ao Reino Unido em uma visita de intercâmbio por 2 meses. Após 2 semanas no Reino Unido, ele se queixou de desconforto abdominal, sensação de inchaço, aumento da passagem de urina e, mais recentemente, desenvolvimento de diarreia. Sua única mudança na dieta observada na época foi a introdução do leite. Ele havia desenvolvido um gosto considerável por leite e estava consumindo de 1 a 2 caixas grandes por dia. Foi realizado um teste de tolerância à lactose, no qual que o jovem recebeu 50 g de lactose em um veículo aquoso para beber. Os níveis de glicose no plasma não aumentaram mais de 1 mmol/L (18 mg/dL) nas 2 horas seguintes, com amostragem em intervalos de 30 minutos. Um diagnóstico de intolerância à lactose foi feito.

Comentário

A intolerância à lactose resulta da deficiência de lactase adquirida. A atividade da lactase diminui com o aumento da idade em crianças, mas a extensão do declínio da atividade é geneticamente determinada e demonstra variação étnica. A deficiência de lactase na população negra adulta varia de 45% a 95%. Se os sintomas de má absorção ocorrerem após a introdução do leite nas dietas em adultos, o diagnóstico de deficiência de lactase adquirida deve ser considerado. O diagnóstico é feito desafiando o intestino delgado com lactose e monitorando o aumento da glicose plasmática. Um aumento de mais de 1,7 mmol/L (30 mg/dL) é considerado normal. Um aumento inferior a 1,1 mmol/L (20 mg/dL) é diagnóstico de deficiência de lactase. Um aumento de 1,1–1,7 mmol/L (20–30 mg/dL) é inconclusivo.

Na^+ em sítios separados e transporta ambos para o citosol dos enterócitos.

O Na^+ é transportado a favor do seu gradiente de concentração (a concentração dentro do lúmen do intestino é maior do que a concentração intracelular) e transporta junto a glicose *contra* o seu gradiente de concentração. Esse transporte está ligado à Na^+/K^+-ATPase. Portanto, é um transporte ativo indireto.

A frutose é transportada através da membrana de borda em escova por difusão facilitada independente de sódio, envolvendo o transportador de glicose associado à membrana GLUT-5 que está presente no lado da borda em escova do enterócito e o GLUT-2, que transfere monossacarídeos do enterócito para a circulação (Capítulo 4).

Uma digestão incompleta dos carboidratos (os componentes da fibra) leva à sua conversão em ácidos graxos de cadeia curta (acetato, propionato, butirato) pelas bactérias do cólon.

DIGESTÃO E ABSORÇÃO DE LIPÍDEOS

Aproximadamente 90% de gordura na dieta são **triacilgliceróis (TGs; também denominados triglicerídeos)**. O restante consiste em colesterol, ésteres de colesterol, fosfolipídeos e ácidos graxos não esterificados (NEFA).

As gorduras precisam ser emulsificadas antes da digestão

A natureza hidrofóbica das gorduras impede o acesso de enzimas digestivas solúveis em água. Além disso, os glóbulos de gordura apresentam apenas uma área superficial limitada para ação enzimática.

Essas questões são superadas pelo processo de emulsificação. A mudança na natureza física dos lipídeos começa no estômago: a temperatura corporal central ajuda a liquefazer os lipídeos da dieta, e os movimentos peristálticos do estômago facilitam a formação de uma emulsão lipídica. O processo de emulsificação é também auxiliado pelas lipases salivares e gástricas estáveis no meio ácido. Inicialmente, a taxa de hidrólise é lenta devido à separação das fases aquosa e lipídica e à limitada interface lipídeo-água. No entanto, uma vez iniciada a hidrólise, os TGs imiscíveis em água são degradados em ácidos graxos, que atuam como surfactantes. Eles conferem uma superfície hidrofílica às gotículas lipídicas e as decompõem em partículas menores, aumentando, assim, a interface lipídeo-água e facilitando a hidrólise. A fase lipídica se dispersa por toda a fase aquosa como uma emulsão. Os fosfolipídeos de dieta, ácidos graxos e monoacilgliceróis também atuam como surfactantes.

Sais biliares e enzimas pancreáticas atuam na emulsão lipídica no duodeno

A emulsão lipídica passa do estômago para o duodeno, onde ocorre a digestão, impulsionada por enzimas secretadas pelo pâncreas. A solubilização é auxiliada pela liberação de sais biliares da vesícula biliar, estimulada pelo hormônio colecistocinina.

QUADRO CLÍNICO
UM JOVEM COM PERDA DE PESO, DIARREIA, INCHAÇO ABDOMINAL E ANEMIA: DOENÇA CELÍACA

Um homem de 22 anos de idade apresentou um histórico de perda de peso, diarreia, inchaço abdominal e anemia. Ele descreveu suas fezes como pálidas e volumosas. As características laboratoriais incluíram hemoglobina de 90 g/L (9 g/dL; faixa de referência 130-180 g/L; 13-18 g/dL). A biópsia de seu intestino delgado demonstrou atrofia das vilosidades, com aumento de linfócitos intraepiteliais. Um diagnóstico de enteropatia induzida por glúten (doença celíaca) foi feito. Todos os produtos contendo trigo foram removidos da dieta do paciente, e os sintomas foram resolvidos.

Comentário

A doença celíaca é uma condição autoimune desencadeada pela sensibilidade ao glúten, resultando em inflamação da mucosa do intestino delgado. O glúten é uma proteína de armazenamento de trigo, cevada e centeio. Na verdade, é uma mistura de proteínas, que inclui as gliadinas (a fração solúvel em álcool do glúten) e as glutelinas. As gliadinas passam através da barreira intestinal durante, por exemplo, infecções, desencadeando a resposta imune. Uma reação inflamatória se sucede. O resultado é atrofia das vilosidades e hiperplasia das criptas. Como a superfície absortiva é marcadamente reduzida, a má absorção resultante pode ser severa.

Anticorpos circulantes para o glúten de trigo e as suas frações estão frequentemente presentes em casos de doença celíaca. O diagnóstico envolve biópsia duodenal e testar a resposta a uma dieta sem glúten. Os autoanticorpos testados são **anticorpos para transglutaminase tecidual** (a transglutaminase é uma enzima que retira o amido da gliadina na parede intestinal), anticorpos antiendomísio e anticorpos antigliadinas. A doença celíaca é comum, afetando aproximadamente 1 em cada 200 caucasianos, mas é subdiagnosticada, muitas vezes rotulada como síndrome do intestino irritável.

Para valores de referência hematológicos, consulte o Apêndice 1.

A principal enzima secretada pelo pâncreas é a **lipase pancreática**. A lipase permanece inativa na presença de sais biliares normalmente secretados no intestino delgado. Essa inibição é superada pela secreção concomitante de **colipase** pelo pâncreas. A colipase liga-se tanto à interface lipídeo-água quanto à lipase pancreática, simultaneamente ancorando e ativando a enzima. Como mostrado na Figura 30.8, apenas uma pequena proporção de TGs na dieta é completamente hidrolisada em glicerol e ácidos graxos. A lipase pancreática produz principalmente **2-monoacilgliceróis** (2-MAG), que são absorvidos pelos enterócitos.

Os sais biliares são essenciais para solubilizar os lipídeos durante o processo digestivo

Ácidos biliares (que são sais biliares no pH alcalino do intestino) atuam como detergentes e formam reversivelmente agregados lipídicos, as micelas. As micelas são consideravelmente menores que as gotículas de emulsão lipídica, e transportam os lipídeos para a borda em escova do enterócito.

A absorção de lipídeos nas células epiteliais que revestem o intestino delgado ocorre por difusão através da membrana plasmática. Quase todos os ácidos graxos e 2-MAGs são absorvidos porque ambos são solúveis em água. Os lipídeos insolúveis em água são pouco absorvidos: por exemplo, apenas 30% a 40% do colesterol da dieta é absorvido.

QUADRO CLÍNICO
UM HOMEM ALCOÓLATRA COM DOR ABDOMINAL CENTRAL: PANCREATITE

Um homem de 56 anos com um longo histórico de abuso de álcool apresentou dor abdominal central crônica, perda de peso e diarreia. Ele descreveu que suas fezes eram pálidas, gordurosas e de difícil eliminação. A radiografia abdominal revelou calcificação epigástrica na região do pâncreas, e a tomografia computadorizada (CT) demonstrou o pâncreas calcificado e atrofiado. A amostra de fezes enviada para quantificação da elastase fecal revelou que esta foi significativamente reduzida. O tratamento foi iniciado com suplementos de enzimas pancreáticas, resultando na resolução de sua diarreia e ganho de peso.

Comentário

A pancreatite aguda é uma doença grave e potencialmente fatal causada por cálculos biliares que bloqueiam o ducto pancreático, pelo abuso de álcool ou, mais raramente, por medicamentos como a azatioprina, vírus como caxumba ou hipertrigliceridemia. Os pacientes apresentam dor abdominal intensa, náusea e vômito. O marcador bioquímico mais importante da pancreatite é o **aumento da amilase sérica**. Também podem ocorrer aumento da atividade da lipase e diminuição do cálcio sérico.

A pancreatite crônica é uma consequência da inflamação a longo prazo e leva a desnutrição e **esteatorreia** devido à perda da função exócrina – isso pode ser demonstrado pela descoberta de níveis reduzidos de elastase fecal em amostras de fezes. Também está associada à insuficiência da função pancreática endócrina, levando à hiperglicemia e ao diabetes secundário.

QUADRO DE CONCEITOS AVANÇADOS
OS ÁCIDOS GRAXOS DE CADEIA CURTA SÃO PRODUZIDOS NO INTESTINO GROSSO A PARTIR DE CARBOIDRATOS NÃO DIGERIDOS

A diminuição da absorção do amido na dieta leva à produção bacteriana de ácidos graxos de cadeia curta (SCFA) pelas bactérias do cólon.

Os SCFAs podem ser produzidos a partir de oligossacarídeos, dissacarídeos, monossacarídeos e polióis fermentáveis (conhecidos como FODMAP). Estudos em animais mostraram a presença do receptor 2 de ácidos graxos de cadeia curta (FFA2), um receptor acoplado à proteína G presente nas células endócrinas intestinais. A ligação de SCFA libera a serotonina, levando ao aumento da motilidade intestinal.

O uso de uma dieta com baixo teor de FODMAP é cada vez mais reconhecido como benéfico no manejo de alguns distúrbios gastrointestinais, particularmente a síndrome do intestino irritável.

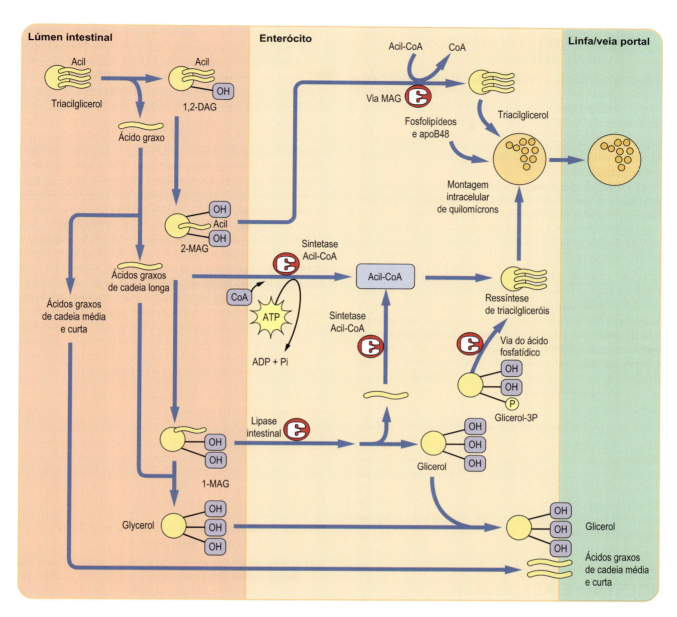

Fig. 30.8 **Digestão e absorção de lipídeos da dieta.** Os triacilgliceróis dietéticos sofrem graus variáveis de hidrólise no lúmen intestinal. Os ácidos graxos de cadeia média e curta são absorvidos no sangue portal. No entanto, os ácidos graxos de cadeia longa são ressintetizados em TG dentro dos enterócitos. Os ácidos graxos são ativados pela acetil-CoA antes que a síntese de acilgliceróis possa ocorrer. Como os enterócitos não possuem glicerol quinase, a formação de fosfato de glicerol requer a presença de glicose. Os TGs ressintetizados são incorporados em quilomícrons. TG, triacilglicerol; DAG, diacilglicerol; MAG, monoacilglicerol; CoA, coenzima A. Reproduzido de Dominiczak MH. Medical Biochemistry Flash Cards. London: Elsevier, 2012, Card 38.

Os sais biliares secretados passam para o íleo, onde são reabsorvidos e transferidos de volta para o fígado através da circulação enterohepática (Capítulo 14).

O destino dos ácidos graxos depende do comprimento da cadeia

Ácidos graxos de cadeia média e curta (menos de 10 átomos de carbono) passam diretamente através dos enterócitos para o sistema porta hepático. Por outro lado, ácidos graxos contendo mais de 12 átomos de carbono se ligam a uma proteína de ligação a ácidos graxos dentro da célula e são transferidos para o retículo endoplasmático rugoso para ressíntese de TGs. O glicerol necessário para esse processo é obtido a partir dos 2-MAGs absorvidos (a via MG; Fig. 30.8), da hidrólise de 1-MAG (que produz glicerol livre) ou do glicerol-3-fosfato obtido da glicólise (a via do ácido fosfatídico). O glicerol produzido no lúmen intestinal não é utilizado no enterócito para a síntese de TG e passa diretamente para a veia porta.

QUADRO DE CONCEITOS AVANÇADOS
FUNÇÃO EXÓCRINA DO PÂNCREAS

O pâncreas tem dois papéis funcionais distintos: uma função **exócrina** (isto é, secreção de enzimas digestivas através do ducto pancreático) e uma função **endócrina** (isto é, secreção de insulina, glucagon e outros hormônios pelas ilhotas de Langerhans; Capítulo 31). Esses hormônios são responsáveis por controle glicêmico e aspectos da função gastrointestinal.

As **secreções exócrinas** fluem para o ducto pancreático, que desemboca no duodeno juntamente com o ducto biliar comum ao fígado e à vesícula biliar. O alimento que entra no duodeno estimula a secreção de **colecistocinina**, o que, por sua vez, estimula a produção e a secreção de enzimas pancreáticas. A acidez do conteúdo estomacal que entra no duodeno estimula a liberação de outro hormônio, a **secretina**, a qual desencadeia a secreção de líquido pancreático rico em bicarbonato, que neutraliza a acidez no duodeno.

O pâncreas secreta enzimas que digerem carboidratos, lipídeos e proteínas. A **amilase** pancreática digere carboidratos em oligo e monossacarídeos; a **lipase** digere triacilgliceróis; a **colesteril esterase** produz colesterol livre e ácidos graxos; finalmente, **proteases e peptidases** decompõem proteínas e peptídeos. Para evitar que as proteases potentes decomponham o próprio pâncreas (autodigestão), elas são secretadas como proenzimas e são ativadas no lúmen intestinal.

Síntese de triacilglicerol requer ativação de ácidos graxos

Todos os ácidos graxos de cadeia longa absorvidos são reutilizados para formar TGs antes de serem transferidos para os quilomicrons. A ativação do ácido graxo é realizada pela acil-CoA sintase. Os quilomicrons são estruturados dentro do retículo endoplasmático rugoso antes de serem liberados por exocitose no espaço intercelular. Eles deixam o intestino pela linfa (Capítulo 33).

DIGESTÃO E ABSORÇÃO DE PROTEÍNAS

O intestino recebe 70 a 100 g de proteínas dietéticas e 35 a 200 g de proteínas endógenas por dia. Estas últimas, que consistem principalmente em enzimas, são secretadas dentro do intestino ou liberadas no epitélio. A digestão e a absorção de proteínas são extremamente eficientes: dessa grande carga, apenas 1-2 g de nitrogênio, equivalente a 6-12 g de proteína, são perdidos nas fezes diariamente.

Proteínas são hidrolisadas por peptidases

Ligações peptídicas são hidrolisadas por peptidases. As hidrolases podem clivar as ligações peptídicas internas (**endopeptidases)** ou clivar um aminoácido de cada vez da extremidade de uma molécula (**exopeptidases)**. As exopeptidases que removem aminoácidos da extremidade aminoterminal são **aminopeptidases**, e aquelas que removem aminoácidos da extremidade carboxiterminal são **carboxipeptidases**. As endopeptidases decompõem polipeptídeos grandes em oligopeptídeos menores, os quais subsequentemente podem sofrer ação das exopeptidases para produção de aminoácidos e di e tripeptídeos, os produtos finais da digestão de proteínas que são absorvidos pelos enterócitos. Dependendo da fonte das peptidases, a digestão das proteínas pode ser dividida em fases gástrica, pancreática e intestinal (Fig. 30.9).

Digestão de proteínas começa no estômago

No estômago, o HCl reduz o pH para 1 a 2, com consequente desnaturação das proteínas da dieta. A desnaturação resulta no desdobramento das cadeias polipeptídicas, tornando as proteínas mais acessíveis às proteases. Além disso, as células principais da mucosa gástrica secretam pepsina. Esta é liberada como um precursor inativo, o pepsinogênio, e é ativada por uma reação intramolecular (autoativação) em pH abaixo de 5 ou por uma pepsina ativa. Em pH acima de 2, o peptídeo liberado permanece ligado à pepsina e atua como um inibidor de sua atividade. Essa inibição é removida por um decréscimo do pH abaixo de 2 ou por uma ação adicional da pepsina. Os produtos da digestão de proteínas pela pepsina são grandes fragmentos peptídicos e alguns aminoácidos livres. Eles estimulam a liberação de colecistocinina no duodeno, que, por sua vez, desencadeia a liberação das principais enzimas digestivas pelo pâncreas, bem como a contração da vesícula biliar para liberar a bile.

Enzimas proteolíticas são liberadas do pâncreas como zimogênios inativos

Uma enteropeptidase duodenal converte tripsinogênio em tripsina ativa. Essa enzima possui capacidade de autoativação. Ela também ativa todos os outros zimogênios pancreáticos (quimotripsina, elastase e carboxipeptidases A e B). A atividade da tripsina é controlada no pâncreas e nos ductos pancreáticos por um peptídeo inibidor de baixo peso molecular.

Proteases pancreáticas clivam ligações peptídicas em diferentes locais em uma proteína

A **tripsina** cliva as proteínas em resíduos de arginina e lisina, a **quimotripsina,** em aminoácidos aromáticos, e a **elastase,** em aminoácidos hidrofóbicos. O efeito combinado é para produzir uma abundância de aminoácidos livres e peptídeos de baixo peso molecular cujo comprimento varia de dois a oito aminoácidos. Juntamente com a secreção de protease, o pâncreas também produz grandes quantidades de **bicarbonato de sódio**. Isso neutraliza o conteúdo do estômago à medida que este chega ao duodeno, promovendo, assim, a atividade da protease pancreática.

A digestão final dos peptídeos depende das peptidases presentes no intestino delgado

A digestão final de oligopeptídeos e dipeptídeos é realizada no intestino delgado por endopeptidases, dipeptidases e aminopeptidases ligadas à membrana. Os produtos finais são aminoácidos livres e di e tripeptídeos. Eles são absorvidos através da membrana do enterócito pelo transporte específico mediado por carreadores. Dentro do enterócito, di e tripeptídeos são hidrolisados em seus aminoácidos constituintes. O passo final é a transferência de aminoácidos livres do enterócito para o sangue portal hepático.

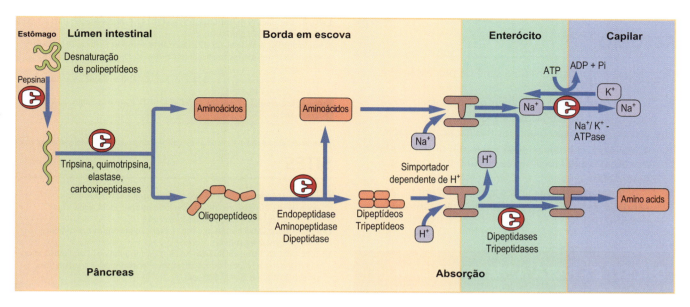

Fig. 30.9 **Digestão e absorção de proteínas dietéticas.** O estágio preliminar, a desnaturação da proteína, ocorre no estômago. Subsequentemente, ligações peptídicas entre aminoácidos são hidrolisadas por endo- e exopeptidases. Aminoácidos livres e di e tripeptídeos são absorvidos usando sistemas de transporte específicos localizados na membrana do enterócito.

QUADRO CLÍNICO
ABORDAGENS DIAGNÓSTICAS DA SÍNDORME DE MÁ ABSORÇÃO

A má absorção pode ser causada por fibrose cística ou deficiências de lactase ou de outras enzimas digestivas específicas. A causa mais comum de má absorção de carboidratos é a deficiência de lactose. A insuficiência pancreática também é uma causa importante, assim como uma quantidade inadequada de bile. A má absorção também pode resultar do dano à parede intestinal, por exemplo, por linfoma, doença inflamatória intestinal ou radioterapia. Causas importantes são as intervenções cirúrgicas: gastrectomia, pancreatectomia e ressecção de grandes fragmentos do intestino delgado.

As causas endócrinas raras incluem a síndrome de Zollinger-Ellison e a abetalipoproteinemia (uma doença rara do metabolismo das lipoproteínas em que o arranjo dos quilomicrons é prejudicada).

Os sinais de má absorção são **diarreia crônica, anemia, esteatorreia, perda de peso** e, em crianças, **déficit de crescimento**. Suas complicações resultam da ingestão inadequada de nutrientes, vitaminas ou traços de metais (Capítulo 7).

O **diagnóstico de síndromes de má absorção** envolve testes hematológicos e bioquímicos convencionais e testes para processos inflamatórios ativos (proteína C-reativa), bem como cultura de fezes e análise bioquímica de fezes para elastase (avaliação da função exócrina pancreática), calprotectina (avaliação da inflamação intestinal) e α-1-antitripsina (avaliação da perda de proteína). Testes especializados incluem aqueles para avaliar as deficiências de vitaminas. Pesquisas baseadas em imagens, como ultrassonografia abdominal e TC, podem ser realizadas, e porções do trato GI superior e inferior podem ser visualizadas por meio de endoscopia. As biópsias podem ser retiradas do estômago, do duodeno e do intestino delgado.

O teste respiratório do hidrogênio é utilizado no diagnóstico da má absorção de carboidratos. Testes mais antigos para má absorção incluem o teste de absorção de xilose e o teste de absorção de lactose.

QUADRO DE CONCEITOS AVANÇADOS
TRANSPORTE ATIVO DE AMINOÁCIDOS PARA AS CÉLULAS EPITELIAIS INTESTINAIS

Mecanismos de transporte ativo de aminoácidos e di ou tripeptídeos para as células epiteliais intestinais são semelhantes aos descritos para glicose. Na membrana de borda em escova, os simportes dependentes de Na$^+$ que medeiam a captação de aminoácidos estão ligados ao bombeamento de Na$^+$ dependente de ATP na membrana basolateral. Um simporte semelhante, dependente de H$^+$, está presente na superfície da borda em escova para o transporte ativo de di e tripeptídeos para dentro da célula. Os transportadores independentes de Na$^+$ estão presentes na superfície basolateral, permitindo o transporte facilitado de aminoácidos para a veia porta. Pelo menos seis sistemas específicos de simportes foram identificados para a absorção de L-aminoácidos do lúmen intestinal:

- Simporte de aminoácidos neutros para aminoácidos com cadeias laterais curtas ou polares (Ser, Thr, Ala)
- Simporte de aminoácidos neutros para cadeias laterais aromáticas ou hidrofóbicas (Phe, Tyr, Met, Val, Leu, Ileu)
- Simporte de iminoácidos (Pro, OH-Pro)
- Simporte de aminoácidos básicos (Lys, Arg, Cys)
- Simporte de aminoácidos ácidos (Asp, Glu)
- Simporte de β-aminoácidos (β-Ala, Tau)

Esses sistemas de transporte também estão presentes nos túbulos renais e os defeitos na sua estrutura molecular podem ocasionar doenças (p. ex., **doença de Hartnup**, um distúrbio hereditário com defeitos na absorção de aminoácidos intestinais e perda urinária de aminoácidos neutros).

RESUMO

- A digestão consiste em uma série de processos que preparam os alimentos para serem absorvidos.
- Digestão e absorção de alimentos disponibilizam os combustíveis metabólicos para o organismo.
- Os carboidratos são digeridos para açúcares simples.
- As gorduras são hidrolisadas em di e monoglicerídeos.
- As proteínas são hidrolisadas em di e tripeptídeos e aminoácidos livres.
- Os defeitos nesses mecanismos resultam em uma variedade de síndromes de má absorção e intolerância alimentar.

QUESTÕES PARA APRENDIZAGEM

1. Descreva o processo de digestão do amido.
2. Discuta as possíveis complicações do vômito persistente.
3. Quais hormônios auxiliam na digestão?
4. Liste os produtos secretórios do estômago.
5. Delineie os mecanismos de transporte de açúcar no intestino delgado.
6. Qual o papel das micelas na digestão da gordura?

LEITURAS SUGERIDAS

Ayling, R. M. (2012). New faecal tests in gastroenterology. *Annals of Clinical Biochemistry, 49*, 44-54.

Baumgart, D. C., & Sandborn, W. J. (2012). Crohn's disease. *Lancet, 380*, 1590-1605.

Chatchu, U., & Bhatnagar, S. (2013). Diarrhoea in children: Identifying the cause and burden. *Lancet, 382*, 184-185.

Di Sabatino, A., & Corazza, R. G. (2009). Coeliac disease. *Lancet, 373*, 1480-1493.

Harris, J. B., LaRocque, R. C., Qadri, F., et al. (2012). Cholera. *Lancet, 379*, 2466-2476.

Lankisch, P. G., Apte, M., & Banks, P. A. (2015). Acute pancreatitis. *Lancet, 386*, 85-96.

Kalla, R., Ventham, N. T., Satsangi, J., et al. (2014). Crohn's disease. *BMJ (Clinical Research Ed.), 349* g6670.

Kunzelmann, K., & Mall, M. (2002). Electrolyte transport in the mammalian colon: Mechanisms and implications for disease. *Physiological Reviews, 82*, 245-289.

Malfertheiner, P., Chan, F. K. L., & McColl, K. E. L. (2009). Peptic ulcer disease. *Lancet, 374*, 1449-1461.

Ordas, I., Eckmann, L., Talamini, M., et al. (2012). Ulcerative colitis. *Lancet, 380*, 1606-1619.

SITES

Diarrhoea:, Diarrhoea: Why children are still dying and what can be done (WHO, 2009): http://www.who.int/maternal_child_adolescent/documents/9789241598415/en/index.html

Lab Tests Online - Malabsorption: http://labtestsonline.org/understanding/conditions/malabsorption/

UNICEF, UNICEF, Technical Bulletin No. 9 - New formulation of oral rehydration salts (ORS) with reduced osmolarity: https://www.unicef.org/supply/files/Oral_Rehydration_Salts(ORS)_.pdf

ABREVIATURAS

AE	Trocador de ânions (trocador de cloreto/bicarbonato)
CFTR	Regulador de condutância transmembranar de fibrose cística
DAG	Diacilglicerol
ENaC	Canal de sódio epitelial
GI	Gastrointestinal (trato)
GLUT	Transportador da glicose
KCC1	Cotransportador K^+/Cl^-
MAG	Monoacilglicerol
NEFA	Ácidos graxos não esterificados
NHE	Trocador de sódio/hidrogênio
NKCC1	Cotransportador $Na^+/K^+/2Cl^-$ isoforma 1
PGE_2	Prostaglandina E_2
PKA	Proteína quinase A
PKC	Proteína quinase C
SCFA	Ácidos graxos de cadeia curta
SGLT-1	Transportador 1 de glicose acoplado ao Na+ (simporte)
TG	Triacilgliceróis (também triglicerídeos)

CAPÍTULO 31

Homeostasia da Glicose e Metabolismo de Combustível: Diabetes Melito

Marek H. Dominiczak

OBJETIVOS

Após concluir este capítulo, o leitor estará apto a:

- Caracterizar os principais substratos energéticos (combustíveis metabólicos).
- Destacar as ações da insulina e do glucagon.
- Comparar e contrastar o metabolismo no estado de jejum e no estado pós-prandial.
- Descrever a resposta metabólica à lesão e compará-la ao metabolismo no diabetes.
- Caracterizar o diabetes tipos 1 e 2.
- Explicar o princípio dos exames laboratoriais relevantes ao metabolismo de combustível e para o monitoramento do diabetes.

INTRODUÇÃO

O fornecimento contínuo de energia é essencial à manutenção da vida. O presente capítulo descreve o metabolismo de compostos conhecidos como substratos energéticos ou combustíveis metabólicos. Discute ainda a doença metabólica mais comum – o diabetes melito.

Os substratos energéticos mais importantes são a glicose e os ácidos graxos

Após a ingesta de alimentos, o excesso de glicose e ácidos graxos é armazenado para ser liberado novamente em caso de necessidade, fornecendo, assim, um suprimento contínuo de energia. Primeiro, uma quantidade limitada de glicose é armazenada como glicogênio. O excesso é convertido em ácidos graxos, material de armazenamento de energia a longo prazo final. O valor calórico da gordura (9 kcal/g; 37 kJ/g) é maior do que o dos carboidratos (4 kcal/g; 17 kJ/g) ou o das proteínas (4 kcal/g) e, portanto, seu armazenamento é mais eficiente.

A liberação controlada de substratos energéticos a partir das reservas garante o suprimento de energia tanto a curto prazo (p. ex., entre as refeições) como durante o jejum prolongado. Em circunstâncias extremas, a energia armazenada pode garantir a sobrevivência por meses. As principais vias de metabolismo de combustível e os metabólitos essenciais são listados na Tabela 31.1.

O metabolismo é voltado para garantir um suprimento contínuo de glicose; a glicose é armazenada como glicogênio e também pode ser sintetizada a partir de compostos não carboidratos

A glicose é um combustível essencial porque, sob circunstâncias normais, é o único combustível usado pelo cérebro. A glicose também é o combustível preferido para uso muscular durante os primeiros estágios do exercício. A quantidade aproximada de glicose presente no líquido extracelular é de apenas 20 g, o equivalente a 80 kcal (335 kJ), e sua concentração é mantida dentro de uma faixa estreita. Isso é apoiadopelas reservas de emergência de glicogênio no fígado (cerca de 75 g) e no músculo (400 g) que, em conjunto, equivalem a cerca de 1.900 kcal (7.955 kJ).

Quando a concentração de glicose no líquido extracelular diminui, é reposta primeiramente a partir do glicogênio contido no fígado, o qual pode sustentar o suprimento de glicose por cerca de 16 horas. Durante o jejum prolongado ou esforço extremo, outro mecanismo entra em ação: a síntese de glicose a partir de compostos não carboidratos, conhecida como **gliconeogênese**.

Os principais substratos para a gliconeogênese são o **lactato** derivado de glicólise anaeróbia, a **alanina** dos aminoácidos liberados durante a quebra de proteína muscular, e o **glicerol** oriundo da quebra de triacilgliceróis no tecido adiposo (Capítulo 12).

Os ácidos graxos são a fonte primária de energia durante o jejum prolongado ou no esforço prolongado; grandes quantidades de ácidos graxos são estocadas na forma de triacilgliceróis

A gordura é armazenada no tecido adiposo, como ésteres de glicerol e ácidos graxos (triacilgliceróis [TGs], também chamados triglicérides). Ao contrário da glicose, existe uma capacidade quase ilimitada de armazenamento de gordura. Um homem pesando 70 Kg estocará cerca de 15 Kg de gordura – o equivalente a mais de 130.000 kcal (544.300 kJ). Em circunstâncias extremas, as pessoas podem jejuar por até 60-90 dias, e os indivíduos obesos conseguem sobreviver por mais de um ano sem alimento.

Os aminoácidos se transformam em combustível após a conversão em glicose

Os aminoácidos são primariamente usados para síntese de proteínas no corpo. Os aminoácidos em excesso obtidos nos alimentos são convertidos em carboidratos. Entretanto, quando as necessidades energéticas aumentam (p. ex., durante jejum prolongado, doença ou lesão), as proteínas corporais são degradadas, e os aminoácidos liberados são convertidos em glicose por meio da gliconeogênese.

Órgãos e tecidos diferem quanto à manipulação dos combustíveis

O **cérebro** usa cerca de 20% de todo oxigênio consumido pelo corpo. A glicose normalmente serve apenas de combustível. No entanto, durante a inanição, o cérebro se adapta ao uso de **corpos cetônicos** como fonte alternativa de energia.

Tabela 31.1 Principais vias anabólicas e catabólicas		
Via	Principais substratos	Produtos finais
Anabólica		
Gliconeogênese	Lactato, alanina, glicerol	Glicose
Síntese de glicogênio	Glicose-1-fosfato	Glicogênio
Síntese proteica	Aminoácidos	Proteínas
Síntese de ácidos graxos	Acetil-CoA	Ácidos graxos
Lipogênese	Glicerol, ácidos graxos	Triacilgliceróis (triglicérides)
Catabólica		
Glicólise	Glicose	Piruvato, ATP
Ciclo do ácido tricarboxílico	Piruvato	NADH + H$^+$, FADH$_2$ CO$_2$, H$_2$O, ATP
Glicogenólise	Glicogênio	Glicose-1-fosfato, glicose
Via das pentoses fosfato	Glicose-6-fosfato	NADH + H$^+$, açúcares pentose, CO$_2$
Oxidação de ácido graxo	Ácidos graxos	Acetil-CoA, CO$_2$, H$_2$O, ATP (corpos cetônicos)
Lipólise	Triglicérides	Glicerol, ácidos graxos
Proteólise	Proteínas	Aminoácidos, glicose

Note que metabólitos como piruvato e acetil-CoA são comuns a várias vias. Note ainda quais vias geram equivalentes redutores (NADH, NADPH e FADH$_2$), quais são substratos para a cadeia respiratória mitocondrial.

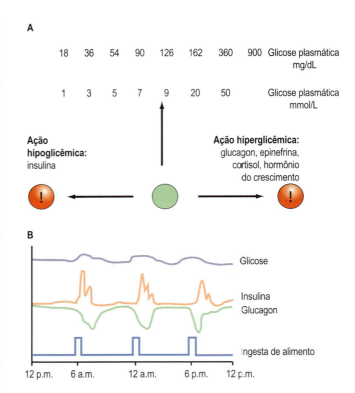

Fig. 31.1 **Controle hormonal da homeostase da glicose.** (A) A concentração plasmática de glicose reflete o equilíbrio entre a ação hipoglicêmica (diminuição de glicose) da insulina e a ação hiperglicêmica (aumento de glicose) dos hormônios anti-insulina. (B) Padrões diários de secreção de insulina e glucagon, e concentrações plasmáticas de glicose correspondentes. A concentração plasmática de glicose é mantida dentro de uma faixa estreita ao longo do dia. Note a supressão de secreção de glucagon quando a insulina é liberada em resposta a uma refeição. Para obter as concentrações de glicose em mg/dL, multiplique o valor em mmol/L por 18.

A gliconeogênese ocorre primariamente no **fígado** e, durante o jejum prolongado, nos **rins**.

O **músculo** usa tanto a glicose como os ácidos graxos como fontes de energia. Durante o esforço de curta duração, o substrato preferido é a glicose. Por outro lado, no repouso e durante o esforço prolongado, a principal fonte de energia são ácidos graxos (Capítulo 37). Note que, embora os miócitos contenham glicogênio, somente podem usá-lo para atender às suas próprias necessidades energéticas; não podem liberar glicose na circulação, devido à falta da enzima glicose-6-fosfatase. O músculo contribui para a gliconeogênese liberando lactato e, quando necessário, alanina. Ambos são transportados para o fígado.

HOMEOSTASE DA GLICOSE

A concentração de glicose no **plasma** reflete o equilíbrio entre sua ingesta dietética ou produção endógena (glicogenólise ou gliconeogênese) de um lado e, do outro, sua utilização tecidual na glicólise (que é a via das pentoses fosfato) e no ciclo do ácido tricarboxílico (TCA), bem como seu armazenamento (glicogênese) (Capítulo 12). No estado de jejum, um indivíduo pesando 70 Kg metaboliza glicose a uma taxa aproximada de 200 g/24 h.

A insulina e os hormônios contrarreguladores controlam o metabolismo de combustíveis

A homeostasia da glicose é controlada, de um lado, pelo hormônio anabólico **insulina** e, do outro, por um conjunto de hormônios catabólicos **(glucagon, catecolaminas, cortisol e hormônio do crescimento)** também conhecidos como hormônios contrarreguladores (Fig. 31.1). Insulina e glucagon são secretados a partir das ilhotas de Langerhans, no pâncreas. A insulina é secretada pelas células β (cerca de 70% de todas as células das ilhotas), e o glucagon é secretado pelas células α. A **razão molar de insulina:glucagon** em um dado momento qualquer é o determinante-chave do padrão de metabolismo de combustível.

As ilhotas pancreáticas também secretam outros hormônios, como somatostatina ou amilina.

Insulina

A insulina foi descoberta em 1921-1922, por Frederick Banting, Charles Best e John Macleod, todos trabalhando em Toronto (ver Leituras Sugeridas). Em 1979, este hormônio voltou a se destacar, tornando-se a primeira proteína huma-

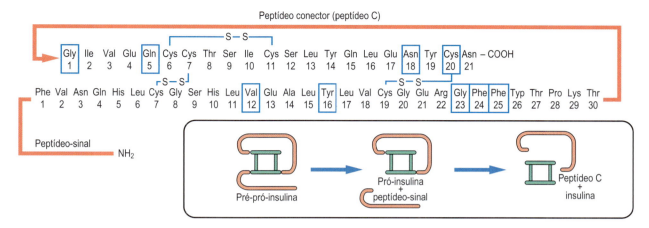

Fig. 31.2 **Insulina.** A molécula de insulina consiste em duas cadeias polipeptídicas unidas por duas pontes dissulfeto. A terceira ponte é interna à cadeia β. A insulina é sintetizada como um peptídeo mais longo, a pré-pró-insulina, a qual é clivada em peptídeo-sinal e pró-insulina. Artes de ser secretada pela célula β, a pró-insulina é partida em peptídeo C e insulina. Os quadrados ao redor dos resíduos de aminoácidos indicam o aminoácido envolvido na ligação da insulina ao seu receptor.

na recombinante produzida comercialmente. Sua molécula consiste em duas cadeias peptídicas (cadeia alfa e cadeia beta) ligadas por duas pontes dissulfeto. O peso molecular da insulina é 5.500 Da. A insulina é sintetizada no retículo endoplasmático rugoso das células β do pâncreas, e acondicionada dentro de vesículas secretoras no aparelho de Golgi. O precursor da insulina é uma molécula de cadeia única, a pré-pró-insulina. Primeiro, uma sequência sinalizadora de aminoácidos é clivada a partir da pré-pró-insulina por ação de uma peptidase, gerando, assim, a pró-insulina. A pró-insulina então é clivada por endopeptidases em insulina e peptídeo C (Fig. 31.2), ambos liberados da célula em quantidades equimolares. Os laboratórios clínicos exploram isso para avaliar a função da célula β em pacientes tratados com insulina. Nessas pessoas, a insulina endógena não pode ser quantificada diretamente, porque a insulina administrada iria interferir no ensaio. Entretanto, como o peptídeo C está presente na mesma concentração molar que a insulina nativa, serve de marcador da função da célula β.

A secreção de insulina é controlada pelo metabolismo da glicose na célula β

A célula β capta glicose usando o transportador de membrana GLUT-2 (Capítulo 4). Ao entrar na célula, a glicose é fosforilada pela glicocinase e entra na glicólise. Conforme o metabolismo da glicose é estimulado, a razão ATP/ADP na célula aumenta, fechando fecha os canais de potássio ATP-sensíveis na membrana celular, diminuindo o efluxo de potássio e despolarizando a célula. Isto, por sua vez, abre os canais de cálcio tipo L, permitindo a entrada de íons cálcio na célula, o que ativa as proteínas dependentes de Ca^{2+} causadoras da liberação dos grânulos secretores contendo insulina. A consequente liberação de insulina é conhecida como primeira fase da secreção de insulina (Fig. 31.3; compare-a com os grânulos neurossecretores, Capítulo 26). A segunda fase de secreção de insulina envolve a síntese de novas moléculas de insulina e responde a sinais como o aumento na concentração citosólica de acil-CoA de cadeia longa. A perda da primeira fase de secreção é um sinal inicial de dano à célula da ilhota. Note que a secreção de

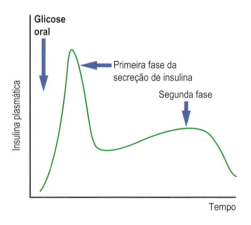

Fig. 31.3 **Secreção de insulina.** Note as duas fases da secreção de insulina. A glicose é o estimulador mais importante da secreção de insulina. Outros estimuladores são alguns aminoácidos (arginina, lisina, aminoácidos de cadeia ramificada), a estimulação do nervo vago e os hormônios secretados pelo intestino (incretinas).

insulina também é estimulada por aminoácidos como leucina, arginina e lisina.

A insulina atua por meio de um receptor de membrana que deflagra múltiplas vias de sinalização intracelular; e a sinalização da insulina intracelular se dá via complexas cascatas de reações de fosforilação

O evento iniciador da ação da insulina é sua ligação ao receptor de membrana. O receptor da insulina tem alto grau de homologia com o receptor do fator de crescimento de insulina-1 (IGF-1, do inglês *insulin growth factor-1*). De fato, tanto a insulina como IGF-1 interagem com esses dois receptores, ainda que com diferentes afinidades.

O receptor é uma proteína contendo quatro subunidades que se estende pela membrana celular. A subunidade beta do receptor tem atividade de tirosina quinase. A ligação da insulina faz o receptor se autofosforilar. A fosforilação induz uma alteração conformacional que permite o recrutamento de várias proteínas conhecidas como substratos do receptor de insulina (IRS1-6, do inglês *insulin receptor substrates 1-6*). O IRS fosforilado, por sua vez, se liga a outros conjuntos de proteínas que canalizam o sinal em duas cascatas principais, a cascata IRS-PI3K-Akt e a cascata GRB2-SOS-Ras-MAPK (Fig. 31.4; comparar Fig. 25.3). Há também outras vias de sinalização, como a via fosfatidilinositol 3-cinase (PI3K)-independente, que contribui para a estimulação do transporte celular de glicose.

A via de sinalização IRS-PI3K-Akt controla os efeitos metabólicos da insulina

As proteínas IRS recrutam proteínas adaptadoras que fosforilam PI3K. A ativação de PI3K gera um mensageiro à base de lipídeo, o fosfatidilinositol-3,4,5-trifosfato (PIP3, trifosfato de fosfatidilinositol; Capítulo 25). Este ativa a 3'-fosfoinositídio-dependente quinase 1 (PDK1) que, por sua vez, fosforila a Akt quinase, uma serina-treonina quinase pertencente à família da proteína quinase AGC (também chamada proteína quinase B [PKB]).

A ativação de Akt é intensificada por um complexo denominado mTORC2, contendo mTOR quinase. A via Akt regula a glicólise, gliconeogênese e lipogênese, além de suprimir a glicogenólise. Outros substratos Akt incluem a glicogênio sintase quinase 3 e os fatores de transcrição pertencentes à família FOXO (*forkhead box O*), a qual controla a produção endógena de glicose no fígado e atua na lipogênese e gliconeogênese, bem como as proteínas envolvidas na regulação do ciclo celular, apoptose e sobrevivência. Também afetam a diferenciação das células beta. A fosforilação Akt leva à exclusão de FOXO do núcleo e à inibição de sua atividade. Por outro lado, a fosforilação diminuída de FOXO leva à resistência à insulina.

Esta via também envolve a ativação de algumas isoformas de proteína quinase C (PKC), conhecidas como PKCs típicas, como PKC λε, as quais regulam o transporte de glicose.

A via de sinalização GRB2-SOS-Ras-MAPK tem efeitos mitogênicos

A via GRB2-SOS-Ras-MAPK é iniciada pela ligação da proteína Shc ao receptor. Shc recruta a proteína de ancoragem Grb2, que forma um complexo com a proteína SoS (*Son of Sevenless*). O complexo então ativa a Ras GTPase que, por sua vez, fosforila a Raf quinase. Raf, através de mais intermediários, ativa as MAP quinases ERK1 e ERK2. As MAP quinases fosforilam uma gama de substratos envolvidos no crescimento, na proliferação e na diferenciação celular.

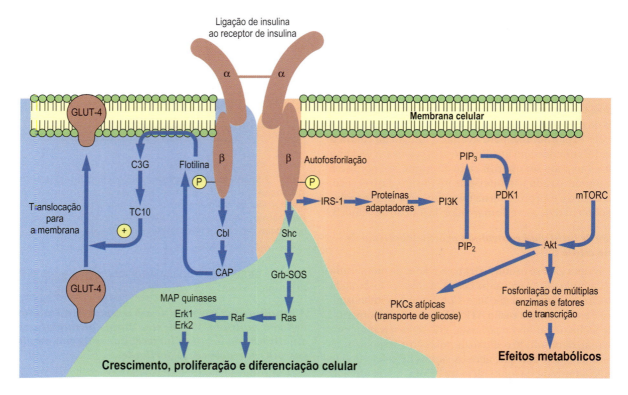

Fig. 31.4 **Sinalização da insulina.** As cascatas de sinalização da insulina transferem o sinal da molécula de insulina para suas moléculas-alvo, entre as quais enzimas reguladoras e o transportador de glicose de membrana GLUT-4. A via IRS-1-PI3K-Akt media os principais efeitos metabólicos da insulina e afeta o transporte da glicose pela ativação de PKCs. A via PI3K-independente afeta a translocação do transportador GLUT4 para a membrana celular. A via GRB2-SOS-Ras-MAPK media os efeitos mitogênicos: crescimento, proliferação e diferenciação celular. CAP, Cbl-associated protein; Cbl, proteína adaptadora na via de sinalização da insulina; **C3G, fator de troca de guanil nucleotídeo;** Erk, *extracellular signal-regulated kinase*; Grb2, proteína adaptadora; IRS-1, *insulin receptor substrate 1*; **TC-10, uma proteína G;** Shc, proteína participante nas vias sinalizadoras. Do mesmo modo, um domínio de certas proteínas transdutoras de sinal, mTORC, complexo proteico contendo mTOR quinase; PDK, quinase fosfoinositídio-dependente; PI3K, fosfoinositol-3-quinase; PIP2, fosfatidilinositol-4,5-bisfosfato; PIP3, fosfatidilinositol-3,4,5-trisfosfato; PKC, proteína quinase C; Ras, uma GTPase; Raf, uma proteína quinase; SOS, proteína *son-of-sevenless*. Veja explicação detalhada no texto

A via PI3K-independente estimula o transporte de glicose

O transporte de glicose também pode ser ativado pela **via PI3K-independente**, na qual o receptor de insulina fosforila a proteína CbI que se liga à proteína CbI-associada (CAP). CAP, por sua vez, se liga à flotilina, uma proteína associada às balsas lipídicas na membrana celular. A flotilina ancora o fator de troca de guanil nucleotídeo (C3G), que ativa a proteína G chamada TC-10, a qual participa na translocação do **transportador GLUT-4** nos adipócitos para a membrana celular.

O término do sinal da insulina envolve fosfatases como a fosfotirosina fosfatase 1B.

Efeitos Metabólicos da Insulina

De modo geral, a insulina estimula as vias anabólicas e suprime as vias catabólicas. Atua principalmente em três tecidos: fígado, tecido adiposo e músculo esquelético (Fig. 31.5). No estado de jejum, o fígado é o principal alvo da ação da insulina. Após uma refeição, todavia, os principais alvos passam a ser o músculo e o tecido adiposo; por exemplo, após uma infusão de glicose, o músculo esquelético é responsável por cerca de 80% da disponibilização de glicose.

No fígado, a insulina estimula a glicólise e a síntese de glicogênio. Note que o transporte de glicose no fígado independe da insulina. A insulina também estimula a síntese de ácidos graxos de cadeia longa e a lipogênese (síntese de triacilgliceróis). Além disso, promove a montagem de lipoproteínas de densidade muito baixa (VLDLs, *very low density lipoproteins*), que transportam lipídeos do fígado para as células periféricas. A insulina também induz a lipoproteína lipase **endotelial**, uma enzima que libera triacilgliceróis a partir dos quilomícrons e da VLDL (Capítulo 33). Ao mesmo tempo, a insulina suprime a gliconeogênese e a lipólise.

No tecido adiposo, a insulina estimula a síntese de triacilgliceróis usando glicerol-3-fosfato e ácidos graxos como substratos.

No músculo, a insulina estimula o transporte de glicose, o metabolismo da glicose, a síntese de glicogênio e também a captação de aminoácidos e a síntese de proteínas.

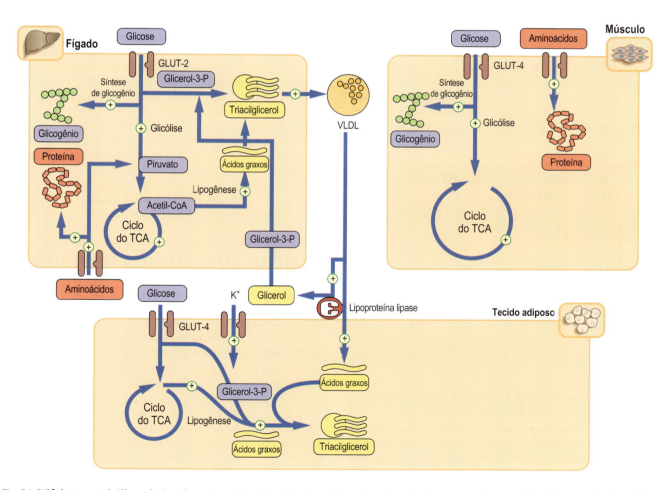

Fig. 31.5 **Efeitos metabólicos da insulina.** Os principais tecidos-alvo da insulina são o fígado, o músculo e o tecido adiposo. A insulina afeta o metabolismo de carboidratos, lipídeos e proteínas. A insulina também promove captação celular de potássio. O sinal "+" indica as vias estimuladas pela insulina. Note que, na maioria dos casos, a insulina também inibe os processos opostos. O transporte de glicose no músculo e no tecido adiposo é mediado pelo transportador GLUT-4 e depende da insulina. Por outro lado, o GLUT-2 presente no fígado é insulina-independente.

A insulina estimula o transporte de glicose através da membrana celular

A entrada insulina-dependente da glicose nas células é mediada por proteínas conhecidas como transportadores de glicose (Capítulo 4). O transportador GLUT-4 controla a captação de glicose no músculo esquelético e nos adipócitos, circulando entre os endossomos e a membrana. Em uma célula não estimulada, no máximo 10% das moléculas de GLUT-4 estão presentes na membrana plasmática. Em seres humanos, a insulina duplica o recrutamento de GLUT-4 para as membranas celulares. No entanto, os ácidos graxos atenuam sua expressão. De modo significativo, a contração muscular durante o exercício aumenta a expressão de GLUT-4 independentemente da insulina.

Resistência à Insulina: um Conceito-Chave na Homeostase da Glicose

A resistência à insulina é uma condição em que uma determinada dose de insulina produz uma resposta celular aquém da esperada. O conceito de resistência à insulina é essencial para a compreensão da patogênese do diabetes tipo 2.

No fígado, a resistência à insulina resulta em aumento da produção de VLDL, além de causar aumento na síntese de fibrinogênio e elevação dos níveis de inibidor do ativador de plasminogênio 1 (PAI-1, *plasminogen activator inhibitor 1*), levando a um estado pró-coagulante. No músculo, a captação de glicose diminui. No tecido adiposo, há superprodução de ácidos graxos livres e alterações no padrão de secreção de adipocinas, uma diminuição na adiponectina e um aumento na resistina (Capítulo 32).

> ### QUADRO DE CONCEITOS AVANÇADOS
> #### AVALIAÇÃO DA RESISTÊNCIA À INSULINA
>
> A resistência à insulina atualmente é avaliada principalmente para fins de pesquisa. Isso pode ser feito usando um método conhecido como *clamp* euglicêmico hiperinsulinêmico: a insulina é infundida a uma taxa constante com quantidades variáveis de glicose. A taxa de infusão de glicose é ajustada para manter a concentração plasmática de glicose a 5,0-5,5 mmol/L (90-99 mg/dL). Quando um estado estável é alcançado, a taxa de infusão de glicose se iguala à captação de glicose periférica e isso reflete a sensibilidade/resistência à insulina.

A causa mais importante de resistência à insulina é a sinalização defeituosa da insulina (Tabela 31.2)

A resistência à insulina pode ser causada pelo comprometimento da ligação da insulina ao seu receptor (p. ex., devido a uma mutação raríssima no gene codificador do receptor da insulina ou devido à presença de autoanticorpos antirreceptor). As causas mais importantes, porém, são os defeitos nas vias de sinalização da insulina. Quando a via IRS-PI3K-Akt opera de modo anormal, a translocação celular do transportador GLUT-4, e consequentemente o transporte de glicose, é com-

Tabela 31.2 Sítios de resistência à insulina

Sítio de resistência	Possível defeito	Comentário
Pré-receptor	Anticorpos contra o receptor de insulina, molécula anormal	Raro
Receptor	Número reduzido ou diminuição da afinidade dos receptores de insulina	Insignificante no diabetes
Pós-receptor	Defeitos na transdução de sinal: fosforilação defeituosa da tirosina, mutação em genes codificadores de IRS-1, fosfatidilinositol-3′-quinase, translocação defeituosa de GLUT-4 para a membrana celular, concentração elevada de ácidos graxos	A resistência pós-receptor é o tipo mais comum de resistência à insulina

prometido nos adipócitos (mas não no músculo esquelético). Isso foi observado tanto na obesidade como no diabetes.

A resistência à insulina está associada com variantes de genes codificadores de IRS-1 e PI3K, e também pode ser induzida pelo excesso de ácidos graxos. O acúmulo de triacilgliceróis no fígado e no músculo (esteatose), visto em pacientes com altas concentrações plasmáticas de triacilgliceróis, também contribui para a resistência à insulina. Os fatores de transcrição FOXO parecem exercer papel essencial nisso. Esses fatores normalmente mudam o metabolismo hepático da utilização da glicose para a produção de glicose durante o jejum. Em sua ausência, o jejum não induz glicose-6-fosfatase nem suprime a glicoquinase; portanto, em vez de produção de glicose, ocorre direcionamento dos carbonos para a lipogênese. Isso leva à produção aumentada de VLDL e ao acúmulo de triacilgliceróis no fígado – portanto, à esteatose hepática. Coletivamente, os fenômenos inconvenientes ligados ao excesso de ácidos graxos são conhecidos como **lipotoxicidade**. A hiperglicemia também pode atenuar o sinal da insulina (**glicotoxicidade**).

GLUCAGON E OUTROS HORMÔNIOS ANTI-INSULINA

O glucagon e outros hormônios anti-insulina (contrarreguladores) aumentam a concentração plasmática de glicose estimulando a glicogenólise e a gliconeogênese

O glucagon atua no fígado. Não há receptores de glucagon nas células musculares, e a glicogenólise muscular é estimulada por outro hormônio anti-insulina: a epinefrina..

O glucagon é um peptídeo de cadeia única, composto por 29 aminoácidos, cujo peso molecular é 3.485 Da. O glucagon mobiliza as reservas de combustível para manter a concentração plasmática de glicose entre as refeições. Estimula a glicogenólise, a gliconeogênese, a oxidação de ácidos graxos e a cetogênese (Tabela 31.3). Em paralelo, inibe a glicólise, a síntese de glicogênio e a síntese de triacilgliceróis (Fig. 31.6).

O glucagon se liga ao seu próprio receptor de membrana (Capítulo 12), o qual sinaliza via proteínas G associadas a

Tabela 31.3 Efeitos recíprocos da insulina e do glucagon sobre enzimas-chave da gliconeogênese

Enzima	Efeito do glucagon	Efeito da insulina
Glicose-6-fosfatase (Glc-6-Pase)	Indução	Repressão
Frutose-1,6-bifosfatase (Fru-1,6-BPase)	Indução	Repressão
Fosfoenolpiruvato carboxiquinase (PEPCK)	Indução	Repressão

Em uma dieta rica em carboidratos, a insulina induz transcrição de genes codificadores das enzimas glicolíticas glicocinase, fosfofrutocinase (PFK), piruvato cinase (PK) e glicogênio sintase. Ao mesmo tempo, reprime as enzimas-chave da gliconeogênese, piruvato carboxilase (PC), PEPCK, Fru-1,6-BPase e Glc-6-Pase. O glucagon produz efeito oposto ao da insulina. **Em uma dieta rica em gordura,** o glucagon reprime a síntese de glicocinase, PFK-1 e PK, e induz a transcrição de PEPCK, Fru-6-Pase e Glc-6-Pase.

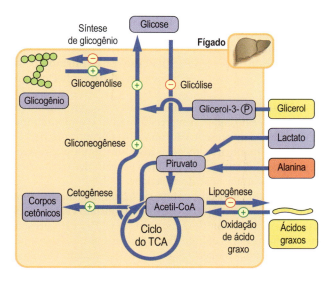

Fig. 31.6 **Efeitos metabólicos do glucagon.** O glucagon mobiliza glicose de todas as fontes disponíveis. Também aumenta a lipólise e a cetogênese a partir da acetil-CoA. As ações do glucagon são confinadas ao fígado.

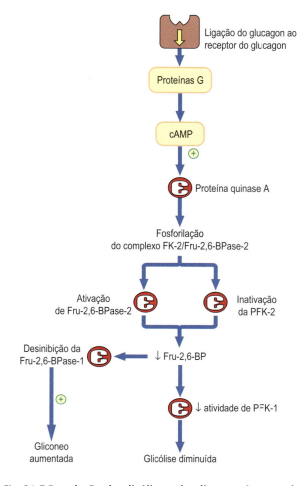

Fig. 31.7 **Regulação da glicólise e da gliconeogênese pela fosfofrutocinase.** O glucagon regula a gliconeogênese controlando a enzima bifuncional que retarda a atividade da **fosfofrutocinase-2** (PFK-2) e da **frutose-2,6-bifosfatase-2** (Fru-2,6-BPase-2). O glucagon se liga ao seu receptor de membrana e sinaliza pelas proteínas G e adenilato ciclase, gerando cAMP. O cAMP, por sua vez, ativa a proteína quinase A. Subsequentemente, essa quinase fosforila do **complexo PFK-2:Fru-2,6-BPase.** A fosforilação ativa a bifosfatase, que degrada a Fru-2,6-BP, e reverte a inibição de outra enzima, a Fru-2,6-BPase-1, na principal via da gliconeogênese. Assim, a **gliconeogênese é estimulada.** Engenhosamente, a diminuição na atividade de Fru-2,6-BP tem efeito inibitório recíproco sobre a enzima glicolítica essencial fosfofrutoquinase (PFK-1). Portanto, a **glicólise é inibida.**

membrana e a cascata do cAMP. Primeiro, o complexo glucagon-receptor causa a ligação de guanosina 5'-trifosfato (GTP) a um complexo de proteínas G (Capítulo 25). Isso leva à dissociação das subunidades de proteína G. Uma dessas subunidades (Gα) ativa a adenilato ciclase, a qual, por sua vez, converte ATP em cAMP. O cAMP ativa a proteína quinase dependente de cAMP (proteína quinase A), que controla as etapas decisivas no metabolismo de carboidratos e lipídeos via fosforilação de enzimas reguladoras (Fig. 31.6, 31.7 e 31.8).

A epinefrina atua no fígado e no músculo

A epinefrina (adrenalina) é o principal hormônio responsável pela hiperglicemia relacionada ao estresse. Seus efeitos metabólicos são similares aos do glucagon: inibe a glicólise e a lipogênese, e estimula a gliconeogênese. Atua via receptores α- e β-adrenérgicos (principalmente os β₂) (Fig. 12.5). Esses receptores, de modo similar ao receptor do glucagon, usam a cascata de sinalização do cAMP.

HORMÔNIOS INCRETINAS

Os hormônios incretinas são secretados pelo intestino e potencializam a secreção de insulina

A resposta de insulina plasmática à glicose oral é maior do que aquela à infusão intravenosa. Os **hormônios gastrintestinais,** como o **GLP-1** (, *glucagon-like peptide-1*), o **peptídeo**

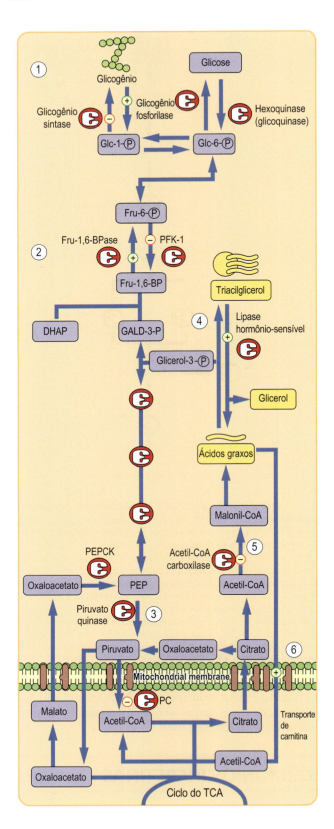

Fig. 31.8 **A fosforilação de enzimas-chave controlada pelo glucagon e epinefrina regula o metabolismo de carboidratos e lipídeos.** A fosforilação geralmente estimula enzimas nas vias catabólicas e inibe enzimas nas vias anabólicas. **Metabolismo do glicogênio:** a glicogênio fosforilase é ativada, e a glicogênio sintase é inativada. Isso promove quebra de glicogênio (1). **Gliconeogênese:** a Fru-2,6-BPase-2 é ativada e a PFK-2 é inibida. Isso diminui a formação de Fru-2,6-BF que, então, inibe a PFK-1 (glicólise) e estimula a FBPase (gliconeogênese) (2). **Glicólise:** normalmente, a Fru-1,6-BP também ativa alostericamente a piruvato quinase ao longo da via glicolítica. Como sua formação está diminuída, a glicólise desacelera (3). **Lipólise:** a fosforilação estimula a lipase hormônio-sensível que estimula a lipólise (liberação de ácidos graxos a partir de triglicérides) (4). **Oxidação de ácido graxo:** a fosforilação inibe a acetil-CoA carboxilase, inibindo a geração de malonil-CoA (5). A malonil-CoA normalmente inibe a carnitina-palmitoil transferase-1. A ausência de malonil-CoA a desinibe (6), facilitando a entrada de ácidos graxos na mitocôndria. Isso estimula a oxidação lipídica. DHAP, di-hidroxiacetona fosfato; GALD-3-P, gliceraldeído-3-fosfato; PEP, fosfoenolpiruvato.

insulinotrópico glicose-dependente (GIP, *gastric inhibitory peptide* [peptídeo inibitório gástrico]), a colecistocinina e o peptídeo intestinal vasoativo (VIP, *vasoactive intestinal peptide*), potencializam a secreção de insulina. Esses hormônios são secretados após a ingesta de alimentos, **efeito** conhecido como **incretina**.

O GLP-1 é secretado na mucosa intestinal, principalmente no íleo distal e no cólon. A secreção de GLP-1 aumenta rápido após a refeição na presença de uma alta concentração de glicose, GLP-1 aumenta a secreção de insulina e diminui a secreção de glucagon, diminuindo, assim, o esvaziamento gástrico e aumentando a sensação de saciedade.

O **GIP** é uma molécula contendo 42 aminoácidos sintetizada no duodeno e no jejuno. GLP-1 e GIP atuam via receptores acoplados à proteína G. O receptor de GLP-1 está presente nas células α e nas células β das ilhotas pancreáticas, bem como nos tecidos periféricos. GLP-1 e GIP são inativados pela **dipeptidil peptidase-4** (DPP-4).

O CICLO ALIMENTAÇÃO-JEJUM

O metabolismo humano oscila entre o estado alimentado e o estado de jejum. A razão molar de insulina:glucagon no plasma depende de qual padrão de metabolismo está presente

O **estado alimentado** (também chamado estado absortivo ou pós-pradial) ocorre durante uma refeição e se mantém por várias horas, subsequentemente. Sua principal característica é a alta concentração de insulina e a baixa concentração de glucagon (uma razão insulina:glucagon alta).

O oposto do estado alimentado é o **estado de jejum**. O jejum de 6-12 horas é chamado **estado pós-absortivo**. O jejum que dura mais de 12 horas é denominado **"jejum prolongado"** ou **inanição**. É caracterizado por uma baixa concentração de insulina e uma concentração elevada de glucagon (uma razão insulina:glucagon baixa).

A insulina e o glucagon "ligam" e "desligam" genes durante o ciclo de alimentação-jejum

A insulina regula a síntese de enzimas-chave controlando a atividade dos fatores de transcrição FOXO (assim denominados por terem uma estrutura em hélice-volta-hélice contendo duas alças adicionais). Dois desses fatores de transcrição, FOXO1 e FOXA2 (também conhecidos como HNF-3B), são essenciais à mudança do anabolismo para o catabolismo.

FOXO1 promove gliconeogênese no fígado no estado de jejum. FOXO1 e seus coativadores estimulam a gliconeogênese ativando genes que codificam as enzimas velocidade-limitantes fosfoenolpiruvato carboxiquinase (PEPCK) e glicose-6-fosfatase (Glc-6-Pase). FOXA2 regula a oxidação de ácido graxo.

Ambos são inativados por quinases na via IRS-1/PI3K/Akt, o que inibe a gliconeogênese hepática.

O glucagon, ao contrário, induz enzimas gliconeogênicas. Outro fator de transcrição *forkhead*, FOXA2, regula a quebra de gordura no estado de jejum induzindo genes codificadores de enzimas de glicólise, oxidação de ácido graxo e cetogênese. Isso aumenta as concentrações plasmáticas de ácidos graxos, corpos cetônicos e triacilgliceróis, e diminui o conteúdo hepático de triacilglicerol. A insulina fosforila e inibe FOXA2. Os efeitos recíprocos da insulina e do glucagon sobre as principais vias metabólicas são ilustrados nas Figuras 31.7 e 31.8.

Metabolismo no estado alimentado

O metabolismo no estado alimentado gira em torno da produção e do armazenamento de energia

Uma refeição estimula a liberação de insulina e inibe a secreção de glucagon. Isso afeta o metabolismo no fígado, tecido adiposo e músculo (Fig. 31.9). A utilização da glicose pelo cérebro permanece inalterada. Há aumento na captação de glicose nos tecidos dependentes de insulina, principalmente no músculo esquelético. A oxidação da glicose e a síntese de glicogênio são estimuladas, enquanto a oxidação lipídica é inibida. A glicose captada pelo fígado é fosforilada pela glicoquinase, rendendo glicose-6-fosfato (Glc-6-P). O excesso de glicose é dirigido para a via das pentoses fosfato, gerando $NADPH + H^+$, que é usado nas vias biossintéticas que requerem reduções, como a síntese de ácidos graxos e colesterol. Adicionalmente, o metabolismo oxidativo da glicose fornece acetil-CoA, um substrato para síntese de ácido graxo.

Os triacilgliceróis absorvidos no intestino são transportados em quilomícrons para os tecidos periféricos, nos quais são hidrolizados a glicerol e ácidos graxos livres pela lipoproteína lipase (Capítulo 33). No músculo, os ácidos graxos liberados são usados como combustível. No tecido adiposo, são remontados em triacilgliceróis e armazenados. Essa remontagem requer glicerol, que é fornecido por glicólise (com redução de triose fosfato a glicerol-3-fosfato).

A síntese de ácidos graxos aumenta no fígado e no tecido adiposo. Também há estimulação de captação de aminoácido e síntese proteica, bem como diminuição na degradação de proteínas no fígado, músculo e tecido adiposo.

Metabolismo no estado de jejum

O fígado passa de órgão utilizador de glicose a órgão produtor de glicose

Durante o jejum (Fig. 31.10), o fígado utilizador de glicose se transforma em um órgão que produz glicose. Há diminuição na síntese de glicogênio e aumento na glicogenólise. Após uma noite de jejum, alcança-se o estado estável em que a produção de glicose passa a ser igual à captação de glicose periférica. Para que isso ocorra, é essencial a participação de duas enzimas controladas pelos fatores de transcrição FOXO: Glc-6-Pase e glicoquinase. **O jejum induz Glc-6-Pase e suprime a glicocinase.**

Os três substratos-chave para a gliconeogênese são o lactato, a alanina e o glicerol

No estado de jejum, o músculo e o tecido adiposo usam, juntos, apenas 20% de toda a glicose disponível. Até 80% de toda a glicose é captada pelos tecidos insulina-independentes e, desse total, 50% segue para o cérebro e 20% vai para os eritrócitos.

Após um jejum de 12 horas, um total de 65-75% da glicose sintetizada ainda é derivada do glicogênio, enquanto o restante é oriundo de gliconeogênese. A contribuição da gliconeogênese aumenta com a duração do jejum. O músculo facilita a gliconeogênese liberando lactato que é captado pelo fígado e oxidado a piruvato. Este, por sua vez, entra na gliconeogênese. A glicose recém-sintetizada é liberada do fígado e retorna ao músculo esquelético. Isso encerra o círculo conhecido como ciclo da glicose-lactato ou **ciclo de Cori** (Fig. 31.11).

A baixa concentração de insulina também estimula a proteólise muscular e, assim, a liberação de aminoácidos, primariamente alanina e glutamina. A alanina é captada pelo fígado e convertida em piruvato. Esse **ciclo de glicose-alanina** é paralelo ao ciclo de Cori.

O terceiro substrato de gliconeogênese, o glicerol, é liberado durante a hidrólise de triacilgliceróis (lipólise) pela lipase hormônio-sensível, a qual é estimulada pelo glucagon.

Jejum prolongado (inanição)

O jejum prolongado é um estado crônico de níveis baixos de insulina e níveis altos de glucagon (Fig. 31.12). Os ácidos graxos livres estão se tornando o principal substrato energético. A β-oxidação de ácidos graxos graxos liberados de triacilgliceróis gera acetil-CoA que, normalmente, entra no ciclo TCA. Entretanto, como a contínua gliconeogênese depleta oxaloaxetato (também um intermediário do ciclo do TCA), a atividade do ciclo do TCA (Capítulo 10) na verdade diminui. Isso causa o acúmulo de acetil-CoA e a canaliza para a cetogênese. A cetogênese rende acetoacetato, hidroxibutirato e o produto da descarboxilação espontânea do acetoacetato, a acetona. Os produtos de cetogênese são coletivamente conhecidos como **corpos cetônicos**. Durante o jejum prolongado, a concentração de corpos cetônicos no plasma aumenta. Esses compostos podem ser usados como substratos energéticos não só pelos músculos cardíaco e esquelético, como também durante o jejum prolongado, pelo cérebro.

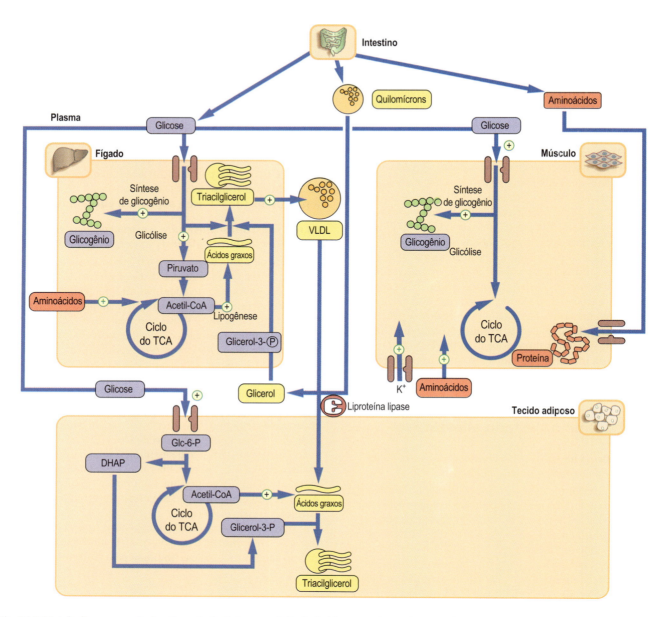

Fig. 31.9 **Metabolismo no estado alimentado (pós-prandial).** Carboidratos, aminoácidos e gorduras são absorvidos no intestino, e a secreção de insulina é estimulada. A insulina dirige o metabolismo para o armazenamento e a síntese (anabolismo). **No fígado,** a glicose é captada pelo transportador GLUT-2 e canalizada na glicólise e síntese de glicogênio. A glicólise anaeróbia fornece a acetil-CoA, um substrato essencial para a síntese de ácidos graxos. Subsequentemente, os ácidos graxos são esterificados pelo glicerol derivado de glicólise, formando triacilgliceróis, em um processo chamado lipogênese. Os triacilgliceróis são empacotados no interior das VLDLs para serem transportados aos tecidos periféricos. **No músculo,** a síntese de glicogênio, captação de aminoácidos e síntese proteica são estimuladas. **No tecido adiposo,** os triacilgliceróis contidos na VLDL são hidrolisados, e os ácidos graxos são captados pelas células. Os triacilgliceróis são ressintetizados intracelularmente, e se tornam material de armazenamento. DHAP, di-hidroxiacetona fosfato; Glc-6-P, glicose-6-fosfato.

Para proteger as proteínas corporais durante a inanição, o uso de proteínas como os substratos gliconeogênicos é minimizado pela quase total dependência de gordura como fonte de energia (Fig. 31.12). O ciclo de Cori também ajuda a diminuir a necessidade de glicose endógena. Além disso, o número de transportadores GLUT-4 no tecido adiposo e no músculo se reduz, diminuindo a captação de glicose. O cérebro se adapta usando corpos cetônicos como combustível. Esses mecanismos também "economizam" glicose. Por fim, a concentração de hormônios tireoidianos diminui durante a inanição; isso então reduz a taxa metabólica.

Respostas metabólicas ao estresse

A resposta metabólica ao estresse mobiliza substratos energéticos de todas as fontes disponíveis; durante o estresse, o metabolismo é dirigido pelos hormônios anti-insulina

A resposta metabólica ao estresse é deflagrada por situações do tipo "luta ou fuga", bem como por traumatismo, queimaduras, cirurgia e infecção. Está associada à atividade

CAPÍTULO 31 Homeostasia da Glicose e Metabolismo de Combustível: Diabetes Melito

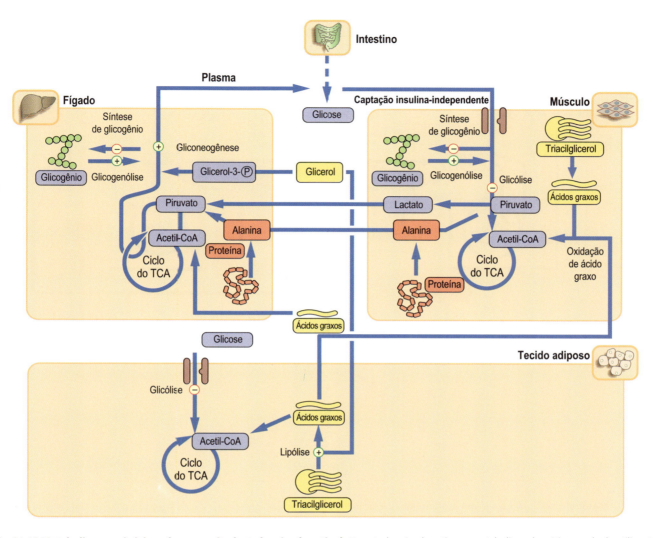

Fig. 31.10 **Metabolismo após jejum de uma noite (estado pós-absortivo).** No estado pós-absortivo, o metabolismo hepático muda da utilização de glicose para a produção de glicose (via gliconeogênese). O glucagon também estimula a glicogenólise e inibe a glicólise. Os substratos para gliconeogênese são **alanina, lactato e glicerol**. Alanina e lactato são transportados para o fígado a partir do músculo. a captação de glicose pelo músculo e tecido adiposo diminui. A hidrólise de triacilgliceróis (lipólise) e a subsequente oxidação de ácido graxo são estimuladas.

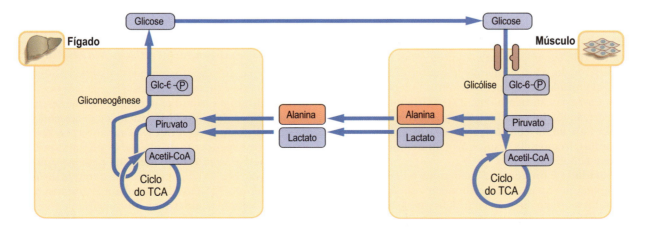

Fig. 31.11 **Ciclo de Cori e ciclo de glicose-alanina.** O ciclo de Cori, também conhecido como ciclo de glicose-lactato, permite a reciclagem do lactato de volta a glicose. A alanina é derivada principalmente de proteólise muscular.

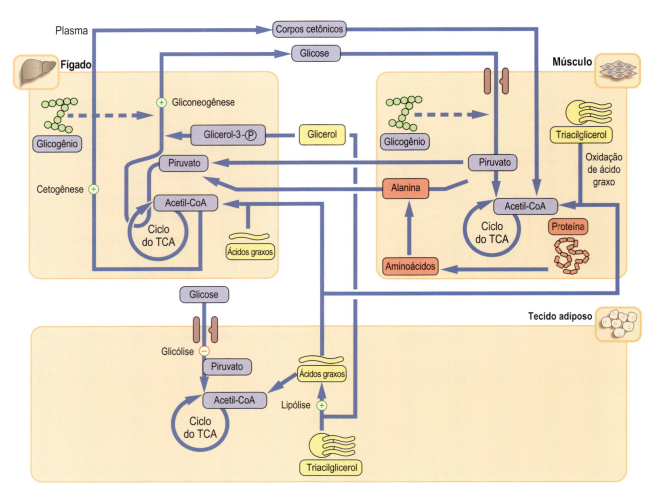

Fig. 31.12 **Metabolismo durante o jejum prolongado (inanição).** O padrão metabólico é similar ao observado durante o jejum de curta duração, porém as respostas adaptativas estão operantes. Neste estágio, as reservas de glicogênio são depletadas, e o suprimento de combustíveis metabólicos depende da gliconeogênese e da lipólise. Os corpos cetônicos gerados a partir das grandes quantidades de acetil-CoA geradas pela oxidação de ácidos graxos se tornam uma importante fonte de energia para os músculos e o cérebro. De modo significativo, a reduzida demanda de glicose (e, portanto, gliconeogênese) diminui a demanda de alanina, "poupando" proteínas musculares.

aumentada do sistema nervoso simpático e é dirigida por hormônios anti-insulina: as catecolaminas, primariamente a epinefrina; glucagon; e cortisol. As vias anabólicas (síntese de glicogênio, lipogênese) são suprimidas, enquanto as vias catabólicas (glicogenólise, lipólise e proteólise) são estimuladas. Desse modo, o fornecimento de combustíveis metabólicos é maximizado. A captação insulina-independente de glicose na periferia aumenta (Fig. 31.13). Há também uma vasoconstrição inicial para limitar a possível perda de sangue. Observa-se ainda febre, frequência cardíaca aumentada (taquicardia), frequência respiratória aumentada (taquipneia) e leucocitose.

A prioridade é fornecer glicose para o cérebro. Portanto, a epinefrina e o glucagon estimulam a glicogenólise e a gliconeogênese. Além disso, a diminuída captação periférica de glicose aumenta a quantidade de glicose disponível para o cérebro. Posteriormente, a taxa metabólica aumenta, e os ácidos graxos se tornam a principal fonte de energia. Como os aminoácidos necessários para a gliconeogênese são supridos a partir do músculo, o balanço nitrogenado se torna negativo em 2-3 dias após a lesão.

A resposta de estresse inclui resistência à insulina

O transporte insulina-dependente de glicose diminui sob influência dos glicocorticoides. Os glicocorticoides também facilitam a estimulação da gliconeogênese pelo glucagon e catecolaminas via indução de genes codificadores de glicose-fosfatase e PEPCK (Tabela 31.3). A captação insulina-independente de glicose também aumenta, particularmente no músculo, mediada pelo fator de necrose tumoral α (TNF-α) e por citocinas como interleucina-1 (IL-1; Capítulo 28). O TNF-α também estimula a quebra de glicogênio no músculo. Outra interleucina, a IL-6, ajuda a induzir PEPCK, estimula a lipólise no tecido adiposo, e contribui para a proteólise muscular. Por fim, há um aumento na produção de lactato.

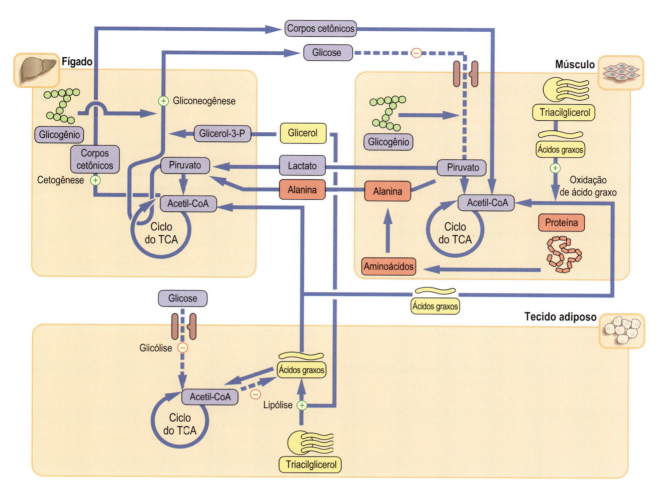

Fig. 31.13 **Metabolismo durante o estresse e a lesão.** A resposta metabólica é catabólica e é amplamente análoga ao jejum. A glicose é mobilizada a partir de todas as fontes disponíveis. aqui, a epinefrina exerce papel central e, junto com o glucagon, inibe a secreção de insulina. O estresse também induz resistência periférica à insulina, poupando mais glicose. A energia é fornecida a partir da glicose, dos ácidos graxos e do catabolismo de proteínas.

QUADRO CLÍNICO
A RESPOSTA AO ESTRESSE AFETA OS RESULTADOS DOS EXAMES LABORATORIAIS

A resposta metabólica ao estresse afeta os resultados das medidas laboratoriais. A hiperglicemia é um achado comum. Portanto, durante o estresse, uma hiperglicemia leve não deve ser confundida com diabetes melito. Do mesmo modo, infecção, traumatismo e lesão estão associados à resposta de fase aguda, a qual estimula a síntese de uma gama de proteínas, como α_1-antitripsina, proteína C reativa (PCR), haptoglobina, α_1-glicoproteína ácida, complemento, entre outras. Por outro lado, a síntese de albumina é suprimida. As medidas de PCR são essenciais no monitoramento do tratamento em pacientes com infecções graves (Capítulo 40).

QUADRO CLÍNICO
MULHER COM ANGINA E CONCENTRAÇÃO PLASMÁTICA DE GLICOSE ELEVADA: UM EXEMPLO DE HIPERGLICEMIA INDUZIDA PELO ESTRESSE

Uma mulher de 66 anos de idade foi admitida na enfermaria da cardiologia apresentando angina de peito. O diagnóstico de infarto do miocárdio foi estabelecido com base no ECG e na concentração plasmática aumentada de troponina. A paciente foi tratada com sucesso por meio de trombólise. Naquele momento, sua concentração plasmática de glicose obtida ao acaso era 10,5 mmol/L (189 mg/dL). No dia seguinte, a glicemia de jejum estava apenas levemente aumentada, em 7,5 mmol/L (117 mg/dL). A glicemia de jejum normal é 4,0-6,0 mmol/L (72-109 mg/dL).

Comentário
O estresse significativo associado ao infarto do miocárdio está relacionado com a resposta hormonal contrarreguladora, e isso leva ao aumento da concentração de glicose no sangue. É preciso ter cautela com a interpretação da glicose plasmática de jejum aumentada no contexto de doença aguda. Um teste de tolerância à glicose não deve ser realizado durante a doença aguda. A medida dos níveis de hemoglobina glicada (HbA$_{1c}$) ajudaria a excluir a hipótese de diabetes.

DIABETES MELITO

A prevalência do diabetes melito tem aumentado no mundo inteiro. Havia 108 milhões de diabéticos em 1980, e esse número passou a 422 milhões em 2014 (ver Leituras Sugeridas). Esse aumento está ligado ao estilo de vida que inclui excesso de alimentos altamente energéticos combinado com pouco exercício físico e a consequente obesidade. A suscetibilidade ao diabetes é um efeito combinado de influências genéticas e ambientais, em que estas últimas incluem o ambiente metabólico fetal e a nutrição nos primeiros anos de vida.

O diabetes é um distúrbio do metabolismo de combustível caracterizado por hiperglicemia e (posterior) dano vascular

Os dois componentes principais do diabetes melito são a hiperglicemia e as complicações vasculares. Existem **quatro formas principais de diabetes** melito (Tabela 31.4). O diabetes tipo 1 (DTM1) constitui 5-10% de todos os casos de diabetes, e o diabetes tipo 2 (DM2) representa 90-95% de todos os casos. A prevalência do diabetes melito gestacional (DMG) é 1-14% em diferentes populações. O diabetes secundário é relativamente raro.

A longo prazo, o diabetes acarreta alterações nas paredes de pequenas e grandes artérias **(microangiopatia** e **macroangiopatia**, respectivamente). Quando a microangiopatia ocorre no rim **(nefropatia** diabética), pode levar à insuficiência renal. A microangiopatia que se desenvolve na retina **(retinopatia** diabética) pode causar cegueira, enquanto aquela que afeta o sistema nervoso periférico (**neuropatia** periférica) leva ao comprometimento da função nervosa autônoma. Pacientes diabéticos também desenvolvem opacidades na lente (**cataratas**). O diabetes é a principal causa de cegueira no Ocidente e uma das principais causas de insuficiência renal.

Adicionalmente, a macroangiopatia diabética está associada a um risco duas ou três vezes maior de **infarto do miocárdio**, em comparação ao observado em indivíduos não diabéticos. Quando a macroangiopatia afeta artérias periféricas, leva à **doença vascular periférica diabética** e à ulceração do pé (o diabetes continua sendo uma das principais causas de **amputação de membro inferior**). A doença cardiovascular é a complicação mais prevalente do diabetes e é a causa da morte de mais de 80% dos indivíduos com DM2.

O diabetes tipo 1 é uma doença autoimune

O DM1 geralmente se desenvolve em indivíduos com menos de 35 anos de idade, atingindo o pico de incidência por volta dos 12 anos. Atualmente, um total de 50-60% dos pacientes têm menos de 16-18 anos de idade no momento da apresentação. O DM1 é causado pela destruição autoimune das células β do pâncreas. Sua causa precipitante ainda é desconhecida, mas poderia ser uma infecção viral, como a rubéola congênita, toxinas ambientais ou até alimentos. A reação autoimune também poderia ser iniciada pela resposta de citocina à infecção.

Indivíduos com DM1 tendem a desenvolver cetoacidose e dependem de tratamento com insulina. O desenvolvimento da doença sintomática pode se dar rapidamente, de modo que uma pessoa jovem que não sabe que tem diabetes pode apresentar cetoacidose.

A suscetibilidade ao diabetes tipo 1 é hereditária

A taxa de concordância para DM1 em gêmeos monozigóticos é 30-40%. Existem pelo menos 20 regiões do genoma associadas ao DM1. Os genes de suscetibilidade estão localizados no cromossomo 6, no complexo principal de histocompatibilidade (MHC; Capítulo 43). Cerca de 50% da suscetibilidade genética ao diabetes reside nos genes HLA (IDDM1): os genótipos HL ADR e DQ e, em menor grau, em outros *loci* conhecidos como IDDM2 (*insulina-VNTR*) e IDDM12 (*CTLA-4*). Ambos, genes que conferem risco (*DR3/4, DQA1*0301-DQB1*0302 e DQA1*0501-DQB1*0201*) e genes que conferem proteção (*DQA1*0102-DQB1*0602*), foram identificados junto ao complexo HLA. Curiosamente, essa região também contém genes de suscetibilidade associados a outras doenças autoimunes. Isso significa que pacientes com DM1 são mais suscetíveis a outros distúrbios autoimunes, como a doença de Graves, doença de Addison e doença celíaca.

Em conjunto, cerca de 50 genes atualmente estão associados ao diabetes tipo 1.

Além da infiltração inflamatória das ilhotas que resulta da resposta anormal de células T (Capítulo 43), alguns pacientes demonstram uma resposta anormal de células β e, portanto, anticorpos circulantes dirigidos contra várias proteínas da célula β. Os autoanticorpos podem surgir anos antes do diagnóstico e podem ser dirigidos contra a insulina, a ácido glutâmico descarboxilase (GAD), a proteína tirosina fosfatase e antígenos das ilhotas.

Tabela 31.4 Classificação do diabetes melito

Síndrome	Comentários
Tipo 1	Destruição autoimune de células β
Tipo 2	Comprometimento de células β: incapacidade da célula β de compensar a resistência à insulina
Outros tipos	Defeitos genéticos de células β (p. ex., mutações no gene da glicoquinase) Síndromes raras de resistência à insulina
	Doenças do pâncreas exócrino Doenças endócrinas (acromegalia, síndrome de Cushing) Fármacos e diabetes induzido por químico, infecções (p. ex., caxumba)
	Síndromes raras caracterizadas pela presença de anticorpos antirreceptores Diabetes acompanhando outras doenças genéticas (p. ex., síndrome de Down)
Diabetes gestacional	Intolerância à glicose com manifestação inicial ou primeiro diagnóstico durante a gestação (Note que o diabetes diagnosticado na primeira consulta de pré-natal é considerado diabetes manifesto e não diabetes gestacional.)

Na literatura mais antiga, o diabetes tipo 1 era descrito como diabetes insulino-dependente (IDDM) e o diabetes tipo 2, como diabetes não insulino-dependente (NIDDM) ou diabetes de aparecimento na maturidade.

O diabetes tipo 2 se desenvolve quando as células β falham em compensar a resistência à insulina

O DM2 geralmente se desenvolve em pacientes obesos com idade acima de 40 anos, entretanto, nos últimos anos, tem sido cada vez mais observado em indivíduos mais jovens. Os dois principais fatores que contribuem para isso são o comprometimento da função da célula β do pâncreas e a resistência periférica à insulina.

A maioria dos genes de suscetibilidade ao DM2 descobertos estão ligados à função da célula β. Quando há desenvolvimento de resistência à insulina, as células β respondem à necessidade de mais insulina proliferando e sofrendo hipertrofia. O diabetes se desenvolve quando essa compensação passa a ser insuficiente. Uma vez que o metabolismo se torne desregulado, as células β podem ser adicionalmente danificadas pelo excesso de glicose (glicotoxicidade) e de ácidos graxos (lipotoxicidade). Outros fatores que contribuem para o desenvolvimento de diabetes são secreção aumentada de glucagon, resposta diminuída de incretina e diminuição da adiponectina no tecido adiposo.

A predisposição genética e a obesidade são os fatores de risco mais importantes de diabetes tipo 2

Os dois fatores de risco mais importantes de DM2 são a história familiar e a obesidade. A obesidade induz resistência periférica à insulina. As células β compensam isso aumentando a secreção de insulina; com isso, há desenvolvimento de hiperinsulinemia com concentração normal de glicose. Quando a compensação se torna insuficiente, a concentração plasmática de glicose aumenta discretamente durante o jejum (isso é definido como glicemia de jejum alterada [GJA]) ou em resposta à carga de glicose (definida como tolerância à glicose diminuída [TGD]). O comprometimento adicional da secreção de insulina leva ao DM2 manifesto.

Portanto, a GJA e a TGD implicam **risco de diabetes no futuro** (a TGD também está associada ao risco aumentado de doença cardiovascular).

A hereditariedade do diabetes tipo 2 é maior que 50%

Gêmeos monozigóticos são aproximadamente 70% concordantes com relação ao DM2, enquanto os gêmeos dizigóticos exibem uma concordância de 20-30%. Parentes de primeiro grau de indivíduos com DM2 têm uma probabilidade de 40% de desenvolverem a doença.

Testes populacionais identificaram seis genes associados ao DM2, entre os quais está o gene codificador de PPAR-γ (*peroxisome proliferator activated receptor gamma*). Outro gene codificador de IRS-1 está associado a uma resposta periférica comprometida à insulina. O gene codificador de um canal de potássio, KCNJ11, afeta a secreção de insulina. Sua mutação causa uma forma rara de diabetes neonatal. O gene WFS1 codifica a wolframina, uma proteína detectada em pacientes que apresentam uma síndrome que inclui diabetes insípido e diabetes juvenil, bem como surdez e atrofia óptica. Outros genes estão associados a formas monogenéticas de diabetes (MODY, *maturity-onset diabetes of the young*; veja discussão a seguir).

Mais de 80 *loci* associados ao DM2 foram identificados, e um número semelhante de *loci* foram associados aos chamados traços glicêmicos (p. ex., concentrações de glicose, insulina, HbA1c e pró-insulina).

QUADRO DE CONCEITOS AVANÇADOS
O DIABETES DO JOVEM DE APARECIMENTO NA MATURIDADE (MODY) É UMA FORMA RARA DE DIABETES TIPO 2

O MODY se desenvolve antes dos 25 anos de idade e é caracterizado pela secreção persistente de peptídeo C e por um padrão nítido de herança. Resulta de mutações em pelo menos seis genes diferentes, entre os quais os genes codificadores de glicoquinase (afetando a sensibilidade da célula β à glicose e causando MODY2) e de fatores de transcrição HNF1A, causador de MODY3, e HNF1B, causador de MODY5. Também existe uma mutação no DNA mitocondrial que leva à fosforilação oxidativa comprometida e causa o chamado diabetes mitocondrial.

Os genes MODY-associados dão uma ideia dos fatores genéticos que afetam a resposta ao tratamento. Contrastando com os tipos de MODY causados por mutações em fator de transcrição, MODY2 responde à dieta, e os pacientes afetados dispensam insulina. Pacientes com mutações em HNF1A respondem a fármacos sulfonilureias.

Tabela 31.5 Comparação do diabetes tipos 1 e 2

	Tipo 1	Tipo 2
Manifestação inicial	Em geral, antes dos 20 anos de idade	Em geral, após os 40 anos de idade
Síntese de insulina	Ausente: imunodestruição das células β	Preservada: combinação de resistência à insulina e função comprometida da célula β
Concentração plasmática de insulina	Nula ou baixa	Baixa, normal ou alta
Suscetibilidade genética	Sim	Não
Anticorpos anti-célula de ilhota no momento do diagnóstico	Sim	Não
Obesidade	Incomum	Comum
Cetoacidose	Sim	Rara, mas pode ser precipitada por estresse metabólico significativo
Tratamento	Insulina	Fármacos hipoglicêmicos e (em casos graves) insulina

DCCT, Diabetes Control and Complications Trial; IFCC, International Federation of Clinical Chemistry and Laboratory Medicine.

No diabetes tipo 2, a cetoacidose é rara

Pacientes com DM2 podem desenvolver complicações microvasculares como no DM1, porém os principais problemas são as complicações macrovasculares que acabam levando a doença arterial coronariana, doença vascular periférica e acidente vascular encefálico. O DM1 e o DM2 são comparados na Tabela 31.5.

Metabolismo no diabetes

No diabetes precariamente controlado, a descompensação metabólica leva à cetoacidose

No diabetes tipo 1, devido à falta de insulina, a glicose é impedida de entrar em células dependentes de insulina, como os adipócitos e miócitos. A falta de insulina implica que o metabolismo, por definição, entre no modo controlado por glucagon. A glicólise e a lipogênese são inibidas, enquanto a glicogenólise, a lipólise, a cetogênese e a gliconeogênese são estimuladas (Fig. 31.14). O fígado volta a ser um órgão produtor de glicose. Isso, combinado ao transporte de glicose comprometido para dentro das células, leva à hiperglicemia de jejum.

Quando a concentração plasmática de glicose excede a capacidade renal de reabsorção, a glicose aparece na urina. Como a glicose é osmoticamente ativa, sua excreção é acompanhada de uma perda aumentada de água (diurese osmótica). Pacientes com diabetes mal controlado eliminam grandes volumes de urina (**poliúria**) e bebem quantidades excessivas de líquidos (**polidipsia**). A perda de água, por fim, leva à desidratação (Capítulo 35). Em paralelo com o equilíbrio hídrico perturbado, a lipólise gera um excesso de acetil-CoA que é canalizado na cetogênese. A concentração de corpos cetônicos no plasma aumenta (**cetonemia**), e esses compostos são excretados na urina (**cetonúria**). Em alguns pacientes, é possível notar o cheiro de acetona na respiração. A superprodução de ácido acetoacético e de ácido β-hidroxibutírico aumenta a concentração sanguínea de íons hidrogênio (o pH do sangue diminui). Essa forma de acidose metabólica (Capítulo 36) é conhecida como **cetoacidose diabética** (Fig. 31.15).

As principais características da cetoacidose diabética são a hiperglicemia, cetonúria, desidratação e acidose metabólica

A cetoacidose diabética pode se desenvolver rápido, às vezes até mesmo após uma única dose de insulina perdida. A cetoacidose se desenvolve predominantemente em indivíduos com DM1 com nenhuma ou pouquíssima insulina no plasma e, consequentemente, com uma razão muito baixa entre as concentrações de insulina e glucagon. É rara no DM2, embora possa ocorrer após algum estresse significativo, como infarto do miocárdio. A cetoacidose não tratada representa uma ameaça à vida.

Existem similaridades substanciais entre o metabolismo na inanição e no diabetes. É por isso que o diabetes já foi descrito como "inanição em plena fartura". Entretanto, embora o jejum leve a uma cetonemia apenas moderada, no diabetes pode haver acúmulo de grandes quantidades de corpos cetônicos.

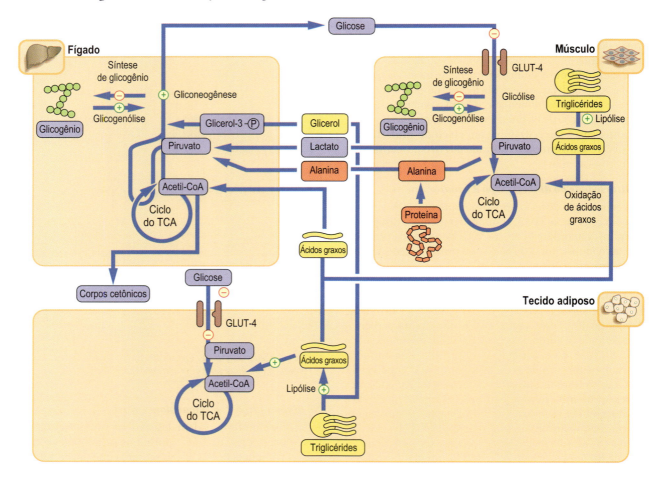

Fig. 31.14 **Metabolismo no diabetes** melito. Observa-se uma capacidade reduzida de utilização da glicose pelos tecidos, devido a falta de insulina, ação defeituosa da insulina ou ambas. A hiperglicemia resulta tanto da captação comprometida da glicose junto aos tecidos como de sua produção aumentada na gliconeogênese hepática. O excesso de ácidos graxos é disponibilizado no fígado, porém o ciclo do TCA é menos eficiente devido à utilização do oxaloacetato para a gliconeogênese. Isso resulta no acúmulo de acetil-CoA e sua conversão adicional em corpos cetônicos.

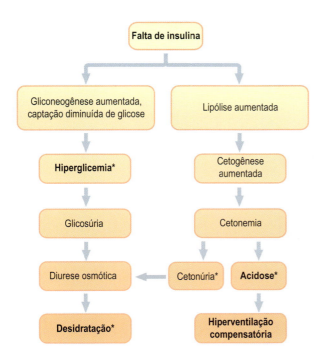

Fig. 31.15 **Cetoacidose diabética.** O quadro clínico de cetoacidose é uma consequência da falta de insulina; resulta em hiperglicemia e suas complicações, como diurese osmótica e desidratação; bem como em aumento da lipólise e cetogênese, levando a cetonemia e acidose. O tratamento da cetoacidose é voltado ao combate desses problemas e inclui infusão de insulina, reidratação e suplementação de potássio. *Indica os achados clínicos e laboratoriais mais importantes.

QUADRO CLÍNICO
UMA JOVEM DE 15 ANOS INTERNADA COM CONFUSÃO E ODOR DE ACETONA NA RESPIRAÇÃO: CETOACIDOSE DIABÉTICA

Uma menina de 15 anos que desconhecia sua condição de diabética foi internada no departamento de acidentes e emergência. Ela estava confusa, e havia um odor de acetona em sua respiração. Apresentava sinais de desidratação, com turgor cutâneo diminuído e língua ressecada, além de respirações rápidas e sem pausa. Sua glicemia estava em 18 mmol/L (324 mg/dL), e havia cetonas na urina. A concentração sérica de potássio estava em 4,9 mmol/L (normal: 3,5-5,0 mmol/L), e o pH do sangue arterial era 7,2 (normal: 7,37-7,44), com uma concentração de H+ igual a 63 nmol/L (normal: 35-45 nmol/L).

Comentário
Esta é uma apresentação típica (embora, neste caso, inesperada) de cetoacidose diabética. Note que uma proporção substancial de crianças apresentam cetoacidose no momento do diagnóstico de diabetes. A hiperventilação é uma resposta compensatória à acidose (Capítulo 36). A cetoacidose diabética é uma emergência médica. Esta paciente recebeu infusão intravenosa contendo salina fisiológica com suplementos de potássio para reposição das perdas de líquido e potássio, bem como uma infusão de insulina.

Diabetes, obesidade e hipertensão estão ligadas à doença cardiovascular

Obesidade, resistência à insulina e intolerância à glicose (ou diabetes) podem ser acompanhadas de dislipidemia (Capítulo 33) e hipertensão arterial. Esse agrupamento de condições foi descrito como **síndrome metabólica** e está associado a uma inflamação de baixo grau afetando a vasculatura, com uma tendência aumentada à trombose (estado hipercoagulável; Capítulo 41). De modo mais significativo, impõe um risco aumentado de doença cardiovascular.

Existe uma percepção crescente de que o diabetes melito e a doença cardiovascular podem ter aquilo que alguns pesquisadores chamam "terreno comum". As diversas ligações existentes entre obesidade, diabetes e aterosclerose estão ilustradas na Figura 31.16.

QUADRO CLÍNICO
HOMEM DE 56 ANOS COM DESCONFORTO TORÁCICO RELACIONADO COM ESFORÇO: DIABETES E CARDIOPATIA ISQUÊMICA

Um homem de 56 anos de idade foi encaminhado ao ambulatório clínico de cardiologia para investigar um desconforto torácico que ele sentia ao subir ladeiras íngremes e quando ficava estressado ou agitado. O paciente tinha 1,70 m de altura e pesava 102 Kg. Sua pressão arterial era 160/98 mmHg (limite normal máximo: 140/90 mmHg), a concentração de triglicérides estava em 4 mmol/L (364 mg/dL; níveis desejáveis: 1,7 mmol/L ou 148 mg/dL) e a glicemia de jejum era 6,5 mmol/L (117 mg/dL). Seu ECG em repouso estava normal, mas um padrão isquêmico foi observado durante o teste de exercício.

Comentário
Este homem obeso apresentava hipertensão arterial, hipertrigliceridemia e glicemia de jejum alterada. Neste caso, o comprometimento da glicemia de jejum observado era devido à resistência periférica à insulina. Um agrupamento de anormalidades como este é conhecido como síndrome metabólica e traz risco aumentado de cardiopatia coronariana.

Complicações vasculares tardias do diabetes melito

Estresse oxidativo, produtos finais de glicação avançada (glicoxidação) e atividade da via dos polióis contribuem para o desenvolvimento de complicações

A glicose é tóxica quando em excesso. Em presença de metais de transição, como cobre ou ferro, sofre auto-oxidação e gera espécies reativas do oxigênio (ROS, *reactive oxygen species*; Capítulo 42). A glicose também se fixa de modo não enzimático a resíduos de lisina e valina existentes nas proteínas, em um processo conhecido como glicação proteica (Fig. 31.17). Quando a glicose interage com uma proteína, forma adutos de glicose-proteína em um processo conhecido como glicação não enzimática. Dentre esses produtos, o mais amplamente estudado é a **hemoglobina glicada** (também conhecida como

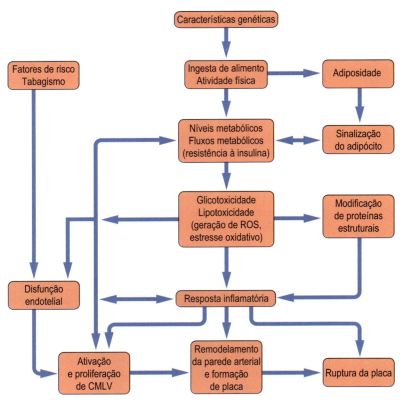

Fig. 31.16 **Obesidade, intolerância à glicose, diabetes e aterosclerose.** A atividade endócrina do tecido adiposo associada à obesidade contribui para a resistência à insulina, intolerância à glicose e diabetes tipo 2. Inflamação de baixo grau e estresse oxidativo aumentado podem ser induzidos pela obesidade e pelos clássicos fatores de risco cardiovascular, e levar ao dano endotelial. Uma vez que o diabetes esteja presente, a glicação de proteína e a formação dos produtos finais da glicação avançada contribuem adicionalmente para o dano vascular.

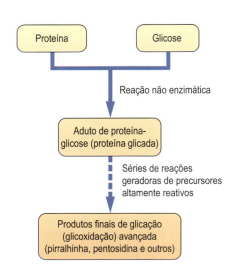

Fig. 31.17 **Modificação de proteínas por glicose: glicação de proteína e formação de produtos finais de glicação (glicoxidação) avançada.** A reação de glicação não enzimática, concentração-dependente, entre glicose e proteínas leva à formação de adutos de glicose conhecidos como produtos de Amadori. Sua presença modifica a estrutura e a função das proteínas afetadas. As proteínas glicadas são substratos para a formação dos produtos finais de glicação (glicoxidação) avançada (AGE). Além disso, as trioses fosfatos geradas por glicólise e a atividade aumentada da via dos polióis geram precursores de AGE, como metilglioxal e 3-desoxiglucosona.

hemoglobina A_{1c} [HbA_{1c}]). Outras proteínas, como a albumina, colágeno e apolipoproteína B, também podem sofrer glicação. A glicação pode modificar a função da proteína afetada (p. ex., a glicação da apolipoproteína B inibe a captação celular de partículas de LDL).

As proteínas glicadas podem sofrer adicionalmente oxidação e rearranjos químicos de estruturas glicadas que levam à formação de uma família de compostos conhecidos como **produtos finais de glicação (ou glicoxidação) avançada** (AGE, *advanced glycation end products*). Alguns desses compostos, como a 3-desoxiglicosona, contêm grupos carbonil quimicamente muito ativos. Alguns AGE na verdade são ligações cruzadas proteicas, formando-se no colágeno ou na mielina, por exemplo, e diminuindo a elasticidade dessas proteínas. O acúmulo de AGE faz parte do processo de envelhecimento, contudo é acelerado na presença de hiperglicemia. Os AGEs se ligam a receptores de membrana presentes nas células endoteliais, gerando estresse oxidativo e, assim, danificando o endotélio, estimulando vias pró-inflamatórias envolvendo a ativação do fator de transcrição NFκB, o qual controla a expressão de citocinas como TNF-α, IL-1α e IL-6. A formação de AGE constitui um fator que atua no desenvolvimento das complicações microvasculares do diabetes e na aterogênese. De modo significativo, os AGE também podem estar envolvidos na patogênese de outras doenças relacionadas ao envelhecimento, como a doença de Alzheimer.

Uma fonte adicional de estresse oxidativo aumentado é a cadeia respiratória. A hiperglicemia aumenta a quantidade de doadores de próton junto à mitocôndria, levando a uma diferença de potencial elétrico aumentada ao longo da membrana mitocondrial interna e, em consequência, à geração aumentada de ROS pela cadeia respiratória (Capítulo 42). Os ROS gerados durante a hiperglicemia inativam o óxido nítrico (NO) gerado pelas células endoteliais a partir de arginina, comprometendo, assim, o relaxamento endotélio-dependente das células musculares lisas vasculares. Os ROS também interferem nas cascatas de sinalização, afetando, por exemplo, a ativação da PKC.

A atividade aumentada da via do poliol está associada à neuropatia diabética e à catarata ocular

A hiperglicemia altera o estado redox celular, aumentando a razão NADH/NAD$^+$ e diminuindo a razão NADPH/NADP$^+$.

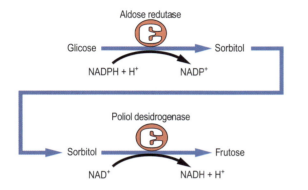

Fig. 31.18 **A via dos polióis.** A via dos polióis contribui para o desenvolvimento de neuropatia diabética. Pode ser inibida por inibidores de sua enzima taxa-limitante, a aldose redutase.

Isso direciona a glicose para dentro da **via dos polióis**, onde é reduzida a sorbitol pela aldose redutase (Fig. 31.18). A aldose redutase e a NO sintase competem pelo NADPH disponível. O sorbitol é adicionalmente oxidado a frutose pela sorbitol desidrogenase.

A aldose redutase tem um alto K_m para glicose, por isso a via dos polióis é pouco ativa diante de concentrações normais de glicose. Entretanto, durante a hiperglicemia, quando a concentração de glicose nos tecidos independentes de insulina (como as hemácias, nervos e cristalino) aumenta, a via é ativada. O problema é que, de modo semelhante à glicose, o sorbitol é osmoticamente ativo. Portanto, seu acúmulo no tecido ocular contribui para o desenvolvimento da catarata diabética. No tecido nervoso, uma alta concentração de sorbitol diminui a captação celular de outro álcool, o mioinositol, inibindo a Na$^+$/K$^+$-ATPase de membrana e, assim, afetando a função do nervo. O acúmulo de sorbitol, a hipóxia e o fluxo sanguíneo reduzido no nervo contribuem, todos, para o desenvolvimento de neuropatia diabética. Os processos que contribuem para as complicações do diabetes a longo prazo são resumidos na Figura 31.19.

HIPOGLICEMIA

A baixa concentração de glicose no sangue (hipoglicemia) é definida por uma concentração sanguínea de glicose inferior a 4 mmol/L (72 mg/dL). A baixa glicose plasmática estimula o sistema nervoso simpático. Há liberação de epinefrina e

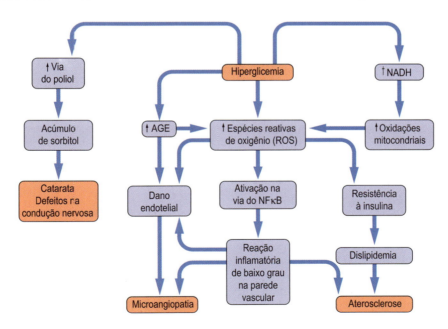

Fig. 31.19 **Complicações vasculares do diabetes melito.** O controle glicêmico precário está associado ao desenvolvimento de complicações microvasculares no diabetes tipos 1 e 2, e com o risco cardiovascular aumentado (este último particularmente no diabetes tipo 2). Estresse oxidativo, glicação proteica e formação de produtos finais de glicação avançada (AGE) são os mecanismos candidatos mais importantes do desenvolvimento de complicações microvasculares. A hiperglicemia estimula a geração de espécies reativas de oxigênio (ROS) por meio de um aumento no fluxo de equivalentes redutores ao longo da cadeia respiratória e formação aumentada de AGE. A toxicidade de ROS causa danos estruturais e funcionais a proteínas, além de estimular fenômenos inflamatórios induzidos, por exemplo, através da via pró-inflamatória do NFκB. ROS danificam o endotélio e interferem na sinalização da insulina, contribuindo para a resistência à insulina. A inflamação de baixo grau e a resistência à insulina são particularmente importantes na aterogênese, contribuindo para a doença macrovascular (Capítulo 33). Note que o estresse oxidativo aumentado e a inflamação crônica de baixo grau também foram observados na obesidade.

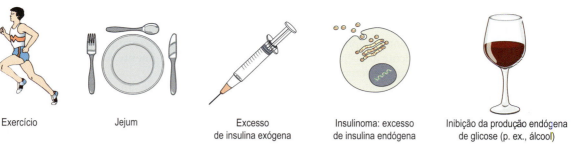

Fig. 31.20 **Hipoglicemia.** A hipoglicemia é uma concentração plasmática de glicose inferior a 4 mmol/L (72 mg/dL). A hipoglicemia grave é uma concentração de glicose abaixo de 2,5 mmol/L (45 mg/dL). A hipoglicemia pode resultar do suprimento diminuído de glicose ou de uma secreção aumentada de insulina. Também resulta da utilização aumentada de glicose pelos tecidos durante o esforço.

glucagon, iniciando a resposta de estresse. Isso se manifesta como sudorese, tremor, taquicardia e uma sensação de fome. O suprimento diminuído de glicose para o sistema nervoso (neuroglicopenia) **compromete a função do cérebro**. O indivíduo afetado se torna confuso e pode perder a consciência (isso geralmente acontece quando a concentração de glicose cai abaixo de 2,5 mmol/L [45 mg/dL]). A hipoglicemia profunda pode ser fatal.

A hipoglicemia em indivíduos sadios pode ocorrer durante o exercício, após um período de jejum ou como resultado da ingesta de álcool, sendo geralmente leve. O álcool eleva a razão intracelular de NADH/NAD$^+$, o que favorece a conversão de piruvato em lactato, e diminui a quantidade de piruvato disponível para a gliconeogênese.

A hipoglicemia também pode ocorrer quando há uma quantidade insuficiente de hormônios contrarregulatórios para equilibrar os efeitos da insulina. Isso é observado na insuficiência suprarrenal (Capítulo 27). Outra causa endócrina de hipoglicemia é um raro tumor de células β, o insulinoma, capaz de secretar grandes quantidades de insulina. As doenças de armazenamento de glicogênio (Capítulo 12) são uma causa rara de hipoglicemia na infância. As causas de hipoglicemia são resumidas na Figura 31.20.

A hipoglicemia é a complicação aguda mais comum do diabetes

Vale a pena lembrar que a hipoglicemia (e não a cetoacidose) é a complicação aguda mais comum do diabetes. Pode ocorrer tanto no DM1 como no DM2. Resulta de um desequilíbrio entre a dose de insulina, o suprimento de carboidrato da dieta e a atividade física. Sendo assim, pode ocorrer após uma administração de dose elevada de insulina ou após perder uma refeição. Como o exercício aumenta a captação de glicose no tecido insulina-independente, os pacientes diabéticos, para evitar a hipoglicemia, precisam diminuir a dose de insulina antes de realizar um esforço extenuante. Em geral, a hipoglicemia branda pode ser tratada tomando uma bebida doce ou ingerindo alguns cubos de açúcar. A hipoglicemia grave, por outro lado, é uma emergência médica que requer tratamento com glicose intravenosa ou injeção intramuscular de glucagon. Note que, infelizmente, quanto melhor for o controle do diabetes alcançado durante o tratamento, maior é o risco de hipoglicemia.

> **QUADRO CLÍNICO**
> **UM MENINO DE 12 ANOS, DIABÉTICO, QUE PERDEU A CONSCIÊNCIA NO PARQUINHO: HIPOGLICEMIA**
>
> Um menino de 12 anos que tem diabetes estava brincando com os amigos. Ele recebeu sua injeção de insulina normal pela manhã, mas continuou brincando na hora do almoço e perdeu a refeição. Ele foi se tornando progressivamente mais confuso e acabou perdendo a consciência. Então deram-lhe imediatamente uma injeção de glucagon do kit de emergência que seu pai sempre levava consigo, e o menino se recuperou em alguns minutos.
>
> **Comentário**
> **a hipoglicemia grave é uma emergência médica.** Uma melhora imediata após a injeção de glucagon confirma que os sintomas apresentados pelo menino foram causados por hipoglicemia, resultado da combinação da administração de insulina exógena com a ingesta insuficiente de alimento. A recuperação da hipoglicemia foi devida à ação do glucagon. No hospital, os pacientes hipoglicêmicos impossibilitados de comer ou beber geralmente são tratados com uma dose intravenosa de glicose em alta concentração. Uma injeção intramuscular de glucagon é uma medida emergencial que pode ser aplicada em casa.

AVALIAÇÃO LABORATORIAL DO METABOLISMO ENERGÉTICO

Diagnóstico e monitoramento de pacientes com diabetes melito

Os exames diagnósticos decisivos para o diabetes são a medida da glicose plasmática e da concentração de hemoglobina glicada

Alguns pacientes diabéticos não apresentam sintomas clínicos. Nesses indivíduos, o diagnóstico é estabelecido apenas com base nos resultados laboratoriais (Tabela 31.6).

A medida da concentração de glicose no plasma é interpretada em relação ao ciclo de alimentação-jejum. O melhor

Tabela 31.6 Critérios diagnósticos para diabetes melito e intolerância à glicose

Condição	Critérios diagnósticos (mmol/L)	Critérios diagnósticos (mg/dL)
Glicose plasmática de jejum normal	Abaixo de 6,1	Abaixo de 110
Glicose de jejum alterada (GJA)	Maior ou igual a 5,6 e abaixo de 7,0	Maior ou igual a 100 e abaixo de 126
Tolerância à glicose diminuída (TGD)	Glicose plasmática durante o teste de tolerância oral à glicose (TTOG), decorridas 2 horas de uma carga de 75 g ≥7,8 e abaixo de 11,1	Glicose plasmática durante o TTOG, decorridas 2 horas de uma carga de 75 g ≥140 e abaixo de 200
Pré-diabetes	HbA₁c = 5,7-6,4% (39-46 mmol/mol)	
Diabetes melito*		
Critério 1	Glicose plasmática aleatória ≥11,1†	Glicose plasmática aleatória ≥200†
Critério 2	Glicose plasmática de jejum ≥7,0	Glicose plasmática de jejum ≥126
Critério 3	Valor de 2 horas durante o TTOG com 75 g ≥11,1	Valor de 2 horas durante o TTOG com 75 g ≥200
Critério 4	HbA₁c ≥48 mmol/mol (6,5%)	

*Se um dos critérios for atendido, o diagnóstico é provisório. O diagnóstico deverá ser confirmado no dia seguinte adotando um critério diferente.
†Se acompanhado de sintomas (poliúria, polidipsia, perda de peso inexplicável). Estes são os critérios propostos pela American Diabetes Association.

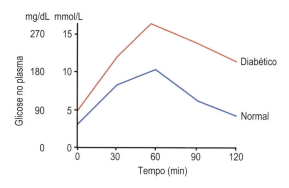

Fig. 31.21 **Teste de tolerância oral à glicose (TTOG).** O princípio do teste é a medida da concentração plasmática de glicose antes e após uma carga padrão de glicose oral (75 g). A concentração de glicose aumenta, atingindo um pico entre 30 e 60 minutos após a carga, e devendo retornar a valores próximos aos observados no jejum após 2 horas. Note os valores aumentados de glicose no plasma em todos os momentos, em um paciente diabético.

momento para avaliar o metabolismo de carboidratos é após um jejum de 8-12 horas (Fig. 31.10), quando o metabolismo de combustível atinge o estado estável.

As medidas diagnósticas para diabetes são a concentração de **glicose de jejum** (na ausência de ingesta calórica por cerca de 8-12 horas) e a concentração medida decorridas 2 horas da ingesta oral de uma quantidade padrão de glicose.

A concentração de glicose medida independentemente dos horários de refeição é conhecida como **glicose plasmática aleatória**. Essa medida é útil para o diagnóstico de hipoglicemia ou de hiperglicemia grave, mas tem menos utilidade na avaliação da significância de uma hiperglicemia leve.

Existe um continuum entre os estados normal, pré-diabético e diabético

Ao interpretar a concentração de glicose, um clínico deseja saber se esse parâmetro está normal **(normoglicemia)**, alto demais **(hiperglicemia)** ou baixo demais **(hipoglicemia)**. A interpretação adicional da glicemia inclui o diagnóstico (ou a exclusão) do diabetes e a identificação das condições intermediárias (pré-diabéticas).

A glicose plasmática de jejum em um indivíduo é notavelmente estável. A glicemia de jejum alterada (GJA) e a tolerância à glicose diminuída (TGD) são consideradas **estados previsíveis.** A American Diabetes Association (ADA) recomenda o diagnóstico da GJA, enquanto a Organização Mundial da Saúde (OMS) recomenda o diagnóstico da TGD que, por sua vez, é aceito na Europa.

Indivíduos com glicose plasmática acima do valor de corte diagnóstico indicativo de diabetes melito apresentam risco aumentado de complicações microvasculares. A TGD também está associada ao risco cardiovascular aumentado, enquanto a GJA constitui apenas um fator de risco de desenvolvimento de diabetes manifesto no futuro.

Normalmente, a concentração plasmática de glicose de jejum deve permanecer abaixo de 6,1 mmol/L (110 mg/dL). A TGD é caracterizada por níveis de jejum normais, todavia por uma alta concentração decorridas 2 horas da carga de glicose. A GJA é definida por uma glicose plasmática de jejum intermediária (acima de 6,0 mmol/L e abaixo de 7,0 mmol/L [126 mg/dL]). **Uma glicose plasmática de jejum maior ou igual a 7,0 mmol/L (126 mg/dL), se confirmada, é diagnóstica de diabetes.** O diagnóstico laboratorial de diabetes é resumido na Tabela 31.6.

O teste de tolerância oral à glicose (TTOG) avalia a resposta de glicemia a uma carga de carboidrato

A recomendação da OMS é que o TTOG seja realizado em todos os casos de indivíduos com glicose plasmática de jejum enquadrada na categoria GJA. O TTOG deve ser realizado sob condições padronizadas. O paciente deve comparecer para o exame pela manhã, após jejuar por cerca de 10 horas. Para evitar as alterações na glicose plasmática relacionadas ao estresse ou ao esforço, o paciente deve permanecer sentado no decorrer de todo o teste. O teste não deve ser realizado durante nem imediatamente após uma doença aguda. Durante o teste, a glicose plasmática de jejum é medida primeiro. O paciente então recebe uma quantidade padronizada de glicose para ingerir (75 g em 300 mL de água) e a concentração de glicose no plasma é determinada novamente após

120 minutos (Fig. 31.21). Em alguns protocolos, a glicose é medida após 30, 60 e 120 minutos. Normalmente, a concentração plasmática de glicose deve atingir o pico após cerca de 60 minutos, devendo retornar ao estado próximo do jejum em 120 minutos. Se permanecer acima de 11,1 mmol/L (200 mg/dL) na amostra de 120 minutos, o diagnóstico de diabetes é estabelecido, mesmo que a glicemia de jejum tenha sido normal. A glicemia de jejum não diabética com concentração pós-carga entre 6,1 e 7,8 mmol/L (100 mg/dL) implica em TGD.

A concentração de hemoglobina glicada (HbA$_{1c}$) reflete a concentração média da glicose plasmática

A concentração média de glicose no plasma ao longo de um período de tempo é clinicamente relevante, porque está relacionada ao risco de desenvolvimento de complicações tardias do diabetes. Avaliar a glicemia média por meio da realização de múltiplas determinações da glicose plasmática é trabalhoso. A hemoglobina glicada (hemoglobina A$_{1c}$ [HbA$_{1c}$]) é um teste mais adequado para essa finalidade. A HbA$_{1c}$ se forma nos eritrócitos sanguíneos a uma taxa proporcional à concentração de glicose prevalente. Como a reação de glicação é irreversível, a HbA$_{1c}$ formada permanece na circulação por toda a vida do eritrócito. Dessa forma, sua concentração reflete uma concentração média de glicose no plasma (Fig. 31.22) ao longo das 8-12 semanas que precedem à medida da HbA$_{1c}$. O período de tempo exato que isso reflete é difícil de calcular de forma precisa, uma vez que o plasma, num dado momento qualquer, contém populações de eritrócitos de idades diferentes. Valores como 3-6 e 4-8 semanas também foram relatados na literatura. A exposição à glicose no decorrer de 30 dias antes da medição contribui para cerca de 50% das alterações observadas na HbA$_{1c}$. Note que a concentração de HbA$_{1c}$ pode ser afetada pela anemia e pela presença de hemoglobinas variantes.

> **QUADRO DE TESTE CLÍNICO**
> **UNIDADES USADAS PARA EXPRESSAR A CONCENTRAÇÃO DE HBA$_{1C}$**
>
> Nos Estados Unidos, as medidas de HbA$_{1c}$ são relatadas como percentual da hemoglobina total. Recentemente, um método de referência capaz de medir a quantidade absoluta de HbA$_{1c}$ foi introduzido na Europa. O novo método se baseia na clivagem do hexapeptídeo N-terminal a partir da cadeia β da HbA$_{1c}$, por ação de uma endopeptidase, e na subsequente separação e quantificação por espectrometria de massa ou eletroforese capilar. As unidades empregadas são mmol/mol. Os valores obtidos por um método podem ser convertidos nas unidades de outro usando uma fórmula para conversão (Apêndice 1 e Tabela 31.7).

A HbA$_{1c}$ é usada para diagnosticar o diabetes e monitorar o controle glicêmico

As diretrizes desenvolvidas pela ADA (2012) e pela OMS (2011) adotam níveis de HbA$_{1c}$ maiores ou iguais a 48 mmol/L (6,5%) como sendo diagnósticos de diabetes. A HbA$_{1c}$ também é usada na prática clínica para estabelecer alvos para o tratamento. A ADA recomenda que, no caso de um paciente diabético, o objetivo seja alcançar uma concentração inferior a 7% (53 mmol/mol, com os níveis abaixo de 6% sendo considerados normais). Em alguns pacientes, particularmente em crianças pequenas e idosos, isso pode ser difícil devido ao risco de hipoglicemia. As metas do tratamento devem ser ajustadas para minimizar esse risco.

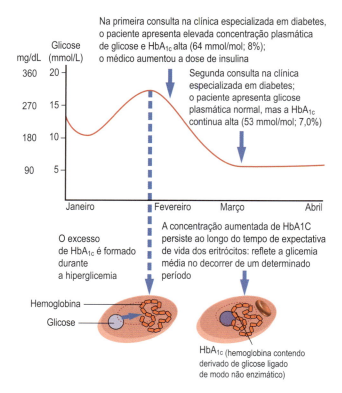

Fig. 31.22 **O uso de hemoglobina glicada (hemoglobina A1C, HbA1C) no diagnóstico e monitoramento do diabetes.** A HbA$_{1c}$ é a hemoglobina A modificada pós-transcricionalmente por uma glicação não enzimática. O grau de glicação é proporcional à exposição da hemoglobina à glicose durante o tempo de expectativa de vida do eritrócito. As medidas de HbA$_{1c}$ são usadas para diagnosticar o diabetes e monitorar o controle glicêmico. A introdução de um novo método de referência para HbA$_{1c}$ resultou na alteração das unidades tradicionais (%) para a unidade mmol/mol. Existem fórmulas disponíveis a serem usadas na conversão (Tabela 31.6). Para obter as concentrações de glicose em mg/dL, multiplique por 18.

Tabela 31.7 Unidades equivalentes de medida para hemoglobina glicada (HbA$_{1c}$) usando o método tradicional (DCCT) e o novo método de referência (IFCC)

Unidades DCCT (%)	Unidades IFCC (mmol/mol)
5	31
6	42
7	53
10	86

DCCT, Diabetes control and complications trial; IFCC International Federation of Clinical Chemistry and Laboratory Medicine
Reproduzido com permissão de Misra S, Hancock M, Meeran K, Dornhorst A, Oliver NS. HbA1c : an old friend in new clothes. Lancet 377: 1476-1477, 2011.

QUADRO CLÍNICO
UM MENINO QUE NÃO GOSTAVA DO TRATAMENTO DO DIABETES: RESULTADOS DISCREPANTES DE GLICOSE E HBA$_{1c}$

Um jovem de 15 anos dependente de insulina visitou uma clínica especializada em diabetes para um *check-up* de rotina. Disse ao médico que tinha seguido todas as recomendações de dieta e que sempre tomava as injeções de insulina. Embora sua glicemia aleatória fosse 6,0 mmol/L (108 mg/dL), a concentração de HbA$_{1c}$ era 86 mmol/L (11%; controle adequado abaixo de 53 mmol/L [7%]). Ele não apresentava glicosúria nem cetonúria.

Comentário
Os resultados dos exames de sangue e de glicose indicam um controle satisfatório do diabetes deste paciente no momento das medições, porém o nível de HbA$_{1c}$ sugere um controle precário ao longo das últimas 3-6 semanas. É provável que ele somente tenha aderido ao tratamento nos dias que antecederam sua ida à clínica. Isso não é raro quando se trata de adolescentes, que têm dificuldade para aceitar a necessidade de ajustar seus estilos de vida ao rigoroso tratamento do diabetes. A medida de HbA$_{1c}$ identifica pacientes diabéticos que não aderem ao tratamento.

A determinação de glicose na urina não é um exame diagnóstico para diabetes

Com a concentração plasmática normal, nenhuma glicose aparece na urina. O limiar de reabsorção da glicose na urina é a concentração plasmática aproximada de 10,0 mmol/L (180 mg/dL). Em concentrações maiores, a capacidade de reabsorção do sistema de transporte tubular renal é excedida, e a glicose, então, surge na urina (isto é conhecido como glicosúria). Note que um indivíduo sadio pode ter um baixo limiar de glicose renal e, portanto, apresentar glicosúria com níveis de glicemia não diabéticos. Sendo assim, o diabetes não pode ser diagnosticado com base apenas no exame de urina.

A presença de corpos cetônicos na urina de um indivíduo diabético implica em descompensação metabólica

Uma elevada concentração de cetonas na urina (cetonúria) reflete uma alta taxa de oxidação lipídica. Uma cetonúria leve pode ocorrer em indivíduos sadios durante o jejum prolongado ou em indivíduos sob dieta rica em gorduras. Em um paciente diabético, a **cetonúria é um sinal importante de descompensação metabólica** e requer tratamento ativo.

A excreção urinária de albumina é importante na avaliação da nefropatia diabética

O desenvolvimento de nefropatia diabética pode ser previsto pela detecção de quantidades mínimas de albumina na urina (**microalbuminúria**). Para tanto, os laboratórios empregam um método que é mais sensível do que aquele usado para quantificar albumina no plasma. O teste resulta positivo quando mais de 200 mg de albumina são excretadas na urina em um período de 24 horas. Uma concentração de proteína na urina acima de 300 mg/dia implica proteinúria manifesta. Em pacientes diabéticos, as concentrações plasmáticas de ureia (BUN) e creatinina também são checadas de forma rotineira (Capítulo 35).

A concentração plasmática aumentada de lactato indica oxigenação tecidual inadequada

Níveis elevados de lactato no plasma indicam metabolismo anaeróbio aumentado e são um marcador de oxigenação tecidual inadequada (hipóxia; Capítulo 5). Em situações extremas, como uma parada cardíaca, isso causa uma grave acidose (láctica). No diabetes, as medidas de lactato no plasma são importantes em casos raros de coma não cetótico hiperglicêmico, uma condição potencialmente fatal em que níveis plasmáticos de glicose muito altos e uma desidratação extrema ocorrem na ausência de cetoacidose.

QUADRO DE CONCEITOS AVANÇADOS
PACIENTES DIABÉTICOS REQUEREM ACOMPANHAMENTO REGULAR

Durante um período de avaliação de um paciente diabético, o médico deve checar a glicemia e as concentrações de HbA$_{1c}$ para avaliar o controle glicêmico. O médico deve realizar um exame ocular (procurando sinais de retinopatia) e um exame neurológico (em busca de sinais de neuropatia). Além disso, o médico deveria providenciar uma medida das concentrações de ureia (BUN) e creatinina no plasma, bem como de microalbumina/proteína na urina (para determinar a presença ou avaliar o risco de nefropatia) e de lipídeos no plasma. Então, deve checar a pressão arterial e avaliar o risco geral de doença cardiovascular (Capítulo 33).

TRATAMENTO DO DIABETES

Manter a glicemia perto do normal previne o desenvolvimento de complicações diabéticas

A meta do tratamento do diabetes é a prevenção de complicações agudas e crônicas. Manter um controle glicêmico satisfatório é o princípio fundamental do tratamento do diabetes. Dois estudos clínicos principais, o Diabetic Control and Complications Trial (DCCT) em DM1 e o UK Prospective Diabetes Study (UKPDS) em DM2, confirmaram que as complicações microvasculares estão ligadas à gravidade da hiperglicemia (ver Leituras Sugeridas). Há também forte evidência de que o manejo concomitante do risco cardiovascular, incluindo o tratamento de hipertensão e dislipidemia, é ideal para a prevenção das complicações a longo prazo.

A modificação do estilo de vida é a base da prevenção e do tratamento do diabetes

Dieta e exercício são medidas de estilo de vida essenciais no manejo do diabetes melito. Ambas apoiam todos os tratamentos farmacológicos e também são medidas preventivas essenciais. A deterioração da tolerância à glicose pode ser retardada ou, ocasionalmente, revertida pela diminuição do peso e pelo exercício. Assim, a presença de GJA ou TGD deve ser considerada como um **forte sinal para que o indivíduo reveja seu estilo de vida**, a fim de minimizar a probabilidade de evolução para diabetes manifesto. O estudo Diabetes Prevention Program demonstrou uma queda de 58% no desenvolvimento de DT2 após intervenções no estilo de vida envolvendo dieta e exercício (ver Leituras Sugeridas). Infelizmente, é possível controlar a glicemia unicamente com medidas envolvendo o estilo de vida em menos de 20% de todos os pacientes diabéticos.

Pacientes com diabetes tipo 1 são tratados com insulina

O tratamento com insulina é absolutamente necessário no DM1. As preparações de insulina disponíveis diferem quanto à duração da ação. A clássica insulina "de ação de curta duração" é a insulina humana regular; as insulinas de ação intermediária são as insulinas Isófana e Lenta; e a insulina de ação prolongada é a Ultralenta. Os análogos da insulina humana atualmente usados são a insulina lispro e a insulina aspart (ambas de ação rápida), bem como a insulina determir e a insulina glargina (ambas de ação lenta).

Os protocolos de tratamento com insulina padrão envolvem injeções subcutâneas diárias por toda a vida

Os regimes de insulina precisam ser concebidos levando em consideração as concentrações pré-prandiais de glicose do paciente, a ingesta de carboidratos, os níveis de esforço previstos e a capacidade de responder à hipoglicemia (ver Leituras Sugeridas). Em geral, consistem na administração diária de duas injeções subcutâneas de insulina de ação intermediária ou de uma mistura de insulinas de ação de curta duração e de ação intermediária. A conhecida abordagem de basal *bolus* envolve o uso de insulina glargina ou insulina determir como componente basal, e o uso de insulina lispro ou asparto como *bolus* adicionados antes das refeições. O maior desafio do tratamento com insulina é replicar os padrões diários normais de secreção de insulina com as injeções de insulina. Múltiplas injeções de insulina de ação breve são usadas em pacientes cuja glicemia é particularmente difícil de controlar. Raramente, uma infusão de insulina subcutânea constante (IISC) se faz necessária e é administrada com uma bomba portátil programada para intensificar a taxa de administração nos horários de refeição, ou de uma bomba sensível à concentração plasmática de glicose.

O tratamento de emergência da cetoacidose diabética inclui insulina intravenosa, reidratação e suplementação de potássio

O tratamento de emergência da cetoacidose diabética aborda cinco problemas: a falta de insulina, a desidratação, a depleção de potássio, a acidose e a causa primária da descompensação metabólica. A infusão de insulina é requerida para reverter o efeito metabólico do excesso de hormônios anti-insulina, enquanto os líquidos são infundidos para tratar a desidratação. Esses líquidos normalmente contêm potássio para prevenir a hipocalemia associada ao desvio de potássio para dentro das células causado pela insulina. Esse tratamento geralmente é suficiente para controlar a acidose metabólica. Entretanto, quando a acidose é grave, a infusão de uma solução alcalinizante (bicarbonato de sódio) também pode ser necessária. A causa primária, como uma infecção, deve ser igualmente tratada.

Pacientes com diabetes tipo 2 são tratados com fármacos hipoglicemiantes orais, mas alguns também podem necessitar de insulina

Em pacientes com DM2, a síntese de insulina é ao menos parcialmente preservada, e é possível instituir o tratamento com fármacos hipoglicemiantes. Entretanto, se um controle adequado não puder ser alcançado, esses pacientes necessitarão de insulina. A cada ano, 5% a 10% dos pacientes tratados com fármacos hipoglicemiantes precisam iniciar o tratamento com insulina.

> **QUADRO CLÍNICO**
> **A CETOACIDOSE DIABÉTICA AFETA O EQUILÍBRIO DO POTÁSSIO**
>
> A insulina aumenta a captação celular de potássio, enquanto a falta de insulina leva à liberação de potássio a partir das células. Como o diabetes não controlado também é acompanhado de diurese osmótica, o potássio liberado é excretado na urina. Como resultado, **a maioria dos pacientes internados com cetacidose estão depletados de potássio**. Entretanto, de forma paradoxal, esses pacientes podem ter uma concentração plasmática de potássio normal ou aumentada. Quando a insulina exógena é administrada nesses pacientes, estimula a entrada de potássio nas células e pode levar a uma queda abrupta no potássio plasmático, bem como a uma grave **hipocalemia**. A hipocalemia é perigosa devido aos seus efeitos sobre o miocárdio. Sendo assim, exceto nos pacientes com concentrações plasmáticas muito elevadas, é necessário fornecer potássio durante o tratamento da cetoacidose diabética (Caps 35 e 36).

> **QUADRO DE CONCEITOS AVANÇADOS**
> **PAPEL REGULATÓRIO DO FATOR DE TRANSCRIÇÃO PPAR-γ**
>
> Os receptores ativados por proliferador de peroxissomos (PPAR, *peroxisome proliferator-activated receptors*) são receptores nucleares ativados por ligantes que pertencem à família do receptor de esteroides. A ligação de um ligante induz alteração conformacional que permite ao PPAR formar um heterodímero com outro receptor, como o receptor X de retinoide (RXR, *retinoid X receptor*). O PPAR também pode se ligar a moléculas pequenas, coativadores ou correpressores. O complexo então se liga aos elementos de resposta nos promotores dos genes (Fig. 31.23).
>
> Existem três tipos de PPARs: **PPAR-α,** que é discutido no Capítulo 33; **PPAR-γ;** e **PPAR-β**. O PPAR-γ é expresso de modo predominante no tecido adiposo, mas também no músculo, fígado, intestino e coração. É ativado por ácidos graxos poli-insaturados e por componentes da LDL oxidada. Regula o metabolismo de carboidratos e ácidos graxos, induzindo, entre outros, os genes codificadores de lipoproteína lipase (LPL), transportador de glicose GLUT-4 e glicoquinase. Também induz transportador ABCA1, aumentando a transferência de colesterol das células para a lipoproteína de alta densidade (HDL, *high density lipoprotein*) (Capítulo 14). Inibe a ativação de macrófagos e a produção de citocinas, como o fator de necrose tumoral (TNF-α), interferon-γ e interleucina-1 (IL-1). O PPAR-γ é um alvo das **tiazolidinedionas,** fármacos usados para tratar o DM2.

Fármacos antidiabéticos

Os fármacos hipoglicêmicos orais atualmente usados são voltados a três processos: secreção de insulina, sensibilidade tecidual à insulina e absorção e digestão de carboidratos.

As biguanidas e tiazolidinedionas sensibilizam os tecidos periféricos à insulina

A **metformina**, uma biguanida, atualmente é o tratamento oral mais comum para o DM2. Diminui a gliconeogênese hepática; inibe a glicogenólise inibindo a glicose-6-fosfatase; diminui a síntese de ácido graxo e triglicerídeo; aumenta a oxidação de ácido graxo; e aumenta a sensibilidade periférica à insulina. A metformina aumenta a captação de glicose insulina-dependente no músculo esquelético. Na mitocôndria, a metformina inibe o complexo 1 da cadeia respiratória e isso aumenta a razão AMP/ATP celular, o que pode ativar a AMPK (Capítulo 32) e a captação de glicose no músculo esquelético. A metformina também pode reduzir o peso.

Muito raramente, a metformina pode precipitar acidose láctica por meio do seu efeito sobre o complexo 1 da mitocôndria. A inibição do complexo 1 aumenta a razão NADH:NAD. Isso inibe a piruvato desidrogenase e leva ao acúmulo de piruvato, cujo excesso pode ser convertido em lactato. Pacientes com função renal comprometida, sepse grave, hipovolemia e insuficiência cardíaca grave apresentam maior risco.

As **tiazolidinedionas**, como a pioglitazona, melhoram a utilização periférica da glicose e a sensibilidade à insulina. São ligantes do fator de transcrição PPAR-γ (Fig. 31.23) no tecido adiposo e, em menor grau, no músculo. A ativação do PPAR-γ aumenta a transcrição de genes responsáveis pelo metabolismo de glicose e lipídeos, como a lipoproteína lipase, a acil-CoA sintase e o transportador GLUT-4. As tiazolidinedionas também ativam a via de sinalização IRS-PI3K-Akt. Promovem a expansão do tecido adiposo subcutâneo, diminuem a lipólise e reduzem a inflamação no tecido adiposo.

Um grupo de fármacos conhecidos como **glitazares** atualmente está sendo testado. Esses agentes estimulam tanto PPAR-α como PPAR-γ, além de ação semelhante a tiazolidinediona, podem influenciar o metabolismo lipídico promovendo elevação de HDL e diminuindo a concentração plasmática de triglicérides (Capítulo 33).

Sulfonilureias, meglitinidas e fármacos que afetam o sistema de incretina estimulam a secreção de insulina

As **sulfonilureias** se ligam a um receptor na membrana plasmática das células β do pâncreas. O receptor contém o canal de potássio ATP-sensível, a ligação do fármaco fecha o canal, despolariza a membrana e abre o canal de cálcio. A crescente concentração citoplasmática de cálcio intracelular estimula a liberação de insulina. A hipocalcemia é um importante efeito colateral do tratamento com sulfonilureia. As **meglitinidas** são fármacos de ação rápida que aumentam a secreção de insulina e que têm como alvo o canal de K-ATP, similarmente às sulfonilureias.

A **pramlintida**, um análogo do hormônio polipeptídeo amiloide da célula β da ilhota, retarda o esvaziamento gástrico, promove saciedade e inibe a secreção de glucagon. É usado como adjuvante do tratamento com insulina.

Agonistas do receptor de GLP-1 e inibidores de DPP-4 afetam o sistema de incretina

Agonistas do receptor de GLP-1, como exenatida ou liraglutida, aumentam a secreção de insulina. Atuam pela via do cAMP-PKA e potencializam a secreção de insulina induzida pela glicose aumentada. O GLP-1 endógeno também pode ser aumentado pelos inibidores de DPP-4, como a sitagliptina, que previne a degradação de GLP-1 e, assim, aumenta seu efeito.

A acarbose diminui a disponibilidade de glicose

A **acarbose** é um inibidor de α-glicosidase intestinal, uma enzima que digere açúcares complexos. Retarda a absorção intestinal de glicose.

Os inibidores de cotransportador de sódio-glicose 2 (SGLT2, sodium-glucose cotransporter 2) diminuem a reabsorção de glicose no rim

SGLT2 é um transportador de membrana que reabsorve glicose no túbulo proximal renal. Os inibidores de SGLT2, como a canagliflozina, melhoram o controle da glicose aumentando a excreção urinária de glicose.

A cirurgia bariátrica é usada como opção para o tratamento do diabetes em indivíduos gravemente obesos

Existem várias opções cirúrgicas que podem envolver a colocação de banda gástrica, *by-pass* gástrico e ressecção ou transposição de partes do intestino delgado. Pacientes submetidos a esses procedimentos requerem monitoramento cuidadoso a longo prazo.

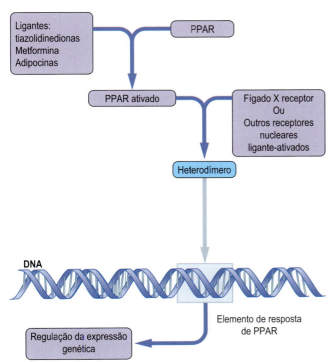

Fig. 31.23 **Regulação transcricional por receptores PPAR (peroxisome proliferator activated receptor).** Os PPARs são ativados por metabólitos e fármacos. Formam complexos heterodímeros com outros receptores nucleares. Os complexos resultantes se ligam aos elementos de resposta de PPAR nos promotores genéticos, regulando a expressão do gene.

RESUMO

- A homeostase da glicose envolve o fígado, tecido adiposo, músculo esquelético e pâncreas.
- O organismo alterna entre os estados alimentado e de jejum. As concentrações de metabólitos no sangue

são alteradas durante o ciclo alimentação-jejum e são influenciadas pelo estresse e pela doença. Portanto, a interpretação dos níveis de metabólitos precisa ser relacionada com os horários das refeições e à condição clínica geral do paciente.

■ A medida da concentração de glicose no plasma faz parte de uma avaliação de rotina de todo paciente admitido no hospital. As medidas de glicose plasmática e de hemoglobina glicada (HbA_{1c}) são usadas para o diagnóstico de diabetes e no monitoramento do controle glicêmico. Em pacientes diabéticos, são obtidas as medidas de glicose no plasma e na urina, de cetonas na urina e de HbA_{1c}, além das provas de função renal, incluindo a microalbuminúria.

■ O diabetes melito tipo 1 é uma doença autoimune causada pela destruição de células β do pâncreas.

■ O diabetes tipo 2 resulta da incapacidade de células β funcionalmente comprometidas de compensar a resistência periférica à insulina. O diabetes tipo 2 está fortemente associado à obesidade.

■ As complicações a curto prazo do diabetes incluem hipoglicemia e cetoacidose. As complicações a longo prazo são retinopatia diabética, nefropatia e neuropatia, além do risco aumentado de doença cardiovascular associado à macroangiopatia diabética.

QUESTÕES PARA APRENDIZAGEM

1. Descreva como a insulina causa aumento na captação celular de glicose.
2. Quais são os hormônios anti-insulina?
3. Qual é o papel do sistema de incretina na homeostase da glicose?
4. Por que um paciente não diabético levado à unidade de emergência apresentando queimaduras extensas apresentaria concentração plasmática de glicose aumentada? Descreva o estado metabólico do paciente.
5. Suponha que você tenha pedido a um paciente para ir até a clínica ambulatorial e fazer o teste de triglicerídeos plasmáticos. O paciente pergunta se é necessário estar de jejum no dia do exame. Qual seria a sua resposta? Explique seu raciocínio.
6. Indivíduos com comprometimento da tolerância à glicose desenvolvem complicações vasculares a longo prazo?
7. O que a obesidade e o diabetes melito têm em comum?

LEITURAS SUGERIDAS

American Diabetic, & Association (2015). Approaches to glycaemic treatment. *Diabetes Care, 38*(Suppl. 1), S41-S48.
Atkinson, M. A., Eisenbarth, G. S., & Michels, A. W. (2014). Type 1 diabetes. *Lancet, 383*, 69-82.
Bliss, M. (1983). The discovery of insulin. *Edinburgh: Paul Harris Publishing.*
Bluestone, J. A., Herold, K., & Eisenbarth, G. (2010). Genetics, pathogenesis and clinical interventions in type 1 diabetes. *Nature, 464*, 1293-1300.
Boucher, J., Kleinridders, A., & Kahn, C. R. (2014). Insulin receptor signaling in normal and insulin-resistant states. *Cold Spring Harbor Perspectives in Biology, 6*, 1-22.
Diabetes Control, Complications Trial (DCCT) Research, & Group (1993). The effect of intensive treatment of diabetes on the development and progression of long-term complications in insulin-dependent diabetes mellitus. *The New England Journal of Medicine, 329*, 977-986.
Diabetes Prevention Program Research Group. (2002). Reduction in the incidence of type 2 diabetes with lifestyle intervention or metformin. The New England Journal of Medicine, 24, 387-388.
Dominiczak, M. H. (2003). Obesity, glucose intolerance and diabetes and their links to cardiovascular disease. Implications for laboratory medicine. *Clinical Chemistry and Laboratory Medicine, 41*, 1266-1278.
Kahn, S. E., Cooper, M. E., & Del Prato, S. (2014). Pathophysiology and treatment of type 2 diabetes: Perspectives on the past, present, and future. *Lancet, 383*, 1068-1083.
Mohlke, K. L., & Boehnke, M. (2015). Recent advances in understanding the genetic architecture of type 2 diabetes. *Human Molecular Genetics, 24*, R85-R92.
Pociot, F., & Lernmark, Å. (2016). Genetic risk factors for type 1 diabetes mellitus. *Lancet, 387*, 2331-2339.
Pajvani, U. B., & Accili, D. (2015). The new biology of diabetes. *Diabetologia, 58*, 2459-2468.
Stern, M. P. (1995). Diabetes and cardiovascular disease. *The "common soil" hypothesis. Diabetes, 44*, 369-374.
UK Prospective Diabetes Study (UKPDS) Group. (1998). Intensive blood-glucose control with sulphonylureas or insulin compared with conventional treatment and risk of complications in patients with type 2 diabetes (UKPDS 33). Lancet, 352, 837-853.
Zimmet, P., Alberti, K. G. M. M., & Shaw, J. (2001). Global and societal implications of the diabetes epidemic. *Nature, 414*, 782-787.

SITES

American Diabetes Association - Type 1 Diabetes: http://www.diabetes.org/diabetes-basics/type-1/
American Diabetes Association - Type 2 Diabetes: http://www.diabetes.org/diabetes-basics/type-2/
Anon. 2018. Diabetes.co.uk - The Global Diabetes Community: http://www.diabetes.co.uk/index.html
Anon. 2018. IDF Diabetes Atlas, 8th ed.: http://www.diabetesatlas.org/resources/2017-atlas.html
Anon. 2018. Definition and Diagnosis of Diabetes Mellitus and Intermediate Hyperglycemia, Report of a WHO/IDF Consultation: http://www.who.int/diabetes/publications/diagnosis_diabetes2006/en/
Anon. 2018. WHO - Diabetes, Fact Sheet. (2016): http://www.who.int/mediacentre/factsheets/fs312/en/
Anon. 2018. WHO Consultation. Abbreviated Report. Use of Glycated Haemoglobin (HbA1c) in the Diagnosis of Diabetes Mellitus: http://www.who.int/diabetes/publications/report-hba1c_2011.pdf

ABREVIATURAS

ABCA1	Transportador envolvido na transferência de colesterol das células para a HDL
ADA	American Diabetes Association
AGE	Produto final de glicosilação avançada
AMPK	*AMP-dependent protein kinase*
BUN	Nitrogênio ureico, equivalente à ureia (não é sinônimo)
C3G	Fator trocador de guanil nucleotídeo
CAP	*Cbl-associated protein*
Cbl	Proteína adaptadora na via de sinalização da insulina
Ciclo	TCA Ciclo do ácido tricarboxílico
DCCT	Diabetes Control and Complications Trial
DHAP	Di-hidroxiacetona fosfato
DM1	Diabetes melito tipo 1
DM2	Diabetes melito tipo 2

DMG	Diabetes melito gestacional	PCR	Proteína C reativa
DPP-4	Dipeptidil peptidase-4	mTORC2	Complexo proteico contendo mTOR kinase
FOXA2	Fator de transcrição; também conhecido como HNF-3B	NIDDM	Diabetes melito não insulinodependente (termo agora substituído por diabetes melito tipo 2)
FOXO	Proteínas *forkhead box O*; fatores de transcrição pertencentes à família *forkhead* (contém proteínas designadas FOXA a FOXR)	OMS	Organização Mundial da Saúde
		PAI-1	Inibidor do ativador de plasminogênio 1
Fru-1,6-BPase	Frutose 1,6-bifosfatase	PC	Piruvato carboxilase
Fru-2,6-BP	Frutose 2,6-bifosfato	PDK1	3'-fosfoinositídio-dependente quinase 1
Fru-2,6-BPase-2	Frutose 2,6-bifosfatase-2	PEP	Ácido fosfoenolpirúvico (fosfoenolpiruvato)
GAD	Ácido glutâmico descarboxilase	PEPCK	Fosfoenolpiruvato carboxiquinase
GALD-3-P	Gliceraldeído-3-fosfato	PFK	Fosfofrutoquinase
GIP	Peptídeo insulinotrópico glicose-dependente	PFK-2	Fosfofrutoquinase-2
GJA	Glicemia de jejum alterada	PI3K	Fosfatidilinositol 3-quinase
Glc-6-P	Glicose-6-fosfato	PIP3	Trisfosfato de fosfatidilinositol
Glc-6-Pase	Glicose-6-fosfatase	PK	Piruvato quinase
GLP-1	Peptídeo semelhante ao glucagon-1	PKC	Proteína quinase C
GLUT-2	Transportador de glicose	PPAR	Receptor ativado por agentes que estimulam a proliferação de peroxissomos
Grb2	Proteína adaptadora em vias de transdução de sinal		
		Raf	Proteína quinase
HbA$_{1c}$	Hemoglobina A$_{1c}$, hemoglobina glicada	Raf quinase	MAP quinase
HDL	Lipoproteína de alta densidade	Ras	GTPase
HNF1A, HNF1B	Fator de transcrição	Ras/MAP	Via de quinase para a proteína Shc
IDDM	Diabetes melito dependente da insulina (abreviatura substituída por diabetes melito tipo 1)	ROS	Espécies reativas do oxigênio (ERO)
		RXR	*Retinoid X receptor*
		Shc	Proteína que participa em vias de sinalização; também é um domínio de certas proteínas transdutoras de sinal
IFCC	International Federation of Clinical Chemistry and Laboratory Medicine		
TGD	Tolerância à glicose diminuída	SoS	Proteína *Son of Sevenless*
IL-1, IL-6	Interleucina-1, interleucina-6	TG	Triacilglicerol
IRS 1-4	*Insulin receptor substrates 1-4*	TC-10	Proteína G
LPL	Lipoproteína lipase	TNF-α	Fator de necrose tumoral -α
MAP	*Mitogen-activated protein* **kinase**	TTOG	Teste de tolerância oral à glicose
MEK	*MAP kinase*	UKPDS	UK Prospective Diabetes Study
MHC	Complexo maior de histocompatibilidade	VIP	Peptídeo intestinal vasoativo
MODY	*Maturity-onset diabetes of the young*	VLDL	Lipoproteína de densidade muito baixa

CAPÍTULO

32 Nutrientes e Dietas
Marek H. Dominiczak e Jennifer Logue

OBJETIVOS

Após concluir este capítulo, o leitor estará apto a:

- Descrever mecanismos que controlam a ingestão de alimentos.
- Descrever o papel da quinase ativada por AMP na manutenção do balanço energético celular.
- Identificar as principais categorias de nutrientes e nutrientes essenciais dentro dessas categorias.
- Relacionar seu conhecimento do metabolismo energético com as recomendações nutricionais atuais.
- Caracterizar desnutrição e obesidade.
- Discutir a avaliação nutricional.

QUADRO CLÍNICO
O ABC DO TRATAMENTO DE EMERGÊNCIA

Comer e beber, assim como respirar, ligam um organismo vivo ao seu ambiente. Para sobreviver, precisamos de **oxigênio, água e nutrientes**. Pode-se existir sem oxigênio somente por minutos. Sem água, o tempo de sobrevivência é de dias. Com esses dois suprimentos, um humano pode sobreviver sem comida entre 60 e 90 dias.

Essas considerações determinam a urgência do tratamento em situações críticas. O restabelecimento do suprimento de oxigênio e do volume circulante é a primeira prioridade (**o ABC da ressuscitação: vias aéreas, respiração (*breathing*), circulação**). A reposição de líquidos e eletrólitos perdidos também é necessária dentro de horas a dias, dependendo do estado do paciente. O fornecimento de outros nutrientes torna-se importante assim que as medidas de salvamento sejam tomadas. A regra geral é que pacientes incapazes de comer precisarão de suporte nutricional se tiverem sido (ou forem) incapazes de ingerir alimentos por mais de 7 dias. Esse período é mais curto em pacientes hipercatabólicos, como aqueles com queimaduras graves ou sepse.

INTRODUÇÃO

A nutrição é uma interação essencial do organismo com o meio ambiente. Ele sustenta a saúde e afeta a suscetibilidade à doença; tanto a desnutrição quanto a obesidade estão associadas a riscos à saúde. As deficiências nutricionais nos extremos de idade são particularmente importantes.

O estado nutricional é determinado por fatores biológicos, psicológicos e sociais

Os fatores que determinam o estado nutricional de um indivíduo são o contexto genético, o ambiente, a fase do ciclo de vida, o nível de atividade física e a presença ou ausência de doença (Fig. 32.1). O estado nutricional também é afetado pela disponibilidade de alimentos, sua palatabilidade e sua variedade. As deficiências nutricionais podem resultar de inadequações alimentares ou de erros metabólicos determinados geneticamente.

Definições básicas

A **dieta** é o total de todos os alimentos e bebidas ingeridos por um indivíduo. A **comida ou gênero alimentício** é o alimento específico que é ingerido. Os **nutrientes** são componentes quimicamente definidos dos alimentos requeridos pelo organismo.

PRINCIPAIS CLASSES DE NUTRIENTES

Os principais nutrientes são **carboidratos** (incluindo fibras), **gorduras, proteínas, minerais e vitaminas**. Carboidratos, proteínas, gordura, fibra e alguns minerais são macronutrientes. Vitaminas e metais traço são **micronutrientes** (Capítulo 7). Os valores calóricos dos nutrientes principais são fornecidos na Tabela 32.1. As funções dos nutrientes estão resumidas na Figura 32.2.

Carboidratos

Os carboidratos e gorduras são as principais **fontes de energia**. Os carboidratos da dieta incluem carboidratos refinados, como a sacarose em doces, bebidas e sucos de frutas, e carboidratos complexos, como o amido presente em grãos e batatas. A **fibra** é um carboidrato que é indigerível pelo trato gastrointestinal humano, como celulose, hemicelulose, lignina, pectina e β-glucano. A fibra está presente em cereais não processados, legumes, verduras e frutas. Seu principal papel é regular a motilidade e o trânsito intestinal.

O índice glicêmico e a carga glicêmica fornecem informações quantitativas e qualitativas sobre o manejo de alimentos contendo carboidratos

O índice glicêmico (GI) é o sistema de classificação dos alimentos contendo carboidratos de acordo com o grau de aumento da glicose no sangue que ocorre após a ingestão. O procedimento que sustenta a classificação é semelhante ao teste oral de tolerância à glicose. O efeito de uma dose padrão (25 ou 50 g) de

Fig. 32.1 **Fatores que determinam o estado nutricional.**

Tabela 32.1 Conteúdo calórico de nutrientes

Nutriente	kJ/g	kcal/g
Amido	17	4
Glicose	17	4
Gordura	37	9
Proteína	17	4
Álcool	30	7

Conteúdo calórico dos nutrientes (1 kJ = 239 cai; 1 kcal = 4,184 kJ).

um alimento particular sobre a concentração de glicose no plasma é testado e comparado com o nutriente de referência (p. ex., glicose). A comparação é baseada na razão entre a área sob a curva (AUC) para o nutriente testado e glicose.

GI = (AUC do nutriente testado/AUC da glicose) × 100

O GI é expresso em uma escala de 1 a 100 (baixo GI é 0–55, moderado 56–69 e alto > 69). Alimentos que são rapidamente absorvidos e digeridos têm um alto GI. A absorção e digestão mais lenta rendem um baixo GI. O GI é afetado pela natureza do alimento, pelo tipo de amido e também pelo método de cozimento (p. ex., o GI de espaguete levemente cozido terá GI menor que o cozido por um período mais longo). Os **alimentos de baixo GI** controlam a glicemia pós-prandial e a insulinemia e são benéficos para pessoas com diabetes e melhores para controle de peso. Observe que alimentos com baixo GI tendem a ser ricos em gordura e pobres em carboidratos e fibras.

A derivada do GI é a **carga glicêmica (GL)**. Ela traduz as informações qualitativas contidas no GI em dados que podem ser usados para calcular o conteúdo de carboidratos de uma determinada porção de alimentos.

GL = GI/100 × CHO (gramas por porção)

Alimentos com GI alto são digeridos rapidamente e estimulam as áreas de desejo/recompensa do cérebro. Metabolicamente, esses carboidratos também são fortes estimuladores da lipogênese hepática e promovem a deposição de gordura visceral por meio de vias mediadas pela insulina e pelo programa do fator de transcrição SREB1c. Assim, a ideia de que comer carboidratos evita a deposição de gordura nos tecidos é falsa.

Proteínas

As proteínas fornecem estrutura celular e são responsáveis por muitas das funções, comunicações e sinalização da célula. Elas servem como substrato energético de "último recurso": estados catabólicos são tipicamente associados a liberação de aminoácidos do músculo e, portanto, **perda de massa muscular**. Devido à composição diferente de proteínas animais e vegetais, não comer nenhum produto animal pode levar a deficiências nutricionais, como as de vitamina B_{12}, cálcio, ferro e zinco. Os requerimentos de proteína mudam durante o ciclo de vida (Tabela 32.2).

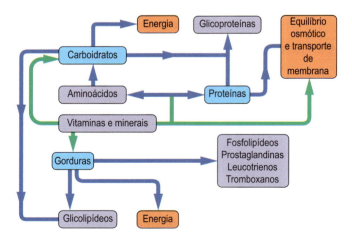

Fig. 32.2 **As funções dos nutrientes.** Todas as principais classes de nutrientes podem ser usadas para produzir energia, e todas contribuem para a síntese de compostos mais complexos. O principal papel das vitaminas e outros micronutrientes é a participação em reações enzimáticas como cofatores ou componentes de grupos prostéticos enzimáticos. Os minerais são essenciais para a manutenção do potencial de membrana, equilíbrio osmótico e estrutura óssea.

Tabela 32.2 Exigências diárias de proteína

Idade	Homem (g/dia)	Mulher (g/dia)
0-3 meses	12,5	12,5
10-12 meses	14,9	14,9
4-6 anos	19,7	19,7
15-18 anos	55,2	45
19-50 anos	55,5	45
>50 anos	53,3	46,5

Gorduras

As gorduras são os nutrientes mais importantes usados para **armazenamento de energia**. Os lipídeos também fornecem isolamento térmico e são componentes essenciais das membranas biológicas (Capítulo 4). Os ácidos graxos também podem servir como **moléculas de sinalização**.

Os ácidos graxos de cadeia longa não são solúveis em água, mas os ácidos graxos de cadeia curta (C-4 – C-6) e de cadeia média (C-8 – C-10) são. Os ácidos graxos de cadeia curta e média são transportados no plasma ligados à albumina, enquanto os ácidos graxos de cadeia longa são transportados em quilomícrons.

As gorduras são divididas em saturadas e insaturadas (sendo estas últimas mono ou poli-insaturadas)

O ácido graxo saturado mais comum é o ácido palmítico (C-16). Outros são esteárico (C-18), mirístico (C-14) e láurico (C-12). Todas as gorduras animais (gordura de carne bovina, de manteiga, banha de porco) são altamente saturadas. As gorduras saturadas também estão presentes no óleo de palma, manteiga de cacau e óleo de coco.

O ácido oleico (ω-9) é o único ácido graxo monoinsaturado dietético significativo

Ácidos graxos monoinsaturados estão presentes em todas as gorduras animais e vegetais. O azeite é uma fonte particularmente rica de gorduras monoinsaturadas. Os ácidos graxos monoinsaturados *trans* (Fig. 32.3), os isômeros do ácido *cis*-oleico, são subprodutos do processo de hidrogenação de óleos vegetais líquidos. O consumo de ácidos graxos *trans* está associado ao aumento do risco de doença coronariana.

Ácidos graxos poli-insaturados incluem ácidos ω-3 e ω-6

Os ácidos graxos ω-3 são ácidos α-linolênico (ω-3, C-18:3, $\Delta^{9,12,15}$), eicosapentaenoico (ω-3, C-20: 5, $\Delta^{5,8,11,14,17}$) e docosa-hexaenoico (ω-3, C-22: 6, $\Delta^{4,7,10,13,16,19}$). Eles estão presentes principalmente em peixes, mariscos e fitoplâncton, e também em alguns óleos vegetais, como azeite, óleos de cártamo, milho, girassol e soja, bem como em vegetais folhosos.

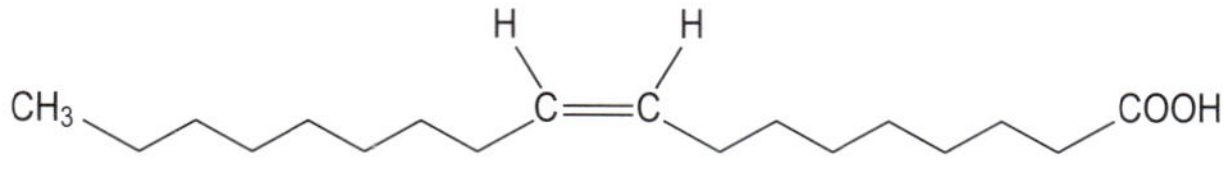

Forma *cis* do ácido graxo monoinsaturado C18

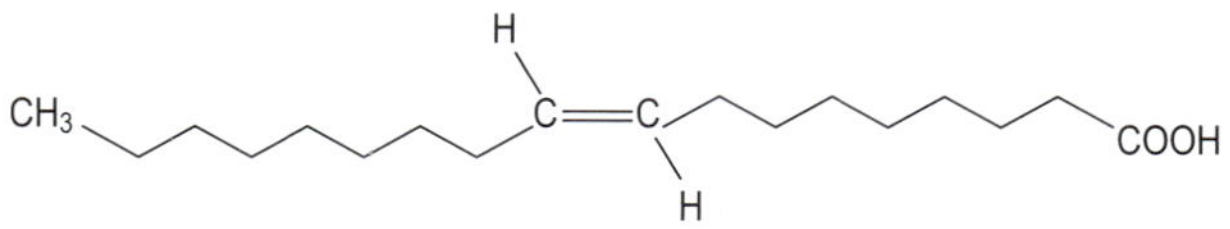

Forma *Trans* do ácido graxo monoinsaturado C18

Fig. 32.3 **Um exemplo de ácido graxo monoinsaturado cis e trans (ácido oleico de 18 carbonos).** Os ácidos graxos *trans* são produzidos durante a hidrogenação de óleos vegetais líquidos.

Os ácidos ω-6 são o ácido araquidônico (ω-6, C-20:4, $\Delta^{5,8,11,14}$) e seu precursor, o ácido linoleico (ω-6, C-18:2, $\Delta^{9,12}$). Os ácidos graxos ω-6 estão presentes em óleos de soja e canola e em óleos de peixe (particularmente em peixes gordurosos, como salmão e sardinhas).

NUTRIENTES ESSENCIAIS

Nutrientes essenciais (limitantes) são os que não podem ser sintetizados no corpo humano

Os nutrientes essenciais incluem aminoácidos essenciais, ácidos graxos essenciais (AGE) e algumas vitaminas e oligoelementos. Observe que os carboidratos não são nutrientes essenciais.

Algumas proteínas vegetais são relativamente deficientes em aminoácidos essenciais, enquanto as proteínas animais geralmente contêm uma mistura balanceada

Os aminoácidos essenciais são a fenilalanina (a tirosina pode ser sintetizada a partir da fenilalanina), os aminoácidos de cadeia ramificada – valina, leucina, isoleucina, treonina e metionina –, além da lisina (Capítulo 15).

Ácidos graxos essenciais (AGE) são o ácido linoleico e o ácido α-linolênico

O ácido araquidônico, o ácido eicosapentaenoico e o ácido docosaexaenoico podem ser produzidos em quantidades limitadas a partir de AGE; no entanto, eles também se tornam essenciais quando os AGEs se encontram deficientes.

Vitaminas e metais traço são importantes para a catálise de reações químicas

As vitaminas e metais traço atuam como coenzimas e formam grupos prostéticos de enzimas de importância funcional. Eles são discutidos em detalhes no Capítulo 7.

ALIMENTAÇÃO SAUDÁVEL

As recomendações dietéticas atuais para a população em geral se concentram em uma dieta balanceada

As recomendações atuais enfatizam a **dieta balanceada**. Conceitos dietéticos recentes fogem do foco em um determinado nutriente (p. ex., colesterol ou gordura) e enfatizam o tipo de alimentos e os padrões alimentares (ver Leituras Sugeridas).

A alta ingestão de frutas e vegetais é inequivocamente recomendada. Os vegetais não amiláceos são preferidos aos que contêm amido por causa do alto valor de GI de alguns alimentos amiláceos, como batatas brancas. Os grãos integrais minimamente processados são provavelmente o tipo mais saudável de carboidratos (em oposição a, por exemplo, pão branco ou arroz branco). Recomenda-se a restrição de alimentos ricos em carboidratos, como grãos refinados, certas batatas, bebidas adoçadas com açúcar e doces.

Recomenda-se a ingestão moderada de produtos lácteos. Os produtos lácteos são uma importante fonte de cálcio e vitamina A. Há opções com baixo teor de gordura disponíveis se a res-

Fig. 32.4 **Recomendações alimentares saudáveis.** A. O *My Plate* ilustra as recomendações dietéticas do Departamento de Agricultura dos Estados Unidos. B. O Guia Alimentar *Eatwell* foi desenvolvido pela Public Health England, da Inglaterra, em associação com o Governo Galês, Food Standards Scotland, da Escócia e Food Standards Agency da Irlanda do Norte.

trição calórica for um problema. Peixe, aves, legumes, nozes e iogurte são considerados fontes saudáveis de proteínas.

Óleos de cozinha vegetais como azeite de oliva e óleo de canola são considerados gorduras saudáveis, ao contrário das gorduras saturadas e, particularmente, das gorduras *trans*.

Os alimentos que devem ser consumidos em menor quantidade são carnes vermelhas, carnes processadas (conservadas em sódio) e alimentos ricos em açúcares, sal e ácidos graxos *trans*. Recomenda-se restrição de sódio e moderação no consumo de álcool. Finalmente, uma dieta saudável deve ser combinada com um **estilo de vida ativo**.

O leitor deve consultar a seção Leituras Sugeridas para recomendações relevantes a condições médicas específicas. O *MyPlate*, mostrado na Figura 32.4A, contém as recomendações dietéticas do Departamento de Agricultura dos Estados Unidos, que substituiu a conhecida pirâmide alimentar. A alternativa, chamada de Prato Alimentar Saudável, foi recomendada pela Faculdade de Saúde Pública de Harvard. O Guia Alimentar *Eatwell*, mostrado na Figura 32.4B, é a recomendação desenvolvida pelo Serviço Nacional de Saúde no Reino Unido.

REGULAÇÃO DA INGESTÃO DE ALIMENTOS

A ingestão de alimentos é controlada pela fome (desejo de comer) e pelo apetite (desejo de um alimento em particular)

Os principais centros reguladores do apetite estão localizados nos núcleos arqueado e paraventricular do hipotálamo no sistema nervoso central (CNS). Em humanos, a área do núcleo arqueado é conhecida como núcleo infundibular. O cérebro regula a homeostase da energia e também é o principal regulador do peso corporal (Fig. 32.5). Os sinais que controlam o consumo de energia são originários do tecido adiposo e são enviados para o CNS. Esses sinais são mediados pela adipocina **leptina** (discussão a seguir) e pela insulina. Em resposta, o cérebro envia sinais através de uma complexa rede de neuropeptídeos. Estes regulam o apetite e a fome. Os neurônios no núcleo arqueado expressam dois neuropeptídeos: o **neuropeptídeo Y (NPY)** anabólico e a **pró-opiomelanocortina (POMC)** catabólica. O POMC é clivado, produzindo melanocortinas tais como α-MSH que diminuem a ingestão de alimentos. Por outro lado, a expressão do NPY aumenta quando o tecido adiposo é esgotado e quando há diminuição da leptina. O NPY se liga a neurônios que expressam o hormônio concentrador de melanina (MCH) e orexinas A e B. Eles, por sua vez, estão envolvidos no controle da ingestão de alimentos, agindo nos neurônios do tronco cerebral. Esses neurônios se conectam com o córtex cerebral (o centro da saciedade) para promover a fome e estimular outro conjunto de hormônios, como a **tiroliberina (TRH)** e a **corticoliberina (CRH)**. A TRH aumenta a termogênese e a ingestão de alimentos, enquanto a CRH diminui a ingestão de alimentos e, por meio da atividade simpática, aumenta o gasto energético. Sinais adicionais que controlam a ingestão de alimentos são transmitidos por peptídeos gastrointestinais tais como **glucagon, colecistocinina, peptídeo semelhante a glucagon, amilina e peptídeo YY**. A **grelina**, secretada pelo estômago, estimula os neurônios que expressam o NPY. É o único peptídeo estimulante do apetite conhecido. O estiramento do estômago também afeta a ingestão de alimentos. Finalmente, a **hipoglicemia** diminui a atividade do centro de saciedade.

O hipotálamo e o tronco cerebral traduzem as informações sobre o balanço de energia em comportamento alimentar

Isso envolve o **sistema canabinoide endógeno**. Os endocanabinoides são compostos sintetizados a partir de fosfolipídeos de membrana. Eles incluem Δ^9-tetraidrocanabinol e anandamida formados como resultado da hidrólise de N-araquidonilfosfatidiletanolamina pela fosfolipase D. Os endocanabinoides são liberados nas sinapses e se ligam aos receptores sinápticos

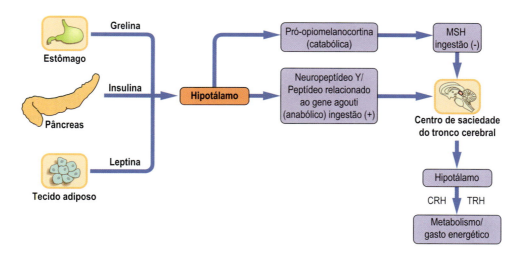

Fig. 32.5 **Regulação da ingestão de alimentos.** A regulação da ingestão de alimentos é realizada por sinais gerados no tecido adiposo, pâncreas, estômago e cérebro. O hipotálamo traduz sinais relacionados ao balanço de energia em comportamento alimentar pela secreção de uma série de neuropeptídeos. O sinal (+) significa ação que leva a um aumento no apetite e na ingestão de alimentos, e o sinal (−) significa aqueles que levam a uma diminuição. CRH, corticoliberina; TRH, tiroliberina; MSH, hormônio estimulador de melanócitos.

chamados CB1. Os receptores estão presentes no CNS e também no intestino, tecido adiposo, fígado, músculo e pâncreas. Eles são acoplados a proteínas G e adenilato ciclase, e também regulam os canais de potássio e cálcio. A ligação dos endocanabinoides aos receptores modula a liberação de neurotransmissores como GABA, noradrenalina, glutamato e serotonina (Capítulo 26). Os níveis hipotalâmicos de endocanabinoides aumentam durante a privação alimentar.

EQUILÍBRIO ENERGÉTICO

O tecido adiposo é um órgão endócrino ativo

O tecido adiposo, longe de ser um depósito inerte de gordura armazenada, é um órgão endócrino ativo (Fig. 32.6). Seus produtos são conhecidos como adipocinas. Essa atividade endócrina influencia o desenvolvimento da obesidade e condições como a resistência à insulina. As duas principais adipocinas secretadas pelo tecido adiposo são a **leptina** e a **adiponectina**.

A leptina regula a massa do tecido adiposo e responde ao estado energético

A leptina é uma proteína de 16k-Da. Sua secreção está ligada à massa do tecido adiposo e ao tamanho dos adipócitos. Atuando no CNS, **diminui a ingestão de alimentos**. Também atua no músculo esquelético, no fígado, no tecido adiposo e no pâncreas. A expressão do gene da leptina é regulada por: ingestão de alimentos, estado energético, hormônios e a presença de inflamação. Afeta o metabolismo estimulando a oxidação dos ácidos graxos e diminuindo a lipogênese. Importante notar que também diminui a deposição ectópica de gordura no fígado ou músculo.

A leptina sinaliza através de um receptor de membrana que possui um domínio de ligação extracelular e uma cauda intracelular. Suas vias de sinalização envolvem Janus quinase/transdutor de sinal e ativador de transcrição (JAK/STAT; Capítulo 25). A proteína quinase ativada por mitógeno (MAPK) e a fosfatidilinositol 3′-quinase (PI3K) também estão envolvidas, assim como a proteína quinase ativada por AMP (AMPK; discussão a seguir).

A adiponectina aumenta a sensibilidade à insulina; sua falta leva à resistência à insulina

A adiponectina é uma proteína de 244 aminoácidos que possui uma homologia estrutural com os colágenos tipo VIII e X e com o fator C1q do complemento. A adiponectina estimula a utilização de glicose no músculo e aumenta a oxidação de ácidos graxos no músculo e no fígado, aumentando, assim, a sensibilidade à insulina. Também diminui a produção de glicose hepática. Baixos níveis de adiponectina estão associados à resistência à insulina e à esteatose hepática. A adiponectina regula negativamente a secreção das citocinas pró-inflamatórias, interleucinas 6 e 8 (IL-6 e IL-8) e proteína 1 quimioatraente de monócito (MCP-1).

O treinamento físico aumenta a expressão de adiponectina e regula positivamente seus receptores no músculo esquelético. Por outro lado, sua concentração diminui com a obesidade e o diabetes tipo 2. Níveis baixos de adiponectina também estão associados a inflamação de baixo grau, estresse oxidativo e disfunção endotelial. Os receptores de adiponectina ativam a AMPK, a proteína quinase ativada por mitógeno p38 e o PPARα, que, por sua vez, regula o metabolismo dos ácidos graxos (Capítulo 31).

O tecido adiposo também secreta citocinas pró-inflamatórias

Em indivíduos obesos, os adipócitos secretam proteína 1 quimioatraente de monócito (MCP-1) e, assim, são capazes de recrutar monócitos para o tecido adiposo. Estes se transformam em macrófagos residentes capazes de secretar as citocinas pró-inflamatórias fator de necrose tumoral α (TNF-α) e IL-6 (Fig. 32.6). O TNF-α é altamente expresso em animais e humanos obesos, e também induz resistência a insulina e diabetes tipo 2. O TNF-α ativa a via pró-inflamatória do NFκB.

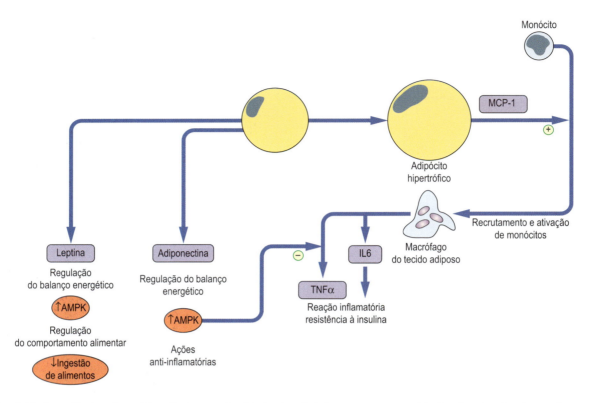

Fig. 32.6 **Atividade endócrina do tecido adiposo na obesidade.** Os adipócitos secretam uma série de adipocinas (leptina e adiponectina são mostradas aqui) que regulam o equilíbrio energético e o comportamento alimentar. Em indivíduos obesos, os adipócitos secretam a quimiocina MCP-1, que recruta monócitos para o tecido adiposo. Após a transformação, eles se tornam macrófagos do tecido adiposo capazes de incitar a reação inflamatória pela secreção de citocinas pró-inflamatórias, como o TNF-α e a IL-6. Observe as ações anti-inflamatórias da adiponectina. AMPK, quinase ativada por AMP; IL, interleucina; MCP-1, proteína 1 quimioatraente de monócito; TNF-α, fator de necrose tumoral α.

QUADRO DE CONCEITOS AVANÇADOS
TECIDO ADIPOSO E DOENÇA

O tecido adiposo pode ser armazenado em três depósitos distintos no corpo: gordura **subcutânea** sob a pele; gordura **visceral** dentro da cavidade abdominal; e gordura **ectópica** (sendo esta última, por exemplo, o coxim adiposo cardíaco, o excesso de deposição no próprio fígado e nos miócitos). A distribuição de gordura em uma pessoa depende de sexo e etnia, combinada com o histórico familiar. Por exemplo, as mulheres são classicamente consideradas "em forma de pera", com grandes reservas adiposas subcutâneas nos quadris e coxas, enquanto os homens são "em forma de maçã", com abdômen arredondado devido ao excesso de gordura visceral na cavidade abdominal. As pessoas de descendência do sul da Ásia, da China e do Japão também são geralmente mais propensas a depositar excesso de gordura visceral do que subcutânea.

A gordura subcutânea é geralmente benigna; serve como uma reserva de energia. Os problemas de saúde relacionados à deposição de gordura subcutânea são principalmente mecânicos quando uma pessoa fica tão grande que ele ou ela não consegue se mover normalmente. A gordura visceral, no entanto, é um órgão endócrino ativo que produz vários mediadores, incluindo a interleucina 6, que levam a aterogênese acelerada e doença cardiovascular prematura, e facilitam o desenvolvimento de diabetes tipo 2. Também promove um estado pró-coagulante (Capítulo 41) ao secretar o inibidor do ativador do plasminogênio 1 (PAI-1), que inibe a degradação da fibrina.

Um dos principais problemas associados à adiposidade visceral é a **doença hepática gordurosa não alcoólica (NAFLD)**. Isso é devido ao excesso de ácidos graxos sendo depositados no fígado. Isso leva à resistência à insulina hepática e é um fator de risco para o diabetes tipo 2, e também pode levar a hepatite e cirrose do fígado.

Os coxins de gordura ectópica são pouco compreendidos. Os principais coxins de gordura associadas à doença são o coxim adiposo cardíaco e o coxim adiposo faríngeo. Acredita-se que o coxim adiposo cardíaco tenha várias características que podem mediar a doença cardíaca. A primeira é a obstrução mecânica simples do coração, que prejudica a função cardíaca. Existe também a possibilidade de que essas células também libertem mediadores pró-coagulantes e inflamatórios com um efeito local nas células. Também haverá acúmulo de lipídeos tóxicos nos miócitos cardíacos. O coxim adiposo da faringe está associado à apneia obstrutiva do sono; nessa condição, a faringe é obstruída durante o sono, levando a episódios de hipóxia e apneia (interrupção temporária da respiração). As pessoas com essa condição têm uma qualidade de sono muito baixa e têm alto risco de desenvolver doenças cardiovasculares, incluindo hipertensão. Não se sabe se o coxim adiposo da faringe tem outros efeitos além de obstruir a faringe.

A gordura visceral e ectópica é preferencialmente esgotada durante a perda de peso. Isso significa que uma pessoa pode não ter de retornar a um peso "normal" para diminuir substancialmente a gordura visceral e ectópica e os riscos à saúde que esses tipos de gordura representam.

QUADRO CLÍNICO
UM HOMEM DE 46 ANOS COM HIPERTRIGLICERIDEMIA E GORDURA HEPÁTICA: OBESIDADE CENTRAL

O Sr. C. é um homem de 45 anos de descendência do sul da Ásia. Ele vem ganhando peso recentemente — "aumento da meia-idade", como ele diz. Esse ganho de peso está concentrado na área abdominal. Sua esposa está preocupada porque o pai dele teve diabetes tipo 2 e morreu de um infarto do miocárdio aos 60 anos, então ela insiste que ele vá ao médico para um *check-up*. Ele comparece ao médico, e amostras de sangue foram colhidas; estas apresentam colesterol total moderadamente elevado, alta concentração de triglicérides e baixo colesterol HDL. Ele apresentou glicose em jejum aumentada, e seus testes de função hepática mostraram um pequeno aumento em suas transaminases. A ultrassonografia do fígado é consistente com a deposição de gordura intra-hepática (fígado gorduroso).

Comentário
A combinação de sexo, etnia e histórico familiar do Sr. C. o predispôs a ganhar peso centralmente, em vez uniformemente em seu corpo no subcutâneo. Essa obesidade central é devido à gordura dentro de sua cavidade abdominal, conhecida como gordura visceral. Essa gordura é depositada em torno de seu fígado e pâncreas e aumenta o risco de desenvolver diabetes tipo 2. Sua glicose plasmática está aumentada, mas ele ainda não está no nível classificado como diabetes (Capítulo 31). Há um grau de inflamação em seu fígado devido à camada de gordura que o permeia, e isso pode levar a cirrose hepática, embora seja raro.

QUADRO DE CONCEITOS AVANÇADOS
QUINASE MTOR: REGULADORA CENTRAL DO CRESCIMENTO CELULAR E PROLIFERAÇÃO

O alvo da rapamicina em mamíferos (mTOR) é uma serina/treonina quinase. Constitui um componente central da via essencial estimulada pela insulina, que controla o crescimento e a proliferação celular.

A via é controlada a montante por fatores de crescimento (IGFR e EGFR, entre outros) e também substratos de receptores de insulina (IRS1/IRS2), alguns aminoácidos e glicose. A mTOR encontra-se a jusante da quinase Akt na via de sinalização PI3K-Akt e é fosforilada pela Akt (Capítulo 31).

A mTOR, por sua vez, forma dois complexos conhecidos como complexo mTOR 1 (mTORC1) e complexo mTOR 2 (mTORC2). Os mTORC1 e mTORC2 ativados fosforilam e ativam uma série de fatores de transcrição. Esses dois complexos controlam o tamanho e a forma da célula, respectivamente. O mTORC1 também controla a autofagia, pela qual as células quebram suas próprias organelas (Capítulo 28). O AMPK suprime a mTORC1 bloqueando sua capacidade de fosforilar substratos a jusante.

A quinase estimulada por AMP (AMPK) é um sensor de energia celular

O AMPK é uma serina-treonina quinase. É um heterotrímero codificado por três genes; tem uma subunidade catalítica α e duas subunidades reguladoras β e γ. É ativado por fosforilação por uma quinase conhecida como LKB1, que é uma molécula supressora de tumor. O principal ativador do AMPK é um acúmulo celular de 5'-AMP e o aumento da razão de 5'-AMP/ATP. O AMP é gerado na reação da mioquinase (adenilato quinase):

$$ADP + ADP \rightleftharpoons ATP + AMP$$

Uma alta concentração de 5'-AMP induz alterações alostéricas facilitando a fosforilação da subunidade catalítica do AMPK. Uma alta taxa de creatina/fosfocreatina também ativa a enzima.

O AMPK estimula as vias produtoras de energia (catabólicas) e suprime as que utilizam energia (anabólicas)

O AMPK ativado fosforila e inativa a acetil-CoA carboxilase (ACC), a enzima essencial na síntese de ácidos graxos; a glicerol-3-fosfato aciltransferase, uma enzima sintetizadora de triglicerídeos; e a HMG CoA redutase, a enzima limitante de taxa na via de síntese do colesterol. Seu efeito na ACC é mediado pela supressão do fator de transcrição SREBP-1c (Capítulo 14).

A inativação da acetil-CoA carboxilase leva à diminuição da concentração de malonil-CoA, à desinibição da carnitina palmitoil transferase 1 e à consequente facilitação do transporte de ácidos graxos para as mitocôndrias. A diminuição da síntese de ácidos graxos impede o acúmulo de lipídeos nos tecidos.

Assim, no fígado, o AMPK inibe a lipogênese e a síntese do colesterol. O AMPK é ativado durante o exercício e permite o transporte de glicose estimulada pela contração muscular, bem como a oxidação de ácidos graxos.

O AMPK no músculo esquelético, no fígado e no tecido adiposo é estimulado pela leptina e pela adiponectina. Também é ativado pela metformina, um medicamento antidiabético comumente usado.

O AMPK também inibe a quinase mTOR (Quadro de Conceitos Avançados), afetando o crescimento e a proliferação celular. Ela afeta a polaridade celular e o citoesqueleto, atuando nas proteínas envolvidas na montagem dos microtúbulos. Os efeitos da ativação do AMPK estão resumidos na Figura 32.7.

GASTO DE ENERGIA

O gasto energético total diário é uma soma da taxa metabólica basal, do efeito térmico dos alimentos e da energia consumida durante a atividade física. O gasto energético pode ser medido por calorimetria direta, que depende de medidas de produção de calor. A calorimetria indireta é baseada na medida da taxa de consumo de oxigênio (VO_2). A razão entre o VCO_2 e o VO_2 é conhecida como taxa de troca respiratória (RER) ou quociente respiratório. Para carboidratos, RER = 1,0; para gordura, RER = 0,7.

Taxa metabólica basal é o gasto energético necessário para manter a função corporal em repouso completo

A taxa metabólica basal (BMR) depende de sexo, idade e peso corporal. Em repouso, a energia é necessária para transporte de

CAPÍTULO 32 Nutrientes e Dietas

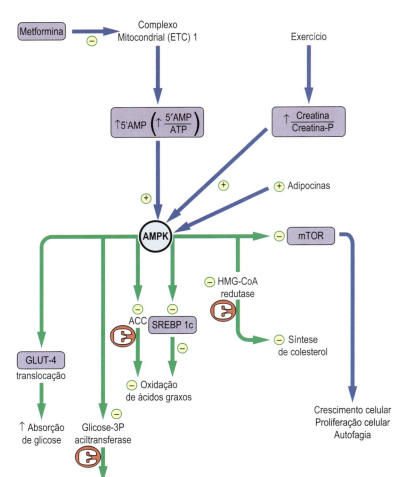

Fig. 32.7 **Resumo de ações da quinase ativada por AMP (AMPK).** O AMPK responde a mudanças nos níveis de energia celular. Seu principal estimulador é o aumento de 5'-AMP e uma razão aumentada de 5'-AMP/ATP, que sinaliza baixo nível de energia celular. O efeito da ativação do AMPK é a inibição das vias anabólicas (uso de energia), como a lipogênese e a síntese de colesterol, e a estimulação de vias catabólicas (geradoras de energia), como a oxidação de ácidos graxos. Observe o efeito do exercício e da droga antidiabética metformina na atividade do AMPK. Veja o texto para detalhes. ACC, acetil-CoA carboxilase.

membrana (30% do total); para síntese e degradação de proteínas (30%); e para manter a temperatura, a atividade física e o crescimento. Certos órgãos usam quantidades particularmente altas de energia: em uma pessoa de 70 kg, o metabolismo cerebral constitui aproximadamente 20% da demanda metabólica basal; fígado, 25%; e músculo, 25%. Por outro lado, em bebês com peso muito baixo ao nascer, o cérebro é responsável por até 60% da BMR, o fígado, por 20%, e o músculo, por apenas 5%.

Na saúde, a atividade física é o componente variável mais importante do gasto de energia

O nível de atividade física é normalmente expresso como equivalente metabólico da tarefa (MET). O metabolismo depende da massa do indivíduo tanto em repouso como durante a atividade. Os METs usam um valor de referência para o metabolismo em repouso de 1 kcal/kg/h, e as atividades usam seus múltiplos. Isso permite que a intensidade e o gasto de energia sejam comparados entre pessoas de diferentes pesos. Exemplos do gasto de energia associado a diferentes atividades são apresentados na Tabela 32.3. As necessidades de energia também dependem do sexo e da idade (Tabela 32.4).

Tabela 32.3 Gasto energético

Gasto energético	Exemplo de atividade
1,3	Assistir TV, ler, escrever
2,0	Vestir e despir, fazer a cama, andar devagar
2,3	Lavar louça, passar a roupa
2,5	Espanar e limpar, cozinhar
4,5	Limpar janelas, golfe, carpintaria
6,5	Correr, usar uma pá ou cavar
8,0	Subir degraus, ciclismo, futebol, esquiar

Os gastos energéticos são expressos como equivalentes metabólicos da tarefa (METs, isto é, múltiplos do gasto em repouso completo).

Tabela 32.4 Necessidades médias diárias estimadas (EAR) de energia por grupos selecionados de idade e de sexo

| Idade | EAR, kcal/dia (mJ) | |
	Homens	Mulheres
1-2 meses*	526 (2,2)	478 (2,0)
7-12 meses	694 (2,9)	646 (2,7)
6 anos	1.577 (6,6)	1.482 (6,2)
14 anos	2.629 (11,0)	2.342 (9,8)
25-34 anos	2.749 (11,5)	2.175 (8.1)
75+ anos	2.294 (9,6)	1.840 (7,7)

*Baseado na EAR para bebês lactentes.Dados de Dietary Reference Values for Energy; Scientific Advisory Committee on Nutrition 2011, London: TSO 2012.

NUTRIGENÔMICA

A resposta individual aos nutrientes também é determinada pela genética, embora pareça que fatores ambientais sejam dominantes. Os genes influenciam a digestão e a absorção de nutrientes, bem como o metabolismo e a excreção. Percepções como gosto ou saciedade também são, até certo ponto, geneticamente determinadas. Isso tem consequências para os guias nutricionais: como o *pool* genético varia entre as populações, os guias nutricionais ideais devem ser específicos da população em vez de gerais. A nutrigenômica, de forma análoga à farmacogenômica, visa explorar o conhecimento acumulado pelo Projeto Genoma Humano, e tecnologias que permitem o monitoramento da expressão de um grande número de genes, para elaborar tratamentos dietéticos individuais personalizados ao conhecimento genético. A metabolômica, o monitoramento dos padrões de resposta metabólica aos nutrientes, oferece novas oportunidades para determinar os perfis nutricionais individuais (Capítulo 24).

O genótipo influencia as concentrações plasmáticas de nutrientes

Um exemplo do efeito do genótipo sobre a ingestão de nutrientes é a resposta da concentração de colesterol plasmático ao seu conteúdo dietético. Cerca de 50% da variação individual no colesterol plasmático é determinada geneticamente. A resposta a uma dieta contendo colesterol está associada ao genótipo da apolipoproteína E (apoE) (Capítulo 33). Existe em várias isoformas codificadas por alelos designados por ε2, ε3 e ε4. Foi observado que a concentração de colesterol no plasma aumenta com uma dieta com baixo teor de gordura/rica em colesterol nas pessoas com o fenótipo E4/4, mas não com E2/2.

Existem muitos exemplos de nutrientes que afetam a expressão gênica. Por exemplo, as atividades das principais enzimas hepáticas diferem em pessoas que permanecem em uma dieta rica em gordura a longo prazo, em comparação com uma dieta rica em carboidratos. Além disso, o colesterol dietético afeta a atividade da HMG-CoA redutase. Os ácidos graxos poli-insaturados inibem a expressão da ácido graxo sintase, e os ácidos graxos ω-3 reduzem o mRNA que codifica o fator de crescimento derivado de plaquetas (PDGF) e a citosina inflamatória IL-1. Na hipertensão essencial, a sensibilidade ao sal da dieta é controlada, pelo menos até certo ponto, pelas variantes do gene do angiotensinogênio. Apenas 50% dos pacientes são sensíveis à ingestão de sal: 30% a 60% da variação da pressão arterial está relacionada ao genótipo.

NUTRIÇÃO, CICLO DE VIDA E ADAPTAÇÃO METABÓLICA

A demanda por nutrientes é afetada pela fisiologia e pela doença. A **gravidez, a lactação e o crescimento** (em particular, o crescimento intensivo **no útero**, o crescimento durante a infância e o surto de crescimento na adolescência) são os três estados fisiológicos mais importantes associados ao aumento da demanda por nutrientes.

Gravidez é um exemplo de adaptação metabólica denominada adaptação expansiva

O corpo da mãe se adapta para gestar o feto e fornecer a ele nutrientes. Na época da concepção, o corpo da mãe se prepara para as demandas metabólicas do feto. No início da gravidez, a mãe instala a "capacidade de fornecimento" e, mais tarde, durante a gravidez, esse fornecimento ocorre. Noventa por cento do peso fetal é obtido entre a 20ª e a 40ª semana de gestação, e o crescimento mais acentuado é estabelecido entre a 24ª e a 36ª semana. A quantidade total de energia armazenada durante a gravidez é de cerca de 70.000 kcal (293.090 kJ), perfazendo aproximadamente 10 kg de peso.

Mudanças na ingestão de nutrientes durante o ciclo de vida

Após o parto, há uma transição da alimentação através da placenta para a amamentação, e então o bebê gradualmente se adapta a uma dieta livre. Até o **estágio de amamentação**, a nutrição é controlada por substratos, e o bebê é totalmente dependente da mãe para nutrição. Mais tarde, o hormônio do crescimento assume um papel importante na direção do desenvolvimento. Na **idade escolar**, novos padrões alimentares e de atividade surgem quando uma criança aprende a ser independente de seus pais. Isso continua durante a **adolescência**. Nessa fase, os hormônios sexuais começam a desempenhar um papel proeminente no desenvolvimento. Na **idade adulta**, a massa muscular aumenta entre 20 e 30 anos e, nesse ponto, o nível de atividade física estabiliza. Depois disso, a massa muscular começa a diminuir, e a massa gorda começa a aumentar. Isso acelera após a idade de 60 anos. A massa óssea também diminui com a idade.

Quando os nutrientes estão em falta, seja por causa do aumento da necessidade nutricional ou pela redução da disponibilidade de alimentos, ocorre a chamada **adaptação redutora**: a taxa metabólica cai, e o desejo de comer diminui. Isso limita a perda de peso.

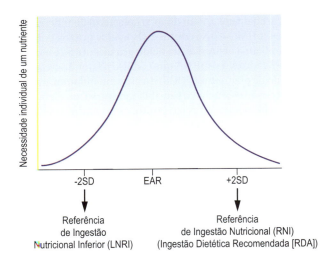

Fig. 32.8 **Referência de ingestão dietética (Ingestão Diária Recomendada [RDA]): conceitos relacionados.** Enquanto a Exigência Média Estimada (EAR) reflete o consumo adequado para metade de uma população, os valores de Ingestão Nutricional Recomendada (RNI) ou RDA representam consumo adequado para a grande maioria dos indivíduos. Observe que a EAR é usado nos EUA e a RNI e LNRI no Reino Unido. SD, desvio padrão.

AVALIANDO A NUTRIÇÃO

A ingestão dietética não é fácil de avaliar

Os dados disponíveis baseiam-se em pesquisas com a população, que às vezes são incompletos. Os conjuntos de valores derivados destes descrevem ingestão sugerida mínima, média e adequada de determinados nutrientes. Diferentes valores são usados em diferentes países, e tem ocorrido um grau de confusão e sobreposição entre várias definições. Atualmente, as estimativas de ingestão de nutrientes baseiam-se na Referência de Ingestão Dietética (DRI) desenvolvia pelo Conselho de Alimentos e Nutrição (FNB) no Instituto de Medicina (IOM) das Academias Nacionais nos Estados Unidos. Elas constituem os conjuntos de valores que descrevem a ingestão de nutrientes em uma determinada população (Fig. 32.8).

Avaliando o estado nutricional de um indivíduo

A avaliação nutricional inclui os hábitos alimentares e o histórico alimentar, uma série de medidas corporais (antropométricas) e testes laboratoriais bioquímicos e hematológicos. Como não há um único marcador definitivo do estado nutricional, a avaliação baseia-se na interpretação de uma série de variáveis.

O histórico alimentar deve incluir mais do que os detalhes da ingestão de alimentos

Os hábitos alimentares incluem padrões de refeição e a quantidade e composição dos alimentos. A dieta individual é determinada por fatores biológicos, psicológicos, sociológicos e cul-

QUADRO DE CONCEITOS AVANÇADOS
DEFINIÇÕES EM CIÊNCIAS NUTRICIONAIS

As definições na lista a seguir são usadas pelo Food and Nutrition Board do Instituto de Medicina (IOM) da National Academies nos Estados Unidos. As definições usadas no Reino Unido também são mencionadas. Os requisitos são descritos pela **Referência de Ingestão Dietética (DRI)**, que são as seguintes:

- **Exigência Média Estimada (EAR):** consumo diário médio de nutrientes estimado para atender à exigência de metade dos indivíduos saudáveis em um determinado grupo de gênero em determinada fase da vida. A EAR é complementada pelos valores DRI, AI e UL listados a seguir.
- **Ingestão Diária Recomendada (Estimated Average Requirement – DRI;** no Reino Unido, a **Referência de Ingestão de Nutrientes – Reference Nutrient Intake [RNI]):** descreve o nível médio diário de ingestão de nutrientes suficiente para atender as necessidades nutricionais de quase todos (97% a 98%) indivíduos saudáveis. A *Referência de Ingestão Nutricional Inferior (Lower Reference Nutrient Intake – RINI)*, utilizada no Reino Unido, é a ingestão diária observada na extremidade inferior da distribuição de ingestão em uma população (cerca de 2%). Se a ingestão cair abaixo disso, uma deficiência pode ocorrer.
- **Ingestão Adequada (Adequate Intake – AI):** ingestão diária média recomendada de nutrientes baseada em estimativas de ingestão de nutrientes por um grupo de pessoas saudáveis que são consideradas adequadas – usado quando uma RDA não pode ser determinada.
- **Limite Superior Tolerável de Ingestão (Tolerable Upper Intake Level – UL):** a ingestão diária média mais alta que, provavelmente, não representa risco à saúde para quase todos os indivíduos em um determinado grupo de gênero, em uma determinada fase da vida. À medida que a ingestão aumenta acima do UL, o risco de efeitos adversos aumenta.

Observe que as DRIs são destinadas a pessoas saudáveis, e uma DRI estabelecida para qualquer nutriente pressupõe que os requisitos para outros estão sendo satisfeitos.

turais. Fatores biológicos envolvidos são o estado dos sistemas responsáveis por ingestão, digestão, absorção e metabolismo de nutrientes.

Deficiências enzimáticas, como a da lactase (Capítulo 30), causam prejuízo na absorção de gêneros alimentícios (nesse caso, leite). Fatores psicológicos também desempenham um papel na determinação da ingestão de alimentos; distúrbios alimentares como anorexia nervosa e bulimia nervosa podem levar à desnutrição severa. Fatores sociológicos incluem a disponibilidade e o preço de alimentos e medidas sociais tomadas para melhorar as dietas — por exemplo, refeições escolares ou refeições subsidiadas para pessoas idosas ou deficientes. Fatores culturais determinam padrões alimentares e os tipos de gêneros alimentícios preferidos. Todas essas são considerações importantes quando se tem o histórico da dieta. A ingestão individual de alimentos pode ser avaliada mais formalmente por meio de questionários de frequência alimentar, recordações alimentares de 24 horas, registros alimentares e também por análise direta de alimentos e por estudos de balanço metabólico.

Avaliação simplificada do estado nutricional

O Malnutrition Universal Screening Tool (Instrumento Universal de Triagem de Desnutrição – MUST) foi introduzido pela British Association for Parenteral and Enteral (Associação Britânica de Nutrição Parenteral e Enteral – BAPEN) para permitir avaliação rápida do estado nutricional em adultos. É um método de cinco etapas para identificar indivíduos em risco (Fig. 32.9).

Outro método de avaliação nutricional é a Mini Avaliação Nutricional (Mini Nutritional Assessment – MNA; ver Leituras Sugeridas) desenvolvida para a avaliação nutricional de idosos.

Peso corporal e índice de massa corporal

O peso corporal em relação à estatura é a medida mais utilizada na avaliação nutricional. A relação entre os dois é expressa como o índice de massa corporal (BMI), calculado de acordo com a seguinte fórmula:

(3) $BMI = peso\ (kg)/estatura\ (cm)^2$

O BMI é usado para categorizar o estado nutricional, conforme mostrado na Tabela 32.5. Observe que entre os 2 e os 20 anos de idade, o BMI precisa ser interpretado em relação à idade e ao sexo. Como mencionado anteriormente, não deve ser usado como indicação única/definitiva do estado nutricional.

Outras medidas utilizadas na avaliação nutricional são a **relação cintura-quadril**, a **circunferência do meio**

Tabela 32.5 Estado nutricional em relação ao índice de massa corporal (BMI) em adultos - critérios da OMS

Classificação	BMI (kg/m²)	
	Principais pontos de corte	Pontos de corte adicionais
Abaixo do peso	<18,50	<18,50
Magreza severa	<16,00	<16,00
Magreza moderada	16,00-16,99	16,00-16,99
Magreza leve	17,00-18,49	17,00-18,49
Intervalo normal	18,50-24,99	18,50-22,99 23,00-24,99
Sobrepeso	≥25,00	≥25,00
Pré-obeso	25,00-29,99	25,00-27,49 27,50-29,99
Obeso	≥30,00	≥30,00
Obeso classe I	30,00-34,99	30,00-32,49 32,50-34,99
Obeso classe II	35,00-39,99	35,00-37,49 37,50-39,99
Obeso classe III	≥40,00	≥40,00

Fonte: http://apps.who.int/bmi/index.jsp?introPage=intro_3.html (acessado em março de 2017).

do braço e a **espessura da dobra cutânea** medida com paquímetros cuidadosamente calibrados. A circunferência da cintura se correlaciona com a quantidade de gordura visceral e é usada no diagnóstico da síndrome metabólica (Capítulo 31). Uma análise mais detalhada inclui a avaliação da água corporal total, a análise da impedância bioelétrica do corpo e as medições da massa corporal magra usando a absorciometria com raios X de dupla energia (DEXA). Algumas dessas medições permitem o cálculo de conteúdo e composição da gordura corporal. Medidas funcionais, como força de preensão ou pico de fluxo expiratório, também são relevantes para a avaliação nutricional.

Marcadores bioquímicos do estado nutricional

Excreção urinária de nitrogênio ajuda a avaliar o balanço de nitrogênio

O balanço de nitrogênio está relacionado aos requerimentos de proteína corporal. É a diferença entre a ingestão de nitrogênio e sua excreção. O equilíbrio de nitrogênio positivo significa que a ingestão excede a perda. O equilíbrio negativo de nitrogênio significa que a perda excede a ingestão. A excreção urinária de nitrogênio de 24 horas é uma estimativa da quantidade de proteínas metabolizadas pelo organismo. Noventa por cento do nitrogênio excretado aparece na urina (80% deste como ureia). O resto é excretado em fezes, cabelo e suor. A excreção de nitrogênio se ajusta à ingestão de proteínas ao longo de 2 a 4 dias. A medição da excreção urinária de nitrogênio (ou ureia) é a maneira mais confiável de avaliar as necessidades diárias de proteína. No entanto, agora é raramente usado fora do ambiente de pesquisa. Requisitos de proteína relacionados com a idade estão listados na Tabela 32.2. Como um guia, a maioria das pessoas precisa de 1,0 a 1,2 g de proteína/kg de peso corporal/dia.

Proteínas plasmáticas específicas são usadas como marcadores do estado nutricional

A concentração de uma proteína no plasma pode refletir o estado nutricional durante um período em relação à sua meia-vida. As proteínas mais comumente utilizadas para esse fim são a **albumina** e a **transtirretina** (pré-albumina). Muitos estudos confirmam a ligação entre a síntese de albumina hepática (a meia-vida da albumina é de aproximadamente 20 dias; Capítulo 40) e o estado nutricional. A transtirretina, que tem uma meia-vida de 2 dias, também foi usada na avaliação nutricional. É sintetizada no fígado e forma um complexo com proteína ligadora de retinol no plasma.

A interpretação das concentrações plasmáticas de proteínas nutricionalmente relevantes muitas vezes não é fácil, porque elas não são determinadas exclusivamente pelo estado nutricional. Por exemplo, a concentração de albumina no plasma também depende do estado de **hidratação;** diminui em pacientes hiper-hidratados (Capítulo 35). Além disso, a albumina e a transtirretina são afetadas pela **resposta da fase aguda** (Capítulo 40). Assim, em pacientes gravemente doentes, a albumina não é um marcador útil do estado nutricional.

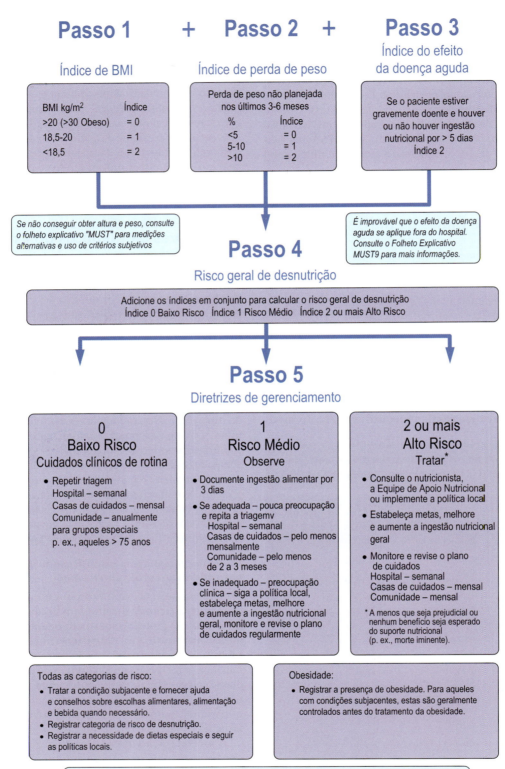

Fig. 32.9 **Instrumento Universal de Triagem de Desnutrição (MUST) desenvolvido pela British Association for Enteral and Parenteral Nutrition.** Etapas envolvidas na avaliação nutricional. (Reproduzido com permissão de http://www.Bapen.org.uk.) Consulte o site da BAPEN para mais informações.

Avaliação completa envolve medições de vitaminas e metais traço

Isto é particularmente importante em pacientes que permanecem em nutrição parenteral a longo prazo.

Outros exames laboratoriais fornecem informações complementares à avaliação nutricional

A avaliação da hemoglobina pode revelar deficiência de ferro. Fornecem informações adicionais úteis: avaliação da função hepática (Capítulo 34) e renal (Capítulo 35); avaliação de sódio, potássio, cloreto, bicarbonato, cálcio, fosfato e magnésio do plasma; e a avaliação do metabolismo do ferro. Avaliar a ingestão e a perda diária de líquidos (Capítulo 35) é essencial em pacientes que estão sendo considerados para suporte nutricional intravenoso.

OBESIDADE

A obesidade surgiu como um grande problema de saúde em todo o mundo

A obesidade mundial aumentou em mais de 70% desde 1980. Nos Estados Unidos, 35,7% dos adultos e 16,9% das crianças são obesos (US National Health and Nutrition Examination Survey Estados Unidos, 2009). As principais causas desse aumento parecem ser a ampla disponibilidade de alimentos altamente calóricos e a diminuição da atividade física tanto no trabalho quanto durante o tempo de lazer.

Regulação genética da ingestão alimentar e gasto energético

A obesidade é concordante em 74% dos gêmeos monozigóticos e em 32% dos gêmeos dizigóticos. A atual epidemia de obesidade levou a uma busca por genes que controlam o gasto de energia e a ingestão de alimentos. Grandes estudos populacionais têm sido usados para procurar uma relação entre mudanças nos genes e no peso corporal. Existe uma estreita relação entre a massa corporal de membros da mesma família, especialmente gêmeos idênticos. Portanto, estima-se que 40% a 70% das diferenças na predisposição à obesidade podem ser explicadas pela genética.

Verificou-se que alterações em dois genes estão associadas à obesidade: massa gorda e proteína associada à obesidade (*FTO*) e receptor de melanocortina-4 (*MC4R*), que liga melanocortinas ao núcleo arqueado que controla a ingestão de alimentos. A *FTO* é expressa no núcleo arqueado em resposta à fome e, portanto, acredita-se que tenha um efeito sobre a massa corporal por meio do controle da ingestão de alimentos. Estes efeitos foram mostrados em um estudo no qual os participantes que tiveram variações no gene *FTO* associado à obesidade escolheram alimentos com um maior conteúdo de energia de um buffet de almoço em comparação com aqueles sem essas variantes genéticas. No entanto, na população em geral, a variação na *FTO* e nas regiões próximas aos genes *MCR4* só representa um aumento na massa corporal de 0,39 kg/m^2 e 0,23 kg/m^2, respectivamente, de modo que não podem explicar a atual epidemia de obesidade.

Tabela 32.6 Riscos à saúde associados à obesidade

Sistema	Condições associadas à obesidade
Cardiovascular	Doença cardíaca coronariana, flebite/ulceração venosa, pressão alta, alto colesterol plasmático
Endócrino	Diabetes tipo 2, síndrome dos ovários policísticos, infertilidade
Gastrointestinal	Doença hepática gordurosa não alcoólica, refluxo esofágico, cálculos biliares, câncer de esôfago, câncer hepatocelular
Respiratório	Asma, apneia obstrutiva do sono
Sistema nervoso central	Hipertensão intracraniana idiopática, acidente vascular cerebral
Locomotor	Osteoartrite, gota
Geniturinário	Câncer cervical, endometrial, renal, de próstata
Outro	Câncer de mama, catarata, psoríase, complicações da gravidez

Nenhum gene associado ao gasto energético foi encontrado até o momento.

A obesidade está associada a um aumento do risco de problemas médicos e cirúrgicos

A obesidade está associada a um risco aumentado de doenças em todos os sistemas do corpo (Tabela 32.6). Em particular, é um fator de risco para diabetes melito tipo 2 (Capítulo 31); o aumento da incidência de diabetes no mundo é semelhante ao da obesidade. A resistência à insulina é um importante denominador comum da obesidade e do diabetes. Obesidade e resistência à insulina acarretam um risco aumentado de doença cardiovascular.

Tentativa de perda de peso para reverter as consequências da obesidade

A perda de peso aumenta a expectativa de vida, diminui a pressão arterial, diminui a deposição de gordura visceral, melhora as concentrações plasmáticas de lipídeos, aumenta a sensibilidade à insulina e normaliza a glicemia, melhora a coagulação e a função plaquetária e melhora a qualidade de vida.

Para perder peso, é preciso mudar o equilíbrio entre o consumo de energia e o gasto – ou seja, entre a ingestão de alimentos e a atividade física

A perda de peso também envolve muitos outros fatores, como motivação, tempo disponível, custo e acesso a programas adequados de redução de peso. Dietas de baixa caloria contêm aproximadamente 1.200-1.300 kcal/dia, e dietas de muito baixa caloria contêm cerca de 800 kcal/dia. Geralmente, uma combinação de **dieta** e **exercício**, além de **intervenções comportamentais**, como estabelecimento de metas e prevenção de recaídas, é mais eficaz em induzir a perda de peso do que a dieta sozinha. No entanto, existem intervenções limitadas baseadas em evidências que podem induzir uma perda de peso superior a 5% do peso corporal e mantê-la a longo prazo, além de **tratamentos cirúrgicos** (cirurgia bariátrica).

QUADRO CLÍNICO
UM HOMEM DE 46 ANOS COM HIPERTRIGLICERIDEMIA E GORDURA NO FÍGADO: OS BENEFÍCIOS DA PERDA DE PESO

O Sr. C. está preocupado com o histórico de diabetes tipo 2 e doença cardiovascular do pai. Ele decide tentar perder peso. Pensa cuidadosamente sobre onde ele está errando em sua dieta e percebe que os lanchinhos noturnos com biscoitos de chocolate e bebidas açucaradas são sua principal fraqueza. Ele decide que a melhor opção é não comprar nenhum desses lanches no supermercado para evitar a tentação. Ele também decide se inscrever em uma academia e frequentar uma aula de *cross-fit* duas vezes por semana. Seis meses nesse regime, ele perdeu 7 kg e está se sentindo bem e aproveitando seu novo estilo de vida. Ele retorna ao médico para ter seus níveis sanguíneos revistos. Seus testes de função hepática retornaram aos limites normais. No entanto, embora seus triglicérides também sejam menores, ainda permanecem elevados, e seu colesterol HDL ainda é baixo. Sua glicose no sangue é menor do que antes, mas ainda é classificada como glicemia de jejum alterada. O Sr. C. está chateado porque todos os resultados não se normalizaram e sente que seus esforços foram em vão.

Comentário
O Sr. C. fez muito bem ao perder 7 kg de peso. Quando uma pessoa com excesso de gordura visceral perde peso, é essa gordura visceral que é perdida primeiro; é por isso que os testes de função hepática do Sr. C. melhoraram – o fígado não está mais "irritado" com os depósitos de gordura. No entanto, a obesidade é apenas um componente do risco; no caso do Sr. C., sexo, idade, etnia e forte histórico familiar são fatores de risco que ele não pode modificar. Isso não torna a intervenção do estilo de vida fútil, neste caso, porque será boa para a saúde geral e o bem-estar. Apesar disso, o Sr. C. ainda pode desenvolver diabetes tipo 2 nos próximos 10 anos. No entanto, ser menos obeso e fazer exercícios regulares pode atrasar o início do diabetes em comparação com o que teria sido de outra forma. Além disso, se ele desenvolver diabetes deve ser mais simples de tratar.

QUADRO CLÍNICO
UM HOMEM OBESO DE 55 ANOS COM DIABETES TIPO 2, DOENÇA CORONARIANA E ARTRITE: CAPACIDADE COMPROMETIDA DE SE EXERCITAR, EVITANDO A PERDA DE PESO

O Sr. K. é um homem de 55 anos com diabetes tipo 2 e doença coronariana. Ele sofre de angina ao esforço e também de dores artríticas severas no joelho. Quando inicialmente se apresentou para o ambulatório, seu peso era de 140 kg, e sua altura é de 1,80 m (BMI 43). Dentro de um ano, ele conseguiu perder 12 kg com dieta. Foi prescrito um inibidor de lipase, que ele tolerou bem. No entanto, sua artrite piorou, e ele foi ficando cada vez menos capaz de se exercitar. Como resultado, seu peso aumentou novamente para 137 kg. Ele foi encaminhado a um cirurgião e agora está sendo considerado para a cirurgia de banda gástrica.

Comentário
Este paciente ilustra vários problemas associados à obesidade e, em particular, a forma como uma doença concomitante pode interferir nos programas de redução de peso. A perda de peso é difícil de manter a longo prazo, com algumas pessoas usando o exercício como meio de controlar o peso. Este paciente perdeu peso inicialmente, mas a manutenção de menor peso corporal foi ainda comprometida pela diminuição da mobilidade causada pela artrite.

DESNUTRIÇÃO

A desnutrição é um declínio gradual do estado nutricional, o que leva a uma diminuição da capacidade funcional e a outras complicações

A desnutrição energético-proteica (PEM) é definida como um estado nutricional pobre devido à ingestão inadequada de nutrientes. A redução da ingestão de alimentos leva à adaptação redutora, que inclui uma diminuição nos estoques de nutrientes, mudanças na composição corporal e uso mais eficiente de combustíveis, como o uso de corpos cetônicos pelo cérebro (Capítulo 31).

A desnutrição é um dos principais problemas enfrentados pela saúde pública no mundo em desenvolvimento e precisa ser vista não apenas a partir de perspectivas médicas, mas também sociais e econômicas. A mortalidade em pacientes desnutridos (BMI entre 10 e 13) é quatro vezes maior em comparação com pessoas bem nutridas. Os efeitos da desnutrição estão resumidos na Tabela 32.7. Em todo o mundo, a desnutrição contribui para 54% das 11,6 milhões de mortes anuais entre crianças menores de 5 anos de idade.

A desnutrição materna e infantil é responsável por 35% das mortes em crianças menores de 5 anos na África, Ásia e América Latina. Os efeitos da desnutrição materna e infantil incluem restrição do crescimento intrauterino, nanismo e baixo peso. As deficiências nutricionais mais importantes nessas regiões são as deficiências de vitamina A e zinco e, em menor escala, ferro e iodo (Leituras Sugeridas).

Nos países desenvolvidos, a desnutrição é um problema em pacientes hospitalizados que são incapazes de comer por causa de seu problema primário – por exemplo, acidente vascular cerebral ou câncer. Problemas gastrointestinais, particularmente patologia do cólon e doença celíaca (Capítulo 30), ou estado pós-operatório, estão associados a problemas nutricionais específicos. A desnutrição também afeta um grande grupo de indivíduos mais velhos.

No Reino Unido, 25%-34% das pessoas internadas no hospital correm o risco de desnutrição, e 20%-40% dos pacientes gravemente doentes apresentam evidências de desnutrição energético-proteica. A desnutrição está associada ao aumento da morbidade e mortalidade, com maior tempo de internação e com aumento da taxa de complicações. Além da desnutrição, podem ocorrer deficiências específicas, como vitamina D, ferro e vitamina C.

Marcadores de risco de desnutrição
Um BMI abaixo de 18,5 kg/m² sugere risco significativo de desnutrição, assim como a perda não intencional de 10% do

Tabela 32.7 Consequências da desnutrição proteico-calórica

Diminuição da síntese de proteínas
Diminuição da atividade da Na^+/K^+-ATPase
Transporte de glicose diminuído
Gordura no fígado, necrose hepática, fibrose hepática
Depressão, apatia, alterações de humor
Hipotermia
Ventilação comprometida
Sistema imunológico comprometido: comprometimento da cicatrização de feridas
Risco de ruptura de cortes cirúrgicos
Diminuição do débito cardíaco
Diminuição da função renal
Perda de força muscular
Anorexia

peso corporal nos 3-6 meses anteriores. No curso da doença aguda, a incapacidade de comer por mais de 5 dias representa um risco.

Existem dois tipos de desnutrição proteico-calórica: marasmo e kwashiorkor

Marasmo resulta de uma ingestão inadequada prolongada de calorias e proteínas. É uma condição crônica que se desenvolve ao longo de meses ou anos. É caracterizada pela perda de tecido muscular e gordura subcutânea com a preservação da síntese de proteínas viscerais, como a albumina. Existe uma clara perda de peso.

Kwashiorkor é uma forma mais aguda de desnutrição, que também pode ocorrer com um fundo de marasmo. Também se desenvolve devido à ingestão inadequada de nutrientes após trauma ou infecção. No *kwashiorkor*, ao contrário do marasmo, os tecidos viscerais não são poupados: a marca registrada do kwashiorkor é o edema, devido à baixa concentração de albumina plasmática e à perda de pressão oncótica (Capítulo 35). O edema pode mascarar a perda de peso. As complicações do *kwashiorkor* são desidratação, hipoglicemia, hipotermia, distúrbios eletrolíticos e septicemia. Esses pacientes têm imunidade e cicatrização de feridas prejudicadas e, portanto, são propensos à infecção.

A classificação de desnutrição da Organização Mundial da Saúde (OMS) baseia-se na antropometria e na presença de edema depressível bilateral. Outra classificação foi proposta por Collins e Yates. Ela distingue a desnutrição complicada da descomplicada, avaliando a gravidade da desnutrição com base na diminuição do peso para a estatura, circunferência do meio do braço, presença de edema e nível geral de estado de alerta (Leituras Sugeridas). Marasmo e *kwashiorkor* são termos raramente usados na prática hospitalar em países desenvolvidos; **desnutrição** e **desnutrição complicada** são provavelmente mais apropriadas.

A síndrome da realimentação desenvolve-se como consequência da alimentação inadequada de uma pessoa desnutrida

O tratamento da desnutrição em áreas de fome inclui preparações padrão, como o leite terapêutico Fórmula 100 (F100). A F100 é uma dieta líquida com um teor energético de 100 kcal/100 mL. Ela inclui leite desnatado em pó, óleo, açúcar e uma mistura de vitaminas e minerais (sem ferro). Em áreas de fome, os programas de alimentação comunitária usam as chamadas rações gerais que sustentam a vida (pelo menos 2.100 kcal;8.786 kJ/dia) contendo grãos, legumes e óleo vegetal. Durante o tratamento, isso precisa ser combinado com o fornecimento adequado de água, saneamento e cuidados básicos de saúde.

É importante ter tempo para saciar nutricionalmente uma pessoa com fome. Uma substituição muito rápida pode ser perigosa devido à possibilidade de uma grande mudança de fluído e eletrólitos entre os compartimentos intracelular e extracelular. Isso é conhecido como **síndrome da realimentação**, e é caracterizado por uma severa diminuição nas concentrações de magnésio, fosfato e potássio no plasma (este último devido à estimulação da secreção de insulina). Além disso, se houver deficiência de tiamina, a alimentação com carboidratos pode precipitar a **síndrome de Wernicke-Korsakoff** (Capítulo 7). Refeições simples e frequentes em intervalos curtos são recomendadas durante o alívio da fome e, em um ambiente hospitalar, são necessários introdução gradual de suporte nutricional e monitoramento rigoroso.

Síndromes relacionadas à desnutrição

A fragilidade é uma deterioração multissistêmica associada à idade

A fragilidade afeta os sistemas nervoso, endócrino, musculoesquelético e imunológico. Verificou-se que afeta 6,9% dos homens e mulheres americanos com mais de 65 anos. A presença de doença crônica aumenta o risco de fragilidade. O desgaste muscular (sarcopenia) é a sua principal característica: após os 50 anos de idade, há uma perda muscular de 1% a 2% por ano.

Outras características da síndrome da fragilidade são anorexia, perda de peso, exaustão, lentidão da marcha, baixo gasto energético diário e fraqueza muscular. A osteoporose contribui ainda mais para o risco de quedas. A fragilidade também pode estar associada a deficiências de micronutrientes, vitaminas e aminoácidos. Em um nível celular, há um desenovelamento anormal, enovelamento incorreto e agregação de proteínas, bem como disfunção mitocondrial. Os idosos apresentam níveis mais elevados de TNF-α e IL-6.

Caquexia é a perda de peso predominantemente relacionada à doença

A caquexia está particularmente ligada ao câncer ou à sepse. Causa perda predominante de músculo e pode ser fatal. É caracterizada por anorexia e quebra de proteína muscular que ocorre mais cedo do que na PEM comum devido ao aumento do catabolismo muscular e redução da síntese de proteína muscular. Ela é caracterizada pelo aumento da atividade de citocinas pró-inflamatórias, como TNF-α, interferon-γ e interleucina-6. Estimulam a via do NF-κB, que, entre outros efeitos, leva ao aumento da degradação proteica pela via do proteassoma da ubiquitina. Existe resistência à insulina relacionada ao aumento da secreção de glicocorticoides.

Os efeitos hipotalâmicos na caquexia, também mediados por citocinas pró-inflamatórias, levam ao aumento da taxa metabólica, letargia e anorexia. Os resultados laboratoriais comumente observados incluem aumento da proteína C-reativa plasmática (CRP), albumina reduzida e anemia.

O suporte nutricional e a suplementação com micronutrientes são importantes na prevenção da fragilidade. No entanto, na última condição, provavelmente, a prevenção mais eficaz é o incentivo ao exercício físico (ver Leituras Sugeridas).

Suporte nutricional

O suporte nutricional é necessário para um número substancial de pacientes hospitalizados e varia desde a simples assistência com as refeições até dietas enriquecidas ou com consistência especial, nutrição enteral e nutrição parenteral total (Fig. 32.10).

Nutrição enteral implica alimentar uma pessoa por meio de tubos especiais colocados no estômago ou no jejuno

A nutrição enteral é apropriada quando há dificuldades em ingerir alimentos por via oral, mas o trato gastrointestinal funciona adequadamente. Os alimentos entéricos padrão contêm carboidratos, proteínas, gorduras, água, eletrólitos, vitaminas e minerais, incluindo oligoelementos. Os alimentos pré-digeridos contêm peptídeos curtos ou aminoácidos livres.

A nutrição parenteral total é apropriada quando o trato gastrintestinal não funciona devido, por exemplo, à obstrução intestinal ou quando grandes partes dele foram removidas cirurgicamente

A nutrição parenteral total (TPN) significa alimentação intravenosa que cobre todos os requisitos nutricionais. As soluções de nutrição parenteral contêm fluidos, glicose (dextrose), aminoácidos e gorduras dadas como emulsão lipídica (nos Estados Unidos, derivada do óleo de soja, e na Europa também de óleo de peixe, azeite e triglicerídeos de cadeia média). Vitaminas, minerais e eletrólitos também estão incluídos. Embora a nutrição parenteral total salve vidas em muitos casos, é um tratamento potencialmente associado a complicações causadas por infecções da linha intravenosa (requer procedimentos estritamente estéreis), bem como problemas metabólicos. Por essa razão, TPN hospitalar é gerida por equipes multidisciplinares que incluem enfermeiros especialistas, cirurgiões, gastroenterologistas, nutricionistas, farmacêuticos e médicos de medicina laboratorial.

A eficácia do suporte nutricional usando TPN depende da causa da perda de peso

O suporte nutricional é mais eficaz em condições em que a doença causa incapacidade de tomar ou absorver alimentos ou quando um paciente apresenta uma deficiência nutricional específica. Tais condições incluem:

- Incapacidade de comer devido à mucosite oral
- Obstrução do trato GI
- Enteropatia por radiação
- Síndrome do intestino curto resultando em má absorção
- Doença inflamatória intestinal

Embora o suporte nutricional em pacientes com caquexia ou sepse tenda a ser menos eficaz devido à presença de hipermetabolismo, é importante para reduzir a perda de massa muscular e facilitar a reabilitação.

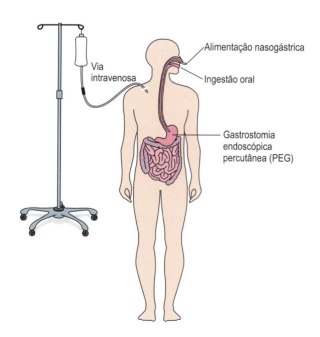

Fig. 32.10 **Rotas de suporte nutricional.** A rota ideal é a ingestão oral. Se a ingestão oral é impossível, mas o trato gastrointestinal (GI) é funcional, a alimentação enteral é considerada. Isto poderia ser fornecido pela via nasogástrica ou nasojejunal. A alternativa é a gastrostomia endoscópica percutânea (PEG), que fornece acesso direto ao estômago. Se o trato GI não for funcional, o suporte nutricional pode ser fornecido pela via intravenosa.

RESUMO

- A nutrição apropriada sustenta a saúde e o bem-estar, e a má nutrição aumenta a suscetibilidade à doença.
- A ingestão de alimentos é controlada pela resposta do sistema neuroendócrino aos sinais gerados no tecido adiposo.
- Genótipo, disponibilidade de alimentos, estado de saúde e atividade física são fatores que determinam o estado nutricional.

QUESTÕES PARA APRENDIZAGEM

1. Descreva os processos que mantêm a homeostase energética.
2. Descreva o papel das diferentes classes de ácidos graxos na nutrição.
3. Liste os princípios de um programa de redução de peso.
4. Discuta os casos em que o aumento da demanda nutricional pode precipitar a desnutrição.
5. Qual dieta você recomendaria para um paciente diabético?

■ Necessidades nutricionais mudam durante o ciclo de vida.

■ As principais categorias de nutrientes são carboidratos, gorduras, proteínas e vitaminas e minerais. O balanço hídrico está intimamente associado à nutrição.

■ A avaliação do estado nutricional é uma parte importante de um trabalho clínico geral. Ela inclui a avaliação de dieta atual, histórico alimentar, exame clínico e uma série de testes bioquímicos e hematológicos.

■ A obesidade se tornou um grande problema de saúde em todo o mundo.

■ A desnutrição afeta grandes áreas do mundo em desenvolvimento e, no mundo desenvolvido, é uma questão entre grupos sociais desfavorecidos e também em pessoas hospitalizadas.

■ O suporte nutricional inclui assistência graduada com a ingestão de nutrientes, variando de assistência com refeições até nutrição parenteral total.

LEITURAS SUGERIDAS

Black, R. E., Allen, L. H., Bhutta, Z. A., et al. (2008). Maternal and child malnutrition: Global and regional exposures and health consequences. *Lancetn, 371*, 243-260.

Collins, S., & Yates, R. (2003). The need to update the classification of acute malnutrition. *Lancet, 362*, 249.

Crowley, V. E. F. (2008). Overview of human obesity and central mechanisms regulating energy homeostasis. *Annals of Clinical Biochemistry, 45*, 245-255.

Dietary Reference Intakes: Applications in dietary planning (2003). Food and Nutrition Board, Institute of Medicine (IOM) of the National Academies.

Dietary Reference Values for food energy and nutrients for the United Kingdom (2003). Report of the Panel on Dietary Reference Values of the Committee on Medical Aspects of Food Policy, Department of Health. London: TSO.

Eckel, R. H. (2008). Nonsurgical management of obesity. *The New England Journal of Medicine, 358*, 1941-1950.

Gidden, F., & Shenkin, A. (2000). Laboratory support of the clinical nutrition service. *Clinical Chemistry and Laboratory Medicine, 38*, 693-714.

,1999   Management of severe malnutrition (1999). A manual for physicians and other senior health workers. Geneva: World Health Organization.

Mozzaffarian, D. (2016). Dietary and policy priorities for cardiovascular disease, diabetes, and obesity. *A comprehensive review. Circulation, 133*, 187-225.

Stemvinkel, P., et al. (2016). Nutrients and ageing. *Current Opinion in Clinical Nutrition and Metabolic Care, 19*, 19-25.

Vellas, B., Guigoz, Y., Garry, P. J., et al. (1999). The mini nutritional assessment (MNA) and its use in grading the nutritional state of elderly patients. *Nutrition, 15*, 116-122.

SITES

University of Sydney - About glycemic Index: http://www.glycemicindex.com/about.php

National Academy of Sciences - Dietary Reference Intakes: https://cms.nationalacademies.org//hmd/~/media/Files/Infographics/2014/DRIs.pdf

Public Health England in association with the Welsh government, Food Standards Scotland, and the Food Standards Agency in Northern Ireland - The Eatwell Guide: http://www.nhs.uk/Livewell/Goodfood/Documents/The-Eatwell-Guide-2016.pdf

BAPEN - Introduction to malnutrition: http://www.bapen.org.uk/malnutrition-undernutrition/introduction-to-malnutrition

BAPEN - Malnutrition Universal Screening Tool (MUST): http://www.bapen.org.uk/pdfs/must/must_full.pdf

World Health Organization - Obesity: http://www.who.int/topics/obesity/en/

US Department of Agriculture - Scientific Report of the 2015 Dietary Guidelines Advisory Committee: https://health.gov/dietaryguidelines/2015-scientific-report/pdfs/scientific-report-of-the-2015-dietary-guidelines-advisory-committee.pdf

US Department of Agriculture - ChooseMyPlate.gov: https://www.choosemyplate.gov/

ABREVIATURAS

AMPK	Proteína quinase ativada por AMP
apoE	Apolipoproteína E
AUC	Área sob a curva
BMI	Índice de massa corporal
BMR	Taxa metabólica basal
CNS	Sistema nervoso central
CRH	Hormônio de liberação de corticotropina
DEXA	Absorciometria de raios X de dupla energia
GABA	Ácido γ-aminobutírico
GI	Índice glicêmico
HDL	Lipoproteína de alta densidade
IL-6 e IL-8	Interleucinas 6 e 8
JAK/STAT	Janus quinase/transdutor de sinal e ativador da transcrição
MAPK	Proteína quinase ativada por mitógeno
α-MSH	Melanocortina
MCH	Hormônio concentrador de melanina
MCP-1	Proteína 1 quimioatraente de monócito
MET	Equivalentes metabólicos da tarefa
NFκB	Fator nuclear potenciador da cadeia leve kappa das células B ativadas
NPY	Neuropeptídeo Y
PDGF	Fator de crescimento derivado de plaquetas
PEM	Desnutrição energético-proteica
PI3K	Fosfatidilinositol 3′-quinase
POMC	Pró-opiomelanocortina
PPARα	Receptor ativado por agentes que estimulam a proliferação de peroxissomos
RER	Taxa de troca respiratória
SREBP1c	Proteína de ligação ao elemento regulador do esterol 1 c
SSB	Bebidas adoçadas com açúcar
TNF-α	Fator- α de necrose tumoral
TPN	Nutrição parenteral total
TRH	Tiroliberina
VLDL	Lipoproteína(s) de densidade muito baixa
VO2	Taxa de consumo de oxigênio

CAPÍTULO 33

Metabolismo de Lipoproteínas e Aterogênese

Marek H. Dominiczak

OBJETIVOS

Após concluir este capítulo, o leitor estará apto a:

- Descrever a composição e as funções das lipoproteínas presentes no plasma: quilomícrons, lipoproteínas de densidade muito baixa, partículas remanescentes (lipoproteínas de densidade intermediária), lipoproteínas de baixa densidade e lipoproteínas de alta densidade.
- Descrever as vias de metabolismo de lipoproteínas e relacioná-las ao ciclo de jejum-alimentação.
- Descrever o transporte reverso do colesterol.
- Destacar os mecanismos e a regulação da concentração intracelular de colesterol, e descrever os fatores de transcrição relevantes, receptores e enzimas.
- Comentar os exames laboratoriais que avaliam o metabolismo lipídico e o risco cardiovascular.
- Discutir os principais componentes da aterogênese: disfunção endotelial, deposição arterial de lipídeos, inflamação crônica de baixo grau e trombose.
- Descrever o crescimento, a desestabilização e a ruptura da placa aterosclerótica.

INTRODUÇÃO

As lipoproteínas são partículas encontradas no plasma, compostas de proteínas e várias classes de lipídeos. Sua estrutura permite o transporte de lipídeos hidrofóbicos no ambiente aquoso do plasma. **As lipoproteínas distribuem triacilgliceróis e colesterol entre o intestino, fígado e tecidos periféricos.** O transporte de triacilgliceróis está ligado ao metabolismo de combustíveis do corpo, enquanto o colesterol transportado forma um *pool* extracelular disponibilizado para as células. O metabolismo anormal das lipoproteínas é o principal fator no desenvolvimento de **aterosclerose,** um processo que leva a **doença cardiovascular arteriosclerótica (DCVA),** incluindo a cardiopatia coronariana, o acidente vascular encefálico e a doença vascular periférica.

As lipoproteínas distribuem triacilgliceróis e colesterol entre o intestino e o fígado, de um lado, e os tecidos periféricos, do outro

O colesterol também é transportado a partir das células periféricas de volta para o fígado.

Os ácidos graxos de cadeia longa podem ser esterificados e armazenados como triacilgliceróis no tecido adiposo (Capítulo 13). Os triacilgliceróis presentes nos alimentos são digeridos e absorvidos no trato gastrintestinal, e então remontados nos enterócitos para distribuição tecidual.

Os triacilgliceróis são transportados no plasma junto às partículas de lipoproteína, enquanto os ácidos graxos de cadeia curta e média são transportados na forma ligada à **albumina**. Os triacilgliceróis também podem ser sintetizados endogenamente, primeiro no fígado.

O colesterol também é transportado da periferia de volta ao fígado. Isso é conhecido como **transporte reverso do colesterol**. As lipoproteínas também transportam vitaminas lipossolúveis como as vitaminas A e E.

QUADRO DE TESTE CLÍNICO
TRIACILGLICERÓIS: A TERMINOLOGIA

Os triacilgliceróis são ésteres de glicerol a ácidos graxos. São também chamados triglicérides. Embora muitos livros de bioquímica empreguem o termo "triacilgliceróis", a literatura clínica usa "triglicérides". Aqui, adotaremos o termo "triacilgliceróis", mas ao descrevermos o contexto clínico ocasionalmente usaremos "triglicérides" para familiarizar os leitores com ambos os termos.

NATUREZA DAS LIPOPROTEÍNAS

As lipoproteínas são aglomerados de moléculas hidrofílicas, hidrofóbicas e anfipáticas

As partículas de lipoproteína contêm triacilgliceróis, colesterol, fosfolipídeos e proteínas (conhecidas como apolipoproteínas). Os ésteres de colesteril hidrofóbicos e os triacilgliceróis residem no núcleo dessas partículas, enquanto os fosfolipídeos anfipáticos, bem como o colesterol livre e as apolipoproteínas, formam sua camada externa (Fig. 33.1). Algumas apolipoproteínas, como a apolipoproteína B (apoB), estão embutidas na superfície da partícula, enquanto outras, como a apoC, estão apenas frouxamente ligadas e podem ser trocadas entre diferentes classes de lipoproteína.

As lipoproteínas diferem quanto ao tamanho e a densidade

Classificamos as lipoproteínas com base em sua densidade ou seu conteúdo de apolipoproteína. As lipoproteínas presentes no plasma formam uma escala de tamanho e densidade (Tabela 33.1). São classificadas em quilomícrons, lipoproteínas de densidade muito baixa (VLDL, *very-low-density lipoproteins*), lipoproteínas de densidade intermediária (IDL, *intermediate-density lipoproteins*; partículas quase idênticas às chamadas partículas remanescentes), lipoproteínas de baixa densidade (LDL, *low-density lipoproteins*) e lipoproteínas de alta densidade (HDL, do inglês *high-density lipoproteins*). VLDL e IDL são ricas em triacilgliceróis, enquanto a LDL é pobre em triacilgliceróis e rica em colesterol. A diminuição do conteúdo de triacilgliceróis aumenta a densidade e diminui o tamanho da partícula. Assim, a densidade aumenta no sentido dos quilomícrons, VLDL, IDL, LDL e HDL.

Tabela 33.1 Classes de lipoproteínas

Partícula	Densidade (Kg/L)	Principal(is) componente(s)	Apolipoproteína(s)*	Diâmetro (nm)
Quilomícrons	0,95	TG	B48 (A, C, E)	75–1.200
VLDL	0,95–1,006	TG	B100 (A, C, E)	30–80
IDL	1,006–1,019	TG e colesterol	B100, E	25–35
LDL	1,019–1,063	Colesterol	B100	18–25
HDL	1,063–1,210	Proteína	AI, AII (C, E)	5–12

TG, triacilglicerol (triglicérides); VLDL, lipoproteínas de densidade muito baixa; IDL, lipoproteínas de densidade intermediária; HDL, lipoproteínas de alta densidade. quando separadas por eletroforese, as VLDLs são chamadas pré-β-lipoproteínas, as LDLs são chamadas β-lipoproteínas, e as HDLs são chamadas α-lipoproteínas.
*As apoproteínas mais abundantes presentes em uma dada partícula de lipoproteína são indicadas primeiro, com aquelas que são trocadas com outras partículas entre parênteses.

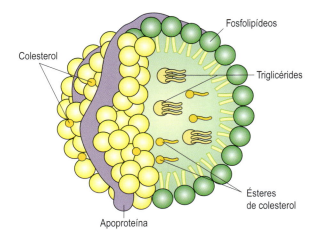

Fig. 33.1 **Partícula de lipoproteína.** Uma partícula de lipoproteína tem uma superfície externa hidrofílica e um interior hidrofóbico. A camada superficial contém colesterol livre, fosfolipídeos e apolipoproteínas. Os ésteres de colesterol e triacilgliceróis estão localizados no núcleo hidrofóbico da partícula.

Apolipoproteínas

As apolipoproteínas são proteínas presentes em partículas de lipoproteína e que exercem funções estruturais e metabólicas

As diferentes apolipoproteínas são designadas por letras pré-fixadas pela abreviação "apo" (p. ex., apoA, apoB etc.). As apolipoproteínas embutidas na superfície das partículas de lipoproteína determinam suas interações com os receptores celulares. Outras regulam a atividade de enzimas e demais proteínas envolvidas no transporte e na distribuição de lipídeos. Cada classe de lipoproteína contém um conjunto característico de apolipoproteínas. As principais apolipoproteínas são listadas na Tabela 33.2.

As apolipoproteínas A (apoAI e apoAII) estão presentes nas partículas de HDL. A ApoAI é uma pequena proteína que consiste em 243 aminoácidos. É sintetizada no fígado e no intestino. O gene APOA1 faz parte do complexo APOA1/C3/

QUADRO DE CONCEITOS AVANÇADOS
SEPARAÇÃO DE LIPOPROTEÍNAS POR ULTRACENTRIFUGAÇÃO

Os laboratórios clínicos usam centrífugas rotineiramente para separar hemácias do soro ou do plasma. Essas máquinas desenvolvem uma força centrífuga moderada, da ordem de 2.000-3.000 g. Entretanto, no trabalho com lipídeos, proteínas e ácidos nucleicos, forças centrífugas muito maiores (40.000-100.000 g) são aplicadas ao plasma para separar partículas e moléculas. Essa técnica é chamada ultracentrifugação. Quando a força centrífuga é aplicada a uma solução, as partículas mais pesadas do que o solvente circundante acabam sedimentando, enquanto aquelas mais leves do que o solvente flutuam na superfície a uma taxa proporcional à força centrífuga, bem como à densidade e ao tamanho da partícula.

Em uma técnica conhecida em bioquímica de lipídeos como **flotação por ultracentrifugação,** o plasma é sobreposto com uma solução de densidade definida (p. ex., 1,063 Kg/L, que é a densidade da VLDL). Decorridas várias horas de centrifugação com velocidades de rotação em torno de 40.000 rotações/min, a VLDL flutua na superfície e pode ser coletada. Soluções de densidades diferentes podem ser usadas para separar outras lipoproteínas. As modificações da técnica de ultracentrifugação, como a centrifugação com gradiente de densidade, permitem a separação do plasma em várias "bandas" contendo diferentes frações de lipoproteínas.

A4/A5. ApoAI ativa uma enzima de esterificação de colesterol, a lecitina:colesterol aciltransferase (LCAT). A ApoAI se liga ao receptor *scavenger* BI e é um marcador da concentração de HDL no plasma.

A ApoII também está presente primariamente na HDL. É uma proteína com 77 aminoácidos sintetizada principalmente no fígado. Inibe a lipoproteína lipase (LPL) e serve de cofator para LCAT e para a proteína de transferência de éster de colesterol (CETP, s *cholesterol ester transfer protein*).

A **apolipoproteína B** existe em duas variantes comuns: a apoB100 e a apoB48. A **apoB100** é uma proteína grande cuja massa molecular é igual a 513.000 kDa, composta por 4.509 aminoácidos. É sintetizada no fígado. A apoB100 **está presente**

Tabela 33.2 Estrutura e função de apolipoproteínas

Apo	Genes	Exemplos de isoformas	Síntese	Estrutura	Função	Lipoproteínas	Via de metabolismo de lipoproteína
AI	Cromossomo 11, *cluster* de genes AI/C3/A4/A5	Seis isoformas polimórficas Mutações: Apo AI Tangier AI Milano AI Marburg	Fígado, intestino	243 AA, 28.000 Da	Estrutural na HDL Ativador de LCAT	70% da proteína de HDL Proteína mais abundante na HDL quilomícrons, VLDL	TRC, estágio da distribuição de combustível
AII	Cromossomo 1		Fígado, intestino	77 AA, 17.400 Da Presente principalmente como dímero (a massa molecular acima é a do dímero)	Estrutural na HDL	20% da proteína de HDL Segunda mais abundante após a apoAI Quilomícrons, VLDL	TRC (principal marcador), estágio da distribuição de combustível
AIV	Cromossomo 11, *cluster* de genes AI/C3/A4/A5	ApoAIV 360 (comum ApoAIV-1, ApoAIV-2	Fígado, intestino		Metabolismo de partículas ricas em TG Interage com CII na LPL Ativador de LCAT	Quilomícrons, HDL, livre no plasma	Estágio da distribuição de combustível no TRC
AV	Cromossomo 11, *cluster* de genes AI/C3/A4/A5	Múltiplas variantes	Fígado		Montagem de quilomícron e VLDL Ativador de LPL	Quilomícrons, VLDL, HDL	Estágio da distribuição de combustível no TRC
CIII	Cromossomo 11, *cluster* de genes AI/C3/A4/A5	Variantes com diferentes conteúdos de ácido siálico: CIII-0, CIII-1, CIII-2	Fígado, intestino	79 AA, 8.800 Da	Inibidor de LPL Mascara ou desloca a apoE da LRP	Superfície de partículas ricas em TG: quilomícrons, remanescentes de VLDL, HDL	Estágio da distribuição de combustível no TRC
CII	Cromossomo 19		Fígado, intestino	79 AA, 8.900 Da	Ativador de LPL: deficiência leva à hipertrigliceridemia bruta	Quilomícrons, VLDL, HDL	Estágio da distribuição de combustível no TRC
B100	Cromossomo 2	Mais de 100 polimorfismos	Fígado	4.536 AA, 550.000 Da	Componente estrutural de VLDL, IDL, LDL Ligante do receptor de LDL	VLDL, IDL, LDL Uma molécula por partícula Marcador do número de partículas	Estágio da distribuição de combustível Estágio da distribuição de colesterol
B48	Cromossomo 2		Intestino	2152 *N*-terminal AA de B100, 264.000 Da 8–10% CHO	Componente estrutural de quilomícrons e remanescentes de quilomícrons	Quilomícrons, remanescentes de quilomícrons	Estágio da distribuição de combustível
E	Cromossomo 19, *cluster* de gene E/C1/C2/C4	Três isoformas principais: E2, E3, E4 Muitas variantes	Fígado, intestino, cérebro, rim, baço, suprarrenais e outros tecidos	299 AA, 34.200 Da	Proteína multifuncional Ligante do receptor de LDL para remanescentes de quilomícrons e LDL Ligante de LRP Modula LPL, CETP, LCAT, HTGL Molécula antioxidante Regulador da resposta inflamatória	Quilomícrons, remanescentes de VLDL, HDL	Estágio da distribuição de combustível, TRC
(a)	Ligação do cromossomo 6 com o gene do plasminogênio	Mais de 20 isoformas, dependente do número de repetições de *kringle* 4 Região *kringle* 4 mais variável	Fígado	Massa molecular variável: 187.000– 800.000 Da mobilidade pré-beta Alto conteúdo de ácido siálico	HDL-2, LDL	Lp(a)	Papel na fibrinólise?

CHO, carboidratos; AA, aminoácidos; TRC, transporte reverso do colesterol; LRP, LDL-receptor-like protein; LPL, lipoproteína lipase; LCAT, lecitina:colesterol aciltransferase; CETP, cholesteryl ester transfer protein; HTGL, hepatic triglyceride lipase.
Veja referências no texto.
Reproduzido com permissão de Dominiczak MH, Caslake MJ. Apolipoproteins: metabolic role and clinical biochemistry applications. Ann Clin Biochem 2011; 48: 498–515.

na **VLDL, IDL e LDL**, e controla o metabolismo da LDL. Como existe apenas uma molécula de apoB100 em cada partícula de lipoproteína, a quantificação de apoB no plasma reflete a soma da VLDL, IDL e LDL. A apoB100 se liga ao receptor de LDL (apoB/E). Uma mutação envolvendo seu resíduo de aminoácido 3.500 diminui sua ligação ao receptor e é causa de uma condição conhecida como **apoB defeituosa familiar** (BDF).

A **apoB48** está presente nos quilomícrons e é uma forma truncada da apoB100 sintetizada a partir do mesmo gene. Um códon de parada é introduzido durante a edição do mRNA da apoB100 ("B48" reflete uma abrangência de 48% da sequência de apoB, começando pela região aminoterminal). É sintetizada pelos enterócitos. Note que a apoB48 não se liga ao receptor de LDL. Sua concentração plasmática reflete a soma de quilomícrons e remanescentes de quilomícrons.

A **apolipoproteína E** está presente em todas as classes de lipoproteína. Seu peso molecular é 34.200 Da e engloba 299 aminoácidos. Liga-se ao receptor de LDL com maior afinidade do que a apoB100. Também se liga à proteína relacionada ao receptor de LDL (LRP, *LDL-receptor-related protein*). A apoE estimula a LPL, a triglicerídeo-lipase hepática (HTGL, *hepatic triglyceride lipase*) e a LCAT. Sua síntese é controlada por três alelos principais, ε2, ε3 e ε4, sendo encontrada em três isoformas, E2, E3 e E4. A **isoforma E2** resulta da substituição de cisteína por arginina na posição 158 em E3, e tem menor afinidade pelos receptores. Portanto, em homozigotos E2/E2, a captação das partículas remanescentes é comprometida e resulta em **dislipidemia familiar** (também conhecida como hiperlipidemia de tipo III).

Na HDL, a apoE contribui para a remoção do colesterol das células. No cérebro, a apoE é sintetizada por astrócitos e pela micróglia: afeta o crescimento e o reparo das células do sistema nervoso central (SNC). Foi demonstrado que indivíduos com fenótipo E4 apresentam risco aumentado de desenvolvimento da forma esporádica da **doença de Alzheimer**. A apoE também tem funções anti-inflamatória e antioxidante. A fenotipagem e a genotipagem da apoE são usadas no diagnóstico da dislipidemia familiar.

As **apolipoproteínas C** (apoCI, apoCII e apoCIII) são ativadoras e inibidoras de enzima, e são extensivamente trocadas entre diferentes classes de lipoproteína.

A **apolipoproteína (a)** ou apo(a) tem um domínio de protease e algumas sequências repetidas com cerca de 80-90 aminoácidos. São estabilizadas por pontes dissulfeto em uma estrutura de alça tripla e são chamadas *kringles* (nome de um doce holandês com formato similar). Um dos *kringles*, o *kringle* 4_2, repete-se 35 vezes na sequência de apo(a). Geralmente, o número de repetições determina o tamanho das isoformas da lipoproteína (a) ou lp(a). Apo(a) é sintetizada no fígado e se liga ao receptor de LDL, e é estruturalmente relacionada ao plasminogênio.

A apo(a) é um componente da lp(a) e esta é uma partícula similar à LDL, em que a apo(a) está covalentemente ligada à apoB100. A lp(a) é altamente polimórfica – sua massa molecular pode variar de 197.000 a 800.000 Da. Sua concentração no plasma é quase totalmente determinada geneticamente, sendo pouco influenciada por fatores relacionados ao estilo de vida. A lp(a) está modestamente associada ao risco cardiovascular.

> **QUADRO DE TESTE CLÍNICO**
> **AS CONCENTRAÇÕES PLASMÁTICAS DE APOLIPOPROTEÍNAS PREDIZEM O RISCO CARDIOVASCULAR**
>
> As quantificações de apolipoproteínas no plasma parecem prever o risco de DCV melhor do que as concentrações de colesterol total e de LDL-colesterol. No entanto, como a maioria dos estudos epidemiológicos e algoritmos de tratamento têm feito referência a determinações de lipídeos, a maioria dos laboratórios continua avaliando o risco cardiovascular com base nas medidas de lipídeos.

RECEPTORES DE LIPOPROTEÍNA

O receptor de LDL é regulado pela concentração intracelular de colesterol

A captação celular de lipoproteínas é mediada por receptores de membrana. O receptor de lipoproteína central é o receptor de LDL, também conhecido como receptor de apoB/E. Como seu nome indica, pode se ligar à apoB100 ou à apoE. Esse receptor foi descoberto por Joseph Goldstein e Michael Brown, que receberam juntos o Prêmio Nobel por este trabalho, em 1985. A proteína receptora madura contém 839 aminoácidos e se estende pela membrana celular. O gene do receptor está localizado no cromossomo 19, e sua expressão é regulada pela concentração intracelular de colesterol livre.

Os receptores scavenger são inespecíficos e não regulados

Os receptores *scavenger* estão presentes em células fagocíticas, como os macrófagos. São designados como sendo de classe A, de classe B ou CD36. Os receptores *scavenger* podem se ligar a muitas moléculas distintas, mas não se ligam à LDL intacta e se ligam prontamente à LDL acetilada ou oxidada. O receptor de classe B liga partículas de HDL no fígado. De modo significativo, os receptores *scavenger* não estão sujeitos à regulação por *feedback* (retroalimentação), por isso podem sobrecarregar uma célula com seu ligante.

ENZIMAS E PROTEÍNAS DE TRANSFERÊNCIA DE LIPÍDEOS

Duas hidrolases, a lipoproteína lipase (LPL) e a triglicéride lipase hepática (HTGL, do inglês *hepatic triglyceride lipase*), removem triacilgliceróis das partículas de lipoproteína. A LPL está ligada a proteoglicanas de heparan sulfato na superfície das células endoteliais vasculares, enquanto a HTGL está associada às membranas plasmáticas no fígado.

A lecitina:colesterol aciltransferase (LCAT) se associa à HDL e esterifica o colesterol adquirido a partir da HDL das células. Dentro das células, porém, o colesterol é esterificado por uma enzima diferente – a acil-CoA:acil-colesterol transferase (ACAT). Existem duas isoformas de ACAT: ACAT1, presente nos macrófagos, e ACAT2, presente no intestino e no fígado.

A proteína de transferência de éster de colesterol (CETP, *cholesterol ester transfer protein*) facilita a troca de colesteril ésteres por triacilgliceróis entre a HDL e outras lipoproteínas.

VIAS DO METABOLISMO DE LIPOPROTEÍNAS

As lipoproteínas exercem uma função dupla: distribuição de triacilgliceróis e fornecimento de colesterol para as células

As lipoproteínas distribuem triacilgliceróis e colesterol entre o intestino e o fígado, por um lado, e os tecidos periféricos, de outro. Os triacilgliceróis são transportados rumo à periferia, para armazenamento prolongado no tecido adiposo. O colesterol, ao contrário, é deslocado em ambas as direções (seu transporte dos tecidos periféricos de volta ao fígado é conhecido como "transporte reverso"). O colesterol presente nas lipoproteínas forma um *pool* extracelular que é disponibilizado para as células via receptor de LDL. O colesterol distribuído ao fígado pode ser excretado na bile.

Metabolismo de lipoproteínas: a via de distribuição de combustível

No estado alimentado, os triglicérides são distribuídos do intestino para a periferia pelos quilomícrons. Os remanescentes de quilomícron são formados após a remoção dos triacilgliceróis

Após a ingesta de uma refeição contendo gorduras, os triacilgliceróis presentes nos alimentos sofrem ação das lipases pancreáticas e são absorvidos *no intestino*, como monoacilgliceróis, ácidos graxos livres e glicerol livre (Capítulo 30). Em seguida, os triacilgliceróis sintetizados no enterócito, junto com os fosfolipídeos e o colesterol, são montados no molde de apoB48 no interior das partículas de quilomícrons. Estas são secretadas na linfa e atingem o plasma via ducto torácico. Também requerem apoA, apoC e apoE. Os quilomícrons conferem um aspecto leitoso ao plasma, e sua meia-vida é inferior a 1 hora.

Nos tecidos periféricos, os triacilgliceróis são hidrolisados pela LPL, e os ácidos graxos entram nas células. Os quilomícrons depletados de triacilgliceróis se transformam em **remanescentes de quilomícrons**.

Os triglicérides sintetizados no fígado são transportados para a periferia pela VLDL; isso ocorre no estado alimentado e no estado de jejum

As VLDLs são montadas no fígado, em moléculas de apoB100, em um processo facilitado pela proteína de transferência de triglicéride microssomal (MTP, do inglês *microsomal triglyceride transfer protein*). Após serem secretadas no plasma, as VLDLs adquirem colesteril ésteres, apoC e apoE da HDL. Sua apoB100 e apoE permanecem nas conformações que não permitem ligação ao receptor da LDL. Nos tecidos periféricos, de modo análogo aos quilomícrons, os VLDL triacilgliceróis são hidrolisados pela LPL. As VLDLs depletadas de triglicérides se tornam **remanescentes de VLDL** (também conhecidos como IDLs). O aspecto de distribuição de combustível do metabolismo da lipoproteína é ilustrado na Figura 33.2.

QUADRO DE TESTE CLÍNICO
CONCENTRAÇÕES DE COLESTEROL, TRIGLICÉRIDES E GLICOSE: UNIDADES CONVENCIONAIS E UNIDADES DO SI

Existem valores equivalentes aproximados para o colesterol:

Unidades do SI (mmol/L)	Unidades convencionais (mg/dL)
4	150
5	190
6	230
7	270
8	310

Os fatores de conversão para a obtenção de valores exatos são os seguintes:
Colesterol: para converter mmol/L em mg/dL, multiplicar por 38,6.
Triglicérides: para converter mmol/L em mg/dL, multiplicar por 88,5.
Glicose: para converter mmol/L em mg/dL, multiplicar por 18.

Note que os laboratórios clínicos determinam o conteúdo de colesterol das partículas de lipoproteínas e estabelecem o valor obtido como marcador de sua concentração. Assim, inferimos a concentração de LDL a partir das medidas de LDL-colesterol (LDL-C). similarmente, medimos VLDL-C, IDL-C (ou colesterol remanescente) e HDL-C.

Metabolismo de lipoproteína: a via de distribuição de colesterol

O colesterol presente nas partículas remanescentes e na LDL é transportado para o fígado

Os **remanescentes de quilomícrons e de VLDL** são menores e mais densos do que seus precursores. As partículas remanescentes são relativamente ricas em colesterol. Nos remanescentes de quilomícrons, a alteração no tamanho da partícula descobre a apoE, possibilitando a ligação à LRP e ao receptor da LDL.

Similarmente, nos remanescentes de VLDL, apoE e apoB assumem conformações que permitem a ligação ao receptor da LDL. Os remanescentes de VLDL são captados pelo fígado ou depletados dos triacilgliceróis remanescentes pela HTGL e, em vez de serem captados, transformam-se em LDL. As partículas de LDL são liberadas no plasma e, por fim, são internalizadas pelas células após a ligação ao receptor de LDL. Cerca de 80% da LDL é captada pelo fígado, enquanto o restante é captado pelos tecidos periféricos.

Após a internalização, o complexo LDL-receptor é digerido pelas enzimas lisossomais. O colesterol livre liberado é esterificado junto à célula, e a proteína receptora é reciclada de volta à membrana. O estágio de distribuição de colesterol do metabolismo da lipoproteína é ilustrado na Figura 33.3.

O colesterol da lipoproteína plasmática forma um pool extracelular que fica disponível para as células

A maioria das células pode sintetizar colesterol a fim de suprir suas próprias necessidades. A concentração de colesterol livre nas membranas celulares regula o modo como uma célula adquire colesterol. O colesterol livre exerce *feedback* negativo sobre a síntese de colesterol celular, e isso é mediado por fatores de trans-

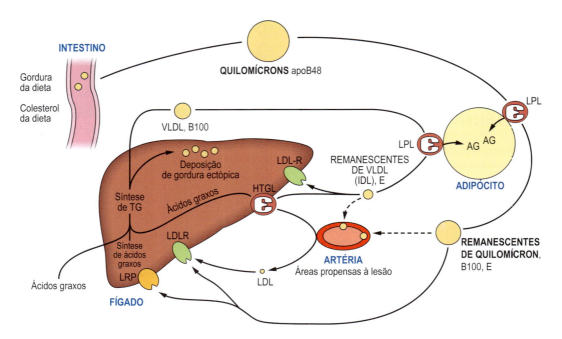

Fig. 33.2 **Metabolismo de lipoproteína: a via de distribuição de combustível.** A via **de distribuição de combustível** está ligada ao metabolismo de ácidos graxos e ao ciclo de alimentação-jejum. No **estado alimentado**, os quilomícrons transportam triacilgliceróis para a periferia, onde a LPL os hidrolisa liberando os ácidos graxos nas células. Os remanescentes de quilomícrons são metabolizados no fígado após a ligação via apoE ao receptor da LDL, e também à LRP. As partículas de VLDL transportam combustível do fígado para os tecidos periféricos. A via das VLDL-remanescentes é ativa em ambos os estados, alimentado e jejum. As VLDLs são montadas no fígado e, de modo análogo aos quilomícrons, seguem no plasma até a periferia. O descarregamento de triacilgliceróis pela LPL gera os remanescentes da VLDL que então retornam ao fígado. Cerca de 65% é captado após a ligação ao receptor de LDL, enquanto os remanescentes são hidrolisados pela HTGL, rendendo as partículas de LDL. As apolipoproteínas que conduzem o metabolismo de diferentes partículas são destacadas. Aquelas que participam na ativação enzimática foram omitidas para proporcionar maior clareza. Note que os ácidos graxos que contribuem para a síntese de triacilgliceróis no fígado derivam da síntese *de novo*, dos ácidos graxos livres distribuídos diretamente para o fígado, ligados à albumina ou de partículas remanescentes internalizadas. A disponibilidade excessiva de triacilgliceróis no fígado pode levar à deposição lipídica ectópica (fígado gorduroso não alcoólico). A concentração plasmática de triacilgliceróis (triglicérides) é um marcador da atividade da via de distribuição de combustível.

QUADRO DE CONCEITOS AVANÇADOS
A VLDL ENRIQUECIDA COM ÉSTERES DE COLESTEROL ORIGINA PARTÍCULAS DE LDL PEQUENAS DENSAS

As partículas de VLDL podem se autoenriquecer em colesteril ésteres obtidos da HDL em troca de triglicérides. Esse processo é facilitado pela CETP. Quando as partículas enriquecidas sofrem a ação da HTGL, geram LDL pequenas densas (sd-LDL, *small-dense LDL*), as quais são fortemente aterogênicas. Como há apenas uma molécula de apoB100 em cada partícula de LDL, a presença de sd-LDL pode se automanifestar como **hiperapobetalipoproteinemia**, uma concentração plasmática aumentada de apoB100 com o colesterol relativamente normal. Essa condição está associada ao risco aumentado de DCV: a sd-LDL poderia ser responsável por um risco aumentado de DCV em alguns pacientes com concentrações plasmáticas de lipídeos aparentemente "normais", como ocorre no diabetes melito.

---

crição conhecidos como proteínas ligantes do elemento regulador de esterol (SREBPs, do inglês *sterol regulatory element-binding proteins*). As SREBPs regulam a transcrição de genes codificadores de enzimas essenciais para a síntese de colesterol – a 2-hidroxi-3-metilglutaril coenzima A sintase e a HMG-CoA redutase – mas também dos genes codificadores do receptor de LDL.

A depleção celular de colesterol livre aumenta os níveis de SREBPs e, em consequência, tanto a síntese de colesterol como a expressão do receptor de LDL aumentam. Por outro lado, quando uma célula está repleta de colesterol, a via da SREBP é inibida, diminuindo a síntese de colesterol e a expressão do receptor (Fig. 33.3). Isso é discutido em mais detalhes no Capítulo 14. Desse modo, o colesterol contido nas lipoproteínas plasmáticas está ligado ao seu conteúdo celular por meio de um sistema precisamente regulado.

Transporte reverso do colesterol

As partículas de HDL removem colesterol das células

As partículas de HDL são montadas no fígado e no intestino. Suas principais apolipoproteínas são a apoAI e a apoAII, mas também contêm apoC e apoE. A HDL adquire colesterol a partir das células periféricas e o transporta por uma via direta até o

QUADRO CLÍNICO
A DISLIPIDEMIA É COMUM NO DIABETES MELITO

O sr. B tem 67 anos de idade, está com sobrepeso (IMC = 28 Kg/m^2) e tem diabetes tipo 2, além de uma leve hipertensão. Quando o sr. B foi à clínica ambulatorial, sua concentração de colesterol era 6,9 mmol/L (265 mg/dL), os triglicérides estavam em 1,9 mmol/L (173 mg/dL) e a *HDL C* estava em 0,9 mmol/L (35 mg/dL). A glicemia de jejum era 8,5 mmol/L (153 mg/dL), e a hemoglobina A$_{1C}$ (HbA$_{1C}$) era 7,3% (56 mmol/mol; valor desejável abaixo de 6,7% [48 mmol/mol]). Ele estava sendo tratado à base de dieta e metformina, que melhoram a sensibilidade à insulina. O paciente tinha recebido prescrição de estatina, além da metformina. Sua pressão arterial era tratada com um inibidor de enzima conversora de angiotensina (Capítulo 37).

Comentário

a presença de diabetes melito traz um risco 2-3 vezes maior de cardiopatia coronariana. O diabetes deste paciente estava bem controlado (a julgar pelos níveis apenas levemente aumentados de HbA$_{1C}$), mas seus níveis de colesterol continuavam altos, por isso ele necessitava de tratamento com fármaco redutor de lipídeo. Uma baixa concentração de HDL-C é relativamente comum no diabetes tipo 2.

Um padrão lipídico frequente visto no diabetes é um aumento na concentração plasmática de triglicérides combinado a uma diminuição na HDL-C. O metabolismo da LDL permanece relativamente inalterado: os pacientes costumam ter concentração normal de HDL-C. Entretanto, como os pacientes diabéticos geram sd-LDL, a LDL diabética, ainda que não aumentada, pode ser mais aterogênica do que as partículas não diabéticas. A combinação de concentração aumentada de partículas remanescentes (que resulta em hipertrigliceridemia leve), sd-LDL aumentada e HDL baixa às vezes é referida como "tríade aterogênica".

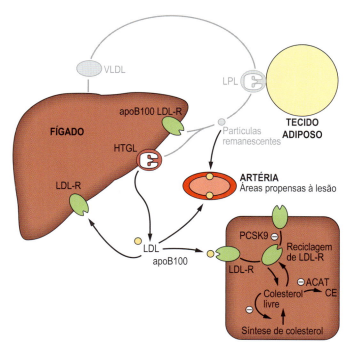

Fig. 33.3 **Metabolismo de lipoproteínas: via de distribuição de colesterol.** A LDL emerge após os remanescentes de VLDL terem sido depletados dos triacilgliceróis pela HTGL. As LDLs se ligam aos receptores de LDL e são captadas pelas células em resposta a uma queda na concentração intracelular de colesterol livre. Após a internalização do complexo LDL-R, o colesterol livre é liberado e esterificado pela ACAT. O receptor é reciclado para a membrana, um processo que é inibido por PCSK9. A concentração intracelular de colesterol regula a atividade de HMG-CoA redutase, a enzima marca-passo na síntese de colesterol, por *feedback* negativo. Isso também controla a expressão de LDL-R. O colesterol total plasmático e a LDL-C são marcadores do *pool* de colesterol extracelular. Note que o LDL (e as partículas remanescentes) pode(m) se depositar na íntima arterial em áreas propensas à lesão. Isso depende da função endotelial e da concentração de LDL. ACAT, Acil-CoA: acil-colesterol transferase; LPL, lipoproteína lipase; LRP, receptor de LDL; HTGL, triglicerídeo lipase hepática; CEs, ésteres de colesterol LDL-R, receptor de LDL; PCSK9, pró-proteína convertase subtilisina/kexina tipo 9 (discutida em mais detalhes adiante).

fígado ou o transfere indiretamente para as partículas ricas em triglicérides, quilomícrons, VLDL ou LDL, em que seguem a via dos remanescentes/LDL (veja a discussão a seguir).

A HDL retira colesterol das células

As partículas de HDL são formas discoides e pobres em lipídeos (pré-β-HDL), contendo principalmente apoAI. São parcialmente construídas a partir dos fosfolipídeos em excesso que são liberados da VLDL durante sua hidrólise pela LPL. Aceitam colesterol das células por meio da ação de um transportador ABCA1 (*ATP-binding cassette transporter A1*) de membrana (Capítulo 4). O ABCA1 usa ATP como fonte de energia e é taxa-limitante para o efluxo de colesterol livre para a apoAI.

A transferência de colesterol a partir da HDL para partículas ricas em triglicérides é a principal via de transporte do colesterol em seres humanos

O colesterol livre adquirido pela HDL nascente é esterificado pela LCAT. Os colesteril ésteres se movem para dentro da partícula, a qual então é ampliada e se torna esférica – passando então a ser designada HDL-3. Auxiliada pela CETP, transfere uma parte de seus colesteril ésteres a quilomícrons, VLDL e partículas remanescentes, em troca de triglicérides. A aquisição de triglicérides amplia ainda mais a partícula – passando agora a ser HDL-2. Essa via de troca parece ser a principal via de transporte reverso do colesterol em seres humanos.

O colesterol remanescente na HDL-2 também pode ser transportado diretamente para o fígado. Nesse local, a HDL-2 se liga ao receptor *scavenger* BI e transfere colesterol para a membrana celular. As partes, agora redundantes, "do invólucro" de HDL se tornam prontas para o próximo ciclo de transporte de colesterol.

O transporte reverso do colesterol é resumido na Figura 33.4.

O CONCEITO DE RISCO CARDIOVASCULAR

O risco cardiovascular implica na probabilidade de um evento de DCVA

O risco cardiovascular é a probabilidade de uma pessoa vir a desenvolver DCVA clínica em um período de tempo definido no futuro. Os principais fatores de risco cardiovascular são listados na Tabela 33.3.

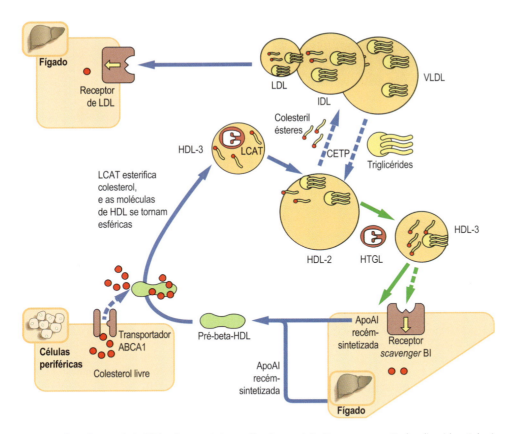

Fig. 33.4 **Transporte reverso do colesterol.** As HDLs são montadas no fígado e no intestino, como partículas discoides. Adquirem colesterol a partir das membranas celulares, por meio do transportador ABCA1. O LCAT associado à HDL esterifica o colesterol adquirido. Os ésteres de colesterol (CEs) se movem para dentro da partícula, tornando-a esférica (HDL-2). CETP facilita a troca de apolipoproteínas e CEs entre HDL e lipoproteínas ricas em triglicérides; como resultado, as partículas de HDL-2 aumentam de tamanho, tornando-se HDL-3. Essa troca insere CEs no sistema de distribuição de combustível e é a principal rota de transporte reverso de colesterol em seres humanos. As partículas de HDL-3 se ligam ao receptor *scavenger* B1 existente na membrana do hepatócito e transferem CEs para o fígado. Quando a transferência é concluída, o tamanho da partícula de HDL volta a diminuir. Uma parte do material de superfície redundante é liberada, formando a pré-β-HDL pobre em lipídeo e rica em apoAI, que então reentra no ciclo de remoção do colesterol. Assim, note as duas vias de distribuição de colesterol para o fígado: a rota HDL3 > HDL2 > VLDL/LDL > receptor de LDL e a rota HDL3 > HDL2 > HDL3 > receptor *scavenger* B1. CEs, ésteres de colesterol; LCAT, lecitina: colesterol aciltransferase; CETP, proteína de transferência de ésteres de colesterol; HTGL, Triglicerídeo lipase hepática.

QUADRO CLÍNICO
PANCREATITE RECORRENTE E HIPERLIPIDEMIA MISTA GRAVE: DEFICIÊNCIA DE LIPOPROTEÍNA LIPASE

Um homem de 46 anos foi encaminhado para a clínica de lipídeos, apresentando um histórico de pancreatite recorrente e acentuada hiperlipidemia mista com altos níveis de colesterol total (25,8 mmol/L [996 mg/dL]) e triglicérides >100 mmol/L (8.850 mg/dL). Ele sofria de diabetes melito tipo 2 secundário à pancreatite crônica.

Comentário
Testes genéticos foram realizados para triagem das causas da hiperlipidemia, e o relatório descreveu a existência de uma mutação no gene da lipoproteína lipase (*LPL*), consistente com um diagnóstico de deficiência de lipoproteína lipase familiar (DLPL). A DLPL é uma condição hereditária muito rara que desorganiza a quebra normal de gorduras no corpo. Os triglicérides originados são encontrados com frequência desde a infância, mas é possível que a condição somente seja diagnosticada na fase adulta. Os sintomas incluem crises recorrentes de pancreatite aguda e *spots* cheios de gordura conhecidos como "xantomas eruptivos". A concentração extremamente alta de colesterol nesse paciente está relacionada ao grande número de quilomícrons presentes, e não à LDL.

O risco cardiovascular está fortemente relacionado às concentrações plasmáticas de colesterol total e LDL-C. Também está inversamente relacionado com a HDL-C plasmática.

Pesquisas recentes deixaram bastante claro que a concentração plasmática de triacilgliceróis (triglicérides) também contribui para o risco. Hoje, há evidência substancial de que a lipemia pós-prandial pode ter papel na aterogênese. A concentração plasmática de triglicérides fora do jejum (que reflete um aumento nos remanescentes lipoproteicos aterogênicos) foi associada ao risco de DCVA. A elevação pós-prandial dos

QUADRO CLÍNICO
AS CONCENTRAÇÕES PLASMÁTICAS DE LIPÍDEOS SÃO UM COMPONENTE ESSENCIAL DA AVALIAÇÃO DO RISCO CARDIOVASCULAR

De acordo com o US National Cholesterol Education Program Adult Treatment Panel III (ATP III), um nível desejável de colesterol total é abaixo de 5,2 mmol/L (200 mg/dL), enquanto o nível ideal de LDL-C é abaixo de 2,6 mmol/L (100 mg/dL). O risco aumenta gradativamente quando a concentração plasmática de colesterol total se eleva acima de 5,2 mmol/L (200 mg/dL). Mais recentemente, níveis ainda menores de LDL-C da ordem de 1,8 (70 mg/dL) têm sido usados como ponto de corte para tratamento em indivíduos com risco elevado de DCVA (ver Leituras Sugeridas).

Parece que não existe um limiar inferior de concentração de colesterol em que o risco seria nivelado (em outras palavras, quanto mais baixo estiver o colesterol, melhor).

Uma concentração de HDL-C abaixo de 1 mmol/L (40 g/dL) em homens ou 1,2 mmol/L (47 mg/dL) em mulheres é considerada baixa. Por outro lado, parece que uma concentração acima de 1,6 mmol/L (60 mg/dL) confere alguma proteção contra a doença coronariana. Os princípios dos testes lipídicos na prática clínica são resumidos na Figura 33.5.

Para saber quais são recomendações atuais acerca do tratamento com estatinas, veja a seção Leituras Sugeridas. Note que os pontos de corte diagnósticos e os tratamentos recomendados mudam e são periodicamente atualizados por organizações profissionais relevantes. Para saber quais são as recomendações vigentes, consulte os *sites* de organizações listados na seção Sites no final do capítulo.

Tabela 33.3 Principais fatores de risco cardiovascular e fatores de risco emergentes

Fator de risco	Comentário
Sexo masculino	O risco cardiovascular entre os sexos se iguala nas mulheres em pós-menopausa.
Idade	Em idosos, idade e sexo isoladamente podem determinar o risco elevado.
Tabagismo	
Hipertensão	
Colesterol total plasmático elevado	
LDL-colesterol alto	
HDL-colesterol plasmático baixo	
Diabetes melito	A DCV é a principal causa de morte no diabetes.
Função renal comprometida	
História familiar de DCVA prematura	A história familiar positiva de DCV prematura aumenta o risco calculado segundo um fator de 1,7-2,0.
ApoB plasmática elevada	
ApoA plasmática baixa	Estudos mais recentes mostram que a predição do risco baseada em apolipoproteínas é melhor do que aquela baseada na concentração de colesterol.
Lp(a) alta	Refina a avaliação de risco.
Razão PCRus/fibrinogênio alta	Refina a avaliação de risco.
Adiponectina baixa	Importante na obesidade e no diabetes.
Obesidade central	
Estilo de vida sedentário	
Espessura íntima-intermediária carótica aumentada	
Privação social	
Condições inflamatórias autoimunes (artrite reumatoide, LES, psoríase)	

Os fatores de risco destacados são usados na maioria dos algoritmos do risco de DCV.

triglicérides plasmáticos é particularmente importante em indivíduos com diabetes melito e resistência à insulina.

Embora uma concentração diminuída de HDL-C esteja associada ao risco aumentado de doença cardiovascular (DCV), uma elevada concentração plasmática de HDL-C parece ser protetor. Os princípios dos testes lipídicos usados na prática clínica são resumidos na Figura 33.5.

O risco de DCV geral é calculado usando calculadoras de risco

Os fatores lipídicos contribuem significativamente para o risco geral de DCVA, mas não são os únicos fatores de risco existentes. Os clínicos se preocupam em especial com o risco geral, de modo a ser possível conceber medidas preventivas e tratamentos apropriados. Para calcular o risco geral, usam algoritmos baseados em dados oriundos de estudos epidemiológicos amplos e prolongados. Um dos mais amplamente usados foi derivado dos dados do Framingham Study, gerados nos Estados Unidos. O algoritmo é baseado em idade, presença de diabetes, tabagismo, pressão arterial sistólica e concentrações de colesterol total e HDL-C. Refere-se a uma população na faixa etária de 34-74 anos, sem DCVA no momento basal. Esse algoritmo não considera uma história familiar de DCV prévia.

Na Europa, são adotados os algoritmos do Systematic Coronary Risk Evaluation (SCORE) e do Prospective Cardiovascular Munster Study (PROCAM).

ATEROSCLEROSE

A DCVA atualmente é a causa mais frequente de morte no mundo. A cardiopatia isquêmica e a doença cerebrovascular juntas são responsáveis por 23,6% de todas as mortes no mundo (WHO, 2011).

A **aterogênese** é um processo que leva ao estreitamento ou a uma repentina obstrução total do lúmen arterial. O resultado é a DCVA. Uma obstrução pode causar **infarto do miocárdio**

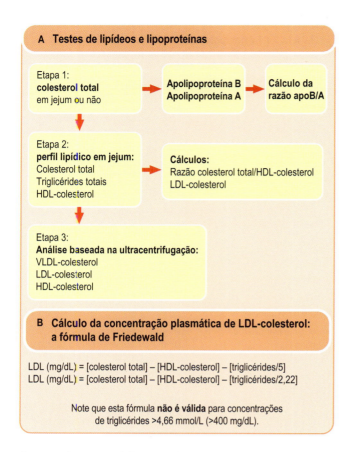

Fig. 33.5 **Diagnóstico laboratorial de dislipidemias.** (A) Medida dos lipídeos plasmáticos e apolipoproteínas. (B) Cálculo da concentração plasmática de LDL-colesterol. Apo, apolipoproteína.

(se o bloqueio ocorrer em uma artéria coronária), **acidente vascular encefálico** (bloqueio em uma artéria que supre o cérebro) ou **doença vascular periférica** (bloqueio em artérias na perna; leva à dor característica que ocorre ao caminhar e é rapidamente aliviada ao parar de caminhar, conhecida como claudicação intermitente). A aterogênese envolve deposição de lipídeos na camada subendotelial da parede arterial (íntima). Isso ocorre no contexto de dano endotelial, e inicia uma reação inflamatória (Capítulos 42 e 43). Por fim, ocorre remodelamento da parede arterial como resultado da migração e da proliferação de células musculares lisas vasculares (CMLV), além de formação de novos vasos (angiogênese). A trombose (Capítulo 41) contribui para o amadurecimento e a desestabilização da placa. O termo **aterotrombose** às vezes é usado para enfatizar isso. A Figura 33.6 destaca os processos envolvidos na aterogênese.

Aterogênese: o papel do endotélio vascular

O endotélio normal tem propriedades anticoagulantes e antiadesivas

O lúmen de uma artéria sadia é revestido por uma camada confluente de células endoteliais. A superfície endotelial normal

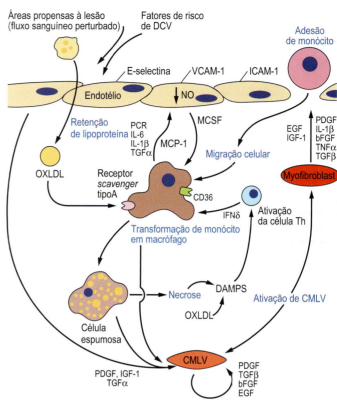

Fig. 33.6 **Aterogênese.** A aterogênese envolve disfunção endotelial; deposição de lipídeos na íntima arterial; migração e ativação de células inflamatórias; uma contínua reação inflamatória de baixo grau, migração e ativação (troca de fenótipo) de CMLV; ativação dos sistemas imunes inato e adaptativo; e trombose. Note o papel dos lipídeos oxidados na formação de células carregadas de lipídeos (espumosas). A aterogênese é mediada por citocinas, quimiocinas e fatores de crescimento, bem como moléculas de adesão geradas por células endoteliais, macrófagos e linfócitos T, e CMLV. Note as múltiplas vias de ativação que perpetuam a resposta inflamatória. Consulte detalhes no texto. bFGF, fator de crescimento básico de fibroblastos; CD36, *cluster of differentiation 36*; DAMP, dano associado ao padrão molecular; IFN-γ, interferon-γ ; IGF-1, fator de crescimento semelhante a insulina-1; ICAM-1, molécula de adesão intracelular 1; IL-1β, interleucina-1β; oxLDL, LDL oxidada; MCP-1, proteína quimioatraaente de monócito-1; NO, óxido nítrico; PDGF, fator de crescimento derivado de plaquetas; TNF-β, fator de necrose tumoral-β; TNF-α, fator de necrose tumoral-α; EGF, fator de crescimento epidermal; TGF-β, fator de crescimento transformador-β; VCAM-1, molécula de adesão celular vascular-1.

é fortemente antitrombótica e antiadesiva: repele as células que flutuam no plasma. A parede arterial em si consiste em três camadas: a camada subendotelial (a íntima); a camada média (a média, que contém as CMLV); e a camada externa (a adventícia, composta por tecido conectivo mais frouxo e contendo nervos relevantes). Partículas com diâmetro maior que cerca de 60-80 nm penetram o endotélio seja através das junções entre as células endoteliais, seja transgredindo as próprias células, e então se alojam na íntima.

O endotélio controla a vasodilatação secretando óxido nítrico

O endotélio também controla a vasodilatação e a vasoconstrição e, assim, regula o fluxo sanguíneo. A substância vasodilatadora mais importante é o óxido nítrico (NO), também conhecido como fator de relaxamento derivado do endotélio (EDRF, *endothelium-derived relaxing fator*). O NO é sintetizado a partir da L-arginina por ação da NO sintase endotelial (eNOS). A atividade de eNOS é controlada pela concentração de cálcio intracelular. A eNOS é expressa de forma constitutiva (constante) no endotélio, enquanto outra isoenzima, a NOS induzível (iNOS), é encontrada na CMLV e em macrófagos. O NO sinaliza via guanilato ciclase e GMP cíclico. Uma diminuição na produção de NO contribui para a hipertensão arterial. O **trinitrato gliceril,** um fármaco bastante usado para aliviar a angina de peito decorrente da oxigenação inadequada do miocárdio **(angina pectoris)**, dilata as artérias coronárias estimulando a liberação de NO.

A aterogênese é iniciada pelo dano endotelial

Com o passar do tempo, o endotélio pode ser funcionalmente danificado pela presença de fatores de risco de DCV, como hipercolesterolemia, hipertensão, componentes da fumaça do cigarro e dieta rica em gordura saturada, bem como pelo diabetes melito e pela obesidade (Fig. 33.6). O efeito é particularmente evidente nas chamadas **áreas propensas à lesão**, que, em geral, estão localizadas em pontos de ramificação ou em partes curvadas das artérias. A dinâmica do fluxo sanguíneo nessas áreas danifica as células endoteliais. A **disfunção endotelial** precede a formação de lesões ateroscleróticas. Inicialmente, o dano é funcional e não estrutural. O endotélio perde sua qualidade célula-repelente e se torna mais permeável às lipoproteínas que, então, se depositam na íntima. Também admite células inflamatórias na parede vascular. Normalmente, existe um equilíbrio entre os programas sintéticos controlados por dois conjuntos de fatores de transcrição atuando como integradores transcricionais. Os fatores Kruppel-símile (KLF2, KLF4) controlam o programa antiaterogênico/anti-inflamatório, e o NFκB controla o programa pró-inflamatório. No endotélio disfuncional, os fatores KLF se tornam suprimidos, e o NFκB predomina.

O endotélio disfuncional aumenta a expressão de **moléculas de adesão celular** (CAMs) que incluem glicoproteínas conhecidas como selectinas, e a molécula de adesão celular vascular 1 (VCAM-1,), a qual promove adesão de monócitos e linfócitos T ao endotélio. Esse processo é ainda mais intensificado por uma diminuição na produção de NO, a qual promove vasoconstrição.

Aterogênese: contribuição de lipoproteínas retidas

O endotélio disfuncional facilita a entrada e a retenção de lipoproteínas na íntima

A retenção de lipoproteínas na íntima é o evento central da aterogênese. A aterogenicidade das partículas de lipoproteína depende de seu tamanho. Partículas pequenas, como os remanescentes e a LDL, entram na parede vascular quando o endotélio é danificado. No plasma, as partículas de LDL são protegidas contra a oxidação por antioxidantes como a vitamina C e o β-caroteno. Uma vez alojadas na íntima, essa proteção é removida. Os ácidos graxos e fosfolipídeos na LDL estão sujeitos à oxidação por macrófagos que expressam uma gama de enzimas oxidantes, incluindo lipoxigenases, mieloperoxidase e NADPH oxidases. A LDL oxidada estimula adicionalmente a expressão de VCAM-1 e MCP-1 (*monocyte chemoattractant protein 1*) no endotélio, mantendo o influxo de células para dentro da íntima; também é mitogênica para macrófagos. A oxidação da LDL também gera padrões moleculares associados ao dano (DAMP), pequenas moléculas de proteína que perpetuam a inflamação.

Base celular da aterogênese

As células entram na íntima vascular

Os monócitos aderentes são estimulados pela proteína quimiotática de monócito 1 (MCP-1) a atravessarem o endotélio e se alojarem na íntima. Os monócitos também secretam metaloproteinase de matriz 9 (MMP-9, uma protease), que facilita ainda mais sua migração.

A geração de **citocinas inflamatórias** e **moléculas de adesão** também estimula a saída de leucócitos T e neutrófilos do plasma e sua ativação na íntima. Normalmente, a migração de células inflamatórias nos tecidos é iniciada por um antígeno ou um traumatismo. Curiosamente, nenhum antígeno específico capaz de iniciar a aterogênese foi identificado até o presente. Poderia haver mimetismo molecular entre este(s) antígeno(s) putativo(s) e os patógenos exógenos (Capítulo 43). O(s) antígeno(s) poderia ser agentes infecciosos ou moléculas geradas no curso da oxidação, ou DAMPs gerados durante a necrose celular. Exemplificando, o grupo fosforilcolina encontrado na LDL oxidada também é um componente do polissacarídeo capsular de bactérias. A LDL oxidada continua sendo um antígeno candidato que poderia ser responsável pela reação inflamatória na aterogênese.

Os monócitos se transformam em macrófagos residentes

Os monócitos se transformam em macrófagos sob influência de citocinas inflamatórias, como o fator de necrose tumoral-α (TNF-α) e o fator estimulador de colônia de granulócito-macrófago 1 (MCSF-1), secretados pelas células endoteliais e CMLV, e o interferon-γ secretado pelas células T auxiliares. Os próprios macrófagos produzem citocinas pró-inflamatórias, interleucina-1β (IL-1β), IL-6 e TNF-α, bem como uma gama de citocinas quimiotáticas (quimiocinas).

As lipoproteínas oxidadas são captadas pelos macrófagos

Os macrófagos ativados respondem às citocinas secretadas pelo endotélio e CMLV. Expressam vários receptores, incluindo receptores *scavenger*, CD36 e receptores *Toll-like* (reconhecimento de padrão). A apoB100 oxidada se liga aos receptores *scavengers* em vez de se ligar ao receptor da LDL. O reconhecimento de moléculas por receptores *scavenger* é parte da resposta imune inata (Capítulo 43). Além disso, DAMPs e apoB oxidada são captados pelas células apresentadoras de antígeno, como as células dendríticas, e ativam células T auxiliares presentes nas lesões ateroscleróticas, iniciando a resposta imune adaptativa. As células B também participam: anticorpos circulantes do tipo IgG e IgM contra LDL oxidada foram identificados no plasma.

A ligação dessas moléculas aos receptores do macrófago ativa a via do NFκB e assim regula positivamente a resposta de citocina, quimiocina e molécula de adesão, intensificando e perpetuando a inflamação. Como os receptores *scavenger* não são regulados por *feedback* pela concentração intracelular de colesterol, os macrófagos sobrecarregados com lipídeos oxidados assumem uma aparência de **células espumosas**. Conglomerados desse tipo de células formam as **estrias gordurosas**. As células espumosas continuam secretando citocinas pró-inflamatórias.

A migração de células musculares lisas vasculares altera a estrutura da parede vascular

As citocinas e fatores de crescimento secretados por células endoteliais e macrófagos ativados — fator de crescimento derivado de plaquetas [PDGF, do inglês *platelet-derived growth fator*], fator de crescimento epidérmico [EGF, do inglês *epidermal growth factor*], fator de crescimento insulina-símile 1 [IGF-1, do inglês *insulin-like growth factor 1*] e fator de crescimento tumoral-β [TGF-β, do inglês *tumor growth fator-β*]) ativam a CMLV na camada intermediária arterial. A CMLV migra para dentro da íntima e sofre mudança fenotípica, transformando-se em células semelhantes a miofibroblastos. A CMLV transformada perpetua ainda mais a resposta inflamatória secretando IL-1, TNF-α e moléculas de adesão. Também sintetiza colágeno extracelular, depositando-o na placa em crescimento e, assim, formando a capa fibrosa. Tudo isso desorganiza a estrutura da parede arterial: a placa recém-formada começa a se projetar para dentro do lúmen da artéria, obstruindo o fluxo sanguíneo.

Por fim, há formação de novos vasos. A interface das células que participam da aterogênese e seus produtos secretórios é resumida na Figura 33.6.

A atividade inflamatória desestabiliza a placa, tornando-a propensa à ruptura

As células espumosas moribundas podem ser removidas por eferocitose (um tipo de remoção fagocítica) ou sofrer necrose e liberar seus lipídeos que, então, ampliam os *pools* lipídicos junto à íntima. Na placa matura (Fig. 33.7), o *pool* lipídico é circundado por células espumosas, linfócitos e CMLV que migraram para dentro da íntima. Os macrófagos continuam secretando citocinas, fatores de crescimento, moléculas de adesão e MMPs. Isso atrai células T e facilita sua ativação em células efetoras. A "capa" da placa contém matriz colágena sintetizada pela CMLV. As lesões avançadas também podem sofrer calcificação.

Uma placa instável tem menos CMLV e contém um número aumentado de macrófagos que residem preferencialmente nas bordas da capa da placa. Os macrófagos degradam a matriz da capa da placa. Além disso, proteases lisossomais (catepsinas) ajudam a degradar o colágeno e a elastina. Células T ativadas secretam IFN-γ e citocinas pró-inflamatórias que promovem indução adicional de macrófagos para liberação de MMPs, e inibem a síntese de colágeno pelas CMLV, enfraquecendo ainda mais a capa da placa. As CMLVs presentes na maioria das regiões de borda vulneráveis da placa também podem sofrer apoptose.

QUADRO DE CONCEITOS AVANÇADOS
UMA ELEVAÇÃO MÍNIMA NA CONCENTRAÇÃO PLASMÁTICA DE PROTEÍNA C REATIVA REFLETE UMA INFLAMAÇÃO CRÔNICA DE BAIXO GRAU ASSOCIADA À ATEROGÊNESE

A proteína C reativa (PCR) é sintetizada no fígado e também na CMLV e nas células endoteliais em resposta à estimulação de citocinas pró-inflamatórias. O nome se refere a sua ligação ao polissacarídeo capsular (C) de bactérias como *Streptococcus pneumoniae*, por meio do qual medeia sua eliminação.

Elevações mínimas na concentração plasmática de PCR podem ser detectadas usando um método analítico ultrassensível (us) capaz de medir concentrações abaixo de 10 mg/L. Essas alterações podem refletir uma inflamação crônica de baixo grau na parede vascular. Como o aumento na PCRus é independente da concentração plasmática de LDL-C, essa medida melhora a avaliação do risco cardiovascular. Foi sugerido que concentrações de PCR <1 mg/dL implicam em um baixo risco de DCV, enquanto uma concentração de PCR >3 mg/L está associada a um alto risco de doença coronariana. Concentrações plasmáticas aumentadas de outras moléculas pró-inflamatórias, como IL-6 e amiloide A sérico, também foram associadas à cardiopatia coronariana.

Aterogênese: o papel da trombose

As plaquetas estimulam fenômenos trombóticos nas placas

A adesão inicial das plaquetas à parede vascular se dá por meio de receptores glicoproteicos para fator de von Willebrand e fibrinogênio. A adesão é adicionalmente facilitada por β_3-integrinas, proteínas transmembrana que se ligam a ligantes como o colágeno. Do mesmo modo, a ligação das plaquetas a células circulantes leva à ativação de leucócitos.

O *fator tecidual*, um receptor de citocina transmembrana e deflagrador fisiológico primário da cascata de coagulação (Capítulo 41), pode ser expresso nas CMLV da placa e nos macrófagos. O fator tecidual forma um complexo com o fator de coagulação VII (FVII), e esse complexo induz sinalização celular via receptor ativado por protease 2 (PAR2), estimulando uma gama de eventos, inclusive quimiotaxia de monócitos, migração e proliferação de CMLV, angiogênese e apoptose. A trombina continua sendo gerada nas placas e ativa monócitos, macrófagos, células endoteliais e plaquetas a secretarem mediadores inflamatórios como CD40-ligante (CD40L), um dos membros da família do TNF que, após se ligar a células apresentadoras de antígeno, amplifica ainda mais a secreção de MMPs, citocinas e moléculas de adesão. A formação de pequenos trombos contribui para a instabilidade da placa e acelera seu crescimento. O crescimento da placa é acelerado por ciclos de minirrupturas da placa e trombose. Os vasos recém-formados favorecem hemorragias junto às placas formadas.

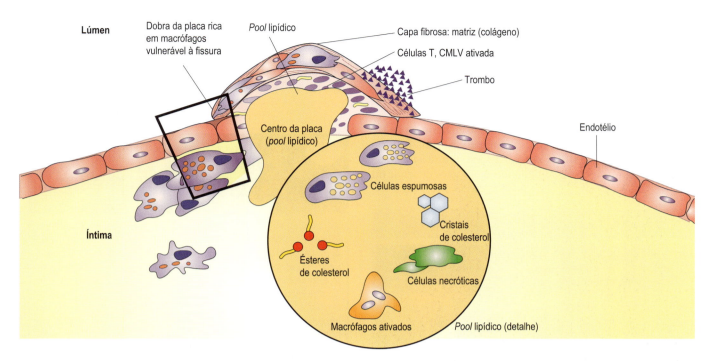

Fig. 33.7 **Placa aterosclerótica. Placa aterosclerótica madura.** O centro lipídico e a capa fibrosa são as partes principais da placa aterosclerótica madura que emerge da parede vascular estruturalmente remodelada. A placa, que é pobre em células e rica em colágeno, é relativamente estável e cresce lentamente ao longo dos anos. Ao contrário, a placa, que é rica em células e pobre em colágeno, torna-se instável e pode romper. O processo-chave que leva à ruptura da placa é a digestão da matriz colágena da capa da placa. A capa fibrosa sintetizada confere certo grau de proteção contra trombose ao conteúdo da placa. A ruptura da capa estimula a formação de trombo. A figura ilustra as áreas vulneráveis à quebra e mostra o trombo obstrutor formado no sítio de ruptura. Embora as placas fibrosas estáveis causem uma angina de progressão lenta, a desorganização de uma placa instável altamente celular leva a eventos clínicos agudos como infarto do miocárdio. CMLV, célula muscular lisa vascular.

Após uma ruptura significativa, um trombo formado sobre a superfície da placa pode obstruir totalmente o lúmen da artéria afetada, cortando o suprimento de oxigênio e causando necrose tecidual. Isso precipita eventos clínicos repentinos e, por vezes, catastróficos.

QUADRO DE CONCEITOS AVANÇADOS
GENÉTICA DA ATEROSCLEROSE

Os genes que codificam receptores de LDL, apolipoproteínas e LRP6 atualmente são os únicos que foram diretamente associados aos distúrbios ateroscleróticos. O sequenciamento profundo (sequenciamento de um genoma muitas vezes para minimizar a taxa de erros) em pacientes afrodescendentes identificou duas variantes do gene codificador da pró-proteína convertase subtilisina/kexina tipo 9 (**PCSK9, gene codificador de uma serina protease**), responsável pelos baixos níveis de lipídeos e por um risco diminuído de infarto do miocárdio.

A maioria das doenças cardiovasculares são **poligênicas**. A hipótese trabalhada atualmente é a de que variantes comuns, ocorrendo com frequência inferior a 5%, são importantes na fisiopatologia das doenças poligênicas. As associações entre uma doença e variantes comuns ao longo de todo o genoma são investigadas usando estudos de associação genômica (GWAS).

DISLIPIDEMIAS

Defeitos no metabolismo das lipoproteínas levam a distúrbios conhecidos como dislipidemias, também chamados, de forma sinônima mas menos precisa, de hiperlipidemias. Sua classificação original, porém desatualizada, nos tipos I a V se baseia no comportamento eletroforético das lipoproteínas (Tabela 33.4). Essa classificação foi substituída por uma classificação genética (Tabela 33.5). Outra classificação bastante usada é a fenotípica, a qual simplesmente divide as dislipidemias em **hipercolesterolemia, hipertrigliceridemia e dislipidemias mistas**.

Nos países industrializados, cerca de 30% das pessoas têm concentrações plasmáticas de colesterol indesejavelmente elevadas. A dislipidemia mais frequente (conhecida como **hipercolesterolemia comum**) é poligênica e resulta do efeito combinado de fatores genéticos e ambientais.

Obesidade e diabetes levam à dislipidemia causada pela produção de VLDL. Isso também pode resultar do **consumo abusivo de álcool**. Entretanto, ao contrário do diabetes, o consumo de álcool, embora eleve a VLDL, também eleva a concentração de HDL. De modo significativo, a perda de peso diminui a secreção de VLDL.

A alta ingesta dietética de gorduras saturadas afeta a concentração de LDL.

A **hipercolesterolemia familiar (HF)** é um distúrbio monogênico causado por uma mutação no gene codificador do receptor de LDL. A captação celular de partículas remanescentes e de LDL está comprometida (HF heterozigota) ou totalmente inibida (HF homozigota muito rara). Outras mutações desorganizam a reciclagem do receptor de LDL para a membrana plasmática. Pacientes com HF têm altas concentrações plasmáticas de colesterol e LDL-C. O modo de herança de HF é autossômico dominante, por isso em geral há uma história familiar relevante de DCVA precoce (p. ex., manifestação de sintomas em um homem com menos de 55 anos de idade ou em uma mulher com menos de 65 anos). Alguns pacientes desenvolvem depósitos lipídicos nos tendões da mão e do joelho, e particularmente no tendão de Aquiles: estes são conhecidos como **xantomas** e são diagnósticos para o distúrbio. A HF traz alto risco de doença cardiovascular precoce.

Tabela 33.4 Classificação fenotípica de dislipidemias

Tipo de dislipidemia (Fredrickson)	Fração eletroforética aumentada (tipo de lipoproteína)	Colesterol aumentado	Triglicérides aumentados
I	Quilomícrons	Sim	Sim
IIa	Beta (LDL)	Sim	Não
IIb	Pré-beta e beta (VLDL e LDL)	Sim	Sim
III	Banda "beta ampla" (IDL)	Sim	Sim
IV	Pré-beta (VLDL)	Não	Sim
V	Pré-beta (VLDL) mais quilomícrons	Sim	Sim

Na eletroforese, as -lipoproteínas (HDL) migram mais rápido rumo ao ânodo (eletrodo +), seguidas pelas pré--lipoproteínas (VLDL) e pelas -lipoproteínas (LDL). Os quilomícrons permanecem na extremidade catódica, na origem da faixa eletroforética.
Esta classificação foi desenvolvida por Fredrickson e adotada pela OMS; baseia-se na separação eletroforética de lipoproteínas séricas. Foi amplamente substituída pela classificação genética. As dislipidemias também são simplesmente classificadas como hipercolesterolemia, hipertrigliceridemia ou dislipidemia mista.

QUADRO CLÍNICO
A HIPERCOLESTEROLEMIA FAMILIAR É CAUSA DE INFARTOS DO MIOCÁRDIO

Um homem de 32 anos de idade que fumava intensamente desenvolveu uma dor torácica repentina e esmagadora. Ele foi admitido no departamento de emergência. O infarto do miocárdio foi confirmado pelas alterações no ECG e por uma alta concentração plasmática de troponina cardíaca. Ao exame, o paciente apresentava xantomas tendíneos nas mãos e nos tendões de Aquiles. Havia uma forte história familiar de cardiopatia coronariana (seu pai recebera um enxerto de *by-pass* coronariano quando tinha 40 anos, e seu avô paterno morrera de infarto do miocárdio com pouco mais de 50 anos de idade). Seu colesterol estava em 10,0 mmol/L (390 mg/dL), os triglicérides estavam em 2,0 mmol/L (182 mg/dL) e o HDL-C estava em 1,0 mmol/L (38 mg/dL).

Comentário
Este paciente tem hipercolesterolemia familiar (HF), um distúrbio autossômico dominante caracterizado por um número diminuído de receptores de LDL. A HF traz um alto risco de doença coronariana prematura, e os heterozigotos podem sofrer ataques cardíacos a partir da 3ª ou 4ª década de vida. A frequência de homozigotos para HF em populações ocidentais é de aproximadamente 1:500. Esse paciente recebeu imediatamente um tratamento trombolítico intravenoso. Subsequentemente, recebeu enxerto de *by-pass* de artéria coronária e foi tratado com fármacos redutores de lipídeo. Sua concentração de colesterol caiu para 4,8 mmol/L (185 mg/dL), e a de triglicérides caiu para 1,7 mmol/L, com a HDL-C subindo para 1,1 mmol/L (42 mg/dL).

Tabela 33.5 As dislipidemias geneticamente determinadas mais importantes

Dislipidemia	Frequência/herança	Defeito	Padrões lipídicos plasmáticos	Risco cardiovascular aumentado
Hipercolesterolemia familiar	1:500 Autossômica dominante	Deficiência ou comprometimento funcional do receptor de LDL	Hipercolesterolemia ou hiperlipidemia mista (IIa ou IIb)	Sim
Hiperlipidemia combinada familiar	1:50 Autossômica dominante	Superprodução de apoB100	Hipercolesterolemia ou hiperlipidemia mista (IIa ou IIb) Padrões tipicamente variáveis em diferentes membros da família	Sim
Disbetalipoproteinemia familiar (hiperlipidemia tipo III)	1:5.000 Autossômica recessiva	Presença do genótipo APO E2/E2 Ligação defeituosa de remanescente ao receptor de LDL	Hiperlipidemia mista	Sim

Hiperlipidemia mista: concentrações plasmáticas de colesterol e de triglicérides aumentadas.

QUADRO CLÍNICO
DIAGNÓSTICO DE HIPERCOLESTEROLEMIA FAMILIAR

Os critérios de Simon Broome para diagnóstico de HF definida adotados no Reino Unido (RU) são os seguintes:
- Colesterol total plasmático acima de 7,5 mmol/L (290 mg/dL) ou LDL-colesterol acima de 4,9 mmol/L (189 mg/dL) em um adulto.
- Colesterol total acima de 6,7 mmol/L ou 4,0 mmol/L (154 mg/dL) em um jovem com menos de 16 anos.
- Somado a:
- Xantomas tendíneos em um paciente ou parente de primeiro grau (pais, irmãos, filhos) ou parente de segundo grau (avô, tio, tia). Ou:
- Evidência baseada no DNA de uma mutação no receptor de DNA, defeito familiar na apoB100.

Comentário
Atualmente, a triagem genética para sustentar o diagnóstico de HF envolve a busca de mutações no gene do receptor de LDL. Uma dessas mutações é a sequência 1637G > A, que resulta na substituição de glicina por ácido aspártico (Gly546Asp), e gera uma atividade diminuída do receptor de LDL. Outra mutação no gene *APOB*, Arg3527Gln, foi encontrada em 5% a 7% dos pacientes com HF, bem como uma mutação menos frequente no gene *PCSK9*, Asp374Tyr.

O **defeito familiar na apolipoproteína B** (DFB) é causado por uma mutação na molécula de apoB100 que compromete sua ligação ao receptor. Esses pacientes também têm alta concentração plasmática de colesterol. Os xantomas parecem ser mais raros do que em pacientes com HF.

A **hiperlipidemia combinada familiar** é caracterizada pela superprodução de apoB100 em vez do comprometimento do receptor. Há uma produção aumentada de VLDL e, em consequência, geração aumentada de LDL. Essa dislipidemia apresenta padrões variáveis de lipídeos plasmáticos (seja com hipercolesterolemia isoladamente, seja com hipercolesterolemia mais hipertrigliceridemia). É uma causa relativamente comum de infartos de miocárdio prematuros.

A **disbetalipoproteinemia familiar,** previamente conhecida como hiperlipidemia tipo III, é causada por uma mutação no gene da apoE, rendendo uma isoforma de apoE com baixa afinidade pelo receptor de LDL. Isso leva ao acúmulo de partículas remanescentes, e há aumento nas concentrações plasmáticas de colesterol e de triglicérides. Observam-se xantomas palmares típicos. A dislipidemia familiar está associada à arteriopatia coronariana.

A **deficiência de lipoproteína lipase** é uma condição muito rara que resulta em concentrações extremamente altas de VLDL, quilomícrons e triglicérides plasmáticos. Estes últimos podem exceder 100 mmol/L (8.850 mg/dL). Os sinais clínicos incluem xantomas cutâneos típicos semelhantes a erupções. A deficiência de LPL está associada ao risco de pancreatite (Capítulo 30) precipitada pela concentração altíssima de triacilgliceróis. Os pacientes afetados frequentemente sofrem repetidos incidentes de pancreatite.

Mutações no gene codificador de apoB também podem levar à baixa concentração de VLDL e, em consequência, a baixas concentrações de LDL.

A **abetalipoproteinemia** é uma condição muito rara que resulta da mutação no gene codificador da proteína de transferência microssomal (MTP), a qual está envolvida na montagem celular da VLDL.

Condições associadas à baixa concentração de HDL

A baixa concentração plasmática de HDL pode resultar de mutações em gene codificadores de apoA1, transportador ABCA1 e LCAT. Pacientes com deficiência de apoAI apresentam baixa HDL-C acompanhada de xantelasma, névoa corneal e arteriosclerose. Os heterozigotos ocorrem em 1% da população e esses indivíduos também desenvolvem amiloidose.

Pessoas com mutações em ABCA1, além da baixa concentração plasmática de HDL-C, têm amígdalas grandes e de tonalidade alaranjada, e também apresentam hepatoesplenomegalia, neuropatia periférica e trombocitopenia. A condição é conhecida como **doença de Tangier**.

A deficiência de LCAT é conhecida como **doença do olho de peixe**. É caracterizada por deficiência de HDL e também por opacidade da córnea, nefropatia e anemia hemolítica.

Condições associadas à alta concentração plasmática de HDL

A deficiência de CETP leva à alta concentração de HDL.
A Figura 33.8 mostra como diferentes anormalidades afetam o metabolismo de lipoproteínas.

QUADRO CLÍNICO
A MUDANÇA DE ESTILO DE VIDA MELHORA O PERFIL DE LIPÍDEOS PLASMÁTICOS

Um homem de 57 anos foi encaminhado à clínica de lipídeos por apresentar hipertrigliceridemia. Ele era obeso, bebia 30 doses de álcool por semana e tinha um estilo de vida sedentário.

Os triglicérides estavam em 6,0 mmol/L (545 mg/dL), o colesterol estava em 5,0 mmol/L (192 mg/dL), e a HDL-C estava em 1,0 mmol/L (39 mg/dL).

Após as dificuldades iniciais, ele, por fim, se propôs a perder 7 Kg de peso em um período de 6 meses, cortou as bebidas para menos de 20 doses por semana, e começou a praticar exercícios regularmente. Passados 12 meses, seus triglicérides estavam em 2,5 mmol/L (227 mg/dL), o colesterol estava em 4,8 mmol/L (186 mg/dL), e a HDL-C estava em 1,2 mmol/L (46 mg/dL).

Comentário
A alteração do estilo de vida pode resultar em melhoras apreciáveis no perfil lipídico. Para tanto, os indivíduos necessitam se comprometer em mudar seus estilos de vida e, em particular, manter essa mudança por um período de tempo prolongado.

Nota: 1 unidade de álcool é uma medida (60 mL) de licor, uma taça de vinho (170 mL) ou meia-caneca de cerveja (284 mL).

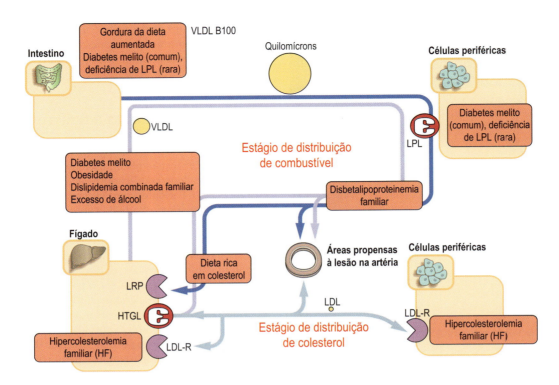

Fig. 33.8 **Visão geral das anormalidades do metabolismo de lipoproteínas. Condições que afetam primariamente a via de distribuição de combustível.** O transporte de combustível é afetado pela ingesta dietética excessiva de gorduras, obesidade e diabetes. A deficiência de LPL causa extrema elevação de quilomícrons e de VLDL. A disbetalipoproteinemia familiar leva a uma concentração aumentada de remanescentes, em consequência do comprometimento da captação causado pela mutação na apoE. **Condições que afetam primariamente o estágio de distribuição do colesterol.** A concentração plasmática de LDL pode ser aumentada devido à maior geração (pela digestão HTGL-mediada dos remanescentes de VLDL) ou ao comprometimento da captação celular ou ligação ao receptor. A hipercolesterolemia familiar (HF) tem maior importância, sendo uma condição em que o comprometimento da captação é causado por mutações no gene do receptor de LDL. Isso leva à elevação geral das concentrações plasmáticas de LDL. A captação dos remanescentes também é comprometida. **Condições que afetam ambos os estágios do metabolismo de lipoproteína.** A hiperlipidemia combinada familiar é devida à apoB100 aumentada e, portanto, à produção aumentada de VLDL. A VLDL em excesso causa o consequente aumento na geração de LDL. Uma dieta rica em gordura também afeta ambos os estágios do metabolismo de lipoproteínas.

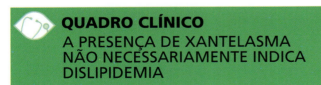

QUADRO CLÍNICO
A PRESENÇA DE XANTELASMA NÃO NECESSARIAMENTE INDICA DISLIPIDEMIA

Uma mulher de 28 anos desenvolveu marcas amareladas imperceptíveis ao redor de ambos os olhos (xantelasma). Ela era assintomática e apresentava uma boa tolerância ao esforço. Seu colesterol estava em 5,0 mmol/L (192 mg/dL), os triglicérides estavam em 0,7 mmol/L (64 mg/dL), e sua HDL-C estava em 1,4 mmol/L (53 mg/dL). Não havia história familiar de doença coronariana prévia.

Comentário
O xantelasma pode ocorrer em indivíduos com níveis totalmente normais de lipídeos. Por outro lado, os depósitos lipídicos em tendões (xantelasma tendíneo) são sempre diagnósticos de algum distúrbio lipídico familiar. A paciente foi tranquilizada e encaminhada para cirurgia estética.

PRINCÍPIOS DO TRATAMENTO DE DISLIPIDEMIAS

O manejo das dislipidemias combina medidas relacionadas ao estilo de vida e tratamento farmacológico

A prevenção cardiovascular efetiva requer uma abordagem que combine modificação do estilo de vida (abandono do tabagismo, dieta e exercício regular) com tratamento farmacológico de dislipidemia, hipertensão e diabetes. A concentração plasmática de LDL pode ser diminuída em cerca de 15% quando um indivíduo segue consistentemente uma dieta pobre em colesterol. Quando as medidas relativas ao estilo de vida falham em corrigir as anormalidades, recorre-se ao tratamento farmacológico. Hoje, aceita-se que a concentração de colesterol a ser alcançada com tratamento deve ser a mais baixa nos indivíduos que apresentam maior risco de eventos cardiovasculares, como aqueles com fatores de risco diversos ou que já têm DCVA, diabetes ou doença renal. Existem várias classes de fármacos que diminuem a concentração plasmática de colesterol.

As estatinas inibem a HMG-CoA redutase

As estatinas, como sinvastatina, pravastatina, atorvastatina e rosuvastatina, são inibidores competitivos da HMG-CoA redutase, a enzima taxa-limitante na síntese de colesterol. As estatinas primariamente abaixam a LDL plasmática. A inibição dessa enzima resulta em diminuição na concentração intracelular de colesterol. Essa diminuição (Capítulo 14) aumenta a expressão de receptores de LDL na membrana celular. Isto, por sua vez, leva ao aumento da captação celular de LDL e, em consequência, a um colesterol plasmático mais baixo. O tratamento com estatinas diminui a concentração plasmática de colesterol em 30% a 60% e diminui o risco de futuros eventos cardiovasculares em 20% a 30%. As estatinas também parecem diminuir fenômenos inflamatórios na parede arterial.

Os fibratos atuam via fator de transcrição PPARα

Os derivados de ácido fíbrico (fibratos) são agonistas do fator de transcrição PPARα. Estimulam a LPL, diminuem as concentrações plasmáticas de triglicérides, e aumentam a concentração de HDL-C. Seu efeito sobre níveis de LDL e de colesterol total são menos pronunciados do que o das estatinas.

> **QUADRO DE CONCEITOS AVANÇADOS**
>
> **OS RECEPTORES ATIVADOS POR PROLIFERADORES DE PEROXISSOMO CONTROLAM O METABOLISMO DE CARBOIDRATOS E LIPÍDEOS**
>
> Os receptores ativados por proliferadores de peroxissomo (PPAR) pertencem à superfamília de receptores nucleares que funcionam como fatores de transcrição. Regulam genes que controlam a homeostasia de carboidratos e lipídeos. Os PPARs formam dímeros com receptor de retinoide X (RXR); os dímeros subsequentemente se ligam a elementos de resposta nas regiões promotoras de genes-alvo.
>
> O PPARα estimula o catabolismo de ácido graxo, a cetogênese e a gliconeogênese. Também está envolvido na montagem de lipoproteínas e no metabolismo de colesterol. Aumenta a expressão de LPL, de apoAI e de apoAII, e diminui a expressão do gene apoCIII.
>
> PPARβ/δ está envolvido no controle da proliferação e diferenciação celular, bem como no catabolismo de ácidos graxos. O PPARγ influencia a homeostase da energia e a diferenciação do tecido adiposo, e melhora a sensibilidade à insulina. As ações do PPARα e do PPARγ são anti-inflamatórias.
>
> **Os PPARs são alvos importantes da ação farmacológica.** Os fármacos redutores de lipídeo comumente usados, derivados de ácido fíbrico (fibratos), ativam o PPARα. As tiazolidinedionas, fármacos antidiabéticos, ativam o PPARγ (Capítulo 31).

Os inibidores da absorção intestinal se ligam aos ácidos biliares e inibem o transportador de colesterol

Os inibidores da absorção intestinal de colesterol incluem os fármacos mais antigos, as resinas ligadoras de ácido biliar, que hoje são raramente usados. Diminuem a concentração plasmática de colesterol interrompendo a recirculação de colesterol a partir do intestino e aumentando sua excreção. Um novo fármaco, ezetimibe, inibe o transportador de colesterol intestinal, a proteína Niemann-Pick C1-símile 1 (NPC1L1) na borda em escova intestinal, e diminui o colesterol total em cerca de 20%.

Os ácidos graxos ômega-3 diminuem a concentração plasmática de triglicérides

Uma diminuição substancial na concentração plasmática de triglicérides pode ser alcançada com o tratamento com ácidos graxos ômega-3, presentes no óleo de peixe. Curiosamente, as preparações à base de óleo de peixe também são antiarrítmicas, particularmente em pacientes que já sofreram infarto do miocárdio.

Os inibidores de PCSK9 são a classe mais nova de fármacos redutores de colesterol

A PCSK9 é uma serina protease que se liga ao receptor de LDL. Quando a LDL se liga ao receptor, a PCSK9 canaliza o complexo LDL-receptor de LDL para a degradação e não para a reciclagem.

Os inibidores de PCSK9 são anticorpos monoclonais dirigidos contra a proteína convertase subtilina/kexina tipo 9. Esses anticorpos aumentam a disponibilidade do receptor de LDL e podem diminuir a LDL-C em 50% a 60%. O desenvolvimento desses anticorpos seguiu-se à observação de que os portadores de mutações raras de ganho de função no gene da PCSK9 tinham hipercolesterolemia e sofriam de DCVA precoce.

RESUMO

- As lipoproteínas transportam lipídeos hidrofóbicos entre órgãos e tecidos.
- Os quilomícrons medeiam o transporte de triacilgliceróis dietéticos.
- A VLDL medeia o transporte de triacilgliceróis endogenamente sintetizados.
- Os quilomícrons, as VLDL e as lipoproteínas remanescentes fazem parte da rede de distribuição de combustível do organismo.
- As LDLs são lipoproteínas ricas em colesterol geradas a partir dos remanescentes de VLDL. Similarmente às partículas remanescentes, são pequenas o bastante para entrar na parede arterial.
- A HDL medeia o transporte reverso do colesterol (p. ex., remoção de colesterol das células periféricas e seu transporte para o fígado).
- A aterogênese envolve disfunção endotelial, deposição lipídica na íntima e uma contínua reação inflamatória de baixo grau na parede arterial mediada por um conjunto de citocinas, fatores de crescimento e moléculas de adesão. Isso leva a ativação e proliferação de células musculares lisas arteriais e ao remodelamento da parede arterial.
- A placa aterosclerótica desorganiza a estrutura da parede arterial e estreita o lúmen da artéria afetada. No entanto, a causa imediata do infarto do miocárdio não é o crescimento lento da placa, e sim a ruptura súbita.

- A DCVA inclui a cardiopatia coronariana, o acidente vascular encefálico e a doença vascular periférica. A avaliação do risco cardiovascular envolve medidas de vários parâmetros lipídicos e identificação de outros fatores de risco, como hipertensão, tabagismo e presença de diabetes. A intensidade do tratamento depende do risco geral.

QUESTÕES PARA APRENDIZAGEM

1. Compare a composição de VLDL e LDL.
2. Quais são as diferenças entre o transporte para os tecidos periféricos dos triacilgliceróis dietéticos e dos triacilgliceróis sintetizados no fígado?
3. Dê exemplos de interações entre diferentes tipos celulares na aterogênese.
4. Como se dá a ruptura de uma placa aterosclerótica?
5. Qual é a contribuição da disfunção endotelial para a aterosclerose?

LEITURAS SUGERIDAS

A Report of the American College of Cardiology Foundation/American Heart Association Task Force on Practice Guidelines. (2010). 2010 ACCF/AHA Guideline for Assessment of Cardiovascular Risk in Asymptomatic Adults. Journal of the American College of Cardiology, 56.

Borissoff, J. I., Spronk, H. M. H., & ten Cate, H. (2011). The hemostatic system as a modulator of atherosclerosis. *The New England Journal of Medicine, 364*(18), 1746-1760.

Dominiczak, M. H. (2001). Clinical Chemistry and Laboratory Medicine. *Risk factors for coronary disease: The time for a paradigm shift?, 39*, 907-919.

Dominiczak, M. H., & Caslake, M. J. (2011). Apolipoproteins: Metabolic role and clinical biochemistry applications. *Annals of Clinical Biochemistry, 48*, 498-515.

Durrington, P. (2003). Dyslipidaemia. *Lancet, 362*, 717-731.

Salisbury, D., & Bronas, U. (2014). Inflammation and Immune System Contribution to the Etiology of Atherosclerosis. Mechanisms and Methods of Assessment. *Nursing Research, 63*, 375-385.

Tabas, I., García-Cardeña, G., & Owens, G. K. (2015). Recent insights into the cellular biology of atherosclerosis. *The Journal of Cell Biology, 209*, 13-22.

SITES

Heart UK - Diagnostic Criteria for Familial Hypercholesterolemia Using Simon Broome Register: https://heartuk.org.uk/files/uploads/documents/HUK_AS04_Diagnostic.pdf

Framingham Heart Study: http://www.framinghamheartstudy.org/

European Society of Cardiology Clinical Practice Guidelines – Dyslipidaemias 2016 (Management of): http://www.escardio.org/Guidelines/Clinical-Practice-Guidelines/Dyslipidaemias-Management-of

Third Report of the National Cholesterol Education Program (NCEP) Expert Panel on Detection, Evaluation, and Treatment of High Blood Cholesterol in Adults (Adult Treatment Panel III) - Final Report: https://www.ncbi.nlm.nih.gov/pubmed/12485966

ACC/AHA Guideline on the Treatment of Blood Cholesterol to Reduce Atherosclerotic Cardiovascular Risk in Adults - A Report of the American College of Cardiology/American Heart Association Task Force on Practice

Guidelines (Stone NJ, et al. 2013):https://www.nhlbi.nih.gov/health-pro/guidelines/in-develop/cholesterol-in-adults

National Cholesterol Education Program High Blood Cholesterol ATP III Guidelines At-A-Glance Quick Desk Reference:https://www.nhlbi.nih.gov/files/docs/guidelines/atglance.pdf

MAIS CASOS CLÍNICOS

Please refer to Appendix 2 for more cases relevant to this chapter.

ABREVIATURAS

ACAT	Acil-CoA: acil-colesterol transferase
apoAI/apoAII	Apolipoproteínas A
apoB100/apoB48	Apolipoproteínas B
apoCI/apoCII/apoCIII	Apolipoproteínas C
apoB	Apolipoproteína B
CAMS	Moléculas de adesão celular
CD36	*Cluster of differentiation 36*
CETP	*Cholesterol ester transfer protein*
CMLV	Célula(s) muscular(es) lisa(s) vascular(es)
DAMPs	Damage-associated molecular patterns
DCVA	Doença cardiovascular aterosclerótica
EDRF	Fator de relaxamento derivado do endotélio (óxido nítrico)
EGF	Fator de crescimento epidérmico
FVII	Fator VII
HF	Hipercolesterolemia familiar
BDF	Apolipoproteína B defeituosa familiar
GWAS	*Genome-wide association studies*
HDL	Lipoproteína(s) de alta densidade
HTGL	Triglicéride lipase hepática
IDL	Lipoproteína(s) de densidade intermediária
IL-1β	Interleucina-1β
IL-6	Interleucina-6
IGF-1	Fator de crescimento 1 semelhante à insulina
KLF	*Kruppel-like factor* (KLF2, KLF4)
LCAT	Lecitina:colesterol aciltransferase
LDL	Lipoproteína(s) de baixa densidade
LPL	Lipoproteína lipase
MCP-1	Proteína 1 quimioatraente de monócito
MCSF-1	Fator do fator estimulante de colônia de monócitos
MMP-9	Metaloproteinase de matriz 9
MTP	*Microsomal transfer protein*
PAR2	*Protease-activated receptor 2*
PDGF	Fator de crescimento derivado de plaquetas
TG	Triacilgliceróis (também triglicérides)
TGF-β	Fator β da transformação do crescimento
TNF-α	Fator de necrose tumoral α
VCAM-1	Molécula 1 de adesão de células vasculares
VLDL	Lipoproteína(s) de densidade muito baixa

CAPÍTULO 34

O Papel do Fígado no Metabolismo

Alan F. Jones

OBJETIVOS

Após concluir este capítulo, o leitor estará apto a:

- Discutir o papel do fígado no metabolismo de carboidratos e, em especial, seu papel na produção de glicose endógena.
- Discutir o papel do fígado no metabolismo de lipídeos.
- Delinear as alterações na síntese proteica hepática que ocorre durante a reação de fase aguda.
- Descrever os mecanismos de proteólise mediados por ubiquitina.
- Descrever a via da síntese do grupo heme.
- Descrever o metabolismo da bilirrubina e os principais tipos de icterícia.
- Compreender os mecanismos básicos do metabolismo hepático de fármacos e a hepatotoxicidade causada por drogas e álcool.

INTRODUÇÃO

O fígado exerce papel central no metabolismo tanto por causa de sua localização anatômica quanto por muitas de suas funções bioquímicas. O fígado recebe sangue venoso do intestino, assim, todos os produtos da digestão, incluindo fármacos e outros xenobióticos ingeridos por via oral chegam a ele e podem ser metabolizados antes de entrarem na circulação sistêmica. As células hepáticas parenquimais, os hepatócitos, possuem uma gama muito ampla de funções sintéticas e catabólicas, que estão resumidas na Tabela 34.1.

Este capítulo descreve as funções metabólicas especializadas do fígado e as anormalidades que ocorrem na doença hepática. O fígado desempenha papéis importantes no metabolismo de carboidratos, de lipídeos e de aminoácidos; na síntese e degradação das proteínas do plasma; e no armazenamento de vitaminas e metais. O fígado também possui a habilidade de metabolizar, e assim detoxificar, uma gama infinitamente ampla de xenobióticos. O fígado também tem função excretora, pela qual resíduos metabólicos são secretados em um sistema ramificado de ductos conhecido como árvore biliar que, por sua vez, desemboca no duodeno; os constituintes biliares são então excretados nas fezes.

O fígado é o maior órgão do corpo e tem uma capacidade substancial de reserva metabólica

A doença hepática moderada pode não causar sintomas e ser evidente apenas se alterações bioquímicas consequentes a essa doença sejam detectadas quando uma amostra de sangue é analisada no laboratório clínico. Entretanto, o paciente com doença hepática de gravidade suficiente para comprometer seu metabolismo normal pode tornar-se criticamente adoecido. As sequelas clínicas características da doença hepática severa incluem pigmentação amarelada da pele **(icterícia)**; equimoses e **sangramento profuso,** geralmente a partir das varicosidades da vasculatura esofágica devido à pressão aumentada na circulação porta; distensão abdominal devido ao acúmulo de fluido **(ascite);** e nível alterado de consciência **(encefalopatia hepática,** Fig. 34.1).

ESTRUTURA DO FÍGADO

A estrutura do fígado facilita a troca de metabólitos entre hepatócitos e plasma

O fígado é o maior órgão sólido no corpo e, nos adultos, pesa cerca de 1.500 g. Aproximadamente 75% de seu fluxo sanguíneo é suprido pela veia porta, que drena o sangue do intestino. A circulação arterial sistêmica supre o restante do sangue pela artéria hepática. O sangue que sai do fígado entra no sistema venoso sistêmico pela veia hepática. O componente biliar do fígado compreende a vesícula biliar e os ductos biliares.

Ao microscópio, a matéria do fígado é composta de uma grande quantidade de hepatócitos dispostos em lóbulos poliédricos (Fig. 34.2). Tratos portais, nos "cantos" desses poliedros, contêm ramificações da veia porta, artéria hepática e ductos biliares interlobulares. Os sinusoides sanguíneos surgem dos ramos terminais da veia porta e se interligam e se entrelaçam por meio dos hepatócitos antes de se juntarem à veia lobular central, a qual, por sua vez, finalmente flui para a veia hepática.

Os sinusoides estão delineados por dois tipos de células. O primeiro tipo se refere às **células endoteliais vasculares,** que estão frouxamente conectadas umas às outras, deixando diversas lacunas. Não há membrana basal entre as células endoteliais e os hepatócitos. As **células de Kupffer,** o segundo tipo de células sinusoidais, são fagócitos mononucleares geralmente encontrados nas lacunas entre as células endoteliais.

Esses arranjos anatômicos facilitam a troca de metabólitos entre os hepatócitos e o plasma, permitem que os hepatócitos recebam suprimento arterial e que produtos de excreção do metabolismo dos hepatócitos, destinados à excreção biliar, alcancem os ductos biliares.

O FÍGADO E O METABOLISMO DE CARBOIDRATOS

O fígado desempenha papel central no metabolismo da glicose, especificamente na manutenção da concentração da glicose sanguínea

A função do fígado no metabolismo da glicose (Capítulos 12 e 31) depende de sua habilidade tanto de armazenar um suprimento de glicose na forma polimerizada do glicogênio como também em sintetizar glicose *de novo* a partir de fontes outras que não carboidratos, principalmente aminoácidos derivados do catabolismo das proteínas do corpo, por meio da gliconeogênese. Os lipídeos não servem como substratos para a gliconeogênese. No estado de jejum, quando os estoques de glicogênio hepático estão exauridos, a gliconeogênese é crítica para manter concentrações adequadas de glicose no sangue como combustível para certos órgãos, principalmente o cérebro, que dependem obrigatoriamente da glicose como fonte de energia.

Dependendo das condições metabólicas, o fígado pode captar ou produzir glicose

O fígado possui glicose-6-fosfatase, que permite a liberação de glicose livre para o sangue. Embora o músculo armazene mais glicogênio que o fígado, ele não possui glicose-6-fosfatase e, portanto, não pode contribuir diretamente com glicose para o sangue. O rim também tem a habilidade de sintetizar glicose-6-fosfato *de novo* por gliconeogênese e apresenta atividade de glicose-6-fosfatase, mas, quantitativamente, sua contribuição é bem menor que a do fígado. Além disso, os rins não armazenam glicogênio.

O fígado humano adulto, no estado de jejum, libera para o sangue cerca de 9 g de glicose por hora, de modo a manter a concentração sanguínea de glicose. Os substratos para gliconeogênese são derivados do lactato liberado por glicólise nos tecidos periféricos e da deaminação hepática de aminoácidos (principalmente alanina) gerados a partir da proteólise do músculo esquelético (Capítulo 31).

O FÍGADO E O METABOLISMO DE PROTEÍNAS

A maioria das proteínas plasmáticas é sintetizada no fígado

A doença hepatocelular pode alterar a síntese proteica tanto quantitativa quanto qualitativamente. A **albumina** é a proteína mais abundante no sangue, sendo sintetizada exclusivamente pelo fígado (Capítulo 40). Na doença hepática é comum uma baixa concentração de albumina no plasma. Esse não é, porém, um bom marcador da função de síntese hepática, pois na doença sistêmica (que com frequência acompanha a doença hepática) ocorre aumento da permeabilidade endotelial vascular que permite o extravasamento de albumina para o espaço intersticial.

Um marcador melhor da função de síntese dos hepatócitos é a produção dos fatores de coagulação II, VII, IX e X

Todos os fatores de coagulação sofrem γ-carboxilação pós-translacional de resíduos específicos de glutamil, permitindo se ligarem ao cálcio. Como um grupo, sua concentração funcional pode ser prontamente avaliada no laboratório de hematologia, medindo-se o tempo de protrombina (PT; Capítulo 41).

O fígado também sintetiza a maioria das alfa e beta globulinas do plasma. As concentrações dessas globulinas no plasma se alteram na doença hepática e na doença sistêmica; neste último caso, essas alterações formam parte da **resposta de fase aguda.**

A resposta a um insulto agudo está associada a alterações de grande magnitude na síntese proteica hepática

A "resposta de fase aguda" é um termo que abrange todas as alterações sistêmicas que ocorrem em resposta a uma infecção ou inflamação (Capítulo 40). O fígado sintetiza várias proteínas de fase aguda, as quais foram definidas como aquelas cujas concentrações no plasma se alteram em mais de 25% dentro de uma semana a partir do início de um processo inflamatório ou infeccioso. A produção dessas proteínas é estimulada por citocinas pró-inflamatórias liberadas por macrófagos e, destas, a interleucina 1 (IL-1), a IL-6 e o fator de necrose

Tabela 34.1 Funções das células parenquimais hepáticas e suas alterações na doença hepática

Função	Marcadores plasmáticos de danos
Catabolismo do heme	Bilirrubina ↑
Metabolismo de carboidratos	Glicose ↓
Síntese de proteína	Albumina ↓ Tempo de protrombina elevado
Catabolismo proteico	Amônia ↑ Ureia ↓
Metabolismo de lipídeos	Triglicerídeos ↑, Colesterol ↑
Metabolismo de fármacos	Meia-vida biológica do fármaco alterada
Metabolismo de ácido biliar	Ácidos biliares ↑

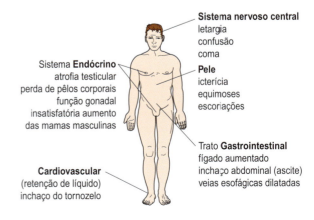

Fig. 34.1 **Aspectos clínicos da doença hepática grave.**

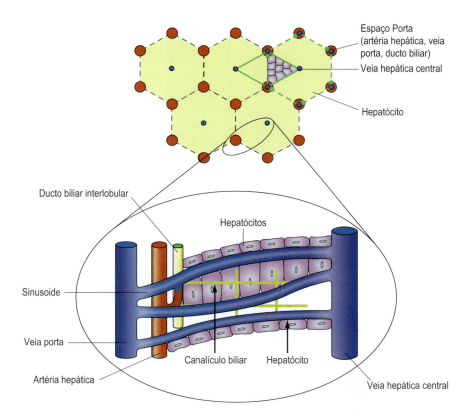

Fig. 34.2 **Estrutura do fígado.**

tumoral (TNF) assumem papel de destaque. As proteínas de fase aguda possuem várias funções diferentes. **Proteínas de adesão**, opsoninas como a proteína C-reativa (CRP), se ligam às macromoléculas liberadas a partir de dano tecidual, ou por agentes infecciosos, e estimulam sua fagocitose (Capítulo 43). **Fatores do complemento** também promovem a fagocitose de moléculas estranhas. **Inibidores de protease**, como a antitripsina alfa$_1$ e a antiquimotripsina alfa$_1$, inibem as enzimas proteolíticas. Estas duas últimas também estimulam o crescimento de fibroblastos e a produção de tecido conjuntivo exigido para o reparo e a resolução da lesão.

Um suprimento substancial de aminoácidos é necessário como substrato para esse aumento na síntese proteica hepática, e tais aminoácidos são derivados da proteólise do músculo esquelético. TNF e IL-1 estão também envolvidos na estimulação da degradação de proteínas intracelulares específicas pelo sistema ubiquitina-proteassoma (discussão a seguir).

Degradação de proteínas pelo sistema da ubiquitina-proteassoma

A ubiquitina marca proteínas intracelulares para a degradação proteassômica

O *turnover* de proteínas hepáticas é altamente regulado, o que permite que as vias metabólicas se adaptem às mudanças das circunstâncias fisiológicas. As células dos mamíferos possuem vários sistemas proteolíticos.

As proteínas do plasma e os receptores de membrana são endocitados e então hidrolisados pelas proteases ácidas dentro dos lisossomos. As proteínas intracelulares, por outro lado, são degradadas dentro de estruturas conhecidas como proteassomas pelo então chamado sistema ubiquitina-proteassoma (UPS: Capítulo 22). Os descobridores da ubiquinilação de proteínas foram agraciados com o Prêmio Nobel em Química em 2003. O UPS é importante na ativação da via pró-inflamatória NFκB, e a função do UPS é modificada pelas espécies reativas de oxigênio (Capítulo 42).

Remoção do nitrogênio

O ciclo da ureia é essencial para a remoção do nitrogênio gerado pelo metabolismo de aminoácidos

O catabolismo de aminoácidos gera amônia (NH_3) e íons de amônio (NH_4^+). A amônia é tóxica, especialmente para o sistema nervoso central (SNC). A maior parte da amônia é detoxificada em seu sítio de formação, por amidação do glutamato a glutamina, que deriva principalmente do músculo e é usada como fonte de energia pelos enterócitos. O nitrogênio restante entra pela veia porta ou como amônia ou como alanina, ambas usadas pelo fígado para a síntese da **ureia** (Capítulo 15).

O comprometimento na excreção de amônia causa dano cerebral

O **ciclo de ureia** é a principal via pela qual o nitrogênio residual é excretado, como descrito no Capítulo 15. Em recém-nascidos, os defeitos herdados de qualquer uma das enzimas do ciclo da ureia levam à **hiperamonemia, o** que prejudica a função cerebral, causando encefalopatia. Tais problemas surgem nas primeiras 43 horas de vida e são inevitavelmente agravados por alimentos ricos em proteína, tal como o leite.

SÍNTESE DO HEME

O grupo heme é um constituinte da hemoglobina, da mioglobina e dos citocromos

O heme é sintetizado na maioria das células do corpo, e o fígado é a principal fonte não eritrocitária dessa síntese. Trata-se de uma porfirina, um composto cíclico que contém quatro anéis de pirrólicos unidos por pontes metenil. O heme é sintetizado a partir da glicina e da succinil-coenzima A, que se condensam para formar **5-aminolevulinato (5-ALA).** Essa reação é catalisada pela 5-ala sintase, localizada na mitocôndria, sendo a etapa limitante da síntese do heme. Subsequentemente, no citosol, duas moléculas de 5-ALA se condensam para formar uma molécula contendo um anel de pirrol, o **porfobilinogênio (PBG).** A seguir, quatro moléculas de PBG se combinam para formar um composto tetrapirrólicol linear, o qual sofre ciclização para resultar em uroporfirinogênio III e então coproporfirinogênio III. Os estágios finais da via ocorrem novamente na mitocôndria, em que uma série de descarboxilações e de oxidações de cadeias laterais no uroporfirinogênio III produz protoporfirina IX. No estágio final, o ferro (Fe^{2+}) é adicionado pela ferroquelatase à protoporfirina IX para formar o grupo heme. O heme controla a taxa de sua síntese por meio de inibição por retroalimentação (*feedback inhibition*) da 5-ALA sintase (Fig. 34.3).

> ### ✿ QUADRO DE CONCEITOS AVANÇADOS
> #### PORFIRIAS
>
> Os defeitos na via sintética do grupo heme levam a distúrbios raros conhecidos como porfirias. Porfirias diferentes são causadas por deficiências de enzimas diferentes na via biossintética, começando pela 5-ALA sintase e terminando com a ferroquelatase. As porfirias são classificadas como hepáticas ou eritropoiéticas, dependendo do órgão primário afetado.
>
> Três porfirias são conhecidas como **porfirias agudas** e podem ser a causa de internações de emergência no hospital devido à dor abdominal (que precisa ser diferenciada de várias causas cirúrgicas). Elas também causam sintomas neuropsiquiátricos. A **porfiria aguda intermitente (AIC)** é causada pela deficiência da hidroximetilbilano sintase, uma enzima que converte PBG em um tetrapirrol linear; nesse distúrbio, as concentrações de 5-ALA e de PBG aumentam no plasma e na urina. A **coproporfiria hereditária** é causada por um defeito na conversão de coproporfirinogênio III em protoporfirinogênio III (copro-oxidase). A terceira porfiria aguda é a **porfiria variegata,** cuja manifestação clínica é muito semelhante àquela da AIC.
>
> **Outras porfirias,** como a porfiria cutânea tardia, se caracterizam clinicamente pela sensibilidade da pele à luz **(fotossensibilidade)**, podendo causar desfiguração e cicatrizes. Além disso, a via é inibida por chumbo metálico no estágio da porfobilinogênio sintase.

METABOLISMO DA BILIRRUBINA

O excesso de bilirrubina causa icterícia

A bilirrubina é o produto catabólico do grupo heme. Cerca de 75% de toda a bilirrubina são derivados da degradação de hemoglobina oriunda das hemácias senescentes, as quais são fagocitadas por células mononucleares do baço, da medula óssea e do fígado (células reticuloendoteliais). Em adultos normais, o nível diário de bilirrubina é de 250-350 mg. A estrutura cíclica do grupo heme é clivada oxidativamente em biliverdina pela heme oxigenase, um citocromo P-450 (discussão a seguir). A biliverdina é, por sua vez, reduzida enzimaticamente a bilirrubina (Fig. 34.4). A concentração normal de bilirrubina no plasma é inferior a 21 μmol/L (1,2 mg/dL). Concentrações aumentadas (superiores a 50 μmol/L, ou 3 mg/dL) podem ser reconhecidas clinicamente porque, nessa concentração ou em concentração maior, a bilirrubina confere uma cor amarelada à pele e à conjuntiva, o que é conhecido clinicamente como icterícia, ou *icterus*. A icterícia é um sinal clinicamente significativo da presença de doença hepática importante.

A bilirrubina é metabolizada pelos hepatócitos e excretada na bile

Embora a biliverdina seja solúvel em água, a bilirrubina, paradoxalmente, não é. Portanto, ela deve ser metabolizada adicionalmente antes da excreção (Fig. 34.5). A bilirrubina produzida pelo catabolismo do grupo heme nas células reticuloendoteliais é transportada no plasma ligada à albumina. A captação hepática da bilirrubina é mediada por um transportador de membrana, e pode ser competitivamente inibida por outros ânions orgânicos. A afinidade da bilirrubina pela água é aumentada por esterificação, geralmente conhecida como conjugação, de uma ou de ambas as cadeias laterais de ácido carboxílico com ácido glicurônico, xilose ou ribose. O diéster glucoronídeo é o conjugado principal, e sua formação é catalisada pela uridina difosfato (UPD)-glicuronil transferase. A bilirrubina conjugada é solúvel em água e pode ser secretada pelo hepatócito nos canalículos biliares. Se esse processo de excreção estiver comprometido e o paciente apresentar icterícia, parte da bilirrubina conjugada poderá ser excretada na urina, o que caracteristicamente lhe conferirá coloração escura.

No intestino, a bilirrubina conjugada é catabolizada por bactérias para formar estercobilinogênio, também conhecido como urobilinogênio fecal, que é incolor. O estercobilinogênio é oxidado em estercobilina (também conhecida como urobilina fecal), que é colorida: a estercobilina é a principal responsável pela coloração das fezes. Uma parte da estercobilina pode ser reabsorvida da luz intestinal e então ser reexcretada ou pelo fígado ou pelos rins. Se a excreção biliar de bilirrubina conjugada estiver prejudicada por doença que obstrua o fluxo da bile para o intestino (icterícia obstrutiva), não haverá formação de estercobilinogênio/estercobilina, e as fezes se mostrarão descoradas.

CAPÍTULO 34 O Papel do Fígado no Metabolismo

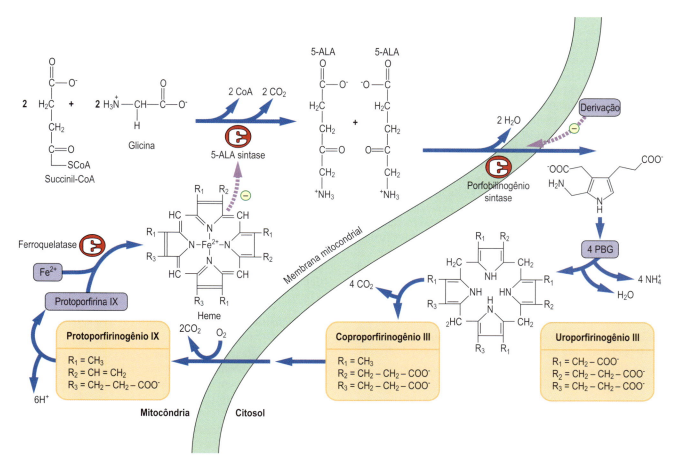

Fig. 34.3 **A via da síntese do heme.** Parte da via está localizada na mitocôndria e parte no citosol, como mostrado. ALA, 5-aminolevulinato; PBG, porfobilinogênio. A hemoglobina é discutida no Capítulo 5.

ÁCIDOS BILIARES E METABOLISMO DO COLESTEROL

Os ácidos biliares são elementos essenciais no metabolismo de gordura

Os ácidos biliares são sintetizados nos hepatócitos e exercem efeito semelhante a um detergente no lúmen intestinal, solubilizando lipídeos biliares e emulsificando a gordura da dieta para facilitar sua digestão. O metabolismo dos ácidos biliares está descrito no Capítulo 14. A excreção biliar é também a única via pela qual o colesterol pode ser eliminado pelo organismo.

METABOLISMO DE DROGAS

A baixa especificidade de algumas enzimas hepáticas determina ampla capacidade para o metabolismo de drogas

A maioria das drogas é metabolizada no fígado. Entre outros efeitos, esse metabolismo hepático geralmente aumenta a hidrofilia das drogas e, portanto, a susceptibilidade de serem excretadas pelos rins ou na bile. Em geral, os metabólitos de drogas são farmacologicamente menos ativos que as drogas que lhes deram origem; entretanto, algumas drogas são inativas quando administradas, mas são convertidas para suas formas ativas como resultado do metabolismo hepático (pró-droga). Os sistemas de metabolização hepática de drogas devem ser capazes de lidar com uma gama infinita de moléculas que poderão ser encontradas após ingestão ou administração; isso se consegue pelo fato de as enzimas responsáveis envolvidas possuírem baixa especificidade para o substrato.

O metabolismo de drogas acontece em duas fases

A Fase I é a adição de um grupo polar: a polaridade da droga é aumentada por oxidação ou hidroxilação, o que é catalisado por uma família de enzimas microssomais conhecidas coletivamente como citocromo P-450 oxidases.

A Fase II é a conjugação: enzimas citoplasmáticas conjugam os grupos funcionais introduzidos nas reações da primeira fase, mais frequentemente por glicuronidação ou sulfonação, mas também por acetilação e metilação.

Três das 18 famílias de gene do citocromo P-450 compartilham o compromisso com o metabolismo de drogas

A superfamília do citocromo P-450 (CYP) humano é composta de 18 famílias e 43 subfamílias contendo 57 genes e

59 pseudogenes. As enzimas do citocromo P-450 são proteínas contendo heme que se localizam com a NADPH: citocromo P-450 redutase. Elas estão presentes no retículo endoplasmático. A maioria das atividades metabólicas associadas à superfamília do citocromo P-450 ocorre no fígado, mas essas enzimas também estão presentes no epitélio do intestino delgado. A sequência de reações catalisadas por essas enzimas é apresentada na Figura 34.6. Existem 18 famílias de gene do citocromo P-450, das quais três, designadas *CYP1, CYP2 e CYP3*, são responsáveis pela maior parte do metabolismo de drogas da Fase I. Destas, CYP1A2, CYP3A4, CYP2B6, CYP2C9, CYP2C19, CYP2D6 e CYP2E1 são responsáveis por cerca de 90% do metabolismo de drogas. Destas, CYP3A4 é responsável pela maioria das transformações metabólicas, mas cada vez mais evidências mostram que CYP2B6 desempenha papel muito maior no metabolismo medicamentoso humano do que se acreditava anteriormente. Os medicamentos são, com frequência, administrados em coquetéis, e interações medicamentosas droga-droga (DDI) clinicamente importantes podem ocorrer quando medicamentos que compartilham um destino metabólico de CYP comum são coadministrados. Muitas DDIs são bem reconhecidas.

A indução e a inibição competitiva de enzimas do citocromo P-450 operam como mecanismos das interações de drogas

A síntese hepática de citocromos P-450 é induzida por certas drogas e outros agentes xenobióticos que aumentam a taxa das reações de Fase I. Por outro lado, as drogas que formam um complexo relativamente estável com um citocromo P-450 em particular inibem o metabolismo de outras drogas que são normalmente substratos para aquele mesmo citocromo. Por exemplo, CYP1A2 metaboliza, entre outros compostos, a cafeína e a teofilina. Ele pode ser inibido por suco de toranja, que contém uma substância conhecida como naringina, ou ainda pelo antibiótico ciprofloxacina. Quando uma pessoa ingere qualquer uma das substâncias inibidoras, os substratos normais para CYP1A2 são metabolizados mais lentamente, e seus níveis plasmáticos aumentam.

Pode ser necessário reduzir a dose do imunossupressor ciclosporina em até 75% se o paciente também utilizar o medicamento antifúngico cetoconazol (consultar Wilkinson em Leituras Sugeridas), de modo a se evitarem reações adversas.

As drogas que levam a indução ou a repressão das enzimas do CYP3A geralmente atuam por meio do mecanismo de receptor nuclear. Elas se combinam com receptores nucleares (ou seja, no caso do CYP3A4, o receptor X de pregnano [PXR]), que então forma heterodímeros com receptores X de retinoides (Capítulo 14). Tais complexos aumentam a síntese do CYP3 ao se ligarem aos elementos-resposta no promotor do gene.

Polimorfismos do gene do citocromo P-450 determinam a resposta a muitas drogas

A variação alélica que afeta a atividade catalítica de um citocromo P-450 também afeta a atividade farmacológica das drogas. O exemplo mais bem descrito desse polimorfismo é aquele do CYP2D6 do citocromo P-450, que foi reconhecido inicialmente

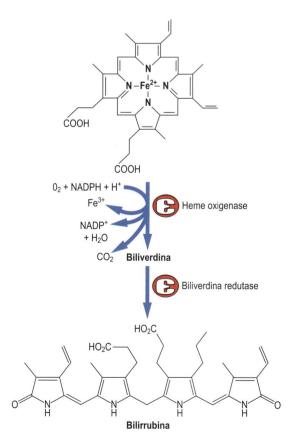

Fig. 34.4 **Degradação do heme em bilirrubina.**

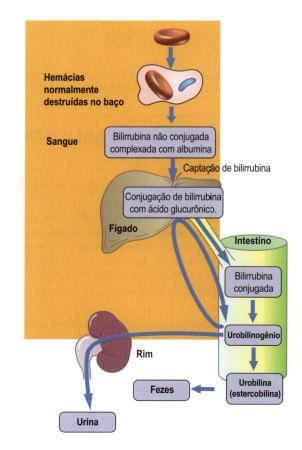

Fig. 34.5 **Metabolismo normal da bilirrubina.**

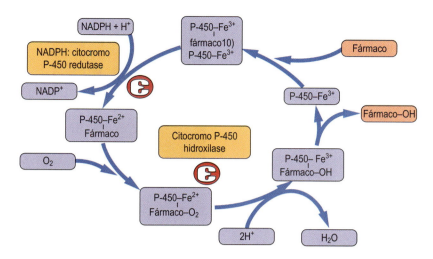

Fig. 34.6 **Papel do sistema citocromo P-450 no metabolismo de fármacos.**

em 5% a 10% de indivíduos normais, os quais foram identificados como metabolizadores lentos do hidroxilato de debrisoquina, um fármaco redutor da pressão arterial, hoje pouco usado. Entretanto, a CYP2D6 também metaboliza um número significativo de outros fármacos de uso comum, de modo que o "polimorfismo da debrisoquina" permanece clinicamente relevante.

O fármaco antiplaquetário clopidogrel é administrado em associação com aspirina em pacientes portadores de doença arterial coronariana após o procedimento de revascularização. Entretanto, cerca de 25% dos pacientes experimentam uma resposta antiplaquetária subterapêutica ao clopidogrel. Esse fármaco é uma pró-droga que sofre biotransformação hepática pelo CYP2C19 em seu metabólito ativo. Vários estudos relataram que portadores do alelo variante do CYP2C19 exibem capacidade substancialmente menor para transformar clopidogrel em seu metabólito ativo e estão, portanto, em risco significativamente maior para eventos cardiovasculares adversos. Consequentemente, nos Estados Unidos, a Food and Drug Administration (FDA) alterou recentemente as orientações para prescrição do clopidogrel de modo a destacar o impacto do genótipo CYP2C19 na resposta clínica a esse fármaco.

A genotipagem dos citocromos P-450 para identificar polimorfismos genéticos relevantes pode se tornar mais corriqueira na tentativa de personalizar a resposta de um indivíduo a um fármaco em particular.

Hepatotoxicidade dos fármacos

Fármacos que exercem seus efeitos tóxicos no fígado podem fazê-lo por meio da produção hepática de um metabólito tóxico

A lesão hepática induzida por medicamento (DILI) pode ocorrer em todos os indivíduos expostos a uma concentração suficiente de um fármaco em particular. Entretanto, um medicamento pode ser tóxico para alguns indivíduos em concentrações normalmente toleradas pela maioria dos outros pacientes. Esse fenômeno é conhecido como toxicidade medicamentosa idiossincrática e pode ter como causa um fundo genético ou imunológico. O potencial para DILI ser a responsável pela disfunção hepática de um indivíduo pode, portanto, não ser óbvio se não for um efeito tóxico reconhecido do fármaco, e os testes de rotina para função bioquímica do fígado podem não ter utilidade nesse sentido.

O fármaco acetaminofeno (paracetamol) de uso comum é hepatotóxico em excesso

O acetaminofeno é amplamente utilizado como analgésico, estando disponível sem necessidade de receita. Ingerido na dose terapêutica usual, o mesmo é eliminado por conjugação com ácido glicurônico ou sulfato, sendo então excretado pelos rins. Em caso de *overdose*, a capacidade das vias normais de conjugação é sobrecarregada, e o acetaminofeno é oxidado pelo citocromo P-450 CYP3A4 do fígado para N-acetil benzoquinoneimina (NABQI). A NABQI pode causar a peroxidação de lipídeos de membrana mediada por radicais, e levar, por consequência, ao dano hepatocelular, o qual, sendo suficientemente grave, pode causar insuficiência hepática fulminante e levar o paciente a morte. NABQI pode ser metabolizada por conjugação com glutationa, contudo na overdose do acetaminofeno, os estoques de glutationa também ficam exauridos, o que causa a hepatotoxicidade (Fig. 34.7). Na terapêutica, um composto sulfidril, a N-acetilcisteína (NAC), é usado rotineiramente como antídoto no caso de intoxicação por acetaminofeno. Ele promove a metabolização da NABQI pela via da glutationa e também elimina os radicais livres. O risco de hepatotoxicidade pode ser confiavelmente predito pela dosagem da concentração plasmática de acetaminofeno em relação ao tempo decorrido desde a *overdose*, e a NAC pode ser administrada aos pacientes que estejam sob risco de dano hepático. A dosagem de acetaminofeno é um dos testes toxicológicos emergenciais oferecidos por laboratórios clínicos.

ÁLCOOL

O excesso de álcool é a principal causa de doença hepática

O consumo excessivo de álcool etílico (etanol) é uma causa comum de doença hepática. O etanol pode causar deposição de gordura em excesso no fígado (**esteatose alcoólica**), podendo

514 CAPÍTULO 34 O Papel do Fígado no Metabolismo

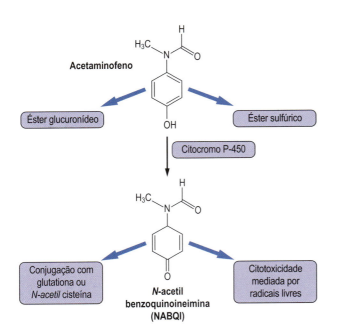

Fig. 34.7 **Metabolismo do acetaminofeno (paracetamol).**

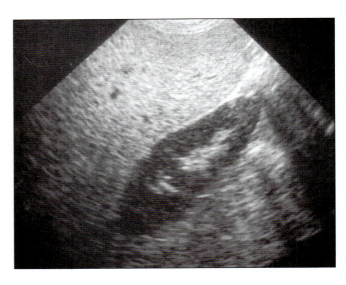

Fig. 34.8 **Varredura por ultrassom de um fígado mostrando esteatose.** Cortesia do Dr. A. Bannerjee, Heart of England NHS Foundation Trust UK.

progredir para **hepatite** e finalmente para **fibrose** (conhecida como **cirrose**), que, por sua vez, leva à **insuficiência hepática**. Nos Estados Unidos ocorrem, anualmente, mais de 25.000 mortes associadas à doença hepática, estando 40% delas relacionada à cirrose alcoólica (ver Donohue, em Leituras Sugeridas).

O etanol é oxidado no fígado, principalmente pela álcool desidrogenase (ADH), para formar acetaldeído que, por sua vez, é oxidado pela aldeído desidrogenase (ALDH) em acetato. A nicotinamida adenina dinucleotídio (oxidado) (NAD^+) é o cofator para ambas as oxidações, sendo reduzida a NADH. Um citocromo P-450, CYP2E1, também contribui para a oxidação de etanol, contudo é quantitativamente menos importante que a via ADH-ALDH. O dano hepático em pacientes que abusam do álcool pode surgir da toxicidade do acetaldeído, que forma adutos-base de Schiff com outras macromoléculas.

A oxidação de etanol altera o potencial redox do hepatócito

A oxidação do etanol resulta em uma proporção aumentada de NADH para NAD^+ dentro das células hepáticas parenquimatosas. Piruvato é o produto final da glicólise e essa via oxidativa também reduz NAD^+ para NADH. Para permitir que a glicólise continue desbloqueada, NADH é oxidada em NAD^+ via mecanismo de redução de piruvato para lactato, com NADH sendo oxidada a NAD^+. A proporção alterada de $NADH/NAD^+$ após o etanol promove ainda mais a redução de piruvato para lactato, o que gera risco de desenvolvimento da acidose láctica. Uma vez que piruvato é um substrato para gliconeogênese hepática, existe também o risco de hipoglicemia. Esse risco aumenta ainda mais em alcoólatras quando, por causa da má nutrição, os mesmos apresentem estoques diminuídos de glicogênio hepático. Além disso, a alteração na proporção $NADH/NAD^+$ inibe a betaoxidação de ácidos graxos e promove a síntese de triglicerídeos: triglicerídeos em excesso se depositam no fígado e são exportados para o plasma como VLDL (Quadro Clínico

"Um homem de 46 anos com hipertrigliceridemia e gordura hepática: obesidade central", no Capítulo 32). A esteatose hepática pode ser prontamente diagnosticada por ultrassonografia do fígado, quando se observa uma ecogenicidade uniforme aumentada (Fig. 34.8). Com frequência, isso está associado à elevação dos níveis séricos das enzimas transaminases liberadas por células parenquimatosas hepáticas quando lesadas.

O consumo de etanol também afeta o sistema ubiquitina de degradação proteica (Capítulo 22). O consumo crônico de álcool diminui a atividade dos proteassomos. Isso pode desregular o sistema de sinalização de hepatócitos por inibição da via de sinalização Janus quinase/transdutor de sinal e ativador de transcrição (JAK/STAT), a qual está envolvida na resposta de fase aguda, defesa antiviral e reparo hepático (Capítulo 25). A inibição da atividade de proteassomos também pode levar ao aumento da apoptose (Capítulo 28), uma característica da **doença hepática alcoólica (ALD)**. A redução na atividade de proteassomos induzida pelo etanol previne a degradação da CYP2E1, que está envolvida em reações de peroxidação; isso aumenta o estresse oxidativo e pode representar outro fator de contribuição para ALD.

Por fim, a redução na atividade de proteassomos induzida pelo álcool pode levar ao acúmulo de proteínas no fígado, o que, por sua vez, causa o aumento de volume do órgão (hepatomegalia: comum em ALD). Outros fenômenos induzidos por etanol incluem secreção aumentada de qumiocinas (incluindo IL-8 e a proteína quimioatrativa de monócitos-1, MCP-1; Capítulo 33) pelos hepatócitos, levando à infiltração de neutrófilos no fígado.

Sintomas da intolerância ao álcool são explorados para reforço da abstinência

Tanto ADH quanto ALDH são passíveis de polimorfismos genéticos, o que tem sido investigado como uma base herdada em potencial de susceptibilidade ao alcoolismo e ALD. A posse do alelo $ALDH2^2$, que codifica uma enzima com atividade catalítica reduzida, leva a concentrações de acetaldeído aumentadas no plasma após a ingestão de álcool. Isso causa no indivíduo

CAPÍTULO 34 O Papel do Fígado no Metabolismo

QUADRO CLÍNICO
UMA JOVEM DE 22 ANOS EM OVERDOSE DE ACETAMINOFENO

Uma jovem de 22 anos foi internada em um hospital em estado de semiconsciência. Ela fora encontrada junto de um bilhete suicida e caixas vazias de acetaminofeno. Os testes revelaram aspartato aminotransferase (AST) de 5.500 U/L, fosfatase alcalina (ALP) de 125 U/L, bilirrubina 70 µmol/L (4,1 mg/dL), tempo de protrombina de 120 seg. (referência 10-15 seg.), creatinina 350 µmol/L (4,0 mg/dL; referência 44-80 µmol/L, 0,50-0,90 mg/dL), glicose 2,6 mmol/L (47 mg/dL; referência 4,0-6,0 mmol/L, 72-109 mg/dL) e pH do sangue 7,10 (referência 7,35-7,45; isso equivale a 80 nmol/L de H^+, sendo a referência de 35-45 nmol/L). Não foi encontrado acetaminofeno no plasma.

Comentário
A paciente apresentou falência hepática aguda, mais provavelmente causada pela intoxicação por acetaminofeno. O acetaminofeno sanguíneo pode não ser detectável caso o paciente receba os primeiros cuidados médicos 24 h depois de uma overdose. O dano hepatocelular piora nas primeiras 72 horas, mas pode melhorar espontaneamente após esse tempo, como resultado da regeneração dos hepatócitos. Entretanto, em pacientes com acidose metabólica (pH < 7,35 ou H^+ superior a 45 nmol/L após reanimação por fluidoterapia), o tempo de protrombina acentuadamente elevado (> 100 seg.) ou creatinina sérica > 300 µmol/L (3,4 mg/dL), a mortalidade é da ordem de 90%, e o transplante de fígado poderá ser necessário. Para intervalos de referência, ver a Tabela 34.2 e o Apêndice 1.

sensações desagradáveis caracterizadas por rubor e sudorese, o que desencoraja o abuso do álcool. O dissulfiram, um fármaco que inibe a ALDH, também causa esses sintomas quando o indivíduo ingere álcool e pode ser administrado para reforçar a abstinência ao álcool.

FARMACOGENÔMICA

A resposta a qualquer fármaco em particular é influenciada por suas propriedades cinéticas (farmacocinética) e seus efeitos (farmacodinâmica)

A resposta de um indivíduo a um medicamento pode ser influenciada por genes que codificam enzimas metabolizadoras de fármacos, receptores e transportadores. Qualquer variabilidade nesses genes pode promover diferenças interindividuais na resposta a um medicamento.

A eficácia e a segurança da terapia medicamentosa, especialmente em pacientes idosos ou com doenças renais ou hepáticas como comorbidades, e em pacientes cuja capacidade metabólica esteja reduzida, são atualmente um problema relevante. Cerca de 3% das internações hospitalares nos Estados Unidos estão associadas às interações medicamentosas (fármaco-fármaco); em um estudo holandês, valores de até 8,4% foram relatados. Nos Estados Unidos, ocorrem 2 milhões de casos de reações adversas a fármacos por ano, incluindo 100.000 óbitos. Combinado ao fato de que a maioria dos fármacos é eficaz em apenas 25%-60% dos pacientes para os quais os mesmos são prescritos, torna-se absolutamente essencial a investigação acerca da resposta individual aos fármacos.

A Farmacogenômica estuda os efeitos da heterogeneidade genética na eficácia medicamentosa

Uma vez que o fígado desempenha um papel central no metabolismo de fármacos, a farmacogenômica de algumas enzimas hepáticas metabolizadoras de fármacos, especificamente as oxidases citocromo P-450, é clinicamente muito relevante. A CYP2D6 é responsável pelo metabolismo de mais de 100 fármacos e um polimorfismo dessa enzima é responsável pela variação há muito tempo estabelecida no metabolismo da debrisoquina, anteriormente mencionado. Os pacientes são classificados como metabolizadores de debrisoquina ultrarrápidos, extensivos, intermediários e lentos. Existe um *locus* gênico da CYP2D6, e os indivíduos podem ter dois, um ou nenhum alelo funcional correspondendo aos metabolizadores rápidos, intermediários e lentos, respectivamente: a multiplicação do gene pode levar a três alelos funcionais e ao fenótipo de metabolizador ultrarrápido. Setenta e cinco variantes alélicas da CYP2D6 foram identificadas, e as técnicas farmacogenéticas podem identificar o fenótipo metabolizador, predizendo, assim, a resposta clínica ao tratamento. Embora a debrisoquina seja agora obsoleta, o polimorfismo da CYP2D6 é relevante para alguns fármacos usados nas clínicas cardiológica e psiquiátrica. Por exemplo, metabolizadores lentos têm maior probabilidade que outros indivíduos de desenvolver toxicidade medicamentosa e têm menor probabilidade de alcançar os benefícios da codeína analgésica, uma pró-droga metabolizada por CYP2D6 em morfina, o fármaco ativo. Um polimorfismo da CYP2C19, novamente levando a fenótipos de metabolizadores rápidos e lentos afeta o metabolismo dos fármacos inibidores da bomba de prótons utilizados na doença do refluxo gastroesofágico e, assim, a eficácia do tratamento (Capítulo 4).

TESTES BIOQUÍMICOS DE FUNÇÃO HEPÁTICA

Os laboratórios clínicos oferecem um painel de testes para avaliações em amostras de plasma ou de soro (Tabela 34.2). Esse grupo de testes é, geral e incorretamente, descrito como testes de "função" do fígado. Embora as atividades das enzimas hepáticas no plasma sejam marcadores de doença hepática, eles não refletem exatamente a função do fígado. A síntese da protrombina, avaliada pelo tempo de protrombina (PT), é um marcador melhor da função sintética do fígado.

Os testes usualmente incluem as seguintes dosagens:

- Bilirrubina
- Albumina
- Aspartato aminotransferase (AST) e alanina aminotransferase (ALT)
- Fosfatase alcalina (ALP)
- γ-glutamil transpeptidase (GGT)

Transaminases

AST e ALT estão envolvidas na interconversão de amino e cetoácidos e são necessárias no metabolismo de proteínas e carboidratos (Capítulo 15). Ambas estão localizadas na mitocôndria;

Tabela 34.2 Testes de laboratório utilizados no diagnóstico diferencial da icterícia.

Teste	Pré-hepática	Intra-hepática	Pós-hepática
Bilirrubina	Aumentada	Aumentada	Aumentada
Bilirrubina conjugada	Ausente	Aumentada	Aumentada
AST e ALT	Normal	Aumentada	Normal
ALP	Normal	Normal	Aumentada
Bilirrubina na urina	Ausente	Presente	Presente
Urobilinogênio na urina	Presente	Presente	Ausente

Intervalos de referência para testes da função hepática:
AST (aspartato aminotransferase), homens 15-40 U/L, mulheres 13-35 U/L;
ALT (alanina aminotransferase), homens 10-40 U/L, mulheres 7-35 U/L;
ALP (fosfatase alcalina) 50-140 U/L: ALP se encontra fisiologicamente elevada em crianças e adolescentes; bilirrubina 3-16 μmol/L (0,18-0,94 mg/dL);
GGT (γ-glutamil transpeptidase) homens < 90 U/l, mulheres < 50 U/L.

ALT também é encontrada no citoplasma. A atividade sérica de ALT e AST aumenta na doença hepática (ALT é a avaliação mais sensível devido à sua localização citoplasmática).

Tempo de protrombina

Na doença hepática, as funções sintéticas dos hepatócitos são provavelmente afetadas e, por isso, espera-se que o paciente apresente um tempo de protrombina elevado (Capítulo 41) e baixa concentração de albumina sérica.

Fosfatase alcalina

A ALP é sintetizada tanto pelo trato biliar quanto pelos ossos e, na gravidez, pela placenta, mas esses tecidos apresentam diferentes isoenzimas ALP. A origem da ALP pode ser determinada a partir do padrão isoenzimático. Como alternativa, a atividade de outra enzima no plasma, como a γ-glutamil transpeptidase (GGT), que também se origina no trato biliar, pode ser dosada e usada para confirmar a origem hepática de uma atividade de ALP sérica elevada.

CLASSIFICAÇÃO DOS DISTÚRBIOS HEPÁTICOS

Doença hepatocelular

A doença inflamatória do fígado é denominada de **hepatite** e pode ter duração curta (aguda) ou prolongada (crônica). As infecções virais, especialmente as hepatites A e E, são causas infecciosas comuns de hepatite aguda, enquanto álcool e acetaminofeno são as causas toxicológicas mais frequentes, e a síndrome metabólica é atualmente uma causa muito comum. A hepatite crônica, definida como uma inflamação que persiste por mais de seis meses, também pode se dever aos vírus da hepatite B e C, a álcool e doenças imunológicas, nas quais o corpo produz anticorpos contra seus próprios tecidos (doenças autoimunes: Capítulo 43). A **cirrose** é o resultado de hepatite crônica e se caracteriza microscopicamente por fibrose dos lóbulos hepáticos. O termo "**insuficiência hepática**" denota um quadro clínico no qual a função bioquímica do fígado está comprometida gravemente, sendo potencialmente fatal.

Doença colestática

Colestase é o termo clínico para **obstrução biliar**, que pode ocorrer nos pequenos ductos biliares no próprio fígado ou nos ductos maiores extra-hepáticos. Os testes bioquímicos não podem distinguir entre essas duas possibilidades, que geralmente apresentam causas bastante diferentes; as técnicas de investigação por imagens, como a ultrassonografia, são mais úteis.

QUADRO CLÍNICO
UM HOMEM APARENTEMENTE SADIO COM TRANSAMINASES ANORMAIS

Um executivo de 45 anos passou por um exame médico de rotina no qual foi detectado que ele apresentava um fígado ligeiramente aumentado. Os testes revelaram bilirrubina 15 µmol/L (0,9 mg/dL), AST 434 U/L, ALT 198 U/L, ALP 300 U/L, GGT 950 U/L e albumina 40 g/L (4 g/dL). Ele parecia perfeitamente bem.

Comentário
O paciente apresenta doença hepática assintomática. Os testes bioquímicos mostram evidência de dano hepatocelular. Isso pode ser consequência da ingestão de álcool em excesso, caso em que também pode haver hemácias aumentadas (macrocitose) e concentração aumentada de ácido úrico no soro. Os pacientes podem negar o abuso de álcool. A **doença gordurosa do fígado não alcoólica** (NAFLD) é cada vez mais reconhecida como a causa de anormalidades isoladas em concentrações séricas de transaminases. A NAFLD ocorre em 40% dos pacientes com a chamada síndrome metabólica, na qual o sobrepeso central devido ao acúmulo de gordura visceral leva a resistência à insulina, hipertensão, dislipidemia e esteatose hepática. Esta última pode levar à cirrose, assim como a doença hepática induzida pelo álcool. O risco de fibrose pode ser calculado a partir de uma variedade de parâmetros laboratoriais, e aqueles em risco elevado podem passar por uma varredura especializada do fígado para identificar alterações fibróticas de maneira não invasiva. Entretanto, a biópsia do fígado pode ser necessária para o diagnóstico. Outras causas, como a infecção viral crônica do fígado ou uma hepatite autoimune crônica e ativa podem ser detectadas por exames de sangue. Para os intervalos de referência, consulte a Tabela 35.2

Icterícia

A icterícia pode ser pré-, pós- ou intra-hepática

A icterícia se torna clinicamente evidente quando a concentração de bilirrubina no plasma excede 50 μmol/L (3 mg/dL). A hiperbilirrubinemia é o resultado de um desequilíbrio entre sua produção e excreção. As causas da icterícia (Tabela 34.3) são, por convenção, classificadas a saber:

- **Pré-hepática:** aumento na produção ou insuficiência hepática na captação de bilirrubina (Fig. 34.9).
- **Intra-hepática: insuficiência no** metabolismo hepático ou secreção de bilirrubina (Fig. 34.10)
- **Pós-hepática:** obstrução da excreção biliar (Fig. 34.11 e Quadro Clínico "Um senhor de 65 anos com icterícia e sem sintomas abdominais: o significado da icterícia no adulto", posteriormente neste capítulo).

A hiperbilirrubinemia pré-hepática resulta da produção excessiva de bilirrubina causada por hemólise ou por uma anormalidade genética na captação hepática de bilirrubina não conjugada

A hemólise é, em geral, o resultado de doença imune, da presença de hemácias estruturalmente anormais ou da degradação de sangue extravasado. A hemólise intravascular resulta na liberação de hemoglobina no plasma, em que a mesma é oxidada em meta-hemoglobina (Capítulo 5) ou complexada com a haptoglobina. Mais usualmente, as hemácias são hemolisadas extravascularmente, dentro de fagócitos, e a hemoglobina é convertida em bilirrubina, que é **não conjugada.** A bilirrubina não conjugada e bilirrubina conjugada podem ser distinguidas no laboratório como as chamadas bilirrubina indireta e direta.

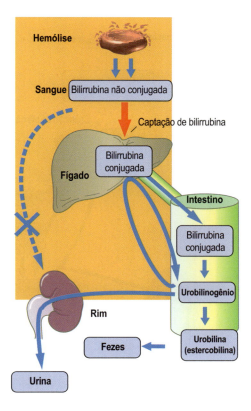

Fig. 34.9 **Icterícia pré-hepática (hemolítica).** Observa-se concentração aumentada de bilirrubina total no plasma devido ao excesso da fração não conjugada (Tabela 34.2). Observa-se aumento na bilirrubina na urina porque a bilirrubina não conjugada não é solúvel em água. Urobilinogênio na urina está aumentado.

Tabela 34.3 Causas da Icterícia

Tipo	Causa	Exemplo clínico	Frequência
Pré-hepática	Hemólise	Autoimune	Incomum
		Hemoglobina anormal	Depende da região
Intra-hepática	Infecção	Hepatite A, B, C	Comum/muito comum
	Química/fármaco	Acetaminofeno	Comum
		Álcool	Comum
	Erros genéticos:	Síndrome de Gilbert	1 em 20
	Bilirrubina	Síndrome de Crigler-Najjar	Muito rara
	Metabolismo	Síndrome de Dubin-Johnson	Muito rara
		Síndrome de Rotor	Muito rara
	Erros genéticos:	Doença de Wilson	1 em 200.000
	Síntese de proteínas específicas	α_1-Antitripsina	1 em 1.000 com genótipo
	Autoimune	Hepatite ativa crônica	Incomum/rara
	Neonatal	Fisiológica	Muito comum
Pós-hepática	Obstrução dos ductos biliares intra-hepáticos.	Fármacos	Comum
		Cirrose biliar primária	Incomum
		Colangite	Comum
	Obstrução dos ductos biliares extra-hepáticos	Cálculos da vesícula	Muito comum
		Tumor pancreático	Incomum
		Colangiocarcinoma	Raro

518 CAPÍTULO 34 O Papel do Fígado no Metabolismo

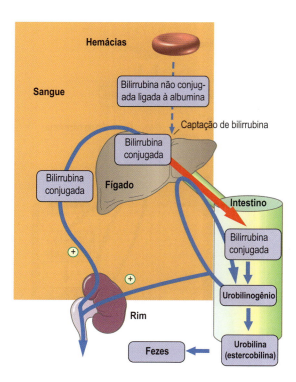

Fig. 34.10 **Icterícia intra-hepática.** A bilirrubina no plasma se mostra aumentada por causa de um aumento na fração conjugada. Aumento das atividades das enzimas séricas significa dano aos hepatócitos (Tabela 34.2). Urobilinogênio na urina aumentado.

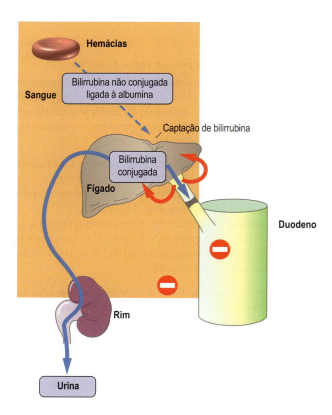

Fig. 34.11 **Icterícia pós-hepática.** A bilirrubina no plasma e na urina se mostra elevada por causa de um aumento na fração conjugada. A obstrução do ducto biliar não permite a passagem da bile para o intestino. As fezes se mostram caracteristicamente pálidas, e o urobilinogênio está ausente da urina (Tabela 34.2).

A icterícia intra-hepática reflete uma disfunção generalizada dos hepatócitos

Neste quadro, a hiperbilirrubinemia é geralmente acompanhada de outras anormalidades em marcadores bioquímicos da função hepatocelular.

Em neonatos, a icterícia transitória é comum, particularmente em prematuros, e é causada pela imaturidade das enzimas envolvidas na conjugação de bilirrubina. A bilirrubina não conjugada é tóxica ao cérebro imaturo e causa um quadro conhecido como **icterícia nuclear.** Se as concentrações de bilirrubina no plasma são consideradas como muito altas, a fototerapia com luz azul-branca, que isomeriza a bilirrubina para pigmentos mais solúveis os quais possam ser excretados com a bile, ou a transfusão com troca de sangue para remover o excesso de bilirrubina, são necessárias para evitar a icterícia nuclear.

A icterícia pós-hepática é causada por obstrução da árvore biliar

Nesta condição, a bilirrubina no plasma é conjugada, e outros metabólitos biliares, como os ácidos biliares, se acumulam no plasma. Os aspectos clínicos são fezes de coloração pálida, causadas pela ausência de bilirrubina e urobilina fecal, além de urina escura por conta da presença de bilirrubina conjugada hidrossolúvel. Na obstrução completa, urobilinogênio e urobilina não aparecem na urina, uma vez que não haverá conversão intestinal de bilirrubina em urobilinogênio/urobilina e, portanto, não haverá excreção renal de urobilinogênio/urobilina reabsorvidos.

> ### QUADRO CLÍNICO
> ### UM NEONATO COM TRÊS DIAS DE VIDA DESENVOLVEU ICTERÍCIA: O SIGNIFICADO DA ICTERÍCIA NEONATAL.
>
> Um bebê a termo normal desenvolveu icterícia no terceiro dia de vida, apresentando concentração de bilirrubina de 150 μmol/L (8,8 mg/dL), predominantemente da forma indireta. Apesar disso, o bebê estava bem.
>
> #### Comentário
> Cerca de 50% dos bebês normais apresentam icterícia após o nascimento. Essa icterícia fisiológica é causada pela ineficiência temporária na conjugação de bilirrubina e, se resolve nos primeiros 10 dias. A hiperbilirrubinemia é de natureza não conjugada; se grave, pode exigir fototerapia (luz ultravioleta para fotoisomerizar a bilirrubina em uma forma não tóxica) ou transfusão por troca de sangue de modo a se prevenir o dano cerebral (icterícia nuclear). As contusões decorrentes de parto, infecção ou ingestão insatisfatória de líquido podem agravar a hiperbilirrubinemia. Nas primeiras 24 horas de vida, a icterícia é anormal e exige investigação para excluir hemólise, assim como a icterícia que se apresenta tardiamente ou persiste por mais de 10 dias. Tais condições são sempre anormais e provavelmente indicam um erro inato de metabolismo ou defeitos estruturais dos ductos biliares.

> **QUADRO CLÍNICO**
> **UM SENHOR DE 65 ANOS COM ICTERÍCIA E SEM SINTOMAS ABDOMINAIS: O SIGNIFICADO DA ICTERÍCIA NO ADULTO**
>
> Um senhor de 65 anos foi internado no hospital devido a icterícia. Não havia dor abdominal, mas ele havia notado urina escura e fezes pálidas. Os testes de função hepática mostraram: bilirrubina 230 µmol/L (13,5 mg/dL), AST 32 U/L e ALP 550 U/L. O teste de tira da urina revelou a presença de bilirrubina, mas não urobilina.
>
> **Comentário**
> O paciente tinha histórico típico de icterícia obstrutiva. As concentrações aumentadas de ALP e normais de AST eram condizentes com isso, e a ausência de urobilina na urina indicava que o trato biliar estava obstruído. Foi importante realizar exames de imagem para descobrir o sítio da obstrução; a ausência de dor sugeria que cálculos na vesícula não eram a causa. A ultrassonografia mostrou dilatação do ducto biliar comum, e uma varredura por tomografia computadorizada mostrou massa sólida no pâncreas com prováveis depósitos metastáticos no fígado e linfonodos para-aórticos. Esse é um câncer pancreático e, pelo fato de o tumor poder surgir no corpo do pâncreas e não obstruir inicialmente a drenagem biliar, o mesmo pode permanecer clinicamente não evidenciado e formar metástases antes do desenvolvimento dos sintomas. Para intervalos de de referência, consulte a Tabela 34.2.

GENÔMICA DA DOENÇA HEPÁTICA

Várias doenças hepáticas surgem devido a defeito de um único gene. As técnicas genéticas podem identificar indivíduos com propensão ao desenvolvimento de uma doença ou confirmar o diagnóstico em pessoas afetadas.

A hemocromatose hereditária é um distúrbio do metabolismo do ferro geneticamente determinado

A **hemocromatose** é a doença hereditária mais comum entre os norte-europeus. Embora várias mutações possam levar ao fenótipo clínico da hemocromatose, a mutação mais frequentemente observada está no gene HFE levando a uma substituição de p.Cys282Tyr. Essa mutação aparece em cerca de 10% dos norte-europeus, assim 1 em cada 100 indivíduos seria homozigoto e poderia desenvolver a sobrecarga de ferro. Outros fatores, tanto ambientais quanto genéticos, desempenham um papel na determinação se os homozigotos HFE realmente desenvolverão ou não a hemocromatose clínica. As mutações no gene HFE e algumas outras podem prejudicar a síntese da hepcidina, que, por sua vez, leva à expressão excessiva de ferroportina na superfície celular das células do intestino e dos macrófagos, com captação aumentada de ferro. O ferro aumentado no plasma é depositado em células hepáticas, pancreáticas, endócrinas e cardíacas, causando dano parenquimatoso, tendo em vista o fato de o ferro catalisar a produção de espécies reativas de oxigênio. Os pacientes podem desenvolver disfunção múltipla de órgãos, incluindo cirrose hepática.

A doença de Wilson é uma condição associada ao dano hepático e ao dano do SNC, e resulta da disposição anormal de cobre nos tecidos

A **doença de Wilson** é uma condição hereditária, recessiva autossômica e monogênica. O gene causador *ATP7B* codifica uma ATPase do tipo-P transportadora de cobre. Mais de 500 mutações da ATP7B já foram identificadas. A doença de Wilson é uma condição associada a danos tanto do fígado quanto do SNC.

A prevalência de 1:30.000 amplamente citada para a doença de Wilson, com uma frequência de portador de mutação heterozigoto de *ATP7B* de 1:90, foi estimada antes da identificação de *ATP7B* como gene causador. Estudos mais recentes sugerem prevalência consideravelmente mais alta de 1:1.500 – 1:3.000 com base em dosagens da **ceruloplasmina plasmática**, uma proteína do plasma contendo cobre.

Níveis elevados de cobre intracelular levam ao estresse oxidativo e à formação de radicais livres, assim como à disfunção mitocondrial que surge independentemente desse estresse oxidativo. Os efeitos combinados resultam na morte celular nos tecidos hepático e cerebral, assim como em outros órgãos.

A deficiência de α_1-antitripsina se apresenta na infância como doença hepática ou na vida adulta como doença pulmonar

A α_1-antitripsina é um membro da família das serpinas inibidores de serinoproteases e, contrariamente ao seu nome, seu alvo predominante é a elastase derivada de macrófagos. A **deficiência** genética **de α_1-antitripsina** se apresenta na infância como doença hepática, ou na vida adulta como doença pulmonar causada pela destruição de tecidos mediada pela elastase — doença pulmonar e cirrose hepática de início precoce.

Várias isoformas de α_1-antitripsina existem como resultado da variação alélica do gene AA1T: a isoforma normal é conhecida como **M**, e as duas isoformas defeituosas comuns como **S** e **Z**; o alelo nulo não produz α_1-antitripsina.

Mais de 90 variantes alélicas do gene AA1T, no chamado *locus* inibidor de proteinases (Pi), foram descritas, a maioria das quais não afeta os níveis plasmáticos ou a atividade de AA1T. As variantes fenotípicas em AA1T foram inicialmente descritas por sua mobilidade relativa na eletroforese, com a variante mais comum, M, tendo mobilidade média. As variantes Z e S estão mais frequentemente associadas à deficiência de AA1T, e ambas são resultado de mutações pontuais que também podem ser detectadas por ensaios de PCR.

O câncer de fígado está associado especialmente às altas concentrações plasmáticas de α-fetoproteína

A **α-fetoproteína** (AFP) e a albumina apresentam considerável homologia de sequência e parecem ter evoluído por reduplicação de um gene único ancestral. No feto, a AFP parece executar funções fisiológicas similares àquelas realizadas pela albumina no adulto; além disso, por volta do final do primeiro ano de vida, a AFP plasmática é totalmente substituída por albumina. Durante a regeneração e a proliferação hepática, a AFP é sintetizada novamente; por isso, altas concentrações de AFP plasmática são observadas no câncer de fígado.

Existem vários defeitos genéticos que comprometem a conjugação ou a secreção de bilirrubina

A **Síndrome de Gilbert** afeta até 5% da população e causa hiperbilirrubinemia não conjugada leve, que é inofensiva e assintomática. A mesma é causada por um polimorfismo no promotor TATA box do gene UDP-glucuronil transferase da bilirrubina, o que compromete a captação hepática de bilirrubina não conjugada.

Outras doenças hereditárias do metabolismo da bilirrubina são raras. A **Síndrome de Crigler-Najjar,** que é o resultado de uma ausência completa ou redução acentuada na conjugação da bilirrubina, causa hiperbilirrubinemia não conjugada grave que se manifesta ao nascimento: quando a enzima está completamente ausente, a condição é fatal. As **Síndromes de Dubin-Johnson** e **de Rotor comprometem** a secreção biliar de bilirrubina conjugada causando, como tal, hiperbilirrubinemia conjugada que geralmente é leve.

RESUMO

- O fígado desempenha papel central no metabolismo humano.
- O fígado está plenamente envolvido na síntese e no catabolismo de carboidratos, lipídeos e proteínas.
- O fígado sintetiza um conjunto de proteínas de fase aguda em resposta a inflamação e infecção, e dosagens laboratoriais dessas proteínas são clinicamente úteis para monitorar a progressão da doença.
- O fígado está envolvido no metabolismo da bilirrubina derivada do catabolismo do grupo heme.
- Processos patológicos geralmente levam o paciente a apresentar icterícia em decorrência da hiperbilirrubinemia.
- O fígado tem papel central na detoxificação medicamentosa.
- Sua função bioquímica é avaliada na prática clínica usando-se um conjunto de exames de sangue chamados de testes da função hepática, cujas anormalidades podem indicar uma doença afetando os sistemas hepatocelular ou biliar.

QUESTÕES PARA APRENDIZAGEM

1. Discuta como a posição anatômica e a estrutura do fígado permitem que o mesmo capte e metabolize lipídeos, proteínas e carboidratos, assim como xenobióticos do intestino, antes de liberar essas moléculas ou seus derivados para a circulação sistêmica.
2. Descreva a função do fígado na síntese de proteínas e na resposta sistêmica à inflamação.
3. Resuma como o fígado processa a bilirrubina e descreva as causas bioquímicas da hiperbilirrubinemia (icterícia) e sua classificação.
4. Como o fígado metaboliza os fármacos?
5. Discuta os testes bioquímicos utilizados pelo laboratório clínico na investigação de doença hepática.

LEITURAS SUGERIDAS

Agrawal, S., Dhiman, R. K., & Limdi, J. K. (2016). Evaluation of abnormal liver function tests. *Postgraduate Medical Journal, 92,* 223-234.

Bandmann, O., Weiss, K. H., & Kaler, S. G. (2015). Wilson's disease and other neurological copper disorders. *The Lancet. Neurology, 14,* 103-113.

Bernal, W., Jalan, R., Quaglia, A., et al. (2015). Acute on chronic liver failure. *Lancet, 386,* 1576-1578.

Donohue, T. M., Cederbaum, A. I., & French, S. W. (2007). Role of the proteasome in ethanol-induced liver pathology. *Alcoholism, Clinical and Experimental Research, 31,* 1446-1459.

Haque, T., Sasolomi, E., & Hayashi, P. H. (2016). Drug induced liver injury: Pattern recognition and future directions. *Gut and Liver, 10,* 27-36.

Leise, M. D., Poterucha, J. J., & Talwalkar, J. A. (2014). Drug-induced liver injury Mayo Clinic Proceedings. *Mayo Clinic, 89,* 95-106.

National Collaborating Centre for Women's and Children's Health (UK) (2010). Neonatal Jaundice. NICE Clinical Guidelines, no. 98. London: RCOG Press.

Powell, L. W., Seckington, R. C., & Deugnier, Y. (2016). Haemochromatosis. *Lancet, 388,* 706-716.

Puy, H., & Gouya, L. (2010). Deybach J-C: Porphyrias. *Lancet, 375,* 924-937.

Schuckit, M. A. (2009). Alcohol-use disorders. *Lancet, 373,* 492-501.

Wijnen, P. A. H. M., Op den Buijsch, R. A. M., Drent, M., et al. (2007). Review article: The prevalence and clinical relevance of cytochrome P-450 polymorphisms. *Alimentary Pharmacology and Therapeutics, 26*(Suppl. 2), 211-219.

Wilkinson, G. R. (2005). Drug metabolism and variability among patients in drug response. *The New England Journal of Medicine, 352,* 2211-2221.

Woreta, T. A., & Alqahtani, S. A. (2014). Evaluation of abnormal liver tests. *The Medical Clinics of North America, 98,* 1-16.

SITES

MedlinePlus - Liver, Diseases: https://medlineplus.gov/liverdiseases.html

Lab Tests Online - Liver Disease: https://www.labtestsonline.org/understanding/conditions/liver-disease/

Lab Tests Online - Liver Function Tests: labtestsonline.org.uk/understanding/analytes/liver-panel/

PharmGKB - The Pharmacogenomics Knowledgebase: https://www.pharmgkb.org/

MAIS CASOS CLÍNICOS

O Consultar, Consultar Anexo 2 para mais casos relevantes concernentes a este capítulo.

ABREVIATURAS

ADH	Álcool desidrogenase
AFP	Alfafetoproteína [αFP]
AIC	Porfiria intermitente aguda
5-ALA	5-aminolevulinato
ALD	Doença alcoólica do fígado
ALDH	Aldeído desidrogenase
ALP	Fosfatase alcalina [FA]
ALT	Alanina aminotransferase
AST	Aspartato aminotransferase [TGO]
CNS	Sistema nervoso central
CRP	Proteína C-reativa
DDI	Interação fármaco-fármaco (medicamentosa)
DILI	Lesão hepática induzida por medicamento

GGT	Gamaglutamiltransferase/transpeptidase	NAFLD	Doença gordurosa do fígado não alcoólica
IL-1, IL-6, IL-8	Interleucinas	NFκB, NF-κB	Fator nuclear reforçador da cadeia-leve-kappa de células B ativadas
JAK/STAT	Janus quinase/transdutor de sinal e ativador de transcrição	PBG	Porfobilinogênio
MCP-1	Proteína 1 quimioatraente de monócitos	PT	Tempo de protrombina
NABQI	N-acetilbenzoquinoneimina	PXR	Receptor X de pregnano
NAC	N-acetilcisteína	TNF	Fator de necrose tumoral
NAD^+	Nicotinamida adenina dinucleotídio (oxidado)	UPS	Sistema da ubiquitina-proteassoma

CAPÍTULO 35
Homeostase de Água e Eletrólitos
Marek H. Dominiczak e Mirosława Szczepańska-Konkel

OBJETIVOS

Após concluir este capítulo, o leitor estará apto a:

- Descrever os compartimentos hídricos do corpo no adulto e a composição dos principais fluidos corporais.
- Explicar o papel da albumina no movimento de água entre plasma e espaço intersticial, incluindo as consequências da proteinúria.
- Descrever como as alterações da osmolalidade induzem o movimento da água entre os espaços extracelular e intracelular.
- Explicar por que a bomba de sódio/potássio ATPase é essencial para o transporte iônico celular.
- Descrever os fatores que afetam a concentração do potássio plasmático e as consequências clínicas da hipercalemia e da hipocalemia.
- Discutir a relação entre a homeostase do sódio e a da água.
- Descrever a avaliação clínica de um paciente desidratado.

INTRODUÇÃO

Água e eletrólitos são constantemente trocados com o meio ambiente

A água é essencial para a sobrevivência e, no adulto, responde por cerca de 60% do peso corporal. Isso se altera com a idade: esse índice é de aproximadamente 75% no recém-nascido e diminui para menos de 50% no idoso. O conteúdo de água é mais alto no tecido cerebral (cerca de 90%) e mais baixo no tecido adiposo (10%).

A estabilidade das estruturas subcelulares e as atividades enzimáticas dependem de hidratação adequada, e a manutenção dos gradientes iônicos e potencial elétrico ao longo das membranas é essencial para contração muscular, condução neuronal e processos de secreção (Capítulo 4).

Tendo em vista que tanto a deficiência quanto o excesso de água prejudicam a função de órgãos e tecidos, a ingestão e a perda de água são passíveis de regulação bem elaborada. Distúrbios da homeostase hidroeletrolítica são comuns na prática clínica.

COMPARTIMENTOS HÍDRICOS DO CORPO

Cerca de dois terços da água total do organismo se concentra no **fluido intracelular (ICF)**, e um terço permanece no **fluido extracelular (ECF)**. Este último (ECF) consiste no fluido intersticial e na linfa (15% do peso corporal), plasma (3% do peso corporal) e os chamados fluidos transcelulares, os quais incluem: líquido gastrointestinal, urina e líquido cefalorraquidiano (Fig. 35.1). Duas barreiras são importantes para a compreensão dos movimentos da água e de eletrólitos entre os diferentes compartimentos: a **parede do vaso capilar** e a **membrana celular**.

O organismo troca água com o meio ambiente

A principal fonte de água é a ingestão oral, e a principal fonte de sua perda é a excreção na urina. Também se perde água pelos pulmões, transpiração e fezes: isso é conhecido como "perda insensível" e em circunstâncias normais chega a 500 mL por dia (Fig. 35.2). Em curso estável, a ingestão de água se iguala à sua perda. A perda insensível pode aumentar substancialmente em altas temperaturas, durante exercícios físicos vigorosos e também como resultado de febre. A checagem do equilíbrio de líquidos do paciente é uma das rotinas diárias essenciais nos ambientes clínico e cirúrgico.

QUADRO DE TESTE CLÍNICO
CONCENTRAÇÃO DE ÍONS NO PLASMA E NO SORO

Todos os fenômenos fisiológicos ocorrem no plasma e, portanto, a discussão de quadros fisiológicos ou patológicos diz respeito às concentrações de íons no plasma. Entretanto, a concentração da maioria dos íons é medida após a amostra de sangue ter sido coagulada (ou seja, usando-se soro). Por isso, na discussão de resultados laboratoriais, geralmente se mencionam valores séricos (Capítulo 40).

A parede do vaso capilar separa o plasma do fluido intersticial

A parede capilar separa o plasma do fluido intersticial e é livremente permeável a água e eletrólitos, mas não às proteínas. Íons e moléculas de baixo peso molecular estão presentes em concentrações similares no ECF e no plasma. A concentração total de cátions no plasma é de aproximadamente 150 mmol/L, dos quais o sódio compõe cerca de 140 mmol/L, e o potássio 4 mmol/L. Os ânions mais abundantes no plasma são cloreto e bicarbonato, com concentrações médias de 100 mmol/L e 25 mmol/L, respectivamente (Fig. 35.3). Na prática clínica, o restante dos ânions é, para fins do equilíbrio de eletrólitos, considerado em conjunto, constituindo o chamado hiato aniônico (*anion gap*) (AG), que é calculado como se segue:

$$AG = (Na^+ + K^+) - (Cl^- + HCO_3^-)$$

O hiato aniônico (em uma pessoa saudável, cerca de 10 mmol/L) inclui principalmente albumina e ânions fosfato carregados negativamente, mas também ânions de sulfato e

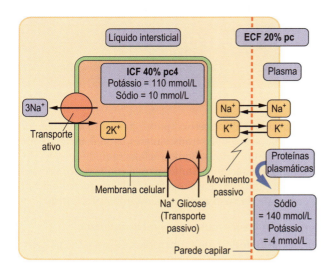

Fig. 35.1 **Distribuição da água, sódio e potássio no organismo.** Os principais compartimentos de água do organismo são o líquido intracelular (ICF) e o líquido extracelular (ECF). O ECF inclui o líquido intersticial e o plasma. O gradiente das concentrações de sódio e de potássio entre o ICF e o ECF é mantido ao longo das membranas celulares pela Na$^+$/K$^+$-ATPase. O sódio é o principal contribuinte para a osmolalidade do ECF e um determinante da distribuição de água entre o ECF e o ICF. A distribuição de água entre o plasma e o líquido intersticial é determinada pela pressão oncótica exercida pelas proteínas plasmáticas. pc, peso corporal.

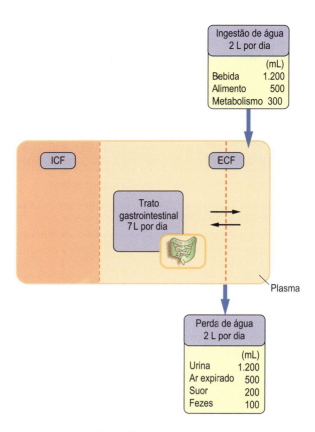

Fig. 35.2 **Balanço hídrico diário em adultos.** A água é obtida da dieta e do metabolismo oxidativo, e é perdida pelos rins, pele, pulmões e intestino. Observe quanta água entra e sai do trato gastrointestinal diariamente; isso explica por que a diarreia grave leva rapidamente à desidratação. Capítulo 30.

---

aqueles orgânicos como: lactato, citrato, piruvato, acetoacetato e β-hidroxibutirato. O hiato aniônico pode aumentar várias vezes quando os ânions constituintes se acumulam — por exemplo, na insuficiência renal, na cetoacidose diabética ou em alguns casos de envenenamento (p. ex., com etileno glicol ou metanol). Calcular o hiato aniônico orienta as suspeitas médicas a se concentrarem nessas condições.

Para se alcançar melhor acurácia do comportamento de constituintes anormais, foi sugerido um cálculo de AG ajustado para as concentrações de albumina e lactato (consultar teses de Hawfield e DuBose e de Kellum, em Leituras Sugeridas).

A membrana plasmática separa os fluidos intracelular e extracelular

O principal cátion no ICF é o potássio, presente em concentrações de aproximadamente 110 mmol/L. Isso é quase 30 vezes maior que sua concentração no ECF e no plasma (4 mmol/L). A concentração de sódio no ICF é de apenas 10 mmol/L. Os principais ânions no ICF são proteínas e fosfato (Fig. 35.3).

Movimentos de íons e sistemas de transporte

A água se difunde livremente pela maioria das membranas celulares, mas os movimentos de íons e de moléculas neutras são restringidos; a Na$^+$/K$^+$-ATPase mantém os gradientes de sódio e de potássio pela membrana celular

Moléculas pequenas são transportadas pelas membranas das células por **proteínas de transporte específicas, bombas de íons e canais iônicos.** A mais importante delas é a sódio-potássio ATPase (Na$^+$/K$^+$-ATPase), também conhecida como bomba de sódio-potássio (Fig. 34.4). Essa enzima usa ATP para transportar sódio e potássio contra seus gradientes de concentração. Há a hidrólise de uma molécula de ATP, e a energia liberada guia a transferência de três íons de sódio para fora da célula e de dois íons potássio de fora para dentro da célula (Fig. 35.5). A Na$^+$/K$^+$-ATPase é a principal determinante da concentração citoplasmática de sódio. Ela mantém gradientes de concentração e potencial elétrico ao longo das membranas (sendo, pois, eletrogênica). Os gradientes criados pela Na$^+$/K$^+$-ATPase capacitam outros processos (passivos) de transporte na célula, em que o sódio é transportado ao longo do gradiente de concentração criado. Ela também tem papel importante no controle do volume celular e dos níveis de cálcio por meio dos trocadores Na$^+$/H$^+$ e Na$^+$/Ca^{2x}.

A Na$^+$/K$^+$-ATPase está sujeita a regulação por vários hormônios, incluindo aldosterona

A Na$^+$/K$^+$-ATPase tem três subunidades. A estrutura da enzima inclui a subunidade α-catalítica, que possui os sítios para Na-, K- e os sítios de adesão do ATP, bem como vários sítios de fosforilação. A subunidade β estabiliza a conformação da enzima, e a subunidade γ desempenha papel regulatório menor em alguns tecidos. A Na$^+$/K$^+$-ATPase é ativada por sódio e ATP.

CAPÍTULO 35 Homeostase de Água e Eletrólitos

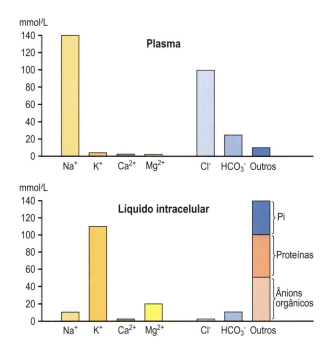

Fig. 35.3 **Íons presentes no plasma e no líquido intracelular.** Os íons mais importantes do plasma são: sódio, potássio, cálcio, cloreto, fosfato e bicarbonato. O cloreto de sódio, em uma concentração próxima de 0,9% (daí a denominação "soro fisiológico") é o principal componente iônico do líquido extracelular. A glicose e a ureia também contribuem para a osmolalidade do plasma. Essa contribuição é normalmente pequena, pois elas estão presentes no plasma em concentrações molares relativamente baixas (cerca de 5 mmol/L cada). Entretanto, quando a concentração de glicose aumenta no diabetes, a contribuição para a osmolalidade se torna significativa. A ureia plasmática aumenta na insuficiência renal, mas não contribui para o movimento de água entre o ECF e o ICF, tendo em vista atravessar as membranas celulares livremente. O potássio é o principal cátion intracelular, e os fosfatos e as proteínas, os principais ânions. Existe também uma quantidade substancial de magnésio nas células.

Metade da ativação máxima da enzima por sódio intracelular ocorre na concentração sódica de 10 mM, que é geralmente superior à sua concentração no estado de equilíbrio. Assim sendo, pequenas mudanças na quantidade de sódio citoplasmático podem exercer grande efeito na atividade da Na$^+$/K$^+$-ATPase. Outra exigência para a adaptação contínua são as alterações de sódio e potássio na dieta.

A regulação no curto prazo envolve tanto efeitos diretos nas propriedades cinéticas da enzima quanto em sua translocação entre a membrana plasmática e os sítios intracelulares. Alguns hormônios parecem alterar a atividade da Na$^+$/K$^+$-ATPase mudando a afinidade da enzima pelo sódio; por exemplo, a angiotensina II e a insulina aumentam a afinidade. Hormônios peptídicos, como vasopressina e PTH, atuam por meio de receptores acoplados às proteínas G e adenilil ciclase, que gera cAMP. Por sua vez, cAMP ativa a proteína quinase A (PKA). PTH, angiotensina II, norepinefrina e dopamina desencadeiam a ativação mediada por proteína G da fosfolipase C, que por sua vez ativa a proteína quinase C (PKC). Tanto PKA quanto PKC afetam a Na$^+$/K$^+$-ATPase pela fosforilação de serinas da subunidade α.

De modo relevante, a **digoxina**, um glicosídeo cardiotônico, usado no tratamento da insuficiência cardíaca e fibrilação atrial, inibe a Na$^+$/K$^+$-ATPase. Isso torna a condução cardíaca mais lenta e aumenta o chamado período refratário. Em decorrência disso, a concentração aumentada de Na$^+$ intracelular leva à extrusão reduzida de cálcio, que, por sua vez, causa o efeito inotrópico positivo associado a digoxina.

O gradiente eletroquímico dirige o movimento passivo de eletrólitos através dos canais iônicos

Para a maioria das células, o potencial de membrana varia entre 50 a 90 mV, sendo negativo no interior da célula. O gradiente eletroquímico é a fonte de energia para o transporte de muitas substâncias. O sódio penetra na célula a favor de seu

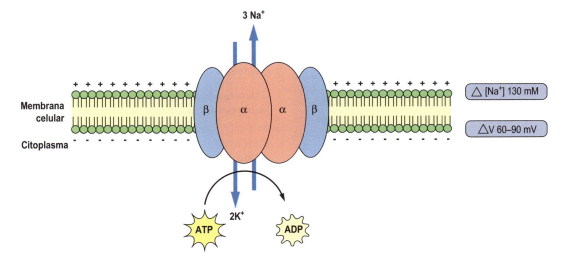

Fig. 35.4 **A Na+/K+-ATPase (bomba de sódio-potássio) gera um potencial transmembrana e um gradiente de concentração iônica ao longo de toda a membrana celular.** A diferença transmembranar na concentração de sódio (ΔNa$^+$) e a diferença de voltagem transmembranar (ΔV) são apresentadas à direita. Para cada molécula de ATP hidrolisada, a Na$^+$/K$^+$-ATPase transloca dois íons potássio para o interior da célula e três íons sódio para fora da célula. A enzima consiste em duas subunidades principais – a subunidade catalítica (α), que contém os sítios de fosforilação, e a subunidade estrutural (β). Uma terceira subunidade (γ) tem um papel regulatório menor em alguns tecidos.

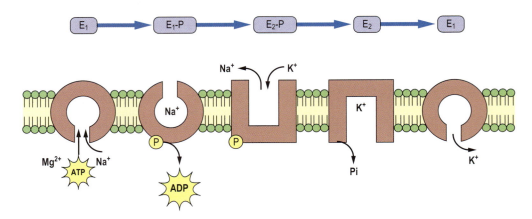

Fig. 35.5 **Função catalítica da Na+/K+-ATPase.** A subunidade catalítica da Na⁺/K⁺-ATPase pode estar fosforilada (E₁-P e E₂-P) ou desfosforilada (E₁ e E₂). O status de fosforilação altera a conformação da enzima e sua afinidade pelos substratos. A forma E₁ exibe alta afinidade pelo ATP, magnésio e sódio e baixa afinidade pelo potássio, enquanto a forma E₂ exibe alta afinidade pelo potássio e baixa afinidade pelo sódio. Após a liberação de ADP, ocorre uma mudança conformacional de E1-P para E₂-P. Isto facilita a entrega extracelular de sódio e a ligação do potássio extracelular. Esse último processo induz a desfosforilação de E₂-P e a liberação de potássio para o compartimento intracelular.

gradiente de concentração, cotransportando passivamente algumas moléculas. Os transportadores SGLT, por exemplo, cotransportam sódio e glicose. Outros cotransportadores de sódio transportam aminoácidos e fosfato (Capítulo 30).

A despolarização da membrana ativa os canais de Ca²⁺ dependentes de voltagem. Isso causa um aumento na concentração intracelular de cálcio (Capítulo 4). O papel dos gradientes iônicos na transmissão neuronal é descrito no Capítulo 26. Uma vez que a água segue o movimento do sódio, o gradiente iônico gerado pela Na⁺/K⁺-ATPase é crítico para a absorção de água no intestino e para sua reabsorção nos rins. O comprometimento dessa função no intestino e nos rins está ligado à fisiopatologia da diarreia crônica e da hipertensão, respectivamente.

As células se protegem contra variações de volume

Um aumento na concentração intracelular de sódio estimula a Na⁺/K⁺-ATPase, que expulsa o sódio da célula. O que se segue é a saída da água e a proteção da célula contra alterações de seu volume. Outro mecanismo protetor é a produção **intracelular de substâncias osmoticamente ativas** (osmólitos) como glutamato, taurina, mioinositol ou sorbitol. Isso é especialmente importante no cérebro, onde o potencial para expansão de volume é limitado pelo crânio, e na medula renal, que pode ficar exposta a um ambiente hiperosmótico.

O papel da pressão osmótica na translocação de líquido entre o ECF e o ICF

A osmolalidade depende da concentração de moléculas em água

A pressão osmótica é proporcional à concentração molal de uma solução. Um milimol de uma substância dissolvido em 1 kg de H₂O a 38 °C exerce pressão osmótica de aproximadamente 19 mmHg. Em geral, a concentração média de todas as substâncias osmoticamente ativas no ECF e no ICF é idêntica, 290 mmol/kg de H₂O.

Diferenças na osmolalidade dirigem o movimento da água entre o ICF e o ECF

Uma alteração primária na concentração de íons osmoticamente ativos no ECF ou no ICF cria um gradiente de pressão osmótica, que leva ao movimento de água. **Para equilibrar as pressões osmóticas, a água sempre se move a partir de um compartimento com osmolalidade mais baixa (concentração mais baixa de moléculas dissolvidas) para aquele com osmolalidade mais alta** (Fig. 35.6)

O sódio é o determinante mais importante da osmolalidade no ECF. A glicose também é importante, muito embora em sua concentração plasmática normal (5,0 mmol/L; 90 mg/dL), não contribua de modo relevante para a osmolalidade total do plasma. Entretanto, quando a concentração plasmática de glicose aumenta no diabetes, a mesma contribui significativamente, causando anomalias do equilíbrio hídrico e, então, os chamados sintomas osmóticos, como a poliúria (Capítulo 31).

O balanço entre as pressões oncótica e hidrostática é fundamental para a circulação de substratos e nutrientes

As proteínas, especialmente a albumina, exercem pressão osmótica no plasma (cerca de 3,32 kPa; 25 mmHg). Isso é conhecido como **pressão oncótica**, e retém água no leito vascular. Ela é equilibrada pela **pressão hidrostática**, que força o fluido para fora dos capilares. Na parte arterial dos capilares a pressão hidrostática prevalece sobre a pressão oncótica, por isso empurra água e compostos de baixo peso molecular, incluindo nutrientes, para o espaço extravascular. Por outro lado, na parte venosa dos capilares, a pressão oncótica prevalece, e o líquido é atraído de volta para o lúmen vascular (Fig. 35.7). Uma diminuição da pressão oncótica do plasma, causada pela baixa concentração de albumina plasmática, resulta no movimento do líquido para o espaço extravascular, fazendo-se notar o **edema.**

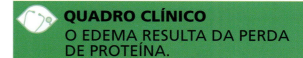

QUADRO CLÍNICO
O EDEMA RESULTA DA PERDA DE PROTEÍNA.

Uma garota de 8 anos foi encaminhada a um nefrologista após apresentar edema de face e tornozelos por cerca de duas semanas. O teste de tira para proteína na urina levou a um resultado fortemente positivo (+ + + +), e a dosagem de proteína na urina coletada por 24 h mostrou excreção de proteína na ordem de 7,00 g/dia. O valor de referência para excreção urinária de proteína é inferior a 0,15 g/dia.

Comentário
A causa da proteinúria foi o dano à barreira de filtração renal. A biópsia renal mostrou a chamada doença por lesão mínima, com perda de proteína urinária causando, por sua vez, a hipoalbuminemia e uma diminuição da pressão oncótica do plasma. Isso levou ao edema. O quadro entrou em remissão após o tratamento com um glicocorticoide.

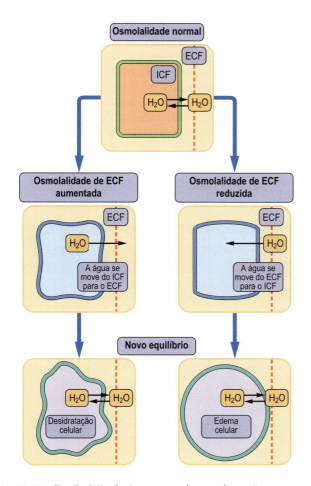

Fig. 35.6 **Redistribuição de água causada por alterações na osmolalidade.** A pressão osmótica controla o movimento de água entre os compartimentos. Um aumento na osmolalidade do ECF leva à retirada de água das células e à desidratação celular. Por outro lado, quando a osmolalidade do ECF diminui, a água se move para as células, podendo causar edema celular. As setas indicam a direção do movimento da água. ECF, líquido extracelular; ICF, líquido intracelular.

PAPEL DOS RINS NO EQUILÍBRIO HÍDRICO E DOS ELETRÓLITOS

Os rins desempenham papel importante na regulação do volume e composição do ECF devido à sua capacidade de regular a excreção de íons e água. Os rins também são essenciais para manutenção do equilíbrio ácido-base (Capítulo 36). A maioria dos processos metabólicos nos rins é aeróbica e, por consequência, seu consumo de oxigênio é alto: os rins quase igualam essa demanda com aquela do músculo cardíaco, sendo três vezes maior do que a do cérebro. Tal intensa atividade metabólica é exigida para manter a reabsorção tubular; cerca de 70% do oxigênio consumido pelos rins é usado para dar suporte ao transporte ativo de sódio, o qual, por sua vez, determina a reabsorção de glicose e de aminoácidos.

Cada rim consiste em aproximadamente um milhão de néfrons compostos de glomérulo e de um túbulo de excreção (Fig. 35.8). Os segmentos de cada túbulo (começando a partir da terminação glomerular) são conhecidos como **túbulo proximal, alça de Henle, túbulo distal** e ducto coletor.

A estrutura localizada entre o glomérulo e o túbulo distal, conhecida como **aparelho justaglomerular,** inclui as células da mácula densa que servem como **sensores de sódio** e sítio de secreção da renina.

Sistemas de transporte de sódio nos túbulos renais

A reabsorção de sódio ocorre ao longo do néfron, com exceção da porção descendente da alça de Henle (Fig. 35.7). **Cerca de 80% do filtrado é reabsorvido no túbulo proximal.** A força motriz para a reabsorção de sódio e de outros solutos é o gradiente eletroquímico gerado pela Na^+/K^+-ATPase na membrana basolateral das células tubulares. O sódio é reabsorvido

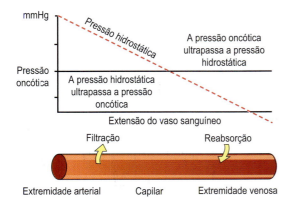

Fig. 35.7 **As pressões oncótica e hidrostática determinam o movimento do líquido entre o plasma e o líquido intersticial.**

528 CAPÍTULO 35 Homeostase de Água e Eletrólitos

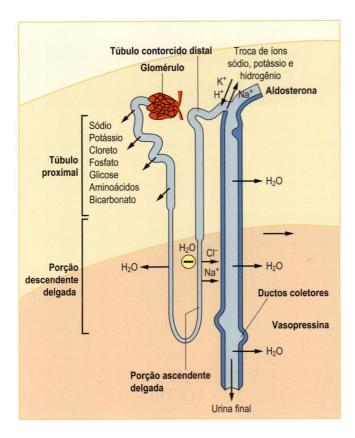

Fig. 35.8 **O néfron e seus principais sítios de transporte.** Cerca de 80% do sódio filtrado é ativamente reabsorvido no túbulo proximal, onde moléculas como os aminoácidos e o fosfato também são reabsorvidas. Os íons de sódio e de cloreto são reabsorvidos também na porção ascendente da alça de Henle. Um mecanismo diferente opera no túbulo distal, em que a reabsorção de sódio é estimulada pela **aldosterona** e acoplada à secreção de íons hidrogênio e potássio. A aldosterona causa a retenção de sódio e um aumento na excreção de potássio. A água penetra passivamente nas células com o sódio reabsorvido. A reabsorção de água regulada por vasopressina ocorre no ducto coletor.

por meio de canais iônicos específicos localizados na membrana luminal, em troca de íon hidrogênio e em cotransporte com glicose, aminoácidos, fosfato e outros ânions. **O movimento do sódio leva à reabsorção de água.** A entrada de sódio nas células tubulares é passiva. Isso é possível porque a Na^+/K^+-ATPase mantém uma baixa concentração de sódio no citoplasma.

Na porção ascendente delgada da alça de Henle, os íons de sódio se movem para dentro da célula através do cotransportador de sódio-potássio-cloreto (conhecido como NKCC2), que pode ser inibido pela furosemida. Nesse segmento, os íons de potássio são secretados para o lúmen pelo canal de potássio retificador sensível ao ATP.

No **túbulo distal,** a reabsorção de íons sódio envolve o cotransportador de sódio-cloreto (NCC), que é sensível à **tiazida.**

No **ducto coletor,** os íons sódio são reabsorvidos pelo canal de sódio sensível à **amilorida** (ENaC). A aldosterona estimula tanto a expressão do ENaC quanto a atividade da Na^+/K^+-ATPase (Fig. 35.8). O antagonista farmacológico da aldosterona é o diurético **espironolactona**.

Os inibidores da reabsorção de sódio – por exemplo, diuréticos tiazídicos (hidroclorotiazida), diuréticos de alça (p. ex., furosemida), amilorida e espironolactona – são extensivamente usados na prática clínica.

QUADRO DE TESTE CLÍNICO
URINA

Em condições normais, os rins formam de 1 a 2 litros de urina por dia. A composição da urina está resumida na Tabela 35.1. O volume de urina pode variar de 0,5 L a mais de 10,0 L por dia. O volume mínimo necessário para eliminar os produtos do metabolismo (principalmente nitrogênio, excretado como ureia) é de cerca de 0,5 L/24h. A osmolalidade do filtrado glomerular é de cerca de 300 mmol/L. A osmolalidade da urina varia de aproximadamente 50 a 1.200 mmol/L.

A análise de urina fornece Informações clinicamente importantes

A análise da urina (urinálise) em laboratórios clínicos inclui a checagem da urina quanto à presença de proteínas, glicose, corpos cetônicos, bilirrubina e urobilinogênio, além de traços de sangue. Medir a osmolalidade urinária permite avaliar a capacidade de concentração da urina efetuada pelos rins. A urina também é verificada quanto à presença de leucócitos e de vários tipos de cristais e sedimentos. Exames específicos incluem a análise detalhada de aminoácidos urinários, hormônios e outros metabólitos.

O rim adulto filtra cerca de 180 g de glicose por dia. Toda essa carga é praticamente reabsorvida nos túbulos renais; 90% dela é reabsorvida no túbulo proximal por um transportador SGLT2 de alta capacidade e baixa afinidade. Um outro transportador, SGLT1, de baixa capacidade e alta afinidade, aparece como predominante na borda em escova do intestino delgado, mas também está presente no túbulo proximal. A concentração normal de glicose na urina é igual ou inferior a 0,8 mmol/L (15 mg/dL).

Somente traços de proteínas são normalmente detectáveis na urina. Isso aumenta quando os glomérulos estão comprometidos: a proteinúria significativa é um sinal importante de **doença renal.** Mesmo uma carga mínima de albumina na urina (microalbuminúria) prognostica o desenvolvimento da nefropatia diabética (Capítulo 31). Proteínas maiores como as imunoglobulinas aparecem na urina quando o dano é mais extenso: as cadeias leves de imunoglobulinas (a proteína de Bence Jones) estão presentes na urina no **mieloma múltiplo** (Capítulo 40). Na **anemia hemolítica,** a urina pode conter hemoglobina livre e urobilinogênio. A presença de mioglobulina é um marcador de dano muscular (**rabdomiólise**). A medida de glicose e corpos cetônicos na urina é importante na avaliação do controle glicêmico em pacientes **diabéticos** (Capítulo 31). As medidas de urobilinogênio e de bilirrubina ajudam a avaliar a **função hepática** (Capítulo 34).

CAPÍTULO 35 Homeostase de Água e Eletrólitos

QUADRO CLÍNICO
OS DIURÉTICOS SÃO USADOS NO TRATAMENTO DE EDEMA, INSUFICIÊNCIA CARDÍACA E HIPERTENSÃO.

Diuréticos são fármacos que estimulam a excreção de água e de sódio. Os **diuréticos tiazídicos** (p. ex., bendrofluazida) diminuem a reabsorção de sódio nos túbulos distais bloqueando o cotransporte de sódio e cloreto. Os **diuréticos de alça**, como a furosemida, inibem a reabsorção de sódio na porção ascendente da alça de Henle. A **espironolactona**, um diurético poupador de potássio, é um inibidor competitivo da aldosterona: ele inibe a troca de sódio-potássio nos túbulos distais e diminui a excreção de potássio. Uma diurese osmótica pode ser induzida pela administração do **manitol, um** açúcar-álcool.

O efeito líquido do tratamento com diuréticos é o aumento do volume urinário e a perda de sódio e água. Os diuréticos são importantes no tratamento de edema associado a problemas circulatórios como insuficiência cardíaca, na qual o comprometimento da função cardíaca pode levar a grave falta de ar causada pelo edema pulmonar. Os diuréticos também são cruciais no tratamento da hipertensão.

QUADRO CLÍNICO
DISTÚRBIOS HEREDITÁRIOS DE TRANSPORTE NOS NÉFRONS.

A **síndrome de Gitelman** resulta de mutações que inativam o gene o qual codifica o cotransportador (gene *SLC12A3*) de sódio-cloreto sensível à tiazida. Trata-se de uma desordem autossômica recessiva. Indivíduos homozigotos são geralmente normotensos. As anormalidades bioquímicas incluem alcalose metabólica hipoclorêmica, hipocalemia, hipocalciúria e, às vezes, hipomagnesemia.

A **síndrome de Bartter** é um grupo de anomalias herdadas relacionadas ao transporte iônico que acontece no segmento espesso ascendente da alça de Henle. A síndrome de Bartter neonatal está ligada a uma mutação no gene do cotransportador de sódio-potássio-cloreto sensível à furosemida (*SLC12A2*) ou no gene do canal de potássio do segmento espesso ascendente da alça de Henle (*ROMK/KCNJ1*). A síndrome de Bartter clássica resulta de mutação do gene do canal de cloreto (*CLCNKB*). Os sintomas clínicos incluem poliúria e polidipsia, ocorrendo também hipocalemia e alcalose.

QUADRO DE TESTE CLÍNICO
AVALIAÇÃO DA FUNÇÃO RENAL

Creatinina Sérica e Ureia são os Testes de Primeira Linha para o Diagnóstico de Doença Renal

Clearance renal é o volume de plasma (em mililitros) que o rim deixa livre de uma dada substância a cada minuto. A taxa de filtração glomerular (GFR; mL/min) é a característica mais importante de descrição da função renal. A GFR pode ser estimada medindo-se o *clearance* do polissacarídeo inulina, o qual, não é nem secretado e nem reabsorvido nos túbulos renais. A taxa de excreção urinária (VmL/min) é calculada dividindo-se o volume de urina pelo tempo de coleta. A quantidade de inulina filtrada do plasma (ou seja, sua concentração plasmática, P_{in}, multiplicada por GFR) é igual ao volume recuperado da urina (ou seja, sua concentração urinária, U_{in}, multiplicado pela taxa de formação de urina, V):

$$P_{in} \times GFR = U_{in} \times V \quad (1)$$

Disso, calculamos a GFR:

$$GFR = U_{in} \times V / P_{in} \quad (2)$$

A GFR média é de 120 mL/min nos homens e de 100mL/min nas mulheres. O *clearance* renal da inulina é igual à GFR. Entretanto, não é muito prático administrar inulina intravenosa toda vez que se quiser avaliar a GFR. Em vez disso, na prática clínica usamos o *clearance* de creatinina.

A Creatinina é Derivada da Fosfocreatinina do Músculo Esquelético (Fig. 35.9)

Embora uma pequena parte da creatinina seja reabsorvida nos túbulos renais, isso é compensado por uma secreção tubular equivalente e, por isso, o *clearance* de creatinina é semelhante àquele da inulina (ou seja, é uma boa aproximação da GFR). Para se calcular o *clearance* de creatinina, é necessária uma amostra de sangue e também da urina coletada durante 24h. As concentrações de creatinina no soro (P_{Cre}) e na urina (U_{Cre}) são medidas primeiro. O *clearance* de creatinina é então calculado de acordo com a equação:

$$\text{Clearance de creatinina} = U_{Cre} \times V / P_{Cre}$$

GFR Estimada

Na prática clínica atual, os valores de GFR estimados (eGFR) são calculados da concentração de creatinina no soro usando equações que incluem fatores como: idade, gênero, peso e etnia. O eGFR é usado para classificação, triagem e monitoramento de doença renal crônica.

Na Prática Clínica, Ureia e Creatinina Séricas são os Exames de Primeira Linha no Diagnóstico de Insuficiência Renal (Fig. 35.9)

A concentração sérica de creatinina é de 20-80 mmol/L (0,28-0,90 mg/dL). Um aumento na concentração de creatinina sérica reflete a redução da GFR: essa concentração duplica quando a GFR diminui em 50%. Outro teste usado para avaliar a função renal é a dosagem sérica da concentração de **ureia**. Entretanto, uma vez que a ureia é o produto final do catabolismo proteico, seu nível plasmático também depende de fatores como a ingestão de proteínas na dieta e a taxa de degradação tecidual.

A insuficiência renal leva à redução do volume urinário e do *clearance* de creatinina e a um aumento de ureia e creatinina séricas.

Deve-se observar que alguns laboratórios expressam a concentração de ureia como nitrogênio ureico no sangue (BUN).

Para converter ureia (mg/dL) em BUN (mg/dL), multiplicar por 0,467.
Para converter ureia (mmol/L) em BUN (mmol/L), multiplicar por 1,0.
Para converter ureia (mmol/L) em BUN (mg/dL), multiplicar por 2,8.

A Concentração de Cistatina C no Soro é outro Marcador da GFR.

A cistatina C é uma proteína de 122 aminoácidos e 13-kDa pertencente à família dos inibidores da cisteína proteinase. Essa proteína está expressa em todas as células nucleadas e é produzida a uma taxa constante. A Cistatina C é livremente filtrada através do glomérulo. Ela não é secretada pelos túbulos e, muito embora seja reabsorvida, é subsequentemente catabolizada e, portanto, não retorna ao plasma. Sua concentração sérica não é significativamente afetada pela idade, e assim, é um marcador preferencial da GFR nas crianças. Entretanto, fatores como os processos inflamatórios podem afetar a concentração de cistatina C no soro.

Tabela 35.1 Excreção diária de compostos nitrogenados e dos principais íons na urina (mmol/24 h)

Ureia	Ácido Úrico	Creatinina	Amônia
250-500	1-5	7-15	30-50
Sódio	**Potássio**	**Cloreto**	**Fosfato**
100-250	30-100	150-250	15-40

A **ureia** é a maior contribuinte para a excreção de nitrogênio pela urina. A ureia é o produto final do catabolismo proteico em seres humanos. A excreção diária de ureia também reflete o status nutricional e depende significativamente da ingestão de proteínas.
A excreção de **ácido úrico** depende principalmente da degradação endógena das purinas, mas pode ser elevada em uma dieta rica em purinas.
A **creatinina** é derivada da fosfocreatina do músculo esquelético.
No estado de equilíbrio **metabólico**, a excreção urinária de compostos nitrogenados depende estritamente da função renal.
Na **insuficiência renal**, o débito de urina diminui, e isso leva a um aumento nas concentrações de ureia e creatinina plasmáticas.
A excreção urinária de sódio, potássio e cloreto reflete a ingestão desses compostos.
A ingestão excessiva de sódio ou a sua eliminação comprometida podem levar à hipertensão.
A amônia é gerada nos rins pela deaminação da glutamina, e o glutamato é excretado como íon de amônio. A excreção diária de amônia e fosfato depende da excreção de íons hidrogênio na urina (Capítulo 36). São fornecidos os valores médios aproximados para pessoas adultas.

QUADRO CLÍNICO
UM HOMEM DE 25 ANOS INTERNADO APÓS ACIDENTE DE MOTOCICLETA: INSUFICIÊNCIA RENAL AGUDA.

Um homem de 25 anos foi internado no hospital em estado inconsciente, após acidente de motocicleta. Ele apresentava evidências de choque, com hipotensão e taquicardia, fratura do crânio e múltiplas lesões nos membros. Apesar do tratamento com coloide intravenoso e sangue, o paciente apresentava oligúria persistente (débito urinário 5-10 mL/h; oligúria < 20 mL/h).

No terceiro dia, a concentração de creatinina sérica tinha aumentado para 300 µmol/L (3,9 mg/dL), e a concentração de ureia era de 21,9 mmol/L (132 mg/dL). BUN estava em 21,9 mmol/L (61,3 mg/dL). A eGFR estava em 22 mL/min/1,73 m². Os valores de referência são:
1. **Creatinina sérica:** 20-80 µmol/L (0,23-0,90 mg/dL).
2. **Ureia sérica:** 2,5-6,5 mmol/L (16,2-39 mg/dL).
3. **Nitrogênio ureico do sangue (BUN):** 2,5-6,5 mmol/L (7,5-18,2 mg/dL).
4. **eGFR:** Apêndice 1

Comentário
Este jovem desenvolveu insuficiência renal aguda devido à necrose tubular aguda como consequência de choque hipovolêmico. Subsequentemente, ele foi submetido a uma hemofiltração de emergência. A função renal começou a se recuperar após duas semanas, com aumento inicial do volume urinário, a chamada fase diurética.

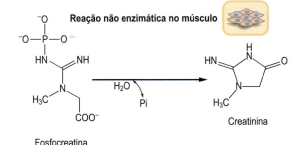

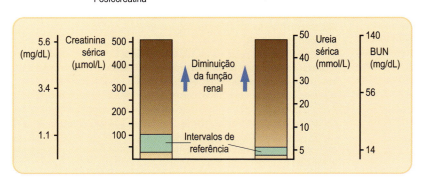

Fig. 35.9 **Concentrações séricas de ureia e creatinina.** O painel superior mostra a conversão da fosfocreatinina muscular em creatinina. A perda de 50% dos néfrons resulta em aproximadamente o dobro de concentração de creatinina sérica. Observe que nos Estados Unidos é usada a dosagem do nitrogênio ureico sanguíneo (BUN) em vez da ureia sérica. Para converter ureia (mmol/L) em BUN (mg/dL), multiplique por 2,8. Para converter creatinina de umol/l para mg/dL, multiplique por 0,0113.

QUADRO CLÍNICO
O DIABETES GERALMENTE LEVA AO COMPROMETIMENTO DA FUNÇÃO RENAL.

Uma mulher de 37 anos, com histórico de diabetes tipo 1 nos últimos 12 anos, se apresentou para uma consulta de rotina na clínica de diabetes. Seu controle glicêmico era ruim, e a hemoglobina glicada (HbA$_{1c}$) estava em 9% (75 mmol/mol). A pressão arterial estava moderadamente elevada em 145/88 mmHg. A dosagem quantitativa da albumina urinária revelou concentração de proteína de 5 mg/mmol de creatinina, indicando microalbuminúria. Os valores de referência são:
1. **HbA$_{1c}$:** valor desejável no tratamento inferior a 7% (53 mmol/mol).
2. **Microalbumina na urina:** menor que 3,5 mg/mmol de creatinina.

Comentário
Esta paciente apresentava função renal levemente comprometida e pressão arterial elevada como resultado de dano glomerular causado pelo diabetes. A presença de microalbuminúria prognostica possível nefropatia diabética futura.

REGULAÇÃO DO EQUILÍBRIO HIDROELETROLÍTICO

Renina, angiotensina e aldosterona

O sistema renina-angiotensina controla a pressão arterial e o tônus vascular

A renina é uma protease produzida principalmente no aparelho justaglomerular do rim; ela é liberada em resposta a uma pressão de perfusão renal diminuída (oferta reduzida de Na$^+$ ao aglomerado de células no túbulo renal, conhecido como mácula densa). A secreção de renina é regulada por vias envolvendo receptores acoplados a proteínas G, adenilato ciclase, PKA e proteína de ligação responsiva ao cAMP (CREB). Esse fator de transcrição, CREB, recruta seus coativadores e adere ao elemento responsivo a cAMP no promotor do gene da renina, iniciando a transcrição. A secreção de renina é também estimulada por norepinefrina e prostaglandina E$_2$.

A **renina** produz um peptídeo de 10 aminoácidos, a angiotensina I, a partir da clivagem de uma glicoproteína circulante, o angiotensinogênio. A angiotensina, por sua vez, se transforma em um substrato para a peptidil-dipeptidase A **(enzima conversora de angiotensina [ECA)**, a qual remove dois aminoácidos, produzindo **angiotensina II**. Outra forma de angiotensina, a angiotensina 1-9, é produzida pela ação de uma isoforma da ECA (ECA2), sendo subsequentemente transformada em angiotensina 1-7. Esta última também pode ser formada a partir da angiotensina II pela ação de endopeptidases. O sistema da renina-angiotensina está ilustrado na Figura 35.10.

Os receptores de angiotensina são importantes na patogênese da doença cardiovascular

A angiotensina II se liga a receptores localizados nas células tubulares e nas células vasculares renais. A Angiotensina II contrai o músculo liso vascular, consequentemente aumentando a pressão arterial e reduzindo o fluxo de sangue renal e a taxa de filtração glomerular. Também promove a liberação de aldosterona e a proliferação de células do músculo liso vascular pela ativação de receptores AT1 que sinalizam por meio de proteínas-G e fosfolipase C. De modo geral, a **ativação do receptor AT1** tem efeitos que promovem a doença cardiovascular: estimulação de processos inflamatórios, deposição de matriz extracelular, geração de espécies freativas do oxigênio (ERRO) e efeitos pró-trombóticos. Essas ações são antagonizadas pela estimulação dos receptores AT2, que causa vasodilatação pela estimulação da produção de NO, promove a perda de sódio e inibe a proliferação de células da musculatura lisa vascular. As ações da angiotensina (1-7), que atua por meio do chamado receptor MAS (ela se liga a AT1 e AT2), também parecem ser cardioprotetoras. Fármacos que inibem ACE são hoje amplamente utilizados no tratamento da **hipertensão** e da **insuficiência cardíaca.**

QUADRO CLÍNICO
SISTEMA RENINA-ANGIOTENSINA-ALDOSTERONA E A INSUFICIÊNCIA CARDÍACA

Um senhor de 65 anos, com histórico de infarto agudo do miocárdico, apresentou-se com aumento da fadiga, falta de ar e edema no tornozelo. O exame físico mostrou taquicardia leve e pressão venosa jugular aumentada. Um ecocardiograma revelou comprometimento da função no ventrículo esquerdo. As dosagens séricas do paciente revelaram: sódio 140 mmol/L, potássio 3,5 mmol/L, proteína 34 (normal 35-45) g/dL, creatinina 80 μmol/L (0,90 mg/dL), ureia 7.5 mmol/L (45 mg/dL) e BUN 7,5 mmol/L (21 mg/dL).

Comentário
Este senhor apresentou sinais e sintomas de insuficiência cardíaca. A função comprometida do ventrículo esquerdo leva a redução do fluxo de sangue pelo rim, ativação do sistema da renina-angiotensina e estimulação da secreção de aldosterona. A aldosterona causa aumento da reabsorção renal de sódio e retenção de água, elevando o volume de fluido extracelular e causando o edema. Os valores de referência são:
Sódio: 135-145 mmol/L
Potássio: 3,5-5,0 mmol/L
Bicarbonato: 20-25 mmol/L
Ureia: 2,5-6,5 mmol/L (16,2-39 mg/dL)
Nitrogênio ureico do sangue (BUN): 2,5-6,5 mmol/L (7,5-18,2 mg/dL)

A aldosterona regula a homeostase de sódio e potássio

A aldosterona é um hormônio mineralocorticosteroide produzido no córtex adrenal (Capítulo 14). Regula o volume extracelular, o tônus vascular e controla o transporte renal de sódio e potássio. Ela se liga a um receptor citosólico nas células epiteliais, principalmente nos ductos coletores renais. A aldosterona regula a Na$^+$/K$^+$-ATPase em longo e curto prazos e regula também transportadores como o trocador de Na$^+$/H$^+$ tipo 3 no túbulo proximal, o cotransportador de Na$^+$/Cl$^-$ no

CAPÍTULO 35 Homeostase de Água e Eletrólitos

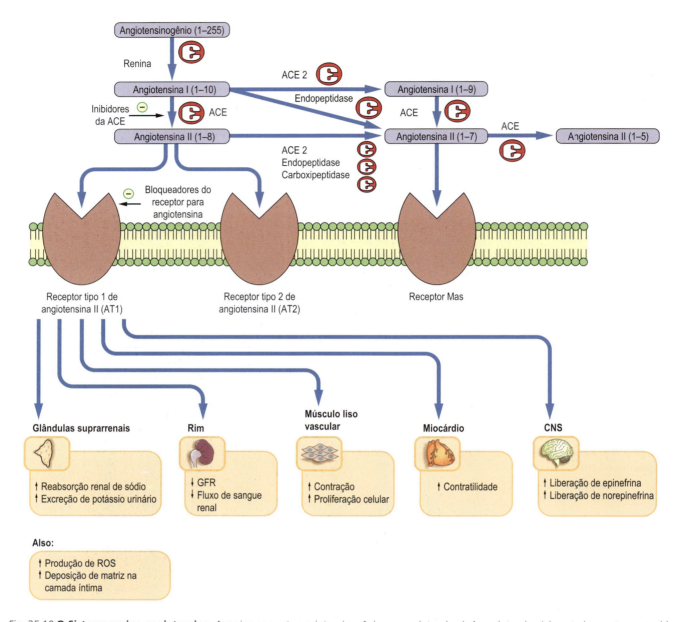

Fig. 35.10 **O Sistema renina-angiotensina.** A renina converte angiotensinogênio em angiotensina I. A angiotensina I é posteriormente convertida em angiotensina II pela enzima conversora de angiotensina (ACE). Ela também produz outros tipos de peptídeos angiotensina. As ações celulares das angiotensinas são mediadas pelos receptores de angiotensina do tipo 1 (AT1), tipo 2 (AT2) e receptores MAS que se ligam à angiotensina (1-7). O sistema renina-angiotensina é alvo de duas classes principais de fármacos anti-hipertensivos: inibidores da ACE (p. ex., ramipril, enalapril) e antagonistas do receptor AT1 (p. ex., losartana). Os inibidores da ACE também são amplamente utilizados no tratamento da insuficiência cardíaca. VSMC, células do músculo liso vascular; CNS, Sistema Nervoso Central; ROS, espécie reativa de oxigênio. O receptor AT1 é bloqueado, p. ex., pela losartana e o receptor AT2 pela saralasina.

QUADRO CLÍNICO
HIPERTENSÃO ARTERIAL É UMA DOENÇA COMUM

A hipertensão é um aumento inadequado da pressão sanguínea arterial. É desejável que os níveis da pressão arterial sistólica e da pressão diastólica sejam inferiores a 140 mmHg e 90 mmHg, respectivamente (os valores ideais são ainda mais baixos, inferiores a 120/80 mmHg). De acordo com a Organização Mundial de Saúde, o número de pessoas no mundo com hipertensão aumentou de 600 milhões em 1980 para 1 bilhão em 2008. A hipertensão arterial pode ser classificada como "essencial" (primária) ou "secundária". A causa da hipertensão essencial ainda não foi identificada, embora se saiba que ela envolve múltiplos fatores genéticos e ambientais, incluindo os componentes neurais, endócrinos e metabólicos. Uma dieta rica em sódio é um fator reconhecido no desenvolvimento da hipertensão.

A hipertensão está associada ao risco aumentado de derrame e infarto do miocárdio. Os medicamentos usados no tratamento da hipertensão incluem diuréticos, fármacos bloqueadores dos adrenorreceptores, inibidores da enzima conversora da angiotensina e antagonistas dos receptores da angiotensina AT1.

túbulo distal e o canal de sódio epitelial no ducto coletor renal. O resultado final é a **reabsorção de sódio aumentada** e a **excreção aumentada de potássio e de íons hidrogênio.**

QUADRO CLÍNICO
O HIPERALDOSTERONISMO É UM ACHADO COMUM NA HIPERTENSÃO

O hiperaldosteronismo primário é raro e ocorre como resultado da atividade anormal da suprarrenal. Ele pode ser o resultado de um tumor adrenal isolado, o adenoma (**Síndrome de Conn**). O hiperaldosteronismo secundário, mais frequente, se deve à secreção aumentada de renina. **Feocromocitomas** são tumores secretores de catecolaminas responsáveis pela hipertensão em cerca de 0,1% dos pacientes hipertensos. É importante diagnosticar corretamente o feocromocitoma porque ele pode ser removido cirurgicamente (Capítulo 26).

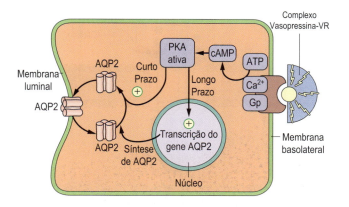

Fig. 35.11 **A vasopressina regula a reabsorção de água no ducto coletor.** A vasopressina controla o canal de água aquaporina 2 (AQP2). A vasopressina se liga ao seu receptor (VR) e, por meio de proteínas-G (Gp), estimula a produção do cAMP, que por sua vez, ativa a proteína quinase A (PKA). A PKA fosforila a AQP2 citoplásmica e induz sua translocação para a membrana celular, aumentando a capacidade para o transporte de água. A vasopressina também regula a expressão do gene *AQP2*.

Peptídeos natriuréticos

Os peptídeos natriuréticos promovem a excreção do sódio e reduzem a pressão arterial. Eles são marcadores importantes da insuficiência cardíaca

Uma família de peptídeos conhecida como peptídeos natriuréticos está envolvida na regulação do volume de líquidos corporais. Os dois peptídeos principais são o **peptídeo natriurético atrial** (ANP) e o **peptídeo natriurético cerebral** (BNP). O ANP é sintetizado predominantemente nos átrios cardíacos como um pró-peptídeo de 126 aminoácidos (pró-ANP). A seguir, é clivado em um peptídeo N-terminal menor com 98 aminoácidos e no ANP biologicamente ativo com 28 aminoácidos. O BNP é sintetizado nos ventrículos cardíacos como um pró-peptídeo de 108 aminoácidos e clivado em um peptídeo N-terminal de 76 aminoácidos e depois em um BNP biologicamente ativo com 32 aminoácidos. O BNP 32 foi isolado do cérebro suíno (porcino), o que justifica sua nomenclatura. Todos os peptídeos natriuréticos possuem uma estrutura em forma de anel devido à presença de uma ligação dissulfeto.

Os peptídeos natriuréticos aumentam a excreção de sódio e reduzem a pressão arterial. ANP e BNP são secretados em resposta a distensão atrial e sobrecarga do volume ventricular. Os mesmos se ligam a receptores acoplados à proteína G: os receptores do tipo A estão localizados predominantemente nas células endoteliais, e os receptores do tipo-B, no cérebro. A via de sinalização inclui duas guanilato ciclases, uma delas sendo estimulada por NO. A cGMP produzida atua sobre a PKC e sobre fosfodiesterases, regulando a síntese de cAMP.

QUADRO DE TESTE CLÍNICO
UTILIDADE DIAGNÓSTICA DOS PRO-PEPTÍDEOS DO PEPTÍDEO NATRIURÉTICO CEREBRAL (BNP)

Os pró-peptídeos do BNP estão presentes no plasma em quantidades equimolares aos da espécie ativa. O pró-BNP (1-76) atinge níveis mais altos na insuficiência cardíaca que o BNP 32. Da mesma forma, o pró-ANP (1-98) tem meia-vida plasmática maior que o ANP 1-28 biologicamente ativo e, portanto, está presente na circulação em concentrações mais altas. Nos laboratórios clínicos, é feita a dosagem dos pró-peptídeos.

As concentrações de ANP e BNP estão aumentadas na insuficiência cardíaca. As dosagens de ANP e BNP são especialmente úteis para excluir a suspeita de insuficiência cardíaca em pacientes apresentando sintomas não específicos, tal como dificuldade respiratória.

Vasopressina e aquaporinas

A vasopressina regula a reabsorção de água pelos rins

A vasopressina, um hormônio da hipófise posterior (também conhecida como **hormônio antidiurético** [ADH]), controla a reabsorção de água nos ductos coletores renais pela regulação de canais membranares para água, as **aquaporinas.**

A vasopressina controla a reabsorção de água nos ductos coletores renais. A vasopressina é sintetizada no hipotálamo, transportada ao longo de axônios para a hipófise posterior, onde é armazenada antes de ser novamente processada e liberada. Ela se liga a um receptor localizado nas membranas das células tubulares nos ductos coletores renais (Fig. 35.11). O receptor é acoplado às proteínas-G e ativa a PKA. Por sua vez, a PKA fosforila a aquaporina 2 (AQP2) estimulando sua translocação para a membrana celular, aumentando, assim, a reabsorção de água nos ductos coletores. A inibição da secreção de vasopressina resulta na produção de uma urina diluída. A falha em inibir adequadamente a vasopressina resulta na inabilidade de diluir urina abaixo da osmolalidade plasmática.

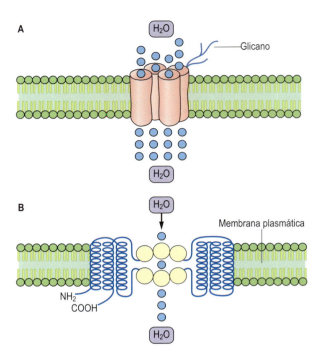

Fig. 35.12 **O Canal de água aquaporina.** (A) A aquaporina 1 é um canal de água multissubunitário. (B) Cada um dos dois monômeros apresenta duas estruturas de repetição em tandem, cada uma consistindo em três regiões transmembranares e alças de conexão embebidas na membrana.

As aquaporinas são canais proteicos de membrana que transportam água

O canal de água formado pela aquaporina é ilustrado na Figura 35.12. AQP2 e AQP3 estão presentes nos dutos coletores renais e são regulados pela vasopressina. AQP1 é expressa nos túbulos proximais e na porção descendente da alça de Henle e não está sob o controle da vasopressina.

Defeitos na secreção de vasopressina e ou nas aquaporinas causam diabetes insípido

A deficiência de vasopressina causa uma condição clínica conhecida como **diabetes insípido.** Mutações no receptor da vasopressina e no gene *AQP2* levam a tipos diferentes de **diabetes insípido nefrogênico.** Nas duas situações grandes volumes de urina diluída são excretados, levando à desidratação.

Um análogo sintético da vasopressina, a **desmopressina**, é usado no tratamento do diabetes insípido.

A secreção excessiva de vasopressina pode ser resultado de uma doença intracraniana e também pode ocorrer após trauma significativo, infecção ou cirurgia e na neoplasia maligna. A supressão defeituosa da vasopressina é conhecida como **síndrome da secreção inapropriada de hormônio antidiurético (SIADH)** e leva à retenção de água.

Os antagonistas da vasopressina, como tolvaptan, podem ser usados como adjuntos no tratamento da hiponatremia grave.

Integração da homeostase da água e do sódio O

controle do sódio e água é passível de regulação integrada pelas ações da aldosterona e vasopressina

Normalmente, apesar das variações na ingestão de líquidos, a osmolalidade plasmática se mantém dentro de limites estreitos (280-295 mmol/kg H_2O). A vasopressina regula a osmolalidade ajustando o volume de água no organismo, respondendo a ambos os sinais osmótico e de volume. Os osmorreceptores hipotalâmicos respondem a aumentos muito pequenos (cerca de 1%) na osmolalidade plasmática, estimulando tanto a secreção de vasopressina quanto a sede. A liberação de vasopressina é também estimulada por uma redução superior a 10% no volume sanguíneo.

O déficit de água (desidratação) reduz o volume plasmático, o fluxo sanguíneo renal e a GFR

Quando ocorre um déficit de água **(desidratação)**, a redução no fluxo sanguíneo renal estimula o sistema renina-angiotensina-aldosterona. Isso resulta na inibição da excreção de sódio urinário e na retenção de água. Em paralelo, um aumento na osmolalidade plasmática causado pelo déficit de água estimula a vasopressina, com consequente redução do volume urinário. Assim, a **resposta geral ao déficit de água é a retenção de sódio e de água** (Fig. 35.13).

O excesso de água aumenta o volume plasmático, o fluxo sanguíneo renal e a GFR

No caso de excesso de água, a produção de renina é inibida. Uma baixa concentração de aldosterona permite a perda de sódio urinário. A osmolalidade plasmática diminui. Isso é detectado pelos osmorreceptores, os quais suprimem a vasopressina. A supressão da secreção de vasopressina leva à perda urinária de água. A sede também é inibida, reduzindo a ingestão hídrica. **Assim, a resposta geral ao excesso de água é o aumento na perda de sódio e de água pela urina.**

Concentração plasmática de sódio

Distúrbios da concentração plasmática de sódio estão intimamente ligados a desidratação e super-hidratação

A concentração plasmática de sódio é de 135-145 mmol/L (mEq/L). Os distúrbios da concentração de sódio são clinicamente importantes e estão intimamente associados ao equilíbrio hídrico, de maneira nem sempre fácil de distinguir. As perdas de água e de sódio são frequentemente concomitantes, e se tais perdas resultarão em hipo ou hipernatremia, isso vai depender do grau relativo de perda entre sódio e água.

As anormalidades clínicas que se desenvolvem após perda excessiva de líquidos dependem da composição iônica dessa perda

Por exemplo, o **suor** contém menos sódio que o líquido extracelular: portanto, a transpiração excessiva leva a uma perda predominante de água e "concentra" o sódio no líquido extra-

CAPÍTULO 35 Homeostase de Água e Eletrólitos

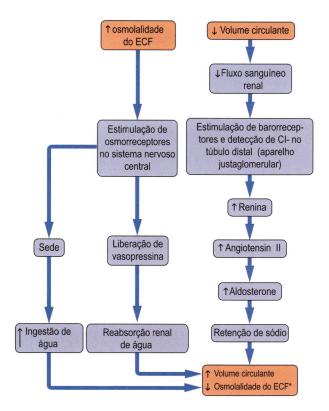

Tabela 35.2 Composição iônica dos líquidos corporais

	Sódio (mmol/L)	Potássio (mmol/L)	Bicarbonato (mmol/L)	Cloreto (mmol/L)
Plasma	140	4	25	100
Suco gástrico				
Líquido do intestino delgado	140	10	Variável	70
Fezes (diarreia)	50-140	30-70	20-80	Variável
Bile, líquidos pleural e peritoneal	140	5	40	100
Suor	12	10	-	12

A perda de líquido corporal em teor de eletrólitos semelhante àquele do plasma leva à desidratação com concentrações normais de eletrólitos no soro. Entretanto, quando o teor de sódio do líquido perdido for inferior àquele do plasma (p. ex., suor), a desidratação poderá estar acompanhada de hipernatremia. A super-hidratação é geralmente acompanhada de hiponatremia.
Adaptado com permissão de Dominiczak MH, editor: Seminars in Clinical Biochemistry, ed.2, Glasgow 1997, Glasgow University.

Fig. 35.13 **Os metabolismos de água e de sódio estão intimamente inter-relacionados.** Um aumento na osmolalidade do ECF estimula a secreção da vasopressina e leva ao aumento da reabsorção renal de água. Isso "dilui" o ECF, e a osmolalidade diminui. Essa resposta é reforçada pela estimulação da sede. Uma redução no volume plasmático também leva à retenção de água por meio da estimulação dos receptores sensíveis à pressão (barorreceptores) no aparelho justaglomerular. Isto ativa o sistema renina-angiotensina e a secreção de aldosterona. O resultado é a reabsorção aumentada de sódio. *A osmolalidade diminuirá se o grau de retenção de água for relativamente maior que aquele da retenção do sódio.

celular, causando hipernatremia. Por outro lado, o conteúdo de sódio do **fluido intestinal** é similar àquele do plasma, mas contém quantidades consideráveis de potássio. Assim a perda de fluido intestinal, tal como acontece na diarreia grave, resultará em desidratação e hipocalemia, mas a concentração de sódio no plasma geralmente permanecerá próxima ao normal (Tabela 35.2).

A concentração reduzida de sódio (**hiponatremia**) geralmente indica que o líquido extracelular está sendo "diluído" (devido ao excesso de água). A hiponatremia pode ser causada por uma ingestão excessiva de água, como na ingestão compulsiva, ou (mais frequentemente) por retenção de água, como acontece na SIADH. A hiponatremia também pode ser causada por uma grande perda de sódio na diarreia crônica e vômito ou (raramente) por deficiência de aldosterona, como na doença de Addison. A hiponatremia observada em atletas durante o exercício intenso resulta da suplementação de água durante um exercício desidratante na forma de bebidas hipotônicas, por isso "diluindo" o ECF.

QUADRO CLÍNICO
INGESTÃO DEFICIENTE DE LÍQUIDOS LEVA À DESIDRATAÇÃO

Um senhor de 80 anos foi internado no hospital após ter sido encontrado no chão, após sofrer um derrame agudo. Seu turgor tecidual era ruim, boca seca, taquicardia e hipotensão. As dosagens séricas revelaram o seguinte: sódio 150 mmol/L, potássio 5,2 mmol/L, bicarbonato 35 mmol/L, ureia 19 mmol/L (90,3 mg/dL), BUN 19,0 mmol/L (42 mg/dL) e creatinina 110 mmol/L (1,13 mg/dL).

Os valores de referência são:
Sódio: 135-145 mmol/L
Potássio: 3,5-5,0 mmol/L
Bicarbonato: 20-25 mmol/L
Ureia: 2,5-6,5 mmol/L (16,2-39 mg/dL)
Nitrogênio ureico sanguíneo (BUN): 2,5-6,5 mmol/L (7,5-18,2 mg/dL)
Creatinina: 20-80 µmol/L (0,28-0,90 mg/dL)

Comentário
Este paciente apresentava-se desidratado, o que é indicado pelos valores elevados de sódio e ureia e pela creatinina moderadamente elevada. Ele foi tratado com soro intravenoso, predominantemente na forma de dextrose a 5%, para repor o déficit de água.

A hipernatremia está mais usualmente associada à desidratação

Uma concentração de sódio aumentada (**hipernatremia**) significa que o líquido extracelular está sendo "concentrado" (devido à perda de água). A hipernatremia está mais associada à desidratação devido à ingestão diminuída de água (como no caso de pacientes idosos incapazes de beber água suficiente) ou à perda excessiva de água, como na diarreia, no vômito ou no diabetes (a diurese osmótica é a causa no diabetes). O distúrbio também pode ser decorrente da administração excessiva de sais de sódio (p. ex., bicarbonato de sódio por infusão durante a reanimação de pacientes).

Hipernatremia e hiponatremia graves promovem sintomas neurológicos

Na hiponatremia, os sintomas são predominantemente relacionados a hipo-osmolalidade e inchaço consequente do cérebro. O sódio não atravessa a barreira hematoencefálica e, por isso, a hiponatremia e a hipo-osmolalidade causam a entrada de líquido no cérebro. A hipernatremia crônica também pode levar à encefalopatia. E o mais importante, uma correção acelerada da hiponatremia e da hipernatremia pode exacerbar sintomas neurológicos; portanto, é crucial que a terapia prossiga em ritmo apropriado (Leituras Sugeridas).

Concentração plasmática de potássio

Distúrbios da concentração plasmática de potássio implicam em risco de arritmias cardíacas

A concentração normal do potássio plasmático é de 3,5-5,0 mmol/L (mEq/: Fig. 35.14). Tendo em vista ser sua concentração intracelular muito mais alta, um desvio relativamente pequeno da concentração do potássio entre o ECF e o ICF resulta em alterações importantes em sua concentração sérica. Concentrações de potássio altas e baixas (**hipercalemia** e **hipocalemia**, respectivamente) afetam o músculo cardíaco, causam arritmias e podem ser potencialmente fatais.

No ECG, a hipercalemia leva à perda de ondas-P, a ondas-T com pico caracteristicamente alto e a complexos QRS alargados. A hipocalemia, por outro lado, pode prolongar os intervalos PR, causar ondas-P em pico, achatar as ondas-T e causar ondas-U proeminentes.

Monitorar a concentração de potássio plasmático é de fundamental importância

A concentração de potássio plasmático inferior a 2,5-3 mmol/L ou superior a 6,0 mmol/L é perigosa (Fig. 35.14). A causa mais comum da hipercalemia grave é a insuficiência renal; nessa condição, o potássio pode não ser adequadamente excretado na urina em decorrência de rins não funcionais. Por outro lado, o potássio sérico baixo geralmente resulta de perdas, ou renais ou gastrointestinais. A diarreia é uma causa importante. O hiperaldosteronismo também leva à hipocalemia. Normalmente, os rins respondem por mais de 90% da perda de potássio corpóreo; por isso, o tratamento com diuréticos é uma causa importante tanto da hipo quanto da hipercalemia (isso depende do tipo

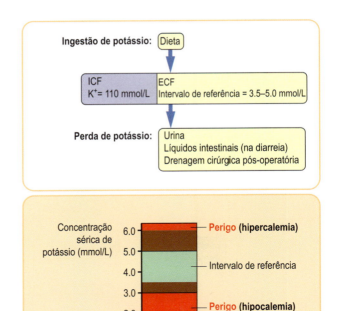

Fig. 35.14 **Equilíbrio do potássio.** A concentração sérica de potássio é mantida dentro de limites estreitos. Tanto a baixa concentração (hipocalemia) quanto a alta concentração (hipercalemia) são perigosas porque o potássio afeta a contratilidade do músculo cardíaco. Em geral, concentrações séricas de potássio superiores a 6,0 mmol/L e inferiores a 2,5 mmol/L são consideradas como emergências médicas. O painel superior mostra as principais fontes da perda de potássio.

de diurético usado). Da mesma forma, um controle insatisfatório do diabetes pode induzir tanto a hipocalemia ou, mais raramente, a hipercalemia (Capítulo 31).

Deve-se observar que alterações na concentração do potássio plasmático também estão associadas a distúrbios do equilíbrio ácido-base: a alcalose leva à hipocalemia, e a acidose, à hipercalemia (Capítulo 36).

Avaliação da condição hídrica e de eletrólitos na prática clínica

Para avaliar o equilíbrio hidroeletrolítico de um paciente, as dosagens a seguir são necessárias, além do exame físico e do histórico clínico:

- **Concentrações séricas de eletrólitos:** concentrações de sódio, potássio, cloreto e bicarbonato
- **Ureia (nitrogênio ureico sanguíneo) e creatinina séricas**
- **Volume, osmolalidade e concentração de sódio urinários**
- **Osmolalidade sérica**
- **Mapa do equilíbrio de fluidos:** registro diário da ingestão e perda de líquidos

QUESTÕES PARA APRENDIZAGEM

1. Comente o papel da Na⁺/K⁺-ATPase na manutenção dos gradientes iônicos ao longo das membranas celulares.
2. Explique o papel do sistema renina-angiotensina na manutenção do equilíbrio de sódio e água.
3. Descreva os movimentos da água entre o ECF e o ICF que ocorrem na privação de água.
4. Por que uma concentração baixa de albumina plasmática leva ao edema?
5. Quais são as causas mais comuns da hipercalemia?
6. Quais distúrbios relacionados ao equilíbrio hidroeletrolítico o leitor poderia esperar no caso da diarreia crônica?

RESUMO

◼ Tanto o déficit de água (desidratação) quanto o seu excesso (super-hidratação) causam problemas clínicos potencialmente graves. Portanto, a avaliação do equilíbrio hidroeletrolítico é parte importante do exame clínico.

◼ O equilíbrio hídrico corpóreo está intimamente ligado ao equilíbrio de íons dissolvidos (eletrólitos), dos quais os mais importantes são sódio e potássio.

◼ A Na⁺/K⁺-ATPase é essencial para a manutenção de gradientes iônicos entre a célula e seus arredores, do potencial elétrico e do desempenho do transporte iônico celular. Ela também controla hidratação/volume celulares.

◼ O movimento da água entre o ECF e o ICF é controlado por gradientes osmóticos.

◼ O movimento da água entre o lúmen de um vaso sanguíneo e o líquido intersticial é controlado pelas pressões osmótica e hidrostática.

◼ Os principais reguladores do equilíbrio hidroeletrolítico são: vasopressina (água) e aldosterona (sódio e potássio).

◼ O sistema renina-angiotensina-aldosterona é o principal regulador da pressão arterial e do tônus vascular.

◼ Dosagens dos peptídeos natriuréticos ajudam no diagnóstico da insuficiência cardíaca.

LEITURAS SUGERIDAS

Adrogue. H. J., & Madias. N. E. (2000). Hyponatremia. *The New England Journal of Medicine, 342*, 1581-1589.
Ellison, D. H., & Berl, T. (2007). The syndrome of inappropriate antidiuresis. *The New England Journal of Medicine, 356*, 2064-2072.
Frost, P. (2015). Intravenous fluid therapy in adult inpatients. *BMJ (Clinical Research Ed.), 350*, g7620.
James, P. A., Oparil, S., Carter, B. L., et al. (2014). 2014 evidence-based guideline for the management of high blood pressure in adults: Report from the panel members appointed to the eighth joint national committee (JNC 8). *JAMA: The Journal of the American Medical Association, 311*, 507-520.
Richards, A. M., & Troughton, R. W. (2012). Use of natriuretic peptides to guide and monitor heart failure therapy. *Clinical Chemistry, 58*, 62-71.
Schmieder, R. E., Hilgers, K. F., Schlaich, M. P., et al. (2007). Renin-angiotensin system and cardiovascular risk. *Lancet, 369*, 1208-1219.
Schrier, R. W. (2006). Body water homeostasis: Clinical disorders of urinary dilution and concentration. *Journal of the American Society of Nephrology, 17*, 1820-1832.
Sterns, R. H. (2015). Disorders of plasma sodium–causes, consequences, and correction. *The New England Journal of Medicine, 372*, 55-65.
Verbalis, J. G., Goldsmith, S. R., Greenberg, A., et al. (2013). Diagnosis, evaluation, and treatment of hyponatremia: expert panel recommendations. *The American Journal of Medicine, 126*, S5-S41.
Verkman, A. S. (2012). Aquaporins in clinical medicine. *Annual Review of Medicine, 63*, 303-316.

SITES

Medline Plus - Water and Electrolyte Balance: http://www.nlm.nih.gov/medlineplus/fluidandelectrolytebalance.html
British Consensus Guidelines on Intravenous Fluid Therapy for Adult Surgical Patients 2011: http://www.bapen.org.uk/pdfs/bapen_pubs/giftasup.pdf

MAIS CASOS CLÍNICOS

Consultar Apêndice 2 para mais casos relevantes no contexto deste capítulo.

ABREVIATURAS

ACE	Enzima conversora da angiotensina
ADH	Hormônio antidiurético, vasopressina
AG	*Anion gap* ou hiato aniônico
ANP	Peptídeo natriurético atrial
AQP	Aquaporina
AT1, AT2	Receptores para angiotensina
BNP	Peptídeo natriurético cerebral
BUN	Nitrogênio ureico do sangue
bw	Peso corporal [pc]
CNS	Sistema Nervoso Central [SNC]
CREB	Proteína de ligação responsiva ao cAMP, fator de transcrição
ECF	Líquido extracelular
eGFR	Taxa de filtração glomerular estimada
ENaC	Canal de sódio epitelial
GFR	Taxa de filtração glomerular
ICF	Líquido intracelular
MAS	Receptor de angiotensina 1-7
NCC	Cotransportador de sódio-cloreto
NKCC2	Cotransportador de sódio-potássio-cloreto
PKA	Proteína quinase A
PKC	Proteína quinase C
PTH	Hormônio da Paratireoide (paratormônio)
ROS	Espécies reativas de oxigênio [ERO]
SIADH	Síndrome da expressão inapropriada de hormônio antidiurético
VSMC	Células do músculo liso vascular

CAPÍTULO	
36	# O Pulmão e a Regulação da Concentração de Íon Hidrogênio (Equilíbrio Ácido-Base)

Marek H. Dominiczak e Mirosława Szczepańska-Konkel

OBJETIVOS

Após concluir este capítulo, o leitor estará apto a:

- Explicar a origem do tampão bicarbonato.
- Descrever a troca gasosa nos pulmões.
- Descrever os componentes respiratórios e metabólicos do equilíbrio ácido-base.
- Definir e classificar acidose e alcalose.
- Comentar sobre os quadros clínicos associados aos distúrbios do equilíbrio ácido-base.

INTRODUÇÃO

O metabolismo gera ácidos

O metabolismo celular gera dióxido de carbono. Este se dissolve em água, formando ácido carbônico, que por sua vez, se dissocia liberando íon hidrogênio. Este é chamado de ácido volátil. Existem outros ácidos derivados de fontes diferentes do CO_2, os quais são chamados de não voláteis; por definição, eles não podem ser removidos pelos pulmões e precisam ser excretados pelos rins. A produção líquida de ácidos não voláteis é de aproximadamente 50 mmol/24 h.

O ácido lático é produzido durante a glicólise anaeróbia, e sua concentração no plasma é a marca característica da hipóxia. Os cetoácidos (ácido acetoacético e ácido β-hidroxibutírico) são importantes no diabetes (Capítulo 31). O metabolismo de aminoácidos contendo enxofre e de compostos contendo fósforo gera ácidos inorgânicos.

Apesar do volume de íon hidrogênio produzido, sua concentração no sangue (geralmente expressa como logaritmo negativo de sua concentração, o pH) é notadamente constante: ele permanece entre 35 e 45 nmol/L (pH 7,35-7,45). A manutenção de um pH estável é essencial, uma vez que afeta a ionização de proteínas (Capítulo 2) e, por consequência, a conformação das mesmas, o que, por sua vez, afeta a atividade de enzimas e de outras moléculas biologicamente ativas, como os canais iônicos. Uma redução no pH aumenta o tônus simpático e pode levar a disritmias cardíacas. Além disso, o pH e a pressão parcial de dióxido de carbono (pCO_2) afetam a forma da curva de saturação da hemoglobina e, assim, a oxigenação dos tecidos (Capítulo 5).

A manutenção do equilíbrio ácido-base envolve os pulmões, os eritrócitos e os rins

A manutenção do equilíbrio ácido-base envolve os pulmões, os eritrócitos e os rins (Fig. 36.1). Os pulmões controlam a troca de dióxido de carbono e oxigênio entre o sangue e a atmosfera, os eritrócitos transportam esses gases entre os pulmões e os tecidos, e os rins controlam a síntese do bicarbonato no plasma e a excreção do íon hidrogênio.

Relevância clínica

A compreensão do equilíbrio ácido-base tem relevância geral à prática clínica, uma vezque anormalidades desse sistema respondem por muitos distúrbios em todas as especialidades clínicas.

SISTEMAS DE TAMPÃO CORPORAL: COMPONENTES RESPIRATÓRIO E METABÓLICO DO EQUILÍBRIO ÁCIDO-BASE

O sangue e os tecidos contêm sistemas-tampão que minimizam as alterações na concentração de íon hidrogênio

O principal sistema de tampão que neutraliza íons hidrogênio liberados pelas células é o **tampão bicarbonato.** Outro sistema importante é a **hemoglobina.** Nas células, o íon hidrogênio é neutralizado por tampões intracelulares, principalmente **proteínas** e **fosfatos** (Tabela 36.1 e Capítulo 2).

O tampão bicarbonato permanece em equilíbrio com o ar atmosférico

O conceito essencial é o de que o tampão bicarbonato é um sistema aberto. Isso significa que ele tem potencial de tamponamento muito maior que os tampões de "sistema-fechado". O CO_2 produzido no curso do metabolismo se difunde pelas membranas celulares e se dissolve no plasma. Seu coeficiente de solubilidade no plasma é de 0,23 se pCO_2 for medida em kPa (0,03 se pCO_2 for medida em mmHg; 1 kPa = 7,5 mmHg ou 1 mmHg = 0,133 kPa). Assim, na pCO_2 normal de 5,3 kPa (40 mmHg), a concentração de CO_2 dissolvido (dCO_2) é:

$$dco_2(mmol/L) = 5,3kpa \times 0,23 = 1,2mmol/L$$

O CO_2 se equilibra com ácido carbônico H_2CO_3 no plasma por meio através de uma reação lenta e não enzimática. Normalmente, a concentração de H_2CO_3 é muito baixa, cerca de 0,0017 mmol/L. O ponto-chave é que, por causa do equilíbrio

CAPÍTULO 36 O Pulmão e a Regulação da Concentração de Íon Hidrogênio (Equilíbrio Ácido-Base)

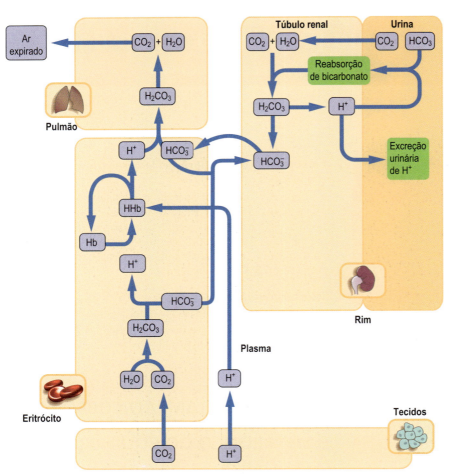

Fig. 36.1 **O Equilíbrio ácido-base.** Os pulmões, rins e eritrócitos contribuem para a manutenção do equilíbrio ácido-base. Os pulmões controlam a troca gasosa com o ar atmosférico. O CO_2 gerado nos tecidos é transportado no plasma como bicarbonato; a hemoglobina de eritrócitos contribui para o transporte de CO_2. A hemoglobina tampona o íon hidrogênio derivado do ácido carbônico. Os rins reabsorvem bicarbonato filtrado nos túbulos proximais e geram bicarbonato novo nos túbulos distais, onde há secreção efetiva de íon hidrogênio. Hb, hemoglobina.

Tabela 36.1 Principais tampões do corpo humano

Tampão	Ácido	Base conjugada	Local principal da ação tampão
Hemoglobina	HHb	Hb$^-$	Eritrócitos
Proteínas	HProt	Prot$^-$	Fluido intracelular
Tampão de fosfato	$H_2PO_4^-$	HPO_4^{2-}	Fluido intracelular
Bicarbonato	$CO_2 \rightarrow H_2CO_3$	HCO_3^-	Fluido extracelular

Consultar Capítulo 2 para princípios da ação tampão. A definição de Brønsted-Lowry de um ácido é "uma espécie molecular que tende a perder um íon hidrogênio, formando uma base conjugada."

entre H_2CO_3 e CO_2 dissolvido (teoricamente todo o CO_2 dissolvido poderia, por fim, se converter em H_2CO_3), esse componente do tampão bicarbonato pode ser considerado igual à soma do H_2CO_3 e do CO_2 dissolvido. A equação que descreve o comportamento do tampão bicarbonato é a **equação de Henderson-Hasselbalch** (Capítulo 2). Ela expressa a relação entre pH e os componentes do tampão:

$$pH = pK + \log([\text{bicarbonato}] / pCO_2 \times 0{,}23)$$

A equação demonstra que o pH do sangue é determinado pela proporção entre a concentração de bicarbonato no plasma (o **componente "base"** do tampão) e a concentração de CO_2 dissolvido (o **componente "ácido"**, porque ele se converte em ácido carbônico). Normalmente, na pCO_2 de 5,3 kPa e concentração de CO_2 dissolvido de 1,2 mmol/L, a concentração de bicarbonato no plasma é de aproximadamente 24 mmol/L. O pK do tampão bicarbonato é de 6,1. Inseririndo as concentrações reais de componentes do tampão na equação precedente, temos:

$$pH = 6{,}1 + \log(24 / 1{,}2) = 7{,}40$$

Assim, a concentração normal de bicarbonato e pressão parcial normal de CO_2 correspondem a um pH de 7,40 (concentração de íon hidrogênio 40 nmol/L). O tampão bicarbonato minimiza alterações na concentração de íon hidrogênio quando se adiciona ácido ao sangue.

Quando a concentração de H$^+$ no sistema aumenta, o componente bicarbonato do tampão aceita (H$^+$), formando ácido carbônico, o qual é subsequentemente convertido em CO_2 e H_2O na reação catalisada pela **anidrase carbônica:**

$$H^+ + HCO_3 \rightleftharpoons H_2CO_3 \rightleftharpoons CO_2 + H_2O$$

No primeiro estágio, a concentração de bicarbonato diminui e pCO_2 aumenta. Entretanto, uma vez que o CO_2 é eliminado pelos pulmões, a proporção bicarbonato/pCO$_2$ é posteriormente trazida de volta ao normal.

Por outro lado, quando a concentração de H$^+$ diminui, o componente ácido carbônico do tampão se dissociará para suprir H$^+$:

$$H_2CO_3 \rightarrow H^+ + HCO_3^-$$

A taxa de ventilação diminuirá, retendo CO$_2$ para aumentar a pCO$_2$, normalizando, assim, a proporção bicarbonato/pCO$_2$:

$$CO_2 + H_2O \rightarrow H_2CO_3$$

Examinando a equação de Henderson-Hasselbalch, observamos que seu denominador (pCO$_2$) é controlado pelos pulmões. Por essa razão, ele é chamado de "**componente respiratório do equilíbrio ácido-base.**" Por outro lado, a concentração de bicarbonato no plasma é controlada pelos rins e eritrócitos e, consequentemente, é chamada de "**componente metabólico do equilíbrio ácido-base**" (Fig. 36.2).

O bicarbonato é gerado nos eritrócitos e túbulos renais

Os eritrócitos e as células tubulares renais contêm uma enzima contendo zinco, a anidrase carbônica (CA), que converte CO$_2$ dissolvido em ácido carbônico. O ácido carbônico se dissocia, resultando em íon hidrogênio e bicarbonato:

$$CO_2 + H_2O \xrightleftharpoons{CA} H_2CO_3 \rightleftharpoons H^+ + HCO_3^-$$

Os rins regulam a reabsorção e a síntese do bicarbonato, e **os eritrócitos** ajustam a concentração do bicarbonato em resposta às alterações na pCO$_2$.

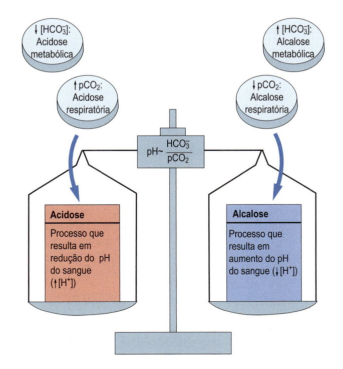

Fig. 36.3 **Distúrbios do equilíbrio ácido-base.** Um aumento primário da pCO$_2$ ou a diminuição na concentração de bicarbonato no plasma podem levar à acidose. A redução da pCO$_2$ ou aumento do bicarbonato no plasma podem levar à alcalose. Se a alteração primária está em pCO$_2$, o distúrbio é chamado respiratório, e se essa alteração envolver o bicarbonato do plasma, o distúrbio será chamado metabólico.

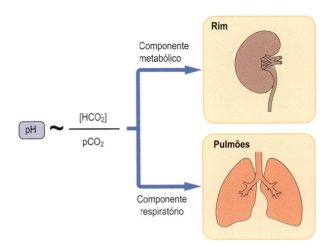

Fig. 36.2 **O tampão bicarbonato. O** pH do sangue depende da proporção entre o bicarbonato no plasma e a pressão parcial de dióxido de carbono (pCO$_2$). A pCO$_2$ é o componente respiratório do equilíbrio ácido-base, e a concentração de bicarbonato é o componente metabólico.

Componentes respiratório e metabólico do equilíbrio ácido-base são interligados

Os componentes respiratório e metabólico do equilíbrio ácido-base são intimamente ligados: um tende a compensar as alterações do outro. Quando o distúrbio primário é respiratório – por exemplo, na **doença obstrutiva crônica de vias aéreas (COAD)** severa – e leva ao acúmulo de CO$_2$, existe um aumento de compensação na reabsorção de bicarbonato pelo rim. Por outro lado, uma redução na pCO$_2$ – resultando, por exemplo, da **superventilação em um ataque asmático** – leva ao aumento na excreção renal de bicarbonato.

Quando o problema primário é metabólico (p. ex., **cetoacidose diabética**), uma redução na concentração de bicarbonato estimula o centro respiratório para aumentar a taxa de ventilação. O CO$_2$ é removido, e a pCO$_2$ do plasma diminui. Clinicamente, isso pode se manifestar na forma de hiperventilação. Por outro lado, um aumento no bicarbonato do plasma leva à redução na taxa de ventilação e à retenção de CO$_2$. Por isso, a alteração compensatória sempre tende a normalizar a proporção bicarbonato/pCO$_2$, ajudando a trazer o pH em direção ao valor normal (Fig. 36.3).

Tamponamento intracelular

No interior das células, o íon hidrogênio é tamponado por proteínas e fosfatos

Os dois principais tampões intracelulares são proteínas e fosfatos, e o tamponamento é governado pelas proporções de $HPO_4^{2-}/H_2PO_4^-$ e de proteína/proteína-H. A hemoglobina é um tampão de proteína extracelular importante.

É praticamente importante que, quando um excesso de íon hidrogênio está presente no plasma, ele penetra nas células em troca de íon potássio. Isso aumenta a concentração de potássio no plasma. Por outro lado, quando há redução do íon hidrogênio no plasma, e por isso excesso de bicarbonato, o íon hidrogênio será suprido a partir das células. Ele penetrará no plasma em troca de potássio, reduzindo o potássio plasmático. Por isso, um pH sanguíneo baixo (acidemia) está geralmente associado à hipercalemia, e pH do sangue alto (alcalemia) está associado à hipocalemia (Fig. 36.4).

QUADRO CLÍNICO
OS DISTÚRBIOS ÁCIDO-BASE AFETAM A CONCENTRAÇÃO DE POTÁSSIO NO PLASMA

Importante: o pH sanguíneo baixo (acidemia) está geralmente associado à hipercalemia e o pH sanguíneo alto (alcalemia) está associado à hipocalemia

QUADRO DE TESTE CLÍNICO
AVALIAÇÃO LABORATORIAL DO EQUILÍBRIO ÁCIDO-BASE

A "medida de gás sanguíneo" é uma importante investigação laboratorial de primeira linha. Em pacientes com insuficiência respiratória, ela é também um guia essencial para a terapia de oxigênio e de ventilação assistida.

As avaliações são feitas a partir de uma amostra de sangue arterial, geralmente obtido da artéria radial. O jargão "gases sanguíneos" significa as medições de **pO₂**, **pCO₂** e **pH** (ou concentração de íon hidrogênio), a partir das quais a concentração de **bicarbonato** é calculada usando-se a equação de Henderson-Hasselbalch. Vários outros parâmetros também são computados, entre os quais o volume total de tampões no sangue (a **base do tampão**) e a diferença entre a quantidade desejada (normal) de tampões no sangue e a quantidade real (**excesso de base**). Valores de referência para pH, pCO₂ e O₂ são apresentados na Tabela 36.2.

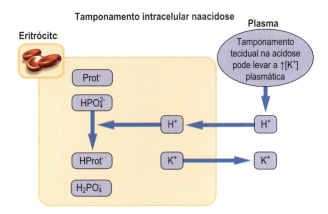

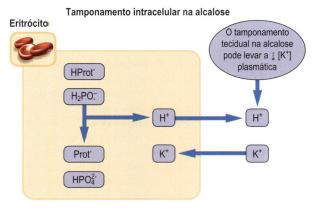

Fig. 36.4 **Tampões intracelulares: proteínas e fosfatos. Troca de potássio-íon hidrogênio.** Os tampões intracelulares são primariamente proteínas e fosfatos. Entretanto, o íon hidrogênio penetra nas células por troca com o potássio. Portanto, um acúmulo de íons hidrogênio no plasma (acidemia) e a consequente entrada de excesso de íons hidrogênio para as células aumentam a concentração de potássio no plasma. Por outro lado, um déficit de íon hidrogênio no plasma (alcalemia) pode levar à baixa concentração de potássio no plasma. Prot, proteína.

Tabela 36.2 Intervalos de referência para os resultados da gasimetri

A. Intervalos de referência*

	Arterial	Venoso
[H⁺]	35-45 mmol/L	
pH	7,35 – 7,45	
pCO₂	4,6 - 6,0 kPa (35-45 mmHg)	4,8 – 6,7 kPa (36-50 mmHg)
pO₂	10,5 – 13,5 kPa (79–101 mmHg)	4,0 – 6,7 kPa (30-50 mmHg)
Bicarbonato	23–30 mmol/L	22-29 mmol/L

B. Comparação de concentração de íon hidrogênio em unidades convencionais e SI

Unidades convencionais: pH	Unidades SI: [H⁺] nmol/l
6,8	160
7,1	80
7,4	40
7,7	20

*Os parâmetros medidos na gasimetria são: pH, pCO₂ e pO₂; a concentração de bicarbonato é calculada a partir dos valores de pH e de pCO₂; pH inferior a 7,0 ou superior a 7,7 é potencialmente fatal. (Adaptado com permissão de Hutchinson AS. Em Dominiczak MH, editor. Seminars in clinical biochemistry, Glasgow, 1997, Glasgow University Press.)

PULMÕES: A TROCA GASOSA

Os pulmões fornecem o oxigênio necessário ao metabolismo dos tecidos e removem o CO_2 produzido

Cerca de 10 mil L de ar passam pelos pulmões de um adulto médio por dia. As vias aéreas são "tubos" de diâmetro progressivamente decrescente. Consistem em traqueia, brônquios grandes e pequenos e até mesmo em bronquíolos, ainda menores (Fig. 36.5). No final dos bronquíolos, existem os alvéolos pulmonares, estruturas revestidas com endotélio e cobertas por uma película de surfactante, cujo componente principal é o dipalmitoil-fosfatidilcolina. O surfactante reduz a tensão superficial dos alvéolos. A troca gasosa ocorre nos alvéolos.

O centro respiratório no tronco cerebral controla a frequência respiratória

A frequência respiratória é influenciada pelas pressões parciais de oxigênio (pO_2) e dióxido de carbono (pCO_2). O centro respiratório no tronco cerebral possui quimiorreceptores sensíveis a pCO_2 e ao pH. Em circunstâncias normais, o estímulo para a ventilação é o aumento em pCO_2 ou a redução do pH, não a pO_2. Entretanto, se a pO_2 diminuir e a hipóxia se desenvolver, a pO_2 começa a controlar a frequência respiratória por meio de um conjunto de receptores localizados nos corpos carotídeos no arco aórtico. Este se torna o mecanismo dominante na pO_2 inferior a 8 kPa (60 mmHg). Isso é conhecido como **estímulo hipóxico** (Fig. 36.5).

A ventilação e a perfusão pulmonar em conjunto determinam as trocas gasosas

As artérias pulmonares carregam sangue desoxigenado da periferia, por meio do ventrículo direito, para os alvéolos pulmonares. Após a oxigenação, o sangue flui através das veias pulmonares para o átrio esquerdo. Nos capilares alveolares, o sangue recebe oxigênio, que se difunde através da parede alveolar a partir do ar inspirado; ao mesmo tempo, o CO_2 se difunde a partir do sangue para os alvéolos e é expirado.

A taxa de difusão gasosa é determinada pela diferença das pressões parciais entre o ar alveolar e o sangue. A Tabela 36.3 mostra a pO_2 e a pCO_2 nos pulmões. Comparada com o ar atmosférico, a pCO_2 no ar alveolar é ligeiramente mais alta, e a pO_2 ligeiramente mais baixa (isso se deve à pressão de vapor da água). O dióxido de carbono é muito mais solúvel em água

> ### QUADRO CLÍNICO
> ### UMA MULHER APRESENTANDO FALTA DE AR: ACIDOSE RESPIRATÓRIA
>
>
>
> Uma senhora de 56 anos foi internada em uma enfermaria geral com crescente falta de ar. Ela fumava 20 cigarros por dia nos 25 anos anteriores e informou ataques frequentes de "bronquite no inverno". A gasimetria revelou pO_2 de 6 kPa (45 mmHg), pCO_2 de 8,4 kPa (53 mmHg) e pH 7,35 (concentração de íon hidrogênio 51 nmol/L); a concentração de bicarbonato era de 35 mmol.
>
> **Comentário**
> Esta paciente se mostrou em estado de exacerbação da **doença pulmonar obstrutiva crônica (COAD)** e acidose respiratória. A pCO_2 era alta e, portanto, sua ventilação dependia do estímulo hipóxico. A concentração de bicarbonato também estava aumentada como resultado da compensação metabólica da acidose respiratória. Deve-se tomar cuidado no tratamento desses pacientes com altas concentrações de oxigênio porque a pO_2 aumentada pode remover o estímulo hipóxico e causar depressão respiratória. O monitoramento da pO_2 e pCO_2 arteriais na terapia de oxigênio é obrigatório. Essa paciente foi tratada com sucesso usando oxigênio a 28% (para intervalos de referência, consulte a Tabela 36.2).

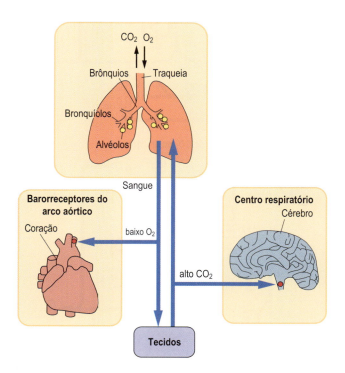

Fig. 36.5 **Controle da frequência respiratória pela pCO_2 e pO_2.** A ventilação e a perfusão do pulmão são os principais fatores de controle da troca gasosa. A pCO_2 regula a frequência de ventilação por meio de quimiorreceptores centrais no tronco cerebral. Entretanto, na pO_2 baixa, a frequência de ventilação é controlada por receptores periféricos sensíveis a pO_2 nos corpos carotídeos e no arco aórtico.

Tabela 36.3 Pressões parciais de oxigênio e de dióxido de carbono no ar atmosférico, alvéolos pulmonares e no sangue, kPa (mmHg)

	Ar seco	Alvéolos	Artérias sistêmicas	Tecidos
pO_2	21,2 (39)	13,7 (98)	12,0 (90)	5,3 (40)
pCO_2	< 0,13 (0,1)	5,3 (40)	5,3 (40)	6,0 (45)
Vapor d'água		6,3 (47)		

Gradientes de pressão parcial determinam a difusão de gases através da barreira alveolar / sangue (1kPa = 7,5 mmHg).

que o oxigênio e se equilibra com o sangue mais rapidamente. Portanto, quando se desenvolvem anomalias, primeiro se observa redução na pO₂ do sangue (hipóxia). Um aumento na pCO₂ (hipercapnia) ocorre mais tarde e, geralmente, indica uma problema mais grave. O outro fator que determina a troca gasosa é a velocidade na qual o sangue flui pelos pulmões (a taxa de perfusão). Normalmente, a taxa de ventilação alveolar é de cerca de 4 L/min e, a de perfusão 5 L/min (a proporção ventilação/perfusão [Va/Q] é de 0,8).

Diferentes combinações de perturbações da ventilação e da perfusão podem ocorrer

Quando parte dos alvéolos pulmonares colapsam e são incapazes de realizar trocas gasosas, partes do pulmão podem estar bem perfundidas, mas pobremente ventiladas. Como resultado, a pO₂ do sangue diminui porque ocorre menor difusão de oxigênio a partir do ar alveolar. A presença de sangue pobre em oxigênio na circulação arterial é conhecida como a "efeito **shunt**". Por outro lado, quando a ventilação é adequada, mas a perfusão é deficiente, a troca gasosa não pode ocorrer; nesses casos, parte do pulmão se comporta como se não tivesse alvéolos, formando o "**espaço morto fisiológico**". O Quadro Clínico a seguir mostra os exemplos de condições relacionadas a ventilação insatisfatória, perfusão deficiente e a combinação de ambas.

O transporte de dióxido de carbono pelos eritrócitos

Os eritrócitos transportam CO₂ para os pulmões em uma forma "fixa" – como bicarbonato

O metabolismo humano produz CO₂ à taxa de 200-800 mL/min. O CO₂ se dissolve em água e gera ácido carbônico, o qual,

por sua vez, se dissocia em íon hidrogênio e bicarbonato. Por isso, o CO₂ gera um grande número de íons hidrogênio:

$$CO_2 + H_2O \rightleftharpoons H_2CO_3 \rightleftharpoons H^+ + HCO_3^-$$

No plasma, essa reação é não enzimática e se desenvolve lentamente, gerando somente quantidades diminutas de ácido carbônico, que permanece em equilíbrio com uma grande quantidade de CO₂ dissolvido. Entretanto, a mesma reação nos eritrócitos é catalisada pela anidrase carbônica, que "fixa" CO₂ como bicarbonato. O íon hidrogênio gerado é tamponado pela hemoglobina.

O íon bicarbonato então se move para o plasma pela troca com íons cloreto (a "troca de cloreto"; Fig. 36.6). Até 70% de todo o CO₂ produzido nos tecidos se transforma em bicarbonato;

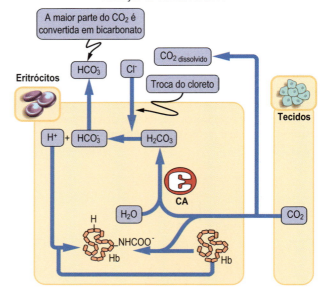

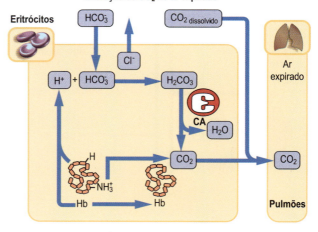

Fig. 36.6 **Transporte de CO₂ pelos eritrócitos.** A anidrase carbônica converte aproximadamente 70% do CO₂ produzido nos tecidos em bicarbonato para transporte aos pulmões; cerca de 20% do volume total é transportado ligado à hemoglobina, como carbamatos (NHCOO⁻), e o restante como gás dissolvido no plasma. CA, anidrase carbônica.

> ### QUADRO CLÍNICO
> ### DISTÚRBIOS DA VENTILAÇÃO E DA PERFUSÃO PULMONARES
>
> - **Deformidades da caixa torácica** prejudicam a ventilação ao limitar o movimento dos pulmões.
> - O **trauma torácico** pode reduzir a ventilação como resultado do colapso pulmonar.
> - O **enfisema pulmonar** pode destruir os alvéolos.
> - A **síntese inadequada do surfactante** causa o colapso dos alvéolos e prejudica a ventilação (isso é conhecido como síndrome da angústia respiratória).
> - A **obstrução dos brônquios** por objetos inalados ou estreitamento por tumor em crescimento prejudica a ventilação.
> - A **constrição dos brônquios** na asma prejudica a ventilação.
> - A **elasticidade prejudicada do pulmão** ou a disfunção do diafragma e dos músculos intercostais da parede torácica reduz a ventilação.
> - A presença de **fluido nos alvéolos** (edema pulmonar) prejudica a ventilação ao afetar a difusão gasosa.
> - **Defeitos no controle neural** prejudicam a ventilação ao afetarem o movimento dos pulmões.
> - **Problemas circulatórios** como no choque e na insuficiência cardíaca comprometem a perfusão pulmonar.

cerca de 20% são transportados ligados à hemoglobina como grupos de carbamino, e somente 10% permanecem dissolvidos no plasma.

Nos pulmões, a pO₂ mais elevada facilita a dissociação do CO_2 da hemoglobina. Isso é conhecido como **efeito de Haldane**. A hemoglobina libera o íon hidrogênio, que reage com bicarbonato, formando ácido carbônico, o qual, por sua vez, produzCO_2 e H_2O.

TRANSPORTE DE BICARBONATO PELOS RINS

À Semelhança dos eritrócitos, as células tubulares renais proximais e distais contêm anidrase carbônica.

Normalmente, o bicarbonato filtrado através dos glomérulos é reabsorvido no túbulo proximal, tornando a urina praticamente livre de bicarbonato. As superfícies das células tubulares renais voltadas para o lúmen são impermeáveis ao bicarbonato. No lúmen, o bicarbonato filtrado se combina com o íon hidrogênio secretado pelas células. O ácido carbônico então formado é convertido em CO_2 e H_2O pela anidrase carbônica localizada na membrana luminal. O CO_2 se difunde para as células, em que novamente é convertido em ácido carbônico pela ação da anidrase carbônica intracelular, se dissociando em íon hidrogênio e bicarbonato. O bicarbonato retorna ao plasma, e o íon hidrogênio é secretado para o lúmen do túbulo de modo a capturar mais bicarbonato filtrado. Observe que, nesse processo, o íon hidrogênio é exclusivamente utilizado para permitir a **reabsorção de bicarbonato**, não havendo **excreção efetiva de íon hidrogênio** (Fig. 36.7).

Os túbulos distais produzem novo bicarbonato e excretam hidrogênio

À medida que o bicarbonato está sendo produzido no túbulo distal, ocorrem tanto uma perda líquida de íon hidrogênio do corpo quanto um ganho líquido de bicarbonato. O processo é o seguinte: CO_2 se difunde do lúmen para as células, onde a anidrase carbônica intracelular o converte em ácido carbônico, o qual se dissocia em íon hidrogênio e bicarbonato. O bicarbonato é então transportado para o plasma, e o **íon hidrogênio é secretado no lúmen tubular**. Uma vez que não há bicarbonato no lúmen do túbulo distal (tudo foi reabsorvido no túbulo proximal), o **íon hidrogênio é tamponado (aprisionado) por íons fosfato** presentes no filtrado e por amônia sintetizada nos túbulos renais. Ele é posteriormente excretado na urina (Fig. 36.8).

A amônia produzida pela reação da glutaminase participa da excreção do íon hidrogênio

A amônia é produzida em uma reação catalisada pela glutaminase, que converte glutamina em ácido glutâmico. A amônia se difunde pela membrana luminal, permitindo que o íon hidrogênio seja aprisionado dentro do túbulo sob a forma de íon amônio (NH_4^+), para o qual a membrana é impermeável.

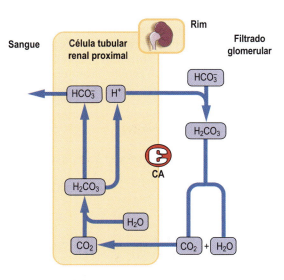

Fig. 36.7 **Reabsorção de bicarbonato nos rins.** A reabsorção de bicarbonato ocorre no túbulo proximal. Não há excreção efetiva de íon hidrogênio. CA, anidrase carbônica.

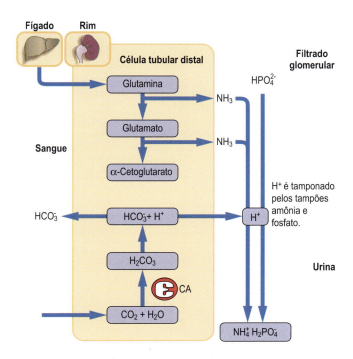

Fig. 36.8 **Excreção de íon hidrogênio pelo rim.** A excreção do íon hidrogênio ocorre nos túbulos distais. O íon hidrogênio reage com amônia, formando íon amônio. O íon hidrogênio é também tamponado no lúmen do túbulo por fosfato. Cerca de 50 mmol de íon hidrogênio é excretado diariamente. CA, anidrase carbônica.

DISTÚRBIOS DO EQUILÍBRIO ÁCIDO-BASE

Classificação dos distúrbios ácido-base

Os dois distúrbios principais do equilíbrio ácido-base são a **acidose** e a **alcalose.** Cada um é ainda dividido nos tipos respiratório e metabólico. A acidose é um processo que leva ao acúmulo de íon hidrogênio. A alcalose causa diminuição na concentração de íon hidrogênio. Acidose e alcalose resultam em acidemia e alcalemia, respectivamente.

Existem quatro distúrbios principais do equilíbrio ácido-base

A classificação adicional considera os componentes respiratório e metabólico. Se a causa primária é a alteração da pCO_2, a acidose ou a alcalose é chamada de **respiratória,** e se a alteração for na concentração de bicarbonato, a acidose ou a alcalose será chamada de **metabólica.** Por consequência, existem quatro distúrbios principais do equilíbrio ácido-base: **acidose respiratória, acidose metabólica, alcalose respiratória** e **alcalose metabólica** (Fig. 36.3). Todavia, distúrbios mistos também podem existir e serão considerados adiante.

> ### QUADRO CLÍNICO
> ### DEFINIÇÕES ESSENCIAIS
>
> Um **ácido**, de acordo com a definição de BrØnsted-Lowry, é "uma espécie molecular com tendência a perder um íon hidrogênio, formando uma base conjugada."
> **Acidemia** é a concentração aumentada de íon hidrogênio no sangue.
> **Alcalemia** é a concentração diminuída de íon hidrogênio no sangue.
> **Acidose** é o processo que leva ao acúmulo de íon hidrogênio.
> **Alcalose** é o processo que diminui a quantidade de íon hidrogênio.

Os pulmões e os rins operam de maneira coordenada para minimizar alterações do pH plasmático

A acidose se caracteriza por uma proporção diminuída entre o bicarbonato do plasma e a pCO_2, enquanto a alcalose se caracteriza por uma proporção aumentada. Com relação à equação de Henderson-Hasselbalch, sempre que um problema ocorre, mecanismos de compensação são desencadeados para trazer a concentração de íon hidrogênio de volta ao normal por meio da normalização da razão bicarbonato/pCO_2. Portanto, quando a acidose respiratória causa aumento na pCO_2, mais bicarbonato será produzido pelo rim, aumentando sua concentração plasmática. Por outro lado, quando a cetoacidose diabética causa depleção do bicarbonato plasmático, a frequência respiratória aumenta e a pCO_2 diminui. Note que a compensação respiratória pode ocorrer dentro de alguns minutos, mas a compensação metabólica pode levar de horas a dias para se desenvolver completamente (Tabela 36.4).

Acidose

A acidose respiratória ocorre mais frequentemente na doença pulmonar e resulta de uma ventilação diminuída

A causa mais comum é a doença obstrutiva crônica das vias aéreas (COAD). Um ataque grave de asma também pode resultar em acidose respiratória por causa da constrição dos brônquios. A acidose respiratória geralmente acompanha a hipóxia (insuficiência respiratória); nesse caso, um aumento da pCO_2 ocorre em paralelo à diminuição da pO_2 (Tabela 36.5).

A acidose metabólica resulta da produção excessiva, do metabolismo ineficiente ou ainda da excreção ineficiente de ácidos não voláteis

Um exemplo clássico de acidose metabólica é a cetoacidose diabética, quando ácido acetoacético e ácido β-hidroxibutírico (cetoácidos) se acumulam no plasma (Capítulo 31). A acidose também pode se desenvolver durante esforços físicos vigorosos como resultado do acúmulo de ácido lático: em circunstâncias normais, o lactato deverá ser rapidamente metabolizado ao se cessar o exercício físico. Entretanto, quando uma grande quantidade de ácido lático é gerada durante a hipóxia – por

---

Tabela 36.4 Compensação respiratória e metabólica nos distúrbios ácido-base

Distúrbio ácido-base	Alteração primária	Alteração de compensação	Prazo até a alteração compensatória
Acidose metabólica	↓ bicarbonato no plasma	↓ pCO_2 (hiperventilação)	Minutos/horas
Alcalose metabólica	↑ bicarbonato no plasma	↑ pCO_2 (hipoventilação)	Minutos/horas
Acidose respiratória	↑ pCO_2	↑ produção de bicarbonato renal ↑ bicarbonato no plasma	Dias
Alcalose respiratória	↓ pCO_2	↓ reabsorção de bicarbonato renal ↓ bicarbonato no plasma	Dias

A compensação respiratória e metabólica nos distúrbios ácido-base minimiza as alterações do pH sanguíneo. Uma alteração no componente respiratório leva à compensação metabólica, e uma alteração no componente metabólico estimula a compensação respiratória.

CAPÍTULO 36 O Pulmão e a Regulação da Concentração de Íon Hidrogênio (Equilíbrio Ácido-Base) 547

Tabela 36.5 Causas dos Distúrbios Ácido-base

Acidose metabólica	Acidose respiratória	Alcalose metabólica	Alcalose respiratória
Diabetes melito (cetoacidose)	Doença obstrutiva crônica das vias aéreas.	Vômito (perda de íon hidrogênio)	Hiperventilação (ansiedade, febre)
Acidose lática (ácido lático)	Asma grave	Aspiração nasogástrica (perda de íon hidrogênio)	Doenças do pulmão associadas à hiperventilação.
Insuficiência renal (ácidos inorgânicos)	Parada cardíaca	Hipocalemia	Anemia
Diarreia grave (perda de bicarbonato)	Depressão do centro respiratório (fármacos, p. ex., opiáceos)	Administração intravenosa de bicarbonato (p. ex., após parada cardíaca).	Envenenamento por salicilatos
Drenagem cirúrgica do intestino (perda de bicarbonato)	Falência dos músculos respiratórios (p. ex., poliomielite, esclerose múltipla)		
Perda renal de bicarbonato (acidose tubular renal tipo 2 – rara)	Deformidades torácicas		
Excreção defeituosa de íon hidrogênio (acidose tubular renal tipo 1 – rara)	Obstrução de via aérea		

*A **acidose respiratória** é comum e causada principalmente por doenças do pulmão que afetam a troca gasosa. A **alcalose respiratória** é mais rara e causada por hiperventilação, que reduz a pCO_2. A **acidose metabólica** é comum e resulta ou da superprodução ou da retenção de ácidos não voláteis na circulação. A **alcalose metabólica** é mais rara — suas causas mais comuns são vômitos e aspiração gástrica, ambas causando perda de íons hidrogênio a partir do estômago.*

QUADRO CLÍNICO
ALCALOSE RESPIRATÓRIA CAUSADA POR HIPERVENTILAÇÃO

Um homem de 25 anos foi internado no hospital com crise asmática. O pico de fluxo expiratório era de 75% do seu máximo. Os valores da gasimetria foram: pO_2 9,3 kPa (70 mmHg) e pCO_2 4,0 kPa (30 mmHg), com pH de 7,50 (concentração de íon hidrogênio = 42 nmol/L). O paciente foi tratado com salbutamol nebulizado e com um estimulante β_2-adrenérgico broncodilatador, apresentando boa recuperação. Os intervalos de referência são apresentados na Tabela 36.2.

Comentário

A gasimetria do paciente mostrou alcalose respiratória de grau leve causada por hiperventilação e pelo "assoprar" de CO_2. A alcalose respiratória causa redução do cálcio ionizado do plasma, o que leva à irritabilidade neuromuscular. asma grave, por outro lado, pode precipitar o comprometimento ventilatório, o que levaria a retenção de CO_2 e acidose respiratória.

---

exemplo, no choque circulatório — a acidose lática grave pode se tornar potencialmente fatal.

A acidose metabólica também pode se desenvolver na insuficiência renal, em que a excreção de ácidos não voláteis está comprometida. A insuficiência renal se desenvolve quando a perfusão renal não é adequada (p. ex., no trauma, choque ou desidratação), ou como resultado de doença intrínseca dos rins, como na glomerulonefrite.

No diagnóstico e tratamento de acidoses metabólicas causadas pelo acúmulo de ácidos, a interpretação das concentrações dos eletrólitos plasmáticos, particularmente no que se refere ao hiato aniônico (*Anion Gap*) (AG), é relevante (Capítulo 35).

Por convenção, o AG é calculado como se segue:

$$AG = [Na^+ + K^+] - [Cl + HCO_3^{2-}]$$

Entretanto, os principais componentes do AG são albumina e ânions fosfato carregados negativamente.

Tendo em vista que a concentração de albumina pode se alterar substancialmente em pessoas criticamente adoecidas, tem sido sugerida uma correção do AG considerando os cálculos de albumina, fosfato e possivelmente lactato (consulte Kellum, em Leituras Sugeridas).

A perda excessiva de bicarbonato também pode ser uma das causas da acidose metabólica. Isso acontece quando o bicarbonato presente no fluido intestinal é perdido como resultado de diarreia grave ou drenagem pós-operatória na cirúrgica intestinal.

Acidoses tubulares renais raras são caracterizadas por anomalias na reabsorção de bicarbonato e secreção de íon hidrogênio

Defeitos no controle renal do bicarbonato e íon hidrogênio levam a um grupo de distúrbios conhecido como acidoses tubulares renais (RTA). A RTA proximal (tipo 2) é causada pela reabsorção deficiente de bicarbonato e a RTA distal (tipo 1) por excreção deficiente de íon hidrogênio. A RTA proximal é geralmente acompanhada de outros defeitos nos mecanismos de transporte proximal; sendo essa condição conhecida como a **síndrome de Fanconi.**

Alcalose

A alcalose é mais rara do que a acidose

Uma alcalose respiratória leve pode ser consequência de hiperventilação causada por exercício, crises de ansiedade ou febre. Também pode ocorrer na gravidez. A alcalose metabólica está geralmente associada à baixa concentração sérica de potássio, como resultado do tamponamento celular (discussão anterior).

Por isso, a **alcalose pode causar hipocalemia, e, por outro lado, a hipocalemia** (Capítulo 35) **pode levar à alcalose.**

QUADRO CLÍNICO
UM HOMEM COM VÔMITO CRÔNICO: ALCALOSE METABÓLICA

Um homem de 47 anos compareceu à clínica ambulatorial apresentando histórico de vômito profuso intermitente e perda de peso. Apresentava taquicardia, turgor tecidual reduzido e hipotensão. O pH do sangue era de 7,55 (concentração de íon hidrogênio 28 nmol/L) e a pCO_2 de 6,4 kPa (48 mmHg). A concentração de bicarbonato era de 35 mmol/L, ocorrendo também hiponatremia e hipocalemia.

Comentário
Este paciente apresentava alcalose metabólica causada pela perda de íon hidrogênio pelo vômito. Os exames mostraram obstrução do esvaziamento gástrico em decorrência da cicatrização de uma ulceração péptica crônica. Posteriormente, o paciente foi submetido à cirurgia para correção da estenose do piloro, apresentando boa evolução. É importante salientar o aumento da pCO_2 como resultado da compensação respiratória da alcalose metabólica. Os intervalos de referência são apresentados na Tabela 36.2.

A alcalose metabólica grave também pode ocorrer como resultado da perda de íon hidrogênio do estômago durante o vômito ou como resultado da aspiração nasogástrica após cirurgia. Por último, pode ocorrer quando quantidade excessiva de bicarbonato é administrada por via intravenosa – por exemplo, durante a reanimação na parada cardíaca (Tabela 36.5).

Distúrbios mistos ácido-base

Pode haver mais de um distúrbio ácido-base em um mesmo paciente. O resultado é um distúrbio ácido-base misto, o que, ocasionalmente, pode ser de difícil diagnóstico (Tabela 36.6).

RESUMO

- A manutenção da concentração de íon hidrogênio é vital para a sobrevivência.
- O equilíbrio de ácido-base é regulado pela ação coordenada dos pulmões e dos rins. Os eritrócitos desempenham papel-chave no transporte de dióxido de carbono no sangue.
- Os principais tampões no sangue são hemoglobina e bicarbonato. O sistema tampão bicarbonato interage com o ar atmosférico.
- Os principais tampões intracelulares são proteínas e fosfato.
- Os distúrbios do equilíbrio ácido-base são acidose e alcalose, e cada um deles pode ser ou metabólico ou respiratório.
- A medida de pH, pCO_2, bicarbonato e pO_2, conhecida como "análise do gás sanguíneo", é uma investigação laboratorial solicitada com frequência em emergências médicas.

Tabela 36.6 Comparação dos Distúrbios simples e mistos do equilíbrio ácido-base

A. Acidose metabólica e respiratória mista

Distúrbio	pH	pCO_2	Bicarbonato no plasma
Alcalose metabólica	↓	↓ (Compensação respiratória)	↓ (Alteração primária)
Alcalose respiratória	↓	↑(Alteração primária)	↑ (Compensação metabólica)
Alcalose mista: respiratória e metabólica	↓↓	↑ (Alcalose respiratória)	↓ (Acidose metabólica)

B. Alcalose metabólica e respiratória mista (rara)

Distúrbio	pH	pCO_2	Bicarbonato no plasma
Alcalose metabólica	↑	↑ (Compensação respiratória)	↑ (Alteração primária)
Alcalose respiratória	↑	↓(Alteração primária)	↓ (Compensação metabólica)
Alcalose mista: respiratória e metabólica	↑↑	↓ (Alcalose respiratória)	↑ (Acidose metabólica)

Os distúrbios mistos ácido-base resultam em alterações maiores do pH sanguíneo que aqueles dos distúrbios simples; isso pode implicar em dificuldades para o fechamento diagnóstico.

QUADRO CLÍNICO
DISTÚRBIOS RESPIRATÓRIOS E METABÓLICOS DO EQUILÍBRIO ÁCIDO-BASE PODEM OCORRER SIMULTANEAMENTE: PARADA CARDÍACA

Durante a reanimação de um senhor de 60 anos após parada cardiorrespiratória, a gasometria revelou pH 7,00 (concentração de íon hidrogênio 100nmol/L) e pCO_2 7,5 kPa (52 mmHg). A concentração de bicarbonato era de 11mmol/L, pO_2 era de 12,1 kPa (91 mmHg) durante a terapia de oxigênio a 48%.

Comentário
Este paciente apresenta distúrbio misto: acidose respiratória causada pela falta de ventilação e acidose metabólica causada pela hipóxia. A acidose foi causada por acúmulo de ácido lático: a concentração de lactato medida foi de 7,0 mmol/L (intervalo de referência: 0,7-1,8 mmol/L [6-16 mg/dL]). Dois distúrbios do equilíbrio ácido-base podem ocorrer em um paciente – outro exemplo seria um paciente com enfisema causando acidose respiratória que é internado com cetoacidose diabética em desenvolvimento. Geralmente, o resultado é uma alteração mais intensa no valor de pH do que aquela que teria resultado de apenas um desses distúrbios isoladamente.

CAPÍTULO 36 O Pulmão e a Regulação da Concentração de Íon Hidrogênio (Equilíbrio Ácido-Base)

QUESTÕES PARA APRENDIZAGEM

1. Descreva como o tampão bicarbonato se comporta na adição de um ácido ao sistema.
2. Compare a regulação do bicarbonato pelos túbulos proximal e distal dos rins.
3. Delineie o papel da ventilação nos distúrbios ácido-base.
4. Que distúrbios do equilíbrio ácido-base podem ser associados à cirurgia gastrointestinal?
5. Discuta a associação entre distúrbios ácido-base e a concentração plasmática de potássio.

LEITURAS SUGERIDAS

Corey, H. E. (2005). Bench-to-bedside review: Fundamental principles of acid–base balance. *Critical Care: The Official Journal of the Critical Care Forum*, *9*, 184-192.

Edwards, S. L. (2008). Pathophysiology of acid base balance: The theory practice relationship. *Intensive and Critical Care Nursing*, *24*, 28-40.

Kamel, K. S., & Halperin, M. L. (2015). Acid–base problems in diabetic ketoacidosis. *The New England Journal of Medicine*, *372*, 546-554.

Kellum, J. A. (2007). Disorders of acid–base balance. *Critical Care Medicine*, *35*, 2630-2636.

SITE

Transtornos de equilíbrio ácido-base: http://www.els.net

ABREVIATURAS

CA	Anidrase carbônica [AC]
COAD	Doença pulmonar obstrutiva crônica [DPOC]
Hb	Hemoglobina
pCO_2	Pressão parcial de dióxido de carbono
pO_2	Pressão parcial de oxigênio
Prot	Proteína
RTA	Acidose tubular renal
Va/Q	A proporção de ventilação para perfusão

CAPÍTULO 37

Músculo: Metabolismo Energético, Contração e Exercício

John W. Baynes e Matthew C. Kostek

OBJETIVOS

Após concluir esse capítulo o leitor estará apto a:

- Descrever a estrutura dos músculos e sua função na produção de força mecânica, incluindo diferenças entre os tipos de músculo esquelético, cardíaco e liso que estão relacionadas às suas funções fisiológicas.
- Descrever a estrutura e a composição proteica do sarcômero, o modelo de filamentos deslizantes da contração muscular e a origem do padrão de bandas em músculos estriados.
- Descrever a sequência de eventos no acoplamento excitação-contração, incluindo o papel da despolarização da membrana, do retículo sarcoplasmático e do desencadeamento pelo cálcio.
- Identificar os sítios-chave de utilização de energia durante a contração muscular, o papel da creatina-fosfato em músculos esqueléticos e o impacto do tipo de fibra muscular esquelética sobre a utilização de substratos e a função muscular.
- Descrever as alterações na massa e no metabolismo dos músculos esqueléticos com a idade, em resposta a exercícios agudos e prolongados e em doenças como sarcopenia, síndrome metabólica e condições consuntivas.

INTRODUÇÃO

Há três tipos de músculo: músculo esquelético, cardíaco e liso – cada um deles com um papel fisiológico específico

Todos os músculos funcionam convertendo energia química em energia mecânica, mas os diversos tipos de músculo diferem em seu mecanismo de iniciação da contração, na razão de desenvolvimento de força, na duração da contração, na capacidade de adaptação ao ambiente e na utilização de substratos. Os músculos constituem cerca de 40% da massa corporal total, e o metabolismo muscular é o principal determinante da razão metabólica corporal total tanto no estado basal como no ativo. Ocorrem alterações no metabolismo muscular esquelético à atividade física as quais estão diretamente relacionadas ao débito de força necessário e à duração da atividade. Esses fatores afetam igualmente a utilização relativa pelos músculos de glicose e de ácidos graxos como combustíveis. Além da locomoção, os músculos esqueléticos são também uma fonte de calor corporal, fornecem aminoácidos para a gliconeogênese hepática durante o jejum e são um local importante de captação de glicose e de triglicerídeos após uma refeição. Devido a seu papel criticamente importante na regulação do fluxo calórico sistêmico e do metabolismo, a perda de massa muscular tem um efeito profundo sobre o metabolismo global. O avanço da idade, a sepse e as doenças consuntivas, como HIV/AIDS e câncer, são condições que se associam à perda de massa muscular, e esta, ao aumento da morbidade e da mortalidade.

O foco principal deste capítulo é o músculo esquelético, suplementado pela discussão de semelhanças e diferenças na estrutura, na função e no metabolismo dos músculos esqueléticos, do músculo cardíaco e dos músculos lisos. O capítulo começa com uma discussão do mecanismo da contração muscular, passa para a sinalização que desencadeia o processo contrátil, examina o metabolismo energético essencial à contração e discute então avanços recentes no conhecimento do músculo em medicina regenerativa e na prescrição de exercícios em medicina.

ESTRUTURA DOS MÚSCULOS

O sarcômero: a unidade contrátil funcional do músculo

Uma característica comum dos miócitos cardíacos, das células musculares lisas e das miofibras esqueléticas é que seu citoplasma está repleto de proteínas contráteis. A proteína contrátil está organizada em arranjos lineares de unidades sarcoméricas em miofibras esqueléticas, dando a esses músculos uma aparência estriada, donde a designação de **músculo estriado**. A proteína contrátil nas células do **músculo liso** não está organizada numa estrutura sarcomérica, e esse tecido é descrito como não estriado. A estrutura hierárquica do musculo esquelético (Fig. 37.1) consiste em feixes (**fascículos**) de células em fibras alongadas multinucleadas (**miofibras**). As células das miofibras apresentam feixes de **miofibrilas**, que são constituídas, por sua vez, de proteínas em miofilamentos, basicamente miosina e actina, que formam o sarcômero (Tabela 37.1). A análise de um músculo à microscopia eletrônica revela um padrão repetido de regiões na miofibrilas corando-se em tom claro e em tom escuro (Fig. 37.2). Essas regiões são designadas como bandas I (isotrópicas) e bandas A (anisotrópicas), respectivamente. No centro da banda I há uma linha Z discreta, corada em tom mais escuro, enquanto o centro da banda A tem uma zona H corada mais clara e uma linha M central. A unidade contrátil, o **sarcômero**, está centrada na linha M, estendendo-se de uma linha Z até a subsequente. Os músculos lisos, por outro lado, não têm a linha Z definida. Essa diferença estrutural molecular entre músculos estriados e lisos

551

QUADRO CLÍNICO
DISTROFIAS MUSCULARES

Um menino pequeno foi levado à clínica porque sua mãe observou que ele caminhava com uma marcha gingada. A avaliação física confirmou a fraqueza muscular, especialmente nas pernas, porém os músculos de sua panturrilha estavam grandes e firmes. Havia uma elevação da ordem de 20 vezes na atividade sérica da creatina (fosfo) quinase (CK), identificada como a isozima MM (muscular). A histologia revelou perda muscular, alguma necrose e aumento do volume do tecido conectivo e do tecido adiposo nos músculos. Um diagnóstico provisório de distrofia muscular de Duchenne (DMD) foi confirmado por análise imunoeletroforética (Western blot), mostrando a ausência da proteína do citoesqueleto distrofina nos músculos.

Comentário

Apesar de haver muitas formas de distrofia muscular, algumas genéticas e outras adquiridas, a DMD é a distrofia genética mais comum e é letal. A **distrofina** é uma proteína do citoesqueleto de alto peso molecular que reforça a membrana plasmática da célula muscular e medeia interações com a matriz extracelular. Em sua ausência, a membrana plasmática das células musculares se rompe durante o processo contrátil, levando à morte da célula muscular.

O gene da distrofina está localizado no cromossomo X e tem quase $2,5 \times 10^6$ de pares de bases de comprimento. Mutações espontâneas nesse gene são relativamente comuns, sendo a frequência da DMD de aproximadamente 1 em cada 3.500 crianças do sexo masculino. A DMD é uma doença miodegenerativa progressiva, levando comumente ao confinamento a uma cadeira de rodas à puberdade, com a morte por volta da idade de 30 anos por insuficiência respiratória ou cardíaca. A distrofina está inteiramente ausente em pacientes de DMD, mas uma variante da doença, designada como distrofia muscular de Becker, apresenta sintomas mais leves e se caracteriza pela expressão de uma proteína distrofina alterada, e a sobrevida até a quinta década de vida. Embora não haja atualmente nenhum tratamento para a DMD, a terapia genética ainda se mostra promissora, e tecnologias mais recentes que utilizam o "salto de exons" (*exon skipping*) estão permitindo às células saltar exons mutantes e traduzir assim um produto proteico ligeiramente menor, porém ainda funcional. A proteína distrofina menor produz sintomas semelhantes aos de Becker em experimentos animais e, portanto, poderia se traduzir a uma duplicação do tempo de vida em seres humanos se os resultados forem reprodutíveis nestes.

ajuda a explicar as diferenças funcionais no que diz respeito à contração muscular. Os músculos estriados se contraem geralmente (encurtam seu comprimento celular) numa linha reta, enquanto a contração de músculos lisos causa uma contração celular circunferencial. A contração circunferencial se presta idealmente à função dos músculos lisos, de circundar estruturas ocas no corpo (p. ex., artérias, veias, intestino, estômago) e se contrair ou relaxar para modificar seu diâmetro.

Os filamentos grossos e finos

A actina e a miosina constituem mais de 75% das proteínas musculares

O sarcômero pode se encurtar em até 70% de seu comprimento durante a contração muscular (Fig. 37.2). Os filamentos grossos e os filamentos finos são os componentes que efetuam a contração. **O filamento grosso é constituído de proteínas miosina e titina, enquanto o filamento fino é constituído predominantemente de actina, com as proteínas tropomiosina e troponinas associadas.** O filamento fino também tem algumas interações com titina. Os filamentos grossos e os filamentos finos se estendem em direções opostas a partir de ambos os lados das linhas M e Z, respectivamente, e se superpõem e deslizam um sobre o outro durante o processo contrátil (Fig. 37.2). As linhas M e Z são de fato placas de base para ancorar os filamentos de miosina e de actina. Em músculos estriados, os filamentos grossos e finos se intercalam durante a contração, fazendo com que se encolham as bandas H (apenas miosina) e I (somente actina). Em músculos lisos, os filamentos grossos e finos estão ancorados a estruturas denominadas corpos densos, que são ancorados adicionalmente por filamentos intermediários. Embora os três tipos de músculo contenham as mesmas proteínas (Tabela 37.2), cada tipo um expressa isoformas específicas do tecido: a actina e as troponinas cardíacas, por exemplo, diferem ligeiramente daquelas em músculos esqueléticos.

Proteínas do sarcômero

Miosina

A interação entre actina e miosina durante a contração muscular depende da concentração citoplasmática de Ca^{++}

A miosina é uma das maiores proteínas no corpo, com massa molecular de aproximadamente 500 kDa, e constitui mais da metade da proteína muscular. Ela aparece à microscopia eletrônica como uma proteína alongada com duas cabeças globulares. A miosina é o componente principal do filamento grosso nos músculos. Cada molécula sua é constituída de duas cadeias pesadas (~200 kDa) e de duas cadeias leves (~20 kDa). A cadeia pesada pode ser subdividida nas regiões da cauda helicoidal e da cabeça globular; as quatro cadeias leves estão ligadas às cabeças globulares. A análise estrutural por uma proteólise limitada indica que há duas regiões de dobradiça flexíveis na molécula de miosina (Fig. 37.3); uma em que a cabeça globular se fixa à região helicoidal, e a outra mais adiante para dentro da região helicoidal. Os filamentos de miosina se associam por meio de suas regiões helicoidais e se estendem para fora a partir da linha M em direção à linha Z de cada miofibrila (Fig. 37.2 e 37.3). As regiões de dobradiça possibilitam que as cabeças de miosina interajam com a actina e proporcionem a flexibilidade necessária para interações reversíveis e alterações da conformação durante a contração muscular.

Há algumas características da miosina que são essenciais à contração muscular:

- As cabeças globulares da miosina têm locais de ligação de ATP e de seus produtos de hidrólise, ADP e fosfato (Pi).
- As cabeças globulares da miosina têm atividade de ATPase dependente de Ca^{2+}.
- A miosina se fixa reversivelmente à actina em função das concentrações de Ca^{2+}, de ATP e de ADP + Pi.

CAPÍTULO 37 Músculo: Metabolismo Energético, Contração e Exercício 553

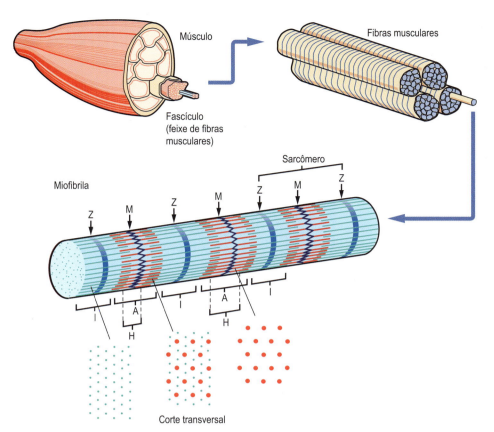

Fig. 37.1 **Estrutura hierárquica dos músculos.** Estrutura hierárquica dos músculos esqueléticos, mostrando uma perspectiva expandida de fascículos, miofibras, miofibrilas e proteínas dos miofilamentos e a localização da banda I (filamentos finos de actina estendendo-se a partir da linha Z) e da banda A (filamentos grossos de miosina estendendo-se a partir da linha M). Regiões de coloração mais escura da banda A correspondem à região de superposição dos filamentos de actina e de miosina.

Tabela 37.1 Elementos estruturais dos músculos esqueléticos dispostos pela ordem decrescente de tamanho

Unidade microscópica	Fascículo: feixe de células musculares
Unidade celular	Célula miofibral: célula multinucleada longa
Unidade subcelular	Miofibrilas: constituída de proteínas em miofilamentos
Unidade funcional	Sarcômero: unidade contrátil, unidade repetidora da miofibrila
Componentes de miofilamentos	Proteínas: basicamente actina e miosina

- A ligação do cálcio e a hidrólise de ATP levam a alterações importantes na conformação da molécula de miosina e a interações com a actina.
- A atividade de **ATPase da miosina**, as interações miosina-actina e as alterações da conformação são integradas ao **modelo de filamentos deslizantes** da contração muscular (discutido mais adiante no capítulo). Elas também explicam a ocorrência do **rigor mortis** (rigidez cadavérica). O aumento no Ca^{2+} no citoplasma do músculo (sarcoplasma) e a diminuição do ATP após a morte levam a uma ligação firme entre a miosina e a actina, ocasionando um tecido muscular rígido.

Actina

A actina é composta de subunidades de 42 kDa, designadas como G-**actina** (globular), que se polimerizam a um arranjo filamentoso (F-**actina**). Duas cadeias poliméricas se enrolam uma em torno da outra para formar o miofilamento de F-actina (Fig. 37.3). A F-actina é o principal componente do filamento fino e interage com a miosina no complexo actomiosina. As cadeias de actina F se estendem em direções opostas a partir da linha Z, superpondo-se às cadeias de miosina que se estendem a partir da linha M. Cada um dos filamentos grossos contendo miosina é circundado por seis filamentos finos contendo moléculas de actina. Cada um dos filamentos finos interage com três filamentos grossos contendo miosina (ver Fig. 37.1, para uma perspectiva em corte transversal).

Tropomiosina e troponinas

As troponinas modulam a interação entre a miosina e a actina

A ativação pelo cálcio da contração muscular nos músculos estriados envolve as proteínas associadas aos filamentos finos tropomiosina e troponinas. A **tropomiosina** é uma proteína fibrosa que se estende ao longo dos sulcos da F-actina, com cada molécula fazendo contato com cerca de sete subunidades de G-actina. A tropomiosina contribui para a estabilização da F-actina e para a coordenação das alterações da conformação entre subunidades de actina durante a contração. Na ausência de Ca^{2+} a tropomiosina bloqueia o local de fixação da miosina na actina.

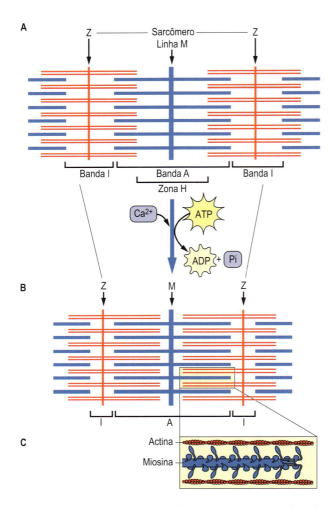

Fig. 37.2 **Estrutura esquemática do sarcômero, indicando a distribuição da actina e da miosina nas bandas A e I.** (A) Sarcômero relaxado. (B) Sarcômero contraído. (C) Ampliação do sarcômero contraído, ilustrando a polaridade dos arranjos de moléculas de miosina. A superposição aumentada dos filamentos de actina e de miosina durante a contração, acompanhada por uma diminuição no comprimento das zonas H e das bandas I, ilustram o modelo dos filamentos deslizantes da contração muscular.

Tabela 37.2 Proteínas musculares e sua função

Proteína	Função
Miosina	Atividade de ATPase dependente de Ca^{2+}
Proteína C	Agrupamento da miosina em filamentos grossos
Proteína M	Ligação dos filamentos de miosina à linha M
Actina	G-Actina se polimeriza à F-actina
tropomiosina	Estabilização e propagação das alterações da conformacionais da F-actina
troponinas-C, I e T	Modulação das interações actina-miosina
actininas α e β	Estabilização da F-actina e ancoragem à linha Z
nebulina	Possível papel na determinação do comprimento dos filamentos de F-actina
titina	Controle da tensão e do comprimento do sarcômero em repouso
desmina	Organização das miofibrilas nas células musculares
distrofina	Reforço do citoesqueleto e da membrana plasmática das células musculares

A actina e a miosina constituem mais de 90% das proteínas musculares, mas várias proteínas associadas são necessárias para a montagem e função do complexo actomiosina.

Um complexo de proteínas de **troponina** se liga à tropomiosina: Tn-T (ligante de tropomiosina), Tn-C (ligante de cálcio) e Tn-I (subunidade inibidora). A ligação do cálcio à Tn-C, uma proteína semelhante à calmodulina, induz alterações em Tn-I que deslocam a interação entre tropomiosina e actina, expondo o local de ligação à miosina na actina F e permitindo interações actina-miosina. Veja o quadro ao final deste capítulo para uma descrição do uso diagnóstico das medidas das troponinas cardíacas.

Titina

A titina modula a tensão passiva dos músculos

A titina é a maior proteína do corpo humano, com mais de 34.000 aminoácidos e massa de 3.800 kDa. Estruturalmente a titina cobre metade do comprimento do sarcômero, com seu

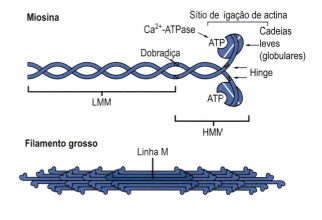

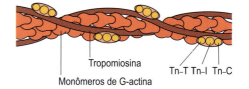

Fig. 37.3 **Polimerização da miosina e da actina em filamentos grossos e finos.** Tn-C, ligante de cálcio da troponina; Tn-I, subunidade inibidora de troponina; Tn-T, ligante de tropomiosina da troponina; LMM, meromiosina leve; HMM, meromiosina pesada.

QUADRO CLÍNICO
PERDA DE MÚSCULOS DURANTE A SEPSE

Os músculos esqueléticos afetam tanto a morbidade quanto a mortalidade da sepse. Esta pode ser definida como uma regulação inadequada da resposta imune e fisiológica a um patógeno. Ela é a principal causa de morte não coronariana em unidades de tratamento intensivo (UTI), e a 10ª causa de morte nos Estados Unidos em geral. A incidência de sepse grave nos Estados Unidos é de aproximadamente 900.000 casos por ano e vem aumentando em 8% a cada ano. Inúmeros fatores estão contribuindo para esse aumento (p. ex., aumento da idade da população, uso excessivo de antibióticos). Normalmente o corpo responde a uma infecção erradicando o patógeno da primeira vez que ele entra em contato com células imunes. Quando é sobrecarregado, esse sistema perturba a homeostase de todo o corpo e acarreta frequentemente a insuficiência de múltiplos órgãos.

De fato, a taxa de mortalidade das formas mais graves de sepse é de > 50%. Embora o controle da resposta inflamatória e a erradicação do patógeno sejam os objetivos terapêuticos principais, os músculos esqueléticos têm um papel importante no prognóstico do paciente. A sepse ocasiona uma grave perda muscular esquelética, e pacientes com baixa massa muscular têm maior probabilidade de morrer de sepse. A via de degradação muscular é ativada por citocinas inflamatórias, como IL-6 e TNF-α, causadas pela resposta inflamatória descontrolada. A decomposição das proteínas musculares e a liberação de aminoácidos no sangue se assemelham às ocorridas na inanição. Todavia, estão envolvidas vias moleculares diferentes; aumentar a nutrição ou a ingestão de proteínas não resolve porque as vias sinalizadoras anabólicas não estão respondendo. Como a perda muscular é um fator que contribui para a morbidade e a mortalidade dos pacientes e afeta os resultados da recuperação a longo prazo, é essencial considerar métodos para atenuar a perda muscular associada à sepse. As proteínas miofibrilares são as mais suscetíveis, e a **3-metil-histidina**, um aminoácido modificado pós-tradução encontrado na actina e na miosina, se mostra aumentado no sangue e na urina em consequência da renovação de proteínas. A via ubiquitina-proteassomo (Capítulo 22) é alvo atualmente de drogas em desenvolvimento visando inibir a perda muscular durante a sepse.

N-terminal ancorado à linha Z e seu C-terminal ancorado ao filamento grosso da linha M. A titina tem **domínio PEVK** (rico em Pro, Glu, Val e Lys) elástico e extensível, que contribui para a tensão muscular esquelética e miocárdica passiva, e um domínio quinase que participa da sinalização intracelular. Dependendo do músculo esquelético, a titina pode ser responsável por mais da metade da tensão passiva do músculo, e contribui para uma propriedade de mola do sarcômero – quando um músculo se distende, é armazenada energia potencial no domínio PEVK, que se enrola novamente durante o relaxamento. Mutações numa região da titina podem causar uma doença genética do coração (p. ex., miocardiopatia hipertrófica), enquanto uma mutação em outro local no gene causa uma doença unicamente dos músculos esqueléticos (p. ex., distrofia muscular do cíngulo dos membros).

O PROCESSO CONTRÁTIL

O modelo de filamentos deslizantes da contração muscular

O modelo dos filamentos deslizantes descreve de que maneira uma série de alterações químicas e estruturais no complexo actomiosina pode induzir o encurtamento do sarcômero

A resposta contrátil depende da formação reversível e dependente de Ca^{2+} de **pontes cruzadas** entre a cabeça miosínica e seu local de fixação na actina. Após a formação das pontes cruzadas, há uma alteração na conformação das regiões de dobradiça da miosina, proporcionando o **impulso motor** para a contração muscular (Fig. 37.4). Essa alteração na conformação, o relaxamento da forma rica em energia da miosina, se acompanha da dissociação do ADP e Pi. Depois que termina o impulso, a ligação e a hidrólise do ATP restauram a conformação rica em energia. A estabilidade do estado contrátil é mantida por múltiplas e contínuas interações actina-miosina dependentes de Ca^{2+}, de modo que o deslizamento é mantido num nível mínimo até o cálcio ser removido do sarcoplasma, possibilitando a dissociação do complexo actomiosina e o relaxamento muscular.

Uma maior atividade da miosina-ATPase aumenta os ciclos de formação de pontes cruzadas, o que permite uma frequência de contração aumentada. Diferentes isoformas de miosina têm níveis variáveis de atividade de ATPase, tendo os músculos rápidos uma razão mais elevada de atividade da miosina-ATPase. Isoformas de actina e de miosina são também encontradas no citoesqueleto de células não musculares, em que participam de processos diversos, como a migração celular, o transporte de vesículas durante a exocitose e a endocitose, a manutenção ou a alteração da forma da célula e a ancoragem de proteínas intracelulares à membrana plasmática.

Acoplamento excitação-contração: Despolarização da membrana muscular

Os túbulos T transmitem sinais eletroquímicos para uma contração muscular eficiente

A contração muscular esquelética é desencadeada pela estimulação neuronal na placa terminal neuromuscular. Conforme descrito anteriormente (Fig. 4.4), esse estímulo leva à despolarização do gradiente eletroquímico através da membrana plasmática muscular (sarcolema). A despolarização, causada por um influxo de Na^+, se propaga rapidamente ao longo da **membrana do sarcolema** e sinaliza uma liberação de cálcio sensível à voltagem pelo **retículo sarcoplasmático** (SR), um compartimento de sequestro de cálcio ligado à membrana no interior da célula muscular. O influxo de Ca^{2+} do SR para o sarcoplasma dá início à formação de pontes cruzadas e ao acoplamento excitação-contração (Fig. 37.4). Em músculos estriados, a despolarização é transmitida às fibras musculares por invaginações da membrana denominadas **túbulos transversos** (túbulos **T**; Fig. 37.5). A

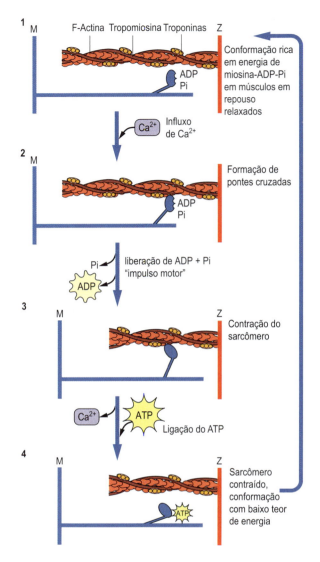

Fig. 37.4 **Estágios propostos para a contração muscular, de acordo com o modelo dos filamentos deslizantes.** (1) Em músculos em repouso relaxados, a concentração de cálcio é de ~10^7 mol/L. O grupo da cabeça das cadeias miosínicas contém ADP ligado e Pi e é estendido a partir do eixo da hélice miosínica numa conformação rica em energia. Embora o complexo miosina-ADP-Pi tenha alta afinidade por actina, a ligação da miosina à actina é inibida pela tropomiosina, que bloqueia o local de ligação de miosina na actina a concentrações baixas de cálcio. (2) Quando o músculo é estimulado, o cálcio entra no sarcoplasma por canais de cálcio sensíveis à voltagem (Capítulo 4). A ligação do cálcio à Tn-C causa uma alteração na conformação de Tn-I, que é transmitida à tropomiosina através de Tn-T. O movimento da tropomiosina expõe o local de ligação de miosina na actina. O complexo miosina-ADP-Pi se liga à actina, formando uma ponte cruzada. (3) A liberação de Pi e em seguida de ADP a partir da miosina durante a interação com a actina é acompanhada por uma alteração importante na conformação da miosina, produzindo o "impulso motor," que move a cadeia de actina aproximadamente 100 nm (100 Å) na direção oposta à cadeia miosínica, aumentando sua superposição e causando a contração muscular. (4) A captação de cálcio pelo sarcoplasma e a ligação do ATP à miosina leva à dissociação da ponte cruzada de actomiosina. O ATP é hidrolisado, e a energia livre da hidrólise do ATP é conservada como a conformação rica em energia da miosina, preparando o terreno para a contração muscular continuada em resposta ao próximo aumento na concentração de Ca^{2+} no sarcoplasma.

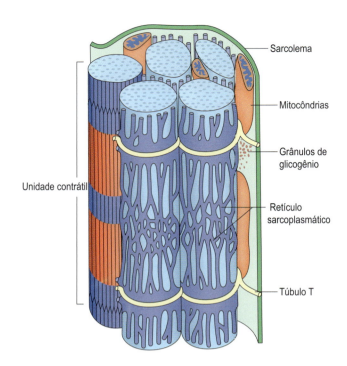

Fig. 37.5 **Perspectiva lateral da rede tubular transversa em células musculares esqueléticas.** Os túbulos transversos são invaginações do sarcolema que estão conectadas ao retículo sarcoplasmático (SR) por canais proteicos. O SR é um compartimento tubular contínuo em associação íntima às miofibrilas. Os túbulos transversos são extensões do sarcolema em torno da linha Z. Eles transmitem o impulso nervoso despolarizante a regiões terminais do SR, coordenando a liberação de cálcio e a contração da miofibrilas.

transmissão da despolarização pela rede altamente ramificada de túbulos T, que interagem intimamente com o SR, leva a uma liberação rápida e coordenada de cálcio do SR para o sarcoplasma. Para que a despolarização venha a ocorrer novamente, o sódio precisa ser bombeado ativamente para fora do citosol por bombas de Na^+/K^+-ATPase localizadas no sarcolema. A razão de repolarização do músculo é afetada tanto pela frequência como pela densidade dessas bombas. Níveis mais altos de atividade da Na^+/K^+-ATPase são encontrados em músculos de contração rápida, e uma densidade aumentada das bombas de Na^+/K^+-ATPase é uma adaptação importante ao exercício.

Os músculos esqueléticos, o músculo cardíaco e os músculos lisos diferem em seu mecanismo de estimulação neural e têm diferentes adaptações estruturais para a propagação da despolarização. A contração muscular esquelética é volitiva, e as fibras são inervadas por placas terminais nervosas motoras que se originam da medula espinal: a acetilcolina é o neurotransmissor (Capítulo 26). A **junção neuromuscular** é uma característica estrutural especial dos músculos esqueléticos que não é encontrada no músculo cardíaco nem nos músculos lisos. Cada fibra individual é inervada por apenas um nervo motor, e todas as fibras inervadas por um nervo são definidas como uma **unidade motora**. O controle e a sincronização das unidades motoras constituem a base da contração coordenada de todo o músculo. A câimbra muscular esquelética é uma contração muscular não voluntária decorrente de alterações no controle neuromuscular e/ou de desequilíbrios eletrolíticos após uma perda hídrica excessiva, tipicamente durante exercícios intensos em condições de clima quente e úmido.

O músculo cardíaco é estriado e se contrai ritmicamente sob controle involuntário. O mecanismo geral da contração do músculo cardíaco é semelhante àquele nos músculos esqueléticos; porém, o retículo sarcoplasmático apresenta desenvolvimento menor no coração, e a rede de túbulos transversos está mais desenvolvida. O coração depende mais do cálcio extracelular para sua resposta contrátil (Fig. 4.4) e necessita efetivamente dele; o influxo de cálcio extracelular aumenta a liberação de Ca^{2+} pelo SR. Na ausência de contato neural direto, os miócitos cardíacos propagam a despolarização a partir de um único nó, o nó SA, por toda a extensão do miocárdio. A despolarização passa de célula a célula por meio de estruturas da membrana denominadas **discos intercalados**. Esses discos são formas especializadas de junções celulares, canais iônicos os quais permitem a passagem de íons entre as células, que nesse caso permitem que a onda de despolarização passe de uma célula para outra sem ser interrompida. As células musculares cardíacas, portanto, operam como um sincício funcional, enquanto nos músculos esqueléticos cada uma das células tem de receber estímulos nervosos para se contrair. O músculo cardíaco também se mostra mais sensível à regulação hormonal. Como exemplo, as quinases proteicas dependentes de AMPc fosforilam proteínas de transporte e Tn-I, mediando alterações na força de contração em resposta à epinefrina.

Os músculos lisos podem responder tanto a fatores neurais como a fatores circulantes. Diferentemente dos músculos esqueléticos, a estimulação neural aos músculos lisos inerva feixes de células musculares lisas que causam tanto contrações fásicas (rítmicas) quanto tônicas (prolongadas) do tecido. Os músculos lisos também podem ser induzidos a se despolarizar por interações ligante-receptor no nível do sarcolema. Isso é designado como acoplamento farmacomecânico e constitui a base de muitas drogas que têm como alvo a contração ou o relaxamento de músculos lisos. Os **doadores de óxido nítrico**, como nitritos de amila e nitroglicerina, utilizados no tratamento da angina, relaxam músculos lisos vasculares, aumentando o fluxo de sangue ao músculo cardíaco.

Acoplamento excitação-contração: O gatilho de cálcio

O conteúdo de cálcio do sarcoplasma, em geral, é muito baixo, de 10^{-7} mol/L ou menos, mas aumenta rapidamente em mais de 100 vezes em resposta à estimulação neural. O retículo sarcoplasmático, uma organela especializada derivada do retículo endoplasmático liso, é rico numa proteína de ligação ao Ca^{2+}, a **calsequestrina**, e atua como o local de sequestro de cálcio no interior da célula. Em músculos estriados, a despolarização dos túbulos T abre os canais de Ca^{2+} no SR (Fig. 37.5). **O influxo de Ca^{2+} para o sarcoplasma desencadeia tanto interações actina-miosina como a atividade da miosina-ATPase, levando à contração muscular.** As troponinas não são expressas no músculo cardíaco. Nesse caso, o cálcio desencadeia a contração por ligando-se à calmodulina e ativando a quinase das cadeias leves da miosina, que efetua, então, a fosforilação da miosina. Essa fosforilação aumenta a interação miosina-actina.

QUADRO CLÍNICO
HIPERTERMIA MALIGNA

Aproximadamente 1 em cada 150.000 pacientes tratados com anestesia por halotano (halocarbono gasoso) ou com relaxantes musculares vem a responder com rigidez muscular excessiva e hipertermia grave de início rápido, subindo até 2°C em 1 hora.

A não ser que sejam tratadas rapidamente, as anormalidades cardíacas podem acarretar risco à vida do paciente; a mortalidade dessa condição é superior a 10%. Essa doença genética decorre da liberação excessiva ou prolongada de Ca^{2+} pelo retículo sarcoplasmático (SR), mais comumente em consequência de uma mutação no gene ou nos genes que codificam os canais de liberação de Ca^{2+} no SR. A liberação excessiva de Ca^{2+} leva a um aumento prolongado na concentração sarcoplásmica de Ca^{2+}.

A rigidez muscular decorre do consumo de ATP dependente de Ca^{2+}, e a hipertermia decorre do metabolismo aumentado para a reposição do ATP. Quando o metabolismo muscular se torna anaeróbico, podem ocorrer também acidemia lática e acidose. O tratamento da hipertermia maligna inclui o uso de relaxantes musculares (p. ex., dantrolene, um inibidor dos canais de Ca^{2+} sensíveis à rianodina) para se inibir a liberação de Ca^{2+} pelo SR. A terapia de apoio envolve resfriamento, administração de oxigênio, correção dos desequilíbrios do pH e dos eletrólitos sanguíneos e também o tratamento das anormalidades cardíacas.

O aumento do cálcio intracelular ativa mais pontes cruzadas e causa o encurtamento do sarcômero pela ativação da miosina-ATPase. Assim, níveis mais elevados de cálcio aumentam a força contrátil do músculo até se chegar à saturação. Os bloqueadores de canais de cálcio utilizados no tratamento da **hipertensão**, como a nifedipina, inibem o fluxo de Ca^{2+} para o SR, limitando, assim, a força de contração dos miócitos cardíacos. Enquanto a contração muscular é desencadeada pelo aumento do cálcio, o relaxamento cardíaco é dependente de o cálcio ser ativamente bombeado de volta para o SR. A razão de relaxamento do músculo está diretamente relacionada à atividade da Ca^{2+}-ATPase do SR. O SR é rico em Ca^{2+}-ATPase, que mantém o cálcio citosólico no sarcoplasma a concentrações submicromolares ($\sim 10^{-7}$ mol/L). Quando os níveis intracelulares de cálcio diminuem, o número de pontes cruzadas ativas também se reduz, e a força contrátil do músculo apresenta um declínio.

METABOLISMO ENERGÉTICO MUSCULAR

Recursos energéticos nas células musculares

Os músculos são os principais locais de **disposição de glicose** (captação da circulação) no corpo e constituem, portanto, um alvo natural para o tratamento da hiperglicemia do diabetes. O transportador de glicose GLUT-4 é movido até a superfície celular não apenas em resposta à insulina ou a compostos farmacêuticos, como também em resposta ao estado energético celular e por contrações musculares. A glicose que entra na célula é presa como glicose-6-fosfato e é direcionada à glicogênese ou à glicólise. Devido à ausência de um transportador de glicose-6-fosfato e de uma atividade de glicose-6-fosfatase, a glicose muscular não está disponível para a reposição da glicose sanguínea, tal como ocorre após a glicogenólise ou a gliconeogênese no fígado.

Nesse contexto, o exercício retira glicose do sangue e combate efetivamente a hiperglicemia no diabetes – o exercício, nesse caso, é um bom remédio. O conteúdo e a atividade da hexoquinase muscular também aumentam com o exercício, tanto agudamente (~3 h após uma sessão) como cronicamente (após algumas semanas de treinamento).

O ATP é utilizado na contração muscular

Três ATPases são necessárias para a contração muscular: Na^+/K^+-ATPase, Ca^{2+}-ATPase e miosina-ATPase. A disponibilidade reduzida de ATP ou a inibição de qualquer uma dessas ATPases vai causar uma diminuição na produção de força muscular. A concentração intracelular de ATP, contudo, não se altera de forma drástica durante o exercício. A contração muscular ativa depende da ressíntese rápida de ATP a partir do ADP. Os sistemas energéticos que sintetizam ATP para a contração muscular incluem o transporte de creatina-fosfato, a glicólise anaeróbica a partir da glicose ou do glicogênio plasmáticos e o metabolismo aeróbico de glicose e de ácidos graxos pela fosforilação oxidativas. Os sistemas energéticos que sintetizam ATP não são equivalentes e afetam diretamente a quantidade e a duração do débito de força pelo músculo em contração.

Contrações de curta duração com alta de potência

A creatina-fosfato é um tampão fosfato rico em energia utilizado para a regeneração rápida do ATP nos músculos

Uma realidade metabólica para os músculos esqueléticos é que um débito de força elevado só pode ser mantido por um período de tempo curto. Contrações em níveis máximos de força ou próximo disso dependem de uma elevada atividade de miosina-ATPase e de rápida ressíntese de ATP pela fosforilação no nível do substrato utilizando o composto rico em energia creatina-fosfato (creatina-P). A creatina é sintetizada a partir de arginina e glicina e é fosforilada reversivelmente a creatina-P pela enzima **creatina (fosfo)quinase (CK ou CPK**; Fig. 37.6). CK é uma proteína dimérica e existe como três isozimas: as isoformas MM (músculos), BB (cérebro) e MB. A isoformas MB está enriquecida no tecido cardíaco.

O nível de creatina-P nos músculos em repouso é várias vezes maior do que aquele do ATP (Tabela 37.3). Em consequência disso, a concentração de ATP permanece relativamente constante durante os estágios iniciais do exercício. Ela é reposta não apenas pela ação da CK, como também pela adenilato quinase **(mioquinase)**, tal como se segue:

Creatina(Cr)fosfoquinase CrP + ADP → Cr + ATP

Adenilato quinase 2ADP ⇌ ATP + AMP

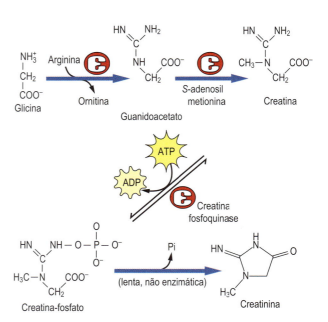

Fig. 37.6 **Síntese e degradação da creatina-fosfato (creatina-P).** A creatina é sintetizada a partir de precursores de glicina e arginina. A creatina-P é instável e apresenta degradação espontânea lenta a Pi e creatinina, a forma de anidrido cíclico da creatina, que é excretada pela célula muscular para o plasma e em seguida para a urina.

Tabela 37.3 Alterações nos recursos energéticos em músculos em atividade: Concentrações de metabólitos energéticos em músculos da perna humana durante exercícios com bicicleta

Metabólito	Concentração do metabólito (mmol/kg peso seco)		
	Em repouso	3 min	8 min
ATP	27	26	19
Creatina-P	78	27	7
Creatina	37	88	115
Lactato	5	8	13
Glicogênio	408	350	282

Esses experimentos foram realizados durante exercícios isquêmicos, que exacerbam o declínio na concentração de ATP. Eles ilustram o declínio rápido na creatina-P e o aumento no lactato pela glicólise anaeróbica do glicogênio muscular.
Os dados foram adaptados de Timmons, J. A., et al. (1988). Substrate availability limits human skeletal muscle oxidative ATP regeneration at the onset of ischemic exercise. Journal of Clinical investigation, 101, 79-85.

As reservas de creatina-fosfato diminuem rapidamente durante o primeiro minuto de contração muscular de alta potência. Quando as reservas de creatina-fosfato se esgotam, o músculo se torna incapaz de manter a alta potência, e a força contrátil diminui rapidamente. Nesse ponto a glicogenólise muscular se torna uma fonte de energia mais importante. Além de seu papel na ativação da contração dependente da miosina-ATPase, a entrada de cálcio nos músculos leva também à formação de um complexo Ca^{2+}-calmodulina, que fosforila ativamente a quinase, catalisando a conversão da fosforilase b em fosforilase a. O AMP também ativa alostericamente a fosforilase e a fosfofrutoquinase-1 muscular, acelerando a glicólise a partir do glicogênio muscular (Capítulo 12).

Uma diminuição ainda maior na força ocorre ao acúmulo gradual de piruvato e de lactato, ocasionando uma redução no pH muscular. A força vai declinar então até um nível que possa ser mantido pelo metabolismo aeróbico dos ácidos graxos. A potência aeróbica máxima é de cerca de 20% da força inicial máxima, e um nível de aproximadamente 50%-60% da potência aeróbica máxima pode ser mantido por um período longo.

Contrações de baixa intensidade e de longa duração

Os ácidos graxos são as principais fontes de energia nos músculos durante uma atividade prolongada

A disponibilidade e a utilização de oxigênio nos músculos em atividade são limitações importantes para a manutenção de uma atividade física contínua. Uma atividade contrátil de longa duração requer um aporte adequado de oxigênio e a capacidade por parte do músculo de utilizar o oxigênio aportado. O aporte de oxigênio ao músculo é afetado pelas concentrações de hemácias e de hemoglobina no sangue, pelo número de capilares no músculo e pela capacidade da bomba cardíaca. Músculos altamente oxidativos têm uma densidade capilar mais alta que músculos glicolíticos, e a densidade dos capilares musculares aumenta com o treinamento de exercícios de resistência. A utilização muscular de oxigênio também está diretamente relacionada ao número e ao tamanho das mitocôndrias musculares. Músculos submetidos a uma atividade contrátil contínua, como os músculos posturais, têm mais mitocôndrias que músculos cuja frequência de contração é baixa. Uma observação padrão em músculos submetidos a demandas contráteis aumentadas é uma elevação na atividade das enzimas oxidativas.

Em repouso ou em um trabalho físico de intensidade baixa, o oxigênio está prontamente disponível, e a oxidação aeróbica dos lípides predomina como a principal fonte da síntese de ATP. Em intensidades de trabalho mais elevadas, porém, a disponibilidade de oxigênio para o catabolismo lipídico pode se tornar limitadora, e a razão de trabalho muscular diminui subsequentemente. Durante os primeiros 15-30 min de exercício, há uma passagem gradativa da glicogenólise e da glicólise para o metabolismo aeróbico dos ácidos graxos. Esta talvez seja uma resposta evolutiva para lidar com o fato de que o lactato, produzido pela glicólise, é mais ácido e menos difusível que o CO_2. Com a continuação do exercício, a epinefrina contribui para a ativação da gliconeogênese hepática, proporcionando uma fonte exógena de glicose para os músculos. Os lípides se tornam gradualmente a principal fonte de energia nos músculos durante exercícios prolongados em uma intensidade menor em condições em que o oxigênio não limitante.

O desempenho muscular de longo prazo (resistência) depende dos níveis musculares de glicogênio

Os lípides queimam na chama dos carboidratos: o glicogênio é necessário para o metabolismo eficiente dos lípides nos músculos

Os corredores de maratona tipicamente "batem na parede" quando o glicogênio muscular atinge um nível criticamente baixo. O glicogênio é a forma de armazenamento de glicose em músculos esqueléticos, e sua concentração muscular pode ser manipulada pela dieta – por exemplo, por uma **carga de carboidratos** antes de uma corrida de maratona. A fadiga, que pode ser definida como uma incapacidade de se manter a força necessária, ocorre quando a razão de utilização de ATP supera sua razão de síntese. Para uma síntese de ATP eficiente, há um requisito contínuo, porém insuficientemente esclarecido, de um nível basal de metabolismo do glicogênio, ainda que a glicose esteja disponível a partir do plasma e que os lípides sejam a principal fonte de energia nos músculos. O metabolismo dos carboidratos é importante como uma fonte de piruvato, que é convertido a oxaloacetato pela reação anaplerótica da piruvato carboxilase. O oxaloacetato é necessário para manter em atividade o ciclo do TCA, para a condensação com a acetil-CoA derivada dos lípides. O glicogênio muscular pode ser poupado até certo ponto, e o tempo de atividade aumentado durante uma atividade física vigorosa prolongada, por aumentar a disponibilidade de glicose circulante, seja por gliconeogênese seja pela ingestão de carboidratos (pão ou Gatorade®, por exemplo). A utilização aumentada de ácidos graxos durante os estágios iniciais do exercício é uma adaptação importante do treinamento a uma atividade física vigorosa regular – ela serve para poupar as reservas de glicogênio.

Os músculos consistem em dois tipos de células musculares estriadas: fibras glicolíticas rápidas e fibras oxidativas lentas

As células musculares estriadas são geralmente classificadas por suas propriedades contráteis fisiológicas (rápidas *versus* lentas) e pelo tipo básico de metabolismo (oxidativos *versus* glicolítico). O tipo de músculo está intimamente relacionado à função nos músculos esqueléticos, e essa comparação pode ser vista facilmente em relação a músculos cuja contração ocorre em atividades de explosão pouco frequentes *versus* os músculos utilizados continuamente para a manutenção da postura (antigravidade). A cor dos dois tipos de músculos estriados os distingue prontamente. O **músculo glicolítico rápido** utilizado para a atividade de explosão tem aparência branca (como peito de frango – as galinhas cacarejam muito, mas não podem voar muito longe!) devido a um fluxo sanguíneo menor, menor densidade mitocondrial e conteúdo reduzido de mioglobina em comparação ao músculo oxidativo de contração lenta, que é vermelho. As fibras glicolíticas rápidas apresentam igualmente reservas de glicogênio aumentadas e menor conteúdo lipídico; elas se baseiam no glicogênio e

QUADRO CLÍNICO
SÍNDROMES DE ADELGAÇAMENTO MUSCULAR

Muitos pacientes apresentando condições que incluem HIV/AIDS e cânceres do colo intestinal e outros cânceres têm uma perda de peso corporal grave, uma condição designada como **caquexia**. Os pacientes apresentando caquexia se mostram frequentemente incapazes de tolerar a radioterapia ou a quimioterapia e têm morbidade e mortalidade mais altas. A perda de peso corporal é com frequência independente da ingestão calórica e não é exatamente semelhante à inanição; estimulantes do apetite tão-somente em muitos casos não são eficazes. A perda de peso na caquexia se associa à perda tanto de tecido muscular como de tecido adiposo. As fibras musculares glicolíticas rápidas apresentam maior perda de proteínas que as fibras musculares oxidativas lentas. Essa perda preferencial de fibras glicolíticas rápidas à caquexia é o contrário do que é visto em músculos em associação a períodos extensos de desuso (atrofia por desuso). As fibras musculares oxidativas lentas se atrofiam preferencialmente durante o desuso muscular.

Embora não se conheçam com certeza os mecanismos exatos que induzem a caquexia, os principais candidatos em muitas síndromes consuntivas envolvem a sinalização inflamatória sistêmica por citocinas, como TNF-α e IL-6. A sinalização inflamatória induzida pelo processo mórbido pode ativar a degradação das proteínas musculares, inibir a síntese proteica e induzir a lipólise do tecido adiposo. A manutenção do peso corporal ou a prevenção de uma perda de peso corporal grave em muitos estados mórbidos pode melhorar as opções de tratamento, as taxas de sobrevivência e a qualidade de vida dos pacientes. Drogas anabólicas, como testosterona, se mostraram benéficas na manutenção da massa muscular em pacientes de HIV/AIDS e são bastante utilizadas clinicamente. Em outras doenças consuntivas, a pesquisa em modelos animais demonstrou que a inibição da sinalização inflamatória pode inibir a caquexia. Há necessidade de maiores pesquisas antes que essa abordagem seja aplicada amplamente em populações humanas.

QUADRO DE CONCEITOS AVANÇADOS
SARCOPENIA

A sarcopenia, a perda de massa muscular esquelética, evolui gradualmente em seres humanos após a quinta década de vida e pode levar à debilidade e à perda da capacidade funcional. Além da erosão básica da qualidade de vida, a perda da massa muscular esquelética aumenta igualmente o risco de mortalidade e de morbidade. A causa da sarcopenia parece estar relacionada a diminuições graduais na atividade física e à perda da capacidade regenerativa. A inervação das fibras musculares por neurônios motores espinais é criticamente importante tanto para o desenvolvimento como para a manutenção das fibras (células) musculares. Os neurônios motores espinais diminuem em número com o avanço da idade, possivelmente devido a danos oxidativos cumulativos a essas células pós-mitóticas. A perda de neurônios motores parece causar a perda substancial (> 40%) no número de fibras musculares, que é o determinante primordial da **sarcopenia dependente da idade**, e é acompanhada de um aumento de tamanho das unidades motoras e de uma diminuição na habilidade motora fina. A sarcopenia também foi ligada a alterações sistêmicas induzidas pela idade nos sistemas endócrino, cardiovascular e imune, cujas funções são todas fundamentais à manutenção da massa muscular esquelética.

Comentário

São claras as evidências científicas de que muitos indivíduos de idade mais avançada podem aumentar a força e a massa muscular por meio de um programa regular de exercícios. Os tratamentos farmacêuticos também foram examinados para indivíduos que não podem se exercitar regularmente. Não há atualmente nenhum tratamento para a perda de neurônios motores espinais. Os tratamentos farmacêuticos que têm como alvo os músculos têm graus de êxito variáveis e são geralmente limitados por efeitos colaterais. Esses tratamentos incluem intervenções endócrinas com terapia de reposição de hormônios sexuais masculinos ou femininos, assim como a terapia por hormônio de crescimento. A medicação anti-inflamatória também é empregada para permitir aos indivíduos a participação em programas de atividade física. Uma das melhores defesas em relação à sarcopenia é exercitar-se regularmente para manter a massa muscular durante a meia idade.

QUADRO DE TESTE CLÍNICO
ANÁLISE DA CREATININA PARA A AVALIAÇÃO DA FUNÇÃO RENAL E DA DILUIÇÃO DA URINA

A produção de creatinina (Fig. 37.6) é relativamente constante durante o dia, porque a concentração de creatina-fosfato é relativamente constante por unidade de massa muscular. A creatinina é eliminada pela urina a uma quantidade relativamente constante por hora, predominantemente por filtração glomerular, porém em escala menor por secreção tubular. Como sua concentração na urina varia com a diluição da urina, os níveis de metabólitos em amostras de urina ao acaso são frequentemente normalizados em relação à concentração urinária de creatinina. Se não fosse por isso, uma coleta de urina de 24 h seria necessária para avaliar a excreção diária de um metabólito. A concentração normal de creatinina no plasma está em torno de 20-80 mmol/L (0,23-0,90 mg/dL). Aumentos na concentração plasmática de creatinina são utilizados comumente como indicação de insuficiência renal. A razão albumina-creatinina numa amostra de urina randômica, um indicador da seletividade da filtração de proteínas no glomérulo, é utilizada como medida da microalbuminúria para se avaliar a progressão da nefropatia diabética (Capítulo 31).

na glicólise anaeróbica para explosões de contração curta quando é necessária uma força adicional, tal como na resposta de luta ou fuga ao estresse. Por outro lado, as **fibras oxidativas lentas** nos músculos posturais (e no peito dos gansos, que são aves migratórias) têm boa perfusão sanguínea e são ricas em mitocôndrias e em mioglobina. Esse tipo de músculo tem a capacidade de manter contrações de intensidade baixa por longos períodos. Os músculos lentos utilizam a oxidação de ácidos graxos para a síntese de ATP, o que requer mitocôndrias. O músculo cardíaco, que se contrai continuamente, tem muitas características contráteis e metabólicas que se assemelham àquelas dos músculos esqueléticos oxidativos lentos. O músculo cardíaco tem boa perfusão sanguínea, é rico em mitocôndrias e se baseia predominantemente no metabolismo oxidativo de ácidos graxos circulantes. O peito de ganso, que sustenta os longos voos migratórios, é uma carne bastante gordurosa e escura em comparação ao peito de frango, e tem muitas características do músculo cardíaco.

ENGENHARIA TECIDUAL E REPOSIÇÃO DOS MÚSCULOS

Tal como o campo de pesquisas em engenharia tecidual, o tecido muscular está na linha de frente dos experimentos visando crescer um órgão fora do corpo humano. A plasticidade bioquímica e a capacidade proliferativa dos músculos tornam isso possível. Os músculos derivam de células proliferativas que se originam da camada germinativa mesenquimal no embrião em desenvolvimento. Essas células são "determinadas" à linhagem muscular, tornando-se, assim, mioblastos. Os mioblastos saem do ciclo celular e se diferenciam (fundindo-se uns aos outros) a uma célula muscular multinucleada madura. Esse processo de proliferação e de diferenciação pode ser reproduzido *ex vivo*.

As células musculares esqueléticas estão terminalmente diferenciadas, mas os músculos esqueléticos incluem uma

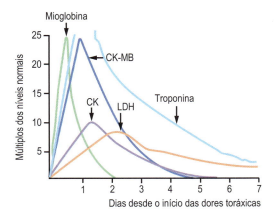

Fig. 37.7 **Alteração das enzimas séricas após um infarto do miocárdio (IM).** Diversos marcadores enzimáticos aumentam no plasma após um IM. Eles ainda são utilizados para o diagnóstico do IM, mas o teste recomendado atualmente é a medida da concentração sérica de troponina. CK, creatina (fosfo)quinase; CK-MB, isozima cardíaca de CK; LDH, desidrogenase lática. (Adaptado de Pettigrew, A. R., Pecanis, A. [1997]. Diagnosis of myocardial infarction. Em M. H. Dominiczak [ed.]. *Seminars in clinical biochemistry.* Glasgow: University of Glasgow Computer Publishing Unit.)

QUADRO DE TESTE CLÍNICO
DIAGNÓSTICO DO INFARTO DO MIOCÁRDIO

O infarto do miocárdio (IM) é consequente ao bloqueio do fluxo sanguíneo ao coração. O dano aos tecidos acarreta o vazamento de enzimas intracelulares para o sangue (Fig. 37.7). Entre estas estão enzimas glicolíticas como a LDH; entretanto, medidas da mioglobina, da CK plasmática total e das isozimas CK-MB são mais comumente utilizadas no diagnóstico e no tratamento do IM. A mioglobina, uma proteína pequena (17 kDa), se eleva rapidamente no plasma dentro de 2 h após um IM. Embora seja sensível, ela carece de especificidade para o tecido cardíaco. Ela é depurada rapidamente por filtração renal e retorna ao normal dentro de 1 dia. Como a mioglobina plasmática também aumenta após um trauma a músculos esqueléticos, ela não seria útil para o diagnóstico do IM (após um acidente automobilístico, por exemplo). A CK plasmática total e a isozima CK-MB começam a se elevar dentro de 3-10 h após um IM e atingem um valor máximo de até 25 vezes o normal após 12-30 h; elas podem permanecer elevadas por 3-5 dias. A CK total também pode aumentar em consequência de danos a músculos esqueléticos, mas a medida da CK-MB proporciona especificidade a danos cardíacos.

Comentário
Análises imunosorbentes enzimaticamente ligadas (ELISA) para troponinas miocárdicas são recomendadas atualmente para uso no diagnóstico e no tratamento do IM. Essas análises dependem da presença de isoformas específicas de subunidades de troponina no coração adulto. A concentração plasmática de Tn-T aumenta dentro de algumas horas após um ataque cardíaco, atinge um pico máximo de até 300 vezes a concentração plasmática total e pode permanecer elevada por 1-2 semanas. Uma análise para uma isoforma específica num coração adulto, Tn-T$_2$, é praticamente 100% sensível para um diagnóstico de IM e produz menos de 5% de resultados falso-positivos. Aumentos significativos na Tn-T$_2$ plasmática são detectáveis até mesmo em pacientes apresentando angina instável e episódios transitórios de isquemia no coração. As troponinas são comumente utilizadas como componentes de um algoritmo para se diferenciarem pacientes de alto risco daqueles de baixo risco em termos da necessidade de intervenção invasiva imediata. A definição recente do infarto do miocárdio se baseia nas concentrações séricas de troponina observadas.

população pequena (< 5% dos mionúcleos) de células satélite indiferenciadas semelhantes a mioblastos. A proliferação e a diferenciação das células satélite são essenciais para o crescimento

e o reparo dos músculos no período pós-natal (p. ex., em resposta ao exercício) e para a regeneração após danos. Os músculos esqueléticos são um dos poucos tecidos humanos que podem se regenerar em grande parte após lesões extensas. Depois de uma lesão ou uma perda de tecido, as células satélite proliferam e recapitulam o processo de desenvolvimento (diferenciação) em tecidos adultos. Um componente fundamental nesse processo (*ex vivo* ou *in vivo*) é a matriz extracelular (MEC) do músculo. Uma MEC com a estrutura tridimensional correta direciona mioblastos ou células satélite a se diferenciarem na estrutura e forma desse órgão. Em seguida, a plasticidade bioquímica do músculo possibilita a adaptação a seu ambiente tanto mecanicamente (miosina-ATPase) como metabolicamente (vias de produção de ATP). Estudos recentes em animais e em seres humanos demonstraram a capacidade dos músculos esqueléticos em se regenerar a uma forma funcional unicamente quando os estresses bioquímicos e mecânicos da fisioterapia ou do exercício são aplicados ao músculo enquanto ele está se regenerando. Isso não é de se estranhar, considerando-se que os músculos esqueléticos são altamente especializados por sua localização anatômica e sua função. As cirurgias de enxerto muscular, por exemplo utilizando músculo de um doador para a mão, mostraram que as diferenças morfológicas e bioquímicas devem ser levadas em conta ao se escolher um tecido muscular para o transplante no corpo em uma nova localização anatômica. Como o músculo é altamente adaptativo (*plástico fantástico*), é provável que o músculo esquelético seja um dos primeiros tecidos (juntamente com a pele) a ser totalmente submetido à engenharia *ex vivo* para transplantes *in vivo*.

Os mioblastos terminalmente diferenciados no coração (miócitos cardíacos) permanecem uninucleados ou binucleados durante toda a vida. Ao contrário dos músculos esqueléticos, o coração tem capacidade regenerativa muito limitada devido a uma carência de células satélite, de modo que os efeitos do infarto do miocárdio são de longa duração. Os mioblastos dos músculos lisos se diferenciam a suas células musculares lisas maduras (SMC). Entretanto, ao contrário do músculo cardíaco e dos músculos esqueléticos, as SMC não estão terminalmente diferenciadas. O fenótipo SMC também varia com base na localização e na função da célula. As SMC são encontradas em todo o corpo na parede vascular e conservam a capacidade de proliferar (p. ex., em resposta à hipertensão ou durante a angiogênese).

EFEITO DO EXERCÍCIO

O treinamento de força ou de potência aumenta a massa muscular

Uma alteração no uso diário de um músculo esquelético tem um efeito profundo sobre sua capacidade funcional. Tanto um aumento como uma diminuição no nível de atividade diária podem alterar a estrutura, a capacidade de produção de força e a fatigabilidade de um músculo. Do ponto de vista bioquímico, essas alterações são causadas basicamente por alterações na perfusão tecidual e nas enzimas metabólicas e, portanto, na capacidade do músculo em captar glicose, utilizar lípides como fonte de energia e gerar ATP. A quantidade e a intensidade da atividade física diária ocorrem continuamente, e a adaptação do músculo a isso se dá em resposta ao estresse específico colocado sobre ele. Para fins de simplicidade e porque é dessa maneira que muitos estudos de pesquisa são planejados, podemos separar o uso aumentado (treinamento por exercícios) em duas categorias: treinamento de força e treinamento aeróbico. O objetivo principal do treinamento de força, também designado como treinamento de potência, é o de aumentar a capacidade de produção de força de um músculo específico, ou de um grupo de músculos. Isso é obtido tipicamente por um pequeno número de repetições de um movimento de exercício contra uma resistência que só possibilita que o músculo se contraia pela amplitude de movimento integral um número muito limitado de vezes (p. ex., seis a oito repetições de uma flexão do bíceps). Por outro lado, o objetivo principal do treinamento aeróbico, também denominado treinamento de resistência, é o de aumentar a resistência e diminuir a fadiga durante uma atividade física prolongada a uma intensidade menor (p. ex., corrida ou caminhada). Isso é obtido por um alto número de contrações musculares a uma resistência baixa. Cada contração muscular no treinamento de força pode ter 75%-90% da produção de força voluntária máxima desse músculo, enquanto ela pode ser de 15%-20% numa sessão de treinamento aeróbico. As alterações bioquímicas em resposta a esses tipos de exercício são distintas.

O treinamento de força tem efeitos mínimos sobre a bioquímica do músculo. O aumento na capacidade de produção

de força que ocorre no treinamento de força é consequente ao aumento do tamanho celular (isto é, hipertrofia). A hipertrofia de células musculares individuais ocorre em consequência de um aumento em proteínas estruturais e sarcoméricas. Juntamente com mais miofibrilas e sarcômeros (as unidades contráteis do músculo) vem um aumento na capacidade de produção de força. Quando as enzimas glicolíticas são examinadas e normalizadas ao tamanho celular aumentado, não há nenhuma alteração ao treinamento de força. Quando a atividade das enzimas mitocondriais é normalizada ao tamanho celular aumentado do treinamento de força, há geralmente uma ligeira diminuição, sugerindo que, embora a capacidade de produção de força aumente, a capacidade de produção de ATP (pelo menos com base no tamanho da célula) diminuiu um pouco. Em termos da velocidade de contração e da reciclagem das pontes cruzadas do sarcômero, isso é determinado predominantemente pela atividade da miosina-ATPase, que permanece relativamente inalterada em resposta ao treinamento de resistência.

O treinamento de resistência, ou aeróbico, aumenta capacidade metabólica oxidativa dos músculos

Em resposta ao treinamento aeróbico, a alteração bioquímica primária é um aumento na capacidade de metabolização de lípides, sustentada por aumentos no número, no tamanho e nas enzimas das mitocôndrias. Todos os tipos de fibras musculares (rápidas e lentas) vão aumentar em duas a três vezes sua concentração e sua atividade de citrato sintase e de citocromo-c, ocasionando uma produção aumentada de ATP a uma dada carga de trabalho (isto é, intensidade de exercício), de modo que o músculo possa se basear mais na oxidação de lípides e menos no metabolismo anaeróbico. A mudança em direção ao metabolismo aeróbico retarda a fadiga muscular; há apenas efeitos menores sobre as enzimas glicolíticas em resposta ao treinamento aeróbico, e os efeitos sobre o tamanho celular em consequência do treinamento aeróbico também são mínimos. Podem ocorrer também pequenas alterações na composição da miosina-ATPase, levando a um fenótipo muscular mais lento (formação mais lenta das pontes cruzadas durante a contração) em decorrência do treinamento aeróbico. Aumentos na utilização de glicose em consequência da expressão aumentada de GLUT-4 e de hexoquinase também ocorrem mais em resposta ao treinamento aeróbico, em oposição ao treinamento de força, mas é fácil se ver, considerando-se a quantidade de músculos esqueléticos no corpo, como a glicose sanguínea é reduzida por um programa de exercícios numa pessoa portadora de diabetes. Deve-se notar também que praticamente todas essas adaptações vão ocorrer ao inverso em resposta a qualquer forma de destreinamento, quer se deva à cessação de um programa de exercícios ou ao repouso no leito devido a uma lesão ou doença. O uso diminuído do músculo faz com que ele se torne metabolicamente muito menos eficiente; infelizmente essa desadaptação se evidencia dentro de alguns dias da cessação dos exercícios. Outros fatores induzidos pelo treinamento de resistência incluem alterações no débito cardíaco, aumentos na densidade capilar e aumentos nas reservas de glicogênio. Tem importância crítica para a saúde e a medicina o *continuum* em que essas adaptações ocorrem e o fato de que pequenas alterações podem ter impacto em muitas doenças crônicas, incluindo diabetes, aterosclerose e caquexia do câncer. Além disso, como ocorrem alterações relativamente ao *status* original do músculo, pessoas sedentárias de idade mais avançada vão observar respostas na bioquímica muscular comparáveis àquelas em pessoas mais jovens. Assim, independentemente da idade, indivíduos sedentários que iniciem um programa de exercícios até mesmo moderados podem observar adaptações bioquímicas e benefícios para a saúde substanciais. Ainda há muitas pesquisas em andamento nessas áreas na tentativa de se conhecerem as vias moleculares genéticas e de sinalização que ocasionam essas respostas e de que maneira elas podem se modificar após uma lesão ou uma doença.

QUESTÕES PARA APRENDIZAGEM

1. Quando estão assustadas as galinhas cacarejam muito, podem dar pulos altos e voar por curtas distâncias, mas são incapazes de levantar voo e voar por grandes distâncias, quer normalmente quer para escapar de um perigo. Os gansos, Por outro lado, têm a capacidade de voar por grandes distâncias durante as migrações semianuais. Compare os tipos de fibras musculares e as fontes de energia no peito de galinhas e de gansos e explique de que maneira as diferenças no tipo de fibras são compatíveis com a capacidade de voar dessas aves.
2. Discuta o impacto da deficiência da glicogênio fosforilase muscular (doença de McArdle) e da deficiência de carnitina ou de carnitina palmitoil transferase I sobre o desempenho muscular durante exercícios de curta e de longa duração.
3. Reveja os méritos do *doping* sanguíneo da carga de carboidratos e da suplementação de creatina para melhorar o desempenho durante eventos de maratona.

RESUMO

- O músculo é o principal consumidor de calorias e de ATP no corpo. A glicogenólise, a captação de glicose sanguínea para o músculo, a glicólise e o metabolismo lipídico são essenciais para a atividade muscular ideal. A sustentação por essas vias produtoras de energia varia com o tipo de músculo e sua atividade contrátil anterior.
- Os músculos esqueléticos, o músculo cardíaco e os músculos lisos têm um complexo contrátil de actomiosina comum, mas diferem quanto à inervação, ao arranjo das proteínas contráteis, à regulação da contração pelo cálcio e à propagação da despolarização de uma célula para outra.
- O sarcômero é a unidade contrátil fundamental dos músculos estriados.
- A contração foi descrita por um modelo de "filamentos deslizantes," em que a hidrólise do ATP é catalisada por um influxo de Ca^{2+} para o sarcoplasma e é acoplada a alterações na conformação da miosina. O relaxamento da conformação rica em energia da miosina durante a interação com a actina produz um "impulso motor," ocasionando a
- superposição aumentada dos filamentos de actina-miosina e o encurtamento do sarcômero.
- O ATP produzido nos músculos impulsiona a manutenção dos gradientes iônicos, a restauração dos níveis intracelulares de cálcio e a continuação do processo contrátil.
- Os músculos glicolíticos rápidos se baseiam em grande parte no glicogênio e na glicólise anaeróbica para surtos de atividade muscular de curta duração e de intensidade alta.
- Os músculos oxidativos lentos são tecidos aeróbicos; em repouso eles utilizam lípides como sua fonte principal de energia. Durante as fases iniciais do exercício, eles recorrem à glicogenólise e à

glicólise, mas em seguida passam gradualmente ao metabolismo lipídico para a produção de energia de longa duração.
- Enzimas e proteínas são liberadas pelos músculos em resposta a danos. Medidas da atividade plasmática da CK-MB e da concentração de troponina são utilizadas como biomarcadores de danos ao músculo cardíaco e são comumente empregadas no diagnóstico e no tratamento do infarto do miocárdio.
- O exercício é um bom medicamento; ele aumenta a sensibilidade à insulina e a eliminação de glicose e auxilia na manutenção da massa e da função muscular durante o envelhecimento.

LEITURAS SUGERIDAS

Aguirre, L. E., & Villareal, D. T. (2015). Physical exercise as therapy for frailty. *Nestlé Nutrition Workshop Series, 83*, 83-92.

Bodor, G. S. (2016). Biochemical markers of myocardial damage. *Electronic Journal of the International Federation of Clinical Chemistry and Laboratory Medicine, 27*, 95-111.

Bowen, T. S., Schuler, G., & Adams, V. (2015). Skeletal muscle wasting in cachexia and sarcopenia: Molecular pathophysiology and impact of exercise training, Journal of Cachexia. *Sarcopenia and Muscle, 6*, 197-207.

Cooke, R. (2004). The sliding filament model: 1972-2004. *Journal of General Physiology, 123*, 643-656.

Madeddu, C., Mantovani, G., Gramignano, G., et al. (2015). Muscle wasting as main evidence of energy impairment in cancer cachexia: Future therapeutic approaches. *Future Oncology, 11*, 2697-2710.

Marzetti, E., Calvani, R., Tosato, M., et al. (2017). Physical activity and exercise as countermeasures to physical frailty and sarcopenia. *Aging Clinical and Experimental Research, 29*, 35-42.

Mondello, C., Cardia, L., & Ventura-Spagnolo, E. (2017). Immunohistochemical detection of early myocardial infarction: A systematic review. *International Journal of Legal Medicine, 131*, 411-421.

Sicari, B. M., Rubin, J. P., Dearth, C. L., et al. (2014). An acellular biologic scaffold promotes skeletal muscle formation in mice and humans with volumetric muscle loss. *Science Translational Medicine, 6* 234ra58.

SITES

Distrofias musculares:
http://www.muscular-dystrophy.org/conditions
http://www.mirm.pitt.edu/tissue-engineering/
regenerative-medicine-improves-strength-
and-function-in-severe-muscle-injuries/
Animações:
http://www.muscular-dystrophy.org/conditions
http://www.mirm.pitt.edu/tissue-engineering/
regenerative-medicine-improves-strength-
and-function-in-severe-muscle-injuries/

CASOS CLÍNICOS ADICIONALES

Consulte, por favor, o Apêndice 2 para mais casos relevantes a este capítulo.

ABREVIATURAS

CK/CPK	Creatina (fosfo)quinase
SR	Retículo sarcoplasmático
Túbulo T	Túbulo transverso

CAPÍTULO 38

Metabolismo Ósseo e Homeostase do Cálcio

Marek H. Dominiczak

OBJETIVOS

Após concluir este capítulo, o leitor estará apto a:

- Descrever a composição química dos ossos e o processo de mineralização óssea.
- Reconhecer as células principais nos ossos e suas interações no ciclo de remodelagem óssea.
- Compreender os principais fatores que contribuem para a regulação da concentração plasmática de cálcio.
- Conhecer o papel da vitamina D e seu metabolismo na saúde e na doença.
- Descrever o raquitismo e a osteomalacia.
- Descrever a osteoporose e suas causas.

INTRODUÇÃO

Além de sua função estrutural e protetora, os ossos são metabolicamente ativos e atuam como um reservatório de cálcio. O esqueleto contém 99% do cálcio presente no corpo, sob a forma de hidroxiapatita. O restante está distribuído pelos tecidos moles, dentes e líquido extracelular (ECL).

Muitas funções celulares dependem do controle da concentração citoplasmática e extracelular de cálcio, entre as quais: a transmissão neural, a secreção celular, a contração muscular, a proliferação celular, a permeabilidade das membranas celulares e a coagulação sanguínea. A concentração plasmática de cálcio é mantida dentro de uma estreita faixa de variação.

Os transtornos do metabolismo do cálcio são muito comuns: por exemplo, em torno de 40% das mulheres brancas pós-menopausa são afetadas pela osteoporose, e considera-se que a deficiência de vitamina D afeta cerca de 1 bilhão de pessoas em todo o mundo.

PAPEL CELULAR DO CÁLCIO

A entrada de cálcio no citoplasma é um sinal biológico importante

Há uma diferença de aproximadamente 10.000 vezes entre a concentração de Ca^{2+} no citoplasma (Ca^{2+} baixo) e aquela no ECL (Ca^{2+} alto). O cálcio é bombeado para fora da célula, e no interior da mesma ele é restrito a compartimentos como o retículo endoplasmático (ER) e as mitocôndrias. Sua concentração no ER está próxima daquela no ECL. A entrada de cálcio a partir do ECL ou do ER para o citoplasma é um dos sinais celulares fundamentais.

A abertura dos canais celulares na membrana celular e no ER faz parte da via de sinalização que se origina da fosfolipase C, uma enzima que, por sua vez, pode ser ativada por proteínas G ligadas a receptores da membrana para hormônios polipeptídicos. A fosfolipase C hidrolisa o fosfatidilinositol 4,5-bisfosfato (PIP_2) a inositol 1,4,5-trifosfato (IP3) e o diacilglicerol (DAG). O IP3 estimula o influxo de Ca^{2+} através da membrana plasmática e sua liberação a partir das reservas do ER no citoplasma. A depleção das reservas do RE também ativa canais de cálcio designados como canais operados por reserva (CRAC), que repõe essas reservas.

A entrada de Ca^{2+} no citoplasma contribui para a ativação da PKC pelo DAG e a disseminação adicional de sinais (ver Capítulo 25 para mais detalhes).

ESTRUTURA ÓSSEA E REMODELAGEM ÓSSEA

O osso é um tecido conectivo especializado que, juntamente com a cartilagem, formam o sistema esquelético

Há dois tipos de osso: o osso externo espesso e densamente calcificado (osso cortical, ou compacto) e uma rede de tecido calcificado mais fino, em favo de mel (osso trabecular). Os componentes principais da matriz óssea são **colágeno e hidroxiapatita**. O colágeno tipo I constitui 90% de toda a proteína óssea (Capítulo 19). Cristais contendo hidroxiapatita são encontrados sobre as fibras de colágeno, no interior destas e entre elas. As fibras de colágeno estão orientadas de modo a ter a maior densidade por unidade de volume e estão dispostas em camadas, conferindo aos ossos sua estrutura microscópica lamelar. Modificações do colágeno pós-tradução ocasionam a formação de ligações cruzadas intra e inter moleculares.

A matriz orgânica não calcificada nos ossos, o **osteoide**, se torna mineralizada por dois mecanismos. No espaço extracelular dos ossos, vesículas da matriz derivadas da membrana plasmática operam como um foco para o depósito de fosfato de cálcio. A cristalização acaba por obliterar a membrana vesicular, deixando cristais de hidroxiapatita aglomerados. Nesse ambiente as células formadoras de osso **(osteoblastos)** secretam proteínas da matriz que mineralizam rapidamente e se combinam a cristais derivados das vesículas da matriz. O pirofosfato presente na matriz inibe esse processo, mas a fosfatase alcalina secretada pelos osteoblastos o destrói, possibilitando que a mineralização prossiga. A mineralização depende muito de um suprimento adequado de cálcio e de fosfato. A privação de cálcio ou de fosfato acarreta um aumento no osteoide não mineralizado, ocasionando a condição clínica designada em adultos como **osteomalacia** e em crianças, antes da fusão das placas de crescimento, como **raquitismo** (ver a discussão a seguir).

Crescimento ósseo

A formação dos ossos começa pela diferenciação das células mesenquimais em condroblastos ou em osteoblastos. Os condrócitos sintetizam proteínas da matriz contendo colágeno tipo II e proteoglicanos, formando a cartilagem. Os condrócitos aumentam de tamanho subsequentemente e se tornam as células centrais do osso em crescimento (a **placa de crescimento ou placa epifisária**). Eles atraem vasos sanguíneos e condroclastos, que digerem a matriz. Os condrócitos subsequentemente entram em apoptose, e a matriz que eles haviam sintetizado é colonizada por osteoblastos, que dão início à formação do osso. Finalmente toda a placa de crescimento se torna osso, e o crescimento cessa.

Algumas vias de sinalização são relevantes para o crescimento ósseo

A via de sinalização subjacente à maturação dos condrócitos, designada como via *hedgehog*, inclui a cartilagem em crescimento, a qual também secreta a proteína relacionada ao hormônio da paratireoide (PTHrP), que age sobre receptores comuns ao hormônio da paratireoide (PTH; ver discussão a seguir) e mantém a proliferação dos condrócitos pela regulação da via de sinalização *hedgehog*. A proliferação dos condrócitos é controlada igualmente por vários fatores de crescimento de fibroblastos (FGF).

Outra via sinalizadora importante para o desenvolvimento do esqueleto é a via Wnt/β-catenina. Essa cascata de sinalização envolve várias glicoproteínas secretadas que se ligam a um receptor de membrana designado como *Frizzled*. As moléculas-chave a jusante na via Wnt são a β-catenina e uma proteína quinase mTOR (compare com o Capítulo 31). A proteína 5 relacionada ao receptor para LDL (LRP5; Capítulo 13) serve como correceptor que, juntamente com o receptor *Frizzled*, ativa a via Wnt.

Remodelagem óssea

Os ossos modificam constantemente sua estrutura pela remodelagem

A carga mecânica estimula a formação de osso. O cálcio é trocado entre os ossos e o ECL em consequência da remodelagem óssea constante — ou seja, processos acoplados de formação de osso pelos **osteoblastos** e reabsorção óssea pelos **osteoclastos** (Fig. 38.1).

Os osteoblastos são células formadoras de osso

Os osteoblastos derivam do mesênquima. Os osteoblastos maduros sintetizam colágeno tipo I e muitas outras proteínas da matriz, como osteocalcina, proteínas relacionadas ao crescimento, proteínas de fixação celular e proteoglicanos. Os osteoblastos são controlados por vários fatores de crescimento autócrinos e citocinas que incluem TGF-β, fatores de crescimento semelhantes à insulina (IGF-1 e IGF-2) e o fator de crescimento derivado de plaquetas (PDGF), assim como proteínas morfogenéticas ósseas (BMP) pertencentes à superfamília TGF-β.

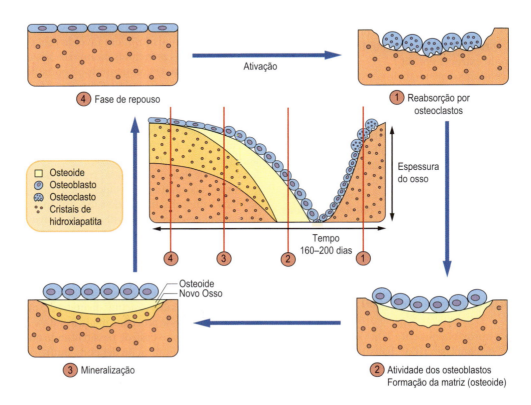

Fig. 38.1 **Manutenção da massa óssea: o ciclo de remodelamento ósseo.** A reabsorção e a formação de osso por osteoclastos e osteoblastos são acopladas. Os processos numerados de 1 a 4 são mostrados numa escala temporal no painel central. Veja que a reabsorção leva menos tempo que a formação de um novo osso.

Os osteoclastos são células que reabsorvem osso

Os osteoclastos derivam de células mononucleares hematopoiéticas pluripotentes na medula óssea.

A maturação dos osteoclastos a partir de suas células progenitoras é dirigida por fatores de crescimento, especialmente o fator de estimulação de colônias de monócitos (M-CSF).

O receptor RANK prepara os osteoclastos para reabsorver osso

Os osteoclastos possuem um receptor de membrana relacionado estruturalmente ao receptor do fator de necrose tumoral (TNF), designado como **receptor ativador do fator nuclear NFκB (RANK)**. Seu ligante é a citocina relacionada ao TNF designada como **ligante RANK (RANKL)**, produzida pelos osteoblastos. O RANKL também pode se ligar a um receptor tipo isca designado como **osteoprotegerina (OPG)**, uma proteína que pertence à superfamília do receptor TNF. Isso diminui sua ligação ao receptor RANK.

A sinalização RANK envolve o recrutamento de moléculas adaptadoras designadas como fatores citoplasmáticos associados ao receptor TNF (TRAF), que se ligam aos domínios citoplasmáticos de RANK. O sinal se dissemina então a grupos de quinases diferentes, com um dos ramos envolvendo a fosfatidilinositol-3-quinase (PI3K), a Akt quinase e a mTOR quinase. Outros ramos da via envolvem a c-Jun N-terminal quinase (JNK), a proteína quinase ativada pelo estresse (p18), as quinases reguladas por sinais extracelulares (ERK) e a NFκB quinase (IKK). A ativação das quinases, por sua vez, leva à ativação de uma gama de fatores de transcrição, incluindo NFκB e AP-1, (Fig. 38.2; compare com o Capítulo 28).

O resultado final é a indução de genes que codificam a fosfatase ácida resistente ao tartarato, catepsina K, calcitonina e integrina β2, os quais controlam diretamente a reabsorção óssea. A reabsorção do osso por osteoclastos ativados envolve também catepsinas e colagenases, que geram fragmentos de colágeno e hidroxiprolina.

Fatores locais e o PTH contribuem para a ativação dos osteoclastos

Os osteoclastos são controlados tanto por fatores locais como por hormônios sistêmicos. Citocinas como a interleucina-1 (IL-1), o fator de necrose tumoral (TNF), o fator de transformação do crescimento-β (TGF-β) e o interferon-α (INF-α) controlam os osteoclastos operando por meio de RANKL e OPG. O PTH ativa os osteoclastos indiretamente via osteoblastos e calcitonina. Os estrógenos exercem seus efeitos de inibição da reabsorção pela redução do número de osteoclastos. Eles induzem também a síntese de OPG.

MARCADORES ÓSSEOS

A reabsorção do osso gera **fragmentos de colágeno** e outros produtos de decomposição, como hidroxiprolina, e cálcio a partir da matriz óssea. Diferentes fragmentos de colágeno aparecem no soro e na urina durante a formação do colágeno e durante sua degradação e podem servir como marcadores do metabolismo ósseo (Fig. 38.3).

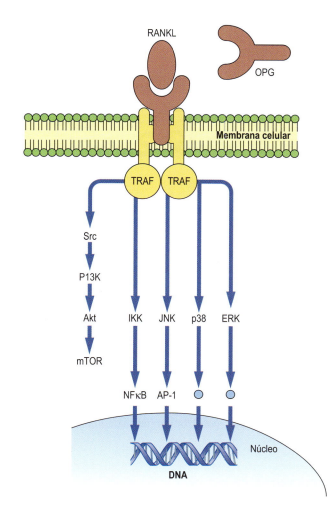

Fig. 38.2 **Via de sinalização RANKL.** RANK sinaliza através de proteínas adaptadoras, receptor associado ao fator de necrose tumoral (TRAF). As vias de sinalização envolvem então algumas quinases e finalmente uma gama de fatores de transcrição. Compare com a cascata de sinalização de insulina no Capítulo 31. RANKL, ligante de RANK; OPG, osteoprotegerina; PI3K, fosfatidilinositol-5-quinase; Akt, Akt quinase; JNK, c-Jun N-terminal quinase; p38, quinase ativada pelo estresse; ERK, quinases reguladas por sinais extracelulares; IKK, NFκB quinase.

Assim, o **peptídeo de extensão carboxiterminal procolágeno tipo I** e o **peptídeo de extensão aminoterminal do procolágeno** (P1NP e P1CP) são liberados por clivagem da molécula do pró-colágeno I e têm sua concentração aumentada durante a formação do colágeno, servindo, assim, como marcadores da formação de osso. Proteínas secretadas por osteoblastos, como **osteocalcina** e a **fosfatase alcalina específica dos ossos**, também refletem a formação de osso.

Reciprocamente, durante a degradação do colágeno, são liberados os **telopeptídeos aminoterminais e carboxiterminais** (NTX e CTX) e também as **ligações cruzadas de piridínio** (piridinolina [PYD] e deoxipiridinolina [DPD]. Eles servem como marcadores da reabsorção óssea. Enzimas como a fosfatase ácida resistente ao tartarato, catepsina K e um grupo de enzimas designadas como metaloproteinases também são marcadores da reabsorção óssea.

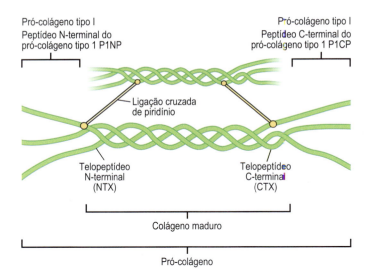

Fig. 38.3 **Fragmentos do pró-colágeno e do colágeno maduro tipo I utilizados como marcadores ósseos.** As ligações cruzadas de piridínio podem ser de piridinolina (PYD) ou de deoxipiridinolina (DPD). Os peptídeos pró-colágeno P1NP e P1CP servem como marcadores da formação de novo osso. NTX, CTX e as ligações de piridínio são marcadores da degradação do colágeno (reabsorção óssea).

A **hidroxiprolina** presente no colágeno é decorrente da hidroxilação pós-tradução da prolina. Tanto a formação como a reabsorção do osso contribuem para sua liberação a partir do colágeno.

HOMEOSTASE DO CÁLCIO

Cálcio no plasma

O cálcio está presente na circulação em três formas

A concentração plasmática de cálcio é mantida dentro de limites estreitos, entre 2,20 e 2,60 mmol/L (8,8-10,4 mg/dL). O cálcio está presente na circulação em três formas. O **Ca²⁺ ionizado** é a forma fisiologicamente ativa, a mais importante, compreendendo 50% do cálcio plasmático total. A maior parte do cálcio remanescente está **ligado a proteínas**, predominantemente à **albumina** de carga negativa (40%), e o restante está em complexo com compostos tais como citrato e fosfato (10%).

Quando a concentração plasmática de cálcio aumenta em consequência de uma desidratação, por exemplo, o cálcio ligado a proteínas e o cálcio sérico total aumentam. Por outro lado, quando a concentração plasmática de proteínas se reduz (p. ex., em patologias hepáticas, na síndrome nefrótica ou na desnutrição), o mesmo ocorre com a fração do cálcio ligado a proteínas, diminuindo, assim, a concentração total de cálcio, embora o cálcio ionizado permaneça constante. A concentração de albumina diminui em muitas doenças agudas e crônicas, o que reduz, por conseguinte, a concentração total de cálcio, mas não afeta a fração ionizada. Por essa razão, os laboratórios relatam a concentração "**de cálcio ajustada**," extrapolando matematicamente o valor de cálcio medido a uma concentração de albumina de 40 g/L (4 g/dL).

$$Ca2+ \text{ajustado} = Ca2+ \text{medido}(mmol/L)$$
$$+ 0,02(40 - \text{albumina}[mg/dL])$$
$$Ca2+ \text{ajustado} = Ca2+ \text{medido}(mg/dL)$$
$$+ 0,8(40 - \text{albumina}[g/dL])$$

Hormônio da paratireoide (PTH)

O PTH é o principal regulador da homeostase do cálcio

O PTH é um peptídeo de 84 aminoácidos de uma cadeia única secretado pelas células principais da glândula paratireoide. O PTH em extensão integral (1-84) é metabolizado a um fragmento aminoterminal biologicamente ativo, PTH(1-34) e um fragmento carboxiterminal inativo, PTH(35-84; Fig. 38.4).

Uma diminuição na concentração plasmática de cálcio é percebida por um receptor acoplado a uma proteína G sensível ao cálcio (CaSR), presente nas células principais da glândula paratireoide e nos túbulos renais. Na glândula paratireoide ele leva à secreção do PTH.

O PTH se liga a um receptor específico e age por meio do monofosfato de adenosina cíclico (cAMP)

A secreção do PTH é estimulada pela diminuição na concentração extracelular do cálcio ionizado ou o aumento no fosfato sérico. **O PTH mobiliza cálcio a partir de diversas fontes**. Ele estimula a reabsorção óssea mediada por osteoclastos, a reabsorção renal de cálcio e a absorção de cálcio no intestino delgado mediada pelo calcitriol. Aumenta a atividade da 1-hidroxilase renal e, portanto, a produção de 1,25OHD₃. Reciprocamente, um aumento no cálcio plasmático diminui a secreção de PTH.

Uma deficiência crônica grave de magnésio pode inibir a liberação de PTH pelas vesículas secretoras, e uma concentração baixa de calcitriol interfere em sua síntese.

Calcitonina

A calcitonina inibe a reabsorção óssea

A calcitonina é outro hormônio que regula o equilíbrio do cálcio. Ela é um peptídeo de 12 aminoácidos secretado predominantemente pelas células C parafoliculares da glândula tireoide. O efeito principal da calcitonina é a inibição da reabsorção óssea, reduzindo a liberação de cálcio e de fosfato a partir dos ossos (Fig. 38.5). Sua secreção é regulada pelo cálcio plasmático através do CaSR: um aumento no cálcio sérico acarreta um aumento proporcional na calcitonina, e uma diminuição evoca uma redução correspondente na calcitonina.

Vitamina D

A vitamina D é sintetizada na pele pela radiação ultravioleta (UV)

A **vitamina D₂ (ergocalciferol)** é sintetizada na pele pela irradiação UV do ergosterol, e a **vitamina D₃ (colecalciferol)** é sintetizada na pele pela irradiação UV

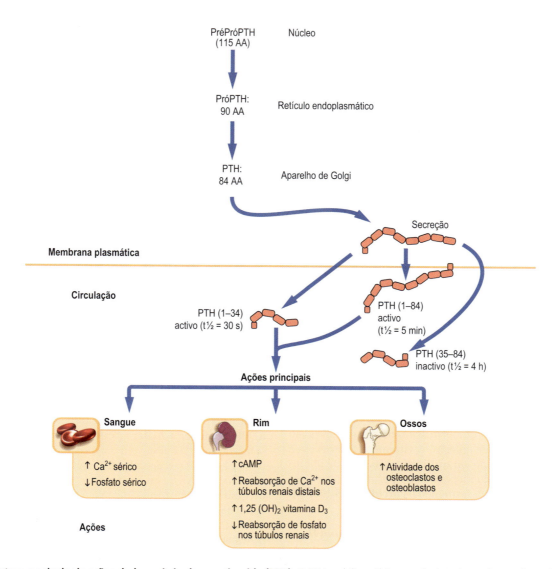

Fig. 38.4 **Síntese e principais ações do hormônio da paratireoide (PTH).** O PTH mobiliza cálcio a partir de todas as fontes disponíveis e diminui sua excreção renal. AA, aminoácidos.

QUADRO CLÍNICO
UMA MULHER COM DORES FORTES NO FLANCO DIREITO: HIPERPARATIREOIDISMO PRIMÁRIO

Uma mulher de 52 anos procura o serviço de emergência com dores fortes no flanco direito. A investigação adicional revelou uma história de depressão recente, fraqueza generalizada, indigestão recorrente e dores em ambas as mãos. Foi detectado sangue aos testes urinários, e uma radiografia revelou a presença de cálculos renais. A dor foi aliviada por analgésicos opiáceos. O cálcio sérico ajustado estava em 3,20 mmol/L (12,8 mg/dL; faixa normal 2,2-2,6 mmol/L, 8,8-10,4 mg/dL), o fosfato sérico estava em 0,65 mmol/L (2,0 mg/dL; faixa normal 0,7-1,4 mmol/L, 2,2-5,6 mg/dL), e o PTH estava em 16,9 mmol/L (169 pg/mL; faixa normal 1,1-6,9 pmol/L, 11-69 pg/mL).

Comentário
Muitos pacientes portadores de hiperparatireoidismo primário são identificados ao ser descoberta uma hipercalcemia assintomática em testes bioquímicos de rotina. O hiperparatireoidismo afeta classicamente o esqueleto, os rins e o trato gastrointestinal, ocasionando a tríade de queixas bem reconhecida descrita como "*bones, stones and abdominal groans*" (ossos, cálculos e gemidos abdominais). A doença de cálculos renais é atualmente a queixa inicial mais comum.

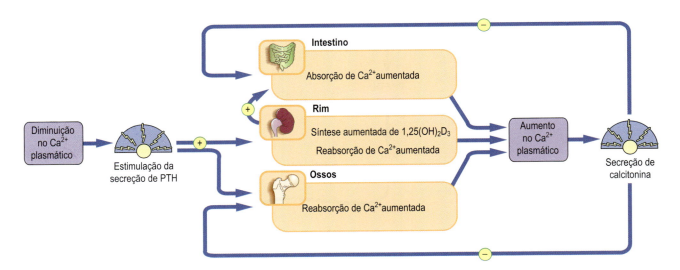

Fig. 38.5 **Principais hormônios que influenciam a homeostase do cálcio.** Uma diminuição no cálcio ionizado estimula a liberação de PTH. Isso promove a reabsorção de Ca^{2+} pelo rim, sua reabsorção a partir dos ossos e sua absorção pelo intestino mediada pela produção aumentada de $1,25(OH)_2D_3$. Em consequência disso, o cálcio plasmático aumenta. Reciprocamente, um aumento no cálcio ionizado plasmático estimula a liberação de cálcio, o que inibe a reabsorção de cálcio no rim e a reabsorção óssea induzida pelos osteoclastos.

do 7-desidrocolesterol. A vitamina D_3 e seus metabólitos hidroxilados são transportados no sangue ligados a uma globulina específica, a proteína de ligação de vitamina D (DBP). O colecalciferol também é encontrado na dieta, em que sua absorção está ligada à absorção de lipídeos. A vitamina D absorvida é transportada até o fígado em **quilomícrons,** onde é liberada, no qual é hidroxilada na posição 25 por uma hidroxilase designada como CYP2R1, formando o **calcidiol** (25-hidroxicolecalciferol, $25[OH]D_3$).

O calcidiol é a forma de armazenamento da vitamina D

O calcidiol é a principal forma da vitamina encontrada no fígado e na circulação. Ele está ligado à DBP em ambos os compartimentos. A razão de hidroxilação é regulada por seu conteúdo hepático, e seus níveis circulantes refletem o tamanho das reservas hepáticas. Uma proporção significativa do calcidiol é submetida à circulação entero-hepática, sendo excretada na bile e reabsorvida no intestino delgado. Assim, o distúrbio da circulação entero-hepática pode causar deficiência de vitamina D.

O calcitriol é a mais potente das formas de vitamina D

Nos túbulos renais o calcidiol (25OHD3) é hidroxilado adicionalmente na posição 1 por uma hidroxilase designada como CYP27B1, formando o calcitriol (1α,25-dihidroxicolecalciferol; $1,25[OH]2D3$). O complexo de vitamina D-DBP é excretado pelo túbulo e reabsorvido por receptores designados como megalina e cubilina. Essa reação ocorre igualmente na placenta. O **calcitriol** é a mais potente das formas de vitamina D. A 1α-hidroxilase é estimulada pelo PTH, por baixas concentrações plasmáticas de cálcio ou de fosfato e pela calcitonina, assim como por estrógenos e pela deficiência de vitamina D. Ele é inibido em *feedback* por calcitriol, pela hipercalcemia, por elevada concentração de fosfato e por PTH baixo.

O calcitriol aumenta a absorção de cálcio e de fosfato do intestino

O calcitriol é um hormônio. Ele é transportado no plasma ligado à DBP. De maneira análoga a outros hormônios esteroides, ele se liga no epitélio intestinal a um receptor citoplasmático (Capítulos 14 e 23). O receptor forma heterodímeros com o receptor retinoide X (RXR), e esse complexo é transferido para o núcleo, no qual induz a expressão de genes. A vitamina D regula o canal de Ca^{2+} intestinal TRPV6, o transportador intracelular calbindina D e a bomba de cálcio PMCA1b, aumentando o transporte de Ca^{2+} dos eritrócitos para o plasma.

Os túbulos renais, a cartilagem, o intestino e a placenta têm mais uma hidroxilase, a 24-hidroxilase (CYP24A1), que produz o 24,25-dihidroxicolecalciferol ($24,25[OH]2D3$), inativo. O metabolismo da vitamina D está resumido na Figura 38.6.

Juntamente com o PTH, o calcitriol estimula a reabsorção óssea pelos osteoclastos. Isso aumenta as concentrações plasmáticas de cálcio e de fosfato. A deficiência de calcitriol desorganiza a mineralização do osteoide recém-formado em consequência da menor disponibilidade de cálcio e de fosfato e da função reduzida dos osteoblastos, levando à ocorrência de **raquitismo** em crianças e de **osteomalacia** em adultos.

Absorção intestinal e excreção renal de cálcio

O cálcio é absorvido pelo intestino delgado e é excretado pela urina e pelas fezes

A absorção de cálcio no intestino delgado proximal é também regulada por sua quantidade na dieta e por dois processos de transporte celular de cálcio: a absorção transcelular ativa, passível de saturação, estimulada pelo $1,25(OH)D3$, e a absorção

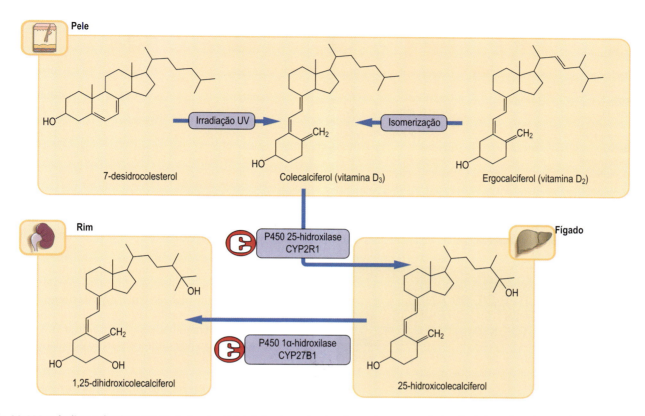

Fig. 38.6 **Metabolismo da vitamina D.** A vitamina D é sintetizada predominantemente em resposta à ação da luz solar sobre a pele; um componente menor é proveniente da dieta. A função normal do fígado e do rim é essencial para a produção da forma ativa 1,25(OH)$_2$D$_3$ (calcitriol). A concentração plasmática de cálcio controla o nível de 1,25(OH)$_2$D$_3$ através do PTH. Veja que as hidroxilases envolvidas no metabolismo da vitamina D pertencem à superfamília do citocromo P450. 1,25(OH)$_2$D$_3$, 1,25-Dihidroxicolecalciferol, calcitriol; 25-hidroxicalciferol, calcidiol, 25(OH)D$_3$.

paracelular não passível de saturação controlada pela concentração de cálcio na luz intestinal em relação ao plasma.

Num adulto normal seguindo uma dieta Ocidental típica, a ingestão de cálcio e seu depósito nos ossos são contrabalançados pela excreção em urina e fezes. Uma criança durante o crescimento se encontra em balanço de cálcio positivo, enquanto uma pessoa idosa pode estar em balanço de cálcio negativo. As alterações na absorção de cálcio refletem alterações no regime de ingestão de cálcio, sua disponibilidade intestinal e o metabolismo da vitamina D.

O cálcio é excretado pelos rins

O PTH promove a reabsorção de cálcio agindo sobre os túbulos renais proximais. Na hipercalcemia, a filtração renal de cálcio aumenta, e a reabsorção tubular é inibida.

A hipocalcemia se associa a uma redução na excreção urinária, predominantemente como resultado da redução da quantidade de cálcio filtrado. A reabsorção de cálcio está reduzida no hipoparatireoidismo.

Vários outros hormônios afetam o metabolismo ósseo e a homeostase do cálcio

O hormônio da tireoide estimula a reabsorção óssea. Os esteroides suprarrenais e gonadais, especialmente os estrógenos em mulheres e a testosterona em homens, estimulam os osteoblastos e inibem a função dos osteoclastos. Eles também aumentam a absorção intestinal de cálcio e diminuem a excreção renal de cálcio e de fosfato. O hormônio do crescimento promove o crescimento ósseo. Seus efeitos são mediados por IGF-1 e IGF-2, agindo sobre células da linhagem dos osteoblastos. O hormônio do crescimento aumenta a excreção urinária de cálcio e diminui a excreção urinária de fosfato.

O sistema nervoso central também está provavelmente envolvido na homeostase óssea. Tem sido mostrado que a leptina, uma adipocina que regula a massa do tecido adiposo (Capítulo 32), inibe a formação do osso. No entanto, mutações na via de sinalização da leptina não têm nenhum efeito sobre a massa óssea; isso sugere que este é um efeito central, mediado provavelmente pelo sistema nervoso simpático.

TRANSTORNOS DO METABOLISMO DO CÁLCIO

Hipercalcemia

A hipercalcemia é causada mais comumente pelo hiperparatireoidismo primário ou por uma condição maligna

Na prática, 90% dos casos de hipercalcemia se devem ao hiperparatireoidismo primário ou a uma condição maligna. Há uma ampla variação individual na evolução dos sinais e sintomas de hipercalcemia (Fig. 38.7). A medida do PTH torna possível discriminar entre o hiperparatireoidismo primário

Neurológicos	**Neuromusculares**	**Gastrointestinais**	**Renais**	**Cardíacos**	**Oculares**	**Ósseos**
Letargia, sonolência, incapacidade de concentração, depressão, confusão mental, coma, morte	Fraqueza muscular proximal, hipotonia, reflexos diminuídos	Constipação intestinal, perda de apetite, náuseas, vômitos, anorexia, ulceração péptica, pancreatite	Poliúria, polidipsia, desidratação, nefrocalcinose, alterações renais	Aumento da contratilidade miocárdica, encurtamento do intervalo QT e ondas T largas no ECG, arritmias ventriculares, assistolia, maior sensibilidade à digoxina	Calcificações córneas, irritação conjuntival	Dores vagas, dores localizadas, fraturas

Fig. 38.7 **Sinais e sintomas de hipercalcemia.** A gravidade dos sintomas está associada ao grau de hipercalcemia.

> **QUADRO CLÍNICO**
> **UMA MULHER DE 60 ANOS APRESENTANDO DORES NOS OSSOS: OSTEOMALÁCIA**
>
> Uma mulher de 60 anos que se tornara progressivamente mais e mais enferma e presa ao domicílio foi encaminhada à clínica metabólica ambulatorial. Ela havia apresentado o início gradual de dores localizadas em todo o esqueleto, porém especialmente em torno dos quadris. Ela estava tendo dificuldade em caminhar, apresentava fraqueza generalizada e veio a apresentar recentemente dores fortes nos quadris e na pelve. A radiografia detectou costelas fraturadas. O cálcio sérico ajustado estava em 2,1 mmol/L (8,4 mg/dL; faixa normal 2,2-2,6 mmol/L, 8,8-10,4 mg/dL), o fosfato sérico estava em 0,56 mmol/L (1,7 mg/dL; faixa normal 0,7-1,4 mmol/L, 2,2-4,3 mg/dL), a fosfatase alcalina estava em 300 UI/L (faixa normal 50-260 UI/L), e o PTH estava em 12,6 pmol/L (faixa normal 1,1-6,9 pmol/L, 11-69 pg/mL).
>
> **Comentário**
> Nas formas graves de osteomalácia são vistas comumente anormalidades bioquímicas, incluindo um baixo cálcio sérico ajustado, baixo fosfato sérico, fosfatase alcalina aumentada e aumento de PTH(1-84). Os pacientes podem apresentar dores ósseas difusas ou dores mais específicas relacionadas a uma fratura, arqueamento lateral dos membros inferiores e uma típica marcha gingada. Os grupos étnicos de pele escura estão particularmente em risco em países com baixa luz solar média, porque a maior parte da vitamina D no corpo é proveniente da síntese pela ação da luz UV sobre o 7-desidrocolesterol. Isso pode ser exacerbado por roupas tradicionais que proporcionam pouca exposição da pele e também por uma dieta que seja rica em fitatos (pão sem fermento) e pobre em cálcio e em vitamina D.

e as causas de hipercalcemia não ligadas à paratireoide, especialmente condições malignas. No hiperparatireoidismo primário se vê um PTH aumentado na presença de hipercalcemia, enquanto nas causas de hipercalcemia não paratireoidianas o PTH é indetectável.

O hiperparatireoidismo primário é comum

O hiperparatireoidismo é uma doença endócrina relativamente comum, que se caracteriza por hipercalcemia em associação a uma concentração aumentada de PTH. Sua incidência é de 1:500 a 1:1.000. Em 80%-85% dos pacientes a causa é um adenoma solitário da glândula paratireoide.

O hiperparatireoidismo secundário ocorre quando outros órgãos envolvidos na mobilização do cálcio são afetados por uma doença, causando hipocalcemia, a qual estimula, por sua vez, a liberação de PTH. Assim, patologias renais e hepáticas, que desorganizam o metabolismo da vitamina D, e doenças intestinais, que podem dificultar a absorção de cálcio, causam um hiperparatireoidismo secundário.

A hipercalcemia ocorre na doença maligna avançada e é habitualmente um sinal de mau prognóstico

Mencionada anteriormente no contexto da formação do osso, a PTHrP também pode ser produzida por tumores e é a causa mais comum da hipercalcemia das condições malignas (HMC). A parte terminal da PTHrP possui atividade semelhante à do PTH. A produção de PTHrP é comum em tumores de mama, pulmão e rim e em alguns outros tumores sólidos.

Outro tipo de hipercalcemia associado a condições malignas decorre da reabsorção óssea osteoclástica aumentada, em que compostos produzidos pelo tumor primário ou por metástases, como prostaglandinas, e fatores de crescimento, incluindo IL-1, TNF-α, linfotoxina e TGF, alteram o equilíbrio RANKL/OPG e estimulam os osteoclastos.

A hipercalcemia também pode ser causada pelo tratamento excessivo por vitamina D

A toxicidade da vitamina D é a terceira causa mais comum de hipercalcemia. O excesso de vitamina D causa a intensificação da absorção de cálcio e da reabsorção óssea, ocasionando hipercalcemia e depósitos metastáticos de cálcio. Os sintomas são anorexia, perda de peso e poliúria. Há também uma tendência a vir a apresentar cálculos renais, devido à hipercalciúria secundária à hipercalcemia.

Hipocalcemia

A hipocalcemia é comum na prática clínica

Alterações no cálcio ionizado plasmático podem ocorrer em consequência de alterações do pH. A alcalemia (Capítulo 36) aumenta a ligação do cálcio a proteínas, diminuindo o cálcio ionizado. Os sinais clínicos de alcalemia se devem principalmente à irritabilidade neuromuscular. Em alguns casos,

QUADRO DE CONCEITOS AVANÇADOS
PROTEÍNA RELACIONADA AO HORMÔNIO PARATIREOIDE (PTHRP)

A PTHrP é sintetizada como três isoformas contendo 139, 141 e 173 aminoácidos, em consequência de uma junção alternativa do RNA. Há homologia da sequência aminoterminal com o PTH: oito dos 13 primeiros aminoácidos são idênticos na PTHrP e no PTH, três são idênticos nos resíduos 14-34 e outros três são idênticos nos resíduos 35-84. A ativação do receptor clássico para PTH é pela porção aminoterminal tanto do PTH como da PTHrP, e há uma estrutura secundária α-helicoidal comum no domínio de ligação de ambos os peptídeos. Em consequência dessa semelhança estrutural, a PTHrP possui muitas das ações biológicas do PTH.

Tabela 38.1 Causas de hipocalcemia

Hipoparatireoidimo	Não ligadas à paratireoide	Resistência ao hormônio paratireoide
Pós-operatório	Deficiência de vitamina D	Pseudohipoparatireoidismo
Idiopático	Má absorção de vitamina D	Hipomagnesemia
Irradiação do pescoço	Resistência à vitamina D	
Terapia anticonvulsivante	Doenças renais	
	Hipofosfatemia	

Tabela 38.2 Causas de deficiência de vitamina D

Causa da deficiência	Comentário
Exposição reduzida à luz solar	Comum em pessoas idosas internadas e em pessoas que usam roupas que possibilitam uma exposição limitada da pele à luz solar
Ingestão insuficiente	Dietas tais como a dieta vegetariana restritiva, que têm um conteúdo inadequado de vitamina D Lactentes prematuros: amamentação sem suplementação de vitamina D
Má absorção de vitamina D	Doença celíaca, doença de Crohn, insuficiência pancreática, secreção inadequada de sais biliares, espru não tropical
Patologias hepáticas	25-hidroxilação deficiente
Insuficiência renal	1-hidroxilação deficiente Síndrome de Fanconi ou acidose tubular renal
Resistência à vitamina D	Mutação no gene *CYP27B1* ou no gene *VDR* Muito rara

a irritabilidade pode ser demonstrada pela evocação de sinais clínicos específicos. O **sinal de Chvostek** é o abalo observado dos músculos em torno da boca (músculos circumorais) em resposta a uma pancada leve sobre o nervo facial, e o **sinal de Trousseau** é a contração típica da mão em resposta ao fluxo sanguíneo reduzido no braço induzido pela inflação de um manguito de pressão arterial. Podem ocorrer dormência, formigamento, câimbras, tetania e até mesmo convulsões. As causas de hipocalcemia podem ser divididas naquelas associadas a um baixo PTH(1-84) e os raros casos em que há resistência ao PTH. Se a hipocalcemia for primária, o cálcio sérico diminuído causa um hiperparatireoidismo secundário. A causa mais comum de hipoparatireoidismo é uma complicação de uma cirurgia do pescoço.

O **pseudohipoparatireoidismo** se caracteriza por hipocalcemia, hiperfosfatemia e concentrações aumentadas de PTH (1-84). A forma clássica de pseudohipoparatireoidismo se deve à resistência dos órgãos terminais ao PTH, causada por um defeito genético que acarreta uma subunidade anormal da proteína G reguladora. A confirmação do diagnóstico é feita pela demonstração da ausência de aumento no cAMP plasmático ou urinário em resposta à infusão de PTH.

A hipocalcemia pode decorrer do metabolismo anormal da vitamina D

Podem ocorrer deficiência de vitamina D, transtornos adquiridos ou hereditários de seu metabolismo e resistência à vitamina D. As principais causas de hipocalcemia estão relacionadas na Tabela 38.1, e as causas mais comuns de deficiência de vitamina D são mostradas na Tabela 38.2.

Raquitismo

A descrição original do raquitismo data do século XVII. O raquitismo ocorre em crianças antes do fechamento da placa de crescimento. Ele acarreta retardo do crescimento e deformidades ósseas como pernas em arco e deformidades da caixa costal como o "tórax em funil" e o sulco de Harrison, a formação do "rosário raquítico" em torno das junções costocondrais. Por outro lado, a osteomalacia adulta se caracteriza por dores ósseas e fraqueza muscular.

A principal causa do raquitismo é a deficiência de vitamina D. Uma baixa ingestão de cálcio ou uma combinação das duas também pode ser uma causa. A perda de fosfato também é a alteração subjacente a um grupo de transtornos hereditários acarretando raquitismo (Tabela 38.3). O pico de prevalência do raquitismo é de 6 e 18 meses de idade.

O raquitismo também pode ocorrer em consequência da deficiência de fosfato

Há diversas anormalidades associadas à perda renal de fosfato e o consequente raquitismo, sendo a mais comum o raquitismo hipofosfatêmico ligado ao sexo (cromossomo X) (Tabela 38.3). Essa forma de raquitismo decorre da inibição do transportador renal de Na/P. Um peptídeo descoberto recentemente, o fator de crescimento de fibroblastos 23 (FGF23), parece desempenhar um papel-chave no desenvolvimento desses transtornos. O FGF23 é um peptídeo de 251 aminoácidos produzido nos ossos.

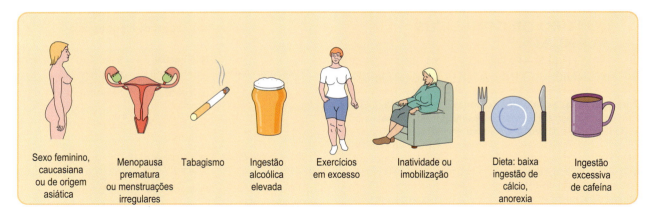

Fig. 38.8 **Fatores de risco e causas secundárias de osteoporose.**

Tabela 38.3 Raquitismo e osteomalacia associados à hipofosfatemia

Transtorno	Causa
Raquitismo/osteomalácia hipofosfatêmicos ligados ao sexo (cromossomo X)	Frequência 1:20.000 Causa mais frequente de raquitismo hipofosfatêmico resistente à vitamina D Mutação no gene *Phex* Superexpressão de *FGF23*
Raquitismo/osteomalácia hipofosfatêmicos autossômicos dominantes	Mutação rara no gene *FGF23*
Raquitismo/osteomalácia hipofosfatêmicos autossômicos recessivos	Mutação na proteína da matriz da dentina (DMP) Superexpressão de *FGF23*

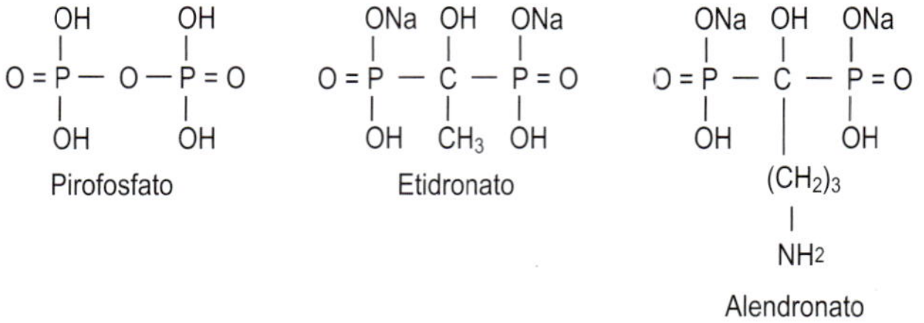

Fig. 38.9 **Fórmulas estruturais do pirofosfato e dos bisfosfonatos.** As ligações P-C-P dos bisfosfonatos resistem à clivagem enzimática. A potência dessas drogas é determinada pela sequência química fixada à molécula de carbono.

Ele se liga ao receptor para FGF, e sua sinalização requer a função do correceptor de proteínas de membrana denominado alfa-Klotho. Ele suprime a expressão de cotransportadores de fosfato de sódio nos túbulos proximais. Reduz igualmente a síntese sérica de calcitriol. Por conseguinte, estimula a excreção renal de fosfato e diminui sua absorção intestinal, levando à hipofosfatemia.

A reabsorção aumentada de fosfato pode acarretar calcificações ectópicas

A calcificação das partes moles (calcinose) ocorre num transtorno hereditário em que há uma absorção renal aumentada de fosfato levando à hiperfosfatemia. Ela pode envolver, entre outras, mutações no gene *klotho*.

Osteoporose

A osteoporose é uma doença óssea comum relacionada à idade

A osteoporose foi definida como uma redução da densidade mineral óssea com suscetibilidade aumentada a fraturas. A densidade óssea diminui a partir de um nível máximo obtido em torno 30 anos de idade em homens e em mulheres. A razão de perda óssea é acelerada em mulheres após a perda de estrogênio na menopausa. A perda óssea progressiva é uma consequência do desacoplamento da renovação óssea, com um grau relativo de **aumento na reabsorção óssea** ou de **diminuição na formação de osso**. Vários fatores foram reconhecidos como contribuindo para um risco aumentado de osteoporose (Fig. 38.8).

A doença óssea de Paget se caracteriza por áreas de renovação óssea acelerada

A doença óssea de Paget se caracteriza pelo aumento da atividade osteoclástica local e por típicas lesões "escavadas" dos ossos visíveis às radiografias. Parece haver uma sensibilidade aumentada dos osteoclastos ao calcitriol e ao RANKL. Uma anormalidade bioquímica comum nessa doença é uma fosfatase alcalina plasmática aumentada. Em consequência da decomposição aumentada de colágeno pelos osteoclastos, há uma concentração plasmática e urinária aumentada de hidroxiprolina e de fragmentos de colágeno. A doença de Paget afeta 1%-2% dos adultos brancos com idade acima de 55 anos. A primeira opção para o tratamento da doença de Paget é por bisfosfonatos, que exercem atividade antiosteoclástica (Fig. 38.9).

QUADRO CLÍNICO
UMA MULHER DE 62 ANOS ADMITIDA APÓS UMA QUEDA: OSTEOPOROSE

Uma mulher de 62 anos foi admitida ao hospital após uma queda no banheiro devido ao início súbito de fortes dores entre as escápulas. A radiografia detectou uma fratura em cunha de duas vértebras torácicas, com densidade óssea reduzida. A avaliação da densidade óssea utilizando o exame de absorciometria radiográfica de dupla energia (DERA) demonstrou uma redução grave da densidade óssea no fêmur e na coluna vertebral. Sua menopausa havia iniciado após uma histerectomia aos de 41 anos, mas não conseguira tolerar a terapia de reposição hormonal (HRT). As investigações bioquímicas se mostraram todas dentro dos limites normais.

Comentário
Os sintomas de osteoporose se evidenciam num estágio avançado da doença e são frequentemente causados por fraturas. Fraturas do quadril, vertebrais e do punho são comuns em pacientes com osteoporose.

QUESTÕES PARA APRENDIZAGEM

1. Descreva o sistema de sinalização RANK-RANKL.
2. Discuta os fatores que regulam a função dos osteoclastos.
3. Descreva as formas de cálcio presentes no plasma. Qual é a forma biologicamente ativa?
4. Discuta os mecanismos de retroalimentação que atuam na manutenção da concentração plasmática de cálcio.

RESUMO

- Os ossos são um tecido metabolicamente ativo que passa por uma remodelagem constante.
- Os principais tipos de células envolvidas no processo de remodelagem são os osteoblastos e osteoclastos.
- O metabolismo ósseo está estreitamente ligado à homeostase do cálcio, que envolve a glândula tireoide, o intestino, o fígado e o rim.
- Os principais controladores do balanço do cálcio são o PTH, a vitamina D e a calcitonina.
- Tanto a hipercalcemia como a hipocalcemia levam a sintomas clínicos.
- As principais causas de hipercalcemia são o hiperparatireoidismo primário, condições malignas e o excesso de vitamina D.
- A osteoporose, uma redução na densidade óssea que leva a fraturas, é um grave problema de saúde.

LEITURAS SUGERIDAS

Fraser, W. D. (2009). Hyperparathyroidism. *Lancet*, 374, 145-158.
Hlaing, T. T., & Compston, J. E. (2014). Biochemical markers of bone turnover-uses and limitations. *Ann Clin Biochem*, 51, 189-202.
Rachner, T. D., Khosla, S., & Hofbauer, L. (2011). Osteoporosis: Now and the future. *Lancet*, 377, 1276-1287.
Ralston, S. H., Langston, A. L., & Reid, I. R. (2008). Pathogenesis and management of Paget's disease of bone. *Lancet*, 372, 155-163.
Richards, J. B., Rivadeneira, F., Pastinen, T. M., et al. (2008). Bone mineral density, osteoporosis, and osteoporotic fractures: A genome-wide association study. *Lancet*, 371, 1505-1512.
Saito, T., & Fukumoto, S. (2009). Fibroblast growth factor 23 (FGF23) and disorders of phosphate metabolism. *Int J Pediatr Endocrinol* doi: 10.1155/2009/496514.
Walsh, M. C., & Choi, Y. (2014). Biology of RANKL-RANKL-OPG system in immunity, bone and beyond. *Front Immunol*, 5, 511.

ABREVIATURAS

AP-1	Proteína ativadora-1
cAMP	Monofosfato de adenosina cíclico
BMP	Proteínas morfogenéticas ósseas que pertencem à superfamília do TGF-β
CTX	Telopeptídeo carboxiterminal
$1,25(OH)_2D_3$, calcitriol	1,25-diidrocolecalciferol
DMP	Proteína matriz da dentina
ECL	Líquido extracelular
ER	Retículo endoplasmático
ERK	Quinases reguladas por sinais extracelulares
FGF	Fatores de crescimento de fibroblastos
IGF-1/IGF-2	Fatores crescimento semelhantes à insulina
Ihh	*Hedgehog* (ouriço) indiana, uma proteína sinalizadora
IKK	NFκB quinase
IL-1	Interleucina-1
INF-α	Interferon-α
IP3	Inositol 1,4,5-trifosfato
JNK	Quinase do N-terminal de Jun
LRP5	Proteína 5 relacionada ao receptor LDL
M-CSF	Fator estimulante de colônias de monócitos
mTOR	Alvo mecanístico da rapamicina
NFAT2	Fator de transcrição; fator nuclear de células T ativadas-2
NFκB	Fator nuclear intensificador de cadeias leves kappa de células B ativadas
NTX	Telopeptídeo Aminoterminal
OSF-1	Fator 1 de estimulação de osteoblastos
OPG	Osteoprotegerina
PDGF	Fator de crescimento derivado de plaquetas
PI3K	Fosfatidilinositol-3-quinase
P1NP	Peptídeo de extenção N-terminal do procolágeno tipo 1
P1CP	Peptídeo de extensão C-terminal do procolágeno tipo 1
PIP_2	Fosfatidilinositol 4,5-bisfosfato
PTH	Hormônio da paratireoide
PKC	Proteína quinase C

p38	Proteína quinase ativada pelo estresse	Wnt	Uma via de sinalização relacionada a crescimento e proliferação celular
p62	Nucleoporina		Descreve uma família de proteínas. A abreviatura da via
RANK	Receptor ativador do fator nuclear NFκB		
RANKL	Ligante de RANK		está relacionada a "Wingless-related integration site"
TNF	Fator de necrose tumoral		
TRAF	Fatores citoplasmáticos associados ao receptor TNF		(*site* de integração relacionado a Wingless)
TGF-β	Fator de crescimento transformador β		

CAPÍTULO 39

Neuroquímica

Hann Bielarczyk e Andrzej Szutowicz

OBJETIVOS

Após concluir este capítulo, o leitor estará apto a:

- Descrever os componentes celulares do sistema nervoso central.
- Discutir a função da barreira hematoencefálica na saúde e na doença.
- Descrever os princípios básicos acerca da sinalização e dos receptores neuronais.
- Descrever a transmissão catecolaminérgica, colinérgica, glutamatérgica e GABAérgica.
- Descrever o papel dos canais iônicos na transmissão nervosa.
- Comentar sobre o papel dos íons sódio, potássio e cálcio na transmissão nervosa.
- Discutir o processo da visão como exemplo de um processo químico subjacente à função neuronal.

INTRODUÇÃO

O encéfalo é, em muitos aspectos, um deleite para os químicos. Isso porque ilustra vários princípios gerais da biologia aplicados a um tecido bastante especializado que basicamente regula todos os outros tecidos do organismo. Este capítulo destaca as diferenças entre o **sistema nervoso central (SNC)** —composto pelo encéfalo e pela medula espinhal — e o **sistema nervoso periférico (SNP)**, que está fora da dura-máter (a espessa camada fibrosa que contém o líquido cerebroespinhal [CFS]).

ENCÉFALO E NERVO PERIFÉRICO

A distinção entre encéfalo e nervo periférico reflete essencialmente a divisão entre o SNC e o SNP, com uma conveniente linha divisória consistindo nos limites da dura-máter, em cujo compartimento impermeável encontra-se o CFS, parcialmente produzido (cerca de um terço do volume total) pela ação da barreira hematoencefálica. A **mielina** isola os axônios dos nervos; a composição química da mielina do SNC é bastante distinta da mielina do SNP, sobretudo porque as duas formas são produzidas por dois tipos diferentes de células: os oligodendrócitos no SNC e as células de Schwann no SNP. A distinção entre as funções do SNC e as do SNP é fundamental para o

diagnóstico diferencial em neurologia. Um exemplo típico é a diferença entre a desmielinização do SNC que ocorre na **esclerose múltipla** e a desmielinização do SNP que ocorre na **síndrome de Guillain-Barré**.

A barreira hematoencefálica

O termo barreira hematoencefálica (BHE) é um nome parcialmente errôneo, pois a "barreira" não é absoluta, mas relativa: sua permeabilidade depende do tamanho da molécula em questão

Inicialmente, experimentos baseados no uso de um corante (azul de Evans) ligado à albumina mostraram que, durante um período de horas, todos os tecidos de um animal tornavam-se progressivamente azuis, com a notável exceção do encéfalo, que permanecia branco. Posteriormente, ficou evidente que 1 molécula em 200 de albumina sérica em geral passava para o CFS, que é análogo à linfa. Também se tornou óbvio que, para uma dada proteína, a razão de suas concentrações no CFS e no soro era função linear do raio molecular das moléculas em solução. Cerca de 15% do conjunto de proteínas do CFS são sintetizados dentro do cérebro (prostaglandina D sintase, cistatina C, transtirretina). Em condições degenerativas ou inflamatórias, as proteínas características das patologias são liberadas das células danificadas (tau, S-100; Tabela 39.1) ou sintetizadas pela infiltração de linfócitos (imunoglobulinas). Algumas delas são usadas na prática clínica como marcadores laboratoriais de várias patologias do sistema nervoso. As proteínas são grandes partículas polianiônicas, e isso, devido ao gradiente de concentração existente, cria um déficit aniônico no CFS em comparação com o plasma. Este é recomposto pelo aumento da concentração de ânions Cl⁻ no CFS (cerca de 120 mmol/L em comparação com 100 mmol/L no plasma; o fenômeno é conhecido como equilíbrio de Donnan). Em contrapartida, a concentração de glicose no CFS é de dois terços daquela do plasma devido à sua alta utilização pelos neurônios e outras células cerebrais. A glicose é transportada para o cérebro pelos transportadores de glicose independentes de insulina GLUT1 presentes nas células endoteliais e extremidades dos prolongamentos de astrócitos (" pés vasculares") adjacentes e constituintes da BHE. Existe uma correlação inversa entre a glicemia média e a densidade de GLUT1 na BHE.

Existem seis fontes de CFS

Em condições normais e patológicas, as proteínas passam das células externas e tecidos para o CFS, e seu grau de filtração

CAPÍTULO 39 Neuroquímica

Tabela 39.1 Marcadores proteicos de células do SNC e patologias cerebrais relevantes

Célula	Proteína	Patologia
Neurônio	Enolase neurônio específica	Morte cerebral
Astrócito	GFAP	Placa (ou cicatriz)
Oligodendrócito	Proteína básica de mielina	Desmielinização/remielinização
Microglia	Ferritina	Acidente vascular encefálico
Plexo Coroide	Assialotransferrina	Extravazamento de CFS (rinorreia)

GFAP, proteína ácida fibrilar glial.

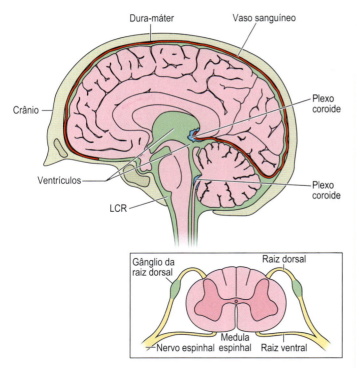

Fig. 39.1 **Principais fontes de líquido cerebroespinnhal CFS.** A principal fonte do CSF é o plexo coroide situado nos ventrículos laterais. Outras interfaces entre o sangue e o tecido encefálico incluem os capilares do cérebro e os capilares dos gânglios da raiz dorsal da medula espinhal. Uma contribuição para a composição do CSF também vem de fontes diretas, como as células do parênquima cerebral. A anatomia está simplificada para uma maior clareza.

e/ou taxa de síntese local variam. A quantidade total do CFS, portanto, constitui a soma algébrica dessas seis fontes (Fig. 39.1).

■ **A barreira hematoencefálica** (os capilares do parênquima) dá origem a cerca de um terço do volume do CFS e é conhecida como a fonte do líquido intersticial.

■ **A barreira sangue – CFS** fornece a maior parte do CFS (praticamente todos os dois terços restantes), denominado líquido coroidal, tendo em vista ser principalmente fornecido pelos plexos coroides (tufos capilares) situados nos ventrículos laterais e, em menor grau, os plexos situados no terceiro e quarto ventrículos.

■ **Os gânglios da raiz dorsal** contêm capilares que detêm um grau muito maior de permeabilidade.

■ **O parênquima encefálico do SNC** produz uma série de proteínas encefálicas específicas. Estas incluem prostaglandina sintase (antigamente denominada proteína β residual) e transtirretina (anteriormente denominada pré-albumina).

■ **As células circulantes do CFS**, em especial os linfócitos no SNC, sintetizam anticorpos locais. No entanto, no SNC, existe uma forte presença de células imunossupressoras. Por causa disso, em infecções cerebrais, como a **meningite**, os esteroides são administrados junto com antibióticos para suprimir os efeitos potencialmente devastadores, dentro desse espaço confinado, da inflamação associada à resposta imune intratecal.

■ **As meninges** representam uma sexta fonte do CFS sob condições patológicas; elas podem dar origem a um aumento dramático nas concentrações de proteínas do CFS.

> **QUADRO DE CONCEITOS AVANÇADOS**
>
> **DIAGNÓSTICO DIFERENCIAL DE CORRIMENTO NASAL (RINORREIA)**
>
> Na prática clínica, é essencial distinguir a rinorreia do CFS das secreções nasais locais, causadas por exemplo, pela infecção por influenza. O cirurgião otorrinolaringologista deve saber se o fluido presente é o CFS, pois qualquer extravazamento deve ser reparado cirurgicamente, para que não continue a ser uma fonte potencialmente crônica de meningite, como resultado da migração da flora nasal para o espaço subaracnoide. Uma proteína marcadora característica e útil no CFS é a **assialotransferrina**, que é a transferrina desprovida de ácido siálico. Na circulação sistêmica, essa ausência de ácido siálico dispara um sinal molecular para que a proteína seja reciclada e, portanto, imediatamente removida da circulação sistêmica por todas as células reticuloendoteliais. O cérebro não possui células reticuloendoteliais verdadeiras ao longo do caminho percorrido pelo CFS e, por isso, a assialotransferrina encontra-se em concentrações elevadas. O humor aquoso da câmara anterior do olho também produz a assialotransferrina característica, e a mesma assialotransferrina pode ser igualmente encontrada na perilinfa dos canais semicirculares do ouvido interno

CÉLULAS DO SISTEMA NERVOSO

Cerca de 10% das células do sistema nervoso humano são grandes neurônios. Eles apresentam características morfológicas distintas relativas a corpos celulares, axônios e dendritos, bem como diferenças quanto a neurotransmissores e fenótipos funcionais. O tamanho do corpo celular de um neurônio humano pode variar de 10 a 100 μm. Os neurônios podem apresentar axônios, de alguns micrômetros a 1 m de comprimento, finalizando com os terminais axônicos (sinalização

> **QUADRO CLÍNICO**
> **HOMEM DE 65 ANOS COM FRAQUEZA PROGRESSIVA DE MEMBROS: SÍNDROME DE GUILLAIN-BARRÉ**
>
> Três semanas após uma doença diarreica aguda, um homem de 65 anos apresentou fraqueza ascendente progressiva dos membros, seguida de fraqueza dos músculos respiratórios, necessitando de ventilação assistida. No exame físico, ele se apresentava hipotônico e arreflexo, com profunda fraqueza generalizada. A focalização isoelétrica de amostras de CFS e soro mostraram um padrão anormal de bandas oligoclonais nas duas amostras.
>
> **Comentário**
> Essa neuropatia, predominantemente motora, é a síndrome de Guillain-Barré, e o paciente apresenta anticorpos produzidos como resultado da infecção pela bactéria *Campylobacter jejuni*. A bactéria contém o antígeno GM$_1$, o açúcar gangliosídeo GM$_1$, o qual também é encontrado nos nervos periféricos. Anticorpos ligam-se aos nervos motores periféricos e causam a neuropatia. Trata-se de um exemplo de **mimetismo molecular**.

> **QUADRO CLÍNICO**
> **MULHER DE 75 ANOS COM TONTURA, DIARREIA INTERMITENTE E DORMÊNCIA EM AMBOS OS PÉS: AMILOIDOSE**
>
> Uma mulher de 75 anos se queixa de tontura postural, boca seca, diarreia intermitente e dormência em ambos os pés. No exame físico, houve uma diminuição acentuada da pressão arterial ao ficar de pé. Um radiografia do tórax revelou lesões líticas no esterno. A urina da paciente continha proteína de Bence-Jones. Um exame da medula óssea demonstrou um aumento no número de plasmócitos (Capítulo 40).
>
> **Comentário**
> A condição neurológica da paciente foi causada por amiloidose, na qual o componente livre da cadeia leve da globulina do mieloma, produzido por um tumor de plasmócitos na medula óssea, se acumula nos nervos periféricos. As cadeias leves adotam a configuração de folha β-pregueada, com múltiplas cópias que são intercaladas e resistentes à proteólise normal.
>
> É essencial fazer um diagnóstico de uma doença que apresenta recidivas e remissão, porque o paciente pode não apresentar anormalidades no momento do exame físico realizado pelo médico. A punção lombar, portanto, desempenha um papel importante, com a demonstração de **bandas oligoclonais no CFS**, que estão ausentes em amostra de soro coletada no mesmo momento que o CFS. Isso significa que existe uma resposta intratecal em vez de uma resposta imune sistêmica. O contrário é visto, por exemplo, na neurossarcoidose, na qual as imunoglobulinas sintetizadas sistemicamente são transferidas passivamente para o líquido espinhal, dando origem ao chamado "padrão em espelho", em que as bandas oligoclonais são as mesmas tanto no CFS como no soro. O teste envolve focalização isoelétrica do CFS com uma amostra paralela de soro. As imunoglobulinas separadas são expostas a anti-IgG para identificar bandas que estão presentes no CFS, mas ausentes do soro correspondente. Esses padrões indicam a síntese local de IgG dentro do cérebro.

externa). Os neurônios também podem apresentar vários prolongamentos dendríticos que recebem estímulos externos dos terminais nervosos de outros neurônios. Cada neurônio do cérebro humano forma milhares de conexões bidirecionais com outros neurônios, constituindo redes de contato sofisticadas.

Os três principais tipos de células gliais no sistema nervoso (cada um constitui cerca de 30%) são **astrócitos**, que também fazem parte da barreira hematoencefálica, e pois, captam glicose avidamente e fornecem substratos energéticos (lactato) e precursores de neurotransmissores (glutamina) para os neurônios; **oligodendrócitos**, que formam a bainha de mielina e são compostos principalmente de gordura, servindo no isolamento dos axônios; e **microglia**, que são essencialmente macrófagos residentes (fagocitários).

Esses diferentes tipos de células estão associados às predominantes moléculas proteicas que são importantes em várias patologias cerebrais (Tabela 39.1). Outros constituintes secundários do sistema nervoso incluem as células ependimárias, que são células ciliadas secretoras de proteínas cérebro específicas, como a prostaglandina sintase. As células endoteliais cerebrais, ao contrário de outros capilares teciduais, têm junções oclusivas que as ligam umas às outras; acredita-se que essa característica também contribui para a formação da barreira hematoencefálica, embora seja a membrana basal o principal elemento de filtração molecular das proteínas de tamanhos diferentes.

Neurônios

As características marcantes dos neurônios são seu comprimento, suas muitas interconexões e o fato de não se dividirem após o nascimento

Existe uma noção arquetípica da atividade elétrica do sistema nervoso — particularmente, da atividade elétrica dos neurônios. No entanto, outras três características biológicas dos neurônios são particularmente dignas de nota: seu **comprimento**, suas **interconexões prolíficas** e o fato de que **eles não se dividem após o nascimento**.

Devido ao seu grande comprimento, os neurônios dependem de um sistema de transporte axonal eficiente

Alguns axônios dos neurônios motores e sensoriais podem ter tipicamente até 1m de comprimento; assim, o núcleo, a fonte de informação para a síntese de proteínas e neurotransmissores, é tipicamente bem distante do terminal axônico sináptico, o local de síntese e liberação desses transmissores. Devido a esse comprimento extenso, um requisito crucial é a capacidade do neurônio de transportar materiais do núcleo/pericário para a sinapse (transporte anterógrado) e da sinapse para o núcleo (transporte retrógrado). O **transporte anterógrado** é realizado através de neurofilamentos construídos por três tipos de subunidades e fornece conjuntos de diferentes proteínas e mitocôndrias necessárias para a atividade da terminação nervosa. O **transporte retrógrado** ocorre através de um sistema neurotubular que consiste em subunidades de α e β-tubulina estabilizadas por peptídeos tau não fosforilados. Esse transporte remove as substâncias prejudiciais e conduz os

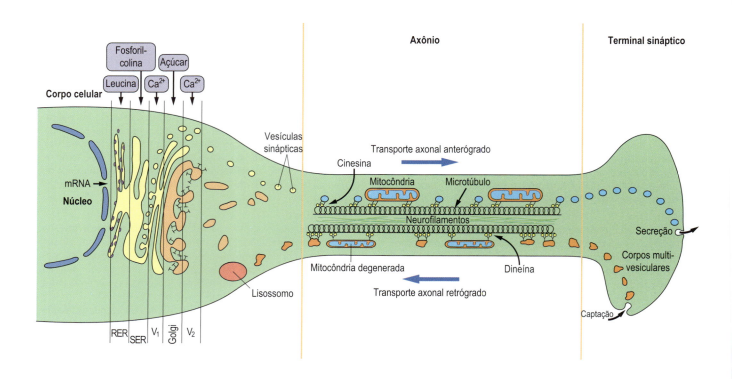

Fig. 39.2 **Estrutura funcional de um neurônio.** Dentro do corpo celular, existem movimentos especializados através do complexo de Golgi por parte dos componentes necessários à formação das vesículas sinápticas (V1, V2). No axônio, existe um transporte axonal rápido ao longo dos microtúbulos via proteínas móveis, cinesina (transporte axonal anterógrado) ou dineína (transporte axonal retrógrado). RER, retículo endoplasmático rugoso; REL, retículo endoplasmático liso.

peptídeos sinalizadores liberados pelos neurônios pós-sinápticos, como o fator de crescimento nervoso e o fator neurotrófico derivado do cérebro. Os neurônios desenvolveram características especiais para lidar com a separação dessas duas funções (Fig. 39.2).

O movimento normal de "repouso" no axônio é mediado por **"motores" moleculares** independentes (proteínas móveis): **cinesina** no caso do transporte anterógrado e **dineína** no transporte retrógrado. Os elementos transportados em cada direção também diferem bastante, e os diferentes componentes da estrutura axonal mostrados na Figura 39.2 apresentam capacidade para diferentes velocidades de transporte. Durante o crescimento, ocorre uma forma separada de transporte (em direção à sinapse) que se dá numa velocidade de cerca de 1 mm/dia; esse fluxo constitui o movimento maciço dos blocos estruturais, como as proteínas filamentosas.

A neurotransmissão é um processo que demanda energia

O cérebro constitui 2% da massa corporal, mas sob condições de repouso é responsável por 20% do consumo total de glicose. **A glicose é quase exclusivamente o substrato energético do cérebro.** O produto final da glicólise, o piruvato, é transportado do compartimento citoplasmático para o mitocondrial, onde o complexo piruvato desidrogenase o converte em acetilCoA, alimentando o ciclo do ácido tricarboxílico (TCA), acoplado à cadeia transportadora de elétrons (CTE). Isso gera todo o *pool* de energia no cérebro. Os astrócitos utilizam glicose, liberando quantidades significativas de lactato para o compartimento extracelular, que servem como fonte de energia complementar para os neurônios. Contudo, nem o lactato exógeno e nem o endógeno podem substituir totalmente a glicose como a principal fonte de energia. De fato, a captação de ^{13}F-desoxiglicose é usada como um marcador do metabolismo energético de áreas cerebrais específicas em testes diagnósticos funcionais (tomografia por emissão de pósitrons/ressonância nuclear magnética [PET/RNM]) para detectar alterações neurodegenerativas e sua influência em funções cerebrais específicas. O cérebro não utiliza ácidos graxos para produção de energia. Sob condições cetogênicas (jejum, dieta rica em gordura), o cérebro pode utilizar o β-hidroxibutirato proveniente da circulação sanguínea.

Neurônios geram de 60% a 80% da energia do cérebro, necessária para a restauração de seus potenciais de membrana plasmática. Uma taxa relativamente alta e estável de suprimento de glicose é assegurada pela alta afinidade do transportador GLUT3, expresso apenas em neurônios.

Uma pequena fração da acetil-CoA mitocondrial em neurônios é utilizada para a síntese de N-acetil-L-aspartato (NAA), que atinge uma concentração tão alta quanto 10 mmol/L no cérebro. Mais de 95% do NAA está localizado nos neurônios. Portanto, o nível de NAA, determinado pela RNM, é considerado um marcador da competência metabólica dos neurônios cerebrais.

Uma grande quantidade de energia é necessária para manter os potenciais de repouso da membrana dos neurônios, que estão sujeitos aos contínuos **ciclos de despolarização** (frequência de 10 a 60 Hz) conhecidos como **potenciais de ação**. Para atender a essas demandas, mais de 70% da energia cerebral é produzida e utilizada pelos neurônios.

Estruturas neurogliais

Astrócitos e oligodendrócitos compreendem as estruturas neurogliais

No córtex, ou substância cinzenta, encontra-se tipicamente um astrócito protoplasmático com um conjunto de prolongamentos circundando as células endoteliais (pés vasculares), ajudando a "filtrar" substâncias do sangue, e um outro conjunto de prolongamentos que envolvem os neurônios (pés neurais), que são assim "alimentados" por substâncias selecionadas as quais foram retiradas do sangue e entregues aos neurônios.

Na substância branca, os astrócitos apresentam aparência mais fibrosa e desempenham uma função mais estrutural. Quando ocorre lesão no SNC, os astrócitos podem desempenhar um papel importante na reação, sintetizando grande quantidade de **proteína glial fibrilar ácida (GFAP)**. Isso é o equivalente celular da cicatriz tecidual e é encontrado em doenças como a **esclerose múltipla**, na qual é o principal constituinte das placas características da doença. Os astrócitos não estão presentes no SNP.

Os **oligodendrócitos** presentes no SNC podem circundar cerca de 20 axônios, formando a bainha de mielina que isola os diferentes axônios e interrompe a comunicação cruzada entre os neurônios. Existe também uma intensa atividade mitocondrial de oligodendrócitos nos nós de Ranvier, que são paralelos aos locais de despolarização dentro do axônio subjacente. No SNP, as células de Schwann formam a mielina e normalmente envolvem apenas um único axônio.

TRANSMISSÃO SINÁPTICA

Uma das características químicas únicas do cérebro é a alta densidade de sinapses entre diferentes neurônios

Assim um neuro-hormônio de ação local é liberado por um axônio para muitos corpos celulares. Na terminação receptora, um determinado corpo celular recebe tipicamente uma miríade de produtos celulares via sua árvore dendrítica profusamente ramificada: cada ramo pode ser encoberto por **sinapses**. O "neurotransmissor" (neuro-hormônio) é liberado pelos terminais nervosos do axônio do primeiro neurônio no dendrito do segundo neurônio ou em uma célula não neuronal. Isso é mediado por um **receptor** do neurotransmissor na célula-alvo. Existem dois grupos de receptores de neurotransmissores: os metabotrópicos e os ionotrópicos. O neurotransmissor de ligação com o receptor metabotrópico (p. ex., muscarínico, receptor de glutamato metabotrópico [mGluR]) ativa um **segundo mensageiro**, tal como um nucleotídeo cíclico, que pode estimular a fosforilação proteica. Normalmente, as **proteínas G** são encontradas logo abaixo da proteína receptora transmembrana do neurotransmissor, onde elas atuam para "acoplar" o primeiro mensageiro (p. ex., norepinefrina) a um segundo mensageiro (p. ex., AMP cíclico [AMPc]; Capítulo 25). Outros receptores de neurotransmissores são acoplados a **canais iônicos** (p. ex., nicotínicos, NMDA). A ligação dos agonistas de neurotransmissores abre aqueles canais para o Na^+, resultando no influxo desse íon para as células pós-sinápticas, o que gera a despolarização (potencial de ação) e influxo de Ca^{2+}. Esse processo provoca a fusão de vesículas sinápticas carregadas de neurotransmissores com a membrana plasmática pré-sináptica, desencadeando a liberação do neurotransmissor na fenda sináptica. O neurotransmissor se liga aos receptores de membrana pós-sinápticos e ativa a reação adequada do neurônio receptor ou de outra célula alvo (p. ex., células endócrinas, músculos).

A transmissão sináptica envolve a reciclagem de constituintes de membrana

Além da liberação de um neuro-hormônio específico, existe também um amplo sistema para a reciclagem dos constituintes componentes de membrana associados a esse processo. As vesículas sinápticas contêm uma concentração muito alta do neurotransmissor de interesse im, que está envolto por uma membrana (Capítulo 26). Durante a liberação sináptica do transmissor, ocorre a fusão da membrana da vesícula sináptica (contendo o neurotransmissor) com a membrana pré-sináptica. Esse aumento na massa total da membrana é corrigido pela invaginação das faces lateriais dos terminais nervosos, em que um movimento de dobra para dentro da membrana é efetuado por movimentos contráteis da proteína clatrina. Em seguida, segue-se uma forma de pinocitose do excesso de membrana, que é transportada de forma retrógrada em direção ao núcleo para ser digerida nos lisossomos.

Tipos de sinapse

Devido à enorme variedade de aferências sinápticas para um dado neurônio, a soma algébrica final resulta em uma "decisão", no nível do cone de implantação do axônio (local de origem do axônio a partir do corpo celular), em relação a transmitir ou não um potencial de ação ao longo do axônio conforme a lei do "tudo-ou-nada". No entanto, mesmo antes de essa decisão ser tomada, o estímulo de entrada de um determinado neurotransmissor pode basicamente ser classificado como **excitatório** ou **inibitório**.

Além das decisões em curto prazo em relação aos potenciais de ação (Capítulo 26), existe uma modulação de longo prazo do potencial de repouso da membrana, movendo-o para mais perto da (excitação) ou para mais longe (inibição) do potencial crítico de membrana, que é o nível em que o potencial de repouso da membrana finalmente desencadeará um potencial de ação no cone de implantação axonal. Muitas drogas, além do efeito de curto prazo, têm um efeito de longo prazo na modulação, o que explica parcialmente seu efeito aditivo; isso pode ser observado para o álcool ou opioides. Existem também efeitos em longo prazo durante o tratamento com vários medicamentos (p. ex., aqueles usados para tratar a depressão endógena), de tal forma que pode levar semanas até que quaisquer efeitos benéficos possam ser observados.

Transmissão colinérgica

O neurotransmissor mais estudado é a acetilcolina

A acetilcolina (ACh) é sintetizada no compartimento citoplasmático dos terminais nervosos colinérgicos a partir da acetil-CoA e colina pela **colina acetiltransferase** (ChAT). O transportador vesicular específico para ACh (VAChT) carrega o transmissor para dentro das vesículas sinápticas. Ambas as proteínas são expressas exclusivamente nos neurônios colinérgicos. A acetil-CoA é sintetizada a partir do piruvato derivado da glicólise, enquanto a colina é retirada do compartimento extracelular pelo sistema de captação de colina de alta afinidade dirigido pelo potencial da membrana plasmática.

Como um sistema modelo, esse transmissor pode ter dois efeitos bem diferentes, dependendo do seu local de origem dentro do sistema nervoso (isto é, central ou periférico). Os efeitos originalmente demonstrados pelos experimentos com **nicotina** são característicos dos receptores nicotínicos, enquanto aqueles demonstrados com **muscarina** são característicos de receptores muscarínicos. O tipo de transmissão nicotínica é exercido por neurônios motores localizados no tronco encefálico e nos cornos anteriores da medula oblongata. Outro grupo de neurônios colinérgicos centrais localizados no septo pelúcido desempenha um papel importante nas funções cognitivas básicas e superiores, por meio da ativação de receptores muscarínicos pós-sinápticos. Existe um panorama complexo de agonistas e antagonistas associados às ações regionais da ACh (Fig. 39.3). O antagonista clássico do efeito muscarínico é a **atropina**, e o bloqueador mais bem estudado para o receptor nicotínico é a **α-bungarotoxina** da peçonha de serpente. A síntese de ACh e a competência funcional dos neurônios colinérgicos dependem fortemente do fornecimento de acetil-CoA pela **piruvato desidrogenase**. Várias encefalopatias causadas por déficits de ACh são acompanhadas pela inibição/inativação dessa enzima. A inibição do fluxo metabólico através da etapa da piruvato desidrogenase ocorre em várias patologias cerebrais, como hipóxia, déficit de tiamina pirofosfato, lesão neuronal excitotóxica, sobrecarga de alumínio ou zinco, doença de Alzheimer e déficits hereditários dessa enzima.

A demência vascular e a doença de Alzheimer (DA) são as patologias cerebrais neurodegenerativas mais comuns em indivíduos idosos. Os neurônios perturbados por vários sinais neurotóxicos, como hipóxia, hipoglicemia ou excitotoxicidade do glutamato, ativam a proteólise intensa da proteína precursora de amiloide (PPA), gerando uma produção excessiva do peptídeo β-amiloide (1-42). Cerca de 30% dos neurônios e todos os astrócitos estimulados expressam excesso de PPA.

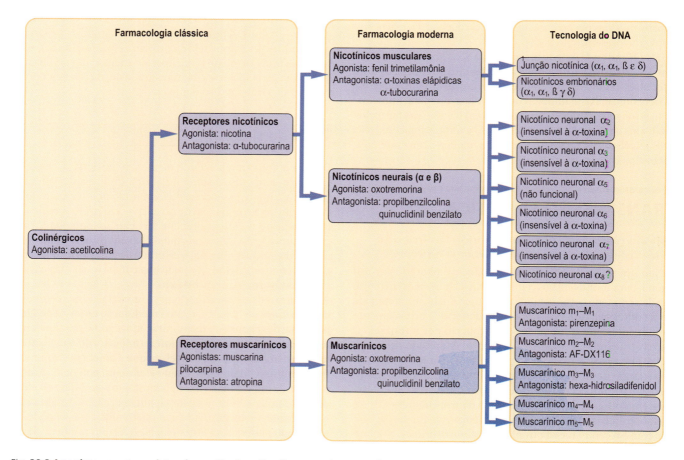

Fig. 39.3 **Agonistas e antagonistas da acetilcolina.** Detalhamento da nomenclatura descrevendo os agonistas e antagonistas das ações centrais (neuronais) e periféricas (músculo) da acetilcolina.

Por conta disso, este acumula-se preferencialmente em certas regiões cerebrais responsáveis pela formação de memória e de funções cognitivas. Sua presença no cérebro de pacientes com DA pode ser visualizada com o composto B de Pittsburgh e outros ligantes de rastreamento usando técnicas de PET/RNM. Os neurônios em degeneração liberam várias proteínas estruturais, incluindo **peptídeos tau**. Os níveis desse peptídeo aumentam no CFS, servindo como um marcador diagnóstico para essas condições. Apesar do aumento da síntese, os níveis de β-amiloide diminuem no CSF devido à sua agregação facilitada e ao acúmulo intraneuronal.

Os oligômeros β-amiloides (1–42) da DA, em combinação com outros fatores neurotóxicos, causam preferencialmente comprometimento dos neurônios colinérgicos no septo pelúcido, resultando na perda progressiva da função cognitiva, o que leva à demência. Nos estágios iniciais dessa doença, os inibidores da acetilcolinesterase com propriedades agonistas do receptor M_2 melhoram a função cognitiva, mas não têm efeito sobre a progressão da doença. Os antagonistas dos receptores NMDA glutamatérgicos são empregados para reduzir os efeitos excitotóxicos da ativação excessiva de neurônios glutamatérgicos.

Na **miastenia gravis**, são formados autoanticorpos contra o receptor nicotínico. Contudo, bloqueando a hidrólise da ACh, por exemplo, por meio da droga edrofônio (que inibe a acetilcolinesterase) pode-se aumentar efetivamente a concentração de Ach.

Os neurônios colinérgicos periféricos estão localizados nos gânglios parassimpáticos e inervam todos os tecidos viscerais. Eles dilatam os vasos sanguíneos do trato gastrointestinal e aumentam a salivação e o peristaltismo. Eles também promovem a constricçãodas vias aéreas, controlam a função cardíaca, promovem contração das pupilas, regulam a acomodação do cristalino e estimulam a excitação sexual e a ereção genital.

Na encefalopatia de **Wernicke-Korsakoff**, as atividades dos complexos de piruvato desidrogenase e cetoglutarato desidrogenase são inibidas devido à falta do cofator tiamina pirofosfato (Capítulo 7). Isso inibe a síntese de acetil-CoA e sua utilização pelo TCA. Sendo assim, surgem deficiências energéticas extensivas, que prejudicam não apenas as funções cognitivas centrais, mas também as funções terminais motoras periféricas nos músculos liso e estriado.

Transmissão catecolaminérgica

As catecolaminas, **epinefrina** e **norepinefrina**, são sintetizadas a partir da L-tirosina em uma sequência de reações catalisadas pela tirosina hidroxilase/L-aromático aminoácido descarboxilase (AADC), e depois pela dopamina β-hidroxilase/AADC e fentolamina-N-metiltransferase, produzindo dopamina, norepinefrina e epinefrina, respectivamente. A dopamina é um precursor da norepinefrina e epinefrina (Capítulo 26).

A **dopamina** é um transmissor nos neurônios dopaminérgicos localizados em várias áreas do cérebro, incluindo a *substantia nigra*, que estão envolvidos em aprendizado dirigido

QUADRO CLÍNICO
HOMEM DE 25 ANOS COM DIARREIA PERSISTENTE, VÔMITO E PERDA DE SENSIBILIDADE EM SUAS PERNAS

Um homem de 25 anos de origem asiática (imigrante trabalhador da construção civil) foi internado na emergência do hospital com vômitos persistentes, diarreia intensa, edema e perda de sensibilidade nas pernas. Ele não tinha histórico médico prévio e recebeu alta, após breve consulta, com o diagnóstico de um distúrbio gastrointestinal e recebeu recomendações dietéticas. Após 4 dias, o paciente retornou à unidade de emergência com dispneia intensa e, então, entrou em colapso. A pressão arterial foi de 60/40 mmHg. Ele estava hipotérmico (33 °C), apresentava fibrilação atrial e edema grave. Ele estava anúrico. Não houve alterações na radiografia de tórax. A tomografia computadorizada (TC) do abdome mostrou um leve edema pancreático. Laparotomia exploratória foi inconclusiva. Os exames laboratoriais mostraram acidose láctica grave (pH sanguíneo 6,90, ácido lático 20 mmol/L). Na dosagem sérica para etanol, metanol, acetona e drogas, estes não foram detectados. O paciente morreu 12 horas após a admissão sem um diagnóstico final.

Testes *postmortem* em amostras de sangue coletadas revelaram um nível extremamente baixo de tiamina no sangue. Posteriormente, descobriu-se que a maioria de seus colegas asiáticos do local de trabalho apresentava deficiência assintomática de tiamina.

Essa condição provavelmente resultou de uma dieta frugal baseada em arroz polido sem suplementação com nutrientes essenciais. Nos países desenvolvidos, grupos de alto risco para deficiência de tiamina são alcoólatras, usuários de drogas e também pessoas idosas/deficientes de baixa renda (Capítulo 7).

---

por recompensa, regulação do humor, atenção, aprendizado e liberação de prolactina através de diferentes classes de receptores de dopamina (D1-5). As perturbações do metabolismo da dopamina estão associadas a várias patologias do SNC, incluindo a **doença de Parkinson**, a **esquizofrenia** e a **síndrome das pernas inquietas**. Para sanar as deficiências de dopamina em algumas dessas doenças, o seu precursor a L-DOPA, é administrado, uma vez que atravessa facilmente a barreira hematoencefálica. A dopamina é administrada a pacientes em **choque** e com **insuficiência cardíaca** para elevar o débito cardíaco e aumentar a pressão arterial e a filtração renal. Várias drogas, incluindo **anfetaminas**, **cocaína** e **nicotina**, induzem seus efeitos comportamentais e exercem poder de vício através da estimulação excessiva da liberação e do aumento do nível de dopamina na fenda sináptica. Tais drogas também estimulam a transmissão serotoninérgica e noradrenérgica no cérebro.

A norepinefrina e a epinefrina são sintetizadas no cérebro e nos gânglios simpáticos periféricos pelos respectivos grupos de neurônios em que atuam como neurotransmissores. Por outro lado, as catecolaminas liberadas das células cromafins na circulação exercem efeitos endócrinos. No cérebro, elas exercem funções regulatórias nos processos de tomada de decisão. Perifericamente, elas aumentam a pressão arterial (causam vasoconstrição e aumentam a frequência e a força da contração do músculo cardíaco), causam dilatação brônquica e pupilar, inibem o peristaltismo, aumentam a sudorese e a secreção de renina e promovem a ejaculação. **Suas ações são mediadas por dois receptores separados: receptor α-adrenérgico, bloqueado pela fentolamina e receptor β-adrenérgico, bloqueado pelo propranolol.** Esta última droga era comumente usada por cardiologistas (outros betabloqueadores são a base do tratamento para doenças coronarianas), mas os neurologistas também o utilizam como parte do tratamento da doença de Parkinson. Muitos efeitos adrenérgicos são mediados pelo AMPc (Capítulo 26).

O efeito das catecolaminas é interrompido pelas suas recaptações e degradações em aldeídos pela monoamina oxidase mitocondrial e subsequente metilação pela **catecol-O-metil-transferase** transformando-os em ácidos homovanílicos e vanilmalínicos que são excretados na urina. O excesso desses componentes na urina pode indicar a presença de um tumor na medula adrenal, o **feocromocitoma**.

Glutamato: Transmissão glutamatérgica

Dependendo da região cerebral, 50% a 80% da população neuronal é glutaminérgica

O nível médio de L-glutamato no cérebro está na faixa de 5 a 10 mmol/L. O glutamato é sintetizado a partir do α-ceto-glutarato pela glutamato desidrogenase e aminotransferases ou a partir da glutamina pela glutaminase fosfato ativada. O complexo L-glutamato/glutamato-zinco é captado pelas vesículas sinápticas dos terminais nervosos pré-sinápticos glutamaminérgicos, nos quais atinge concentrações superiores a 100 mmol/L. O glutamato-Zn é liberado na despolarização, atingindo, transitoriamente, altas concentrações nas fendas sinápticas. Ele se liga a diferentes classes de receptores, incluindo o NMDA (o principal), causa a despolarização/ativação de neurônios receptores pós-sinápticos. A estimulação do receptor glutamatérgico está sujeita a múltiplos mecanismos reguladores que desempenham um papel importante na plasticidade sináptica, denominada **potenciação de longo prazo**. Esse fenômeno ocorre no hipocampo e em diferentes regiões do córtex cerebral, e está envolvido na aprendizagem, na formação da memória e em outras funções cognitivas.

O glutamato é rapidamente retirado do espaço sináptico por transportadores específicos expressos principalmente nas células astrogliais adjacentes. Lá, a glutamina sintetase converte glutamato em glutamina, que é posteriormente transportada de volta aos neurônios glutamatérgicos.

A liberação excessiva de glutamato ou sua captação dificultada, que ocorre na isquemia, hipoglicemia e exposição a xenobióticos neurotóxicos, entre outras condições, podem causar seu acúmulo excessivo no espaço sináptico extracelular. Isso, por sua vez, provoca uma despolarização prolongada das células pós-sinápticas, produzindo um aumento do Ca^{2+} intracelular, do oxigénio livre, do nitrosil e da síntese de radicais livres a partir de ácido graxos. Em consequência, ocorre o dano excitotóxico funcional e estrutural de neurônios. A

epilepsia é a condição patológica causada pela liberação excessiva de glutamato por neurônios glutamatérgicos patologicamente estimulados e/ou pela deficiência da transmissão GABAérgica inibitória (ver a discussão a seguir). O zinco, liberado conjuntamente com glutamato, também é captado pelos neurônios pós-sinápticos por meio de vários tipos de transportadores (canais de Cálcio voltagem-dependentes, ZnT1). Um acúmulo excessivo de zinco sob condições neurodegenerativas pode inibir múltiplas enzimas produtoras de energia (complexos de piruvato e cetoglutarato desidrogenase, aconitase, isocitrato desidrogenase, complexo I da cadeia respiratória e outros), agravando a excitotoxicidade do glutamato.

Ácido γ-aminobutírico (GABA): transmissão GABAérgica

O GABA é o principal neurotransmissor inibitório no cérebro

O efeito inibitório do GABA sobre os neurônios pós-sinápticos resulta da ligação a receptores $GABA_A$ específicos. A concentração de GABA permanece na faixa de 4 a 6 mmol/L. O GABA é o ligante de canais de cloreto. A abertura desses canais na ligação do GABA causa o influxo de íons Cl^- para dentro do neurônio, causando sua hiperpolarização e inibição da função de transmissão. O GABA é sintetizado pela L-glutamato descarboxilase presente no citoplasma dos neurônios GABAérgicos. A ação do GABA é interrompida, principalmente, por meio de sua captação por terminais pré-sinápticos através do ransportador GABA de alta afinidade. O GABA pode então ser carregado novamente em vesículas ou metabolizado em succinato – um intermediário do ciclo TCA. Vários agonistas do receptor GABAA e inibidores de captação de GABA ou da GABA-transaminase são usados como sedativos, tranquilizantes ou ansiolíticos. Os grupos mais comuns incluem **barbitúricos, benzodiazepínicos, hidrato de cloral** e **valproato**. O etanol também atua como agonista do receptor $GABA_A$.

CANAIS IÔNICOS

Mesmo em repouso, o neurônio está trabalhando para bombear íons ao longo de gradientes iônicos

Mesmo quando o neurônio está "em repouso", ele bombeia continuamente sódio para fora da célula e potássic para dentro, através de canais iônicos. Durante um potencial de ação, há uma reversão momentânea desses movimentos iônicos: o sódio entra na célula, e o potássio sai, efetivamente repolarizando a membrana em repouso (Capítulo 26). Mutações de canais de sódio podem ocorrer em diferentes sítios e dar origem à **paralisia periódica hipercalêmica**. O íon cloreto negativo se move através de canais independentes, que estão implicados em estados patológicos específicos, como na **miotonia**.

Os íons cálcio têm um papel importante na sincronização da atividade neuronal

O movimento dos íons de cálcio dentro das células geralmente fornece um gatilho para as células sincronizarem uma atividade, como a liberação sináptica do neurotransmissor; essa sincronização também exerce papel fundamental no retículo sarcoplasmático do músculo (Capítulo 37). No SNC, a **síndrome de Lambert-Eaton** é uma doença que afeta predominantemente os canais de cálcio do subtipo P/Q, em um exemplo de **mimetismo molecular**. O paciente pode ter um carcinoma primário de pequenas células indiferenciadas linfocitoides de pulmão; o sistema imunológico responde produzindo anticorpos contra as células malignas. No entanto, as células malignas e os canais de cálcio possuem um epitopo comum, e isso provoca uma resposta imune que bloqueia a liberação do neurotransmissor no sítio pré-sináptico. Essa síndrome é análoga, mas, pode ser claramente distinguida da condição conhecida como **miastenia grave**, na qual o bloqueio é pós-sináptico.

É também importante notar que o bloqueio da liberação pré-sináptica do neurotransmissor pode ser explorado, de forma útil, pela aplicação terapêutica da **toxina botulínica** (uma proteína derivada de bactérias anaeróbias), que contém enzimas para hidrolisar as proteínas pré-sinápticas envolvidas na liberação de neurotransmissores. Essa toxina é usada em casos especiais de espasticidade, como no **torcicolo**, em que o paciente pode ter alívio das contraturas excessivas dos músculos do pescoço, que torcem a cabeça cronicamente para um lado, causando dor e desconforto muscular se não tratados.

MECANISMO DA VISÃO

O mecanismo pelo qual o olho humano pode detectar um único fóton de luz fornece um exemplo fascinante dos processos químicos subjacentes à função neuronal

O mecanismo de visão envolve o aprisionamento de fótons e o efeito transdutor, em que a energia da luz é convertida em sua forma química, o que, por sua vez, é finalmente transmutado em um potencial de ação por um neurônio do gânglio da retina. Alguns dos intermediários ainda não são precisamente conhecidos, mas a hipótese subjacente é de que uma proteína receptora, a **rodopsina**, esteja acoplada à proteína G. Existem várias sequências homólogas entre a rodopsina e os receptores β-adrenérgicos e o receptor muscarínico para ACh. Os principais passos (Fig. 39.4) ocorrem na seguinte ordem:

- Cis-retinal é convertido em trans-retinal.
- A rodopsina é ativada.
- O nível de cGMP diminui.
- A entrada de Na⁺ na célula é bloqueada.
- As células bastonetes são hiperpolarizadas.
- Há liberação de glutamato (ou aspartato).
- Um potencial de ação despolariza a célula bipolar adjacente.
- Isso despolariza o gânglio neuronal associado para enviar um potencial de ação para fora do olho.

QUADRO CLÍNICO
HOMEM DE 18 ANOS APRESENTA FRAQUEZA DE BRAÇOS E PERNAS: PARALISIA PERIÓDICA FAMILIAR

Um homem de 18 anos acordou à noite apresentando intensa fraqueza dos músculos proximais de seus braços e pernas. Antes de repousar, ele havia consumido uma refeição composta de macarrão e bolo. Seu irmão e pai já haviam sido afetados de forma semelhante. Ele foi levado ao pronto-socorro do hospital local, onde se percebeu que os membros fracos se mostravam hipotônicos e com reflexos tendíneos diminuídos. A concentração sérica de potássio estava reduzida a 2,9 mmol / L (normal 3,5-5,3). No dia seguinte, ele havia se recuperado totalmente, e o potássio sérico subiu espontaneamente para os níveis normais. Um novo ataque de paralisia foi induzido por uma infusão de glicose intravenosa, confirmando, assim, o diagnóstico de paralisia periódica familiar.

Comentário

A paralisia periódica hipocalêmica é herdada como um traço dominante mendeliano e resulta de uma mutação no gene que codifica o **canal de cálcio tipo L**. As doenças genéticas que afetam a função dos canais iônicos são chamadas de canalopatias (Capítulo 4).

Ambos os tipos hipocalêmicos e hipercalêmicos do distúrbio existem. Diferentes danos moleculares nos poros do canal de sódio podem causar paralisia periódica hipercalêmica. Como o nome sugere, o paciente tem fraqueza muscular intermitente, durante a qual a concentração sérica de potássio é aumentada. Isso é causado por um desequilíbrio de movimentos catiônicos nos quais o sódio entra na célula e o potássio sai. Nesses pacientes, o fluxo anormal de sódio para o músculo não é regulado corretamente com o seu contrafluxo de íons potássio.

QUADRO CLÍNICO
MULHER APRESENTA VISÃO TURVA PROGRESSIVA, DISFAGIA E FRAQUEZA DE MEMBROS: BOTULISMO

Vinte e quatro horas após comer vegetais em conserva em casa, uma jovem saudável experimentou o aparecimento progressivo de visão embaçada, vômitos severos, disfagia e fraqueza progressiva dos membros, começando pelos ombros. O médico a internou no hospital, e estudos eletrofisiológicos confirmaram o diagnóstico clínico de botulismo. O antissoro trivalente, produzido a partir da toxina inativada, foi administrado imediatamente e, com o auxílio de ventilação assistida, a paciente se recuperou em poucas semanas.

Comentário

Os vegetais continham a exotoxina do microrganismo anaeróbio *Clostridium botulinum*, que não havia sido destruído durante o processo de preservação do alimento. A toxina hidrolisa as proteínas pré-sinápticas envolvidas na liberação de neurotransmissor, e assim o bloqueio é semelhante à lesão funcional na síndrome miastênica de Lambert-Eaton; no entanto, no botulismo, o bloqueio pode ser letal, especialmente no nível do nervo frênico, que é essencial para o movimento pulmonar respiratório.

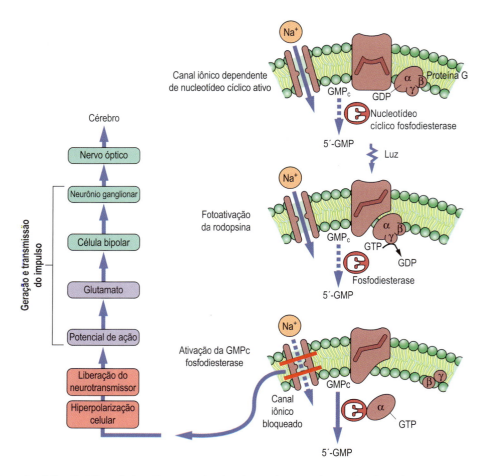

Fig. 39.4 **O mecanismo da visão.** Os fótons de luz ativam a rodopsina via acoplamento da proteína G nos bastonetes. A GMP$_c$ fosfodiesterase é ativada e hidrolisa o GMP$_c$ (segundo mensageiro), bloqueando, assim, a entrada de sódio e causando a hiperpolarização da célula. Compare a química da vitamina A e as atividades dos receptores acoplados à proteína G. As linhas pontilhadas indicam um processo inativo.

RESUMO

- O sistema nervoso contém diversos tipos de de células, formando diversos compartimentos estruturais, metabólicos e funcionais que interagem entre si intensamente.
- As funções especializadas do sistema nervoso são asseguradas pela expressão e compartimentalização estrita de proteínas, metabólitos e compostos de sinalização específicos em diferentes *loci* celulares.
- A neurotransmissão é uma função básica do sistema nervoso. Os neurotransmissores no cérebro são sintetizados e liberados nas fendas sinápticas a partir de terminais axonais de grupos específicos de neurônios (glutaminérgicos, GABA-érgicos, catecolaminérgicos, colinérgicos etc.).
- Os transportes axonais anterógrado e retrógrado garantem movimentos bidirecionais de organelas e proteínas, mantendo a sinalização e a integridade intraneuronais.

QUESTÕES PARA APRENDIZAGEM

1. As proteínas G são amplamente utilizadas em todo o corpo como agentes de "acoplamento" entre o primeiro mensageiro extracelular e o segundo mensageiro intracelular. Discuta alguns dos papéis para os quais a proteína G foi adaptada entre vários tipos de células.
2. As mitocôndrias desempenham um papel importante no suprimento das necessidades metabólicas nos nódulos de Ranvier, ao longo de parte considerável do axônio. Discuta o papel dos dois motores moleculares na reciclagem das mitocôndrias necessárias para o suporte dessa função.
3. O cloreto é um ânion importante que faz parte dos movimentos complexos com cátions, como sódio e potássio, durante a despolarização. Discuta as consequências de anormalidades congênitas no transporte de cloreto.
4. Descreva as reações que ocorrem no processo de visão.
5. Dê um exemplo de mimetismo molecular.

- A manutenção da neurotransmissão requer grandes quantidades de energia, o que é assegurado pelo transporte efetivo de glicose através da barreira hematoencefálica e altas taxas de glicólise e do ciclo dosácidos tricarboxílicos.
- Neurônios recebem suporte metabólico de células astrogliais e microgliais e suporte estrutural de células oligodendrogliais.
- A barreira hematoencefálica é diversa em origem anatômica e não é absoluta, mas relativa (especificamente baseada no tamanho molecular das moléculas transferidas). Existem também proteínas de origem intratecal, incluindo anticorpos, produzidas sob certas condições patológicas pela infiltração de linfócitos.

LEITURAS SUGERIDAS

Barry, D. M., Millecamps, S., Julien, J. P., et al. (2007). New movements in neurofilament transport, turnover and disease. *Experimental Cell Research, 313*, 2110-2120.

Bettens, K., Sleegers, K., & Van Broeckhoven, C. (2013). Genetic insights in Alzheimer's disease. *The Lancet. Neurology, 12*, 92-104.

Bos, J. L., Rehmann, H., & Wittinghofer, A. (2007). GEFs and GAPs: Critical elements in the control of small G proteins. *Cell, 129*, 865-877.

Cannon, S. C. (2007). Physiologic principles underlying ion channelopathies. *Neurotherapeutics, 4*, 174-183.

de Leon, M. J., Mosconi, L., Blennow, K., et al. (2007). Imaging and CSF studies in the preclinical diagnosis of Alzheimer's disease. *Annals of the New York Academy of Sciences, 1097*, 114-145.

George, D. R., Whitehouse, P. J., D'Alton, S., et al. (2012). Through the amyloid gateway. *Lancet, 380*, 1986-1987.

Honig, L. S. (2012). Translational research in neurology: Dementia. *Archives of Neurology, 69*, 969-977.

Stein-Streilein, J., & Taylor, A. W. (2007). An eye's view of T regulatory cells. *Journal of Leukocyte Biology, 81*, 593-598.

ABREVIATURAS

Ach	Acetilcolina
AMPA	Ácido α-amino-3-hidroxi-5-metil-4-isoxazolepropiônico
PPA	Proteína precursora amiloide
BHE	Barreira hematoencefálica
chAT	Colina acetiltransferase
SNC	Sistema Nervoso Central
LCR	Líquido cefalorraquidiano
CTE	Cadeia transportadora de elétrons
GABA	Ácido γ-aminobutírico
GFAP	Proteína ácida fibrilar gilbal
IgG	Imunoglobulina G
NAA	N-acetil-L-aspartato
NMDA	N-metil-D-aspartato
PET/RNM	Tomografia por Emissão de Pósitrons/Ressonância Nuclear Magnética
SNP	Sistema Nervoso Periférico
TCA	Ciclo do ácido tricarboxílico
VAChT	Transportador vesicular de Ach

CAPÍTULO 40

Sangue e Proteínas Plasmáticas

Marek H. Dominiczak

OBJETIVOS

Após concluir este capítulo, o leitor estará apto a:

- Descrever os principais componentes do sangue.
- Explicar a diferença entre plasma e soro.
- Discutir as funções das proteínas plasmáticas e sua ampla classificação.
- Identificar as doenças associadas à deficiência de proteínas específicas
- Discutir a estrutura e a função das imunoglobulinas.
- Explicar o significado patológico das gamopatias monoclonais.
- Definir a resposta de fase aguda e a alteração que induz nas concentrações das proteínas plasmáticas circulantes.
- Entender o conceito de biomarcador.

INTRODUÇÃO

O plasma é uma importante "janela" do metabolismo

O sangue leva os nutrientes essenciais para os tecidos e remove os metabólitos. Também atua como uma via de comunicação e sinais de longa distância por meio do, por exemplo, do transporte de hormônios dos locais de secreção para seus tecidos alvos. O sangue é uma suspensão de elementos celulares em uma solução que possui uma ampla gama de moléculas, de metabólitos de pequeno peso molecular a grandes proteínas com múltiplas subunidades. Existem várias classes de elementos celulares. Os componentes do sangue participam da defesa do corpo contra insultos externos, da cicatrização de feridas e do reparo tissular. Além disso, a obtenção de amostras de sangue é fácil e, portanto, este é, de longe, o material mais comumente usado em exames bioquímicos. A maioria dos exames laboratoriais diagnósticos em bioquímica, hematologia e imunologia são realizados com sangue, plasma ou soro.

As medidas químicas requerem soro ou plasma

Os elementos figurados do sangue estão suspensos em uma solução aquosa: o plasma. O plasma é o sobrenadante obtido após a centrifugação de uma amostra de sangue coletada em um tubo de ensaio com um **anticoagulante**. Vários anticoagulantes são usados na prática laboratorial; os mais comuns são o heparinato de lítio e o ácido etilenodiaminotetracético

(EDTA). O heparinato impede a coagulação ao se ligar à trombina. O EDTA e o citrato se ligam a íons Ca^{2+} e Mg^{2+}, bloqueando, assim, as enzimas dependentes de cálcio e magnésio na cascata de coagulação (Capítulo 41). O citrato é usado como anticoagulante em exames de coagulação e no sangue coletado para transfusão. O fluoreto de potássio inibe a glicólise e é utilizado em amostras obtidas para determinação da glicemia.

O **soro** é o sobrenadante obtido depois que a amostra de sangue coagula de maneira espontânea. Durante a coagulação, o fibrinogênio é convertido em fibrina. Portanto, a principal diferença entre plasma e soro é a **ausência de fibrinogênio** no soro.

Neste livro, ao descrevermos mecanismos fisiológicos ou patológicos, falaremos em plasma; diremos, por exemplo, "a albumina se liga a muitos fármacos presentes no *plasma*". Falaremos em soro ao comentar exames laboratoriais especificamente realizados nesse material; diremos, por exemplo, "a concentração de albumina no *soro* do paciente era de 40 mg/dL".

Os laboratórios clínicos realizam um grande número de análises bioquímicas em fluidos corpóreos para responder questões clínicas específicas

A maioria das amostras recebidas pelos laboratórios clínicos são de sangue e urina. Embora algumas medidas sejam feitas em sangue total, a maioria das análises de metabólitos e íons é feita em soro ou plasma. O processo entre a solicitação da análise e o recebimento dos resultados tem muitas etapas. Durante o processo, a verificação constante e a garantia de qualidade asseguram a validade analítica e clínica dos resultados gerados.

Os laboratórios hospitalares contam com automação, robótica e tecnologia da informação

O laboratório de um grande hospital facilmente realiza milhões de exames por ano.

A aplicação destas tecnologias permite que os laboratórios clínicos façam grandes números de análises, mas ainda consigam personalizar ou modificar os perfis solicitados e priorizar os exames requisitados em caráter de urgência (Apêndice 1).

ELEMENTOS FORMADOS DO SANGUE

Hematopoese

Durante o desenvolvimento embrionário, a hematopoese (a hemopoese primitiva) começa no saco vitelino. Mais tarde,

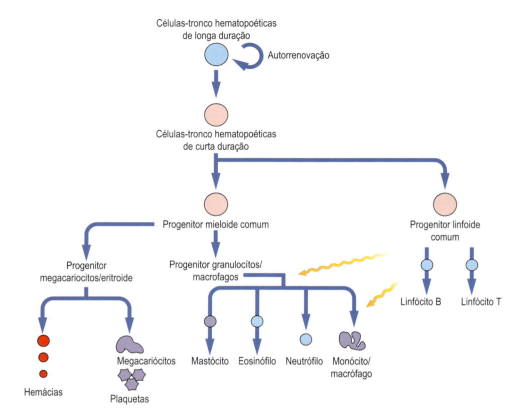

Fig. 40.1 **Resumo da hematopoese.** A figura mostra as principais vias da hematopoese a partir das células-tronco pluripotentes, passando por células progenitoras comuns, a linhagens comprometidas com diferentes tipos celulares. As células-tronco hematopoéticas de longa duração conseguem se autorrenovar, formando populações longevas dessas células não diferenciadas. Para manter a clareza, foram omitidas células precursoras dos progenitores comprometidos das linhagens megacariocíticas/eritroides, granulocíticas/macrofágicas e linfoides comuns. Para mais detalhes, consulte tratados de hematologia. Com base em Orkin et al. (Leituras Sugeridas).

a hemopoese definitiva ocorre em um local periaórtico conhecido como aorta-gônada-mesonéfron e, subsequentemente, na placenta e no fígado fetal; depois do nascimento, a hematopoese acontece principalmente na medula óssea. Todos os elementos formados do sangue têm um precursor comum: as **células-tronco hematopoéticas**. Essas células migram para os locais de hemopoese e residem em nichos da medula óssea, microambientes que as regulam. Os nichos de células-tronco na medula óssea são geralmente localizados na área de osso trabecular no endósteo (ou seja, em uma interface entre medula óssea e o osso) (Capítulo 38). Além das células-tronco hematopoéticas e de outros tipos de células progenitoras, o nicho contém células do estroma mesenquimatoso, macrófagos, neurônios simpáticos e células endoteliais. Nas proximidades, estão os osteoblastos e também os sinusoides da medula óssea. O nicho é um ambiente complexo de citocinas e fatores de crescimento que regulam as células-tronco. Também há interações com osteoblastos, e acredita-se que essas células influenciem o desenvolvimento dos chamados progenitores restritos, que se desenvolvem a partir das células-tronco. A Figura 40.1 mostra as principais vias de hematopoese, das células-tronco pluripotentes às células progenitoras comuns até as linhagens comprometidas de determinados tipos celulares. Dentre as células do sangue,

há três linhagens principais: **as hemácias (também chamadas eritrócitos), os leucócitos e as plaquetas (também denominados trombócitos).**

As hemácias não possuem núcleos e organelas intracelulares

As hemácias são resquícios celulares e apresentam proteínas e íons específicos, às vezes em altas concentrações. São o produto final da eritropoese na medula óssea, que é controlada pelo hormônio eritropoetina produzido pelo rim (Fig. 40.2). A hemoglobina é sintetizada nas células precursoras das hemácias (eritroblastos e reticulócitos) sob um controle rígido, determinado pela concentração de heme (Capítulo 34). As principais funções das hemácias são o transporte de oxigênio e a remoção de íons de dióxido de carbono e hidrogênio (Capítulos 5 e 36). As hemácias não são capazes de síntese de proteínas e reparo; assim, sua vida é finita, de aproximadamente 120 dias, antes de serem aprisionadas e destruídas no baço.

Os leucócitos protegem o corpo das infecções

A maioria dos leucócitos é produzida na medula óssea; alguns são produzidos no timo, e outros amadurecem em diferentes tecidos (Fig. 40.3; Capítulo 43). Os leucócitos controlam seu próprio desenvolvimento por meio da secreção de peptídeos

Saída da medula óssea
para o sangue
Desorganização e
digestão das
organelas celulares
Perda do
núcleo
Hb
Hb
Hb
Eritrócito maduro
Reticulócito
Eritroblasto
(diversos estágios)

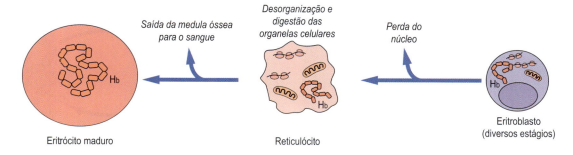

Fig. 40.2 **Esquema simplificado de formação dos eritrócitos.** Em um dia normal, 10^{11} eritrócitos são formados. A hemoglobina é sintetizada nos eritrócitos e nos reticulócitos antes da perda de ribossomos e mitocôndrias. A presença de um maior número de reticulócitos no sangue comumente indica a estimulação da eritropoese.

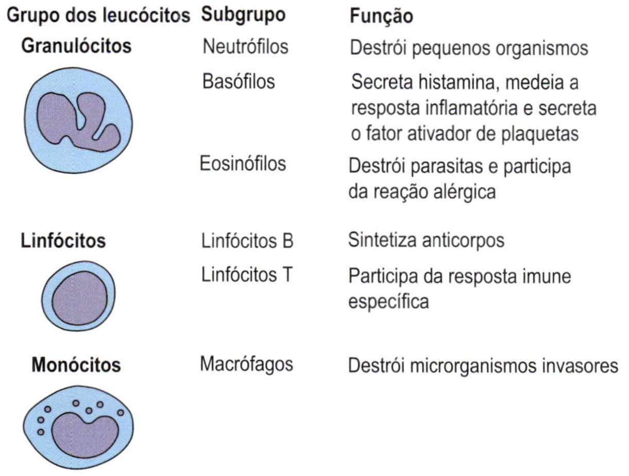

Grupo dos leucócitos
Subgrupo
Função
Granulócitos
Neutrófilos
Destrói pequenos organismos
Basófilos
Secreta histamina, medeia a resposta inflamatória e secreta o fator ativador de plaquetas
Eosinófilos
Destrói parasitas e participa da reação alérgica
Linfócitos
Linfócitos B
Sintetiza anticorpos
Linfócitos T
Participa da resposta imune específica
Monócitos
Macrófagos
Destrói microrganismos invasores

Fig. 40.3 **Leucócitos.** Classificação e funções dos leucócitos. Os linfócitos B maduros são conhecidos como plasmócitos. Veja também o Capítulo 43 e a Tabela 43.1 Tabela 43.1.

sinalizadores que atuam nas células-tronco da medula óssea. Os leucócitos podem migrar da corrente sanguínea para os tecidos adjacentes.

As plaquetas são fragmentos derivados de megacariócitos

Os megacariócitos residem na medula óssea. Estas células geram as plaquetas e são essenciais para a coagulação do sangue (Capítulo 41).

PROTEÍNAS PLASMÁTICAS

As proteínas plasmáticas podem ser amplamente classificadas em dois grupos: a **albumina** e as **globulinas**, que são heterogêneas. As principais componentes deste último grupo são as **imunoglobulinas** produzidas pelos plasmócitos da medula óssea.

A albumina é um regulador osmótico e uma importante proteína transportadora

A albumina é responsável por aproximadamente 50% das proteínas no plasma humano. Essa molécula não tem nenhuma atividade enzimática ou hormonal conhecida. Seu peso molecular é de cerca de 66 kDa, e sua natureza é altamente polar. Em pH 7,4, é um ânion, com 20 cargas negativas por molécula; isso faz com que tenha alta capacidade para a interação não seletiva com muitos ligantes. É também essencial para manutenção da pressão osmótica coloidal do plasma. Sua concentração normal é de 35 a 45 g/L, e sua meia-vida é aproximadamente 20 dias.

A taxa de síntese de albumina (14 a 15 g por dia) depende do estado nutricional e é vulnerável ao suprimento inadequado de aminoácidos. Embora sua concentração reflita o estado nutricional em longo prazo, em pacientes hospitalizados, as alterações em curto prazo de sua concentração geralmente se devem mudanças na hidratação (Capítulo 35).

A albumina não é essencial para a sobrevivência humana, e um raro defeito congênito que provoca sua ausência completa (**analbuminemia**) foi descrito.

A albumina transporta ácidos graxos, bilirrubina e fármacos

A albumina se liga a (e, assim, solubiliza) diversas moléculas hidrofóbicas, como ácidos graxos de cadeia longa, esteróis e vários compostos estranhos (xenobióticos), inclusive fármacos e seus metabólitos. A molécula de albumina possui diversos sítios de ligação com ácidos graxos de afinidades variáveis.

A albumina se liga à bilirrubina não conjugada (Capítulo 34) e a muitos fármacos, inclusive salicilatos, barbitúricos, sulfonamidas, penicilina e varfarina. Essas interações são fracas e, assim, as **moléculas ligadas (ligantes) podem ser deslocadas** por outras substâncias que competem por um sítio comum de ligação.

Proteínas que transportam íons metálicos

Diversas proteínas plasmáticas além da albumina podem se ligar a outras moléculas com alta afinidade e especificidade. Isso ajuda a controlar a distribuição das moléculas, como hormônios esteroidais, e sua disponibilidade aos tecidos. A interação com as proteínas também pode fazer com que uma substância tóxica fique menos danosa. As principais proteínas de ligação e seus ligantes são mostradas na Tabela 40.1.

A transferrina transporta o ferro

A interação entre os íons férricos (Fe^{3+}) e a transferrina protege contra os efeitos tóxicos desses íons. Durante uma reação

Tabela 40.1 Proteínas transportadoras e seus ligantes

Proteínas	Ligantes
Ligação a cátions	
Albumina	Cátions divalentes e trivalentes (p. ex., Cu^{2+}, Fe^{3+})
Ceruloplasmina	Cu^{2+}
Transferrina	Fe^{3+}
Ligação a hormônios	
Globulina ligante de tiroxina (TBG)	Tiroxina (T4), triiodotironina (T3)
Globulina ligante de cortisol (CBG)	Cortisol
Globulina ligante de hormônio sexual (SHBG)	Andrógenos (testosterona), estrógenos (estradiol)
Ligação à hemoglobina/protoporfirina	
Albumina	Heme, bilirrubina, biliverdina
Haptoglobina	Dímeros de hemoglobina
Ligação a ácidos graxos	
Albumina	Ácidos graxos não esterificados, esteroides

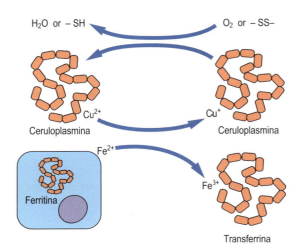

Fig. 40.4 **Atividade de ferroxidase plasmática da ceruloplasmina.** A oxidação de Fe^{2+} pela ceruloplasmina permite a ligação e o transporte de ferro pela transferrina plasmática. O íor cúprico (Cu^{2+}) ligado à ceruloplasmina é regenerado pela reação com o oxigênio ou grupos tiol oxidados.

inflamatória, o complexo ferro-transferrina é degradado pelo sistema reticuloendotelial sem um correspondente aumento na síntese de seus componentes; isso diminui as concentrações plasmáticas de transferrina e ferro (Capítulo 7).

A ferritina é a principal proteína de armazenamento de ferro e é encontrada em quase todas as células do corpo

A ferritina age como uma reserva de ferro no fígado e na medula óssea. A concentração de ferritina no plasma é proporcional à quantidade de ferro armazenado. A concentração plasmática de ferritina é um dos melhores marcadores da deficiência de ferro.

A ceruloplasmina é a principal proteína transportadora de cobre

A ceruloplasmina transporta o cobre do fígado para os tecidos periféricos e é essencial para a regulação das reações de oxidorredução, o transporte e a utilização do ferro (Fig. 40.4; Capítulo 7).

Imunoglobulinas

As imunoglobulinas são proteínas produzidas em resposta a substâncias estranhas (antígenos)

As imunoglobulinas (anticorpos) são secretadas por linfócitos B (Capítulo 43). Essas moléculas têm especificidade definida pelas substâncias estranhas que estimulam sua síntese. No entanto, nem todas as substâncias estranhas que entram no corpo podem gerar essa resposta; aquelas que o fazem são chamadas **imunógenos**, enquanto qualquer agente que possa se ligar a um anticorpo é chamado **antígeno**. As imunoglobulinas formam um grupo muito diversificado de moléculas que reconhecem e reagem com uma ampla gama de estruturas antigênicas específicas **(epítopos)** e dão origem a uma série de efeitos que levam à eliminação do antígeno apresentado. Algumas imunoglobulinas têm outras funções efetoras; a IgG, por exemplo, participa da ativação do sistema complemento.

> **QUADRO DE CONCEITOS AVANÇADOS**
> **HEMÓLISE E HEMOGLOBINA LIVRE**
>
> Com a hemólise das hemácias, a hemoglobina é liberada no plasma, em que se dissocia em dímeros que se ligam à **haptoglobina**. O complexo hemoglobina-haptoglobina é metabolizado pelo fígado e pelo sistema reticuloendotelial com maior rapidez do que a haptoglobina sozinha. Em caso de hemólise excessiva, a concentração plasmática de haptoglobina diminui. Assim, a haptoglobina é um **marcador de hemólise**. Se a hemoglobina se degradar em heme e globina, o heme livre se liga à **hemopexina**. Diferentemente da haptoglobina, que é uma proteína de fase aguda, a hemopexina não é afetada pela resposta de fase aguda. O complexo heme-hemopexina é incorporado pelas células hepáticas, em que o ferro se liga à ferritina. Um terceiro complexo, chamado **metemalbumina**, pode se formar entre o heme oxidado e a albumina. Esses mecanismos evoluíram para prevenir perdas graves de ferro e para formação de complexos com o heme livre, que é tóxico para muitos tecidos.

> **QUADRO CLÍNICO**
> **MENINA DE 14 ANOS COM DOR ABDOMINAL E AUMENTO DE VOLUME DO FÍGADO: DOENÇA DE WILSON**
>
> Uma menina de 14 anos foi atendida no pronto-socorro. A paciente apresentava icterícia, dor abdominal e fígado com aumento de volume e maior sensibilidade. A menina também apresentava letargia e asteríxis (tremor do pulso que lembra o bater das asas de um pássaro) devido à insuficiência hepática aguda. A anamnese revelou o histórico de distúrbio comportamental, dificuldade de movimentação no passado recente e faltas escolares. Sua concentração de ceruloplasmina era de 0,05 g/L (faixa de referência: 0,16-0,47 g/L; 16 mg-47 mg/dL), e o nível sérico de cobre era de 8 μmol/L (faixa normal: 10-22 μmol/L [65-144 μg/dL]) e excreção urinária de cobre era de 4,2 μmol/24 horas (faixa normal: 2-3,9 μmol/24 horas [13-25 μg/dL]). A biópsia de fígado estabeleceu o diagnóstico de doença de Wilson.
>
> **Comentário**
> Na doença de Wilson, a deficiência de ceruloplasmina causa as baixas concentrações plasmáticas de cobre. O defeito metabólico está na excreção do cobre na bile e sua reabsorção no rim; o cobre, assim, é depositado no fígado, no cérebro e nos rins. Os sintomas hepáticos são observados em pacientes mais jovens, e a cirrose e os problemas neuropsiquiátricos são predominantes nos indivíduos idosos. A detecção das baixas concentrações plasmáticas de ceruloplasmina e cobre, da maior excreção urinária de cobre e das concentrações muito aumentadas de cobre no fígado confirmam o diagnóstico.

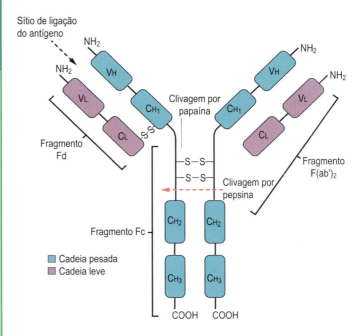

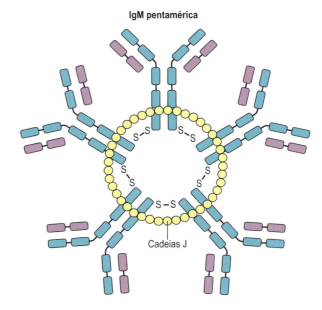

Fig. 40.5 **A estrutura das imunoglobulinas.** Representação diagramática da estrutura básica de uma imunoglobulina monomérica e da imunoglobulina pentamérica (IgM). V, região variável; C, região constante; H, cadeia pesada; L, cadeia leve; cadeia J, cadeia juncional; F(ab')$_2$, fragmento gerado pela clivagem da molécula pela pepsina; Fc, Fd, fragmentos gerados pela proteólise por papaína.

As imunoglobulinas compartilham uma estrutura comum em formato de Y com duas cadeias pesadas e duas cadeias leves

A imunoglobulina é uma molécula em formato de Y, com duas unidades idênticas chamadas cadeias pesadas (H, *heavy*) e duas unidades idênticas, mas menores, chamadas cadeias leves (L, *light*). Há várias cadeias H, e sua natureza determina a classe da imunoglobulina: IgG, IgA, IgM, IgD e IgE são caracterizadas por cadeias pesadas α, γ, δ, μ e ε, respectivamente. As cadeias L são de apenas dois tipos, κ e λ. Cada cadeia polipeptídica da imunoglobulina é caracterizada por uma série de regiões globulares com homologia considerável da sequência e que, em termos evolutivos, são provavelmente derivadas da duplicação de um protogene.

Os domínios *N*-terminais das cadeias H e L contêm uma região de sequência variável de aminoácidos (a região V); juntas, essas regiões determinam a especificidade antigênica. As cadeias H e L são necessárias para a atividade completa do anticorpo, já que as regiões V fisicamente opostas nas cadeias H e L formam um bolsão funcional para encaixe do epítopo; esse bolsão é chamado região de reconhecimento do anticorpo (Fab'$_2$). O domínio imediatamente adjacente à região V é muito menos variável nas cadeias H e L. O restante da cadeia H é composto por outra região constante (região Fc), formada pela região da dobradiça e mais dois domínios. A região constante é responsável pelas outras funções da imunoglobulina que não o reconhecimento do epítopo, como a ativação do sistema complemento (Capítulo 43). A estrutura básica das imunoglobulinas é mostrada na Figura 40.5. Quando o antígeno se liga à imunoglobulina, as mudanças conformacionais são transmitidas pela região da dobradiça do anticorpo à região Fc que, então, é dita ativada.

Principais classes de imunoglobulinas

A IgG, a imunoglobulina mais abundante, protege os espaços teciduais e cruza livremente a placenta

A IgG, com uma massa molecular geral de 160 kDa, é composta pela subunidade básica 2H2L da imunoglobulina, unida por um número variável de pontes dissulfeto. As cadeias γH possuem várias diferenças antigênicas e estruturais, permitindo a classificação da IgG em diversas subclasses de acordo com o tipo de cadeia H; no entanto, as diferenças funcionais entre as subclasses são pequenas.

A IgG circula em altas concentrações no plasma, é responsável por 75% das imunoglobulinas presentes em adultos e tem meia-vida de 22 dias. É encontrada em todos os fluidos extracelulares, e parece eliminar pequenas proteínas antigênicas solúveis por meio da agregação e do aumento da fagocitose pelo sistema reticuloendotelial. Entre a 18ª e a 20ª semana de gestação, a IgG é ativamente transportada pela placenta e confere imunidade humoral para o feto e o neonato antes do amadurecimento do sistema imune.

A IgA é encontrada em secreções e forma uma barreira antisséptica que protege as superfícies mucosas

A IgA tem uma cadeia H similar à cadeia γ da IgG, e as cadeias α possuem mais 18 aminoácidos na porção C-terminal. A sequência peptídica extra permite a formação de uma cadeia "juncional", ou J. Essa cadeia curta, com 129 resíduos de glicopeptídeos ácidos, é sintetizada pelos plasmócitos e permite a dimerização da IgA secretória. A IgA é geralmente encontrada em associação não covalente ao componente secretor, um polipeptídeo altamente glicosilado de 71 kDa sintetizado por células mucosas e capaz de proteger a IgA da degradação proteolítica.

A IgA representa 7% a 15% das imunoglobulinas plasmáticas e tem meia-vida de 6 dias. É encontrada principalmente em sua forma dimerizada nas secreções **das parótidas**, **dos brônquios** e **do intestino**. É o principal componente do **colostro** (o primeiro leite materno após o nascimento de uma criança). A IgA parece atuar como uma barreira imunológica primária contra a invasão patogênica das mucosas. Promove a fagocitose, provoca a degranulação de eosinófilos e ativa a via alternativa do sistema complemento.

A IgM é confinada ao espaço intravascular e ajuda a eliminar antígenos e microrganismos circulantes

As imunoglobulinas que pertencem à classe IgM são polivalentes e apresentam alta massa molecular. A forma básica da IgM é similar à da IgA, com o domínio extracadeia da H que permite a ligação da cadeia J e, assim, a polimerização. Normalmente, a IgM circula como um pentâmero, com massa molecular de 971 kDa, unido por pontes dissulfeto e pela cadeia J (Fig. 40.5).

A IgM é responsável por 5% a 10% das imunoglobulinas plasmáticas e tem meia-vida de 5 dias. Com sua natureza polimérica e alta massa molecular, a maior parte da IgM é confinada ao espaço intravascular, embora quantidades menores possam ser encontradas em secreções, geralmente em associação ao componente secretor. É o primeiro anticorpo a ser sintetizado após um desafio antigênico.

Classes menores de imunoglobulinas

A IgD é o receptor de superfície dos linfócitos B

A IgD foi descoberta apenas em 1965 e difere da estrutura comum da imunoglobulina principalmente pelo alto teor de carboidratos das numerosas unidades oligossacarídicas, gerando uma massa molecular maior, de 190 kDa. Suas cadeias δ são caracterizadas por uma única ponte dissulfeto e pela região alongada da dobradiça, bastante suscetível à proteólise.

A IgD atua como receptor de antígeno para os linfócitos B periféricos e também é observada em forma secretora. É encontrada em linfócitos B do trato respiratório superior e provavelmente contribui para a proteção contra antígenos aéreos. A IgD é responsável por menos de 0,5% da massa circulante de imunoglobulinas plasmáticas.

A IgE se liga aos antígenos e promove a liberação de aminas vasoativas dos mastócitos

A IgE tem estrutura é similar à IgM. Possui cadeias pesadas ε, mas não há ligação à cadeia J nem polimerização. A cadeia H estendida ajuda a explicar sua alta massa molecular, de aproximadamente 200 kDa. No plasma, a quantidade de IgE é ínfima.

A IgE tem alta afinidade pelos sítios de ligação dos mastócitos e basófilos. A ligação antigênica à região Fab₂ induz a ligação cruzada do receptor de alta afinidade, a degranulação da célula e a liberação de aminas vasoativas. Por esse mecanismo, a IgE desempenha um importante papel na alergia/atopia e medeia a imunidade antiparasitária.

A síntese de imunoglobulinas monoclonais é decorrente da transformação benigna ou maligna dos linfócitos B

As imunoglobulinas monoclonais são resultantes da proliferação de um único clone de linfócito B. Na eletroforese com gel, a imunoglobulina monoclonal forma uma única banda na região γ (a **banda de paraproteína**; Fig. 40.6). As imunoglobulinas monoclonais são associadas a patologias malignas, como o **mieloma** e a **macroglobulinemia de Waldenström**, e também a transformações mais benignas, conhecidas como **gamopatias monoclonais de significado indeterminado** (MGUS).

A RESPOSTA DE FASE AGUDA

A resposta de fase aguda é uma resposta não específica à lesão tecidual ou infecção

A reação de fase aguda é uma resposta sistêmica a estresses como infecções, traumas, cirurgias, cânceres ou doenças imunológicas. É desencadeada por, por exemplo, toxinas bacterianas que estimulam a secreção de citocinas

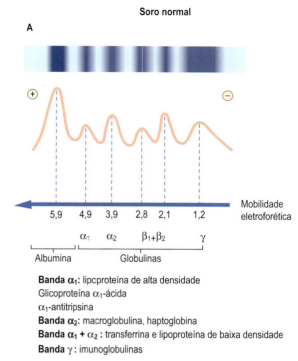

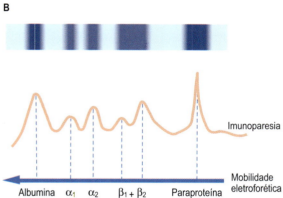

Fig. 40.6 **Comparação da aparência da eletroforese em gel do soro normal e com imunoglobulinas monoclonais.** Os picos do padrão de eletroforese (linha sólida) representam as concentrações relativas das proteínas separadas. (A) Soro normal. (B) Gamopatia monoclonal: uma banda fortemente corada é observada na região de γ-globulina da eletroforese, e há uma redução associada da coloração no restante da região γ (imunoparesia).

pró-inflamatórias, como TNF-α, IL1 e IL6. Essas citocinas, por sua vez, desencadeiam diversas respostas, inclusive a estimulação do eixo hipotalâmico-hipofisário-adrenal com aumento da concentração de cortisol e também a estimulação da secreção de catecolaminas e óxido nítrico. Além disso, há ativação do sistema complemento e do sistema de coagulação. A secreção de fatores de crescimento leva à ativação de neutrófilos, monócitos e fibroblastos. A resposta de fase aguda é associada a uma grande alteração no padrão de síntese proteica pelo fígado. A produção de diversas proteínas, inclusive albumina,

 QUADRO CLÍNICO
HOMEM COM DOR NAS COSTAS DE APARECIMENTO SÚBITO: MIELOMA MÚLTIPLO

Um homem de 65 anos apresentou dor lombar de aparecimento súbito. A radiografia revelou a presença de uma fratura por esmagamento da segunda vértebra lombar e distintas lesões líticas (*punched-out*) no crânio. A eletroforese do soro demonstrou a presença de uma imunoglobulina monoclonal. Essa imunoglobulina era uma IgG e, à eletroforese, um excesso de cadeias κ livres (proteína de Bence-Jones) foi detectado na urina do paciente.

Comentário
O mieloma múltiplo afeta homens e mulheres com igual incidência, principalmente após os 50 anos. Suas características clínicas se devem à proliferação maligna de plasmócitos monoclonais e à síntese e secreção do anticorpo por essas células. As lesões ósseas ocorrem no crânio, nas vértebras, nas costelas e na pelve. Osteoporose generalizada e fraturas patológicas são observadas. Em até 20% dos casos, a proteína plasmática monoclonal não é detectada, embora a proteína de Bence-Jones seja encontrada na urina. Tais casos são comumente associados à supressão da produção de outras imunoglobulinas (imunoparesia). O excesso de cadeias leves pode causar insuficiência renal devido à deposição da proteína de Bence-Jones nos túbulos renais ou amiloidose. Outros achados comuns são anemia e hipercalcemia.

transtiretina (pré-albumina) e transferrina, diminui (essas moléculas são conhecidas como os reagentes negativos de fase aguda; Fig. 40.7), enquanto a síntese de outras aumenta. Dentre as proteínas que aumentam em concentração (os reagentes positivos de fase aguda), estão a proteína C-reativa, a haptoglobina (a globulina ligante de hemoglobina livre), a ceruloplasmina (a globulina ligante de cobre), o fibrinogênio, as α1-globulinas, inclusive a α1-antitripsina (inibidor de proteinase), e a α2-macroglobulin, que se liga a enzimas proteolíticas (Capítulo 34).

A síntese dessas proteínas requer aminoácidos obtidos principalmente do maior catabolismo muscular. Assim, a reação de fase aguda contribui para o balanço negativo de nitrogênio (Capítulo 32).

A albumina é um reagente negativo de fase aguda. Note, portanto, que a diminuição aguda da concentração plasmática de albumina observada em um paciente pode ser decorrente de uma infecção e não ser um marcador da condição nutricional.

A proteína C-reativa (PCR) é o principal componente da resposta de fase aguda e um marcador de infecções bacterianas

A PCR é sintetizada no fígado e é composta por cinco subunidades polipeptídicas. Sua massa molecular é de aproximadamente 130 kDa. A PCR é encontrada em quantidades ínfimas (< 1 mg/L no soro normal). Promove a fagocitose, participa da opsonização e facilita a ativação da via clássica do sistema complemento (Capítulo 43). A medida da concentração de PCR no

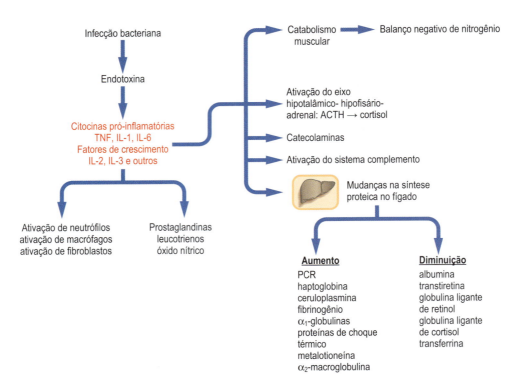

Fig. 40.7 **Resposta de fase aguda. Desenvolvimento e resultante desvio no padrão de síntese proteica hepática.** Note a atuação inicial das citocinas pró-inflamatórias no desencadeamento da resposta de fase aguda. PCR, Proteína C-reativa.

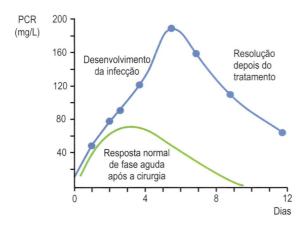

Fig. 40.8 **Proteína C-reativa (PCR) e a reação de fase aguda pós-operatória.** A concentração de PCR aumenta como parte da resposta de fase aguda ao trauma cirúrgico; um aumento maior pode ser observado se a recuperação for complicada por uma infecção.

plasma é um exame laboratorial essencial para o diagnóstico e monitoramento da infecção e da sepse (Fig. 40.8).

O exame de alta sensibilidade para detecção de PCR é usado na avaliação do risco cardiovascular

Um ensaio para detecção de PCR, aproximadamente 100 vezes mais sensível do que o método convencional, detecta flutuações mínimas na concentração dessa proteína. Aumentos muito pequenos na concentração de PCR (em indivíduos sem infecções) parecem refletir um estado de **inflamação crônica em baixo grau** associado, por exemplo, a um maior risco de desenvolvimento de doença cardiovascular (Capítulo 33). Outras doenças inflamatórias, como a doença intestinal inflamatória, diabetes tipo 2 e síndrome metabólica, também foram associadas a pequenos aumentos na concentração sérica de PCR.

QUADRO CLÍNICO
MULHER DE 44 ANOS COM EDEMA: SÍNDROME NEFRÓTICA

Uma mulher de 44 anos foi hospitalizada por apresentar fraqueza, anorexia, infecções recorrentes, edema bilateral nos membros inferiores e falta de ar. Sua concentração plasmática de albumina era de 19 g/L (faixa normal: 36-52 g/L), e sua excreção urinária de proteína era de 10 g/24 horas (valor normal ≤ 0,15 g/24 horas). Havia hematúria microscópica. A biópsia renal confirmou o diagnóstico de glomerulonefrite membranoproliferativa.

Comentário
Esta mulher apresentava a tríade clássica da síndrome nefrótica: hipoalbuminemia, proteinúria e edema. A nefrite danificou a membrana basal glomerular, com resultante extravasamento de albumina. Na síndrome nefrótica, a perda contínua de albumina excede a capacidade de síntese do fígado, o que provoca hipoalbuminemia; consequentemente, a pressão osmótica capilar sofre uma redução significativa. Isso provoca edema periférico (nos membros inferiores) e edema pulmonar (falta de ar). Com o aumento do dano glomerular, proteínas de maior massa molecular, como as imunoglobulinas e os componentes do sistema complemento, se perdem na urina.

QUADRO CLÍNICO
MULHER HOSPITALIZADA APÓS ACIDENTE DE TRÂNSITO: RESPOSTA DE FASE AGUDA

Uma mulher de 45 anos sofreu lesões graves nos membros inferiores em um acidente de trânsito. Depois da internação hospitalar, o perfil bioquímico revelou discreta diminuição das concentrações de proteína sérica total (58 g/L; normal: 60-80 g/L) e albumina sérica (38 g/L; normal: 36–52 g/L). A eletroforese do soro mostrou o aumento das frações proteicas α1 e α2. Quatro dias após a cirurgia, o estado geral da paciente se deteriorou e ela apresentou febre, sudorese e confusão. Uma infecção aguda foi diagnosticada, e o tratamento com os antibióticos adequados foi instituído. As concentrações de PCR chegaram ao máximo 5 dias após a cirurgia.

Comentário

As maiores concentrações de proteínas α1 e α2 (que incluem α1-antitripsina, α1-glicoproteína ácida e haptoglobina), associadas à diminuição do nível sérico de albumina, sugerem uma resposta de fase aguda. Essa resposta também é associada a um aumento na concentração de PCR, na velocidade de hemossedimentação (VHS) e na viscosidade plasmática. A resposta da paciente ao tratamento da infecção é associada à diminuição da concentração plasmática de PCR.

BIOMARCADORES

Um biomarcador é uma substância ou característica medida como indicador de processos normais ou patológicos

Os biomarcadores, uma vez estabelecidos, são usados para triagem, avaliação de risco, diagnóstico e monitoramento de tratamentos e efeitos colaterais. O processo de descoberta de novos biomarcadores é estimulado pela aplicação das tecnologias "ômicas": genômica, transcriptômica, proteômica e metabolômica (Capítulo 24).

A metabolômica explora os padrões de pequenas moléculas

A metabolômica é o estudo de todos os metabólitos gerados pelo organismo, inclusive metabólitos de fármacos, compostos derivados de alimentos e substâncias geradas pela microbiota. O *Human Metabolome Database* (versão 3.6) contém 43.003 entradas sobre metabólitos e 5.701 sequências proteicas (veja a seção Sites). Outro banco de dados, o *Small Molecule Pathway Database* (SMPDB), possui compostos individuais e descrições extensas das vias metabólicas.

A exploração dos metabólitos é um processo localizado em vias derivadas da genômica e da transcriptômica – o estudo de genes e sua expressão, respectivamente (Capítulo 24). As metodologias metabolômicas permitem a exploração de vias inteiras, produzindo **padrões de concentrações de metabólito**. Isso mostra um quadro dinâmico de qualquer condição. A desvantagem é que tal quadro pode ser confundido por compostos derivados de alimentos ingeridos ou metabólitos de fármacos e outras substâncias estranhas **(xenobióticos)**.

O processo principal, portanto, é a comparação dos padrões de metabólito entre as populações de referência e acometidas por meio da utilização de tecnologias como a espectrometria de massa acoplada à cromatografia gasosa(GC-MS) ou a cromatografia líquida (LC-MS). Os metabólitos podem ser subsequentemente identificados pela ressonância magnética nuclear (RMN).

A validação dos biomarcadores requer estudos em coortes de grande porte. Os tamanhos necessários da população geralmente excedem as capacidades de um único estudo. A **metanálise** (comparação de diferentes estudos), portanto, é extensamente usada. Uma metanálise pode ser a simples comparação de vários estudos publicados, a análise combinada de dados de grupos de diferentes estudos ou ainda uma análise dos dados de cada participante dos diferentes estudos agrupados em um grupo "novo", muito grande; este último é o método mais trabalhoso, mas também o mais confiável.

RESUMO

- Hemácias, leucócitos e plaquetas constituem os elementos formados de sangue derivados de células-tronco hematopoéticas. Essas células estão suspensas no plasma e apresentam várias funções especializadas, como transporte de oxigênio, destruição de agentes externos e coagulação do sangue.
- A maioria dos exames bioquímicos é realizada em plasma. Para obter plasma, o sangue deve ser coletado em um tubo de ensaio com anticoagulante. O plasma coagulado gera o soro.
- O plasma contém muitas proteínas amplamente classificadas como albumina e globulinas. A albumina é um determinante da pressão osmótica e uma importante proteína transportadora. Outras proteínas interagem com ligantes específicos; por exemplo, a ceruloplasmina se liga a Cu^{2+}, e a globulina ligante de tiroxina (TBG) se liga aos hormônios tireoidianos.
- As imunoglobulinas participam da defesa contra os antígenos. Há várias classes de imunoglobulina, com diferentes funções protetoras.

QUESTÕES PARA APRENDIZAGEM

1. Compare e contraste o plasma e o soro e discuta os diferentes tipos de amostras de sangue usadas em exames laboratoriais.
2. Discuta o papel de transporte da albumina sérica.
3. Descreva a estrutura principal das imunoglobulinas e os diferentes papéis exercidos na imunidade pelas diferentes classes de imunoglobulinas.
4. Como a reação de fase aguda influencia os resultados de exames de sangue?
5. Caracterize a doença de Wilson.
6. O que acontece com a hemoglobina em caso de ruptura das hemácias?

- Alterações na concentração de proteínas plasmáticas dão informações clínicas importantes. Um padrão característico de supressão e estimulação de síntese de proteínas hepáticas indica a resposta de fase aguda.
- A eletroforese de proteínas do soro e da urina é usada para identificação da presença de imunoglobulinas monoclonais.

LEITURAS SUGERIDAS

Gilstrap, L. G., & Wang, T. J. (2012). Biomarkers and cardiovascular risk assessment for primary prevention: An update. *Clinical Chemistry, 58*, 72-82.

Gruys, E., Toussaint, M. J. M., Niewold, T. A., et al. (2005). Acute phase reaction and acute phase proteins. *Journal of Zhejiang University. Science, 6B*, 1045-1056 doi:10.1631/jzus.2005.B1045.

Morrison, S. J., & Scadden, D. T. (2014). The bone marrow niche for haematopoietic stem cells. *Nature, 505*, 327-334 doi:10.1038/nature12984.

(2011). Nature Outlook: Multiple myeloma. Nature, 480, 833-858.

Orkin, S. H., & Zon, L. (2008). Hematopoiesis: An evolving paradigm for stem cell biology. *Cell, 132*, 631-644.

Pavlou, M. P., Diamandis, E. P., & Blasutig, I. M. (2013). The long journey of cancer biomarkers from the bench to the clinic. *Clinical Chemistry, 59*, 147-157.

Suhre, K., Shin, S. -Y., Petersen, A. -K., et al. (2011). Human metabolic individuality in biomedical and pharmaceutical research. *Nature, 477*, 54-60.

Zimmermann, M. A., Selzman, C. H., & Cothren, C. (2003). Diagnostic implications of C-reactive protein. *Archives of Surgery, 138*, 220-224.

SITES

HMDB (Human Metabolome Database), Version 3.6: http://www.hmdb.ca/

The Metabolomics Innovation Centre - SMPDB (Small Molecule Pathway Database), Version 2.0: http://www.smpdb.ca

ABREVIATURAS

CBG	Globulina ligante de cortisol
PCR	Proteína C-reativa
EDTA	Ácido etilenodiaminotetracético
VHS	Velocidade de hemossedimentação
GC-MS	Cromatografia gasosa acoplada à espectrometria de massa
HMDB	*Human Metabolome Database*, Banco de Dados do Metaboloma Humano
Ig	Imunoglobulina (IgG, IgA, IgM, IgD e IgE)
IL	Interleucina (IL-1, IL-6, etc.)
LC-MS	Cromatografia líquida acoplada à espectrometria de massa
NMR	Ressonância magnética nuclear
SHBG	Globulina ligante de hormônio sexual
SMPDB	*Small Molecule Pathway Database*, Banco de Dados de Vias de Pequenas Moléculas
T3	Triiodotironina
T4	Tiroxina
TBG	Globulina ligante de tiroxina
TNFα	Fator de necrose tumoral α

CAPÍTULO 41

Hemostasia e Trombose

Catherine N. Bagot

OBJETIVOS

Após concluir este capítulo, o leitor estará apto a:

- Delinear os mecanismos sequenciais da hemostasia normal.
- Resumir os processos pelos quais a parede do vaso regula a hemostasia e a trombose.
- Descrever a atuação das plaquetas na hemostasia e na trombose.
- Delinear as vias de ação dos fármacos inibidores da agregação plaquetária.
- Descrever as vias de coagulação do sangue e explicar como essas vias são analisadas no laboratório clínico de hemostasia para identificação de distúrbios da coagulação.
- Descrever os inibidores fisiológicos da coagulação do sangue.
- Delinear os mecanismos de ação dos fármacos anticoagulantes.
- Descrever os principais componentes do sistema fibrinolítico.
- Descrever o mecanismo de ação dos fármacos trombolíticos (fibrinolíticos).

INTRODUÇÃO

A circulação do sangue no sistema cardiovascular é essencial para o transporte de gases, nutrientes, minerais, produtos metabólicos e hormônios entre diferentes órgãos. Também é essencial que o sangue não extravase de maneira excessiva dos vasos sanguíneos lesionados pelos traumas da vida diária. A evolução animal, portanto, levou ao desenvolvimento de uma série eficiente, mas complexa, de mecanismos hemodinâmicos, celulares e bioquímicos que limitam a perda de sangue por meio da formação de tampões de plaqueta-fibrina nos locais de lesão vascular **(hemostasia)**. As doenças genéticas que provocam a perda de função de determinadas proteínas e, assim, sangramento excessivo (p. ex., hemofilia), foram muito importantes na identificação de muitos dos mecanismos bioquímicos da hemostasia.

Também é essencial que os mecanismos hemostáticos sejam adequadamente controlados por mecanismos inibidores; caso contrário, o tampão exagerado de plaqueta-fibrina pode produzir a oclusão local de um grande vaso sanguíneo (artéria ou veia) em seu sítio de origem **(trombose)** ou se quebrar e bloquear um vaso sanguíneo abaixo **(embolia)**.

A **trombose arterial** é a principal causa de ataques cardíacos, derrames e amputações não traumáticas de membros nos países desenvolvidos (a aterotrombose é discutida no Capítulo 33). A trombose venosa e a embolia também são importantes causas de morte e incapacitação. Hoje, o uso clínico de **fármacos antitrombóticos** (inibidores da agregação plaquetária, anticoagulantes e trombolíticos) é disseminado nos países desenvolvidos e requer o entendimento de como esses agentes interferem nos mecanismos hemostáticos para que exerçam seus efeitos antitrombóticos.

HEMOSTASIA

Hemostasia significa "interrupção do sangramento"

Depois de uma lesão tecidual com rompimento de vasos menores (inclusive traumas diários, injeções, incisões cirúrgicas e extrações dentárias), normalmente há uma série de interações entre a parede do vaso sanguíneo e o sangue circulante que interrompe a perda de sangue pelos vasos lesionados em alguns minutos (hemostasia). A hemostasia provoca o fechamento eficaz dos vasos rompidos por um tampão hemostático composto por **plaquetas** e **fibrina**. A fibrina é derivada do fibrinogênio circulante, enquanto as plaquetas são pequenos fragmentos celulares que circulam no sangue e têm importante papel no início da hemostasia.

A hemostasia requer a função coordenada dos vasos sanguíneos, das plaquetas, dos fatores de coagulação e do sistema fibrinolítico

A Figura 41.1 resume os mecanismos hemostáticos e ilustra algumas das interações entre os vasos sanguíneos, as plaquetas e o sistema de coagulação na hemostasia; cada um desses componentes da hemostasia também interage com o **sistema fibrinolítico**. A primeira resposta dos pequenos vasos sanguíneos à lesão é a vasoconstrição arteriolar, que temporariamente reduz o fluxo local de sangue. A redução do fluxo diminui, de forma transiente, a perda de sangue e também pode promover a formação do tampão de plaquetas e fibrina. A ativação das plaquetas ocorre após sua adesão à parede do vaso sanguíneo no local da lesão e sua subsequente agregação umas às outras, formando uma massa oclusiva que constitui o **tampão hemostático inicial (primário)**. Esse tampão plaquetário é friável e, a não ser que subsequentemente estabilizado por fibrina, é removido pela pressão sanguínea local com o término da vasoconstrição.

A lesão vascular também ativa os fatores de coagulação, que interagem de maneira sequencial para formar **trombina**, a qual converte o fibrinogênio plasmático solúvel circulante em fibrina insolúvel e em ligações cruzadas. Isso forma o **tampão hemostático (secundário)**, que é relativamente resistente à dispersão pelo fluxo sanguíneo ou pela fibrinólise. Há duas vias de ativação dos fatores de coagulação: a **via extrínseca**, iniciada pela exposição do sangue em fluxo ao fator tecidual, liberado pelo tecido subendotelial, e a **via intrínseca**, que tem

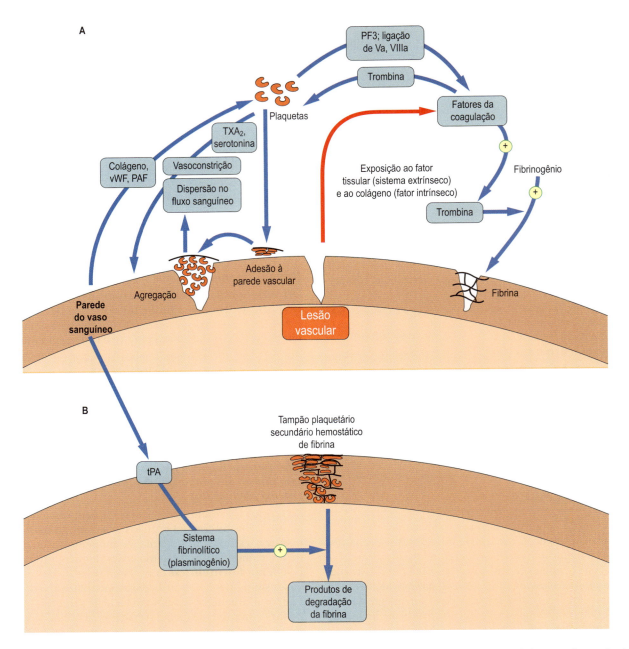

Fig. 41.1 **Resumo dos mecanismos hemostáticos.** (A) A lesão vascular desencadeia uma série de eventos que culminam na formação de um tampão primário de plaquetas. Este tampão, a não ser que estabilizado, pode ser disperso pelo fluxo de sangue pelo vaso. (B) O tampão primário é estabilizado por uma rede de fibrina, formada por ligações cruzadas de fibrinogênio. O tampão secundário é estável e degradado apenas pela ativação do sistema fibrinolítico. PAF, Fator ativador de plaquetas; PS, fosfatidilserina; tPA, ativador do plasminogênio do tipo tecidual; TXA$_2$ tromboxano A$_2$; Va, fator de coagulação V ativado; VIIIa, fator de coagulação VIII ativado; vWF, fator de von Willebrand. Reproduzido de Dominiczak MH. Medical Biochemistry Flash Cards. London: Elsevier, 2012.

um importante papel de amplificação na geração da trombina e da fibrina.

A lise da fibrina é tão importante para a saúde quanto sua formação

A hemostasia é um processo contínuo durante toda a vida e, se não controlada, provoca a formação excessiva de fibrina e a oclusão vascular. A evolução, portanto, criou o **sistema fibrinolítico**; esse sistema é ativado pela formação local de fibrina, o que leva à geração local de **plasmina**, uma enzima que digere os tampões de fibrina (paralelamente aos processos de reparo tecidual) e, assim, mantém o lúmen vascular. A digestão da fibrina gera os **produtos de degradação da fibrina (PDF)** circulantes. Essas moléculas são detectadas no plasma de indivíduos saudáveis em baixas concentrações, o que ilustra que a formação e a lise de fibrina são processos contínuos na saúde.

O sangramento excessivo pode ser causado por defeitos em cada um dos componentes da hemostasia, que podem

Tabela 41.1 Causas congênitas e adquiridas do sangramento excessivo

	Congênita	Adquirida
Parede do vaso sanguíneo	Doenças da síntese de colágeno (síndrome de Ehlers-Danlos)	Deficiência de vitamina C (escorbuto) Excesso de corticosteroide
Plaquetas	Doenças de adesão Deficiência de vWF (doença de von Willebrand) Deficiência plaquetária de GPIb-IX (síndrome de Bernard-Soulier) Doenças de agregação Deficiência plaquetária de GPIIb-IIIa (trombastenia de Glanzmann) Doenças dos grânulos de armazenamento (ou seja, doenças do armazenamento que afetam os grânulos alfa e/ou os grânulos densos) Doenças da secreção e transdução de sinal nas plaquetas (p. ex., defeitos nas interações entre plaquetas e agonistas, anomalias na via do ácido araquidônico)	Fármacos inibidores da agregação plaquetária (p. ex., ácido acetilsalicílico, dipiridamol, clopidogrel) Defeitos na formação das plaquetas Destruição excessiva de plaquetas
Coagulação	Deficiências de fatores de coagulação (hemofilias): fator VIII fator IX fator XI fibrinogênio (etc.)	Deficiência de vitamina K (fatores II, VII, IX, X) Anticoagulantes parenterais (p. ex., heparina não fracionada [UFH], heparina de baixo peso molecular [LMWH]) Anticoagulantes orais (antagonistas da vitamina K, p. ex., varfarina; inibidores direto de trombina, p. ex., dabigatran; inibidores diretos de Xa, p. ex., rivaroxaban), doença hepática Coagulação intravascular disseminada (CIVD)
Fibrinólise	Deficiência de antiplasmina Deficiência de PAI-1	Fármacos fibrinolíticos (p. ex., tPA, uroquinase, estreptoquinase)

GPIb-IX, GPIIb-IIIa, Receptores glicoproteicos Ib-IX e IIb-IIIa; PAI-1, inibidor do ativador de plasminogênio de tipo 1; tPA, ativador do plasminogênio do tipo tecidual.

ser decorrentes de doenças (congênitas ou adquiridas) ou do tratamento com fármacos antitrombóticos (Tabela 41.1). Os componentes vasculares, plaquetários, coagulantes e fibrinolíticos da hemostasia serão agora apresentados.

A PAREDE DO VASO SANGUÍNEO

A lesão vascular desempenha um importante papel no início da formação local do tampão de plaquetas e fibrina e em sua subsequente remoção pelo sistema fibrinolítico

Todos os vasos sanguíneos são revestidos por uma lâmina achatada de células endoteliais, que têm importantes papéis no intercâmbio de substâncias químicas, células e micróbios entre o sangue e os tecidos corpóreos. As células endoteliais dos vasos sanguíneos menores (capilares) são sustentadas por uma fina camada de tecido conjuntivo rico em fibras de colágeno, chamada **íntima**. Nas veias, uma camada delgada (a **média**) de células musculares lisas contráteis permite certa venoconstrição; as veias superficiais sob a pele, por exemplo, se contraem em resposta ao resfriamento da superfície. Nas artérias e arteríolas, uma camada muscular bem desenvolvida permite a potente vasoconstrição, inclusive após uma lesão local, que é parte da resposta hemostática. Os vasos maiores também apresentam uma camada externa de sustentação, formada por tecido conjuntivo (a **adventícia**) (Capítulo 33).

A superfície do endotélio normal é antitrombótica

O endotélio normal intacto não inicia ou sustenta a adesão plaquetária ou a coagulação do sangue. Sua superfície é antitrombótica. Essa tromborresistência se deve, em parte, à produção endotelial de dois potentes vasodilatadores e inibidores da função plaquetária: a prostaciclina (prostaglandina I_2 [PGI_2]) e o óxido nítrico, também conhecido como fator de relaxamento derivado do endotélio (EDRF).

O dano endotelial expõe o sangue ao fator tecidual e ao colágeno

A vasoconstrição que ocorre depois da lesão vascular é parcialmente mediada por dois produtos da ativação plaquetária: a serotonina (5-hidroxitriptamina, Capítulo 26) e o tromboxano A_2 (TXA_2), um produto do metabolismo plaquetário de prostaglandina. O dano às células endoteliais também expõe o sangue em fluxo ao fator tecidual subendotelial, que ativa a via extrínseca de coagulação (Fig. 41.1).

> **QUADRO DE CONCEITOS AVANÇADOS**
>
> **PROSTACICLINA E ÓXIDO NÍTRICO: MEDIADORES BIOQUÍMICOS DE VASOCONSTRIÇÃO E VASODILATAÇÃO**
>
> Os diâmetros das artérias e arteríolas do corpo se alteram continuamente para regular o fluxo sanguíneo de acordo com as necessidades metabólicas e cardiovasculares locais e gerais. Os mecanismos de controle incluem vias neurogênicas (simpáticas/adrenérgicas; Capítulo 26) e miogênicas e mediadores bioquímicos locais, inclusive prostaciclina (PGI$_2$) e óxido nítrico.
>
> A **prostaciclina** é o principal metabólito do ácido araquidônico formado por células vasculares. É um potente vasodilatador e também um potente inibidor da agregação plaquetária. No plasma rico em plaquetas, sua meia-vida é curta, de aproximadamente 3 minutos.
>
> O **óxido nítrico** também é um potente vasodilatador formado por células endoteliais vasculares, e sua meia-vida é igualmente curta. Antes, era chamado fator de relaxamento derivado do endotélio (EDRF). Como a prostaciclina, sua geração por células endoteliais é estimulada por muitos compostos, pelo fluxo sanguíneo e pela tensão de cisalhamento (a força tangencial aplicada às células pelo fluxo de sangue). Na circulação normal, o óxido nítrico parece ser essencial à vasodilatação mediada pelo fluxo. É sintetizado por duas formas distintas de óxido nítrico sintase endotelial (eNOS): constitutiva e induzível. A eNOS constitutiva rapidamente gera quantidades relativamente pequenas de óxido nítrico por períodos curtos para que haja regulação do fluxo vascular. Os efeitos benéficos dos fármacos à base de nitrato na hipertensão e na angina podem refletir parcialmente seus efeitos sobre essa via. A eNOS induzível é estimulada por citocinas em reações inflamatórias e libera grandes quantidades de óxido nítrico por períodos longos. Sua supressão por glicocorticoides pode ser parcialmente responsável por seus efeitos anti-inflamatórios.
>
> A prostaciclina e o óxido nítrico parecem exercer ações vasodilatadoras por meio da difusão local de células endoteliais para células musculares lisas vasculares, em que estimulam a guanilato ciclase, o que aumenta a formação de 3'5'-monofosfato cíclico de guanosina (cGMP) e relaxa a musculatura lisa vascular por meio da alteração da concentração intracelular de cálcio (Capítulo 25).

> **QUADRO DE CONCEITOS AVANÇADOS**
>
> **TROMBOXANO A$_2$ E ÁCIDO ACETILSALICÍLICO**
>
> Já foi mencionado que a prostaciclina, PGI$_2$, o principal metabólito do ácido araquidônico formado pelas células vasculares, é um potente vasodilatador e inibidor da agregação plaquetária. Por outro lado, o principal metabólito do ácido araquidônico formado pelas plaquetas é o **tromboxano A$_2$ (TXA$_2$)**, que é um potente vasoconstritor e estimula a agregação plaquetária. Como a prostaciclina, o TXA$_2$ tem meia-vida curta. No final da década de 1970, Salvador Moncada e John Vane compararam os efeitos de PGI$_2$ e TXA$_2$ em vasos sanguíneos e plaquetas e formularam a hipótese de que o equilíbrio entre esses dois compostos seria importante na regulação da hemostasia e na trombose.
>
> As deficiências congênitas de cicloxigenase ou tromboxano sintase (as enzimas participantes da síntese de TXA$_2$) provocam uma branda tendência a sangramentos. A ingestão de **ácido acetilsalicílico**, até mesmo em doses baixas, causa a acetilação irreversível da cicloxigenase e suprime a síntese de TXA$_2$ e a agregação plaquetária por vários dias, o que gera um efeito antitrombótico e uma tendência branda a sangramento. O sangramento é mais comum no estômago devido à formação de úlceras secundárias à inibição das prostaglandinas citoprotetoras da mucosa gástrica pelo ácido acetilsalicílico. Em pessoas com alto risco de trombose arterial (p. ex., histórico de infarto do miocárdio), embora essa tendência a sangramento seja compensada pela redução do risco, o ácido acetilsalicílico é contraindicado na presença de distúrbios hemorrágicos ou úlceras gástricas ou duodenais.

O colágeno desempenha um papel essencial na estrutura e na função hemostática dos pequenos vasos sanguíneos

Uma vez que o colágeno desempenha um importante papel na estrutura e na função hemostática dos pequenos vasos sanguíneos, as causas vasculares do sangramento excessivo incluem as deficiências congênitas ou adquiridas da síntese de colágeno (Tabela 41.1). Dentre essas doenças congênitas, está a rara **síndrome de Ehlers-Danlos**. As doenças adquiridas incluem a relativamente comum deficiência de vitamina C, o escorbuto (Capítulo 7) e o excesso de corticosteroides exógenos ou endógenos.

PLAQUETAS E DISTÚRBIOS HEMORRÁGICOS RELACIONADOS ÀS PLAQUETAS

As plaquetas formam o primeiro tampão hemostático em pequenos vasos e o trombo inicial em artérias e veias

As plaquetas são microcélulas anucleadas circulantes com diâmetro médio de 2 a 3 µm. São fragmentos dos megacariócitos da medula óssea e circulam por aproximadamente 10 dias no sangue. A concentração de plaquetas no sangue normal é de 150 a 400 $\times 10^9$/L.

Os defeitos congênitos na adesão/agregação plaquetária podem causar sangramento excessivo por toda a vida

Um simples exame de triagem – a determinação do tempo de sangramento da pele (faixa de referência, 2 a 9 minutos) – pode

Além disso, depois de uma lesão vascular que danifica o revestimento de células endoteliais, o sangue em fluxo é exposto ao colágeno subendotelial, que ativa a via intrínseca de coagulação do sangue.

A exposição do sangue em fluxo ao colágeno em decorrência do dano endotelial também estimula a ativação das plaquetas

As plaquetas se ligam ao colágeno por meio do fator de von Willebrand (vWF), que é liberado pelas células endoteliais. O vWF, por sua vez, se liga a fibras de colágeno e às plaquetas (por meio do receptor glicoproteico da membrana da plaqueta, GPIb-IX). O fator ativador de plaquetas (PAF) da parede do vaso sanguíneo também pode ativar as plaquetas em hemostasia (Fig. 41.1).

> **QUADRO DE CONCEITOS AVANÇADOS**
> **A ATIVAÇÃO DAS PLAQUETAS EXPÕE OS RECEPTORES GLICOPROTEICOS**
>
> As plaquetas podem ser ativadas por várias substâncias químicas, como difosfato de adenosina (ADP; liberado por plaquetas, hemácias e células endoteliais), adrenalina, colágeno, trombina e PAF; por infecções (p. ex., vírus da imunodeficiência humana [HIV], *Helicobacter pylori*); e pelas altas tensões físicas de cisalhamento. Aparentemente, a maioria das substâncias químicas age por meio da ligação a receptores específicos na superfície da membrana da plaqueta. Depois da estimulação, várias vias de ativação plaquetária podem ser iniciadas, gerando diversos fenômenos:
>
> - **Mudança no formato da plaqueta**, de disco a esfera com extensão dos pseudópodes, o que facilita a agregação e a atividade coagulante
> - **Liberação de vários compostos participantes na hemostasia** dos grânulos intracelulares (p. ex., ADP, serotonina, fibronectina e vWF)
> - **Agregação**, por meio da exposição do receptor de membrana GPIb-IX e ligação a vWF (em condições de alto cisalhamento) e exposição de outro receptor glicoproteico da membrana, GPIIb-IIIa, além de ligação a fibrinogênio (em condições de baixo cisalhamento)
> - **Adesão à parede do vaso sanguíneo**, pela exposição do receptor GPIb-IX da membrana, por onde vWF liga as plaquetas ao colágeno subendotelial.
>
> Por fim, a estimulação dos receptores da membrana plaquetária desencadeia a ativação das fosfolipases locais, que hidrolisam os fosfolipídeos, liberando ácido araquidônico. O ácido araquidônico é metabolizado pela cicloxigenase e tromboxano sintase em TXA$_2$, um mediador potente, mas lábil (com meia-vida de aproximadamente 30 segundos), da ativação plaquetária e da vasoconstrição.

detectar defeitos congênitos da adesão/agregação plaquetária, em que o tempo é caracteristicamente prolongado. Dentre esses defeitos, o mais comum é a **doença de von Willebrand** (Tabela 41.1), um grupo de doenças autossômicas dominantes e autossômicas recessivas que provocam defeitos quantitativos ou qualitativos de multímeros de vWF. Esses multímeros são compostos por subunidades (de peso molecular entre 220 e 240 kDa) liberadas pelos grânulos de armazenamento conhecidos como corpos de Weibel-Palade nas células endoteliais e pelos grânulos alfa das plaquetas. O vWF não apenas tem papel importante na função hemostática das plaquetas, como também transporta o fator de coagulação VIII na circulação e o leva aos locais de lesão vascular. Assim, as concentrações plasmáticas do fator VIII também podem ser baixas na doença de von Willebrand. O tratamento dessa doença consiste em aumentar a baixa atividade plasmática de vWF, geralmente por meio da administração de desmopressina (um análogo sintético da vasopressina [Capítulo 35], que libera vWF das células endoteliais no plasma) ou de concentrados de vWF derivado do plasma humano.

Dentre os distúrbios hemorrágicos congênitos relacionados às plaquetas de menor incidência, estão a **deficiência de GPIb-IX** (síndrome de Bernard-Soulier), a **deficiência de GPIIb-IIIa** (trombastenia de Glanzmann) e a **deficiência de fibrinogênio** (o fibrinogênio se liga aos receptores GPIIb-IIIa das plaquetas adjacentes).

As doenças adquiridas podem ser causadas por defeitos na formação e destruição ou consumo excessivo de plaquetas

As doenças plaquetárias adquiridas são caracterizadas por baixos números de plaquetas (**trombocitopenia**), que podem ser o resultado de defeitos em sua formação a partir dos megacariócitos da medula óssea (p. ex., na mielodisplasia ou na leucemia mieloide aguda), de sua destruição excessiva (p. ex., por anticorpos antiplaquetários) e seu consumo excessivo (p. ex., na coagulação intravascular disseminada [CIVD]) ou sequestro pelo baço com aumento de volume.

Os inibidores da agregação plaquetária são usados na prevenção ou no tratamento da trombose arterial

Os inibidores da agregação plaquetária são usados na prevenção ou no tratamento da trombose arterial; seus sítios de ação são ilustrados na Figura 41.2. O ácido acetilsalicílico inibe a cicloxigenase e, assim, reduz a formação de TXA$_2$. Uma vez que também diminui a formação de PGI$_2$ que, em si, tem atividade antiplaquetária, os agentes que atuam mais especificamente como inibidores de tromboxano sintase (p. ex., picotamida) ou antagonistas do receptor de tromboxano, como o ifetroban, foram pesquisados como possíveis inibidores da agregação plaquetária. No entanto, esses fármacos não parecem ser mais eficazes do que o ácido acetilsalicílico. O dipiridamol reduz a disponibilidade de ADP e inibe a tromboxano sintase; a ticlopidina, o clopidogrel e o prasugrel inibem o receptor de ADP. O ticagrelor também inibe o receptor de ADP, mas seu efeito é reversível, diferentemente de outros inibidores do receptor de ADP; assim, é preferido em pacientes com maior risco de sangramento. Esses fármacos apresentam efeitos antitrombóticos similares aos do ácido acetilsalicílico, mas causam menor sangramento gástrico porque não interferem com a síntese das prostaglandinas no estômago. Os antagonistas de GPIIb-IIIa (p. ex., tirofiban ou abciximab) também podem ser usados na trombose coronária aguda. Esses inibidores da agregação plaquetária aumentam a eficácia antitrombótica do ácido acetilsalicílico, mas aumentam o risco de sangramento quando usados em conjunto.

COAGULAÇÃO

Os fatores da coagulação do sangue interagem e formam o tampão hemostático secundário, rico em fibrina, nos pequenos vasos e o trombo secundário de fibrina nas artérias e veias

Os fatores de coagulação do plasma são identificados por números romanos e listados na Tabela 41.2, com algumas de suas propriedades. O fator tecidual era conhecido como fator III, e o íon cálcio, como fator IV; o fator VI não existe.

A cascata de coagulação

A Figura 41.3 ilustra o esquema hoje aceito de coagulação do sangue. Desde o início da década de 1960, este esquema tem sido aceito como uma sequência em "cascata" de conversões interativas de proenzimas a enzimas, em que cada enzima ativa a próxima proenzima da(s) sequência(s). **Os fatores ativados pelas enzimas são designados pela letra "a" — p. ex., fator XIa.** Embora o processo de coagulação do sangue seja

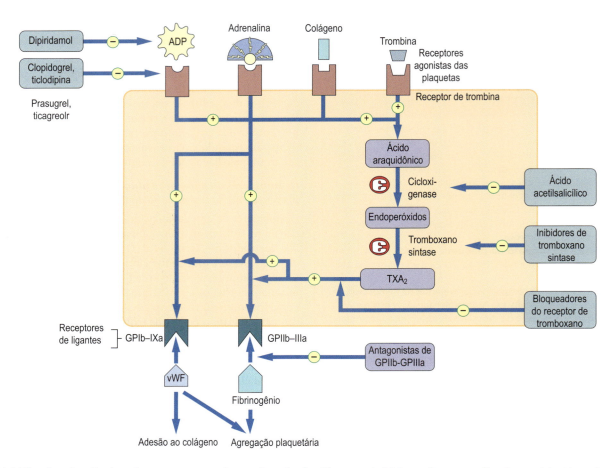

Fig. 41.2 **Vias de ativação das plaquetas e mecanismos de ação dos fármacos inibidores da agregação plaquetária.** Normalmente, a estimulação dos receptores agonistas das plaquetas leva à exposição de seus receptores de ligantes por meio da via da prostaglandina (cicloxigenase) e outras. Os receptores se ligam ao vWF e ao fibrinogênio, e isso provoca a adesão/agregação das plaquetas. Os fármacos inibidores da agregação plaquetária bloqueiam este processo em diversos estágios. vWF, Fator de von Willebrand; TXA_2, tromboxano A_2.

QUADRO DE CONCEITOS AVANÇADOS
RECEPTORES DA MEMBRANA PLAQUETÁRIA: SEUS LIGANTES, VWF E FIBRINOGÊNIO

As plaquetas têm papel essencial na hemostasia e na trombose por meio da adesão à parede do vaso sanguíneo e subsequente agregação para formação de um tampão hemostático ou trombo rico em plaquetas. Esses processos envolvem a exposição de receptores glicoproteicos específicos da membrana após a ativação das plaquetas por vários compostos.

O receptor plaquetário GPIb-IX é muito importante para a adesão das plaquetas ao subendotélio. Esse receptor se liga ao vWF, que também interage com receptores subendoteliais específicos, inclusive aqueles no colágeno subendotelial. As deficiências congênitas de GPIb-IX (síndrome de Bernard-Soulier) ou, mais comumente, de vWF provocam a tendência a sangramento.

Outro receptor, **GPIIb-IIIa**, é muito importante na agregação plaquetária. Após a ativação plaquetária, centenas de milhares de receptores GPIIb-IIIa podem ser expostos a uma única plaqueta. Esses receptores interagem principalmente com o fibrinogênio, mas também com o vWF, que une as plaquetas, formando o tampão hemostático ou trombótico. A deficiência congênita de GPIIb-IIIa (a rara trombastenia de Glanzmann) provoca uma grave doença hemorrágica; por outro lado, as deficiências de fibrinogênio ou vWF causam um distúrbio hemorrágico mais brando, já que esses dois ligantes podem substituir um ao outro. Os inibidores de GPIIb-IIIa (p. ex., tirofiban, abciximab) foram desenvolvidos para pacientes submetidos à angioplastia para coronariopatia e prevenção de outros eventos coronários.

Tabela 41.2 Fatores de coagulação e suas propriedades

Fator	Sinônimos	Peso molecular (Da)	Concentração plasmática (mg/dL)
I	Fibrinogênio	340.000	200-400
II	Protrombina	70.000	10
III	Fator tecidual (tromboplastina)	44.000	0
IV*	Íon cálcio	40	9-10
V	Proacelerina, fator lábil	330.000	1
VII	Acelerador sérico de conversão de protrombina (SPCA), fator estável	48.000	0,05
VIII		220.000	0,01
Fator de von Willebrand (vWF)		(250.000)n	1
IX	Fator de Christmas	55.000	0,3
X	Fator de Stuart-Prower	59.000	1
XI	Antecedente da tromboplastina plasmática (PTA)	160.000	0,5
XII	Fator de Hageman	80.000	3
XIII	Fator estabilizador da fibrina (FSF)	32.000	1-2
Pré-calicreína	Fator de Fletcher	85.000	5
Cininogênio de alto peso molecular (HMWK)	Fator de Fitzgerald, Flaujeac ou Williams; cofator de ativação por contato	120.000	6

n indica o número de subunidades.
*Para converter o íon cálcio em mmol/L, divida por 0,2495

complexo e não linear, o esquema é tradicionalmente dividido em três partes:

- A via intrínseca
- A via extrínseca
- A via comum final

A condição da via intrínseca, da via extrínseca e da via comum final é avaliada por exames laboratoriais específicos

Os três componentes do sistema da coagulação são diferenciados com base na natureza do fator iniciante e seu correspondente exame no laboratório clínico de hemostasia; assim, três exames da coagulação são realizados por esses laboratórios em plasma com citrato e pobre em plaquetas:

- Tempo de tromboplastina parcial ativada (TTPA) para avaliação da via intrínseca
- Tempo de protrombina (TP) para avaliação da via extrínseca
- Tempo de coagulação de trombina (TCT) para avaliação da via comum final

Esses exames são realizados em plasma pobre em plaquetas porque a contagem de plaquetas influencia os resultados dos tempos de coagulação. Para obtenção do plasma pobre em plaquetas, o sangue é coletado em tubos com anticoagulante citrato para sequestro reversível dos íons de cálcio e centrifugado a 2.000 g por 15 minutos. Os exames de tempo de coagulação começam pela adição de cálcio e dos agentes iniciantes adequados.

No entanto, os exames têm suas limitações em descrever o fenótipo in vivo do sangue do paciente quanto a uma coagulação eficaz. Por essa razão foram desenvolvidos os chamados ensaios globais de coagulação, e acredita-se que reflitam melhor a capacidade de coagulação de um indivíduo. Esses ensaios são a **tromboelastografia** e a **geração de trombina.**

QUADRO DE TESTE CLÍNICO
ENSAIOS GLOBAIS DE COAGULAÇÃO

A **tromboelastografia (TEG)** e a **tromboelastometria rotacional (ROTEM)** avaliam a capacidade de coagulação do sangue total em resposta a um estímulo mecânico, permitindo a análise de todos os aspectos da hemostasia: a função plaquetária, a ligação cruzada de fibrina e a fibrinólise.

O **ensaio de geração de trombina** é um ensaio global da coagulação considerado mais capaz de avaliar a capacidade de coagulação de um indivíduo do que os exames comuns. Os exames já descritos, como TP e TTPA, medem apenas 5% da trombina total gerada – ou seja, no momento de formação do primeiro coágulo.

A trombina é essencial para a cascata da coagulação por converter fibrinogênio em fibrina e têm vários papéis no feedback positivo e negativo. A medida da geração de trombina permite a quantificação, com o passar do tempo, de toda a trombina gerada em uma amostra de plasma por sua capacidade de "cortar" um cromóforo ou fluorocromo e determinação da atividade cromogênica ou fluorescente resultante.

Apesar de seus resultados promissores, a ROTEM e a geração de trombina são limitadas por diversas variáveis pré-analíticas e analíticas, dificultando as comparações entre os laboratórios. Ainda não há uma padronização confiável desses ensaios com controle robusto interno ou externo de qualidade. Por esse motivo, ambas continuam sendo ferramentas de pesquisa.

As deficiências congênitas de fatores de coagulação (I-XIII) provocam sangramento excessivo

As deficiências congênitas de fatores de coagulação (I-XIII) provocam sangramento excessivo, o que ilustra sua importância fisiológica na hemostasia. A exceção é a deficiência de fator XII, que não aumenta a tendência a sangramento, apesar do prolongamento dos tempos de coagulação do sangue in vitro; o mesmo ocorre com seus cofatores, a pré-calicreína ou

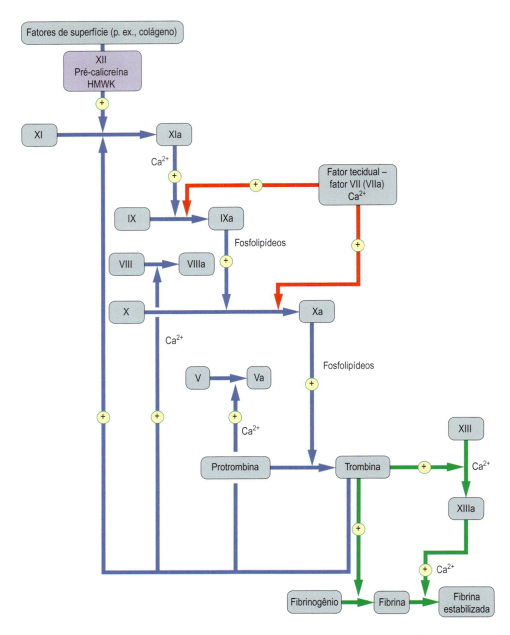

Fig. 41.3 **Coagulação do sangue: ativação dos fatores de coagulação.** Depois do início da coagulação do sangue, as proenzimas dos fatores de coagulação são ativadas de maneira sequencial; as enzimas ativadas dos fatores são designadas pela letra "a". Via intrínseca: setas azuis; via extrínseca, setas vermelhas; via comum: setas verdes. HMWK, Cininogênio de alto peso molecular. Reproduzido de Dominiczak MH. Medical Biochemistry Flash Cards. London: Elsevier, 2012.

o cininogênio de alto peso molecular (HMWK). Uma possível explicação para isso é dada mais à frente.

O tempo de tromboplastina parcial ativada (TTPA) avalia a via intrínseca

O termo "intrínseca" implica que nenhum fator extrínseco, como o fator tecidual ou a trombina, é adicionado ao sangue, além do contato com a "superfície" não endotelial. O exame clínico dessa via é o TTPA, também conhecido como tempo de coagulação do caulim-cefalina (KCCT), porque o caulim (argila microparticulada) é adicionado como "superfície" padrão, e a cefalina (extrato de fosfolipídeo cerebral) é usada como substituto para o fosfolipídeo plaquetário. A faixa de referência do TTPA é de cerca de 30 a 40 segundos; prolongamentos são observados em deficiências dos fatores XII (ou seus cofatores, pré-calicreína ou HMWK), XI, IX (ou seu cofator, fator VIII), X (ou seu cofator, fator V) ou protrombina (fator II; Tabelas 41.1 e 41.2).

O exame é usado para exclusão das hemofilias congênitas comuns (deficiências dos fatores VIII, IX ou XI) e monitoramento do tratamento com heparina não fracionada. As hemofilias causadas por deficiência do fator VIII ou IX acometem cerca de 1 em 5.000 e 1 em 30.000 homens, respectivamente; a herança é recessiva, ligada ao cromossomo X e transmitida por mulheres portadoras. O tratamento é geralmente feito com concentrados de fator VIII ou IX recombinante.

QUADRO CLÍNICO
MENINO COM HEMATOMAS EXTENSOS: HEMOFILIA CLÁSSICA (DEFICIÊNCIA CONGÊNITA DE FATOR VIII)

Um menino de 3 anos de idade foi atendido no pronto-socorro do hospital local por apresentar hematomas extensos depois de cair de alguns degraus. O exame de rotina de coagulação mostrou o grande prolongamento de TTPA, de mais de 150 segundos (faixa normal: 30 a 40 segundos). O ensaio de fator de coagulação VIII mostrou níveis muito baixos; a concentração de vWF era normal. Sua mãe relatou o histórico familiar de sangramento excessivo, que afetava seu irmão e seu pai.

Comentário

O diagnóstico de deficiência congênita de fator VIII foi estabelecido com base no histórico típico de distúrbio hemorrágico recessivo ligado ao cromossomo X, na baixa concentração de fator de coagulação VIII e no nível normal de vWF. A família foi encaminhada para o centro local de hemofilia e aconselhada acerca dos riscos de outros filhos afetados e filhas portadoras. A criança recebeu, por via intravenosa, o concentrado de fator VIII recombinante para tratamento do sangramento atual e prevenção de outros episódios hemorrágicos no futuro.

O tempo de protrombina avalia a via extrínseca

O termo "extrínseca" se refere ao efeito do fator tecidual, que (depois da combinação com o fator de coagulação VII) acelera muito a coagulação por meio da ativação do fator IX e do fator X (Fig. 41.3). O fator tecidual é um polipeptídio expresso em todas as células, exceto nas células endoteliais. O exame clínico dessa via é o **tempo de protrombina (TP)**, em que o fator tecidual é adicionado ao plasma. A faixa de referência é de, aproximadamente, 10 a 15 segundos; os prolongamentos são observados nas deficiências de fatores VII, X, V ou II. Na prática clínica, o exame é usado no diagnóstico dos raros defeitos congênitos desses fatores e, mais comumente, dos distúrbios hemorrágicos adquiridos decorrentes de:

- **Deficiência de vitamina K** (p. ex., em casos de má absorção ou icterícia obstrutiva; Capítulo 7), que reduz a síntese hepática dos fatores II, VII, IX e X. O tratamento é a administração oral ou intravenosa de vitamina K.
- **Administração oral de antagonistas de vitamina K** (p. ex., varfarina), que reduz a síntese hepática desses fatores. O sangramento excessivo em pacientes tratados com varfarina pode ser resolvido por interrupção da terapia, administração de vitamina K ou reposição dos fatores II, VII, IX e X com concentrados de complexo protrombínico que contêm apenas os fatores relevantes (p. ex., Beriplex®) ou plasma fresco congelado.
- **Doença hepática**, que reduz a síntese hepática de todos os fatores de coagulação, inclusive daqueles que afetam o TP. O tempo de protrombina, por exemplo, é um marcador prognóstico da insuficiência hepática após a superdosagem de acetaminofeno (paracetamol) (Capítulo 34). O tratamento é feito por meio da reposição dos fatores de coagulação com plasma fresco congelado.

QUADRO DE TESTE CLÍNICO
MONITORAMENTO DO TRATAMENTO ANTICOAGULANTE ORAL

O tratamento anticoagulante oral com **antagonistas de vitamina K** (p. ex., **varfarina**) é administrado em longo prazo para pacientes com risco de trombose nas câmaras do coração (p. ex., em pacientes com fibrilação atrial ou prótese de valva cardíaca, com possibilidade de embolia cerebral e derrame).

O monitoramento do tempo de protrombina internacionalmente padronizado (ou seja, a **Razão Normalizada Internacional** [INR, *International Normalized Ratio*]) algumas vezes por mês é essencial para minimizar o risco não somente de tromboembolia, mas também de sangramento excessivo. Hoje, até 1% da população adulta dos países desenvolvidos recebe anticoagulantes em longo prazo; assim, o monitoramento tradicional por médicos e enfermeiros (com coleta de amostras de sangue, seu envio para o laboratório, recebimento do laudo e instrução da dosagem para os pacientes) criou uma carga de trabalho insustentável.

Nos últimos anos, o monitoramento do tratamento com varfarina passou a ser feito com equipamentos portáteis para determinação do INR em uma amostra de sangue capilar obtida por punção digital. Com essa técnica, alguns pacientes podem se automonitorar e, ocasionalmente, autocontrolar suas doses de varfarina, como os diabéticos que controlam sua glicemia. Além disso, algoritmos computadorizados para dosagem de varfarina também foram desenvolvidos de modo a auxiliar os profissionais de saúde a alterar a dose de maneira precisa. Agora, os pacientes com fibrilação atrial podem usar os anticoagulantes orais diretos (p. ex., dabigatran, rivaroxaban, apixaban, edoxaban), que não exigem o monitoramento dos níveis de anticoagulação.

O tempo de coagulação de trombina avalia a via comum final

O termo "via comum final" se refere à conversão de protrombina à trombina via Xa, com Va como cofator
Isto, por sua vez, permite a conversão de fibrinogênio em fibrina. Este estágio final de produção de fibrina na via comum é clinicamente avaliado por meio do **tempo de coagulação de trombina (TCT)**, em que a trombina exógena é adicionada ao plasma. A faixa de referência dos valores é de aproximadamente 10 a 15 segundos; os prolongamentos são observados na

deficiência de fibrinogênio e na presença de inibidores (p. ex., heparina, dabigatran, produtos da degradação da fibrina). A deficiência de fibrinogênio pode ser congênita ou ser causada pelo consumo adquirido de fibrinogênio na CIVD ou após a administração de fármacos fibrinolíticos (veja a discussão a seguir). O tratamento é feito com crioprecipitados ou concentrados de fibrinogênio.

Vários exames avaliam a função plaquetária

Além da avaliação do número, do tamanho e da morfologia das plaquetas por meio do hemograma completo e da análise diferencial do esfregaço de sangue, a função plaquetária também pode ser determinada de outras maneiras.

Um método de avaliação da plaquetária é o **Platelet Function Analyzer** (PFA-100, Siemens, Estados Unidos). Nesse equipamento, o sangue total passa por um cartucho que possui uma abertura revestida com uma combinação de dois agonistas plaquetários: colágeno/epinefrina ou colágeno/ADP. O tempo de fechamento da abertura decorrente da agregação plaquetária é medido. Esse método não permite a definição de doenças específicas, mas o resultado anormal sugere a presença de um distúrbio plaquetário e, assim, pode ser usado na triagem.

A **agregometria por transmissão de luz** (LTA) é considerada o padrão-ouro para investigação de doenças específicas da função plaquetária. O plasma rico em plaquetas é exposto a diversos agonistas plaquetários (p. ex., colágeno, ADP e epinefrina), e a transmissão de luz é monitorada para produção de curvas. O padrão das curvas obtidas com a combinação de agonistas pode ajudar a determinar o defeito da função plaquetária presente.

A **produção e a liberação dos nucleotídeos plaquetários** (ou seja, ATP e ADP) podem ser medidas e avaliadas nos grânulos. A análise por citometria de fluxo de diversos **receptores plaquetários** também pode ser realizada.

Estes exames deveriam fazer com que o diagnóstico dos distúrbios da função plaquetária fosse fácil. No entanto, devido às variáveis pré-analíticas e analíticas, os resultados podem não ser confiáveis e, de modo geral, sua interpretação é difícil.

Trombina

A trombina converte o fibrinogênio circulante em fibrina e ativa o fator XIII, que se liga de maneira cruzada à fibrina, formando o coágulo

Hoje, acredita-se que, de modo geral, a ativação da coagulação do sangue é iniciada pela lesão vascular, que expõe o sangue em fluxo ao fator tecidual, levando à ativação dos fatores VII e IX (Fig. 41.3). A seguir, a ativação dos fatores X e II (protrombina) ocorre preferencialmente nos locais de lesão vascular, junto com as plaquetas ativadas: essas últimas têm atividade pró-coagulante devido à exposição dos fosfolipídeos de carga negativa da superfície da membrana da plaqueta, como a fosfatidilserina, e dos sítios de ligação de alta afinidade de vários fatores ativados

de coagulação, permitindo a formação do complexo de protrombinase (Va, Xa e II) e do complexo de tenase (VIIIa, IXa e Xa), que aumentam muito a produção de trombina. Por causa dessas interações bioquímicas, a formação de trombina e fibrina ocorre eficientemente nos sítios de lesão vascular.

A trombina tem papel essencial na hemostasia

A trombina não apenas converte o fibrinogênio circulante em fibrina nos sítios de lesão vascular, produzindo o tampão hemostático secundário e rico em fibrina, como também ativa o fator XIII, a transglutaminase, que forma ligações cruzadas de fibrina, tornando-a resistente à dispersão pela pressão sanguínea local ou pela fibrinólise (Fig. 41.1 e 41.3). Além disso, a trombina estimula sua própria geração por meio de um ciclo de *feedback* positivo, de três maneiras:

- **Catalisa a ativação do fator XI.** Isto pode explicar por que as deficiências congênitas de fator XII, pré-calicreína ou HMWK não são associadas ao sangramento excessivo (Fig. 41.3).
- **Catalisa a ativação dos fatores VIII e V.**
- **Ativa as plaquetas** (Fig. 41.2).

Os inibidores de trombina foram desenvolvidos como fármacos anticoagulantes

Agora que o papel central da trombina na hemostasia e na trombose foi reconhecido, diversos **inibidores diretos de trombina (IDT)** foram desenvolvidos como fármacos anticoagulantes. O dabigatran, um IDT oral, mostrou ser tão eficaz quanto a varfarina em grandes estudos clínicos randomizados controlados sobre o tratamento e a prevenção secundária da trombose venosa e a prevenção do derrame em pacientes com fibrilação atrial. Esse fármaco foi aprovado no Reino Unido para essas duas indicações. A principal vantagem do dabigatran é ausência de necessidade de monitoramento da dose. O dabigatran é o primeiro dos anticoagulantes diretos orais a ter um antídoto eficaz, o idarucizumab, um anticorpo monoclonal que pode reverter o efeito anticoagulante do fármaco em alguns minutos.

O argatroban é outro IDT oral e é uma alternativa eficaz à heparina quando esta é contraindicada após um episódio de trombocitopenia induzida por heparina (TIH). É aprovado no Reino Unido com essa indicação. A bivalirrudina, um derivado da hirudina, originalmente obtida da sanguessuga medicinal *Hirudo medicinalis*, é um IDT parenteral que foi eficaz no tratamento das síndromes coronárias agudas. Também é uma alternativa à heparina em pacientes com síndromes coronárias agudas e TIH.

Esse papel central da trombina também justifica as pesquisas intensas para aperfeiçoamento do ensaio de geração de trombina e aplicação às patologias clínicas hemorrágicas e trombóticas.

Os inibidores da coagulação são essenciais para prevenção da formação excessiva de trombina e trombose

Três sistemas de inibidores da coagulação de ocorrência natural foram identificados (Fig. 41.4 e Tabela 41.3):

- **Antitrombina:** Esta é uma proteína sintetizada no fígado. Sua atividade é catalisada pelo antitrombótico heparina

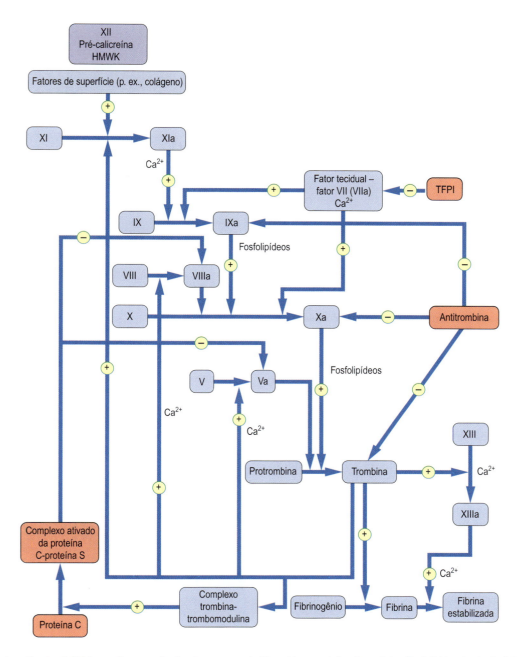

Fig. 41.4 **Locais de ação dos inibidores da coagulação do sangue.** Antitrombina, proteína C, proteína S e inibidor da via do fator tecidual (TFPI). Veja os detalhes no texto.

(não fracionada e de baixo peso molecular) e pelas glicosaminoglicanas (GAG) endógenas similares à heparina presentes na superfície das células endoteliais vasculares. A antitrombina inativa não apenas a trombina, mas também os fatores IXa e Xa (Fig. 41.3). Assim, a deficiência congênita de antitrombina gera um risco significativamente maior de tromboembolia venosa.

- As **heparinas** são consideradas inibidores indiretos de Xa devido ao aumento da atividade de antitrombina. As heparinas são usadas no tratamento e na prevenção da trombose venosa aguda, normalmente na forma de uma heparina de baixo peso molecular (LMWH), como enoxaparina ou dalteparina. De modo geral, são substituídas por anticoagulantes orais, como a varfarina, para a anticoagulação de longa duração. As LMWHs também atuam no tratamento da trombose arterial aguda relacionada às síndromes coronárias agudas (p. ex., enoxaparina ou fondaparinux).

- Os **inibidores diretos de Xa** foram desenvolvidos como anticoagulantes. O rivaroxaban, o apixaban e o edoxaban mostraram ser alternativas eficazes à varfarina no tratamento e na prevenção da trombose venosa e na prevenção

Tabela 41.3 Propriedades dos inibidores da coagulação

Inibidor (sinônimo)	Peso molecular	Concentração plasmática (mg/dL)
Antitrombina (antitrombina III)	65.000	18-30
Proteína C	56.000	0,4
Proteína S	69.000	2,5
Inibidor da via do fator tecidual (TFPI) (inibidor da coagulação associado à lipoproteína [LACI])	32.000	0,1

QUADRO CLÍNICO
HOMEM DE 40 ANOS DE IDADE COM DOR E EDEMA EM MEMBRO INFERIOR: DEFICIÊNCIA DE ANTITROMBINA

Um homem de 40 anos de idade foi atendido no pronto-socorro de seu hospital local por apresentar dor e edema agudo na perna esquerda 10 dias depois de uma cirurgia maior. A ultrassonografia da perna confirmou a oclusão da veia femoral esquerda por um trombo.

Comentário
O tratamento anticoagulante com heparina de baixo peso molecular em doses comuns foi instituído. O paciente relatou um forte histórico familiar de "coágulos nas pernas" em jovens. O tratamento era composto por varfarina e LMWH, mas este último foi interrompido quando o INR ficou acima de 2. O paciente foi submetido ao acompanhamento em longo prazo na clínica especializada em anticoagulação e trombofilia.

do derrame em pacientes com fibrilação atrial. Todos esses medicamentos são em forma oral, e não há necessidade de monitoramento de seu efeito anticoagulante. Um derivado recombinante modificado do fator Xa está sendo pesquisado como possível antídoto para todos esses fármacos.

- **Proteína C e seu cofator, a proteína S:** Estas moléculas são proteínas dependentes da vitamina K e sintetizadas no fígado. A trombina gerada se liga à **trombomodulina** (com peso molecular de 74 kDa) presente na superfície das células endoteliais vasculares. O complexo trombina-trombomodulina ativa a proteína C, que forma um complexo com seu cofator, a proteína S. Esse complexo seletivamente degrada os fatores Va e VIIIa por proteólise limitada (Fig. 41.3). Assim, essa via faz o *feedback* negativo da geração de trombina. As deficiências congênitas de proteína C ou proteína S aumentam o risco de tromboembolia venosa. Outra causa do maior risco de tromboembolia venosa é a **mutação do fator de coagulação V (fator V de Leiden)**, que confere resistência à sua inativação pela proteína C ativada. Essa mutação é comum e observada em aproximadamente 5% da população dos países ocidentais.

- **Inibidor da via do fator tecidual (TFPI):** Esta proteína é sintetizada no endotélio e no fígado e circula ligada às lipoproteínas. O TFPI inibe o complexo fator tecidual-VIIa (Fig. 41.3). No entanto, a deficiência de TFPI parece não aumentar o risco de trombose.

FIBRINÓLISE

O sistema fibrinolítico limita a formação excessiva de fibrina por meio da fibrinólise mediada por plasmina

O sistema da coagulação gera fibrina; o sistema fibrinolítico limita a formação excessiva de fibrina (tanto intravascular quanto extravascular) por meio da **fibrinólise mediada por plasmina**. O plasminogênio circulante interage com a fibrina por meio dos sítios de ligação da lisina; é convertido em plasmina ativa pelos ativadores de plasminogênio.

O **ativador do plasminogênio do tipo tecidual** (tPA) é sintetizado por células endoteliais; normalmente, circula no plasma em concentrações basais baixas (5 ng/mL), mas é liberado por estímulos como a oclusão venosa, o exercício e a epinefrina. Junto com o plasminogênio, se liga fortemente à fibrina, o que estimula sua atividade (o K_m do plasminogênio cai de 65 para 0,15 µmol/L na presença de fibrina) e, assim, a atividade da plasmina é localizada nos depósitos de fibrina.

QUADRO DE TESTE CLÍNICO
MEDIDA DO D-DÍMERO DE FIBRINA NO DIAGNÓSTICO DA SUSPEITA DE TROMBOSE VENOSA PROFUNDA

O **D-dímero de fibrina** (um produto da degradação da fibrina em ligações cruzadas e marcador do *turnover* da molécula) é normalmente encontrado no sangue em concentrações inferiores a 250 µg/L. Na **trombose venosa profunda (TVP) dos membros inferiores**, a deposição de uma grande massa de fibrina em ligações cruzadas nas veias das pernas, seguida pela lise parcial pelo sistema fibrinolítico do corpo, aumenta o *turnover* de fibrina e eleva os níveis de D-dímero no sangue. Muitos pacientes chegam ao pronto-socorro com edema e/ou dor nos membros inferiores que podem ser causados pela DVT.

Os imunoensaios rápidos de D-dímero no sangue podem ser realizados no pronto-socorro, e hoje são amplamente utilizados para auxiliar o diagnóstico clínico. Cerca de um terço dos pacientes com suspeita clínica de TVP apresenta níveis normais de D-dímero que, combinados à baixa pontuação de probabilidade clínica, geralmente exclui o diagnóstico e pode acelerar a alta desses indivíduos sem a necessidade de maior investigação ou tratamento. Em pacientes com níveis elevados de D-dímero, o tratamento com heparina é iniciado, e exames de imagem da perna são realizados (normalmente, a ultrassonografia) para confirmação da presença e da extensão da TVP.

Os inibidores de plasmina previnem a atividade fibrinolítica excessiva

A atividade excessiva de tPA no plasma é normalmente prevenida pela maior concentração de seu principal inibidor, o **inibidor do ativador de plasminogênio de tipo 1 (PAI-1)**, que é sintetizado por células endoteliais e hepatócitos. O **ativador do plasminogênio do tipo urinário** (uPA) circula no plasma como uma forma precursora ativa de cadeia única (scuPA, pró-uroquinase) e a forma mais ativa, de duas cadeias (tcuPA, uroquinase). Um ativador de scuPA é o fator de coagulação XII ativado por superfície que, desse modo, une o sistema de coagulação ao sistema fibrinolítico. Os principais componentes do sistema fibrinolítico são listados na Tabela 41.4 e ilustrados na Figura 41.5. A formação excessiva de plasmina é normalmente prevenida por

- ligação de 50% do plasminogênio à glicoproteína rica em histidina (HRG) e
- inativação rápida da plasmina livre por seu principal inibidor, a α2-antiplasmina.

A importância fisiológica de PAI-1 e α2-antiplasmina é ilustrada pela maior tendência a sangramentos associada aos

QUADRO CLÍNICO
TRATAMENTO ANTITROMBÓTICO DA SÍNDROME CORONÁRIA AGUDA

A oclusão de uma artéria coronária por um trombo provoca as características da síndrome coronária aguda, inclusive alterações eletrocardiográficas e bioquímicas. O **infarto do miocárdio** é a morte permanente da parte do músculo do coração suprido por aquela artéria. Nas síndromes coronárias agudas, inclusive no infarto do miocárdio, o paciente normalmente apresenta **dor torácica intensa**.

O ácido acetilsalicílico e a heparina são geralmente administrados em indivíduos com infarto agudo do miocárdio e outras síndromes coronárias agudas para inibição dos componentes plaquetários e da fibrina e, assim, do desenvolvimento de um trombo na artéria coronária. Alguns pacientes podem precisar da adição de clopidogrel e/ou antagonistas dos receptores de ADP e/ou inibidores de GPIIb-IIIa.

Muitos pacientes com infarto agudo do miocárdio em evolução são candidatos ao **tratamento trombolítico** com um ativador de plasminogênio de administração intravenosa. A trombólise imediata dissolve o trombo na artéria coronária, reduz o tamanho do infarto e diminui o risco de complicações, inclusive morte e insuficiência cardíaca. No entanto, nos últimos anos, a remoção direta do trombo **(intervenção coronária percutânea [ICP])** é realizada em vez do tratamento trombolítico porque parece oferecer resultados melhores de trombólise e não aumenta o risco de sangramento, por exemplo, no cérebro. Os pacientes submetidos à ICP também devem receber um inibidor de GPIIb-IIIa.

Tabela 41.4 Os componentes do sistema fibrinolítico

Componente (sinônimo)	Peso molecular	Concentração plasmática (mg/dL)
Plasminogênio	92.000	0,2
Ativador do plasminogênio do tipo tecidual (tPA)	65.000	5 (basal)
Ativador do plasminogênio do tipo uroquinase tipo 1 (uPA)	51.600	20
Inibidor do ativador de plasminogênio de tipo 1 (PAI-1)	48.000	200
Antiplasmina (α2-antiplasmina)	70.000	700

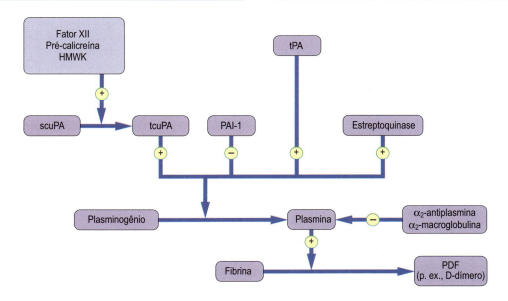

Fig. 41.5 **O sistema fibrinolítico.** O plasminogênio pode ser ativado em plasmina por tcuPA (uroquinase), tPA ou estreptoquinase. O tcuPA e o tPA são inibidos pelo inibidor do ativador de plasminogênio de tipo 1 (PAI-1). A plasmina é inibida por α2-antiplasmina e α2-macroglobulina. A plasmina degrada a fibrina em produtos de degradação da fibrina (PDF). HMWK, Cininogênio de alto peso molecular; scuPA, ativador do plasminogênio do tipo urinário de cadeia única (pró-uroquinase); tcuPA, ativador do plasminogênio do tipo uroquinase de cadeia dupla (uroquinase); tPA, ativador do plasminogênio do tipo tecidual. Reproduzido de Dominiczak MH. Medical Biochemistry Flash Cards. London: Elsevier, 2012.

casos raros de suas deficiências congênitas (Tabela 41.1); a atividade plasmática excessiva da plasmina decorrente dessas deficiências provoca a lise dos tampões hemostáticos.

RESUMO

- A hemostasia é composta por diversos processos que protegem o corpo contra a perda de sangue.
- A lesão na parede do vaso sanguíneo desencadeia fenômenos complexos com participação das plaquetas (ativação, adesão, agregação) e da cascata dos fatores de coagulação, classificada como via intrínseca, extrínseca e final comum.
- A integridade desses três sistemas pode ser analisada por meio de exames laboratoriais simples. Os ensaios globais de coagulação, como geração de trombina e tromboelastografia, hoje usados em pesquisa, podem ser mais eficazes na avaliação do fenótipo de coagulação de um indivíduo.
- As deficiências dos fatores participantes da cascata de coagulação e/ou um distúrbio da função plaquetária provocam os distúrbios hemorrágicos.
- Os coágulos de sangue são, por fim, degradados pelo sistema fibrinolítico. O processo de fibrinólise previne fenômenos trombóticos e, normalmente, há um equilíbrio entre hemostasia e trombose.
- O ácido acetilsalicílico e a heparina são usados em pacientes com infarto agudo do miocárdio ou outras síndromes coronárias agudas.
- O ácido acetilsalicílico (ou outros agentes inibidores da agregação plaquetária) também é usado para redução do risco de recidiva do infarto do miocárdio e derrame.
- Os fármacos anticoagulantes (p. ex., heparina, varfarina, rivaroxaban) são usados no tratamento da trombose venosa aguda ou da embolia.
- Os fármacos anticoagulantes (p. ex., varfarina, dabigatran, rivaroxaban) são usados para prevenção em longo prazo da tromboembolia de origem cardíaca (fibrilação atrial, prótese de valva cardíaca).

QUESTÕES PARA APRENDIZAGEM

1. Quando um paciente apresenta um sangramento excessivo de vários locais, quais exames laboratoriais conseguem identificar a provável causa do defeito hemostático?
2. Quando um paciente apresenta dor e inchaço da perna, talvez por trombose venosa profunda (TVP) aguda, quais exames laboratoriais podem ser realizados para ajudar o clínico a
   - estabelecer ou excluir este diagnóstico?
   - monitorar o tratamento anticoagulante depois da confirmação do diagnóstico?
3. Quando um paciente apresenta trombose aguda da artéria coronária (com evolução para infarto do miocárdio), quais fármacos antitrombóticos devem ser considerados na urgência para redução do risco de complicações?

LEITURAS SUGERIDAS

Kearon, C., et al. (2016). Antithrombotic therapy for VTE disease. *Chest* 149, 315-352.

Key, N. S., Marris, M., O'Shaugnessy, D. et al.,et al. (Eds.). (2009). *Practical hemostasis and thrombosis* (3rd ed.). Oxford: Wiley.

Ozaki, Y. (Ed.). (2011). State of the art 2011. *Journal of Thrombosis and Haemostasis*, 9(Suppl.s1), 1-395.

Holbrook, A., Schulman, S., Witt, D. M., Vandvik, P. O., Fish, J., Kovacs, M. J., et al. (2012). Evidence-based management of anticoagulant therapy: Antithrombotic therapy and prevention of thrombosis (9th ed.). American College of Chest Physicians Evidence-Based Clinical Practice Guidelines 2012. *Chest, 141*(Suppl. 2), e152S-e184S.

Wright, I. S. (1962). The nomenclature of blood clotting factors. *Canadian Medical Association Journal*, 86, 373-374.

SITES

Practical-Haemostasis.com – Um Guia Prático para a Hemostasia Laboratorial: http://www.practical-haemostasis.com/

Orientações BSH– Hemostasia e Trombose: http://www.b-s-h.org.uk/ guidelines/?status=Guideline&category=Haemostasis+and+ Thrombosis&p=1&search=#guideline-filters__select__status

International Society on Thrombosis and Haemostasis: http://www.isth.org

ABREVIATURAS

AHF	Fator anti-hemofílico
TTPA	Tempo de tromboplastina parcial ativada
cGMP	3'5'-monofosfato cíclico de guanosina
DIC	Coagulação intravascular disseminada (CID ou CIDV)
IDT	Inibidor direto de trombina
TVP	Trombose venosa profunda
EDRF	Fator de relaxamento derivado do endotélio (óxido nítrico)
eNOS	Óxido nítrico sintase endotelial
PDPs	Produtos de degradação da fibrina
FSF	Fator estabilizador da fibrina
GAGs	Glicosaminoglicanas
GPIb-IX, GPIIb-IIIa	Receptores glicoproteicos da membrana da plaqueta
HIT	Trombocitopenia induzida por heparina
HMWK	Cininogênio de alto peso molecular
HRG	Glicoproteína rica em histidina
INR	*International Normalized Ratio*, Razão Normalizada Internacional (INR)
KCCT	Tempo de coagulação do caulim-cefalina
LACI	Inibidor da coagulação associado à lipoproteína
LMWH	Heparina de baixo peso molecular
LTA	Agregometria por transmissão de luz
PAF	Fator ativador de plaquetas
PAI-1	Inibidor do ativador de plasminogênio de tipo 1
ICP	Intervenção coronária percutânea
PGI$_2$	Prostaglandina I$_2$

PTA	Antecedente da tromboplastina plasmática	TEG	Tromboelastografia
TP	Tempo de protrombina	tPA	Ativador do plasminogênio do tipo tecidual
ROTEM	Tromboelastometria rotacional	TXA_2	Tromboxano A_2
SPCA	Acelerador sérico de conversão de protrombina	UFH	Heparina não fracionada
		uPA	Ativador de plasminogênio de tipo urinário
TCT	Tempo de coagulação de trombina	vWF	Fator de von Willebrand
TFPI	Inibidor da via do fator tecidual		

CAPÍTULO 42

Estresse Oxidativo e Inflamação

John W. Baynes

OBJETIVOS

Após concluir este capítulo, o leitor estará apto a:

- Identificar as principais espécies reativas de oxigênio (ROS) e explicar como são formadas na célula.
- Descrever os efeitos das ROS em diversas biomoléculas, inclusive biomarcadores característicos do dano oxidativo a lipídeos, proteínas e ácidos nucleicos.
- Identificar as principais enzimas, vitaminas e biomoléculas antioxidantes que conferem proteção contra a formação de ROS e os danos.
- Descrever o papel do oxigênio reativo na biologia reguladora e nas defesas imunológicas.
- Descrever o papel das ROS nas doenças inflamatórias.
- Descrever as funções do elemento de resposta antioxidante na proteção contra ROS.

INTRODUÇÃO

À temperatura corpórea, o oxigênio é um oxidante relativamente lento

O elemento oxigênio (O_2) é essencial para a vida de organismos aeróbicos. Embora muito reativo em combustões a altas temperaturas, o oxigênio é relativamente inerte à temperatura corpórea; tem alta energia de ativação para reações de oxidação. Isto é bom; caso contrário, poderíamos entrar em combustão espontânea. Cerca de 90% de nosso uso de O_2 são comprometidos com a fosforilação oxidativa. As enzimas que utilizam O_2 em reações de hidroxilação e oxigenação consumem outros 10%, e uma fração residual, inferior a 1%, é convertida em **espécies reativas de oxigênio (ROS)**, como superóxido e peróxido de hidrogênio, que são formas reativas de oxigênio. As ROS são importantes no metabolismo – algumas enzimas usam H_2O_2 como substrato. As ROS também atuam na regulação do metabolismo e nas defesas imunológicas contra infecções. No entanto, as ROS também são uma fonte de dano crônico às biomoléculas do tecido. Um dos riscos de se utilizar O_2 como substrato no metabolismo energético é a possibilidade de ficarmos queimados. Por esse motivo, temos uma gama de defesas antioxidantes que nos protegem das ROS.

Este capítulo discute a bioquímica do oxigênio reativo, os mecanismos de formação e detoxificação das ROS e seu papel na saúde e na doença de humanos.

A INATIVIDADE DO OXIGÊNIO

Na maioria dos livros texto, o oxigênio é mostrado como uma molécula diatômica com duas ligações entre os átomos de oxigênio. Esta é uma apresentação atraente do ponto de vista das estruturas de pontos e do pareamento dos elétrons para formação das ligações químicas, mas é incorreta. Na verdade, à temperatura corpórea, o O_2 é um birradical, uma molécula com dois elétrons não pareados (Fig. 42.1). Esses elétrons têm *spins* paralelos e não pareados. Uma vez que a maioria das reações de oxidação orgânica (p. ex., a oxidação de um alcano em álcool ou de um aldeído em ácido) são reações de oxidação de dois elétrons, o O_2 geralmente não é muito reativo nesses casos. De fato, é completamente estável, mesmo na presença de um forte agente redutor, como H_2. Com a aplicação de calor (energia de ativação) suficiente, um dos elétrons não pareados pula para formar um par de elétrons que, então, participa na reação da combustão. Ao começar, a combustão fornece o calor necessário para propagar a reação, às vezes de forma explosiva.

O oxigênio é ativado por íons metálicos de transição, como ferro ou cobre, no sítio ativo de metaloenzimas

As reações metabólicas são conduzidas em temperatura corpórea, bem abaixo da temperatura necessária para ativação do oxigênio livre. Nas reações redox biológicas com O_2, o oxigênio sempre é ativado por íons metálicos ativos redox, como ferro e cobre; esses metais também apresentam elétrons não pareados e formam complexos reativos metal-oxi. Todas as enzimas que usam O_2 *in vivo* são metaloenzimas, como as proteínas ligantes de oxigênio, hemoglobina e mioglobina, que contêm ferro na forma de heme (Capítulo 5). Esses íons metálicos fornecem um elétron por vez para o oxigênio, ativando-o para o metabolismo. Uma vez que o ferro e o cobre e, às vezes, o manganês e outros íons ativam o oxigênio, esses íons metálicos redox-ativos são mantidos em concentrações livre muito baixas (submicromolares) *in vivo*. Normalmente, são bem sequestrados (compartimentalizados) em proteínas de depósito ou transporte e localmente ativados nos sítios ativos das enzimas, nos quais a química da oxidação pode ser contida e focada em um substrato específico. Nos sistemas biológicos, os íons metálicos redox-ativos livres são perigosos porque ativam o O_2, e as ROS formadas nessas reações causam danos oxidativos às biomoléculas.

615

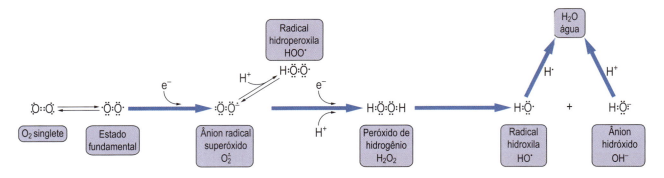

Fig. 42.1 **Estrutura do oxigênio e das espécies reativas de oxigênio (ROS).** O oxigênio é mostrado na extrema esquerda como a forma diatômica incorreta com ligação dupla. Esta forma, conhecida como oxigênio singlete, existe em extensão significativa somente em altas temperaturas ou em resposta à irradiação. O dirradical é a forma natural, em estado fundamental, do O_2 em temperatura corpórea. As ROS são formas reativas e parcialmente reduzidas do oxigênio. O primeiro produto da redução é o ânion radical superóxido ($O_2^{\bullet-}$), que está em equilíbrio com um ácido fraco, o radical hidroperoxila (pK_a, ~4,5). A redução do superóxido gera hidroperóxido (O_2^{-2}) na forma de H_2O_2. A redução de H_2O_2 causa uma reação hemolítica de clivagem que libera o radical hidroxila (OH$^{\bullet}$) e íon hidróxido (OH$^-$). A água é o produto final da redução completa de O_2.

A proteína é geralmente danificada em um sítio específico e ocorre nos locais de ligação com os metais, indicando que os complexos metal-oxi participam do dano mediado por ROS *in vivo*.

> **QUADRO CLÍNICO**
> **A SOBRECARGA DE FERRO AUMENTA O RISCO DE DESENVOLVIMENTO DE DIABETES E CARDIOMIOPATIA**
>
> Os pacientes com doenças hematológicas, como hemocromatose hereditária, talassemias e anemia falciforme, ou que recebem transfusões frequentes de sangue, gradualmente desenvolvem **sobrecarga de ferro**, o que aumenta o risco de desenvolvimento de cardiomiopatia e diabetes. O coração e as células β são ricas em mitocôndrias. O desenvolvimento da doença secundária à sobrecarga de ferro é considerado o resultado da maior produção mitocondrial, mediada pelo ferro, de ROS nesses tecidos. As mutações do genoma mitocondrial podem levar à disfunção mitocondrial progressiva, comprometendo a atuação das células cardíacas e das células β.

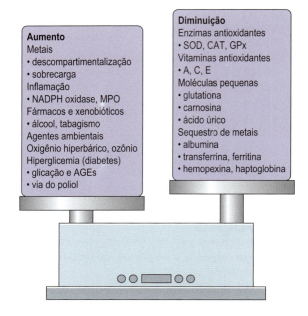

Fig. 42.2 **Estresse oxidativo: um desequilíbrio entre os sistemas pró-oxidantes e antioxidantes.** Como descrito neste capítulo, vários fatores contribuem para a estimulação e a inibição do estresse oxidativo. AGE, produto final de glicosilação avançada; CAT, catalase; GPx, glutationa peroxidase; MPO, mieloperoxidase; NADPH, fosfato de dinucleotídeo de adenina e nicotinamida; SOD, superóxido dismutase.

ESPÉCIES REATIVAS DE OXIGÊNIO E ESTRESSE OXIDATIVO

As ROS são formas reativas e fortemente oxidantes do oxigênio

O **estresse oxidativo** é definido como uma condição em que a taxa de geração de ROS excede nossa capacidade de proteção contra essas moléculas, o que aumenta o dano oxidativo às biomoléculas (Fig. 42.2). O estresse oxidativo é uma característica importante das doenças inflamatórias, em que as células do sistema imune produzem ROS em resposta ao desafio. O estresse oxidativo pode ser localizado, por exemplo, nas articulações em caso de artrite ou na parede vascular na aterosclerose, ou ser sistêmico, como, por exemplo, no lúpus eritematoso sistêmico (SLE) ou no diabetes.

Dentre as ROS, o **H_2O_2** é encontrado em maior concentração no sangue e nos tecidos, embora os níveis sejam micromolares. O H_2O_2 é relativamente estável; pode ser armazenado no laboratório ou no armário de remédios por anos, mas se decompõe na presença de íons metálicos redox-ativos. O **radical hidroxila** (OH$^{\bullet}$) é a espécie mais reativa e danosa; sua meia-vida, medida em nanossegundos, é limitada pela difusão (ou seja, determinada pelo tempo até a colisão à biomolécula

A Reação de Fenton

$$Fe^{2+} + H_2O_2 \longrightarrow Fe^{3+} + OH^{\bullet} + OH^{-}$$

B Reação de Haber-Weiss

$$O_2^{\bullet-} + H_2O_2 \longrightarrow O_2 + OH^{\bullet} + OH^{-}$$

C Reações de Haber-Weiss catalisadas por metal

Fig. 42.3 **Formação de espécies reativas de oxigênio (ROS) pelas reações de Fenton e Haber-Weiss.** (A) Fenton foi o primeiro autor a descrever o poder de oxidação (branqueamento) das soluções de Fe^{2+} e H_2O_2. Essa reação gera o forte oxidante $OH^{\bullet}$. O Cu^{+} catalisa a mesma reação. (B) A reação de Haber-Weiss descreve a produção de $OH^{\bullet}$ a partir de $O_2^{\bullet-}$ e H_2O_2. (C) Em condições fisiológicas, a reação de Haber-Weiss é catalisada por íons metálicos redox-ativos.

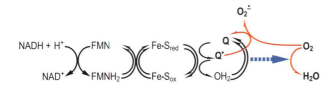

Fig. 42.4 **Formação de superóxido pelas mitocôndrias.** A mitocôndria é considerada a principal fonte de ROS nas células nucleadas, na qual ocorre a maior parte do metabolismo oxidativo. Após a oxidação de NADH (Complexo I) ou $FADH_2$ (Complexo II), a cadeia de transporte de elétrons catalisa as reações redox com um único elétron. O radical semiquinona, um intermediário na redução de Q a QH_2 (Capítulo 8), é sensível à oxidação pelo oxigênio molecular e é considerado a maior fonte de radicais superóxidos na célula.

alvo). O **superóxido** ($O_2^{\bullet}$) tem estabilidade intermediária e pode, na verdade, atuar como agente oxidante ou redutor, formando H_2O_2 ou O_2, respectivamente. Em pH fisiológico, o **radical hidroperoxila** ($HOO^{\bullet}$, $pK_a < 4,5$), a forma protonada do superóxido (Fig. 42.1), representa somente uma pequena fração do $O_2^{\bullet}$ total (cerca de 0,1%), mas esse radical tem reatividade intermediária, entre $O_2^{\bullet}$ e $OH^{\bullet}$. O $HOO^{\bullet}$ e o H_2O_2 são moléculas pequenas, sem carga, e se difundem rapidamente pelas membranas celulares.

As ROS são formadas *in vivo* por três mecanismos principais: reação do oxigênio com íons metálicos descompartimentalizados (Fig. 42.3), como reação colateral ao transporte de elétrons nas mitocôndrias (Fig. 42.4) ou reações enzimáticas normais, como formação de H_2O_2 por ácido graxo oxidases no peroxissomo (Capítulo 11). As ROS secundária também são formadas por reações enzimáticas; a mieloperoxidase de macrófagos, por exemplo, catalisa a reação de H_2O_2 com Cl^- para produção de outra ROS, o ácido hipocloroso (HOCl).

QUADRO DE CONCEITOS AVANÇADOS
RADIOTERAPIA: APLICAÇÃO MÉDICA DO OXIGÊNIO REATIVO

A radioterapia usa um feixe focalizado de elétrons de alta energia ou raios γ de uma fonte de raios X ou cobalto 60 para destruição do tecido tumoral. A radiação produz um fluxo de radicais hidroxila (da água) e radicais orgânicos no local do tumor. O estresse oxidativo localizado causa dano em todas as biomoléculas da célula tumoral, mas o dano ao DNA é crítico, já que impede a replicação da célula tumoral, inibindo o crescimento da lesão. A irradiação também é usada como método de esterilização de alimentos, destruindo o DNA de contaminantes virais ou bacterianos ou de infestações de insetos, preservando-os por longos períodos de armazenamento.

A exposição à radiação ionizante de explosões ou acidentes nucleares ou ainda inalação ou ingestão de elementos radioativos, como gás radônio ou estrôncio 90, também causa dano oxidativo ao DNA. As células que sobrevivem ao dano podem apresentar mutações no DNA que, por fim, levam ao desenvolvimento de cânceres. As leucemias são bastante proeminentes por causa da rápida divisão das células da medula óssea.

QUADRO CLÍNICO
TOXICIDADE DA HIPERÓXIA

A administração suplementar de oxigênio pode ser usada no tratamento de pacientes com hipóxia, desconforto respiratório ou expostos ao monóxido de carbono. Em condições normobáricas, a fração de oxigênio no ar pode ser aumentada para quase 100% com o uso de máscara facial ou cânula nasal. Os pacientes, porém, apresentam dor torácica, tosse e dano alveolar em algumas horas de exposição ao oxigênio a 100%. Gradualmente, há o desenvolvimento de edema e comprometimento da função pulmonar. O dano é decorrente da produção excessiva de ROS nos pulmões. Ratos podem ser protegidos da toxicidade do oxigênio por meio do aumento gradual da tensão do gás por alguns dias. Nesse período, há a indução de enzimas antioxidantes, como a superóxido dismutase, nos pulmões, o que aumenta a proteção contra a toxicidade do oxigênio.

O pulmão não é o único tecido afetado pela hiperóxia. Bebês prematuros, principalmente aqueles com síndrome do desconforto respiratório agudo (ARDS), normalmente precisam de suplementação com oxigênio para sobreviverem. Na década de 1950, percebeu-se que a alta tensão de oxigênio usada nas incubadoras de bebês prematuros aumentava o risco de cegueira, causando retinopatia da prematuridade (fibroplasia retrolental).

ESPÉCIES REATIVAS DE NITROGÊNIO (RNS) E ESTRESSE NITROSATIVO

O peroxinitrito é uma espécie reativa de nitrogênio fortemente oxidante

As óxido nítrico sintases (NOS) catalisam a produção do radical livre óxido nítrico ($NO^{\bullet}$) a partir do aminoácido L-arginina.

>
> **QUADRO CLÍNICO**
> ISQUEMIA/LESÃO POR REPERFUSÃO: PACIENTE COM INFARTO DO MIOCÁRDIO
>
> Um paciente sofreu um grave infarto do miocárdio e foi tratado com um ativador do plasminogênio do tipo tecidual, uma enzima para dissolução do coágulo (trombolítica). Durante a hospitalização, o paciente apresentou palpitações ou batimentos cardíacos rápidos e irregulares, associados a fraqueza e debilidade. O paciente foi tratado com antiarrítmicos.
>
> **Comentário**
> A isquemia, ou seja, a limitação do fluxo sanguíneo, é uma condição em que o tecido é privado de oxigênio e nutrientes. O dano ao tecido cardíaco durante um infarto do miocárdio ocorre não na fase hipóxica ou isquêmica, mas durante a reoxigenação do tecido. Esse tipo de dano é também observado após transplantes e cirurgias cardiovasculares. Acredita-se que as ROS sejam muito importantes na lesão por reperfusão. Ao serem privadas de oxigênio, as células passam a depender da glicólise anaeróbica e dos depósitos de glicogênio para síntese de trifosfato de adenosina (ATP). Há acúmulo de dinucleotídeo de nicotinamida e adenina (NADH) e lactato e saturação de todos os componentes do sistema mitocondrial de transporte de elétrons (redução), já que os elétrons não podem ser transferidos para o oxigênio. O potencial da membrana mitocondrial aumenta (hiperpolarização) e, com a reintrodução do oxigênio, grandes quantidades de ROS são rapidamente produzidas, sobrepujando as defesas antioxidantes. As ROS inundam a célula, danificam os lipídeos da membrana, o DNA e outros constituintes celulares vitais e causam necrose. Suplementos e fármacos antioxidantes estão sendo avaliados no período de recuperação do infarto do miocárdio e do derrame, durante cirurgias e para proteção dos tecidos antes de transplantes.

Há três isoformas de NOS: nNOS no tecido neuronal, em que NO˙ atua como neurotransmissor; iNOS no sistema imune, em que participa da regulação da resposta imune; e eNOS nas células endoteliais, em que NO˙, conhecido como fator de relaxamento derivado do endotélio (EDRF), atua na regulação do tônus vascular.

Em uma reação colateral nos sítios de inflamação, o NO˙ reage com O2˙ para formar o forte oxidante e RNS peroxinitrito (ONOO⁻). Como as ROS, que produzem o estresse oxidativo, as RNS produzem o estresse nitrosativo por reação com as biomoléculas. O ONOOH tem muitas das propriedades oxidantes potentes de OH˙, mas com meia-vida biológica maior. Também é um potente agente nitrante, produzindo nitrotirosina em proteínas, fosfolipídeos nitrados em membranas e nucleotídeos no DNA. Acredita-se que a produção simultânea de NO˙ e O2˙, com concomitante aumento de ONOO⁻ e redução de NO˙, limite a vasodilatação e exacerbe a hipóxia e o estresse oxidativo na parede vascular durante a isquemia-lesão por reperfusão, precipitando o desenvolvimento de doença vascular. O ONOOH é parcialmente degradado pela clivagem homolítica e gera duas espécies muito reativas, OH˙ e NO2˙. NO2˙ também é formado pela oxidação de NO˙ por H_2O_2 catalisada por peroxidase ou mieloperoxidase de eosinófilos.

A NATUREZA DO DANO MEDIADO PELO RADICAL OXIGÊNIO

O radical hidroxila é a ROS mais reativa e danosa

A reação das ROS com as biomoléculas produz produtos característicos, descritos como biomarcadores do estresse oxidativo. Esses compostos podem ser formados de maneira direta na reação de oxidação com as ROS ou por reações secundárias entre os produtos da oxidação e outras biomoléculas. O radical hidroxila reage com as biomoléculas principalmente por reações de abstração e adição de hidrogênio. Um dos sítios mais sensíveis ao dano mediado pelos radicais livres são as membranas celulares, ricas em ácidos graxos poli-insaturados (PUFA) facilmente oxidados. O dano peroxidativo à membrana plasmática afeta sua integridade e função, comprometendo a capacidade celular de manutenção dos gradientes iônicos e da assimetria dos fosfolipídeos da membrana. Como mostra a Figura 42.5, quando OH˙ abstrai um átomo de hidrogênio de um PUFA, inicia uma reação em cadeia de peroxidação de lipídeos, gerando produtos secundários da oxidação, peróxidos lipídicos e radicais peroxila lipídicos. Os produtos da oxidação de lipídeo formados nessa reação se degradam e geram compostos carbonila reativos, como **malondialdeído** (MDA) e **hidroxinonenal** (HNE). Esses compostos reagem com as proteínas, formando adutos e ligações cruzadas, conhecidos como **produtos finais da lipoxidação avançada (ALE)**. Os adutos de MDA e HNE aos resíduos de lisina se somam às lipoproteínas no plasma e na parede vascular na aterosclerose e na placa amiloide na doença de Alzheimer, implicando o dano e o estresse oxidativo na patogênese dessas doenças.

Os radicais hidroxila também reagem por adição à fenilalanina, à tirosina e às bases de ácido nucleico, formando derivados hidroxilados e ligações cruzadas (Fig. 42.6). Outras ROS e RNS deixam rastros óbvios, como nitrotirosina e clorotirosina, formadas a partir de ONOOH e HOCl, respectivamente, e sulfóxido de metionina, gerada pela reação de H_2O_2 ou HOCl com resíduos de metionina nas proteínas (Fig. 42.6). A nitrotirosina, como os ALEs, é observada em maior concentração nas placas ateroscleróticas e de Alzheimer.

As ROS também reagem com carboidratos, formando compostos carbonila que reagem com proteínas e formam **adutos e ligações cruzadas conhecidos como produtos finais de glicosilação avançada (AGE)**. Há uma maior concentração de AGEs nas proteínas teciduais no diabetes, em decorrência da hiperglicemia e do estresse oxidativo; o aumento da modificação química das proteínas por AGEs e ALEs é implicado no desenvolvimento das complicações vasculares, renais e retinianas do diabetes (Capítulo 31).

DEFESAS ANTIOXIDANTES

Há vários níveis de proteção contra o dano oxidativo

Os danos induzidos pelas ROS aos lipídeos e proteínas é reparado principalmente por degradação e ressíntese. As proteínas

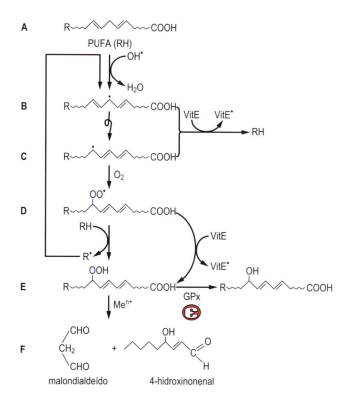

Fig. 42.5 **Via da peroxidação de lipídeos.** O OH• ataca o ácido graxo poli-insaturado (PUFA) (A), formando um radical lipídico com centro de carbono (B). O radical se rearranja e forma um radical dienil conjugado (C). Esse radical reage com o O₂ ambiente, formando um radical hidroperoxila (D) que, então, abstrai um hidrogênio do lipídeo adjacente, originando um peróxido lipídico (E) e regenerando R• (B), o que inicia uma reação cíclica em cadeia. Essa reação continua até a exaustão do suprimento de PUFA, a não ser que haja uma reação de terminação. A vitamina E (discutida mais à frente, neste capítulo) é o principal antioxidante de terminação de cadeia das membranas; reduz os radicais dienil e hidroperoxila conjugados, extinguindo a cadeia ou o ciclo de reações de peroxidação de lipídeos. Os peróxidos lipídicos também podem ser reduzidos pela glutationa peroxidase (GPx), formando álcoois lipídicos inertes. Caso contrário, se decompõem para formar uma gama de **"espécies reativas de carbonila"**, como malondialdeído e hidroxinonenal (F), os quais reagem com proteínas e geram produtos finais de lipoxidação avançada (ALE), que são biomarcadores do estresse oxidativo. O esquema de reação mostrados aqui para o PUFA também ocorre com fosfolipídeos e colesterol ésteres intactos em lipoproteínas e membranas celulares.

oxidadas, por exemplo, são os alvos preferidos para a degradação proteassômica, e o DNA danificado é reparado por vários mecanismos de excisão-reparo. O processo não é perfeito. Algumas proteínas, como os colágenos e as cristalinas, têm *turnover* lento e, assim, há acúmulo de danos e possível perda de função (p. ex., escurecimento e precipitação de proteínas da lente ocular dependentes da idade e consequente formação de catarata, ligação cruzada de colágeno e elastina com perda de elasticidade ou alterações da permeabilidade da parede vascular e da membrana basal renal; Capítulo 29). A associação entre a inflamação crônica e o câncer indica que a exposição crônica às ROS causa dano cumulativo no genoma, na forma de mutações não letais no DNA.

QUADRO DE CONCEITOS AVANÇADOS
FUNÇÃO SENTINELA DA METIONINA

Os resíduos de metionina (Met) das proteínas podem ser oxidados em metionina sulfóxido (MetSO) por H_2O_2, HOCl ou peróxidos lipídicos. De modo geral, a Met está na superfície das proteínas e raramente participa do sítio ativo ou do mecanismo de ação das enzimas. No entanto, há evidências de que atua como "fator antioxidante", protegendo o sítio ativo das enzimas. Metade dos resíduos de Met da glutamina sintetase pode ser oxidada sem afetar a atividade específica da enzima. Esses resíduos são fisicamente dispostos em um conjunto que "guarda" a entrada do sítio ativo, protegendo a enzima da inativação pelas ROS. A MetSO pode ser reduzida em metionina pelas **metionina sulfóxido redutases**, com amplificação catalítica do potencial antioxidante de cada resíduo de metionina.

QUADRO CLÍNICO
OXIDAÇÃO DA METIONINA E ENFISEMA

A **α1-antitripsina** (A1AT) é uma proteína plasmática sintetizada e secretada pelo fígado. É um potente inibidor da elastase e protege os tecidos dos danos induzidos pela enzima neutrofílica liberada durante a inflamação. A deficiência dessa proteína (que acomete 1 a cada 4.000 pessoas em todo o mundo) é comumente associada ao enfisema, uma doença pulmonar progressiva, e também ao dano hepático decorrente do acúmulo de agregados proteicos. O dano pulmonar é atribuído à ausência de inibição, pela A1AT, da liberação de elastase pelos macrófagos alveolares durante a fagocitose de particulados aéreos. O tratamento inclui a reposição de A1AT por infusão intravenosa semanal de um concentrado plasmático purificado ou da proteína recombinante.

O tabagismo e a exposição ao pó mineral (carvão, sílica) exacerbam a patologia em pacientes com deficiência de A1AT, mas também são fatores independentes de risco de desenvolvimento de enfisema e fibrose pulmonar. O cigarro e os materiais microparticulados ativam os macrófagos pulmonares, o que leva a liberação de enzimas proteolíticas e maior produção de ROS devido à inflamação. As ROS causam oxidação de um resíduo específico de Met na A1AT, o que inibe, de maneira irreversível, a atividade antielastase dessa proteína. Fumantes crônicos apresentam maiores níveis plasmáticos de A1AT inativa, contendo Met(O).

Nossa primeira linha de defesa contra o dano oxidativo é o sequestro ou quelação dos íons metálicos redox-ativos

Os quelantes endógenos incluem diversas proteínas ligantes de metais que sequestram ferro e cobre em forma inativa, como transferrina e ferritina, as formas de transporte e armazenamento de ferro. A proteína plasmática haptoglobina se liga à hemoglobina das hemácias rompidas e leva a molécula de hemoglobina para o catabolismo pelo fígado. A hemopexina plasmática se liga ao heme, a forma lipossolúvel do ferro, que catalisa a formação de ROS nos ambientes lipídicos; além disso,

Fig. 42.6 **Os produtos do radical hidroxila danificam as biomoléculas.** (A) Produtos da oxidação de aminoácido: *o-*, *m-* e *p-*tirosina e ditirosina a partir da fenilalanina; ácido aminoadípico semialdeído a partir da lisina; metionina sulfóxido. Outros produtos incluem clorotirosina (de HOCl), nitrotirosina (de ONOO⁻ e NO2•), diidroxifenilalanina produzida pela hidroxilação da tirosina e hidroperóxidos de aminoácidos alifáticos, como o hidroperóxido de leucina. (B) Produtos da oxidação do ácido nucleico: 8-oxoguanina, timina glicol, 5-hidroximetiluracil e outros. A 8-oxoguanina é o indicador de dano ao DNA mais comumente medido.

QUADRO DE CONCEITOS AVANÇADOS
SELÊNIO, UM MICRONUTRIENTE ANTIOXIDANTE

A selenocisteína é um aminoácido incomum encontrado em apenas 25 proteínas do proteoma humano. Esse aminoácido é codificado por UGA, que normalmente é um códon de parada, dirigido por uma sequência de inserção de selenocisteína (SECIS), uma estrutura em forquilha (*stem-loop*) de 50 nucleotídeos no mRNA. O selenoproteoma de 25 membros possui cinco isoenzimas glutationa peroxidase, três tiorredoxina redutases, a metionina sulfóxido redutase (uma das três enzimas que reduzem a metionina sulfóxido em metionina) e três iodotironina deiodinases. O selênio é essencial à vida, em parte porque há o desenvolvimento de hipotireoidismo grave e estresse oxidativo em sua ausência. A deficiência de selênio em adultos é associada a cardiomiopatia na doença de Keshan, osteoartropatia (degeneração de cartilagem) na doença de Kashin-Beck e aos sintomas de hipotireoidismo, inclusive fadiga crônica e bócio.

QUADRO DE CONCEITOS AVANÇADOS
O ELEMENTO DE RESPOSTA ANTIOXIDANTE

As células se adaptam ao estresse oxidativo por meio da indução de enzimas antioxidantes. Muitas dessas enzimas são controladas pelo **elemento de resposta antioxidante** (ARE), também conhecido como elemento de resposta eletrófila. O principal regulador do ARE é o fator de transcrição Nrf2, que é retido em uma forma inativa no compartimento citoplasmático por meio da ligação a uma proteína rica em cisteína, Keap1. Em condições normais, a Keap1 determina a ubiquitinação e degradação proteassômica de Nrf2. Durante o estresse oxidativo, a modificação dos grupos sulfidrila de Keap1 por nucleófilos, como os produtos da peroxidação de lipídeos hidroxinonenal e acroleína, provoca a dissociação de Nrf2 de Keap1. Nrf2, então, transloca-se para o núcleo e ativa os genes dependentes de ARE. Keap1 também reage com nucleófilos exógenos, inclusive carcinógenos que, caso contrário, reagiriam com o DNA.

As enzimas dependentes de ARE são a catalase (CAT), a superóxido dismutase (SOD) e as enzimas que catalisam a oxidação e a conjugação de carcinógenos e oxidantes para excreção. Uma dessas enzimas, a glutationa *S*-transferase hepática, catalisa a conjugação com glutationa reduzida (GSH). Os conjugados são, então, excretados na urina como **ácido mercaptúrico**, que é um derivado de *N*-acetilcisteína *S*-substituído.

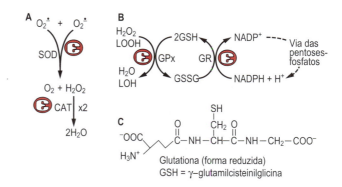

QUADRO CLÍNICO
HOMEM DE 36 ANOS DE IDADE INTERNADO APÓS ACIDENTE AUTOMOBILÍSTICO: RABDOMIÓLISE

Um homem de 36 anos de idade foi ao pronto-socorro após um acidente automobilístico na noite anterior. O paciente apresentava hematomas extensos na porção superior do corpo e nos membros inferiores devido ao impacto. As radiografias de pelve e quadril não mostraram fraturas, e não havia evidências de trauma craniano — o *air bag* era bom! Seu nível de creatina quinase (CK) era superior a 30.000 U/L (55-170 U/L), principalmente a isoenzima MM, sugerindo que o acidente não era decorrente da perda de controle após um infarto do miocárdio. A concentração plasmática de troponina T também era normal. A urina tinha cor amarronzada e foi positiva para sangue no exame com fita reagente; no entanto, não houve detecção de hemácias na urina. A concentração de creatinina era de 150 umol/L (1,69 mg/dL; valor de referência: 44-80 umol/L [0,50-0,90 mg/dL]). O nível plasmático de potássio era de 5,5 mmol/L (3,5-5,3 mmol/L).

Comentário: O nível elevado de isoenzima muscular e creatina quinase e a urina de cor amarronzada são consistentes com o diagnóstico de rabdomiólise, a degradação da musculatura estriada (do grego *rhabdos*, bastão) devido à síndrome de esmagamento (compressão muscular e subsequente reperfusão). Esta é uma doença grave, decorrente da degradação da musculatura esquelética e liberação de proteínas do citoplasma muscular, inclusive mioglobina, no plasma. Uma vez que a fita reagente diferencia a hemoglobina da mioglobina, a ausência de hemácias na urina sugere que o pigmento não é hemoglobina. A degradação muscular libera potássio. A alta concentração de potássio também pode refletir o comprometimento da função tubular renal, confirmado pela elevação da concentração plasmática de creatinina.

A rabdomiólise pode ser causada por lesão por esmagamento, imobilização prolongada, exercícios físicos intensos, doenças genéticas, como a doença de McArdle (deficiência de fosforilase muscular; Capítulo 37) e alguns fármacos, como as estatinas. A mioglobina é uma proteína de baixo peso molecular que é filtrada pelo glomérulo e parcialmente reabsorvida pelos túbulos renais, o que causa mioglobinúria. Em condições ácidas, o grupo heme da mioglobina induz estresse oxidativo e dano tubular renal. O paciente foi tratado com fluidos intravenosos, e sua função renal voltou ao normal antes da alta.

Fig. 42.7 **Defesas enzimáticas contra as espécies reativas de oxigênio (ROS).** (A) A superóxido dismutase (SOD) e a catalase (CAT) são dismutases e catalisam a oxidação e a redução simultâneas de duas moléculas separadas de substrato; ambas são altamente específicas para seus substratos, $O_2^{\bullet-}$ e H_2O_2, respectivamente. (B) A glutationa peroxidase (GPx) reduz o H_2O_2 e os peróxidos lipídicos (LOOH) e usa glutationa reduzida (GSH) como cossubstrato. A GSH é reciclada pela glutationa redutase (GR) com uso de NADPH da via das pentoses-fosfatos. (C) Estrutura da GSH.

em mitocôndrias, e a isoenzima CuZnSOD, amplamente distribuída pela célula. Uma isoforma glicoproteica secretada extracelular de CuZnSOD (EC-SOD) se liga às proteoglicanas na parede vascular, e acredita-se que proteja contra a lesão induzida por $O_2^{\bullet-}$ e $ONOO^-$. A CAT, que inativa H_2O_2, é encontrada principalmente nos peroxissomos, o maior sítio de geração dessa molécula na célula.

A GPx se distribui amplamente no citosol, nas mitocôndrias e no núcleo. Reduz H_2O_2 e hidroperóxidos de lipídeos em água e um álcool lipídico, respectivamente, usando GSH como cosubstrato. A GSH é um tripeptídeo (γ-glutamil-cisteinilglicina; Fig. 42.7) presente em concentração de 1 a 5 mM em todas as células. A GSH é reciclada por uma enzima NADPH-dependente, a GSH redutase. O NADPH, proveniente da via das pentoses-fosfatos, mantém a razão GSH:GSSG em cerca de 100:1 na célula. GPx é, na verdade, uma família de isoenzimas com selênio; uma glutationa peroxidase fosfolipídica hidroperóxido reduz os hidroperóxidos de lipídeo em fosfolipídeos e lipoproteínas nas membranas, enquanto outras isoenzimas são específicas para ácidos graxos livres ou hidroperóxidos de colesterol éster. Há também uma isoforma de GPx nas células epiteliais intestinais, e acredita-se que atue na desintoxicação dos hidroperóxidos da dieta (p. ex., em frituras).

A vitamina C é o principal antioxidante dos sistemas biológicos

Três vitaminas antioxidantes, A, C e E, formam a terceira linha de defesa contra o dano oxidativo. Essas vitaminas, principalmente a vitamina C (ascorbato; Fig. 42.8) na fase aquosa e a vitamina E (α e γ-tocoferol; Fig. 42.9) na fase lipídica atuam como antioxidantes que quebram cadeias (Fig. 42.5). Tais moléculas agem como agentes redutores, doando um átomo de hidrogênio (H$^{\bullet}$) e eliminando os radicais orgânicos formados pela reação das ROS com biomoléculas. Os radicais de vitamina C e E produzidos por essa reação são espécies não reativas e estáveis em ressonância; não propagam o dano do

a hemopexina leva o heme para o catabolismo hepático. A albumina, a principal proteína plasmática, possui um forte sítio de ligação para o cobre e é eficaz na inibição das reações de oxidação catalisadas por esse metal no plasma. A carnosina (β-alanil-L-histidina) e os peptídeos relacionados são encontrados nos músculos e no cérebro em concentrações milimolares; são potentes quelantes de cobre e podem atuar na proteção antioxidante intracelular.

Apesar desses múltiplos potentes sistemas de quelação de metais, as ROS são continuamente formadas no corpo, tanto por enzimas quanto por reações espontâneas catalisadas por metais. Nesses casos, há um grupo de enzimas que remove as ROS e seus precursores. Dentre estas, estão a **superóxido dismutase (SOD)**, a **catalase (CAT)** e a **glutationa peroxidase (GPx**; Fig. 42.7). A SOD converte $O_2^{\bullet-}$ em H_2O_2, menos tóxico. Há duas classes de SOD: uma isoenzima MnSOD, encontrada

CAPÍTULO 42 Estresse Oxidativo e Inflamação

radical e são enzimaticamente reciclados (p. ex., pela desidroascorbato redutase; Fig. 42.8). A vitamina C reduz os radicais de superóxido e peroxila lipídica, mas também tem papel especial na redução e reciclagem da vitamina E. Em resposta ao estresse oxidativo grave, a vitamina C recicla a vitamina E, para que esta última se mantenha em concentração constante na fase lipídica até que toda a vitamina C seja consumida (Fig. 42.9). Esses antioxidantes trabalham juntos para inibir as reações de peroxidação de lipídeos nas lipoproteínas e membranas plasmáticas. A vitamina A (caroteno; Capítulo 7) também é um antioxidante lipofílico. Embora seja mais conhecido por sua atuação na visão, é um potente captador de oxigênio singlete e protege a retina e a pele contra danos induzidos pela luz solar.

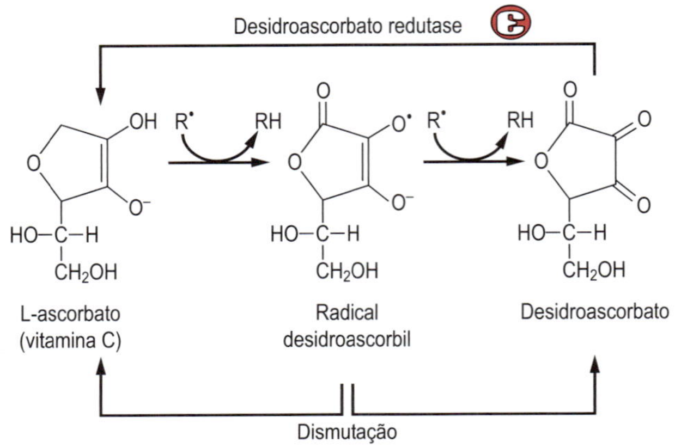

Fig. 42.8 **Atividade antioxidante do ascorbato.** A vitamina C existe como ânion enolato em pH fisiológico. O ânion enolato reduz, de maneira espontânea, os radicais superóxido, orgânicos (R•) e de vitamina E, formando um radical desidroascorbil (As•). O radical desidroascorbil pode sofrer dismutação em ascorbato e desidroascorbato. O desidroascorbato é reciclado pela desidroascorbato redutase, uma enzima GSH-dependente presente em todas as células.

Glutationilação de proteínas – proteção contra as ROS sob estresse

Apesar da multiplicidade dos mecanismos de defesa, sempre há algumas evidências de dano oxidativo contínuo nos tecidos. Em condições fisiológicas, quando as proteínas são expostas a O_2, seus grupos sulfidrila são gradualmente oxidados e formam dissulfeto, seja intramolecularmente ou intermolecularmente com outras proteínas. Este é um processo em diversas etapas. Primeiro, o grupo sulfidrila da proteína é oxidado em um **ácido sulfênico** (PrSOH) por uma ROS, como H_2O_2 ou HOCl; em seguida, o ácido sulfênico reage com outro PrSH e forma uma proteína de ligação cruzada PrS-SPr. Essas reações cruzadas podem ser revertidas pela glutationa, com geração de glutationa oxidada, e regeneram a proteína nativa com grupos sulfidrila livres. A sequência de reação é

$$PrSH + ROS \rightarrow PrSOH$$

$$PrSOH + PrSH \rightarrow PrS-SPr + H_2O$$

$$PrS-SPr + 2GSH \rightarrow 2PrSH + 2GSSG$$

Durante o estresse oxidativo, há um aumento significativo nas proteínas S-glutationiladas (PrS-SG) na célula. Neste caso, a sequência de reação é

$$PrSH + ROS \rightarrow PrSOH$$

$$PrSOH + GSH \rightarrow PrS-SG + H_2O$$

$$PrS-SG + GSH \rightarrow PrSH + GSSG$$

A **S-glutationilação** é revertida pela redução não enzimática por GSH ou por enzimas que usam cofatores proteicos tiol (**tioredoxina,** glutarredoxina). Essa via inibe a formação de agregados proteicos com ligações cruzadas, como os **corpos de Heinz**, que são precipitados de hemoglobina os quais se desenvolvem nas hemácias em caso de deficiência de glicose-6-fosfato desidrogenase, caracterizada por menores níveis de GSH (Capítulo 9). Acredita-se que a S-glutationilação tenha papel duplo, não apenas na proteção da cisteína

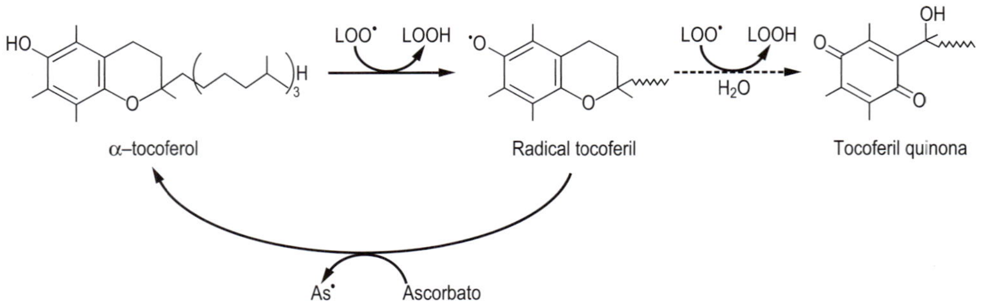

Fig. 42.9 **Atividade antioxidante da vitamina E.** O termo vitamina E se refere à família de isômeros de tocoferol e tocotrienol com potente atividade lipofílica antioxidante e de estabilização da membrana. Os tocoferóis reduzem os radicais hidroperoxilas de lipídeos e inativam o oxigênio singlete. O α-tocoferol é a forma mais eficaz em seres humanos e a principal forma de vitamina E na dieta. Essa molécula é composta por um anel estrutural de cromanol com uma cadeia lateral poli-isoprenoide, que ajuda a ancorar a vitamina nas membranas; as unidades de isopreno são insaturadas em tocotrienol. Os isômeros α, β, γ e δ apresentam diferentes padrões de grupos metil no anel benzênico (Fig. 11.3). A principal forma comercial de vitamina E é o acetato de α-tocoferol, que é mais estável do que o tocoferol livre durante o armazenamento. O radical tocoferil, o principal produto formado durante a ação antioxidante da vitamina E, é reciclado pelo ascorbato. A tocoferil quinona também é formada em pequenas quantidades.

contra a oxidação irreversível em ácido sulfínico ou sulfônico durante o estresse oxidativo e/ou nitrosativo, mas também na modulação do metabolismo celular (regulação redox). Dentre as proteínas-alvo, está uma ampla gama de enzimas com grupos -SH no sítio ativo ou reguladores, como gliceraldeído-3-fosfato desidrogenase na glicólise e proteínas quinases nas cascatas de sinalização, bem como chaperonas e proteínas transportadoras. A S-glutationilação parece limitar a oxidação irreversível dos grupos tiol em ácidos sulfônicos e sulfonas e protege as proteínas da degradação proteassômica mediada por ubiquitina durante o estresse oxidativo.

QUADRO DE TESTE CLÍNICO
ATIVIDADE DE PEROXIDASE PARA DETECÇÃO DE SANGUE OCULTO

As peroxidases, como a glutationa peroxidase (GPx), são enzimas que catalisam a oxidação de um substrato usando H_2O_2. A hemoglobina e o heme têm atividade pseudoperoxidase *in vitro*. Na pesquisa de sangue oculto nas fezes com base em guaiaco, a amostra é aplicada em um pequeno cartão com ácido guaiacônico. A hemoglobina presente na amostra de fezes oxida os compostos fenólicos do ácido guaiacônico em quinonas. O exame positivo é indicado pela coloração azul na borda do esfregaço fecal. A digestão incompleta da hemoglobina e da mioglobina da carne e algumas peroxidases de plantas podem causar resultados falso-positivos. Ensaios similares dependentes de peroxidase são usados para identificar manchas de sangue em perícias criminais.

QUADRO DE CONCEITOS AVANÇADOS
A VIA DA GLIOXALASE: UM PAPEL ESPECIAL DA GLUTATIONA

Uma pequena fração das trioses fosfatos produzidas durante o metabolismo espontaneamente se degrada em **metilglioxal** (MGO), um carboidrato dicarbonila reativo. O MGO também é formado durante o metabolismo da glicina e treonina e como produto da oxidação não enzimática de carboidratos e lipídeos – é um precursor significativo dos produtos finais de glicosilação e lipoxidação avançadas (AGEs/ALEs; Capítulos 29 e 31). O MGO reage principalmente com resíduos de arginina nas proteínas, mas também com lisina, histidina e cisteína, levando à inativação enzimática e à formação de ligações cruzadas proteicas.

O MGO é inativado por enzimas da via da glioxalase, um sistema dependente de GSH encontrado em todas as células do corpo. A via da glioxalase (Fig. 42.10) é composta por duas enzimas que catalisam uma reação redox interna na qual o carbono 1 do MGO é oxidado de um aldeído em um grupo de ácido carboxílico e o carbono 2 é reduzido de cetona a um álcool secundário. O produto final, D-lactato, não reage com as proteínas; D-lactato é diferente de L-lactato, o produto da glicólise, mas pode ser convertido em L-lactato pelo metabolismo. Os níveis de MGO e D-lactato são maiores no sangue de pacientes diabéticos devido à maior concentração intracelular de glicose e intermediários glicolíticos, inclusive trioses fosfatos. O sistema da glioxalase também inativa o glioxal e outros açúcares dicarbonila produzidos durante a oxidação não enzimática de carboidratos e lipídeos. Os inibidores da glioxalase estão sendo estudados na quimioterapia, já que as células tumorais parecem ser mais sensíveis a essas moléculas, talvez por sua maior dependência da glicólise.

EFEITOS BENÉFICOS DAS ESPÉCIES REATIVAS DE OXIGÊNIO

As ROS são essenciais em muitas vias metabólicas e de sinalização

Embora este capítulo tenha discutido, até agora, os aspectos perigosos do oxigênio reativo, é preciso reconhecer alguns dos efeitos benéficos das ROS. Dentre estes, estão as funções reguladoras do NO, o papel das ROS na ativação do ARE, a atuação de ROS na atividade bactericida dos macrófagos (Fig. 42.11) e o uso de ROS como substratos para enzimas (p. ex., H_2O_2 para as hemeperoxidases participantes da iodação do hormônio tireoidiano). Há também crescentes evidências de que as ROS, principalmente H_2O_2, são importantes moléculas de sinalização na regulação do metabolismo. Estima-se que a concentração tecidual de H_2O_2 seja submicromolar; os valores são muito variáveis, de 1 a 700 nmol/L. No entanto, alterações significativas na concentração de H_2O_2 ocorrem em resposta a citocinas, fatores de crescimento e estimulação biomecânica. A inibição desses eventos de sinalização por captadores de peróxido ou expressão excessiva de catalase indica a participação de H_2O_2 na cascata. Na sinalização da

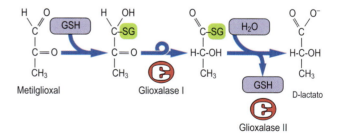

Fig. 42.10 **O sistema da glioxalase.** A glioxalase I catalisa a formação de um aduto tio-hemiacetal entre a glutationa reduzida (GSH) e o metilglioxal (MGO) e seu rearranjo em um tioéster. A glioxalase II catalisa a hidrólise do tioéster, o que forma D-lactato e regenera a GSH. Diferentemente da glutationa peroxidase (GPx), esta via não consome GSH.

insulina, por exemplo, o H_2O_2 parece participar do mecanismo de inativação reversível de algumas proteínas tirosinas fosfatases simultaneamente à ativação das tirosinas quinases pelo receptor insulínico (Capítulo 31). Como as evidências do papel de sinalização do H_2O_2 são convincentes, há um maior interesse na pesquisa sobre a atuação reguladora do superóxido.

QUADRO DE CONCEITOS AVANÇADOS
A EXPLOSÃO RESPIRATÓRIA EM MACRÓFAGOS

Como mostrado na Figura 42.11, os macrófagos desencadeiam uma sequência de reações produtoras de ROS durante a explosão (*burst*) de consumo de oxigênio que acompanha a fagocitose. A **NADPH oxidase** na membrana plasmática do macrófago é ativada para produção de $O_2^\bullet$ que, então, é convertido em H_2O_2 pela superóxido dismutase. O H_2O_2 é usado por outra enzima macrofágica, a mieloperoxidase (MPO), na oxidação do íon cloreto, ubíquo nos fluidos corpóreos, em ácido hipocloroso (HOCl). O H_2O_2 e o HOCl medeiam a atividade bactericida por oxidação e cloração de lipídeos, proteínas e DNA microbianos. O macrófago apresenta alta concentração intracelular de antioxidantes, principalmente ascorbato, para protegê-lo durante a produção de ROS, mas sua vida relativamente curta, de 2 a 4 meses, sugere que não é imune ao dano oxidativo.

O consumo de O_2 pela NADPH oxidase é responsável pela "**explosão respiratória**", o súbito aumento no consumo de O_2 para produção de ROS que acompanha a fagocitose. Um dos produtos finais dessa sequência de reação, o HOCl, também é o oxidante ativo da água sanitária. A infusão intravenosa de soluções diluídas de HOCl foi usada no tratamento da sepse bacteriana em hospitais de campo durante a Primeira Guerra Mundial, antes do advento da penicilina e de outros antibióticos. A **doença granulomatosa crônica** (CGD) é uma doença congênita causada por um defeito genético na NADPH oxidase. A incapacidade de produção de superóxido leva ao desenvolvimento de infecções bacterianas e fúngicas crônicas, com risco de morte.

QUADRO DE CONCEITOS AVANÇADOS
DEFESAS ANTIOXIDANTES NAS HEMÁCIAS

As hemácias não usam oxigênio em seu metabolismo, nem participam da fagocitose. No entanto, devido à alta tensão de O_2 no sangue arterial e ao elevado teor de ferro heme, as hemácias produzem ROS de maneira contínua. A hemoglobina (Hb) produz superóxido ($O2^\bullet$) de maneira espontânea em uma reação colateral menor associada à ligação de O_2. A ocasional redução de O_2 em $O_2^\bullet$ é acompanhada pela oxidação da Hb (ferro) normal em meta-hemoglobina (ferri-hemoglobina), uma proteína amarronzada que não se liga ou transporta O_2. A **meta-hemoglobina** pode liberar o heme, que reage com $O_2^\bullet$ e H_2O_2 em reações do tipo Fenton para produção de radical hidroxila ($OH^\bullet$) e espécies ferro-oxi reativas. Essas ROS iniciam reações de peroxidação de lipídeos que podem levar à perda da integridade da membrana e à morte da célula.

As hemácias são bem fortificadas por defesas antioxidantes para sua proteção contra o estresse oxidativo. Dentre essas defesas, estão a catalase (CAT), a superóxido dismutase (SOD) e a glutationa peroxidase (GPx), assim como a atividade de meta-hemoglobina redutase que reduz a meta-hemoglobina em ferri-hemoglobina normal. De modo geral, menos de 1% da Hb é encontrada como meta-hemoglobina. No entanto, indivíduos com **meta-hemoglobinemia** congênita, decorrente da deficiência de meta-hemoglobina redutase, têm aparência escura e cianótica. O tratamento com grandes doses de ascorbato (vitamina C) reduz sua meta-hemoglobina à hemoglobina funcional.

A GSH, presente em concentração de aproximadamente 2 mmol/L nas hemácias, não apenas auxilia as defesas antioxidantes, como também é um importante tampão de sulfidrila, mantendo os grupos-SH da hemoglobina e das enzimas em estado reduzido.

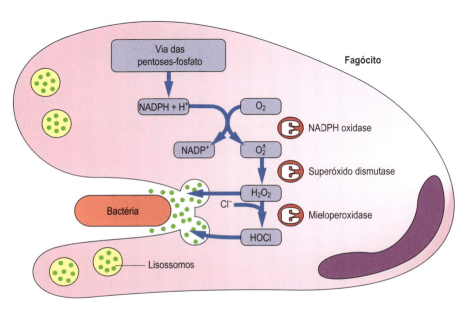

Fig. 42.11 **Geração e liberação de espécies reativas de oxigênio (ROS) durante a fagocitose.** A cascata de reações para geração de ROS começa durante a fagocitose para matar microrganismos invasores. Os lisossomos também liberam enzimas hidrolíticas de modo a auxiliar a degradação dos detritos (*debris*) microbianos.

QUESTÕES PARA APRENDIZAGEM

1. Reveja as evidências de que a aterosclerose é uma doença inflamatória decorrente da produção excessiva de ROS na parede vascular.
2. Discuta as evidências de que a hiperglicemia induz um estado de estresse oxidativo que leva às complicações renais e vasculares do diabetes.
3. Reveja os dados sobre o uso dos antioxidantes no tratamento da aterosclerose e do diabetes. Com base nesses estudos, qual a força das evidências de que a patologia crônica dessas doenças é decorrente do maior estresse oxidativo?
4. Discuta os recentes avanços no uso de antioxidantes para proteção de órgãos e tecidos durante cirurgias e transplantes.

RESUMO

- As espécies reativas de oxigênio (ROS) são produzidas pelo metabolismo oxidativo; o estresse oxidativo pode ser visto como o preço que pagamos por usar o oxigênio no metabolismo.
- As ROS e as RNS, como superóxido, peróxido, radical hidroxila e peroxinitrito, são reativas, tóxicas e, às vezes, difíceis de conter, mas sua produção é importante para regulação do metabolismo, reciclagem (*turnover*) de biomoléculas e proteção contra as infecções microbianas.
- As ROS e as RNS causam danos oxidativos em todas as classes de biomoléculas: proteínas, lipídeos e DNA.
- Há diversos mecanismos antioxidantes protetores: o sequestro de íons metálicos redox-ativos; a inativação enzimática das principais ROS; a inativação dos radicais orgânicos por pequenas moléculas, como GSH e vitaminas; e, caso nenhum deles funcione, reparo e/ou *turnover* e, *in extremis*, apoptose.
- Os biomarcadores de estresse oxidativo são facilmente detectados nos tecidos na inflamação; o estresse oxidativo é cada vez mais implicado na patogênese da doença crônica relacionada à idade.
- Apesar de suas ações danosas, as ROS também são essenciais às funções normais do sistema imune e de muitas enzimas e vias de sinalização celular.

LEITURAS SUGERIDAS

Ahmed, S. M., Luo, L., Namani, A., et al. (2017). Nrf2 signaling pathway: Pivotal roles in inflammation. *Biochimica et Biophysica Acta, 1863*(2), 585-597.

Forman, H. J. (2016). Redox signaling: An evolution from free radicals to aging. *Free Radical Biology and Medicine, 97*, 398-407.

Halliwell, B., & Gutteridge, J. M. C. (2015). *Free radicals in biology and medicine* (5th ed.). Oxford: UK: Oxford University Press.

Koekkoek, W. A., & van Zanten, A. R. (2016). Antioxidant vitamins and trace elements in critical illness. *Nutrition in Clinical Practice, 31*, 457-474.

Speckmann, B., Steinbrenner, H., Grune, T., et al. (2016). Peroxynitrite: From interception to signaling. *Archives of Biochemistry and Biophysics, 595*, 153-160.

Wang, P., & Wang, Z. Y. (2017). Metal ions influx is a double edged sword for the pathogenesis of Alzheimer's disease. *Ageing Research Reviews, 35*, 265-290.

SITES

Antioxidantes e câncer: http://www.cancer.gov/cancertopics/factsheet/antioxidantsprevention

Estresse oxidativo e doença: http://www.oxidativestressresource.org/

Espécies reativas de oxigênio: http://www.biotek.com/resources/articles/reactive-oxygen-species.html

Virtual Free Radical School: http://www.sfrbm.org/sections/education/frs-presentations

ABREVIATURAS

A1AT	Alfa-1 antitripsina
AGE	Produto final de glicosilação avançada
ALE	Produto final de lipoxidação avançada
ARE	Elemento de resposta antioxidante
CAT	Catalase
CGD	Doença granulomatosa crônica
EDRF	Fator de relaxamento derivado do endotélio (óxido nítrico)
GPx	Glutationa peroxidase
HNE	Hidroxinonenal
MDA	Malondialdeído
MGO	Metilglioxal
MetSO	Metionina sulfóxido
MPO	Mieloperoxidase
NOS	Óxido nítrico sintase
PUFA	Ácido graxo poli-insaturado
RNS	Espécies reativas de nitrogênio [ENR]
ROS	Espécies reativas de oxigênio [ERRO]
SECIS	Sequência de inserção de selenocisteína
SLE	Lúpus eritematoso sistêmico
SOD	Superóxido dismutase

CAPÍTULO 43

A Resposta Imune: Imunidade Inata e Adaptativa

J. Alastair Gracie e Georgia Perona- Wright

OBJETIVOS

Após concluir este capítulo, o leitor estará apto a:

- Discutir a base das respostas imunes inata e adaptativa e descrever as semelhanças e diferenças entre elas.
- Descrever os componentes celulares e humorais da imunidade inata e adaptativa e explicar suas funções.
- Comparar e diferenciar o reconhecimento de antígeno pelas células das respostas imunes inatas e adaptativas.
- Descrever as principais características de uma resposta inflamatória.
- Delinear as funções das principais citocinas, quimiocinas e moléculas de adesão usadas pelo sistema imune.
- Descrever a função principal dos subtipos de linfócitos T que caracterizam a resposta imune adaptativa.
- Descrever a base da diversidade anticórpica.
- Discutir a consequência das respostas imunes aberrantes que pode causar imunodeficiência, hipersensibilidade ou autoimunidade.

INTRODUÇÃO

O sistema imune evolui para responder de forma coordenada e proteger o hospedeiro de infecções ao prevenir a invasão e erradicar patógenos com a maior rapidez possível.

O sistema imune tem múltiplas camadas de defesa contra os patógenos, desde barreiras estruturais que detêm a entrada até células e sinais que destroem micróbios indesejados aos intricados mecanismos que aumentam as defesas em caso de retorno do patógeno. Uma característica chave do sistema imune é sua capacidade de reconhecimento do patógeno e a montagem da resposta exatamente apropriada.

A importância de um sistema imune saudável e eficaz pode ser observada em indivíduos acometidos por um dos muitos **estados de imunodeficiência**. Esses pacientes apresentam diversas doenças, de infecções recorrentes menores a enfermidades com risco de morte, dependendo da gravidade da imunodeficiência. As respostas inadequadas podem causar doença, inclusive **autoimunidades** ou **hipersensibilidades**. As próximas seções explicarão como as diferentes partes do sistema imune trabalham juntas na proteção contra a infecção e apresentam os benefícios e os riscos para nós, hospedeiros.

AS TRÊS CAMADAS DA PROTEÇÃO IMUNE

A primeira linha de defesa é formada pelas barreiras anatômicas e fisiológicas do corpo

A importância da proteção contra a infecção é tal que qualquer falha na defesa pode ser catastrófica. O sistema imune, portanto, usa múltiplas camadas de defesa, que reforçam umas às outras. A primeira linha de defesa é formada pelas **barreiras** físico-químicas do corpo, como epitélios cutâneos e mucosos e seus produtos secretados (p. ex., suor, muco e ácido). Essas defesas anatômicas e fisiológicas são chamadas naturais ou constitutivas porque estão presentes e ativas mesmo antes do encontro com qualquer patógeno.

A segunda linha de defesa é a imunidade inata

Caso o patógeno consiga sobrepujar as barreiras do corpo, a **resposta imediata** do sistema imune à infecção é chamada **imunidade inata**. A chave para a imunidade inata é a **capacidade do sistema imune em distinguir entre *próprio* e *não próprio*** – ou seja, o sistema imune deve identificar o patógeno como algo estranho, que não deve estar presente. A imunidade inata é também chamada não específica, já que as características particulares de um determinado patógeno importam menos do que o fato genérico de que é um ser estranho. Alguns componentes do mesmo sistema de defesa anatômico e fisiológico também são parte do sistema imune inato; a saliva, por exemplo, contém enzimas, como a lisozima, que podem danificar as paredes celulares bacterianas. A lisozima é constitutivamente encontrada na saliva e, assim, é uma defesa fisiológica contra a infecção. No entanto, a concentração de lisozima na saliva aumenta dramaticamente após a detecção da presença de um patógeno e esta *resposta* é um exemplo de imunidade inata.

O terceiro nível de defesa é a resposta imune adaptativa

O sistema imune inato é capaz de derrotar a grande maioria dos agentes infecciosos. Para os patógenos que escapam da imunidade inata, outras defesas direcionadas e altamente específicas são essenciais. A ativação dessas defesas direcionadas constitui a **resposta imune adaptativa**. A resposta imune adaptativa demora para se desenvolver, mas, uma vez ativa, é poderosa e altamente eficaz. Sua característica-chave é a especificidade a um determinado patógeno, desencadeada pelo reconhecimento de componentes únicos do micróbio, e sua variabilidade, com escolha das células e moléculas para combate ao patógeno em resposta à infecção específica. **Diferentes patógenos estimulam diferentes respostas imunes adaptativas**. A imunidade adaptativa também tem a capacidade exclusiva de **lembrar** de quaisquer encontros prévios com o mesmo patógeno e responder com maior rapidez e força em interações subsequentes. Essa memória imunológica é a base da **vacinação**, discutida mais à frente.

A RESPOSTA IMUNE INATA

Ao ser ativada, a resposta inata pode se apresentar como uma resposta inflamatória

A imunidade inata é a resposta imediata do corpo a uma infecção. É uma resposta não específica e, assim, é a mesma para um grande número de patógenos diferentes. Ao ser ativada, a resposta inata é geralmente observada como uma **resposta inflamatória**. A inflamação é a resposta do corpo a lesão ou dano tecidual. Seu objetivo é limitar e, então, reparar os danos causados por qualquer agente lesivo. Na inflamação, há a interação entre a microvasculatura, as células sanguíneas circulantes, outras células imunes nos tecidos e suas moléculas efetoras secretadas. A ativação endotelial, a maior permeabilidade vascular e a vasodilatação permitem que os leucócitos normalmente circulantes migrem para o tecido, no qual, junto a outras células imunes residentes, montam uma resposta eficaz e rápida na tentativa de eliminação do patógeno (Tabela 43.1). Nessa resposta, geralmente há a liberação de mediadores tóxicos e a **fagocitose**, um processo descrito pela primeira vez há mais de 100 anos por Mechnikov, que observou células "comendo" os patógenos. A vasodilatação, a ativação celular e o acúmulo de fluido nos tecidos fazem com que a inflamação seja clinicamente observada como **rubor, aumento de volume, calor e dor**.

Tabela 43.1 Células participantes na inflamação

	Circulantes	Teciduais
Leucócitos polimorfonucleares		
Neutrófilo	Sim	Migração conforme a necessidade
Eosinófilo	Sim	Migração conforme a necessidade
Basófilo	Sim	Migração conforme a necessidade
Mastócito		Sim
Fagócitos monocleares	Monócito	Macrófago
Linfócitos (principalmente parte da resposta adaptativa)	Sim	Migração conforme a necessidade
Células endoteliais		Sim

Células da resposta inata

Os neutrófilos e os monócitos são recrutados nos sítios de infecção

Uma das principais funções da inflamação é permitir que os fagócitos entrem no tecido infectado. Os neutrófilos e os monócitos, precursores dos macrófagos, são normalmente encontrados na corrente sanguínea e são recrutados para os sítios de infecção pelo processo de extravasamento. Os receptores nos fagócitos interagem com os ligantes no endotélio vascular, e as células se ligam, param e passam da circulação para o tecido infectado. Os neutrófilos são os leucócitos mais abundantes na corrente sanguínea, com 4.000 a 10.000 células/mm^3. Esses números aumentam rapidamente durante a infecção por meio do recrutamento da medula óssea, chegando a 20.000/mm^3. **Os neutrófilos geralmente são as primeiras células a responderem à infecção**, fagocitando os micróbios da circulação e se movimentando com rapidez no tecido infectado. Essas células têm vida curta (normalmente de algumas horas a dias) e logo morrem por apoptose após chegarem ao tecido e exercerem seus efeitos (Tabela 43.1).

Os monócitos se transformam em macrófagos, que são a "lata de lixo" da resposta imune

Os monócitos são encontrados em números muito menores no sangue, de 500 a 1.000/mm^3 e, ao contrário dos neutrófilos, têm vida longa. Como os neutrófilos, também podem migrar para os tecidos e, ao fazê-lo, se diferenciam em macrófagos. Os macrófagos desempenham várias funções essenciais, inclusive a fagocitose de micróbios infectantes, a apresentação de antígenos e a remoção geral de células mortas ou danificadas do hospedeiro. Na verdade, o macrófago é frequentemente chamado a "lata de lixo" da resposta imune. A maioria dos órgãos do corpo e o tecido conjuntivo tem **macrófagos residentes**, cujo trabalho é monitorar seu ambiente e detectar sinais de infecção. Os monócitos que chegam da circulação ajudam a aumentar o número de macrófagos nos tecidos infectados. Os dois grupos de macrófagos respondem à infecção por meio da liberação de diversas citocinas e quimiocinas, sinais secretados que iniciam a resposta inflamatória (Tabela 43.1).

Os neutrófilos e os macrófagos usam seus receptores para reconhecer os micróbios invasores

Para montar uma resposta eficiente à infecção, os neutrófilos e os macrófagos devem perceber que o corpo está sendo atacado. Isso acontece por meio de diversos **receptores na superfície celular e intracelular, codificados pela linhagem germinativa,** que, diferentemente dos receptores usados pelas células da resposta imune adaptativa, não são produzidos pela recombinação somática de seus genes (Tabela 43.2). Assim, a resposta desencadeada por esses receptores é amnésica, e as células responderão de maneira similar em caso de reinfecção. Os receptores participantes do reconhecimento microbiano, frequentemente denominados **receptores de reconhecimento de padrão (PRR)**, identificam as estruturas compartilhadas por vários micróbios, as quais, em geral, não são encontradas em células do hospedeiro, como ácidos nucleicos,

Tabela 43.2 Comparação dos receptores de antígeno da imunidade inata e adaptativa

Característica do receptor	Imunidade inata	Imunidade adaptativa
Desencadeia uma resposta imediata	Sim	Não
Codificação da linhagem germinativa	Sim	Não
Mesma especificidade na linhagem	Sim	Não
Amplo espectro de reconhecimento	Sim	Não
Codificação por múltiplos segmentos gênicos	Não	Sim
Há rearranjo gênico	Não	Sim
Cada receptor tem especificidade única	Não	Sim

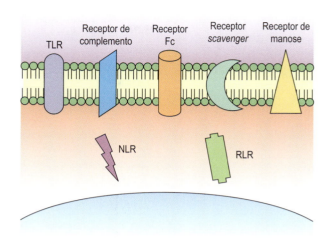

Fig. 43.1 **Os fagócitos utilizam diversos receptores para detectar patógenos.** As células do sistema imune inato expressam diversos tipos de receptores, na membrana celular ou no meio intracelular, para detectar patógenos e iniciar uma resposta imune eficaz. TLR, Receptor do tipo *Toll*; NLR, receptor do tipo NOD; RLR, receptor do tipo RIG-1. Veja os detalhes no texto.

lipídeos, açúcares, proteínas ou uma combinação de moléculas. As estruturas reconhecidas por esses receptores, chamadas **padrões moleculares associados a patógenos (PAMP)**, são características estruturais conservadas necessárias à sobrevida ou por infecciosidade do patógeno. De modo geral, esses padrões são compartilhados por famílias microbianas específicas.

Há várias categorias principais de receptores de reconhecimento de padrão, classificadas de acordo com sua localização e função

O primeiro é a lectina de ligação à manose (MBL), a qual é, na verdade, uma molécula não associada à célula, mas sim uma proteína plasmática circulante livre; ao reconhecer e interagir com o PAMP do patógeno, a MBL pode ativar a cascata do sistema complemento pela via das lectinas (Fig. 43.1). Outros receptores *scavenger e de manose* são receptores da superfície celular. Os receptores de manose pertencem a uma família maior chamada de **receptores de lectina tipo C (CLR)**, os quais, como seu nome sugere, detectam traços de carboidratos em patógenos. Ambos os receptores de manose e *scavenger* permitem o reconhecimento microbiano diretamente pelos fagócitos. Os demais tipos de PRRs são receptores de superfície que promovem a função fagocítica da célula ou receptores de sinalização, ligados à membrana, encontrados na membrana celular externa, nos endossomos ou no citoplasma.

Os PRRs são usados pelas células imunes inatas para desencadear muitas de suas funções

Uma das famílias de PRR de sinalização mais bem caracterizada é o **sistema dos receptores do tipo *Toll* (TLR)** dos mamíferos, que é evolutivamente conservado, e assim denominado devido ao sistema homólogo de receptores utilizados pelas moscas-das-frutas, *Drosophila*, na proteção contra as infecções. Em seres humanos, há 10 genes expressos de TLR (13 em camundongos); seus produtos formam homodímeros ou heterodímeros com outros membros da família, o que aumenta o repertório de reconhecimento. O TLR4, por exemplo, é o receptor que reconhece o lipopolissacarídeo (LPS) encontrado na superfície de bactérias Gram-negativas, como *Escherichia coli*, mas não

presente em células de mamíferos. O efeito da interação entre os componentes do patógeno e os TLRs nas células imunes inatas é a ativação de TLR, que inicia a sinalização na célula imune e aumenta a expressão de um grande número de genes-alvos. Os genes que estão envolvidos dependem do padrão de TLRs acionado, mas os resultados comuns são a maior produção de mediadores inflamatórios, como citocinas e quimiocinas, o aumento da fagocitose (internalização e morte do patógeno), a regulação positiva de moléculas coestimuladoras na superfície celular, a migração celular e, no caso dos macrófagos, o aumento do processamento e da apresentação dos antígenos do patógeno para ativação da resposta imune adaptativa. A Tabela 43.3 resume a função e a distribuição celular dos TLRs. Os TLRs podem ser expressos na **membrana celular externa** ou em **vesículas intracelulares** e atuam principalmente no reconhecimento de patógenos extracelulares. Certos TLRs intracelulares (TLR 3/7/9) podem detectar RNAs e DNAs virais, mas até mesmo esses receptores interagem principalmente com produtos do patógeno extracelular que entraram na célula pela via endocítica.

Os receptores do tipo NOD estão localizados no citoplasma

Diferentemente dos TLRs, outros receptores de reconhecimento de padrão estão localizados no **citoplasma**. Dentre estes, estão os **receptores do tipo NOD** (NLR), descritos mais recentemente, que atuam como **sensores intracelulares** e acabam por desencadear a via do fator de transcrição kappa B (NFκB). A sinalização de NLR gera respostas similares às observadas nas interações com TLR, inclusive o aumento da fagocitose e a produção de citocinas e quimiocinas. Na presença de determinados estímulos patogênicos, os TLRs e os NLRs cooperam e ativam um complexo multiproteico citoplasmático chamado

Tabela 43.3 Ligantes de receptores do tipo *Toll* (TLR) e distribuição celular

TLR	Expressão celular	Ligantes	Espécies de patógeno
Heterodímero de TLR1-TLR2	Monócitos, DCs	Zimosan	Fungos
Heterodímero de TLR2-TLR6	Células NK Eosinófilos Basófilos	Lipoproteínas Ácido lipoteicoico β-glucanos Lipomananas	Bactérias Bactérias Gram-positivas Bactérias e fungos Micobactérias
TLR3	Células NK	RNA de fita dupla	Vírus
TLR4	Macrófagos, DCs, eosinófilos, mastócitos	LPS	Bactérias Gram-negativas
TLR5	Epitélio intestinal	Flagelina	Bactérias
TLR7	DCs, células NK, eosinófilos, células B	RNA de fita simples	Vírus
TLR8	Células NK	RNA de fita simples	Vírus
TLR9	DCs, células NK, eosinófilos, células B, basófilos	CpG não metilado (DNA)	Bactérias
TLR10	DCs, células NK, eosinófilos, células B	Desconhecido	Bactérias

DC, célula dendrítica, o principal tipo de célula apresentadora de antígeno; LPS, lipopolissacarídeo; CpG, dinucleotídeo de citosina-guanina; células NK, células natural killer.

inflamassoma. A ativação do inflamassoma ativa a caspase 1, levando ao processamento e à liberação das formas maduras das citocinas pró-inflamatórias, inclusive IL-1 e IL-18. Outra família de PRRs de sinalização intracelular é formada pelos receptores do tipo RIG-1 (RLR), que detectam RNAs virais e estimulam respostas antivirais por meio da produção de interferons do tipo I (Fig. 43.1).

Os mediadores inflamatórios participam da resposta imune

As células imunes inatas, como neutrófilos e macrófagos, matam o patógeno invasor de maneira direta, principalmente por fagocitose, e ativam outras células imunes para amplificar a resposta de defesa. Os neutrófilos e os macrófagos ativados por PRRs sintetizam e secretam uma ampla gama de diferentes substâncias químicas solúveis chamadas **mediadores inflamatórios**. Alguns são diretamente tóxicos para o patógeno, enquanto outros (as citocinas) recrutam e ativam outras células imunes. Durante a inflamação, o fígado também libera vários desses mediadores no sangue, inclusive os reagentes de fase aguda, como a proteína C-reativa (CRP) e os componentes do sistema complemento, descrito mais tarde.

Citocinas

As citocinas são mediadores solúveis das respostas inflamatórias e imunes

As citocinas são produzidas por diversos tipos celulares, inclusive aqueles das respostas imunes inatas e adaptativas. Agrupadas em um grande número de diferentes famílias, as citocinas são peptídeos ou glicoproteínas de tamanho pequeno (geralmente inferior a 20 kDa) ativas em concentrações entre 10^{-9} e 10^{-15} mol/L. De modo geral, os macrófagos são seus principais produtores durante as respostas inatas, e os linfócitos T são os principais produtores durante as respostas adaptativas. Muitos tipos celulares não pertencentes ao sistema imune, inclusive fibroblastos, células epiteliais e adipócitos, também podem secretar citocinas. Todas as citocinas exercem seus efeitos por meio da interação com receptores específicos nas superfícies de suas células-alvos. A maioria age sobre as células vizinhas (ação parácrina) ou as mesmas células que a produziram (ação autócrina). Algumas, porém, enviam sinais para células mais distantes de seu local de produção (ação endócrina). A rede de citocinas apresenta redundância e pleiotropia; várias dessas moléculas têm efeitos sobrepostos e a capacidade de ação em vários tipos celulares. As citocinas são agrupadas em subfamílias com base em sua estrutura e função, como brevemente discutido na lista a seguir. Os receptores de citocina não são restritos às células do sistema imune e são encontrados em diversos tipos celulares. Veja mais detalhes sobre a sinalização pelas citocinas no Capítulo 25.

As citocinas podem ser classificadas em famílias de acordo com seu efeito principal:

- **Fatores estimuladores de colônias:** Como o nome sugere, estas citocinas participam do desenvolvimento e da diferenciação das células imunes a partir de precursores da medula óssea.
- **Interferons (IFN):** O IFN-α e o IFN-β atuam na inibição da replicação viral, e o IFN-γ regula as respostas imunes. Este último é sintetizado principalmente por linfócitos T e ativa macrófagos.
- **Interleucinas (IL):** Hoje, há mais de 30 interleucinas reconhecidas, participantes das respostas imunes inatas e adaptativas. Estas citocinas são produzidas por vários tipos celulares imunes (e outros); como o nome sugere, a principal função é a comunicação entre os leucócitos.

Família do fator de necrose tumoral (TNF):
Esta é uma coleção mista de citocinas, cujos efeitos variam da promoção da inflamação (TNF-α e TNF-β) à estimulação dos osteoclastos e da reabsorção óssea (osteoprotegerina).

Quimiocinas:
Família de citocinas responsáveis pela quimiocinese – a movimentação celular em resposta a estímulos químicos. O interesse nos receptores desses mediadores aumentou muito, já que alguns parecem atuar como correceptores para a infecção (em especial, na infecção dos linfócitos T CD4$^+$ pelo vírus da imunodeficiência humana, HIV).

Citocinas na resposta imune inata

Os macrófagos ativados pela interação direta com os patógenos são os principais produtores de diversas citocinas que amplificam a inflamação. Dentre estas citocinas, estão o TNF-α, que aumenta a vasodilatação, e IL-1, IL-6 e IL-8, que recrutam mais neutrófilos e monócitos no tecido infectado. Várias citocinas liberadas por macrófagos ativados também promovem a ativação do sistema imune adaptativo.

O sistema complemento

As proteínas ativadas do sistema complemento participam da morte do patógeno

O sistema imune inato é muito eficaz na erradicação de infecções. A fagocitose é um dos principais mecanismos de destruição de patógenos, mas outras vias também contribuem. O sistema complemento desempenha um importante papel na defesa antimicrobiana do hospedeiro. O sistema complemento é formado por uma série de proteínas, presentes no sangue, cuja ativação leva à destruição das paredes celulares bacterianas e à consequente morte do patógeno. Determinadas proteínas do sistema complemento existem em forma solúvel, enquanto outras são ligadas à membrana. Essas proteínas são ativadas em uma série de etapas sequenciais. **Há três vias de ativação do sistema complemento**. Durante a resposta inata e na ausência de anticorpos, as vias alternativa e das lectinas ativam o sistema complemento. Nessas duas vias, as primeiras proteínas do sistema complemento são ativadas por ligação direta a componentes estruturais do patógeno invasor. O LPS da parede das bactérias Gram-negativas, por exemplo, desencadeia a via alternativa, e a manose e outros carboidratos das paredes celulares de fungos, bactérias e vírus desencadeiam a via das lectinas. Mais tarde, os anticorpos produzidos durante a resposta adaptativa podem se ligar a antígenos microbianos e ativar o sistema complemento por meio de uma terceira via, a **via clássica**.

A **"via clássica de ativação"** é formada pelos componentes C1q, C1r, C1s, C4 e C2 do sistema complemento. A ativação sequencial desses componentes leva à ativação do importantíssimo componente C3, o qual é indispensável para a ativação total do sistema complemento. Depois que isso acontece, o complexo de ataque à membrana, formado pelos componentes C5, C6, C7, C8 e C9, é ativado. Esse complexo gera uma estrutura polimérica anelar que se insere na membrana das bactérias e é responsável pela lise celular.

A via clássica é desencadeada pela interação de C1q a uma IgG ou IgM já ligada a seu antígeno específico (veja a discussão a seguir).

Em todos os casos, a ativação sequencial das proteínas do sistema complemento ocorre em cascata, na qual as proteínas ativadas ativam os membros subsequentes por clivagem proteolítica. Esta é uma resposta de autoamplificação, que rapidamente produz várias moléculas efetoras envolvidas na eliminação da infecção microbiana, como mostra a Figura 43.2. As três vias de ativação convergem para produção de um produto comum, em que os últimos componentes se combinam entre si para formar um complexo multimolecular, chamado **complexo de ataque à membrana**, na superfície dos microrganismos infectantes, que rompe a integridade dos patógenos ao se inserir em suas membranas. Os fragmentos de clivagem produzidos pela cascata de ativação do sistema complemento também têm múltiplas atividades biológicas, como o aumento da fagocitose por **opsonização**, o aumento do recrutamento de células inflamatórias por **quimiotaxia** e a estimulação da desgranulação das células imunes (atividade de **anafilatoxina**).

Moléculas de adesão

As moléculas de adesão medeiam a adesão entre as células

As interações celulares durante uma resposta imune dependem da expressão de moléculas e ligantes que medeiam a adesão entre as células ou entre as células e a matriz extracelular. Essas substâncias são chamadas "moléculas de adesão". Elas são encontradas em uma ampla gama de tipos celulares, não apenas nas células do sistema imune, mas também, por exemplo, no endotélio vascular. O principal determinante de sua expressão é o ambiente predominante de citocinas e a matriz do tecido conjuntivo adjacente. Tipicamente, são **glicoproteínas transmembranares**. Essas moléculas enviam sinais intracelulares e, durante as respostas imunes, participam principalmente da promoção das interações entre células e da migração celular. A migração inclui a movimentação das células inatas do sangue para os tecidos durante a infecção, bem como o auxílio a entrada e saída dos linfócitos dos linfonodos enquanto circulam à procura de sinais de ativação resultantes da apresentação do antígeno nesses órgãos periféricos. As moléculas de adesão que atuam na imunidade são agrupadas em famílias:

Integrinas:
São proteínas heterodiméricas expressas por leucócitos, tal como o antígeno 1 associado à função linfocitária (LFA-1) ou a molécula 1 de adesão de macrófagos (MAC-1).

Moléculas de adesão da família do supergene das imunoglobulinas:
De modo geral, são expressas por células endoteliais – por exemplo, molécula de adesão intercelular 1 (ICAM-1; CD54) ou molécula 1 de adesão celular/plaquetária (PECAM-1; CD31).

Selectinas:
São expressas por leucócitos e células endoteliais (p. ex., L-selectina ou P-selectina).

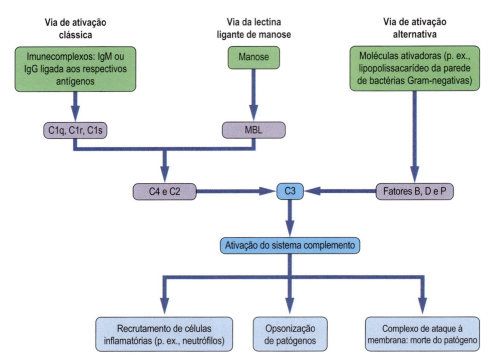

Fig. 43.2 **Cascata do sistema complemento.** Dentre os estímulos, estão as superfícies que desencadeiam a ativação do sistema complemento e às quais o componente ativado pode se ligar. A ativação do sistema complemento recruta células inatas durante a fase inicial de uma resposta imune. A estrutura polimérica (o complexo de ataque à membrana) gerada devido à ativação do sistema complemento pode se inserir na superfície ativadora (p. ex., a parede celular bacteriana), rompendo sua integridade e causando lise osmótica. Note que a ativação da via clássica é desencadeada pela ligação de C1q a uma IgG ou IgM que já está ligada a seu antígeno específico. A via alternativa possui três proteínas, conhecidas como fator B, fator D (uma serina protease) e fator P (properdina), que contribuem para a ativação do componente C3. MBL, Lectina ligante de manose.

■ **Adressinas vasculares similares à mucina:** São geralmente encontradas nos leucócitos e no endotélio. Estas moléculas se ligam às selectinas.

AS CÉLULAS DENDRÍTICAS UNEM AS RESPOSTAS IMUNES INATA E ADAPTATIVA

As células apresentadoras de antígeno (APC) são células especializadas que apresentam antígenos microbianos em sua superfície para iniciar a resposta imune adaptativa por meio da ativação de linfócitos T

As células dendríticas (DC) são as principais APCs e são encontradas em tecidos de todo o corpo. A pele e os diferentes órgãos apresentam populações residentes destas células. Como os macrófagos, as DCs apresentam receptores de superfície e internos, inclusive TLRs, que permitem sua interação com patógenos no tecido infectado; no entanto, enquanto os macrófagos respondem aos patógenos localmente, por meio do aumento da fagocitose e da produção de citocinas, as DCs engolfam o patógeno, saem do tecido e entram na circulação linfática, de onde passam para os órgãos linfoides secundários especializados, como os linfonodos. Ao incorporarem o antígeno, as APCs podem processá-lo e voltar a expressá-lo no contexto de estruturas especializadas na superfície celular, o que permite a **apresentação para as células T**. As células dendríticas são chamadas **"APCs profissionais"** porque, além de serem capazes de apresentar o antígeno, também possuem várias outras moléculas em sua superfície celular (p. ex., CD80, CD86 e CD40), que dão outros sinais para as células T. Esses sinais adicionais são chamados "coestimulação" e são necessários para a ativação completa da célula T virgem (*naïve*). Além disso, as DCs podem liberar determinadas citocinas (p. ex., IL-12) que influenciam a ativação e a diferenciação das células T (veja a discussão a seguir). Os macrófagos e as células B também são capazes de apresentar antígenos às células T e, assim, podem ser consideradas APCs, mas as DCs são as únicas que conseguem migrar dos tecidos infectados para os linfonodos, onde estão as células T *virgens*; as DCs, portanto, são essenciais para o início da resposta imune adaptativa.

RESPOSTA IMUNE ADAPTATIVA

A especificidade da resposta é conseguida por receptores únicos que reconhecem o antígeno

As respostas imunes adaptativas são essenciais em caso de insucesso de nossas defesas inatas. A resposta adaptativa é mais lenta do que a inata, mas é altamente específica e muito eficaz. Os dois principais tipos celulares do sistema imune adaptativo são as **células T** e as **células B**, coletivamente chamadas de **linfócitos**, que são a infantaria das defesas imunológicas. A resposta adaptativa começa quando os linfócitos reconhecem componentes do agente infeccioso. Esses componentes são chamados **antígenos**, e **a ligação dos antígenos aos receptores dos linfócitos desencadeia a resposta adaptativa**. Os receptores das células B e das células T são distintos e reconhecem formas bem diferentes do antígeno.

Os linfócitos T e B apresentam marcadores distintos na superfície celular que podem auxiliar sua identificação

As células efetoras que mais participam da resposta imune adaptativa são os linfócitos T e B. No total, há 1,3 a 4,0 $\times 10^9$/L

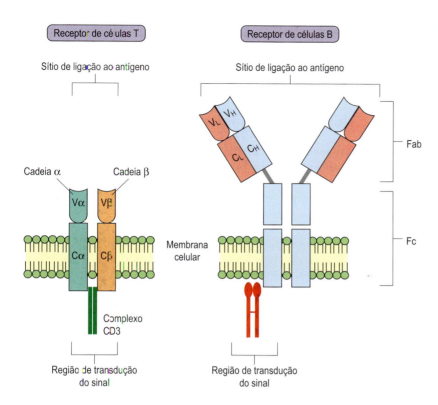

Fig. 43.3 **Semelhança estrutural dos receptores de antígeno das células T e células B.** Os receptores usados por células T e células B para detecção do antígeno compartilham semelhanças estruturais. V, Regiões variáveis; C, regiões constantes.

linfócitos no sangue periférico; destes, aproximadamente 50% a 70% são células T e 10% a 20% são células B.

A identificação das linhagens celulares T e B é realizada por citometria de fluxo, que determina sua expressão de receptores, ou através de estudos funcionais. Os marcadores de superfície dos linfócitos (e de outras células imunes) são classificados de acordo com o **cluster do sistema de diferenciação (CD)**. As células T, por exemplo, são positivas para CD4 ou CD8, enquanto as células B são CD19-positivas. As células T e B são mais facilmente diferenciadas por seus receptores de reconhecimento do antígeno (Fig. 43.3).

Os linfócitos B e T são ativados por reconhecimento de antígenos e moléculas coestimuladoras

Os receptores de reconhecimento de antígeno das células T e B são estruturalmente diferentes. Nos dois tipos de linfócito, porém, há uma maior diversidade no formato preciso do receptor de reconhecimento de antígeno de cada célula: a estrutura geral é conservada, mas há uma intensa variabilidade nos sítios de contato que interagem com o componente do patógeno. Essa diversidade é responsável pela grande especificidade da resposta imune adaptativa. Cada antígeno é reconhecido por apenas uma, ou algumas, células T e B. Ao encontrar seu antígeno específico e receber mais sinais coestimuladores, o linfócito é ativado e começa a se proliferar e diferenciar. Nas células T, isso ocorre quando as DCs chegam no linfonodo levando os antígenos dos tecidos infectados. Os antígenos são mostrados na superfície da DC no contexto de estruturas chamadas **moléculas do complexo principal de histocompatibilidade (MHC)**. Os macrófagos e as células B também expressam moléculas de MHC. A parte das células T que interage com o antígeno apresentado no MHC é chamada **receptor de** células **T (TCR)**. O receptor de reconhecimento de antígeno das células B é chamado **receptor de** células **B (BCR)** e é uma imunoglobulina de superfície (sIg).

Moléculas participantes do reconhecimento de antígenos

O antígeno é reconhecido por receptores específicos em células T e B

A capacidade de reconhecimento do enorme número de possíveis configurações antigênicas é conseguida por diferenças nas sequências de aminoácidos dos receptores, que originam as diferenças em seu formato ou conformação. O antígeno e seu receptor específico têm uma relação de "mão em luva". Os receptores de antígeno das células T e B apresentam grande variabilidade na sequência de aminoácidos que entram em contato com o antígeno, enquanto outras partes dessas moléculas são relativamente constantes em relação a suas sequências de aminoácidos.

Diferentemente dos receptores de antígeno encontrados nas células inatas, que são codificados pela linhagem germinativa, os receptores das células T e B são gerados pela recombinação aleatória de genes durante a maturação da célula. Esses receptores de reconhecimento de antígeno têm distribuição clonal. Assim, cada clone apresenta uma especificidade única para aquele antígeno, o que gera um conjunto enorme de células capazes de responder a todos os antígenos.

Como já mencionado, as células T e B diferem na forma de reconhecimento do que é "estranho". O receptor de antígeno sIg das células B pode reconhecer macromoléculas intactas (proteínas, polissacarídeos, lipídeos etc.), enquanto os receptores de células T reconhecem pequenos peptídeos de proteínas anteriormente processadas e apresentadas pela APC.

Embora o número de clones de células T e B, cada um reconhecendo diferentes antígenos, seja enorme, a interação com o antígeno adequado geralmente induz uma resposta similar, ou seja, a **transdução de sinal**. Isso pode levar à ativação completa da célula, com produção de anticorpos pelas células B; nas células T, isso provoca a proliferação e a promoção da resposta imune celular adaptativa.

Outro grupo de receptores de superfície nas células T e B se liga às moléculas coestimuladoras nas APCs

Depois da exposição ao antígeno, a interação entre as células T e as DCs também permite que o CD28 das células T se ligue a CD80 e CD86 da APC e que o ligante CD40 (CD40L) das células T se ligue ao CD40 da APC. Os dois sinais, antígeno e coestimulação, são essenciais para a ativação total do linfócito. As células B recebem sua coestimulação das células T ativadas: a sIg receptora de antígeno na célula B reconhece o antígeno livre, e o CD40 na célula B se liga ao CD40L da célula T adjacente, ativando a célula B. Sem a coestimulação, as células T e B não seriam completamente ativadas após a exposição ao antígeno e entrariam em **anergia** (ou seja, ausência permanente de resposta).

O receptor de antígenos das células T

O receptor de antígenos das células T é chamado TCR e forma um complexo com CD3

O TCR é um heterodímero formado por duas cadeias polipeptídicas não idênticas chamadas α e β (Fig. 43.3) que são unidas por pontes covalentes e não covalentes. Além disso, uma pequena e única população de células T encontrada principalmente no intestino expressa TCRs alternativos, com cadeias chamadas γ e δ. Cada cadeia do TCR possui dois domínios – uma sequência de aminoácidos **constante** e outra, **variável**. O sítio de ligação ao antígeno do TCR está na fenda formada pelos domínios N-terminais variáveis das cadeias constituintes α (Vα) ou β (Vβ) cadeias. Estruturalmente, o TCR lembra a porção de ligação de uma molécula de imunoglobulina, o receptor de antígenos encontrado nas células B, mas é bastante distinto por ser resultado de diferentes produtos gênicos. A função efetora das cadeias do receptor de antígeno é a transdução do sinal. Outro complexo proteico, chamado CD3, se liga ao TCR e facilita a sinalização.

Complexo principal de histocompatibilidade

As proteínas do MHC são as unidades que apresentam o antígeno de maneira que as células T possam reconhecê-lo contra um fundo próprio

Como já discutido, para iniciar uma resposta imune, o antígeno não pode simplesmente se ligar à célula T mais próxima, mas sim ser "formalmente" apresentado ao sistema imune. Isso ocorre quando as APCs expressam os peptídeos antigênicos processados nas fendas das moléculas de MHC em sua superfície celular. As moléculas de MHC de classe I e II também são um mecanismo para diferenciação dos antígenos originários do interior das células (p. ex., vírus) ou do ambiente extracelular (p. ex., muitos antígenos bacterianos). **O MHC de classe I apresenta antígenos intracelulares para as células T citotóxicas CD8$^+$, e o MHC de classe II apresenta antígenos extracelulares para as células T auxiliares (*helper*) CD4$^+$.** As células T citotóxicos CD8$^+$ são assassinas altamente treinadas que, quando ativadas, matam as células infectadas e os patógenos em seu interior. As células T auxiliares CD4$^+$ dão a "ajuda" adequada (coestimulação e citocinas) a diversos outros tipos celulares imunes, aumentando sua função. A produção de anticorpos pelas células B completamente ativados, por exemplo, requer CD40L e citocinas das células T CD4$^+$.

O complexo de genes do MHC é agrupado em três regiões, chamadas classe I, II e III

O complexo de genes MHC está no braço curto do cromossomo 6 e é agrupado em três regiões, chamadas classe I, II e III (Fig. 43.4). A **natureza poligênica e polimórfica do MHC** é a chave para o sucesso da resposta imune adaptativa. Com isso, queremos dizer que há diferentes genes de MHC de classe I e II, e cada gene apresenta múltiplas variantes ou alelos. As moléculas de classe I e II participam diretamente do reconhecimento imunológico e das interações celulares, enquanto as moléculas de classe III participam da resposta inflamatória por codificação de mediadores solúveis, inclusive componentes do sistema complemento da resposta imune inata e TNF.

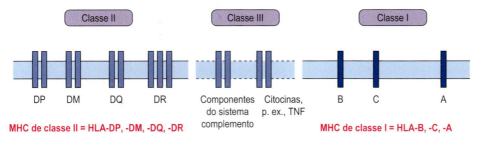

Fig. 43.4 **Organização genética do MHC e produtos expressos.** Os genes do MHC de seres humanos estão localizados no cromossomo 6. Os produtos gênicos são os antígenos leucocitários humanos (HLA). Os produtos gênicos da classe III são os componentes do sistema complemento e as citocinas.

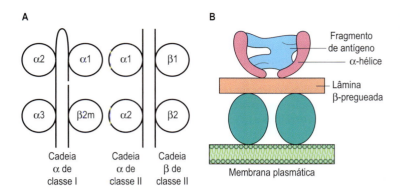

Fig. 43.5 **Estrutura do MHC de classe I e II (HLA).** (A) Estruturas esquemáticas das moléculas de MHC de classe I e classe II. Nas moléculas de classe I, a β_2-microglobulina (β2m) é um dos quatro domínios. (B) A conformação da proteína e o dobramento das moléculas de MHC são responsáveis pelo formato do sulco de ligação dos peptídeos antigênicos.

Os genes do MHC de classe I são organizados em vários loci, dos quais os mais importantes são chamados HLA-A, HLA-B e HLA-C

Os alelos de MHC são transmitidos e expressos conforme a codominância mendeliana. Por sua proximidade no cromossomo, são herdados *en bloc* como partes de um haplótipo e expressos na superfície de todas as células nucleadas. As cadeias α que codificam têm três domínios, sendo um estruturalmente similar aos encontrados nas moléculas de imunoglobulinas; os outros dois, porém, apresentam diferenças significativas. As cadeias α se combinam à β_2-microglobulina e formam a molécula funcional de classe I.

Genes do MHC de classe II são HLA-DR, HLA-DQ, HLA-DM e HLA-DP

Os genes da sub-região de classe II, chamados HLA-DR, HLA-DQ, HLA-DM e HLA-DP, são organizados em *loci* α e β, que originam as cadeias polipeptídicas α e β, respectivamente. As duas cadeias têm quase o mesmo peso molecular e se combinam para formar um heterodímero com uma estrutura terciária similar à da molécula de classe I, com uma fenda peptídica para inserção do fragmento antigênico processado durante a apresentação do antígeno (Fig. 43.5). Diferentemente da classe I, a classe II é bem mais restrita e expressa principalmente nas APCs, como as DCs, os macrófagos e as células B.

Muitas (hoje mais de 1.000) variantes alélicas podem ser identificadas em cada *locus* do MHC de classe II associado à apresentação do antígeno. Há seis *loci* maiores, cada um com 10 a 60 alelos funcionalmente reconhecidos. Cada um dos pais transmite à sua prole um conjunto ou haplótipo em cada cromossomo; assim, é fácil perceber que a probabilidade de que outro indivíduo da mesma espécie tenha um conjunto idêntico de moléculas de MHC é remota.

O receptor de antígenos da célula B

O receptor de antígenos da célula B (BCR) é a forma membranosa das moléculas de imunoglobulina que circulam no soro

As imunoglobulinas são moléculas em formato de Y compostas por quatro cadeias polipeptídicas (Capítulo 40, Fig. 40.5) – um par de cadeias pesadas, cada uma com peso molecular de aproximadamente 150 kDa, e um par de cadeias leves, cada com peso molecular de cerca de 23 kDa. Sua estrutura é baseada nos domínios com sequências constantes e variáveis de aminoácidos nas cadeias pesadas e leves. Os domínios aminoterminais de sequência altamente variável das cadeias pesadas e leves formam uma bolsa que constitui o sítio de ligação ao antígeno; a porção chamada "fragmento de ligação ao antígeno" **(Fab)** fica na extremidade dos braços. Os demais domínios das cadeias com sequências relativamente constantes de aminoácido são chamados **domínio constante da cadeia pesada (CH)** ou **domínio constante da cadeia leve (CL)** e formam o tronco da molécula em formato de Y ("fragmento constante" ou **porção Fc**). As porções Fc dos anticorpos têm várias funções, inclusive a interação com componentes do sistema complemento e a ligação a receptores de Fc nos leucócitos, inclusive macrófagos, células *natural killer* (NK), neutrófilos, mastócitos e células B; no BCR, a porção Fc da molécula de sIg é o componente de sinalização do receptor.

Há uma gama quase infinita de possibilidades para as especificidades dos anticorpos

Os repertórios dos receptores das células B e dos receptores das células T, que provavelmente têm mais de 10^{11} diferentes especificidades, são formados por um processo de combinação dos vários genes que participam da origem da molécula. No BCR, a região variável de uma cadeia leve é o produto de dois genes diferentes (V = variável e J = juncional). Esse produto, por sua vez, se combina com o produto gênico da região constante (C) e forma a proteína completa, transcrita e traduzida, da cadeia leve. Na cadeia pesada, o nível de complexidade é maior graças à adição do produto do gene D (diversidade), formando parte da área variável com os segmentos gênicos V e J. Mais uma vez, esses produtos se combinam aos segmentos da região C, mas, nas cadeias pesadas, múltiplos produtos do gene C formam a proteína completa. Múltiplas cópias de cada um dos segmentos gênicos no DNA da linhagem germinativa, usadas de maneira aleatória, bem como os polimorfismos entre os indivíduos, geram o número quase infinito de possíveis especificidades anticórpicas. As células B maduras também têm a capacidade de acumular pequenas mutações pontuais no DNA que codifica as cadeias pesadas e leves da imunoglobulina, chamadas **hipermutações somáticas**, as quais aumentam ainda mais a variação de especificidade. O processo de geração da diversidade dos receptores de células T é muito similar e também decorrente da combinação de múltiplos segmentos gênicos. Cada célula B ou T desenvolvida pelo corpo gera seu BCR ou TCR de maneira independente, e o grande número de diferentes receptores gerados faz com que pelo menos um provavelmente reconheça qualquer patógeno que podemos encontrar.

A educação tímica e a autotolerância ajudam a diferenciação entre próprio e não próprio

O risco de utilização de uma combinação aleatória de genes para produção de receptores de reconhecimento de antígeno é que a probabilidade de geração de TCRs e BCRs que reconheçam antígenos **próprios** é igual à síntese de receptores funcionais que reconheçam antígenos **não próprios** ou estranhos. A **capacidade de diferenciação entre próprio e não próprio** é crucial ao sucesso das respostas adaptativas. O sistema imune consegue isso por meio de processos complicados de **educação tímica** e **autotolerância**. A educação e a seleção tímica asseguram a destruição de quaisquer células T capazes de reconhecer antígenos próprios antes da entrada na circulação. Uma vez que a ativação das células B requer o auxílio das células T, a ausência de células T autorreativas também diminui a probabilidade de ativação de células B autorreativas. Falhas nesse processo podem levar à ativação inadequada da resposta imune por antígenos próprios e, consequentemente, ao desenvolvimento de **doenças autoimunes**, como a **artrite reumatoide** e o **lúpus eritematoso sistêmico**.

A resposta imune adaptativa precisa de tempo para se desenvolver e lembra do que vê

No início da resposta imune adaptativa, um número relativamente pequeno das células e componentes à disposição tem a especificidade certa para o antígeno. Há uma demora entre a ativação e a consequente proliferação dessas células para aumento da quantidade de células específicas em um nível que assegure a eliminação do antígeno ou pelo menos reduza-o a um patamar que seja manejável pela resposta imune inata. Essa demora normalmente é de 7 a 10 dias durante o primeiro encontro com um determinado patógeno, mas a resposta imune adaptativa emprega um mecanismo para lembrar dessa interação e, se o mesmo antígeno estranho for encontrado mais uma vez, pode ser destruído de maneira mais rápida e mais eficaz. Esse processo é chamado **memória imunológica**. Assim, em comparação à imunidade inata, a resposta adaptativa apresenta **especificidade** e **memória** do antígeno estranho ou não próprio.

A resposta adaptativa é integrada

Dentre as células e as moléculas da imunidade adaptativa que erradicam o patógeno, estão as **células T auxiliares CD4+**, **células T citotóxicas CD8+** e os **anticorpos** produzidos por **células B ativadas**. A resposta imune adaptativa é, assim, mediada por elementos celulares e humorais; as células T são consideradas responsáveis pela imunidade celular, e as células B, pela imunidade humoral. É importante considerar a resposta adaptativa como integrada, e não isolada. Muitas funções

das células T, por exemplo, afetam a eficiência da resposta das células B. Da mesma maneira, as células B podem ativar as células T. A resposta integrada também inclui a imunidade inata. Os macrófagos, por exemplo, aumentam sua taxa de fagocitose em resposta às citocinas liberadas pelas células T. Os micróbios podem ser revestidos por anticorpos em um processo chamado **opsonização**, que aumenta a eficiência da fagocitose por neutrófilos e macrófagos.

Linfócitos atípicos

A população de linfócitos atípicos é chamada **células "natural killer"** (NK; assassinas naturais) por causa de capacidade de matar células neoplásicas ou infectadas por vírus aparentemente sem exposição ou sensibilização prévia. De modo geral, essas células são consideradas parte da resposta inata.

Tecidos linfoides

O sistema imune é incomum dentre os sistemas corpóreos porque as células são móveis e devem patrulhar todo o organismo. Grande parte da ação durante uma resposta imune ocorre no tecido infectado, seja a pele, o intestino, o pulmão ou outra área, mas existem tecidos linfoides específicos que são exclusivos do sistema imune.

Tecidos linfoides primários (centrais)

Todas as células imunes são derivadas das células-tronco hematopoiéticas residentes, em adultos, na medula óssea. Os linfócitos originários dessas células-tronco hematopoiéticas derivadas da medula óssea começam seu desenvolvimento e diferenciação em um dos dois **órgãos linfoides primários**, a medula óssea ou o timo.

A maturação da maioria dos linfócitos B ocorre na medula óssea

Uma das primeiras etapas do desenvolvimento das células B é o rearranjo dos genes de imunoglobulina de seu progenitor. Este é um processo antígeno-independente realizado por meio da interação com células do estroma da medula óssea. As células B imaturas resultantes expressam **IgM de superfície** como receptor de antígeno. Nesse estágio, se as células B interagirem de maneira muito forte com os antígenos ambientais, são removidas por um processo de seleção negativa, o que reduz a chance de autorreatividade. Depois de sua saída na periferia, as células B expressam **IgM e IgD de superfície** e podem ser ativadas pela interação com o antígeno. As células B ativadas proliferam, e algumas se transformam em **plasmócitos secretores de anticorpos**, e outras, em **células de memória de vida longa**.

Os progenitores dos linfócitos T seguem para o timo, no qual terminam seu desenvolvimento

O timo é uma estrutura multilobulada encontrada na linha média do corpo, logo acima do coração. Macroscopicamente, há um córtex externo e uma área medular interna em cada lóbulo. O desenvolvimento das células T ocorre no timo conforme as células imaturas migram do córtex para a medula. As células T imaturas interagem com os epitélios tímicos, e as DCs e, ao fazer isso, sofrem os processos de **seleção positiva e negativa** que constituem a "educação tímica das células T". Durante a seleção positiva, as células T são analisadas quanto à sua capacidade de interação com as moléculas de MHC, e somente as células T eficientes recebem os sinais de sobrevida. Na seleção negativa, as células que apresentam reatividade excessiva a antígenos próprios recebem sinais de morte, o que provoca sua destruição ainda dentro do timo. Isso remove as células **autorreativas**, que, se liberadas na periferia, poderiam induzir autoimunidade. O desenvolvimento inicial das células T e B nos tecidos linfoides primários é independente da estimulação antigênica extrínseca.

Tecidos linfoides secundários

Os órgãos linfoides secundários são os **linfonodos**, o **baço** e os **tecidos linfoides associados à mucosa (MALT)**. Estes tecidos são funcionalmente organizados por todo o corpo e têm um grau de compartimentalização em comum, com áreas específicas para células T ou B e áreas de sobreposição nas quais essas células interagem e respondem ao antígeno. As reações imunes adaptativas começam nos órgãos linfoides secundários. Ao saírem do timo, as células T virgens, por exemplo, recirculam pela corrente sanguínea e entram nos linfonodos por meio da regulação positiva adequada das moléculas de adesão e dos receptores de quimiocinas, que permitem sua localização nas áreas determinadas do tecido. As células T virgens passam de um linfonodo para outro, analisando todas as DCs que chegam, para detecção da presença de um antígeno específico.

No linfonodo, a área das células T é o paracórtex, e as áreas das células B são as áreas foliculares da medula

Os órgãos linfoides secundários contêm dois tipos de estruturas foliculares: o folículo primário não estimulado e os folículos secundários estimulados, caracterizados pela presença de centros germinativos. A linfa, a qual drena dos tecidos para os linfonodos, leva as DCs, os antígenos livres e as DCs com antígeno na esperança de que ativem as raras células T com especificidade adequada. À ativação, a célula T novamente altera a expressão de receptores de quimiocinas e deixa o linfonodo para recircular e voltar para o sítio de infecção, onde pode induzir uma resposta efetora. Da mesma maneira, as células B no linfonodo podem interagir com o antígeno livre levado pela linfa e, depois da coestimulação pelas células T CD4+ auxiliares, proliferam, terminam sua maturação e passam a ser plasmócitos secretores de anticorpos.

O baço contém tecido não linfoide (a polpa vermelha) e as áreas linfoides, a polpa branca

Na polpa branca, as áreas foliculares de células B são evidentes e as áreas de células T repousam entre elas, no espaço interfolicular. O baço é o local de apresentação dos antígenos presentes no sangue às células da resposta imune adaptativa.

O MALT é composto por elementos linfoides adjacentes às superfícies mucosas

O MALT é encontrado na entrada do trato respiratório e do intestino e inclui as **tonsilas** e as **adenoides**. Mais abaixo, no trato digestório, estão os agregados não encapsulados de células linfoides, chamados **placas de Peyer**, sobrepostos por áreas especializadas do epitélio para análise do ambiente antigênico. Como nos linfonodos e no baço, esses tecidos são importantes no início da amostragem e apresentação do antígeno, em especial daqueles que entram no corpo por uma perda de continuidade do epitélio ou pelo intestino.

Eliminação dos patógenos pela resposta imune adaptativa

Ao se ligar ao antígeno, os linfócitos se diferenciam em progênies com função efetora ou de memória

Depois do reconhecimento do antígeno, o linfócito ativado sofre divisão ou proliferação repetida. A seguir, há a diferenciação, que pode levar ao desenvolvimento de uma **função efetora** ou a geração de **memória** para a resposta à exposição subsequente ao mesmo micróbio (antígeno).

A seleção clonal cria clones de células idênticas, com especificidade única ao antígeno

A seleção clonal é o processo pelo qual a resposta imune cria clones de linfócitos idênticos, cada um com a especificidade antigênica única da célula ativada fundadora. Com esse repertório clonal, o antígeno determina quais linfócitos específicos serão ativados. O processo de drenagem do antígeno e recirculação do linfócito para os tecidos linfoides periféricos assegura **a inspeção do antígeno por muitos linfócitos** e pode selecionar todas as células que apresentam um **receptor específico de antígeno** para proliferação e diferenciação. A seleção clonal garante não apenas o número adequado de células efetoras para lidar com a ameaça durante a primeira estimulação, mas também um bom número de células de memória parcialmente ativadas que conseguem terminar sua ativação com maior rapidez em uma exposição subsequente ao antígeno. A Figura 43.6 mostra os principais eventos da formação de células B efetoras e de memória. Note que as células T também passam por um processo similar, gerando clones em proliferação das células efetoras ativadas e das células de memória para respostas subsequentes.

A memória imunológica diferencia a resposta imune adaptativa da resposta inata

Os mecanismos exatos de geração da memória imunológica ainda são objeto de muitas pesquisas. À nova exposição ao mesmo antígeno, a resposta imune adaptativa, devido à reativação das células de memória de vida longa, monta uma resposta mais rápida e mais eficaz em comparação à resposta primária. **A proteção prolongada oferecida pela vacinação é o resultado da memória imunológica.** Há diferenças claras entre a forma como os linfócitos virgens e de memória respondem ao antígeno. As células virgens e efetoras,

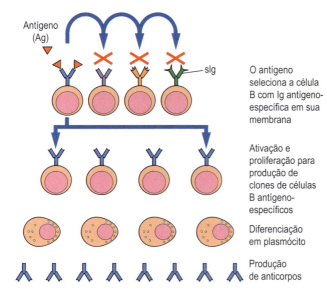

Fig. 43.6 **Seleção clonal em células B.** A imunoglobulina de superfície (sIg) antígeno-específica na membrana da célula B tem formato recíproco ao antígeno. A ligação do antígeno à imunoglobulina leva a ativação e proliferação para produção de um clone de células B antígeno-específicos. Cada membro do clone especificamente ativado, então, sofre diferenciação em plasmócito, que produz e secreta grandes quantidades de uma única imunoglobulina homogênea, com especificidade idêntica à da sIg que desencadeou a resposta. sIg, superfície imunoglobulina.

por exemplo, têm vida relativamente curta, mas os linfócitos de memória persistem por anos e, assim, geralmente conferem proteção vitalícia após a primeira exposição. Além disso, há mais células de memória específicas para o mesmo antígeno em comparação às células virgens.

Células T efetoras

Existem populações distintas de células T. Todos as células T, depois de saírem do timo, expressam CD4 ou CD8 em sua superfície. Essa distinção fenotípica também tem consequências importantes na função efetora: as células T CD4$^+$ são chamadas de **células T auxiliares (T$_H$)**, e as células CD8$^+$ são os **linfócitos T citotóxicos (CTL)**. As células T$_H$ podem ser subdivididas. A princípio, eram separadas em células T$_H$1 e T$_H$2, mas, hoje, muitos subtipos funcionais são reconhecidos. Atualmente, as células T$_H$17 e as células T auxiliares foliculares (T$_{FH}$), por exemplo, são muito estudadas. As células T$_H$17 têm esse nome por liberarem a citocina IL-17, e as células T$_{FH}$ são um subtipo encontrado nos linfonodos que interagem com as células B e regulam a produção de anticorpos. As células T também participam do aumento da atividade de outras células imunes adaptativas e inatas, por exemplo, por meio da ativação de macrófagos. Isso é feito pelo contato direto entre as células e pela secreção de citocinas. As diferentes citocinas promovem a função de diferentes células efetoras. Os diferentes subtipos de células T são descritos de maneira esquemática na Figura 43.7.

Subtipos de células T auxiliares: T$_H$1/T$_H$2, T$_H$17, T$_{FH}$ e T reguratórias (Treg)

As funções efetoras das células T CD4$^+$ são principalmente o "auxílio" de outras respostas imunes. Já dissemos que as células T precisam ser apresentadas ao antígeno no contexto do MHC na superfície de uma APC; **nas células T CD4$^+$, isso é feito pelas moléculas de MHC II**. Os sinais coestimuladores também são importantes. Ao ser ativada, a célula T auxiliar se diferencia, prolifera e realiza diferentes funções efetoras, restritas pelo tipo de célula T$_H$ em que se transformou. O subtipo T$_H$

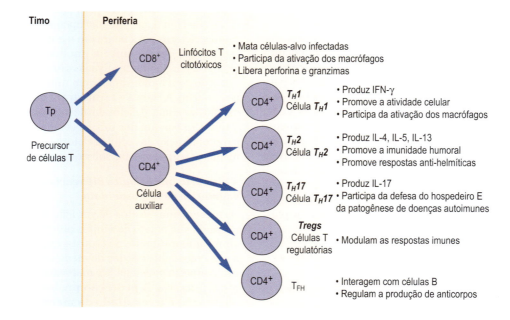

Fig. 43.7 **Subtipos funcionais de células T.** As células precursoras das células T no timo geram células com diferentes funções efetoras. T$_{FH}$, Células T auxiliares foliculares.

é determinado pelas citocinas secretadas pela DC no momento de ativação da célula T.

Células T_H1/T_H2

A princípio, a diferenciação nos subtipos T_H1 e T_H2 era baseada em sua função aparente. As células T_H1 pareciam atuar na promoção das respostas celulares: após a ativação, T_H1 liberam IFN-γ, que promove a atividade macrofágica. Além disso, podem liberar TNF-α que, por meio da ativação endotelial e subsequente regulação positiva das moléculas de adesão e das quimiocinas, aumenta o recrutamento de leucócitos. As células T_H1 também auxiliam as células B, aumentando a produção de anticorpos.

As células T_H2 ajudam as respostas celulares de uma maneira diferente. Essas células parecem ajudar as células B a produzir anticorpos, embora de tipos diferentes — a IL-4 liberada por células T_H2, por exemplo, encoraja as células B a produzirem IgE. As células T_H2 também estimulam preferencialmente a inflamação eosinofílica por meio de sua produção de IL-5. Juntos, a IgE e os eosinófilos promovem as principais respostas anti-helmínticas. Ao liberarem IL-4, IL-5 e IL-13, as células T_H2 limitam a ativação dos macrófagos por T_H1 e, da mesma maneira, os produtos T_H1 inibem as respostas T_H2 quando necessário. Assim, as funções efetoras das células T_H parecem ser determinadas pelo ambiente de citocinas produzidas que, por sua vez, é determinado pela natureza do patógeno invasor. A expressão de alguns fatores de transcrição parece ser crucial para o desenvolvimento de respostas T_H1 ou T_H2; o fator de transcrição T-bet é responsável pela expressão gênica característica de células T_H1, e o fator de transcrição GATA-3 é responsável pelo subtipo T_H2.

Células T_H17

Originariamente, as células T_H17 eram identificadas em modelos animais de várias doenças autoimunes, inclusive esclerose múltipla, artrite reumatoide e doença intestinal inflamatória. A compreensão do possível papel desse subtipo, principalmente na doença humana, foi o objetivo de muitas pesquisas. Sabe-se que na presença de IL-6 e TGF-β, mas na ausência de IL-4 e IL-12, as células T_H CD4$^+$ se transformam em T_H17. Essas células também podem precisar de IL-21, produzida pelas próprias células T, e de IL-23, sintetizada pelas APCs. As células T_H17 produzem IL-22 além de IL-17, e essas citocinas podem participar de respostas imunes antifúngicas e de algumas respostas antibacterianas. A IL-17 e a IL-22 atuam sobre células epiteliais e do estroma do tecido infectado, promovendo a produção local de quimiocinas como a IL-8, a qual, por sua vez, recruta células efetoras inatas, como os neutrófilos. Isso, mais uma vez, mostra a grande interação entre as respostas inatas e adaptativas para a imunidade eficaz.

Célula T folicular auxiliar (T_{FH})

Este subtipo de célula T_H CD4$^+$ reside nos linfonodos e parece atuar na remoção da maioria dos patógenos. As células T_{FH} auxiliam as células B, promovendo as reações no centro germinativo, e são cruciais nas diversas respostas anticórpicas que podem se desenvolver. Pesquisas estão sendo feitas para separar os papéis distintos dos subtipos de células T_H.

Células T regulatórias (Treg)

A princípio, as células que podem limitar a resposta mediada por células eram identificadas como "supressores", mas as primeiras controvérsias desafiaram esses achados, e as células T supressoras são agora chamadas células T regulatórias (Treg). Aparentemente, este é um grupo heterogêneo. A célula mais estudada é a T CD4$^+$, que parece ser capaz de controlar a ação de outras células imunes por meio de uma combinação de mediadores solúveis (p. ex., IL-10 e TGF-β) e contato direto entre as células. Muitas dessas células expressam o fator de transcrição FOXP3, frequentemente usado como marcador dos células T regulatórias. Como já discutido, o timo desempenha um importante papel na eliminação das células T autorreativas, mas esse processo não é 100% eficiente, e as células T regulatórias atuam no processo de **tolerância periférica** – ou seja, a supressão de possíveis células T autorreativas presentes na circulação que, caso contrário, causariam autoimunidade. O uso de Tregs em aplicações clínicas, para tratamento ou prevenção de doenças autoimunes, está sendo pesquisado. As células Treg também podem vir a ser empregadas na indução de tolerância a órgãos transplantados.

Células T citotóxicas CD8$^+$ (CTL) matam células infectadas

Além das células T_H CD4$^+$, outra importante população de células T é conhecida como células T citotóxicas (CTL). As CTLs expressam CD8 em vez de CD4, o que aumenta a interação dessas células com moléculas do MHC de classe I. O papel das células T CD8$^+$ é, **principalmente, a morte de células infectadas** (p. ex., células infectadas por vírus) porque, ao fazer isso, também destroem os patógenos intracelulares. As células T CD8$^+$ reconhecem suas células-alvo como infectadas pelos peptídeos antigênicos do patógeno apresentados no MHC I na superfície da célula infectada. Como as células T CD4$^+$, as células T CD8$^+$ devem ser ativadas pela apresentação do antígeno e coestimulação por uma APC para se transformarem em células efetoras. É provável que, a princípio, as células T CD8$^+$ virgens também precisem de ajuda das células T CD4$^+$, especialmente na forma de IL-2 secretada pela células T_H. Depois da ativação, as CTLs efetoras são atraídas para os sítios de infecção. Caso encontrem células infectadas por vírus que apresentem o peptídeo antigênico certo, se ligam fortemente à célula infectada por meio das moléculas de adesão e as matam, principalmente pela liberação dependente de cálcio de serina proteases conhecidas como **granzimas** nos alvos, pelos orifícios criados na membrana celular pelas **perforinas**. As granzimas e perforinas são liberadas pelos grânulos presentes nas células T CD8$^+$ ativadas. O resultado da liberação de granzimas na célula infectada é a ativação da apoptose determinada por caspase (Capítulo 28). As células apoptóticas e os *debris* associados são subsequentemente removidos pelas células fagocíticas inatas, como os macrófagos – a "lata de lixo".

A resposta imune humoral adaptativa

As respostas imunes humorais são caracterizadas pela liberação de anticorpos de plasmócitos maduros

A resposta imune adaptativa é resumida na Figura 43.8. A imunidade específica humoral ou mediada por anticorpos

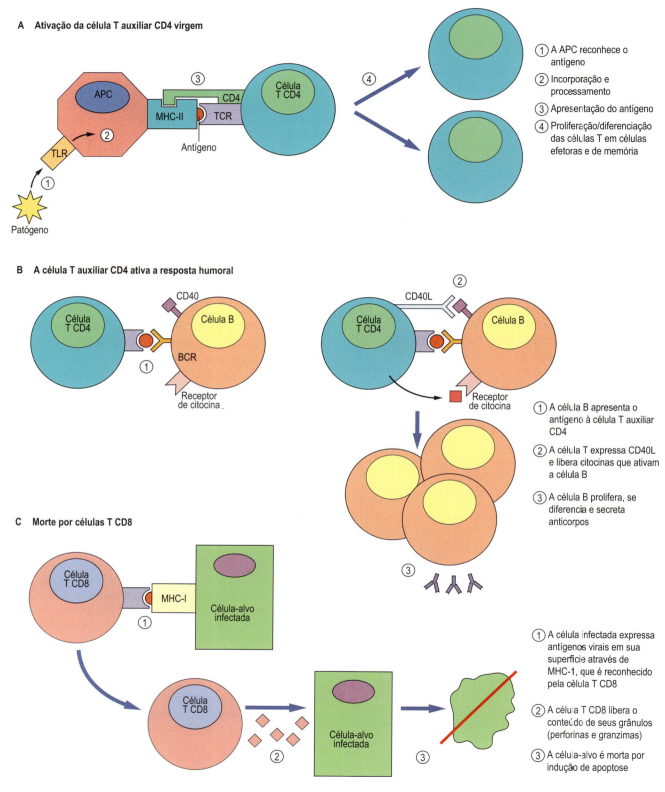

Fig. 43.8 **Resumo da resposta imune adaptativa.** Inter-relações dos componentes celulares e humorais da resposta imune específica. As células apresentadoras de antígenos (APCs) ativam células T CD4+ virgens que, por sua vez, podem ativar as células B. As células T citotóxicas matam células-alvo infectadas. APC, Célula apresentadora de antígeno; BCR, receptor de células B; CD40L, ligante CD40; TLR, receptor do tipo *Toll*; TCR, receptor de células T.

é direcionada à **infecção extracelular**, principalmente bactérias e seus produtos, parasitas extracelulares e a fase extracelular da infecção viral. Os anticorpos também atuam na imunopatogênese de muitas respostas autoimunes ou aberrantes decorrentes da hipersensibilidade. A resposta imune humoral é caracterizada pela liberação de anticorpos de plasmócitos maduros da linhagem dos linfócitos B. Como os anticorpos reconhecem muitos tipos de moléculas, inclusive polissacarídeos e lipídeos, essa resposta é bastante eficaz contra patógenos extracelulares. A ligação do anticorpo aos componentes estruturais da superfície dos micróbios ajuda a prevenir os efeitos danosos de suas toxinas, em um processo chamado **neutralização**. No entanto, a simples ligação ao anticorpo, na maioria dos casos, não garante a eliminação do antígeno. Para promover a resposta, o fragmento da molécula que não se liga ao antígeno (porção Fc) é capaz de ativar outros componentes do sistema inato, seja pela ativação do sistema complemento ou a interação com receptores dos fagócitos. A diversidade das funções efetoras dos anticorpos é conseguida pelas recombinações dos genes das cadeias pesadas e leves, já discutidas.

Subtipos de células B participam da resposta imune humoral

Como a resposta celular, que é mediada por diversos subtipos de células T, a resposta humoral usa subtipos distintos de células B. Como anteriormente observado, as células T interagem com as células B de maneira direta e indireta, por meio de receptores na superfície celular e citocinas, respectivamente. Isso é tão importante que as respostas eficazes de células B são geralmente descritas como dependentes de células T. As células B chamadas **B2** são encontradas nos folículos dos órgãos linfoides secundários. Essas células geralmente respondem a antígenos proteicos e produzem os anticorpos de alta afinidade típicos das respostas humorais eficazes. Na zona marginal do baço, há outra população de células B que normalmente responde a antígenos polissacarídeos levados pela corrente sanguínea. Estas tendem a secretar IgM, mas podem sofrer mudança de classe e produzir IgG. Outra população, chamada **B1**, expressa receptores similares, é responsável por cerca de 5% de todas as células B, e é encontrada no tecido mucoso e no peritônio. Estas expressam IgM de superfície como seu receptor de antígeno e um pouco de IgD de superfície (o padrão oposto das células B clássicas, as B2 foliculares). As células B1 apresentam resposta predominantemente IgM a antígenos não proteicos, sofrem pouca hipermutação somática e apresentam pouco desenvolvimento de memória.

Os anticorpos ilustram a capacidade de diversidade do sistema imune

Nas respostas dependentes de células T, a reexposição ao antígeno induz uma resposta anticórpica secundária. Os maiores níveis de anticorpos produzidos têm maior afinidade e avidez para o antígeno devido aos processos de mudança de classe da cadeia pesada e maturação da afinidade. O sistema imune humano normal é capaz de gerar um número ilimitado de anticorpos altamente específicos que podem reconhecer todos os elementos não próprios encontrados. A ausência de controle eficaz da resposta imune pode levar à produção de anticorpos contra antígenos próprios, chamados **"autoanticorpos"**, característicos de várias **doenças autoimunes**, como, entre outras, o **lúpus eritematoso sistêmico (SLE)** e a **artrite reumatoide (RA)**.

Os termos anticorpo, gama globulina e imunoglobulina são sinônimos

Existem cinco classes de imunoglobulina — IgG, IgA, IgM, IgD e IgE; além disso, há subclasses de IgG (IgG1, 2, 3 e 4) e IgA (1 e 2). Em nível molecular individual, nenhuma outra proteína apresenta tamanha variação na sequência de aminoácidos entre membros da mesma classe ou subclasse. Isso é mais evidente nos domínios N-terminais das cadeias pesadas e leves, que são responsáveis pela parte de reconhecimento do antígeno da molécula. Os anticorpos são capazes de distinguir as moléculas que caracterizam os revestimentos capsulares externos de diferentes espécies bacterianas, que podem variar em um único resíduo de aminoácido ou um monossacarídeo. Esta é uma consequência das dimensões da área reconhecida pela molécula de anticorpo, de 10 a 20 Å (10^{-10} m) e, assim, pode ser influenciada pela alteração da conformação tridimensional causada pela mudança de um único resíduo.

Os anticorpos são bons exemplos de como a função é intimamente relacionada à estrutura

Os anticorpos (imunoglobulinas) são moléculas em formato de Y (Capítulo 40, Fig. 40.5). As extremidades dos braços interagem especificamente com o patógeno (antígeno), e a haste aumenta a função efetora. Essa função secundária ou efetora confere ao anticorpo a capacidade de iniciar as respostas imunes que ajudam a eliminar o patógeno contra o qual é dirigido. Um exemplo disso é a ativação do sistema complemento. As funções efetoras dos anticorpos são resumidas na Tabela 43.4.

A ativação do sistema complemento é uma das funções mais importantes do anticorpo

A ativação do sistema complemento (Fig. 43.2) é uma das funções efetoras mais importantes dos anticorpos na resposta imune adaptativa. Isso acontece por meio de um conjunto de componentes para **ativação da via clássica** (veja a discussão anterior). Essa via é desencadeada pela ligação do componente C1q do sistema complemento a uma IgG ou IgM já ligada a seu antígeno específico.

Existem outras duas vias de ativação, descritas no começo do capítulo, que fazem parte da resposta imune não específica; é provável que elas sejam mais antigas em termos evolucionários.

A Figura 43.8 mostra as inter-relações entre os componentes celulares e humorais da resposta imune adaptativa.

Tabela 43.4 As funções efetoras dos anticorpos

Tipo	Funções
IgG	Neutralização
	Opsonização de neutrófilos e macrófagos
	Imunidade passiva para o feto via passagem transplacentária
	Ativação da via clássica do sistema complemento
	Citotoxicidade dependente de anticorpo, mediada por célula
	Função *natural killer*: morte de células ligadas a anticorpos por meio dos receptores da porção Fc
	Principal isótipo usado na resposta anticórpica secundária
IgA	Defesa das superfícies mucosas; a principal imunoglobulina produzida pelo MALT
	Neutralização
IgM	Neutralização
	O ativador mais eficaz da via clássica do sistema complemento
	Isótipo predominante nas respostas anticórpicas primárias
IgD	Possível papel na transdução do sinal e maturação da célula B
	A importância da IgD circulante não foi definida
IgE	Sua principal ação é a defesa das superfícies mucosas contra microrganismos multicelulares

Tabela 43.5 As consequências de problemas do sistema imune

Autoimunidade	A resposta inadequada a antígenos próprios devido à perda da tolerância pode causar doenças autoimunes.
	Exemplos: Artrite reumatoide, lúpus eritematoso sistêmico, diabetes melito do tipo 1
Hipersensibilidade	A reação inadequada ou exagerada a um patógeno ou antígeno pode gerar uma resposta que danifica mais o corpo do que a causa real.
	Exemplos: Rinite alérgica em resposta a pólen, resposta anafilática a produtos alimentícios (p. ex., amendoim).
Imunodeficiência	A resposta imune ineficaz à infecção pode causar imunodeficiência. A imunodeficiência pode ser hereditária ou induzida por infecções ou medicamentos.
	A *imunodeficiência primária* é um defeito intrínseco de um ou mais componentes da resposta imune (p. ex., diminuição da produção de anticorpos).
	Exemplos: Agammaglobulinemia associada ao cromossomo X, com grande redução do número de células B e da concentração sérica de imunoglobulinas.
	A *imunodeficiência combinada grave (SCID)* ocorre em caso de ausência de desenvolvimento do timo e, assim, de células T.
	A *imunodeficiência secundária* pode se desenvolver após uma infecção (p. ex., síndrome da imunodeficiência adquirida [AIDS], em que o vírus infecta células T CD4) ou como resposta a determinados fármacos (p. ex., corticosteroides, que podem reduzir a função das células imunes).

VACINAÇÃO

A vacinação provavelmente é a aplicação mais importante para o fortalecimento da resposta imune

O processo de vacinação ilustra bem as interações entre os braços humorais e celulares da resposta imune adaptativa e suas principais características: a **especificidade** e a **memória**. No primeiro encontro com o antígeno, os linfócitos com receptores específicos para o antígeno sofrem ativação, proliferação e diferenciação em células efetoras; esse processo pode levar até 14 dias (Fig. 43.8). Como parte dele, uma população de células semiativadas para o antígeno específico também se desenvolve (células de memória). Em uma exposição subsequente, a resposta é mais rápida devido ao estado de ativação parcial das células de memória. Também é mais eficaz devido a maturação, seleção e diferenciação dos linfócitos, que já ocorreram. O desafio primário estimula uma resposta predominantemente IgM. Em um desafio subsequente, o "auxílio" das células T CD4+ adequadas induz a mudança de isótipo do linfócito B para uma resposta predominantemente IgG. Isso faz com que a resposta seja maior e mais eficaz, levando à remoção do patógeno infectante.

PROBLEMAS DA RESPOSTA IMUNE

A autoimunidade é normalmente prevenida pela educação tímica; falhas nesses processos podem levar ao desenvolvimento de doenças autoimunes

Embora as atividades do sistema imune sejam, em sua maioria, benéficas, há várias situações em que podem ter efeitos deletérios. Essas situações devem ser consideradas aberrações da qualidade, da quantidade ou do direcionamento da resposta (resumidas na Tabela 43.5).

Um importante aspecto destas doenças, a **autoimunidade** (autorreatividade), é prevenido pelos processos de tolerância central (durante a educação tímica) e tolerância periférica, que induz deleção e anergia clonal. Os clones autorreativos são eliminados ou incapacitados por meio de sua destruição no timo ou controlados por células T regulatórias na periferia. Esses mecanismos podem ser considerados uma estratégia em múltiplas etapas e à prova de falhas. Em caso de falha ou insucesso dos processos, o resultante estado de autorreatividade e o dano inflamatório constituem a doença autoimune.

A forma da doença autoimune é determinada pelo antígeno-alvo e pela resposta imune desenvolvida. Nos casos mais simples, as reações contra antígenos ubíquos geram as chamadas doenças autoimunes não órgão-específicas. Por outro lado, as reações a componentes exclusivos de tecidos, órgãos ou sistemas provocam a doença órgão-específica. Um bom exemplo de doença autoimune não órgão-específica é o **lúpus eritematoso sistêmico (SLE)**, em que os antígenos-alvos são componentes comuns de todos os núcleos. O dano ocorre em vários tecidos, inclusive na pele, nas articulações, nos rins e no sistema nervoso. As respostas aberrantes a componentes próprios foram identificadas em quase todos os sistemas, órgãos e tecidos do corpo.

Um é pouco, dois é bom, três é demais: hipersensibilidade

O Quadro Clínico apresenta um exemplo de **hipersensibilidade do tipo I**. Neste caso, uma resposta inadequada e excessiva a um alimento normalmente inócuo pode causar a morte do paciente. A imunidade não evoluiu com a intenção de machucar o hospedeiro, mas este é um exemplo das muitas doenças provocadas por estas respostas. O termo *hipersensibilidade* compreende várias respostas, cada uma com mecanismos diferentes, mas todas causam dano ao hospedeiro. Em termos amplos, há quatro tipos, de I a IV, em que os tipos I a III são mediados por respostas anticórpicas inapropriadas, e o tipo IV é associado a células T.

Quando a resposta não se desenvolve corretamente: imunodeficiência

Outro exemplo no Quadro Clínico ilustra a inter-relação e a dependência dos diferentes componentes do sistema imune. Sem um sistema imune intacto, até mesmo a menor das falhas pode ter efeitos graves e impedir o desenvolvimento de respostas protetoras contra os agentes infecciosos. Estes exemplos em que o hospedeiro nem sempre apresenta a resposta necessária ou desejada, resumidos na Tabela 43.5, são o foco das disciplinas de imunologia clínica e imunopatologia. Os livros citados na seção Leituras Sugeridas trazem mais informações sobre o assunto.

QUADRO CLÍNICO
CRIANÇA DE 2 ANOS DE IDADE COM INFECÇÕES RECORRENTES: IMUNODEFICIÊNCIA

Uma criança de 2 anos de idade apresentava histórico de infecções recorrentes por *Candida albicans* e infecções pulmonares. As investigações relevaram a diminuição do número de neutrófilos e dos títulos de IgG e IgA. As avaliações da resposta proliferativa de linfócitos mostram a menor expressão de CD40L (CD154) nas células T. O diagnóstico de **síndrome de hiper-IgM ligada ao cromossomo X** foi estabelecido, e o tratamento com imunoglobulinas intravenosas foi instituído.

Comentário
As imunodeficiências são classificadas como primárias ou secundárias. As **imunodeficiências primárias** são congênitas; mais de 100 diferentes doenças foram descritas e podem afetar todas as partes do sistema imune, sejam inatas ou adaptativas. As **imunodeficiências secundárias** geralmente são uma consequência de infecções (p. ex., HIV) ou outras doenças subjacentes ou fatores ambientais (p. ex., desnutrição).
 O auxílio das células T é necessário para que as células B respondam de maneira eficaz. Interações particulares precisam acontecer para que a IgM, típica da resposta anticórpica primária, mude para os isótipos mais maduros, IgG e/ou IgA, observados durante as respostas anticórpicas secundárias produzidas em um desafio antigênico subsequente. O CD40L na célula T deve interagir com o CD40 das células B, para "auxiliar" esse processo. Na sua ausência, a produção de anticorpos é limitada a IgM, e o indivíduo afetado é imunocomprometido devido à falta de outros isótipos importantes, essenciais para a integridade da resposta imune. As infecções mais associadas a problemas celulares sugerem que o defeito nas células T tem consequências funcionais para esse braço da resposta imune.

QUADRO CLÍNICO
HOMEM JOVEM COM ESTRIDOR E URTICÁRIA DISSEMINADA DE APARECIMENTO SÚBITO: CHOQUE ANAFILÁTICO

Um homem jovem foi trazido ao pronto-socorro em quadro de choque, com estridor (ruído alto à inspiração) e urticária disseminada. O acompanhante contou ao médico que o paciente tinha começado a apresentar dificuldades respiratórias logo depois do lanche. A suspeita era de alergia a amendoim, e o diagnóstico de **anafilaxia** foi estabelecido. Uma injeção intramuscular de adrenalina foi imediatamente administrada, bem como o tratamento intravenoso com anti-histamínico e corticosteroide e suporte cardiorrespiratório. O paciente se recuperou.

Comentário
Embora o papel fisiológico da IgE seja a proteção contra infestações parasitárias, essa resposta é subvertida em indivíduos com **doenças atópicas** e **anafilaxia**.
 A fração maior da IgE se liga a receptores de Fc dos mastócitos nos tecidos. A interação com o antígeno e sua ligação cruzada à IgE específica nos mastócitos desencadeia a desgranulação dessas células e a liberação dos mediadores pré-formados (principalmente a histamina). A **desgranulação do mastócito** em um único sítio geralmente provoca reações somente localizadas, como rinite alérgica e asma. Caso o grau de sensibilização com a IgE antígeno-específica e/ou a carga antigênica sejam maiores, a desgranulação pode ser sistêmica, com consequente **choque anafilático**. Há vasodilatação significativa, reduzindo a pressão arterial. Isso é acompanhado por grandes aumentos na permeabilidade da parede do vaso sanguíneo, o que causa edema substancial, principalmente na pele e em tecidos conjuntivos frouxos, como na laringe. Também há espasmo da musculatura lisa, provocando broncoconstrição e consequente dificuldade respiratória e estertoração. Essas características são acompanhadas pela maior atividade secretora das glândulas seromucosas do trato respiratório e gastrointestinal e pelo prurido cutâneo.

FORTALECIMENTO DO PODER DOS ANTICORPOS PARA IMUNOTERAPIA

Nos últimos anos, houve um grande interesse na tentativa de manipulação das respostas imunes que, pelo menos em parte, contribuem para a doença ou a patologia apresentada pelo paciente. O **uso de anticorpos monoclonais** permite tal abordagem. Como já discutido, os anticorpos têm especificidade única contra seu antígeno, e essa propriedade foi utilizada na tentativa de atingir especificamente células e moléculas do corpo humano. Um dos melhores exemplos foi o desenvolvimento de vários anticorpos monoclonais contra TNF-α. Geralmente considerado uma molécula pró-inflamatória, o TNF-α desempenha um papel importante na imunopatologia de várias doenças, inclusive a artrite reumatoide. A neutralização eficaz dos efeitos pró-inflamatórios do TNF-α levou à incrível melhora clínica em pacientes com essa doença. Outro exemplo, do campo da oncologia, é o uso de um anticorpo monoclonal especificamente projetado para atingir as células B (anticorpo anti-CD20) no tratamento eficaz de pacientes com leucemia linfocítica crônica. Há muitos outros exemplos, e as empresas farmacêuticas estão gastando muito dinheiro e se esforçando muito para o desenvolvimento de "balas mágicas" que venham a ser o tratamento de escolha de muitas doenças no futuro.

RESUMO

- A resposta imune integrada a elementos não próprios ou próprios alterados (antígenos) é formada por diversos componentes. Alguns deles apresentam especificidade única para o(s) determinado(s) antígeno(s) estimulante(s) e compõem a resposta imune específica ou adaptativa, enquanto outros reconhecem assinaturas de patógenos e formam a resposta imune não específica ou inata.
- A resposta inata representa a primeira linha de resposta e é observada em todos os eucariotos. As células e os mediadores solúveis participantes são principalmente aqueles associados aos processos de inflamação e ativação vascular.
- A resposta adaptativa é mais refinada e, de modo geral, invocada apenas frente a falência ou estimulação contínua da resposta inata. As células responsáveis pela resposta imune adaptativa são os linfócitos T e B. A especificidade dessas células pelo antígeno incitante depende do uso de receptores específicos de antígeno, expressos na superfície celular após a expansão clonal.
- As células T reconhecem o antígeno processado por meio de seus receptores de antígeno, interagindo com o antígeno apresentado por células que possuem MHC. Isso leva à secreção de outras citocinas e à geração de funções efetoras, como o auxílio e a citotoxicidade mediada, realizadas, respectivamente, pelas células T auxiliares (*helper*) e T citotóxicos. Um subtipo distinto, CD4+, de células T, chamada "células T regulatórias", controla as respostas adaptativas e, em parte, impede a autorreatividade pela resposta imune.
- As células B reconhecem o antígeno nativo e secretam anticorpos, que podem se ligar diretamente ao antígeno.

QUESTÕES PARA APRENDIZAGEM

1. Quais são as principais características das respostas imunes inatas e adaptativas?
2. Por que o sistema imune inato desenvolveu múltiplos sistemas de receptores para reconhecimento de patógenos?
3. Qual é o papel das diferentes famílias de citocinas durante uma resposta imune?
4. Qual é o papel do timo na resposta imune?
5. Compare a função dos linfócitos T e B.
6. Como as respostas imunes podem ser manipuladas em casos nos quais contribuem para a patologia subjacente de uma doença?

- As células T e B e seus produtos recrutam e utilizam os componentes da resposta inata de maneira mais eficaz e direcionada, com o objetivo de eliminar ou erradicar o antígeno.
- Além de apresentar especificidade, a resposta imune adaptativa também demonstra outra característica extremamente importante não observada na resposta inata: a memória após seu encontro com o antígeno. O benefício disso é que, em um contato subsequente com o mesmo antígeno, uma resposta maior e mais eficiente levará à remoção mais rápida do agente causador, talvez com menos dano tecidual do que no primeiro encontro.

LEITURAS SUGERIDAS

Abbas, A. K., Lichtman, A. H., & Pillai, S. (2015). *Cellular and molecular immunology* ((8th ed.)). London: Elsevier.
Chapel, H., Heaney, M., Misbah, S., et al. (2014). *Essentials of clinical immunology* ((6th ed.)). Oxford: Blackwell.
Helbert, M. (2017). *Immunology for medical students* (3rd ed.). London: Elsevier.
Kumar, H., Kawai, T., & Akira, S. (2011). Pathogen recognition by the innate immune system. *International Reviews of Immunology*, *30*, 16-34.
Murphy, K. (2017). *Janeway's immunobiology* ((9th ed.)). New York: Garland.
Sallusto, F. (2016). Heterogeneity of human CD4+ T cells against microbes. *Annual Review of Immunology*, *34*, 317-334.

ABREVIATURAS

APC	Célula apresentadora de antígeno
BCR	Receptor das células B
CD	Designação de cluster: sistema de classificação para moléculas de superfície celular
CD4+	Linfócitos T auxiliares (T_H)
CD8+	Linfócito T citotóxico (CTL)
CD40L	Ligante CD40
CLR	Receptores de lectina do tipo C
CpG	Dinucleotídeo de cistina-guanina

CRP	Proteína C-reativa
C_H	Cadeia pesada constante; domínios de sequência de ligação ao antígeno
C_L	Cadeia leve constante; domínios de sequências de ligação ao antígeno
C1q, C1r, C1s e C2-C9	Componentes do sistema complemento
CTL	Linfócitos T citotóxicos (células CD8$^+$)
DC	Célula dendrítica
Fc	"Fragmento constante" da molécula de imunoglobulina
FOXP3	Fator de transcrição
HIV	Vírus da imunodeficiência humana
HLA	Antígeno leucocitário humano
HLA-DR, HLA-DQ, HLA-DM e HLA-DP	Genes do MHC de classe II
ICAM-1	Molécula de adesão intercelular 1 (CD54)
IFN	Interferon (IFN-α, IFN-β e IFN-γ)
Ig	Imunoglobulina (IgG, IgA, IgM, IgD e IgE)
IL	Interleucina (IL-1 – IL-23)
LFA-1	Antígeno 1 associado à função linfocitária

LPS	Lipopolissacarídeo
MAC-1	Molécula 1 de adesão de macrófagos
MALT	Tecidos linfoides associados à mucosa
MBL	Lectina de ligação a manose
MHC	Complexo principal de histocompatibilidade
NK	Células assassinas naturais – *natural killer*
NLR	Receptor do tipo NOD
PAMP	Padrão molecular associado a patógenos
PECAM-1	Molécula 1 de adesão celular/plaquetária (CD31)
PRR	Receptores de reconhecimento de padrão
RA	Artrite reumatoide
RLR	Receptor do tipo RIG-1
sIg	Imunoglobulina de superfície
SLE	Lúpus eritematoso sistêmico
TCR	Receptor de células T
T_H	Linfócitos T auxiliares (linfócitos T CD4$^+$)
TGF-β	Fator receptor transformador β
TLR	Receptor do tipo *Toll*
TNF	Fator de necrose tumoral
Tregs	Células T regulatórias, células T supressoras
T_{FH}	Células T auxiliares foliculares

APÊNDICE

1
Intervalos de Referência de Laboratórios Clínicos Selecionados

Yee Ping Teoh e Marek H. Dominiczak

VALORES DE REFERÊNCIA

Intervalos de referência são valores de uma determinada substância (analito) obtidos em uma população de referência (geralmente um grupo de indivíduos saudáveis)

Os valores de referência representam as quantidades fisiológicas de uma substância esperada em pessoas saudáveis. O termo "intervalo de referência" é preferido em relação a "intervalo normal" porque, embora a população de referência possa ser claramente definida, não existe uma definição clara para o que é "normal" em um sentido clínico.

O desvio acima ou abaixo do intervalo de referência pode estar associado a um processo de doença, e a gravidade desse processo pode estar associada à magnitude do desvio. A população de referência ideal é aquela que é apropriada para idade, sexo e etnia do indivíduo. O intervalo de referência também pode variar conforme o instrumento e o procedimento de ensaio utilizados para a mensuração.

Distribuição de valores dentro da população de referência

Quando os dados de grandes coortes de indivíduos saudáveis ajustam-se a uma distribuição Gaussiana, os limites de referência são definidos como dois desvios padrão acima e abaixo da média

Isto constitui o intervalo central de 95% da distribuição. No entanto, muitas distribuições do analito não são Gaussianas e esses valores em geral são transformados matematicamente (p. ex., transformação exponencial, logarítmica, recíproca) para produzir uma distribuição Gaussiana.

Interpretação dos resultados laboratoriais em pessoas individuais

A interpretação dos resultados dos testes laboratoriais é baseada na comparação com valores de referência

Se um valor estiver fora do intervalo de referência, isso significa que — com uma probabilidade de 95% – o resultado é diferente da população de referência. Observe que isso não significa necessariamente que seja anormal: por definição, 5% dos indivíduos em uma população de referência (1 em 20 indivíduos) terão resultados fora do intervalo de referência. No entanto, quanto mais distante o resultado estiver do intervalo de referência, maior é a probabilidade de estar associado à patologia.

Limites de decisão clínica

Em alguns casos, em vez de valores de referência, os limites de decisão clínica são a base para a interpretação

Os limites de decisão clínica são usados na interpretação de testes como glicose plasmática e dosagem de lipídeos e da troponina cardíaca. Esses limites, ou pontos de corte, são geralmente derivados de estudos epidemiológicos que ligam os níveis de um analito ao risco de uma condição em particular.

O uso de pontos de corte dá uma resposta "sim" ou "não" à presença de uma condição ou risco particular, mas, por definição, não aborda a gravidade da condição.

Mudança significativa nos resultados seriados

Há muitos fatores que afetarão as mudanças nos resultados seriados individuais em análises laboratoriais. Esses resultados repetidos são pouco idênticos devido a contribuições da variabilidade biológica, imprecisão analítica e mudanças na condição clínica do indivíduo. Os fatores determinam a magnitude da mudança que deve ocorrer antes que a diferença seja considerada medicamente significativa.

Notas finais e precauções ao usar intervalos de referência

Os valores de referência apresentados neste capítulo foram extraídos a partir do UK Pathology Harmonization Reference Ranges e do National Health Service (NHS) Greater Glasgow e Clyde Clinical Biochemistry Service (UK) test menu.

Nas tabelas a seguir, incluímos os testes que serão úteis na interpretação das informações apresentadas nos **Quadros Clínicos** ao longo deste livro. O leitor deve consultar as Leituras Sugeridas para verificação de listas abrangentes dos testes oferecidos em laboratórios clínicos.

Os intervalos de referência são dados em SI (sistema internacional de unidades) e unidades convencionais; sempre que possível, com o fator de conversão da SI para unidades convencionais.

- Para converter uma unidade SI em uma unidade convencional, multiplique pelo fator de conversão.
- Para converter uma unidade convencional para uma unidade SI, divida pelo fator de conversão.
- A menos que indicado, os intervalos fornecidos são para concentrações séricas/plasmáticas.

APÊNDICE 1 Intervalos de Referência de Laboratórios Clínicos Selecionados

Esses valores são dados **apenas como orientação** e permitem ao leitor simular uma situação clínica ao ler os Quadros Clínicos. Lembre-se de que os intervalos de referência podem diferir em diferentes laboratórios. Portanto, antes de interpretar os testes laboratoriais em uma situação clínica, **sempre verifique-os com o laboratório local**. Os laboratórios geralmente fornecem seus intervalos de referência juntamente com os resultados.

Finalmente, exatamente como os Quadros Clínicos visam ilustrar, **os testes laboratoriais devem sempre ser interpretados no contexto do histórico médico e do exame físico.**

Tabela A1.1 Gases sanguíneos

Analitos	Unidades do SI	Fator de conversão (SI para unidades convencionais)	Unidades convencionais
Atividade do íon H^+/pH arterial	35-45 nmol/L	Logaritmo negativo da atividade do íon H+	7,35-7,45
Pressão parcial de oxigênio arterial (PaO_2)	12-15 kPa	7,5	79-101 mmHg
Pressão parcial de dióxido de carbono arterial ($PaCO_2$)	4,6-6,0 kPa	7,5	34-45 mmHg
Bicarbonato	21-29 mmol/L		22-29 mEq/L
Carboxi-hemoglobina	0,1% - 3,0%		—
Saturação de oxigênio	> 97%		—

Tabela A1.2 Eletrólitos e marcadores séricos da função renal

Analitos	Unidades do SI	Fator de conversão (SI para unidades convencionais)	Unidades convencionais
Sódio	133-146 mmol/L	1,0	133-146 mEq/L
Potássio	3,5-5,3 mmol/L	1,0	3,5-5,3 mEq/L
Cloreto	95-108 mmol/L	1,0	95-108 mEq/L
Bicarbonato	21-29 mmol/L	1,0	21-29 mEq/L
Abertura do ânion $[(Na^+ + K^+)-(HCO_3^- + Cl^-)]$	12-16 mmol/L	1,0	12-16 mEq/L
Ureia*	2,5-7,8 mmol/L	6,02	15,2-47,0 mg/dL
Creatinina	44-80 μmol/L	0,0113	0,50-0,90 mg/dL
Cálcio (ajustado para albumina sérica)	2,20-2,60 mmol/L	4,0	8,8-10,4 mg/dL
Fosfato	0,8-1,5 mmol/L	3,1	2,5-4,7 mg/dL
Magnésio	0,7-1,0 mmol/L	2,43	1,7-2,4 mg/dL
Osmolalidade sérica	270-295 mmol/kg	1,0	270-295 mOsm/kg

Observe que, nos Estados Unidos, a dosagem de nitrogênio ureico no sangue (BUN) é usada em vez da ureia sérica. A conversão é a seguinte: ureia (mmol/L) × 2,8 = BUN (mg/dL).

APÊNDICE 1 Intervalos de Referência de Laboratórios Clínicos Selecionados **649**

Tabela A1.3 As etapas da doença renal crônica

Estágio	Descrição	eGFR (mL/min/1,73 m^2)
1	Função renal normal, mas achados urinários ou anormalidades estruturais do rim*	≥ 90
2	GFR ligeiramente diminuída	60–89
3	Diminuição moderada da GFR	30–59
4	Grave diminuição na GFR	15–29
5	Insuficiência renal em fase terminal ou diálise	< 15

A gravidade da doença renal crônica é categorizada em seis etágios. As eGFRs usadas nesta classificação foram derivadas da equação abreviada de MDRD GFR.
*Proteinúria, albuminúria, hematúria com duração de pelo menos 3 meses e/ou anormalidades estruturais.
Referência: *KDOQI Clinical Practice Guidelines for Chronic Kidney Disease: Evaluation, Classification, and Stratification (ver Leituras Sugeridas para detalhes).*

Tabela A1.4 Proteínas séricas e testes da função hepática

Analitos	Unidades do SI	Fator de conversão (SI para unidades convencionais)	Unidades convencionais
Proteínas Séricas			
Proteína total	60-80 g/L	0,1	6-8 g/dL
Albumina	35-50 g/L	0,1	3,5-5,0g/dL
Globulinas [Globulinas] = [proteína total] - [albumina]	20-35 g/L	0,1	2,0-3,5 g/dL
Proteína Creativa (PCR)	< 10 mg/L		< 1 mg/dL
Testes de função hepática			
Bilirrubina	3-16 umol/L	0,06	0,18-0,94 mg/dL
Fosfatase alcalina em adultos	50–140 U/L	—	—
Alanina aminotransferase (ALT)	Homens 10–40 U/L Mulheres 7-35 U/L	—	—
Aspartato aminotransferase (AST)	Homens 15-40 U/L Mulheres 13-35 U/L	—	—
γ-glutamil transferase (GGT)	Homens < 90 U/L Mulheres< 50 U/L	—	—

APÊNDICE 1 Intervalos de Referência de Laboratórios Clínicos Selecionados

Tabela A1.5 Hormônios selecionados

Analito	Unidades do SI	Fator de conversão (SI para unidades convencionais)	Unidades convencionais
Hormônio estimulante da tireoide (TSH)	0,35-4,5 mU/L		—
T4 livre	9-21 pmol/L	0,08	0,7-1,6 ng/dL
T3 livre	2,6–6,5 pmol/L	65	162–422 pg/dL
Cortisol (plasma):			
às 08:00 h	240-600 nmol/L	0,036	8,6-21,6 µg/dL
às 24:00 h	< 50 nmol/L		< 1,8 µg/dL
Hormônio folículo-estimulante (FSH):			
Homens	1-10 U/L	0,22	0,2-2,2 ng/mL
Mulheres: fase folicular precoce	3-10 U/L	0,22	0,7-2,2 ng/mL
Mulheres: pós-menopausa	30–150 U/L		6,7-33 ng/mL
Hormônio luteinizante:			
Homens	1-9 U/L	0,11	0,1-1,0ug/L
Mulheres: fase folicular precoce	2-9 U/L	0,11	0,2-1,0ug/L
Mulheres: pós-menopausa	20-65 U/L		2,2-7,15 µg/L
Progesterona (fase mediana)			
Consistente com a ovulação	>30 nmol/L	0,33	>9,3 ng/mL
Ciclo ovulatório provável	15-30 nmol/L		4,7-9,3 ng/mL
Ciclo anovulatório	<15 nmol/L		<3 ng/mL
Testosterona			
Homens	10-30 nmol/L		290-860 ng/dL
Mulheres	0,3-1,9 nmol/L		10-90 ng/dL
Prolactina			
Mulheres	< 630 mU/L		<25 ng/mL
Homens	< 400 mU/L		<16 ng/mL
hCG Ponto de corte para detecção de gravidez	> 5 U/L		
Androstenediona	< 5,5 nmol/L		<158 ng/mL
De-hidroepiandrosterona (DHEAS) mulheres	(2,0-12,5 µmol/L)		74-463 ug/cL
17-hidroxiprogesterona	< 6,0 nmol/L		< 200 ng/dL
Fator de crescimento semelhante à insulina (IGF-1)	72-259 µg/L		
Hormônio da paratireoide	1,1-6,9 pmol/L	9,16	11-69 pg/mL
Calcitonina			
Homens	0,0-7,5 ng/L		0-7,5 pg/mL
Mulheres	0,0-5,1 ng/L		0-5,1 pg/mL

Note que muitos hormônios são instáveis e os detalhes da coleta são críticos; por favor, consulte as orientações dos laboratoriais locais. Intervalos de referência das dosagens hormonais também são dependentes do método; novamente, consulte os intervalos disponibilizados pelos laboratórios locais (se disponível).

APÊNDICE 1 Intervalos de Referência de Laboratórios Clínicos Selecionados **651**

Tabela A1.6 Marcadores tumorais séricos

Analito/Interpretação do teste	Unidades do SI	Fator de conversão (SI para unidades convencionais)	Unidades convencionais
CA 125	< 35 kU/L		< 35 U/mL
CA 19-9	< 37 kU/L		< 37 U/mL
CA 15-3	< 33 kU/L		< 33 U/mL
Antígeno Carcinoembrionário (CEA)			
Não fumantes	0,0–3,0 ug/L		0,0 a 3,0 ng/mL
Fumantes	0,0–5,0 ug/L		0,0 a 5,0 ng/mL
Antígeno específico da próstata (PSA)	0,0-4,0 ug/L		0,0-4,0 ng/mL
Tiroglobulina	1,3-31,8 ug/L		1,3-31,8 ng/mL
O ensaio é afetado pela presença de anticorpos contra tireoglobulina			

Tabela A1.7 Critérios de diagnósticos para diabetes melito e intolerância à glicose

Condição	Critérios diagnósticos (mmol/L)	Critérios diagnósticos (mg/dL)
Intervalo normal	4-6 mmol/L	72-109 mg/dL
Glicemia plasmática normal em jejum	Abaixo de 6,1 mmol/L	Abaixo de 110 mg/dL
Glicemia de jejum alterada (IFG)	(ADA) igual ou acima de 5,6, mas abaixo de 7,0 (WHO) igual ou superior a 6,1, mas inferior a 7,0	Igual ou superior a 100, mas inferior a 126
Tolerância prejudicada à glicose (IGT)	Glicose plasmática durante OGTT, 2 h após uma carga de 75g – valor 7,8 ou acima, mas abaixo de 11,1	Glicose plasmática durante OGTT, 2 h após uma carga de 75g - valor 140 ou mais, mas abaixo de 200
Pré-diabetes	(ADA) HbA$_{1c}$ 5,7%–6,4% (39-46 mmol/mol)	
Diabetes melito*		
Critério 1 da ADA	Concentração plasmática aleatória de glicose 11,1 ou superior[†]	Concentração plasmática aleatória de glicose 200 ou superior[†]
Critério 2 da ADA	Glicose plasmática em jejum 7,0 ou superior	Glicose plasmática em jejum 126 ou superior
Critério 3 da ADA	Valor de 2h durante 75g no OGTT 11,1 ou superior	Valor de 2h durante 75g no OGTT 200 ou superior
Critério ADA 4	HbA$_{1c}$ igual ou superior a 48 mmol/mol (6,5%)	

*Se um dos critérios for preenchido, o diagnóstico é provisório. O diagnóstico precisa ser confirmado no dia seguinte usando um critério diferente.[†]Se acompanhada por sintomas (poliúria, polidipsia, perda de peso inexplicada).

Tabela A1.8 Critérios de diagnóstico para diabetes melito gestacional

Diabetes evidente na gravidez	mmol/L	Fator de conversão (SI para unidades convencionais)	mg/dL
Jejum	≥ 7,0 mmol/L	18,0	≥ 126 mg/dL
OGTT 2h após a carga de glicose	≥ 11,1 mmol/L		≥ 200
Diabetes gestacional(75g OGTT)			
Jejum	≥ 5,1		≥ 92
OGTT 1h após a carga de glicose	≥ 10,0		≥ 180
OGTT 2h após a carga de glicose	≥ 8,5		≥ 153

APÊNDICE 1 Intervalos de Referência de Laboratórios Clínicos Selecionados

Tabela A1.9 Unidades de medida equivalentes para a hemoglobina glicada (HbA₁c) medida pelo método tradicional (DCCT) e pelo método de referência mais recente (IFCC)

Unidades DCCT %	Unidades IFCC (mmol/mol)
5	31
6	42
7	53
10	86

Fórmula para converter os valores convencionais da HbA1c (DCCT) em unidades IFCC (SI)

HbA_{1c} (mmol/mol) = [HbA_{1c} (%) - 2,15] × 10,929.

http://www.diabetes.org.uk/Professionals/Publications-reports-and-resources/Changes-to-HbA1c-values/

Notas

1. Os critérios para o diagnóstico do diabetes melito e intolerância à glicose têm sido desenvolvidos por diversos órgãos nacionais e internacionais. Aqui citamos os amplamente aceitos, desenvolvidos pela American Diabetes Association (ADA) e pela Organização Mundial da Saúde (WHO). Esses critérios são os mesmos, com exceção do ponto de corte para o diagnóstico da glicemia de jejum alterada. Quando os critérios diferem, a fonte recomendada está marcada na tabela.

2. Os critérios para o diagnóstico do diabetes gestacional são menores do que em pessoas não gestantes. A interpretação do OGTT na gestação envolve a concentração de glicose em jejum e os valores da carga de glicose 1h e 2h pós-75g, enquanto em pessoas não gestantes a interpretação é baseada apenas nos valores de jejum e pós-carga de 2 horas.

Padronização da HbA1c para profissionais de laboratório http://www.diabetesinscotland.org.uk/publications/hba1c_lab_leafl et_0509.pdf (Acessado em agosto de 2017).

Tabela A1.10 Troponina cardíaca no diagnóstico do infarto do miocárdio

Analito	Unidades do SI	Fator de conversão (SI para unidades convencionais)	Unidades convencionais
Troponina* (método dependente; valores superiores ao percentil 99 para a população saudável; esses valores são apenas para orientação)			
Troponina T (método altamente sensível)	0-14 ng/L		0-0,014 ug/L
Troponina I (método altamente sensível)	0-40 ng/L		0-0,040 ug/L

*A troponina substituiu a fração MB da creatina quinase (CK-MB) como o biomarcador mais útil para isquemia miocárdica. As troponinas T e I são liberadas dentro de 3 a 6 horas após um evento e permanecerão elevadas por até 2 semanas. A Third Universal Definition of Myocardial Infarction (Terceira Definição Universal de Infarto do Miocárdio, 2012) define os critérios para infarto agudo do miocárdio como a detecção de elevação e/ou queda dos valores dos biomarcadores cardíacos (preferencialmente troponina cardíaca) com pelo menos um valor acima do limite superior de referência do percentil 99 (URL) e com pelo menos um dos seguintes achados:

- Sintomas isquêmicos
- Alterações eletrocardiográficas de nova isquemia (novas alterações ST-T ou novo bloqueio do ramo esquerdo, LBBB)
- Desenvolvimento de ondas Q patológicas no ECG
- Evidência de imagem de nova perda do miocárdio viável ou nova anormalidade de movimento da parede regional
- Identificação de um trombo intracoronário por angiografia ou autópsia

Informações adicionais estão disponíveis em https://www.escardio.org/Guidelines/CricalPractice-Guidelines/Third-Universal Defination-of-Myocardial-Infarction

Tabela A1.11 Lipídeos

Analito	Unidades do SI	Fator de conversão (SI para unidades convencionais)	Unidades convencionais
Lipoproteína (a)	0-300 mg/L	10	0-30 mg/dL
Colesterol (concentração desejável)*	< 5,18 mmol/L	38,6	< 200 mg/dL
Triglicerídeos*	< 1,7 mmol/L	88,4	< 150 mg/dL
Colesterol HDL*	Baixo < 1,0 Alto > 1,6	38,6	< 40 mg/dL > 60 mg/dL
Colesterol LDL†		38,6	
Limite de tratamento se houver risco baixo de ASCVD	> 4,9 mmol/L		> 190 mg/dL
Corte de tratamento se houver risco alto de ASCVD	1,8 mmol/L		> 70 mg/dL
Apolipoproteína A-1		100	
Homens	0,94-1,78 g/L		94–178 mg/dL
Mulheres	1,01-1,99 g/L		101-199 mg/dL
Apolipoproteína B			
Homens	0,55-1,40 g/L		55-140 mg/dL
Mulheres	0,55-1,25 g/L		55-125 mg/dL

*Estes valores são dados como uma ilustração dos pontos de corte direcionados ao risco de ASCVD. Os valores foram recomendados em 2001 **pelo ATP III (Programa Nacional de Educação em Colesterol - III Painel de Tratamento USA).**
†**A diretriz da ACC/AHA de 2013 sobre o tratamento do colesterol sanguíneo para redução do risco cardiovascular de doença aterosclerótica em adultos** fornece recomendações sobre o uso do tratamento medicamentoso para diminuir o risco de doença cardiovascular aterosclerótica (ASCVD). Essas diretrizes são direcionadas principalmente pelo risco geral do indivíduo e pelo colesterol LDL. As recomendações sugerem o uso de estatinas conforme o seguinte:
- Pessoas com ASCVD clínica
- Pessoas com colesterol LDL > 4,9 mmol/L (190 mg/dL)
- Pessoas sem ASCVD clínica, mas com diabetes entre 40 e 75 anos e colesterol LDL de 1,8-4,9 mmol/L (70-189 mg/dL)
- Pessoas sem ASCVD clínica ou diabetes, mas com colesterol LDL 1,8-4,9 mmol/L (70-189 mg/dL) e risco estimado de 10 anos de ASCVD > 7,5%.
Informações adicionais sobre a diretriz ACC/AHA de 2013 estão disponíveis em http://circ.ahajournals.org/content/circulationaha/early/2013/11/11/01.cir.0000437738.63853.7a.full.pdf (acessado em abril de 2017).

Tabela A1.12 Testes diversos

Analito	Unidades do SI	Fator de conversão (SI para unidades convencionais)	Unidades convencionais
Amilase	*		0-100 U/L
Urato:			
Homens	0,2-0,5 mmol/L	16,8	5,0-8,0 mg/dL
Mulheres	0,1-0,4 mmol/L		2,5-6,2 mg/dL
Lactato	0,7-1,8 mmol/L	9,0	6-16 mg/dL
Creatina quinase:			
Homens	55-170 U/L		
Mulheres	30-135 U/L		

Tabela A1.13 Análise de urina

Analito	Unidades do SI	Fator de conversão (SI para unidades convencionais)	Unidades Convencionais
Microalbumina urinária	< 20 mg/L		
Taxa de albumina/creatinina na urina (ACR):			
Homens			< 2,5 mg/mmol creatinina
Mulheres			< 3,5 mg/mmol creatinina
Taxa de excreção da microalbumina na urina (AER)			< 20 ug/min
Osmolalidade urinária	50-1200 mmol/kg	1,0	50-1200 mOsm/kg
Cortisol livre na urina de 24 h	< 250 nmol/24h		< 9 μg/dL

Tabela A1.14 Testes hematológicos

Analito/teste	Unidades do SI	Unidades convencionais
Hemoglobina:		
Homens	130-180 g/L	13,0 –18,0g/dL
Mulheres	120-160 g/L	12,0 – 16,0g/dL
Hematócrito	41%-46%	41– 46 mL/dL
Contagem de eritrócitos:		
Homens	$4,4–5,9 \times 10^{12}$/L	$4,4–5,9 \times 10^{6}$/mm³
Mulheres	$3,8–5,2 \times 10^{12}$/L	$3,8–5,2 \times 10^{6}$/mm³
Volume corpuscular médio (MCV)	80-96 fL	80-96 μm³
Leucócitos, total	$4,0 –11,0 \times 10^{9}$/L	4000-11.000/mm³
Leucócitos, contagem diferencial:		
Neutrófilos	$2,0–7,5 \times 10^{9}$/L	45%-74%
Linfócitos	$1,3-4,0 \times 10^{9}$/L	16%-45%
Monócitos	$0,2-0,8 \times 10^{9}$/L	4,0%-10%
Eosinófilos	$0,04-0,40 \times 10^{9}$/L	0,0%-7,0%
Basófilos	$0,01–0,10 \times 10^{9}$/L	0,0%-2,0%
Plaquetas	$150–400 \times 10^{9}$/L	150.000-4C0.000/mm³
Reticulócitos	$25-75 \times 10^{9}$/L	0,5%-1,5% dos eritrócitos
Taxa de sedimentação de eritrócitos (ESR)	2 a 10 mm/h	
Tempo de tromboplastina parcialmente ativada (APTT)	30–40 seg	
Tempo de protrombina (PT)	10-15 seg	
Tempo de coagulação da trombina (TCT)	10-15 seg	
Tempo de sangramento da pele	2,0-9,0 min	
Dímero-D	< 0,25 g/L	

Tabela A1.15 Testes relacionados ao metabolismo do ferro e investigação da anemia

Analito	Unidades do SI	Fator de conversão (SI para unidades convencionais)	Unidades convencionais
Ferritina (sérica)	14-200 ug/L	0,445	14-200 ng/mL
Saturação da transferrina	< 55%		
Vitamina B_{12} (sérica)	138-780 pmol/L	1,36	187-1060 pg/mL
Folato (sérico)	12-33 nmol/L	0,442	5,3 a 14,6 ng/mL

ABREVIATURAS

AHA	American Heart Association
APTT	Tempo de tromboplastina parcialmente ativado
ASCVD	Doença cardiovascular aterosclerótica
ATP III	Programa Nacional de Educação em Colesterol - III Painel de Tratamento
CEA	Antígeno Carcinoembrionário
CK-MB	Fração MB da creatina quinase
DCCT	Controle de Diabetes e Teste de Complicações
ESR	Taxa de sedimentação de eritrócitos (glóbulos vermelhos)
GFR	Taxa de filtração glomerular
HbA_{1c}	Hemoglobina A_{1c}, hemoglobina glicada
hCG	Gonadotrofina coriônica humana
IFCC	Federação Internacional de Química Clínica e Medicina Laboratorial
LBBB	Bloqueio do ramo esquerdo
MCV	Volume corpuscular médio
MDRD	Modificação da dieta no estudo da doença renal
OGTT	Teste oral de tolerância à glicose [TTOG]
PSA	Antígeno específico da próstata
PT	Tempo de protrombina
TCT	Tempo de coagulação da trombina
URL	Limite de referência superior
WHO	Organização Mundial da Saúde [OMS]

LEITURAS SUGERIDAS

ACC/AHA Guideline on the Treatment of Blood Cholesterol to Reduce Atherosclerotic Cardiovascular Risk in Adults. (2013). A report of the American College of Cardiology/American Heart Association Task Force on Practice Guidelines. Circulation. https://doi.org/10.1161/01. cir.0000437738.63853.7a.

American Diabetes Association. Position statement. (2012). Diagnosis and Classification of Diabetes mellitus. Diabetes Care, 35(Suppl1), S64-S71.

Bakerman, S. (2002). *Bakerman's ABC of interpretive laboratory data* ((4th ed.)). Scottsdale: AZ.

Burtis, C. A., & Ashwood, E. R. (2012). In D. E. Bruns (Ed.), *Tietz textbook of clinical chemistry and molecular diagnostics* ((5th ed.)). Philadelphia: Saunders.

Dominiczak, M. H. (Ed.). (1997). *Seminars in clinical biochemistry*. Glasgow: University of Glasgow.

National Kidney Foundation. Kidney Disease Outcomes Quality Initiative (2002). Clinical practice Guidelines for Chronic Kidney Disease: Evaluation, Classification and Stratification. American Journal of Kidney Diseases, 39(Suppl. 1), S1-S266.

Thygensen, et al. (2012). Expert consensus document, third universal definition of myocardial infarction. *European Heart Journal, 33*, 2551-2567.

SITES

American Diabetes Association - Standards of Medical Care in Diabetes (2012): http://care.diabetesjournals.org/content/35/Supplement_1/S11

American Diabetes Association - Standards of Medical Care in Diabetes (2017): http://professional.diabetes.org/sites/professional.diabetes.org/files/media/dc_40_s1_final.pdf

European Society of Cardiology - Third Universal Definition of Myocardial Infarction, ESC Clinical Practice Guidelines: https://www.escardio.org/Guidelines/Clinical-Practice-Guidelines/Third-Universal-Definition-of-Myocardial-Infarction

Lab Tests Online: labtestsonline.org.uk/

Lab Tests Online - reference ranges: http://labtestsonline.org.uk/understanding/features/ref-ranges/

National Cholesterol Education Program ATP III Guidelines At-a-Glance Quick Desk

Reference: http://www.nhlbi.nih.gov/guidelines/cholesterol/atglance.pdf

APÊNDICE
2 Mais Casos Clínicos
Susan Johnston

CAPÍTULO 7 VITAMINAS E MINERAIS

Dor nas articulações e testes de função hepática anormais: Hemocromatose hereditária

Um homem de 52 anos visitou seu médico da atenção primária com queixa de dor nas articulações. Ele apresentava testes de função hepática anormais (alanina aminotransferase [ALT] e aspartato aminotransferase [AST] aumentadas). Investigações posteriores sobre sua hepatite não específica encontraram uma concentração muito alta de ferritina > 2000 μg/L ou > 2000 ng/mL (intervalo de referência 14-200 μg/L; 14-200 ng/mL) e uma saturação de transferrina em jejum de 93% (<55%).

Comentário

A saturação sérica da transferrina > 55% e a ferritina sérica > 200 μg/L em mulheres na pré-menopausa ou > 300 μg/L em homens e mulheres na pós-menopausa sugerem sobrecarga primária de ferro devido à hemocromatose. A elevação da ferritina sérica isoladamente pode ser decorrente de condições inflamatórias e doença hepática alcoólica. Os testes genéticos confirmaram o diagnóstico de **hemocromatose hereditária** neste paciente, que foi encontrado sendo homozigótico para a mutação mais comum no gene *HFE* (C282Y). Ele tinha uma sobrecarga de ferro bruto e toxicidade do ferro no órgão final. Ele foi tratado por flebotomia para retirar o excesso do estoque de ferro, e o rastreamento familiar foi recomendado para parentes de primeiro grau.

CAPÍTULO 14 BIOSSÍNTESE DE COLESTEROL E ESTEROIDES

Hirsutismo e períodos irregulares: Hiperplasia adrenal congênita não clássica

Uma mulher de 37 anos compareceu ao seu médico de atenção primária com hirsutismo, ganho de peso, períodos irregulares e infertilidade secundária. Um perfil hormonal revelou concentrações elevadas de esteroides: testosterona 2,5 nmol/L (intervalo de referência 0,3-1,9 nmol/L) ou 72 ng/dL (10-90 ng/dL); androstenediona 9,2 nmol/L (intervalo de referência < 5,5 nmol/L) ou 264 ng/dL (< 158 ng/dL); e 17-hidroxiprogesterona 17,5 nmol/L (intervalo de referência < 6,0 nmol/L) ou 583 ng/dL (< 200 ng/dL). Ela foi encaminhada a um endocrinologista para investigação de seu excesso de esteroides.

Comentário

O teste de Synacthen foi realizado em vista da elevação da 17-hidroxiprogesterona da paciente. O Synacthen, ou hormônio adrenocorticotrópico sintético (ACTH), é um hormônio que estimula as glândulas suprarrenais. O Synacthen é injetado e a 17-hidroxiprogesterona é mensurada 1h mais tarde para avaliar como as suprarrenais responderam. Neste caso, um aumento exagerado na **17-hidroxiprogesterona** confirmou o diagnóstico de **hiperplasia adrenal congênita não clássica** devido à deficiência parcial da enzima 21-hidroxilase. As pacientes do sexo feminino que não estão buscando a fertilidade são tratadas com um contraceptivo oral para melhorar o hirsutismo. Esta mulher desejou fertilidade e foi tratada com glicocorticoides para suprimir a síntese de esteroides e assim normalizar a função ovulatória.

Mulher de 72 anos com hipersecreção de andrógenos: Tumor das células de Leydig

Uma mulher de 72 anos apresentou calvície com padrão masculino, hirsutismo e um engrossamento da voz. Ela foi encontrada com uma testosterona acentuadamente aumentada de 12 nmol/L (0,3-1,9 nmol/L) ou 346 ng/dL (10-90 ng/dL), e a androstenediona de 18,2 nmol/L (< 5,5 nmol/L) ou 521 ng/dL (< 158 ng/dL). O sulfato de dehidroepiandrosterona (DHEAS) estava em 2,5 μmol/L (2,0-12,5 μmol/L) ou 93 μg/dL (74-463 μg/dL). A tomografia computadorizada (CT) das glândulas suprarrenais e dos ovários não apresentou resultados relevantes.

Comentário

Com base nesses achados, foi feito um diagnóstico provisório de tumor produtor de testosterona. A mensuração de androstenediona e DHEAS pode ajudar a distinguir a fonte do excesso de testosterona. Nos tumores ovarianos, a androstenediona é o andrógeno predominante. A DHEAS está associada a tumores adrenais. Seus ovários foram removidos cirurgicamente, e a histologia confirmou a presença de um pequeno tumor de células esteroides (18 mm) no ovário direito, também conhecido como tumor das **células de Leydig**. Os tumores das células de Leydig são tumores muito raros de células esteroides que geralmente dão origem a uma alta concentração de testosterona. Os tumores são caracteristicamente pequenos e podem ser difíceis de identificar por imagem. Após a remoção dos ovários, sua testosterona caiu para 1,1 nmol/L (32 ng/dL), confirmando que o ovário era a fonte da testosterona.

Homem de 30 anos com ginecomastia: Síndrome de Klinefelter

Um homem de 30 anos de idade, com dificuldades de aprendizagem, foi ao seu médico de cuidados primários apresentando ginecomastia (um aumento anormal do tecido mamário), sendo então encaminhado ao endocrinologista para investigação. Durante o exame foi verificado que ele apresentava testículos pré-púberes, e as investigações bioquímicas demonstraram uma testosterona subnormal 0,9 nmol/L (10-30 U/L) ou 26 ng/dL (290-860 U/L) e um hormônio folículo-estimulante elevado (FSH) de 27,2 U/L ou 6,0 ng/mL (1 a 10 U/L; 0,2-2,2 ng/mL).

Comentário

A testosterona subnormal e o FSH aumentado são consistentes com a falha testicular primária. A análise cromossômica foi realizada, e o paciente apresentou hipogonadismo secundário à **síndrome de Klinefelter**. A síndrome de Klinefelter é uma condição genética que afeta apenas homens. Os homens afetados têm uma cópia extra do cromossomo X (XXY). Os homens com síndrome de Klinefelter apresentam testículos pequenos que não produzem testosterona suficiente antes do nascimento e durante a puberdade. Essa falta de testosterona significa que, durante a puberdade, as características sexuais masculinas normais não se desenvolvem completamente. Há redução de pelos faciais e púbicos, e a ginecomastia geralmente se desenvolve devido a um desequilíbrio entre a testosterona e o estrogênio. O tratamento inclui reposição de testosterona.

CAPÍTULO 27 ENDOCRINOLOGIA BIOQUÍMICA

Mulher de 71 anos com hipotiroidismo e convulsão: Coma mixedematoso

Uma mulher de 71 anos foi encontrada por seu marido apresentando uma convulsão, que terminou automaticamente após 20 min. Ela teve uma convulsão adicional na sala de emergência. Ela tinha um histórico médico anterior de hipotireoidismo, e sua reposição de tiroxina havia sido interrompida recentemente porque se pensava que ela estava sendo supertratada. Seus resultados sanguíneos revelaram que ela está profundamente hipotireoidiana, com um hormônio estimulante da tireoide (TSH) de 52,8m U/L (0,35-5,0 mU/L) e T4 livre (fT4) de < 5,0 pmol/L (9-21 pmol/L) ou < 0,4 ng/dL (0,7-1,6 ng/dL).

Comentário

Esta mulher foi transferida para a unidade de tratamento intensivo para tratamento do **coma mixedematoso secundário ao hipotireoidismo profundo**. O coma mixedematoso é uma complicação rara do hipotireoidismo que tipicamente se manifesta em mulheres idosas nos meses de inverno e está associada a uma alta taxa de mortalidade. A patogênese não é clara, mas os fatores que predispõem ao seu desenvolvimento incluem drogas e doenças sistêmicas (p. ex., pneumonia). As manifestações clínicas incluem redução do nível de consciência, por vezes associada a convulsões, hipotermia e outras características do hipotireoidismo. O coma mixedematoso é uma emergência médica e requer uma abordagem multifacetada do tratamento que inclui tiroxina intravenosa ou triiodotironina, glicocorticoides (há diminuição da reserva adrenal no hipotireoidismo profundo), reposição de fluidos e controle das vias aéreas.

Mulher de 28 anos com dor de cabeça e visão turva: Acromegalia

Uma mulher de 28 anos chegou ao pronto-socorro com dor de cabeça progressiva e visão embaçada. A ressonância magnética por imagem (MRI) mostrou um grande tumor hipofisário. O teste do campo visual revelou cegueira parcial causada pela compressão do quiasma óptico pelo tumor. No exame, notou-se que ela tinha uma mandíbula protuberante; questionamentos adicionais revelaram que ela havia notado um aumento no tamanho do pé e da mão nos últimos anos. Ela apresentou um resultado do fator de crescimento semelhante à insulina (IGF-1) de 994 µg/L ou 994 ng/mL (72-259 µg/L) e falhou na supressão do hormônio do crescimento em resposta ao teste de tolerância oral à glicose.

Comentário

Esta mulher tem **acromegalia** como resultado da secreção excessiva e prolongada do hormônio do crescimento pela hipófise. O hormônio do crescimento estimula o fígado a produzir o IGF-1 que, por sua vez, causa o crescimento dos músculos, ossos e cartilagens. As características clínicas incluem mãos e pés grandes e características faciais proeminentes, como mandíbula e testa protuberantes; lábios, língua e nariz aumentados; e dentes amplamente espaçados. Esta paciente realizou a excisão cirúrgica do tumor e, no pós-operatório, seus campos visuais estavam completos, e seus sintomas melhoraram. Seu IGF-1 pós-operatório foi de 139 µg/L (139 ng/mL).

Mulher de 32 anos com prolactina elevada: Macroprolactina

Uma mulher de 32 anos compareceu ao médico com queixas de ganho de peso e ausência de menstruação por vários meses. Ela estava tomando amisulprida, um medicamento antipsicótico, para tratamento da esquizofrenia. Exames de sangue de rotina excluíram insuficiência ovariana prematura, hipotireoidismo e gravidez. Ela apresentava um resultado de prolactina > 25.000 mU/L (< 630 mU/L) ou > 1000 ng/mL (< 25 ng/mL), sendo encaminhada a um endocrinologista para avaliação.

Comentário

Drogas como os antipsicóticos podem causar elevações significativas da prolactina; no entanto, é improvável que os fármacos aumentem a prolactina em valores > 25.000 mU/L (> 1000 ng/mL). A amostra foi tratada com polietilenoglicol (PEG) e testada **positivamente para a presença de macroprolactina**. A macroprolactina é uma forma de prolactina com alto peso molecular (prolactina ligada ao anticorpo da imunoglobulina G) que interfere na mensuração da prolactina. É biologicamente inativa, e sua detecção não tem significado clínico. A hiperprolactinemia atribuível à macroprolactina é uma causa frequente de erros de diagnóstico em pacientes. A macroprolactina deve ser considerada se os sinais e sintomas de hiperprolactinemia estiverem ausentes na presença da prolactina elevada.

Produção da hCG hipofisária pode resultar em teste de gravidez positivo em mulheres na pós-menopausa

Uma mulher pós-menopáusica de 53 anos de idade teve o nível de gonadotrofina coriônica humana (hCG) mensurado como parte de uma avaliação pré-cirúrgica. O nível de hCG foi detectável em 9 U/L ou 9 mUI/mL (> 5 U/L é o ponto de corte para a detecção da gravidez), e o médico questionou se isso poderia ser uma doença trofoblástica gestacional.

Comentário

Esta mulher estava na pós-menopausa, com o hormônio folículo-estimulante (FSH) de 85 U/L ou 18,7 ng/mL e o hormônio luteinizante (LH) de 52 U/L ou 3,7 µg/mL (valores de FSH > 25 U/L; 5,5 ng/mL com amenorreia prolongada são indicativos de menopausa). Uma causa mais provável do hCG elevado é a produção de hCG pela hipófise. Em mulheres na menopausa, a produção de estrogênio diminui, o que, por sua vez, diminui a produção do hormônio liberador da gonadotrofina (GNRH) pelo hipotálamo. A produção de LH e FSH aumentam para estimular o GNRH. Nessa hiperestimulação, a hipófise pode secretar uma molécula semelhante ao hCG. O hCG hipofisário é a causa do aumento dos resultados séricos de hCG em mulheres não grávidas, principalmente nos períodos peri e pós-menopausa.

Hipotireoidismo primário pode causar aumento da prolactina

Uma mulher de 32 anos compareceu ao seu médico de atenção primária, queixando-se de períodos irregulares. A investigação laboratorial encontrou um nível de prolactina ligeiramente elevado de 713 mU/L (< 630 mU/L) ou 28 ng/mL (< 25 ng/mL). Os níveis de gonadotrofina e testosterona estavam normais, e ela não estava tomando nenhum medicamento. Os testes de função tireoidiana (TFT) foram consistentes com o hipotireoidismo primário. O hormônio estimulante da tireoide (TSH) foi de 20,8 mU/L (0,35-5,0 mU/L), e T4 livre (fT4) foi de 9,9 pmol/L (9 a 21 pmol/L) ou 0,77 ng/dL (0,7 a 1,6 ng/dL).

Comentário

A prolactina é um hormônio secretado pelas células lactotróficas da hipófise anterior. Sua secreção está sob o controle negativo da dopamina no hipotálamo. As causas de uma prolactina ligeiramente aumentada incluem estresse e fármacos que atuam como bloqueadores do receptor da dopamina (p. ex., antipsicóticos). Neste caso, a prolactina aumentada foi considerada secundária ao hipotireoidismo primário. A perda da inibição do *feedback* da tiroxina pelo hipotireoidismo primário resulta na superprodução do hormônio liberador da tireotropina (TRH) a partir do hipotálamo. O TRH tem um efeito estimulador fraco nas células lactotróficas da hipófise anterior, resultando em aumento leve a moderado da prolactina.

Achado incidental de um tumor secretor de prolactina

Um homem de 87 anos apresentou-se à sala de emergência após uma queda que resultou em um ferimento na cabeça. A tomografia computadorizada não mostrou lesão óssea, mas revelou uma grande massa hipofisária medindo 3 cm. Ele foi encaminhado à endocrinologia para avaliar a função hipofisária. A investigação laboratorial encontrou uma prolactina grosseiramente elevada de 132.000 mU/L (< 400 mU/L) ou 5280 ng/m/L (< 16 ng/mL), com função normal hipófise-adrenal e hipófise-tireoidiana.

Comentário

Estes achados são consistentes com um **tumor secretor de prolactina** ou prolactinoma. Os prolactinomas são tumores hipofisários benignos produtores de prolactina. Eles são o tipo mais comum de tumores hipofisários, e são classificados de acordo com seu tamanho; macroprolactinomas são > 3 mm, e microprolactinomas são < 3 mm. Os sintomas são causados por excesso de prolactina no sangue ou pela pressão do tumor no tecido circundante. Os campos visuais do paciente estavam normais, confirmando que o tumor não estava comprimindo o nervo óptico adjacente. Este paciente foi tratado com uma droga que inibe a liberação da prolactina, estimulando os receptores de dopamina no hipotálamo.

CAPÍTULO 33 METABOLISMO DE LIPOPROTEÍNA E ATEROGÊNESE

Pancreatite recorrente e hiperlipidemia mista grave: Deficiência da lipase lipoproteica

Um homem de 46 anos foi encaminhado à clínica de lipídeos com histórico de pancreatite recorrente e hiperlipidemiamista acentuada com colesterol total elevado de 25,8 mmol/L (< 5,18 mmol/L desejável) ou 996 mg/dL (< 200 mg/dL desejável) e triglicerídeos > 100 mmol/L (< 1,7 mmol/L) ou 8850 mg/dL (< 150 mg/dL desejável). Ele sofria de diabetes melito tipo 2 secundária à pancreatite crônica.

Comentário

O teste genético foi realizado para rastrear as causas da hiperlipidemia, e o relatório revelou uma mutação heterozigótica no gene da lipase lipoproteica (*LPL*), consistente com o diagnóstico de deficiência familiar da lipase lipoproteica (**LPLD**). A LPDL é uma condição hereditária rara que perturba a degradação normal das gorduras no corpo. Os triglicerídeos aumentados geralmente estão presentes desde a infância, mas a condição pode não ser diagnosticada até a idade adulta. Os sintomas incluem ataques recorrentes de pancreatite aguda e manchas gordurosas conhecidas como xantomas eruptivos. O aconselhamento genético foi recomendado para este paciente, e os parentes de primeiro grau tiveram seus níveis de lipídeos verificados.

CAPÍTULO 34 O PAPEL DO FÍGADO NO METABOLISMO

A febre glandular pode causar testes da função hepática anormais

Uma mulher de 18 anos apresentou ganho de peso, letargia e inchaço das glândulas linfáticas. Verificou-se que ela apresentava um aumento da aspartato aminotransferase (AST) de 373 U/L (13-35 U/L) e alanina aminotransferase (ALT) de 699 U/L (7-35 U/L).

Comentário

Os achados clínicos, juntamente com anormalidades nos testes de função hepática (LFT), levaram ao diagnóstico presumido de **febre glandular** ou mononucleose infecciosa. A febre glandular é uma infecção viral causada pelo vírus Epstein-Barr, um membro da família herpes vírus. É mais comum em adolescentes e adultos jovens. Um hemograma completo e uma lâmina encontraram uma contagem alta de glóbulos brancos e um número maior do que o usual de linfócitos atípicos, com o diagnóstico de febre glandular. O **teste Monospot** (ou teste de anticorpos heterófilos) foi positivo na segunda semana da doença. A paciente sentiu-se bem após 2-3 semanas, os testes da função hepática retornaram ao normal, e o teste Monospot foi negativo após a infecção ter sido resolvida.

CAPÍTULO 35 HOMEOSTASE DE ÁGUA E ELETRÓLITOS

Um caso de diabetes insípidus induzida por lítio

Uma mulher de 70 anos foi internada após um histórico de 6 semanas de piora da confusão mental. A história de seus cuidadores revelou que ela estava em tratamento a longo prazo com lítio para o transtorno bipolar e que ela estava bebendo mais do que o habitual e urinando com frequência. Na admissão, sua concentração sérica de sódio era de 163 mmol/L ou 163 mEq/L (133-146 mmol/L) e ela produzia mais de 4L de urina por dia. Sua osmolalidade sérica era de 346 mmol/Kg (270-295 mmol/Kg ou mOsm/Kg), e sua osmolalidade urinária era de 195 mmol/Kg.

Comentário

Esta mulher tem **diabetes insípidus nefrogênica secundária ao tratamento a longo prazo com lítio**. O diabetes insípidus é definido como a passagem de grandes volumes (> 3L/24h) de urina diluída (osmolalidade urinária < 300 mmol/kg). O diabetes melito e a insuficiência renal devem ser excluídos como causas do grande débito urinário. O diabetes insípidus nefrogênico é devido à resistência renal à vasopressina. O uso crônico do lítio pode danificar as células do rim, de modo que elas não respondam mais à vasopressina.

Homem de 42 anos com uma longa história de hipertensão: Aldosteronismo primário

Um homem de 42 anos estava se sentindo mal e foi atendido pelo seu médico de cuidados primários. Apresentava um nível baixo potássio de 2,8 mmol/L ou 2,8 mEq/L (3,5-5,3 mmol/L) e uma pressão arterial elevada (180/100 mmHg). Ele não tinha histórico médico significativo e não tomava medicação. Uma medicação anti-hipertensiva foi prescrita, e sua pressão arterial estava bem controlada. A suplementação diária de potássio foi necessária para o seu nível de potássio retornar à faixa normal. Ele foi encaminhado para uma clínica que trata de pressão arterial para investigação de hipertensão e hipocalemia persistente.

Comentário

O paciente foi encontrado tendo um nível **elevado de aldosterona** e uma concentração de **renina** completamente **suprimida**. Uma tomografia computadorizada identificou um adenoma adrenal de 1,2 cm do lado esquerdo. Um diagnóstico de **aldosteronismo primário (síndrome de Conn)** foi suspeito, mas novas investigações foram necessárias para confirmação. Os resultados de um **teste de supressão salina** foram consistentes com um adenoma adrenal produtor de aldosterona — a aldosterona falhou na supressão, apesar de receber uma carga de sal. A **amostragem da veia adrenal** foi realizada para confirmar a localidade; houve evidência de produção significativa de aldosterona a partir da veia adrenal esquerda. O paciente foi tratado com espironolactona (um antagonista da aldosterona), e sua pressão arterial voltou ao normal.

CAPÍTULO 37 MÚSCULO: METABOLISMO ENERGÉTICO, CONTRAÇÃ E EXERCÍCIO

Rabdomiólise como consequência da isquemia muscular

Um homem de 96 anos se apresentou na sala de emergência após uma queda na noite anterior. Ele não conseguiu se levantar, e foi encontrado deitado no chão por seu filho na manhã seguinte. Ele tinha hematomas nos braços e joelhos consistentes com uma queda. As radiografias de sua pelve e quadril não mostraram fraturas, e não houve evidência de traumatismo craniano. Seu nível de creatina quinase (CK) foi encontrado > 30.000 U/L (55-170 U/L) e ele teve comprometimento renal leve e proteína C reativa (CRP) aumentada de 198 mg/L, ou 19,8 mg/dL (< 10 mg/L; < 1,0 mg/dL).

Comentário

O nível elevado da enzima muscular creatina quinase é consistente com um diagnóstico de **rabdomiólise**. Esta é uma condição séria resultante da lise do músculo esquelético e é provável que seja o resultado da isquemia muscular provocada após a imobilização prolongada, neste caso. Produtos de decomposição das células musculares são liberados na corrente sanguínea e podem causar danos aos rins. O paciente foi tratado com fluidos intravenosos e antibióticos. Sua função renal, CRP e CK retornaram ao normal antes de sua alta para casa.

Índice

Números de página seguidos de "f" indicam figuras, "t" indicam tabelas e "q" indicam quadros.

A

ABC do tratamento de emergência, 471q
Aberrações cromossômicas, 404
Abertura do promotor, 307
Abetalipoproteinemia, 77, 441q, 503
Abreviações, 587
Absorção, 429
de carboidratos, 434-437
Absorção de cálcio, no intestino delgado proximal, 570-571
Absorção ultravioleta, aminoácidos aromáticos, 9f
Acantose nigricans, 391
Ação autócrina, 630
Ação hormonal, avaliação laboratorial da, 371-372
Ação hormonal do sistema de amplificação em cascata, 150-152, 151f
Ação parácrina, 630
Acarbose, 467
Acetaldeído, 69
Acetaminofeno (paracetamol), 513, 514f
dosagem excessiva de, 515q
Acetilação, 329q
Acetil coenzima A (acetil-CoA)
ácidos graxos de cadeia ramificada oxidados para, 141
ácidos graxos sintetizados a partir da, 163
carbonos da, 131f
carboxilação para malonil-CoA, 163-164, 164f
colesterol sintetizado a partir da, 175
como produto comum de vias catabólicas, 125-127
estrutura da, 126f
excesso de, no jejum ou fome, 141-142
Acetil coenzima A (acetil-CoA), 4
Acetil coenzima A (acetil-CoA) carboxilase, 163-164, 477
Acetilcolina (ACh), 341, 355, 364-366, 582
Acetilcolinesterase, 358-359
Acetil transacilase, 165
Acidemia, 546q
Acidente vascular cerebral, 497-498

Ácido

ácido graxo essencial, 168-169
acidose, 546-547
alcalose metabólica, 548q
definição, 546q
respiratória, 546, 547q
avaliação laboratorial do, 542q
bicarbonato, manejo dos rins, 545
causas de, 547t
classificação de, 546
compensação respiratória e metabólica no, 546t
componentes respiratórios e metabólicos do, 539-542
controle da frequência respiratória, 543f
definição de, 546
distúrbios do equilíbrio ácido-básico, 541f, 542q, 546-548, 546q
distúrbios respiratórios e metabólicos do, 548q
equação de Henderson-Hasselbalch, 539-540
equilíbrio ácido-básico, 539-549, 540f
inter-relação de componentes respiratórios e metabólicos, 541
"medição de gás no sangue" no, 542q
mistos, 548, 548t
pulmões, troca gasosa, 543-545
relevância clínica do, 539
simples vs. mistos, 548t
sistemas tampão, 539-542
tamponamento intracelular, 542
Ácido acetilsalicílico (Aspirina®), 602q
Ácido araquidônico, 168-169, 351, 473
Ácido aspártico, 9, 14
Ácido desoxirribonucleico (ADN). Ver DNA (ácido desoxirribonucleico)
Ácido di-hidro-orótico, 208-209
Ácido eicosapentaenoico, 168-169
Ácido etilenodiaminotetracético (EDTA), 589
Ácido fólico/folato, estrutura do, 212f

Ácido fosfatídico, 169, 350
Ácido fosfórico (PA), 231, 233f
Ácido glutâmico, 9, 14
Ácido hialurônico, 250-251
Ácido homovanílico (HVA), 363, 584
Ácido L-Idurônico (IdUA), 250-251
Ácido linoleico, 168-169
Ácido linolênico, 168-169, 473
Ácido lipoico, 129f
Ácido mevalônico, 175, 175f
Ácido neuramínico monofosfato de citidina (CMP-NeuAc), 223
Ácido oleico, 473
Ácido pantotênico, 83, 85f, 128
Ácido retinoico, 75, 339
Ácido ribonucleico. Ver RNA (ácido ribonucleico)
Ácido ribonucleico mensageiro (mRNA), 275, 278-280
splicing alternativo do, 313, 313q
Ácidos biliares, 511
estrutura dos, 181f
na eliminação do colesterol, 180-182
primários, sintetizado no fígado, 181
secundários, sintetizado no intestino, 181
Acidose, 546-547
definição, 546q
metabólica, 546-547
respiratória, 546
tubular renal, 547
Acidose respiratória, 543q, 546-547
Ácidos fitânicos, 141
Ácidos fitânicos de cadeia ramificada, a -oxidação de, 141f
Ácidos graxos, 28-30, 443, 489
acetil-CoA sintetizada a partir de, 163
ácido graxo sintase de, 164-165, 165f-166f
alongamento de, 168, 168f
ativação de
por acil-CoA graxo sintetase, 138f
síntese de triacilgliceróis necessária para, 440
transporte para mitocôndria, 137-138

Ácidos graxos (Cont.)
biossíntese e armazenamento de, 163-172
cadeia ímpar, 140-141
cadeia longa, 138f
catabolismo peroxisomal de, 140
comprimento da cadeia de, 439
de cadeia curta
armazenamento e transporte de, 169-170
produzido no intestino grosso por carboidratos indigestos, 438q
reabsorção, 432
dessaturação de, 168, 169f
estrutura e ponto de fusão, 28, 29t
insaturado, 28, 140
ligações duplas, 28
metabolismo de, 138t
oxidação de, 139-141
poli-insaturado, 30
saturado, 28
shuttle de carnitina, 137
síntese de, 163-169, 180
síntese endógena, derivada de, 169
ß-oxidação de, 139f, 142q
triacilgliceróis, síntese de, 169-170. Ver também Metabolismo oxidativo
vias alternativas de oxidação, 140-141
Ácidos graxos, armazenamento e transporte de, 169-170
síntese de, 170f
Ácidos graxos de cadeia curta (AGCCs)
produzido no intestino grosso por carboidratos não digeridos, 438q
reabsorção, juntamente com a secreção de bicarbonato, 432
Ácidos graxos de cadeia curta, produzidos no intestino grosso de carboidratos não digeridos, 438q
manuseio de água e eletrólitos, 429-432. Ver também Colo do intestino; Intestinos; Intestino grosso

662 Índice

Ácidos graxos de cadeia longa (LCFAs), transporte para a mitocôndria, 138f
Ácidos graxos de cadeia média e curta, 439
Ácidos graxos essenciais, 168-169
Ácidos graxos essenciais, 168-169, 473
Ácidos graxos insaturados, 28, 140, 473
Ácidos graxos monoinsaturados, 30, 473, 473f
Ácidos graxos ômega-3, 505
Ácidos graxos poli-insaturados, 30, 473
Ácidos graxos saturados, 28, 473
Ácidos graxo ω-3, 168-169, 473
Ácidos graxo ω-6, 168-169, 473
Ácido siálico, 223
    síntese de, 224f
Ácidos nucleicos, 4, 203
    ácido desoxirribonucleico (DNA), 257-274
    ácido ribonucleico (RNA), 275-288
Ácidos nucleicos celulares, 257
Ácido tricarboxílico e, 193f
Ácido úrico
    fontes e eliminação de, 206-207
    formação endógena de, 207
    metabolismo de, em humanos, 206-208
Ácido vanilmandélico (ácido 4-hidroxi-3-metoxialâmico), 362, 584
Ácido γ-aminobutírico (GABA), 360
    receptor, 358
Acidúria metilmalônica, 82
Acil-CoA: colesterol aciltransferase (ACAT), 174
Acilglicerol aciltransferase (AGPAT2), 169
Acondroplasia, 345q
Acoplamento excitação-contração, do músculo, 555-557
Acrodermatite enteropática, 88
Acromegalia, 392-393
Actina, 553, 554f
Açúcares
    amino, 222-223
    ciclização de, 25-27
    composição, mudanças, 229q
    exemplos, encontrados em tecidos humanos, 28f
    interconversões de dieta, 219-221
    nas interações de reconhecimento químico de lectinas, 227-229
    vias do metabolismo nucleotídico, 221-223

Adaptação metabólica, 479
Adaptação redutora, 479
Adenilil ciclase, 344
Adenina fosforribosiltransferase (APRT), 204-206
Adenoma solitário produtor de aldosterona, 385
Adenosina desaminase, 207
Adesão/agregação de plaquetas, 602-603
Adesivos, 239q
Adipocinas, 170-171, 475
Adiponectina, 170-171, 475
ADP-ATP translocase, 107-108
Adrenalina. Ver Epinefrina
Adrenoleucodistrofia ligada ao X, 383
Adressinas vasculares semelhantes à mucina, 632
Adventícia, 601
Afinidade de oxigênio, da hemoglobina, modulação alostérica, 53-55, 53f
Agamaglobulinemia ligada ao X, 400q
Agentes antivirais, 71q
Agentes caotrópicos, 14
Agentes quimioterapêuticos, 264f
Agentes quimioterápicos antirretrovirais, 264f
Agentes trombolíticos, 599
Agonistas de receptores de peptídeo semelhante ao glucagon-1, 467
Agrecana, 252, 253f
Agregados proteicos desdobrados ou desdobrados, 406-407
Agregometria de transmissão de luz (LTA), 608
Água e eletrólitos
    causas de perda de, 430q
    homeostase. Ver Homeostase da água e eletrólitos
    manipulação no trato gastrointestinal, 429-432
    transporte nos mecanismos do intestino, 430-432
Água e eletrólitos, 523-537
Ajudante folicular de T (TFH), 639
Akt quinase, 567
Alanil-alanina, 28
Alanina, 28, 158, 188q, 443
    aminoácidos, classificação dos, 8, 12f
    gliconeogênese da, 451
Alanina aminotransferase, 127
Albinismo, 200q
Albumina, 465, 481, 508, 591, 619-621
Alça anticódon, 276, 291
Alça de Henle, 526
Alcalemia, 546q

Alcalose, 546q, 547-548
    metabólica, 548q
    respiratória, 547q
Alcaptonúria, 200
Álcool desidrogenase (ADH), 132f, 514
Alcoolismo (etilismo), 80
    anormalidades lipídicas no, 170q
    deficiência de tiamina e, 79, 128
Álcool, metabolismo, 513-515
Aldeído desidrogenase (ALDH), 514
Aldo-hexoses, 25
Aldolase B, 220
Aldosterona, 184
Alergias, 197q, 366
Alimentação saudável, 473-474, 474f
Alimentos
    regulação de ingestão, 474-475, 475f
    teor energético de, 93, 94t. Ver também Carboidratos; Lipídios; Proteínas
Alimentos com baixo IG, 472
Alisina, 246-248
Alopurinol, 208f
Alvo mecanístico da rapamicina (mTor), 401
Amenorreia secundária, 389q
Amidofosforrofosil transferase, 204-206
Amidos, 25, 434
Amilase, 436q
Amilina, 474
Amiloide-β, 406-407, 583
Amiloidose, 579q
Aminas biogênicas, 361
Aminoácidos, 4, 7-23, 291, 291f, 443
    ácidos, 9
    alifático, 8
    aromático, 8-9, 9f
    básico, 9-10
    biossíntese de, 197-198
    catabolismo de aromático, 198f
    cetogênico, 195-196
    classificação dos, 7-10
    como fonte de energia, 187
    contendo enxofre, 10
    deficiências de descarboxilase aromática (AADC), 363q
    degradação de, 189-195, 197f
    desaminação de, 19f
    doenças hereditárias do metabolismo, 198-200
    equação Henderson-Hasselbalch (HH) e pK$_a$, 10
    essencial, 197-198
    dietético, 199t

Aminoácidos (Cont.)
    estado de ionização, 10
    estereoquímica, 7
    estrutura do carbono dos, metabolismo de, 195-197
    estrutura dos, 8f
    glicogênico, 195-196
    gliconeogênese dos, 158-160
    grupos funcionais de, 10t
    hidrofóbico, 7, 48-49
    metabolismo dos, 196f
    não essencial, 198t
    não proteína, 9q
    neurotransmissores, 359
    oxidação dos, 421f
    papel no tamponamento, 12
    peptídeos e proteínas, 12-15
    polar, 48-49
    polaridade das cadeias laterais, classificação da, 10
    polar neutro, 9
    precursores de, 199t
    prolina, 10
    proteínas, encontradas em, 7, 8t
    relações metabólicas entre, 188f
    sequências de globina, conservação, 48f
    transporte ativo nas células epiteliais intestinais, 441q
    valores de pKa para grupos ionizáveis, em proteínas, 11t. Ver também Proteínas
    vias metabólicas centrais dos, 196f
Aminoácidos ácidos, 9
Aminoácidos alifáticos, 8
Aminoácidos aromáticos, 8-9, 9f
    deficiências da descarboxilase, 363q
Aminoácidos básicos, 9-10
Aminoácidos contendo enxofre, 10
Aminoácidos essenciais, 197-198
Aminoácidos não essenciais, 198t
Aminoácidos não proteicos, 9q
Aminoácidos polares neutros, 9
Aminoacil-tRNA, 291
Amino açúcares, 222-223
    síntese do, 224f
Aminopterina, 211q
Aminoterminal (N-terminal), 12-13
Aminotransferases, 189-190
Amônia, 190-191, 192f
    ciclo da ureia, 509-510
    eliminação prejudicada da, 509-510
    reação de glutaminase, gerada por, 545
Amostras lipêmicas, 66

Anafilaxia, 643q
Analbuminemia, 591
Analisador de função plaquetária, 608
Análise de alvo, metabólito, 336
Análise de microarranjos cromossômicos, 320-322
Análise de urina, 654 t
Análogos nucleosídicos, como agentes antivirais, 71q
Âncoras de membrana, 234q-235q, 235f
Androgênios, 184
  excesso de, no sexo masculino, 387
Anéis de Kaiser-Fleischer, 89
Anel β-lactâmico, 69f
Anemia
  célula falciforme, 290q
  deficiência de ferro, 99q
  deficiência de piridoxina, 80
  hemolítica, 122q
  investigação de, 655t
  perniciosaa, 81
Anemia hemolítica, 122q
Anemia hipocrômica microcítica, 88-89
Anemia megaloblástica, 81
Anemia perniciosa, 81
Anemia por deficiência de ferro, 99q
Anemia sideroblástica, 80
Anfetaminas, 361, 583
Angina *pectoris*, 341, 499
Anormalidades da síntese de esteroides, 184q
Anquirina, 33
Antagonista/assassino homólogo de Bcl-2 (BAK), 407q
Antagonistas de GPIIb-IIIa, 603
Antagonistas do ácido fólico, 80
Antagonistas dos receptores de orexina, 346q
Antagonistas H₂, 433q
Antibióticos, 80, 281q
Anticoagulantes, 589, 599
Anticorpos, 641. *Ver também* Antígeno(s)
Anticorpos estimuladores de receptores de TSH, 377q
Anticorpos monoclonais, 643-644
Antidepressivos, 362q
Antidepressivos tricíclicos, 362q
Antígeno nuclear 1 do vírus Epstein-Barr (EBNA1), 407
Antígeno(s), 592
Antígenos do grupo sanguíneo ABO, 238-239
  relação entre, 239f
Antígenos HLA, 635
Antígenos não próprios ou estranhos, 636
Anti-histamínicos, 197q, 366
Anti-inflamatórios não esteroides (AINEs), 69

Antimicina, 107f
Antioxidantes
  defesas, 4
  defesas antioxidantes, 618-623
  e envelhecimento, 425
  glutationa, 122f
Antitripsina α1 (A1AT), 594-595, 619q
Antitrombina, 608-609
Aparelho de Golgi, 251
  O-glicanas no, 225
APC, 632
ApoB100, 490-492
ApoB48, 492
Apoenzima, 62-63
Apolipoproteína
  isoforma E2, 492
Apolipoproteína A, 490
Apolipoproteína B, 490-492
Apolipoproteína B familiar defeituosa (FDB), 490-492, 503
Apolipoproteína C, 492
Apolipoproteína E, 492
Apolipoproteínas, 490-492
  concentrações plasmáticas das, 492q
  estrutura e funções das, 491t
Apoptose, 360, 405, 406f, 408q-409q
Aquaporinas, 432, 531-533, 533f
Arg-Gli-Asp (RGD), 248-250
Arginase, 192
Arginina, 9-10, 13
Argonauta, 285
"Armadilha de tetraidrofolato", 82f
  proteínas de transporte, 83q
Armazenamento de carboidratos e síntese de glucagon no mecanismo de ação de, 150-153
  distribuição tecidual de, 148t
  glicogênio no, estrutura do, 147-148
  no fígado e músculo, 147-162
  regulação hormonal da glicogênese hepática, 149-150
Armazenamento lipídico "ectópico", 163
Arritmias cardíacas, 33, 534
Arsênico, 116
Artrite reumatoide, 402, 636, 641
Ascorbato, atividade antioxidante, 622f
Asma, 347
Asparagina, 9, 14
Aspartato, 134
Aspartato transcarbamoilase, 209
Aspirina® (ácido acetilsalicílico), 602q, 603

Astrócitos, 579-580
Ataxia telangiectasia, 404q
ATCase, regulação alostérica, 70f
Aterogênese, 497-498, 498f, 659
  base celular da, 499-500
  endotélio vascular na, 498-499
  retenção de reteve na, 499
  trombose na, 500-501
Aterosclerose, 173, 497-501
  genética da, 501q
Aterotrombose, 497-498, 599
Ativação do complemento, caminho alternativo, 631
Ativação plaquetária, 603q
Ativador do plasminogênio tecidual (tPA), 611t
Ativador do plasminogênio tipo uroquinase (uPA), 611
Ativador do receptor do fator nuclear NF-κB (RANK), 567
  agonistas do receptor β2, 362
Atividade de anafilatoxina, 631
Atividade física, 478
Atlas de Proteína Humana (HPA), 335
ATP7q, 88
ATP7q ATPase, 88-89
ATPase de sódio-potássio, processos de transporte em enterócitos, 430
Atropina, 365, 582
Autoanticorpos, 641, 642t
Autoantígenos, 636
Autofagia, 405, 407, 408f, 409q
Autofagossoma, 407
Autofosforilação, 156, 341
Autoimunidade, 627, 642
Autotolerância, 636
Avaliação Sistemática de Risco Coronário (SCORE), 497
Azida, 107

B
Baço, 637
Bacteriófago lambda, 273q
Bacteriorodopsina, 33
Baixa estatura, 392
Banco de Dados do Metaboloma Humano, 597
Banda paraproteína, 594, 595f
Barbituratos, 360, 584
Barreira hemato-CSF, 578
Barreira hematoencefálica, 373, 577-578
Base de dados Online Mendelian Inheritance in Man (OMIM), 320
Base de Dados Small Molecule Pathway Database (SMPDB), 597
Base de Schiff, 25-26, 514
Benzodiazepínicos, 360, 584
Beribéri, 78

Bicarbonato
  eliminação renal de, 545, 545f
  excreção de hidrogênio, renal, 545, 545f
  nos eritrócitos e túbulos renais, 541
  secreção de, 432
  tampões, 539, 541f
Bicarbonato de sódio, 440
Bifosfonatos, 574, 574f
Biguanidas, 466-467
Bilirrubina, 510
  metabolismo da, 512f
Bioenergética, 93-110
Biomarcadores, 597
  de envelhecimento, 423q
  metabolômica, 336-337
Biomembranas. *Ver* Membranas biológicas
Biomoléculas, alterações químicas dependentes da idade nas, 419t
Bioquímica
  e medicina clínica, 1-4, 5f
  mapa do livro, 2, 3f
2,3-bisfosfoglicerato
  efeito do, 54-55, 55f
  síntese de, 111, 119, 119f
Bloco de malonato, 133q
Bloqueadores, 362
Bloqueadores-β, 362
Bócio, 376-377
Bócio multinodular tóxico, 376-377
Botulismo, 585q
Brometo de cianogênio, 19-21
Bromodesoxiuridina (BrdU), 408q-409q
Bungarotoxina α, 582

C
Cadeias leves (L), 593
Cadeias peptídicas, interação entre, 14-15
Cadeias pesadas (H), 593
Cádmio, 90
Cafeína, 153, 366
Calcidiol (25-hidroxicolecalciferol; 25[OH]D₃), 568-570
Cálcio, 86
  e segundos mensageiros, 347-348
  excreção de, 570-571
  gatilho de acoplamento excitação-contração (músculo), 557
  homeostase do, 568-571, 569f, 570f
  no plasma, 568
  soro, 568
Cálcio ajustado, 568
Cálcio sérico, 568
Calcitonina, 568
Calcitriol (1α, 25 di-hidroxicolecalciferol; 1,25[OH]2D₃), 570

Cálculos biliares, 182q
Calmodulina
  e segundos mensageiros, 348
  estrutura e função da, 350f
Calorimetria, 477
Calorimetria direta, 93
Calorimetria indireta, 93
Calsequestrina, 348
  proteína quinase dependente
    de AMPc, 448-449
Caminho comum, 605
Caminho da morte, 407q
Caminho Poliol, 459-461, 461f
Canais de cálcio, 357
Canais de íons, 524f
  movimento de eletrólitos
    através dos, 524
Canais de potássio tardios,
  356-357
Canais iônicos, 358, 581
Canais K+ independentes de
  tensão (escape), 355-356
Câncer, 4, 409-413
  e suplementação vitamínica, 84
  fígado, 519
  mama, 337
  mTOR no, 412q
  mutação, definição de terapia
    do câncer, 413q
  promotores tumorais, 411-412
  próstata, 337
  proteassoma, inibição para
    tratamento, 300q
  síndromes de câncer
    hereditário, 413t
  terapia medicamentosa
    para, 80
Câncer colorretal, 402
Câncer de mama,
  biomarcadores de, 337
Câncer de próstata,
  biomarcadores, 337
Câncer de pulmão, 402
Cânceres cerebrais, 400q
Caquexia, 485-486
Carbamoilfosfato sintetase, 191,
  192f, 194q, 209
Carboidratos, 3-4, 25-27
  açúcares, 25
  armazenamento e síntese de.
    Ver Armazenamento e
    síntese de carboidratos
  classificação dos, 26t
  complexo. Ver Carboidratos
    complexos
  dietético, estrutura, 435f
  digestão e absorção de,
    434-437, 436f
  dissacarídeos, 27, 29f
  frutose, 27f
  glicanos, 28q
  glicose. Ver Glicose
  hexoses, estruturas de, 26f
  metabolismo anaeróbico,
    em glóbulos vermelhos,
    111-123

Carboidratos (Cont.)
  metabolismo de. Ver
    Metabolismo dos
    carboidratos
  não digerida, produção de
    ácidos graxos de cadeia
    curta no intestino grosso
    de, 438q
  oligossacarídeos, 27
  polissacarídeos, 27, 29f,
    436q
Carboidratos complexos,
  215-230
  estruturas e ligações de,
    215-219, 216f
  glicoproteínas. Ver
    Glicoproteínas
  interações célula-célula, 223f,
    224q
Carbonilas de proteína,
  420-421
Carbono inter-órgãos, 188q
Carboxilação
  acetil-COA, 163-164
  biotina, 80
Carboximetilcelulose, 18
Carcinoma de mama, 409q
Carcinomas, 409-410
Cardiolipina, 31-32, 232-233
Cardiomiopatia responsiva
  ao selênio (doença de
  Keshan), 89
Carga glicêmica, 471-472
Cárie dentária, glicólise e, 117q
Cariotipagem, 320-322, 412
Carnitina-palmitoil transferase 1
  (CPT-1), 163-164
β-caroteno, 75
Cascata da proteína quinase
  Raf-MEK-ERK, 345q
Cascata de coagulação,
  603-605, 606f
Cascata GRB2-SOS-Ras-MAPK,
  445-446
Cascata IRS-PI3K-Akt, 445-446
Cascatas de sinalização,
  amplificação de sinais
  iniciados pela ligação ao
  receptor, 347, 348f
Cascatas de sinalização, ciclo
  celular, 398-399
Casos clínicos, na bioquímica
  medicinal, 657-660
Caspases, 405-407
Caspases iniciadoras, 405
  resposta imune inata, 628-
  632, 628t
Cassetes de transdução de sinal
  celular, 339
Ca2+ ionizado, 568
Catabolismo
  de catecolaminas, 362f
  de nucleotídeos de pirimidina,
  212
Catabolismo peroxissômico de
  ácidos graxos, 140

Catecolamina-O-metiltransferase
  (COMT), 362, 584
Catecolaminas, 341, 361-364,
  362f, 583
Cefaleias, 361q
Cefalosporinas, 69f
Cegueira noturna, deficiência de
  vitamina A, 76
Células
Células apresentadoras de
  antígeno (APCs), 632
Células assassinas naturais (NK)
  (natural killer), 635-636
Células B, 632
  linfócitos, 300q
Células B. Ver Células B
  ciclo. Ver Ciclo celular
  dependente do contexto,
    eventos oncogênicos,
    411q
  efluxo de colesterol das, 180
  mecanismos de crescimento e
    reparo, 4
  morte. Ver Morte celular
  músculo estriado, 559
  proteção contra osmolalidade
    e alterações de volume,
    524-525
  regulação da proliferação e
    crescimento, 398-402
  transporte epitelial intestinal,
    aminoácidos no, 441q
Células de Kupffer, 507
Células dendríticas, 632
Células endoteliais, 601
Células endoteliais vasculares,
  507
Células espumosas, 500
Células gliais, 579
Células musculares lisas
  vasculares, 500
Células parietais, 432
Células reguladoras T (Tregs),
  639
Células T, 632, 633f
Células T auxiliares CD4+, 634,
  636
Células T citotóxicas CD8+, 634,
  636, 639
Células T efetoras, 638-639,
  638f
Células T. Ver Células T
Células-tronco do câncer, 410,
  410q
Células-tronco hematopoiéticas,
  589-590
Células tumorais, glicólise nas,
  118q
Celulose, 25
Centro de saciedade, 474
Cérebro, barreira
  hematoencefálica. Ver
  Barreira hematoencefálica
Ceruloplasmina, 592, 592f
Cetoacidose, 145, 457
  diabética, 459q, 459f

Cetoacidose diabética, 458,
  459q, 459f
  equilíbrio de potássio na,
    466q
  tratamento de emergência
    da, 466
3-cetoacil-sintase (enzima de
  condensação), 165
α-Cetoglutarato desidrogenase,
  131-132
Cetogênese, 137
  da acetil-CoA, 142f
  defeituosa, 144q
  regulação da, 143-145
Cetonemia, 145
Cetonúria, 145
cGMP-fosfodiesterase (PDE), 343
Chaperonas, 22, 226-227
Choque, 583
Cianeto, 107
Cicatrização de feridas, 88
Ciclinas, 402
Ciclo celular, 397-398
  alteração do paradigma
    clássico, 403q
  de eucariotos, 261-262
  fases do, 262f, 398f
  regulação do, 402-404, 403f
  subversão do, 412
Ciclo da ureia, 191-194, 193t
  e amônia, 509
  enzimas do, 193t
  regulação do, 194
Ciclo de alimentação rápida,
  450-454
Ciclo de Cori, 158, 451, 453f
Ciclo de glicose-alanina, 451,
  453f
Ciclo de vida, 479
  fase do, 471
Ciclo do ácido tricarboxílico
  (TCA), 4, 125-136,
  165-166
  anapleróticas (reações de
    "construção"), 134
  deficiências em, 136
  e ciclo da ureia, 193f
  e enzimas, 128-133, 130f
  funções de, 125-127
  interconversão de
    combustíveis e
    metabólitos, 125
  isocitrato desidrogenase em,
    134-136
  natureza anfibólica de, 126f
  piruvato desidrogenase em,
    134-136
  regulação de, 134-136
  rendimento energético de,
    133-134
Ciclo fútil, 153
Ciclo menstrual, 388f, 389
Cicloxigenase, 69
Cimetidina, 366
Cinase dependente de ciclina
  (CDK), 402

Cinases de ponto de verificação (*checkpoint*), 404
Cinesina, 580
Cinética, enzima, 63-66, 66f
Circulação entero-hepática, 182, 182f
Circunferência do braço, 481
Cirrose, 516
Cirurgia bariátrica, 467, 483
Cirurgia gastrointestinal, 90
11-cis-retinal, 76
Cisspeptina, 385
Cistatina sérica C, 536
Cisteína, 10
Cistinúria, 201q
Citocinas, 341, 630
   sinalização do receptor de citocina, 401-402, 402f
Citocinas pró-inflamatórias, 475
Citocromos
   citocromo a, 102q
   citocromo b, 102q
   citocromo c, 101-102
   citocromo c redutase, 101
   citocromo P450
   citocromo P-450, 511-512, 513f
   inibição de, 512
   mono-oxigenases, 183-184
   polimorfismos genéticos, 512-513
Citoglobina, 56
Citomegalovírus (CMV), 71
Citometria de fluxo, 408q-409q
Citometria de varredura à laser (LSC), 408q-409q
Citrato, 589
Citrato sintase, 129
Citrulina, 9, 192
Clivagem proteolítica, 329q
Clonagem baseada em células, de DNA, 270-272, 273f
Clonagem de grandes fragmentos de DNA, sistemas vetoriais para, 273q
Clopidogrel, 603
Cloreto, 85
   transporte de, 432
Coagulação, 603-610, 605t. *Ver também* Sangue
Coagulação intravascular disseminada (CID), 603
Coativadores, 307
Cobre, 88
   deficiência de, 89, 102q
   excesso de, 89
   metabolismo do, 89f
Cocaína, 583
Código genético, 289-290, 290t
Códon, 289, 291-292, 292t
Códons de parada, 289
Coeficiente de Hill, 51
Coenzima A (CoA), 83

Coenzima Q10, 98
   deficiência de, 101q
   transferência de elétrons para o complexo III, 101, 101f
Coenzimas, 3
   cofatores, 62-63
   funções das, 62-63
   reduzidas, 96-97, 98f
   síntese mitocondrial de, 96-97
   transdução de energia, 96-97. *Ver também* Acetil coenzima A; Enzimas
Cofatores, 3
Colágeno, 15q, 602
   biossíntese do, 247f
   distribuição do, 245t
   estrutura tridimensional, 244f
   formação de fibrilas, 244, 244f
   formação de ligações cruzadas, 248f
   matriz extracelular (MEC), 243
   matriz óssea, 565
   modificação pós-tradução do, 246-248
   não fibrilar, 245-246
   síntese de, 246-248
   tipo IV, 245-246, 244f
   tipos, 243
Colágeno não fibrilar, 245-246
Colágenos formadores de fibrilas, 244
Colecistocinina, 440q, 449-450, 474
Colesteril esterase, 440q
Colesterol, 27-28, 173-186, 489, 493q
   absorção intestinal de, 174-175
   biossíntese do, 175-180, 657-658
   e ácidos biliares, 180-182
   e fluidez da membrana, 174
   essencial para estrutura e função celular, 173
   esterificado, 174-175
   estrutura do, 173, 173f-174f
   excreção de, 182
   hormônios esteroides e. *Ver* Hormônios esteroides
   intracelular, 178, 178t, 179f
   molécula, 174, 176q
   precursor de todos os hormônios esteroides, 182-183
   remoção de, 180-181
   síntese de novo, 178
   síntese de, 62, 173f-174f, 177f
Colesterol intracelular, 178t
   regulação da concentração, 179f. *Ver também* Colesterol
Colestiramina, 182
Coliniltransferase de colina, 582
Colipase, 438

Cólon
   absorção de potássio e secreção, 432
   ácidos graxos de cadeia curta, reabsorção, 432
   aquaporinas, ação das, 432. *Ver também* Trato gastrointestinal; Intestino grosso
Compartimentos de água corporal, 523-526
Complemento de sistema, 631
   ativação do, 632f, 641
Complexo ativador de CDK (CAK), 403q
Complexo de ataque de membrana, 631
Complexo de esclerose tuberosa (TSC), 412q
Complexo de histocompatibilidade principal (MHC), 633-634, 634f
Complexo de pré-iniciação, 293-294
Complexo de silenciamento induzido por RNA, 285
Complexo de sinalização indutor de morte (DISC), 407q
Complexo enzima-inibidor (EI), 68
Complexo enzima-substrato (ES), 63-64, 68
Complexo III (citocromo c redutase), 101
   inibição de, 107f
Complexo II (succinato-Q redutase), 99
Complexo I (NADH-Q redutase), 99
   inibição do, 107f
Complexo IV (citocromo c oxidase), 102, 103f
   inibição, 107, 108f
Complexo piruvato desidrogenase (PDC), 127-128, 170
   ácido lipoico no, 129f
   deficiências no, 131q, 133q
   mecanismo de ação do, 128f
   regulação do, 134f
Complexo promotor de anáfase (APC), 403-404
Complexos ciclina-CDK, 403q
Complexos ferro-enxofre, 99q, 100f
Complexo ternário, 293-294
Complexo V (complexo ATP sintase), como exemplo de catálise rotatória, 103, 104f
Composição iônica de plasma e soro, 523q, 525f
Concentração de Ca^{2+} intracelular, 348
Concentração de íons de hidrogênio. *Ver* Equilíbrio ácido-básico, pH

Concentração de meia-noite de cortisol, 384
"Condição de derivação", 544
Condução hipóxica, 543, 543f
Constante eNOS, 602q
Constantes de equilíbrio, 94
Contração muscular
   baixa intensidade, longa duração, 559
   modelo do filamento deslizante, 555, 556f
   processo contrátil, 555-557
   saída de alta potência e curta duração, 558-559, 558t
Controle respiratório
   definição de, 104-105
   e regulação de *feedback*, 108
Coproporfiria hereditária, 510
Coreia de Huntington, 359
Corepressores, 307
Corpo lúteo, 388-389
Corpos cetônicos, 142, 142f-143f, 143q, 451-452
   na urina, 465
Corpos de Heinz, 622-623
Córtex suprarrenal, 183
Corticosteroides, 184
Corticotropina, 379
Cortisol, 149-150, 150t
   ações do, 380-381
   biossíntese do, 184, 380
   secreção, distúrbios de, 381-385
Cortisol glicocorticoide, 150
Cortisol livre de urina de 24 horas (UFC), 384
Cosmídeos, 273q
Creatinina, 9, 536
Creatinina sérica, 534-535
Crescimento celular, 397-415
Crescimento ósseo, 566
Crises vaso-oclusivas, falciforme, 59q
Cristalografia de raio X, 21
Cromatina, tecnologia de microarranjos, 327-328, 327f
Cromatografia
   afinidade, 18
   cromatograma, 20f
   líquido de alta performance, 19q
   troca de cátions, 20f
   troca iônica, 18, 18f
Cromatografia de afinidade, 18
Cromatografia de fase gasosa (GC-MS), 597
Cromatografia de filtração em gel, 394f
Cromatografia de troca iônica, 18, 18f
Cromatografia líquida de alta eficiência (HPLC), 19q
   fase inversa, 19
Cromatografia líquida (LC-MS), 597

Índice

Cromossomo *Filadélfia*, 410
Cromossomos
  DNA compactado no, 260-261
  montagem de, 261f
Cromossomos artificiais bacterianos (BACs), 273q
Cromossomos artificiais da levedura (YACs), 273q
CRP de alta sensibilidade, 596
C-terminal (carboxila terminal), 12-13

D

DAG, 231
D-Aspartato, 421
D-dímero de fibrina, 610q
Defeitos do tubo neural, 80-81
Deficiência de antitrombina, 610q
Deficiência de fibrinogênio, 603
Deficiência de glicose-6-fosfato desidrogenase, 122q
Deficiência de GPIb-IX (síndrome de Bernard-Soulier), 603
Deficiência de GPIIb-IIIa (trombastenia de Glanzmann), 603
21-deficiência de hidroxilase, 382-383
Deficiência de iodo, 377
Deficiência de lactase, 437q
Deficiência de lipase lipoproteica familiar (LPLD), 496q, 659
Deficiência de lipoproteína lipase, 496q, 503, 659
Deficiência de neurotransmissor central, 364q
Deficiência de sulfito oxidase, 15
Deficiência de tiamina, 128
Definição de ação endócrina, 630
Degeneração combinada subaguda da medula, 82
Degeneração macular relacionado à idade (AMD), 286q
Demência, na deficiência de niacina, 79-80
Demência relacionada à AIDS, 359
Depressão, como doença de neurotransmissores de amina, 362q
Depurinação, DNA, 265
Dermatite, na deficiência de niacina, 79-80
Desacopladores, 105, 106f
Desaminação oxidativa, 189
Desidratação, 532q, 533-534
Desidratase, 189
7-Desidrocolesterol, 568-570
7-Desidrocolesterol redutase, defeito na, 184q
Desidroepiandrosterona (DHEA), 386

Desidrogenase de gliceraldeído-3-fosfato (GAPDH), 114, 115f
Desiodinação, 374
Deslocamento do cristalino, na homocistinúria, 15q
Desmosina, 248
Desnaturantes, 14
Desnutrição, 471, 484-486
  proteico-calórica, 485t
  síndromes relacionadas a, 485-486
Desnutrição complicada, 485
Desnutrição, marcadores de risco, 484-485
Desnutrição proteico-energética (PEM), 484
Desordens congênitas de glicosilação (CDG), 228q
11-Desoxicorticosterona, 382-383
Desoxinucleotidil transferase (TdT), 408q-409q
Desoxirribonucleotídeos, formação de, 211f
Desoxi-TMP, 211
Despolarização, 356-357, 581
Destinatários universais, 238-239
Dextrina α-limite, 436q
Diabetes de início da maturidade dos jovens (MODY), 457q
Diabetes gestacional, 456
Diabetes insípido, 531
Diabetes melito, 456-461
  acompanhamento regular para pacientes com, 465q
  classificação do, 456t
  complicações microvasculares do, 460
  complicações vasculares do, 461f
  complicações vasculares tardias, 459-461
  critérios diagnósticos para, 651t
  diabetes de início da maturidade dos jovens (MODY), 457q
  diagnóstico e monitoração de pacientes com, 462-465, 463t
  dislipidemia no, 495q
  e doença cardíaca isquêmica, 459q
  e doença cardiovascular, 459
  hiperglicemia, 456
  hipoglicemia, 461-462, 462f
  metabolismo no, 458-459, 458f
  monitoração da glicemia, 72
  sobrecarga de ferro, 616q
  tipo, 1, 456, 457t
  tipo, 2, 457, 457t
  tratamento, 465-467

Diabetes melito tipo, 1, 456, 457t
Diabetes melito tipo, 2
  cetoacidose no, 457
  diabetes, 457, 457t
  fatores de risco para, 457
  obesidade no, 460f
Diabetes secundário, 456
Diacilglicerol aciltransferase (DGAT), 169
Diacilglicerol (DAG), 231, 350, 565
4'-6'-Diamidino-2-fenilindol (DAPI), 408q-409q
Diarreia
  má absorção, 441q
  na deficiência de niacina, 79-80
  perda de fluido e eletrólito, 430q
  tipos de, 437q
"Diarreia do viajante", 344q
Diarreia inflamatória, 437q
Dicer, 285
Dieta, 471-488
Dieta balanceada, 473
Dietary Reference Intakes (DRIs), 480, 480f
Difosfato de adenosina (ADP), 104-105, 105f
Difosfato de citidina (CDP)
Difosfato de uridina (UDP), 510
Digestão, 429
  como processo multiórgãos, 433f
  como série de processos sequenciais, 433
  componentes da, 432-434
  de carboidratos, 434-437
  de enzimas, 70, 434
  de lipídios, 437-440
  de proteína, 440, 441f
  de zimogênios, 434.
  Ver também Trato gastrointestinal
Di-hidrolipoil desidrogenase, 128
Di-hidrolipoil transacetilase, 128
Di-hidro-orotase, 209
Di-hidrotestosterona (DHT), 386
Di-hidroxiacetona, 25
Di-iodotirosina (DIT), 374
Di-isopropilfluofosfato, 67
Dímero de timina, 265f
Dineína, 580
Dinucleotídeo de flavina-adenina (FAD), 4
Dióxido de carbono (CO_2), 4, 54
  pressões parciais de, 543t
Dipalmitoil fosfatidilcolina (DPPC), 234q
Dipiridamol, 603
Disbetalipoproteinemia familiar, 503
Disco intercalado, 557
Disfunção erétil, 347

Disgenesia gonadal, no homem, 387
Dislipidemia, 495q, 501-503
  classificação da, 502t
  diagnóstico de, 498f
  geneticamente determinada, 502t
  princípios de tratamento da, 504-505. *Ver também* Metabolismo de lipoproteínas
Dislipidemia familiar, 492
Disposição trimestral, 244
Dissacarídeos, 27, 29f
  digestão de, 434
Distribuição gaussiana, 647
Distrofias musculares, 250q, 552q
Distúrbios do fígado, 607
  câncer, 519
  características clínicas dos, 508f
  células parenquimatosas e seus distúrbios em, 508t
  classificação dos, 516-518
  doença colestática, 516
  doença hepatocelular, 516
  genômica dos, 519-520
  icterícia. *Ver* Icterícia
Distúrbios hemorrágicos, deficiência de vitamina K, 77
Disulfiram, 69
Ditiotreitol, 10
Diuréticos, 528q
Diuréticos de alça, 528
Diuréticos tiazídicos, 528
DNA (ácido desoxirribonucleico), 257-274
  acesso do promotor, 310-311
  aminoácidos codificados por, 7
  clonagem de, 270-272
  compactado em cromossomos, 260-261
  desaminação de, 264
  despurinação de, 265
  digestão por enzimas de restrição, 269f
  endonucleases de restrição, 269t
  estrutura do, 257-261, 258f
  eucariótica, 262q
  fitas separadas, duplex DNA, 259-260
  formas alternativas, regulação da expressão gênica, 259, 259f
  lesão oxidativa do, 266f
  local de replicação de, 262
  metilação do, 311-312, 325f
  mitocondrial, 260, 424q
  monitoramento para, 404
  por separação e cópia de fitas, 262-263
  recombinante, 4

Índice **667**

DNA (ácido desoxirribonucleico) (Cont.)
reparação da incompatibilidade, 265
reparo
de defeitos, 421q
e longevidade, 419f
reparo do, 263-265
replicação, 262-263
rupturas da fita, 265
satélite, 260
sequenciamento, 323-324
alterações ep genéticas como características hereditárias não refletidas, 324
método de terminação de cadeia de Sanger, 323f
métodos NGS, 324
síntese de, 80, 263f
southern blotting do, 270f
tridimensional, 258
DNA mitocondrial, 260
dano para, 424q
DNA recombinante, 4
DNA satélite, 260
Doadores universais, 238-239
Dobramento de proteínas, N-glicanos no, 226-227
Doença cardiovascular
cardiomiopatia, sobrecarga de ferro, 616q
e diabetes, 459
e suplementação vitamínica, 84
receptores de angiotensina na, 529. *Ver também* Infarto do miocárdio
Doença cardiovascular arteriosclerótica (ASCVD), 489
Doença celíaca, 438q
Doença colestática, 516
Doença da célula I, 228q
Doença da urina do xarope de bordo (MSUD), 200
Doença da urina negra, 200
Doença de Alzheimer, 366, 406-407, 423q, 492, 583
Doença de Andersen, 153t
Doença de Cori, 153t
Doença de Creutzfeldt-Jakob, 22q
Doença de Cushing, 383
Doença de Dela, 153t
Doença de Fabry, 237q-238q, 238t
Doença de Gaucher, 237q, 238t
Doença de Graves, 376-377
Doença de Hartnup, 441q
Doença de Huntington, 406-407
Doença de Keshan, 89
Doença de Krabbe, 238t
Doença de McArdle, 152q, 153t
Doença de montanha aguda, 56q
Doença de Paget, do osso, 574

Doença de Parkinson, 194q, 359, 406-407, 583
Doença de Parkinson familiar, 409q
Doença de Pompe, 153t
Doença de Refsum, 141
Doença de Tânger, 503
Doença de Tay-Sachs, 237q, 238t
Doença de von Gierke, 150q, 153t
Doença de von Willebrand, 601t, 602-603
Doença de Wilson, 89, 519, 593q
Doença dos olhos de peixe, 503
Doença endócrina, causas de, 372
Doença falciforme (SCD), 58
anemia, 290q
crises vaso-oclusivas, 59q
Doença gastrointestinal, 90
Doença hemorrágica do recém-nascido, 77
Doença hepática gordurosa não alcoólica (DHGNA), 412q, 476q
Doença hepatocelular, 516
Doença isquêmica cardíaca, 362
Doença maligna. *Ver* Câncer
Doença renal crônica, estadiamento da, 649t
Doenças atópicas, 643q
Doenças autoimunes, 409q, 636, 641
diabetes tipo 1 como, 456
Doenças do armazenamento lisossomal, 237, 238t, 409q
Doenças mitocondriais, 423
Doenças neurodegenerativas, 409q
estresse oxidativo nas, 423q
Doença vascular periférica, 497-498
Dolicois, 223-225
Domínio de morte associado ao Fas (FADD), 407q
Dopa descarboxilase, 363-364
Dopamina, 362-363, 393, 583
e receptores de serotonina, 365q
no trato nigroestriatal, 363f
transportador, 364q
Dopamina β-hidroxilase, 583
Drosha, 285
Ducto coletor, 526
Duodeno, emulsão lipídica no, 437-438

E

ECM. *Ver* Matriz extracelular
Edema, 529q
Edema cerebral, 56
Edrofônio, 366q
Educação tímica, 636
Efeito de Bohr, 53-54
Efeito de Wolff-Chaikoff, 377

Efeito térmico de alimentos, 477
Efetivos alvo, 348-350
Eicosanoides, 168-169, 351, 351f
Eixo hipotálamo-hipófise-gonadal, 385-389, 386f
Eixo hipotálamo-hipófise-suprarrenal, 379-385
Eixo hipotálamo-hipófise-tireoide, 374-379
Elastase, 63f, 67, 440
Elastina, 248, 249f
Elemento de resposta antioxidante (ARE), 620q
Elementos de resposta hormonal (HRE), 308-309
Elementos reguladores de esterol (SREs), 163
Eletroforese, 18
gel bidimensional, 19, 20f
Eletroforese em gel bidimensional (PAGE, 2D), 19, 20f, 330-331
Eletroforese em gel de poliacrilamida dodecilsulfato de sódio (SDS-PAGE), 18, 19f
Eletroforese em gel diferencial, 2D (DIGE), 21
Elétron
inibidores do sistema de transporte, 106-107
transferência de NADH para mitocôndrias, 99-102, 99f
transporte de, 4
Emaciação muscular, 472
Embolia, 599
Enantiômeros, 8f
Encefalopatia da síndrome de Wernicke-Korsakoff, 583
psicose, 79
Encefalopatia espongiforme, 22
Encefalopatia, glicina, 361q
Encefalopatia por amônia, 194q
Endocanabinoides, 474-475
Endocrinologia
avaliação laboratorial de, 371-372
distúrbios clínicos da secreção de GH, 392-393
eixo da prolactina, 393
eixo do hormônio do crescimento, 390-393
eixo hipotálamo-hipófise-gonadal, 385-389, 386f
eixo hipotálamo-hipófise-suprarrenal, 379-385
eixo hipotálamo-hipófise-tireoide, 374-379
fator de crescimento semelhante à insulina-1 (IGF-1), 391
órgãos endócrinos não clássicos, 395q
testosterona, 386-387, 387f. *Ver também* Hormônios

Endocrinologia bioquímica, 658-659
Endocrinopatia autoimune, 372
Endopeptidases, 440
Endorfinas, 367, 379
Endossacaridases, 434
Endósteo, 589-590
Endotélio vascular, 498-499
Energia
e aminoácidos, 189-190
e trifosfato de adenosina, 4, 95-96
formas de armazenamento de, 188t
gasto de, 477-478, 478t
livre, 94, 125
necessidades médias diárias de, 479t
oxidação como fonte de, 93-94
regulação do armazenamento de substrato, 167q
regulação do equilíbrio de energia, através da dieta, 475-477
rendimento de glicose e palmitato, 140t
rendimento do ciclo do ácido tricarboxílico, 133-134
transdução, 96-97, 97f. *Ver também* Metabolismo
Enfisema, 619q
Engenharia de tecidos e substituição muscular, 561-562
Enolase, inibição pelo flúor, 116q
eNOS indutível, 602q
Ensaio de Benedict, 28q
Ensaio de desvio de mobilidade eletroforética (EMSA), 308f
Ensaio de Fehling, 28q
Ensaio de geração de trombina, 605q
Ensaio de glicose oxidase/peroxidase, 72, 72f-73f
Ensaios cinéticos, 72, 73f
Ensaio TUNEL, 408q-409q
Enterócitos, 430
Enterotoxina instável ao calor, 344q
Envelhecimento, 4, 417-428
aumento da expectativa de vida, modelos genéticos de, 423-425
biomarcadores, 423q
curva de sobrevivência e taxa de mortalidade, 418f
definição, 417
e antioxidantes, 425
intervenções antienvelhecimento, 425-426
limite de Hayflick, 417
modelos matemáticos de, 418

668 Índice

Envelhecimento *(Cont.)*
restrição de calorias e,
425-426, 425f-427f,
426q
senescência replicativa, 417
sistema circulatório, 423q
telômeros, 424q
teoria dos radicais livres do,
420-422
teorias biológicas do, 419-420
teorias do, 419-423, 420f
teorias mitocondriais do,
422-423, 424q
teorias químicas do, 419-420
Envenenamento por etilenoglicol
(anticongelante), 68
Envenenamento por inseticida,
72q
Envenenamento por metanol,
tratamento, 68q
Enzima conversora de
angiotensina (ECA), 68q
Enzima desramificadora, 149
Enzima málica, 134
Enzimas, 2f, 61-74
cinética, 63-66, 66f
classificação de, 62, 62t
cooperatividade positiva e
negativa, 70
definição de atividade
enzimática, 61-62
equação de Michaelis-
Menten, 63-65
especificidade da reação, 62
especificidade do substrato
e, 62
estereospecificidade da,
132q
fármacos e venenos
irreversivelmente, 69
inibição competitiva, 68f
inibidores competitivos, 67
inibidores não competitivos,
69
K_m, determinação, 65-66
lisossomal, 407
mecanismo de ação de, 66-67
medida da atividade em
amostras clínicas, 66q
na digestão, 434
no diagnóstico clínico, 64t
pancreático, 437-438
pH, efeito em, 61
proteolítica, 440
regulação alostérica de,
70, 71f
regulação da atividade, 70
ribozimas, 282q
unidade internacional (IU),
61-62. *Ver também*
Coenzimas
vias metabólicas, regulação
alostérica de enzimas
limitadoras da
velocidade, 70
V_{max}, determinação de, 65-66

Enzimas de restrição, 268-269
Enzimas de sinalização, 341
Enzimas digestivas, ativação
proteolítica de, 70
Enzimas lisossomais, 407
Enzimas lisossômicas alvo de
Man-6-P, 227
Enzimas pancreáticas, 437-438
Enzimas proteolíticas, 440
Epacs, 346-347
Epidermólise bolhosa, 250q
Epilepsia, 584
neonatal, 367q
Epinefrina, 150t, 153-154, 342,
362, 449, 583-584
regulação do metabolismo
lipídico por, 144f
Epitélio, transporte ativo de
aminoácidos, 441q
Equação de Henderson-
Hasselbalch, 539-540
e pKa, 10
Equação de Michaelis-Menten,
63-65
Equilíbrio do nitrogênio, 481
Ergosterol, 568-570
Erros inatos do metabolismo,
198-199
Esclerose múltipla, 577, 581
Escorbuto, 15, 83
E-selectina, 224q
Esfingolipídeos, 31-32, 231,
234-237
estrutura e biossíntese de,
234-235
Esfingomielina, 235-236, 235f
Esfingosina
biossíntese da, 234-235
estruturas da, 235f
Esôfago, 432
Espaço morto fisiológico, 544
Espécies reativas de nitrogênio
(RNS), 617-618
Espécies reativas de oxigênio
(ROS), 420, 615, 616f
defesas enzimáticas contra,
621f
efeitos benéficos de, 623
estresse oxidativo, 616-617
estrutura, 616f
formação, 617f
geração e liberação durante a
fagocitose, 624f
Espectrina, 33
Espectrometria de massa, 372
espectrômetro de massa em
tandem, 332, 333f
identificação de proteínas
por, 19-21, 331-332,
332f
métodos de quantificação,
333-334
quantitativa, 332-334, 334f
Espectrometria de massa ligada
à cromatografia gasosa
(GC-MS), 597

Espermidina, 260
Espermina, 260
Espessura das dobras cutâneas,
481
Espironolactona, 527-528
Espliceossoma, 283, 283t
Esqualeno, 176, 177f
Esquizofrenia, 362-363, 583
Estado alimentado, 450
lipoproteínas no, 493, 494f
metabolismo no, 452f
Estado pós-absortivo, 149, 450
metabolismo após, 453f
Estados de imunodeficiência,
627
Estatinas, 180, 180q, 504-505
Estearoil-CoA (C 18), 168
Esteatorreia, 441q
Esteatose, fígado, 514f
Estereoquímica, aminoácidos, 7
Esteroides, 27-28
biossíntese de, 657-658. *Ver
também* Hormônios
esteroides
Esteroidogênese, 183-184
Esteróis vegetais, 177-178
Estilo de vida e obesidade, 171q
Estômago
digestão de proteínas, 440
eletrólitos secretados por, 430
função digestiva do, 433q
Estradiol, 387-388
Estresse
hiperglicemia induzida, 455q
resposta metabólica ao, 452-
454, 455q
resposta, resistência à insulina,
454
Estresse do RE, 297
Estresse oxidativo
biomarcadores, 423q
e inflamação, 615-625
Estrias gordurosas, 500
Estrógenos, 184, 388-389
Estrutura "Bottlebrush", 252
Estrutura de colestano, 174
Estrutura em anel de furanose,
26
Estrutura em anel de piranose,
26
Estrutura em trevo, 276, 277f
Estrutura quaternária, das
proteínas, 14-15
Estrutura secundária, de
proteínas, 13, 16f
motivos estruturais, 14f
Estrutura terciária, de proteínas,
14, 16f
Estudo Framingham, 497
Estudos de associação genômica
ampla (GWAS), 324
Estudos de transcriptoma, 319
Eucariotas, 276-278
ciclo celular dos, 261-262
replicação do DNA de,
261-262

Eucromatina, 310-311
Evolução clonal, 410q
Excitotoxicidade, 359-360
Excreção urinária de nitrogênio,
192t
Exercício
e biogênese mitocondrial, 96q
físico, efeito no músculo,
562-563
Exercício de contração,
metabolismo energético
e, 660
Exopeptidases, 440
Ezetimiba, 174-175, 505

F

FAD (dinucleotídeo de flavina-
adenina), 79, 96
como grupo prostético, 99
FADH dinucleotídeo de
flavina-adenina reduzido, 4
Fagocitose, 31-32, 624f, 628
Fagóforo, 407
Família de genes inibidores da
apoptose (IAP), 405
Família de proteína quinase C
(PKC), 350, 399
ciclo da ureia e amônia, 509
metabolismo hepático de
proteínas e, 508-510
sistema de ubiquitina-
proteassoma, degradação
de proteínas, 509
superfamília, 350t
Familial combinado
hiperlipidemia, 503
Família Src de PTKs, 399
Farmacogenómica, 515
Fármacos antidiabéticos,
466-467
Fármacos antiplaquetários, 599,
603, 604f
como inibidores da
tromboxano sintase, 603
Fármacos antitrombóticos,
77-78, 599
Farnesil pirofosfato, 175, 176f
Fase de síntese (S), 397-398
Fase G0, 397-398
Fase G1, 397-398
Fase G2, 397-398
Fator 1 estimulador de colônias
de monócitos (MCSF-1), 499
Fator ativador de plaquetas
(PAF), 31q, 602
Fator da ativação de transcrição
(ATF), 346
Fator de ativação da protease
apoptótica 1 (APAF1),
407q
Fator de crescimento de
fibroblastos 23 (FGF23),
573-574
Fator de crescimento derivado
de plaquetas (PDGF), 398,
500

Fator de crescimento endotelial vascular (VEGF), 170-171, 286q
Fator de crescimento semelhante à insulina-1 (IGF-1), 391, 500
Fator de crescimento semelhante à insulina-2 (IGF-2), 392q
Fator de crescimento transformador-α (TGF-α), 399
Fator de iniciação, 4E (eIF4E) e proteína de ligação 1 (4E-BP1), 401
Fator de necrose tumoral (TNF), 631
Fator de necrose tumoral-α (TNFα), 170-171, 454, 475, 499, 594-595, 631
Fator de transcrição NF κB, 460
Fator de troca de nucleotídeos de guanina (SOS), 342
Fatores citoplasmáticos associados ao receptor de TNF (TRAFs), 567
Fatores complementares, 508-509
Fatores de coagulação, 77, 508, 599-600, 605-606, 605t, 606f
  I-XIII, 605-606
Fatores de crescimento
  estimulação da sinalização mTOR, 401f
  mitogênese, 403-404
  receptores, ativação de, 399f
  regulação da proiferação e crescimento celular, 398-402. Ver também Citocinas
Fatores de crescimento de fibroblastos (FGFs), 566
Fatores de transcrição, 339-341
  expressão gênica, 306-308
  regulados por esterol, 179f
Fatores de transcrição O Forkhead box (FOXO), 451
Fatores de transcrição pertencentes à família FOXO, 446
Fatores de transcrição regulados por esterol, 179f
Fatores estimuladores de colônias, 630
Fatores genéticos
  aumento da expectativa de vida, modelos de, 423-425
  mutações do gene da fibrilina, 249q
Fator estimulante de colônias de granulócitos e macrófagos, 499
Fator intrínseco (IF), 81, 433q
Fator relaxante derivado do endotélio (EDRF), 55-56, 499, 601. Ver também Óxido nítrico

Fator tecidual, 500
Febre glandular, testes de função hepática anormais, 659-660
Feedback negativo, 370
Fenilalanina, 8-9, 66-67
  degradação da, 199f
Fenilcetonúria (PKU), 199-200
Fentolamina-N-metiltransferase, 583
Feocromocitoma, 363q, 530, 584
Fermentação, glicólise, 117
Ferritina, 592
Ferro
  conteúdo de eritrócitos, 86-87
  deficiência de, 87, 592
  e oxigênio, 86
  e regulação da tradução de mRNA, 315q
  estado, 315q, 315f
  metabolismo do, 87f
    testes relacionados ao, 655t
  no heme, 49f
  plasma, transporte de, 86
  sobrecarga de, 616q
Fezes
  colesterol excretado nas, 182
  excreção de cálcio nas, 570-571
Fibra, 471
Fibratos, 505
Fibrilina, mutações genéticas, 249q
Fibrina, 600-601
Fibrinogênio, 604q
Fibrinólise, 610-612
Fibronectina, 248-250
Fibrose cística, 432q
Fígado
  ácido biliar e metabolismo do colesterol, 511
  álcool, metabolismo, 513-515
  armazenamento de carboidratos, 147-162
  capacidade metabólica de reserva, 507
  cetogênese, como via metabólica única, 141-145
  distúrbios. Ver Distúrbios hepáticos
  e metabolismo de proteínas, 508-510
  e metabolismo do carboidrato, 508
  epinefrina atuando, 449
  estrutura de, 507, 509f
  e transporte de malato-aspartato, 101
  farmacogenômica, 515
  função, testes bioquímicos de, 515-516

Fígado (Cont.)
  glicogenólise em, mecanismo de ativação da, 154f
  gliconeogênese e, 147
  hepatotoxicidade dos fármacos, 513
  metabolismo da bilirrubina, 510
  metabolismo dos fármacos, 511-513
  no metabolismo da glicose, 508
  papel no metabolismo, 507-521, 659-660
  receptores X, 177, 181
  remoção de colesterol, 180-181
  síntese de proteínas, 508-509
  síntese de triacilgliceróis, 169-170
  síntese do heme, 510, 511f.
    Ver também Ácidos biliares
  via da glicogênese, 149
Filoquinona, 77
Filtração por gel (peneiramento molecular), 17-18
Fluidez da membrana, 174
Fluoreto, 86, 116q
Fluoroacetato, toxicidade do, 130f, 131q
Fluorodeoxiuridilato (FdUMP), 211q
Fluorofosfatos, 72
Fluorouracil, 211q
Fluxo intestinal, 533
  teor de eletrólito de, 535t
Fluxo intracelular (ICF), 524, 524f
  pressão osmótica do, 526
Fluxo sanguíneo renal, excesso de água no, 533-534
Focalização isoelétrica (IEF), 19
Folha plissada, 13
Fome, 474
Fome, gliconeogênese na, 141-142
Formaldeído, 25-26
Forma proteína-celular priônica (PrPC), 22
Fosfatase alcalina, 516, 574
Fosfatase e homólogo de TENsin (PTEN), supressor de tumor, 413-414
Fosfatases, 153
Fosfatidilcolina, 31, 231-232, 232f, 350
Fosfatidiletanolamina (PE), 31, 231-232, 350
Fosfatidilinositol, 3,4,5-trifosfato (PIP3), 342
Fosfatidilinositol-3-quinase (PI3K), 567
Fosfatidilinositol, 4,5-bisfosfato (PIP2), 347, 349f
Fosfatidilserina, 31-32

Fosfato, 86
  alta energia, 96-97
  como tampões intracelulares, 542, 542f
  frutose-6-fosfato, 112-113
  glicose-6-fosfato, 112
  via das pentoses fosfato, 119-122
Fosfato de carbamoila, 190
Fosfato de creatina (creatina-P), 558f
Fosfato de di-hidroxi-acetona, 169
Fosfato de piridoxal, 189f
  deficiência de, 367q
Fosfodiesterases, 153, 347
Fosfoenol-piruvato carboxiquinase (PEPCK), 132
Fosfofrutoquinase-1 (PFK-1), 117-118
  regulação alostérica da, 118f
Fosfoglicerato quinase (PGK), 114-115
Fosfoglicomutase, 148
Fosfolipase, 347-348, 350f, 351
Fosfolipase A$_2$ (PLA2), 343
Fosfolipase C (PLC), 234, 234f, 343, 565
Fosfolipase C γ. (PLC-γ), 399
Fosfolipídios, 31, 32t, 231-233, 489
  função surfactante de, 234q
  interconversão de, 233f
  rotatividade de, 234
Fosfoproteína, 153
Fosforilação
  como modificação pós-traducional, 329q
  de enzimas controladas pelo glucagon, 450f
  nível de substrato, 114-115
  oxidativa, regulação de, 108-109
Fosforilação da proteína tirosina, 156
Fosforilação no nível do substrato, 114-115
  pelo arsenato, inibição de, 116q
  produção de ATP a partir de composto fosfato de alta energia, 114-115
Fosforilação oxidativa, 4
  mecanismo, 96, 97f
  modificação covalente, regulação por, 108
  regulação de, 108-109
Fosforilase, 149, 347
Fosfotirosina fosfatases (PTPases), 399
Fracionamento com sulfato de amônio (salting out), 16
Fragilidade, 485
"Fragmento constante" ou porção Fc, 635

670 Índice

"Fragmento de ligação do antígeno" (Fab), 635
Fragmentos de Okazaki, 262, 263f
Frameshifting, 276-277
Frutas e legumes, como melhores fontes de vitaminas, 85
Frutoquinase, 221f
Frutose-2, 6-bifosfato, 160-161
Frutose, 26f, 28, 219
  digestão de, 437
  intolerância, hereditária, 222q
  metabolismo da, 220-221
  representações linear e cíclica, 27f
Frutose-6-fosfato, 112-113
Fumarase, 133
Função renal, 533q
  avaliação da, 560q
  diabetes na, 535q
  eletrólitos e marcadores séricos de, 648t

G

Gal-1-P uridiltransferase, 220
Galactoquinase, 220
Galactorreia, 393
Galactose, 25, 26f, 28, 219
  digestão da, 436
  interconversões da, 220f
  metabolismo da, 219-220
Galactosemia, 28, 222q
Gamoglobulina, 641
Gânglio da raiz dorsal, 578
Gangliosídeos
  estrutura e nomenclatura de, 236-237, 237f
  reações transferase para alongamento de, 236f
  receptor para toxina da cólera, 240q
  via lisossômica para renovação de, 238f
Gases nervosos, 366
Gases sanguíneos, 648t
Gastrina, 433q
Gene, 390
  codificação, mutações na, 58-59
  elementos de resposta, 306
  expressão gênica
    abordagens de alternativas da regulação gênica, em seres humanos, 310-314
    ativação preferencial de um alelo de um gene, 314
    eficiência e especificidade, 305, 305f
    epigenética, 312q
    genes bialélicos, 314, 316t
    genes codificadores de proteínas, em humanos, 325-326

Gene *(Cont.)*
    intensificadores, 305-306
    mecanismos de, 303-308
    metabolômica, 335-337
    mutações, 324-326
      por glicocorticoides, 309f
      por metilação do DNA, 311-312
    processos, 303
    promotores, 304-305
      acesso do promotor, 310-311
      alternativos, 305
    regulação de, 303-317, 307f
    motivo dedo de zinco, 309, 309f
    regulação e receptores de esteroides, 308-310, 310q, 310f
    requisitos e opções no controle de, 304t
    transcriptômica e, 325-326. *Ver também* DNA (ácido desoxirribonucleico); Transcrição gênica; Genômica; Proteômica; RNA (ácido ribonucleico)
Gene APOB, edição de RNA, 314f
Gene da 5,10-metilenotetrahidrofolato redutase (MTHFR), 80
Gene do receptor de hormônio da tireoide (THRA), 376
Gene *Bcl-2*, 406
Gene relacionado à autofagia (ATG), 407
Genes bialélicos, 314, 316t
Genes humanos, 1f
Genes supressores de tumor, 397
Genitália, ambígua, 185q
Genitália ambígua, 185q
Genoma, 2f, 4
  DNA e, 259-260
  mitocondrial, 96
  p53 como guardião do, 404, 412
  Projeto Genoma Humano, 320q
Genoma humano. *Ver* Genoma
Genômica, 320-328, 320f
  alterações epigenéticas, como traços hereditários, 324
  cariotipagem, 320-322
  cromatina, tecnologia de microarranjos, 327-328
  de doença hepática, 519-520
  estudando a transcrição gênica por matrizes de genes (micro) e sequenciamento de RNA, 326-327
  hibridização por fluorescência *in situ* (FISH), 320-322
  reação em cadeia da polimerase, 322f

Genômica *(Cont.)*
  técnica ChIP-on-chip, 327-328, 328f. *Ver também* Gene, expressão gênica; Mutações, genéticas
Geranil pirofosfato, 175
Gestação, 80-81, 479
  diabetes melito e critérios diagnósticos na, 651t
Glândula hipófise, 372-374, 372f
  anterior, 373
  eixo hipotálamo-hipófise-gonadal, 385-389, 386f
  eixo hipotálamo-hipófise-suprarrenal, 379-385
  eixo hipotálamo-hipófise-tireoide, 374-379
  posterior, 374
  tumor, 392-393
Glândula hipófise anterior, 373
Glândulas salivares, eletrólitos secretados por, 430
Glândula suprarrenal, anatomia e bioquímica da, 379, 380f
Glaucoma, 366
Glicanos, 28q
Gliceraldeído, 25
Glicerofosfolipídeos
  síntese de, 231
  via de formação dos, 231-233, 232f
  via de remodelação, 233-234
Glicerol, 30, 169, 443
  gliconeogênese do, 158-160, 451
Glicerol-3-fosfato, 99, 169
Glicina, 13, 361
  encefalopatia, 361q
  receptor, 361
Glicoconjugados, 4, 25
Glicocorticoides, 184
  regulação da expressão gênica de, 309f
Glicogênese, 147
  contrarregulada pela proteína quinase A, 153
  regulação de, 156
  via da, a partir de glicose sanguínea, 148-149, 149f
Glicogênico, 158
Glicogenina, 147-148, 217
Glicogênio
  digestão de, 434
  doenças de armazenamento, 153, 153t
  enzima ramificada, 148
  estrutura de, 147-148, 148f
  fosforilase, 149
  glicose armazenada como, 443
  mobilização hepática por epinefrina, 153-154
  níveis musculares de, 559
  para uso no metabolismo energético, 147
  síntese de, 4

Glicogênio sintase, 148-149, 156q
Glicogenólise, 4, 147
  ativação da, 154f
  contrarregulada pela proteína quinase A, 153
  muscular, 154-156
  regulação hormonal da, 149-150. 150t
  vias da, 149, 149f
Glicolipídios, 26-27
  defeitos de degradação, 237
  em sítios de ligação de bactérias e toxinas bacterianas, 239q
  reações de transferência para alongamento de, 236, 236f
Glicólise, 111
  características das enzimas reguladoras, 118-119
  e cárie dentária, 117q
  em células tumorais, 118q
  e metabolismo, 4
  em fermento, 117f
  estágio de investimento de, 112-113, 114f
  estágio de produção de, 114-116, 115f
  fase de divisão de, 113-114, 114f
  fermentação, 117
  fosfofrutoquinase e, 449f
  interações com outras vias metabólicas, 113f
  processo, 112
  regulação em eritrócitos, 117-118, 118t
Glicólise aeróbica, 111
Glicólise anaeróbica, 111
Gliconeogênese, 4, 147, 157-161, 157q, 443
  caminho de, 159f
  de aminoácidos e glicerol, 158-160
  de lactato, 158
  fosfofrutoquinase, regulação da, 449f
  mobilização de lipídios durante, 143
  no jejum e fome, 141-142
  regulação da, 160-161, 160f
  substratos para, 451
Glicoproteínas, 26-27, 215-230
  cadeias de oligossacarídeos das, 226-229
  carboidratos, função nas, 216t
  deficiências em, 228q
  estrutura das, 216f, 218
  inibidores de, 227q
  mucina, relações estrutura-função, 218-219. *Ver também* Carboidratos; Carboidratos complexos

Glicoproteínas da mucina, relações de função estrutural em, 218-219
Glicoquinase, 65q, 65f, 148
Glicose, 25, 26f, 169, 219
ácidos graxos e, 158-160
ciclização de, 25-27
ciclo de glicose-alanina, 451, 453f
concentração, 444
conversão de aminoácidos para, 443
digestão de, 436
ensaio de açúcar de redução para, 28q
estrutura, representações lineares e cíclicas, 27f
glicogênio, armazenado como, 443
glicólise, 112
interconversões do, 220f
lactato, conversão para, 112f
mantendo a concentração plasmática do, 157-158
medição enzimática de, 72
modificação de proteínas por, 460f
no fígado, 508
célula β, 445
salvaguardar o fornecimento contínuo de, 148f
utilização em eritrócitos, 112q
via da glicogênese do, 148-149
Glicose-6-fosfato, 112
Glicose desidrogenase (GDH), 72
Glicose em jejum, 463
Glicose em jejum prejudicada (IFG), 457
Glicose no sangue. Ver Glicose
Glicose plasmática aleatória, 463
α-Glicosidases, 436q
Glicosilação, 329q
Glicosilação O-ligado, 246, 247f
Glicosilfosfatidilinositol
Glicosímetros, 72
Glicotoxicidade, 448
Glitazares, 467
Globinas, características de, 47-53
Globulina de ligação a hormônios sexuais (SHBG), 386-387
Globulina de ligação ao cortisol (CBG), 380
α1-Globulinas, 594-595
Glóbulos brancos (leucócitos), 589-590
Glóbulos. Ver Eritrócitos
Glomerulonefrite, 596q
Glucagon, 150, 150t
cAMP como o segundo mensageiro do, 344-345
e ciclo de alimentação rápida, 450-454
efeitos metabólicos do, 449f

Glucagon (Cont.)
e metabolismo de combustível, 444
fígado, agindo no, 448-449, 449t
mecanismo de ação do, 150-153
regulação do metabolismo lipídico por, 144f
resposta hormonal ao, 153t
Glutamato, 359-360, 584
carboxilação de resíduos, vitamina K, 78f
excitotoxicidade, 359-360
Glutamato monossódico, 190q
Glutamina, 9, 14, 158
papel da, 190-191, 191f
Glutaraldeído, 25-26
Glutationa (GSH), 13q, 13f, 121f, 623q
metabolismo da glicose, 121-122, 122f
reduzida, 621
Gonadotrofina coriônica humana (hCG), 389
Gonadotrofinas
e gravidez, 389
e menopausa, 389
Gordura corporal/peso
estilo de vida e obesidade, 171q
regulação da, 170-171. Ver também Gordura(s); Obesidade
Gordura ectópica, 476q
Gordura(s), 473
definição de, 137
digestão de, 182
emulsificação antes da digestão, 437. Ver também Ácidos graxos
Gordura subcutânea, 476q
Gordura visceral, 476q
Gota, 207q
alopurinol como tratamento para, 208f
hiperuricemia e, 207-208
refratário, 213q
GPIIb-IIIa, 604q
Gradiente eletroquímico, 524
Gráfico de Eadie-Hofstee, 66, 68f
Gráfico de Lineweaver-Burk, 66, 68f
Grampo euglicêmico hiperinsulinêmico, 448q
Granzimas, 639
Grelina, 390, 474
GRP78/BiP, 296-297
Grupo funcional aldeído, 25
Grupo sanguíneo de Lewis, 239, 240f
Grupo sanguíneo P, 239
Guanilato ciclase, 366
Guanilina ciclase, 341
Guanosina difosfatomanose (GDP-Man), 221-222

H
Halobacterium halobium, 33
HCl, 440
Hélice dupla, 258
Hélice α, 13
Helicobacter pylori, erradicação de, 44q
Hemácias (glóbulos vermelhos), 111-112, 589-590
bicarbonato nas, 541
defesas antioxidantes nas, 624q
e equilíbrio ácido-básico, 539
e ferro, 86-87
formação de, 591f
manuseio de dióxido de carbono por, 544-545, 544f
metabolismo anaeróbico de carboidratos em, 111-123
na doença falciforme, 58
regulação da glicólise nas, 117-118
utilização de glicose na, 112q
Hematopoiese, 589-590, 590f
Heme
degradação do, para bilirrubina, 512f
e vitamina B_{12}, 81
síntese de, 510, 511f
variações nos citocromos, 102f
Hemocromatose, 87q, 519
Hemocromatose hereditária, 657
Hemofilia, 71q, 599
Hemofilia clássica, 607q
Hemoglobina glicada (HbA1c), 459-460, 464, 464q-465q, 464f
medição de, 652t
método tradicional (DCCT) e método de referência mais recente (IFCC) unidades de medida para, 464t
Hemoglobina (Hb), 47
como tetrâmero de quatro subunidades de globina, 51f
curvas de saturação de oxigênio de, 50f
hemoglobinas artificiais, 55q
interação com o óxido nítrico, 55-56
interações com oxigênio, 51-53
ligações desoxigenadas e oxigenadas, não covalentes, 52f
modulação alostérica da afinidade de oxigênio à, 53-55, 53f
separação de variantes e mutantes, 57q, 57f
variantes de, 56-57

Hemoglobina livre, 592q
Hemoglobinopatias
classificação e exemplos de, 52t
diagnóstico de, 57q
doença falciforme, 58
metemoglobinemia, 58q
mutações que causam, 58
Hemoglobinúria paroxística noturna, 235q
Hemograma completo (CBC), 59q, 59t
Hemólise, 592q
Hemopexina, 592q
Hemostasia, 599-601, 600f, 601t. Ver também Trombose
Heparina, 252q, 609
Heparina de baixo peso molecular (LMWH), 609
Hepatite, isoenzimas da lactato desidrogenase (LDH), padrões densitométricos das, 63f
Hepatócitos, 65, 510
Hereditariedade do diabetes tipo, 2, 457
Heterocromatina, 310-311
Heterodúplex, 267
Hexoquinase, 65q, 65f, 117, 148, 221f
Hexoses, estruturas das, 26f
Hibridação por fluorescência *in situ* (FISH), 320-322
Hibridização, DNA princípios da, 267-270
Hibridização do genoma comparativo, 320-322, 321f
Hibridização do modelo da sonda, 268f
Hidratação excessiva, 534
Hidrato de cloral, 584
Hidrolases, enzimas digestivas, 434
Hidroxialsina, 246-248
Hidroxiapatita, 565
7α-hidroxilase, 182
Hidroxilisina, 215-216
17-hidroxiprogesterona (17-OHP), 185q, 657
excesso de, 382-383
Hidroxiprolina, 568
11-β-Hidroxisteroide desidrogenase, 381
Hiperaldosteronismo, 531q
Hiperamonemia hereditária, 195q
Hipercalcemia, 571-572, 572f
Hipercalcemia de malignidade (HCM), 572
Hipercolesterolemia, 180q
Hipercolesterolemia familiar, 502, 502q-503q
Hipercortisolismo, 383-384
Hiperfunção suprarrenal, 383-385

Índice

Hiperglicemia, 456
Hipernatremia, 534
Hiperoxia, toxicidade, 617q
Hiperparatireoidismo, 345q, 571-572
primário, 569q
Hiperplasia suprarrenal congênita (HAC), 185q, 382-383
Hiperpolarização, 356-357
Hiperprolactinemia, 393, 393t
Hipersensibilidade, 31q, 627, 643
Hipertensão, 361q
arterial, 530q
e doença cardiovascular, 459
Hipertensão arterial, 530q
Hipertermia maligna, 557q
Hipertireoidismo, 376-377, 376t, 377q
Hiperventilação, 57q
Hipocalcemia, 571, 573, 573t
Hipocalemia, 466q
Hipocampo, 359
Hipófise posterior, 374
Hipofunção suprarrenal (insuficiência), 381-383
Hipoglicemia, 160q, 461-462, 462q, 462f
Hipoglicemia hipoinsulinêmica, 392q
Hipoglicemia por tumor de células não ilhotas (NICTH), 392q
Hipogonadismo secundário, 386
Hipotálamo, 372-374, 372f, 386-387, 474-475
núcleos paraventriculares e supraópticos, 372-373
Hipótese da oscilação, 291-292
Hipótese quimiosmótica, síntese de adenosina trifosfato, 102-105
Hipotireoidismo, 377t, 378q
Hipotireoidismo congênito, 378
Hipotireoidismo e hipertireoidismo subclínico, 379
Hipotireoidismo primário, 377-378
Hipotireoidismo secundário, 377-378
Hipotiroxinemia eutireoidiana, 379
Hipoxantina guanina fosforibosiltransferase (HGPRT), 204-206, 208q
Hipóxia hipobárica, 56
Hirsutismo, 387
Histamina, 197q, 366
receptor no estômago, 366
Histidina, 10, 14, 48-49
Histórico alimentar, 480
HIV/aids, 264q
HMG-CoA redutase, 175, 180
Holoenzimas, 62-63

Homeostase
cálcio, 568-571, 569f
celular. Ver Homeostase celular
controle hormonal de, 444f
glicose, 444-448
Homeostase celular, 397-415
ciclo celular, 397-398, 398f
regulação do, 402-404, 403f
subversão do, 412
mitogênese, 403-404
monitoramento de danos no DNA, 404
morte celular, 405-407
proteína tirosina quinase, papel, 400q
receptor do fator de crescimento epidérmico (EGFR), 399-401, 401f
regulação da proliferação e crescimento celular, 398-402
sinalização do receptor de citocina, 402, 402f. Ver também Câncer
Homeostase da água e eletrólitos, 523-537, 660
aquaporinas na, 531-533
avaliação da, 534
compartimentos de água corporal, 523-526
distribuição de, 524f
em uma pessoa adulta, 524f
integração de, 531-533
metabolismo de, 534f
papel dos rins na, 525-526
peptídeos natriuréticos em, 530
redistribuição causada por alterações na osmolalidade, 527f
regulação de, 527-528
sistema renina-angiotensina, 529
vasopressina em, 531-533, 532f
Homeostase da glicose, 443-469
Homeostase eletrolítica, 660
Homocistinúria, 15q, 82, 196q
Hormônio adrenocorticotrófico (ACTH), 184, 367, 379
Hormônio antidiurético (ADH), 374, 531. Ver também Vasopressina
Hormônio autócrino, 369
Hormônio catecolaminas epinefrina, 150
Hormônio de crescimento humano (hGH), 390
Hormônio do crescimento (GH), 390-391
deficiência, 392
eixo, 390-393
excesso de, 392-393, 392t
funções bioquímicas do, 391f

Hormônio endócrino, 369
Hormônio estimulante da tireoide (TSH), 374
receptor para, 374
Hormônio folículo-estimulante (FSH), 385
ações no ovário, 387-389
Hormônio liberador de corticotropina (CRH), 379
Hormônio liberador de gonadotropina (GnRH), 385
Hormônio liberador de hormônio do crescimento (GHRH), 390
Hormônio liberador de tirotropina (TRH), 374
Hormônio lipofílico, 374-376
Hormônio luteinizante (LH), 385
ações no ovário, 387-389
Hormônio parácrino, 369
Hormônios, 369-370
anti-insulina, 448-449
classificação de, 369-370
degradação e eliminação de, 370
derivação química de, 369-370, 370t
e Na⁺/K⁺-ATPase, 524-526
esteroides, 182-185
ações em mulheres, 389
ações no sexo masculino, 386-387
gastrointestinal, 449-450
glicogênese hepática, regulação hormonal, 149-150, 162t
hidrofóbico, 369-370
incretina, 449-450
lipofílico, 374-376
livre, 369-370
medição de, 371
perfis, estimulação e testes de supressão, 371-372, 371t
polipeptídicos, 339, 341
princípios de ação, 370
processos endócrinos básicos, 370f
produção, regulação de, 370
receptores, 369-370
regulação do *feedback*, 370
tipo amina, 369-370
tipos de, 339-341. *Ver também* endocrinologia
Hormônios anti-insulina, efeitos metabólicos de, 448-449
Hormônios contrarregulatórios, 444
Hormônios da tireoide
ações dos, 376
biossíntese dos, 375f
desordens dos, 376-378, 378t
efeitos de desenvolvimento do, 376
efeitos metabólicos de, 376

Hormônios da tireoide (*Cont.*)
estruturas de, 375f
investigação laboratorial de, 378-379
mecanismo de ação, 376
receptores intracelulares para, 339-341
regulação da fosforilação oxidativa, 109
tireoxina (T4), 374-376, 375f
tri-iodotironina (T3), 374-376, 375f. *Ver também* Hormônios
Hormônios esteroides, 182-185
ações nas mulheres, 389
ações no sexo masculino, 386-387
andrógenos, 184
biossíntese de, 183-184, 380f
corticosteroides, 184
eliminação de, 183f, 185
estrogênios, 184
estrutura e nomenclatura de, 183f
mecanismo de ação de, 185
membranas celulares, que atravessam, 339
receptores, 339
receptor intracelular, 339-341. *Ver também* Colesterol
Hormônios estimuladores de melanócitos (MSHs), 367, 379
Hormônios gastrointestinais, 449-450
Hormônios incretina, 449-450
Hormônios polipeptídicos, 339, 341
Hormônios "tróficos", 373

I

Icterícia, 517-518
causas de, 517t
causas de excesso de bilirrubina, 510
diagnóstico de, 516t
intra-hepática, 518, 518f
neonatal, 518q
no adulto, 519q
pós-hepática, 518, 518f
pré-hepática, 517, 517f
Identidade genética, mapeamento SNP, 324
IFN-γ, 639
IgD de superfície, 641
Ig de superfície (sIg), 633
IgM de superfície, 636
Íleo, 429
Ilhas CpG (CPIs), 312
Ilhotas pancreáticas de Langerhans, 444
Imatinib, 413q
Impressão digital, metabólica, 336
Impressão genômica, 284q
Imunidade celular, 636

Imunidade humoral, 636
Imunidade inata, 627, 629t
Imunodeficiência, 409q, 643
Imunodeficiência combinada grave (SCID), 213q, 400q
Imunoensaio, 372
Imunógenos, 592
Imunoglobulinas, 16, 592-594, 593f, 641
　IgA, 594
　IgD, 594
　IgE, 594
　IgG, 594
　IgM, 594
Imunoparesia, 595q
Imunoterapia, 643-644
Inativação do cromossomo X, 316q
Indian hedgehog (Ihh), 566
Índice de massa corporal (IMC), 481, 481t
Índice glicêmico, 471-472
Infarto do miocárdio, 497-498, 611q
　diagnóstico de, 561q, 561f
　isoenzimas da lactato desidrogenase (LDH), padrões densitométricos de, 63f
　lesão por isquemia/reperfusão, 618q
　marcadores
　　creatina quinase em, 652
　　troponina em, 652
　tratamento trombolítico de, 611q. Ver também Doença cardiovascular
Infertilidade, 393
Inflamação, 628
　estresse oxidativo e, 615-625, 621
Inflamassoma, 629-630
Ingestão adequada (AI), 480q
Inibição da lisil oxidase, 246-248
Inibição do estado de transição, 69q
Inibidor da plasmina, 611-612, 611f, 611t
Inibidor da tirosina quinase (TKI), 413q
Inibidor da via do fator tecidual (TFPI), 610
Inibidores da coagulação, 608-610, 609f, 610t
Inibidores da DPP-4, 467
Inibidores da protease, 508-509
Inibidores da trombina, 608
Inibidores da tromboxane sintase, 603
Inibidores de PCSK9 (proproteína convertase subtilisina/kexin tipo 9), 178q, 505
Inibidores diretos da trombina (DTIs), 608
Inibidores diretos Xa, 609-610

Inibidores do transporte de sódio/glicose ligado 2 (SGLT2), 467
Inibidores seletivos da recaptação da serotonina (ISRSs), 362q
Inibina, 389
Inositol
　fosfatidilinositol 4,5-bisfosfato, 347, 349f
　inositol-1,4,5-trifosfato (IP3), 347, 349f
Inositol 1,4,5-bisfosfato (PIP3), 565
Inseticidas organofosforados, 366
Insônia, 346q
Instabilidade genômica, 404
Insucesso gonadal, 386
Insuficiência adrenocortical primária, 382t
Insuficiência cardíaca, 347, 583
Insuficiência hepática, 516
Insuficiência renal, 363, 533q
Insuficiência renal aguda, 533q
Insuficiência suprarrenal primária, 381, 382f
Insuficiência suprarrenal secundária, 383-385
Insulina, 149-150, 150t, 157f, 444-447
　ação da, 445-446
　ciclo de alimentação rápida, 450-454
　efeitos metabólicos da, 446-448, 447f
　e hormônios contrarreguladores, 444
　estimulação do transporte de glicose, 448
　glucagon e, 448-449, 449t
　hormônios anti-insulina, efeitos metabólicos de, 448-449
　hormônios incretina, 449-450
　molécula da, 444-445, 445f
　precursor da, 444-445
　protocolos de tratamento, 466
　resistência à, 448, 448q, 448t, 454
　secreção, 445, 445f
　sinalização, 445-446, 446f
　　defeituosa, 448
　vias, 343f
　síntese de ácidos graxos e armazenamento de, 170
　tratamento do diabetes, 466
Integrina, 253, 254f
Integrinas, 631
Interações célula-célula, 28
Interações célula-patógeno, 28
Interfase, 397-398
Interferons (IFNs), 630
Interleucina 10 (IL-10), 639
Interleucina 12 (IL-12), 632

Interleucina 13 (IL-13), 639
Interleucina 17 (IL-17), 639
Interleucina 1 (IL-1), 454, 594-595, 631
Interleucina 1β (IL-1β), 499
Interleucina 21 (IL-21), 639
Interleucina 22 (IL-22), 639
Interleucina 4 (IL-4), 639
Interleucina 5 (IL-5), 639
Interleucina 6 (IL-6), 170-171, 594-595, 631
Interleucina 8 (IL-8), 631
Interleucinas (ILs), 630-631
Intermediário carboxibiotina, 127f
Interrupção aguda de glicocorticoide, 381q
Intervalo aniônico, 523
Intervalo de referência, 647-648
Intervalos de referência, 647-648
Intervalos de referência laboratoriais clínicos, 647-655
Intervenção coronária percutânea (ICP), 611q
Intervenções
　antienvelhecimento, 425-426
Intestino, 409-410
Intestino delgado, 429
Intestino grosso, 429
Intestino grosso, ácidos graxos de cadeia curta produzidos no, 438q
Intestinos
　absorção de ferro, 86
　ácidos biliares secundários sintetizado no, 181
　células epiteliais, transporte de aminoácidos nas, 441q
　função prejudicada, 430
　peptidase, 440
　pH das secreções, 432
　sistemas de transporte de eletrólitos, 431f
　transporte intestinal, cotransportadores de sódio, 430-431. Ver também Colo; Trato gastrointestinal; Intestino grosso
Íntima, 601
Intolerância à glicose, critérios diagnósticos para, 651t
Intoxicação por amanita, 279q
Íntrons, 283, 319
Iodeto de propídio (PI), 408q-409q
Iodo, 86
Iodoacetamida, 69
Íon cúprico, 28q
Ionização por dessorção à laser assistida por matriz (MALDI-TOF), 21

Íons, 3
Íons metálicos redox-ativos, quelação de, 619-621
Isocitrato desidrogenase, 131-132, 135
Isodesmosina, 248
Isoformas, 313
Isoladores, 306
Isoleucina, 8
Isomaltase, 436q
Isozimas, 62, 63f, 64q
Isquemia, 109, 618q

J
Janus quinases (JAKs), 402, 475
Jejum
　acúmulo de acetil-CoA no, 142, 142t
　gliconeogênese no, 141-142, 157-158
　metabolismo durante, 4, 450
Jejum prolongado, 451-452
　metabolismo durante, 454f
Jejuno, 429
Junção gap, 33
Junção neuromuscular, 556

K
Katal (unidade internacional, atividade enzimática), 61-62
Kernicterus, 518
Klotho, 573-574
K_m (constante de dissociação) determinação da, 65-66
Kwashiorkor, 485

L
Laboratório endócrino, 372
Lactato, 443
　aumentada, no plasma, 465
　conversão de glicose para, 112f
　gliconeogênese do, 158, 451
　medição, 127q
Lactato desidrogenase (LDH)
　conversão de lactato em piruvato, 127
　glicólise, estágio de produção, 116
　isozimas, 63f, 64q
Lactose
　biossíntese da, 221q
　digestão de, 435
　intolerância à, 437q
　teste de absorção, 441q
Lamininas, 250
Lançadeira de malato-aspartato, 101
Lanosterol, 176
Latirismo, 246-248
LDL pequeno e denso, 494q
L-Dopa, 363q
Lecitina, 231-232
Lecitina: colesterol aciltransferase (LCAT), 490

Lectina, 227-229, 229q
Lectina de ligação à manose (MBL), 629, 629f
Leflunomida, 208-209
Lei de Dalton, 47
Leiomioma hereditário e carcinoma de células renais (HLRCC), 136
Leptina, 170-171, 475
Lesão hepática induzida por fármacos (DILI), 513
Lesão por reperfusão, 618q
Lesões cerebrais, causas de eliminação de amônia prejudicadas, 509-510
Lesões oxidativas, 266f, 618-619
Leucemia de células pilosas (HCL), 411-412
Leucemia linfoblástica aguda de linfócitos T (T-ALL), 411q
Leucemia linfoblástica aguda (LLA), 413q
Leucemia linfocítica crônica (LLC), 411q
Leucemia mieloide aguda (LMA), 402, 410
Leucemia mieloide crônica (LMC), 410
Leucemias/linfomas, 409-410
Leucina, 8, 197
Leucócitos, 591f
Leucotrienos, 351
Levedura, glicólise anaeróbica em, 117f
Ligação peptídica, estrutura de, 13f
Ligações dissulfeto, 10, 14
Ligações N-glicosídicas, 215, 219q
Ligações O-glicosídicas, 215
Ligante CD40 (CD40L), 634
Ligante RANK (RANKL), 567
Limite de Hayflick, envelhecimento, 417
Limites de decisão clínica, 647
Linfócitos atípicos, 636
Linfócitos T, 499
Linfócitos T citotóxicos (CTL), 638
Linfoma de Burkitt, 412
Linfoma de células do manto (MCL), 411q
Lipase, 434
pancreática, 438
Lipase de triglicerídeos hepáticos (HTGL), 492
Lipídios, 3-4, 27-31, 653t
ácidos graxos, 28-30, 29t
adiposo, 187-188
anomalias, no etilismo, 170q
biomembranas, estrutura das, 31-32
complexos, 231-241
digestão e absorção de, 437-440, 439f
estrutura dos, 30f-31f

Lipídios (Cont.)
fosfolipídios, 31
glicerofosfolipídeos, síntese e turnover, 231-234
metabolismo, 143, 144f
metabolismo oxidativo dos, 137-146, 145q
mobilização de, durante a gliconeogênese, 143
proteínas ligadas aos, 25
tamanho dos, 25
triacilgliceróis, 30
via de peroxidação, 619f
Lipídios adiposos, 187-188
Lipoamida, 128
Lipofuscina, 422
Lipogênese, 4, 163
Lipogênese de novo, 129
Lipólise, 4
Lipopolissacarídeo (LPS), 629
Lipoproteína de baixa densidade (LDL), 218f, 489
Lipoproteína de densidade muito baixa (VLDL), 169, 489
Lipoproteína lipase (LPL), 169-170, 490
Lipoproteínas
anormalidades das, 504f
apolipoproteínas nas, 490-492
classes de, 490t
enzimas e proteínas de transferência de lipídios, 492-493
estágio de distribuição de energia dos, 493, 494f
fase de liberação de colesterol das, 493-494, 495f
natureza de, 489-492
partícula, 490f
plasma, 493-494
receptores, 492
separação de, por tamanho e densidade de, 489
ultracentrifugação, 490q
vias de, 493-495
Lipoproteínas de alta densidade (HDL), 489
condições associadas à baixa, 503
elevadas no plasma, 503
Lipoproteínas de densidade intermediária (IDL), 489
Lipotoxicidade, 448
Líquido encefálico, 578f
Líquido extracelular, 524
Lisil endopeptidase, 19-21
Lisil hidroxilase, 215-216
Lisil oxidase, 88
Lisina, 13
Lisossomas, 227, 228f
Lisozima, 627
Local de entrada do ribossomo, 292
Lúpus eritematoso sistêmico, 636, 641

M
Má absorção, 429
abordagens de diagnóstico para, 441q
de gordura, 75
Má absorção de gordura, 77
Macroangiopatia diabética, 456
Macroangiopatia diabética, 456
Macrófagos, 499-500, 628
na explosão respiratória, 624q
reconhecimento de, 31-32
α2-Macroglobulina, 594-595
Macroglobulinemia de Waldenström, 594
Macro-hormônios, 394q
Macroprolactina, 393
Má digestão, 429
Magnésio, 85
Malato desidrogenase, 133
Malnutrition Universal Screening Tool (MUST), 480-481, 482f
Malonil-CoA, 163-164, 164f
Malonil transacilase, 165
Manganês, 89-90
Manose, 25, 26f, 219
interconversões de, 220f
Manteiga vs. margarina, benefícios da saúde, 30q
Marasmos, 485
Marcadores de osso, 567-568, 568f
Marcadores tumorais séricos, 651t
Mastócito, 643q
Matriz extracelular (MEC), 243-255, 244f, 423q
colágeno, 243-248
comunicação das células com, 252-253
inibição da lisil oxidase, 246-248
latirismo, 246-248
proteoglicanos, 250-252, 250t
síntese e
e engenharia de tecidos, 254q
modificações, 246, 247f
pós-traducional
Matriz óssea, 565
Medicamentos antineoplásicos, 80
Medula suprarrenal, 362
Megacariócitos, 591
Meglitinidas, 467
MEK quinase, 399-401
Melanoma maligno, 409-410
Membrana celular, fluxo de íons, alterações, 355-356
Membrana mitocondrial externa (OMM), 96
Membrana mitocondrial interna (IMM), 96, 100f

Membranas basais, 245-246
Membranas biológicas, 3
estrutura das, 31-32
fosfolipídios, 31
modelo de mosaico fluido, 25, 32, 33f
receptores. Ver Receptores de membrana; Células
Membro 1 da superfamília de imunoglobulina (IGSF1), 378q
Membros da família Bcl-2, 406
Memória imunológica, 636-638
Meninges, 578
Meningite, 578
Menopausa, 389
2-mercaptoetanol, 10
Metabolismo, 2f, 4
ácido úrico, 206-208
bilirrubina, 510
carboidrato. Ver Metabolismo dos carboidratos
cobre, 89f
colesterol, 511
combustível, 94, 94f. Ver também Oxidação do combustível do metabolismo, etapas de
de propionil-CoA para succinil-CoA, 141f
durante a lesão, 455f
durante o estresse, 452-454, 455q, 455f
durante o jejum prolongado, 454f
exercício e biogênese mitocondrial, 96q
ferro, 87f
fosforilação oxidativa, 4
frutose, 213q, 220-221, 221f
galactose, 219-220
homeostase do osso e cálcio, 565-576
hormônios, 376
lipoproteína. Ver Metabolismo das lipoproteínas
músculo, 551-563
no ciclo de alimentação rápida, 450-454
no diabetes, 458-459, 458f
no estado alimentado, 451, 452f
no estado de jejum, 451
no estado pós-absortivo, 453f
oxidativa, bioenergética e, 93-110
papel do fígado, 507-521, 659-660
pirimidina, 208-209
piruvato e, 127f
proteína. Ver metabolismo de proteínas
purina, 203-208
regulação de, 108-109
taxa metabólica basal (BMR), 93-94

Metabolismo *(Cont.)*
trifosfato de adenosina. *Ver* Adenosina trifosfato; *Ver* Síntese de adenosina trifosfato (ATP); Trifosfato de adenosina; Energia vitamina D, 571f
Metabolismo anaeróbico dos carboidratos, nos glóbulos vermelhos, 111-123
glicólise, 112-119
síntese de 2,3-bisfosfoglicerato, 119, 119f
Metabolismo das lipoproteínas, 659
aterogênese, 489-506. *Ver também* Lipoproteínas
Metabolismo de combustível avaliação laboratorial do, 462-465
insulina, 444-447
manuseio de combustíveis, 443-444
Metabolismo de fármacos, 511-513
Metabolismo de nucleotídeo de novo, 212
Metabolismo do colesterol, 511
Metabolismo dos carboidratos, 143
fígado e, 508
Metabolismo energético, exercício e, 660
Metabolismo nucleotídico, vias de, 221-223
Metabolismo oxidativo
ácidos graxos, vias alternativas de oxidação, 140-141
bioenergética e, 93-110
catabolismo peroxissomal de, 140
cetogênese, como via metabólica exclusiva do fígado, 141-145
de lipídios no fígado e músculo, 137-146
inibidores de, 106-108
rendimento ATP a partir da glicose durante, 135t
Metabólitos, 1f
Metabólitos dos esteroides urinários, padrões alterados de, 184q, 186f
Metabolômica, 4, 335-337
análise de dados e biologia de sistemas, 337
biomarcadores, 336-337
Metabonômicos, 335-336
Metaloproteinase de matriz 9 (MMP-9), 499
Metanálise, 597
Metanefrinas, 362
Metástases, 409-410
Metemalbumina, 592q
Metemoglobinemia, 58q

Metformina, 466-467
Metionina
função sentinela, 619q
oxidação e enfisema, 619q
Metirapona, 384
Método de Maxam-Gilbert, 323-324
Método de Sanger, 323-324, 323f
Metodologias metabolômicas, 597
Metotrexato, 211q
Met-tRNAi, 293-294, 294f
MHC classe I, 634
MHC classe II, 634, 635f
Miastenia gravis, 366q, 585
Microangiopatia diabética, 456
(Micro)Arranjos genético e sequenciamento do RNA, 326-327, 327f
Microglia, 579
β2-Microglobulina, 635
Microvilosidades, 432-433
Mielina, 577
Mieloma, 594
Mieloma múltiplo, 300q, 405, 595q
Mimetismo molecular, 585
Minerais, 85-90, 657. *Ver também* Elementos de rastreamento*Ver também* Vitaminas
Mineralocorticoide, 184
Miniavaliação Nutricional (MNA), 481
Mioglobina (Mb), 47, 48f, 49-50
curvas de saturação de oxigênio de, 50f
Mioquinase, 154-155, 477
Miosina, 552-553, 554f, 554t
Miotonia, 584
miRNAs, 285-286, 285f
Mitocôndria
ativação de ácidos graxos para transporte para, 137-138
biogênese, exercício e, 96q
DNA, dano ao, 424q
envelhecimento, teorias mitocondriais, 422-423
fosforilação oxidativa, 4, 93
membrana mitocondrial interna, 100f
síntese de adenosina
sistema de transporte de elétrons, 97-99
transferência de elétrons do NADH para, 99-102, 99f
trifosfato, 96-97
β-oxidação, 139-140
Mitogênese, 403-404
Mitose (fase M), 397-398
Mixedema, 377
Modelo de mosaico fluido, de membranas biológicas, 25, 32, 33f

Modelo de Watson e Crick de, 257, 258f
Modelo do filamento deslizante, contração muscular, 555, 556f
Modificação pós-tradução, 329q
Molécula 1 de adesão celular plaquetária e endotelial (PECAM-1; CD31), 631
Molécula 1 de adesão celular vascular (VCAM-1), 499
Molécula 1 de adesão intercelular (ICAM-1; CD-54), 631
Moléculas adaptadoras, 399
Moléculas de adesão, 631-632
Moléculas de adesão celular, 499
Moléculas de classe III (MHC), 634
Moléculas de proteínas funcionais, 4
Moléculas sinalizadoras de massa molecular baixa, 341
Molibdênio, 89-90
Monitoração da terapia com anticoagulante oral, 607q
Monitoração de reação selecionada (*SRM), 332
Monitoramento de reação múltipla (MRM), 332, 333f
Monoamina oxidase (MAO), 362
Monócitos, 499, 628
Mono e diacilgliceróis, 434
Monofosfato de adenosina cíclico (cAMP), 344, 345f, 358
fosfodiesterases, 344
proteína de ligação aos elementos de resposta (CREB), 346
Monofosfato de guanosina cíclico, 366
Monofosfato de inosina (IMP)
conversão do, em AMP e GMP, 206f
síntese de, 203-204, 205f
Monofosfato de orotidina (OMP), 208-209
Monoiodotirosina (MIT), 374
Mononucleotídeo de flavina (FMN), 79, 96
grupos prostéticos, 99
Monossacarídeos
clivagem hidrolítica, 434-435, 436f
digestão, 434, 436-437
mecanismos de transporte mediado por transportador, 436-437
Monóxido de carbono, 107
envenenamento, terapia hiperbárica com O_2para, 50q

Morte celular, 405-407
apoptose, 405, 406f, 408q-409q
autofagia, 407, 408f, 409q
câncer, 409-413
caspases, 405-407
fosfatase e homólogo de TENsina (PTEN), 413-414
p53 como guardião do genoma, 412
via de morte intrínseca e extrínseca, 407q
Morte celular autofágica (DAC; autofagia), 405
Morte celular programada, 405
Motivo dedo de zinco, expressão gênica, 309, 309f
Motores moleculares, 580
mRNA (ácido ribonucléico mensageiro). *Ver* Ácido ribonucleico mensageiro (mRNA)
mRNAs policistrônicos, 292
mTOR (alvo de rapamicina em mamíferos), 412q
mTORC 1 e 2 (complexos de sinalização), 401, 401f
mTOR quinase, 477, 477q
Mucopolissacaridoses, 251-252, 252t
Multiplexinas, 245-246
Músculo, 551-563
ação de epinefrina no, 449
acoplamento excitação-contração do, 555-557
ATP, na contração muscular, 558
células estriadas, 559
contração. *Ver* Contração muscular
desempenho a longo prazo de, 559
despolarização da membrana, 555-557
esquelético, 553t, 556f
estrutura das, 551-555
estrutura hierárquica de, 553f
exercício, efeito de, 562-563
fibras glicolíticas rápidas e de oxidação lenta de, 559
filamentos espessos e finos, 551-552
glicogenólise em, 154-156
insulina em, efeitos metabólicos de, 447
leve, 557
metabolismo energético de, 551-563
proteína quinase A em, regulação de, 155f
sarcômero, 551-552
síndrome de emaciação, 560q
substituição e engenharia de tecidos, 561-562
Músculo cardíaco, 557

Mutações
estudo de, 322-324
hemoglobinopatia, 58
na presenilina associada ao ER, 1, 406-407
no desenvolvimento do câncer, 409-410

Mutações germinativas, 136

Mutagenos, teste de Ames para, 266q

Mutase de L-metilmalonil-CoA, 81

N

N-acetilbenzoquinonaimina (NABQI), 513
N-acetilcisteína (NAC), 513
N-acetilglutamato, 194
N-acetil-L-aspartato, 580
NADH, 99-102
NADPH, síntese de, 119-120
Na$^+$/K$^+$-ATPase, 355-356
compartimentos de água corporal, 524-526
estrutura, 525f
função catalítica de, 526f
regulação por hormônios, 524-526

Necessidade média estimada (EAR), 480q
Necrose, 405
Néfron, 527f
transtornos de transporte nos, 529q

Neonatos
deficiência de cobre em, 102q
epilepsia em, 367q

Neonatos prematuros, vitamina K e, 77
Neoplasia, 372
Neurocinina B, 385
Neuroglia, estrutura da, 581
Neuromoduladores, 367
Neurônios, 579-580, 580f
Neuropatia diabética, 461
Neuropeptídeo neuromodulador Y (NPY), 355
Neuropeptídeos, 367
Neuropeptídeo Y, 474
Neuroquímica, 577-587, 583q
Neurotransmissores, 355-368, 581
acetilcolina, 364-366
alterações do potencial de membrana, 357
amina, 362q
catecolaminas, 361-364
classes de, 359-367
classificação de, 355, 356t
concentrações de, 359
de baixo peso molecular, 356t
deficiência do neurotransmissor central, 364q
despolarização, 356-357

Neurotransmissores (Cont.)
distúrbios, fatores secundários que parecem, 364q
dopamina. *Ver* Dopamina
epinefrina. *Ver* Epinefrina (adrenalina)
gás de óxido nítrico, 366
glicina, 361
hiperpolarização, 356-357
liberação de, 357f
nas sinapses, 357
neurotransmissão, 355-359
norepinefrina, 361-362, 361f
peptídeos, 366-367
pequenas moléculas, 366
potenciais de ação, 355-356, 357f
receptor de glutamato NMDA, 359f
receptores, 357-358
receptores ionotrópicos, 358
receptores metabotrópicos, 358
regulação de, 358-359
remoção da fenda sináptica, 358-359
serotonina, 363-364, 365q
síntese de, 360f
sistema límbico, 359f
γ-ácido aminobutírico (GABA), 360

Neurotransmissores de amina, depressão como doença de, 362q
Neurotransmissores excitatórios, 357
Neutrófilos, 628
N-glicanos, 217-218
Nicotina, 583
Nicotinamida, 128
Nicotinamida adenina dinucleotídeo fosfato (NADP$^+$), 79
Nicotinamida adenina dinucleotídeo (NAD$^+$), 4, 79, 514
Níquel, 89-90
Nitrogênio
átomos, 190, 191f
equilíbrio, 195
fluxo, 188q
remoção de, 509-510

Nitrogênio ureico no sangue, 189q
Nível de Ingestão Superior Tolerável (UL), 480q
N-metil-D-aspartato (NMDA), 359, 359f
Noradrenalina, 361
Norepinefrina, 583-584
neurotransmissores, 361-362, 361f
1,3,5 (10)-Núcleo de estratrieno, 184
Nucleossomas, 260-261

Nucleotídeos, 203-214, 341
classificação dos, 204f
desoxinucleotídeos, formação de, 210-212
função e especificidade das sequências, 306q
polimorfismo de único nucleotídeo, 324
purinas. *Ver* Purinas
reduzido, 98f
reparo de excisão, 264
vias de salvamento para, 204-206, 206f, 207q

Nucleotídeos de adenina, estruturas dos, 95f
Nucleotídeos de pirimidina
catabolismo de, 212
e purinas, 203
metabolismo dos, 208-209
nomes e estruturas de, 204t
síntese, 209f-210f. *Ver também* Nucleotídeos
via de, 208-209
vias de salvamento, 209

Nucleotídeos de purina
degradação de, 208f
em humanos, 206-208
e pirimidinas, 203
metabolismo de, 203-208
nomes e estruturas de, 204t
síntese do anel de purina, 203-204
vias de salvamento de, 206f

Nutrição, 471, 479
ciência, definições, 480q
conteúdo energético dos alimentos, 93, 94t
equilíbrio energético, regulação do, 475-477
fatores determinantes do estado, 472f
gorduras, 473
maneiras de avaliar, 480-483
marcadores bioquímicos da, 481-483
proteína enzimática, alteração na quantidade, 165
proteínas, 472
regulação da ingestão de alimentos, 474-475, 475f
sistema canabinoide endógeno, 474-475
status, de indivíduo, 480-483

Nutrição enteral, 486
Nutrição parenteral, 88q
Nutrição parenteral total, 89, 486
Nutrientes, 471-488
funções de, 472f
genótipo, 479
ingestão, durante o ciclo de vida, 479
teor calórico de, 472t
Nutrientes essenciais, 473
Nutrigenômica, 479

O

Obesidade, 412q, 471, 483
central, 477q
na diabetes tipo, 2, 457, 460f
riscos de saúde associados a, 483t

Ocitocina, 374
O-glicanos, 225
Oligodendrócitos, 579, 581
Oligoelementos, 3-4, 75, 87-88
Oligomicina, 107
inibição da, 108f
Oligossacaridase, 436q
Oligossacarídeos, 27
alta quantidade de manose e complexos, 298
N-ligado, 217f, 225f
biossíntese de, 223-225
contendo enzimas lisossomais alvo Man-6-P, 227
funções dos, 226-229
micro-heterogeneidade de, 218
N-ligado, processamento de, 226f
O-ligado, 218f, 227f

Oligossacarídeos fermentáveis, dissacarídeos, monossacarídeos e polióis (FODMAPs), 438q
Oncogenes, 397, 411-412
Opiáceos, 367
Opsonização, 631, 636
Orexina, 346q
Órgãos linfoides primários, 636
Ornitina transcarbamilase, 192
Ortotirosina, 421, 421f
Osmolalidade, 527
Osso
ciclo de remodelação do, 566f
doença de Paget do, 574
estrutura e remodelação do, 565-567
matriz óssea, 565
metabolismo e homeostase do cálcio, 565-576
mineralização do, 565-566

Osteoblastos, 565-567
Osteoclastos, 566
Osteogênese imperfeita, 15, 246q
Osteoide, 565-566
Osteomalácia, 77, 565-566, 572q
Osteoporose, 574, 574f
Ovário, 183, 389
β-oxidação, 137
de palmitato, 139f
Oxidação
combustível, fases de, 94, 94f
como fonte de energia, 93-94
Oxidação de combustível, etapas de, 94, 94f
Oxidação de etanol, 514
Óxido nítrico gasoso, 366

Óxido nítrico (NO), 341, 602q
interação com hemoglobina, 55-56
Óxido nítrico sintase (NOS), 348-350, 617-618
Oxigênio
como essencial e tóxico, 4
dano radical, 618
defesas antioxidantes, 618-623
dessaturação de ácidos graxos, 168
e ferro, 86
espécies reativas de oxigênio, 616f
estrutura de, 616f
interação de hemoglobina com, 51-53
lei de Dalton, 47
pressões parciais de, 543t
propriedades de, 47
tensão, 3
transporte, 47-60
Oximetria de pulso, 53q
Oxirredutases, 62-63, 79
Oxisteróis, 177

P
P450 monoxigenases, 183-184
p53 (guardião do genoma), 404, 412
Padrões moleculares associados a patógenos (PAMPs), 628-629
Palmitoil-CoA, 164
Pâncreas
eletrólitos secretados por, 430
função exócrina, 440q
Pancreatite, 438q
Pancreatite aguda, 438q
Paralisia periódica familiar, 585q
Paralisia periódica hipercalêmica, 584
Paratormônio (PTH), 568, 569f
Parceiros ciclina-CDK, 403q
Parcelas de Gompertz, 418, 418f
Parede do vaso, 601-602
Parede do vaso capilar, 523-524
Partícula de reconhecimento de sinal (SRP), 297-298
Partículas remanescentes, 489
Pelagra, 79-80
Penicilina, 69
estrutura da, 69f
Pepsinogênio, 433q, 440
Peptidases
digestão peptídica, 440
proteínas hidrolisadas por, 440
Peptídeo de extensão de pró-colágeno carboxila-terminal (ICTP), 567
Peptídeo insulinotrópico dependente de glicose, 449-450

Peptídeo intestinal vasoativo (VIP), 367, 449-450
Peptídeo natriurético atrial (ANP), 530
Peptídeo natriurético cerebral (BNP), 530, 531q
Peptídeos
clivagem de, 66-67
digestão, 440
formação de ligação peptídica, 295f
ligações, 440
neurotransmissores, 366-367. Ver também Aminoácidos; Proteínas peptidil transferase, 294-295, 297q
Peptídeo semelhante ao glucagon (GLP), 474
Peptídeos natriuréticos, 531-536
Peptídeos opioides, 367
Peptídeos tau, 579-580
Peptídeo YY, 474
Perda de peso, 483, 484q
Perfil lipídico plasmático, 503q
Perfil, metabólito, 336
Perforinas, 639
Peristaltismo, 432
PERK (proteína quinase RNA-like ER quinase), 293f, 297
Peroxidase da tireoide (TPO), 374
Peso corporal, 481
pH, 3, 61, 432
Piridoxina, 189-190
Pirofosfato de isopentenil, 175
Pirofosfato, fórmula estrutural do, 574f
Piruvato, 111-112, 127, 127f
Piruvato carboxilase (PC), 127, 134
Piruvato desidrogenase fosfatase, 128
Piruvato desidrogenase quinase, 128
Piruvato quinase (PK), 118
deficiência de, 116q
Placa aterosclerótica, 501f
Placa de Eatwell, 474, 474f
Placas da membrana, 33q
Plaquetas, 602-603
Plaquetas sanguíneas (trombócitos), 589-590, 602
Plasma
lipídios, 30
proteínas. Ver Proteínas plasmáticas
transporte de ferro no, 86
Plasmalógenos, 233
Plasma pobre em plaquetas, 605
Plasmídeos, 271, 272f
Plasminogênio, 611f
Plasmodium falciparum, 58
Polimerases, RNA, 278
Polímeros dietéticos, 434f

Polimorfismos de comprimento de fragmentos de restrição (RFLPs), 269-270, 270f, 271q
Polimorfismos de nucleotídeo único (SNPs), 269-270, 324
Polirribossomo, 297, 297f
Polissacarídeos, 27, 29f
clivagem hidrolítica de, 436f
digestão de, 434, 436q
Polissomo, 297, 297f
Pontes de dissulfeto, 329q
Ponto de restrição, mitogênese, 403-404
Ponto de verificação do fuso (SAC), 404
Ponto isoelétrico, 12
População de referência, distribuição de, 647
Porfiria aguda intermitente (AIC), 510
Porfirias, 510q
Porfirina, no heme, 49f
Poro de transição de permeabilidade mitocondrial (MPTP), 109
Potássio, 85
absorção e secreção no colo do intestino, 432
concentração, distúrbios do plasma, 534
distribuição de, 524f
equilíbrio, 535f
homeostase, aldosterona em, 529
manutenção de gradientes, através da membrana celular, 524-526. Ver também Na$^+$/K$^+$-ATPase
Potencial de ação, 356-357, 580
geração do, 357f
Potencial de repouso, 355-356
Potencial máximo de vida útil (MLSP), 418f
Pramlintida, 467
Prasugrel, 603
Pré-calicreína ou cininogênio de alto peso molecular (HMWK), 605-606
Pré-colágeno, 246
Pré-RNAr e pré-RNAt, 281-282
Pressão arterial, sistema renina-angiotensina no controle da, 529
Pressão hidrostática, 527-528, 528f
Pressão oncótica, 527-528, 528f
Pressão parcial de oxigênio (pO$_2$), 47
Procarboxipeptidase, 70
Procariontes, 276-278, 277f
Procaspase, 407q
Processamento de pré-mRNA, 282-284

Processamento pós-transcricional, 280-284
Processo contrátil, músculo, 555-557
Procolágenos, 215-216, 246-248
Prodinorfina, 367
Produtos de degradação de fibrina (FDPs), 600-601
Produtos finais de glicoxidação avançada e lipoxidação (AGE/ALEs), 421, 422f
Proelastase, 70
Proencefalina A, 367
Proenzimas de caspases de efetores, 405
Progeria, 419, 421q
Progesterona, 389
Programa Student Consult, 2
Projeto Genoma Humano (HGP), 320q
Prolactina
distúrbios de secreção, 393
eixo de prolactina, 393
macroprolactina, 393, 394q
Prolactinoma, 393
Prolina, 10, 13
Pró-opiomelanocortina, 367, 474
Pro-opiomelanocortina (POMC), 379
Propionil-CoA, 140-141, 164
Proporção P:O, 103-105
Propranolol, 583-584
Prospective Cardiovascular Munster Study (PROCAM), 497
Prostaciclinas, 351, 602q
Prostaglandina I 2 (PGI2), 601
Prostaglandinas, 69, 351
Próstata, 409-410
Protease multicatalítica (MCP), 299
Proteases
pancreáticas, 440
serina, 66-67, 67f
Protease serina, 66-67, 67f
Proteassomas, 299-300, 299f
Proteína 1 de Niemann-Pick C1-like (NPC1L1), 174-175, 505
Proteína 1 quimioatraente de monócitos (MCP-1), 499
Proteína ácida fibrilar glial, 581
Proteína ativadora de GTPase (GAP), 399-401
Proteína C, 610
Proteína C reativa (PCR), 500q, 630
resposta de fase aguda e, 595, 596f
Proteína de Bence-Jones, 595q
Proteína de fusão BCR-Abl, 410
Proteína de ligação ao elemento de resposta ao ferro, 129-131

Proteína de ligação à vitamina D (DBP), 568-570
Proteína de linfoma de células B-2 (Bcl-2), 405
Proteína de transferência de éster de colesterol (CETP), 490
Proteína de transferência de triglicerídeos microssomais (MTP), 493
Proteína do retinoblastoma, 402-403
Proteína esclerótica tuberosa 1/2 (TSC1/2), 401
Proteína fosfatase-2A (PP2A), 403-404
Proteína globina de mamíferos, características, 47-53
Proteína inibidora de CDK (CDKI), 404
Proteína ligada ao receptor do fator de crescimento (Grb2), 342
Proteína morfogenética óssea (BMP), 566-567
Proteína muscular, 187-188
Proteína mutante dominante negativa, 313
Proteína p53, 412
Proteína precursora amiloide, 583
Proteína quinase Akt, 342
Proteína quinase A, 150, 152q
  regulação da, 155f
  segundos mensageiros, 346-347, 347f
Proteína quinase ativada por AMP (AMPK), 164, 175, 475, 477, 478f
Proteína quinase ativada por mitógeno (MAPK), 399-401, 475
Proteína relacionada ao paratormônio (PTHrP), 566, 573q
Proteína relacionada ao receptor de LDL, 492
Proteínas, 1f, 3-4, 7-23, 289, 472, 472t
  alostéricas, 53, 53f
  alta ingestão, 80
  aminoácidos encontrados em, 7, 8t
  análise da estrutura de, 19-21
  ancoragem de membrana, 33q
  carboidratos, ligado a, 25
  catalíticas, 61-74
  código genético das, 289-290, 290t
  colágeno, 243
  como tampões intracelulares, 542, 542f
  determinação da pureza e peso molecular de, 18
  diálise e ultrafiltração, 16-17, 17f

Proteínas (Cont.)
  digestão e absorção de, 440, 441f
  dobras das, 22q, 295-297
  espectrometria de massa, identificação por, 331-332
  estratégia, purificação, 20f
  estrutura primária de, 12-13, 16f, 21
  estrutura quaternária de, 14-15
  estrutura secundária de, 13, 16f
  estrutura terciária das, 14, 15f-16f
  estrutura tridimensional das, 21
  estrutura tridimensional dimérica de, 15f
  fidelidade da tradução, 292q
  filtração em gel, 17-18
  formação de ligação peptídica e translocação, 295f
  fracionamento das, 17f-18f, 18
  globina de mamíferos, características de, 47-53
  glutationilação, 622-623
  hidrofobicidade para, carga e, 13
  hidrólise, 19
  metabolismo. Ver Metabolismo de proteínas
  modificações de, 16q
  moléculas de proteínas funcionais, 4
  peptídeos e, 12-15
  plasma, 7. Ver também Proteínas plasmáticas
  como polímeros, estruturais e funcionais
  pós-traducional
  proteínas G. Ver Proteínas G
  purificação e caracterização de, 15-19, 20f
  rotatividade, 289-301
  salting out (fracionamento com sulfato de amônio), 16
  segmentação, 297-300
  separação
    com base na carga, 19
    com base no tamanho, 16-17
  síntese. Ver Síntese de proteínas
  sistema de ubiquitina-proteassoma, degradação de proteínas, 509
  transporte de íons metálicos, 591-592, 592t
  valores de pK_a para grupos ionizáveis em, 11t. Ver também Aminoácidos

Proteína S, 610
Proteínas adaptadoras, 341
Proteínas da dieta
  digestão e absorção de, 188
  metabolismo de, 187-189
Proteínas de ancoragem à membrana, 33q
Proteínas de choque térmico (HSPs), 295-296
Proteínas de ligação, 508-509
Proteínas de ligação a elementos reguladores de esteróis (SREBPs), 178-180, 493-494
Proteínas de ligação ao elemento regulador de esterol-1, 163
Proteínas de ligação ao retinol citossólico (CRBPs), 75
Proteínas de ligação do IGF (IGFBP), 391
Proteínas desacopladoras (UCPs), 105
Proteínas de sinalização, 2f
Proteínas de transporte, 83q
Proteínas/efetores alostéricos, 53, 53f, 108
Proteínas endógenas
  metabolismo de, 187-189
  rotatividade de, 188-189
Proteinases pró-colágeno C-terminal, 246-248, 247f
Proteínas G, 150, 152q, 358
  alvo de toxinas bacterianas, 344q
  como interruptores moleculares, 343-344
  e receptores metabotrópicos, 358
  Ras, 342
  receptores de membrana acoplados a, 342
  regulação de processos biológicos, 343-344
  sinalização, 342f
  subunidades, 344t, 345-346
Proteínas histonas, 311, 311t
Proteínas inibidoras de CDKs (CDKIs), 402
Proteínas multiméricas, 15-16
Proteínas plasmáticas, 369-370, 591-594
  fígado, síntese de, 508
Proteínas quinases receptoras, 341
Proteínas recombinantes, produção de, 273q
Proteínas séricas, 649t
Proteínas Shc (homologia com Src e colágeno), 342
Proteínas transmembrana, 32
Proteínas transportadoras e hormônios livres, 369-370
Proteínas triméricas, 14-15
Proteína supressora de tumor p53, 404

Proteína tirosina quinase papel, 400q. Ver também Proteína quinase A; Proteína quinase C
Proteína transportadora de acil (ACP), 164-165
Proteína X associada à Bcl2 (BAX), 407q
Proteoglicanos, 215, 250-252
  estrutura dos, 250-251, 250t
  estruturas dos, 216f
  funções dos, 252
  síntese e degradação de, 251-252
  sulfatos de condroitina, 251. Ver também Nucleotídeos
Proteólise mediada pela ubiquitina, 403-404
Proteoma, 21q
Proteômica, 4, 21, 328-335
  metodologia da, 330-335
  técnicas de espectrometria de massa e, 331-332
  técnicas de separação de proteínas de, 330-331, 331f
  tecnologias não baseadas em MS, 334-335, 335f
Proto-oncogene C-Src, 411
Proto-oncogenes, 397
Protrombina, 607-608
P-selectina, 224q
Pseudo-hipoparatireoidismo, 573
Psoríase, 402
PTKs não receptores, 399
Puberdade precoce, 387
Pulmões, 409-410
  equilíbrio ácido-básico, 539
  perfusão, 543-544
  troca gasosa, 542t, 543-545
  ventilação, distúrbios de, 544q
Purinas, 341

Q
Quelantes endógenos, 619-621
Quilomícrons, 169-170, 489, 493
Quimiocinas, 341, 631
Quimiotaxia, 631
Quimotripsina, 63f, 67, 67f
Quimotripsinogênio, 70
Quinase de ERK-MAPK, 400f
Quinase regulada por sinal extracelular (ERK), 399-401
Quinase RSK1, 401
Quinases sensoras, 404
Quiral, 7

R
Rabdomiólise, como consequência da isquemia muscular, 660
Radical hidroxila, 618, 619f-620f
Radioterapia, 617q

Rafts lipídicos, 33
Ranitidina, 366
Raquitismo, 565-566
Raquitismo hipofosfatêmico ligado ao cromossomo X, 573-574, 574t
Ras GTPase, 399-401
Ras/Raf/MEK/ERK, 400q
Razão Normalizada Internacional (INR), 607q
Reabsorção óssea, 567
Reação anaplásica (build up), ciclo do ácido tricarboxílico, 134
Reação da aconitase, 131f
Reação de aldolase, 113-114
Reação de Fenton, 617f
Reação de Haber-Weiss, 617f
Reação em cadeia da polimerase (PCR), 322f
Reações de hidrólise, termodinâmica, 95t
Reações de transferência de carbono único, 80
Recém-nascido. Ver Neonatos
Receptor 3 do fator de crescimento de fibroblastos (FGF) (FGFR3), 345q
Receptor de antígeno de células B, 635-636
Receptor de célula B (TCR), 633
Receptor de célula T (TCR), 633
Receptor de glicoproteína, GPIb-IX, 602
Receptor de insulina, 445
Receptor de lipoproteína de baixa densidade, 178q
Receptor de plaquetas GPIb-IX, 604q
Receptor do fator de crescimento endotelial vascular (VEGFR), 347
Receptores acoplados à proteína G (GPCRs), 342
Receptores ativados por proliferadores de peroxissoma (PPARs), 466q, 467f, 505q
Receptores de ACh, classe muscarínica de, 358
Receptores de adenosina, 366
Receptores de angiotensina, 529
Receptores de catadores, 492, 629
Receptores de esteroides, 308-310
família de genes, 310q
organização, 309-310
receptores de hormônios da tireoide, 310q
semelhança entre, 310f
Receptores de lectina do tipo C (CLRs), 629

Receptores de membrana, 339-353
acoplamento a proteínas G, 342
acoplamento às vias de sinalização, 341
classificação dos, 340t
sinais celulares, processamento de, 339
Receptores de monoamina, 339-341
Receptores de reconhecimento de padrões (PRRs), 628-629
Receptores do ácido retinoide (RARs), 75-76
Receptores do tipo RIG-1-(RLRs), 629-630
Receptores farnesil X (FXRs), 180
Receptores glutamatérgicos NMDA, 583
Receptores intracelulares, 628-629
Receptores ionotrópicos (canais iônicos), 358, 358f
Receptores metabotrópicos, 358
Receptores metabotrópicos e ionotrópicos, 581
Receptores muscarínicos, 365, 582
Receptores nicotínicos, 365, 582
ACh, 358
Receptores retinoides (RXRs), 75-76
Receptores retinoides X (RXRs), 180
Receptores semelhantes ao NOD, 629-630
Receptores ß-adrenérgicos, 344-345, 358, 583-584
Receptores α-adrenérgicos, 583-584
Receptor hematopoiético, superfamília do, 401
Receptor NMDA, 359f
Receptor orfão acoplado à proteína G, 346q
Receptor RANK, 567
Receptor tipo Toll (TLR), 629, 630t
Receptor transmembrana de GH, 390
Reciclagem mitocondrial neuronal (mitofagia), 364q
Recommended Dietary Allowance (RDA), 480q
Região codificadora de proteínas, 293f
Regulação alostérica, de enzimas, 70, 71f
Regulação do feedback, secreção hormonal, 370
Regulação hipotalâmica, da pituitária, 373, 373t
Regulador de condutância transmembrana fibrose cística (CFTR), 432. Ver também Fibrose cística

Rejeição de transplante de órgãos, 402
Relação cintura-quadril, 481
Remodelação da matriz, 254q
Remodelação óssea, 566-567
Remodeladores de cromatina, 311
Renina, 529
Repetições palindrômicas curtas interespaçadas (CRISPRs), 312q
Resinas de ligação aos ácidos biliares, 505
Resistência à insulina, 391
Resistina, 170-171
Resposta a proteínas desenoveladas (UPR), 297
Resposta de fase aguda, 455q, 508-509, 594-596
e proteína C reativa, 595, 596f
Resposta imune, 627-645, 642t
adaptativa, 627-628, 632-641, 640f
células B. Ver Células B
células T. Ver Células T
inata, 628-632, 628t
Resposta imune adaptativa, 627-628, 632-641, 640f
como resposta integrada, 636
diferenciada da resposta inata, 637-638
humoral, 639-641
receptores de antígeno, 629t
resumo da, 640f
Resposta "luta ou fuga", 361
Resposta metabólica ao estresse, 452-454
Ressonância Magnética Nuclear (RMN), 597
Restrição de calorias e envelhecimento, 425-426, 425f-427f, 426q
Resultados de série, alteração significativa em, 647
Resultados laboratoriais, 647
Retículo endoplasmático (ER)
estresse e dobramento de proteínas, 295-297
processamento intermediário no, 225
síntese de proteínas no, 298f
Retículo endoplasmático granular (REG), 297
Retículo sarcoplasmático, 555-556
Retinal, 75
Retinol, vitamina A convertida em, 75
Retinopatia diabética, 456
Riboflavina, 62-63, 128
Ribonucleotídeo redutase, 210, 212
Ribose-5-fosfato, 120

Ribossomos, 275, 290-291
Ribozimas, 282, 282q
Ribulose-5-fosfato, 120
Ricina, toxicidade da, 229q
Rim
papel no equilíbrio ácido-básico, 539
túbulos. Ver Túbulos renais
Rinorreia, 578q
RIP1 serina/treonina quinase, 405
Risco cardiovascular
conceito de, 495-497
contribuição das concentrações plasmáticas de lipídios, 497q
emergente, 497t
Ritmo circadiano, 371-372
RNA (ácido ribonucleico), 4, 257, 275-288
alças, 275, 276f
alongamento, RNA mensageiro, 279-280
anatomia molecular do, 275-278
classes gerais de, 276t
degradação ou inativação seletiva, 284-286
impressão genômica, 284q
iniciação, mensageiro, RNA, 279, 280f
interferência, 314
mensageiro, 275
polimerases, 278
processamento, 281f
ribossômico, 275-276, 276t
RNAs não codificadores (NCRNAs), 325-326
sequenciamento, 326-327
splicing, 284f
transcrição, 278-280, 278f
RNA polimerase (RNAPol), 278
RNA ribossômico, 275-276, 276t
RNAs de interferência pequenos (siRNAs), 286
RNAs de transferência (tRNAs), 275, 277f
RNAs não codificantes (ncRNAS), 326q
RNAs nucleares pequenos (snRNAs), 283t
Rodopsina, 585
Rotenona, 106

S

S6K1 (S6K1) ribossômica S6 quinase, 401
S-adenosilmetionina, 81
Sais biliares, 437-438
Salbutamol, 362
Saliva, 432
Sangramento relacionado a distúrbios das plaquetas, 602-603

Sangue, 2, 589-598
coagulação do, 77
oculta, atividade da peroxidase para detecção, 623q
plaquetas. *Ver* Plaquetas
plasma. *Ver* Plasma
resposta de fase aguda e proteína C reativa, 595
transfusão de, 238. *Ver também* Proteínas plasmáticas; Cálcio sérico
Sarcomas, 409-410
Sarcômero, 551-552
proteínas, 552-555
unidade contrátil funcional, 551-552
Sarcopenia, 560q
Segundo mensageiros, 150, 341, 344-351, 581
calmodulina, efetores de alvo, 348-350
cascatas de sinal, 347, 348f
derivado de fosfolipase, 347-348
proteína quinase A, 346-347
Segundos mensageiros derivados da fosfolipase, 347-348
Seleção clonal, 637, 638f
Seleções, 632
Selênio, 89, 620q
Selenocisteína, 200q, 620q
Senescência replicativa, 417
Sepse, 485
perda muscular durante, 555q
Sequenciamento
métodos NGS, 324
término de cadeia de Sanger, 323f
Sequência Shine-Dalgarno (SD), 292, 293f
Serina, 9, 14
Serotonina (5-hidroxitriptamina), 363-364, 365q, 601-602
S-glutationilação, 622-623
Shuttles de elétrons, 99-101, 100f
Sialil Lewis-X, 221-222, 223f
SILAC, espectrometria de massa quantitativa, 334f
Simples, nomenclatura e estrutura de, 25
aminoácidos específicos de, 215-217, 216f
Simportador de aminoácidos neutros, 441q
Simporter de aminoácidos, 441q
Sinal de Chvostek, 572-573
Sinal de localização nuclear (NLS), 308-309
Sinal de Trousseau, 572-573
Sinalização autócrina, 339
Sinalização da proteína G, 342f
cascatas de sinal, 347, 348f

Sinalização da proteína G *(Cont.)*
fosfodiesterases, inibidores, 347-348
receptores de monoamina, 339-341
segundos mensageiros, 344-351
tipos de hormônios, 339-341
transdução do sinal intracelular (acoplamento do receptor), 341-344. *Ver também* Membranas
Sinalização do receptor do fator de crescimento epidérmico (EGFR), 399-401, 401f, 500
Sinalização endócrina, 339
Sinalização JAK/STAT, 402, 475
Sinalização justácrina, 339
Sinalização parácrina, 339
Sinapses, 581
tipos de, 582, 582f
Síndrome carcinoide, 365q, 390
Síndrome coronariana aguda, tratamento antitrombótico na, 611q
Síndrome das pernas inquietas, 583
Síndrome de Bloom, 421q
Síndrome de Conn, 385, 530
Síndrome de Crigler-Najjar, 520
Síndrome de Cushing, 143, 345q, 383t, 384q
Síndrome de Dubin-Johnson, 520
Síndrome de Ehlers-Danlos, 15, 602
Síndrome de Gilbert, 520
Síndrome de Goodpasture, 245-246
Síndrome de Guillain-Barré, 577, 579q
Síndrome de hiper-IgM ligada ao X, 643q
Síndrome de Hutchinson-Gilford, 421q
Síndrome de Kallmann, 386
Síndrome de Klinefelter, 387
Síndrome de Lambert-Eaton, 585
Síndrome de Lesch-Nyhan, 208q
Síndrome de Li-Fraumeni, 412
Síndrome de Marfan, 249q
Síndrome de McCune-Albright, 345q
Síndrome de realimentação, 485
Síndrome de Rotor, 520
Síndrome de secreção inapropriada de hormônio antidiurético (SIADH), 531
Síndrome de Smith-Lemli-Opitz, 184q
Síndrome de Werner, 421q, 485
Síndrome de Zellweger, 140
Síndrome de Zollinger-Ellison, 441q

Síndrome do eutireoidiano doente, 379
Síndrome do intestino inflamatório, 402
Síndrome do tumor hamartoma PTEN, 413-414
Síndrome linfoproliferativa autoimune (ALPS), 409q
Síndrome Metabólica, 459
Síndrome nefrótica, 596q
Síndromes da emaciação, músculo, 560q
Sintase endotelial do óxido nítrico (eNOS), 602q
Síntese de ácido ribonucleico mensageiro (mRNA), 000
alongamento, 279-280
iniciação da, 279, 280f
interrupção da síntese de, 280
nos eucariotas, 276-278
nos procariotas, 276-278
regulação da tradução por estado de ferro, 315f
transcrição de, 278-280
Síntese de DNA, 80
e vitamina B_{12}, 81
reações de transferência de carbono único, 80
uso de análogos estruturais, 80
Síntese de imunoglobulinas monoclonais, 594
Síntese de proteínas, 4, 289-301
alongamento de, 294-295, 294q, 296q, 296f-297f, 296t
iniciação de, 293-294
maquinário de, 290-292
modificações pós-tradução, 297-300
no retículo endoplasmático, 298f
peptidiltransferase, 297q
rescisão de, 295, 297f
Síntese do trifosfato de adenosina (ATP)
desacopladores, 105, 106f
do IMP, 204
energia livre para, 125
hipótese quimiosmótica da, 102-105
inibidores, 107
proporção P:O, 103-105
proteínas desacopladoras, 105. *Ver também* Trifosfato de adenosina
Sintetase acil-CoA graxo, 137, 140q
Sintomas neurológicos, deficiência de piridoxina, 80
Sinusoides, 507
Sistema canabinoide endógeno, 474-475
Sistema circulatório, no envelhecimento, 423q

Sistema de cluster de diferenciação (CD), 633
Sistema de glioxalase, 623f
Sistema de regulação hipotálamo-hipófise (eixos), 373, 373f
Sistema de ubiquitina-proteassoma, degradação de proteínas, 509
Sistema esquelético, músculo, 553t, 556f
Sistema límbico, 359f
Sistema nervoso autônomo, 356f
Sistema nervoso, células do, 578-581
Sistema nervoso central (SNC), 577, 578t
glutamato no, 359
nervos serotoninérgicos em, 364f
neurônios norepinefrina em, 361f
Sistema nervoso periférico, 577
Sistema nervoso simpático (SNS), 361
Sistema renina-angiotensina, 529, 530f
aldosterona, 529q
Sistema respiratório
equilíbrio ácido-básico, componentes respiratórios e metabólicos, 539-542
troca gasosa, 543
Sistemas de amortecimento corporal, 539-542, 540t
tamponamento intracelular, 542
Sitosterolemia, 174-175
Sódio, 85
concentração de, distúrbios de, 534
cotransportadores, 430-431
distribuição de, 524f
e gradientes de potássio através da membrana celular, 524-526
homeostase, aldosterona na, 529
manutenção de gradientes através da membrana celular, 524-526
transporte eletroneutro e eletrogênico, 431-432. *Ver também* Na^+/K^+-ATPase
Solução de Reidratação Oral da OMS (WHO), 430-431
Somatostatina, 390
SOS (fator de troca de nucleotídeo guanina), 399-401
Subconjuntos de células auxiliares T, 638-639

Índice **681**

Subfamílias de tirosina quinase receptoras ou citoplasmáticas, 400q
Substância H, 238
Substância P, 367
Substratos do receptor de insulina (IRS1-6), 445-446
Substratos energéticos, 443
Succinato, 99
Succinato desidrogenase, 133
Succinil-CoA sintetase, 132-133
Suco pancreático, 70
Suicídio substrato, 69q
Sulfato de desidroepiandrosterona (DHEAS), 386
Sulfato de Heparan, degradação do, 252f
Sulfato de magnésio, 50
Sulfato de queratana, 250-251
Sulfatos de condroitina, condroitina-6-sulfato, 251f
Sulfonilureias, 467
Sulfóxido de metionina, 421, 421f
Superóxido, formação, 617f
Suporte nutricional, 486, 486f
Synacthen, 382

T
T1D em gêmeos monozigóticos, 456
"T3 reverso" (rT3), 374
Tabagismo de cigarros, 619q
Tags de afinidade codificadas por isótopos (ICAT), 333-334
β-Talassemia, 56
Tampão hemostático primário, 599
Tampão hemostático secundário, 599-600
Tampão/sistemas de tamponamento aminoácidos, 12
concentrações, 3
Tamponamento intracelular, 542, 542f
Tarefa equivalente metabólica (MET), 93-94, 478
TATA *box*, 279, 305
Taxa de sedimentação eritrocitária (ESR), 597q
Taxa metabólica basal (TMB), 93-94, 477-478
Taxa metabólica de repouso (RMR), 93-94
Tecido adiposo, 170-171
como órgão endócrino ativo, 475, 476f
doença e, 476q
insulina no, efeitos metabólicos da, 447. *Ver também* Peso corporal; Gordura(s); Obesidade
Tecidos
funções especializadas dos, 4
vitaminas armazenadas nos, 75

Tecidos linfoides, 636-637
Tecidos linfoides associados à mucosa (MALT), 637
Técnica ChIP-on-chip, 327-328, 328f
Técnica de degradação de Edman, 21, 21f
Telômeros, 261, 424q
Temperatura, efeito de, 61
Tempo de coagulação da trombina (TCT), 607-608
Tempo de protrombina (PT), 516, 607
Tempo de tromboplastina parcial ativada (APTT), 606-607
Tempo de vida, 423-424
Teofilina, 153
Teoria do erro-catástrofe, 419
Teoria do radical livre do envelhecimento (FRTA), 420-422
Teorias da tempo de vida, 418
Teorias de desgaste e ruptura, 418
Terapia antitumoral, 402
Terapia com AZT, para HIV/AIDS, 264q
Terapia hiperbárica com O_2, para envenenamento agudo por monóxido de carbono, 50q
Terapia medicamentosa antibióticos, 80, 281q
AZT, como tratamento para HIV/AIDS, 264q
no câncer, 80
propriedades cinéticas de, 515
Término da cadeia de Sanger, sequenciamento, 323f
Término, RNA mensageiro, 280
Teste de absorção de xilose, 441q
"Teste de supressão de dexametasona durante a noite", 384
Teste de supressão de dose baixa de dexametasona, 384
Teste de tolerância oral à glicose (OGTT), 463-464, 463f
Teste Monospot, 660
Testes de coagulação global, 605q
Testes de função hepática, 649t
Testes de hematologia, 654t
Testes de respiração de hidrogênio, 441q
Testículos, 183
Testosterona
ações bioquímicas nos homens, 386-387
deficiência nos homens, 386-387
mecanismo de ação de, 387f
Tetra-hidrobiopterina (BH 4), 363-364
TGF, 500

Tiazolidinedionas, 467
Ticagrelor, 603
Timidilato sintase, reciclagem de folato e, 211, 211q
Timo, 636-637
Tioesterase, 165
Tiolase, 139
Tioquinase, 137, 138f
Tiorredoxina, 210
Tiras de reagentes, 72
Tireoglobulina (TG), 374
Tireotoxicose, 345q, 376-377
Tireoxina (T4), 339, 374-376, 375f
Tirosina, 8-9, 14
Tirosina hidroxilase, 363q, 583
Titina, 554-555
Tocoferol α, 77
Tolerância à glicose prejudicada (IGT), 457
Tolerância periférica, 639
Tomografia por absortometria de raios X de dupla energia (DEXA), 575q
Torcicolo, 585
Toxicose T3, 378-379
Toxina da coqueluche, 344q
Toxina do cólera, 344q
Tráfego intracelular, 343
Transaldolase, 120
Transaminação, 189
Transaminases, 515-516
anormal, 516q
Transcetolase, 120
Transcortina, 380
Transcrição, ácido ribonucleico, 278-280, 278f
Transcrição genética
fatores de transcrição na, 306-308
iniciação da, 305-306
mapeamento, 327-328
requisitos para, 303-304. *Ver também* Gene, expressão gênica
Transcriptômica e expressão gênica, 325-326
Transdução de sinal, 3, 339-353
por Ca^{2+}, 348-351
Transdução de sinal intracelular, acoplamento de receptor de membrana, 341
Transdutor de sinal e ativador da transcrição-1 (STAT1), 345q
Transdutor de sinal e ativadores de transcrição (STATs), 401-402
Transferrina, 86, 591-592
Transformação, 271
Translocase na membrana mitocondrial externa (TOM), 96
Translocase na membrana mitocondrial interna (TIM), 96

Transmissão colinérgica, 582-583
Transmissão GABAérgica, 584
Transmissão glutamatérgica, 584
Transmissão sináptica, 581-584
Transmissores inibitórios, 357
Transportador de cassetes de ligação de ATP (ABCA1), 495
Transportador GLUT2, 430-431
Transportador GLUT-4, 447
Transportador independente de insulina GLUT1, 577
Transportador vesicular de ACh, 582
Transporte anterógrado, 579-580
Transporte de carnitina, 137-138
Transporte de malato, 165-166, 167f
Transporte de metabólito, 3
Transporte ligado ao sódio/ glicose-1 (SGLT-1), 430-431
Transporte retrógrado, 579-580
Transporte reverso do colesterol, 494-495, 496f
Transtirretina (pré-albumina), 481, 594-595
Tratamento antitrombótico, 611q
Trato gastrointestinal, 429-442, 442q
aminoácidos, transporte ativo nas células epiteliais intestinais, 441q
anatomia do, 430f
causas de perda de fluidos e eletrólitos, 430q
digestão. *Ver* Digestão
função intestinal prejudicada, consequências, 430
mecanismos de transporte de água e eletrólitos no intestino, 430-432
secreção de fluidos e reabsorção, 429-430
Trato nigrostriatal, dopamina no, 363f
Treinamento de resistência, 562-563
Treino de força, 562
Treonina, 9, 14
Triacilglicerois (triglicerídeos), 30, 437, 443, 489, 493q
Trifosfatases de Guanosina (GTPases), 341
Trifosfato, 341
Trifosfato de adenosina (ATP)
como centro metabólico, 93
complexo da ATP sintase, 103, 104f
complexo sintase, 103, 104f
e energia, 4, 95-96
função metabólica, exigência de magnésio, 97q

Índice

Trifosfato de adenosina (ATP)
(Cont.)
  gerado pela fosforilação
    no nível do substrato,
    114-115
  glicogenólise no músculo,
    558-559
  glicose, rendimento da, 135t
  mecanismo de alteração de
    ligação da ATP sintase,
    104f
  na contração muscular, 558
  neurotransmissores e, 366
  reações biossintéticas,
    condução das, 95-96
  síntese. *Ver* Síntese do
    trifosfato de adenosina
    (ATP); Na+/K+-ATPase
Trifosfato de timidina, 211
Triglicerídeos, 30, 137. *Ver
  também* Triacilgliceróis
Tri-iodotironina (T3), 374-376,
  375f
Trinitrato de gliceril, 499
Trioses, estruturas das, 26f
Tripanossomas, antígenos de
  superfície variável de, 235q
Tripsina, 21, 63f, 67, 70
Triptofano, 8-9, 14, 197,
  363-364
  hidroxilase, 363-364
tRNA carregado, 291, 292f
Troca aniônica, 18
Troca catiônica
  cromatografia, 20f
Troca gasosa, 543-545
Trombina, 500, 608-610
Trombocitopenia, 603
Trombócitos. *Ver* Plaquetas
Tromboelastografia, 605q
Tromboembolismo venoso, 610
Trombose, 500-501, 599-613.
  Ver também Hemostasia
Tromboxano A 2 (TXA2), 601-602
Tromboxanos, 351
Tronco encefálico, 474-475
Tropomiosina, 553
Troponina cardíaca, no
  diagnóstico do infarto do
  miocárdio, 652t
Troponinas, 554
α- e β-Tubulina, 579-580
Túbulo distal, 526
Túbulo proximal, 526
Túbulos renais, homeostase do
  cálcio, 570
Túbulos transversais (túbulos T),
  555-556
Tumores de células
  enterocromafins, 365q
Tunicamicina, 225f, 227q

U

Ubiquitina, 299, 299f, 509
Ubiquitinação, 329q
UDP-Gal 4-epimerase, 220
UDP-GlcUA, 221, 223f
UDP-glicose pirofosforilase, 148
Ulceração, estômago, 433q
Ultracentrifugação, 490q
Ultravioleta, vitamina D, síntese
  de, 568-570
Unidades de isopreno com 5
  carbonos, 175
Uracil fosforribosiltransferase
  (UPRTase), 209
Ureia e creatinina séricas, 536,
  536f
Urina, 527q
  compostos de nitrogênio e
    íons em, 530t
  concentração de creatinina
    em, 9
  diluição, avaliação de, 560q
  glicose em, 465

V

Vacinação, 642
Valina, 8, 58
Valor calórico, 443
Valproato, 584
Vanádio, 89-90
Varfarina, 77-78, 607q
Variação normal, 647
Varicela-zoster (VZV), 71
Vasopressina, 374, 531, 532f.
  Ver também Hormônio
  andidiurético (ADH)
Ventilação, 543-544
Vesículas sinápticas, 581
Via clássica, 631
Via da fosfato pentose, 111,
  119-122
  estágio de interconversão da,
    120-121, 121f, 121t
  estágio redox de, 119-120,
    120f
  função antioxidante da,
    121-122
Via de Kennedy, 169
Via de sinalização RANKL, 567f
Via de sinalização Ras/PI3K/Akt/
  mTor, 400q
Via do fosfatidil inositol, 358
Via extrínseca, 607
  da coagulação, 599-600
Via intrínseca, 606-607
  dos fatores de coagulação,
    599-600
Via RE-associada à degradação
  (ERAD), 296-297
Vias anabólicas, 444t
Vias catabólicas, 444t

Vias de sinalização dependentes
  do Ca^{2+}, 348-350
Vibrio cholerae, 430
Vigor, 559
Vilosidades, 432-433
Vírus do sarcoma de Rous, 411
Vírus Herpes simples (HSV), 71
Visão, 585, 586f
  mecanismo da, 585
Vitamina A
  armazenamento hepático de,
    75-76
  convertida em retinol, 75
  deficiência e cegueira
    noturna, 76
  estrutura, metabolismo e
    função da, 76f
  toxicidade, 76-77
Vitamina B_{12} (cobalamina), 81, 81f
  absorção e transporte de, 82f
  deficiência de, causando
    anemia perniciosa, 81
  e folato, 81-82
  estrutura do heme, 81
  necessidade do fator
    intrínseco, 81
  suplementação, 83
Vitamina B_1 (tiamina), 78
  deficiência de, 79
Vitamina B_2 (riboflavina), 79, 79f
Vitamina B_3 (niacina), 79, 79f
  deficiência de, 79-80
Vitamina B_6 (piridoxina), 80,
  189-190
  deficiência de, 80
Vitamina B_7 (biotina), 80
Vitamina B_9 (ácido fólico), 80
  deficiência de, 81
  exigência de ingestão
    adequada em torno da
    concepção, 81
Vitamina C
  antioxidante no sistema
    biológico, 621-622
  efeitos de deficiência, 83
  estrutura e síntese de, 85f
Vitamina D, 185
  causas de, 573t
  efeitos da deficiência de, 77
  metabolismo da, 571f
  síntese da, 568-570
  toxicidade de, 572
  tóxico em excesso, 77
Vitamina D_2 (ergocalciferol),
  568-570
Vitamina D_3 (colecalciferol),
  568-570
Vitamina E (tocoferol)
  como antioxidante, 77, 622f
  estrutura da, 77f
  má absorção da, 77

Vitamina K
  antagonistas da, 607
  carboxilação de resíduos de
    glutamato, 78f
  coagulação do sangue,
    necessária para, 77
  deficiência de, causa de
    distúrbios hemorrágicos,
    77
  em prematuros, 77
  estrutura da, 78f
  inibidores de, 77-78
Vitaminas, 473, 657
  ácido pantotênico, 83, 85f
  armazenadas em tecidos,
    75
  complexo B, 78-83, 84f
  e minerais, 75-91
  e oligoelementos, 3-4
  folato, 86t. *Ver também* Ácido
    fólico/folato
  solúvel em água, 75, 78-83
  solúvel em gordura, 75
  suplementação de, 83-85
  tóxico em excesso, 75. *Ver
    também* Minerais
Vitaminas do complexo B,
  78-83
Vitaminas hidrossolúveis, 75
Vitaminas lipossolúveis, 75
Volume de plasma, excesso de
  água e, 533-534
Vômitos, perda de líquidos e
  eletrólitos, 430q
V_{max}
  aumento aparente em,
    67-68
  determinação de, 65-66

X

Xantelasma, 504q
Xantina oxidase (XO), 207,
  213q
Xenobióticos, 591
Xeroderma pigmentoso (XP),
  265q
Xilose, 221
Xilulose-5-fosfato, 120

Z

Zimogênios, 70
  na digestão, 434
  na hemofilia, 71q
Zinco
  deficiência de, 88, 88q
  mecanismos de transporte
    do, 88
  suplementos de, 88
Zona fasciculada, 379
Zona glomerulosa, 379
Zona reticular, 379